AF479757

COURS

DE
PHYSIQUE
EXPERIMENTALE ET MATHEMATIQUE.
TOME I.

COURS

DE

PHYSIQUE EXPERIMENTALE

ET MATHEMATIQUE,

PAR PIERRE VAN MUSSENBROEK;

TRADUIT

Par M. SIGAUD DE LA FOND, Démonstrateur de Physique Expérimentale, Maître de Mathématiques, de la Société Royale des Sciences de Montpellier, des Académies Royale des Sciences & Belles-Lettres d'Angers, Electorale de Baviere, &c.

TOME PREMIER.

A PARIS,

Chez SAILLANT & NYON, Libraire, rue Saint-Jean-de-Beauvais.

M. DCC. LXIX.

Avec Approbation, & Privilege du Roi.

AVIS AU RELIEUR.

Les planches se placent à la fin de chaque volume. Les vingt-cinq premieres sont pour le premier volume. Les seize suivantes, depuis la vingt-sixieme jusqu'à la quarante-unieme inclusivement, sont pour le second volume; & les vingt-trois dernieres, pour le troisieme. Le Relieur observera, outre cela, de plier une Table gravée, & de la placer entre la page 428 & 429 du second volume.

Il aura grand soin de placer cet Avis après le Frontispice du premier volume.

AVIS AU LECTEUR.

Comme les planches n'ont point été faites sous les yeux de l'Editeur, quelques figures sont transposées. Les premieres figures du second volume se trouvent dans la derniere planche du premier volume. Et la premiere figure du troisieme se trouve dans la derniere planche du second.

A SON ALTESSE SÉRÉNISSIME

GUILLAUME V,

PRINCE D'ORANGE ET DE NASSAU,

Gouverneur Héréditaire des Provinces-Unies, &
Commandant en Chef de ses Troupes sur Terre
& sur Mer, &c. &c. &c.

JEAN GUILLAUME VAN MUSSENBROEK.

Je profite, Grand Prince, de la permission que
vous avez bien voulu me donner, de vous dédier un Ouvrage
que mon pere a composé sur la fin de sa vie, & qui n'a pu pa-

roître qu'après sa mort. Votre illustre Nom, mis à la tête de cet Ouvrage, comblera de gloire son Auteur, & le mettra à l'abri de la cabale des envieux : le sujet même du Livre que j'ai l'honneur de vous présenter, m'a paru digne de votre attention ; car c'est à la Physique que nous devons ces digues & toutes ces machines de différentes especes, qui défendent, contre l'effort impétueux des eaux, notre Patrie, que vous aiderez un jour de vos conseils, & qui sera confiée à vos soins.

Vous avez montré, dès votre plus tendre jeunesse, un goût décidé pour cette Science : l'empressement avec lequel vous assistiez aux Leçons de Physique Expérimentale, les fréquens voyages que vous faisiez à Leyde pour faire à mon pere l'honneur de venir l'entendre lorsqu'il expliquoit les différentes propriétés des corps ; l'attention dont vous l'honoriez, les questions sublimes que vous lui faisiez, nous ont fait prévoir dès-lors que vous voudriez un jour pénétrer toute la profondeur de cette Science.

D'après cela, GRAND PRINCE, j'ai pensé que vous trouveriez bon que je fisse paroître sous vos auspices un Ouvrage qui comprend toutes les expériences dont vous avez été témoin, & je ne fais en cela qu'exécuter les desirs & la volonté de mon pere. Il a hésité pendant long-tems à faire imprimer cet Ouvrage, & la plus forte des raisons qui l'y déterminerent, ce fut de profiter, comme il le disoit souvent, de l'occasion qu'il avoit tant desirée de vous marquer sa reconnoiſſance pour tous les bienfaits qu'il avoit reçus de vous, & de manifeſter publiquement les vœux ſinceres qu'il faiſoit pour votre proſpérité particuliere, & pour toute l'auguſte Maiſon d'Orange. La mort, qui ne lui a pas laiſſé le tems de mettre la derniere main à ſon Ouvrage, l'a empêché de vous faire hommage du fruit de ſes travaux, & le Ciel m'a réſervé pour remplir ce louable deſſein. Quelle ſatisfaction n'ai-je pas en ce moment, GRAND PRINCE, de vous aſſurer que la Famille bienfaiſante de NASSAU n'a répandu ſes faveurs ſur perſonne qui en ſoit plus pénétré de reconnoiſ-ſance que moi! Que ne dois-je pas en particulier à votre illuſtre Mere, dont la mort a fait verſer tant de larmes à tous les gens de bien! Elle m'a aſſuré une place dans l'Ordre reſpectable des Sénateurs de la Ville qui m'a vu naître : je ſens qu'une faveur auſſi diſtinguée eſt au-deſſus de toutes mes expreſſions, & je ne puis mieux faire connoître com-bien j'y ſuis ſenſible, & mieux manifeſter les ſentimens de ma reconnoiſſance, qu'en faiſant de nouveaux efforts pour me rendre utile à ma Patrie, & pour mériter votre eſtime & votre protection.

Il ne me reſte plus qu'à ſupplier le ſuprême Arbitre de tou-tes choſes, pour votre conſervation & pour celle de votre auguſte Famille, & à lui demander que l'illuſtre Maiſon d'Orange, telle qu'un grand arbre chargé de fruits précieux, couvre de ſon ombre bienfaiſante toutes les Provinces-Unies.

Faſſe le Ciel que marchant ſur les traces de votre auguſte Pere, & ſur celles de vos Ancêtres, que guidé par les conſeils de l'illuſtre Prince le Duc de Wolfembutel, qui a fait auprès de vous les fonctions d'un ſage Mentor, vous égaliez leurs vertus & leurs talens ! Puiſſe un jour cette République, fondée par des Héros dont vous tirez votre origine, acquérir de nouvelles forces, & recouvrer ſous votre heureux Gouvernement, ſa premiere ſplendeur ! n'avoir rien à craindre ſous un tel Chef de l'effort de ſes ennemis ! conſerver la liberté des Loix & de la Religion ! voir fleurir ſous vos auſpices une paix durable, les Sciences & les Arts ! l'Univers vous reconnoîtra pour le Pere de notre Patrie, le Protecteur de la Liberté, le Conſervateur de la paix & le Mécene de la Hollande ! Puiſſent enfin vos vertus & votre nom paſſer à la poſtérité la plus reculée !

A Leyde, le premier Juillet 1762.

PREFACE

PRÉFACE

DE JEAN LULOLFS.

Il est si manifeste que nous avons fait des progrès immenses
dans la connoissance de la Nature, depuis le commencement
du dix-septieme siecle, & que nous l'emportons en cela de beaucoup sur les Anciens, qu'il n'est besoin, pour le prouver, que de
comparer leurs Ecrits avec ceux des Modernes. Les Ouvrages
seuls de *Muffenbroek*, qui fut pendant vingt & un ans la gloire
& l'ornement de cette Académie, font une preuve bien claire
que de toutes les Sciences, la Physique est celle qui s'est le plus
perfectionnée par l'expérience & les observations : on remarque
même dans les Ecrits de ce célebre Auteur, une progression lumineuse : on voit qu'il a corrigé, ou perfectionné par la suite,
soit d'après ses propres découvertes, soit d'après celles d'autrui,
ce qu'il avoit avancé en premier lieu, & tel sentiment qu'il avoit
d'abord cru véritable, ne lui a paru, d'après des observations réitérées, fondé que sur de faux préjugés.

Il fit imprimer en 1726 un abrégé d'*Elémens Physico-Mathé-*
matiques, qu'on peut regarder comme le premier échantillon de
l'Ouvrage que nous présentons ici au Public : il étoit destiné
pour ses usages académiques ; il contenoit les principaux théorêmes qu'on avoit découverts & démontrés jusqu'alors. Obligé
de le faire réimprimer en 1734, il y fit quelques légers changemens dans la méthode & l'ordre des matieres ; & en faveur des

b

Commençants, il en retrancha les propositions les plus difficiles.

Le célebre Docteur *Défaguilliers* qui habitoit dans ce tems-
là en Hollande, ayant enseigné à ceux mêmes qui n'avoient aucune connoissance de la Littérature, la vraie méthode d'étudier
la Nature ; plusieurs personnes bien intentionnées s'aviserent,
pour favoriser le goût de ceux qui voudroient faire de plus grands
progrès dans cette Science, de traduire en langue du Pays ces
Elémens de Physique, & de les faire paroître, malgré l'Auteur,
ou au moins à son insu, par morceaux détachés & peu corrects.

Mussenbroek, qui sentoit parfaitement que son Ouvrage ainsi
mutilé, ne seroit point d'un grand avantage à ceux pour qui il
étoit destiné, fut obligé d'entreprendre un travail aussi pénible
que nouveau pour lui, & il donna son Livre en 1736, sous le
titre Hollandois de *Beginsels der Natuurkunde*, qui signifie,
Principes de Physique, dans lequel il faisoit part au Public de
ce qu'il avoit expliqué tous les ans à ses Auditeurs dans ses Leçons particulieres. Cet Ouvrage fut réimprimé en 1739, avec
des augmentations, & traduit en François peu de tems après par
le célebre *Massuet.*

Mussenbroek fit réimprimer en 1741 ses Elémens de Physique,
avec quelques changemens & quelques corrections, pour l'usage
de ses Auditeurs. Il donna encore en leur faveur en 1748 les Ins-
titutions physiques, avec un Abrégé très clair des nouvelles découvertes faites par les Modernes. Dès le commencement de
l'année 1760, on se plaignit de la rareté des Exemplaires de ce

Livre: notre infatigable Auteur fut touché de ces plaintes, &
quoiqu'il se sentît à la fin de sa carriere, il résolut, pour se rendre de plus en plus utile à tout le monde, de faire imprimer un
Ouvrage de Physique plus ample & plus correct que tous ceux
qu'il avoit publiés jusqu'alors, d'y mettre en ordre ce qu'il avoit
enseigné à ses Ecoliers, & ce qu'ils avoient écrit sous sa dictée,
d'y insérer le recueil d'un très grand nombre d'observations &
d'expériences qu'il avoit recueillies avec tout le soin possible,
pendant le cours de sa vie, & d'en faire ensuite un Abrégé pour
servir à ses Leçons particulieres.

C'est ainsi que notre célebre Auteur entreprit l'Ouvrage que
nous présentons aujourd'hui au Public, Ouvrage que son âge &
sa santé lui laissoient à peine l'espoir d'achever; & quoiqu'il eût
vraisemblablement ajoûté quelques choses aux derniers Chapitres, s'il avoit eu le tems d'y mettre la derniere main, nous pouvons néanmoins assurer que personne avant lui n'a donné un
corps de Physique plus complet que celui-ci. Les théorêmes les
plus utiles au genre humain, suivis des démonstrations les plus
claires, les observations & les expériences modernes les plus intéressantes, y sont si bien développées, que l'Auteur n'a pas seulement surpassé les autres Ecrivains en ce genre, mais que par
un travail immense, & un effort admirable de génie, il s'est surpassé lui-même.

Dans son Traité de *Méchanique*, il a fait des additions considérables à tout ce qui regarde les machines composées, & il a
beaucoup mieux développé la théorie des machines simples. Le

dixieme Chapitre, qui traite de la *Méchanique du mouvement*, eſt entiérement nouveau. Cet objet, qui fut toujours négligé par tous les Phyſiciens, fut d'abord traité par l'immortel *s'Graveſande*, qui fut autrefois mon Maître, & celui de *Muſſenbroek*, & à qui nous devons un ſi grand nombre de belles découvertes dans la Méchanique, & dans toutes les parties de la Phyſique & des Mathématiques. Après ce grand homme, le célebre *Euler*, qui ne le cede en rien aux plus célebres Géometres, traita la même matiere, & tous les Phyſiciens les ont imités enſuite. *Muſſenbroek* a ſuivi la même carriere, en s'attachant ſur-tout à la route que lui avoit tracée l'ingénieux M. *Bouguer*, dans ſon excellent Traité de la *Manœuvre des vaiſſeaux*.

Il a fait beaucoup d'augmentations dans le Chapitre onzieme, ſur le *mouvement compoſé*; dans le douzieme, ſur *la deſcente des graves ſur un plan incliné*; dans le dix-ſeptieme, ſur *le choc des corps*: mais les plus grands changemens & les additions les plus remarquables qu'il ait faits, ſe trouvent au Chapitre ſur l'*Electricité*, qu'il a entiérement refondu, & qu'on peut regarder comme nouveau; car ce ne fut que depuis l'année 1748 que les *Inſtitutions de Phyſique* parurent, que *Muſſenbroek* & les autres Phyſiciens firent les plus belles découvertes ſur cette matiere.

Il faut rapporter ici ce que notre Auteur a dit des expériences du Duc *de Noya*, d'*Æpinus*, & des autres Naturaliſtes, ſur la *tourmaline* & ſur la *torpille*.

Il ſeroit trop long, & même inutile, d'entrer dans le détail

de ce qu'il a ajoûté de nouveau dans chaque Traité : je me con-
tenterai de dire que le Chapitre qui traite des *corps qui abſorbent
la lumiere* , eſt preſqu'entiérement neuf ; qu'il a fait des augmentations conſidérables dans le Traité *de la cohérence & de la fermeté* (ce qui a occaſionné beaucoup de peines & de dépenſes à
notre Auteur , par les différens eſſais qu'il a été obligé de faire) ,
à celui *des corps ſolides plongés dans les liquides* , & à celui dans
lequel il parle *de la gravité ſpécifique des ſolides & des liquides*. Il
n'a pas moins augmenté le Chapitre *de l'œil* , dans lequel la conformation de l'œil de l'homme eſt développée avec beaucoup
plus d'exactitude qu'elle ne l'avoit été juſqu'alors par les Phyſio-
logiſtes. La deſcription de cet organe eſt preſqu'entiérement
due au célebre Anatomiſte *B. S. Albin.* Enfin notre célebre
Auteur a fait également un grand nombre d'additions au Traité
de l'Air , à celui des *Météores aqueux & ignés* , mais ſur-tout à
celui *des Vents.*

Muſſenbroek a préſidé lui-même à l'édition de ſon Ouvrage
juſqu'à la page 713 ; mais étant tombé malade en 1760, il me
pria de veiller à l'impreſſion de ſon Livre, s'il mouroit avant
qu'elle fût finie. Ce fut le 19 Septembre de l'année derniere que
nous perdimes ce grand homme , dont la perte eſt irréparable
pour notre Académie ; & pour. exécuter la promeſſe que mon
attachement & mon reſpect m'avoient engagé à lui faire , j'ai
comparé le reſte de l'édition avec ſon manuſcrit & ſes planches.
M. *J. F. Hennert* , très verſé dans la Géométrie ſublime , & le
digne Diſciple du grand *Euler* , s'eſt donné la peine de corriger

les fautes les plus confidérables dans les épreuves. Nous lui devons auffi la Table des Matieres, travail auffi ingrat que peu convenable à un homme qui a de fi grands talens : mais il a bien voulu l'entreprendre pour l'utilité publique.

AVERTISSEMENT

DU TRADUCTEUR.

Nous pourrions ajoûter beaucoup ici aux justes éloges que le Savant Lulolfs donne à l'Ouvrage que nous présentons au Public. Les soins que nous avons apportés à le traduire, la comparaison que nous en avons continuellement faite avec l'ancien Ouvrage du même Auteur, nous ont mis à portée de saisir tous les changemens, toutes les corrections & toutes les additions que le célebre Mussenbrock y a faits. Mais nous laissons au Lecteur le plaisir de comparer lui-même ces deux Ouvrages, & de juger du travail immense que celui-ci a dû coûter à notre Auteur.

Nous ne nous arréterons donc point à faire observer que ce dernier est rempli d'une multitude innombrable d'observations aussi exactes que suivies, chargé d'expériences faites avec tout le soin possible ; appuyé, autant que les matieres le permettent, sur les principes certains des Mathématiques, & dans lequel notre Auteur ouvre continuellement de nouvelles voies à de nouvelles recherches, & fournit en même-tems les moyens les plus propres à en assurer le succès. Nous croyons ne devoir rendre compte ici que de notre travail.

La candeur & la modestie qui distinguerent toujours Mussenbroek, le déterminerent à donner à cet Ouvrage le titre d'Introduction à la Philosophie naturelle : mais nous avons cru pouvoir nous permettre de le faire paroître sous un titre plus pompeux & plus conforme à son caractere ; & nous sommes persuadés que personne ne lui contestera celui de Cours de Physique Expérimentale & Mathématique.

Quant à la maniere avec laquelle nous avons traduit cet Ouvrage, nous avons cru devoir plûtôt nous prêter au sens de l'Auteur, que nous attacher à une traduction servile & littérale, dont nous ne nous sommes cependant écartés, que pour éviter quelquefois dès constructions qui n'auroient pû convenir au génie de notre Langue. Nous avons aussi étendu certaines expressions, pour mieux développer le sens de la chose.

 # AVERTISSEMENT.

Malgré les soins qu'ont apportés à l'impreſſion de cet Ouvrage les célebres Editeurs, qui s'en ſont chargés, nous y avons trouvé quelques fautes qui leur ont échappé, & que nous avons indiquées en notes au bas des pages.

Nous avons cru devoir ajoûter auſſi des notes en pluſieurs endroits, ſoit pour définir pluſieurs termes d'Hiſtoire naturelle, de Médecine & de Mathématiques, qui ſe trouvent dans le corps de l'Ouvrage, ſoit pour confirmer, par des obſervations particulieres, celles qui ſont rapportées par l'Auteur.

Comme la maniere de faire des expériences pour conſtater une vérité qu'on veut établir, n'eſt rien moins qu'indifférente, & qu'elle exige quantité de précautions, qu'on ne pourroit ſoupçonner néceſ-ſaires au premier abord, nous avons cru obliger nos Lecteurs, en faiſant imprimer à la tête de cet Ouvrage un Diſcours de M. Deſ-landes ſur cette matiere. Ce Diſcours mérite d'autant mieux de trouver ici ſa place, qu'on ne le trouve point imprimé ſéparément, & que d'ailleurs on peut le regarder en partie comme une des pro-ductions de notre célebre Auteur ; puiſque c'eſt celui qu'il prononça le 17 Mars 1730 à l'Académie d'Utrecht, qui forme tout le plan de celui ci, qui nous a paru très bien fait & très propre à diriger un Phyſicien dans la maniere de traiter la Phyſique Expérimen-tale.

DISCOURS

SUR LA MEILLEURE MANIERE

DE FAIRE LES EXPERIENCES.

ON s'imagine d'ordinaire que rien n'eſt plus aiſé que de faire des expériences ; & même des Savans du premier ordre (je parle ainſi ſuivant le préjugé vulgaire) ont traité cette occupation de frivole & de puérile. Cependant, j'oſe le dire, elle eſt d'une difficulté infinie : elle demande beaucoup d'art, beaucoup de fineſſe & de ſagacité d'eſprit. J'ajoûterai quelque choſe de plus, & cela d'après une des remarques de M. *Deſcartes* ; c'eſt qu'elle ſuppoſe qu'on ſe ſoit apprivoiſé avec les bons principes, qu'on ait renoncé à ſes préventions particulieres, & ſur-tout à ce je ne sais quoi de faux, que chacun met dans ſa maniere favorite d'enviſager les objets extérieurs. En effet, un Diſciple d'*Ariſtote* les ſaiſit, les apperçoit différemment du Cartéſien, & le Cartéſien encore différemment de ceux qui ſuivent les principes de *Stahl*, ou de *Newton*. Embraſſer un ſyſtême aujourd'hui, c'eſt preſque ſe condamner à ne voir les choſes que d'un certain biais, & éviter de les voir de tout autre ; c'eſt ſe mettre ſur les yeux un verre teint d'une couleur particuliere, ſans s'embarraſſer ſi ce verre altérera les objets, ou même s'il les ternira. Il faut donc être délivré de tout parti, avoir ſecoué toute autorité, pour entreprendre de bien faire des expériences. Le génie y eſt du moins autant néceſſaire que le jugement : le génie, afin de s'ouvrir de nouvelles routes ; le jugement, afin de ſe conduire au milieu de toutes ces routes avec diſcrétion & prudence. Quand l'Amant décidé d'*Ariane* s'engagea ſur ſa parole dans les allées tortueuses & les détours du labyrinthe, il comptoit sur le fil fatal dont elle devoit armer sa main, & il y comptoit d'autant plus, qu'il craignoit les suites de son entreprise. Tout cela supposé, je viens au Discours même, dont voici l'essentiel & le plus frappant.

Comme on ne connoît les intelligences que par les opérations qui découvrent la spiritualité de leur nature, & dont la raison seule peut juger; de la même maniere on ne connoît les corps que par les propriétés qui les distinguent les uns des autres, & dont les sens doivent d'abord décider.

Chaque homme, en se repliant sur lui-même, ne peut s'empêcher de sentir qu'il possede un principe d'intelligence, une ame qui sert à le conduire pendant les bornes étroites de la vie. Mais si, plein de cette premiere pensée, il cherche à se procurer quelque lumiere sur les corps qui l'environnent, il est comme obligé de sortir hors de lui-même, & de faire usage des organes ménagés avec tant d'art, que la nature lui a donnés. Ces organes font les sens. Mais j'oserai dire qu'il est souvent aussi périlleux de se fier à leurs témoignages, qu'il étoit sûr de s'en rapporter au témoignage de sa conscience. De-là vient qu'on se connoît mieux qu'on ne connoît les corps, & en général tous les objets extérieurs.

Et premiérement, pour les connoître, il faut que les organes soient disposés, que les sens n'aient jamais souffert ni affoiblissement ni diminution. Mais cela même, quoiqu'il soit absolument nécessaire, ne découvre encore que la superficie de la matiere, que sa premiere enveloppe. Il faut quelque chose de plus, il faut que la raison vienne au secours des sens, qu'elle les corrige, les redresse. Leur emploi est de multiplier les observations, & de les multiplier sans cesse : le sien est de recueillir ces observations, de les comparer les unes avec les autres, d'en tirer des conséquences heureuses, & d'élever sur ces conséquences un bâtiment solide, & qui résiste aux attaques qu'on pourroit lui porter.

C'est donc aux observations multipliées qu'est dû le progrès de la Physique. Plus on en rassemblera, & plus elle verra augmenter ses richesses, & aggrandir son domaine. Mais pour bien faire ces observations, il est à propos que tous les sens y concourent, que l'un supplée à ce qui échappe à l'autre. Par ce moyen on forcera, pour ainſi dire, les corps à ſe développer : on les examinera de tant de façons différentes, qu'enfin ils ne pourront plus garder le mot de l'énigme. Qu'on me permette de confirmer tout ceci par un exemple.

Je préſente une montre à quelqu'un qui n'en a jamais vu, mais qui ſe plaît aux ouvrages de méchanique. Quel ſera ſon premier ſoin ? de tourner cette montre de tous les côtés, de conſidérer la boîte de métal où elle eſt renfermée, d'en admirer la ciſelure : venant enſuite à la glace qui couvre le cadran, il examinera l'aiguille qui ſe meut deſſous en rond & d'une maniere uniforme : il la verra marquer ſucceſſivement divers nombres, qui ſont à égale diſtance les uns des autres. Mais quelle cauſe fait mouvoir cette aiguille ? Les yeux n'en diſent rien. Il approchera donc la montre de ſon oreille, & il entendra un bruit ſourd, tel que celui d'un reſſort qui ſe détend peu-à-peu. Il ſentira de plus ſous ſes doits l'action vive & renouvellée de ce reſſort. Soulevant enfin cette montre avec la main, il s'appercevra que ſon poids n'eſt point en raiſon réciproque de ſon volume, & il en conclura que dans l'intérieur il doit y avoir du vuide ou des parties détachées les unes des autres, comme des roues apparemment de cuivre portées ſur des eſſieux de fer, que le reſſort fait mouvoir, & qui à leur tour font mouvoir l'aiguille. C'eſt ainſi que les connoiſſances s'acquierent en détail, & qu'à force d'interroger la Nature, on parvient à lui enlever quelqu'un de ſes myſtérieux problêmes.

Je dois convenir cependant qu'il y a des propriétés générales qui ſe retrouvent dans tous les corps, les unes, à la vérité, toujours les mêmes, les autres avec quelque changement. Ces propriétés, qui doivent guider tout Phyſicien dans les recherches laborieuſes qu'il fait au ſujet des corps, ſont l'étendue, l'impénétrabilité, le mouvement, le repos, la configuration, la gravité, l'attraction, l'inertie ou cette force paſſive par laquelle la matiere demeure d'elle-même dans l'état où elle eſt, & n'en ſort jamais qu'à proportion de la puiſſance contraire qui agit ſur elle. Je n'examine point ici ni la maniere dont ces propriétés réſident dans les corps, ni comment ils s'attirent, ni comment ils peſent les uns vers les autres : il ſuffit que ce ſoient des faits avérés, des eſpeces de points fixes, d'où il faut partir pour arriver aux autres.

faits qui en dépendent par des combinaifons infinies.

Mais ces propriétés font-elles les feules qui réfident dans les corps ? Ne peut-on leur en affigner d'autres d'un genre fupérieur ? C'eft fur quoi nous ne pouvons décider, nos connoiffances fe trouvant là bornées, & la raifon ne pouvant nous conduire juf-qu'à l'effence de la matiere.

Les Philofophes qui ont fuivi les principes de *Defcartes*, met-toient cette effence dans l'étendue, & croyoient en pouvoir dé-duire les autres propriétés des corps. Mais depuis qu'on a prouvé l'exiftence & la néceffité du vuide, il a fallu joindre à l'étendue l'impénétrabilité. Ceux qui ont depuis examiné les chofes de plus près, n'ont pas trouvé ces deux propriétés plus effentielles aux corps, que la force motrice, & celle qui lui eft contraire, l'inertie. On peut dire la même chofe des autres propriétés que j'ai nommées ci-deffus, ou de celles qu'on pourra découvrir dans la fuite, & qui feront peut-être doubles ou triples de celles qu'on connoît aujourd'hui. Car enfin, fi nous fommes plus éclairés que nos Ancêtres ne l'ont été fur la nature des corps, il y a apparence que nos defcendans le feront encore plus que nous.

Je fuppofe qu'ils cultivent la Philofophie expérimentale avec la même ardeur & le même goût qu'on la cultive depuis quarante ans, en Angleterre, fous les aufpices du Chancelier *Bacon*, du Chevalier *Robert Boyle*, & de l'illuftre M. *Newton* ; en Italie, fous les aufpices de *Galilée*, de *Torricelli*, & des autres Phyfi-ciens qui compofoient l'Académie *del Cimento* à Florence ; en Allemagne, fous les aufpices d'*Otton de Guericke*, de *Jean Chrif-tophle Sturmius*, Profeffeur de Philofophie à Altorf, & du Sa-vant M. *Wolfius*, à qui l'on doit un excellent Cours de Mathé-matique ; en Hollande, fous les aufpices de MM. *Huygens*, *Nieuwentyt* & *s'Gravefande* ; en France, fous les aufpices du Pere *Merfenne*, du célebre *Blaife Pafcal*, de MM. *Mariotte*, *Amontons*, *la Hire*, & des autres grands Hommes qui ont for-mé l'Académie Royale des Sciences, ou qui lui donnent au-jourd'hui un nouvel éclat.

Je n'entreprendrai point de détailler ici les richeffes que la Phi-lofophie expérimentale a acquifes fous d'habiles Maîtres, & qu'elle acquiert encore tous les jours. J'avertirai feulement qu'on ne doit point confondre avec eux trois fortes d'Auteurs qui paroiſſent avoir couru la même carriere : les uns crédules à l'excès, & qui ſe chargent ſans diſcernement de mille bruits vagues & populaires ; les autres d'une hardieſſe à tout oſer, & qui rapportent des faits qu'ils n'ont qu'entrevus, qu'ils n'ont qu'effleurés ; les autres enfin qui pour ſe donner je ne sais quel air de merveilleux, ſuppoſent des expériences que jamais ils n'ont faites, & qu'ils accompagnent de circonſtances vaines & myſtérieuſes pour empêcher qu'on ne les puiſſe vérifier dans la ſuite. Et à cette occaſion je remarquerai que, ſi l'on doit ce reſpect aux Sociétés littéraires de s'en rapporter aux expériences qu'elles donnent pour vraies & conſtantes, on ſe doit à ſoi-même la ſatisfaction de répéter les mêmes expériences, ſi non en détail, du moins en ce qu'elles renferment d'eſſentiel & de déciſif, ne fût-ce que pour acquérir la facilité d'en pouvoir faire de ſon chef ſur des ſujets analogues, ou même ſur des ſujets nouveaux.

Mais n'y a-t-il point quelqu'art qui puiſſe guider ceux qui veulent s'appliquer à ce travail ? N'y a-t-il point des regles qu'ils doivent ſuivre, des loix générales qu'ils doivent obſerver ? Sans doute ; & c'eſt ce que je vais développer par des conſéquences ſimples, & tirées les unes des autres.

I. Il paroît que les ſens n'ont été donnés à l'homme que pour l'avertir ſans ceſſe de veiller à la conſervation de ſon corps, en recherchant les objets proportionnés à ſes facultés naturelles, & en évitant ceux qui pourroient leur être nuiſibles. Auſſi ont-ils pour ce double uſage toute la diſpoſition méchanique qu'ils doivent avoir : ce qui ſuffit au détail ordinaire de la vie. Mais à l'égard des Philoſophes, comme ils veulent toujours aller plus loin que les autres hommes, piqués ſans doute d'un deſir curieux d'approfondir les choſes & de les connoître en elles-même, ils ſont obligés de recourir à divers inſtrumens ménagés avec art, pour perfectionner leurs ſens, pour conduire à quelque choſe de plus fin & de plus déciſif. Et ce ſont ces inſtrumens que la Philoſophie expérimentale doit rechercher, qu'elle doit apprendre à manier adroitement, afin de parvenir au but qu'elle ſe propoſe, & d'y parvenir de la maniere la plus avantageuſe.

En effet, quoiqu'on eût des yeux pour ſe conduire, & pour diſcerner les objets les uns des autres, n'eſt-il pas vrai cependant que les hommes étoient des eſpeces d'aveugles, avant la décou-

verre des microscopes & des télescopes ? D'un côté ils ne connoissoient le ciel que de vue, si j'ose ainsi parler, & de l'autre
tous ces infiniment petits dont la terre est parsemée, échappoient
à leurs foibles regards. Des instrumens utiles furent enfin inventés, des verres furent taillés suivant de certaines regles, & aussitôt un nouveau monde se montra, un monde ignoré jusqu'alors.
De la même maniere on ressentoit autrefois les différentes impressions de l'air, comme on les ressent aujourd'hui : on s'y trouvoit
également exposé. Mais de savoir combien un air étoit plus froid,
ou plus chaud qu'un autre, plus sec ou plus humide, plus léger
ou plus pesant : c'est ce qu'on n'a su que depuis l'invention des
thermometres, des hygroscopes & des barometres. Ces trois instrumens nous ont appris tout ce qu'on savoit des variations &
des changemens de l'air : ce que nos sens dénués de pareils secours n'auroient jamais deviné. Et comment sans le thermometre seroient-ils venus à bout dans toute une année, de découvrir
quels jours ont été les plus froids, & quels jours ont été les plus
chauds, & encore dans ces mêmes jours, à quelle heure le froid
ou le chaud se sont davantage fait sentir ? Et comment sans un
barometre, auroient-ils connu que plus le tems se couvre & se
dispose à la pluie, plus l'air est léger & le mercure bas, & au contraire, que plus le tems devient beau & se tourne au sec, plus
l'air est pesant & le mercure élevé ? Ce double phénomene ne
pouvoit être à la portée, ni sous les yeux des Anciens : & quoique nous y soyions familiarisés, il n'en est pas aujourd'hui moins
difficile à expliquer. Car je ne compte pour rien la solution que
M. *Leibnitz* a donnée de ce problême, dans les Mémoires de
l'Académie Royale des Sciences de 1711. Elle est plus ingénieuse que solide.

II. Mais il ne suffit point d'avoir tous les instrumens qui peuvent contribuer au progrès de la Philosophie expérimentale, il
faut encore que ces instrumens soient faits de la main de quelqu'habile Maître; que les divisions & les subdivisions y soient
exactement marquées; qu'au lieu de pinules, par exemple, on
s'y serve de lunettes, au lieu de matieres aqueuses, d'esprit de
vin plus susceptible de compression & de dilatation; que ces
instrumens soient plutôt grands que petits, sur-tout si c'est pour
l'Astronomie ou la Navigation, plutôt de cuivre que de fer ou

d'acier, à cause de l'humidité qui ne manqueroit pas de les rouiller. Au reste je ne prétends point donner ici un Traité de ces sortes d'instrumens, ils se trouvent décrits en plusieurs Ouvrages, & tous les Physiciens ont intérêt de les connoître : je remarquerai seulement que faute d'en avoir de justes, & même d'excellens, on s'expose à des erreurs d'autant plus considérables pour la suite de ces observations, qu'il est presqu'impossible de s'en relever. En effet, une premiere chûte donne lieu à une seconde, & les deux jointes ensemble, produisent, comme elles le doivent, une infinité de mécomptes & de supputations fausses. Plus on avance, ou plus on croit avancer, & plus on s'égare.

Les principales erreurs dans lesquelles sont tombés les Anciens au sujet de l'Astronomie, à quoi peut-on les attribuer, si ce n'est aux défauts de leurs instrumens? Et ces défauts sans doute étoient tels, que malgré toute leur attention à bien observer, ils ne pouvoient manquer de se tromper, tant sur la précession des équinoxes, & la hauteur du pôle en différens lieux, que sur les diametres apparens des planetes, & encore sur la conjonction des planetes inférieures avec le soleil. De plus, ils n'avoient point ce secours décisif, & dont l'Astronomie peut le moins se passer: je veux dire qu'ils n'avoient point de lunettes d'approche, inventées au commencement du dix-septieme siecle par un Ouvrier Hollandois, nommé *Jacques Metius*, & d'après cet Hollandois, par le célebre *Galilée*, qui vouloit s'en attribuer la découverte, & depuis perfectionnées par les plus habiles Astronomes, dont les uns nous ont appris à centrer les grands verres de lunettes, les autres à y appliquer le micrometre, les autres même à se servir d'un oculaire & d'un objectif en se passant tout-à-fait de tuyau. Mais à l'occasion de ces lunettes, M. *Descartes* tomba dans une pensée des plus extraordinaires; il crut qu'à force de les perfectionner, en donnant aux verres des figures elliptiques & hyperboliques, avec une grande ouverture, on pourroit enfin parvenir à voir dans Saturne, Jupiter & Mars, des objets aussi petits qu'on les voit sur la terre à œil nud. Cette même pensée n'a point déplu à la plûpart des Cartésiens, préoccupés sans doute de la Dioptrique de leur Maître. Mais en premier lieu, ils devoient s'appercevoir que si les verres elliptiques & hyperboliques ont la propriété de rassembler les rayons qui partent du centre d'un objet, & de les réunir en un foyer commun, ils n'ont pas la même propriété de raſſembler & de réunir les rayons qui partent des extrêmités de cet objet : & par conſéquent ces verres ne peuvent en donner une image diſtincte & terminée ; ils ne méritent aucune préférence ſur les verres circulaires. En ſecond lieu, il y a une preuve ſans replique qui s'oppoſe à cette prodigieuſe étendue accordée aux lunettes, c'eſt la réfrangibilité des rayons de lumiere, d'abord obſervée par le Pere *Grimaldi*, Jéſuite, & enſuite démontrée par M. *Newton* d'une maniere auſſi noble qu'invincible. Cette réfrangibilité ſuppoſe deux choſes; 1°. qu'un rayon ſimple qui traverſe l'air ſe diviſe en pluſieurs rayons ſubalternes au moment qu'il paſſe par un milieu, tel que l'objectif d'une lunette. 2°. Que ces rayons ſubalternes, teints chacun de ſa couleur particuliere, ont différentes réfrangibilités, & forment par conſéquent différens angles, qui, quoique très petits, empêchent les rayons de ſe réunir dans un foyer commun. De-là une confuſion inévitable, & une confuſion d'autant plus grande que ces rayons, en ſe rompant, paſſent par un plus grand nombre de milieux ou de verres.

Le reproche que je fais ici à M. *Deſcartes*, n'eſt point certainement pour ternir ſa réputation. S'il a échoué contre bien des écueils, porté à cela par une hardieſſe d'inventeur, du moins a-t-il ouvert les principales routes, ſoit dans la Phyſique, ſoit dans la Géométrie. Sa méthode eſt ſi juſte en toutes ces parties, que même pour le décréditer, il faut y avoir recours. Mais reprenons le fil de nos expériences.

Le fameux *Torricelli* s'apperçut le premier que le mercure s'éleve depuis 28 juſqu'à 31 pouces dans un tube de verre fermé hermétiquement par un bout, & plongé par l'autre au milieu d'un baſſin rempli auſſi de mercure, & que là il ſe tient en équilibre avec toute la colonne d'air : il s'apperçut enſuite que l'eau montée à 33 ou 34 pieds dans un tuyau fermé exactement par un bout, & plongé par l'autre au milieu d'un réſervoir également rempli d'eau, y reſte ſuſpendue, & fait équilibre avec la même colonne d'air. Cette double expérience frappa tous les Phyſiciens, qui la répéterent avec une nouvelle ardeur. Ils découvrirent en même-tems les propriétés du ſyphon à deux branches

inégales,

inégales, dont la plus connue eſt que ſi on le trempe dans un baſſin rempli d'eau par la branche la plus courte, cette eau s'écoulera entierement par la plus longue. Et la ſeule raiſon qu'on pouvoit apporter de cet effet, étoit celle qu'on apporta, la preſſion de l'air jointe à ſa force élaſtique : d'où l'on tiroit cette conſéquence, que dans le vuide l'eau reſteroit immobile, & ne paſſeroit point d'une branche du ſyphon dans l'autre. Mais les premiers qui voulurent tenter cette expérience, s'étant apparemment ſervis de machines pneumatiques défectueuſes, trouverent le contraire : ce qui rappella tous les doutes diſſipés par *Torricelli*. On commençoit même à vouloir faire revivre l'ancien dogme du Lycée ; mais d'habiles Philoſophes vinrent au ſecours de la vérité méconnue, entr'autres *Burcher de Volder*, Profeſſeur de Philoſophie & de Mathématique à Leyde, & tous ayant conſulté des machines pneumatiques bien purgées d'air, ils virent avec plaiſir ce qu'ils avoient conjecturé d'avance, que le ſyphon, loin de produire aucun effet dans le vuide, y étoit muet, & que l'eau ne paſſoit point d'une de ſes branches dans l'autre. MM. *Homberg* & *s'Graveſande* ont encore mis cette vérité hors de tout ſoupçon.

Voici un autre exemple beaucoup plus frappant, & qui fait voir la néceſſité d'avoir de bons inſtrumens. L'illuſtre M. *Newton* a prouvé dans ſon Traité des couleurs, que les rayons lumineux que répand & darde le ſoleil, ſont compoſés d'autres rayons plus fins qui portent chacun ſa couleur particuliere, & qui ont différens degrés de réfrangibilité, ou différens angles d'incidence. Ces rayons ne ſe démentent jamais : & quoiqu'ils ſoient diverſement rompus, diverſement réfléchis, ils préſentent toujours la même ſorte de couleur, de maniere que le rayon rouge ne ceſſe point d'être rouge, le rayon jaune d'être jaune, le rayon vert d'être vert, &c. Rien n'eſt plus admirable que toute cette théorie de couleurs : & ce qu'il y a encore de plus admirable, c'eſt qu'un priſme de verre ſuffit pour ſe mettre en poſſeſſion de toutes les richeſſes qu'elle offre à l'eſprit. Mais il faut que ce priſme ſoit du plus beau verre, ſans taches, ſans ſouſſlures, ſans raies : & pour avoir manqué d'en avoir de cette qualité, & auſſi pour s'être trop hâté, M. *Mariotte*, qu'on regarde cependant comme un des plus fins Obſervateurs de la

Nature, ne pût jamais parvenir à s'affurer des expériences propofées par M. *Newton.* Il trouvoit toujours les fept couleurs
principales mêlées enfemble , & dans un autre ordre que celui
où elles doivent paroître : ce qui l'engagea à donner un nouveau
Syftême des couleurs, qui n'étoit point vifiblement le fyftême
de la Nature. Aujourd'hui ces expériences fe font d'une maniere
affez dégagée , pourvu qu'elles paffent par des mains adroites ,
intelligentes , qui fe piquent de jufteffe & de précifion.

III. Je fuppofe qu'un Phyficien ait tous les inftrumens qui lui
conviennent, que de plus fes inftrumens foient de choix , il faut
encore qu'il fache la maniere de s'en fervir à propos : ce qui
exige beaucoup de connoiffances délicates , & un art tout particulier de vaincre les obftacles qui renaiffent à chaque inftant. Le
pendule de M. *Huygens*, par exemple, doit avoir à Paris trois
pieds huit lignes & demie , pour battre une feconde à chaque
ofcillation , laquelle a pour mefure des arcs de cicloïde , ou ce
qui revient au même , de très petits arcs de cercle. Mais deux
Obfervateurs, dont l'un iroit vers l'équateur , & l'autre vers le
pôle , feroient bien furpris, le premier de voir fon horloge à
pendule retarder confidérablement fur le moyen mouvement du
foleil , & l'autre de la voir avancer. Que feront-ils donc à
l'afpect de ce double phénomene ? Si on les fuppofe inftruits de
cette regle importante, *que des corps égaux qui décrivent dans le
même tems des cercles différens, ont des forces centrifuges différentes & proportionnelles aux circonférences des cercles décrits* , ils
s'appercevront incontinent, le premier qu'il doit raccourcir fon
pendule , & le fecond qu'il doit l'allonger. En effet , plus on
approche de l'équateur, plus cette force inconnue, qu'on appelle pefanteur , diminue , & cela en raifon de la force centrifuge qui augmente : & comme elle eft très petite fous les pôles ,
la pefanteur y eft auffi très grande. Si donc on laiffe le pendule
dans le même état, on voit que la durée des ofcillations doit devenir d'autant plus longue que la pefanteur diminue , & qu'elle
doit devenir d'autant plus courte , que cette pefanteur augmente. Par conféquent il n'eft pas moins néceffaire de raccourcir le pendule en allant vers l'équateur , que de l'allonger en allant vers le pôle.

On voit par le détail de cette expérience, comment on peut ·

mettre à profit les lumieres qu'on a acquifes , & comment elles viennent au fecours les unes des autres. Il n'y a point de Naviga- teur qui ne foit prévenu de la variation de l'aiguille aimantée, & qui ne fache qu'elle décline tantôt plus , tantôt moins, tantôt du côté de l'Eft , tantôt de l'Oueft : ce qu'il connoît & déter- mine par la plus fimple de toutes les opérations, je veux dire, par les amplitudes ortives & occafes. Mais il feroit bien novice s'il ignoroit 1°. qu'il y a des parages tout-à-fait exemts de varia- tion , & qui fe trouvent fitués à-peu-près fous un même méridien ; 2°. qu'il y en a d'autres où elle eft folle , l'aiguille y faifant en moins de vingt-quatre heures tout le tour du compas. Mais d'où peuvent provenir, & ces différences, & tant d'autres qu'on découvre tous les jours : c'eft ce qu'apparemment nous ne fau- rons jamais, la vertu de l'aimant & fes propriétés fi fingulieres tenant au fyftême général de l'Univers, où nos foibles recher- ches n'arriveront point, & qui fera toujours une énigme pour nous. A l'égard des hypothefes, quelque bien travaillées , & quelqu'ingénieufes qu'elles foient , on doit en faire le même cas que font des Fables & des Romans ceux qui aiment la vérité hiftorique.

Mais ces connoiffances n'étant que préliminaires, un Obfer- vateur doit aller plus loin , & fe rendre attentif à tout ce qui l'en- vironne, au lieu, au tems, à la faifon, à la force & direction du vent, à l'état même où il fe trouve. Car tout cela peut alté- rer une expérience , & l'altérer de maniere à la faire méconnoî- tre, ou quelquefois à la faire manquer tout-à-fait. Et premiére- ment, pour ce qui regarde le lieu , on fait que les animaux veni- meux ne le font point également par-tout , & que les plantes dont on tire dans un Pays des fucs empoifonnés, s'emploient dans un autre fans péril. Ainfi, pour faire réuffir une expérien- ce, il faut remarquer avec exactitude le lieu où l'on eft, & le de- gré de chaleur qui y regne. Le célebre *Francois Redi* , par exem- ple , obferve que les morfures des araignées font très dangereufes en Italie : *morfu virus habent* , dit-il , *& fatum in dente minantur.* Mais en Angleterre , & dans les autres régions froides, ces in- fectes n'ont prefqu'aucun venin, fuivant le rapport du favant Naturalifte *Jean Ray* , qui cite même un Curieux de fes amis , lequel s'étant fait une bleffure à la main avec la pointe d'une ai-

d ij

guille, s'en fit incontinent une autre avec cette aiguille frottée
contre les dents d'une araignée. La douleur qu'il ressentit à ces
deux blessures fut à-peu-près la même : seulement y eût-il un peu
plus de rougeur & d'inflammation à la derniere.

En second lieu, le tems, le jour, la nuit, peuvent causer à
une expérience des variations infinies. Toutes choses égales, on
trouve l'air plus transparent, plus net, après de grandes pluies,
qu'en un autre tems ; parcequ'il est alors comme rincé, & les
objets se découvrent mieux. De la même maniere, on observe
que les réfractions qui changent le lieu apparent de tous les as-
tres, sont plus grandes l'hiver que l'été, & par une conséquence
naturelle, plus grandes vers les pôles que sous l'équateur. Mais
on se tromperoit fort, si l'on croyoit que la pesanteur de l'air
augmente à mesure qu'il devient plus réfractif, plus épais. Effectivement, quoique les réfractions horisontales soient en Suede
presque doubles des nôtres, l'air cependant n'y est pas plus pesant, & le barometre de Stokolm se tient au niveau de celui de
Paris.

En troisieme lieu, les différentes saisons de l'année changent
si fort une expérience, que pour la bien saisir, il faut nécessairement marquer en quelle saison elle a été faite. Qu'on prenne,
par exemple, des ressorts d'acier, de petites verges & des lames
de fer, on les trouvera l'été, ou pendant le chaud, plus roides,
plus difficiles à manier, que l'hiver, ou pendant le froid : de-là
concluoit M. *de la Hire*, qu'il vaut mieux suspendre à une soie
qu'à un ressort la verge du pendule des grandes horloges ; parceque ce ressort, devenant plus roide l'été, fait ses vibrations plus
fréquentes : au lieu que se trouvant plus mou l'hiver, il les fait
plus lentes. Qu'on passe ensuite des métaux à la pierre d'aimant,
on verra que ses effets sont beaucoup plus sensibles par le chaud
que par le froid ; que l'aiguille aimantée est plus mobile & plus
active en allant vers l'Amérique, où sa déclinaison est presque
nulle, qu'en allant au Cap du Nord ou Nordkyn, & dans la
Laponie Danoise. Quelqu'un a ajoûté même que la vivacité de
l'aimant est plus considérable pendant le jour que pendant la
nuit, & cela proportionnellement au degré de chaleur, qui est
toujours moindre la nuit que le jour.

En quatrieme lieu, il y a des occasions où un Observateur doit

avoir égard aux vents qui regnent, à leur force, à leur direction :
& principalement lorfqu'il s'agit de déterminer aux nouvelles &
pleines lunes la hauteur des marées dans un Port, ou à l'embouchure de quelque grand fleuve. Car fi les vents foufflent contre
terre, les marées feront beaucoup plus hautes que fi ces mêmes
vents fouffloient à l'oppofite, & repouffoient les eaux. On ne
peut donc rien décider fur cette matiere, que le tems ne foit cal-
me, & que l'obfervation n'ait été répétée plufieurs fois de fuite.
Et puifque j'ai parlé des marées qui font un des principaux objets de la Phyfique, je dirai qu'il y a toujours une grande différence entre celles du jour & celles de la nuit, & que jamais on
ne les voit fe rapporter les unes aux autres. Je m'explique. Si le
jour de la nouvelle ou pleine lune, la mer à midi monte dans un
Port de quinze ou vingt pieds, on peut affurer d'avance qu'elle
ne montera point à minuit uniformément, ni même à-peu-près.
En effet, s'il fe trouve des années où les marées du jour font plus
hautes que les marées refpectives de la nuit, il s'en trouve réciproquement où elles font plus baffes. Pour la caufe d'un phénomene fi fingulier, on ne l'a jufqu'ici, ni cherchée, ni découverte : peut-être même eft-il abfolument ignoré de la plûpart des
Phyficiens.

   En dernier lieu, un Obfervateur doit s'étudier fans complaifance, & avoir égard à la difpofition particuliere où il fe trouve.
M. Petit, le Médecin, rapporte qu'en maniant un cryftallin de
veau, ce cryftallin lui paroiffoit opaque & comme glaucomati-
que, toutes les fois que fes mains étoient froides, & au contraire
qu'il reprenoit fa tranfparence, quand fes mains étoient échauffées. Un autre Médecin, fameux pour avoir vérifié fur lui même
les expériences de *Santorini*, qui regardent la tranfpiration in-
fenfible, rapporte qu'un homme qui tous les jours fe laveroit les
mains avec de l'efprit de vitriol, en s'y accoutumant par degrés,
pourroit enfin tenir impunément des charbons allumés : non que
le feu fe dépouillât en fa faveur de l'activité qui lui eft ordinaire,
mais parceque fes mains, en fe cautérifant, deviendroient infen-
fibles. Le corps peut donc acquerir des difpofitions particulieres,
qui le rendent plus ou moins propre à recevoir les impreffions des
objets extérieurs : & l'on croira fouvent que ce font ces objets
qui changent de nature, quand c'eft le corps qui change lui-

même en détail. Un peu d'attention suffira pour démeler l'équi-
voque, & corriger l'erreur.

On demande quelquefois d'où proviennent les sympathies &
les antipathies ; & si les regardant comme vraies, on ne pourroit point leur assigner une cause réelle & effective. Pour éclair-
cir cette question, qui a sa difficulté, je considere les nerfs ou les
filets nerveux dans le corps humain, comme si c'étoient autant
de cordes tendues & susceptibles du moindre ébranlement. Ces
cordes transmettent à quelque partie du cerveau (on ne l'a point
encore déterminée) l'impression plus ou moins vive que les objets extérieurs font sur les sens : & alors l'ame se trouve émue,
& affectée de telle ou telle modification, qu'il n'est point du tout
à son choix de refuser, ni même d'affoiblir, pour lui en substituer une autre. Cela étant, si on admet deux hommes, dont les
filets nerveux soient également tendus, ils s'approcheront d'autant plus volontiers l'un de l'autre, que la même suite d'objets
les frappera non-seulement, mais les frappera encore du même
biais. De-là des goûts, des mœurs, des préjugés analogues : de-
là deux hommes à l'unisson. Tout le contraire arrive quand les
nerfs sont inégalement tendus. On se fuit, on se déplaît, on hé-
site à se lier & à s'accorder ensemble. Toutes les inclinations,
toutes les humeurs paroissent différentes & opposées.

IV. Les principaux obstacles qui pourroient faire manquer une
expérience ainsi levés, reste à procéder à l'expérience même.
Mais avant toutes choses, il faut se former une idée distincte de
ce qu'on cherche, & de ce qu'on veut trouver. Car il arrive souvent que plusieurs se donnent des peines infinies, qu'ils se consument en frais qui les gênent, sans viser à aucun objet fixe &
certain, du moins sans le trop connoître. Tels sont ces prétendus Chymistes qui aspirent à la transmutation des métaux, à la
pierre philosophale. Demandez-leur s'ils savent quelle est la tis-
sure intime de ces métaux, quelles sont les parties intégrantes
qui les composent ; dans quels principes ils se flattent de les résoudre. Vous verrez à leur embarras l'excès de leur ignorance.
Que cherchent-ils donc ? un esprit universel, une semence métallique, un feu élémentaire, à quoi ils réduisent toute la Physique. Mais qui leur a dit qu'il y a dans la Nature un tel esprit,
une telle semence, un tel feu ? Leur unique recours sera le si-

lence opiniâtrement gardé. Tels font encore ces prétendus Méchaniciens, qui fe propofent de trouver le mouvement perpétuel. Ils ignorent apparemment que dans toute machine il y a un centre de gravité commun, autour duquel les différentes parties de cette machine fe trouvent tellement balancées, que leur force vient à s'y réunir toute entiere : & quand il arrive que ce centre de gravité eft auffi bas qu'il le peut être, fans avoir la liberté de defcendre davantage; alors toutes ces parties doivent s'arrêter, alors il n'y a plus de mouvement.

Un autre défaut où tombent la plûpart des Philofophes prévenus d'un fyftême, c'eft de s'imaginer voir ce qu'en effet ils ne voient pas; c'eft de fe perfuader follement que par tout fe rencontrent les objets de leur complaifance, ou pour mieux dire, de leur préoccupation. Les Académiciens de Florence, par exemple, voulant prouver que la chaleur ne confifte que dans une agitation violente des parties les plus ténues du corps échauffé, fans aucune addition de matiere étrangere, affurent que des lames d'acier rougies au feu pefent moins que lorfqu'elles font refroidies. Ils ajoûtent même qu'ils en ont fait l'expérience. Mais quelle que foit l'autorité de ces Académiciens en Phyfique, on peut dire que cette expérience eft autant à rejetter, que la raifon qu'ils en donnent. Véritablement des lames d'acier rougies au feu pefent plus que les mêmes lames refroidies : ce qui convient à l'idée qu'on doit avoir du feu, lequel eft un fluide d'une nature particuliere, & compofé de molécules très rapidement mus. Or ce fluide ne peut agir fur des corps & les pénétrer intimément, en les divifant & fubdivifant à l'infini, fans augmenter leur poids, & l'augmenter d'une maniere qui foit fenfible, qui frappe. Et non-feulement un pareil effet fe remarque dans les corps expofés au feu, mais encore dans ceux qu'on préfente aux rayons du foleil, & qui en étant imbibés, deviennent plus pefans.

L'opinion Cartéfienne qu'il n'y a point de vuide, & que s'il y en avoit, tout le méchanifme de la Nature cefferoit, & ne pourroit point s'exécuter : cette opinion, dis-je, a dérangé bien des expériences, en les laiffant porter à faux. Les uns fe font imaginés que les corps qui ont du reffort, le perdent tout-à-fait dans le vuide, & autant les corps à reffort parfait, que ceux qui par leur propriété naturelle fe compriment & fe dilatent alternativement.

Mais le contraire a depuis été si bien prouvé, qu'il n'est plus désormais besoin de recourir à je ne sais quelle matiere subtile pour expliquer les effets du ressort, la force attractive dont les corps sont doués , & cela à proportion de la matiere réelle qu'ils contiennent, étant plus que suffisante pour expliquer ces effets. Les autres ont prétendu qu'un rayon de lumiere, en passant du vuide dans l'air , ne souffre aucune réfraction, & qu'il traverse deux milieux de caractere si différent en ligne droite. Cependant l'inverse de cette proposition étoit si aisée à vérifier , que je m'étonne qu'on ait pu s'y méprendre. Et d'ailleurs les réfractions célestes ne montroient-elles point assez que les rayons se rompent, en passant non-seulement de la matiere éthérée dans notre atmosphere, mais encore d'un air moins grossier dans un autre qui le seroit davantage ? Sur cela, nulle difficulté parmi les Astronomes.

Quoique le meilleur moyen de réussir dans une expérience soit de bien savoir ce que l'on cherche , & de le chercher avec un esprit pur & détaché de toute prévention : on ne laisse pas dans le cours de l'expérience de découvrir de certaines choses à quoi l'on ne pensoit nullement. M. *Picard*, travaillant sur son barometre, fut très surpris de voir que secoué dans l'obscurité, il donnoit de la lumiere. Aussi-tôt tous les Physiciens à qui le fait fut communiqué, éprouverent les leurs : mais comme il s'en trouva très peu qui eussent le meme privilege, la chose s'assoupit , & on n'en parla plus. Environ 30 ans après M. *Bernouilli* se mit à examiner son barometre ; & l'ayant trouvé lumineux, il fit des réflexions très fines & très ingénieuses , telles en un mot qu'il les sait faire. Il n'y a plus aujourd'hui de difficulté : & pourvu qu'on ait un tuyau entierement vuide d'air, & que le mercure soit purgé de toute matiere hétérogene, on pourra compter sur un barometre lumineux.

V. L'expérience étant faite, pour peu que l'Observateur soit délicat sur son travail, il la recommencera , soit en tout, soit en partie, crainte d'avoir omis quelque circonstance importante, quelque point essentiel, & aussi pour s'assurer s'il a vu chaque chose dans sa place précise , & de la maniere qu'elle demandoit à être vue. L'excellent Chymiste qui a fait tant d'observations au miroir ardent, avoit dit que tous les métaux s'y vitrifioient,

&

& particulierement l'or. Le fait même sur sa décision passoit pour constant en Physique. Mais d'autres Philosophes ont depuis avoué sans crainte, qu'ayant remanié les expériences annoncées par le Chymiste, elles ne leur avoient point réussi, & que non-seulement ils n'avoient pu parvenir à la vitrification de l'or, mais encore du plomb, quelque tems qu'ils y eussent employé. Que conclure de ce double aveu, si ce n'est que pour n'avoir plus aucun doute sur des expériences d'une certaine distinction ; il faut qu'elles aient été répétées plusieurs fois de suite, & par des mains aguerries & savantes ? Telles étoient sans doute celles de MM. *Hughens* & *Mariotte*, à qui l'on doit de si neuves observations sur la force des corps en mouvement. Cependant il est certain que ces deux grands hommes se sont trompés, en croyant que la mesure de cette force étoit le produit de la masse par la vîtesse : au lieu que c'est constamment le produit de la masse par le quarré de la vîtesse, ainsi que l'ont fait voir toutes les observations postérieures, qui distinguent la force vive ou celle qui réside dans un corps mû uniformément, de la force morte, ou de celle que reçoit un corps sans mouvement, lorsqu'il est pressé & sollicité de se mouvoir.

Quoi qu'il en soit, voici un exemple frappant de l'art avec lequel une expérience doit être répétée. L'ingénieux Chevalier *Boyle* voulant connoître le rapport que la Nature a mis entre l'air & la flamme, eut recours à la matiere, qui de toutes s'allume le plus aisément, je veux dire, à la poudre à canon. Il en renferma dans le récipient de sa machine pneumatique, dont il pompa tout l'air, & y mit ensuite le feu, pour voir s'il y auroit flamme, explosion & bruit. D'abord il y mit le feu avec une méche ordinaire ; ce qui n'ayant point eu le succès qu'il en attendoit, il employa les rayons du soleil, tantôt réunis dans un verre ardent, tantôt réfléchis par un miroir de métal. La poudre étoit tantôt éparpillée, tantôt rassemblée en un monceau. Non content de ces premieres tentatives, M. *Boyle* en fit de nouvelles, & toujours dans le vuide. Il prit un morceau de fer rouge sur lequel il jetta des grains de poudre : enfin ayant choisi un globe de verre où il y avoit aussi de la poudre renfermée, il ôta tout l'air de ce globe, & le plaça entre des charbons ardens. Le résultat de toutes ces expériences fut différent. Une fois la pou-

dre se fondit en jettant beaucoup de fumée : une autre fois le
le soufre s'alluma, sans que les deux autres matieres qui y étoient
incorporées en souffrissent : une autre fois les grains prirent feu,
mais séparément : la derniere fois enfin toute la poudre s'enflam-
ma avec explosion & détonnation.

Il est aisé de voir par la suite de ce procédé, de quelle maniere
un Observateur habile saisit une expérience, & de combien de
façons différentes il la sait tourner. Plein de ressources, il arrive
sûrement au but, quelques obstacles qu'il rencontre sur sa route.
Au reste, ces ressources supposent un génie d'invention qui n'est
pas ordinaire, & dont toutes les Sciences profitent également.
M. *Cassini*, par exemple, à qui le ciel étoit si familier & si bien
connu, sachant combien il est difficile d'avoir les parallaxes des
planetes ; parcequ'il faut des observations faites dans le même
tems en des lieux très éloignés, imagina une autre méthode où
un seul Observateur suffit ; parcequ'une étoile fixe tient lieu d'un
second. De même ce grand Astronome, donnant au Public ses
Ephémérides des Satellites de Jupiter, calculées sur le méridien
de Paris, y établissoit en quelque maniere un Observateur perpétuel, avec qui tous les autres n'ont qu'à correspondre, en
comparant le tems de leurs observations avec le tems où ces mêmes phénomenes ont été marqués pour cette grande Ville.

Après tout, il y a des expériences d'un certain caractere qu'on
est obligé nécessairement de répéter, quand même on feroit as-
suré de les avoir bien faites. Témoin celles qui regardent la pesanteur & la légéreté de l'air, son humidité & sa sécheresse. Tout
cela ne change-t il point à mesure que les saisons changent, &
même plusieurs fois dans une seule saison ? Témoin encore celles qui regardent les corps électriques, dont le nombre augmente chaque jour, & devient plus considérable. Ces corps
n'ont point en tout tems une égale électricité : on voit & qu'elle
augmente, lorsque l'air est sec, & qu'elle diminue lorsque l'air
est humide. L'aimant lui-même paroît sujet à quelque chose de
semblable. Il est tantôt plus vif & tantôt plus mou ; il forme
tantôt un plus grand tourbillon de limaille d'acier autour de lui,
& tantôt un moindre : ce qui influe encore sur les aiguilles aimantées, que les Navigateurs trouvent quelquefois si paresseu-
ses à la mer, qu'ils n'osent presque s'y fier, & ne savent quel
parti prendre.

Les mêmes Navigateurs obfervent une chofe qui n'eft pas moins finguliere : c'eft que les vaiffeaux qui ont leurs voiles déployées, marchent mieux en général la nuit que le jour. La différence en eft même affez fenfible, pour avoir été remarquée. Mais quelle raifon peut-on offrir d'un effet fi bifarre en apparence ? La voici, ce me femble. L'humidité de l'air pendant la nuit mouillant infenfiblement les voiles, enfle & groffit les fils, dont les divers entrelaffemens compofent leurs chaînes & leurs trames, & en les groffiffant, elle les rapproche les uns des autres. Par ce moyen les voiles deviennent plus étanchés, & préfentent au vent une furface curviligne, dont toutes les parties font contiguës. Si l'on regarde maintenant le vent comme un amas de petits filets paralleles qui viennent frapper contre la voile, on verra qu'aucun de ces filets ne doit fe perdre : au lieu que, quant elle eft feche, plufieurs paffent au travers, & ne produifent aucun effet fenfible. Auffi les habiles Navigateurs mouillent-ils fouvent leurs voiles lorfque le tems eft fec : & les Hollandois ont même pour cela des pompes portatives, & d'un ufage très commode, avec lefquelles ils rafraîchiffent leurs voiles hautes, les huniers & les perroquets.

VI. Bien des gens demanderont ici, mais avec plus de fafte que de fincérité, plus de hauteur que de jugement, fi une expérience, quelqu'utile & quelque brillante qu'elle foit, mérite toutes les attentions laborieufes que j'ai exigées qu'on eût pour elle. A cela ma réponfe eft prête. Il n'y a point d'occupation plus digne d'un homme qui fait penfer, & qui en a le loifir, que la recherche de la vérité. Elle lui offre chaque jour de nouveaux charmes, de nouveaux agrémens : & il ne manque point de trouver dans fa découverte des plaifirs d'autant plus vifs, qu'ils font plus nobles, plus démêlés. C'eft l'efprit lui-même qui en juge, & qui les reffent. M. *Defcartes* avoue, dans fon excellente méthode, *qu'ayant fait une revue fur les diverfes occupations qu'ont les hommes en cette vie, pour tâcher à faire choix de la meilleure, il penfa qu'il ne pouvoit mieux faire que de continuer en celle-là même où il fe trouvoit, c'eft-à-dire, que d'employer toute fa vie à cultiver fa raifon, & s'avancer autant qu'il pourroit en la connoiffance de la vérité.* Ce fyftême établi, peut-on fe plaindre des peines & des inquiétudes attachées au détail d'une expérience qui eſt aſſez avantageuſe pour nous conduire à la découverte de quelque vérité? Quelle ſatisfaction ne goûte-t-on pas, quand après une analyſe ſubtile, une préciſion ſcrupuleuſe, on a le bonheur de parvenir au but, & d'arracher à la Nature ſon ſecret? Oui, je le ſoutiendrai hautement, & ſans crainte d'être démenti par les connoiſſeurs, rien n'égale, rien ne peut égaler cette ſatisfaction.

Archimede ſortit autrefois du bain, en criant: *Je l'ai trouvé! je l'ai trouvé!* Il cherchoit depuis long-tems une propoſition déciſive ſur l'alliage des métaux, & cela par rapport à un larcin dont ſe plaignoit *Hieron*, Tyran de Siracuſe. Combien de Modernes occupés de ſpéculations plus ſublimes, auroient été par conſéquent plus en droit de dire: *Je l'ai trouvé! je l'ai trouvé!* Un M. *Newton*, en offrant au Public ſon admirable Traité des Couleurs, un M. *Hughens*, en lui offrant ſon Livre de *Horologio oſcillatorio*; un M. *Caſſini*, en lui offrant ſes Ephémérides des Satellites de Jupiter; un M. *de Réaumur*, en lui offrant ſon double Art, & d'adoucir le fer fondu, & de convertir le fer forgé en acier? Tous ces habiles Obſervateurs (j'en paſſe pluſieurs autres ſous ſilence) ont eu l'adreſſe de concilier heureuſement ce que demande la Phyſique, le neuf & l'utile. Le neuf frappe les eſprits attentifs; l'utile ſert à faire paſſer dans le commerce de la vie les richeſſes littéraires, qui ont été acquiſes dans un Cabinet ſavant.

VII. Tout ce que j'ai avancé juſqu'ici ne regarde proprement que la théorie des expériences: reſte à appliquer cette théorie à la pratique, je veux dire, d'en faire uſage par rapport aux trois regnes qui conſtituent la nature des choſes, le végétal, le minéral & l'animal. Aucun de ces trois regnes n'a été épuiſé; & quoique notre ſiecle ſoit très porté à ſe flatter, même ſur les moindres apparences, on peut ſoutenir hardiment qu'aucun ne le ſera jamais. En effet, les bornes de l'eſprit humain ſont ſi étroites, qu'il ne peut ſaiſir le moindre objet, ſans le décompoſer auparavant. Et que lui arrive-t-il en le décompoſant? de n'en voir les parties que les unes après les autres, que les unes ſéparées des autres, & d'ignorer abſolument leur emboîture naturelle, & ce que les Peintres & les Architectes nomment ſi bien le tout enſemble. C'eſt même faute d'y pouvoir arriver, que preſque toutes les caufes finales nous échappent, ou du moins que nous ne prenons pour caufes finales que ce qu'une imagination tantôt retrécie par nos befoins, tantôt enflée par notre orgueil, nous force de regarder comme telles.

Il y a plus; fi nous avons aujourd'hui l'avantage de nous trouver fur les bonnes voies, fi nous nous fommes familiarifés avec quelques principes de la véritable Philofophie, avouons-le fincerement, ce n'a point été fans peine, fans contradictions, fans nous être long-tems égarés. Quand après une longue barbarie, les Sciences fe renouvellerent de proche en proche, & fe rétablirent dans toute l'Europe, on crut ne pouvoir mieux faire que de déterrer les Ouvrages des Anciens, de les orner de glofes & de Commentaires, de prendre la teinture de leur efprit : on les admira par conféquent, & fans doute avec trop d'excès. Mais bientôt s'offrirent des hommes hardis & finguliers dans leur maniere de penfer, qui foutinrent qu'il falloit les dédaigner comme indignes de toute créance. On les dédaigna donc fur leur parole, & fans doute avec un pareil excès : on ne refpira plus que le nouveau. Mais que nous donnerent-ils, ces hommes d'ailleurs très eftimables, à la place des Ouvrages des Anciens? Des fyftêmes, des hypothefes, des fuppofitions arbitraires, des Romans plus ingénieux en apparence, que réels au fond. La chofe frappa enfin ceux mêmes qui y étoient les plus intéreffés : ils virent que pour favoir arranger des raifonnemens de caprice fur les principaux effets de la Nature, ils n'en connoiffoient pas mieux la Nature dans fon intérieur, dans ce qu'elle a de profond & d'enveloppé. Il fallut donc revenir en quelque maniere fur fes pas, & avouer que les Anciens n'avoient pas tant de tort qu'on cherchoit à leur en donner; que s'ils s'étoient mépris en beaucoup de chofes, ils en avoient connu beaucoup d'autres : ce qui eft à-peu-près la condition des hommes, en quelque fiecle qu'ils vivent. Une derniere reffource fe préfenta, & on la prit : ce fut de cultiver la Philofophie expérimentale, fans s'embarraffer d'aucun fyftême; de recueillir des faits bien avérés & bien certains, de faire des expériences en grand nombre, & de les varier de toutes les manieres poffibles; enfin de demeurer convaincu qu'il reftera toujours plus de chofes à découvrir que n'en découvriront jamais les génies les plus pénétrants. On croyoit ill

y a un demi-fiecle avoir fuffifamment approfondi la Nature,
quand on avoit lu la Phyfique de *Rohault*, ou celle de *Régis*,
en y ajoûtant de furcroît les Principes de la Philofophie de *Defcartes* : aujourd'hui tous ces vaftes recueils qui font fortis des différentes Académies de l'Europe, ne peuvent paffer que pour des
préliminaires. Loin de fe féliciter en les étudiant, qu'on verra
le bout de la Phyfique, les plus habiles jugent qu'elle n'a point
de bout, qu'elle eft inépuifable.

VIII. On appelle lieux en Géométrie certains efpaces déterminés, où peuvent fe conftruire toutes les courbes, qui, quoique différentes par la variation de quelques grandeurs, font
néanmoins affujetties à la même loi générale. Ne pourroit-on
pas appeller-également lieux en Phyfique les trois regnes, qui,
unis enfemble, conftituent la nature des chofes, & qui renferment tous les corps que nous connoiffons, malgré les apparences trompeufes qui les déguifent quelquefois à nos yeux? Ces
trois regnes font le végétal, le minéral, & l'animal, qui à leur
tour fe fubdivifent en plufieurs claffes fubalternes. Mais comme
ces fubdivifions n'ont été faites que les unes après les autres, &
fouvent même au hafard, il faut, pour les démêler, beaucoup
de travail & de peine : il faut entrer dans un détail prodigieux.
Tel qu'il eft cependant, on s'y plaît, on s'y attache, parceque
l'inftruction ne va gueres fans quelque plaifir, quelqu'agrément.

Je fuppofe d'abord qu'un Obfervateur foit inftruit en gros des
différentes claffes qui compofent chaque regne ; qu'il fache, par
exemple, à quel genre & à quelle efpece il doit rapporter une
plante, un métal, une marcaffite, un foffile, un coquillage, un
infecte ; qu'il ait du moins parcouru les principaux Auteurs qui
en ont traité, & fur-tout ceux qui ont examiné les chofes par
eux-mêmes. De cette connoiffance générale, il defcendra plus
facilement à des connoiffances particulieres : il verra ce qui a
échappé aux autres, & il le verra d'une maniere utile.

Je fuppofe en fecond lieu que cet Obfervateur ait une idée
claire & diftincte de ce qu'il cherche, de ce qu'il a envie de trouver. Par exemple, c'eft un corps très mince & très délié dont il
veut découvrir jufqu'aux plus petites parties ; c'eft une graine,
une femence, où il veut démêler les premiers traits, & comme

l'esquisse de la plante, qui doit dans la suite croître & végéter ;
c'est un insecte dont il veut appercevoir la trompe, les yeux, les
antennes, les petits poils, les taches différemment colorées.
Pour cet effet, il aura recours à une forte loupe : & si elle ne suffit point à son gré, il prendra un microscope, il l'ajustera ; il
s'y collera, pour ainsi dire : mais que ce soit avec sagesse, prudence & dextérité ; car il n'arrive que trop souvent qu'on se fait
à soi-même illusion, & qu'on s'imagine voir ce qu'on ne voit
point en effet. Témoin *Leuwenhock*, qui, pour se conserver la
réputation d'avoir les meilleurs microscopes, publioit souvent,
par vanité, des observations rares & frappantes, mais captieuses,
& qu'on n'a pu vérifier depuis. Témoin encore M. *Joblot*, Pro-
fesseur Royal en Mathématiques, dont l'exactitude n'a point tenu
contre l'envie de trouver dans quelques-unes des infusions qu'il
préparoit, des animaux portant un masque à face humaine. Et
à ce sujet, je remarquerai que *Swammerdam* s'est beaucoup di-
verti de *Goedaert*, & de quelques autres Naturalistes qui ont représenté des féves ou crysalides par où passent les chenilles pour
devenir papillons, avec des traits si réguliers, qu'on peut légitimement soupçonner ces Auteurs d'avoir plus donné à leur imagination qu'à la vérité de l'objet ; d'avoir plus cherché à plaire
qu'à instruire.

Quelquefois un Observateur n'a besoin que de connoître les
qualités extérieures du corps qui lui est présenté, que de saisir un
certain je ne sais quoi qui lui est propre ; & alors ses yeux, ses
mains, l'odeur, le goût, le toucher lui suffisent. On m'apporte
différentes sortes d'huiles, essentielles & non essentielles : je
verse dessus de l'esprit de nitre, pour voir quel effet il s'ensuivra.
Les unes prennent feu avec grand bruit & explosion ; les autres
font seulement du bruit, mais sans explosion, sans prendre feu ;
les autres enfin restent tranquilles, & ne produisent ni explosion,
ni bruit, ni effervescence. Je m'assure bien de tous ces faits, j'y
appelle des témoins : il ne s'agit plus que d'en trouver la cause.
De la même maniere je veux savoir si un corps est sonore, si un
autre est électrique. Guidé par l'amour de la vérité, & crainte de
méprise, je demande d'abord en quoi consistent ces deux qualités ? Le son, me répondent les Philosophes, dépend, non du
mouvement total qu'on donne à un corps, mais du frémissement

& de l'agitation que reçoivent fes plus petites parties. Mifes en reffort, elles doivent heurter les unes contre les autres, & en heurtant, s'ébranler, fe mouvoir plus ou moins vîte. Sur cela, j'examine le corps que j'ai entre les mains : je vois s'il rend quelque fon, & fi ce fon eft grave ou aigu, c'eft-à-dire, fi dans le même efpace de tems il fait un plus petit ou un plus grand nombre de vibrations : enfin je termine mon expérience.

A l'égard de la force électrique, il y a fur fon fujet deux remarques à faire. L'une, qu'elle eft différente de la force attractive ou de la gravitation, qui agit proportionnellement à la quantité de matiere que renferme chaque corps, enforte que le foleil, centre de toutes les planetes, les attire toutes en raifon directe de leurs maffes combinées avec leur éloignement. L'autre, que cette force électrique qui agit quelquefois à une très grande diftance, a befoin pour fe développer dans les corps où elle réfide, & que ces corps éprouvent un rude frottement, & qu'on les ait long-tems échauffés, du moins avec la main : ce qui n'eft point néceffaire pour la gravitation, qui ne ceffe jamais, & ne peut ceffer d'agir. Au refte, le nombre des corps électriques eft prodigieux. Il comprend toutes les réfines molles qu'on tire des végétaux, tous les bitumes qu'on tire des foffiles, toutes les pierres dures & tranfparentes, toutes les fortes de verres, toutes les matieres foyeufes, les crins, les poils, les cheveux de quelqu'animal que ce foit, enfin les plumes & le duvet des oifeaux.

IX. Mais ce qu'un Obfervateur a le plus fouvent intérêt de connoître, c'eft la ftructure organique des corps, c'eft leur méchanifme fecret, & dont les yeux ne peuvent être Juges. Pour cela : il doit tâcher de réduire ces corps en leurs parties élémentaires, intégrantes, & comme la chofe eft communément impoffible, en des parties auffi petites que l'Art le fouffre & le permet. Différens moyens y font propres, & les Phyficiens les emploient tour-à-tour, fuivant l'occafion & les befoins particuliers.

Il y a des corps qu'il faut brifer fous le marteau, ou triturer entre deux meules, ou même légérement concaffer : fans quoi l'on ne pourroit appercevoir la compofition de leurs parties intérieures, ni la direction de leurs fibres. Tels font à-peu-près tous

les

les métaux & minéraux, defquels on peut dire avec vérité qu'il n'y en a que deux proprement qui foient épuifés ; favoir, le fer, par M. *de Réaumur*, & l'antimoine par feu M. *Lemery*.

Il y a d'autres corps qui, fans exiger une plus longue préparation, fe réfolvent à l'humidité de l'air, ou du moins à l'humidité d'une cave. Tels font tous les fels, qui non-feulement different par l'impreffion qu'en reçoit la langue, mais encore qui affectent, chacun en particulier, une figure propre, & qui ne change jamais.

Il y a d'autres corps dont les parties ne fe développent que par la putréfaction, comme les graines & les femences qu'on met en terre ; ou par la digeftion, comme plufieurs fortes d'écorces & de racines qu'on laiffe tremper dans l'eau, afin de difpofer leurs parties huileufes à fe détacher ; ou par la fermentation, comme les chairs des animaux, leurs dépouilles, leurs excrémens, qui abondent en fels alkalis volatils, & encore comme le moût ou le fuc des raifins mûrs qui produit le vin, & autant de différens vins qu'on permet aux parties fpiritueufes de nager dans une plus grande ou une plus petite quantité de flegme. Je ne parle point des liqueurs vineufes qui fe font de fruits, de fleurs, de femences, de grains fermentés dans l'eau, & dont on peut tirer des efprits ardents & inflammables comme on en tire du vin.

Il y a d'autres corps dont le tiffu eft plus ferré, dont les parties font jointes plus étroitement les unes avec les autres, & à qui, par une fuite naturelle, il faut des menftrues, des diffolvans plus actifs ; tels que des eaux fortes, des eaux aiguifées par des fels, des efprits acides, des huiles éthérées. Mais comme de tous les diffolvans le feu eft celui qui a le plus d'activité, & qui réfout les mixtes en moins de tems, c'eft auffi par le fecours du feu que les Chymiftes achevent toutes leurs opérations, qu'ils décompofent & divifent les corps, qu'ils en tirent des efprits, des effences, des fels, des foufres, des huiles. Une chofe feulement qu'on pourroit reprendre dans ces extraits, & qu'on y a fouvent repris, c'eft la difficulté de les avoir purs & fans aucun mêlange, fans aucune addition de parties ignées. Elles alterent néceffairement tout ce qu'elles touchent, foit en ouvrant trop les premiers principes, foit en s'y incorporant, foit même en les

Tome I. f

faifant changer de nature ; par exemple , en donnant aux fels alkalis la forme & les propriétés des fels acides , ou en formant un
fel moyen qui ne donne plus de marques ni d'acide , ni d'alkali.

Suppofé pourtant qu'on ait tiré des végétaux & des animaux ,
avec toutes les précautions que la fineffe de l'art demande , des
extraits auffi purs qu'il eft permis de les fouhaiter , il faut un nouvel art pour les favoir conferver dans le même état. On voit des
huiles éthérées , comme celle de térébenthine , qui font d'abord
très claires & très limpides , mais qui s'épaiffiffent en peu de tems ,
& deviennent tenaces , à moins qu'on ne les renferme dans des
phioles bouchées hermétiquement. La plûpart des fels volatils
que rendent les parties animales , rongent les vaiffeaux qui les
contiennent , & s'échappent au travers de leurs pores , à moins
que ces vaiffeaux ne foient d'un verre très épais. Mais ce que
rapporte le fameux *Redi* eft bien plus fingulier ; favoir , que
pour conferver en Italie l'eau fpiritueufe de canelle , il faut la
laiffer dans les matras & les cucurbites où elle a été diftillée : au
lieu qu'en la verfant dans des fioles de cryftal , elle s'y trouble
& blanchit en peu d'heures , comme du lait ; elle jaunit enfuite ,
& prend un goût d'amandes ameres. Le même *Redi* ajoûte qu'on
fait cependant à Rome & à Venife de ces fortes de fioles , où
l'eau de canelle ne fe trouble & ne blanchit qu'au bout de
deux ou trois jours ; mais jamais elle n'y jaunit , jamais elle n'y
prend aucun goût défagréable. Toutes ces variétés font affez
bizarres pour avoir mérité d'être curieufement remarquées.

En France , il fe trouve auffi des bouteilles de verre où le vin
ne fauroit féjourner fans y acquérir une qualité malfaifante.
Meffieurs *Geoffroi* & *du Fay* , de l'Académie Royale des Sciences , ayant examiné d'où pouvoit venir ce défaut , l'ont reconnu
après plufieurs effais chymiques ; & ils ont établi pour regle certaine , que tout verre diffoluble par des acides , n'eft pas propre
à faire des bouteilles où l'on veut mettre du vin. M. *du Fay* a
encore été plus loin , & il a obfervé que , quelque fable qu'on
emploie , il faut des cendres de branches vertes bien fechées ,
pour avoir du verre à l'épreuve de l'acidité du vin , en convenant
même de la foibleffe de cette acidité. C'eft ainfi que les Arts ga-
gnent , & gagneront toujours , à paffer par les mains des Philofophes habiles.

X. Comme l'utilité des Mathématiques eſt aujourd'hui géné-ralement reconnue, & que chacun ſait qu'elles prêtent une vive lumiere à ceux qui empruntent leur ſecours, je crois qu'un Phy-ſicien doit travailler à ſe procurer quelqu'étincelle de cette lumiere, ſur-tout ſi dédaignant le foible mérite de ſuivre les au-tres, il veut ſe metre au rang des Inventeurs. J'avoue que les doutes & les conjectures dont la Phyſique eſt pleine, ne s'accor-dent pas aiſément avec la certitude qui eſt propre aux Mathé-matiques, & dont elles ſe glorifient: mais en établiſſant certai-nes conditions avouées par des expériences ſûres, & les modi-fiant d'une maniere ingénieuſe, on peut parvenir à concilier ce qui ſemble avoir une répugnance invincible. Je dis bien ce qui ſemble avoir; car au fond rien ne répugne que le vraiſemblable donné pour vrai, au lieu que donné pour ce qu'il eſt, pour vrai-ſemblable, on ne s'en offenſe point, on le reçoit.

Telle a été la méthode que les plus forts génies du dernier ſie-cle ont employée pour réſoudre tous ces beaux problêmes con-nus ſous le nom de *Phyſico-Mathématiques*, où brille la plus ſu-blime Géométrie. Comme il faudroit un trop grand appareil de calcul, ſi je voulois rappeller tous ces problêmes, & les accom-pagner de leurs équations, voici ſeulement pour montre l'énoncé de deux ou trois des principaux.

Premier Problême. Il s'agit de trouver un ſolide, lequel étant mû dans un fluide en repos, ou dans un fluide mû lui-même uni-formément, rencontre moins de réſiſtance que tout autre ſolide de même groſſeur & de même hauteur. Trouver ce ſolide, c'eſt déterminer ſa ſurface; & déterminer cette ſurface, c'eſt cher-cher la courbe qui la décrit par ſa révolution autour de ſon axe. Il naît de-là une condition eſſentielle au problême; c'eſt que le ſolide doit ſe mouvoir parallelement à cet axe dans le fluide immobile, ou uniformément mû. On voit bien que la figure de ce ſolide une fois trouvée, on connoît la figure qu'il faut donner à la partie de la prouë d'un Navire qui doit être dans l'eau, afin qu'il rencontre la moindre réſiſtance poſſible. Et comme la courbe qui forme la ſurface de ce ſolide eſt à-peu-près une para-bole, il eſt néceſſaire que l'avant des navires taillés, & qu'on cherche à rendre bons voiliers, ſoit à-peu près parabolique. C'eſt-là auſſi ce que les Conſtructeurs tâchent de faire, autant

f ij

que leur induſtrie leur en procure les moyens, & ils ſe conten-
tent de donner des ſurfaces rondes ou circulaires aux proues des
fluttes & des autres vaiſſeaux de tranſport ; parceque le commerce étant leur principal objet, plus on y charge de marchandiſes, plus leur deſtination eſt remplie.

En décrivant la courbe, qui, par ſa révolution, donne la ſurface du ſolide de moindre réſiſtance, ſi l'on fait une petite ligne
inconnue égale à une autre connue, cette courbe aura un point
de rebrouſſement : d'où le plus célebre Géometre qui jamais ait
paru en France, concluoit que ce ſolide pouvoit être convexe,
ou concave, ou en partie convexe & en partie concave. Mais
j'oſerai le dire, cette eſpece de corollaire avoit beſoin d'être traitée d'une maniere plus diſtincte, d'être éclaircie non-ſeulement
par le calcul, mais encore par le ſecours des expériences : & ſans
doute que M. le Marquis de l'Hôpital en ſeroit venu à bout, s'il
l'avoit entrepris.

Second Probléme. On ſuppoſe une chaîne très flexible & incapable d'extenſion, qui ait ſes deux extrêmités attachées à deux
clous fixes & poſés dans la même ligne horiſontale. On ſuppoſe enſuite que cette chaîne eſt tirée dans tous ſes points par
une infinité de puiſſances égales qui agiſſent toutes ſuivant une
direction perpendiculaire, & parallelement les unes aux autres.
Cela étant, on demande quelle eſt la courbe que décrit cette
chaîne, quelles ſont les propriétés, quelle eſt l'équation qui les
exprime. Le problême, comme on voit, digne d'exercer les plus
fins Géometres, n'a dû ſa réſolution qu'aux nouvelles méthodes,
aux calculs différentiel & intégral. Il eſt aujourd'hui fameux
ſous le nom de la chaînette. Les mêmes Géometres en ont fait
uſage pour trouver la nature de quelques autres courbes, ou ſemblables, ou très approchantes, par exemple de la voiliere, du
linge mouillé : tout cela en ſuppoſant 1°. que la direction du
fluide qui agit, eſt par-tout perpendiculaire à la courbe ou à la
matiere flexible, qu'il enfle & dilate en forme de courbe ; 2°. en
déterminant la loi de cette dilatation, & par la nature du fluide,
& encore plus par la nature de ſon action, qui dépend de la
ſomme de toutes les forces élémentaires dont elle eſt compoſée,
& qu'on peut regarder chacune comme étant infiniment petite.

Quelque ſublimes pourtant que ſoient toutes ces réſolutions, il faut convenir que la théorie en eſt plus ornée que la pratique n'en a été éclairée juſqu'ici.

Troiſieme Problême. Suppoſé un corps mû par ſa ſeule peſanteur, & dans un milieu qui n'ait point de réſiſtance, ſuppoſé encore que ce corps tombe obliquement à l'horiſon avec une vîteſſe uniforme, on demande qu'elle eſt la ligne qu'il doit décrire pour tomber, & le plus vîte & en moins de tems qu'il ſoit poſſible. On croiroit au premier abord que ce problême ne contient aucune difficulté, & que le corps mû devroit décrire une ligne droite, puiſque c'eſt la plus courte de toutes celles qu'on peut mener d'un point à l'autre. Mais on ſe tromperoit fort en décidant ainſi; car la ligne eſt une courbe, & une courbe que les Géometres ont nommée cycloïde. L'uſage qu'en a fait M. *Hughens*, pour donner une entiere juſteſſe aux horloges, l'a rendue très célebre : & la peine que pluſieurs autres Mathématiciens ont priſe de l'examiner, lui a fait trouver mille propriétés ſingulieres, dont celle de la plus prompte deſcente n'eſt pas une des moindres. J'ajoûterai ſeulement qu'une courbe étant une fois tracée pour ſatisfaire à de certaines conditions d'un problême, elle peut enſuite ſe changer en différentes autres courbes, à meſure qu'on apporte de nouveaux changemens dans les conditions.

En finiſſant ce Traité, qui renferme les principes généraux de l'art de faire des expériences, je répéterai une choſe que je crois cependant avoir aſſez bien établie : c'eſt que, quelques diviſions & quelques ſubdiviſions qu'on faſſe des corps, jamais on ne doit ſe flatter de parvenir à une derniere qui donne leurs parties intégrantes, ou leurs parties déterminées à être ce qu'elles ſont depuis l'origine de la terre. De même, quelques compoſitions & quelques révivifications que l'art puiſſe faire, jamais il ne parviendra à former la moindre partie intégrante, qu'on doit regarder comme plus petite que toute grandeur connue : ce qui eſt l'inverſe de la premiere propoſition. En effet, tout ce que l'art produit, il le produit d'une maniere bruſque, gênée, défectueuſe : au lieu que la Nature agit avec autant de fineſſe que de lenteur, faiſant paſſer tous ſes ouvrages par une infinité d'accroiſſemens ſucceſſifs, depuis leur origine juſqu'à leur entiere perfection.

Cela poſé, il me ſemble qu'on doit regarder avec une ſorte

de dédain, les Philofophes qui aimant à parler impérieufement
de tout, s'imaginent connoître la nature des corps; parcequ'ils
connoiffent un petit nombre de corps, non point encore en eux-
mêmes, mais par quelques propriétés dont ils font revêtus : comme fi l'expérience qui leur a fait remarquer celles là, les obligeoit
à prononcer dogmatiquement l'exclufion de toute autre, & encore, comme s'ils avoient une mefure certaine pour juger de
l'intérieur de la matiere & de fa capacité, lorfqu'à peine ils en
voient les dehors & la fuperficie. On doit traiter avec le même
dédain ceux qui, à la maniere de *Platon*, s'efforcent d'introduire des idées abftraites & métaphyfiques dans l'étude des chofes naturelles. Effectivement il ne s'agit point en Phyfique de
fuppofer aux corps des figures & des propriétés imaginaires,
pour avoir enfuite le plaifir de comparer ces corps les uns avec les
autres. La raifon veut feulement qu'on leur attribue toutes les
propriétés réelles, qui s'ajuftent & fe lient aux phénomenes
qu'ils nous préfentent, pourvû cependant qu'on n'y apperçoive
aucune répugnance ni aucune contradiction.

TABLE

DES CHAPITRES

Contenus dans ce premier Volume.

COURS

COURS

DE

PHYSIQUE-MATHEMATIQUE.

CHAPITRE PREMIER.

De la Philosophie , & des regles du raisonnement.

§. I. La Philosophie est la science de toutes les choses divines &
humaines : elle embrasse la connoissance de toutes les propriétés , des effets
& des causes de tout ce qu'on peut connoître , soit par le moyen de l'entendement , soit par le ministere des sens , soit par le raisonnement ou
par toute autre maniere quelconque. Cette science tend à procurer à l'homme , & à le faire jouir d'un véritable bonheur , tel néanmoins qu'on peut
l'espérer dans cette vie.

§. II. On entend par les *choses divines* , Dieu , & tous les êtres qu'il a
créés , tant spirituels que corporels & étendus , en un mot tous les êtres qui
sont sortis de la main du Créateur, de quelqu'espece qu'ils soient : de-là ,
la Philosophie traite de Dieu , des Anges , de l'ame humaine , de celle des
animaux , des corps célestes , de ceux qui appartiennent à notre globe , de
l'espace , &c.

Tome I.   A

§. III. Nous entendons par les *chofes humaines*, toutes les actions des hommes, tous les Arts & les inventions qu'ils ont imaginés, & dont ils font ufage, pour conduire toutes chofes au but qu'ils fe propofent.

§. IV. C'eft par l'entendement & le raifonnement qu'on parvient à la connoiffance de ce qui concerne les efprits. Mais en tant qu'il y a des efprits qui font unis avec des fubftances corporelles, on ne peut connoître leur puiffance refpective, & ce que ces deux fubftances peuvent produire l'une fur l'autre, en vertu de leur union, que par les effets qui réfultent de l'action de l'efprit fur le corps, & alternativement de l'action du corps fur l'efprit.

§. V. Tout ce qui eft matériel, ne fe connoît que par l'intermede des fens; car l'efprit de l'homme n'a point d'idées innées des corps, il ne peut pas lui feul découvrir aucune propriété des corps qui l'environnent, & il n'acquiert cette connoiffance que par le fecours des fens & par un examen long tems réfléchi.

§. VI. C'eft le raifonnement & l'induftrie qui perfectionnent toutes les connoiffances qui nous viennent de l'entendement & des fens. En effet, lorfque je découvre la folidité de quelques corps, j'apprends, en réfléchiffant fur cette propriété, que ces corps peuvent fervir, en différentes circonftances, à foutenir, fufpendre, pouffer, preffer & mouvoir d'autres corps. Si j'obferve la prompte & la forte expenfion qui naît de l'inflammation de la poudre à canon, je découvre que cette poudre, renfermée dans des canons de métal, fera propre à pouffer au loin, & avec effort, de gros boulets, fi on vient à l'enflammer: or, comme la mémoire de l'homme ne fuffit pas à toutes les obfervations qu'on peut faire, on eft obligé de les conferver par écrit: moyen très propre pour qu'on puiffe s'inftruire de celles que les autres font, y en ajoûter de nouvelles, & les repaffer toutes dans fa mémoire.

§. VII. Comme l'objet de la Philofophie s'étend à tout ce qui fait partie de l'Univers, l'étendue de cette fcience eft immenfe; ce qui a donné lieu de la divifer en plufieurs parties, qui peuvent toutes fe rapporter aux fix que voici.

§. VIII. La première eft la *Pneumatique*, qui traite de toutes les fubftances fpirituelles: favoir, de l'Efprit infini, ou de Dieu; des efprits finis, parmi lefquels les uns font doués de raifon, & font unis à des corps; les autres également unis aux corps, mais n'ayant pas la raifon en partage. Cette fcience, en confidérant les fubftances fpirituelles, confidere leurs propriétés, leurs opérations, leur origine, leur durée, leur union avec le corps, en un mot tout ce que la pénétration de l'homme peut découvrir dans un tel objet.

§. IX. La feconde partie de la Philofophie s'appelle la *Phyfique*: elle a pour objet le vafte efpace de l'Univers, & tous les corps qu'il contient: elle en confidere les propriétés, ce qu'ils peuvent produire & fouffrir; le rapport de fituation qu'ont entr'eux les grands & les petits corps de l'Univers, tant céleftes que terreftres: elle en examine la difpofition; elle confidere leur nombre, leur force, leurs effets, leurs caufes, les différentes modifications dont ils font fufceptibles, leur grandeur, leur origine, &c.

§. X. La troisieme est la *Téléologie*, qui considere les causes finales de chaque chose. Elle cherche à découvrir, autant qu'il est possible à l'homme, à quelle fin sont destinés tous les changemens & tous les mouvemens qu'on observe dans chaque substance. Cette partie de la Philosophie a son utilité, ainsi que les autres : elle augmente le nombre de nos connoissances : elle nous met devant les yeux la sagesse suprème & la bonté infinie de Dieu. Il arrive même quelquefois qu'on démontre plus manifestement les causes finales, que les causes de plusieurs effets. Il est très certain que l'Être Suprême n'a rien produit, & que l'homme lui-même n'agit jamais, qu'en vertu d'une fin qu'il se propose dans son ouvrage. Quelquefois la fin qu'on se propose, se rapporte à la principale action, & nullement à celle qui suit, & qui sert de moyen à la premiere ; car il arrive souvent que l'esprit ne fait pas la même attention à l'action secondaire. Par exemple, lorsque je veux dessécher sur-le-champ des lettres que je viens de tracer sur le papier, je porte aussi-tôt mes doigts dans un poudrier, afin d'y prendre de la poussiere & de la jetter sur l'écriture. Or, dans cette circonstance, pour quelle raison mes doigts se portent-ils alors au milieu du poudrier, plutôt que dans tout autre endroit ? pourquoi saisissai-je plutôt la poussiere qui se présente à mes doigts, que celle qui est au-dessous, ou vers la périphérie du vase ? Dans cette action, j'agis sans aucune raison spéciale, je ne me propose alors aucune fin ; ce n'est pas par un sentiment réfléchi que je n'enfonce pas mes doigts plus profondément dans le poudrier, & que je prens de la poussiere dans une partie de ce vase, plutôt que dans une autre ; ce n'est pas pour une raison déterminée que je n'en prens qu'une telle quantité : en cela le hasard seul me conduit. Cela posé, on ne doit donc pas rechercher à l'infini la cause finale de toutes les actions qui se suivent immédiatement ; ce seroit en vain qu'on donneroit tous ses soins à une telle recherche. Quelqu'utile que soit la Téléologie, & quelque soin que *Volf* ait pris pour la perfectionner, quoiqu'il ait surpassé en cela tous ceux qui l'ont précédé, elle est encore bien éloignée du degré de perfection qu'elle pourroit acquérir, & qu'elle n'acquerra jamais.

1°. Parcequ'il n'est pas donné à l'homme de connoître toutes les fins que l'Auteur de la Nature s'est proposées en créant & en disposant toutes les parties de l'univers. En effet, pour quelle raison a-t-il borné à un nombre fixe & déterminé, toutes les especes des trois regnes de la nature, *végétal*, *animal* & *fossile* ? pourquoi n'en a-t-il pas créé un plus grand ou un plus petit nombre ? pour quelle raison n'a-t-il formé que sept planétes ? pour quelle fin a-t-il produit un si grand nombre d'étoiles fixes & de cometes ? Il est constant qu'il s'est proposé dans toutes ces choses une multitude de fins différentes, que nous ne connoissons pas, & que le nombre ne nous permet pas de développer. Les bornes que l'Être Suprême a mises au nombre des êtres qu'il a créés, répondent à la vérité, & sont parfaitement conformes à la fin qu'il s'est proposée. On peut donc bien dire en général, puisque chaque chose est destinée à une fin particuliere, pour quelle raison l'Auteur de la Nature s'est-il proposé telle ou telle fin par préférence à toute autre ? mais on ne peut répondre à cette question, sinon qu'il en a agi ainsi de sa propre volonté, n'ayant consulté en cela, que cette sagesse infinie qui lui fait connoître toutes choses, & les liaisons qu'elles ont entre elles ; puisqu'il les a toutes créées

& qu'il les gouverne ; car le génie de l'homme ne pourra jamais pénétrer les différentes raisons qui l'ont déterminé dans chacune de ses actions.

2°. La connoissance des causes finales surpasse la foible portée de l'esprit humain ; parceque chaques choses ont des rapports entr'elles, comme il paroît manifestement par les effets qui en résultent ; & ces rapports, ainsi que les fins pour lesquelles ils sont établis, échappent à notre sagacité. On remarque, par exemple, dans l'homme, des organes qui ne se développent qu'avec le tems : la barbe ne croît au menton qu'à un certain âge, la voix ne se forme & ne devient mâle qu'après un certain nombre d'années ; il est un tems où l'habitude du corps prend une nouvelle forme, où les forces du corps augmentent, ainsi que celles de l'esprit ; le caractere change, la gaieté naît avec l'âge, la légéreté s'évanouit : il en est de même de quantité de phénomenes qui accompagnent la succession des années. Or les différens organes d'où dépendent tous ces effets, n'existant pas avant la maturité, on remarque que leurs effets ne se manifestent pas encore : on ne voit point croître de barbe à un enfant ; sa voix, son corps, son caractere, tout est chez lui efféminé : la tristesse, la mauvaise humeur, la légéreté, sont pour l'ordinaire son appanage. Or qui pourra connoître la connexion qui est entre ces organes & les effets qui en résultent ? Qui pourra indiquer pour quelles fins toutes ces choses ont été créées ?

3°. Tous les êtres qui font portion de l'Univers ont une connexion nécessaire entr'eux ; &, comme il n'est rien sorti d'inutile des mains du Créateur, tout ce qui existe concourt à l'harmonie du monde entier. Quel est donc l'homme qui pourra indiquer & démontrer toute l'utilité, toutes les connexions qu'ont avec toutes les parties de l'Univers les plus petites choses qu'on y remarque : telles, par exemple, que ces insectes qui rampent, ces plantes qui sortent à peine du sein de la terre, ces moisissures que l'on observe sur différentes substances, &c ? Qui pourra donc démontrer la fin que l'Auteur de la Nature s'est proposée dans la production de toutes ces choses ?

4°. Il ne faut pas établir son jugement sur l'analogie, s'il n'est confirmé par de nouvelles observations ; car nous voyons tous les jours que bien des choses n'ont pas été formées pour les mêmes fins, auxquelles plusieurs autres, qui leur sont semblables, nous paroissent manifestement destinées. Nous savons que les aîles ont été données à la plus grande partie des oiseaux & à plusieurs insectes pour s'élever dans les airs : elles ne sont pas destinées au même usage pour tous : les oies de la Magellanique ont des aîles, & elles ne volent point. Les cornes poussent aux taureaux qui ont été châtrés : il n'en est pas ainsi des cerfs qui ont souffert la même opération ; les bois de ces derniers ne tombent point tous les ans ; ou, si on le leur abat, il ne pousse plus. Quelques animaux se dépouillent plusieurs fois de leur peau au printems, d'autres une fois seulement, d'autres enfin n'en changent jamais ; & ces différences se remarquent dans des animaux de même espece. Quelle est donc la raison & la fin de ces différences ? C'est ce que nous ignorons tout-à-fait.

§. XI. La *Métaphysique* est la quatrieme partie de la *Philosophie* ; elle expose ce qu'il y a de plus général dans les choses : par exemple, ce que c'est qu'un être, une substance, un mode, ce qu'on doit entendre par contingent, nécessaire, possible, impossible ; ce que c'est qu'une relation, une similitude, une dissimilitude, &c. Cette science comprend l'*Ontologie*, & outre cela la *Cosmologie*, qui traite des choses les plus générales de l'Univers.

§. XII. La cinquieme partie de la *Philosophie* est celle qu'on nomme *Pratique* ou *Philosophie morale :* elle nous donne des préceptes & des regles pour diriger nos actions : elle nous enseigne la maniere de parvenir au plus éminent degré de perfection, auquel on puisse atteindre par la connoissance de soi-même : cette science nous apprend comment nous devons nous comporter à l'égard de Dieu, à l'égard de nous-mêmes & des autres hommes, soit que nous vivions dans le simple état de nature, soit que nous vivions en société & dans la dépendance des autres hommes, soit enfin que nous n'ayions de commerce qu'avec notre famille : c'est elle qui nous procure le véritable bonheur de la vie, en nous apprenant la maniere de distinguer le mal d'avec le bien, de pratiquer celui-ci & d'éviter l'autre.

§. XIII. La sixieme partie de la *Philosophie* est appellée *Logique :* elle nous enseigne de quelle maniere l'ame de l'homme possede la faculté de penser & de raisonner : elle nous donne outre cela des regles certaines pour nous mettre en garde contre l'erreur, pour former un bon raisonnement, pour distinguer ceux qui sont vrais d'avec ceux qui sont faux : cette science enseigne encore quelle méthode il faut suivre pour découvrir la vérité & la mettre dans tout son jour. Chaque science a sa Logique particuliere ; car les principes du raisonnement qui appartiennent à une science, ne sont pas de grande utilité pour une autre.

§. XIV. Lorsqu'on veut avancer à grands pas dans les sentiers de la Philosophie, il faut être instruit auparavant de ce qu'on appelle les sept Arts Libéraux, & sur tout des *Mathématiques.*

1°. Parceque cette derniere science aiguise particulierement l'esprit.

2°. Parcequ'elle fait connoître ce que c'est qu'une véritable démonstration ; ce en quoi elle surpasse les autres Sciences & tous les Arts.

3°. Enfin parceque, sans le secours de cette science, on n'est pas à portée d'apprendre parfaitement la Méchanique, l'Hydrostatique, l'Optique, l'Astronomie, &c. Ce furent ces considérations qui porterent avec rapidité cette science au plus éminent degré de perfection, lorsqu'au commencement du dix-septieme siecle les Génies les plus distingués ; savoir, *Galilée*, *Toricelli*, le P. *Merfenne ;* après eux, *Hughens, Newton, Bernouilli* & tous les plus savans Mathématiciens de nos jours, ainsi que le *Baron de Verulam*, voulurent qu'on joignît, & joignirent effectivement, les Mathémathiques à la Philosophie.

Cette science ne fut jamais plus cultivée & ne fit de plus grands progrès, que lorsque les Rois les plus puissans & tous les Princes de l'Europe fonderent des Académies des Sciences, & formerent des Sociétés de Savans, dont le nombre se multiplie chaque jour ; afin que, rassemblant tous leurs efforts, ils parvinssent à découvrir les secrets de la Nature, & à la forcer, pour ainsi dire, jusques dans ses derniers retranchemens. Cette science avoit toujours été négligée jusqu'à cette époque. Depuis ces établissemens chaque jour est marqué par de nouvelles découvertes : on examine continuellement la doctrine des Anciens ; on profite de leurs Ouvrages , on les perfectionne & on en retranche les erreurs qui s'y sont glissées ; de sorte que l'on peut assurer que la Philosophie a fait plus de progrès dans l'espace d'un demi-siecle , qu'elle n'en avoit fait depuis *Aristote* jusqu'au dix-septieme siecle.

De toutes les parties de la Philosophie, que nous venons d'exposer, nous ne donnerons nos soins qu'à la Physique : nous ne traiterons dans cet Ouvrage que des principes de cette science ; & quoique nous évitions avec soin toutes les questions qui ne sont que de pure subtilité, qui pour l'ordinaire sont enveloppées d'épaisses ténebres , il sera facile de juger que l'étendue de cette science est si grande, qu'on ne peut, dans l'espace d'une année, que les jeunes gens consacrent à cette étude, qu'on ne peut, dis-je, en développer que les premiers principes , en choisir ce qu'il y a de plus aisé & de plus à leur portée , & leur en donner un goût suffisant qui puisse les porter à la recherche des connoissances les plus sublimes & les plus nécessaires : c'est pour cette raison que nous ne parlerons pas de l'Astronomie & des phénomenes célestes, quoique cette connoissance puisse être rangée parmi celles qu'on regarde comme agréables & utiles.

§. XV. La *Physique* a pour objet les *corps* , l'*espace* & le *mouvement*. Nous allons expliquer en peu de mots ce qu'on doit entendre par ces choses.

On appelle *corps* tout ce que l'œil peut voir , tout ce qu'on peut toucher avec la main , tout ce qui fait éprouver quelque résistance ; en un mot tout ce qui tombe sous les sens.

On nomme *espace* cette étendue de l'Univers, dans laquelle les corps se meuvent librement ; & on donne le nom de mouvement, au transport d'un corps , d'une portion de l'espace dans une autre.

§. XVI. Comme l'esprit de l'homme n'a aucune idée innée des corps , ainsi que de leurs qualités , on ne peut acquérir les connoissances qui ont rapport aux corps , qu'à l'aide des observations & de l'expérience. Tout ce que les corps présentent librement à nos recherches, se découvre par la voie de l'observation ; & c'est à l'aide de l'expérience , que l'on parvient à la connoissance des propriétés qui ne tombent sous nos sens , que par les différentes opérations auxquelles on soumet les corps.

§. XVII. On appelle *phénomene* tout ce que nous découvrons dans les corps à l'aide des sens. Les phénomenes concernent les situations, les mouvemens, les changemens & les effets des corps. Lorsque nous considérons , par exemple , l'ordre & la combinaison des sept étoiles que l'on remarque à la grande Ourse, c'est un *phénomene de situation*. Le lever du Soleil , son midi & son coucher , nous offrent un *phénomene de mouvement*. La Lune qui commence à paroître, qui croît ensuite sensiblement, devient demi-pleine, paroît après cela dans son plein , & qui souffre ensuite en décroissant, mais dans un ordre renversé , les mêmes variations qu'elle a subies pendant son accroissance , nous présente un *phénomene de changement*. Lorsqu'un corps est poussé contre un autre , il agit sur lui : la même chose arrive lorsqu'un corps en tire un autre ; & c'est ce qu'on appelle un *phénomene d'effet*.

§. XVIII. Tout changement que nous voyons survenir aux corps , n'arrive que par le mouvement , soit qu'il soit excité dans ces corps , diminué ou détruit. Toute augmentation, ou toute perte de fubftance dans les corps, toute génération, toute corruption, en un mot quelqu'altération qui furvienne aux corps, ce font autant d'effets du mouvement. Cette vérité ne fe découvre pas toujours au premier coup-d'œil ; mais l'attention qu'on apporte à obferver les phénomenes, la met dans tout fon jour. Par exemple, fi on expofe au foleil un vafe en partie rempli d'eau, on s'apperçoit que cette quantité d'eau diminue ; parceque les parties de cette eau fe volatilifent continuellement par la matiere du feu qui les pénetre, les met en mouvement, & les éleve avec elle dans l'athmofphere. Par la même raifon, un morceau de glace perd de fon volume, parceque fes parties heurtées par les parties ignées font mifes en mouvement, & fe détachent de la maffe totale qu'elles formoient. La glace qui fe forme dans des vafes folides augmente de volume, par la rigueur du froid, diftend les vafes, comme on peut s'en affurer en les mefurant, & enfin les caffe. Les plantes croiffent par le fecours de la féve qui pénetre leurs racines, leur écorce & leurs feuilles. Cette féve pouffée dans les canaux de ces plantes, s'attache à leur circonférence, nourrit la plante & la fait croître. Les parties de cette même plante fe fanent, & elle diminue elle-même par la tranfpiration qui fe fait à travers fes feuilles & fa tige. Un morceau de bois, quelque dur qu'il puiffe être, foit qu'il foit expofé aux injures de l'air, foit qu'il foit à couvert, éprouve plufieurs changemens en vieilliffant : il dépérit & tombe enfin en pouffiere, quoiqu'il foit toujours refté dans la même place fans aucun mouvement. Tous ces effets dépendent de l'action de l'air, du vent, de la pluie, du feu & d'autres fluides fubtils, lefquels pénétrant librement entre les pores & les canaux ligneux, choquent leurs parties, les frottent, & enlevent celles qui font les plus mobiles ; telles que les parties aqueufes, falines & huileufes : tandis que les parties terreftres qui réfiftent à leur effort, étant dépouillées du *gluten* qui les uniffoit, demeurent fous la forme d'une pouffiere defféchée.

La denfité des corps augmente, par la compreffion : cette action, fe déployant contre leurs parties folides, les pouffe & en contraint plufieurs à fe retirer dans les efpaces qui les avoifinent. Si quelques parties d'un mixte fortent des efpaces qui les receloient, tandis que les autres demeurent dans la même place, le mixte devient *rare*. C'eft de cette maniere que s'operent toutes les altérations que le mouvement fait éprouver aux corps : bien plus, prefque tous les effets qu'on remarque dans les corps, dépendent du mouvement, ou le produifent : de-là le principal objet de la Phyfique eft le mouvement.

§. XIX. On a obfervé que tous les corps fe meuvent en vertu de certaines loix, quelle que puiffe être la caufe qui les met en mouvement : & ces loix font les loix de la Nature. Elles font conftantes & invariables ; car on remarque toujours le même effet chaque fois que les corps fe rencontrent dans les mêmes circonftances. Les plantes & les animaux ne fe produifent que par le moyen de leur femence, & cela toujours de la même maniere & felon la même loi. Les corps qui fe choquent, fuivent conftamment les mêmes loix, quant à la perte qu'ils font de leur mouvement dans le choc, & quant à la quantité de mouvement qu'ils communiquent au corps choqué. De-là celui qui a obfervé & qui connoît parfaitement ces loix , eft à portée de prévoir les effets qui en doivent fuivre. Ayant obfervé que les plantes qui ne font point en maturité fe pourriffent, s'échauffent & s'enflamment lorfqu'on les entaffe les unes fur les autres & qu'on les comprime , je prévois par cette raifon , que du foin verd & humide que j'amafferai , & dont je formerai un monceau, fe pourrira & s'enflammera. Si j'ai obfervé l'année derniere , que du froment bien mûr, femé dans un terrein fertile , y a bien profité, je dois croire que la même chofe arrivera cette année , fi les circonftances fe trouvent encore les mêmes.

Lorfqu'un corps fonore rend un fon , tous ceux qui font dans la fphere de fon activité , & qui font propres à fonner la tierce , la quinte, l'octave, la douzieme, &c, dans la claffe des fons harmoniques, graves ou aigus , tous ces corps, dis-je, réfonnent à la fois : ne diroit-on pas que la Nature auroit une prédilection pour l'harmonie, & qu'elle auroit recours à elle pour augmenter les fons.

§. XX. Toutés ces loix ne fe connoiffent que par l'intermede des fens : le plus fage des hommes, celui qui réfléchiroit le plus folidement, ne feroit pas capable d'en découvrir aucune par la méditation la plus profonde ; il n'en trouveroit aucune dont il eût une idée innée.

Toutes ces loix dépendent de la volonté libre de Dieu , qui a déterminé qu'il n'y auroit que tel ou tel mouvement qui auroit lieu , par exclufion à tout autre, dans telle ou telle circonftance. C'eft-en vertu de ces loix , toujours conftantes, que chaque plante porte fa femence , qui produit une plante femblable & non différente de celle qui a fourni la femence (1). C'eft en vertu de ces loix qu'il ne paroît dans la nature aucune nouvelle efpece différente de celles qui ont été créées au commencement du monde. A la vérité fi on plante à côté l'une de l'autre deux plantes d'un genre peu différent, leurs femences venant à fe confondre, ces deux genres concourront à la production d'une troifieme plante différente des deux autres ; mais auffi cette nouvelle plante fera ftérile : ce ne fera qu'une variété qui périra dans l'année , fi cette plante eft de nature à ne durer qu'un an ; ou elle ne fubfiftera que deux années , fi elle eft de la nature de celles qui fubfiftent ce tems : car on ne voit jamais de plante , de quelqu'efpece qu'elle foit, annuelle, bienale , ou même de l'efpece de celles qu'on appelle immortelles, qui permutent leur efpece.

De nos jours on a répandu le bruit , que de l'avoine qui avoit été coupée trois fois avant d'être parvenue en maturité , s'étoit changée en feigle & en froment après la moiffon. Si le fait eft vrai, il n'eft pas inoui. *Pline* le rapporte dans fon Hiftoire Naturelle , Liv. 18. §. 44. L'orge, dit cet Hiftorien, fe change en avoine, de même que l'avoine elle-même produit du froment. Cet événement dépend fur-tout de l'influence du foleil & de la pluie. La débilité du grain qui refte trop long-tems en terre avant de germer , eft encore une caufe concomitante du même phénomene. Il arrivera encore la même chofe , fi le grain eft trop humide lorfqu'on le feme.

On remarque encore un autre accident dans les endroits où l'on feme de

____

(1) Mofis Lib. 1. Cap. 1. Comm. 12.

J'avoine

l'avoine : si le grain commence à se développer , mais qu'il n'ait pas encore acquis sa maturité & toute la force qu'il doit avoir ; s'il est alors exposé au souffle d'un certain vent qui lui est contraire , il deviendra vuide ; & c'est ce que les paysans de Hollande nomment *zandhaver*. Je fais grand cas des observations des autres ; mais je ne rapporterai ici que celles que j'ai faites dans les différens tems des semailles. Je répétai dans mon jardin en 1759 l'expérience suivante. Je fis faucher de l'avoine , & je remarquai toujours le même résultat , soit qu'elle eût été fauchée une fois , deux fois , & même trois fois : le grain qu'elle produisit fut de l'avoine presque toujours de même figure que celle que l'on n'a pas coupée , & qu'on recueille aux mois de Juillet , Août , Septembre & Octobre. J'ai observé le même événement dans deux jardins qui sont situés au-delà des portes de Leyde. Le Consul J. Fr. *Gronovius* avoit fait semer , pendant l'automne de l'année 1758 , de l'avoine qu'il avoit exposée à la rigueur de l'hiver , & il recueillit de l'avoine. J'ai vu outre cela de l'avoine produire de l'avoine au mois d'Octobre , dans un jardin qui avoit porté au mois d'Août des épis d'orge ou des épis de grains de semblable nature , & qui étoient tous hérissés de barbe. *Columella* nous apprend (1) que tout froment qu'on seme dans une terre marécageuse , porte , après la troisieme semaille , le meilleur froment qu'on puisse desirer , & il ne differe de celui qu'on a semé que par la blancheur & le poids. On seme dans le Diocese d'*Utrecht* de très beau froment qu'on tire de *Zélande* , qui , après la troisieme semaille , dégénere , prend une couleur rouge ; & on ne le seme plus ensuite , parcequ'il n'est plus propre à faire de bon pain. Avant l'hiver de 1759 , je semai , pour la seconde fois , de l'avoine , que je conservai dans une serre , elle y germa très bien : je la coupai au mois de Mai de l'année suivante , & deux fois encore après ; à la fin du mois de Juin je ne recueillis que de l'avoine ; de sorte que je suis actuellement convaincu que l'avoine ne produit que de l'avoine. Chaque animal engendre son semblable , & on n'observe point dans la nature de nouveaux genres d'animaux. Si , par fois , deux genres différens s'accouplent , l'animal qu'ils engendrent n'est point propre à la propagation de son espece. C'est ce qui arrive lorsqu'un âne couvre une jument , ou qu'un cheval s'accouple avec une ânesse , lorsque le lievre se joint à la femelle du lapin. Chaque animal porte un tems fixe & déterminé. La femme porte neuf mois , l'ânesse & la jument douze mois , la vache dix , les brebis & les chevres cinq mois seulement ; la lionne six mois , ainsi que l'ourse , &c. Il y a des animaux qui vivent peu de jours , d'autres quelques mois , quelques-uns un certain nombre d'années , & d'autres enfin qui vivent très long-tems.

D'où il suit manifestement qu'il n'y a point dans la nature de *force plastique* propre à former à chaque instant de nouveaux genres ; mais qu'il est évident qu'au premier instant de la création , Dieu forma tous les genres , qu'il conserve habituellement toutes les especes qu'il a créées , sans en produire de nouvelles , ni détruire celles qu'il a formées anciennement.

§. XXI. Le Créateur de toutes choses , étant libre dans toutes ses actions , eût pû disposer autrement toutes les parties de l'Univers ; cela ne dépendoit

____

(1) Columella de re Rustica Lib. 2. Cap. 9.

Tome I.   B

uniquement que de sa volonté : pour quelle raison a-t-il donc choisi l'ordre & la disposition qu'il leur a donnés ? C'est un mystere que les bornes étroites de l'intelligence humaine ne permettent pas à l'homme de percer ; il nous suffit de savoir que chaque chose a été disposée dans l'ordre le plus convenable & le plus propre aux fins que l'Auteur de la Nature s'est proposées dans son ouvrage ; & nous ne pouvons qu'admirer la sagesse du Créateur, en considérant l'ordre & la disposition de toutes les parties de l'Univers. Le motif qui l'a déterminé, & la fin qu'il s'est proposée dans l'établissement des loix de la nature, surpassent infiniment l'étendue de nos connoissances ; & il en est de même de quantité de loix qui se présentent continuellement à nos recherches : car pour quelle raison tout animal est-il soumis à la mort, se corrompt-il, & répand-il une mauvaise odeur après sa mort ? Pour quelle raison le foin humide, & même toute autre plante, se pourrit-elle, s'échauffe-t-elle & s'enflamme-t-elle, lorsqu'on la ramasse & qu'on en forme des monceaux ? Pourquoi le suc qu'on tire des raisins & de tous les fruits, étant exposé dans des vases à l'air libre, fermente-t-il, pourquoi donne-t-il du vin & des esprits ardens ? Pour quelle raison l'accouplement du mâle & de la femelle donne-t-il origine à un nouvel individu, & cela après un tems fixe & déterminé relativement à chaque espece ? C'est ce qu'aucun Philosophe, quelque génie qu'on lui suppose, quelque connoissance qu'il ait acquise, ne pourra jamais expliquer.

C'est pourquoi les loix de la Nature sont, par rapport à nous, de simples effets, que nous trouvons toujours les mêmes dans les mêmes occasions ; & quand les loix seroient dépendantes d'une loi générale & plus simple, nous ne connoissons point cette liaison & cette dépendance : & il nous importe peu de savoir si un phénomene que nous observons dans la Nature dépend immédiatement de la volonté de Dieu, ou s'il n'en dépend qu'en vertu d'une cause inconnue d'où il procede immédiatement, ou s'il doit son origine à une longue suite de causes qui se succedent les unes aux autres. Mais il ne nous est pas permis de douter que l'Auteur de la Nature n'ait établi plusieurs loix, qu'on doit regarder comme *premieres*, & qui émanent immédiatement de sa volonté ; & d'autres outre cela qu'on doit appeller *secondaires*, qui dérivent de celles dont nous venons de parler.

Toutes ces loix, telles qu'elles soient, sont permanentes & invariables ; parceque la volonté & la providence de celui qui les a établies, sont souverainement parfaites & immuables ; puisque Dieu est toujours le même, doué d'une perfection infinie, toujours infiniment sage & immuable.

§. XXII. Chaque fois que le même phénomene se présente à nos recherches, chaque fois il doit se rapporter aux mêmes loix : c'est l'observation qui les confirme ; & parceque les causes de ces loix nous sont inconnues, le Philosophe ne peut pas porter certainement ses recherches au-delà de la connoissance de ces loix.

C'est par leur intelligence que nous connoissons ce qui est dans l'ordre naturel ou surnaturel. Les phénomenes qui s'observent constamment, lorsque les corps se trouvent dans les mêmes circonstances, doivent être rangés dans le premier de ces deux ordres. On donne le nom de miracle ou de prodige à tout ce qui n'est pas conforme, ou à ce qui est contraire, aux loix ordinaires de la Nature. Rien n'eſt plus conforme à ces loix que de voir des animaux engendrer leurs ſemblables : c'eſt un miracle lorſqu'on voit des animaux prendre naiſſance du ſein de la pouſſiere (1). C'eſt le propre du feu de brûler & de conſommer le corps de l'homme qui eſt en proie à ſes flammes ; mais ſi on voit des hommes qui ſortent du ſein des flammes ſans avoir éprouvé leur action, c'eſt un miracle (2).

Toutes ces choſes ſont autant d'effets de la Puiſſance divine : elles ſont toutes rangées ſelon l'ordre des decrets de Dieu, qui a prévu de toute éternité qu'elles arriveroient dans le tems qu'il a déterminé. De quelque façon qu'elles arrivent, elles ſont toujours les mêmes par rapport à nous ; puiſque nous ne pouvons jamais connoître toute l'étendue de la volonté & de la puiſſance de Dieu.

§. XXII. Puiſque nous ne connoiſſons pas toutes les loix de la Nature, il faut donc que nous tâchions de les découvrir, tant celles qui ont rapport aux corps céleſtes, que celles qui regardent l'adminiſtration des corps ſublunaires, & que nous tâchions de les graver dans notre mémoire. Il faut donc paſſer ſucceſſivement en revue toutes les eſpeces de corps qui font partie de l'Univers. Parmi les corps céleſtes, il faut conſidérer les principales planetes, leurs ſatellites, les cometes & les étoiles fixes ; il en faut conſidérer le nombre, la grandeur, la figure, le tems de leur apparence, leurs éclipſes, leur diſtance reſpective, & leur ſituation par rapport au ſoleil & à la terre : il faut ſur-tout conſidérer les tems périodiques de la révolution des planetes & des cometes autour du ſoleil, la vîteſſe de leurs mouvemens, toutes leurs apparences ; il faut étudier la grandeur & la véritable figure de leurs ellipſes, l'inclinaiſon de chacune ſur l'écliptique, leurs révolutions ſur leurs axes, l'inclinaiſon de ces axes ſur l'équateur & ſur l'écliptique, le balancement de ces mêmes axes, &c. Toutes ces choſes nous ſont encore inconnues, ou ne nous ont pas été fidelement tranſmiſes ; ce qui fait qu'il nous manque des Tables aſtronomiques plus correctes que celles que nous avons.

Les Philoſophes ont rangé ſous trois regnes tous les différens corps qui appartiennent à notre globe ; ſavoir, le regne *foſſile, végétal* & *animal*, auxquels on pourroit en ajoûter un quatrieme, qu'on nommeroit *athmoſphérique*.

Les corps qui font partie du regne *foſſile* ſont compoſés de parties hétérogenes, du concours deſquelles différens fluides, différentes maſſes ſolides de différentes figures, grandeurs & fermeté, prennent naiſſance. Tous ces corps ne ſont point organiques ; ils n'ont ni organes, ni vaiſſeaux, ils ſont dépourvus de mouvement & de vie.

Les *végétaux* ſont des corps organiſés, vivans, munis de vaiſſeaux, de valvules, d'enveloppes, de glandes ; ils s'attachent à la terre comme à leur matrice, ou à d'autres végétaux, ou à quelques parties animales, d'où ils tirent la nourriture qui ſert à leur développement & à leur accroiſſance. Tant que la ſéve s'éleve dans leurs canaux, ils végetent, ils pouſſent, ils vivent ; mais dès qu'elle ceſſe de s'élever, ou qu'elle s'épanche, ils périſſent.

(1) Exod. Cap. 8. v. 17. (2) Daniel, Cap. 3. v. 27.

Les *animaux* font des corps organifés, qui tirent leur aliment des trois regnes de la Nature ; ils ont la faculté de fe mouvoir où bon leur femble ; ils font doués de fentiment ; ils reçoivent différentes impreffions des corps extérieurs, différentes humeurs circulent dans toute l'habitude de leurs corps : les unes fervent à la nutrition des parties où elles abordent ; les autres, celles qui font inutiles à la nutrition, s'échappent & s'élevent dans l'athmofphere. L'animal vit tant que cette circulation a lieu, & il périt fitôt qu'elle ceffe.

Les *corps athmofphériques*, ceux qui conftituent le quatrieme regne de la Nature, font différens fluides hétérogenes, qui ne prennent aucune accroiffance ; privés de vie & de fentiment, ils s'élevent & voltigent dans l'athmofphere.

§. XXIV. On remarque dans chaque regne un grand nombre de fubftances, de différentes efpeces, qu'on ne peut connoître parfaitement qu'en les diftribuant en plufieurs claffes. On peut juger, par la multitude de ces différentes efpeces, de l'étendue immenfe de la Phyfique ; puifqu'il n'y en a aucune que cette fcience ne doive confidérer.

Le premier objet du Phyficien eft donc de les connoître : connoiffance qu'il ne peut acquérir que par la lecture de tous les Auteurs qui ont écrit fur l'Hiftoire Naturelle. Il doit enfuire examiner toutes ces efpeces en particulier, afin d'en découvrir les difpofitions tant extérieures qu'intérieures, les dimenfions, les propriétés, les différens rapports, en un mot tout ce qui tombe fous les fens, & ce qu'on ne peut découvrir & connoître que par leur miniftere. On doit apporter un foin particulier à l'examen de chaque efpece ; car quoiqu'il y en ait quelques-unes qui paroiffent fe rapporter à la même, néanmoins, eu égard à quelques-unes de leurs propriétés, à certaines difpofitions de leurs parties extérieures ou intérieures, elles different les unes des autres, & quelquefois cette différence ne fe trouve qu'entre leurs vifceres & leurs humeurs : tant il eft vrai qu'on ne doit jamais juger d'aucune efpece par la connoiffance d'une autre.

Si quelqu'un, ayant remarqué que l'eftomac de l'homme eft membraneux, ainfi qu'une veffie, concluoit de-là que celui de la brebis, du bœuf, &c, eft pareillement membraneux, il tomberoit dans une grande erreur : fi on imaginoit que l'eftomac des oifeaux fût femblable à celui de l'homme, ou qu'il fût de même nature & parfaitement femblable dans tous les oifeaux, on s'éloigneroit beaucoup de la vérité ; puifque dans plufieurs oifeaux, tels que dans l'autruche, dans les poules, dans les poules-d'Inde, dans les oies, dans les canards, &c, on obferve que l'eftomac eft très épais, qu'il eft formé d'une difpofition admirable de fibres charnues, douées d'une très grande force, laquelle eft fuffifante pour broyer les alimens que ces animaux avalent, qui font pour l'ordinaire des grains, ou d'autres corps d'une certaine réfiftance. L'effort qui provient de la contraction de l'eftomac d'une poule-d'Inde eft tel, qu'il peut fuffire pour applatir un morceau de métal qui ne pourroit céder qu'à la preffion d'un poids de quatre cens cinquante-fept livres & demi, ainfi que l'a obfervé M. *de Réaumur* (1). Au contraire dans

(1) Journal des Savans, année 1753, Juin, p. 165.

les oifeaux de proie, dans le faucon, par exemple, dont l'eftomac eft membraneux, les alimens n'éprouvent aucune trituration ; mais, pénétrés par le fuc gaftrique, il les ramollit, & il opere tout l'œuvre de la digeftion, foit que ces alimens foient des viandes ou des os : ce fuc, qui eft un excellent diffolvant pour les viandes, n'eft pas propre à la digeftion des végétaux.

Quelle différence ne remarque-t-on pas dans les organes de la voix des animaux terreftres, & fur-tout des oifeaux (1). Le polype aquatique eft encore une preuve très convaincante, qu'on ne doit pas juger d'aucune efpece d'animal par la connoiffance qu'on peut avoir d'une autre efpece ; car les polypes ordinaires que l'on trouve en eau douce, font des animaux qui ont la faculté de fe tranfporter, comme il leur plaît, d'un endroit dans un autre, & ils ne font attachés à aucun corps qu'à celui qu'ils choififfent. On trouve une autre efpece de polype qui ne differe point, quant à la conftitution de fon corps, ou qui ne differe que très peu, de celui dont nous venons de parler : ceux de cette efpece font attachés par l'extrêmité de leurs corps à la cellule qu'ils habitent : cette cellule, ainfi que l'animal qu'elle contient, acquerent l'un & l'autre de plus grandes dimenfions, & croiffent enfemble, de même que le limaçon & fa coquille. On remarque la même chofe dans les coraux qui fervent de demeure aux polypes, & dont ces animaux ne peuvent jamais fe féparer. *Donat* (2) a obfervé de ces coraux, dans lefquels il a vu naître la derniere partie des polypes qui les habitoient : les coraux doivent être rangés dans la claffe des pierres.

§. XXV. On divife les *animaux* en plufieurs efpeces,

1°. En *terreftres*, qui ont la faculté de marcher, tels que les hommes, les beftiaux, &c.

2°. En *reptiles*, tels que les ferpens, &c.

3°. En *poiffons vivipares*, comme les baleines.

4°. En *poiffons ovipares*, tels que les perches, les loups marins, &c.

5°. En *poiffons cruftacés*, comme les cancres, les écreviffes, &c.

6°. En *poiffons à coquilles*, tels que les huitres, &c.

7°. En *oifeaux*.

8°. En *infectes terreftres*, comme les vers, les araignées.

9°. En *infectes marins*, dont le nombre eft très grand, tels que les polypes marins, les fcolopendres, &c.

10°. En *infectes d'eau douce*, comme les polypes qu'on remarque dans ces fortes d'eaux, comme ces poiffons à coquilles qu'on appelle araignées, &c.

11°. En *amphibies*, qui font en partie terreftres, en partie aquatiques, comme les chevaux marins, les crocodiles, les Caftors, &c.

12°. Enfin en *zoophytes*, tels que font les madrepores, les coraux, &c.

Le nombre de toutes ces différentes efpeces fe monte à plus de trois cens mille, & on en découvre tous les jours de nouvelles. Tous ces animaux font différens entr'eux, quant à la forme & à la difpofition de leurs parties, foit extérieures, foit intérieures : ils font tous de différens caracteres ; les uns vivent plus long tems que les autres ; ils ont tous un tems marqué & différent pour s'accoupler ; ils font plus féconds les uns que les autres ; leur maniere de vivre, leur nourriture, leur façon de fe battre, de fe dérober aux pourfuites, de faire

(1) Hift. de l'Acad. Roy. ann. 1753. (2) Philofoph. Tranfac. vol. 50. part. 1. p. 58.

leurs nids, de marcher, de ramper, de fauter, de voler, de nager, eft différente pour tous. Ceux qui changent de peau, & qui prennent différentes
formes, ne fubiffent pas ces changemens de la même maniere, &c.

§. XXVI. On divife les *végétaux* en arbres, en herbes, en gazons, en
champignons, en algue (1), en mouffe, &c. On diftribue tous ces différens végétaux en plufieurs efpeces, que le célebre *Linnæus* diftingue les unes
des autres, par les différences que l'on remarque dans leurs fexes.

On compte actuellement plus de quatorze mille plantes connues, qui ne
different pas moins entr'elles par la ftructure de leurs parties, tant intérieures qu'extérieures, que par les fluides qui circulent dans leurs canaux.

La propagation des plantes s'opere de différentes manieres : par leurs racines, par leurs rejettons, par greffes, par leurs boutons, par inoculation,
par plantation, par femence, &c.

Les femences que l'on jette en terre ne font pas toutes fécondées de la
même maniere.

§. XXVII. Le regne *minéral*, ou *pétreux*, fe divife en trois claffes. La
premiere comprend les *pierres*, la feconde les *mines*, & la troifieme les
foffiles.

Les *pierres* comprennent les pierres fimples, celles qui fe vitrifient, les
pierres *calcaires* & les *apyres*.

On compte parmi les *minéraux*, les fels qui font diffolubles dans l'eau,
les *foufres*, les métaux : favoir, l'*or*, l'*argent*, le *cuivre*, le *fer*, l'*étain*, le
plomb, auxquels on ajoûte fouvent le *vif-argent*. Les demi-métaux font
l'*antimoine*, le *zinc*, le *bifmuth*, le régule d'*arfenic*, le régule de *cobalt*, le
kupfernikkel, (qui eft une mine d'arfenic) la platine. Les *foffiles*, comprennent les terres, les concrétions & les pétrifications.

Il faut encore ranger dans ce regne l'eau commune, tant douce que celle
de la mer ; mais fur-tout toutes celles qu'on appelle minérales.

Quoique les entrailles de la terre recelent encore la plus grande partie
des fubftances qui compofent ce regne, le nombre de celles que nous connoiffons déja, eft fi grand, & elles font toutes fi diverfifiées, qu'il n'eft pas
poffible de les confidérer fous un point de vue général. Elles font toutes différentes les unes des autres, par la grandeur, la figure, la dureté ou la molleffe, le poids, la couleur, la fixité, ou par les différens degrés de volatilité
qu'on découvre en elles, lorfqu'on les foumet à l'action du feu, &c. Toutes
ces fubftances ne font point formées de la même maniere dans le fein de la
terre ; outre cela la main de l'homme fait en allier plufieurs entr'elles, &
en former de nouvelles combinaifons, propres à différens ufages : ce qui
multiplie encore le nombre des variétés qu'on remarque entre toutes ces
fubftances.

§. XXVIII. Quoique la Nature n'obferve pas la même maniere d'agir dans
la production des animaux, des végétaux & des foffiles, néanmoins toutes
ces différentes fubftances font produites d'une maniere très fimple & par le
plus petit mouvement poffible ; car ce feroit en vain que la Nature auroit recours à une maniere d'agir plus compliquée, & qu'elle emploiroit un plus

(1) Efpece de mouffe qui croît au bord de la mer.

grand mouvement, pour former ce qu'elle pourroit produire à moins de frais. Cette maniere d'agir n'annonceroit point cette fageſſe infinie, qui caractériſe les ouvrages du Créateur, qui ne produit rien de défectueux, ſoit par excès, ſoit par épargne.

§. XXIX. Le *regne athmoſphérique* comprend l'*air*, le *feu*, l'*électricité*, & toutes les petites portioncules qui ſe détachent de toutes les ſubſtances des trois regnes dont nous venons de parler, & qui, à raiſon de leur ténuité, s'élevent dans l'athmoſphere, & ſurnagent dans ce fluide. En un mot ce regne comprend tout ce que l'air contient dans ſon ſein.

Les progrès de la *Phyſique* dépendent des connoiſſances qu'on peut acquérir par un examen réfléchi de toutes les ſubſtances qui font partie des trois regnes de la Nature.

§. XXX. On diſtingue trois eſpeces de connoiſſances; la premiere, que l'on nomme *Hiſtorique*, conſiſte dans la connoiſſance des corps, de leurs propriétés & de leurs phénomenes. Cette connoiſſance doit être le premier objet des recherches du Phyſicien; elle eſt ſimple, certaine, & elle fait la baſe de la *Phyſique*.

La ſeconde eſpece de connoiſſance ſe nomme *Philoſophique*; elle conſiſte dans le développement & la démonſtration des cauſes, des propriétés & des phénomenes qu'on a découverts dans les corps.

La troiſieme eſpece de connoiſſance eſt appellée *Mathématique* : c'eſt par elle qu'on obſerve l'intenſité des cauſes, toute l'étendue des propriétés & des phénomenes, & qu'on détermine ce qui doit ſuivre de ces découvertes. Cette connoiſſance eſt la derniere qu'il faille mettre en uſage; elle doit être précédée des deux autres, & c'eſt par ſon ſecours que l'on parvient à porter une ſcience à ſon plus éminent degré de perfection.

§. XXXI. Dans la recherche & dans l'explication que nous allons donner des phénomenes de la Nature, nous ferons tous nos efforts pour ne nous pas écarter des regles admirables que *Newton* nous a preſcrites touchant la véritable maniere de bien raiſonner (1).

On ne doit admettre pour véritables cauſes des phénomenes de la Nature, que celles que l'on connoît pour être véritables, & dont la vérité eſt démontrée par des expériences, par des obſervations pluſieurs fois réitérées, & de différentes manieres, & qui ſuffiſent pour rendre raiſon des phénomenes que l'on doit expliquer.

On ne doit donc admettre pour cauſes, que celles que les phénomenes de la Nature indiquent manifeſtement. Elles ſeront véritables, 1°. s'il eſt conſtant qu'elles exiſtent dans la Nature, & ſi tous les phénomenes concourent à démontrer leur exiſtence; 2°. ſi non-ſeulement les phénomenes peuvent être déduits, mais encore s'ils ont une connexion néceſſaire avec les cauſes; 3°. ſi les corps éprouvés & traités de différentes manieres, nous indiquent conſtamment les mêmes cauſes des mêmes phénomenes; 4°. ſi on ne peut ſupprimer ces cauſes ſans détruire les phénomenes eux-mêmes.

Nous allons mettre cette théorie dans tout ſon jour par l'exemple ſuivant. Si on plonge, dans l'eau d'un réſervoir, la queue d'une pompe aſpi-

____

(1) Philoſ. Natur. Princ. Math. Lib. 3.

rante , & qu'on faſſe mouvoir le piſton , l'eau s'elevera dans le corps de la
pompe , & le remplira : or la cauſe de l'élévation de l'eau , dans cette occaſion , eſt manifeſtement la preſſion que l'air exerce ſur la ſurface de l'eau du
réſervoir, à l'exception de la colonne qui répond à la cavité pratiquée ſelon
la longueur de la queue de la pompe , & dont le piſton raréfie l'air par ſon
élévation. Une preuve inconteſtable que c'eſt à la preſſion de l'air que l'on
doit rapporter , comme à ſa véritable cauſe , le phénomene que nous venons
d'expoſer , c'eſt que 1°. on ſait que la ſurface de l'eau du réſervoir eſt ſou-
miſe à la preſſion de l'air, qui s'appuie ſur cette ſurface ; 2°. parceque la preſſion de l'air eſt capable de faire jaillir l'eau à une certaine hauteur ; 3°. parceque l'expérience nous apprend que ſi on ſupprime l'air qui eſt compris
dans le réſervoir, ou qu'on le rempliſſe exactement d'eau , & qu'on le
bouche de maniere que l'air n'y puiſſe point pénétrer ; l'expérience , dis-je ,
démontre que l'eau ne s'elevera point dans la pompe , malgré les ſuccions
réitérées du piſton ; mais qu'elle s'y élevera auſſi tôt , ſi on donne entrée à
l'air dans le réſervoir. Il arrive encore la même choſe lorſqu'on fait agir
une pompe ſur tout autre fluide que ſur l'eau , avec cette différence que la
preſſion de l'air l'éleve plus ou moins haut , ſuivant qu'il eſt plus ou moins
peſant qu'un pareil volume d'eau. D'après ces obſervations , peut-on ſe re-
fuſer à croire que c'eſt à la preſſion de l'air qu'on doit attribuer l'élévation
de l'eau , ou de tout autre liquide , dans les pompes. Il ſuit de tout ce que
nous venons de dire , que dès qu'il eſt démontré qu'une cauſe exiſte réellement dans la Nature , que c'eſt elle qui a opéré un phénomene quelconque ,
& qu'elle ſuffit à ſa production ; il eſt inutile de recourir à une autre cauſe
quelconque , quoiqu'il fût poſſible d'en imaginer une autre qui eût pû produire le même effet.

S'il arrive que la Nature , quelquefois jalouſe de ſes ſecrets , dérobe à
nos recherches les cauſes des effets qu'elle nous permet de conſidérer , il convient alors d'avouer ſon inſuffiſance , plutôt que d'imaginer ſur-le champ
quelques cauſes purement probables au premier abord , & de s'en ſervir
pour tâcher de rendre raiſon des phénomenes qu'on ſe propoſe d'expliquer.
Une ſcience ſimple , mais ſtable & certaine , eſt toujours préférable à une
autre qui ſeroit incertaine , vague & erronée , quoiqu'elle fût établie ſur des
fondemens ingénieuſement imaginés , & ornée d'argumens ſpécieux & propres à induire en erreur : cette vérité peut être confirmée par pluſieurs exemples. Quand je remue les doigts , ce mouvement eſt produit par l'action de
certains muſcles qui ſe contractent : c'eſt un fait conſtant. Mais quelle eſt
la cauſe de la contraction de ces muſcles ? Seroit-ce la ſeule affluence de la
partie rouge du ſang qui aborderoit dans les vaiſſeaux & dans les véſicules
muſculaires , ainſi qu'on l'a prétendu ? Non certainement , puiſqu'on remarque que les muſcles pâliſſent lorſqu'ils ſe contractent. Seroit-ce donc les
eſprits animaux , qui , ſe portant avec rapidité dans les nerfs , exciteroient
la contraction muſculaire ? Ce ſentiment n'eſt pas mieux fondé que le précédent , puiſque ces eſprits animaux ſont des êtres chimériques , qui n'exiſtent pas : & comment d'ailleurs , en ſuppoſant leur exiſtence , pourroit-on
concevoir leur maniere d'agir , puiſque les nerfs ſont des fibres ſolides &
non vaſculeuſes , indépendammeut de l'autorité de pluſieurs Médecins , qui
ont

ont adopté l'un & l'autre fluide; favoir, le fang & les efprits animaux, pour expliquer l'action mufculaire ? En effet, on remarque conftamment que fi on pique, ou qu'on pince, ou qu'on preffe, ou enfin qu'on irrite, de quelque maniere que ce foit, un des nerfs d'un animal vivant ou récem-ment mort, ou même appartenant à une partie féparée du tronc, auffi-tôt on obferve que tous les mufcles, dans lefquels ce nerf fournit des rameaux, fe gonflent, fe durciffent, fe contractent; & tous ces effets ont lieu, & s'o-perent de la même maniere qu'ils ont coutume de s'opérer naturellement dans le vivant : cette expérience peut fe répéter avec le même fuccès pen-dant plufieurs heures; & lorfque la contraction du mufcle commence à s'affoiblir, on peut la rétablir en jettant de l'eau tiede fur le nerf. L'huile de vitriol & l'électricité produiroient le même effet. Quelle eft donc, dans cette occafion, la caufe de l'irritabilité des nerfs, des fibrilles mufculaires, enfin de la contraction de ces mufcles ? C'eft ce que perfonne ne fait en-core : c'eft pourquoi il convient, & on doit fufpendre fon jugement & ne rien prononcer fur cela, jufqu'à ce qu'on ait fait de nouvelles découvertes plus certaines & plus propres à déceler la caufe de ces phénomenes. Je tiens, par exemple, un corps folide dans la main; j'ouvre la main, & le corps, abandonné à lui-même, tombe alors par terre : pour quelle raifon ? C'eft qu'il eft grave. Mais fi je veux pouffer mes recherches plus loin & découvrir la caufe de la gravité, je fuis alors arrêté, & je ne trouve rien de certain & de démontré : je m'arrête donc auffi-tôt; je fufpends mon jugement, & j'at-tends qu'un tems plus heureux me faffe part de cette découverte : je fais ce-pendant, à n'en pouvoir douter, qu'il n'y a aucun effet dans la Nature qui n'ait une caufe à laquelle il doit fon exiftence.

§. XXXII. C'eft pour ces raifons, que l'on doit profcrire & éliminer de la *Phyfique* toutes les hypothefes & les conjectures : tout ce qu'elles nous ap-prennent eft vague & incertain, & ne doit point fe ranger dans la claffe des vérités démontrées. Outre cela il eft conftant que les hypothefes fervent plutôt à embarraffer & à furcharger une fcience, qu'à reculer fes bornes : elles excitent des difputes inutiles; les phénomenes en deviennent plus difficiles à faifir; elles font négliger, & fouvent même rejetter, les cir-conftances les plus importantes qui accompagnent ces phénomenes: bien plus on en imagine de fauffes, pour donner du poids & du crédit aux hypo-thefes qu'on veut défendre; car parmi les Philofophes, il s'en trouve plu-fieurs qui font plus flattés par l'efpérance d'une vaine gloire, qu'occupés de l'amour de la vérité : jaloux de fe faire admirer, ils veulent paffer pour être plus favans qu'ils ne le font véritablement : ils imaginent des opinions fauf-fes, qu'ils foutiennent hardiment, & ils abufent de la confiance de ceux qui ne font pas en état d'éviter l'erreur dans laquelle elles les entraînent.

Des gens de cette efpece font plus de tort aux Sciences, qu'ils ne peuvent fervir à leurs progrès. Les obfervations & les expériences font les feuls fondemens de la Phyfique. Lorfqu'on les examine d'une maniere géomé-trique, elles nous fourniffent fouvent le moyen de découvrir les caufes des phénomenes que nous obfervons, de connoître toute l'intenfite & l'étendue de ces caufes, ainfi que leurs propriétés : nous en avons un exemple dans les pompes dont on fe fert pour tirer de l'eau des lieux profonds; mais nous ne pouvons pas toujours découvrir les causes des effets que nous observons : c’est pourquoi on ne peut expliquer que peu de choses dans la Physique. Cela fait, à la vérité, une doctrine *maigre* & stérile dans bien des points ; mais aussi elle est sûre & incontestable. Celui qui s’attache aux observations & à l’expérience, & qui les repete avec toute l’attention qu’elles exigent, parvient à acquérir du dégoût pour les hypotheses & pour tout ce qui n’est que conjecture ; car il découvre à chaque instant que les opérations de la Nature sont bien différentes des idées qu’il s’en étoit formées : il apprend que la véritable constitution des parties, & les qualités des corps, ne ressemblent en rien à ce qu’il avoit imaginé à cet égard ; ce qui paroît évident, par les idées qu’on s’étoit formées sur les saveurs, sur la structure des rayons de la lumiere, &c.

§. XXXIII. Nous nous trouvons à chaque instant arrêtés par des difficultés insurmontables, dans la recherche des causes des différens phénomenes de la Nature ; parceque nous n’avons jusqu’à présent aucune regle certaine, aucun moyen sûr qui puissent nous faire juger que nous soyons parvenus à suivre, sans interruption, toute la série des causes qui se précedent mutuellement, & que l’enchaînement de nos raisonnemens nous ait conduits de la premiere jusqu’à la plus éloignée des causes en commencement ce développement par la considération des phénomenes. Quand il arriveroit même que nous serions parvenus jusqu’à la derniere, qui ne dépend que de la seule puissance du Créateur, nous n’en comprendrions pas mieux pour cela la liaison qu’il y auroit entre cette cause & la Puissance divine qui l’auroit établie ; parceque l’esprit de l’homme ne pourra jamais comprendre de quelle maniere Dieu, qui est un esprit infini, peut agir sur un corps.

L’Auteur de la Nature a su tellement soustraire à notre connoissance les moyens qu’il emploie pour régir l’Univers, qu’il n’est pas possible aux Philosophes de percer les ténebres épaisses qui les dérobent à leurs recherches. De-là, de quelque côté que nous portions nos regards, nous découvrons aussi-tôt les bornes de notre génie ; de sorte que notre respect pour l’Etre suprême s’accroît à chaque instant, & que nous ne pouvons nous empêcher de reconnoître & d’avoüer la distance infinie qui le sépare de la créature, lui qui est la source & l’origine de tous les effets, de leurs causes & de toutes les puissances quelconques ; de sorte que nous ne pouvons ne nous pas soumettre de plein gré à tout ce qu’il nous a révélé dans les saintes Ecritures, & ne pas respecter bien des choses qu’elles contiennent, qui surpassent les lumieres qu’il a données à l’homme.

§. XXXIV. *Les effets de la nature, qui sont du même genre, reconnoissent les mêmes causes.*

C’est par le même moyen, & selon la même méchanique, que la respiration s’opere dans l’homme, & dans tout autre animal terrestre. La chûte des corps graves dépend de la même cause dans l’Europe, ainsi que dans toutes les régions de la terre. La diffusion de la lumiere & de la chaleur, soit du soleil, soit du feu de nos foyers, reconnoît les mêmes causes. La réflexion de la lumiere s’exécute de la même maniere par les planetes, que par les corps terrestres. Il en est de même de l’ombre que jettent derriere eux les corps opaques, soit qu’ils appartiennent à notre globe, soit qu’ils soient suspendus dans l’immensité des Cieux, tels que les planetes, &c.

Si des effets auffi fimples, & qui font les mêmes, dépendoient de différentes caufes, il faudroit admettre plufieurs caufes pour produire les mêmes effets; ce qui eft tout-à-fait contraire au génie de la Nature, ou plutôt à la fageffe infinie de l'Etre fuprême. Car c'eft opérer quelque chofe en vain, que de faire, par une complication de moyens, ce qu'on peut faire à moins de frais. Cependant quand les effets font compofés, les caufes peuvent être différentes, & on peut parvenir à les découvrir par une obfervation attentive. Par exemple, le vent d'*Eft* peut venir de différentes caufes : quelquefois le mouvement du Soleil & les vapeurs chaudes peuvent le produire : quelquefois il doit fon origine au concours de deux autres vents : favoir, l'*Aquilon* & le vent du *Midi*. Quelquefois l'équilibre de l'air étant rompu ou troublé dans la partie occidentale de l'athmofphere, le vent d'Orient s'éleve alors. D'autres fois il fe trouve encore d'autres caufes particulieres dans la partie orientale du Ciel qui l'excitent & le produifent : par exemple, un efpace libre entre des montagnes fuffit pour déterminer un courant d'air, &c. C'eft pourquoi on doit ufer de beaucoup de prudence lorfqu'il s'agit de diftinguer les caufes fimples de celles qui font compofées.

§. XXXV. *Les qualités des corps qui ne fouffrent ni du plus ni du moins, & qui conviennent à tous les corps, que nous pouvons foumettre à l'expérience, doivent être regardées comme des qualités générales des corps.*

Quelques corps qui fe préfentent à nos recherches, foit céleftes, foit terreftres, grands ou petits, folides ou fluides, tous ces corps nous paroiffent & font réellement étendus : nous pouvons donc conclure avec certitude, que tous les autres, ceux que les entrailles de la terre recelent, ceux que nous ne verrons & que nous ne toucherons jamais, font pareillement étendus; puifque, conjointement avec les autres, ils concourent à former l'étendue du globe terreftre. Mais l'étendue des parties de la matiere ne fouffre jamais aucune augmentation; le volume d'un corps peut bien augmenter, par la raréfaction de fes parties intégrantes, mais l'étendue des parties matérielles n'augmente pas pour cela. Par exemple, concevez un pouce cubique de matiere totalement folide; que toute fa fubftance devienne parfemée de pores, & qu'il fe raréfie de maniere que fon volume foit cent fois plus grand : quelque grand que foit ce volume, il ne contiendra néanmoins qu'un pouce cubique de matiere folide, & fon étendue en folidité ne fera point augmentée : que cette maffe raréfiée foit comprimée & qu'elle foit réduite à un plus petit volume, on retrouvera encore un pouce cubique d'étendue matérielle; cette étendue ne fera point diminuée : d'où on peut conclure que l'étendue doit être rangée parmi les propriétés générales de la matiere. Pareillement fi tous les corps que nous avons confidérés & examinés font figurés, impénétrables & inactifs, nous pouvons conclure que ceux fur lefquels nous n'avons pas encore porté nos recherches, font également figurés, impénétrables & inactifs; car ces propriétés ne fouffrent ni plus ni moins : elles ne peuvent être augmentées ni diminuées.

Si tous les corps qui font placés fur la fuperficie de la terre ont une tendance qui les maîtrife vers fon centre, fi la Lune gravite vers la terre, & que celle-ci ait auffi une gravitation vers la lune; fi les planetes, ainfi que les cometes, font foumifes à la même loi, & qu'elles aient toutes une ten-

C ij

dance mutuelle les unes vers les autres, & vers le centre du Soleil ; si le soleil lui-même est maîtrisé par la même force, & qu'il gravite vers les corps
célestes dont nous venons de parler, on pourra conclure universellement
que tous les corps qui font partie du système planétaire, gravitent les uns vers
les autres, & que l'attraction est une propriété générale de la matiere.

Mais si on remarque que certaines propriétés s'affoiblissent & diminuent
avec le tems, elles pourront, par cette raison, disparoître tout-à-fait ; de
sorte qu'on ne doit point les ranger parmi les propriétés générales de la matiere : par exemple, de ce que la transparence du verre & de quelques autres corps s'affoiblit insensiblement & à la longue ; de ce que la chaleur diminue par degré dans les corps, on peut croire que ces deux qualités pourront être totalement détruites ; d'où il suit que, ni la transparence, ni la
chaleur, ne peuvent être rangées parmi les propriétés générales de la matiere.
Et c'est de cette maniere que plusieurs qualités que nous appellons sensibles,
conviennent à la matiere.

§. XXXVI. *Les propositions que l'on déduit des phénomenes que l'on ob-*
serve dans la Philosophie expérimentale, peuvent être regardées comme absolu-
ment vraies, ou au moins comme approchant très fort de la vérité, nonobstant
les opinions contraires qui paroissent les détruire ; jusqu'à ce qu'on ait décou-
vert de nouveaux phénomenes qui concourent à les établir plus solidement, ou
qui indiquent les exceptions qu'il y faut faire.

En effet l'examen des nouvelles découvertes doit toujours se faire par la
voie de l'*analyse*, avant d'employer la méthode *synthétique*. Par le moyen
de l'analyse, on rassemble tous les phénomenes & tous les effets de chaque
chose, qui se présente à nos recherches. Cette méthode nous conduit sage-
ment, & autant que faire se peut, à la connoissance des puissances & des
causes de tous les effets que nous observons. De l'examen des phénomenes,
suivent immédiatement des propositions qui ne font d'abord que particulieres, mais qui deviennent ensuite universelles par induction : par exemple,
lorsque je connois que le feu ordinaire de nos foyers, & que celui du soleil
ont la propriété de raréfier l'or, j'établis aussi-tôt cette proposition singuliere : *le feu raréfie l'or* ; mais si ensuite, portant mes recherches plus loin,
je découvre que le feu produit le même effet sur les autres métaux, sur les
demi-métaux, sur plusieurs fossiles, sur les parties animales & sur les végétaux, alors j'établis cette proposition universelle : *le feu a la propriété de ra-*
réfier tous les corps ; & cette proposition, toute générale qu'elle soit, doit
être reconnue pour vraie. Continuant encore mes recherches, si je trouve
quelques corps qui résistent à l'action du feu, & qui ne se dilatent point,
ou que j'en observe quelques-uns, qui, au lieu de se dilater, se resserrent
& se renferment dans de plus petites bornes, ma proposition générale n'en
fera pas moins vraie pour cela ; mais elle souffrira une exception relativement aux substances dont nous venons de parler. De ce que nous observons
constamment que si on fond plusieurs métaux ensemble, le mêlange formera une masse plus dure que chaque métal en particulier, nous concluons
en général, que *les métaux hétérogenes font plus durs que les métaux homo-*
genes : or comme on observe aussi que l'alliage de l'étain fin d'Angleterre
avec celui de Malac forme une masse moins dure, cette observation donne

lieu à une exception qui reſtreint l'étendue de la propoſition univerſelle.
Cette exception a encore lieu dans le mêlange de pluſieurs métaux, ſelon
certaines proportions ; la maſſe qui en réſulte forme un mixte d'une moindre ſolidité que ſes parties conſtituantes : auſſi dans tous ces cas doit-on indiquer ces exceptions, ainſi que leurs bornes.

§. XXXVII. Ayant beaucoup avancé dans ſes recherches, par la voie de
l'analyſe, & ayant découvert par ſon moyen les cauſes de pluſieurs phénomenes ; c'eſt alors qu'il eſt permis de mettre en uſage la méthode contraire, c'eſt-à-dire, la méthode ſynthétique. On ſe ſert de ce moyen, lorſqu'ayant déja découvert pluſieurs cauſes, & que, les ayant miſes dans toute
leur évidence, on les regarde comme des principes certains, propres à développer les phénomenes qui y ont rapport. Par exemple, lorſque j'ai
découvert que les corps que l'on ſoumet à l'action du feu ſe laiſſent pénétrer par la matiere ignée, & que le feu, ſe développant & agiſſant en toute
ſorte de ſens, les dilate, je conclus qu'une pierre que je tiens en main ſe
dilatera ſi je l'expoſe à l'ardeur du feu : & chaque fois que je me propoſe de
dilater un corps & d'augmenter ſon volume, j'ai recours au feu comme à
une des cauſes que je reconnois pour être propres à produire cet effet. Les
Philoſophes ne font en cela que ſuivre la méthode des Mathématiciens,
qui procedent d'abord par la voie de l'analyſe, lorſqu'il s'agit de découvrir des choſes difficiles & inconnues, & qui n'ont recours à la ſyntheſe
qu'après avoir profité des ſecours de l'analyſe.

§. XXXVIII. Il n'eſt guere poſſible, dans la Philoſophie, de porter ſes
recherches plus loin : cependant on tâche d'employer utilement l'analogie
pour augmenter le nombre des connoiſſances philoſophiques. En ſuppoſant, par exemple, une harmonie établie entre les différentes parties de
l'Univers, & que les qualités que nous ſavons appartenir aux ſubſtances
que nous connoiſſons, appartiennent également à celles que nous n'avons
pas encore examinées ; nous jugeons que les propriétés que nous découvrons dans les corps céleſtes, conviennent également aux corps ſublunaires, & alternativement. Bien plus, dans la conduite ordinaire de la
vie, nous raiſonnons ſouvent par analogie, & nous conformons nos
actions à ces raiſonnemens. Par exemple, nous marchons aujourd'hui
avec tranquillité ſur un terrein ſur lequel nous vimes pluſieurs perſonnes ſe
promener hier ; nous mangeons aujourd'hui d'un mets, parceque nous le
trouvâmes bon hier, & que nous éprouvâmes que c'étoit une bonne nourriture.

Ce fut conformément à cette méthode que *Hermès* établit ſa Philoſophie,
& pluſieurs Philoſophes modernes l'ont imité en cela. Cependant il eſt bon
d'obſerver qu'on ne doit ſe ſervir de l'analogie qu'avec prudence, ſi on veut
éviter l'erreur où cette méthode peut conduire, & qu'il ne faut pas toujours ſe confier aveuglément à un raiſonnement qui ne ſeroit établi que ſur
l'analogie ; parceque la Nature n'agit pas toujours de la même maniere dans
la production des effets ſemblables, mais compoſés. Par exemple, de ce
que pluſieurs eſpeces de mouches ſont ovipares, eſt-ce une raiſon ſuffiſante
pour conclure qu'elles le font toutes ? Le célebre M. *de Reaumur* en a découvert pluſieurs, dont il nous a donné une très belle deſcription, qui

font vivipares. De ce que plufieurs animaux périffent lorfqu'on leur coupe la tête, eft-ce une raifon fuffifante pour conclure que tous ceux à qui on coupera la tête mourront? non certainement, & on fait actuellement qu'il y en a plufieurs, tels que les polypes de riviere & plufieurs autres encore, qui furvivent à cette opération. De ce que le concours du mâle & de la femelle eft néceffaire pour la propagation de plufieurs efpeces, ce n'eft pas une raifon fuffifante pour conclure que cet accouplement foit néceffaire pour la propagation de tous les infectes. On trouve plufieurs animaux qui font hermaphrodites ; on en trouve d'autres qui, quoique femelles, ont la faculté d'engendrer jufqu'à cinq fois fans le concours du mâle. De ce que les rameaux de prefque toutes les plantes s'élevent en haut & ne retombent point vers la terre, eft-ce une raifon d'affirmer que le gui de chefne fuit la même direction dans fon accroiffance? Non certainement ; car l'expérience démontre qu'il croît & qu'il fe dirige en toute forte de fens (1). Dans l'hiver, une forte gelée s'oppofe à l'accroiffance des plantes ; l'agaric néanmoins continue à pouffer. D'où il paroît qu'on ne doit point faire ufage, ou au moins qu'on ne doit ufer qu'avec la derniere circonfpection, de l'analogie, ainfi que *Needham* nous le confeille fort prudemment (2).

§. XXXIX. L'homme tire de la Phyfique des fecours fans bornes pour toutes les commodités de la vie : c'eft une vérité inconteftable, & qu'on peut démontrer aifément, par des exemples familiers, tirés de la confervation des chofes les plus précieufes & les plus utiles à l'homme. Par exemple, voulez-vous garantir fûrement vos habits & vos foieries contre les teignes, les mites & les autres animaux qui pourroient les endommager ; vous y parviendrez, fi vous placez entre ces étoffes des cartons imbus d'huile de cedre (3) ou de térébenthine, ou en plaçant entre les chofes que vous voulez garantir, des cuirs rouges de Pruffe, qui répandent une odeur forte, ou des toifons de brebis, ou enfin en expofant ces différentes chofes à la fumée du camphre que vous ferez brûler (4).

Le bois enduit de vitriol mêlé avec du verd-de-gris n'eft point expofé à être rongé par les vers ni par les mites ; on le conferve en le couvrant de poix, d'huile de terre, ou en le plaçant fous l'eau.

Le célebre M. de *Réaumur*, qui fentit toute l'utilité de conferver longtems les œufs des oifeaux, & fur tout des poules, donna tous fes foins à cette recherche, & il parvint au but qu'il fe propofoit en fuivant la méthode qu'il nous prefcrit. J'ai obfervé que des œufs que j'avois gardés pendant l'efpace de quatre années dans de l'huile de raves, s'étoient confervés très frais : car en les faifant cuire dans l'eau, ils y durcirent ; & lorfque j'ouvris la coque, ils flatterent encore l'odorat & le goût. Ils ne fe gardent pas fi long-tems dans la graiffe de bœuf ; fi on les plonge dans l'huile de lin & de térébenthine, ils y contractent une mauvaife odeur propre à donner des naufées à ceux qui les mangeroient. Ils fe pourriffent dans la faumure, dans le lait, dans l'émulfion de myrrhe, dans l'infufion d'aloës, de racine de ferpentaire de Virginie, dans la décoction

(1) Bonnet, fur l'ufage des feuilles, pag. 91.   (2) Philof. Tranf. N°. 490.   (3) Vitruvius, Lib. 2. Cap. 9.   (4) Comm. Bonon. Vol. 3. pag. 80.

de quinquina , de contrayerva , ou dans celle de terre de Cachou. Si on les enduit de cire , cet enduit , ayant une certaine épaisseur , se fend , & ne peut garantir l'œuf de la pourriture ; de sorte que dans toutes les épreuves que j'ai faites jusqu'à présent , je n'ai rien trouvé de préférable à l'huile de raves : peut-être pourra t-on , par la suite , trouver quelqu'autre substance plus avantageuse.

La recherche des anti-septiques est encore un des principaux objets d'un Philosophe : c'est par leurs moyens qu'on parvient à conserver , pendant plusieurs années , les viandes , les poissons , & quantité de provisions de bouche. *Pringle* a fait sur cette matiere des découvertes très curieuses ; ce fut lui qui le premier détermina les degrés de forces des *anti-septiques*.

Il a trouvé cette vertu $=$ 1 dans le sel ; dans le tartre vitriolé $=$ 2 ; dans le sel ammoniac $=$ 3 ; dans le nitre $=$ 4 ; dans le borax $=$ 12 ; dans l'alun $=$ 30. La décoction d'écorce de quinquina , ainsi que celle de camomille Romaine a la vertu de s'opposer à la putréfaction (1). Peut-on souhaiter rien de plus utile que de pouvoir conserver long-tems de l'eau douce , & de bonne qualité , dans les voyages qu'on fait sur mer ? M. *Halle* est parvenu, avec succès , à cette heureuse découverte , en versant de l'huile de vitriol dans les tonneaux.

Nous nous étudions tous les jours à conserver des herbes pour l'hiver , ou pour l'arriere saison , & à faire ensorte qu'elles conservent toujours leur fraîcheur : nous tâchons pour cela de les garantir de la corruption & de la fermentation. On y parviendra , si on les entoure d'une grande quantité de sel. C'est de cette maniere qu'on conserve toute une année la chicorée , la laitue , le pourpier , &c. On parvient encore à conserver les féves & les autres légumes en les faisant sécher , avec attention , dans des fours : on conserve plusieurs fruits en les faisant cuire dans du syrop , & en les mettant dans de l'esprit de vin.

2°. On ne peut trop avoir d'obligation à ceux qui ont donné tous leurs soins à imaginer des moyens propres à conserver le bled & toute autre espece de grain , à empêcher qu'il se pourrisse , ou qu'il contracte aucune mauvaise qualité dans les greniers. MM. *Halles, Deslandes, Duhamel* ont sur tout excellé dans ces recherches (2). Lorsqu'on crible le bled pour en retirer la poussiere , les mites , ou toute autre mauvaise graine , il faut avoir soin de le faire sécher en le mettant dans un grenier , dans lequel on allume un poële ; lorsqu'il est bien sec , il faut l'étendre sur un plancher parsemé de petits trous , ayant eu auparavant la précaution de couvrir le plancher d'une étoffe de laine qui puisse empêcher les grains de passer à travers les petites ouvertures : si au dessous de ce premier plancher on en établit un second , qui soit à très peu de distance du premier , on pourra , à l'aide de quelques soufflets placés dans cet intervalle , injecter une certaine quantité d'air , qui , se faisant jour à travers les ouvertures dont nous venons de parler , & l'étoffe qui les couvre , se tamisera entre les grains de bled , & achevera de les sécher , & les préservera de la moisissure , des mites , &c : il faut , outre cela , avoir soin de pratiquer de petites ouvertures dans le

____

(1) Philos. Transf. n°. 496. (2) Hist. de l'Acad. Roy. ann. 1745 & 53.

plafond du grenier; l'air s'échappant par ces issues, lorsqu'il se dilatera, emportera avec lui l'humidité & se renouvellera. Le savant M. *Duhamel* a encore perfectionné la maniere de semer les grains & de les conserver; de sorte qu'on est parvenu à rendre une moisson très-abondante avec une très petite quantité de semence. *Bonet* a démontré que les semences & les plantes croissoient plus avantageusement dans des couches de mousse d'arbres fortement pressées les unes sur les autres, que dans la meilleure terre, bien préparée & bien fumée (1). Nos Jardiniers de Leyde ont mis cette pratique en usage depuis l'année 1736. M *Halles* s'est sur tout appliqué à rendre ses travaux utiles aux Marins. Il est parvenu à purger l'eau de la mer du sel & du bitume qui en défendent naturellement l'usage, & par ce moyen il l'a rendue très potable: on parvient souvent à cet avantage en jettant dans cette eau, de la chaux ou de la craie, & en la distillant ensuite.

Les Marins étant pour l'ordinaire peu attentifs à ce qui peut entretenir la propreté dans les vaisseaux; il arrive souvent que la mauvaise odeur qu'ils contractent affecte ceux qui les habitent, & leur occasionne différentes maladies: pour obvier à cet accident, M. *Halles* a imaginé des ventilateurs propres à chasser l'air corrompu des vaisseaux & à les renouveller d'un air pur & salubre; ce qui n'est pas un petit avantage pour ceux qui sont obligés d'aller sur mer. M. *Halles* & M. *Duhamel* se sont encore appliqués à la maniere de renouveller l'air des Hôpitaux & des prisons, & à en chasser celui qui s'y corrompt par les différentes exhalaisons qui s'y élevent. Le premier est parvenu à ce but par le moyen des soufflets, & le second à l'aide du feu & des fenêtres qu'il y fait pratiquer.

M. *de Réaumur*, consultant le goût de l'homme & ce qui peut contribuer aux délices de sa table, nous a appris le moyen de faire éclore facilement & sans peine des poulets, en faisant couver les œufs dans du fumier de cheval.

3°. L'invention des différentes machines propres à soulager l'homme dans ses travaux, nous met encore sous les yeux l'utilité de la Physique: en effet les Méchaniciens ont imaginé des meules qui peuvent être mises en mouvement par l'eau, par le vent, par des chevaux & par d'autres animaux, à l'aide desquelles on fait aisément, & avec une dépense très modique, ce qu'on ne pouvoit faire autrefois qu'avec le secours de bien des bras & avec de grands frais.

Les meules que le vent ou l'eau font mouvoir, servent à moudre le bled, à piler le plâtre, à broyer les couleurs que les Peintres & les Teinturiers emploient, à former une espece de pâte liquide avec de vieux linge, dont on se sert ensuite pour faire du papier. On trouve en Hollande un grand nombre de moulins qui servent à scier le bois en planches & en solives, qui coupent le marbre par tablettes, &c. On desseche les terreins bas avec d'autres especes de moulins, dont les uns sont munis d'aîles, & les autres de vis d'Archimede, & qui ont été beaucoup perfectionnés de nos jours par d'habiles Artistes. Par le secours de ces mêmes instrumens on retire, des mines les plus profondes, des eaux, des minéraux, des sels.

____

(1) Mém. de Math. & de Phys. Tom. 1. pag. 420.

L'Art

L'Art eſt parvenu à imaginer des machines, à l'aide deſquelles nous pouvons élever juſqu'à la plus grande hauteur, & avec peu de force, des fardeaux énormes : on a imaginé depuis peu en Angleterre une eſpece de mouton, avec lequel quatre chevaux font le même ouvrage que trente qu'on étoit obligé d'employer auparavant. A l'aide des métiers qu'on a inventés, on fait, & en très peu de tems, une centaine de rubans à la fois ; on fabrique, & ſans beaucoup de peine, des bas & des bonnets de laine. Les horloges d'Hughens ſont d'une très grande exactitude ; en un mot, les lunettes, les téleſcopes, les microſcopes, les machines pneumatiques, &c. toutes ces machines ſont le fruit des travaux des Phyſiciens.

4°. La Phyſique eſt encore d'une grande utilité pour l'intelligence des Arts & pour étendre leurs progrès ; car ils n'en font pas ordinairement de bien rapides, parceque la plus grande partie des ouvriers ne conçoivent pas ce qu'ils font : ils ſuivent préciſément la méthode qui leur a été tranſmiſe par leurs Ancêtres. D'autres, à la vérité, font quelques découvertes ; mais ils ont ſoin de les cacher, & d'en faire un ſecret dont la connoiſſance puiſſe être utile à leur famille : & pour l'ordinaire, c'eſt plutôt au haſard qu'à l'intelligence de leur art, qu'ils ſont redevables de ces découvertes. Par exemple, le Tanneur qui ſe propoſe d'endurcir le cuir qu'il prépare, s'y prend de différentes manieres : dans la Hollande, après l'avoir bien dépouillé des poils, il le met dans une foſſe en l'enveloppant de tan fait avec de l'écorce de bois de chêne réduite en pouſſiere : dans la Calabre & dans l'Etrurie, on l'enveloppe de feuilles de myrte, ſelon la méthode des Anciens, qui ſe ſervoient de feuilles qu'on appelloit ῥῦν βυρσοδεψικὸν (1). Dans l'une & dans l'autre méthode on poſe les cuirs & le tan dont on les entoure couche ſur couche : après l'eſpace de quelques mois, on retire le cuir de la foſſe, on le lave & on le remet encore au tan, & cela ſix ou ſept fois, dans l'eſpace de deux ou trois ans ; alors ce cuir eſt parfaitement nettoyé, deſſéché, endurci, & propre à faire de bons ſouliers : mais l'ouvrier qui ſait le préparer ainſi, ne ſait pour quelle raiſon il s'endurcit. L'écorce de chêne contient une grande quantité d'eſprit acide, de ſel acide & d'huile ; l'acide préſerve la peau de la corruption : outre cela le tan a une vertu aſtringente qui reſſerre les fibres, leur donne du reſſort & les endurcit ; & l'huile, par ſa vertu balſamique, les conſerve pendant pluſieurs années : & c'eſt la véritable raiſon du phénomene que nous venons d'expoſer. Depuis quelques années, le tan, étant devenu exceſſivement cher, parcequ'on a abattu en Allemagne de très grandes forêts, & que le chêne eſt très rare, *Cl. Cleditſch* a fait des recherches pour découvrir d'autres plantes qu'on pût ſubſtituer au tan. L'expérience lui a appris qu'il falloit préférer les plantes aſtringentes & acides qui ſeroient tout-à-la-fois ſpiritueuſes & aromatiques ; parceque leurs parties ſe font jour entre les pores du cuir, ce que des parties huileuſes & mucilagineuſes ne pourroient pas faire. Il nous a donné un Catalogue très détaillé de ces ſortes de plantes, avec la maniere de faire de bons cuirs (2).

(1) Salmaſius in Homonymis, Cap. 58. pag. 74. (2) Hiſt. de l'Acad. de Berlin, ann. 1754, pag. 17 & 124.

Le Serrurier rencontre quelquefois un fer rempli de filets très durs qu'il ne peut forger & limer qu'avec beaucoup de peine : la maniere de remédier à ce défaut n'est connue que d'un très petit nombre ; parcequ'ils ignorent que ce vice procede d'un défaut de phlogistique : car s'ils en étoient instruits, ils sauroient qu'en entourant ce fer d'une pâte faite de charbon de bois, de graisse, de crottin de cheval & d'argille, & qu'en laissant le tout pendant quelques heures dans le feu, ils parviendroient à impregner ces filets, d'huile& de phlogistique ; car le fer qui est imbu d'huile devient mol, homogene & ductile. Si, outre l'huile & le phlogistique, on fait passer du sel entre les parties du fer, on le convertit alors en acier, qui redevient fer ensuite, lorsqu'on le prive de l'huile qu'il contenoit.

5°. La Physique est encore d'une grande utilité dans la Médecine ; puisque le corps de l'homme est une machine composée de leviers, de coins, de poulies, & de toutes les autres puissances méchaniques. Nos membres font mis en mouvement par la contraction des muscles, qui font comme des puissances appliquées à des leviers ; & leur insertion aux os qu'ils doivent mouvoir, est telle, qu'ils produisent des effets considérables avec le plus petit effort. Outre cela le corps de l'animal est une machine hydraulique, dont on ne peut acquérir la connoissance que par celle qu'on peut avoir du mouvement des fluides qui circulent dans des canaux moux & élastiques. Le Chirurgien appelle à son secours, & emploie toutes sortes de machines pour les différentes opérations qu'il est obligé de faire sur le corps de l'homme : il se sert de leviers, de poulies, de coins, de vis, &c. Bien plus, ce n'est que par la connoissance des principes de la Physique, qu'on parvient à découvrir la force & l'action de plusieurs médicamens. Ce fut pour cette raison qu'*Hippocrate*, *Bellini*, *Pitcarne*, *Borelli*, *Boherrhaave*, *Keill*, & que tous les plus célebres Médecins, recommanderent toujours la science des machines.

6°. La Physique nous met au-dessus de cette stupide & inutile admiration qu'on a ordinairement pour certains phénomenes ; parcequ'elle les remarque ou qu'elle les explique : car nous ne sommes jamais surpris des choses que nous connoissons ; mais seulement de ce qui nous paroît nouveau, de ce dont nous n'avons jamais entendu parler, de ce que nous n'avons jamais vu, & dont nous ne connoissons pas le rapport avec les choses qui nous sont connues. Mais celui qui a étudié & qui a fait de grands progrès dans la Physique, découvre aussi-tôt la chaîne qui unit les phénomenes nouveaux avec ceux qu'il connoissoit auparavant, & il ne se laisse point surprendre d'admiration. Telle est la différence que l'on doit mettre entre le Physicien & le peuple qui n'a aucune notion de cette science : le premier n'admire rien, si ce n'est cet Etre suprême, infini, qui a formé toutes choses de rien ; tandis que le peuple est étonné & surpris de tout ce qui lui paroît nouveau.

7°. La Physique éloigne de nous cette crainte de la mort que le tonnerre porte ordinairement dans le cœur de l'homme ; parceque le Physicien sait que ce n'est qu'un effet naturel : que ce n'est qu'une explosion de nuées électriques : il sait qu'il est très rare qu'un homme soit frappé de la foudre : car on a remarqué que, dans l'espace d'un siecle, il n'y en a eu qu'un seul.

qui en ait été frappé dans Leyde, qui eſt une Ville très grande & très peu-plée. On a remarqué bien plus, que dans toute la Hollande ces événemens ſont rarement mortels.

8°. Le Phyſicien ne ſe laiſſe point épouvanter, quoiqu'il ne connoiſſe pas la cauſe de bien des choſes qui ont coutume de ſaiſir d'effroi la plus grande partie de ceux qui les obſervent. Par exemple, ces cometes à grande queue qui paroiſſent quelquefois dans les cieux, n'étonnent point le Phyſicien ; il ſait que ce ſont des corps qui ſubſiſtent toujours: ſemblables aux planetes, elles font leurs révolutions dans des tems réglés, & elles ne lui préſagent aucun malheur. Il n'en eſt pas ainſi à l'égard de ceux qui n'ont aucune con-noiſſance de la Phyſique: ſaiſis d'effroi à l'aſpect de ces cometes, ils les re-gardent comme des indices certains de fâcheux événemens, comme de la peſte, de la guerre : ils les regardent comme des fléaux du Ciel qui menacent la tête des Princes ; & pluſieurs même s'étudient à maintenir le peuple dans ces idées, & ſe ſervent de ce moyen pour le contenir dans ſes devoirs.

9°. La Phyſique nous empêche de donner dans toutes les ſuperſtitions auxquelles les Gentils étoient autrefois ſottement attachés : elle nous ap-prend qu'on ne doit reconnoître pour vrai, parmi toutes les choſes qui ſe préſentent à nos recherches, que celles qui ont été ſoumiſes à un examen ſérieux, & qui n'ont rien de contraire à la ſaine raiſon. En effet, *Q. Mi-nucius* ayant écrit qu'un cheval étoit venu au monde avec cinq jambes, & que trois poulets étoient ſortis de leurs coques munis chacun de trois pat-tes ; ſur ces entrefaites le Proconſul *Sulpicius*, ayant reçu des lettres de Macédoine, dans leſquelles on lui marquoit entr'autres choſes, qu'un lau-rier étoit ſorti de la poupe d'un grand vaiſſeau : le Sénat délibéra qu'en fa-veur des premiers prodiges, les Conſuls immoleroient aux Dieux de plus grandes victimes : les Aruſpices furent mandés au Sénat, au ſujet du der-nier prodige ; & en conſéquence de leur réponſe, on ordonna un jour de fête & des ſacrifices dans tous les Temples (1).

Nous voyons ſouvent des poulains, des veaux, des chiens qui naiſſent avec cinq & même avec ſix jambes ; mais voyons-nous pour cela qu'il en arrive de fâcheux accidens ? Eſt-ce un moyen dont l'Auteur de la Nature ſe ſoit jamais ſervi pour annoncer à l'homme ſa colere, & pour le mena-cer de quelque malheur ? Non certainement ; car pour quelles raiſons pourrions-nous imaginer que ces phénomenes auroient la propriété de ſigni-fier quelques menaces & de préſager des malheurs futurs ? Qu'ont de com-mun avec la police des peuples, avec les calamités qui affligent continuel-lement tous les hommes, avec ces fléaux qui frappent tantôt telle Nation, tantôt telle autre ; qu'ont de commun, dis-je, avec toutes ces choſes, ces monſtres dont nous venons de parler ? Bien plus, comment ſeroit-il poſſi-ble que le vol ou le chant des oiſeaux pût révéler à l'homme les choſes fu-tures ? Comment peut-on s'imaginer que l'on doit juger ſainement du mal-heur ou de la proſpérité d'une guerre, d'une navigation, d'un voyage, par l'avidité avec laquelle des poulets auront mangé un morceau de chair qu'on leur aura préſenté, ou par le refus qu'ils auront fait d'y toucher ? Les oi-

____

(1) Livius, Lib. 32. Cap. 1.

feaux auroient-ils , par préférence aux hommes les plus éclairés, la connoiſſance de l'avenir ? ou Dieu ſe ſerviroit-il de leur miniſtere pour révéler
les choſes futures ? Comment d'ailleurs pourroit-on s'aſſurer de la vérité
de ce qu'ils annonceroient ? Que ſignifie un poumon coupé par le couteau du
Sacrificateur ? Quelle liaiſon ont avec les événemens futurs les entrailles
d'une victime endommagées, ou non, par le glaive ſacré ? Que peuvent-elles
nous indiquer de certain pour l'avenir ? Auſſi les plus ſages d'entre les Ro-
mains connoiſſoient-ils bien la fauſſeté de toutes ces prédictions ; ils s'en
moquerent ; ils n'eurent point recours à toutes ces ſuperſtitions, & ils s'inſcri-
virent en faux contre tout ce qu'elles annonçoient, comme il paroît par les
Ouvrages de *Cicéron* (1) & de *Minucius Felix* (2). Les Amériquains d'aujourd'hui , ceux qui habitent les Iſles Antilles , ſont auſſi livrés à de pareilles ſuperſtitions. Ils imaginent que les diables habitent dans les os des morts.
De-là ceux qui veulent enchanter les autres , répandent ſur des os humains
quelque breuvage propre à produire un enchantement ; ils enveloppent enſuite ces os avec du coton, & ils s'imaginent que celui qui a été enchanté,
perd auſſi-tôt ſes forces, qu'une fievre lente le mine inſenſiblement, &
qu'il périt enfin, ſans qu'il ſoit poſſible d'apporter aucun remede à la maladie qui le conduit à la mort. Ils penſent encore que, ſi on répand du ſang
d'une perſonne qui auroit été tuée , ſur un de ſes os, l'aſſaſſin tombera en
langueur , & qu'une fievre lente le conſommera & le conduira au tom-
beau (3).

Qui pourra ajoûter foi à des fables auſſi ridiculement inventées, & donner dans des ſuperſtitions auſſi groſſieres ? Quelle vertu peuvent avoir le
ſang & les os d'un homme mort ? Comment peut-il agir ſur un homicide
qui peut être éloigné de plus de cent milles de l'endroit où ſe fait l'enchantement ? Comment pourroit-il arriver qu'un os de mort enveloppé de
quelque choſe qui appartient à un autre homme , puiſſe agir ſur ce dernier,
& lui cauſer une fievre lente qui le faſſe mourir ? On ne voit rien de ſemblable à cela dans l'Europe.

Un Gouverneur de la Martinique ayant trouvé dans un réduit des os de
mort que les Indiens avoient enveloppés de coton, ordonna qu'ils ſeroient
tranſportés en France , & qu'on en feroit préſent au Duc d'Orléans, qui les
feroit placer parmi les différentes curioſités que l'on conſervoit dans ſon Cabinet. Le vaiſſeau qui en étoit chargé fut pris par les Eſpagnols, & fut conduit en Eſpagne : on trouva dans la fouille qu'on fit de ce vaiſſeau, les os
dont nous venons de parler : on accuſa le Capitaine François de magie, on le
mit en priſon ; & ſi ſon innocence n'eût pas été bien conſtatée par des lettres
que le Gouverneur de la Martinique envoyoit au Duc d'Orléans, on l'eût
condamné au feu comme Magicien.

Thomas Shaw , voyageant en Afrique , & paſſant près du fleuve Zanate ,
entendit réſonner, ſous les pieds des chevaux , le terrein qui étoit creux en-
deſſous ; les Arabes prétendoient que ce ſon n'étoit autre choſe que la mu-
ſique des Nymphes qui habitoient ces endroits (4). Les Mahométans & les

____

(1) Lib. 2. de Divinat. (2) Minut. Felix , Cap. 26. p. 263. (3) Dutartre , Hiſt. des Antilles , T. 2. Traité 7. Ch. 3. p. 370. (4) Travels to Barbary , p. 232.

Maures ne font pas exempts de ces fuperftitions ; ils pendent aux cols de leurs enfans une image qui a les bras étendus, qu'ils regardent comme un préfervatif contre les maladies des yeux. Les adultes portent fur eux un paf-fage de l'Alcoran, pour fe garantir de toute efpece d'enchantement, même du lien de Vénus ; efpece de Maléfice dont les Poètes anciens ont fait fou-vent mention. Nous lifons à cet égard dans Virgile la maniere de former ce lien : Amaryllis, ferrez de trois nœuds les bandelettes de trois couleurs ; fer-rez les promptement, & dites : Je ferre les nœuds des Amans (1). Les Orien-taux, les Perfes, les Indiens, les Chinois & les Japonois, font encore atta-chés à de grandes fuperftitions, auxquelles ils renonceroient fur-le-champ, s'ils favoient raifonner auffi bien que nous.

10°. La Phyfique nous apprend encore la maniere de nous garantir contre toutes fortes de préjugés : elle nous donne des regles pour exa-miner les différens fentimens qui fe produifent dans l'Ecole, afin que nous puiffions éviter l'erreur. Il y a quelques années qu'il fe répandit un bruit qui fit impreffion fur bien du monde : on difoit que tous les uftenfiles de cuivre & de fimilor étoient dangereux & nuifibles à la fanté de ceux qui en faifoient ufage : fur-le-champ on défendit le fervice des marmites, des plats, & de tous les autres uftenfiles qui étoient faits de ces matieres. Fit-on bien ? Nul-lement ; car le célebre M. *Eller*, ayant examiné ce fait avec toute l'atten-tion requife, découvrit que l'eau pure que l'on faifoit bouillir dans un vafe de cuivre, ne diffolvoit & ne fe chargeoit d'aucune partie métallique : que la faumure ne s'en chargeoit que très foiblement : mais que les poiffons, les viandes & les légumes que l'on fait cuire dans l'eau avec du fel, ne déta-chent aucune des parties métalliques des vafes qui les contiennent. Il en eft de même du lait & des mets que l'on fert communément fur nos tables. On ne peut néanmoins difconvenir que le vinaigre, le jus de citron ne diffol-vent le cuivre, & que le lait & les autres mets qu'on laiffe féjourner long-tems dans des vafes de cette matiere, n'en diffolvent quelques parties : ainfi que *Scheuchferus* l'a obfervé dans un Monaftere où plufieurs Moines mouru-rent ayant été empoifonnés par le verd-de gris que les alimens avoient porté dans leurs eftomacs & dans leurs inteftins : il faut cependant obferver que la diffolution du cuivre s'opere très lentement, & nous pouvons nous ga-rantir aifément de pareils accidens (2).

(1) Virgil. in Egl. 8. v. 77.

(2) Je crois qu'on ne peut être trop prudent fur l'ufage des cafferoles & autres uftenfiles de cuivre. Si l'eau pure que l'on fait bouillir dans ces efpeces de vafes ne diffout point de parties métalliques, on ne peut difconvenir qu'elle ne s'en charge lorfqu'on la laiffe fé-journer dedans après l'avoir fait bouillir. On en peut juger par le goût défagréable qu'elle y contracte. Si l'eau fimple diffout quelques parties du métal, l'eau falée, une fauce pi-quante, en doivent diffoudre davantage ; & cela, felon que ces liquides féjourneront plus long-tems dans des vaiffeaux de cuivre. Je ne connois d'autre moyen d'obvier à cet incon-vénient, que de faire étamer tous les uftenfiles de cuivre deftinés au fervice de nos tables, & de veiller foigneufement à ce que cette étamure foit en bon état, & couvre exactement toute la furface des vaiffeaux ; car pour peu qu'elle foit ufée, & qu'il fe trouve quelque folution de continuité dans l'étamure, on eft expofé à des accidens auxquels on ne peut remédier qu'avec beaucoup de peine. Le 17 Juillet 1759, cinq perfonnes fouperent en-femble, & mangerent d'un ragoût de veau-fait de la veille, & qui avoit féjourné pendant

Ce fut en fuivant les regles de la Phyfique, que le favant *Rhedi* examina plufieurs remedes dont on vantoit l'efficacité; qu'il découvrit la fraude de leurs
préconifeurs; qu'il purgea la Médecine de quantité d'erreurs qui la déshono-
roient, & qu'il rendit enfin de grands fervices à cette fcience, ainfi qu'à la
Phyfique.

11°. La Phyfique a encore cet avantage, qu'elle nous fait connoître évidemment les miracles que l'Auteur de la Nature fe plaît à faire quelquefois;
car elle nous apprend quelles font les loix de la Nature, & la maniere dont
les corps agiffent les uns fur les autres, quels font les effets qui doivent arriver dans telle & telle circonftance : de-là fi ces effets font différens dans
les mêmes circonftances, s'ils ne peuvent avoir été produits par le miniftere
des caufes fecondes, & qu'ils foient contraires aux loix de la Nature, nous
pouvons alors les regarder comme autant de miracles. Par exemple, il n'arrive jamais qu'une femme qui eft affligée d'une perte de fang, foit guérie en
touchant l'habit d'un Médecin; nous favons cependant qu'une femme qui
étoit attaquée de cette maladie, en fut guérie en touchant la robe de J. C.
auffi cette guérifon eft-elle miraculeufe. Si l'ombre d'un voyageur tombe fur
le corps d'un malade, cette ombre ne lui rendra pas la fanté; car quel effet
peut produire l'ombre, qui n'eft autre chofe que la privation de la lumiere ?
fi l'ombre d'un Apôtre a produit cet effet, c'eft encore un miracle (1). Si
quelqu'un répand de l'eau fur la terre, elle en fera feulement humectée;
mais fi cette eau fe change en fang, & qu'enfuite ce fang fe corrompe &
acquere une odeur fétide, ainfi qu'il arrive au fang qui eft extravafé & expofé à l'air, c'eft encore un miracle; puifque nous ne pouvons douter que le
fang ne foit un fluide qui ne fe forme que dans le corps vivant, & que tout
l'art de l'homme ne peut en produire de factice (2).

Quelquefois on obferve dans la Nature des effets extraordinaires, &
dont on n'a jamais entendu parler. Ces effets ne doivent point être rangés
dans la claffe des miracles : on en fera convaincu fi on les examine avec foin :
on découvrira alors qu'ils dépendent d'une loi conftante de la Nature, qu'ils
ne fe manifeftent pas feulement une fois, mais fouvent; qu'ils font toujours
les mêmes en tout tems dans les mêmes corps; tandis que des effets miracu-
leux de même genre ne fe feroient tout-au plus remarquer qu'une ou deux
fois. C'eft une loi de la Nature, par exemple, que des animaux à qui on
coupe la tête périffent : or depuis quelques années on a découvert que fi on
coupe la tête à des polypes d'eau douce, ces animaux furvivent à cette opération, & fe reproduifent. Ce fait, tout extraordinaire qu'il foit, ne doit
pas être regardé comme un miracle; mais comme une loi de la Nature, que

ce tems dans une cafferole dont l'étamure étoit ufée en partie; les cinq perfonnes en furent
incommodées : il y en eut deux qui en furent quittes pour quelques naufées & quelques
douleurs de colique; les trois autres furent attaquées d'un vomiffement violent, accompagné de convulfions très vives, qui durerent près de quinze heures, malgré les fecours
qu'on leur adminiftra; & il y en eut une qui fe fentoit encore de cette indifpofition quatre
mois après. D'où je conclus qu'on ne peut veiller avec trop de foin fur les vaiffeaux de
cuivre dont on fait ufage dans les cuifines; fur-tout fi les mets qui en fortent y ont féjourné pendant quelque tems.

(1) Acta Apoft. Cap. 5. v. 15.   (2) Exod. Cap. 4. v. 9.

nous ne connoiſſions point avant cette découverte. Les recherches qu'on a faites depuis la connoiſſance de ce fait, nous ont appris que cette même loi avoit encore lieu, par rapport à pluſieurs autres animaux ; mais il n'en eſt pas ainſi des miracles opérés par Moyſe, par les Prophetes, par J. C. & par les Apôtres, ils ſont bien éloignés d'être conformes à aucune loi de la Nature.

12°. La Phyſique nous fournit des preuves inconteſtables de l'exiſtence de Dieu : je n'en rapporterai ici qu'un ſeul exemple. Perſonne ne doute qu'il exiſte des hommes : mais d'où tirent-ils leur origine ? La réponſe ſe préſente auſſi-tôt à l'eſprit ; ils doivent leur exiſtence à leurs peres : mais à qui ceux-ci ſont-ils redevables de la leur ? de ceux, ſans doute, qui vivoient avant eux. Mais ſera-t-il donc permis de remonter ainſi de ſiecles en ſiecles juſqu'à l'infini ? ou ſera-t-on obligé de mettre des bornes à cette ſérie, & de reconnoître de premiers hommes, qui ne tirent point leur origine d'autres hommes ? Ce dernier ſentiment eſt le véritable ; car il paroît évidemment, par l'Hiſtoire du genre humain, que la terre étoit moins habitée autrefois qu'elle ne l'eſt aujourd'hui. Si nous conſultons les Annales de la Bretagne, nous y apprendrons que dans l'eſpace de cent cinquante ans cette Province a vu augmenter du double le nombre de ſes habitans ; d'où nous pouvons conclure, que trois cens ans auparavant leur nombre étoit ſous quadruple : & ſi on remonte ainſi de ſiecles en ſiecles, on trouvera que deux perſonnes ſeules ont ſuffi pour donner naiſſance à tous ces peuples. On peut appliquer le même raiſonnement à la population des autres Nations, & on trouvera que leurs habitans tirent leur origine de deux perſonnes ſeulement ; d'où on doit conclure manifeſtement, que tout le genre humain doit ſa naiſſance à deux perſonnes. Mais d'où ceux-ci ont-ils tiré la leur ? Certainement ils ne ſe ſont point produits eux-mêmes ; cette faculté ne ſe trouve point dans l'homme, de ne devoir ſa naiſſance qu'à lui-ſeul : ils n'ont point été produits par le concours fortuit des atômes ; nous verrions encore des hommes prendre naiſſance d'un tel concours : ils ne furent point produits par le limon d'une terre fécondée par le débordement du Nil, ainſi que le penſerent les Egyptiens ; car on verroit encore de nos jours ſortir des hommes du même limon. Il faut donc néceſſairement qu'ils aient été formés par une Puiſſance ſupérieure, qui les a tirés du néant où ils étoient avant leur exiſtence ; & cette Puiſſance eſt cet Etre ſuprême que nous appellons Dieu, qui eſt l'Auteur de tout ce qui exiſte dans l'Univers : car aucun corps, conſidéré ſolitairement, ou même comme uni à un eſprit tel qu'eſt le corps de l'homme, n'a point la faculté de produire quelque choſe.

13°. Lorſque nous conſidérons l'Univers, nous voyons qu'il eſt compoſé d'individus qui ſe ſuccedent les uns aux autres, & que la cauſe de cette ſucceſſion eſt extérieure à ces individus ; d'où nous devons conclure, qu'outre les différens individus qui font partie de l'Univers, il doit y avoir un Etre diſtingué d'eux, qui eſt la cauſe première de leur ſucceſſion, & que cette cauſe eſt cet Etre puiſſant, que l'on appelle Dieu, & qui eſt le principe de toutes choſes. Ce même Etre qui a créé l'Univers, veille continuellement à ſa conſervation, & ne permet pas qu'aucunes de ſes parties retournent dans le néant d'où il les a tirées : auſſi ne voyons-nous jamais périr aucune eſpece : c'eſt pour cette raiſon qu'il n'a pas donné une grande fécondité aux animaux de proie; tandis qu'il a prodigué aux autres cette faculté. Ceux-ci ſervent de nourriture aux premiers ; mais l'eſpece ne s'en perd pas , à cauſe de leur grande fécondité : c'eſt ainſi que l'Auteur de la Nature a pourvu à la conſervation de ſon ouvrage.

14°. Perſonne ne connoît mieux que les Philoſophes, la puiſſance infinie de Dieu : ils nous enſeignent qu'il a créé un eſpace infini , outre cela qu'il a formé de rien, la terre & tous les corps qu'elle renferme dans ſon ſein, ainſi que ceux que l'on remarque ſur ſa ſurface ; qu'elle eſt ronde , & que ſa grandeur eſt telle que ſon rayon $=$ 3269297 toiſes, meſure de France : quelqu'immenſe qu'elle paroiſſe , elle ne forme qu'un ſeul corps. Outre la terre , nous connoiſſons encore ſix planetes, parmi leſquelles Saturne eſt 3000 fois plus grand que la terre, Jupiter 8000, le Soleil 1000000. Parmi les étoiles fixes , qui ſont en très grand nombre , il y en a pluſieurs qui ſurpaſſent le Soleil en groſſeur , de même que le Soleil lui-même ſurpaſſe la terre. On remarque auſſi dans l'immenſité des Cieux, pluſieurs cometes diſpoſées autour du Soleil de la même maniere que les planetes. Les étoiles fixes ſont placées à une ſi grande diſtance de la terre, qu'un boulet de canon auroit peine à parcourir cet eſpace en un million d'année : & la diſpoſition de toutes ces choſes eſt une des preuves les plus ſolides qu'on puiſſe apporter de la toute-puiſſance de Dieu.

15°. La Sageſſe infinie, qui ne peut convenir qu'à un être ſpirituel , brille ſur-tout par l'économie qui regne dans l'Univers ; on n'y trouve rien de ſuperflu , & il ne reſte rien à deſirer dans les ouvrages du Créateur : chaques choſes qui ſont partie de l'Univers ſe prêtent un mutuel ſecours , & ſont diſpoſées dans l'ordre le plus convenable. Les planetes, par exemple , & les cometes, font librement leur révolution dans l'immenſité des Cieux , ſans ſe rencontrer & ſans ſe faire aucun obſtacle ; leurs mouvemens ne ſe nuiſent aucunement , leur tendance reſpective ne s'oppoſe point à leurs mouvemens , & elles exécutent leurs révolutions autour du Soleil de la maniere la plus ſimple & avec le moindre mouvement poſſible.

16°. La bonté de Dieu ſe manifeſte par ſes ouvrages , dont aucun n'eſt néceſſaire , & ne le rend, ni plus heureux , ni plus parfait : ce n'eſt donc que par un acte pur de ſa bonté infinie, qu'il nous a donné l'exiſtence, ainſi qu'aux autres êtres qui nous environnent. Mais c'eſt ſur-tout en formant l'homme, que l'Etre ſuprême a épuiſé ſes complaiſances ; il l'a doué d'intelligence , & il lui a accordé la faculté de raiſonner : facultés qui permettent à la créature de s'élever juſqu'au Créateur, de le reconnoître , & de juger de pluſieurs de ſes perfections. Outre ces grands avantages, l'Etre ſuprême a encore accordé à l'homme un empire ſur tous les animaux ; il a abandonné à ſa diſpoſition tous les végétaux & tous les foſſiles. Les loix ſimples & immuables ſuivant leſquelles il conſerve tout ce qu'il a formé , les mérites de J. C. qui ouvrent au pécheur une voie ſûre à une éternité bienheureuſe ; tant d'avantages réunis pour le bonheur de l'homme , doivent lui faire ſentir que rien ne peut ſurpaſſer la bonté & la munificence de Dieu.

CHAPITRE

CHAPITRE II.

Des corps en général, & de leurs propriétés.

§. XL. Nous découvrons, par le ministere des sens, l'existence des corps. C'est pour cet usage que l'Auteur de la Nature les a donnés à l'homme : il n'y a pas même d'autres moyens de connoître les corps, & de juger de leurs qualités.

Lorsqu'on ne veut pas étendre le service des sens au delà des bornes qui leur ont été prescrites, on acquere, par leurs secours, des connoissances certaines.

L'ame acquiert différentes idées, lorsque les corps agissent sur les organes bien disposés d'un homme qui fait attention à leurs actions : ces idées lui apprennent qu'il y a quelque chose dans ces corps qui a la faculté d'agir & de résister.

Ces idées sont tout à-fait différentes des propriétés des corps. Les premieres existent dans l'esprit ; tandis que les propriétés des corps sont au-dehors : elles ne sont que l'occasion, ou, pour ainsi dire, les causes qui, par leur présence, excitent les idées.

Les corps agissent de deux manieres sur les organes des sens : immédiatement, ou médiatement.

1°. Ils agissent immédiatement sur le tact ; ce qui arrive lorsqu'on touche un corps avec les doigts, ou lorsqu'il est posé sur les doigts, & qu'il est en contact avec eux.

2°. C'est encore de la même maniere que nous connoissons la saveur des corps sapides : le vin, par exemple, que nous tenons dans la bouche, agit immédiatement sur les papilles nerveuses de la langue & du palais, qui sont les organes du goût.

3°. Le sentiment des odeurs nous vient des particules odoriférantes, qui, se détachant des corps odorans, voltigent dans l'athmosphere, sont portées dans le nez avec l'air que nous respirons, & y velliquent la membrane pituitaire, destinée à procurer à l'ame le sentiment des odeurs.

4°. Les corps qui n'agissent pas immédiatement sur les organes des sens, à cause de leurs différentes distances de ces organes, y agissent néanmoins par l'intermede de certains petits corpuscules étrangers, qui partent immédiatement de ces corps, ou qui sont renvoyés à nos organes par d'autres corps, vers lesquels ils étoient dirigés : c'est ainsi que les corps lumineux, tels que le soleil & la flamme, qui sont éloignés de nous, portent dans nos yeux les rayons qu'ils lancent : souvent ces rayons, n'étant pas dirigés directement vers nos yeux, y parviennent par la réflexion qu'ils subissent, lorsqu'ils tombent sur des corps opaques & réfléchissans : parvenus à la rétine, ils affectent l'organe de la vue, & nous procurent la vision des objets. C'est de ces deux manieres que nous parvenons à la connoissance des corps lumineux & des corps opaques, considérés comme tels.

5°. Les corps qui sont éloignés de nos organes agissent aussi sur eux, par

E

le moyen de différens corps étrangers, qui font placés entre le corps agiffant & l'organe qu'il affecte: c'eft aînfi que les corps fonores, qui font éloignés de nos oreilles, agiffent néanmoins fur l'organe de l'ouïe, par l'intermede de l'air ou de tout autre fluide.

C'eft de ces différentes manieres que nous connoiffons les corps qui nous
avoifinent, & ceux qui font éloignés de nous. L'Auteur de la Nature n'a
donné à l'homme que cinq organes différens, propres à lui faire connoître
l'exiftence des corps; car la faim & la foif ne lui ont pas été accordées pour
juger des qualités des corps extérieurs, mais feulement pour l'avertir des befoins de fon propre corps.

§. XLI. Tout ce qui exifte dans les corps, & qui eft propre à affecter quelqu'un des cinq organes dont nous venons de parler, de maniere à exciter
auffi-tôt dans l'ame l'idée de fa préfence, s'appelle *qualité* ou *propriété*. La
dureté qu'on fent lorfqu'on touche & qu'on preffe un morceau de fer, le
froid qu'on éprouve lorfqu'on pofe la main fur un morceau de glace; l'a-
mertume que la bile fait fentir lorfqu'elle paffe par la bouche, &c, font
autant de propriétés de ces corps.

§. XLII. Lorfque nous examinons les corps, & que nous raffemblons
toutes les propriétés que nous leur connoiffons, nous en remarquons plufieurs qui conviennent à tous les corps, & qui les accompagnent conftamment, en tous tems, & dans les différens états par lefquels ils peuvent paffer. On appelle ces propriétés, générales ou univerfelles; &, pour les diftinguer des autres, nous les nommerons *les attributs des corps.*

§. XLIII. Quant à ces propriétés, qui ne conviennent aux corps que dans
certaines circonftances, ou qui conviennent aux uns & nullement aux autres, nous leur laifferons le nom de *propriétés, qualités, accidens.*

§. XLIV. Tous les attributs, toutes les propriétés quelconques des corps,
font contenus dans les corps auxquels ils appartiennent & qu'ils conftituent, non pas cependant comme autant de différens êtres qui exiftent, ou
qui pourroient exifter féparément, & qui, par leur affemblage, conftituent
l'étendue de l'être auquel ils appartiennent; mais ils font tous comme adhérens à un feul & même fujet, qu'on appelle *fubftance.* Qu'eft ce donc qu'une
fubftance, confidérée en elle-même? C'eft ce que perfonne ne pourra jamais concevoir clairement & diftinctement; parcequ'aucune fubftance n'a-
git immédiatement, & par elle-même, fur l'organe des fens, puifqu'elle eft
renfermée dans les bornes qui terminent la fuperficie des corps: nous favons cependant qu'il y a des fubftances dans la Nature; parcequ les propriétés que nous découvrons dans les corps, font très différentes les unes
des autres, & que nous ne voyons point de lien qui puiffe les unir entr'elles.
Nous ne découvrons point, par exemple, de liaifon entre l'étendue & la
force d'inertie, entre la figure & la gravité, entre la mobilité & l'impénétrabilité, &c; cependant nous favons que toutes ces propriétés fe trouvent
réunies dans un même être: d'où il fuit manifeftement qu'il doit y avoir une
efpece de foutien ou de fuppôt, qui réuniffe toutes ces propriétés, quelque
différentes qu'elles paroiffent, ou du moins qui leur ferve de bafe & qui les
contienne.

§. XLV. Parmi les propriété générales, & par conféquent les attributs des corps, on compte, *l'étendue*, la *figurabilité*, la *faculté d'être limité*, celle d'occuper un *espace*, la *solidité*, l'*inertie*, la *mobilité*, la *quiescibilité*, la *gravité*, l'*attraction*, la *répulsion*, la *faculté de subsister*, enfin celle d'être *créé*. Jusqu'à présent on n'a trouvé aucun corps, de quelqu'espece qu'il soit, grand ou petit, homogene ou composé, solide ou fluide, dans lequel on n'ait remarqué le concours de toutes ces propriétés : on peut même assurer qu'il n'y en a aucun dont on puisse, par aucun procédé quelconque, retrancher une seule de ces propriétés.

§. XLVI. Entre les différens attributs dont nous venons de parler, on en compte plusieurs qui ne souffrent, ni augmentation, ni diminution, & qui sont toujours les mêmes en tous tems, & dans toutes circonstances : telles sont l'étendue, la solidité, l'inertie ; car une étendue d'un pied cubique, par exemple, qui mesure la solidité d'un corps, demeure toujours la même, quelque figure qu'on fasse prendre à ce corps, quelque division même qu'on lui fasse subir : mais il n'en est pas ainsi de toutes les propriétés générales des corps ; il s'en trouve plusieurs, qui, quoiqu'elles accompagnent toujours les corps, dans quelques circonstances qu'ils se trouvent, & qu'elles ne souffrent aucun changement essentiel, néanmoins sont susceptibles d'augmentation ou de diminution, selon les différens rapports de distance où ces corps se trouvent entr'eux : telles sont la gravité, l'attraction, la répulsion. Plusieurs Philosophes établissent une distinction entre les attributs des corps : ils regardent les uns comme premiers, & ils nomment les autres secondaires. Parmi ceux de la premiere classe, ils rangent l'étendue, la résistance & la mobilité, d'où découlent, suivant eux, ceux qu'ils ont nommés secondaires, tels que la figurabilité, l'impénétrabilité, la divisibilité & le mouvement (1).

§. XLVII. On range parmi les propriétés des corps l'*électricité*, l'*opacité*, la *transparence*, la *fluidité*, la *fermeté*, la *faculté d'être coloré*, *chaud*, *froid*, *sapide*, *insipide*, *odorant*, *inodorant*, *sonore*, *non sonore*, *dur* : on y range aussi l'*élasticité*, la *mollesse*, l'*aspérité*, la *légéreté*, &c. Ces différentes qualités appartiennent tellement aux corps, qu'ils peuvent en être doués ou en être dépourvus, sans rien perdre de leur essence.

§. XLVIII. Parmi ces différentes propriétés, il y en a quelques unes que l'on peut regarder, en quelque façon, comme générales, en tant que lorsque ces corps se trouvent dans un certain état, elles leur conviennent alors. Aussi M. *de Maupertuis* crut-il, & avec raison, qu'il falloit distinguer ces propriétés d'avec les autres. Tels sont, par exemple, *la faculté de communiquer du mouvement à d'autres corps*, dont jouissent tous ceux qui sont en mouvement. La *divisibilité*, qui appartient à tout corps d'une certaine étendue, en tant qu'il est composé de plusieurs parties ; propriété qui ne convient cependant pas aux parties élémentaires qui le constituent. La *porosité* est aussi relative aux corps qui jouissent de quelques dimensions, & elle n'appartient pas non plus aux élémens de la matiere, qui sont parfaitement solides : pareillement la faculté de recevoir & de retenir pendant quelque tems entre ses parties la matiere ignée & celle de la lumiere, convient aux

____

(1) De Turre Institut. Phyl. Sect. 1. Cap. 5, 7.

corps étendus, quoiqu'elle ne convienne point à leurs élémens. Les Physiciens de nos jours commencent à soupçonner *que tous les grands corps ont autour d'eux une atmosphere de matiere subtile* : ce sentiment doit son origine aux observations suivantes. On remarque que le corps de l'homme est continuellement enveloppé d'une transpiration insensible, qui s'échappe de toute l'habitude de son corps. Que les cadavres répandent autour d'eux des miasmes qui s'élevent des parties qui se corrompent. Que les plantes sont entourées de parties odorantes, qui forment autour d'elles une atmosphere d'une certaine étendue : enfin que tous les corps jouissent d'une faculté attractive & répulsive, qui se manifeste dans tous les points de leurs surfaces : & on pense que ces forces attractives & répulsives sont produites par un fluide ambiant, dont toutes les parties extrêmement subtiles sont douées d'un mouvement oscilatoire & très rapide : idée qui n'est encore fondée sur aucune preuve solide ; puisqu'on ne connoît pas encore en quoi consiste ces forces, soit attractives, soit répulsives, quoiqu'elles conviennent réellement à tous les corps : d'ailleurs tous les corps ne sont point enveloppés d'atmospheres ; car il ne peut se faire que les plus petites portioncules de la matiere laissent échapper de leur propre substance de plus petites portioncules de matiere, & il ne repugne pas moins que les parties les plus délicates de la matiere soient entourées d'un fluide plus subtil qu'elles. Le sentiment de ceux qui regardent *tous les corps comme électriques*, n'est pas mieux fondé que le précédent. La vertu électrique pourroit tout au plus convenir aux corps d'une certaine étendue, & non aux petites portioncules de la matiere : d'ailleurs l'expérience n'a pas encore décidé, que cette vertu convienne en tout tems à tous les corps, quoiqu'elle convienne constamment à plusieurs.

§. XLIX. L'ordre exige que nous commencions par examiner les différens attributs des corps dont nous avons parlé (§. 45.) : l'examen en étant une fois fait, nous ne serons pas obligé de nous répéter, lorsque nous examinerons séparément chaque corps ; nous en ferons alors abstraction. Nous allons commencer nos recherches par l'examen de l'*étendue*. On considere trois dimensions dans l'étendue. 1°. La longueur, telle que le ligne AB. [*Tab.* 1. *fig.* 1.]. 2°. La longueur unie à la largeur, qu'on nomme surface, & qui est représentée par la figure C D E F. [*Tab.* 1. *fig.* 2.]. 3°. Enfin la longueur, la largeur & l'épaisseur, qui sont représentées par la figure G H O I K L M N. [*Tab.* 1. *fig.* 3.]. Chacune de ces trois dimensions a sa nature particuliere ; de sorte qu'aucune ne peut se prendre pour une autre ; car des lignes placées les unes sur les autres, ou posées les unes à côté des autres, ne composeront point une superficie ; ni des superficies séparées les unes des autres, quelques nombreuses qu'elles soient, ne formeront point un solide.

§. L. Toute étendue forme une quantité continue ; puisqu'elle est susceptible d'être mesurée, ou qu'on peut la concevoir, & même qu'elle peut être plus grande ou plus petite : c'est pourquoi on appelle quantité toute étendue quelconque.

§. LI. Quelle que soit l'étendue (§. 49.), on peut la concevoir comme composée d'un nombre infini de plus petites étendues ; d'où on peut con-

ET DE LEURS PLOPRIETÉS.

clure que toute étendue eſt mentalement diviſible à l'infini. En effet [*Tab.* 1.
fig. 1.] on peut concevoir aiſément un point mathématique O, placé entre
les deux extrêmités A & B de la ligne A B. On concevra encore auſſi aiſément un autre point C, placé entre le point A & le point O, & ainſi de
ſuite à l'infini, ſans que l'on conçoive qu'aucun de ces points intermédiaires, touche & ſe confonde avec l'un ou l'autre point A & B, qui termine de
part & d'autre la ligne A B; puiſque tout point mathématique eſt dépourvu
de longueur : par conſéquent on pourra mentalement diviſer toute ligne à
l'infini. De-là toute ligne quelconque d'une longueur finie & déterminée,
eſt formée de l'aſſemblage d'un nombre infini de petites lignes, poſées les
unes au bout des autres : de-là toute ligne, ſoit grande, ſoit infiniment petite, ne peut pas être conſidérée comme ſimple, mais comme un compoſé
d'autres lignes ſemblables; par conſéquent doit être conſidérée comme une
quantité infiniment petite, diviſible à l'infini en d'autres quantités plus petites & de même nature.

§. LII. Si nous conſidérons une ligne comme une ſeule & unique ligne,
ce ſera une étendue continue ; mais ſi nous la conſidérons comme formée
par une infinité de petites lignes ajoûtées les unes au bout des autres, toutes
ces petites lignes ſeront contiguës les unes aux autres.

§. LIII. La ſuperficie C D E F [*Tab.* 1. *fig.* 2.], ainſi que la ligne dont
nous venons de parler, peut ſe diviſer à l'infini en d'autres petites ſuperficies
ſemblables; car on peut concevoir une ligne telle que P Q, parallele à C E,
tirée entre les lignes C E & D F : on peut encore en concevoir une autre,
conduite entre P Q & D F, & ainſi de ſuite juſqu'à l'infini.

§. LIV. De même entre les ſurfaces I H & K M du ſolide K H [*Tab.* 1.
fig. 3.], on peut concevoir une ſuperficie intermédiaire R S, parallele à la
ſurface I H : on peut encore en imaginer une autre entre les ſurfaces R S &
K M, & ainſi de ſuite juſqu'à l'infini. Tout ſolide pourra donc ſe diviſer en
un nombre infini de ſolides plus petits, tous ſemblables entr'eux quant au
nombre de leurs dimenſions, & qui tous, pris enſemble, conſtituent le ſolide dont ils ſont tirés.

§. LV. Ceux-là ſe trompent donc, qui aſſurent que l'étendue eſt quelque
choſe de ſimple, & de ſemblable dans tous les corps; qu'elle n'eſt point
compoſée de parties, parceque l'étendue, priſe en elle même, ne differe
pas de l'étendue. En effet, quoique l'étendue A B [*Tab.* 1. *fig.* 1.] ſoit
ſemblable à elle-même dans toutes ſes parties, elle eſt néanmoins compoſée des parties A C, C O, O B; & quoique l'étendue de la partie A C ne
ſoit pas différente de celle de la partie C O, ces deux étendues different
cependant entr'elles quant à leur ſituation : & on remarque la même différence entre toutes les parties de l'étendue. Outre cela, les trois eſpeces d'é-
tendue que nous avons indiquées (§. 49.), ſont toutes différentes les unes
des autres.

§. LVI. L'idée de l'étendue eſt ſi ſimple, qu'il n'eſt pas poſſible de la développer & de la finir ; & on eſt réduit à la même impoſſibilité, lorſque les
idées des choſes que l'on veut expliquer ſont auſſi ſimples.

§. LVII. La diviſibilité dont nous avons déja fait mention, conſiſte dans la facilité de concevoir plusieurs parties dans une étendue quelconque : c'est cette divisibilité que je nomme *divisibilité mathématique.*

§. LVIII. Mais il est une autre espece de divisibilité qui est du ressort de la Physique , & qui fait naître la question suivante, qui est de savoir , si tous les corps , considérés non-seulement comme étendus , mais encore comme pourvus de tous les autres attributs qui conviennent aux corps, & qui sont indépendans de l'étendue ; si tous ces corps, dis-je, peuvent être divisés à l'infini ; si l'Art ou la Nature peuvent nous fournir des moyens propres à pousser jusqu'à l'infini la division des parties qui les constituent, sans qu'aucun de leurs attributs s'opposent à cette division ? Tout ce qui est susceptible de division actuelle , est, à la vérité, composé de plusieurs parties séparables les unes des autres ; mais ces parties, étant séparées, sont-elles encore elles-mêmes composées d'autres parties plus petites & séparables les unes des autres ? ou la division de ces parties étant poussée jusqu'à un certain point , parvient-on à trouver des parties simples , non composées d'autres parties , & parconséquent qui soient à l'abri d'une plus grande division ? C'est une question purement physique , & que nous nous proposons de résoudre.

§. LIX. La divisibilité dont il s'agit ici , & qui consiste dans la séparation actuelle des parties de la matiere, est celle que j'appelle *réelle.*

§. LX. Cette divisibilité ne peut avoir lieu dans toute sorte d'étendue ; car quoique l'espace soit réellement étendu , il n'est point composé de plusieurs parties , ainsi que les corps : en effet chaque partie qui compose un corps , est une petite portioncule de matiere, un petit corpuscule plus petit que le tout dont il fait partie , lequel est renfermé dans les bornes qui terminent de toute part sa superficie, qui subsiste par lui même, & qui n'a pas besoin , pour subsister , du concours des autres corpuscules qui l'avoisinent. Au contraire , l'espace n'a rien qui lui soit propre ; les bornes qui le circonscrivent ne lui appartiennent point : bien plus , comme il est immobile, il n'est point susceptible d'une division réelle. Pour revenir donc à la question dont il s'agit ; savoir, si le plus petit élément de la matiere peut encore être divisé, & si cette division ne reconnoît point de bornes ? c'est à l'expérience à en décider. Elle ne peut cependant décider cette question aussi parfaitement que nous le desirerions : elle laisse toujours après elle des doutes assez bien fondés ; car on ne peut disconvenir, que les élémens des mixtes se dérobent , par leur petitesse , à la foiblesse de nos organes , même aidés de tous les secours que l'Art peut mettre en usage pour augmenter leur sensibilité ; & il n'y a personne qui ne trouve ses sens en défaut , & qui ne sente qu'ils auroient besoin d'une plus grande perfection. A la vérité, tant que les corps ont assez d'étendue , pour affecter l'organe de la vue , la Nature nous fournit plusieurs moyens , ou l'Art ne manque pas d'expédiens pour les diviser ; mais si-tôt que leur ténuité les soustrait à nos organes, nous ne pouvons pas ne nous pas appercevoir que les moyens nous manquent pour pousser plus loin leur division, qu'ils ne sont point divisibles à l'infini, & que la divisibilité à laquelle ils sont soumis reconnoît des bornes.

§. LXI. L'ordre constant & immuable de la Nature paroît confirmer cette vérité. En effet, si nous examinons avec attention ce qui se passe dans l'Univers, nous nous appercevrons aussi-tôt qu'après la dissolution des corps, il en renaît de nouveaux, toujours dans le même tems, de la même maniere, & qu'ils jouissent des mêmes propriétés que les premiers dont ils tirent leur origine. Les plantes viennent de semences jettées dans une terre, qui n'est composée que de plantes dissoutes par la digestion des animaux. Ces plantes croissent & parviennent à la même hauteur qu'elles avoient autrefois : elles sont de la même grosseur, & elles paroissent dans le même tems : or si on suppose que les petites parties qui nourrissent & font croître les semences, sont devenues dix fois plus fines qu'elles n'étoient auparavant, il faudra aujourd'hui beaucoup plus de tems qu'autrefois pour l'accroissement de ces mêmes plantes ; elles auront même une autre forme, & elles seront d'une consistance différente de celle qu'elles avoient auparavant. Prenez trois morceaux de marbre, réduisez un de ces morceaux en poudre un peu grosse, le second en poudre plus fine, & le troisieme en poudre encore plus fine que la précédente : mêlez ces trois poudres, chacune séparément, mais à même quantité, avec le double de son poids de cire fondue ; lorsque ces trois masses seront réfroidies, elles seront toutes d'une différente consistance les unes des autres. Celle qui sera formée des parties les plus grossieres du marbre, sera plus fragile, & se rompra aisément : on brisera plus difficilement celle qui aura été produite par des parties moins grossieres. Enfin celle qui aura été formée par les parties les plus déliées du marbre, que l'on aura pulvérisées, sera plus ferme, plus solide, & résistera davantage à l'effort qu'on fera pour la rompre. Ne remarqueroit-on pas la même chose à l'égard des plantes, si elles étoient nourries, & qu'elles dussent leur accroissance à des parties qui deviendroient, par succession de tems, plus délicates & plus ténues ? On remarqueroit en elles une différente consistance qui varieroit à l'infini, & selon les degrés de ténuité qu'acquerroient les parties nutritives qui concourroient à leur production. C'est cependant ce qu'on n'a pas observé jusqu'à présent. La même différence s'observeroit encore dans les animaux, dans les fossiles ; ce qui est tout-à-fait contraire à l'observation & à l'expérience. Si on laisse du sel en dissolution dans un menstrue qui lui soit propre, & que l'évaporation du liquide ait lieu, on retrouvera encore au fond du vase, un sel qui sera parfaitement semblable à celui que l'on avoit fait fondre. Si, par un procédé chymique on parvient à convertir un sel en un esprit acide, ou en alkali ; si on régénere ensuite ce sel, il ne sera pas différent du précédent : d'où il suit manifestement, que l'on a divisé, par ces procédes, les parties salines jusqu'à un certain point seulement ; mais non pas autant qu'elles pouvoient l'être, & à plus forte raison, que l'on n'a pas porté la division de la matiere jusqu'à l'infini.

§. LXII. Outre cela, on ne remarque pas qu'il paroisse de nouvelles especes de plantes, d'animaux, de fossiles : on voit toujours renaître les mêmes especes avec les mêmes qualités qu'elles avoient plusieurs siecles auparavant. Par conséquent les corps qui se dissolvent, & qui servent ensuite de nourriture à d'autres corps, ne se dissolvent pas à l'infini ; mais seulement jusqu'à ce qu'ils soient parvenus à un certain degré de ténuité : car autrement il faudroit que de ces petites parties, divisées à l'infini, il en résultât un autre ordre de plus grosses parties, & que de celles-ci il en vînt encore de plus groffes ; de forte que nous aurions continuellement de nouvelles efpeces de corps , qui recevroient auffi de nouvelles propriétés.

§. LXIII. Les parties de la lumiere & du feu , qui font les plus petites de toutes celles que nous connoiffons, peuvent bien diffoudre les parties des plus grands corps ; mais cette divifion ne peut pas être portée à l'infini : car la fumée qui s'éleve dans l'air , & qui naît de la confommation des corps que le feu attaque , cette fumée eft très fenfible à la vue. Jamais on ne s'eft apperçu que les parties ignées aient été converties en d'autres fubftances , jamais on n'a pu parvenir à les divifer , ou à les altérer , de quelque maniere qu'on s'y foit pris. L'air & l'eau fimple ne font pas moins inaltérables ; toutes les tentatives qu'on a faites jufqu'à préfent , & tous les différens moyens qu'on a mis en ufage pour en altérer les molécules , ont toujours été inutiles.

§. LXIV. L'expérience a toujours démontré que le feu le plus violent , celui qui agit avec le plus d'activité contre les corps fur lefquels il exerce fon action , foit qu'il foit fait par artifice , foit qu'on emploie celui qui nous vient des rayons du foleil , qu'on raffemble par le moyen d'un miroir ardent; ce feu qui réduit tout en fumée, & qui confume tout ce qu'il touche ; ce feu , qui pénetre tout , qui divife & qui fépare toutes les parties des mixtes qu'il attaque ; l'expérience, dis je , a toujours démontré que ce feu n'a encore pu réduire les corps que jufqu'à un certain degré de ténuité, fans qu'il ait jamais pu les divifer à l'infini. Si vous expofez au foyer d'un miroir ardent un morceau d'or , qui réfifte à l'action du feu le plus violent que nous puiffions faire , vous obferverez qu'il fe fondra, qu'une partie fe diffipera fous la forme d'une fumée épaiffe , & que le refte fe changera en verre couleur de pourpre. Le feu folaire produira encore fur les autres corps que vous expoferez à fon action , des effets femblables de divifion ; mais qui feront bornés , & qui n'iront point jufqu'à l'infini.

§. LXV. Si on frotte des corps les uns fur les autres, le frottement en détachera , à la vérité , des parties groffieres & très fenfibles ; mais il ne parviendra pas à réduire ces parties jufqu'à un degré de ténuité, propre à échapper à la foibleffe de notre vue : ce qui paroit manifeftement , lorfqu'on broie des couleurs fur le porphyre & dans toute autre manipulation de cette efpece.

§. LXVI. Ainfi toutes ces divifions qui s'operent dans les corps d'une certaine grandeur , ne font que féparer leurs parties les unes des autres ; & fi les parties qui naiffent de ces divifions font elles mêmes compofées d'autres parties , on pourra encore pouffer plus loin la divifion , jufqu'à ce qu'on foit parvenu à en féparer des parties qui ne foient plus compofées : ces dernieres font celles que nous appellons *atômes* , *élémens* , *unités* , *infécables* , *principes* , &c. La Nature & l'Art ne font point encore parvenus à divifer une des parties élémentaires d'un mixte quelconque; car , comme la porofité des corps reconnoît des bornes , lorfqu'on a pouffé la divifion d'un corps jufqu'aux parties élémentaires qui le conftituent; ces parties n'étant point poreufes , comment pourroit-on les divifer encore , puifqu'on ne peut rien introduire dans ces fortes de parties. Si une feule expérience pouvoit démontrer le contraire , ou nous faire voir qu'il feroit poffible d'introduire

quelque

quelque corps étranger dans l'intérieur d'une partie parfaitement solide, nous aurions lieu de conclure alors, que les corps peuvent être réellement divisés à l'infini.

§. LXVII. On ne doit donc pas ranger parmi les vérités physiques, qui sont toutes fondées sur l'expérience & sur l'observation, que la divisibilité réelle (§. 59.) soit un des attributs de la matiere, ou que tout corps soit composé de plus petites parties semblables décroissantes à l'infini ; puisque, ni l'expérience, ni l'observation n'ont point encore démontré que l'Art ou la Nature puisse porter la division de ces parties jusqu'à l'infini, & qu'au contraire les observations rapportées (§. 61, 62, 63, 64, 65,) font voir le contraire ; quoiqu'il soit vrai de dire que les corps d'une certaine étendue soient susceptibles d'être divisés en plusieurs petites parties.

§. LXVIII. Mais jusqu'où peut aller l'industrie de la Nature & le génie de l'homme, lorsqu'il s'agit de diviser les corps ? C'est ce que nous ignorons. Cette division se borne-t-elle à séparer précisément les parties intégrantes des corps ? va-t-elle jusqu'à en séparer les unes des autres, les parties élémentaires qui les forment ? C'est ce que nous ne pouvons décider. Si tôt que la division des mixtes a été portée jusqu'à en séparer des parties d'une certaine ténuité, leur délicatesse les dérobe alors à la foiblesse de nos organes, quelque secours que nous empruntions pour tâcher de les observer.

§. LXIX. La doctrine des atômes est une des plus anciennes de celles qui ont toujours eu un certain crédit dans l'Ecole ; elle fut cultivée par *Moschus, Leucippe, Démocrite, Epicure, Lucrece, Gassendi, Newton, Boerrhaave, Desaguilliers, Maclaurin*, & par plusieurs autres grands hommes ; qui ont tous soutenu, que les atômes sont de petits corpuscules qui entrent dans la composition de tous les corps : ils les regardent comme les premiers principes de toutes choses, que Dieu créa au commencement du monde, & dont il forma tous les corps. Ils prétendent outre cela, que non-seulement ces atômes sont étendus, mais qu'ils sont exempts de pores, qu'ils sont d'une dureté & d'une solidité propres à résister à tout effort possible ; qu'ils sont immuables, impénétrables, passifs & mobiles.

§. LXX. Mais si on demande pourquoi les corps, étant toujours étendus, ne sont pas toujours divisibles ? je répondrai, parcequ'il a plu à l'Auteur de la Nature de les créer ainsi, & cela pour des raisons très sages, qui lui sont parfaitement connues, & que nous ignorons ; puisqu'il n'est pas accordé à l'homme de pénétrer dans les decrets du Très-Haut, & que les tentatives que nous ferions à cet égard seroient inutiles. L'Auteur de la Nature, n'ayant pas révélé à l'homme les raisons qui l'ont conduit dans ses opérations, tous les raisonnemens de la sagesse humaine, quelques bien fondés qu'ils paroissent, échouent toujours lorsque l'homme veut sonder les decrets de l'Eternel. C'est sur-tout dans cette occasion, qu'il faut convenir que la trop grande curiosité est dangereuse.

§. LXXI. Lorsqu'il s'agit de diviser un corps d'une certaine étendue en plusieurs parties, est-il nécessaire qu'à chaque division qu'on voudra faire, on introduise entre les parties de ce corps qu'on veut séparer, un corps étranger qui ne puisse point favoriser leur union. Cette maniere de diviser les parties des corps n'a point toujours lieu, quoiqu'on la mette fréquem-

ment en ufage ; comme , par exemple , lorfqu'on veut fendre du bois à l'aide
d'un ou de plufieurs coins , lorfqu'on veut diffoudre un corps quelconque
dans un menftrue qui lui foit propre : mais outre cette façon de procéder, on
peut encore féparer les parties d'un mixte, en employant un corps étranger,
dont l'action fe porte au-dehors , comme lorfqu'on ébranle les parties d'un
corps , à l'aide d'un coup de marteau , & qu'on les fépare les unes des autres , fans qu'aucun corps hétérogene ait été interpofé entre les parties.
Cette maniere de féparer les parties d'un corps a lieu , lorfque les corps
qu'on veut divifer font fragiles.

§. LXXII. Il y a plufieurs corps qui font fufceptibles d'une divifion prodigieufe & qui furpaffe l'idée qu'on peut fe former de la divifion de la matiere ; ce qui paroîtra évidemment par quelques exemples.

1°. Un fil de foie de 360 pieds de longueur , & qui ne pefe qu'un grain ,
peut fe divifer en 2592000 parties fenfibles à l'œil ; puifqu'une étendue d'un
pouce en longueur peut fe divifer en 600 parties fenfibles , qui font chacunes
égales en longueur à l'épaiffeur d'un cheveu un peu fin.

2°. Un Ouvrier Autrichien fut mettre à profit la ductilité de l'or, qui
furpaffe celle de tous les autres métaux ; il parvint à former un fil de 500
pieds de longueur , avec un morceau d'or qui ne pefoit qu'un grain : on auroit donc pu divifer ce fil en 500 parties × 12. × 600 = 3600000.

3°. Dans un tems où l'induftrie de l'homme n'étoit pas encore parvenue
au point de perfection dont elle jouit aujourd'hui, on favoit étendre fous le
marteau une once d'or , de maniere qu'on en formoit 1600 feuilles quarrées , dont chaque côté avoit trois pouces linéaires. Aujourd'hui que cet Art
s'eft beaucoup perfectionné , une once d'or nous fournit un plus grand nombre de feuilles ; mais en n'en comptant que 1600 , nous aurons une preuve
bien fuffifante pour confirmer ce que nous avançons. En effet la longueur
de chaque feuille étant = 3 pouces, fa furface = 9 pouces quarrés: or un
pouce étant divifible en 600 parties fenfibles, chaque feuille pourra fe divifer en 1800 parties quarrées × 1800 ; & les 1600 feuilles , ou l'once d'or ,
fera divifé en 1800 × 1800 × 1600 , ou en 5184000000 parties quarrées : le grain d'or pourra donc être divifé en 10800000 parties fenfibles.
Mais la dextérité de nos Ouvriers , nous met à portée de pouffer plus loin ce
calcul ; car depuis les obfervations de M. *de Réaumur* , on fait qu'un feul
grain d'or s'étend fous le marteau de façon à pouvoir être divifé en 13200000
parties fenfibles (1). Mais fi nous confidérons le fil d'argent doré, qui fert
à embellir nos parures , nous verrons que la divifibilité de l'or eft encore
plus grande : en effet, par ce procédé un grain d'or acquere une fuperficie
de 3 pieds en quarré , & peut fe divifer en 1399680000 parties.

4°. Les diffolutions nous fourniffent encore des preuves bien décifives de
la prodigieufe divifibilité de la matiere. Si vous faites diffoudre un grain de
cuivre jaune dans une fuffifante quantité d'efprit volatil de fel ammoniac ;
la diffolution étant finie , le diffolvant acquerra une couleur d'azur : fi vous
jettez cette diffolution dans un cilyndre de verre de cinq pouces de diametre, & haut de 20 pouces, & qui par conféquent, étant rempli d'eau, contiendra 392 ½ pouces cubiques d'eau , toute cette maffe de liquide deviendra

(1) L'Hift. de l'Acad. Roy. ann. 1713. p. 270.

très fenfiblement colorée ; & il n'y aura aucune partie du liquide qui ne contienne quelques portioncules de cuivre ; ce qu'on reconnoîtra aifément à la fenfation qu'excitera fur l'organe du goût une petite portioncule de ce liquide qu'on mettroit fur fa langue. Or un pouce cubique d'efpace peut contenir 1000000 de grains de fable, & même des plus gros ; par conféquent le cylindre de verre, dont nous venons de parler, en peut contenir 392500000 : l'eau qu'il contient peut donc être fuppofée divifée en 392500000 parties égales chacunes à un grain de fable ; & comme il n'y a aucune partie de cette eau qui ne contienne au moins une petite portioncule de cuivre, ce métal eft donc divifé, par ce procédé, en 392500000 parties. Cette divifion, quelque grande qu'elle paroiffe, eft bien au deffous de la véritable divifion du cuivre ; mais elle fuffit pour faire connoître le degré de ténuité que les parties de ce métal peuvent acquérir par le procédé que nous venons d'indiquer.

5°. Si on fait fondre un grain de cochenille dans une diffolution de fel de tartre, il en réfultera une couleur rouge foncée ; fi on jette enfuite cette teinture dans le cilyndre dont nous venons de parler, & qu'on le rempliffe d'eau, cette eau acquerra pareillement une couleur rouge, mais moins foncée : par ce procédé, le grain de cochenille fera divifé en un auffi grand nombre de parties que le grain de cuivre dont nous avons fait mention.

6°. *Lewenhoek* obferva des animaux de trois efpeces différentes dans de l'eau qu'il avoit expofée au foleil, & dans laquelle il avoit fait infufer du poivre en poudre : il obferva, qu'en prenant pour l'unité le diametre d'un de ces animaux, qui étoit de la plus petite efpece, le diametre de ceux qu'il rangeoit dans la feconde claffe étoit comme 10, & que celui des animaux de la plus grande efpece étoit comme 50. Mais ayant trouvé que le diametre d'un grain de fable étoit comme 1000, il s'enfuit que le diametre d'un des animaux de la plus petite efpece dont nous venons de parler, eft au diametre d'un grain de fable, comme le cube du diametre 1 eft au cube de 1000, ou comme 1 eft à 1000000000. Mais il faut confidérer que le petit animal dont il eft ici queftion, eft un corps organifé, dans lequel on trouvé des mufcles, des arteres, des veines, & quantité d'autres vaiffeaux dans lefquels différentes liqueurs circulent continuellement : or chacunes de ces différentes parties font encore beaucoup plus petites que le corps de l'animal qu'elles compofent.

On peut encore donner quantité de preuves plus curieufes les unes que les autres, de la vérité que nous nous propofons d'établir. Les vapeurs qui fortent d'une éolipile violemment échauffée par l'ardeur des charbons ; la fumée qui s'éleve des corps qu'on brûle ; les odeurs qui s'exhalent de ceux qui fe pourriffent, & qui ne perdent pas pour cela fenfiblement de leur poids, l'huile, le fuif qu'on confume en les brûlant, font autant de preuves de l'extrême ténuité des parties de la matiere. *Keill* (1) & *Neewentitt* (2) ont traité cette matiere d'une maniere fort étendue.

§. LXXIII. La divifion des corps multiplie leur fuperficie ; car chaque

____

(1) Introd. ad veram Phyficam, Lect. 5.   (2) Cofmotheoros, Cap. 26.

partie eſt terminée en toute ſorte de ſens par des ſuperficies qui lui ſont propres , & qui , par la diviſion , deviennent réellement & phyſiquement diftinguées de celles avec leſquelles elles étoient en contact , lorſqu'elle faiſoit partie du tout d'où on l'a tirée. Par exemple, ſuppoſons un cube d'un pied ; ce cube contiendra ſix pieds en quarré de ſuperficie ; ſi , par une triple ſection , on diviſe ce cube en huit autres cubes , la ſuperficie de chacun de ces derniers ſera de $\frac{6}{4}$ de pied quarré , & par conſéquent la ſomme additionnelle de la ſuperficie de ces huit cubes ſera de $\frac{48}{4}$ de pieds quarré $=$ 12 pieds quarrés : dans cette hypotheſe , la ſuperficie ſera double , quoique la maſſe demeure la même , c'eſt-à-dire, d'un pied en quarré.

Cela poſé , dans les corps de même eſpece , mais de volumes inégaux , la ſurface du plus petit ſera dans un plus grand rapport avec ſa ſolidité , que la ſurface du plus grand avec la ſienne. En effet dans l'exemple que nous venons d'apporter , la ſurface du petit cube eſt à ſa ſolidité comme 12 : 1 ; car $\frac{6}{4} : \frac{1}{8} :: 12 : 1$, tandis que la ſurface du premier cube eſt à ſa ſolidité comme 6 : 1.

§. LXXIV. De-là dans les corps de même eſpece , mais de différente grandeur , les rapports de leurs ſurfaces à leur ſolidité ſont entr'eux en raiſon réciproque de leurs côtés homologues ; ce qui paroît encore évidemment dans les cubes dont nous venons de parler : car la ſurface du grand cube eſt à ſa ſolidité , comme 6 : 1 ; la ſurface du petit eſt à ſa ſolidité comme 12 : 1. Or le côté du grand cube eſt au côté du petit , comme 2 : 1 ; par conſéquent le rapport de la ſurface du premier à ſa ſolidité , eſt au rapport de la ſurface du ſecond à ſa ſolidité , comme le côté de ce ſecond eſt au côté du premier.En général ſi les côtés d'un corps ſont $=$ a,la ſuperficie de ce corps ſera $=$ a a,ſa ſolidité ſera $=$ a³. Si les côtés d'un autre corps ſont égaux à b,la ſurface de celui-ci ſera $=$ b b , & ſa ſolidité b³. Dans cette ſuppoſition , la ſurface du premier de ces deux corps ſera à ſa ſolidité , comme $\frac{a\,a}{a^3}$, & la ſurface du ſecond , ſera à ſa ſolidité comme $\frac{b\,b}{b^3}$: or $\frac{a\,a}{a^3} : \frac{b\,b}{b^3} :: \frac{1}{a} : \frac{1}{b} :: b : a$.

§. LXXV. Si un corps d'une certaine étendue eſt diviſé en parties ſemblables , la racine cubique du nombre qui exprime les parties qui naiſſent de cette diviſion , exprime en même tems l'augmentation de ſurface que ce corps acquere. En effet la ſuperficie du cube d'un pied , dont nous avons parlé ci deſſus , étoit $=$ 6 ; mais ce cube , ayant été diviſé en huit autres cubes plus petits & ſemblables entr'eux , ſa ſurface eſt devenue $=$ 12 : or la racine cubique du nombre 8 , qui déſigne le nombre des cubes que la diviſion du premier a fournis , $=$ 2 , & ce nombre exprime en même-tems l'augmentation de ſurface que ce corps a acquiſe par cette diviſion. Si un corps quelconque eſt diviſé en 1000000 parties ſemblables , ſa ſurface deviendra 100 fois plus grande. M. *Pitot* a traité cette matiere d'une maniere fort étendue (1).

§. LXXVI. La connoiſſance de l'augmentation des ſurfaces , qui naît de la diviſion des corps , nous ſera fort utile par la ſuite , & nous en ferons

____

(1) L'Hiſt. de l'Acad. Roy. ann. 1718 , p. 520.

souvent usage. En effet si des corps agissent contre d'autres corps qu'ils rencontrent, leur action contre ces corps, est en raison de la superficie de ces derniers : de là le vent qui, par son souffle, ne peut transporter d'un lieu en un autre un pied cubique de marbre, le transportera aisément si on le réduit en poussiere; parceque s'il a été réduit en 1000000 de parties, il offrira alors à l'effort du vent cent fois plus de surface. Par la même raison, des corps de même espece, mais de différens volumes, qui se mouveront dans un fluide, éprouveront des résistances, qui seront en raison de leurs surfaces : de-là une charge de menu plomb, poussée dans l'air avec tout l'effort d'une canne à vent, éprouvera une plus grande résistance, de la part de l'air qu'elle aura à diviser, & ne parviendra pas à la même distance qu'une balle de 24 liv. qui seroit de même matiere. C'est encore par la même raison, qu'un grand vaisseau tire un plus grand secours du vent, qu'un vaisseau qui seroit plus petit.

A la vérité, un corps divisé en plusieurs parties, & qui déploie son action en toute sorte de sens, contre les parois d'un vase qui le contient, produit un plus grand effet que s'il étoit réduit en une seule masse; parcequ'étant divisé en un grand nombre de parties infiniment petites, il agit contre les parois de ce vase à raison de sa surface : de-là une goutte d'eau exactement renfermée dans un vase, n'y produit aucune action sensible; mais si on la divise en 1000000 de parties, ce qui arrive lorsqu'on la convertit en vapeurs, elle agira alors très violemment contre les parois du vase, & produira le même effet que produiroit de la poudre à canon enflammée.

§. LXXVII. Tout corps, soit céleste, soit terrestre, est borné & limité dans son étendue ; ses surfaces sont les bornes qui la circonscrivent, & c'est la disposition, le nombre & la grandeur de ces surfaces qui constituent la figure d'un corps : & comme ces modifications peuvent varier à l'infini, de-là naît la multitude innombrable de figures qui différencient tous les corps. Depuis le plus grand jusqu'au plus petit, il n'y a aucun corps qui ne soit figuré; parcequ'il n'y en a aucun qui ne soit limité. Or, comme nous avons prouvé (§. 67.) qu'il ne paroissoit pas que les élémens des mixtes fussent divisibles, la figure de ces élémens est inaltérable ; mais les divisions qui peuvent s'opérer dans les grands corps, l'addition qu'on peut faire en réunissant plusieurs élémens, sont autant de moyens propres à varier la figure des corps; & c'est cette disposition qu'ont les corps à se prêter à tous ces changemens, qu'on appelle la figurabilité des corps.

§. LXXVIII. La *solidité* ou l'*impénétrabilité* est cet attribut dont jouissent tous les corps, en vertu duquel tout corps résiste à tout autre corps, & l'empêche de s'emparer de l'espace dont il est en possession. Nous acquérons l'idée de cet attribut par l'atouchement d'un corps, ou par l'observation, qui nous apprend que tout corps résiste à la puissance qui le presse; car si nous n'avions jamais touché de corps, l'idée de son étendue, que la vue d'un corps excite en nous, n'eût jamais fait naître celle de la solidité : ce qui paroît évidemment par l'exemple des spectres que représentent les miroirs concaves, de ces figures suspendues dans l'air, & qui jouissent très complettement de toute la forme ou de l'étendue extérieure des corps, qui font néanmoins dépourvus de folidité. Quiconque n'auroit vu que de ces fortes d'images, fans toucher aucun corps, fe feroit, à la vérité, formé l'idée de l'étendue, mais non pas de la folidité.

§. LXXIX. La folidité des corps ne fuit point de leur étendue, quoique plufieurs Philofophes aient fait tous leurs efforts pour le démontrer, en établiffant pour principe, qu'une étendue d'un pied cubique ne pouvoit fe mettre en poffeffion de l'efpace qu'occupoit une autre étendue de la même dimenfion, que cette derniere ne fût détruite : & conféquemment, difent-ils, l'étendue oppofe à l'étendue une réfiftance infinie ; ce qui marque qu'elle eft impénétrable. Ceux qui raifonnent ainfi établiffent leur raifonnement, ou fur l'idée qu'ils fe font formée de l'étendue, ou fur l'expérience. S'ils procedent d'après l'idée qu'ils ont conçue de l'étendue, on peut leur oppofer, qu'on conçoit en Mathématiques l'étendue comme pénétrable ; puifqu'on conçoit l'étendue d'une fphere renfermée dans celle d'un cube, celle d'un cône dans celle d'une fphere, en un mot tout folide quelconque renfermé dans l'étendue d'un autre : & on ne trouve rien dans l'idée de l'étendue qui exclue celle de la pénétration : on ne trouve pas auffi qu'il foit néceffaire de concevoir une premiere étendue détruite, pour qu'une autre s'empare de l'efpace qu'occupoit la premiere. D'où il fuit manifeftement que l'idée de l'impénétrabilité ne doit point fon origine à celle de l'étendue. L'expérience ne favorife pas davantage l'opinion que nous réfutons ; car on ne peut nier que les fpeûres que les miroirs concaves nous repréfentent, ne foient aifément pénétrables par tout autre corps quelconque : & qui eft-ce qui empêcheroit, en effet, que l'étendue intérieure d'une boîte fût pénétrée par un corps de même étendue, fans que l'étendue de cette boîte foit détruite ?

§. LXXX. L'impénétrabilité doit être regardée comme un des attributs de la matiere. Il n'y a aucun doute à cet égard, lorfqu'il s'agit des corps folides. Cet attribut convient également aux fluides qui font renfermés dans des vafes : lorfqu'on les preffe, ils font éprouver, ainfi que les folides, une réfiftance réelle. L'air lui-même, tout mol qu'il foit, produit le même effet. Si on remplit une pompe avec de l'eau, du vin, du vinaigre, de l'efprit-de-vin, ou avec toute efpece d'huile quelconque, & qu'on bouche le bec de la pompe, tous ces liquides font éprouver une réfiftance infurmontable au pifton, quelqu'effort qu'on faffe pour le faire avancer : fi la pompe ne contient que de l'air, ce fluide commencera par céder à l'effort du pifton ; mais il réfiftera enfuite auffi puiffamment que fi la pompe étoit remplie d'eau. La lumiere qui tombe fur des corps folides, ou fur des miroirs, fe réfléchit ; effet qu'on n'obferveroit point, fi la lumiere étoit pénétrable. Plufieurs corps, tant folides que fluides, cedent, à la vérité, à la force qui les comprime, & perdent par ce moyen de leur volume ; mais cet effet vient de ce que ces corps, étant parfemés d'une quantité de petits efpaces vuides : leurs parties folides, qui éprouvent une compreffion, fe retirent dans ces petits efpaces, auffi cet effet n'a-t-il lieu que jufqu'à un certain point ; car dès que ces pores, ces petits efpaces, font remplis en partie, & que les parties folides des corps ne peuvent plus s'y retrancher, alors ces corps réfiftent à la compreffion la plus violente.

§. LXXXI. Si les corps n'étoient point impénétrables, le moindre effort, la compreffion la plus légere, fuffiroient pour les détruire. Si, en preffant, par exemple, un cube de haut en bas, il cédoit à cette preffion, de maniere que fa furface fupérieure vînt toucher fa furface inférieure, toutes les furfaces intermédiaires feroient certainement détruites : ce qu'on n'obferve jamais ; parceque tout corps eft impénétrable, & que fon impénétrabilité le met à l'abri d'une telle compreffion. Les corps qui font partie de notre globe, ayant une tendance vers le centre de la terre, font pefans, & déploient les uns contre les autres l'effort de leur pefanteur ; mais ils réfiftent tous à cet effort, & par conféquent ils font tous impénétrables. Il en eft de même des corps céleftes. D'où on peut conclure que l'impénétrabilité eft une propriété commune de la matiere, qui appartient conféquemment à tous les corps.

§. LXXXII. Quoique la réfiftance que nous éprouvons lorfque nous preffons un corps faffe naître en nous l'idée de l'impénétrabilité, cette idée ne nous indique point ce qui conftitue cette propriété : nous ignorons donc encore de quelle maniere elle appartient à un corps, ou, pour mieux dire, quelle eft la nature de cette propriété. Il en eft de cette propriété comme de toutes les autres modifications de la matiere : l'efprit de l'homme ne conçoit point de quelle maniere elles font unies au fujet auquel elles appartiennent (1). Cette impénétrabilité qui convient à tous les corps, feroit-elle partie de l'effence de la matiere, comme plufieurs l'ont avancé ? C'eft ce qu'on ne peut prouver ; puifque nous ne connoiffons point encore ce qui conftitue l'effence de la matiere (§. 43.). Cette propriété dépendroit-elle d'une force innée, laquelle, agiffant dans les corps en toute forte de fens, feroit que ces corps feroient dans une action continuelle ? Ce n'eft qu'une hypothefe ; & d'ailleurs quoiqu'on ait coutume de concevoir qu'une réaction de même nature eft toujours oppofée à une action, il n'eft pas démontré pour cela, que toute réfiftance foit de même nature que l'action à laquelle elle eft oppofée ; ce qui paroît dans l'action de l'efprit fur le corps qu'il anime. C'eft ici qu'il faut convenir que l'Auteur de la Nature a mis des bornes à notre intelligence.

§. LXXXIII. Nous pouvons donc conclure de tout ce que nous venons d'expofer, que tout élément de matiere eft étendu, impénétrable ; qu'il eft une unité, & également impénétrable de tous les côtés : car l'impénétrabilité n'a point de degrés de plus ou de moins. Mais quoiqu'un corps folide ne puiffe être pénétré par un autre folide, n'eft-il, ou ne peut-il être, pénétré par toute autre fubftance quelconque ? C'eft ce qu'on ne peut encore décider, & ce qu'on ne pourra peut-être jamais décider ; parcequ'on ne connoît point tous les différens genres de fubftances qui font forties, ou qui peuvent fortir, des mains du Créateur.

§. LXXXIV. Tous les petits corps indivifibles jouiffent des propriétés communes de la matiere, dont nous venons de parler ; mais nous ne favons pas fi ces petites parties font toutes de même grandeur, ou de grandeur différente ? fi elles n'ont qu'une feule & même figure, ou fi elles different à cet

____

(1) Maupertuis, fur la fig. des Aftres, pag. 17.

égard? fi elles fe reffemblent ou non? quelle eft leur grandeur refpective?
Toutes ces queftions furpaffent la foible portée de l'efprit humain ; car les
élémens de la matiere font fi déliés, qu'ils échappent à la foibleffe de nos
organes ; & l'œil, aidé du meilleur microfcope qu'on ait fait jufqu'à préfent, n'eft pas en état de les appercevoir. L'imagination & le raifonnement
ne nous font pas d'un grand fecours dans cette matiere, & on ne peut point
fagement prononcer fur de telles queftions.

Les uns prétendent que tous les élémens de la matiere font de différentes figures ; d'autres affurent qu'ils ont tous une figure femblable, & qu'ils font
ronds ; parceque Dieu agit toujours felon les voies les plus fimples, & qu'il
eft plus fimple de donner à tous ces élémens la même figure & la même
grandeur, que de varier leur grandeur & leur figure.

§. LXXXV. La grandeur & la figure de ces petits corps dépendent de la
volonté du Créateur, qui a réglé, felon fon bon plaifir, qu'ils feroient ainfi,
& non autrement : c'eft donc en vain que nous recherchons pourquoi ces
petits corpufcules de matiere font doués d'une telle grandeur, & non d'une
autre ; & pourquoi ils ont une telle figure plutôt que toute autre? En tant
qu'ils font étendus & limités, ils doivent, à la vérité, avoir une certaine
grandeur & une certaine figure ; le Créateur leur en a donné une, felon fa
fageffe infinie, & qui eft celle qui eft la plus convenable aux decrets de fa
providence.

§. LXXXVI. Les corps d'une certaine étendue, font compofés d'une combinaifon d'élémens artiftement arrangés. Il peut arriver que la combinaifon
de ces élémens foit telle, qu'ils ne laiffent aucun efpace vuide entr'eux, &
que la maffe qui en réfulte foit parfaitement pleine & folide, telle qu'eft la
maffe A [Tab. 1. fig. 4.], formée de l'affemblage de parallélipipedes égaux. Une
maffe de cette nature peut encore être formée par la combinaifon des cinq
corps réguliers ; favoir, des tetraedres, exaedres, dodecaedres, & icofaedres.

§. LXXXVII. Mais fi les élémens, qui conftituent les mixtes, font d'une
figure, ou qu'ils foient difpofés de maniere à ne pouvoir fe toucher parfaitement, felon toutes leurs furfaces, & qu'il y ait de petites diftances difféminées de tous côtés entr'eux, il en réfultera pour lors de petits efpaces vuides entre les parties folides des corps qu'ils formeront ; ces petits efpaces
font connus fous les noms de trous, interftices, ouvertures, pores. Une
maffe ainfi conftituée, fe nomme corps poreux : telle eft celle qui eft défignée par B [Tab. 1. fig. 5.].

Un corps poreux eft donc un compofé de plufieurs parties unies entr'elles fous un certain rapport, & féparées fous un autre par de petits efpaces qui
forment, conjointement avec les parties folides & unies de cette même
maffe, une efpece de continu.

§. LXXXVIII. Lorfqu'un grand nombre de ces corpufcules élémentaires
font renfermés dans un petit efpace, la maffe qui en réfulte s'appelle denfe.
Lorfqu'il n'y en a qu'un petit nombre qui occupe un efpace d'une grande
étendue, la maffe que ces élémens forment, fe nomme rare. Plus les parties qui conftituent une maffe quelconque fe rapprochent les unes des
autres, & occupent conféquemment un moindre efpace, plus la denfité

de

de cette maffe augmente, & on la nomme *plus denfe*. Plus les pores d'une maffe de même volume font multipliés, plus ils font étendus, plus la rareté de cette maffe augmente, & on la nomme *plus rare*.

§. LXXXIX. La rareté des corps eft fufceptible d'augmentation & de diminution : elle augmenté à proportion que leurs parties conftituantes s'éloignent davantage les unes des autres, & que leur volume augmente ; ou bien lorfque le volume de ces corps, demeurant le même, quelques parties folides font retirées de la maffe qu'elles concouroient à former. Ces corps acquerent leur plus grand degré de rareté, lorfque leurs parties s'éloignent tellement les unes des autres, qu'elles ne fe touchent plus que par de très petits points : dans ce cas ces parties ont à peine une adhérence marquée entr'elles, & elles commencent à s'éloigner & à fe féparer les unes des autres.

Pour concevoir plus aifément les différens degrés d'accroiffance que la rareté d'un corps peut acquérir ; concevez un cube formé de 64 autres cubes plus petits, égaux entr'eux, & difpofés avec ordre : concevez maintenant qu'on retranche 32 cubes de cette combinaifon, & qu'on les retire de différens endroits du volume qu'ils formoient par leur réunion ; la maffe cubique qui fubfiftera alors, confervera encore le volume qu'elle avoit avant cette fouftraction ; mais elle fera parfemée de petits efpaces vuides, dont la fomme additionnelle fera égale au volume des 32 cubes qu'on en aura retirés, & conféquemment l'étendue en folidité & en pores qu'on remarquera alors dans ce cube, fera égale de part & d'autre, & fera dans le rapport de 1 à 1.

Confervant encore le même volume, retranchez de la maffe fubfiftante & compofée de 32 cubes, retranchez-en 16, il n'en reftera plus que 16, qui compoferont la folidité de cette maffe ; & à la fomme additionnelle 32, des pores qu'il y avoit dans cette maffe, avant cette derniere fouftraction, il faudra ajoûter celle qui naît de cette derniere opération, qui eft égale à 16 : la fomme des pores, après cette derniere opération, fera donc à la folidité de la maffe cubique, comme 32 + 16 : 16, ou comme 48 : 16 ou :: 3 : 1.

Si des 16 cubes qui reftent actuellement, on conçoit encore qu'on en retranche 8, il faudra ajoûter à la fomme des efpaces vuides un nombre égal à celui des cubes qu'on aura retranchés : la fomme des pores deviendra donc = 32 + 16 + 8, qui fera à la folidité reftante : : 56 : 8, ou :: 7 : 1.

Si on conçoit encore qu'on retranche 4 cubes des 8 qui fubfiftent, la fomme des pores fera 32 + 16 + 8 + 4 = 60, qui fera à la fomme qui exprimera celle de la folidité de la maffe, comme 60 : 4 ; ou : : 15 : 1.

Qu'on conçoive encore deux cubes fouftraits des 4 qui reftent, la folidité de la maffe deviendra = 2, & les efpaces vuides feront = 62 ; le rapport des pores à la folidité fera donc égal à celui de 62 : 2, ou :: 31 : 1.

Enfin qu'on imagine qu'on fupprime encore un des cubes des deux qui reftent, la fomme de pores fera = 63, & fon rapport à la folidité de la maffe fera : : 63 : 1.

Pour exprimer cela d'une maniere générale, foit appellé, a, le cube dont

Tome I.

G

nous avons fait mention : cela posé, voici quels seront les rapports des espaces solides & des espaces vuides.

Les espaces solides.	Les espaces vuides?
$\frac{1}{2}$ a	$\frac{1}{2}$ a.
$\frac{1}{4}$ a	$\frac{1}{2}$ a $+$ $\frac{1}{4}$ a.
$\frac{1}{8}$ a	$\frac{1}{2}$ a $+$ $\frac{1}{4}$ a $+$ $\frac{1}{8}$ a.
$\frac{1}{16}$ a	$\frac{1}{2}$ a $+$ $\frac{1}{4}$ a $+$ $\frac{1}{8}$ a $+$ $\frac{1}{16}$ a.
$\frac{1}{32}$ a	$\frac{1}{2}$ a $+$ $\frac{1}{4}$ a $+$ $\frac{1}{8}$ a $+$ $\frac{1}{16}$ a $+$ $\frac{1}{32}$ a.
$\frac{1}{64}$ a	$\frac{1}{2}$ a $+$ $\frac{1}{4}$ a $+$ $\frac{1}{8}$ a $+$ $\frac{1}{16}$ a $+$ $\frac{1}{32}$ a $+$ $\frac{1}{64}$ a.

On pourra pousser cette progression aussi loin qu'on le jugera à propos.

Si l'espace vuide qui naît de la soustraction de quelques parties solides d'une masse totalement solide, & qui conserve toujours son même volume ; si, dis-je, cette étendue étoit $=\frac{1}{3}$, & que la solidité de la masse fût $=\frac{2}{3}$: & qu'en continuant la soustraction des parties solides de cette masse, on conserve le même rapport entre les espaces vuides & la solidité ; dans le cas que cette masse seroit composée de 360 parties, voici quels seroient les rapports de la porosité à la solidité dans les six premieres soustractions qu'on feroit.

120	240.
200	160.
253 $\frac{1}{3}$	106 $\frac{2}{3}$.
288 $\frac{8}{9}$	71 $\frac{1}{9}$.
312 $\frac{16}{17}$	47 $\frac{11}{17}$.
328 $\frac{27}{71}$	31 $\frac{44}{71}$.

C'est de cette maniere qu'on peut combiner les rapports de la solidité à la porosité des corps. Si on prend un solide composé de 360 parties semblables, & dont la solidité soit, par rapport à sa porosité, dans le rapport de 10 : 1 ; après la sixieme soustraction, le rapport de sa porosité à sa solidité sera, à peu de choses près, comme 168 : 191.

§. XC. La rareté d'un corps diminue à proportion que ses parties se rapprochent davantage les unes des autres : & il devient parfaitement solide, lorsque ses parties sont tellement rapprochées, qu'il ne reste plus aucun pore disséminé dans toute l'étendue de sa masse.

§. XCI. Nous découvrons des pores dans toute l'étendue des corps que nous pouvons soumettre à nos recherches, & que nous pouvons examiner, soit que ces corps soient tirés du regne minéral ou végétal.

1°. Si on expose devant la lumiere, des feuilles de l'or le plus pur qu'on puisse trouver, & très minces, elles imitent parfaitement un verre transparent, & qui seroit d'une couleur verte. Des feuilles également minces,

mais d'un or moins parfait, paroiffent d'une couleur bleue azur; & on remarque non-feulement dans ces fortes de feuilles, mais encore dans celles
qui font d'argent, de fimilor, d'étain, on remarque, dis-je, un grand
nombre de pores, qu'on peut diftinguer très clairement, en expofant ces
feuilles fous la lentille d'un microfcope, qui, en groffiffant les objets qu'on
lui préfente, fait qu'on les obferve plus commodément. Les fubftances qui
font tirées du regne végétal, nous offrent des objets très curieux à examiner,
foit que ce foit des bois d'une très grande folidité, foit que ce ne foit que
des plantes encore tendres [*Tab.* 1. *fig.* 7. 8.]; car fi on en coupe de petites tranches très minces, elles nous laiffent appercevoir une multitude prodigieufe de pores. Les parties qui font tirées du regne animal ne paroiffent
pas avoir des pores fi ouverts que celles qui appartiennent aux fubftances du
regne végétal; comme on peut le remarquer en jettant la vue fur une membrane dépeinte [*Tab.* 1. *fig.* 9.].

2°. Comme nous avons démontré que les parties folides d'un corps quelconque ne pouvoient pas être pénétrées par tout autre corps; fi nous
remarquons que certains corps pénetrent une maffe contre laquelle ils
font portés, il faut néceffairement que cette maffe foit poreufe. La lumiere
pénetre & s'infinue dans tous les corps minces; car lorfqu'on expofe au microfcope de petites tranches de toutes fortes de corps, elles paroiffent tranfparentes : les corps les plus épais nous laiffent obferver la même chofe. En
effet, fi vous expofez votre doigt vers un trou pratiqué à un des volets
d'une chambre noire, le foleil qui le frappera, le fera paroître auffi
tranfparent que de la corne; parceque la lumiere s'infinuera & pénétrera les
pores qui font à fa furface : pareillement les nœuds épais qu'on remarque
dans le bois, & qui contiennent de la réfine, paroîtront tranfparens, fi on
les expofe à la lumiere. Tous les corps font donc poreux; car quel eft le
corps, foit folide, foit fluide, qui ne s'échauffe promptement lorfqu'on
l'expofe à l'action du feu, & qui par conféquent ne foit pénétré par les parties ignées ? Le feu, tout matériel qu'il foit, pénetre donc tous les corps,
tant folides que fluides : il ne pénetre pas, à la vérité, la fubftance même
de ces corps, puifqu'elle eft impénétrable; mais feulement les pores, c'eft-à-
dire les petits efpaces vuides qui font difféminés entre les parties qui conftituent les fubftances matérielles : il les pénetre & il s'en échappe auffi-tôt. Bien
plus les évaporations des encres fympathiques qui pénetrent le bois, les métaux,
le papier, & qui font paroître de l'écriture, qui n'étoit pas fenfible avant cette
évaporation, font autant de preuves manifeftes de la porofité des corps.

3°. Il y a encore des fluides, qui, quoique fort épais, pénetrent certains
corps, & conftatent l'exiftence de leurs pores. M. *Homberg* a démontré
cette vérité par plufieurs expériences (1). Il prépara de l'antimoine de maniere qu'il pût fe fondre par un feu très doux, & qu'il pût acquérir la confiftance d'une cire fondue; ayant mis de cette préparation fur une lame d'argent, il la fit chauffer : l'antimoine pénétra l'argent, de même que l'eau
pénetre le papier gris, à travers lequel elle fe filtre : la fubftance de la lame
n'en fut nullement endommagée, fi ce n'eft qu'elle fut noircie (2). Le mer-

(1) Duhamel, Hift. Acad. p. 377. (2) Hift. de l'Acad. ann. 1713, p. 409.

cure pénetre dans l'or, dans l'argent, dans le cuivre, dans l'étain, dans le plomb, de la même maniere que l'eau s'infinue dans une éponge. L'onguent mercuriel, étant appliqué fur la peau de l'homme, le mercure qu'il contient fe fait jour à travers les pores de la peau, & pénetre dans les routes de la circulation. Le fublimé-corrofif, préparé avec l'antimoine, pénetre dans les métaux, & paffé à travers fans les percer. On fait des criftaux avec de la chaux vive, du nitre, du fel marin, du foufre commun & du vinaigre diftillé, qui fe fondent lorfqu'on les expofe à l'action d'un feu violent, & qui pénetrent enfuite à travers le fer fans le percer. L'eau pénetre les membranes animales, ramollit leurs fibres, & leur donne de la flexibilité: elle s'infinue dans toutes fortes de végétaux ; elle leur fert de nourriture, ou au moins elle eft le véhicule qui leur porte la nourriture qui leur convient : elle pénetre dans le fucre, dans les fels, dans les fables, dans les terres & dans plufieurs poudres : fi on la renferme dans des vafes d'argent, d'étain, de plomb, & qu'on la preffe fortement, elle fe fait jour à travers ces différens corps, & elle s'échappe au-dehors. L'eau pénetre & s'infinue dans plufieurs pierres ; lorfqu'elle eft chargée de rouille & de verd-de-gris, elle pénetre même profondément dans le marbre ; car cette pierre eft fi poreufe, qu'on parvient à lui imprimer différentes couleurs, à l'aide de quelques efprits, dans lefquels on fait fondre différentes réfines (1). On parvient encore à peindre un morceau de marbre, fi, après l'avoir fait chauffer, on le frotte avec de la cire, de la térébenthine, de la poix, du maftic, avec lefquels on a mêlangé des couleurs légeres (2) : c'eft de cette maniere qu'on imprime fur les marbres ces touches de différentes couleurs qu'on admire encore aujourd'hui, & qui font fi recherchés. L'eau forte, pénétrant dans l'agate, efface les petits arbriffeaux & les différentes figures qu'on y remarquoit auparavant, & que nous nommons *dendrites* ; il faut donc que cette pierre, quelque folide qu'elle paroiffe, foit poreufe, puifqu'elle s'imbibe d'eau forte (3). Les huiles mêmes pénetrent dans les foufres & dans plufieurs pierres.

4°. Les fluides ont cela de commun avec les folides, qu'ils font poreux; & c'eft pour cette raifon qu'ils fe pénetrent mutuellement. Prenez une petite fiole de verre, dont le col foit long & étroit; que ce col foit muni d'un bouchon de même matiere, qui puiffe le fermer exactement : affurez-vous enfuite du poids de cette bouteille, en la pefant avec une balance fort exacte ; verfez alors dans cette fiole, à différentes reprifes, jufqu'à des hauteurs déterminées, différens fluides, & pefez-les les uns après les autres : fi, après avoir exactement vuidé la fiole, vous la rempliffez jufqu'aux $\frac{2}{3}$ de fa capacité avec de l'huile de vitriol, & que vous ajoûtiez par-deffus un tiers d'eau ; pour lors, après avoir fermé la fiole de maniere qu'aucune partie de ces liquides ne puiffe s'en échapper, agitez la fortement, afin que ces deux liquides puiffent fe mêler enfemble ; il en réfultera une effervefcence. Cette effervefcence étant paffée, & la chaleur étant éteinte, vous obferverez que le mêlange occupera un moindre efpace que celui qu'occupoient conjointe-

(1) Journ. des Sav. ann. 1678, p. 122. Hift. de l'Acad. ann. 1728, 1731. (2) De Lanis Magift. Natur. & Art. V. 2. L. 1. C. 3. p. 35. (3) Hift. de l'Acad. ann. 1733, p. 35,

ment ces deux liquides avant leur mêlange ; ce qui provient de ce que les parties de l'eau se seront insinuées entre les parties de l'huile de vitriol , ou de ce que les parties de ce dernier fluide se seront insinuées entre les parties de l'eau ; ou peut-être de ce que les parties de ces deux liquides se seront mutuellement pénétrées. Vous observerez le même phénomene si vous mêlez ensemble ⅖ d'eau & ⅗ d'esprit-de-vin ; le mêlange perdra $\frac{1}{10}$ de son volume. De l'eau mêlée avec de l'esprit de nitre , avec de l'esprit de sel marin , ou avec une dissolution de sel de tartre , produit encore le même effet. *Hauksbée* (1) , *Réaumur* (2) , *Hook* (3) , assurent que le même effet a lieu si on mêle du vinaigre avec une lessive de sel de soude ou de tartre ; que l'air se laisse pénétrer par tous les fluides qui le pompent , si on peut ainsi s'exprimer ; car ceux qui en sont parfaitement saturés , n'acquerent pas pour cela un plus grand volume , au moins sensiblement. On seroit obligé de tenter ces expériences & d'examiner les résultats du mêlange de tous les fluides , si on vouloit connoître ceux qui se pénetrent , ceux qui augmentent de volume par la pénétration , ceux qui conservent celui qu'ils avoient avant la pénétration , & ceux qui perdent de celui qu'ils avoient.

§. XCII. On remarque une grande diversité dans la grandeur , la multitude & la figure des pores , & il n'est pas possible d'en donner la description , comme il paroît manifestement lorsqu'on considere & qu'on examine les corps à l'aide du microscope. Il n'y a personne qui ne considere avec plaisir la variété qu'on découvre dans les pores des végétaux : ceux qui ne pourront pas faire ces recherches eux-mêmes , pourront consulter à ce sujet les Observations de *Malpighi* (4) , *Leeuwenhoek* (5) , *Adams* (6) qui ont décrit , avec toute l'attention possible [*Tab.* 1. *fig.* 7. 8. 9. 10.] les pores des végétaux. Lorsqu'on contemple avec attention les pores de différentes substances , on remarque que les parties solides dont elles sont composées ne sont presque rien , en comparaison du grand nombre de pores qui s'y trouvent. Tels sont sur-tout le liege , les éponges & les différens bois légers. Il est fâcheux qu'il ne se trouve aucun grand corps qui soit sans pores ; car s'il y en avoit de tels , nous pourrions savoir au juste combien il y a d'étendue poreuse dans chaque corps. En effet , supposons une masse parfaitement solide , qui soit d'un pouce cubique , & qui pese comme 1 ; si on compare ce solide avec un autre de mêmes dimensions , mais qui pese une fois moins , la porosité de ce dernier sera égale à sa solidité. Mais ce corps absolument solide , qui doit servir de terme de comparaison , n'existe point dans la Nature : ce qui nous met hors d'état de pouvoir juger de la porosité des corps. Cependant , pour en donner une idée , considérons un morceau d'or qui est fort pesant , quoiqu'il soit poreux ; supposons pour un instant, que ses pores comprennent la moitié de son étendue : (ce qui est bien éloigné de la vérité ; car il est beaucoup plus poreux que solide). Or la pesanteur d'une certaine quantité d'eau qui auroit un même volume que l'or ,

(1) Physico Mecha. Exper. App. Exp. 13. p. 294. (2) Hist. de l'Acad. ann. 1733 , p. 25. 228. (3) Exper. per Derham , p. 207. (4) Anat. des Plantes , T. 5. fig. 19. T. 6. fig. 21. 25. 26. (5) Epist. 29. fig. 2. 6. 8. 9. 10. 13. ; Continuat. Epist. 74. p. 479. fig. 10. 12. 13. 18. Continuat. 5. Epist. 88. p. 44. fig. 6. 7. (6) Microgr. illustr. Tab. 48. 49. 50. 51.

eſt 19 , 5 moindre que celle de l'or; la quantité de pores qui ſera dans l'eau, ſera donc à celle des pores de l'or : : 19 , 5 : 1, ou : : 39 : 2. Mais nous ſuppoſons que les pores de l'or ſont la moitié de ſon volume ; il faut donc doubler le rapport que nous venons d'indiquer ; ainſi la ſolidité de l'or ſera à celle du même volume d'eau, comme 39 : 1. Et pour chaque partie ſolide d'eau, dont l'étendue = 1, il y aura une étendue poreuſe = 38. La peſanteur de l'or étant à celle du liege : : 81 , 5 : 1 ; la poroſité du liege ſera donc à ſa ſolidité : : 163 : 1.

§. XCIII. Afin que nous puiſſions nous former une idée de la compoſition & de la texture des corps qui ont une certaine étendue, ſuppoſons que pluſieurs tamis percés d'une grande quantité de trous, ſoient poſés les uns ſur les autres, il en réſultera une maſſe, qui ſe trouvera de tous côtés percée d'outre en outre de pluſieurs trous. Tous les corps ſont compoſés de cette maniere ; & , pour ſe former une idée de la façon dont ils peuvent être pénétrés, nous recourons à la comparaiſon ſuivante : de même que la pouſſiere paſſe par un crible , lorſqu'elle eſt plus petite que les trous qui s'y trouvent ; de même auſſi les parties les plus fines pourront paſſer à travers la maſſe qui réſultera de la ſuperpoſition des tamis dont nous venons de parler. Une diſſolution de chaux vive mêlée avec de l'orpiment, exhale des parties très ſubtiles , qui , pénétrant pluſieurs feuilles de papier , donnent une couleur noire à des lettres qu'on a tracées ſur la derniere feuille avec du vinaigré chargé de ſel de ſaturne. Si l'on enveloppe une piece d'argent dans beaucoup de papier & de linge, & qu'on la tienne ſuſpendue au-deſſus d'un vaſe qui contienne de l'eſprit volatil & fumant de ſoufre, elle deviendra dans peu de tems toute noire. L'eſprit de nitre fait avec l'huile de vitriol , ſelon la méthode de M. *Geoffroy*, ainſi que le ſel volatil d'urine, ſe font un paſſage à travers les pores du verre blanc, & s'évaporent. Les parties odoriférantes du muſc & de la civette s'échappent par les pores des boîtes de bois. Les eſprits du vin & le brandevin s'évaporent à travers les tonneaux. Il arrive cependant que des matieres plus ſubtiles, & qui ſont plus petites que l'ouverture des pores des vaſes qui les contiennent, ne s'échappent pas, à cauſe d'une vertu répulſive qui ſe trouve entre différens corps : c'eſt pour cette raiſon que l'eau pénetre aiſément une veſſie de porc, lorſqu'elle eſt mouillée, & que l'eſprit-de-vin ne peut paſſer à travers ſes pores, quoique les parties de l'eſprit de-vin ſoient beaucoup plus ſubtiles que celles de l'eau. Les pores du liege ſont beaucoup plus larges que les parties de l'eau & du vin ; cependant aucun de ces deux liquides ne peut pénétrer à travers le liege & paſſer outre. La lumiere ne pénetre qu'avec peine à travers un papier blanc ; mais ſi vous l'imbibez d'huile, elle y paſſera aiſément.

§. XCIV. Il peut ſe trouver des corps très denſes, qui aient très peu de pores, mais dans leſquels ils ſoient très ouverts ; & il peut s'en trouver d'autres très rares, dans leſquels les pores ſoient très petits, mais très nombreux ; pour lors les plus denſes donneront entrée à un fluide plus épais que ceux qui ſeront plus rares. Nous ne pouvons rien avancer de certain ſur la grandeur des pores, lorſque nous n'avons pas examiné en particulier les ſubſtances ſur leſquelles nous voulons porter notre jugement ; car il peut même arriver que les pores d'un même corps ſoient de différentes grandeurs, ainſi qu'on le remarque clairement dans les végétaux : & il pourroit bien se faire qu'il en fût ainsi de tous les autres corps.

§. XCV. Comme tous les grands corps sont poreux, il est impossible de savoir quelle est la véritable grandeur de leur solidité lorsqu'on vient à les mesurer ; car on mesure autant l'étendue des pores que celle des parties solides : & comme nous ne pouvons déterminer l'étendue des pores dans les corps, nous ne pouvons non plus fixer la grandeur des parties solides dans quelque corps que ce soit.

§. XCVI. Les pores de différens corps sont souvent, en quelque façon, remplis par des substances étrangeres & en partie vuides. Ceux des végétaux contiennent, pour l'ordinaire, du feu, de l'air, de l'eau, & différentes émanations qui surnagent dans l'atmosphere ; & cela parceque ces pores sont très ouverts. Dans les corps dont les pores sont plus serrés, il ne peut pénétrer que des parties plus subtiles ; tels que la matiere du feu, les écoulemens électriques, &c : & encore ces pores ne sont pas tellement remplis de ces corpuscules, qu'il ne se trouve encore quelqu'espace vuide dans leur étendue. En effet un morceau de métal qui est froid, ne contient que très peu de feu, & qu'une très petite portion de matiere électrique ; mais si on le fait chauffer, il contiendra alors plus de parties ignées : on peut aussi faire passer dans les pores des métaux une plus grande quantité de matiere électrique ; de sorte qu'il est constant que les pores des métaux qu'on a exposés à l'action du feu, ou qu'on a électrisés, sont beaucoup plus remplis qu'auparavant : mais aussi ils reviennent dans leur état naturel, & ils se dépouillent des parties surabondantes de matiere ignée & de matiere électrique dès qu'ils se réfroidissent, ou que la matiere électrique s'en sépare.

§. XCVII. Puisque les corpuscules étrangers qui s'emparent de l'espace que les parties solides des corps laissent entr'elles, sont tantôt en plus grande, tantôt en moindre quantité ; ces corpuscules font que la masse de ces corps varie, tandis qu'elle demeure constamment la même, relativement aux parties qui lui sont propres & qui la constituent.

§. XCVIII. Il paroît que les grands corps sont à-peu-près composés de la maniere suivante. Concevons que trois ou quatre, ou même un plus grand nombre de particules indivisibles, se réunissent ensemble & ne fassent qu'une masse d'une certaine figure, que je nommerai A [*Tab.* 1. *fig.* 11.], & que j'appellerai masse du premier ordre. Supposons ensuite que quelques-unes de ces masses se réunissent, & en forment une autre : je nommerai cette seconde masse une masse, du second ordre, ou une masse plus grande que la premiere, telle que B. [*Tab.* 1. *fig.* 12.]. Supposons encore que quelques-unes de ces dernieres, en se joignant les unes aux autres, composent une troisieme masse ; je nommerai celle-ci une masse du troisieme ordre. Peut être se fait-il dans la Nature des masses qui sont formées de la réunion de celles du troisieme, & même du quatrieme, du cinquieme, du sixieme ordre. Les grands corps se forment de pareilles masses de différens ordres.

§. XCIX. Diverses observations ont fait admettre à plusieurs Philosophes les différens ordres dont nous venons de parler. En effet un fil d'acier, lorsqu'il est trempé, se trouve beaucoup plus dur que lorsqu'il n'est pas trempé : cependant

un fil trempé n'eſt pas en état de ſoutenir un poids auſſi peſant que celui
que pourroit ſoutenir un fil qui ne ſeroit pas trempé ; il faut par conſéquent que les parties qui compoſent le plus grand ordre, dans le fil trempé,
ſoient moins adhérentes que dans le fil non trempé. L'acier de cette derniere
eſpece reçoit un moins beau poli que celui qui eſt trempé ; & le premier eſt
plus noir que celui-ci : d'où il paroît que l'acier non trempé contient, dans
les plus grands pores de ſes plus grandes parties, du phlogiſtique, ou une
huile noire ; mais quand on l'expoſe à l'action du feu, tous ſes pores, même ceux qui réſident entre les parties du premier ordre qui le compoſent,
tous ces pores, dis-je, s'aggrandiſſent, le phlogiſtique le pénetre & s'y inſinue ;
ſi on expoſe cet acier encore rouge à un froid ſubit qui le ſaiſiſſe, on
chaſſe par ce moyen, & on pouſſe l'huile noire dont nous venons de parler,
juſques dans les plus petits pores que renferme ſa ſubſtance, & les grands
n'en contiennent plus alors : ce qui lui fait perdre la couleur noire qu'il avoit
auparavant. De là les parties du premier ordre acquerent entr'elles une plus
grande adhérence, par rapport à l'huile qu'elles ont reçue, & qui leur ſert
de *gluten*, & les parties du plus grand ordre deviennent moins ſolides, par
la raiſon contraire. Si on expoſe enſuite l'acier trempé à un feu lent, &
qu'on le faſſe paſſer par différens degrés de chaleur, juſqu'à ce qu'il rou-
giſſe ; alors tous ſes pores s'ouvrant, l'huile s'échappe inſenſiblement des
petits eſpaces qui la contenoient, & la ſurface de l'acier acquere différentes
couleurs, elle devient d'un jaune de paille, d'un jaune plus foncé ; enſuite elle
devient couleur d'or, de-là d'or mêlé de pourpre, après cela couleur de
pourpre foncé, violette, bleue, &c. Il eſt très probable que les petites parties de l'eau ſont rondes [*Tab.* 1. *fig.* 6.] : ſuppoſons donc qu'on décrive
autour de chaque globule d'eau un cube, & que tous ces cubes ſoient des
maſſes ſolides, de même que chaque globule d'eau. La ſolidité de chaque
cube ſera donc par rapport à celle de chaque globule d'eau dans le rapport
de 300 : 157, ou approchant ; par conſéquent toute la maſſe des cubes, qui
fait un corps ſolide, ſera, par rapport à tous les globules inſcrits, dans le
rapport de 300 : 157 ; il en ſera de même de leurs poids. Mais quoique l'or ſoit
poreux, la ſolidité d'un volume d'or égal à celui des cubes dont nous venons
de parler, eſt à la ſolidité d'un pareil volume d'eau comme 39 : 2. Et par conſéquent il eſt impoſſible que les globules d'eau puiſſent être des parties ſolides ſans
pores ; mais elles doivent être compoſées de plus petites parties, qui, étant
entaſſées les unes ſur les autres, laiſſent entr'elles un grand nombre de pores : celles-ci ſont compoſées de plus petites encore, qui en laiſſent auſſi entr'elles, ainſi qu'on peut le voir en jettant les yeux ſur le globule A, qui eſt
compoſé de quatre autres globules plus petits, entre leſquels il y a des pores ; & chacun de ces derniers eſt compoſé de quatre autres plus petits, qui
ont auſſi les leurs. On peut ſe convaincre de l'exiſtence de ces différens ordres de parties, ſi on examine certains corps à l'aide d'un bon microſcope [*Tab.* 1. *fig.* 14.]. On les diſtingue très clairement dans le ſang des
animaux [*Tab.* 1. *fig.* 15.]. Si on expoſe du ſang ſous la lentille d'un
microſcope, & qu'on l'examine avec attention, on découvre que chaque
globule rouge ſe partage en ſix autres plus petits globules ſéreux de couleur
jaune ;

jaune : & si on les examine encore avec patience, on verra ces six globules
se séparer les uns des autres, & se diviser en six autres globules aqueux, qui
sont si transparens & si fins, qu’il n’est pas possible de pousser plus loin ses
recherches. Quiconque s’applique à faire des observations microscopiques,
& examine avec attention différens corps qui flottent dans l’eau, doit s’appercevoir de la réunion de plusieurs globules, qui forment ensuite des masses
de différentes figures & de différentes grandeurs : ce qui prouve que les différens ordres de corpuscules que nous avons établis pour parties constituantes des corps, n’est pas une hypothese purement gratuite.

§. C. Si on suppose que les particules indivisibles soient entierement semblables entr’elles, il pourra s’en former de petites masses du premier ordre,
qui seront semblables les unes aux autres, ou qui différeront suivant la différence qui se trouvera dans la maniere selon laquelle ces particules seront
arrangées entr’elles. Supposons que les dernieres parties indivisibles soient
des globules, dont six, venant à se réunir, forment une petite masse du
premier ordre; ces six globules peuvent être placés entr’eux de différentes
manieres, comme on peut le remarquer en A, B, C, D, E, F, G, H, I,
K [*Tab.* 1. *fig.* 16.]; d’où il paroît que les différentes figures & les différentes formes qu’on remarque dans les corps d’une cettaine étendue, ne supposent pas différentes figures dans les parties élémentaires qui constituent
ces corps.

§. CI. Si les derniers corpuscules indivisibles ne se ressemblent pas quant
à la forme, ils peuvent former, quoique rassemblés en nombre égal, de petites masses du premier ordre, qui seront fort différentes entr’elles, tant en
grandeur qu’en figure & en combinaison.

§. CII. On conçoit par tout ce que nous venons de dire, que les petites
masses du premier ordre peuvent différer beaucoup entr’elles, en grandeur,
en figure, en porosité, en épaisseur, en pesanteur & en adhérence, suivant
la différence qu’il y aura entre les parties indivisibles qui les composeront,
soit à l’égard du nombre, de l’arrangement, de la figure, ou de la grandeur
de ces parties. Les petites masses du second ordre peuvent aussi différer entr’elles en une infinité de manieres. Il en est aussi de même à l’égard des petites masses de tout autre ordre quelconque. On peut donc concevoir aisément comment de pareilles petites masses peuvent former les grands corps,
qui different les uns des autres en une infinité de manieres, tant en figure
qu’en grandeur, en pesanteur, en épaisseur & en solidité.

Si un corps est composé de parties entre lesquelles il se trouve une étendue poreuse aussi grande qu’est leur propre étendue ; & si ces parties sont
aussi formées de particules qui ne soient pas moins poreuses que leur propre
étendue ; si enfin la même chose a lieu à l’égard de ces particules ; en supposant trois ordres semblables, il y aura dans une telle masse sept fois plus d’é-
tendue poreuse que d’étendue solide : & de cette maniere : en supposant
quatre ordres, & le dernier ordre entierement solide, l’étendue poreuse
sera quinze fois plus grande que l’étendue solide ; & en supposant cinq ordres
pareils, la masse aura trente & une fois plus de porosité que de solidité. Enfin, en supposant six ordres, il se trouvera dans la masse soixante & trois
fois plus de porosité que de solidité ; car la quantité des pores suit la pro-

greffion des nombres 1 , 3 , 7 , 15 , 31 , 63 ; car leur étendue croît felon la progreffion $\frac{1}{2}\cdot\frac{1}{2}+\frac{1}{4}\cdot\frac{1}{2}+\frac{1}{4}+\frac{1}{8}\cdot\frac{1}{2}+\frac{1}{4}+\frac{1}{8}+\frac{1}{16}\cdot\frac{1}{2}+\frac{1}{4}+\frac{1}{8}+\frac{1}{16}+\frac{1}{32}\cdot$ $\frac{1}{2}+\frac{1}{4}+\frac{1}{8}+\frac{1}{16}+\frac{1}{32}+\frac{1}{64}$. lefquelles fractions étant réduites à la même dénomination $=\frac{32}{64}\cdot\frac{48}{64}\cdot\frac{56}{64}\cdot\frac{60}{64}\cdot\frac{62}{64}\cdot\frac{63}{64}$. La folidité des corps décroît felon cette progreffion-ci : $\frac{1}{2}\cdot\frac{1}{2}-\frac{1}{4}\cdot\frac{1}{2}-\frac{1}{4}-\frac{1}{8}\cdot\frac{1}{2}-\frac{1}{4}-\frac{1}{8}-\frac{1}{16}\cdot\frac{1}{2}-\frac{1}{4}-\frac{1}{8}-$ $\frac{1}{16}-\frac{1}{32}\cdot\frac{1}{2}-\frac{1}{4}-\frac{1}{8}-\frac{1}{16}-\frac{1}{32}-\frac{1}{64}$; lefquelles fractions étant pareillement réduites au même dénominateur $=\frac{32}{64}\cdot\frac{16}{64}\cdot\frac{8}{64}\cdot\frac{4}{64}\cdot\frac{2}{64}\cdot\frac{1}{64}$. De là on aura les rapports fuivants entre l'étendue poreufe & l'étendue folide des corps.

$$32 \ldots 32 :: 1 : 1.$$
$$48 \ldots 16 :: 3 : 1.$$
$$56 \ldots 8 :: 7 : 1.$$
$$60 \ldots 4 :: 15 : 1.$$
$$62 \ldots 2 :: 31 : 1.$$
$$63 \ldots 1 :: 63 : 1.$$

§. CIII. Les grands corps, qui font compofés de petites maffes d'un feul ordre, font *homogenes* : de pareils corps peuvent néanmoins être de différentes fortes, fuivant la différence des petites maffes de chaque ordre qui les compofent ; mais fi les petites maffes font compofées de toute forte d'ordre, ou même d'un feul ordre, mais que ces petites maffes foient différentes entr'elles, quant à la figure, à la grandeur, à la denfité, le corps qui en réfultera fera *hétérogene*, & d'autant plus hétérogene, qu'il y aura un plus grand nombre d'ordres, ou qu'il y aura plus de différence entre les ordres qui le compoferont.

§. CIV. L'expérience nous apprend que tous les grands corps font extraordinairement hétérogenes, & qu'on doit les regarder comme un mêlange de différentes fubftances, dont les plus fimples font l'eau, le phlogiftique, la terre : on doit cependant croire qu'il en exifte encore d'autres que nous ne connoiffons pas, & qui font auffi fimples que celles que nous venons d'indiquer. Les procédés chymiques nous apprennent que l'eau pure ne fournit jamais que de l'eau : le phlogiftique eft, à proprement parler, ce qui conftitue la matiere inflammable des mixtes. On ne le trouve prefque jamais fimple & dans fon état naturel : il eft prefque toujours enveloppé dans d'autres fubftances avec lefquelles il compofe un mixte particulier, telles que font les huiles, les baumes, les réfines, les graiffes : il eft plus enveloppé dans certains corps que dans d'autres ; à peine peut-on le développer de l'or & de l'argent, quoiqu'on les traite avec le feu le plus violent, à moins qu'on ne les expofe au foyer d'un miroir ardent d'une très grande étendue, & qui puiffe ramaffer une grande quantité de rayons folaires. Ce même phlogiftique eft moins adhérent aux autres métaux, tels que le cuivre, le fer, le plomb, l'étain : il eft encore bien moins enveloppé dans les femi-métaux : on le retire très aifément des végétaux & des fubftances animales. La terre élémentaire eft une fubftance homogene, fimple, infipide,

fans odeur , dure , & qui ne fe divife qu’avec beaucoup de peine. Si tant eft
qu’elle foit divifible en plufieurs parties , elle réfifte au feu , & n’en reçoit
aucun changement lorfqu’elle n’eft pas alliée à d’autres fubftances : quelquefois elle blanchit, ainfi qu’on peut le remarquer dans la cendre des os qu’on
calcine. Mais outre la terre élémentaire dont nous venons de parler , on
diftingue plufieurs efpeces de terres ; favoir , les alkalines ou calcaires, les
terres vitrifiables , argilleufes , qui font , felon toutes les apparences , compofées de différentes parties plus petites , & en lefquelles elles pourront être
réduites par la fuite : toutes ces terres font différentes les unes des autres ,
par leur ténuité , leur couleur , leur odeur , leurs différens degrés de fixité ,
&c. Ces terres font la bafe de tous les corps ; car les fix efpeces de métaux
que nous connoiffons jufqu’à préfent , font compofés de terre vitrifiable , &
d’une autre efpece de terre graffe, qui contient le phlogiftique qui lie & unit
plus fortement les parties métalliques entr’elles , & qui leur donne , du
moins en grande partie , la ductilité que nous leur connoiffons ; puifqu’ils
perdent cette propriété fi-tôt qu’on les dépouille de leur phlogiftique , &
qu’alors ils ne contiennent plus qu’une terre mercurielle dont on retire un
fel acide marin (1). Toutes ces terres font originairement fluides ; elles réfident dans les entrailles de la terre , d’où elles s’élevent, fous la forme de
vapeurs & d’émanations , jufques dans les crevaffes & dans les fentes des
montagnes , où elles fe fixent, fe combinent plufieurs enfemble , y forment
des maffes folides qui paroiffent homogenes, qui font , ou des minéraux que
l’Art peut convertir en métaux , ou de véritables métaux. L’étain eft compofé de terre calcaire , de terre vitrifiable, de terre mercurielle & de terre
phlogiftique , mais en petite quantité. La terre mercurielle domine dans la
compofition du foufre , & elle eft unie avec une terre vitrifiable ; ces deux
fubftances unies enfemble fe vitrifient aifément. Il entre encore dans la compofition du plomb une petite quantité de terre phlogiftique. *Cramer* (2) ,
Gellert (3) , & plufieurs autres encore nous ont appris les différens procédés qu’il faut obferver pour retirer & pour purifier les métaux qui font contenus dans différentes fubftances. Les métaux fragiles ou les demi-métaux
font compofés des mêmes terres mêlées avec l’arfenic ; car il eft conftant que
l’antimoine eft compofé de foufre , d’une terre très peu métallique , & d’arfenic. Le bifmuth & le zinc font compofés des mêmes principes.

L’arfenic tire fon origine de l’acide du fel marin : c’eft pour cela que lorfqu’on le fublime avec le mercure , il produit du fublimé-corrofif. L’arfenic outre cela, contient encore une terre métallique ; de-là, lorfqu’on l’unit
avec du favon , il forme du régule , qui peut s’amalgamer avec plufieurs métaux & les transformer : car l’arfenic diffout dans l’eau forte , précipité par la
craie & paffé à la coupelle avec le plomb , produit de l’argent , au rapport
de *Henkell*. M. *Eller* nous apprend qu’il parvint à avoir de l’argent , en
mettant en digeftion de l’arfenic avec du foufre minéral , du régule d’antimoine & du fublimé-corrofif (4).

Le foufre commun eft formé d’une terre légere , unie avec un fel acide ,

(1) Pott Differt. de Sulph. metall. 5. 4. Hift. de l’Acad. ann. 1738. (2) Crameri
Docimafia. (3) Gellert, Chymie metallurgique. (4) Hift. de l’Acad. de Berlin 1753 ,
pag. 44.

& une certaine quantité de phlogistique. Les Chymistes sont parvenus à former du soufre factice (1).

Les sels sont composés d'eau & de différentes terres. L'alun est fait d'argille & d'huile de vitriol mêlées avec de l'eau : il entre encore dans sa composition un sel alkali (2). Les pierres sont le résultat de différentes terres mêlées avec de l'eau, dont les parties sont liées par une espece de gluten, ou par l'action du feu. Il entre encore dans la composition des pierres différentes autres substances, & dans des proportions variées à l'infini; d'où résulte cette variété infinie qu'on remarque dans la dureté, la couleur, la densité, le poids, l'opacité, la transparence, &c. des différentes pierres que nous connoissons. Il entre dans la composition des végétaux différens esprits, tels que l'esprit recteur, *le Gas-Silvestre*, de l'eau, du vinaigre, des gommes, des baumes, des résines, diverses sortes d'huiles, différens sels (3), & de la terre.

On trouve aussi que les parties animales sont composées d'esprits subtils & volatils, de sels volatils, d'eau, d'huiles, de phosphore & de terre. On distingue dans les animaux des parties solides & des parties fluides ; & on observe une même variété entre leurs parties solides qu'entre leurs parties fluides : car les solides sont, ou des membranes de plusieurs especes, les unes sont molles & ne résistent que très peu, les autres sont dures & élastiques; ou des cartilages, des os, des cheveux, &c.

§. CV. Les qualités des grands corps varient à proportion qu'ils sont composés d'un plus grand ou d'un plus petit nombre de différentes parties de différens ordres; & même, selon que ces parties different entr'elles, soit quant à leur nombre, soit quant aux différens ordres auxquels elles appartiennent, soit quant à leur disposition entr'elles : il en résulte alors des masses de figures différentes : de-là toutes ces différences qu'on peut saisir au premier coup-d'œil ; car on ne rencontre pas dans une forêt, non seulement deux arbres qui se ressemblent, mais encore deux feuilles qui soient tout-à-fait semblables. On ne trouve pas dans la Nature deux hommes qu'on ne puisse pas distinguer l'un de l'autre, ni même deux animaux qui se ressemblent parfaitement ; ainsi que le penserent fort bien autrefois les Stoïciens, au rapport de *Cicéron* (4) & de *Pline* (5).

§ CVI. Lorsqu'on examine cependant de petits corps qui sont formés du concours de plusieurs petites portioncules de matiere homogene, ils paroissent parfaitement semblables, & on ne découvre aucune différence, soit dans leur figure, soit dans leur éclat, soit dans leur grandeur.

Lorsqu'on a séparé un rayon coloré du faisceau de lumiere qui le contenoit, & qu'on examine attentivement & pendant long-tems ce petit rayon, on ne découvre aucune variété dans sa couleur : d'où il paroît assez naturel de croire que les petites parties lumineuses qui composent un rayon donné, sont parfaitement semblables entr'elles ; car si les parties qui composent, par exemple, le rayon rouge, étoient différentes les unes des autres, pour quelle raison n'exciteroient-elles pas des sensations différentes ?

(1) Hist. de l'Acad. de Berlin 1753, p. 28. (2) Ibid. 1754, p. 31. (3) Hist de l'Acad. des Scienc. ann. 1738, p. 273. De la Garaye, Chymie hydraulique. (4) Tuscul. Quæst. Lib. 4. (5) Plin. in Hist. Natur.

A moins qu’on ne crût, & sans un fondement légitime, que des causes différentes doivent produire des effets semblables. Or il est plus naturel de penser, & il paroît même constant, que si les parties lumineuses qui composent un rayon primitif, étoient différentes les unes des autres ; elles exciteroient chacunes des sensations particulieres, & on observeroit dans le plus petit rayon lumineux, différentes couleurs, ou au moins la couleur d’un rayon primitif, souffriroit différentes nuances ; elle seroit plus claire, plus vive ou plus foncée dans des endroits que dans d’autres : ce qui est contraire à l’expérience. Mais passons maintenant à des observations plus sublimes. Prenez un peu de mercure bien purifié ; jettez le dans un feu de charbon, & lorsqu’il commencera à s’élever en vapeurs, tenez au-dessus de la fumée un morceau de glace bien net, ou un miroir concave : ramassez ensuite les petits globules de mercure qui se feront attachés à ces surfaces, & observez les avec un fort microscope ; vous observerez, à la vérité, qu’il y en aura plusieurs qui feront de différentes grandeurs : mais vous en remarquerez aussi beaucoup d’autres qui se ressembleront si parfaitement, que vous ne pourrez pas les distinguer les uns des autres. On peut aussi remarquer la même chose dans les vapeurs de l’eau qu’on fait chauffer. On remarque encore que les globules rouges du sang & ceux de la lymphe, sont, pour la plûpart, parfaitement semblables dans le vivant. Ceux qui se sont attachés à observer avec soin différens corps dissous dans l’eau, & qui se sont servis même, pour faire leurs observations, des meilleurs microscopes de *Wilson* & de *Cuff*, ont découvert, dans ces dissolutions, plusieurs globules parfaitement semblables : ce qui paroît prouver que tous les corps sont composés de globules. Je puis affirmer moi-même la même chose, d’après des observations constamment & soigneusement réitérées, pendant une longue suite d’années. Et ce n’est pas une chose contraire à la raison qu’il y ait de petites parties indivisibles qui se ressemblent, & qu’il se trouve aussi de petites masses du premier & du second ordre qui aient la même forme ; puisque cela peut se concevoir aisément, & que nous ne connoissons rien qui détruise cette idée. Il ne paroît donc pas surprenant qu’il y ait plusieurs petits corps qui, au rapport de nos sens, soient parfaitement semblables.

§. CVII. On n’est cependant pas encore d’accord sur cet article ; & parmi les Physiciens, les uns prétendent que chaque être qui fait portion de l’Univers matériel, est distingué de tout autre par quelque marque sensible. Parmi ceux qui ont embrassé cette hypothese, il y en a plusieurs qui assurent avec confiance, que tout corps, soit grand, soit petit, laisse voir des différences marquées, lorsqu’on l’examine au microscope : je crois qu’on pourroit douter, avec justice, que de tels Physiciens aient jamais fait d’observations microscopiques. D’autres, plus modestes que les premiers, ne se flattent pas d’avoir fait de pareilles découvertes, ils assurent même qu’on ne peut observer actuellement, avec les instrumens que nous avons, les différences qui caractérisent les plus petits corps ; mais qu’ils esperent qu’on pourra les appercevoir par la suite avec de meilleurs microscopes. Pour nous, nous conviendrons de bonne foi ; qu’on ne peut encore rien décider à cet égard, quoique les observations paroissent nous faire voir une similitude entre toutes les petites portioncules de matiere qui appartiennent à un même tout.

D'ailleurs quand il feroit vrai de dire que deux portioncules de matiere, deux atômes, auroient chacun une figure qui lui fût propre, comment pourroit-on prouver qu'ils feroient différens l'un de l'autre quant à leur poids & quant à leur gravité? Qui eft ce qui pourroit démontrer que l'un des deux feroit plus pefant que l'autre? Comment pourroit-on s'affurer que la force de la gravité maîtriferoit davantage l'un que l'autre, & que l'un des deux tomberoit plus vîte que l'autre dans le vuide? Comment pourroit-on s'affurer qu'il y auroit une différence réelle entre l'impénétrabilité, l'inertie, la mobilité & la quiefcibilité de deux atômes égaux?

§. CVIII. Quand il feroit vrai de dire que deux corps feroient parfaitement femblables en tout, de façon qu'il ne fût pas poffible de diftinguer l'un de l'autre; la fécondité de l'Etre fuprême, pour multiplier la variété de fes productions, fa puiffance pour les créer & les faire paffer du néant à l'exiftence, en feroient-elles plus limitées pour cela? Non, fans doute. En effet la fimilitude entre différens êtres ne décele point un défaut d'invention: elle manifefte au contraire une fageffe infinie dans Dieu, fur-tout fi la parfaite fimilitude de différens êtres eft néceffaire pour concourir à de mêmes effets. Outre cela il n'appartient qu'à Dieu feul de produire des êtres parfaitement femblables, & dans qui on ne puiffe découvrir aucune différence. Le plus habile des mortels n'a jamais pu produire deux machines parfaitement femblables; la main la plus adroite, guidée par le génie le plus induftrieux, n'a jamais pu copier un tableau de maniere qu'on ne pût point diftinguer l'original de la copie: &, quelque facile qu'il paroiffe d'attraper la forme des chofes les plus aifées à imiter, on n'eft jamais parvenu à les copier fi parfaitement, qu'on pût fe méprendre en examinant différens êtres qui paroiffent femblables au premier abord. C'eft donc une perfection de plus dans la Puiffance qui peut produire une multitude d'individus parfaitement femblables, & cette Puiffance doit être bien fupérieure à celle qui ne peut former qu'un feul individu de chaque efpece. Mais de telles queftions ne font d'aucune utilité; & on les éliminera de la Phyfique, dès que les Phyficiens, uniquement occupés des befoins de l'homme, n'étudieront la Nature que pour découvrir ce qui peut tourner à l'avantage de la fociété, & que, dépourvus de tous préjugés claffiques, ils ne s'abandonneront plus à d'inutiles fpéculations & à des hypothefes mal établies.

§. CIX. Les qualités des mixtes dépendent de la grandeur, de la figure, de la différente texture & difpofition des parties qui les conftituent: or, comme toutes ces chofes peuvent varier à l'infini, il peut fort bien arriver, que deux corps qu'on range dans la même claffe, & qu'on reconnoît fous le même nom, eu égard à quelques qualités qui leur font communes, foient cependant bien différens l'un de l'autre; parcequ'il peut fe faire qu'il y ait quelques principes particuliers qui entrent dans la compofition de l'un, & qui n'entrent pas dans celle de l'autre; ou que ces deux corps, réfultant l'un & l'autre des mêmes principes, ils n'entrent pas dans leur compofition, felon les mêmes proportions. C'eft à cette caufe qu'on doit rapporter la différence qu'on remarque dans l'or qu'on trouve dans différens Pays : l'or de la Chine , par exemple, eſt d'une couleur très pâle ; il tire ſur le rouge dans un autre Pays , & on en trouve de jaune dans d'autres endroits. Le cuivre jaune qui nous vient du Japon eſt bien différent de celui que nous tirons de Suede , de celui de Barbarie , de celui de Portugal , de celui qu'on trouve en Hongrie , de celui qu'on nous apporte d'Allemagne , de celui d'Angleterre ; & ces différences qu'on remarque entre toutes ces ſortes de cuivres , conſiſtent dans la couleur , la duꞔtilité , la compaꞔtibilité , la fuſibilité , la gravité ſpécifique , la fragilité , &c , ainſi que je l'ai éprouvé pluſieurs fois. On trouve beaucoup de différence entre le fer d'Allemagne & celui de Hollande , de Suede , d'Angleterre , de France , d'Eſpagne , &c. L'étain noir d'Angleterre differe beaucoup de l'étain blanc , ſoit quant à ſa pureté , ſoit quant à ſon poids. Le plus pur étain de Malac differe auſſi conſidérablement de celui qui nous vient d'Angleterre , ſoit par ſa duꞔtilité , ſa molleſſe & ſa peſanteur ſpécifique : quelquefois il n'eſt pas propre à être mêlé avec celui d'Angleterre ; & il s'allie plus aiſément avec les demi métaux. Les Teinturiers en font grand cas , lorſqu'il s'agit de teindre des étoffes en rouge & en couleur de feu. L'étain de Bancas eſt différent des deux dont nous venons de parler ; il a néanmoins plus d'analogie avec l'étain de Malac qu'avec celui d'Angleterre. Le plomb d'Ecoſſe differe auſſi de celui d'Angleterre , & qu'on trouve dans cette contrée de la Bretagne , qu'on appelle Cornouaille ; celui-ci contient beaucoup d'argent (1) : il differe de celui qu'on tire des Indes & d'Allemagne , tant par ſa duꞔtilité que par ſa fuſibilité , ſa conſiſtance & ſon poids , &c.

On remarque auſſi des différences très ſenſibles entre les foſſiles : les expériences qu'on a faites ſur les pierres , ſur les perles , &c , ne permettent pas d'en douter. *Du Fay* , *Boſe* , *Beccaria* , ont découvert que parmi les diamans , les uns étoient de véritables phoſphores qui jettoient de la lumiere , & que les autres n'étoient nullement lumineux. *Beccaria* , dont nous venons de parler , chercha s'il ne trouveroit pas quelque caraꞔtere qui pût faire diſtinguer ceux qui ont la propriété de devenir lumineux , de ceux qui ne le deviennent pas ; mais il ne trouva aucune différence aſſez ſenſible dans leur couleur , dans leur pureté , dans leur brillant , ni dans aucune de leurs qualités ſenſibles (2). Il trouva cependant que leur peſanteur ſpécifique & leur dureté n'étoient pas les mêmes ; comme on pourra s'en aſſurer par la Table que nous donnerons au Chapitre XXVII. Les marbres ſont de différentes eſpeces & de différentes couleurs ; ils different entr'eux par leur dureté , leur poids , les taches qu'on y remarque , &c : différences très ſenſibles que nos Ancêtres ont connues , & qu'ils ont très bien décrites (3). On remarque les mêmes différences dans les végétaux , & ces différences viennent de la terre qui leur donne naiſſance , & de la température du climat dans lequel ils croiſſent. Le froment qui croît dans la Zélande Belgique eſt le plus nourriſſant qu'on connoiſſe , & differe conſidérablement , quant à ſa blancheur & quant à ſon poids , de celui qu'on recueille dans le Dioceſe d'Utrecht ;

(1) Borlaſe Natural Hiſt. of Cornwall, Chap. 18. (2) Commentar. Bononienſ. vol. 2. pag. 279. (3) Plin. in Hiſt. Nat. Lib. 36.

celui de Hollande eſt paſſablement bon. Les Anciens examinerent autrefois avec beaucoup d'attention toutes les eſpeces de froment , & les diſtingue-rent parfaitement bien les unes des autres (1). Ils crurent qu'il n'y en avoit pas qui fût comparable à celui qu'on recueilloit en Italie. Il y a un arbre qui porte de la canelle , & qui croît dans l'Iſle de Ceylan , au Pérou , & dans le Malabar. La canelle du Malabar eſt douce , celle de l'Iſle de Cey-lan eſt d'une acidité agréable ; mais celle qui vient du Pérou eſt d'une âcreté inſoutenable , telle qu'eſt celle du poivre. Quelle différence ne remar-que-t-on pas dans le vin qui eſt produit par un même plant , mais qui croît dans différens Pays ? Le chanvre de Ruſſie eſt le meilleur de tous ceux qu'on connoît : celui de Hollande eſt encore excellent ; il vaut mieux que celui qu'on cueille en Italie : ce dernier ſurpaſſe en bonté celui de Virginie ; enfin celui de France eſt le plus mauvais. Le chêne qui croît en Allemagne eſt beaucoup plus dur que celui qui croît en Hollande : outre cela il ſe con-ſerve pluſieurs ſiecles ſans ſe pourrir ou ſe moiſir.

Le ſel marin d'Eſpagne eſt bien différent de celui de France , & il differe encore davantage de celui qu'on retire des fontaines en Allemagne. Les ſels naturels alkalins different entr'eux , à raiſon des différentes parties qui en-trent dans leur compoſition. L'analyſe nous fait découvrir dans les uns quelques parties volatiles : on trouve que la terre fait la plus grande partie des autres , & on découvre dans d'autres de la ſaumure. Les ſels artificiels abſorbent l'humidité de l'atmoſphere qui les enveloppe , & ils tombent en défaillance. Les ſels naturels ne nous font point obſerver le même phénome-ne , ou , s'ils tombent en défaillance par le contact de l'air ; cet effet n'arrive qu'inſenſiblement. Ceux-ci peuvent ſe cryſtalliſer ; & ſi on les expoſe à l'action du feu , ils ſe vitrifient.

Les mêmes cauſes qui concourent à toutes les différences que nous ve-nons d'indiquer , concourent pareillement aux différences qu'on remarque entre les animaux de la même eſpece. Les chevaux d'Irlande ſont petits ; ceux d'Angleterre ſont beaucoup plus grands : ils ſont très gros & très grands dans la Friſe ; ceux d'Eſpagne ſont regardés comme les plus beaux. Les bœufs du Nord Hollande ſont très gros ; ils ſont beaucoup plus petits dans la Tranſilvanie : & ils ſont tout-à-fait différens , quant à la forme & à la groſſeur , dans l'Irlande. Nous ne ſommes pas encore en état de rendre rai-ſon de toutes ces variétés que nous remarquons entre toutes les parties des trois regnes de la Nature ; parceque nous ne connoiſſons pas encore les principes qui concourent à la formation des corps , & que la délicateſſe de leurs parties conſtituantes les dérobe à la foibleſſe de nos or-ganes.

§. CIX. * Comme il n'y a point de particule de matiere , de quelqu'ordre qu'elle ſoit , qui ne puiſſe être conſidérée comme compoſée , & conſéquem-ment ſe diviſer en plus petites parties d'un ordre inférieur , & paſſer de ce dernier ordre à un autre ſubalterne , & ainſi de ſuite , juſqu'à ce qu'on ſoit parvenu aux parties élémentaires ; il eſt manifeſte qu'il n'y a point de grand corps qui ne puiſſe être diviſé en ces petites parties dont il eſt compoſé , ſoit

(1) Plin. in Hiſt. Nat. Lib. 18. §. 12. pag. 106. & 107.

par

par le choc, le broiement, le feu, la fermentation, la corruption, ou lorſ-qu'on l'expoſe à l'action d'un menſtrue propre à le diſſoudre. Lorſqu'un corps eſt ainſi diviſé ou diſſous, les petites parties qui naiſſent de ces diffé-rentes opérations, quelque petites qu'elles ſoient, peuvent ſe réunir de nouveau, & former des parties du même ordre, ou de quelqu'autre ſembla-ble; & de la liaiſon de ces parties, il en peut réſulter des corps ſembla-bles, ou différens de ceux dont toutes ces parties émanent.

C'eſt ainſi que des parties terreſtres, unies entr'elles par un gluten, ou par l'action du feu, forment des pierres; que ces pierres elles mêmes, uſées & réduites en pouſſiere, retournent en terre : de-là on peut concevoir com-ment des parties qui ſont ſéparées d'une plante ou d'un animal, peuvent concourir à la nutrition & à l'accroiſſement d'une autre plante ſemblable, ou même différente, ou à la nutrition d'un autre animal, en vertu de cette puiſſance végétative, que l'Auteur de la Nature a donnée à toutes les ſe-mences dès le premier moment de la création; puiſſance qui change les différens ordres des parties conſtituantes des mixtes, & qui leur donne la forme qui leur convient pour concourir à la nutrition & l'accroiſſement du mixte qu'elles doivent former. De-là dans le même climat, dans le même atmoſphere, le même fumier & la même eau font croître l'aloës, qui eſt très amer, la canne à ſucre très douce, l'ozeille aigrelette, l'aroche puante, les lys & les roſes dont l'odeur eſt ſi agréable, &c. De ces plantes on retire diffé-rens ſels; les unes fourniſſent le tartre, d'autres la ſoude. La camomille & la racine de pyretre donnent du ſel commun; d'autres fourniſſent des ſels doux, ou des ſels qui produiſent différentes cryſtalliſations (1). Ne pour-roit-on pas ſoupçonner un même principe, un même méchaniſme dans les glandes animales, qui ſont deſtinées à extraire du même ſang, les unes le lait, les autres la bile, d'autres la ſalive, d'autres le ſuc médullaire, d'au-tres la cire des oreilles, &c. Peut-être ſéjourne-t-il dans ces différens cou-loirs, quelque portion du même fluide, qui, par ſon mêlange avec ce-lui qui y aborde, concourt à communiquer à ce dernier la forme qu'il doit avoir.

§. CX. Les parties d'un même ordre, entaſſées de différentes manieres les unes ſur les autres, produiſent des corps d'une ſtructure tout-à-fait diffé-rente. L'eau pure, qui nous paroît un corps ſimple, compoſé de particu-les du même ordre, étant raſſemblée dans un vaſe, n'eſt autre choſe qu'un fluide peſant; mais lorſque, par un procédé quelconque, elle ſe convertit en vapeurs, elle forme un brouillard : &, s'élevant encore plus haut, elle ſe convertit en nuées. Pluſieurs de ces parties venant à s'unir entr'elles & à tomber, forment de la pluie : ſi pluſieurs de ces parties ſont réunies entr'el-les ſous la forme de petits filamens oblongs, elles produiſent la neige : lorſqu'elles ſe glacent par un trop grand froid qu'elles éprouvent en traver-ſant l'atmoſphere, les gouttes d'eau qui ſont ſaiſies par le froid, ſe con-vertiſſent en grêle. Toutes ces différentes ſubſtances, venant à ſe fondre, reprennent leur premiere forme, & ſe convertiſſent en eau : ce qui fait

(1) Wallerius, in Notis ad Hiernii acta Chym. p. 88. Dodart, Mémoire. pour l'Hiſt. des plantes, Sect. 2. §. 21.

qu'une des plus simples substances que nous connoissions, prend différentes formes & différentes figures, suivant les changemens qui arrivent à la disposition de ses parties.

§. CXI. Tous les corps qui appartiennent aux trois regnes de la Nature que nous avons indiqués (§. 23), ne different donc pas essentiellement entr'eux ; mais seulement par accident. Le regne fossile ou lapidifique, est la base des autres regnes ; non-seulement la terre, mais encore l'eau, & quantité de substances qui appartiennent à la terre, & qui s'en exhalent, donnent origine & servent à l'accroissement des végétaux ; les végétaux eux-mêmes servent de nourriture aux animaux : & leurs différentes parties, brisées, atténuées, se convertissent en parties animales. Le cadavre d'un animal se corrompt, se dissout, se change en terre & en eau, & par conséquent appartient encore une seconde fois au regne fossile. Les végétaux qui se pourrissent sur la surface de la tere, ou qu'on brûle, se changent en cendres, en terre & en eau.

§. CXII. C'est pourquoi la génération, la corruption, l'accroissement & le dépérissement de tous les grands corps des trois regnes de la Nature, ne sont autre chose qu'un concours & un assemblage de plus petites parties qui se dissolvent ensuite, & se changent en grosses & en petites parties. L'accroissement des corps ne s'opere pas de la même maniere dans tous. Les os, qui sont recouverts extérieurement par une membrane, qu'on nomme périoste, ne sont originairement qu'une substance gélatineuse, qui s'étend d'abord en forme de fil, acquert après cela une certaine consistance, se convertit ensuite en cartilages élastiques, qui s'ossifient successivement par différens points, & forme enfin de véritables os. *Duhamel* rapporte que les os, étant serrés circulairement par un anneau de métal, s'enflent & se tuméfient vers les deux bords de la ligature (1). Le battement des arteres de la dure mere, creuse dans l'épaisseur de la lame interne du crâne, des sillons très sensibles (2). Les cornes des bœufs croissent par de petites lames qui sortent de la cavité intérieure qu'on remarque à leur origine : ces lames s'étendent au-dehors, & forment des cornes d'une grandeur considérable. Les arbres prennent leur nourriture & grossissent à l'aide de la séve qui s'éleve le long des fibres ligneuses qu'on remarque sous leur écorce ; ce suc, s'épaississant, se convertit en substance ligneuse, & augmente les dimensions de l'arbre. Plusieurs pierres prennent de l'accroissement & grossissent à l'aide du suc lapidifique, qui est un composé d'eau, de sel, de terre & de quelques autres substances ; ce suc, étant apporté sur la surface de la pierre, se jette dans ses pores, les bouche, & augmente les dimensions de la masse qui étoit déja formée : la partie aqueuse de ce suc, s'évaporant, la pierre prend plus de consistance, & se durcit avec le tems. *Papirius Fabianus* (3) rapporte que les marbres eux-mêmes croissent & grossissent dans les carrieres. Ceux qui travaillent à tirer la pierre assurent que les crevasses des montagnes se bouchent par l'accroissement des pierres qui bordent ces crevasses.

Chaque corps, étant composé de l'assemblage de plusieurs parties, dépé-

(1) Duhamel, Hist. de l'Acad. des Sci. ann. 1742, p. 363.   (2) B. S. Albini. Acad. Observ. Lib. 4. Cap. 1.   (3) Plini. in H. N. l. 36. pag. 746.

rit, & perd de ſes dimenſions à proportion qu’il perd de ſes parties conſtituantes, ou qu’elles déviennent plus petites. Aucun corps ne s’engendre &
n’augmente ſes dimenſions que par la combinaiſon d’autres ſubſtances matérielles ; & celui qui dépérit & tombe en pouſſiere, ou que la corruption
ronge & détruit, ou qui ſe réſout en eau, ou qui ſe décompoſe de quelque
maniere que ce ſoit, & ſe dérobe à nos ſens, ne retombe pas pour cela dans
le néant ; il n’eſt ſeulement que diviſé en plus petites parties : & l’Auteur de
la Nature, qui veille à la conſervation des élémens, le conſerve toujours
ſous de plus petites dimenſions. De-là tout corps, dans quelqu’état qu’il
ſoit, ſoit qu’il demeure conſtamment dans le même état, ſoit qu’il acquere
de nouveaux degrés d’accroiſſement, ſoit enfin qu’il dégénere, ſubſiſte toujours.

§. CXIII. Lorſque les végétaux & les animaux prennent de l’accroiſſement,
peut-on dire que les parties ſolides qu’on voit naître étoient originairement
contenues dans la ſemence ou dans le germe, & qu’elles ne font que ſe développer par la nourriture qu’elles reçoivent, & acquérir de plus grandes
dimenſions ? Ou bien doit-on penſer que ces parties, n’étant point contenues, ni dans la ſemence, ni dans le germe, ſont produites par un méchaniſme quelconque, que nous ne connoiſſons pas encore ? Ces deux cauſes
concourent à la production des parties ſolides des végétaux & des animaux.
En effet, on trouve dans la noix le germe de l’arbre qui porte ce fruit ; on y
trouve les premiers linéamens des branches du noyer : la noix, étant miſe
en terre, toutes ces parties ſe développent, prennent de la nourriture &
produiſent un arbre ; mais les fruits & les bourgeons ne paroiſſent point
contenus dans cet arbre : ils paroiſſent y être formés. Puiſque la noix, contient un germe, il faut néceſſairement que la ſemence des deux ſexes y
concoure ; de même, pour la production d’un germe animal, il faut néceſſairement le concours des deux ſexes. De ce que le cœur, lorſqu’il commence à paroître, ſe préſente ſous la forme d’un petit canal, lequel, ſe développant enſuite, donne au cœur la figure qu’il doit avoir, eſt-ce à dire pour
cela que les viſceres & les autres parties du corps de l’homme ſe forment par
un ſimple développement de parties ? Ceux qui avanceroient cette propoſition, ſeroient hors d’état de la prouver. D’ailleurs quand on accorderoit
même cette propoſition, il n’en ſeroit pas moins vrai pour cela qu’il ſe formeroit dans le corps de l’homme pluſieurs vaiſſeaux qui ne tireroient point
leur origine du développement de quelques parties. En effet ſi on fait la ligature, & qu’on coupe le canal pancréatique d’un chien vivant, il s’engendre un autre canal qui ſort du pancréas, & va ſe rendre dans l’eſtomac,
ou dans le duodenum, dans leſquels le pancréas ſe décharge du ſuc pancréatique ; vérité qu’on ne peut conteſter, & que *Brunner* a découverte & confirmée par pluſieurs obſervations. Pareillement lorſque quelques plaies pénetrent dans la ſubſtance de quelques muſcles, il s’engendre de nouveaux
vaiſſeaux ſanguins, qui, s’anaſtomoſant avec les anciens vaiſſeaux, portent
la nourriture aux parties ; or, dans tous ces cas, il ne ſe fait point un nouveau développement de quelques parties ſolides, mais une nouvelle génération : ce qui prouve que les deux cauſes que nous avons indiquées ci-deſſus, concourent à la formation des corps. Seroit-il permis de croire que le

ſperme qui ſe trouve dans les teſticules du mâle & dans les ovaires de la femelle, eſt formé par le développement des parties qui le contiennent? Ce ſeroit une propoſition avancée au haſard, & qui auroit beſoin de preuves.

§. CXIV. Tous les changemens qui peuvent arriver dans les corps, conſiſtent dans la grandeur, dans la figure, dans l'arrangement des parties, dans leur adhérence, dans le lieu que chaque corps occupe, dans leur peſanteur, dans leur attraction & dans leurs forces motrices.

§. CXV. Nous avons rangé *la force d'inertie* au nombre des propriétés communes des corps: cette force conſiſte en ce qu'un corps ne paſſe pas aiſément de l'état de repos ou de mouvement à un autre état. Soit, par exemple, un corps tel que A [*Tab.*1.*fig.*17.], ſuſpendu à un fil, & placé dans le point le plus bas de ſa ſuſpenſion; ce corps demeurera en repos, tant qu'aucune cauſe étrangere n'apportera aucun changement à ſon état. Suppoſons maintenant que le corps B vienne choquer le corps A, ce dernier réſiſtera alors à l'effort que B fera contre lui ; & en conſéquence de cette réſiſtance, le corps B perdra une partie de ſa vîteſſe, & le corps A ſera mis en mouvement. Le mobile B ne perdroit rien de ſa vîteſſe, ſi le corps A ne lui oppoſoit point de réſiſtance; car il eſt évident que ſi le corps A n'oppoſoit aucune réſiſtance à l'effort du mobile B qui le choque, ce mobile entraîneroit A avec lui, & avec une vîteſſe égale à la ſienne, quelque grand que fût le corps A. Et s'il en étoit ainſi, la plus petite cauſe pourroit produire un effet infini.

§. CXVI. Mais on obſerve que pour que le corps A [*Tab.* 1. *fig.* 17.], parcoure l'eſpace AD, dans l'eſpace d'une minute, il faut que le corps B, qui l'anime par ſon choc, lui communique plus de force que s'il ne devoit parcourir le même eſpace qu'en deux minutes; & que dans le premier de ces deux cas, le mobile B perde davantage de ſa vîteſſe que dans le ſecond : d'où il ſuit que la réſiſtance que le corps A apporte au mouvement qu'on lui communique, eſt d'autant plus grande, qu'on lui communique plus de vîteſſe. Il y a donc dans un corps qui eſt en repos, une force qui réſiſte & qui lutte contre un autre corps en mouvement qui viendroit le choquer, & qui réſiſte d'autant plus, que le corps choquant eſt muni d'une plus grande vîteſſe.

§. CXVII. Suppoſons actuellement que le corps A ſoit en mouvement, & que le corps B, qui le ſuit, ayant une plus grande vîteſſe, vienne le choquer, alors la vîteſſe du corps A deviendra plus grande, & le corps choquant perdra une partie de celle dont il jouiſſoit avant le choc. Le corps A, quoiqu'il ſoit en mouvement, oppoſe donc encore, en cette occaſion, une réſiſtance au corps B : or comme on peut lancer continuellement contre le corps A, des corps qui ſeront doués d'une plus grande vîteſſe que lui, & qu'il oppoſera toujours une certaine réſiſtance à ces mobiles, il eſt conſtant que la force d'inertie ſubſiſtera, & ſe manifeſtera dans tout corps en mouvement, quelque vîteſſe qu'on lui communique. S'il en étoit autrement, un corps qui auroit acquis un certain degré de viteſſe n'oppoſeroit plus de réſiſtance à tout autre corps qui le choqueroit, & qui ſeroit muni d'une plus grande vîteſſe ; & alors le corps choquant, ne perdant rien de ſa vîteſſe par le choc, l'un & l'autre, après le choc, ſe mouveroient avec la

vîtesse du corps choquant : dans ce cas, les effets ne seroient point proportionnels aux causes.

§. CXVIII. Tout corps, soit en repos, soit en mouvement, oppose donc,
en vertu de *sa force d'inertie*, une résistance aux puissances qui agissent contre lui ; cette résistance ne détruit point, à la vérité, l'action de ces puissances, mais elle fait que cette action, cette force, passe dans le corps qui résiste ; & cette force, lui étant communiquée, le met en mouvement.

§. CXIX. La résistante qui vient de l'*inertie* d'un corps est donc bien différente de celle que les différentes puissances s'opposent les unes aux autres,
qui, luttant les unes contre les autres, détruisent mutuellement les forces
qui les animent ; comme il paroît évidemment dans des corps mous, qui se
choquent avec des directions contraires. La résistance, au contraire, qui
vient de l'inertie ne détruit point la force du corps choquant ; mais elle la
fait passer dans le corps choqué qui la conserve.

§. CXX. Il est donc démontré que la force d'*inertie* dans les corps, est
une force de résistance par laquelle ils tendent à rester dans l'état où ils sont,
& par laquelle ils luttent contre toutes les autres forces qui viennent à leur
rencontre. De là les Philosophes qui n'ont pas bien connu cette force, ont
prétendu qu'il y avoit dans les corps qui sont en repos, une force qui les
obligeoit à demeurer dans cet état de repos.

§. CXXI. Si un corps est en mouvement, & qu'il se meuve dans le
vuide, en vertu de sa force d'inertie il conservera la force qu'il aura reçue, & il se mouvera pendant toute l'éternité, avec la même vîtesse, & selon la même direction ; car la force d'inertie tend constamment à produire
deux effets : l'un, qui concerne la vîtesse, & l'autre, la direction du mobile, qu'elle tend à conserver sans aucune altération.

§. CXXII. Supposons le corps B en mouvement, qui va choquer le corps
A qui est en repos ; alors B tend à changer l'état du corps A : par conséquent
à proportion que B tend à rester dans l'état où il étoit, & qu'il lutte contre
A, qui lui résiste, il manifeste sa force d'inertie, & fait effort contre A ;
sans cela le corps B, après le choc, demeureroit en repos, & il ne produiroit aucun changement dans le corps A qu'il choque. C'étoit sur ces observations, que les Philosophes avoient posé pour axiome, que tout corps, soit
en repos, soit en mouvement, tend à demeurer constamment dans l'état
où on l'a mis. Axiome qui est incontestable. Mais quelle est la cause de ce
phénomene ? C'est la force d'inertie qui appartient à tous les corps. En effet
le corps A, en repos, lutte contre le corps B qui est en mouvement, en
vertu de sa force d'inertie par laquelle il tend à conserver son repos ; & le
le corps B, en mouvement, lutte contre le corps A, en vertu de sa force
d'inertie par laquelle il tend à demeurer dans l'état de mouvement où il
est : d'où il paroît évidemment que l'effort mutuel de ces deux corps manifeste sensiblement leur force d'inertie.

§. CXXIII. Plus la masse du corps A, qui est en repos, est grande, plus
ce corps résiste aux puisances qui tendent à le mettre en mouvement, &
moins il acquere de vîtesse, en supposant que les puisances motrices demeurent les mêmes : au contraire, plus la masse du même corps A est petite,
& plus, toutes choses égales d'ailleurs, il acquere de vîtesse. D'où il paroît

que la force d'inertie eſt proportionnelle à la maſſe ; par conſéquent qu'elle
eſt double dans une maſſe double, triple dans une maſſe triple, & conſéquemment qu'elle eſt abſolument la même dans chaque élément des corps.
D'où il ſuit que cette force convient aux fluides auſſi-bien qu'aux ſolides,
& qu'un pouce cubique d'eau jouit de la même force d'inertie dont jouiroit
un morceau de glace qui ſeroit produit par ce pouce cubique d'eau, en ſuppoſant que la congélation ne donneroit entrée à aucune ſubſtance étrangere,
& qu'elle ne feroit rien perdre de la quantité d'eau dont nous venons de
parler : de-là il ſuit que la maſſe d'un corps, demeurant conſtamment la
même, la force d'inertie demeure pareillement égale, ſoit que ce corps
ſoit ſolide, ſoit qu'il paſſe de l'état de ſolidité à celui de liquidité, & que
par conſéquent ſes molécules conſtituantes deviennent extrêmement petites.

§. CXXIV. Un corps qui eſt en repos exerce ſa force d'inertie ſelon toutes les directions par leſquelles on peut concevoir qu'un autre corps peut
le frapper : pareillement un corps en mouvement déploie ſa force d'inertie
dans quelque direction qu'il ſe meuve ; d'où il ſuit que cette force ne dépend point de la preſſion ou de la direction de la gravité. Tant qu'un corps
ſera expoſé à ſubir quelques changemens, ſon inertie s'oppoſera toujours à
ces changemens, & la réſiſtance qu'il oppoſera ſera conſtamment la même, lorſque les efforts qu'on fera contre lui ſeront les mêmes.

§. CXXV. La force d'inertie dont jouiſſent tous les corps, reconnoît
des bornes ; elle n'eſt point infinie : car la réſiſtance que le corps A, par
exemple, ſoit qu'il ſoit mol, ſoit qu'il ſoit dur, oppoſe au corps B d'une
certaine grandeur, & qui vient le frapper muni d'une vîteſſe quelconque ;
cette réſiſtance, dis-je, n'eſt pas infinie : elle eſt bornée & limitée ; elle eſt
telle que ce corps A ne reçoit qu'une partie de la force du corps choquant :
pareillement, ſoit que le corps choquant B rencontre le corps A qu'il choque, en repos ou en mouvement, il ne lui communique point toute la force
dont il jouit, mais ſeulement une partie de cette force qui l'anime.

§. CXXVI. Qu'eſt-ce donc que cette force d'inertie, & comment eſt-
elle appliquée aux corps dans leſquels nous l'obſervons ? C'eſt ce qui ſurpaſſe la foible portée de l'eſprit humain : nous ſavons ſeulement que cette
force appartient à tous les corps, & qu'elle convient à toutes les parties de
la matiere auxquelles elle eſt diſtribuée également ; nous ne pouvons connoître que les effets qu'elle produit, & que nous obſervons. Tout ce que nous
pouvons cependant avancer de certain à cet égard, c'eſt que cette force eſt
un attribut réel de la matiere, & que ce n'eſt pas une ſimple privation ;
puiſque toute privation ne ſouffre ni plus ni moins, & que la force d'inertie eſt tantôt plus grande, tantôt plus petite ; car un corps réſiſte d'autant
plus à l'effort qu'on fait contre lui pour lui faire changer l'état dans lequel
il ſe trouve, que cet effort eſt plus grand : d'ailleurs toute réſiſtance n'eſt
pas une ſimple privation.

§. CXXVII. Si tous les corps qui font partie de l'Univers étoient dépourvus de cette force, l'ordre admirable de la Nature, & les différens mouvemens qui le conſervent, ſeroient bien-tôt détruits ; puiſqu'alors le plus
foible corpuſcule ou le moindre effort que l'homme pourroit faire, ſeroit

en état d’arrêter & de détruire le mouvement des plus grands corps, & puifque la plus petite des forces pourroit mouvoir, avec la plus grande rapidité, toutes les parties de l’Univers, en tant qu’elles feroient dépourvues de réfiftance. D’où réfulteroit néceffairement un défordre, une confufion générale dans tout l’Univers matériel : les loix du mouvement & de la percuffion feroient tout-à-fait différentes de celles que nous connoiffons.

§. CXXVIII. Eft-ce à la feule force d’inertie, qui appartient à tous les corps, qu’on doit rapporter tous les changemens qui arrivent dans l’Univers ? Où exifte-il outre cela dans la Nature d’autres forces qui concourent à leur production ? La réponfe fe préfente manifeftement à l’efprit ; car il eft conftant qu’on doit admettre d’autres forces diftinguées de la force d’inertie : la gravité, l’élafticité donnent naiffance à plufieurs qui font bien différentes de celle qui provient de l’inertie des corps ; outre cela, l’ame unie au corps peut mouvoir à fon gré les différentes parties du corps qu’elle anime. Dieu, qui a tout créé, & qui a difpofé chaque chofe dans l’ordre qui lui convient, peut produire tous les changemens qui lui plaifent dans la difpofition des parties de l’Univers ; & on ne peut difconvenir que d’autres fubftances fpirituelles, diftinguées de celles que nous venons d’indiquer, n’aient produit qnelquefois des changemens dans la Nature.

§. CXXIX. Tout corps, de quelqu’efpece qu’il foit, grand ou petit, peut paffer d’un lieu dans un autre ; & par conféquent tout corps eft mobile, & cet attribut, qui convient à tous les corps, eft ce qu’on appelle leur *mobilité.*

§. CXXX. Il n’eft pas néceffaire, pour l’exiftence d’un corps, qu’il foit en mouvement ; puifqu’il peut refter éternellement dans la place où il a plu à l’Auteur de la Nature de le créer : ainfi quoiqu’un corps foit actuellement en mouvement, ce même mouvement qu’on lui a imprimé ne fubfifte pas toujours dans ce corps, & il peut être détruit fans que l’exiftence de ce corps en reçoive aucune atteinte ; par conféquent tout corps peut paffer de l’état de mouvement à celui du repos : & c’eft cette propriété de pouvoir être en repos qu’on nomme *quiefcibilité.* Tout corps eft néceffairement en repos ou en mouvement ; & quoiqu’il foit en repos, il conferve toujours fa *mobilité :* de même lorfqu’il eft en mouvement, il jouit de cette propriété que nous nommons *quiefcibilité ;* d’où nous concluons que ces deux modes, *mobilité* & *quiefcibilité,* font deux attributs des corps. Comme nous avons beaucoup de chofes à confidérer fur le mouvement, ainfi que fur les autres propriétés des corps, telles que la gravité, la force attractive, &c, nous nous réfervons à en parler dans quelques Chapitres particuliers que nous avons deftinés à cet effet.

§. CXXXI. Tels que foient les attributs des corps, ainfi que leurs propriétés, jamais aucun attribut ou aucune propriété ne paffe d’un corps à un autre ; toutes ces chofes appartiennent & font propres au corps dans lequel on les remarque.

§. CXXXII. Les Philofophes fe font donné beaucoup de peine, jufqu’à préfent, pour découvrir en quoi confifte la nature ou l’effence des corps ; la folution de ce problème dépend de la fignification qu’on attache aux termes qui l’expriment. Si on entend par le terme *Nature* ce qui conftitue la chofe

& la rend telle, ou le principe d'où émanent toutes les propriétés qui lui appartiennent, ce qui la rend propre à produire tous les effets qu'elle produit, ce qui la rend susceptible de toutes les modifications qu'elle reçoit : alors l'essence de cette chose est propre à elle seule, & chaque espece d'être a son essence particuliere, distinguée de l'essence de tout autre être d'une autre espece. Dans ce sens l'essence de l'or sera différente de l'essence de l'argent, de celle du bois ; & dans ce même sens personne ne pourra définir ce en quoi consiste l'essence des corps ; car personne ne connoît encore ce qui constitue l'or & ce qui le différencie de tout autre corps ; c'est-à-dire, personne ne sait encore quelle est la constitution de ses parties, quelle est leur grandeur, leur figure, leur disposition entr'elles : en un mot, combien de différens principes concourent à sa formation, & par conséquent d'où dépendent sa couleur, sa ductilité, sa gravité spécifique, sa fusibilité, sa mollesse & toutes les autres propriétés que nous remarquons dans l'or ? Ce que nous disons sur l'essence de ce métal, doit s'entendre de l'essence de tout autre corps.

§. CXXXIII. D'autres Philosophes de célebres ont entendu, par le terme *Nature*, ce qui constitue l'être matériel, & ce qui le distingue de tout autre être qui ne seroit pas matériel : ils ont entendu, par le terme *Nature*, ce dont l'idée emporte avec elle celle de la matiere ; ce qui étant une fois détruit, la matiere ne peut plus subsister. Ceux-là, en cherchant en quoi consiste l'essence de la matiere, n'ont eu en vue que de trouver ce qu'on conçoit d'abord dans l'idée d'un corps, ce qui sert de fondement & de base à toutes les propriétés dont il peut jouir. Réfléchissant sur les différentes propriétés qu'on peut séparer par abstraction de l'idée d'un corps, sans détruire cette idée, ils ont cru que l'étendue étoit la seule propriété qu'on ne pouvoit point séparer de l'idée d'un corps, sans détruire cette idée : d'où ils ont conclu que c'étoit l'étendue qui constituoit l'essence de la matiere, & que l'idée de l'étendue étoit tellement unie avec celle de la matiere, qu'en donnant l'étendue à un être, on en faisoit un être matériel, & qu'en retranchant cette propriété on détruisoit ce même être considéré comme matériel.

§. CXXXIV. Quelqu'ingénieuse que soit cette opinion, & quelque subtils que puissent être les raisonnemens qui l'appuient, elle est exposée à un grand nombre de difficultés. En effet, pour que l'étendue constitue l'essence de la matiere, il ne suffit pas que cette propriété soit ce qui se présente d'abord à l'esprit lorsqu'on considere l'idée de la matiere ; mais il faut, outre cela, que tout ce qu'on conçoit comme étendu, soit matériel ; ce qui est manifestement faux : puisque, par exemple, on conçoit un espace, une étendue entre les corps qui sont à quelque distance les uns des autres, & que cette étendue, cette distance n'est pas matérielle, ni conçue comme telle.

En second lieu il faudroit que l'étendue ne convînt qu'à ce qui est matériel ; ce qui est également faux : puisque l'étendue convient à tout espace quelconque.

3°. Enfin il faudroit que l'étendue pût être considérée comme le principe, comme

comme le fondement de tous les attributs & de toutes les propriétés que nous découvrons dans la matiere : or il y a quantité de propriétés de la matiere qui ne peuvent pas émaner d’un tel principe.

§. CXXXV. La maniere dont les Philosophes ont raisonné pour démontrer que l’étendue constitue l’esence de la matiere, est bien éloignée du degré de perfection qu’elle devroit avoir pour décider la question ; car ce n’est pas en trouvant, par une supputation ingénieuse, qu’une telle propriété est ce qui se présente d’abord à l’esprit en considérant la substance à laquelle elle appartient, & ce qui subsistant seule, abstraction faite de toutes les autres propriétés qui appartiennent à cette même substance, nous laisse encore une idée de cette substance ; ce n’est pas, dis je, d’après ce raisonnement qu’on peut légitimement conclure que cette propriété constitue l’essence de la substance dont il est question. Sans donc disconvenir, qu’en éloignant de notre esprit toutes les propriétés des corps, à l’exception de l’étendue, sans dis-je, disconvenir que l’idée seule de cette propriété pourra nous fournir celle de la matiere, j’établis un raisonnement de parité, par lequel il est aisé de démontrer que toute autre propriété pourra constituer l’essence de la matiere. En effet, supposons qu’ayant les yeux fermés, quelqu’un me mette dans la main une boule pesante, je sentirai d’abord par cette pesanteur, que j’ai un corps dans la main ; & je dirai toujours que ce corps existe, tant que je sentirai cette même pesanteur. Supposons maintenant que je conçoive, avec les Méchaniciens, que toute la pesanteur de cette boule est réunie dans son centre, & que j’éloigne alors de l’idée de cette boule toutes les autres propriétés qui peuvent lui convenir, à l’exception de la gravité, je conserverai encore l’idée d’un corps ; puisque je sentirai encore la pression qu’elle exerce sur ma main : d’où il suit que, dans cette occasion, la pesanteur de cette boule est ce qui se présente d’abord à mon esprit, & ce qui subsiste indépendamment des autres propriétés. La pesanteur est, dans cette occasion, ce qui fait naître en moi l’idée d’un corps ; idée que je cesserois d’avoir, si, dans l’hypothese présente, cette pesanteur étoit détruite. Je pourrois donc conclure, d’après ce raisonnement, que l’essence de la matiere consiste dans sa pesanteur. Proposition absolument fausse ; puisqu’il n’y a personne qui puisse prouver la vérité d’une telle proposition ; parcequ’il n’y a personne qui ne conçoive aisément que la plus grande partie des propriétés de la matiere, telles que son étendue, sa solidité, son inertie, ne doivent point leur origine à la gravité : d’où je conclus la fausseté du raisonnement qui établit que l’essence de la matiere consiste dans l’étendue.

2°. J’ai déja démontré que l’étendue ne convenoit pas seulement à la matiere, mais encore à l’espace.

3°. La solidité, l’inertie, la mobilité & bien d’autres propriétés qui conviennent à la matiere, ne dépendent certainement pas de l’étendue ; ce qui seroit cependant indispensablement nécessaire, pour qu’on pût la considérer comme l’essence de la matiere, selon la méthode des Mathématiciens, qui font dépendre de la nature du triangle & du cercle toutes les propriétés qu’on découvre dans ces figures.

§. CXXXVI. Les autres sentimens, qui font consister l’essence de la matiere dans l’étendue solide, dans la force d’inertie, dans la pluralité des par-

ties , &c , font expofés aux mêmes difficultés ; puifque les autres propriétés
de la matiere ne peuvent pas émaner , ni même dépendre de celles en
quoi on veut faire confifter fon effence.

§. CXXXVII. Ainfi donc , foit que ce qui conftitue l'effence des corps
foit un feul & unique principe , foit que leur nature dépende du concours
de plufieurs , il faut avouer que nos connoiffances ne s'étendent pas encore
jufques là , & que nous ignorons totalement en quoi confifte l'effence de la
matiere : or la nature des corps étant encore un myftere pour l'homme , il
n'eft pas en état de concevoir comment plufieurs propriétés qu'il découvre
dans un corps peuvent exifter enfemble , quel eft le lien qui les unit , ni comment elles fubfiftent dans ce corps.

§. CXXXVIII. Les connoiffances que l'homme a acquifes jufqu'à préfent
fur les corps , font renfermées dans des bornes fort étroites ; parcequ'il ne
peut examiner & connoître les corps que par l'intermede de fes fens , & que
par conféquent il ne peut atteindre & porter fes connoiffances au delà de
leurs furfaces , & qu'il ne peut pénétrer dans leur ftructure & leur conformation intérieure. En effet l'œil ne découvre que la fuperficie des corps &
que ce qui fe préfente à l'extérieur ; le tact n'a pareillement pour objet que
leur fuperficie : le goût & l'odorat n'étendent pas plus loin leur reffort. Mais
que renferme la fuperficie des corps ? Quelle eft la conformation intérieure
d'un atôme , & que renferment les furfaces qui fe préfentent à nos recherches ? Seroit-ce ce qui conftitue fon effence , & ce qui forme la fubftance du
corps ? C'eft fur quoi l'homme ne peut prononcer ; puifqu'il ne peut avoir
aucune idée de tout ce qui eft renfermé dans l'intérieur des corps : puifque
l'Auteur de la Nature n'a foumis à fes connoiffances que ce qui paroît à l'extérieur ; ou , fi on peut s'exprimer ainfi , puifqu'il n'a été donné à l'homme
que de connoître l'écorce qui enveloppe toute la fubftance des corps , & que
ces connoiffances ne peuvent s'étendre un peu plus loin qu'à l'aide des raifonnemens qu'il peut faire fur les phénomenes qui fe préfentent à fes recherches. Dira-t-on que la texture intérieure , que la conformation , que ce qui
exifte fous les fuperficies qui terminent extérieurement la fubftance des corps,
eft quelque chofe de différent de ce qui paroît à leur furface ? Une telle
propofition ne pourroit être que téméraire & avancée fans fondement , puifque l'intérieur des corps eft fouftrait à nos connoiffances : outre cela la connoiffance de la fuperficie des corps ne peut point nous mettre en état de juger des corps eux-mêmes ; puifque la fuperficie des corps ne contient feulement que deux dimenfions , & que tout corps jouit de trois dimenfions. La
fuperficie eft ce qui termine & ce qui circonfcrit le corps ; le corps eft ce
qui eft renfermé dans la fuperficie : & les dimenfions du corps ne peuvent
point être formées par celles qui conftituent les fuperficies. Bien plus la fuperficie d'un corps augmente par la divifion de ce corps , tandis que fa folidité demeure conftamment la même.

§. CXXXIX. La fubftance intérieure des corps peut contenir quantité de
chofes qui échappent à nos recherches , & que l'homme ne connoîtra jamais ; car il n'eft pas néceffaire à l'homme que toutes les propriétés des corps
affectent ou puiffent affecter nos organes , ou que tout ce qui tombe fous
nos fens dépende de quelques caufes que nous puiffions connoître par leur

miniftere. On a découvert depuis peu l'irritabilité des fibres animales : or la caufe de cette propriété n'affecte aucunement l'organe des fens, & nous eft tout-à-fait inconnue. Peut-être une propriété femblable appartient-elle aux mufcles qui font agir & qui enveloppent les valvules des végétaux, & qui, par ce moyen, étant fufceptibles d'être irrités par la féve qui s'éleve, font mis en contraction, & portent cette féve de valvules en valvules ; ce qui fait qu'elle peut s'élever de la racine au fommet des plus grands arbres. Les Chymiftes de nos jours imaginent que chaque plante contient un efprit recteur qui lui donne l'odeur, la faveur, & les forces qui lui font propres ; qui caractérife la plante & la diftingue de toute autre : or comme la fubtilité de cet efprit recteur le dérobe à nos fens, & qu'il n'eft pas poffible de le recueillir & de l'examiner féparément ; on ne doit pas le regarder comme quelque chofe de démontré, jufqu'à ce qu'ayant raffemblé plufieurs propriétés qui ne puiffent convenir qu'à lui feul, on ait un témoignage certain de fon exiftence. Il eft conftant que la matiere contient encore un grand nombre de propriétés qui ont échappé jufqu'à préfent à nos recherches, & qui pourront bien ne pas échapper à l'induftrie de ceux qui viendront après nous. En effet les propriétés des corps ne fe préfentent pas toutes à découvert ; puifque nos Ancêtres, dont le génie, l'induftrie & l'attention ne le cédoient en rien au génie, à l'induftrie & à l'attention de nos plus grands Philofophes, ont ignoré bien des propriétés que nous avons découvertes, & qu'ils n'auroient certainement pas ignorées, fi elles fe fuffent préfentées à leurs recherches. Telles font, par exemple, la force d'inertie, la pefanteur qui appartient à tous les corps de la nature, l'attraction, &c.

§. CXL. Plufieurs Philofophes célebres commencent à foupçonner que chaque filament, chaque portioncule de matiere appartenant au regne animal ou végétal, eft doué d'une puiffance *végétative* ou *productrice* (1). Fondés fur quelques obfervations, ils penfent que la végétation change ces filamens en *zoophytes*, qui comprennent toutes les efpeces de ces petits animaux que nous obfervons à l'aide des microfcopes ; que ces animaux fe précipitent enfuite au fond du fluide dans lequel ils nagent, y perdent tout leur mouvement, & reproduifent une matiere gelatineufe & fibreufe qui reforme de nouveau de petits infectes. Ils fondent leur opinion fur ce qu'on trouve de ces animaux, non-feulement dans des vafes remplis d'eau, dans laquelle on auroit fait pourrir quelques végétaux ou quelques parties animales, & qu'on auroit laiffé ouverts en plein air ; mais encore fur ce qu'on en trouve dans des vafes qu'on auroit bouchés avec du liege, du bois, de la peau, ou de la veffie : de forte qu'ils n'imaginent pas que ces animaux, exiftant auparavant dans l'air ou dans l'eau, & cherchant leur nourriture, aient pu être attirés par l'odeur de la putréfaction, & fe foient infinués dans les vaiffeaux dont il eft ici queftion, & y aient laiffé leurs œufs, ou de petits fétus qui s'y font développés, & y ont pris le degré d'accroiffement fous lequel ils fe préfentent à nos obfervations.

Nous ne difconvenons pas qu'il ne s'engendre de petits animaux dans l'eau

(1) Philof. Tranf. n. 490.

dans laquelle on laisse pourrir des végétaux ; tels que du foin, des feuilles, des fleurs de toutes sortes de plantes, de la pâte de farine, du pain, ou dans laquelle on auroit mis quelques parties animales, sur-tout si on procure à ces différentes substances une chaleur semblable à celle du sang humain, afin de hâter & de favoriser leur putréfaction. Nous ne disconvenons pas même qu'on trouve de ces animaux dans des vases qu'on auroit bouchés avec du liege, du bois, de la peau, de la vessie ; mais cette observation, toute constante qu'elle soit, ne leve pas la principale difficulté qui se présente dans l'opinion que nous venons d'exposer. En effet si on met dans des fioles de verre remplies d'eau, des végétaux & des parties animales, & qu'on fasse tremper ces fioles dans de l'eau bouillante, de façon que cette eau enveloppe toute la capacité de ces fioles jusqu'au col, & que même il entre une certaine quantité d'eau dans ces fioles ; alors si on les bouche avec des bouchons de verre, qui les ferment exactement, quoiqu'on les place dans une serre, & qu'on les entretienne dans un air dont la température soit égale à celle du sang humain, il est constant que pendant la putréfaction des différentes substances qu'elles contiennent, ni même après leur putréfaction, on n'observera dans aucune saison de l'année, les insectes dont nous venons de faire mention ; quoique dans le printems, dans l'été & dans l'automne, on en trouve une très grande quantité dans de l'eau qui auroit été exposée à l'air libre. Je puis citer ce phénomene d'après plus de 150 observations que j'ai réitérées, non pas dans une seule année, mais pendant plusieurs années. Je fais usage dans cette expérience d'eau bouillante, afin de faire périr les œufs ou les fétus des insectes qui pourroient exister dans l'eau ou dans les corps que j'expose à la putréfaction, ou même dans l'air. Et c'est en usant de cette méthode qu'on peut conclure, d'après l'expérience que je viens de rapporter ; car si, après ces précautions, on découvroit des insectes dans l'eau corrompue, il est constant qu'ils devroient leur existence à la putréfaction. Mais comme on ne découvre point d'animaux dans les vases qui ont été préparés, selon la méthode que je viens d'indiquer, on ne doit point regarder encore comme quelque chose de constant, que les insectes qu'on observe dans les liquides qui contiennent différentes substances animales ou végétales corrompues, doivent leur naissance à cette putréfaction. Mais ne peut-on pas demander pour quelle raison on trouve de ces insectes dans des vases qui ont été bouchés avec du liege, du bois, de la peau ou de la vessie ? Seroit ce que les œufs ou les fétus de ces especes d'animaux seroient assez petits pour s'insinuer à travers les pores de ces bouchons ; car il est constant que l'air, les vapeurs qui s'élevent des liquides que renferment ces vases, les parties odorantes des substances qu'ils contiennent, &c, passent librement à travers ces mêmes pores. Il faut donc redoubler ses soins & toute l'attention dont on est capable, pour s'assurer s'il existe réellement une puissance végétative dans les substances végétales & animales ; car il peut fort bien arriver, qu'avec plus de dextérité, & en suivant une autre méthode, on découvrira ce qui a échappé jusqu'à présent à ma pénétration & à mes recherches.

§. CXLI. En traitant de la porosité, nous avons avancé que les po-

res des corps étoient étendus, & non matériels, & qu'ils n'étoient pas exactement remplis par une matiere quelconque. Nous traiterons donc d'abord
de cette espece d'étendue, ou du vuide, & nous ferons voir que les corps
n'occupent point toute l'étendue du lieu.

CHAPITRE III.

Du Vuide.

§. CXLII. COMME la question du vuide est agitée aujourd'hui avec
beaucoup de chaleur par les plus grands Philosophes, qui mettent en question s'il y a du vuide dans le monde, ou s'il n'y en a point; il est naturel de
traiter cette question avec toute l'exactitude possible. Nous démontrerons
d'abord que nous pouvons nous former une idée juste du vuide; ce que plusieurs Philosophes nient fortement. Secondement, nous ferons voir qu'il est
possible qu'il y ait du vuide. Troisiemement enfin nous en prouverons l'existence.

§. CXLIII. Nous nous formons l'idée du vuide, de la maniere suivante.
Qu'on conçoive un point A [*Tab.* 2. *fig.* 1.], & un autre point B, différent du premier, & placé à quelque distance du point A; on concevra donc
une distance, un espace entre les deux points: j'appelle cette distance *espace
très simple*, qui peut contenir une ligne mathématique, telle que AB, terminée par les deux points A & B.

§. CXLIV. Soit donc conduite la ligne A B [*Tab.* 2. *fig.* 2.], & outre
cette ligne, une autre CD, qui soit parallele à la premiere; on concevra
alors entre ces deux lignes un espace plan, qui pourroit contenir une superficie mathématique: on peut donc de cette maniere se former l'idée d'un
espace plan & vuide.

§. CXLV. Outre la superficie mathématique ABCD [*Tab.* 2. *fig.* 3.],
on peut concevoir une autre surface, telle que E F G H, différente de la
précédente, mais qui lui est parallele: entre ces deux surfaces, se trouve encore un espace dans lequel on peut placer un corps qui jouiroit des trois dimensions de l'étendue.

§. CXLVI. On peut encore, si on veut, concevoir la surface A B C D,
[*Tab.* 2. *fig.* 4.], puis une autre parallele à la précédente E F G H; outre
cela une troisieme qui réunisse les deux précédentes ABEF, ensuite une
quatrieme à l'opposite CDGH; de plus une cinquieme pardevant comme
F B D G: enfin une sixieme, telle que A C H E. Ces six surfaces, conçues de
cette maniere, contiennent entr'elles une étendue de trois dimensions, semblable à celle que nous avons conçue (§. 145), avec cette différence, que
celle dont il est fait mention (§. 145.), n'est bornée que de deux côtés, &
que celle dont nous parlons dans cette section, est bornée en toutes sortes de
sens.

§. CXLVII. Outre ce que nous venons de dire, il eſt conſtant que l'eſprit de l'homme peut ſe former l'idée de la pénétrabilité : or comme cette
propriété ne convient nullement à l'étendue matérielle, elle doit donc convenir à une autre eſpece d'étendue ; ſavoir, à l'eſpace vuide, & par conſéquent on peut avoir l'idée du vuide.

§. CXLVIII. L'idée que nous venons de nous former de l'eſpace (§. 145
& 146.), ne repréſente à notre eſprit qu'une pure étendue ; car ſi on examine avec attention cette idée ; il n'y a perſonne qui ne convienne qu'elle ne
comprend point celle d'un corps : de ſorte que, chacun procédant de cette
maniere, ſe forme l'idée de ce que nous appellons *eſpace* ; & comme cette
idée n'emporte pas avec elle celle d'un corps, nous appellons *vuide* l'objet de
cette idée, ou ce qu'elle repréſente.

§. CXLIX. Les ſix ſuperficies dont nous avons parlé (§. 145.), & qui
ſont déſignées [*Tab.* 2. *fig.* 4.], ne font point partie de l'eſpace qu'elles
renferment entr'elles, & elles ne lui appartiennent aucunement ; car l'eſpace que nous concevons (§. 146.), eſt une étendue de trois dimenſions,
au lieu que les ſurfaces ſont d'une nature toute différente ; puiſqu'elles ne
ſont que des étendues de deux dimenſions.

2°. L'eſpace dont il eſt parlé (§. 145. *fig.* 3.) n'eſt pas terminé de toutes
parts par des ſuperficies : d'où il ſuit manifeſtement que les ſurfaces n'entrent pas dans la compoſition de l'eſpace, & par conſéquent que l'eſpace eſt
réellement diſtingué d'un corps qui doit être borné & limité en toutes ſortes
de ſens par des ſuperficies.

§. CL. Il ſuit de ce que nous venons de dire, que pour ſe former l'idée
de l'eſpace, il n'eſt pas néceſſaire de ſe figurer des ſuperficies ; il ſuffit ſeulement que vous conceviez des lignes, telles que A B, E F, A E, B F, C D,
D G, G H, H C [*Tab.* 2. *fig.* 4.], vous aurez alors une idée auſſi complette de l'eſpace compris entre ces lignes, que ſi vous vous imaginiez les ſix
ſurfaces dont nous avons parlé (§. 146.). Bien plus, ſi vous concevez ſeulement les points A, B, F, E, C, D, G, H, vous concevrez encore le même eſpace : deux moyens ſuffiſans pour démontrer qu'on peut avoir l'idée
d'un eſpace, abſtraction faite de celle des ſurfaces. Les ſuperficies ne font
donc point partie de l'eſpace, & n'entrent donc pour rien dans l'idée qu'on
s'en forme.

§. CLI. Si nous concevons que les ſix ſurfaces dont nous avons parlé s'é-
loignent les unes des autres à l'infini ; alors nous nous formerons l'idée d'un
eſpace immenſe. Si nous faiſons pour lors abſtraction de ces ſuperficies,
nous aurons l'idée d'un eſpace indéterminé & infini en quelque façon. Mais
l'idée de l'infini que nous acquerrons de cette maniere ſera très imparfaite,
obſcure & confuſe ; car, quelque degré d'éloignement que vous accordiez
aux ſix ſurfaces précédentes, vous ne parviendrez pas pour cela à vous former une juſte idée de l'infini. En effet, ſi vous imaginiez un eſpace ſemblable à celui de l'orbe annuel de la terre, quelqu'immenſe qu'il paroiſſe, cet eſpace eſt très petit, ſi vous le comparez à l'immenſité de celui
dans lequel ſont ſuſpendus les globes céleſtes que nous nommons étoiles
fixes, & que nous découvrons des yeux ; ce ſecond eſpace eſt lui-même très
petit, par comparaiſon à celui qu'occupent les étoiles que nous ne pouvons

découvrir qu'à l'aide d'un télescope : & il est très probable qu'outre ces différens espaces, il en est encore un autre au delà beaucoup plus grand encore,
& qui les comprend tous. Et quand nous nous formerions l'idée de ce dernier, nous serions encore bien éloignés de concevoir un espace réellement
& absolument infini ; car notre idée différeroit autant de l'idée de l'infini,
qu'elle en étoit différente, lorsque nous n'avions que celle de l'espace que
comprend l'orbe annuel de la terre.

§. CLII. L'espace conçu de la maniere que nous venons d'indiquer, est,
1°. une étendue dépourvue de tout corps quelconque. 2°. Cet espace peut
être pénétré par un corps ; puisqu'il n'apporte aucune résistance à sa pénétration. 3°. Il est homogene & par-tout semblable ; puisque ce n'est qu'une
simple étendue qui ne peut différer d'elle-même. 4°. Cet espace est comme
une unité ; il ne peut être appellé grand ou petit ; puisqu'il n'a aucune relation avec aucune autre chose qui lui soit semblable, & avec laquelle on
puisse le comparer. 5°. Il est continu & sans parties, & par conséquent
simple. 6°. Il est indivisible. 7°. Indéfini ; 8°. incommensurable, puisqu'il
est plus grand que toute mesure imaginable ; car étant unique dans son genre, il ne reconnoît aucune mesure commune à laquelle il puisse avoir rapport. 9°. Il n'a ni dessus, ni dessous, ni côtés, ni extrêmités ; puisque toutes
ces choses supposent une relation entre les parties d'un tout, auquel elles
conviennent, & entre d'autres substances étrangeres. 10°. Il est immobile,
comme ayant une étendue immense. 11°. Par la même raison il est immuable. 12°. Indépendamment de ce que nous venons de dire, on peut concevoir différentes portions dans cet espace, en plaçant dans son sein des
corps à différentes distances, qui distribueront cet espace en plusieurs parties ; lesquelles, à la vérité, ne pourront pas être regardées comme de véritables parties de cet espace, parceque les limites qui termineront ces parties
n'appartiendront point à l'espace même, mais aux corps qui y seront placés.
En effet, on entend par parties d'un corps, ce qui est terminé par ses propres limites, & non pas par des bornes qui lui sont étrangeres : or puisque
dans l'hypothese que nous venons d'établir, ce que nous appellons parties
de l'espace n'est point terminé par ses propres limites ; tout ce qui sera compris entre les surfaces des corps qui seront placés dans l'espace, ne pourra
point être regardé comme véritable partie de cet espace : & pour ôter l'équi-
voque, nous le désignerons sous le nom de *portion.* 13°. Les différentes
portions de l'espace peuvent être plus grandes, plus petites, avoir chacunes
des figures différentes, selon la disposition des superficies des corps qu'on
place dans l'espace.

§. CLIII. Il paroît manifestement, par tout ce que nous venons d'exposer,
qu'on peut se former une idée du vuide, & que cette idée n'est pas l'idée
d'un rien ; mais réellement l'idée d'une chose qui possede plusieurs propriétés, quoique tout cela, comme nous l'avons donné à entendre jusqu'à présent, ne soit néanmoins qu'idéal, tant la chose elle-même, que ses propriétés. Ceux qui rejettent l'idée du vuide ont fait jusqu'à présent tous leurs
efforts pour prouver que l'idée que nous venons de donner du vuide, étoit
l'idée du *rien.* Voici de quelle maniere on tâche de le démontrer. Repré-
sentez-vous, disent-ils, que parmi un grand nombre de corps, il s'en

trouve un feul qui vienne à s'anéantir, les autres corps circonvoifins reftant immobiles & dans la même fituation ; alors il y aura entre ces corps une place vuide : concevez enfuite que cette place vuide s'anéantiffe auffi, & que les autres corps reftent en repos comme auparavant ; alors l'état des corps ne change pas ; mais il ne fe trouve *rien* entr'eux : & conféquemment dans la premiere, ainfi que dans la feconde hypothefe, il n'y avoit rien entre ces corps. D'où ils concluent que le vuide & le *rien* font exactement la même chofe. Ceux qui raifonnent ainfi, prouvent, par leur raifonnement, qu'ils conçoivent l'idée d'un véritable vuide, & fe contredifent eux-mêmes en récufant cette idée. 2°. Le rien qu'ils conçoivent dans la feconde hypothefe, eft l'étendue qui contenoit auparavant, fi on peut s'exprimer ainfi, l'efpace & le corps qui ont été détruits, & qui peut encore les contenir. Le *rien* a donc des propriétés, puifqu'il eft étendu, & qu'il peut contenir des chofes tout-à-fait différentes de lui-même : or je penfe, & en cela je fuis d'accord avec tous les Philofophes, qu'on ne peut rien affirmer ou nier du *rien*. 3°. Comment peut on imaginer que l'efpace qui eft entre plufieurs corps puiffe être détruit, & qu'il fubfifte toujours entr'eux une même étendue ? N'eft-ce pas la même chofe que, fi quelqu'un vouloit concevoir que la diftance intermédiaire qui exifte entre plufieurs corps fût détrruite, ces corps reftant toujours à même diftance les uns des autres ; ce qui eft tout-à-fait contradictoire. 4°. L'efpace qui comprend l'Univers, étant individuel & fans parties, comment peut-on concevoir qu'une de fes parties foit détruite, & que le refte de cet efpace fubfifte ? L'efpace feroit-il donc indeftructible ? Point du tout ; mais il faut qu'il foit entierement détruit, & non point la moitié feulement, ou une de fes parties, puifqu'il n'a point de parties.

§. CLIV. Nos Adverfaires affurent encore, outre ce que nous venons d'expofer (1), que nous attribuons à l'efpace des propriétés qui conviennent au *rien* ; de forte que l'on peut prendre indiftinctement le *rien* pour l'efpace que nous défignons : car ils prétendent que c'eft le propre du *rien*, de n'avoir point de limites, d'être immobile, immuable, individuel, de ne pouvoir être créé ni détruit. A cela nous répondons, que perfonne ne peut fe former une idée du *rien* par celle qu'on fe forme de l'efpace ; quoique cette derniere idée foit bien différente de celle d'un corps & d'un efprit. 2°. Outre les qualités qu'on vient de mettre en avant, l'étendue, l'unité & l'immenfité, qu'on ne peut pas attribuer au *rien*, conviennent encore à l'efpace. Je paffe ici fous filence l'impoffibilité de la création & de la deftruction, propriétés que je n'attribue pas à l'efpace.

§. CLV. Toutes les autres objections qu'on peut faire fur cette matiere, & qui ont pour fondement l'hypothefe dans laquelle on attribue des parties à l'efpace, tombent d'elles-mêmes ; puifque nous avons établi que l'efpace étoit unique & dépourvu de parties, & qu'on n'étoit redevable qu'aux corps interpofés dans l'efpace, des différentes portions qu'on concevoit dans cet efpace.

§. CLVI. Mais il fe préfente ici une autre objection à réfoudre (2). Si c'eft

----

(1) Polignac, in Anti-Lucretio, Lib. 1. pag. 44. v. 238.   (2) Wittichii Oratio de infinito.

l'impénétrabilité

l'impénétrabilité qui met une diftinction entre l'étendue de l'efpace & celle
d'un corps; en faifant abftraction de l'impénétrabilité, on aura alors deux
étendues qui ne différeront l'une de l'autre que par le nombre, qui con-
viendront en tout : or, dit-on, il répugne qu'il exifte des chofes qui ne différent entr'elles que numériquement.

Nous répondrons à cette difficulté, que l'impénétrabilité ne fait point la
différence de l'étendue de l'efpace à celle d'un corps ; mais de l'efpace & du
corps.

2°. L'impénétrabilité ne pouvant point être retranchée d'un corps, il s'en
fuit qu'on ne peut point fe former l'idée d'un corps qui ne feroit point impénétrable ; car l'idée qu'on s'en formeroit ne feroit nullement conforme, &
ne repréfenteroit point un corps.

3°. Ce n'eft pas l'impénétrabilité feule qui établit la différence qu'on remarque entre l'efpace & un corps ; bien d'autres propriétés concourent à
établir cette différence. En effet, l'étendue de l'efpace eft infinie ; celle d'un
corps eft bornée : le corps eft limité par les furfaces qui le circonfcrivent &
qui lui appartiennent. Il n'en eft pas ainfi de l'efpace ; il n'a point de fuperficies qui lui appartiennent : d'où il fuit évidemment que l'efpace & le corps
ne font pas deux étendues, qui ne différent entr'elles que par le nombre, &
qui font femblables en tout.

4°. Nous nions outre cela, qu'il y ait de la répugnance à admettre deux
chofes qui ne différeroient entr'elles que par le nombre ; s'il en étoit ainfi,
on ne pourroit pas concevoir deux chofes parfaitement femblables : cependant les Mathématiciens conçoivent des figures femblables en tout, & qui
ne différent que par le nombre feulement. Bien plus, nous avons déja prouvé
(§. 108.) qu'il exiftoit des fubftances femblables. Celui qui a créé toutes
chofes, & qui a difpofé chaque partie de fon ouvrage dans l'ordre le plus
convenable, a, fans doute, eu des raifons qui échappent à la foible portée
de notre entendement, & qui l'ont déterminé à placer telles parties de fon
ouvrage dans tel lieu, & telles autres parties femblables aux premieres dans
un autre lieu.

§. CLVII. D'autres Philofophes fe font fait une idée bien différente de
l'efpace, en ne confidérant précifément que la co-exiftence de plufieurs
chofes, & la maniere felon laquelle elles co-exiftent enfemble. Voici leur
raifonnement. Suppofons, difent ils, que quatre chofes, comme A, B,
C, D, co-exiftent enfemble ; confidérons enfuite de quelle maniere A
co-exifte avec B, & diftinguons bien la maniere felon laquelle B co-exifte avec
C & D. Si on fait attention à l'ordre dans lequel ces quatre chofes font fituées l'une près de l'autre, & fi on confidere enfuite que la diftance entre A
& C eft différente de la diftance qui fe trouve entre A & D ; on aura l'idée
de ce qu'on nomme efpace : & alors on pourra définir l'efpace *un ordre de
chofes qui co-exiftent enfemble, en tant qu'elles exiftent dans un même tems.*
Nous tombons volontiers d'accord, que nous pouvons nous former une
idée de l'ordre qui fubfifte entre des chofes qui exiftent enfemble ; & , comme il eft libre à chacun de donner à fes penfées tel nom qu'il juge à propos,
on peut appeller cet ordre un *efpace* : mais il n'y a perfonne qui ne convienne
que cette idée differe entierement de celle fous laquelle nous nous repré-

Tome I.   L

sentons l'*espace*, qui est quelque chose d'indéterminé, d'infini, & unique : dans l'idée duquel il n'entre aucun rapport, aucune maniere d'être, entre différentes choses co existantes. C'est donc inutilement, & en pure perte, que les Philosophes disputent sur l'espace, sur le vuide, ou sur le plein ; puisqu'ils ne s'accordent pas entr'eux sur les dénominations qu'ils donnent à ces choses, & qu'ils expriment par les mêmes mots, des idées qui sont si différentes entr'elles ; car l'idée de l'ordre, de la disposition & de la maniere d'être de plusieurs choses co existantes, & qui sont contiguës les unes aux autres, suppose nécessairement, & emporte avec elle l'idée du plein ; tandis que l'idée que nous avons donnée de l'espace (§. 146.), suppose nécessairement le vuide, soit que cet espace soit borné par six surfaces, soit qu'on ne fasse pas attention aux bornes qui le circonscrivent.

§. CLVIII. Jusqu'à présent nous n'avons traité que de l'idée du vuide ; il faut maintenant que nous fassions voir qu'il n'est pas impossible qu'il existe dans le monde un vuide étendu ; ce qu'on peut démontrer facilement d'après l'idée que chacun peut se former du vuide : car on peut supposer que tout ce qui se conçoit clairement, & qui n'emporte aucune contradiction avec soi, existe. Or j'ai démontré (§. 145, 146, 147, 148), qu'on pouvoit se former l'idée d'une étendue dépourvue de matiere.

§. CLIX. Outre ce que nous avons dit précédemment, supposons que Dieu ait renfermé dans la sphere A [*Tab.* 2. *fig.* 5.], tous les corps qu'il a créés, & qu'ils y soient dans un repos parfait ; supposons ensuite que le Créateur anéantisse, par sa toute puissance, le seul corps B, sans mouvoir aucun autre corps : il est certain que dans ce cas, l'espace qu'occupoit le corps B se trouvera sans corps, & qu'il sera vuide : ce vuide ne sera pas rempli, puisque nous avons supposé que le Tout-Puissant, en anéantissant le corps B, ne procureroit aucun mouvement à aucuns des corps qui resteroient dans la sphere A, & qui y étoient en repos. Or, en supposant la destruction du corps B, peut-on dire que l'espace qu'il occupoit soit anéanti, & que le *rien* ait pris sa place ? Non, sans doute ; il subsiste encore une étendue qui est égale à l'étendue du corps B, qui demeure vuide par l'anéantissement de ce corps ; & c'est cette étendue que j'appelle espace.

§. CLX. Supposons encore que Dieu ait renfermé toute la matiere dans les trois spheres A, B, C, [*Tab.* 2. *fig.* 6] : ces spheres ne se touchant que par les points D, E, F, laissent nécessairement vuide l'espace D, E, F, qu'elles renferment. C'est en vain que quelques Philosophes ont voulu éluder la force de ces argumens, en supposant que les spheres A, B, C, se touchent selon toutes leurs surfaces, & ne laissent entr'elles aucun intervalle ; puisqu'il n'y a rien d'interposé entr'elles ; de même qu'il arrive, lorsque des corps se touchent complettement. La fausseté de ce raisonnement saute évidemment aux yeux ; puisqu'il n'y a personne qui ne sache qu'une sphere ne peut toucher une autre sphere que par un seul point, & par conséquent que c'est une absurdité d'avancer que le *rien* se trouve entre les spheres A, B, C, puisqu'il y existe un espace étendu. Pareillement si on suppose que l'Auteur de la Nature ait renfermé tous les corps dans les trois cubes A, B, C, [*Tab.* 2. *fig.* 7], disposés de façon entr'eux, qu'ils puissent comprendre le prisme triangulaire E D F ; n'est-il pas évident que tous les corps, étant renfermés dans ces cubes A, B, C, l'espace prismatique E D F demeurera vuide.

§. CLXI. D'autres n'ont pas été plus heureux dans leur raisonnement, en disant, que ce qui se trouve entre ces spheres est un corps ; parceque c'est une étendue, & qu'il y a toujours un corps par-tout où il y a étendue. Mais cette objection n'est qu'une supposition purement gratuite ; savoir, que deux choses différentes ne peuvent pas jouir de la même propriété, & cette propriété dont il est ici question, est l'étendue. Or pour réfuter solidement, & en peu de mots, cette idée, considérons l'ame & le corps auquel elle est unie ; ces deux substances ne sont-elles pas tout-à-fait différentes l'une de l'autre ? Cependant peut-on ne pas convenir qu'elles aient plusieurs propriétés en commun ? ne sont-elles pas l'une & l'autre finies, créées, dépendantes, &c ? Outre cela, tenons-nous au dilemme suivant. Dieu peut, ou ne peut pas renfermer toute la matiere qu'il a créée, dans les spheres dont nous avons parlé ci-dessus ; personne, sans contredit, n'osera mettre des bornes à la puissance de Dieu, & on ne pourra nier qu'il ne puisse réellement renfermer toute la matiere dans ces spheres. S'il le peut, je puis donc imaginer & me représenter tous les corps comme restreints & renfermés dans ces globes : cela posé, que peut-il rester entre les points de contingence, par lesquels ces spheres se touchent, si ce n'est un espace vuide ? Mais à quoi bon, en Philosophie, les questions qu'on agite sur la possibilité des choses ? Ces questions sont purement inutiles. Nous ne nous arrêterons donc pas davantage sur de telles questions ; nous allons démontrer l'existence actuelle du vuide : nous aurons occasion de traiter cette matiere dans différens Chapitres de cet Ouvrage. Nous nous contenterons donc ici de rapporter plusieurs argumens, que non-seulement les anciens Philosophes, mais encore les modernes, ont imaginés, & qui prouvent solidement la vérité que nous avons dessein d'établir.

§. CLXII. Soient deux corps parfaitement solides, A C K, D P, [*Tab.* 2. *fig.* 8.], qui se touchent selon toutes leurs superficies C K, & D P ; supposons maintenant qu'on vienne à séparer ces deux corps, & à éloigner l'une de l'autre les deux superficies qui se touchent : cela posé, il est constant que, dans le moment de la séparation de ces deux surfaces, il s'est trouvé un espace vuide entr'elles deux (1). En effet, en supposant que ces deux corps, dans le tems qu'ils étoient en contact, étoient environnés d'un fluide subtil, très mobile, & propre à s'emparer sur le champ de l'espace qu'ils ont laissé par leur séparation ; il est nécessaire que ce fluide affluant du dehors pour remplir cet espace, quelque vîtesse qu'on lui suppose, arrive & parvienne aux parties e e, f f, avant qu'il puisse parvenir au milieu de cet espace g g : d'où il suit manifestement, que dans cette opération il existe un tems, quelque petit qu'on le suppose, pendant lequel le milieu g g de cet espace reste vuide.

Tous les corps qui se touchent réciproquement, ne se touchent que par leurs parties solides, par conséquent chaque fois que deux corps se séparent l'un de l'autre, ou qu'ils viennent à se rompre, il faut qu'il y ait un espace

_____

(1) Lucretius, Lib. 1. v. 385.

vuide entre deux , quoique les corps foient environnés d’un air très
fubtil.

2°. Il ne peut pas fe faire qu’il n’y ait du vuide lorfque les élémens des
corps qui fe touchent viennent à s’écarter les uns des autres ; l’efpace qu’ils
laiffent au premier inftant de leur féparation , eft néceffairement trop petit
pour qu’il puiffe recevoir tout corpufcule quelconque de matiere : cet efpace
ne peut donc admettre aucun corps qui le rempliffe , que lorfque les élémens dont nous venons de parler fe font tout-à-fait féparés , ou fuffifamment pour que l’efpace qu’ils laiffent entr’eux puiffe contenir un autre élément quelconque. Soient , par exemple , deux élémens tels que A E & B F ,
[*Tab.* 2. *fig.* 9.] , qui commencent à fe féparer l’un de l’autre vers l’extrêmité A B , & qui demeurent encore adhérens vers D. Soit un troifieme
élément C, tel, qu’il puiffe s’introduire dans l’intervalle que l’écartement des
deux premiers élémens laiffe vers A B ; il eft conftant que le refte de l’efpace
A B D, pris poftérieurement à A B, demeurera vuide , jufqu’à ce que les deux
élémens A E & B F fe foient fuffifamment écartés l’un de l’autre au point D ,
pour que d’autres élémens , tels que C , puiffent s’introduire & remplir tout
l’efpace que les premiers laiffent entr’eux.

§. CLXIII. Tous les corps , tant grands que petits , & toutes les parties
qui les conftituent , font doués d’une figure particuliere. Lorfque nous confidérons un tas de fable , nous remarquons que les figures de beaucoup de
grains different les unes des autres. Suppofons maintenant , avec ceux qui
nient l’exiftence du vuide , & qui prétendent que tous les efpaces quelconques font remplis par un fluide fubtil ; fuppofons avec eux que tous les pores , tous les petits interftices que laiffent entr’eux les grains de fable dont
nous venons de parler , foient remplis exactement par un *fluide interpofé :*
on ne pourra difconvenir que les parties de ce fluide n’aient auffi une figure
qui leur foit propre , & qui , dans l’hypothefe préfente , s’accommode parfaitement avec les interftices qui en font remplis. Suppofons donc actuellement qu’on vienne à remuer ce tas de fable avec un bâton , de façon qu’aucune de fes parties ne conferve plus la même fituation qu’elles avoient auparavant ; dans ce cas , je demande comment les parties de cet air fubtil ,
qui rempliffoient bien tous les vuides , les rempliront encore ici de la même
maniere ; puifque les efpaces qui fe trouvent entre les parties , font alors
d’une autre figure & d’une grandeur toute différente , & que cette différence
fe trouve , pour ainfi dire , variée à l’infini ?

Dans cette hypothefe on conçoit aifément , pour peu qu’on y faffe attention , qu’il n’eft pas poffible qu’il ne réfulte plufieurs efpaces vuides dans l’a-
gitation qu’on procure aux grains de fable dont nous venons de parler. Pour
établir cette vérité , il n’étoit même pas néceffaire que nous fuppofaffions des
parties auffi grandes que celles qui conftituent un tas de fable ; on peut aifément fe former la même idée , en fuppofant les parties infiniment petites
d’un fluide très fubtil : ces petites molécules , ayant auffi une figure déterminée , ne peuvent être agitées , mifes en mouvement , mêlées & cònfon-
dues les unes avec les autres , qu’il n’en réfulte entr’elles de petits efpaces ,
plus petits que chacune de ces molécules , & conféquemment de petits efpaces vuides. Si on fuppofe que ces molécules foient arrondies & globu-

leufes , elles laifferont néceffairement un vuide entr'elles : fi on les fuppofe
toutes égales entr'elles, de même figure, qu'elles foient toutes , par exemple , tetraedres, hexaedres, dodecaedres, icofaedres, &c ; alors , fi on fuppofe que toutes ces molécules foient en repos, elles formeront , à la vérité ,
un folide parfait : mais en fera-t-il ainfi fi on vient à les agiter ? Non , fans
doute : la folidité de la maffe fera interrompue par plufieurs petits interftices , qui naîtront de la différente difpofition que ces molécules acquerront
dans leur mouvement; & ces vuides feront encore plus multipliés fi on fuppofe avec ceux qui n'admettent point de vuide , que ces molécules aient des
figures différentes. Dira-t-on que les molécules d'un fluide très fubtil font
molles , qu'elles fe prêtent à toutes les figures poffibles , & qu'elles peúvent
par conféquent remplir toutes fortes d'efpaces quelconques ; de forte qu'à
l'aide de cette difpofition , il ne peut refter aucun efpace vuide (1) ? Je demande à ceux qui ofent avancer une telle réponfe , comment ils pourront
démontrer que les élémens des fluides foient mous , & très propres à varier
leur figure ? A moins qu'ils ne fuppofent que les élémens foient eux-mêmes
compofés de plus petits élémens : ce qui eft contradictoire.

§. CLXIV. Il nous feroit abfolument impoffible de mouvoir aucun corps,
s'il n'y avoit pas de vuide dans l'Univers (2). Si vous voulez vous former
une idée de la grandeur du monde , faites attention que les Aftronomes
modernes ont découvert que la parallaxe annuelle des étoiles n'eft que d'une
feconde ; par conféquent l'étoile nommée *Syrius* dans le grand *chien* , doit
être fi éloignée de notre terre, qu'un boulet de canon , qui parcourt 600
pieds dans une feconde , ne pourroit fe rendre de notre terre à cette étoile
que dans l'efpace de 104,166,666,636 ans. Il y a dans l'immenfité des cieux
d'autres étoiles beaucoup plus éloignées ; car celles qui fe remarquent dans
la voie lactée, font à une diftance infiniment plus grande. Cela pofé, fuppofons qu'on veuille mouvoir le doigt de A en D [*Tab. 1. fig.* 10.] , felon la
direction A D, s'il n'y a point de vuide dans la Nature, & que le monde entier foit rempli de corps qui fe touchent tous immédiatement, on ne pourra
porter le doigt de A en D, qu'autant qu'on pourra faire mouvoir tous
ces corps interceptés entre le point A & le point D : de là quelle réfiftance n'auroit-on pas à éprouver de la part de l'inertie de tous ces corps ,
dont le nombre eft prefqu'infini ; & par conféquent on ne pourroit vaincre
cette réfiftance que par une force infinie. D'où il fuit que le peu d'effort que
nous pouvons faire pour avancer le doigt dans une diftance quelconque , ne
feroit pas fuffifant pour vaincre la réfiftance que nous aurions à éprouver
dans un plein parfait : or l'expérience journaliere attefte le contraire ; nous
ne fentons prefque point de réfiftance aux mouvemens que nous faifons ;
d'où il fuit manifeftement que de A en D, & même qu'auprès du point A il
n'y a que très peu de corps & beaucoup de vuide, au moins difféminé entre
les corps qui s'y trouvent : car le vuide a cela de particulier, qu'il n'oppofe
aucune réfiftance. Qu'on ne s'imagine pas réfoudre la difficulté, en fuppofant que l'Univers eft rempli d'une matiere élaftique ; que le doigt qui veut
fe mouvoir n'en comprime qu'une très petite partie , & n'eft pas obligé de

(1) Polignac , in Anti-Lucretio , Lib. 1. v. 741. (2) Lucretius , Lib. I. v. 335.

mouvoir toute celle qui eſt interpoſée entre le point d'où il ſe meut, & les confins de l'Univers. Car on ne peut ignorer, que des parties élaſtiques comprimées, déploient leur effort contre celles qui leur ſont poſtérieures, & ſur leſquelles elles s'appuient : & ſi la compreſſion qu'elles éprouvent, eſt telle que leur figure en ſoit altérée, & qu'elles ſe dilatent ſur les côtés; alors le doigt qui les comprimera de cette maniere, aura à mouvoir, en toute ſorte de ſens, une bien plus grande quantité de matiere.

Ceux qui cherchent à rendre raiſon du mouvement local dans le plein, en ſuppoſant que le fluide ambiant ſe meut circulairement autour du mobile, ne donnent pas dans une moindre abſurdité que ceux que nous venons de réfuter ; puiſque ce mouvement ne peut abſolument avoir lieu dans un plein parfait (1). Le fluide, chaſſé par la partie antérieure du mobile qui s'avance, & qui afflue vers la partie poſtérieure de ce mobile, ne peut pas contribuer à ſon mouvement local ; car, avant que ce fluide ſoit parvenu à la partie poſtérieure du mobile, il perd une partie de ſa force contre les parties intermédiaires, qu'il rencontre : il ne peut donc point communiquer au mobile une force égale à celle qu'il éprouve de la part de la réſiſtance que les parties antérieures apportent à ſon avancement. Son mouvement doit donc diminuer, en vertu de cette réſiſtance. S'il en étoit autrement, le mobile ne parviendroit jamais à l'état de repos : ce qui va directement contre l'expérience.

Suppoſons néanmoins pour un inſtant, que tout l'Univers ſoit parfaitement plein ; dans cette hypotheſe, ſi on fait mouvoir une ſphere, lorſqu'elle aura parcouru un eſpace égal à la longueur de ſon diametre, elle aura déplacé une quantité de matiere égale à celle dont elle jouit, à laquelle elle aura communiqué la moitié de ſa vîteſſe : ſi elle continue encore à ſe mouvoir, lorſqu'elle aura parcouru un ſecond eſpace ſemblable au premier, elle communiquera à la matiere qu'elle déplacera dans un ſecond inſtant, la moitié de ſa vîteſſe reſtante, & par conſéquent elle aura perdu les trois quarts de ſa vîteſſe, après avoir parcouru un eſpace égal à deux fois la longueur de ſon diametre. Or il s'en faut de beaucoup qu'on obſerve de pareils phénomenes dans l'état préſent des choſes, ſoit que les boules qu'on met en mouvement ſoient lancées avec la main, ou par une bouche à feu : d'où il ſuit que l'eſpace dans lequel les corps ſe meuvent, eſt parſemé de petits eſpaces vuides.

C'eſt pour cette même raiſon que les corps céleſtes, les planetes, les cometes, conſervent leurs mouvemens en décrivant des ellipſes autour du ſoleil ; ils ſe meuvent dans des eſpaces vuides, ou qui contiennent très peu de matiere, ſi nous en exceptons la matiere de la lumiere, qui eſt extrêmement rare ; car il ne ſeroit pas poſſible que ces corps continuaſſent à ſe mouvoir, ſi les eſpaces céleſtes étoient parfaitement pleins.

§. CLXV. Si un corps eſt mis en mouvement dans du mercure, il éprouve une grande réſiſtance ; ſi ce même corps eſt pouſſé avec la même vîteſſe à travers de l'eau, il rencontrera une réſiſtance à ſon mouvement, qui ſera quatorze fois moindre que dans le mercure : enfin ſi on pouſſe en-

____

(1) Lucretius, Lib. 1. v. 370.

core ce corps, avec la même vîteſſe, à travers l'air, il ſouffrira une réſiſtance
qui ſera 14000 fois moindre que celle qu'il rencontre lorſqu'il ſe meut dans
du mercure. Or ſi les pores de ces trois fluides étoient exactement remplis
par une matiere ſubtile, ces fluides feroient éprouver au mobile, dont nous
venons de parler, la même réſiſtance; parceque, ſe trouvant dans les uns
& dans les autres une même quantité de matiere, qui jouit par conféquent
d'une égale force d'inertie, le mobile ne pourroit ſe mouvoir, qu'il ne dé-
plaçât, dans tous les cas, la même quantité de matiere. Mais il n'en arrive
pas ainſi; l'air fait à peine éprouver ſa réſiſtance; celle de l'eau eſt plus
grande, & celle du mercure eſt très conſidérable : d'où il paroît qu'il doit y
avoir une moindre quantité de matiere dans l'air que dans l'eau, dans ce dernier liquide que dans le mercure : il doit donc y avoir beaucoup d'eſpaces
vuides dans l'air, moins dans l'eau, & beaucoup moins encore dans le mercure?

§. CLXVI. Il ne faut pas imaginer que la réſiſtance des fluides dépende de
la maſſe & du volume de leurs parties conſtituantes; car c'eſt une erreur
manifeſte. L'inertie des corps eſt la cauſe premiere de la réſiſtance qu'ils
font éprouver; l'attraction & le frottement y contribuent auſſi : & c'eſt
parceque ces trois cauſes concourent à la réſiſtance qu'on éprouve pour dé-
placer les corps, que cette réſiſtance n'eſt pas abſolument en raiſon directe
de la maſſe; mais en raiſon compoſée de l'inertie, du frottement & de l'attraction.

La force d'inertie appartient à la maſſe totale de toute eſpece quelconque
de fluide, & conſéquemment à chacune de ſes parties; elle eſt proportionnelle à la quantité de matiere que cette maſſe contient : d'où il ſuit que, ſi
on ſuppoſe même quantité de matiere dans deux maſſes fluides, leur force
d'inertie ſera égale de part & d'autre. L'air, qui, des trois fluides que nous
venons d'indiquer, eſt celui qui réſiſte le moins, eſt compoſé de parties
plus groſſieres que chacun des deux autres; & le mercure, qui eſt celui des
trois fluides qui réſiſte le plus, eſt formé de parties plus ſubtiles. En effet,
ſi on renferme de l'air dans un tuyau de plomb, d'étain, d'argent, &c, &
qu'on l'y comprime fortement, il ne ſe fera pas jour à travers les pores de
ces métaux ; mais il n'en arrivera pas ainſi, ſi on ſoumet de l'eau à la même
épreuve; elle ſe filtrera à travers leurs pores.

2°. Ni l'air, ni l'eau, ne paſſent pas aiſément à travers l'or, l'argent, le
cuivre; le mercure s'y fait aiſément jour : il les ronge, il les détruit. D'où
il ſuit que les molécules de l'air ſont plus groſſieres, plus volumineuſes que
celles de l'eau, & que celles qui conſtituent ce dernier fluide le ſont auſſi
davantage que celles qui compoſent le mercure. Bien plus, les parties de
l'air qui entrent dans la compoſition des fluides, s'en échappent, & paroiſſent
très ſenſibles à l'œil, lors même qu'elles ſont ſeules, lorſqu'on décharge cet
air d'une partie du poids de l'atmoſphere, dont il eſt naturellement chargé.
Il n'en eſt pas ainſi des parties de l'eau & de celles du mercure; elles échappent à notre vue, lors même qu'elle eſt aidée des meilleurs microſcopes.

3°. Quand l'air eſt raréfié, & que ſes parties ont acquis un plus grand
volume, comme il arrive à l'air qui ſubſiſte ſous un récipient qu'on a preſqu'épuiſé d'air; alors cet air réſiſte moins au mouvement des corps qui ſe
meuvent dans ſon ſein : ce que prouvent manifeſtement les vibrations des

pendules, qui font beaucoup plus promptes dans le vuide que dans l'air plein.

§. CLXVII. Qu'on ne dife pas non plus, que les corps qui fe meuvent dans les fluides n'éprouvent point de réfiftance de la part de la matiere fubtile qui réfide dans les pores de ces fluides; parceque cette matiere eft de différente nature que celle qui conftitue les corps fenfibles. Ne pourroit-on pas demander aux partifans de cette idée, qu'ils la démontraffent, & qu'ils ne fe bornaffent pas à l'avancer fans preuves & fans fondement: outre cela ceux qui ont recours à ce fubterfuge, ne foutiennent-ils pas que cette même matiere fubtile eft la caufe de la pefanteur que nous obfervons dans tous les corps, & que c'eft elle qui, par fa preffion, les follicite vers le centre du globe auquel ils appartiennent ? N'eft-ce pas elle qui, felon eux, s'oppofe à l'élévation des corps projettés? Pour quelle raifon oferoient-ils donc avancer, que cette même matiere n'oppoferoit aucune réfiftance aux corps qui fe mouveroient felon une autre direction, ou qu'elle n'augmenteroit pas la réfiftance des fluides, dans les pores defquelles elle eft placée ? Indépendamment d'une raifon auffi folide que celle que nous apportons contre cette opinion, les partifans de ce fentiment affurent encore, que ce fluide univerfel, cette matiere fubtile, ayant la liberté de paffer librement à travers les pores de tous les corps, ainfi que la matiere de la lumiere, celle de l'électricité, & la matiere magnétique ; il en réfulte que cette matiere ne fait éprouver aucune réfiftance aux corps qui fe meuvent dans fon fein. Cette obfervation, qu'on apporte pour confirmer l'opinion que nous réfutons, a elle-même befoin de preuves. En effet, eft il démontré que la matiere de la lumiere pénetre librement à travers tous les corps, eft-il reçu univerfellement que la matiere électrique pénetre auffi librement à travers tous les corps ? Les corps opaques font voir manifeftement la fauffeté de la premiere de ces deux propofitions : la feconde eft encore en litige. On ajoûte encore, en faveur de l'opinion du plein, qu'un fluide mû en toutes fortes de fens, agit, à la vérité, fur les corps ; mais qu'il ne s'oppofe pas à leurs mouvemens : ce font autant de propofitions avancées au hafard, qui ne font point démontrées, & qui ne répondent nullement à la force d'inertie qu'on remarque dans tous les corps.

§. CLXVIII. Quoiqu'il foit démontré qu'il y ait du vuide dans la Nature, nous avouons cependant que noûs ne fommes pas encore parvenus à produire un vuide parfait. En effet, quoique par l'expérience de *Toricelli*, on vienne à bout de fupprimer de la partie fupérieure du tube, l'air atmofphérique qui en étoit en poffeffion; quoique, à l'aide de la machine pneumatique, nous puiffions épuifer d'air des récipiens de verre, de métal; néanmoins ces efpaces, les capacités de ces vafes, ne font pas abfolument vuides : il refte encore dans ces efpaces, vuides d'air, la matiere du feu : bien plus, la lumiere, la matiere magnétique univerfelle, & quelquefois la matiere magnétique particuliere, fe font aifément jour à travers les pores de ces vafes ; & même on peut ajoûter que ces vafes font encore pénétrés par d'autres fubtiles émanations, qui font affez délicates pour paffer à travers les pores des verres & des métaux, ainfi que les Chymiftes l'ont découvert,

§. CLXIX.

§. CLXIX. D'autres Philosophes ont encore suivi d'autres voies pour réfuter l'existence du vuide ; & il paroît probable qu'ils ont cherché davantage en cela à faire briller la subtilité de leur esprit, qu'ils n'ont eu en vue de découvrir la vérité. Ils ont eu recours à la puissance, à la sagesse & à la bonté de l'Être suprême, pour autoriser leur idée : & voici comment ils ont raisonné. Plus il y a de corps dans le monde, disent ils, plus Dieu a d'occasions d'opérer & de manifester sa puissance & sa sagesse, qui se décelent partout, & qu'il possede au plus éminent degré de perfection ; ainsi, continuent ces Philosophes, puisque Dieu n'agit que sur les corps, & non sur l'espace, il faut de nécessité qu'il y ait des corps par-tout, & qu'il n'y ait point du tout d'espace vuide.

Cette difficulté tombe d'elle-même, dès qu'on fait voir que Dieu agit aussi-bien dans le vuide que sur les corps ; qu'il conserve également le vuide & les corps ; qu'il remplit tout, parcequ'il est présent par-tout ; & que par conséquent il manifeste par-tout sa puissance & sa sagesse, dans les endroits même où il n'y auroit point de corps.

2°. Si Dieu n'a voulu créer qu'un espace vuide & des corps, sa sagesse & sa toute-puissance souffrent elles quelqu'atteinte par une telle création ? Les choses qu'il a créées ne sont-elles pas dignes d'être sorties de la main du Tout Puissant ; puisqu'il a tiré du néant un espace infini, qu'il a formé un soleil plus de cent mille fois plus grand que la terre, des étoiles fixes qui surpassent autant la grandeur du soleil, & qu'il a posé un nombre infini de ces étoiles dans l'espace qu'il a créé ? La sagesse suprême du Créateur n'éclate pas moins dans la production de l'espace, qu'il a fait sortir du néant, que dans la création des corps ; car il n'a pas placé l'espace dans un autre espace plus grand, qui existoit auparavant : il n'a pas formé cet espace d'un autre préexistant ; mais de *rien* : de sorte qu'on doit être pleinement convaincu, qu'il n'existoit aucune étendue avant la création de celle qui existe aujourd'hui.

Mais si on établit une différence dans la perfection des ouvrages émanés de la main du Créateur, & qu'on dise, qu'il est de la dignité de Dieu de n'agir que sur les substances les plus parfaites ; qui est-ce qui pourra démontrer que l'espace est moins parfait qu'aucun corps, puisque l'espace est infini, & que tout corps est fini ? D'ailleurs, d'après quelle autorité établit-on que Dieu n'agit que sur les substances les plus parfaites ? Ce n'est qu'une hypothese feinte & sans fondement. Sans contredit, l'ame, dans l'homme, est plus parfaite que le corps qu'elle anime ; l'homme est de beaucoup supérieur aux animaux ; ceux-ci ont plus de perfection que les végétaux, & les végétaux eux-mêmes doivent avoir la préférence sur les fossiles. Il n'y a personne qui puisse réfuter l'ordre que nous venons d'établir. Or, dira-t-on que Dieu n'agit que sur les esprits, ou sur les hommes seulement, & qu'il ne fait aucune attention aux autres substances dont nous venons de parler : c'est ce qu'on devroit conclure du sentiment que nous venons d'exposer, & ce que la disposition & la conservation des substances spirituelles, corporelles, en un mot, de toutes les substances qui font partie de l'Univers, démontrent manifestement faux.

3°. On voit, par ce qui se passe dans la Nature, que Dieu a voulu créer

Tome I. M

les corps, & qu'ils fuſſent mis en mouvement : il étoit donc beſoin, pour cela, que Dieu produisît un eſpace vuide, dans lequel ils puſſent ſe mouvoir, ſans éprouver une trop grande réſiſtance ; & la ſageſſe du Créateur éclate autant dans la production de cet eſpace, ſi néceſſaire aux fins qu'il s'eſt propoſées, que ſa bonté ſe décele par la création & la conſervation de toutes les ſubſtances dont l'exiſtence n'étoit point néceſſaire : parceque l'eſpace infini que l'Auteur de la Nature a créé, n'a point de parties, & qu'on ne peut point diſtinguer en lui, ni haut, ni bas, ni milieu, Dieu a placé les corps qu'il a créés, dans la portion de cet eſpace qu'il a choiſi, relativement aux fins qu'il s'eſt propoſées, & qu'il n'a point communiquées à l'homme ; d'où il ſuit que c'eſt en vain que les Philoſophes voudroient pénétrer la raiſon qui a déterminé Dieu à placer les corps dans la ſituation & dans la portion de l'eſpace où ils ſe trouvent.

§. CLXX. On dit encore, que le vuide laiſſe des places ſtériles & non employées, dans leſquelles on auroit pu placer d'autres corps, & que de tels eſpaces vont directement contre la ſageſſe du Créateur ; puiſqu'il ne doit rien avoir de ſtérile dans la Nature. Cette difficulté eſt de peu de conſéquence. Ecoutons la réponſe que donne le célebre *Joh. Bernouilli.* Avant la création du monde, ſi nous exceptons Dieu, il n'exiſtoit aucun être quelconque ; & par conſéquent il exiſtoit une ſtérilité univerſelle, ſi on peut s'exprimer ainſi : or ſi cette ſtérilité univerſelle ne répugnoit point à la ſageſſe infinie de l'Etre ſuprême, pour quelle raiſon peut-on avancer que quelques petits eſpaces ſtériles répugnent à cette même ſageſſe ? Outre cela, les places qui ſont actuellement vuides, ne ſont pas ſtériles pour cela ; car on entend par ſtérile, ce qui n'eſt d'aucune utilité, & ces eſpaces vuides ont la leur ; de même que les pores dont une éponge eſt parſemée, de même que les trous dont un crible eſt percé, ſont néceſſaires à la fin pour laquelle ces choſes ſont deſtinées : il eſt donc très difficile, pour ne pas dire impoſſible, de démontrer que les vuides qui exiſtent dans la Nature, répugnent à la ſageſſe de Dieu ; puiſque nous ignorons les fins qu'il s'eſt propoſées dans la création de toutes choſes (1). J'avouerai, à la vérité, qu'on auroit pu créer d'autres ſubſtances, qui euſſent rempli les eſpaces vuides qui exiſtent dans la Nature ; mais je ne conviendrai pas que le monde en eût été plus parfait ; car c'eſt ce qu'il faudroit démontrer.

§. CLXXI. L'objection ſuivante n'eſt pas mieux fondée que les précédentes. Si l'eſpace eſt un être, cet être ſera une ſubſtance : or qu'on nous diſe donc quelle eſt cette ſubſtance ? J'avouerai ingénument que les bornes étroites qui circonſcrivent la pénétration de mon génie, ne me permettent pas de connoître quelles ſont les ſubſtances, tant celle que je nomme eſpace que toutes les autres qui compoſent l'Univers ; ſavoir, les corps, les eſprits, Dieu, &c. La nature de ces différentes ſubſtances eſt encore un myſtere, qu'il n'eſt pas donné à l'homme de pénétrer. Mais on pouſſe encore plus loin la difficulté, & on dit ; ſi l'eſpace eſt une ſubſtance, elle ſubſiſtera beaucoup plus que les autres, & Dieu n'aura pas le pouvoir de la détruire. Je ne vois pas ſur quel fondement eſt établi ce raiſonnement ; car, puiſque la

____

(1) Commerc. Epiſt. inter Leibnitium & Bernouillium, v. 1.

nature des substances n'est pas connue, comment ose-t-on affirmer qu'une substance persévérera plus long-tems qu'une autre ? Comment ose-t-on avancer que Dieu a le pouvoir d'en anéantir quelques-uns, & que ce pouvoir ne s'étend pas jusqu'à quelques autres ? Pour quelle raison, si Dieu avoit la volonté d'anéantir les corps & l'espace, pourroit-il anéantir les premiers, & ne pourroit-il pas anéantir l'espace ? Si Dieu vouloit, qu'excepté lui seul, rien n'existât ; ni l'espace, ni les corps, ni toute autre chose quelconque qui auroit été créée, ne subsisteroient point alors ; car je ne crois pas que l'espace ait une force qui résiste plus à la Puissance divine que les corps. Dira-t-on que c'est parceque l'espace ne résiste pas, qu'il ne peut pas être détruit ? Certainement ce seroit une raison pour le détruire plus facilement. Si Dieu détruisoit & anéantissoit l'espace, nous ne conserverions plus l'idée de la distance d'une extrêmité à l'autre ; puisque le vuide, étant infini, ne reconnoît point d'extrêmités.

§. CLXXII. On oppose cependant encore, que la lumiere, étant supprimée d'un lieu quelconque, il ne reste plus qu'une ombre dans cet endroit, & que cette ombre ne peut être détruite que par la présence de la lumiere. En raisonnant par parité, on conclud qu'un corps, étant ôté d'un endroit, ce lieu demeure vuide, si on n'introduit point dans cet endroit un autre corps qui remplisse l'espace que le prémier a abandonné ; & qu'on ne peut détruire le vuide qui subsiste, que par l'intromission d'un nouveau corps. Il s'ensuivroit de ce raisonnement, que l'espace seroit une substance indestructible ; puisqu'on ne pourroit le détruire que par la présence de quelques corps qui le rempliroient, & qui néanmoins ne le détruiroient point ; puisque l'espace subsiste avec les corps qui l'occupent.

Que prouve, dans l'objection que nous venons de rapporter, la comparaison de deux choses aussi dissemblables que l'ombre & l'espace, si ce n'est que l'une & l'autre ne sont qu'une simple privation, & par conséquent le *rien*, qualification que nous avons démontré (§. 153.) ne pouvoir convenir à l'espace. L'ombre, à la vérité, peut exister, & existe réellement, par la privation de la lumiere ; au contraire, l'espace subsiste indépendamment des corps : mais les corps ne pourroient subsister sans l'espace qui les contient ; c'est pourquoi la comparaison auroit été mieux établie, si on avoit comparé l'ombre avec le corps, & non pas avec l'espace. Personne ne regardera jamais les corps comme un *rien*. Outre cela il n'est pas démontré que l'ombre soit tout-à-fait dépourvue de lumiere ; au contraire il est très certain que l'ombre comprend encore quelques portioncules de matiere lumineuse.

§. CLXXIII. On a encore recours à d'autres artifices pour détruire le vuide ; si le vuide est une substance, dit-on, il faut qu'elle soit parfaitement absolue, éternelle, exempte de toute passion, & indépendante de Dieu. Il y aura donc par conséquent deux substances indépendantes dans le monde ; savoir, le vuide, & Dieu : ce qui est tout-à fait absurde. J'avouerai que le vuide est une substance, de même que les corps, les ames, & tous les esprits quelconques ; j'avouerai bien plus, que l'espace est une substance absolue : c'est-à dire, aussi parfaite qu'il convient qu'elle le soit. Je regarde cette substance comme indépendante de tout être créé ; mais ce n'est qu'une ſubſtance d'une nature particuliere, de même que les corps & les eſprits, qui ſont auſſi, les uns & les autres, des ſubſtances d'un genre particulier.

Mais cette ſubſtance eſt elle éternelle, comme on le prétend ? Non certainement. Elle a été créée au commencement du monde; puiſque l'Ecriture nous apprend que Dieu créa alors le Ciel & la Terre : on doit entendre par le Ciel, l'eſpace infini; & par la Terre, tous les corps qu'il contient (1). J'avoue ingénument que je ne puis me repréſenter clairement & diſtinctement dans l'eſprit la création de l'eſpace; parceque je ne connois pas en quoi conſiſte ſa nature, ni celle de toutes les autres choſes qui exiſtent; car la nature de tous les êtres, tant ſpirituels que matériels, que Dieu a tirés du néant, eſt un myſtere dont la pénétration eſt beaucoup au delà de la foible portée de l'eſprit humain; & c'eſt dans de telles recherches que l'homme doit reconnoître ſon inſuffiſance. Mais je tiens fermement pour la création de l'eſpace; parceque, 1°. cet être n'eſt pas abſolument néceſſaire, & qu'il auroit pu ne pas être créé : car s'il eût plu à l'Auteur de la Nature de ne créer aucun corps, ni aucune autre ſubſtance quelconque, je ne vois pas qu'il eût été néceſſaire que l'eſpace eût exiſté; puiſque la principale raiſon pour laquelle il paroît exiſter, eſt parcequ'il doit contenir les corps qui ſe meuvent dans ſon ſein, quoique, à la vérité, il puiſſe encore être deſtiné à d'autres uſages. 2°. On ne peut pas dire que l'eſpace doive ſon origine au néant; puiſque le *rien* ne peut produire quoi que ce ſoit. 3°. Il n'exiſte pas par lui-même; puiſqu'on ne conçoit point en lui, & qu'il n'exiſte réellement point en lui, aucune faculté, aucune puiſſance active, en vertu de laquelle il ait pu ſe donner l'exiſtence. 4°. On ne peut pas dire qu'il exiſtât devant Dieu; puiſque, n'ayant aucune force, il n'a poſſédé aucune vertu qui ait pu le faire exiſter. 5°. Pour la même raiſon, on ne doit pas le regarder comme exiſtant de toute éternité, ainſi que Dieu : il faut donc néceſſairement qu'il y ait eu un tems, pendant lequel il n'exiſtoit pas, & qu'il ait reçu ſon exiſtence de la main de celui qui a créée toutes choſes; puiſque rien n'exiſte que par ſa volonté.

En conſéquence de ce que nous venons de dire, dès que l'eſpace exiſte, il a été créé, & par conſéquent il n'eſt pas éternel, & il n'appartient qu'à Dieu ſeul d'être éternel & indépendant : c'eſt pourquoi l'eſpace qui eſt créé, dépend de celui qui l'a tiré du néant, & il ne tient qu'à lui de le replonger entierement dans le néant, d'où il l'a tiré. On avance que l'eſpace n'eſt pas *ſuſceptible de paſſion*; j'en tombe d'accord, ſi on entend par là qu'il ne peut pas être mis en mouvement à la maniere des corps, & qu'il ne peut pas être diviſé en pluſieurs parties : car cela iroit directement contre ſa nature. Il eſt cependant, en quelque façon, ſuſceptible de paſſion, relativement aux changemens qu'il peut ſubir; puiſqu'il peut être rempli par des corps, & qu'il peut devenir vuide par la deſtruction de ces mêmes corps : mais tous ces changemens ne tombent pas, à proprement parler, ſur l'eſpace. C'eſt ainſi que tombent toutes les difficultés que nous avons rapportées.

§. CLXXIV. L'eſpace de l'Univers eſt unique, il échappe à la foibleſſe de

(1) Geneſe. Cap. 1. v. 1.

nos organes, & ne tombe point fous nos fens; il eft infiniment étendu, & ne reconnoît aucunes bornes : de-là il ne peut point exifter plufieurs efpaces; puifqu'un efpace infini renferme tous ceux que nous pourrions imaginer. Cet efpace, en tant qu'infini, n'a ni haut, ni bas, ni milieu; il eft homogene, par-tout femblable à lui même, continu, immobile, indivifible; il n'a aucunes parties, puifqu'il n'y a rien dans l'efpace qui puiffe faire diftinguer une partie d'une autre : néanmoins on peut y confidérer plufieurs portions, relativement à la diftance des corps qui font placés dans fon fein; les limites qui terminent ces portions d'étendue, appartiennent aux corps qui les forment, & non à ces portions elles-mêmes. Ces portions peuvent différer entr'elles d'une infinité de manieres; elles peuvent avoir des figures différentes les unes des autres, & elles peuvent être mefurées, quoiqu'improprement, c'eft-à-dire, négativement : outre cela, l'efpace fe laiffe pénétrer par les corps, fans leur faire éprouver la moindre réfiftance. Cet efpace renferme tous les corps qui exiftent, & il leur laiffe la liberté de s'y mouvoir. L'efpace eft donc un être, & non pas un fimple mode; car toutes les propriétés que nous venons de démontrer, & qui appartiennent à l'efpace, n'appartiennent point à un mode, ou à une autre propriété quelconque.

§. CLXXV. Plufieurs Savans ont difputé l'infinité à l'efpace, & ils fondoient leur raifonnement fur ce que l'efpace, n'étant deftiné qu'à contenir des corps, non feulement finis & limités quant à leur grandeur, mais encore quant à leur nombre, ils ont cru que l'efpace qui exifteroit au-delà du monde corporel, feroit inutile; & que la fageffe du Créateur, n'ayant rien créé d'inutile, l'efpace ne pouvoit pas être infini. Mais il faut obferver ici que l'étendue de l'efpace doit être plus grande que celle de tous les êtres matériels qui font partie de l'Univers; puifque les corps céleftes ne font pas feulement placés dans cet efpace pour refter en repos, dans la portion qu'ils pourroient occuper, mais qu'ils y font des révolutions; comme il paroît manifeftement par le mouvement des cometes & des planetes qui circulent autour du foleil. Rien n'empêche même qu'il n'exifte de pareils aftres qui faffent leurs révolutions autour des étoiles fixes, qui font fi éloignées. D'ailleurs qui eft-ce qui peut rendre raifon de toutes les fins que l'Auteur de la Nature s'eft propofées en créant l'efpace? Quoique nous ne puiffions découvrir fur-le-champ l'utilité & les avantages de plufieurs chofes, eft-ce une raifon de conclure auffi tôt qu'elles font inutiles? Il en eft de même de l'efpace; nous ne connoiffons point encore de quelle utilité peut être l'efpace qui s'étend au delà des corps, & nous ne favons pas encore pour quelle raifon l'Auteur de la Nature n'a point impofé de bornes à l'efpace qu'il a formé; mais ce n'eft pas une raifon pour cela de nier l'immenfité de fon étendue. D'autres nient que l'efpace foit infini; parceque, felon leur idée, tout ce qui eft créé doit avoir des bornes, & eft, de fa nature, fini & limité. Mais ce n'eft qu'une pure affertion dont on ne voit pas la raifon; car on ne voit pas de néceffité d'admettre, que tout être créé doit être borné. En effet, qui eft-ce qui empêche qu'un Etre infiniment puiffant, tel que celui qui a tiré toutes chofes du néant; qui eft-ce qui empêche, dis-je, qu'il puiffe créer un être auquel il accorde une perfection infinie? Cet être différera encore fuffifamment d'un Etre infini de toutes parts, éternel, fouverainement intelligent, & totalement indépendant. D'ailleurs, si une puissance infinie ne pouvoit former un être tel que nous venons de l'indiquer, il est constant qu'on devroit reconnoître des bornes à sa puissance.

§. CLXXVI. Outre cela, n'étoit-il pas nécessaire qu'un Etre infiniment puissant, voulant créer le monde, produisît un ouvrage qui pût signaler sa puissance infinie? Cet ouvrage pouvoit-il être très resserré dans sa grandeur, ou d'une grandeur moyenne; ou enfin devoit-il être d'une grandeur infinie? Les deux premiers effets ne s'accordent point avec la puissance infinie & l'intelligence suprême de Dieu; il falloit donc que cet effet, c'est-à-dire le monde, fût autant grand qu'il étoit possible, c'est-à-dire, infini: & par conséquent on doit croire que le monde, ou l'assemblage de tous les êtres, à l'exception de Dieu, est infini. De-là l'espace qui comprend les corps, & qui fait partie du monde, est infini. Il ne répugne même pas de croire que le nombre de tous les corps qui sont placés dans cet espace, surpasse tous les nombres que nous pouvons imaginer: quoique nous ne voulions pas affirmer qu'aucun corps soit infini; puisque chaque corps, pris en particulier, est fini, & que, multiplié par tout nombre quelconque, le produit qui en naît est fini. Dieu n'a-t-il pas créé les ames? Peut-on dire que ces substances ne jouissent d'aucune propriété infinie? Je suis très persuadé qu'elles sont éternelles, indestructibles, & qu'elles ne retourneront jamais dans le néant d'où elles ont été tirées: plusieurs anciens Philosophes l'ont pensé ainsi; les modernes nous en fournissent des preuves incontestables: & c'est une vérité indubitable, & autorisée par l'Ecriture-Sainte. C'est le fondement de notre Religion, & l'objet de toutes nos espérances. Voilà donc un être spirituel créé, qui jouit d'une perfection infinie; pourquoi l'espace ne pourroit-il pas avoir aussi une propriété infinie? Et il me paroît hors de doute que sa durée sera infinie.

§. CLXXVII. Il s'est trouvé de grands Philosophes, qui, reconnoissant que l'espace est infini, & considérant en même-tems que Dieu est un Etre infini, doué d'une infinité de perfections, se persuadant aussi que l'étendue doit être mise au rang des perfections, ont établi que cette étendue convenoit à Dieu; &, comme l'Ecriture-Sainte nous apprend que tout est en Dieu, & que la raison nous dicte que les corps sont dans l'espace, ils ont dit que cet espace infini étoit l'immensité de Dieu; que c'étoit de cette maniere que Dieu se trouvoit par-tout, & occupoit tout en lui-même. Tout subtil que soit ce raisonnement, il est exposé à de grandes difficultés. 1°. Quoique l'espace ait du rapport avec Dieu, particulierement en ce qu'ils sont l'un & l'autre infinis, il ne s'ensuit pas pour cela qu'on doive les regarder tous deux comme une même chose; car l'espace a aussi du rapport avec les corps, en ce qu'ils sont étendus, quoiqu'il y ait de la différence entr'eux. C'est ainsi que notre ame ressemble à Dieu, en ce qu'ils sont des esprits, & qu'ils pensent tous deux; mais ils different l'un de l'autre, en ce qu'ils ne pensent pas de la même maniere: pareillement donc de ce que l'espace est infini, ainsi que Dieu, il ne s'ensuit pas qu'on doive regarder l'espace comme un des attributs de Dieu. 2°. S'il n'y avoit point de corps, l'espace ne seroit pas absolument nécessaire, à en juger par les connoissances que nous avons de ſes avantages ; au lieu qu'on ne peut reconnoître en Dieu aucun attribut qui ne ſoit abſolument néceſſaire. 3°. On ne reconnoît en Dieu, qui eſt un Etre toujours actif, que des attributs toujours actifs : or ſi l'eſpace doit être rangé parmi ſes attributs, il faudra, de toute néceſſité, reconnoître dans cet être un attribut paſſif, incapable de toute action, & de nulle intelligence ; ce qui n'eſt pas poſſible. 4°. Lorſque nous conſidérons notre eſprit, & tous ceux que nous connoiſſons, nous voyons manifeſtement que l'étendue ne peut point ſe ranger parmi leurs propriétés ; pour quelle raiſon attribuerions-nous donc à Dieu une telle propriété ? Il ſuit de ce que nous venons de dire, que la durée, ni l'eſpace, ne doivent point être rangés parmi les attributs de Dieu, quoique cet être perſévere de toute éternité, & qu'il ſoit préſent par-tout : mais qu'il eſt immenſe ; parcequ'il eſt préſent dans tous les ouvrages qui ſont ſortis de ſes mains, & qu'il veille continuellement à leur conſervation.

§. CLXXVIII. Dieu eſt cependant dans l'eſpace de ce monde, il le remplit également par-tout ; car il n'y a aucun endroit où il ne ſe trouve, & où ſa préſence ne ſoit néceſſaire, pour l'entretien & la conſervation de l'Univers. Si nous voulions ſuppoſer que Dieu ne ſe rencontrât pas dans quelqu'une des portions de l'eſpace, il ne ſeroit pas préſent par-tout, ni abſolument néceſſaire ; car il pourroit alors, de la même maniere, ne ſe pas trouver dans quelqu'autre partie de l'eſpace, ni enſuite dans une autre partie voiſine, & ainſi de ſuite : enſorte qu'enfin il pourroit entierement être hors de l'eſpace. Il s'enſuivroit donc de-là, que l'eſpace pourroit ſubſiſter par luimême : ce qui eſt abſurde ; puiſque par-là on fait la créature indépendante, & que d'ailleurs on bannit la *toute-préſence* de Dieu. Il faut par conſéquent établir, que Dieu eſt préſent par-tout, & qu'il ſe trouve dans tout l'eſpace, par ſa vertu & par ſes opérations ; entretenant & rempliſſant toutes choſes. Mais comment eſt-ce que Dieu remplit l'eſpace ? comment conſerve-t-il tous les corps, lui qui eſt un eſprit dépourvu d'étendue ? C'eſt ici où notre eſprit s'arrête. Nous diſons tous en bégayant, que cela ne ſe fait pas de la même maniere que lorſque nous, ou les autres corps, rempliſſent une place ; mais que cela arrive d'une façon qui nous eſt inconnue, & qui convient à Dieu. Ainſi nous avouons qu'il n'y a rien que nous comprenions moins que la préſence de Dieu par-tout ; quoiqu'il n'y ait cependant rien que nous voulions reconnoître & recevoir plus volontiers, en ſoumettant notre entendement à l'autorité de la révélation (1).

(1) Deuteronom. cap. 4. v. 39. cap. 10. v. 14. Lib. 1. Reg. cap. 8. v. 27. Pſalm. 139. v. 7. 8. Jeremiæ, cap. 23. v. 23. 24. Acta Apoſt. cap. 7. v. 48. cap. 17. v. 24. 27. 28.

CHAPITRE IV.

Du Lieu, du Tems, & du Mouvement.

§. CLXXIX. On diſtingue deux eſpeces de *lieu*, l'un, qu'on appelle *abſolu*, & l'autre, qu'on nomme *relatif*. Le *lieu abſolu* eſt une portion de l'eſpace de l'Univers, laquelle eſt remplie par les corps; cette eſpece de lieu ne peut être déterminée. En effet, ſuppoſons un ſeul corps A, placé dans l'eſpace infini; on ne peut abſolument définir, ni la place qu'il occupe, ni la ſituation dans laquelle il eſt. On ne peut point dire, qu'il ſoit à droite, à gauche, au-deſſus, au deſſous, antérieurement, poſtérieurement, &c; puiſque toutes ces différentes ſituations ne ſont telles, que par comparaiſon avec d'autres corps. Et comme dans ce lieu infini il n'exiſte aucun corps auquel le corps A puiſſe être rapporté, on ne peut point déterminer un *lieu abſolu*. On ne peut pas dire que le *lieu* ſoit la ſuperficie intime qui enveloppe les corps; car des ſolides égaux occupent toujours des lieux égaux : tandis que leurs ſuperficies peuvent être inégales, eu égard à la différence qui peut ſe trouver dans leurs figures. L'étendue d'un pied cubique eſt conſtamment la même, en quelques parties que ce corps ſoit diviſé : la ſuperficie d'un pied cube, eſt de ſix pieds quarrés; mais ſi ce cube eſt diviſé en deux parties, par une ſection parallele à ſes côtés, la ſuperficie des deux parties ſera de huit pieds quarrés; & elle augmentera de plus en plus, ſi on pouſſe la diviſion plus loin. On ne peut pas dire non plus que le lieu ſoit la ſituation d'un corps ; car la ſituation, à proprement parler, ne peut être, ni plus, ni moins grande, & elle eſt plutôt un mode du lieu, que le lieu lui-même : ſi l'eſpace avoit des parties, on pourroit dire que le *lieu abſolu* d'un corps, ſeroit la partie de l'eſpace qu'il occuperoit.

§. CLXXX. Le *lieu relatif* eſt une certaine ſituation où un corps ſe trouve par rapport à d'autres corps avec leſquel on le compare. Souvent nous connoiſſons le *lieu relatif* d'un corps, en comparant la ſituation de ce corps par rapport à notre propre corps, & nous diſons qu'il eſt placé à notre droite, à notre gauche, devant nous, ou derriere nous, &c.

§. CLXXXI. Le *lieu relatif* d'un corps peut donc reſter le même, quoique ſon lieu abſolu vienne à changer. Cela arrive lorſque pluſieurs corps conſervent entr'eux le même rapport de diſtance, la même ſituation, & qu'ils ſont tous mus en même-tems, de la même maniere, & comme s'ils ne faiſoient qu'une ſeule & même maſſe. Quelquefois il arrive que certains corps, demeurant conſtamment dans la même place, d'autres changent de place ; dans cette hypotheſe les premiers conſervent leur même *lieu abſolu*, tandis que les autres en changent ; & les uns & les autres ne ſont plus dans le même *lieu relatif*.

§. CLXXXII.

§. CLXXXII. On diſtingue le *tems* en deux eſpeces ; ſavoir, le *tems ab-ſolu* & le *tems relatif.*

Le *tems abſolu*, qu'on appelle tems *vrai* & *mathématique*, eſt celui qui coule également, qu'on ne conſidere qu'en lui même, ſans aucun rapport à quoi que ce ſoit d'extérieur : on le nomme encore *durée* ; parceque les cho-ſes ſe ſuccedent également dans leur durée , & que cette ſucceſſion eſt exempte de toute interruption. On peut concevoir le *tems abſolu*, en faiſant attention aux exiſtences des choſes qui ſe ſuivent continuellement, comme dans une file, & ſans aucune intermiſſion.

§. CLXXXIII. Nous ne pouvons pas avoir de meſure exacte du *tems ab-ſolu* ; parceque nous ne pouvons raſſembler dans notre idée la ſucceſſion des exiſtences paſſées, ni les comparer avec les exiſtences préſentes : & c'eſt pour cela que cette eſpece de tems ne peut nous être de quelqu'utilité.

§. CLXXXIV. Le *tems relatif*, *apparent* & *vulgaire* , eſt cette durée ſen-ſible que nous connoiſſons, & que nous meſurons par le mouvement de quelques-corps. Cette meſure eſt fort incertaine ; parceque le mouvement des corps n'eſt pas toujours également rapide. Elle eſt encore incertaine ; parceque le mouvement eſt quelque choſe de bien différent de la durée : ces deux choſes n'ont de ſimilitude entr'elles, que parcequ'elles ſont l'une & l'autre ſucceſſives ; néanmoins, au défaut d'un meilleur moyen qui puiſſe tomber ſous les ſens, on meſure aſſez bien le *tems* , par le mouvement. C'eſt de là que les hommes ont eu recours au mouvement apparent du ſoleil, de la lune, des étoiles fixes, comme à une choſe ſenſible , propre à leur repré-ſenter, autant que faire ſe peut , les différens périodes de la durée. De là l'intervalle qu'on obſerve entre le lever & le coucher du ſoleil, meſure la longueur du *jour* ; & du coucher au lever du même aſtre, on compte la durée de la *nuit.* Le tems qui s'écoule, pour que le ſoleil puiſſe revenir au même point de l'écliptique, & par conſéquent pour qu'il décrive tous les de-grés de ce cercle, ſe nomme *année.* D'autres, faiſant attention au mouve-ment de la lune, ont donné le nom de *mois* à la durée qui ſépare une nou-velle lune d'une autre ; d'autres comptent les jours par la révolution des étoiles fixes, & ils appellent un jour, le tems qu'une étoile fixe emploie pour revenir au même point : d'autres ont recours à d'autres mouvemens, ou à quelques phénomenes , pour déterminer la durée.

§. CLXXXV. Si on connoiſſoit des corps dont le mouvement fût uni-forme, j'avoue que leurs mouvemens ſeroient un moyen propre à meſurer la durée ; mais il n'en eſt pas ainſi : tous les corps qui ſe meuvent, tant ceux qui tombent , que ceux qu'on jette, & ceux qui font quelques révolutions ; tous ces corps ſe meuvent d'un mouvement inégal & non uniforme. Quel-que ſoin que le plus habile horloger puiſſe prendre , il ne parviendra pas à conſtruire une montre, dont le mouvement ſoit parfaitement régulier pen-dant l'eſpace d'une année : on n'obſerve aucune planete qui ſe meuve d'un mouvement conſtamment uniforme autour du ſoleil. On regarde ordinaire-ment le mouvement de la terre ſur ſon axe, comme un des plus uniformes qu'on connoiſſe ; mais il n'eſt pas encore démontré que ce mouvement ſoit parfaitement uniforme. On peut donc faire uſage de ce mouvement pour meſurer la durée ; mais non pas d'aucun mouvement qui ſoit retardé, ou accéléré.

§. CLXXXVI. Il ſuit manifeſtement de ce que nous venons de dire, que le *tems* n'eſt pas un être réel, ni corporel ; & qu'on ne peut point le regarder comme un intervalle, quelque petit qu'on le ſuppoſe, dans la ſucceſſion ou la durée des choſes qui ſe ſuccedent, comme quelques Philoſophes, tant anciens que modernes, l'ont imaginé.

§. CLXXXVII. L'ordre des différentes parties du *tems* eſt quelque choſe d'immuable ; celle qui doit être la derniere, ne peut point devenir la premiere, ni prendre la place d'aucune autre, qui doive tenir le milieu entre la premiere & la derniere : chaque choſe arrive dans ſon tems, quant à l'ordre, ſelon lequel chaque choſe ſe ſuccede.

§. CLXXXVIII. Concevons un point mathématique, qui avance continuellement & également ; ce point décrira une ligne droite : cette ligne peut nous repréſenter le *tems*, ou au moins ſa meſure ; car ſa longueur peut repréſenter la ſomme de tous les inſtans du tems : cette ligne peut, ainſi que le *tems*, être diviſée en un nombre infini de parties ; c'eſt pourquoi nous nous ſervirons ſouvent d'une ligne pour déſigner le *tems*.

§. CLXXXIX. Le *mouvement* d'un corps en général ne peut pas être défini exactement, à moins que nous ne concevions pluſieurs parties dans l'eſpace : mais comme nous avons démontré ci-deſſus (§. 166.), que l'eſpace n'avoit point de parties, il eſt conſtant que les parties que nous ſuppoſerions, ne ſeroient qu'imaginaires. Nous appellons *mouvement abſolu* d'un corps, la ſuite continuelle de l'exiſtence d'un corps dans diverſes parties imaginaires de l'eſpace, qui ſont contiguës les unes aux autres ; ou bien le tranſport d'un mobile, d'une partie de l'eſpace à celle qui l'avoiſine : ou le tranſport d'un mobile d'eſpaces en eſpaces. Cette définition convient encore au mouvement d'un mobile qui ſe meut circulairement autour de ſon axe ; car, quoique toute la maſſe de ce mobile ne s'avance pas d'eſpaces en eſpaces, néanmoins chacune de ſes parties paſſe ſucceſſivement d'un eſpace à l'eſpace voiſin, compris dans la partie ſphérique de celui que ce mobile embraſſe dans ſon mouvement. On pourra encore concevoir le mouvement, de cette maniere ; ſoient deux corps A & B, en repos, l'un à côté de l'autre, ou dans un même lieu : tandis que B reſte en repos, que A s'éloigne de B, & que, par cet éloignement, il naiſſe une diſtance entre A & B ; alors on concevra que A eſt en mouvement. Dans cette hypotheſe, l'éloignement de A à B, n'eſt autre choſe que le tranſport du mobile A, de la portion de l'eſpace qu'il occupoit dans celles qui ſont immédiatement adjacentes. C'eſt en cela que conſiſte le véritable mouvement d'un corps, que nous pourrions connoître, ainſi que ſa vîteſſe, ſi les portions de l'eſpace tomboient ſous les ſens, ou ſi la terre étoit en repos ; mais comme ce globe parcourt continuellement une partie de ſon orbe elliptique, nous ne pouvons pas connoître clairement & manifeſtement le mouvement des corps terreſtres : & c'eſt de là que les Philoſophes ont prudemment diſtingué trois eſpeces de mouvemens. 1°. Le *mouvement abſolu*, dont nous avons apporté la définition ; 2°. le mouvement *relatif commun* ; 3°. le *mouvement relatif propre*.

§. CXC. On appelle mouvement *relatif commun*, celui d'un corps qui, étant emporté avec d'autres, reste en repos par rapport à eux ; mais qui change de place à chaque instant avec eux, en passant successivement par les différentes parties imaginaires de l'espace. Un Pilote éprouve un pareil mouvement quand il se tient en repos au gouvernail d'un vaisseau qui est à la voile, ou qui est tiré. Tel est encore le mouvement de toutes les parties qui sont en repos sur la surface de notre globe, qui se meut continuellement sur son axe, & qui est emporté autour du soleil : Tel est pareillement un poisson mort, qui est entraîné par le courant de la riviere.

§. CXCI. On appelle *mouvement relatif propre*, l'application successive d'un corps à diverses parties de tous ceux qui l'environnent, ou qui le touchent. Il en est ainsi du mouvement de tous les corps qui se meuvent sur notre globe : lorsque je jette une boule sur un plan, elle se trouve successivement placée sur les différentes parties de ce plan. Il en est encore de même d'un homme qui marche dans une allée plantée d'arbres.

§. CXCII. On appelle *repos absolu* le séjour d'un corps dans la même portion de l'espace de l'Univers.

§. CXCIII. Il suit de cette définition, que c'est une propriété du repos, que les corps qui sont en repos soient en repos entr'eux : mais comme l'espace n'est pas un être sensible, & que les portions que nous lui supposons sont imaginaires, on ne peut pas savoir si les corps en repos demeurent constamment dans les mêmes portions de l'espace. Il peut se faire qu'un corps soit en repos dans la région des étoiles fixes, ou dans une autre région plus éloignée ; mais on ne peut savoir, en comparant la situation des corps qui sont placés dans nos régions, si quelques uns d'eux conservent ou non leur position par rapport à ceux qui sont placés dans les régions éloignées dont nous venons de parler : c'est pourquoi on ne peut pas définir le repos par la situation des corps entr'eux.

§. CXCIV. Le *repos relatif* est la même situation d'un corps à l'égard de tous les autres qui l'environnent : c'est ainsi que la terre est en repos, par par rapport à l'atmosphere qui l'enveloppe : c'est ainsi que reposent tous les corps qui sont placés ou implantés sur la surface de notre globe : tel est encore le repos de tous les corps qui sont solidement renfermés dans d'autres corps, de quelque façon qu'ils soient situés, & qu'ils y soient contenus. De-là un corps peut être en repos relativement, & se mouvoir tout-à-la fois d'un mouvement commun relatif.

§. CXCV. Il peut se faire qu'un corps paroisse mû d'un mouvement relatif propre, quoiqu'il soit cependant dans un repos absolu. Supposons que la terre soit en repos, & qu'un vaisseau faisant voile d'Orient en Occident, le Pilote, étant en repos à la proue, jette une pierre d'Occident en Orient, qui aille avec autant de vîtesse que le vaisseau même, cette pierre paroîtra, à celui qui sera dans le vaisseau, se mouvoir, d'un mouvement propre ; mais celui qui sera sur le rivage, & qui la considérera, verra cette même pierre en repos : & elle sera effectivement dans un repos absolu ; puisqu'elle sera suspendue dans la même portion de l'espace de l'Univers. Comme cette pierre est passée d'Orient en Occident, à l'aide du mouvement du vaisseau, & qu'elle est poussée, avec la même vîtesse, d'Occident en Orient, par la

force de celui qui la jette , il faut que les deux mouvemens, qui font égaux
& oppofés , fe détruifent mutuellement , & laiffent par conféquent cette
pierre dans un repos abfolu : c’eft pourquoi nous jugeons qu’il fera à propos
de regarder toujours le mouvement comme abfolu.

§. CXCVI. Les Philofophes difputent entr’eux , pour favoir fi le repos eft
quelque chofe de pofitif , ou feulement une fimple privation de mouvement? Cette difpute tire fon origine de ce qu’on trouve dans les corps qui
font en repos une force que nous avons appellée ci-deffus, *force d’inertie* ; &
c’eft de là qu’on a cru qu’il y avoit quelque chofe de pofitif dans les corps
qui font en repos : car fi un corps en repos eft frappé par un autre , qui lui
communique, par exemple, un degré de mouvement , il ne réfifte pas
moins que s’il étoit muni d’un degré de mouvement , & qu’il fût heurter
contre un obftacle qui lui fît perdre le mouvement dont il jouiroit : mais
nous avons déja fait voir (§. 115.) , que cette réfiftance ne fe décéloit pas
moins dans les corps en repos, que dans ceux qui font en mouvement ; de
forte qu’elle ne doit pas être regardée comme une force propre aux corps
en repos : c’eft pourquoi le repos n’eft qu’une fimple privation de mouvement. Car fi on fuppofe qu’un corps foit en mouvement, & que Dieu ne
faffe autre chofe que de le priver de ce même mouvement, il reftera alors
en repos, fans qu’il lui arrive rien de réel.

§. CXCVII. Un corps eft en repos fans que le fecours d’aucune force lui
foit appliqué ; c’eft-à-dire , fans qu’aucune puiffance extrinfeque , ou intrin-
feque , agiffe , ou ait agi contre lui : outre cela un corps eft en repos , lors
même que plufieurs puiffances égales , & diamétralement oppofées les unes
aux autres , agiffent fur lui de toutes parts.

§ CXCVIII. Il n’y a point de degrés dans le repos abfolu ; tout corps
qui eft en repos , ne repofe , ni plus , ni moins.

§. CIC. Tout corps qui eft en repos , demeure conftamment dans cet état,
en vertu de fa force d’inertie ; & il ne commence jamais à fe mettre en
mouvement de lui-même ; il ne fe meut qu’autant qu’on fupprime les obftacles qui s’oppofoient à fon mouvement , ou qu’autant que quelques caufes étrangeres lui communiquent le mouvement qu’il n’a pas.

§. CC. Tout corps en mouvement eft réduit au repos ; 1°. s’il fe meut fur
un plan qui foit inégal & raboteux ; 2°. fi on le jette de bas en-haut, la gravité , qui agit en fens contraire , lui fait perdre fon mouvement ; 3°. s’il fe
meut dans l’air , ou dans tout autre milieu réfiftant ; 4°. s’il rencontre en fon
chemin un grand nombre de corps, ou de très gros corps qui foient en repos , ou qui fe meuvent felon une direction contraire à la fienne.

§. CCI. Un corps qui eft en mouvement, paffe d’un lieu dans un autre :
cette tranflation eft un effet réel , qui exige une force réelle dans le mobile :
c’eft cette force , ou cette puiffance qui met le corps en mouvement : de-là
tout ce qui eft capable de communiquer du mouvement à un corps, & de
le faire paffer d’un lieu dans un autre , ou de procurer à un mobile la faculté
de mouvoir d’autres corps , eft une force véritable.

§ CCII. Mais fi on nous demande ce que c’eft que cette force , fi c’eft
un être phyfique , fi c’eft une fubftance immatérielle , qui ne jouiffe d’aucunes des propriétés de la matiere , comme quelques Phyficiens modernes

l’ont avancé ; si c’est , comme *Cronland* l’a prétendu , une idée qui est pre-
mierement conçue dans notre ame , qui en découle, qui se communique
ensuite aux corps , & qui passe de l’un dans l’autre ; si c’est une propriété in-
hérente aux corps ? C’est ce qu’on ne peut pas concevoir clairement , ou ce
qu’on ne peut démontrer solidement : & il convient mieux d’avouer ici notre ignorance & notre peu de capacité , que d’assurer pour certaine une chose
qui est incertaine,& qui est encore au delà des bornes de nos connoissances.

§. CCIII. Nous ne pouvons nous empêcher d’exposer ici les différentes
idées que les méditations des Philosophes ont fait naître sur cette matiere.
1°. Ou il réside dans les corps en repos une force d’inertie qui ne produit
point son effet, sans qu’elle soit excitée , & elle ne peut être excitée que dans
quelques circonstances particulieres que font naître l’approche des corps , &
alors elle produit son effet. 2°. Ou il y a une force infuse dans les corps ,
dont l’intensité est infinie : cette force maîtrise continuellement les corps en
repos , & agit sur eux en toutes sortes de sens ; mais à la rencontre , & par le
choc de quelques autres corps , le mobile, qui étoit en repos, est dirigé efficacement vers un point déterminé : & par ce moyen , la force qui réside
dans ce corps , le transporte d’un lieu dans un autre. 3°. Ou la force qui réside dans un corps en mouvement vient d’une cause extérieure , matérielle,
ou non matérielle ; cette force passe de cette cause dans le mobile, qui , la
recevant , selon différente quantité , est mu avec plus ou moins de vîtesse.
Telles sont les différentes idées que cette question a fait naître. Mais ne nous
effrayons pas de tant de subtilité ; puisque personne encore ne sait ce que
c’est que cette force, qu’elle ne peut tomber sous les sens, & par conséquent qu’on ne peut point démontrer , comme il conviendroit, aucune des
propositions que nous venons de rapporter ; & c’est pour cela que nous n’en
embrasserons aucune. Mais comme les effets des forces motrices , savoir ,
les différens mouvemens des corps , tombent sous nos sens, & sont soumis
à nos observations , nous nous bornerons à de simples observations , sans
nous attacher à aucune opinion.

§. CCIV. Tout mouvement quelconque, quelque rapide qu’il soit, se
fait dans un tems ; & il est impossible qu’aucun mouvement puisse se faire
dans un seul instant : en effet , pour que le mobile A parcoure la ligne A B ,
[*Tab.* 2. *fig.* 11.], lorsqu’il passe du point A au point C, il faut qu’il s’écoule
un certain tems ; c’est encore la même chose pour qu’il parcoure l’espace
C D ; il emploie encore nécessairement un certain tems pour arriver de D
en E , de E en F ; & enfin de F en B.

§. CCV. On a coutume de se représenter un corps comme un point : lorsqu’il se meut , il parcourt une ligne, qu’on nomme droite, si le mouvement
de ce corps est simple : de-là un corps, animé d’un mouvement simple, décrit un ligne droite , tant que son mouvement est simple. La production d’un
mouvement simple n’exige qu’une seule puissance. Si un corps, muni d’un
mouvement simple , se meut dans le vuide , il continuera toujours à se mouvoir en ligne droite ; parceque , dans le vuide , on ne trouve, ou du moins
on ne considere aucun obstacle qui puisse changer la direction d’un mobile
qui s’y meut. Quoiqu’un corps, animé d’un mouvement simple , décrive
une ligne droite, il ne faut pas croire pour cela , que tout corps qui se meut

en ligne droite ne foit animé que d'un mouvement fimple. Nous ferons voir dans le Chapitre XI, que fouvent un mobile qui fe meut en ligne droite, eft doué d'un mouvement compofé.

§. CCVI. Quelques Philofophes divifent le *mouvement fimple*, en *mouvement direct*, & en *mouvement réfléchi*. Le mouvement direct, eft celui d'un corps qui fe meut du point A au point D [*Tab.* 2. *fig.* 12.]; le mouvement réfléchi, eft celui par lequel le mobile, étant porté du point A au point D, retourne de ce même point D au point A, ou à tout autre point, tel que Z ou Y. Quelques favans Phyficiens ont encore ajouté une troifieme efpece de mouvement, qu'ils ont appellé *mouvement réfracté*. Ce mouvement a lieu lorfqu'un mobile, décrivant une ligne, quitte cette ligne pour en décrire une feconde, qui fait angle avec la premiere ; cet angle eft fouvent un angle obtus : comme il arrive lorfqu'un rayon de lumiere paffe obliquement de l'air dans un autre fluide tranfparent. Mais ce mouvement doit, fans contredit, être confidéré comme compofé.

§. CCVII. La ligne que le mobile décrit, ou parcourt, eft auffi appellée l'*efpace parcouru*.

§. CCVIII. La direction d'un mobile s'exprime par une ligne droite, qu'on conçoit partir du mobile au point de fa deftination, foit qu'il y parvienne, foit qu'il faffe effort pour y parvenir : d'où il fuit que les directions ne font autre chofe que la difpofition des efpaces que le mobile parcourt, ou qu'il parcourroit.

§. CCIX. Si l'on conçoit un corps, non comme un point, mais comme étendu, tel qu'il eft en effet, & compofé de parties qui foient adhérentes les unes aux autres, & qu'il vienne à être mu d'un mouvement fimple ; ce mouvement fe diftribuera également dans toutes les parties du corps.

§. CCX. C'eft pourquoi on peut concevoir la quantité du mouvement auffi divifible que le corps auquel elle appartient, & elle fera diftribuée à toutes les parties du corps, proportionnellement à leur grandeur, c'eft-à-dire, à leur maffe.

§. CCXI. Il fuit de-là que la quantité du mouvement dépend de toutes les parties d'un mobile qui fe meuvent en même-tems, en tant que toutes ces parties confpirent au même mouvement. Elle dépend auffi de la vîteffe du mobile ; de forte que la quantité de mouvement d'un mobile eft en raifon compofée, de la grandeur & de la maffe du mobile, de fa vîteffe & du tems.

§. CCXII. Si le corps A, étant mis en mouvement, parcourt en un moindre tems le même efpace que le corps B parcourt ; ou qu'il parcourt, dans le même tems que B, un plus grand efpace : on dit alors que le corps A fe meut plus vîte, & que le corps B fe meut plus lentement.

§. CCXIII. Cette affection d'un mobile, en vertu de laquelle il parcourt un certain efpace, dans un tems donné, fe nomme *vîteffe*. Il n'y a aucun mouvement fans vîteffe ; elle eft indéterminée par elle-même, & elle ne peut être déterminée que par la confidération de l'efpace que le mobile parcourt, & du tems qu'il met à le parcourir.

§. CCXIV. La vîteffe d'un corps, reftant la même, l'efpace qu'il parcourt croît comme le tems. De-là, fi on multiplie la vîteffe d'un mobile, par le tems qu'il emploie à se mouvoir, le produit donnera l'espace qu'il aura parcouru; & si on divise l'espace parcouru, par le tems qu'il aura employé à le parcourir, le quotient exprimera la vîtesse. Enfin si on divise l'espace par la vîtesse du mobile, on aura le tems pendant lequel il aura parcouru l'espace.

§. CCXV. On doit considérer la vîtesse d'un mobile comme une espece de grandeur, une quantité; car elle peut être plus grande, plus petite, & elle est susceptible d'être augmentée à l'infini. Le corps A, par exemple, peut parcourir un pied dans une heure; il peut parcourir le même espace dans $\frac{1}{60}$, ou dans $\frac{1}{3600}$ partie d'une heure; & pour lors la vîtesse de A, dans la derniere hypothese, sera 3600 fois plus grande que dans la premiere, & seulement 60 fois plus grande dans le second cas que dans le premier.

§. CCXVI. Puisque les vîtesses sont de véritables grandeurs, on peut donc les représenter par des lignes droites; & on pourra les représenter de la même maniere que les nombres : ce qui ne sera pas d'un petit avantage pour la suite; puisqu'une ligne qui désignera le tems, pourra être multipliée par une autre ligne qui exprimera la vîtesse : d'où il résultera un rectangle, dont la surface représentera l'espace parcouru.

§. CCXVII. Plus un corps a de vîtesse, & moins il emploie de tems pour parcourir le même espace; au contraire, plus sa vîtesse est petite, & plus il lui faut de tems pour parcourir le même espace : de-là si on donne à deux corps le même espace à parcourir, leurs vîtesses seront entr'elles en raison inverse des tems.

§. CCXVIII. Si un corps, doué d'un mouvement simple, se meut dans le vuide, il se mouvera toujours avec la même vîtesse, & selon la même direction qu'il aura reçue lorsqu'on l'aura mis en mouvement; & il parcourra des espaces égaux dans des tems égaux.

En effet tout corps, en vertu de son *inertie*, persévere dans l'état où on le met; & comme on ne suppose pas qu'il puisse se trouver dans le vuide aucun obstacle, il faut nécessairement que le mobile y conserve sa vîtesse, & s'y meuve selon la même direction. C'est sur ce principe qu'est fondée la premiere loix du mouvement de *Newton*. *Tout corps persévere dans son état de repos ou de mouvement, uniformément en ligne droite, à moins que des causes étrangeres ne l'obligent à changer l'état dans lequel il se trouve.* On doit cette loi à des observations que nous avons continuellement sous les yeux; on observe en effet qu'un corps en mouvement persévere dans son mouvement, & suit constamment la même direction, & qu'il ne passe de l'état du mouvemennnt à celui du repos, que lorsqu'il rencontre quelqu'obstacle qui s'oppose à son mouvement, & qui le détruise.

§. CCXIX. Cette espece de mouvement, se nomme *mouvement égal* ou *uniforme* : c'est la véritable mesure de la vîtesse du mobile; car, pour en découvrir la quantité, il faut faire attention à l'espace qu'un mobile parcourt d'un mouvement uniforme dans un tems donné.

§. CCXX. Lorsqu'un corps est mu d'un *mouvement uniforme*, & qu'il reçoit un nouveau mouvement, suivant la même direction, il parcourt, dans le même tems, plus d'espace qu'auparavant; l'augmentation de l'espace que

le mobile parcourt, eſt toujours proportionnée à l'augmentation de la vîteſſe : on donne à cette eſpece de mouvement, le nom de *mouvement accéléré*.

§. CCXXI. Si un corps, qui ſe mouvoit d'abord d'un mouvement uniforme, perd continuellement une partie de ſon mouvement, il avancera
plus lentement, & parcourra, dans un tems égal, un plus petit eſpace
qu'auparavant ; la diminution de l'eſpace qu'il parcourra en tems égal,
ſera proportionnelle à la perte de la vîteſſe. Cette eſpece de mouvement eſt
connu ſous le nom de *mouvement retardé*. Tous les corps qui ſe meuvent
dans l'air, dans l'eau ou dans tout autre fluide, ſe meuvent d'un mouvement retardé, auſſi-bien que ceux qui ſe meuvent ſur un plan inégal & raboteux.

§. CCXXII. Si un corps, qui ſe mouvoit d'abord avec un mouvement
uniforme, reçoit, dans des tems égaux, des accroiſſemems égaux de mouvement, on appellera ce mouvement, un *mouvement uniformément accéléré*.
Tel eſt le mouvement des corps graves qui tombent vers le centre de leur
gravitation.

§. CCXXIII. Mais ſi un corps, mû d'une vîteſſe uniforme, perd, dans
des tems égaux, une quantité égale de vîteſſe, on donnera à ce mouvement
le nom de *mouvement uniformément retardé*. Tel eſt le mouvement des corps
qu'on fait mouvoir de bas en-haut, contre la direction de leur gravité. On
donne auſſi, en général, aux mouvemens accélérés & retardés, le nom de
variables.

§. CCXXIV. Le mouvement *accéléré* ou *retardé* peut-être conſidéré comme compoſé de pluſieurs *mouvemens uniformes*, qui s'exécutent tous dans
un tems infiniment petit ; mais il faut auſſi conſidérer pour lors, qu'au commencement de chaque inſtant infiniment petit, la vîteſſe du mobile eſt augmentée ou diminuée, & que cette vîteſſe, telle qu'elle eſt au commencement de chaque inſtant, perſiſte pendant cet inſtant ; car, pendant chaque
inſtant infiniment petit, le mobile parcourt un eſpace quelconque. Pluſieurs
de ces eſpaces, comparés entr'eux, peuvent bien être différens les uns des
autres ; mais chacune des parties d'un même eſpace, eſt parcourue également.

§. CCXXV. Dans le *mouvement uniformément accéléré*, les vîteſſes croiſ-
ſent comme les tems : en effet, le mobile, ayant une certaine vîteſſe dans
le premier inſtant, cette vîteſſe, étant repréſentée par 1, la vîteſſe du ſecond
inſtant ſera égale à 2 ; celle du troiſieme inſtant à 3 : & par conſéquent, de
même que la ſomme des inſtans eſt à la ſomme des vîteſſes, de même le
premier inſtant eſt à la première vîteſſe : d'où il ſuit que la vîteſſe eſt toujours
comme le tems pendant lequel le mobile ſe meut.

§. CCXXVI. On appelle *mouvemens conſpirans*, ceux dont les directions
concourent à porter le mobile au même point, ou au moins dont les directions ſont parallèles entr'elles, & tendent vers le même endroit.

§. CCXXVII. On appelle *mouvemens contraires*, ou *directement oppoſés*, ceux dont les directions ſont directement oppoſées, & qui tendent
à porter le mobile vers deux points diamétralement oppoſés l'un à
l'autre.

§. CCXXVIII.

§. CCXXVIII. Lorsqu'on compare deux mobiles, qui se meuvent d'un mouvement uniforme, on observe ce qui suit.

Si les vîtesses des deux corps sont égales, les espaces parcourus seront à raison des tems : ainsi, appellant les vîtesses V, v, les espaces S, s, & les tems T, t, on aura la proportion suivante, $S : s :: T : t$. Les Mathématiciens expriment ainsi ce rapport, $S = T$; c'est-à-dire, l'espace est comme le tems : car le signe $=$ ne signifie pas ici égalité ; mais rapport.

§. CCXXIX. Si les vîtesses des deux corps sont inégales, & que les tems soient égaux, les espaces parcourus seront comme les vîtesses, & on aura $S : s :: V : v$, ou $S = V$; c'est-à-dire, l'espace est comme la vîtesse.

§. CCXXX. Si les vîtesses & les tems sont inégaux, les espaces parcourus seront en raison composée des raisons des vîtesses & des tems ; c'est-à-dire, seront comme les produits qui naîtront de la multiplication du tems par la vîtesse ; & on aura $S : s :: VT : vt$.

§. CCXXXI. Il suit de-là que la raison des tems est composée de la raison directe des espaces, & de la raison réciproque des vîtesses ; car si on a $Svt = sVT$, on aura $T : t :: Sv : sV$; & on aura encore $V : v :: St : sT :: \dfrac{St}{Tt} : \dfrac{sT}{Tt} :: \dfrac{S}{T} : \dfrac{s}{t}$, c'est-à-dire, que les vîtesses seront en raison directe des espaces, & en raison réciproque des tems, ou comme les espaces divisés par leurs tems ; & par conséquent, en supposant les espaces égaux, les vîtesses seront en raison réciproque des tems ; & on aura $V = \dfrac{1}{T}$.

§. CCXXXII. Si les espaces parcourus par deux corps, sont en raison réciproque des tems, les vîtesses de ces corps seront en raison réciproque du quarré des tems ; car si on a la proportion $S : s :: t : T$, & que d'ailleurs $S = VT$. $s = vt$, on pourra substituer à S, s, VT, vt ; & on aura alors $VT : vt :: t : T$; & par conséquent on aura $VTT = vtt$, & conséquemment $V : v :: tt : TT$, en conservant toujours la même hypothese (1). Les vîtesses seront en raison réciproque du quarré des espaces ; car puisqu'on a $S : s :: t : T$, on aura $ST = st$. Mais $T : t :: SV : sv$; par conséquent si on substitue à T, t, leur valeur ; savoir, s, S, on aura $s : S :: SV : sv$, & conséquemment $SSV = ssv$. Et si on met ces égalités en proportion, on aura $V : v :: ss : SS$.

§. CCXXXIII. Si les tems pendant lesquels deux corps se sont mûs, sont comme leurs vîtesses, les espaces qu'ils auront parcourus seront comme le quarré des tems. En effet, si on a $T : t :: V : v$, puisque $S = VT$ & $s = vt$, on aura $\dfrac{S}{T} = V$, & $\dfrac{s}{t} = v$, & par conséquent $T : t :: \dfrac{S}{T} : \dfrac{s}{t}$; ou $TT : tt ::$

---

(1) Il se trouve ici une erreur qui est d'autant plus de conséquence, qu'elle est répétée en plusieurs endroits. Comme cette faute ne me paroît point devoir être rejettée sur l'Editeur, je n'ai point voulu la corriger dans le texte. On pourra l'éviter par-tout où elle se trouvera, à l'aide de ce qui suit.

Dans la même hypothese, l'on peut dire aussi que les vîtesses sont en raison directe des quarrés des espaces ; car $ST = st$: puisque $S : s :: t : T$. Mais $T : t :: Sv : sV$, par l'équation générale. Donc en substituant ; la proportion $S : s :: t : T$ deviendra $S : s : Vt$ Sv ; d'où l'on tire $SSv = ssV$, & $V : v :: SS : ss$.

S : s, on aura encore $\frac{S}{V} = T \cdot \frac{s}{v} = t$, & par conséquent $\frac{S}{V} : \frac{s}{v} :: V : v$. ou S : s :: VV : vv.

§. CCXXXIV. Si les espaces parcourus font en raison inverse des vîtesses ; alors les tems font en raison directe des quarrés des espaces, ou en raison inverse des quarrés des vîtesses. En effet si S : s :: v : V , on aura S V = s v ; mais S = V T, & s = v t : par conséquent, en substituant à la place de S, s ; V T, v t, on aura T V V = t v v. Et en ordonnant ces produits en proportion, on aura T : t :: v v : V V ; mais comme S = V, & s = v, à la place de V, v, on peut prendre $\frac{S}{T}, \frac{s}{t}$, & on aura $S \times \frac{S}{T} = s \times \frac{s}{t}$, & par conséquent on aura t S S = T s s ; donc T : t :: S S : s s.

§. CCXXXV. Si on fait attention aux grands corps qui font partie de l'Univers & qui le composent, on observera que tous ces corps font doués d'un mouvement très rapide ; comme il paroit manifestement par les planetes qui se meuvent continuellement sur leur axe, & qui, outre cela, font emportées autour du soleil : ce mouvement rapide s'observe encore dans les planetes secondaires, qui se meuvent autour de la planete à laquelle elles appartiennent, & qui, outre cela, font des révolutions continuelles, ainsi que leur planete principale, autour du soleil. Le soleil lui-même se meut sur son axe. Nous allons exposer, dans la Table suivante, les mouvemens des différens corps dont nous venons de parler.

Les planetes font leur révolution sur leurs axes en tant de

	jours,	heures	minutes.
Le Soleil	25	6.	
Mercure.			
Venus	23	8.	
La Terre		23	56.
La Lune	27	7	43.
Mars	1	0	40.
Jupiter	0	9	56.

Saturne, ainsi que Mercure ; ne font pas encore déterminés.

Elles font leurs révolutions autour du Soleil en tant d'

	années.	jours.	heur. min.	sec.
Saturne	29	167	20.	
Jupiter	11	314	10.	
Mars	1	301	23.	
La Terre	1	0	5 48'	47".
Venus	0	224	16.	
Mercure	0	87	23.	

Les Satellites de JUPITER font leur révolution autour de leur planete en tant de

jours. heures. minutes.

1	1	18	28	35''	56'''.
2	3	13	17	53	45 (1).
3	7	3	59	35	55.
4	16	16	32.		

Les Satellites de SATURNE font leur révolution autour de SATURNE en tant de

jours. heures. minutes.

	jours.	heures.	minutes.
1	1	21	19.
2	2	17	41.
3	4	13	47.
4	13	22	41.
5	79	22	4.

Les cometes font douées d'un mouvement très rapide ; & il paroît que les étoiles fixes ne font point immobiles. L'obfervation nous fait voir que la grandeur apparente de ces étoiles n'eft pas conftamment la même pendant le courant de l'année : qu'il y en a quelques-unes qui difparoiffent prefque de deffus notre horifon, & quelques autres qui viennent s'y préfenter. L'étoile qu'on remarque à la queue de la grande Ourfe, defcend tous les ans de 18 '', par rapport à la préceffion des équinoxes ; mais le mouvement propre de cette étoile, en latitude, eft de deux minutes dans l'efpace de 50 ans (2). Il n'eft pas néceffaire de rapporter ici un plus grand nombre d'obfervations, qui confirmeroient la même chofe. Tout ce qui exifte dans la Nature eft doué de quelque mouvement.

§. CCXXXVI. Le mouvement dont nous venons de parler (§. 235), & qui fe trouve dans les grands corps, eft toujours le même ; il a pour premiere caufe l'Etre fuprême, qui, après avoir créé ces maffes, & les avoir placées dans le lieu où elles doivent être, leur a imprimé une force projectile confidérable, pour les faire mouvoir en ligne droite, & leur a donné une très foible tendance pour fe porter au centre du foleil. L'Auteur de la Nature a imprimé un même mouvement, ou au moins un autre à-peu-près femblable aux autres aftres ; mais leur diftance immenfe de notre globe, fait que nous ne pouvons guere bien diftinguer le mouvement qui les anime.

§. CCXXXVII. Une feconde caufe du *mouvement commun*, que nous

(1) Selon l'obfervation de Wargentin, dans les Actes d'Upfal. ann. 1749, pag. 40 ; où felon les Mém. de l'Acad. de Berlin, ann. 1755. Obferv. de Barros.

(2) Hift. de l'Acad. Roy. ann. 1743, pag. 69. Bradley an a Letter to the Earl of Macclesfield, p. 40. D'Alembert, fur la préceffion des Equinoxes.

remarquons dans tous les corps qui font partie du fyftême planétaire, ou cométaire ; c'eft la gravité qui produit du mouvement, tant dans les corps céleftes, que dans les corps terreftres : un corps élevé à quelque diftance quelconque au-deffus de la furface de la terre, & abandonné à lui même, tombe, en vertu de fa pefanteur, vers le centre de la terre. Les planetes & les cometes, en vertu de la même force, tendent conftamment au centre du foleil ; mais elles en font retirées par leur force centrifuge : & en vertu de ces deux forces combinées enfemble, elles décrivent des ellipfes autour du foleil. Cette gravitation univerfelle, qui maîtrife toutes les planetes, & qui fait qu'elles tendent toutes les unes vers les autres, & vers le foleil, eft la caufe de ce mouvement autour de leur centre de gravité, que nous remarquons dans le foleil auffi bien que dans les planetes & dans les cometes ; de forte que la fituation du foleil ne demeure pas conftamment la même. Pareillement lorfque la lune tourne autour de la terre, le centre commun de gravité de ces deux corps ne demeure pas conftamment dans le plan de l'écliptique ; puifque le plan de la lune coupe l'écliptique fous un angle de 5 degrés : bien plus, cette gravitation refpective, qu'on remarque entre la terre & la lune, eft caufe que la terre s'écarte quelquefois de l'écliptique de 1 m″, & 15 m‴, felon la fupputation d'*Euler* (1).

. Comme la terre eft ovale, tandis que la lune parcourt l'orbe de la terre, & que fes nœuds parcourent l'orbite de la lune ; alors la gravitation de la lune vers la terre, dans le tems périodique des nœuds, fait que la terre paroît balancer d'une quantité plus ou moins grande, & que les étoiles fixes paroiffent décliner plus ou moins (2) : car le balancement de la terre eft de 18 m‴, & fon période répond parfaitement à la révolution des nœuds de la lune, qui eft de 19 années, ainfi que *Bradley* l'a confirmé par plufieurs obfervations. Le plan de l'orbite de la lune fe trouve quelquefois plus incliné au plan de l'équateur que dans un autre tems ; & cet excès d'inclinaifon va jufqu'à 10 degrés.

Les fatellites de Jupiter & de Saturne ont une tendance vers Jupiter & Saturne, pareille à celle que nous obfervons entre la lune & la terre : on obferve bien plus, que les cometes font maîtrifées par l'attraction de Jupiter & de Saturne, lorfqu'en parcourant leurs courbes, elles fe trouvent à la proximité de ces deux planetes. Quoique l'attraction que tous les corps exercent les uns fur les autres fe manifefte plus fenfiblement à de petites diftances, que lorfqu'ils font très éloignés les uns des autres, elle ne devient jamais nulle pour cela à de grandes diftances ; puifque l'attraction de Saturne fe fait fentir fur le foleil, & que bien plus les cometes qui font à de plus grandes diftances du foleil, & qui ne décrivent leur orbite qu'une fois en cinq fiecles, font encore maîtrifées par l'attraction du foleil : ce qui prouve qu'à toute diftance quelconque, quelque grande qu'on la fuppofe, l'attraction fe fait fentir ; & c'eft pour cette raifon que nous l'avons rangée parmi les propriétés générales de la matiere.

§. CCXXXVIII. La troifieme caufe du mouvement paroît être une fa-

____

(1) Hift. de l'Acad. de Berlin, vol. 1 pag. 38.   (2) Bradley in a Letter to the Earl of Macclesfield.

sulté de notre ame & de celle des animaux ; car l'expérience journaliere nous apprend que l'animal qui est en santé, & qui n'est point empêché par un obstacle insurmontable, peut, selon ses desirs, exciter & produire du mouvement dans toutes les parties de son corps. L'homme marche, court au gré de ses desirs ; les animaux en font autant : ils volent, ils nagent, ils rampent, & meuvent les différentes parties de leurs corps. Quoiqu'on ne puisse démontrer de quelle maniere l'ame agit sur les parties du corps qui lui sont soumises ; puisque nous ne connoissons pas assez la nature de ces deux especes de substances (l'ame & le corps) , ni de quelle maniere elles sont unies entr'elles , & comment elles agissent l'une sur l'autre : néanmoins le sentiment intérieur nous apprend que l'ame agit sur le corps, lorsqu'elle dirige à son gré les mouvemens des pieds & des mains. On reconnoît encore outre cela une autre cause du mouvement dans les parties de l'animal vivant, & même de celui qui est mort depuis peu de tems ; & cette cause se nomme l'*irritabilité*. L'*instinct* produit encore plusieurs mouvemens dans tous les animaux ; mais on ne connoît point encore assez ces deux dernieres causes, pour vouloir en expliquer le méchanisme.

§. CCXXXIX. La quatrieme cause du mouvement, sont les vertus électrique, magnétique, les attractions, & les répulsions ; vertus qui sont toutes différentes les unes des autres.

§. CCXL. La cinquieme cause du mouvement, est l'élasticité qui se manifeste dans les corps élastiques qui sont comprimés ou distendus. Cette force peut produire beaucoup de mouvement ; comme on peut l'observer dans les billes élastiques qu'on choque, & qui reprennent leur premiere figure ; dans les cordes de musique, qu'on bande & qu'on pince ; dans les cloches, qu'on frappe. Tous ces corps conservent, pendant long-tems, les vibrations qu'on excite dans leurs parties. On remarque le même phénomene dans les fluides élastiques, qui, lorsqu'on les comprime, se resserrent dans un plus petit espace ; mais se développent aussi tôt que la force compressive cesse d'agir sur eux.

§. CCXLI. La sixieme cause du mouvement, est un corps qui se meut, & qui communique du mouvement à un autre corps qu'il rencontre & qu'il frappe ; comme il paroît lorsqu'une bille de billard en rencontre une autre, & qu'elle la frappe, ou lorsqu'un liquide qui coule en rencontre un autre, ou un solide, comme il arrive lorsque le courant d'un fleuve, ou le vent, heurte contre les vannes d'une roue de moulin.

§. CCXLII. Une septieme cause du mouvement, est l'action du feu, soit solaire, soit terrestre, qui ébranle les parties, tant des corps solides, que des fluides ; de là les corps qui sont embrasés, éclatent avec bruit & sont dispersés : les fluides sont convertis en vapeurs.

§. CCXLIII. On doit encore regarder la putréfaction, la fermentation, l'effervescence, la végétation, & les dissolutions, comme une huitieme cause du mouvement.

§. CCXLIV. Je ne doute nullement qu'il n'y ait encore beaucoup d'autres causes du mouvement, que nous ne connoissons pas, mais qu'un examen plus réfléchi sur les phénomenes de la Nature fera connoître à ceux qui viendront après nous : peut être en exiſte-t-il encore pluſieurs, que leur délicateſſe dérobe, & dérobera toujours à nos recherches.

§. CCXLV. De quelque cauſe, parmi celles qui ſont connues, que naiſſe le mouvement, il paroît toujours ſuivre les mêmes loix qu'il ſuivroit s'il étoit produit par une preſſion, ou par une percuſſion ; d'où il ſuit, que ſi on traite, comme il convient, des loix de la preſſion & de la percuſſion, on aura traité au moins, quant à leurs effets, des loix de toutes les autres cauſes du mouvement connues juſqu'à préſent, juſqu'à ce que l'on ſoit parvenu à la connoiſſance de celles que nous ignorons. Il paroît par-là que les Philoſophes ſont encore bien éloignés d'avoir découvert la véritable explication de tous les phénomenes qui ſe préſentent à nos recherches.

CHAPITRE V.

Des puiſſances qui compriment, ou des preſſions.

§. CCXLVI. UNE *puiſſance qui comprime*, eſt la force d'un corps qui agit ſur un autre, ou qui le meut, ou qui fait effort pour le mouvoir ; d'où il paroît que cette puiſſance eſt propre à produire du mouvement.

§. CCXLVII. Tout ce qui réſiſte à une puiſſance qui comprime, ſe nomme *obſtacle*.

§. CCXLVIII. Tant que l'obſtacle, qu'une puiſſance comprime, ne cede point à ſon effort, & n'abandonne pas le lieu qu'il occupe, ni ne change point de figure, la preſſion de la puiſſance eſt regardée comme nulle, & eſt détruite par la réſiſtance de l'obſtacle : dans ce cas, il ſe fait une action ſans mouvement, ou une action dans le lieu ; puiſque la puiſſance agit réellement en faiſant un effort continu, tandis qu'elle preſſe, mais l'effet de la réſiſtance eſt de détruire ou d'empêcher celui de la preſſion.

§. CCXLIX. La puiſſance qui comprime, comme nous venons de l'expoſer (§. 248.) demeure conſtamment dans le même lieu, indépendamment de ſon action, & par conſéquent reſte en repos ; & parceque l'obſtacle que cette puiſſance comprime demeure auſſi dans le même lieu, il reſte auſſi en repos. Cela arrive 1°. lorſque des hommes, ou des animaux vivans, preſſent avec leurs mains, leurs jambes, ou avec tout leur corps, d'autres corps qu'ils s'efforcent de mouvoir hors de leurs places. 2°. Cela arrive encore lorſqu'un corps grave s'appuie ſur un autre corps ; le premier preſſe celui ſur lequel il s'appuie, lors même que celui-ci eſt ſoutenu. 3°. La force élaſtique d'un reſſort bandé & courbé entre deux autres corps, produit le même effet ; ce reſſort tend à ſe débander, & comprime les deux corps qui s'oppoſent au développement de ſon reſſort. 4°. La vertu magnétique preſſe deux corps l'un contre l'autre, de la même maniere que s'ils étoient comprimés l'un contre l'autre par une force extérieure.

§. CCL. Les obstacles résistent à l'effort qu'on fait contre eux, par leur inertie, leur grandeur, leur fermeté, leur poids, &c.

§. CCLI. Lorsqu'une puissance, par sa pression, produit du mouvement, l'obstacle qui cede alors à son effort, se met en mouvement; & le mouvement qu'on remarque dans cet obstacle, est l'effet de la puissance qui le comprime.

§. CCLII. Nous ne parlerons ici que de la pression qu'une puissance exerce dans un tems infiniment petit, contre un obstacle qui lui résiste par son inertie, & qui néanmoins est mis en mouvement par cette pression.

§. CCLIII. Un obstacle qui est mis en mouvement par une puissance qui le comprime, peut différer de plusieurs manieres; savoir, par sa grandeur, par la vîtesse, ou par l'espace qu'il parcourt dans un tems donné : le mouvement qu'il reçoit, est l'effet que produit la puissance sur lui; & c'est l'effort que fait cette puissance contre cet obstacle, qui est la cause de cet effet : or comme tout effet est nécessairement proportionnel à sa cause, on connoîtra l'action de la puissance qui meut un corps, par la grandeur de ce corps, & par l'espace qu'il parcourra dans un tems donné.

Quelques Philosophes aiment mieux juger de l'action d'une puissance qui met un corps en mouvement, par la seule vîtesse que cette puissance communique au mobile; &, ne considérant que la pression momentanée, ils appellent la vîtesse qui en résulte, *vîtesse initiale*, ou *élémentaire*. Cette façon d'évaluer une puissance, conduit aux mêmes conclusions que celle que nous venons d'annoncer. On peut parfaitement réussir de plusieurs manieres, & on peut parvenir au même but par différentes voies. Si on appelle une puissance P, & l'effet qu'elle produit E, en répétant plusieurs fois P, & exprimant ce nombre de fois par m; on aura m P $=$ m E.

§. CCLIV. Lorsqu'on ne peut pas juger de la grandeur d'une pression, il en faut comparer deux ensemble; ces deux pressions peuvent alors agir sur des obstacles égaux ou inégaux : elles peuvent les mouvoir avec une vîtesse égale ou inégale.

§. CCLV. Si deux puissances, agissant l'une & l'autre contre deux obstacles égaux, leur impriment, à l'un & à l'autre, la même vîtesse, alors l'action de ces deux puissances sera égale; puisqu'elles produiront alors des effets égaux : & les effets, étant proportionnels à leurs causes, ces causes seront entr'elles comme leurs effets, c'est-à-dire, égales.

§. CCLVI. Si deux puissances, agissant contre des obstacles inégaux, leur impriment la même vîtesse, les efforts de ces puissances seront entr'eux comme la grandeur des obstacles contre lesquels elles auront agi. Appellons P, p les efforts de ces puissances; nommons O, o les obstacles, & les espaces parcourus dans le même tems S, s : l'action de la puissance P sera à celle de l'autre puissance p : : O S : o s ; & comme les espaces S, s sont égaux, on aura P : p : : O : o.

§. CCLVII. Si deux puissances qui compriment font mouvoir deux obstacles égaux, de façon qu'ils parcourent des espaces inégaux dans le même tems; leurs actions seront entr'elles comme les espaces parcourus par les obstacles : les actions sont constamment comme les effets qui sont produits dans des tems égaux; & dans l'hypothese présente, les effets sont

comme les espaces parcourus par des obstacles égaux. Prenant ces obstacles
pour des unités, on aura la proportion suivante, $P : p :: OS : os :: S : s$.
Si on a donc deux obstacles égaux, A & B, que l'un des deux, B, parcourt
un espace double de celui que A parcourt dans le même tems, la résistance
que B apportera, par son inertie, sera double de celle de A : & conséquemment l'action de la puissance qui a mis B en mouvement par sa pression, a
dû être double de celle qui a mis en mouvement A.

§. CCLVIII. Si deux obstacles inégaux sont mus avec des vîtesses inégales,
les efforts des puissances comprimantes seront entr'elles en raison composée
des espaces parcourus, & de la grandeur des obstacles ; & on aura $P : p ::$
$OS : os$.

§. CCLIX. Mais si on a $P : p :: OS : os$, on aura $P o s = p O S$; & en
ordonnant les deux égalités en proportion, on aura $O : o :: P s : p S$; c'est-
à-dire, les obstacles seront en raison directe des actions des puissances, &
en raison inverse des espaces qu'ils auront parcourus.

§. CCLX. Si on suppose que les efforts de deux puissances soient égaux,
& que les obstacles soient inégaux, les grandeurs des obstacles seront en
raison inverse des espaces. En effet, l'action de chaque puissance, étant exprimée par P & p, qu'on suppose égaux ; on aura pareillement $OS = o s$
(§. 258.), & par conséquent $O : o :: s : S$.

§. CCLXI. Il suit de-là, qu'en supposant égales les puissances qui compriment ; plus les obstacles seront grands, & plus les espaces parcourus seront
petits : & au contraire, plus les obstacles seront petits, & plus les espaces
seront grands.

§. CCLXII. Lorsque les grandeurs des obstacles seront en raison inverse
des espaces parcourus, les actions des puissances seront égales : en effet,
lorsqu'on aura $O : o :: s : S$, on aura $OS = o s$; mais OS exprime l'action
de la puissance P.

§. CCLXIII. Si on divise les actions des puissances par la grandeur des
obstacles, le quotient donnera les espaces parcourus ; si on prend, pour diviseur, les espaces, le quotient exprimera les obstacles : car puisque l'action de
la puissance $= OS$, on aura $\dfrac{OS}{O} = S$, & $\dfrac{OS}{s} = O$.

§. CCLXIV. Nous allons maintenant parler des puissances qui se pressent
en sens contraire. Si deux puissances égales se pressent mutuellement en
sens contraire, ces deux puissances resteront en équilibre, & elles demeureront en repos ; puisque l'effort de l'une détruira celui de l'autre, tant qu'elles
agiront ainsi l'une contre l'autre. C'est ainsi qu'une quantité infinie de pression, ou d'action, peut périr dans la Nature. Cet effet se remarque manifestement dans deux athletes égaux en forces, & qui luttent l'un contre
l'autre : dans ce cas, on remarque le même effet que nous avons indiqué
(§. 248). Mais il n'en est pas de même quant à l'action ; car (§. 248)
l'obstacle, par sa résistance seule, détruisoit l'action de la puissance : mais
dans l'hypothese présente, il y a une véritable réaction ; puisqu'autant une
des deux puissances agit contre l'autre, autant cette derniere réagit contre la
premiere. On pourroit même concevoir un corps placé entre ces deux puissances ; ce corps seroit également pressé à droite & à gauche, & il se

mouveroit

mouveroit également vîte d'un côté que d'un autre, si ces deux puissances agissoient séparément contre lui : mais comme il se trouve, par l'hypothese, entre deux forces qui le present également de part & d'autre, il demeure en repos, aussi-bien que les puissances qui agissent contre lui.

§. CCLXV. Supposons maintenant un point presé par deux puissances qui agissent en sens contraire; si ce point, presé séparément par ces deux puissances, ne recevoit pas la même vîtesse de l'une & de l'autre, il est constant que ces deux puissances n'agiroient pas également contre ce même point ; & que par conséquent, agisant ensemble, elles ne se détruiroient point tout-à-fait mutuellement.

§. CCLXVI. Si on suppose plusieurs points qui résistent différemment ; de sorte, qu'étant presés, ils parcourent des espaces qui soient en raison réciproque des résistances ; alors des puissances différentes en grandeur pourront produire des pressions égales : car les résistances ne different aucunement de la grandeur des obstacles ; puisqu'elles suivent exactement la raison de cette grandeur. Ainsi nommant les résistances R, r, & prenant ces résistances pour les obstacles O, o, on aura les pressions P : p :: R S : r s. Or si R : r :: s : S, on aura R S = r s; & conséquemment P = p. Mais pour qu'on puisse concevoir comment des puissances de différentes grandeurs peuvent presser également, concevez un resort d'acier, pesant 10 livres, qui soit peu tendu, & qui presse le point R ; concevez pareillement un autre resort du poids d'une livre, qui soit fortement tendu, & qui presse le point r : que le plus grand de ces deux resorts soit nommé P, & le petit p; il est constant que ces deux resorts peuvent produire des effets de pressions qui soient égaux & qui donnent R S = r s, & conséquemment, R : r :: s : S.

§. CCLXVII. Si les grandeurs des puissances sont en raison inverse des espaces, que différens points contre lesquels elles agiroient parcourroient dans le même tems, les pressions de ces puissances seront égales; & si elles agissent en sens contraire, elles se détruiront mutuellement: si P : p :: s : S, en supposant les points égaux R = r, on aura R s = r S ; & conséquemment P : p :: R s : r S. Mais si R s est opposé à r S, il est constant qu'ils se détruiront mutuellement ; & par conséquent si P est opposé à p, ils se détruiront aussi.

§. CCLXVIII. Si deux puissances agissent & se pressent en sens contraire, & qu'une des deux soit supérieure à l'autre, leurs actions seront inégales; celle de la puissance victorieuse sera plus grande, & conséquemment celle de l'autre puissance sera plus petite. Supposons maintenant qu'une action égale à celle de la plus petite de ces deux puissances périsse, la plus forte de ces deux puissances maîtrisera alors la plus petite, par l'excès de force qu'elle aura sur elle.

§. CCLXIX. Avant de passer à l'examen du mouvement des corps, nous allons exposer les loix du mouvement que *Newton* nous a transmises. Nous avons déja exposé la premiere de ces loix (§. 218.): voici la seconde, que nous devons à des observations constantes. » Tout changement qui arrive » dans un corps qui est en mouvement, est toujours proportionnel aux for- » ces motrices qui l'animent, & ce changement se fait toujours dans la li- » gne droite, selon laquelle les forces agissent ».

Tome I.   P

Quand on imprime de nouvelles forces, selon la même direction, à un corps qui est déja en mouvement, le mouvement de ce corps s'accélere. Lorsqu'on lui communique de nouvelles forces en sens contraire, alors son mouvement devient retardé ; lorsqu'on lui communique de nouvelles forces, selon une autre direction que celle qu'il suit, il se meut alors selon une autre ligne : & on ne peut pas dire que le nouveau mouvement qu'on lui imprime, détruise le mouvement dont il jouissoit auparavant, si les directions ne font point opposées. Si deux corps viennent à se choquer, & que l'un des deux soit en repos, ou qu'ils soient tous les deux en mouvement ; autant l'un des deux aura communiqué à l'autre de degrés de forces, autant le premier de ces deux corps en aura perdu.

§. CCLXX. La troisieme loi du mouvement, selon *Newton*, est celle qui suit : » La réaction est contraire & égale à l'action ; c'est-à-dire, aucun » corps ne peut exercer son action contre un autre, qu'il n'éprouve une ré-» sistance égale à son action : & l'action & la résistance se dirigent toujours » en sens contraire ». En effet aucune puissance ne peut déployer son action sans qu'elle agisse contre un obstacle qui lui résiste. Si la puissance qui comprime vient à bout de mouvoir l'obstacle, cet obstacle oppose son inertie à cette puissance, & réagit contre elle ; la force qu'il reçoit est proportionnelle à l'effort qu'il éprouve, & au mouvement que la puissance perd par sa pression : car, quoique l'obstacle soit en mouvement, il n'en déploie pas moins son inertie contre la puissance qui l'anime. Si l'effort de la puissance s'exerce de gauche à droite, l'obstacle résiste de droite à gauche. La résistance est toujours égale à l'inertie ; & si l'effort de la puissance est supérieur à la force d'inertie, le mobile se meut par l'excès de l'effort de la puissance. Un corps dont le poids est d'une livre, est en équilibre par une puissance dont l'effort est pareillement d'une livre ; & l'équilibre n'est rompu, & conséquemment le corps d'une livre n'est élevé que par la supériorité de force qu'exerce une puissance dont l'effort est de plus d'une livre.

§. CCLXXI. Tout effet naturel, produit par une seule puissance, ou par le concours de plusieurs puissances, est toujours produit par la plus petite action possible ; car tout effet naturel dépend immédiatement de Dieu, ou des causes secondes qu'il a créées : or la puissance & la sagesse du Créateur, étant absolues & infinies, il n'est pas possible, ou que les effets qu'il produit immédiatement, ou que les causes secondes qu'il a établies pour les produire, ne produisent ces effets avec la plus petite action possible. S'il en étoit autrement, tout ce qu'on remarqueroit dans la puissance de supérieur à l'effet, seroit inutile, & ne contribueroit en rien à la production de cet effet : or un ouvrier infiniment intelligent, & doué d'une sagesse infinie, ne peut rien produire, ni même imaginer qui soit superflu & inutile ; tout ce qu'il fait, ou tout ce qu'il a fait, est toujours produit selon les loix de la plus exacte économie : c'est pourquoi, lorsque j'éleve le bras jusqu'à une certaine hauteur, les muscles élévateurs, qui produisent ce mouvement, sont insérés dans la partie convenable de l'humérus, pour qu'ils puissent produire cet effet par le plus petit effort requis ; & leur action seroit plus grande dans l'hypothese que je viens de faire, si on supposoit qu'ils fussent insérés, ou plus près de la tête de l'humérus, ou en un endroit plus éloigné que celui où ils s'attachent. Pareillement les planetes décrivent leurs orbes autour du foleil, en vertu de la force qui les maîtrife, & qui eft autant petite qu'elle puifse être ; cette force feroit plus grande, fi les planetes fe mouvoient plus rapidement, ou fi elles avoient à parcourir des orbes plus grands.

CHAPITRE VI.

De la force des corps qui font en mouvement.

§. CCLXXII. C'EST aujourd'hui une grande queftion entre les Philofophes ; favoir, comment on doit fupputer la force des corps qui font en mouvement. *Ariftote* (1) autrefois, après lui *Gallien* (2) & *Borelli* (3), diftinguoient la preffion du choc. Le P. *Merfenne* paroît être un des premiers qui ait examiné la valeur d'un choc, en laifsant tomber un corps grave, de différentes hauteurs, fur un des baffins d'une balance, & en mettant dans l'autre baffin de la balance différens poids, jufqu'à ce que le corps, par fa chûte, ne pût plus faire trébucher la balance. L'expérience fit voir à cet habile Phyficien, que le choc étoit proportionnel au poids du corps choquant & à fa vîtefse. (4) *Gaffendi* embrafsa l'opinion du P. *Merfenne* (5), *Riccioli* (6), *Delanis* (7), & plufieurs modernes furent auffi de cet avis. *Riccioli* cependant auroit dû s'éloigner de ce fentiment, s'il avoit voulu conclure d'après les expériences qu'il fit. Il prit un poinçon de fer qu'il enfonça dans du beurre, & laifsa tomber fur la tête de ce poinçon une boule de bois, qu'il élevoit à différentes hauteurs. Or il eft conftant que les réfultats de ces expériences ne donnent point la proportion que nous avons indiquée ci-deffus, & que la force du corps choquant, à en juger par les différentes profondeurs felon lefquelles le poinçon s'enfonce dans le beurre, n'eft point en raifon compofée de la mafse & de la vîtefse du corps choquant. Après les tentatives qu'on avoit faites, & que nous venons de rapporter, il s'éleva une difpute entre *Hughens* & *Catelan*, fur le centre d'ofcillation (8), qui donna lieu aux Phyficiens d'examiner de plus près le fentiment qu'on avoit embrafsé fur la force de la percuffion, & qu'on eftimoit alors par la mafse & la vîtefse du corps choquant. *Hughens* foutenoit » que c'étoit une loi conf-» tante de la Nature, que les corps doivent garder leur force afcenfionnelle, » & que pour cela la fomme des quarrés de leurs vîtefses doit demeurer la » même (9) ».

(1) Mechan. Quæft. 20. (2) Mechan. Dial. 4. (3) De vi percuffionis, Prop. 90. (4) Réflexion Phyf. Math. c. 8. (5) Epift. ad Gazieum. (6) Almageft, Lib. 9. fect. 4. p. 393. (7) Magifter. Nat' & Artis, vol. 1. tract. 3. cap. 2. p. 160. (8) Journ. des Sav. ann. 1682. Hugenii opera varia.

(9) La force afcenfionnelle, dont parle *Hughens*, n'eft autre chofe que la force qu'un

Leibnitz , qui étoit si recommandable en Physique & en Mathématiques , examina avec soin cette maniere d'estimer les forces (1) , & crut qu'il falloit distinguer deux especes de forces ; les unes, qu'il nommoit *mortes* , & les autres , qu'il appelloit *vives*. Il entendoit par des forces *mortes* , celles que nous avons indiquées sous le nom de puissances qui compriment ; & par *forces vives* , celles qui animent les corps qui se meuvent librement. Il jugea que les forces mortes étoient en raison composée de la masse & de la vîtesse ; mais que les forces vives suivoient la raison composée de la masse & du quarré de la vîtesse. Plusieurs grands Mathématiciens , *Joh. Bernouilli* (2) , *Herman* (3), *Wolf* (4), *Poleni* (5) , *Bulfinguer* (6) , *s'Gravesande* (7) , & plusieurs autres Savans, embrasserent l'opinion de *Leibnitz* , & la confirmerent par différentes preuves qu'ils imaginerent. Plusieurs Physiciens d'un mérite distingué , *de Mairan* (8) , *Jurin* (9) , *Maclaurin* (10) , *Desaguilliers* (11) , & beaucoup d'autres encore, firent tous leurs efforts pour faire valoir l'ancienne méthode d'estimer la force des corps en mouvement ; & ils ajoûterent , aux preuves qui lui servoient de fondement, des raisonnemens très subtils , & des argumens très solides. Le savant *de Turre* fut aussi de l'avis de ces derniers (12). Il faut donc examiner , avec toute l'attention possible, une question sur laquelle les plus savans Physiciens ne s'accordent pas , & ne pas juger témérairement & avec précipitation.

§. CCLXXIII. Si un corps , placé dans le vuide , est pressé par une puissance selon une direction quelconque, ce corps se mouvera dans cette direction , & conservera toujours la même vîtesse qu'il aura reçue de la puissance qui l'aura pressé.

§. CCLXXIV. Mais si la puissance qui presse est constituée de telle maniere , qu'elle continue de presser le corps selon la même direction , la vîtesse du mobile augmentera , & elle acquerra de nouveaux degrés d'accrois-

pendule composé acquere , par sa chûte , en vertu de laquelle , lorsqu'il est parvenu au point le plus bas de sa suspension , il remonte, en décrivant en sens contraire , un arc qu'il a parcouru en descendant. On peut consulter à cet égard les remarques que M. *Hughens* a publiées sur une Lettre de M. le Marquis de l'*Hopital* , qui , d'après le récit que M. *Bernouilli* avoit donné de la dispute entre M. *Hughens* & M. l'Abbé *Catelan* , embrassa la regle que M. *Hughens* avoit indiquée , touchant le centre d'oscillation des pendules composés.

(1) Acta Liepsienf. ann. 1686 , 1687 , 1690 , 1691 , 1695.
(2) Differt. ann. 1727. Acta Liepf. ann. 1735. Commercium Epist. Tom. 1. epist. 21. pag. 108.
(3) Phoronomia , pag. 119. Comment. Petropol. v. 1.
(4) Mechanica , cap. 7. §. 325.
(5) De Castellis aquarum , §. 119. Epist. ad Ant. Comitem de Comitibus.
(6) Comment. Petropol. v. 1.
(7) Hist. Litter. ann. 1722 , p. 1. & 190. Element. Physicæ , Edit. 3.
(8) Hist. de l'Acad. Roy. ann. 1728. Differt. sur la mesure des forces motrices.
(9) Differt. physicomath. Diff. 9. Philof. Transf. n. 476. §. 14.
(10) Teatise of Fluxions Book 1. ch. 12. p. 427. Account. of Newtons. Discover. Book. 2. ch. 2.
(11) Courfe of Experiment. Philof. T. 1.
(12) Instit. Physiq. Sect. 4. ch. 12.

fement , tant que cette puifsance poufsera le mobile ; de forte qu'il pafsera du repos , par différens degrés de vîtefse , jufqu'à ce qu'il foit parvenu à celui qu'il recevra par la derniere preffion qu'il éprouvera.

§. CCLXXV. Ce corps , qui eft mû par la puifsance qui le comprime , agit contre elle par fa force d'inertie , à proportion de celle par laquelle il eft comprimé : par le conflit de ces deux forces , il s'en engendre une dans le mobile ; puifqu'il pafse par ce moyen de l'état du repos à celui du mouvement : car la force d'inertie , en réfiftant à celle qui prefse le mobile , ne détruit point cette derniere ; mais elle contribue précifément à faire pafser la force de la puifsance dans le mobile , qui la conferve après qu'il l'a reçue.

§. CCLXXVI. La force qui réfide alors dans le mobile , eft , ou l'effet d'une preffion momentanée , ou l'effet de plufieurs preffions qui fe font fuivies les unes & les autres dans un tems fini : l'effet de ces forces , eft de tranfporter le corps , dans lequel elles pafsent , d'un lieu dans un autre.

§. CCLXXVII. La force qui eft produite de cette maniere dans le corps , eft quelque chofe de permanent ; au lieu que la preffion qui produifoit la force s'eft évanouie en fe développant.

§. CCLXXVIII. Si une puiffance qui comprime n'agit que pendant un inftant infiniment petit , elle ne communique au corps qu'elle prefse qu'une force & une vîteffe infiniment petite , proportionnée néanmoins à fon intenfité , ou à fa grandeur. Une puiffance qui prefse un mobile pendant un tems fini & déterminé , communique , au mobile qu'elle prefse , une force & une vîteffe qui eft égale à la fomme de toutes les preffions qu'elle a déployées pendant tout le tems qu'elle a agi contre le mobile : de là fi on compare la force qu'un mobile a acquife par une preffion qu'il a fubie pendant un tems d'une certaine durée , avec celle qu'il auroit acquife par une preffion momentanée , on trouvera que la premiere de ces deux forces furpafsera autant la feconde , que la longueur du tems pendant lequel la premiere a été acquife , furpaffe la durée d'un inftant infiniment petit , tems pendant lequel la feconde de ces deux forces eft fuppofée avoir été acquife.

§. CCLXXIX. Chaque puiffance qui comprime , étant d'une grandeur déterminée , l'une plus grande , l'autre plus petite ; la preffion qu'une puiffance pourra faire , fuivra la même proportion : elle fera plus grande ou plus petite ; & par conféquent l'action totale d'une puiffance fuivra la raifon compofée de la grandeur de la puiffance , & du tems pendant lequel elle déploie fon action : & conféquemment l'effet qui en réfultera , fuivra la même proportion. De là la vîteffe d'un corps d'une grandeur déterminée , fera déterminée , & fa force fera pareillement déterminée.

§. CCLXXX. Si la puiffance qui agit fur un corps fe trouve hors de lui , & demeure dans le même état après qu'elle a mis ce corps en mouvement par fa preffion , elle ne peut le preffer davantage , felon la même direction ; puifqu'elle ne pourroit communiquer à ce corps que la vîteffe avec laquelle il eft déja en mouvement , ayant déja déployé toute fon action contre ce mobile. Soit un obftacle fixe A S [*Tab. 2. fig. 13.*] , foit un corps extrêmement mobile F , & un reffort B C , que je fuppofe roulé fur lui-même , tendu & fixé au point B ; fi on lâche ce reffort , & qu'il vienne à fe développer , il fe développera dans la direction B C , & portera fon action fur le corps F , placé au point C : or , comme nous fuppofons ce corps extrêmement mobile , très petit & peu capable de réfiftance , nous pouvons fuppofer qu'il fe mouvera avec une vîteffe égale à celle avec laquelle le reffort fe débande. Cela pofé, imaginons actuellement que le mobile F , muni de la vîteffe qu'il vient de recevoir par le développement du reffort , foit placé au point B , & que le reffort, bandé comme précédemment, vienne à fe développer une feconde fois ; alors le corps F & ce reffort parcourront l'un & l'autre la ligne B C avec la même vîteffe : & par conféquent le reffort ne pourra plus agir contre le corps F & le pouffer ; puifqu'ils fe mouveront avec la même vîteffe, & felon la même direction.

§. CCLXXXI. Mais fi cette puiffance externe fe trouve difpofée de façon que le mobile F foit comme en repos à fon égard , comme dans le (§. 273) , cette puiffance pourra encore agir fur le corps de la même maniere qu'auparavant, & pourra par conféquent lui communiquer la même vîteffe que la premiere fois ; de forte qu'il fera néceffaire qu'il furvienne une nouvelle puiffance , qui pouffe la premiere puiffance avec la même vîteffe avec laquelle le corps étoit mû par la premiere preffion.

Soit un obftacle immobile A S [*Tab.* 2. *fig.* 14.] , & deux refforts égaux D B & B C , dont on ne confidere point l'inertie , pour fimplifier l'idée qu'on doit fe former de leur maniere d'agir ; foit auffi le corps F : que le reffort D B, étant bandé , foit relâché , & qu'en fe développant il pouffe le reffort B C, qu'on conçoit fans inertie , & qu'il le pouffe avec la même vîteffe avec laquelle on fuppofe que le corps F eft mû, ce mobile F eft alors en repos à l'égard du reffort B C ; & par conféquent il peut être pouffé de nouveau par ce reffort, comme la premiere fois lorfqu'il étoit réellement en repos ; de forte que ce mobile recevra alors un fecond degré de vîteffe.

§. CCLXXXII. Suppofons donc maintenant le corps F [*Tab.* 2. *fig.* 15.] , muni de deux degrés de vîteffe , au moyen defquels on imagine qu'il fe meuve de D en C ; fi , dans le tems qu'il eft en D , deux refforts , tendus au point D , font relâchés, le développement de ces refforts ne pourra communiquer aucun mouvement au mobile F ; puifqu'il fe meut avec la même vîteffe , felon la direction D C , avec laquelle les deux refforts fe débandent : par conféquent, pour que le mobile F reçoive un troifieme degré de vîteffe , il faut néceffairement qu'il furvienne une troifieme puiffance , qui faffe que le corps F foit en repos à l'égard de la puiffance B C ; car B C pourra alors preffer & agir de nouveau, comme dans le premier cas : cela fe fera fi les deux puiffances E D & D B pouffent le reffort B C avec la même vîteffe avec laquelle on fuppofe que F eft mû ; & alors le reffort B C, étant tendu, & enfuite relâché, preffera le mobile F , & lui communiquera un troifieme degré de vîteffe.

§. CCLXXXIII. C'eft pourquoi un corps qui eft déja en mouvement , & qui fe meut avec un certain degré de vîteffe, pourra accélérer fon mouvement ; fi , tandis qu'il fe meut , on lui communique un nouveau degré de vîteffe , à l'aide de plufieurs puiffances qui agiront extérieurement fur lui. En effet, fi un corps fe meut avec cent degrés de vîteffe : pour qu'on lui communique un nouveau degré de vîtesse , il ne suffit pas de faire agir contre lui une puissance comme 1 ; mais il faut nécessairement employer le secours de 101 puissances extérieures, qui agissent toutes conjointement, & qui dirigent toutes leur action contre ce mobile.

§. CCLXXXIV. Il suit de là qu'il est plus difficile, ou, pour mieux dire, qu'il faut employer une plus grande force pour accélérer le mouvement d'un corps , que pour le tirer de l'état du repos; puisqu'une puissance comme 1 , suffit pour le faire mouvoir lorsqu'il est en repos, & qu'une puissance comme 1 , ne peut pas le faire accélérer lorsqu'il est en mouvement.

§. CCLXXXV. Il suit encore de ce que nous venons de dire, que les puissances qui augmentent le mouvement d'un mobile, font en même raison que le degré de vîtesse du mobile qui est en mouvement.

§. CCLXXXVI. D'où il paroît manifeste de conclure , qu'un mobile résiste à l'accélération de son mouvement, à raison de la vîtesse selon laquelle il se meut.

§. CCLXXXVII. Puisque la force avec laquelle une puissance qui presse un mobile , passe de cette puissance dans le mobile (§. 275), le degré de force que le mobile recevra par cette pression, sera toujours proportionné au nombre des puissances qui pourront, par leur action, communiquer de la force à ce mobile. De-là si un seul ressort BC [*Tab*. 2. *fig.* 15.] , agissant seul sur le corps F, lui communique un seul degré de vîtesse, deux ressorts égaux , DB & BC , agissant ensemble , & DB communiquant sa force au ressort BC , ce dernier imprimera deux degrés de vîtesse au mobile F. Si trois ressorts égaux, ED, DB, & BC, agissants de concert , & selon la même direction , de façon que les deux premiers, ED & DB, impriment toute leur force au troisieme , BC, ce dernier donnera trois degrés de force & de vîtesse au mobile F; de sorte qu'il ne faut pas s'imaginer que le seul ressort BC agisse solitairement dans les deux derniers cas que nous venons de supposer, & que la force qu'il communique au mobile F soit une force simple.

§. CCLXXXVIII. Si les puissances qui compriment & qui agissent de concert, & dont nous avons parlé depuis le (§. 280 jusqu'au §. 282), si , dis-je, ces puissances sont égales, & qu'elles agissent successivement, de sorte qu'une seule agisse dans le premier instant, deux dans le second instant, trois dans le troisieme , & ainsi de suite, les degrés d'accélération qu'elles communiqueront au mobile , seront égaux en tems égaux.

§. CCLXXXIX. Les forces qui résident dans un corps qui se meut librement, sont en raison doublée, ou comme le quarré de sa vîtesse.

Soit un triangle rectangle ABC [*Tab* 2. *fig.* 16.]; qu'on divise son côté AB en parties infiniment petites & égales, AD, DF, FH, &c; que chacune de ces parties représente un degré de vîtesse: ainsi la premiere, AD, désignera le premier degré, DF le second, FH le troisieme, &c. Soit tirée la ligne DE parallele à la base BC; que cette ligne représente la puissance qui communique au mobile le premier degré de vîtesse AD: soit encore conduite FG parallele à la base du triangle, & que cette ligne soit une fois plus grande que la premiere DE; alors cette ligne FG représentera deux puissances qui pressent , lesquelles , agissant ensemble , communiqueront au mobile, qui eſt déja en mouvement, un ſecond degré de vîteſse. Qu'on tire encore H I parallele à la baſe, & que cette ligne égale trois fois la premiere D E, cette ligne H I repréſentera trois puiſsances, qui, agiſsant de concert, communiqueront un troiſieme degré de vîteſse au mobile, qui étoit déja mû avec deux degrés. Il en ſera de même de toutes les autres lignes qu'on pourra concevoir être paralleles à la baſe, qui repréſenteront chacune pluſieurs puiſsances qui peuvent communiquer au mobile un nouveau degré de vîteſse : or toutes ces droites D E, F G, H I, &c, étant infiniment proches les unes des autres, rempliront, ſelon la doctrine de *Cavallerius* ſur les indiviſibles, tout l'aire du triangle A B C; par conſéquent ce triangle repréſentera la ſomme de toutes les puiſsances qui feront paſser le mobile du repos au mouvement, par tous les différens degrés de vîteſse déſignés ſur le côté A B, depuis le premier degré A D juſqu'au dernier R B : de là la ſomme des puiſsances qui pourront faire paſser un corps du repos au mouvement, & qui pourront lui communiquer tous les degrés ſucceſsifs de vîteſse, depuis le premier, déſigné par A D, juſqu'à celui qui eſt exprimé par F H, ſera à la ſomme des puiſsances qui tireront un mobile du repos, & lui imprimeront tous les degrés ſucceſsifs de vîteſse depuis le premier juſqu'au dernier R B incluſivement, comme le triangle A H I, eſt au triangle A B C : or ces deux triangles ſont ſemblables; ils ſont donc par conſéquent entr'eux en raiſon doublée, ou comme les quarrés de leurs côtés homologues A H & A B, qui repréſentent les vîteſses: les puiſsances qui font paſser le mobile du repos au mouvement, en lui communiquant tous les degrés ſucceſsifs de vîteſse, depuis le premier juſqu'à A H & A B incluſivement, ſeront donc en raiſon doublée des vîteſses.

Mais nous avons déja dit (§. 287), que la force qui réſide dans un mobile étoit toujours égale au nombre des puiſsances qui avoient concouru à la lui communiquer ; par conſéquent les forces d'un corps en mouvement ſont en raiſon doublée de ſes vîteſses.

§. CCXC. Le célebre Mathématicien *Joh. Bernouilli* prouve la même choſe par une autre démonſtration : ſoient deux corps inégaux, A & B [*Tab. 2. fig.* 17.], entre leſquels ſoit placée une ſérie de pluſieurs reſsorts; ces reſsorts, étant d'abord tendus, & enſuite abandonnés à eux-mêmes, ſe rétabliſsent dans leur premier état, & communiquent alors aux deux mobiles A & B, une vîteſse avec laquelle ils continuent à ſe mouvoir. Ces deux corps, à chaque inſtant qu'ils ſont ſoumis à l'action de ces reſsorts, ſont également preſsés ; c'eſt pourquoi l'accroiſsement de vîteſse que le corps A peut acquérir pendant le tems de ſa preſsion, eſt à celle que B acquiert réciproquement, comme la maſse de B eſt à celle de A : & lorſque la reſtitution de ces reſsorts eſt ſuppoſée complette, les vîteſses de chacun de ces deux corps, ſont entr'elles comme les différens degrés d'accroiſsement qu'elles ont reçus.

Suppoſant maintenant que la vîteſse de A = a, & que celle de B = b ; on aura donc la proportion ſuivante A : B :: b : a, & par conſéquent A a = B b. Or puiſque les preſsions qui ſe développent contre ces corps commencent en même tems, & finiſsent pareillement, les tems des preſsions ſeront égaux de part & d'autre, & le centre de gravité C, demeurant en repos, on
aura

aura encore cette feconde proportion C A : C B : : a : b. On doit confidérer ce centre C comme un obftacle immobile , qui eft preffé également par ces refforts; c'eft pourquoi ces refforts agiffent fur les corps A & B , & leur communiquent des forces qui font proportionnelles au nombre des refforts, c'eft-à-dire : : a : b. Soient donc appellées V les forces du corps A , & v celles du corps B ; on aura V : v : : a : b. Or nous avons trouvé ci-deffus que A a = B b : c'eft pourquoi, en multipliant les premieres quantités avec celles-ci , qui font égales , on confervera encore la même proportion , & on aura V : v : : A a × a : B b × b : A a a : B b b ; c'eft-à-dire , que les forces feront en raifon compofée de la grandeur des corps & des quarrés des vîteffes.

§. CCXCI. Le célebre *Leibnitz* a encore démontré la même chofe , mais d'une maniere plus fimple. Que deux corps égaux , A & B , foient en mouvement , les forces de ces corps feront comme les effets qu'ils produiront ; les effets font , & la longueur des efpaces qu'ils parcourent , & les vîteffes avec lefquelles ils les parcourent : c'eft pourquoi les forces de ces corps font en raifon compofée des efpaces parcourus & des vîteffes. Que les corps foient donc appellés A & B , les efpaces S , s , les vîteffes V , v , les forces du corps A feront à celles du corps B : : S V : s v ; mais les efpaces parcourus par ces corps font en raifon compofée des tems & des vîteffes. Si on nomme les tems , T , t ; on aura S : s : : T V : t v : or , en fubftituant ces deux derniers termes aux deux premiers , S , s , on aura la force du corps A eft à celle du corps B : : T V V : t v v : en fuppofant les tems égaux , qu'on regardera comme des unités , on aura alors la force du corps A , eft à celle de B : : V V , : v v (1), & par conféquent comme le quarré des vîteffes. On peut encore confidérer les chofes de cette maniere ; les forces d'un corps en mouvement font comme la quantité d'action qu'il produit ; mais l'action d'un corps eft compofée de la grandeur du corps , de l'efpace qu'il parcourt , & de la vîteffe avec laquelle il le parcourt ; c'eft-à-dire , l'action d'un corps en mouvement = A V S. Or comme les efpaces parcourus dans des tems égaux , font comme les vîteffes , on aura S = V , & par conféquent A V S = A V V , & par conféquent l'action du corps en mouvement = A V V (2).

§. CCXCII. Si on compare l'un avec l'autre , deux corps en mouvement , on trouvera ce qui fuit. Si deux corps égaux , fe meuvent avec des vîteffes inégales , leurs forces feront en raifon doublée de leurs vîteffes.

§. CCXCIII. Si les vîteffes font égales , & que la maffe des corps foit inégale , leurs forces feront comme leurs maffes.

§. CCXCIV. Si deux corps inégaux en maffe fe meuvent avec des vîteffes inégales , leurs forces feront en raifon compofée de la maffe fimple & du quarré de leurs vîteffes.

§. CCXCV. Si deux corps inégaux fe meuvent avec des forces égales , les quarrés de leurs vîteffes feront en raifon inverfe de leurs maffes. Si ces corps font appellés A & B , que la vîteffe de l'un foit nommée a , celle de l'autre b , on aura A a a = B b b , & par conféquent A : B : : b b : a a.

(1) Commercium Epiftolic, inter Leibnitium & Bernouilli. Epif. 24. p. 143.
(2) Hift. de l'Acad. de Berlin, ann. 1746 , p. 290.

§. CCXCVI. L'expérience répond à ce calcul ; d'où il suit que l'estimation des forces, que *Mersenne* nous a donnée est fausse. Soit un ressort d'acier A B [*Tab*. 2. *fig*. 18.], attaché à un cylindre creux F, muni d'une queue C, sur laquelle on a formé plusieurs crans ; que la queue de ce cylindre passe par un trou, pratiqué dans un corps solide & fixe D E, contre lequel le ressort A B est plus ou moins bandé, & est retenu par les dentures faites sur la queue C ; on suspend ce cylindre à la maniere d'un pendule, par le moyen de deux fils, & on le suspend dans une machine propre à observer ce qui arrive. Tout étant ainsi disposé, si on lâche la queue C, alors le ressort A B se débande, pousse devant lui le cylindre F, & lui fait mesurer quelques degrés, qui indiquent la vîtesse qu'il acquiert par le développement du ressort. Supposons que sa vîtesse = 10, les forces de ce cylindre seront = 100. Maintenant, par l'addition d'un poids dans ce cylindre, faisons qu'il pese le double ; si on bande le ressort comme précédemment, & qu'on lâche la queue C, alors le cylindre n'aura plus qu'une vîtesse = 7, 07 degrés. Dans ce second cas, c'est encore une force comme 100 qui se communique au cylindre ; mais qui, se divisant à une masse double de la précédente, fait que chaque partie n'acquere qu'une force = 50 ; lequel nombre exprime le quarré de la vîtesse dont la racine = 7, 07. Si le cylindre devient quatre fois plus pesant, il ne se mouvera qu'avec une vîtesse = 5 : or 5 est la racine de 25, qui, étant répété 4 fois pour chacune des parties de la masse actuelle du cylindre, = 100 degrés de force. Si les forces des corps en mouvement étoient, comme le prétend le P. *Mersenne* en raison de la masse du mobile & de la simple vîtesse, on auroit, dans le premier cas, une force = 10, semblable à la vîtesse ; & cette force = 10, divisée par 2, ou distribuée à une masse double, ne devroit plus être égale qu'à 5, & par conséquent faire mouvoir le mobile avec 5 degrés de vîtesse : or comme la vîtesse du mobile, dans ce second cas, = 7, 07, si on s'en rapportoit à la supputation des Adversaires, il est constant que la force du mobile seroit = 14. Qui plus est, une force comme 10, divisée à une masse comme 4, donneroit au mobile, dans le troisieme cas, une vîtesse égale 2, 5 : or comme l'expérience démontre que dans ce cas la vîtesse = 5, la force devroit donc être = 20 ; & par conséquent il s'ensuivroit qu'un même ressort, également bandé, communiqueroit des forces bien différentes, ou des vîtesses tout à-fait différentes de celles que l'expérience nous fait voir qu'il communique, & qui nous démontre que, dans tous les cas que nous venons d'exposer, la force est = 100. Outre le ressort dont je viens de parler, j'en ai un autre qui communique une vîtesse = 9 à un mobile, dont la masse = 1 ; & dans ce cas, la force de ce mobile = 81 : puisque 81 × 1 = 81 Lorsque je mets du plomb dans le cylindre, de façon que son poids devienne 2 fois plus grand, sa masse = 2 ; alors si je lâche le ressort, la vîtesse du poids doit être égale à $\sqrt{\frac{81}{2}}$ = 6, 36 : si j'ajoûte encore du plomb de maniere que le poids devienne quadruple du premier, alors la masse du mobile devient = 4, & conséquemment sa vîtesse doit être égale $\sqrt{\frac{81}{4}}$ = 4, 5 : or l'expérience m'a toujours donné ces résultats.

§. CCXCVII. Quoique le ressort dont nous venons de parler ne se restitue pas dans le même tems, dans les trois expériences que nous venons de citer, il n'en arrive pas pour cela aucun changement dans le calcul que nous venons de donner.

Soit un resfort A B [*Tab. 2. fig. 19.*], qui soit attaché en A, à un appui ferme A D C; lorsque ce resfort est porté du point B au point D, on le tend continuellement de plus en plus, & les forces, avec lesquelles il fait effort pour se restituer, augmentent à chaque point de la ligne B D qu'il parcourt: ces forces étoient nulles au point B; elles commencent à naître au point qui suit immédiatement B, & elles sont toutes acquises au point D. Supposons que la ligne droite D C exprime la force de ce resfort au point D; soit conduite la ligne C B, & que, sur tous les points de la ligne B D, soient abaissées des parallèles à C D, sur la ligne C B, chacune de ces lignes représentera la force du resfort dans chacuns des points de la ligne D B: & conséquemment à cela, l'aire du triangle D C B représentera la somme des forces; c'est-à-dire, tout l'effort que le resfort a dû faire lorsqu'on l'a tendu de B à D, ou bien pendant le tems qu'il a employé pour pasfer du point B au point D. Supposons maintenant que ce resfort, étant lâché, revienne du point D au point B, à chacuns des points intermédiaires entre D & B, ce resfort aura la même force qu'il avoit dans chacuns de ces points, lorsqu'on le tendoit. Soit qu'il parcoure, en s'en retournant, la ligne D B, en un plus grand, ou en un plus petit tems; l'aire du triangle D B C, soit qu'il soit rectiligne, soit qu'il soit curviligne, représentera toujours la totalité de l'action de ce resfort: & conséquemment, quelque vîtesfe dont jouisfe ce resfort, pendant sa restitution, les effets qu'il produira seront toujours les mêmes.

§. CCXCVIII. On peut encore considérer la chose de cette manière. Tout l'effort du resfort est composé, & des forces qu'il déploie dans chaque point par lesquels il pasfe pendant sa restitution, & de la vîtesfe avec laquelle il se restitue; & enfin du tems qu'il emploie pour se restituer. Supposons que la force du resfort $= V$, sa vîtesfe $= C$, & le tems $= T$; cela posé, tout l'effort du resfort $= V \times C \times T$. Maintenant si le même resfort se développe avec une fois plus de vîtesfe, il parcourra le même chemin dans un tems soudouble: & conséquemment tout l'effort du resfort $= V \times 2C \times \frac{1}{2} T$, dont le produit est égal au précédent: d'où il suit que toute l'action du resfort, dans les deux hypothesfes, sera égale, ainsi que l'effet qu'il produira en se développant; puisque l'effet est toujours proportionné à sa cause.

§. CCXCIX. En supposant maintenant que le resfort se débande avec une force double, & qu'il parcourt, pour se développer, un chemin deux fois aussi grand que ci-desfus; son action totale sera quadruple. Supposons que ce resfort soit porté jusqu'en D [*Tab. 2. fig. 19.*], & qu'il ait alors une force $= DE$, double de D C: qu'il parcourt, en se débandant, la ligne D F, qui est double de D B. De cette manière le triangle D E F représentera toute l'action du resfort. Si on compare ensuite le triangle précédent D C B avec celui-ci, D E F, qui lui est semblable: D C B sera à D E F comme le quarré formé sur D C est au quarré construit sur D E; c'est-à-dire, comme 1 : 4, & conséquemment l'action totale du resfort sera quadruple dans cette dernière hypothesfe. Si on bande donc, comme ci-desfus, un resfort avec deux fois autant de poids , fa premiere action fera $=$ D E, & il parcourra deux fois autant de chemin pour fe débander ; favoir, D F , & par conféquent toute fon action fera 4 fois auffi grande : c'eft pourquoi il devra pouffer, dans le dernier cas , un feul & même corps , avec deux fois autant de vîteffe. L'expérience confirme cette théorie, pourvu que le reffort A B [*Tab.* 2. *fig.* 18.], ne foit point trop bandé ; car , dans les grandes tenfions , les efpaces parcourus ne font point exactement comme les tenfions.

§ CCC. Si les vîteffes de deux corps font en raifon inverfe de leurs maffes , leurs forces feront pareillement en raifon inverfe des mêmes maffes.

En confervant les mêmes expreffions que précédemment , fi on a $a : b :: B : A$, on aura $Aa = Bb$; & par conféquent $Aa \times a : Bb \times b :: a : b :: B : A$. Or $Aa \times a = Aaa$ & $Bb \times b = Bbb$. Donc puifque les forces du corps $A = Aaa$, & que celles de $B = Bbb$; ces forces feront en raifon inverfe des maffes.

§. CCCI. Nous avons confidéré jufqu'à préfent ce qui concerne les forces externes qui preffent & qui agiffent fur les corps : mais fi les forces qui agiffent fur un corps , & qui le pouffent vers un autre corps , étoient intérieures au corps fur lequel elles agiffent , elles produiroient des effets que nous allons examiner. On peut aifément fe former l'idée d'une telle puiffance , en concevant , par exemple , une pierre d'aimant , renfermée dans une boule de bois , & qu'il y ait à quelque diftance un morceau de fer , contre lequel l'aimant preffe & pouffe la boule de bois : or , quelle que foit cette force interne , elle communiquera toujours , au corps qui la contiendra , une certaine vîteffe dans un tems donné ; & comme cette puiffance eft conçue au-dedans du corps , elle eft en repos à fon égard , quelle que foit la vîteffe avec laquelle ce corps foit en mouvement : par conféquent cette force produira toujours dans ce corps des degrés égaux de vîteffe , dans des tems égaux : c'eft pourquoi une force qui réfide au-dedans d'un corps pourra produire en lui de tels effets , qui ne feroient produits que par plufieurs forces qui agiroient enfemble & extérieurement fur ce corps ; & une pareille puiffance produira dans le corps un mouvement également accéléré.

§. CCCII. Cette puiffance interne produira dans le corps des forces inégales dans des tems égaux. En effet , cette puiffance communique au corps , dans le premier tems , une vîteffe , & conféquemment une force ; & comme dans deux inftans le corps acquere deux vîteffes , à la fin du fecond inftant , les forces du corps font $= 4$: & par conféquent le corps acquere une force comme 3 dans le fecond inftant. Cette même force produit en trois tems trois vîteffes dans le corps ; & conféquemment le mobile , à la fin du troifieme inftant , a une force $= 9$: d'où il fuit encore que cette puiffance donne au mobile 5 degrés de force pendant le troifieme inftant ; ainfi les augmentations des forces croiffent comme la fuite des nombres impairs , 1 , 3 , 5 , 7 , 9 , 11 , &c.

§. CCCIII. Un corps , mis en mouvement par une telle puiffance interne , parcourt des efpaces qui font comme les quarrés des tems ou des vîteffes. En effet, que la ligne A B [*Tab.* 2. *fig.* 20.] repréfente le tems , divifé en parties égales , A D , D M , M N , &c : foit élevée fur le point D , la perpendiculaire D E , qui repréfente la vîteffe acquife , pendant le tems A D ;

fi cette vîtefse eût toujours été la même, le mobile auroit parcouru un efpace qui feroit repréfenté par le rectangle A D E S : mais au commencement du tems A, la vîtefse ayant été nulle, & ne s'étant acquife que fucceffivement pendant la durée de l'inftant A D, elle n'eft devenue égale à D E qu'à
la fin de l'inftant A D ; & par conféquent elle ne peut être repréfentée par
le rectangle A D E S ; mais feulement par le triangle A D E. Pareillement
foit élevée fur le point M, la perpendiculaire M r, double de la précédente
D E ; cette feconde perpendiculaire repréfentera la vîtefse acquife à la fin
du fecond inftant : fi cette vîtefse eût été la même, pendant toute la durée
du fecond inftant, l'efpace parcouru feroit repréfenté par le rectangle D M r S ;
mais comme au commencement D, du fecond inftant, la vîtefse du mobile
étoit précifément égale à D E, il s'enfuit que l'efpace parcouru, pendant la
durée du fecond inftant, doit être repréfenté par le trapefe D E r M. Pareillement comme la vîtefse acquife pendant le tems A B, eft repréfentée par
la ligne B C, l'efpace parcouru pendant la durée de ce tems, doit être repréfenté par le triangle A B C ; mais le triangle A D E, eft au triangle A M r en
raifon doublée de A D à A M, ou de D E à M r.

§. CCCIV. Les efpaces parcourus en tems égaux, feront aufli entr'eux
comme la fuite directe des nombres impairs, 1, 3, 5, 7, 9, &c. [*Tab.* 2.
fig. 20.] ; comme on peut le voir très diftinctement par les triangles égaux
qui font tracés.

§. CCCV. Il fuit de ce que nous venons de dire, que les efpaces parcourus, & les forces acquifes dans les mêmes tems, font en raifon d'égalité.
(§. 302).

§. CCCVI. Un corps qui fe meut avec une vîtefse déterminée, peut être
privé de toutes les forces dont il jouit, par la preffion d'une puifsance qui
agit contre lui felon une direction oppofée à la fienne, & qui eft aufli grande
que celle qui avoit produit les forces dont il jouiffoit.

En effet, fi deux refsorts B D, & D C [*Tab.* 2. *fig.* 21.], qui prefsent
d'un côté contre l'obftacle ferme A S, & de l'autre contre le corps C, communiquent à ce même corps deux forces avec lefquelles il aille choquer les
deux refsorts E F, F G, égaux aux précédens, & attachés d'un côté à l'obftacle immobile X Z ; il prefsera & bandera ces refsorts, jufqu'à ce qu'ils
aient fait une preffion oppofée & égale aux deux forces du corps C, qui feront détruites par-là.

§. CCCVII. Si la preffion du corps contre les refsorts E F & F G eft trop
foible pour pouvoir communiquer au refsort E une force égale à celle qui
vient des refsorts B D & D C ; dans ce cas le corps C ne perdra qu'une partie de fa force ; car il peut bien arriver que les refsorts E F & F G, ne faifent
perdre au corps C, par leur réfiftance, qu'une force comme 1, quoiqu'il
agifse contre eux avec une force comme 4 : & dans ce cas, le mobile C,
n'ayant perdu qu'un degré des quatre dont il jouifsoit, confervera encore
trois degrés de fa force.

§. CCCVIII. C'eft pourquoi une puifsance, qui a communiqué à un
corps, par fon action, un certain degré de vîtefse, exige une autre puifsance
qui agifse avec une direction oppofée, & qui foit égale à la première ; afin
que la vîtefse communiquée au corps, puifse être détruite totalement.

§. CCCIX. Peu importe que les puissances qui agissent selon une direction opposée, emploient à développer leur action contre ce corps, un tems plus ou moins long; car la perte des forces, dans ce corps, sera toujours proportionnelle aux forces que la puissance opposée produira dans le corps qui étoit en mouvement.

§. CCCX. Comme les puissances opposées font des résistances contre le corps qui est en mouvement, la force du mobile sera d'autant plutôt détruite, que la résistance sera plus grande: le contraire arrivera, c'est-à-dire qu'elle sera d'autant plus long-tems à être détruite, que la résistance sera moindre; néanmoins l'effet sera toujours le même dans l'un & dans l'autre cas: car si le mobile jouit de 100 degrés de force, il faudra nécessairement 100 degrés de force à la résistance, pour pouvoir détruire la force totale du mobile.

§. CCCXI. Si on pousse un corps dur, & qu'on le fasse mouvoir contre un corps mou, dont toutes les parties aient la même adhérence entr'elles, le corps choquant éprouvera une résistance; & comme, par ce choc, il met en mouvement les parties de l'obstacle qu'il rencontre, leur résistance sera en raison composée du nombre de parties qu'il met en mouvement, & de l'espace qu'il leur fait parcourir : ces parties en mouvement se retirent dans les petits interstices qui leur sont ouverts; & soit qu'elles parcourent cet espace plus ou moins rapidement, le corps choquant a toujours la même résistance à éprouver de la part de leur cohésion : & par conséquent on peut, dans cette occasion, faire abstraction de l'espace qu'elles parcourent; c'est pourquoi l'effet total du corps en mouvement, est comme la somme des forces avec lesquelles il choque le corps mou. Cet effet est la cavité qu'il creuse dans l'obstacle : or cette cavité représentera toujours un même effet, soit qu'elle ait été creusée plus ou moins promptement, puisqu'il falloit la même quantité de force pour mouvoir les parties qui la forment par leur déplacement : ce qui est démontré par l'expérience qu'on peut faire, à l'aide d'un double cône A B C D [*Tab.* 2. *fig.* 22.], qu'on laisse tomber sur de la terre molle. Si on laisse tomber ce cône de façon que son côté le moins aigu A B, puisse frapper l'argille, il formera dans cette terre une excavation aussi profonde, que si on le laissoit tomber, avec la même force en sens contraire, c'est-à-dire de façon qu'il s'implante dans l'argille par son côté le plus aigu C D; & cependant sa force est plutôt consommée par le choc de la partie A E B, que par celui de la partie C D F.

§. CCCXII. S'il se trouve dans le corps qui se meut une puissance qui résiste continuellement à la direction de son mouvement, par une autre direction opposée, il se formera dans ce corps, dans des tems égaux, des diminutions égales de vitesses; & par conséquent ce corps sera porté avec un mouvement qui diminuera également. Comme cette puissance interne, qui se meut avec le corps, agit sur lui comme sur un corps en repos, elle doit lui ôter, dans chaque instant, des degrés égaux de vitesse.

§. CCCXIII. C'est pourquoi une telle puissance interne ne fera pas perdre à ce corps des forces égales dans des tems égaux, mais des forces inégales; car si le corps a commencé à se mouvoir dans le premier instant avec 10 degrés de vitesse, il n'aura, au second instant, que 9 degrés de vitesse :

il n'en aura plus que 8 au troisieme inftant, &c; & conféquemment à cela, fes forces décroîteront felon la progreffion fuivante: 100 — 81 = 19, enfuite 81 — 64 = 17 . 64 — 49 = 15 : ou elles feront comme les nombres impairs, 19, 17, 15, 13, 11, &c.

§. CCCXIV. Il en fera de même à l'égard des efpaces qu'un tel corps parcourra.

CHAPITRE VII.

De la Gravité.

§.CCCXV. La gravité, ou la pefanteur, eft une force par laquelle tous les corps qui appartiennent à notre globe, élevés au-deffus de la furface de la terre, foit dans l'air, foit dans le vuide, & abandonnés à eux-mêmes, tombent en décrivant une ligne perpendiculaire à l'horifon. Si ces corps font retenus, foutenus, ou fufpendus, & qu'ils ne puifent tomber, ils font alors effort, & preffent, dans la même direction, les corps fur lefquels ils s'appuient, ou ceux qui les retiennent, & tendent à entraîner ces corps avec eux, felon la même direction. On diftingue deux effets produits par la gravité; favoir, ou un véritable mouvement, ou une fimple preffion : la gravité peut donc être regardée comme une véritable puiffance qui preffe un obftacle.

§. CCCXVI. La gravité, multipliée par le nombre des parties égales qui compofent un corps, forme le poids de ce corps : de-là le poids d'un élément, d'un corps, ou la gravité de ce même élément, font la même chofe. Mais il n'en eft pas ainfi d'un grand corps, qui réfulte de la combinaifon de plufieurs élémens : fon poids fera égal à la gravité d'un de fes élémens, répétée autant de fois qu'il y aura d'élémens dans ce corps, ou bien fon poids fera égal à la fomme des différens degrés de gravité qui font répartis à chacuns de fes élémens.

§. CCCXVII. Tous les corps terreftres que nous connoiffons jufqu'à préfent, & fur lefquels nous avons fait des recherches, foit qu'ils foient folides, grands ou petits, foit qu'ils foient fluides; tous ces corps font pefans. Perfonne ne révoque en doute la gravité des corps folides, de quelque regne qu'on les fuppofe tirés, foit *animal*, *minéral* ou *végétal*; les exhalaifons de tous les corps terreftres quelconques, les vapeurs de l'eau, des efprits, & de tous les fluides, peuvent être recueillies dans des vafes, & être pefées à l'aide d'une balance : leur pefanteur fe manifefte encore, par la diminution continuelle qu'on remarque dans le poids des fluides qui font expofés à l'air libre. Perfonne ne doute actuellement de la pefanteur de l'air, qui eft démontrée d'une maniere inconteftable. Plufieurs Philofophes, depuis *Boyle*, fondés fur des obfervations conftantes & exactes, n'ont pû recufer la pefanteur du feu (1); & on ne reconnoît actuellement aucun fluide qui foit dé-

---

(1) Les expériences fur lefquelles *Boile* établit la pefanteur du feu, doivent leur origine

pourvu de pesanteur : c'est pourquoi on doit admettre une gravité universelle dans tous les corps qui appartiennent à notre globe, jusqu'à ce qu'on ait
découvert un corps qui ne soit point pesant. Plusieurs Physiciens admettent
cependant un fluide subtil & non pesant, qu'ils appellent matiere éthérée ;
qui est répandu dans tout l'Univers, qui remplit tous les espaces & tous les
vuides que les corps laissent entr'eux & entre toutes leurs parties. Ils ne
craignent pas même d'avancer, que ce fluide est la cause de la dureté, de

à l'analogie suivante qu'il imagina. De même que les différens menstrues s'amalgament
avec les corps, sur lesquels ils agissent, de même la flamme peut joindre quelques-unes de
ses parties à celles des corps sur lesquels elle agit. Il regarda donc alors la flamme comme
un véritable menstrue ; &, partant de ce principe, il fit différentes expériences sur plusieurs métaux & sur plusieurs minéraux. Je ne puis rapporter ici toutes les expériences
qu'il fit, & qu'on trouvera décrites dans son Traité, *De ponderabilitate flammæ* ; mais si
on lit ce Traité avec attention, il sera aisé de s'appercevoir que, quelque soin que *Boyle*
ait pris dans la manipulation de ces expériences, elles ne paroissent pas emporter la con-
viction avec elles. On y apprendra qu'un morceau de cuivre qui pesoit 2 dragmes & 25
grains, acquit un poids de 32 grains en-sus, lorsqu'il eût été exposé à l'action de la flamme d'une demi-once de soufre qu'il fit brûler.

On y apprendra qu'un morceau d'argent rafiné & soumis à la même opération, n'acquit
pas, proportion gardée, un poids si considérable. D'où *Boyle* se demande à lui-même, si
cette différence provient de la plus grande densité de l'argent, ou d'une disposition plus
favorable dans les pores du cuivre que dans ceux de l'argent, pour se prêter à l'action de la
flamme. On y apprendra encore que tous les corps que ce Physicien traita de cette maniere,
augmenterent plus ou moins en poids. Si on lit les Mémoires de l'Académie Royale de
Paris, on y apprendra que M. *Homberg*, ayant fait calciner un morceau d'antimoine,
trouva que son poids étoit augmenté d'un septieme après la calcination. Or toutes ces expériences prouvent-elles manifestement la pesanteur de la flamme ? C'est ce que je ne
pense pas, quoique je sois bien éloigné de croire qu'elle soit dépourvue de pesanteur ; &
voici la raison sur laquelle je m'appuie.

L'augmentation du poids de l'antimoine par la calcination ne pourroit-elle point être rapportée, avec plus de raison, aux matieres étrangeres que la calcination auroit introduites
dans la substance de ce demi-métal, qu'aux parties ignées qui l'ont pénétré, & qui s'y sont
fixées.

La même raison autorise mes doutes sur la conclusion que *Boyle* tire de ses expériences ;
& je suis d'autant plus autorisé à soupçonner la vérité de cette conclusion, que *Boyle* lui-
même ne paroît attribuer cet excès de pesanteur, qu'il a remarqué dans les substances
exposées à l'action de la flamme, qu'à des parties salines, terreuses, & de toute autre nature, que la flamme porte avec elle dans les corps qu'elle touche & dont elle augmente
le poids : or toutes ces parties auxquelles la flamme sert de véhicule, sont bien différentes
de la flamme, ou de la matiere ignée ; & par conséquent le poids de ces parties ne doit
point être confondu avec celui de la flamme.

Ne seroit il pas permis de soupçonner que, quoique le feu & la flamme soient réellement
pesans, nous ne pouvons pas néanmoins avoir d'indices certains de leur pesanteur ; parceque, comme le remarque très bien l'Abbé *Nollet*, ces corps, n'appartenant point seulement à notre globe, mais à toutes les spheres, ils n'ont point une tendance marquée, ainsi
que les autres corps sublunaires, vers le centre de la terre, mais plutôt vers le centre du soleil ; centre de réunion vers lequel tous les corps quelconques, qui font partie de l'Univers, paroissent se diriger immédiatement ou médiatement.

Cette idée, toute neuve qu'elle paroisse, n'est point dépourvue de vraisemblance. J'ai
déja fait plusieurs observations qui me portent à ne la point rejetter, & ceux qui l'exami-
neront avec attention, ne pourront point disconvenir qu'elle mérite de ne point être négligée.

l'élasticité

l'élasticité, de la gravité, de l'électricité, du magnétisme, &c. Nous n'ajoûterons foi à toutes ces idées, & nous ne serons de leur avis, que lorsqu'ils nous auront démontré ce qu'ils avancent, & non point tant que leurs assertions ne seront fondées que fur de pures hypotheses. Parmi ceux qui reconnoissent le fluide dont nous venons de parler, les uns le regardent comme un fluide homogene & de même ténuité, les autres reconnoissent deux especes de matiere éthérée, d'autres en admettent jusqu'à trois especes différentes; quelques-uns même imaginent que ce fluide subtil est d'une nature différente de celle des corps sensibles.

D'après une si grande variété dans les opinions des partisans de la matiere éthérée, il est aisé de juger ce qu'on doit penser de l'existence d'un tel fluide. On doit reconnoître par-là que ceux des Philosophes qui ne savent pas juger de la foible portée de l'esprit humain, qui ne veulent point reconnoître les bornes étroites qui circonscrivent l'étendue de ses connoissances, & qui, par conséquent, veulent rendre raison de tous les phénomenes qui se présentent à leurs recherches, font obligés d'entasser fictions fur fictions : qui, plus est, comment pourroit-il se faire qu'un fluide, dépourvu de pesanteur, qui seroit disséminé entre les parties qui se détachent des corps graves, pût être contenu entre ces parties, & qu'il ne fût point repoussé au-dehors & au-dessus de ces parties ; de même qu'il arrive lorsqu'on méle ensemble plusieurs fluides de différentes pesanteurs spécifiques ?

§. CCCXVIII. Puisque tous les corps qui font partie de notre globe font pésans, on ne doit donc point reconnoître de *légéreté positive*, en vertu de laquelle certains corps seroient portés, de bas en-haut, contre la direction de la pesanteur ; la fausseté de ce sentiment, que foutint autrefois le célebre *Aristote*, est démontrée d'une maniere incontestable, par le raisonnement suivant. Si on enfonce à quelque profondeur fous l'eau, ou dans du mercure, un morceau de bois, & qu'ensuite on l'abandonne à lui même, il s'éleve au-dessus de la surface de l'eau, ou du mercure : or cet effet ne dépend point d'une légéreté positive qu'on doive reconnoître dans le morceau de bois dont il est ici question, mais de la plus grande pesanteur spécifique d'un volume du fluide ambiant, égal à celui du morceau de bois, qui, en faisant un plus grand effort pour descendre, éleve le morceau de bois au-dessus de la surface du fluide dans lequel il est plongé : car si ce même morceau de bois, étant bien applani & bien dressé, est placé fur le fond non mouillé d'un vase, de maniere qu'il s'y applique exactement, lorsqu'on aura versé de l'eau ou du mercure dans ce vase, il ne s'élevera plus en haut, tant que les parties du liquide qui le couvriront ne pourront point s'insinuer entre le fond du vase & la surface du bois qui lui est appliquée ; mais aussi cet effet cesse, & le bois s'éleve, dès que les parties du liquide se font jour & pénetrent entre ces deux surfaces. La futilité de cette opinion a été trop solidement démontrée par les Académiciens de Florence (1), pour insister davantage fur cette matiere.

§. CCCXIX. Tous les corps, grands ou petits, solides ou fluides, de quelqu'espece qu'ils foient, pris indistinctement dans les trois regnes de la

(1) Tentam. Flor. part. 2. pag. 69.

Tome I.   R

Nature, étant fuſpendus dans le vuide de *Boyle*, & venant à tomber de la
même hauteur, defcendent avec une égale vîteſſe, & parcourent enſemble
le même eſpace. *Epicure* & *Lucrece* (1), ont foupçonné que cela devoit arriver ainſi : *Galilée* a enſuite conclu la même choſe d'après ſes propres obſervations (2), parceque des boules d'or, de plomb, de porphyre, de cuivre, qui tombent à travers l'air, de la hauteur de cent coudées, en même-
tems qu'une boule de cire, ſe rendent preſque toutes enſemble à terre; puiſqu'il n'y a, ſur la fin de leur chûte, qu'une différence de quatre doigts entre l'eſpace que les premieres ont parcouru & le chemin qu'a fait la boule
de cire : mais *Newton* a confirmé cette vérité en faiſant l'expérience dans le
vuide de *Boyle* (3). Il ſuſpendit dans ce vuide différens corps, comme un
morceau d'or, une barbe de plume, un petit floccon de laine, qui tombe-
rent tous en-bas avec une égale vîteſſe; parceque l'air rare, qui reſte ſous
un récipient dont on a retiré l'air groſſier, ne réſiſte que très peu à la chûte
des corps ; quoiqu'il y réſiſte cependant, comme il eſt aiſé de l'obſerver.

Cette expérience peut ſe répéter de différentes manieres : en voici deux
très faciles à mettre en exécution. A A | *Tab.* 2. *fig.* 23. J eſt un couvercle
de cuivre bien plan & bien dreſſé, qui s'applique ſur l'orifice ſupérieur d'un
cylindre de verre de cinq pieds de longueur : à ce couvercle ſont attachés ſix
piliers O B, O B, aux extrêmités deſquels B, B, ſont placées des charnieres
qui les joignent aux ſix plans C, C, C, C, C, C : ces plans repréſentent
chacun une eſpece de triangle mixtiligne. Un de ces côtés, étant arrondi ;
ſavoir, celui qui ſe joint par charniere au pilier qui lui répond, l'angle oppoſé à ce côté eſt mouſſe ; afin que le concours des ſix angles de même eſpece forme un trou vers le centre de la machine, propre à laiſſer paſſer un
fil de métal qui entre dans l'intérieur de cette machine, par une boîte à cuir
D, adaptée ſur le milieu de la partie extérieure du couvercle A A : cette tige
de métal ſe termine extérieurement par une poignée M : à l'extrêmité oppoſée de la même tige, eſt fixée une petite rondelle plane de métal E, qui
porte, vers un des points de ſa circonférence, une fente triangulaire, dont
la baſe eſt placée à la circonférence de la rondelle. Les dimenſions de cette
fente doivent être proportionnées aux dimenſions des plans C C, &c ; de
façon que l'extrêmité mouſſe de chacuns de ces plans, ſe préſentant ſur cette
fente, puiſſe paſſer à travers; & que chacun de ces plans, obéiſſant à ſon
propre poids, puiſſe ſe prêter à ſon mouvement de charniere & tomber librement. Les choſes étant ainſi diſpoſées, on place ſur chacun des ſix plans
C C C, &c, deux corps de différente grandeur & de différente peſanteur
ſpécifique ; on retient tous ces plans dans une ſituation parallele à l'horiſon,
à l'aide de la petite rondelle E, qui leur ſert de ſupport, & qui eſt placée de
maniere que ſa fente répond à l'interſection de deux plans : alors, ſi on fait
tourner circulairement la poignée M, on fera tourner, par ſon moyen, la
tige de métal & la rondelle qui y eſt attachée; or la rondelle, venant à tourner, l'angle mouſſe de chaque plan ſe préſentera ſucceſſivement ſur la fente
triangulaire, & le plan, dont l'angle ſe préſentera ſur cette fente, n'étant

(1) Lucretius, Lib. 2. v. 238.   (2) Mechanic. Dialog. 1.   (3) Princip. Philoſoph.
pag. 481.

plus foutenu , tombera alors, ainfi que les deux corps qu'il foutiendra. De cette façon on répétera fix fois de fuite cette expérience , dans un cylindre de verre appliqué fur la platine de la machine pneumatique, ayant eû foin auparavant de vuider d'air ce cylindre autant que faire fe peut.

Voici encore un meilleur moyen pour répéter cette expérience. Au couvercle A A [*Tab.* 2. *fig.* 24.], eft attachée verticalement une lame de cuivre d'une certaine longueur BB , dont les rebords latéraux, étant un peu recourbés , faillent au-delà du plan de la lame: ces rebords font chacuns percés de cinq trous, propres à recevoir les axes de cinq petites tablettes C, C, C, C, C , fur lefquelles on place les corps qu'on veut faire tomber : ces tablettes elles-mêmes ont un rebord, afin que les corps qu'elles foutiennent ne puiffent cheoir latéralement , de quelque maniere que ce foit. Sur le couvercle A A , on établit une boîte à cuir D, qui laiffe paffer à travers fes coliers une tige de cuivre N P , qui defcend perpendiculairement à côté de la lame B B , jufqu'au-deffous de la derniere tablette ; le long de la tige de cuivre N P , font attachés, à différentes diftances , d'autres fils de même métal de différentes longueurs , recourbés en arc , & qui foutiennent les tablettes. Cela pofé, fi on fait mouvoir lentement , & avec attention , la poignée M de la tige N P ; alors le dernier des petits arcs, dont nous venons de parler, s'échappant de deffous la derniere tablette, cette tablette ceffe d'être foutenue ; elle tourne fur fon axe, & laiffe tomber , en tournant, les corps qu'on avoit placés deffus : fi on continue à tourner lentement, & toujours avec précaution , la poignée M ; le fecond arc , en comptant de bas en haut, échappe comme le précédent , & la tablette qu'il foutenoit tombe auffi ; de forte qu'en continuant de manœuvrer de la même maniere , toutes les tablettes tombent les unes après les autres : & par le moyen de la machine que nous venons de décrire, on peut répéter cent fois l'expérience. Le nombre des tablettes , n'état pas fixé, on peut le multiplier à difcrétion, fuivant qu'on voudra répéter la même expérience un plus grand nombre de fois ; ayant toujours la précaution d'établir, fur le haut d'un long cylindre de verre, le couvercle A A , & de pomper l'air du cylindre très exactement (1).

§. CCCXX. Il fuit des expériences que nous venons de citer, que tous les corps quelconques de même grandeur, de quelqu'efpece qu'ils foient, font tous également pefans dans le vuide. En effet, on peut confidérer tous les corps comme des obftacles égaux, lefquels, parcequ'ils font mus avec

(1) j'ajoûterai ici , pour fatisfaire la curiofité de ceux qui font amateurs des belles inventions, qu'on trouvera dans le premier volume des Leçons de Phyfique du D. *Defaguilliers* , une machine fort fimple, & très aifée à exécuter, pour répéter les expériences de la chûte des corps dans le vuide. s'*Gravefande* en a imaginé une autre très curieufe , qu'il a décrite dans fes élémens de Phyfique. L'Abbé *Nollet*, qui a parfaitement faifi tout le génie de cette machine, a travaillé avec fuccès à la perfectionner, en la fimplifiant ; mais de toutes celles que j'ai vues, je n'en ai pas trouvé de plus ingénieufe , quant à la maniere d'en faire ufage , que celle que m'apporta , au mois de Juin 1762, un Allemand fort adroit à exécuter des machines. Cette machine étoit compofée d'une roue à plufieurs pinces, mais dont le mouvement circulaire , néceffaire à la chûte des corps , s'exécutoit par le moyen d'une verge de fer qui fe mouvoit de haut en-bas, fans aucune poulie de renvoi.

la même vîtesse, ont besoin de puissances égales ; c'est-à-dire, d'actions égales de pesanteur, suivant le (§. 255) : or lorsque des puissances égales agissent sur des obstacles ou des corps égaux, elles font que ces poids sont aussi égaux.

§. CCCXXI. Il suit encore de-là, que les poids des corps sont entr'eux comme leurs quantités de matiere ; & si on considere le poids comme une puissance, la grandeur de cette puissance sera proportionnelle à la quantité de solidité ou de matiere, & la direction de cette puissance sera déterminée par une perpendiculaire à l'horison.

§. CCCXXII. Chaque fois que le poids de plusieurs corps de même grandeur sera différent dans le vuide, la différence qu'on trouvera dans ces poids, dépendra de la plus grande, ou de la plus petite quantité de matiere qu'ils contiendront : dans ceux qui peseront davantage, il y aura une plus grande quantité de matiere & une plus petite somme additionnelle de pores ; & au contraire dans ceux qui peseront moins, la quantité de pores sera plus grande, & celle qui désignera la quantité de matiere sera plus petite. Ces pores sont vuides de matiere ; car s'ils étoient exactement remplis, il y auroit la même quantité de matiere dans tous les corps qui présenteroient le même volume : & puisque la pesanteur est la même dans tous les corps, comme nous l'avons démontrée dans le (§. 319), les corps qui auroient le même volume, seroient tous également pesants ; or, puisque l'expérience dépose le contraire, il est constant qu'il y a beaucoup de vuide entre les molécules qui constituent les grands corps.

§. CCCXXIII. Si on laisse tomber de fort haut, à travers l'air, des corps de même grandeur, mais de différente sorte, la vîtesse que la pesanteur communiquera à ces corps pour tomber, ne sera pas la même ; mais ceux qui contiendront plus de matiere, tomberont plus vîte que ceux qui en contiendront moins. Cela se prouve manifestement par les expériences que M. *Desaguilliers* fit sur l'Eglise de S. Paul de Londres, en laissant tomber plusieurs corps de la hauteur de 272 pieds. Il prit des vessies de cochon, qu'il fit enfler, auxquelles il donna une figure sphérique, & qu'il laissa sécher ; ces boules, abandonnées à elles-mêmes de la hauteur que nous venons d'indiquer, employerent, pour tomber, les tems que la Table suivante désigne.

Boules.	Diametres en pouces.	Poids en grains.	Tems de la chûte en secondes.
A	5 3	128	19 375.
B	5 193	156	17 25.
C	5 33	137 5	18 75.
D	5 26	97 5	22 125.
E	5 2	99 125	21 625.

Les boules suivantes étoient de papier.

Boules.	Diametres en pouces.	Poids en grains.	Tems de la chûte en secondes.
F	5 5	1800	6 5.
G	5 1	1320	7 125.
H	5 1	1520	7.

Les deux suivantes étoient de verre soufflé.

Boules.	Diametres en pouces.	Poids en grains.	Tems de la chûte en secondes.
I	5 42	2610	6 25.
K	5 55	2910	6.

§. CCCXXIV. Une boule solide de plomb, abandonnée à elle même dans le vuide, parcourut 242 pieds 8 pouces 11 $\frac{17}{64}$ lignes en 4 $\frac{1}{8}$ m″; & elle employa 4 $\frac{1}{2}$ m″ à parcourir le même espace dans l'air : d'où il paroît que l'air retarda sa chûte de 62 pieds, 3 pouces, 1 ligne; puisque, dans le même tems, elle eût parcouru, dans le vuide, 305 pieds & $\frac{11}{48}$. Cette différence qu'on remarque dans la chûte des corps, quant à leur vîtesse, ne dépend point de la nature du mobile; mais de la résistance de l'air, qui fait perdre à chaque instant au mobile une partie de sa vîtesse, & qui est cause par-là qu'il emploie plus de tems à parcourir le même espace qu'il parcourroit dans le vuide. Cette résistance dépend de plusieurs circonstances; savoir, du volume du mobile, de la vîtesse avec laquelle il se meut, de sa figure, &c : de-là les corps de même volume qui tombent dans l'air, perdent d'autant plus de leur vîtesse, qu'ils sont moins pesans; puisque, présentant les mêmes surfaces au milieu qu'ils tendent à diviser par leur chûte, la résistance de ce milieu est la même contre les uns & les autres.

Dans les expériences que nous venons de citer, les corps A & F sont entr'eux, quant à leurs poids, comme 1 : 14, à très peu de chose près; & les pertes de leurs vîtesses, occasionnées par la résistance de l'air, sont entr'elles comme 2, 98 : 1; c'est-à-dire, presque comme 3 : 1 : différence qui dépend de plusieurs circonstances que nous ne connoissons pas encore bien; puisqu'elles suivent un autre rapport que celui du quarré des vîtesses. Et, quoique dans ces expériences, on ait fait attention à la vîtesse avec laquelle le son se propage; puisque parmi ceux qui faisoient ces expériences, les uns étoient placés sur la coupole de la Tour de S. Paul, & les autres étoient sur le parquet de l'Église; je sais, par le rapport de *Desaguilliers*, que ceux qui

firent ces observations ne furent point abfolument fatisfaits de leurs exacti-
tudes. Si on prend deux globes de cuivre de même volume, mais dont les
poids foient entr'eux comme 1 : 2 ; fi on fufpend ces globes à des fils de même longueur, pour en faire deux pendules égaux, & que pendant qu'ils
font leurs vibrations, on les abandonne l'un & l'autre d'une même hauteur,
& en même-tems, on s'appercevra auffi tôt que leurs vibrations cefferont
d'être ifochrones; que celui des deux qui pefera davantage, décrira des arcs
plus grands, & emploiera plus de tems à les parcourir. Pareillement deux
pendules, de même poids, mais dont les volumes font différens, éprouveront, de la part du milieu qu'ils diviferont, des réfiftances différentes, &
des retardemens différens. M. *de la Condamine* attacha à l'extrêmité d'un
pendule une boule d'or, dont le diametre étoit de 10 lignes, & qui pefoit
deux onces ; il fufpendit à l'extrêmité d'un autre pendule, égal au premier,
une boule de cuivre qui pefoit auffi deux onces : le premier de ces deux pendules continua à faire des vibrations pendant l'efpace de 4 heures ; tandis
que l'autre pendule avoit ceffé de faire fes vibrations après deux heures &
demie (1). L'expérience démontre auffi que des corps de même matiere,
mais de volumes différens, éprouvent différentes réfiftances de la part du
milieu qu'ils divifent; parceque les réfiftances croiffent comme la fuperficie
des corps : or les fuperficies des corps femblables, font à leurs folidités en
raifon inverfe de leurs côtés. En effet, foient deux fpheres, dont le diametre
de la plus grande $= a$, & le diametre de la plus petite $= b$, leurs fuperficies feront $a\,a$, & $b\,b$; leurs folidités feront a^3 & b^3 : & on aura
$\frac{a\,a}{a^3} : \frac{b\,b}{b^3} :: \frac{1}{a} : \frac{1}{b} :: b : a$; & on trouve exactement la même chofe dans la
comparaifon des corps femblables.

§. CCCXXV. Si on fait attention à toutes ces expériences, on découvrira auffi tôt l'erreur d'*Ariftote*, qui prétendoit que les corps mobiles, de
différentes pefanteurs, fe mouvoient dans le même liquide avec des vîteffes
qui étoient proportionnelles à leurs poids. Les expériences que nous venons
de rapporter ne s'accordent point avec celles de *Frenicle*, qui avance que
deux boules de même groffeur, dont l'une étoit de plomb, & l'autre de bois,
étant tombées de la hauteur de 147 pieds, arriverent à terre dans le même
tems, & frapperent, comme d'un feul coup, un baffin de cuivre (2).

§. CCCXXVI. Mais fi les corps dont on fe fert pour répéter ces expériences, font de même figure, de même volume & de même poids, de quelqu'efpece qu'ils foient, ils tombent dans l'air avec la même vîteffe; ce qui
prouve que l'effort de la gravité eft le même contre tous les élémens de la
matiere, comme nous l'avons avancé (§. 320). *Newton* prit deux boîtes
de bois égales ; il remplit l'une avec du bois, & il mit dans le centre d'ofcillation de l'autre une quantité d'or fuffifante pour que le poids de cette derniere fût égal à celui de la première ; il fufpendit ces deux boîtes parallelement l'une à l'autre, à l'extrêmité de deux pendules de la longueur de
11 pieds, qui firent, pendant long-tems, des vibrations égales & de même

(1) Condamine Introd. Hift. pag. 89. (2) Duhamel, Hift. Acad. Reg. Lib. 1. §. 5.
cap. 3.

durée : dans cette expérience, la quantité de matiere de l'or étoit à la quantité de matiere du bois, comme l'action des forces motrices répandues dans l'or, étoit à celle des forces motrices pareillement répandues dans toute la maſſe du bois ; c'eſt-à dire, comme le poids de l'une de ces matieres étoit au poids de l'autre. Après avoir fait cette expérience, il remplir, à différentes fois, les boîtes dont nous venons de parler, avec de l'argent, du plomb, du verre, du ſable, du ſel commun, de l'eau, du froment ; & les réſultats de toutes les expériences qu'il fit, furent toujours les mêmes. Il eût pu, par de telles expériences, s'appercevoir de la différence qui ſe fût trouvée entre les quantités de matiere dans des corps de même poids, quoique cette différence ne fût pas juſqu'à la millième partie de la maſſe du tout (1).

§. CCCXXVII. Lorſqu'on a deux corps de même grandeur, on pourra connoître lequel des deux contient le plus de matiere, & a le moins de pores, en peſant ces corps dans le vuide ; la différence de leur poids indiquera ce qu'on cherche.

§. CCCXXVIII. Lorſqu'on compare deux corps de même volume l'un avec l'autre, les poids de ces corps ſe nomment *poids ſpécifiques.*

§. CCCXXIX. On peut connoître par ce moyen la proportion qu'il y a entre la quantité de matiere qui ſe trouve dans un corps, & celle qui ſe rencontre dans un autre corps. Suppoſons, par exemple, qu'un morceau de liege peſe une once, & qu'un morceau d'or de même volume peſe 87 onces ; comme il n'y a rien de peſant dans un corps que ce qui eſt ſolide, la quantité de matiere de ce morceau de liege ſera à celle du morceau d'or comme 1 : 87.

§. CCCXXX. On pourroit, par cette méthode, ſavoir parfaitement combien il y a d'étendue en ſolidité dans un corps, & quelle eſt la quantité de ſes pores, comme je l'ai déja dit (§. 94), ſi on avoit, pour terme de comparaiſon, une maſſe de matiere parfaitement ſolide, & dont nous connuſſions le poids. Mais comme on ne connoît point encore aucun corps qui ſoit parfaitement ſolide, il n'eſt pas poſſible qu'on puiſſe déterminer la quantité de matiere & de poroſité qui ſe trouvent dans aucun corps.

§. CCCXXXI. Puiſque les corps terreſtres, qu'on abandonne à eux mêmes, tombent, en vertu de la gravité qui les maîtriſe, par une ligne perpendiculaire à l'horiſon ; ſi la terre étoit d'une figure parfaitement ſphérique, qu'elle fût parfaitement unie dans toute ſon étendue, & non point remplie d'aſpérités, de cavités & de montagnes, les corps qui tombent ſur ſa ſurface décriroient une ligne, laquelle, étant prolongée, aboutiroit au centre de la terre.

Supppoſons que S A T M [*Tab. 2. fig. 25.*] repréſente la terre, dont la ſection ſoit déſignée par un grand cercle, dont C eſt le centre ; que la tangente B D repréſente l'horiſon : cela poſé, un corps placé au point E, & abandonné à lui-même, décrira, en tombant, la ligne E A, perpendiculaire à la tangente B D. Mais on démontre en Géométrie que le rayon qui aboutit au point de contingence, eſt perpendiculaire à la tangente ; par conſéquent

____

(1) Newton, de Mundi Syſtem. p. 24.

E A C , qui eſt la ligne que ſuivra le corps en tombant , eſt une ſeule & même ligne continue , & conſéquemment perpendiculaire au centre C , où elle
ſe termine.

§. CCCXXXII. Mais la terre n'eſt pas parfaitement ronde ; elle eſt ovale :
l'axe P S [*Tab. 3. fig.* 1.] , qui ſe termine aux poles , eſt au diametre A L de
l'équateur comme 178 : 179 ; ainſi qu'on peut s'en aſſurer par toutes les obſervations qu'on a faites juſqu'à préſent. Or comme tous les corps , dans
tous les endroits de la terre , tombent , par une ligne perpendiculaire à ſa
ſurface , ce que prouve encore parfaitement le niveau que les colonnes des
liquides obſervent dans leur équilibre ; il eſt conſtant que tous les corps ,
dans toutes les régions de la terre , ſoit qu'ils ſoient placés ſur un des points
de ſa ſurface , ſoit qu'ils ſoient élevés au deſſus de ſa ſurface , ne ſont pas dirigés exactement au centre C ; mais vers différens points de ſon axe , qu'on
peut regarder comme autant de différens centres , relativement aux différens points de la ſuperficie de la terre.

En effet , prenant le point P [*Tab. 3. fig.* 1.] pour un des poles de la terre ,
A L pour ſon équateur , & A M P pour la quatrieme partie du méridien terreſtre A P L S ; alors , conduiſant aux différens points A , B , M , N, O , R ,
P , des tangentes , & ſur ces tangentes des perpendiculaires , ſelon leſquelles
les corps tombent : un corps placé au point A ſera porté vers le centre C ;
mais un autre qui ſeroit placé en B , arriveroit en D : celui qui ſe trouveroit
au point M , aboutiroit en E ; & ainſi de ſuite. On peut juger des différens
points de l'axe où tomberoient ceux qui ſeroient placés ſur les autres points
N, O , R , P. Or ſi on joint , par le moyen d'une ligne, les points a, b, c, d, e,
où les lignes dont nous venons de parler ſe coupent , il en naîtra une courbe
a, b,c,d,e, qu'on appelle *barocentrique,* dont le développement donnera le méridien A B M N O R P. Les tangentes à cette courbe, indiquent les directions des
corps graves pour tous les points de la ſurface de la terre par leſquels ils paſſent ; elles indiquent en même-tems quelle doit être la courbure du méridien de chaque endroit , puiſqu'il termine tous les rayons qui aboutiſſent à
ces différentes courbures. De-là , en connoiſſant la figure de la terre , &
quel eſt le rapport de l'action de la gravité ſous l'équateur à celle de cette
même puiſſance dans toute autre latitude quelconque , on peut déterminer
l'angle que forme la direction de la gravité dans un endroit donné , avec la
direction primitive de cette même gravité ; c'eſt-à dire , le point de l'axe de
la terre , où doit aboutir un corps en vertu de la gravité qui le maîtriſe :
problême que M. *de Maupertuis* a réſolu (1) , en ſuppoſant la courbure A B
M P ; l'endroit où les graves ſont portés par leur direction , ſe trouve dans
la ligne a b c d e. Mais ſi , ſur l'axe P S , on décrit une ellipſe A P L S , la
terre qu'elle déſignera ſera ovale ; alors des points a , b , c , d , e , & de la
ligne C S , il en réſultera une figure ſolide , dont la ſurface ſera l'endroit où
ſeront dirigés tous les graves , dans l'hémiſphere de la terre A B P L : ce ſera
encore la même choſe dans l'hémiſphere oppoſé.

§ CCCXXXIII. La peſanteur des mêmes corps n'eſt pas la même dans
tous les endroits de la terre ; mais elle eſt plus grande lorſqu'on s'approche
davantage des poles , & elle devient plus petite lorſqu'on s'approche vers

(1) Figure de la Terre , Liv. 3. chap. 7. pag. 182.

l'équateur

l'équateur. Ce fut M. *Richer* qui fit cette découverte en 1672, ayant observé qu'un pendule, qui battoit exactement des secondes à Paris, devoit être raccourci d'une ligne & un quart dans l'Isle de Cayenne, pour y mesurer des mêmes tems : cette découverte fut ensuite confirmée dans différens endroits par des observations constantes. En effet, plus l'effet de la gravité est sensible dans un endroit, & plus le pendule doit être allongé pour mesurer des tems de même durée, & pour conserver l'isochronisme de ses vibrations. La différente longueur qu'on doit donner à un même pendule, pour que ses vibrations demeurent constamment isochrones dans tous les endroits de la terre, prouve manifestement que l'effort de la gravité n'est pas le même dans tous les endroits de la terre : ce qu'on pourra observer par la Table que nous plaçons ci-après. Comme il y a, dans la Table que nous donnons, de grandes distances entre les lieux où on a fait des observations, l'illustre *de Maupertuis* (1), & le célebre *Georges Juan* (2), ont tâché de suppléer à ce défaut, à l'aide du calcul, & ont indiqué la valeur de cette force pour les différens degrés de latitude. Mais il nous reste encore bien des observations à faire dans l'un & dans l'autre hémisphere, d'où l'on pourra recueillir quantité de choses touchant la figure de la terre, & l'effort de la gravité dans les différens endroits où on fera de telles observations ; elles pourront encore nous obliger de changer & de corriger plusieurs choses dans ce que nous avons avancé jusqu'à présent sur cette matiere. Il n'est pas encore bien démontré que l'hémisphere boréal & septentrional soient de même figure : il convient de faire sur cela des observations dans toutes les Villes. Car ceux qui dressent les Tables d'après le calcul, supposent que le méridien de la terre, soit qu'ils le considerent comme circulaire, ou comme elliptique, supposent, dis-je, que ce méridien est une courbe mathématique. Or comme les différens lieux de la terre sont, ou élevés & hérissés de montagnes, ou creusés en collines, ou situés au niveau de la mer, ils sont par conséquent, ou plus élevés, ou plus bas qu'ils ne le paroissent dans les méridiens mathématiques, qui, eux-mêmes, ne sont pas exempts de quelques difformités ; car M. *de la Caille*, faisant des observations en Afrique, sur le Cap de Bonne-Espérance, à la latitude australe de 33° 18′, trouva un degré du méridien presqu'égal à celui qu'on observe en France au 49 degré. M. *le Maire*, mesurant le méridien qui passe par Rome, trouva encore la valeur d'un degré différente de ce qu'elle devoit être en supposant la figure du méridien elliptique. J'ai éprouvé moi-même, en faisant des observations auprès de Leyde, combien on doit apporter de soins & d'attentions pour faire de telles observations, auxquelles on puisse s'en rapporter ; celles que j'ai faites se rapportent assez exactement avec celles que fit, à-peu-près dans le même tems à Leyde, le célebre M. *Lulofs* (3). Ceux qui voudront répéter ces sortes d'observations peuvent consulter, sur la maniere de les faire, MM. *de Mairan* (4) & *Maupertuis* (5).

(1) Fig. de la Terre, Liv. 3. p. 181.   (2) Observ. Astronom. Liv. 8. ch. 5. p. 265.
(3) Verhandelingen der Hollandsche Maatschappy, v. 3.   (4) Figure de la Terre, Liv. 3.
(5) Hist. de l'Acad. Roy. ann. 1735. p. 205.

Table des différences qu'on observe dans la gravité des corps en différens endroits de la Terre.

Noms des Lieux.	Latitude Boréale.	Longueur du pendule en lignes.	Force de la gravité.	Observateurs.	Raccourc. du pend. en lig. par rapport à la force centrifuge.
	90. 0′.	441. 70325	100257.	D'après le calcul	
Pello,	66. 48′.	441. 17.	100137.	Maup. Clairaut,	0. 24.
Archangel,	64. 35′.	441. 126.	100126.	De Lisle,	0. 27.
Leyde,	52. 9′30″.	440. 7183.	100032.	Lulofs,	
Londres,	51. 31′.	440. 65.	100018.	Graham,	0. 59.
Paris,	48. 50′.	440. 57.	100000.	Mairan,	0. 67.
		440. 58.	100000.	Bouguer,	
Rome,	41. 44′.	440. 28.	99929.	Jacquier, le Sueur,	
Ulyssipone,	38. 42′.	439. 25.	99923.	Couplet,	Douteux.
Cairo (1),	30. 2′	440. 25.	99925.	Chazelles,	
S. Domingue,	19. 48′.	439.	99647.	Des Hayes,	
S. Domingue,	18. 27′.	439. 375.	99732.	Godin,	1. 38.
Petit Goave,		439. 33.	99744.	Bouguer,	
Jamaïque,	18. 0′.	439. 33.	99744.	Campbell.	
S. Christophe,	17. 19′.	438. 75.	99590.	Des Hayes,	
Guadeloupe,	16. 0′.	438. 50.	99533.	Varin des Hayes,	
Martinique,	14. 44′.	438. 50.	99533.	Des Hayes,	1. 41.
Gorée,	14. 40′.	438. 71.	99564.	Varin des Hayes,	
Grenade,	12. 6′.	438. 45.	99518.	Des Hayes,	Douteux.
Porto-Belo,	9. 33′.	439. 08.	99665.	Godin,	
Panama,	8. 35′.	439. 20.	99682.	Bonguer,	1. 48.
Cayenne,	4. 56′.	438. 50.	99533.	Des Hayes,	
	Lat. Austral.				
Punta Palmar.	0. 2′.	438. 96.	99631.	Condamine,	
Riobambe,	0. 9′.	438. 82.	99605.	Bouguer,	
Le rivage de la		438. 93.	9 625.	Condamine,	
mer Australe,	0. 14′.	439. 7.	99802.	Bouguer,	
Quito,	0. 25′.	438. 84.	99643.	Condamine,	1. 53.
Paraiba,	6. 38′.	438. 26.	99702.	Couplet,	
Isle Helenne,	16. 0′.	439. 15.	99906.	Halley,	Douteux.
Cap de Bonne-Esp.	34. 24′.	440. 7.	100036.	La Caille,	

(1) On croit que par ce mot, l'Auteur désigne le Caire : on en juge par la latitude, à laquelle il faut ajoûter 30″.

Comme tous ceux qui ont fait des obſervations ſur cette matiere, n’ont point fait entrer en conſidération les différens degrés de température des endroits où ils ont obſervé, & qu’outre cela ils n’ont pas tous apporté les mêmes ſoins & la même exactitude dans leurs obſervations; il eſt conſtant que de nouvelles obſervations, faites avec toute l’attention requiſe, corrigeront les défauts de celles que nous avons actuellement, & ſuppléeront à celles qui nous manquent, relativement aux endroits où on n’a point encore obſervé.

§. CCCXXXIV. On pourroit ſoupçonner que les différentes longueurs qu’on doit donner aux pendules à ſecondes, dans les endroits dont nous venons de faire mention, ne dépendroient pas de la variété de la force de la peſanteur dans ces mêmes endroits; mais de la force centrifuge, qui naît du mouvement diurne de la terre ſur ſon axe : laquelle, étant différente dans les différentes latitudes, feroit perdre différens degrés de la force que la peſanteur communique aux corps dans ces différens endroits. Comme il eſt aiſé de déterminer la valeur de la force centrifuge dans chaque degré de latitude, & de connoître enſuite de combien on doit raccourcir le pendule à ſecondes, en allant d’un des pôles à l’équateur; M. *Bouguer* s’eſt chargé de ce ſoin, & a dreſſé une Table fort exacte à cet égard, qui nous fait voir manifeſtement que les raccourciſſemens du pendule, expoſés dans les obſervations précédentes, ſont bien différens de ceux qu’exigent les différens degrés de force centrifuge : d’où il ſuit manifeſtement que la force de la peſanteur varie réellement dans les endroits où la latitude eſt différente; & que cette différence qu’on remarque, à proportion que les latitudes varient, dépend de la figule ovale de la terre, & des diſtances différentes de ces endroits au centre de la terre : de ſorte que la véritable gravité des corps, ou, pour mieux dire, la gravité, ne jouit complettement de toute ſa force que ſous les pôles. Les accroiſſemens que la gravité prend de l’équateur aux pôles, ſont, à très peu de choſe près, comme le quarré du ſinus droit de la latitude, ſelon la démonſtration que *Newton* nous en a donnée (1). Nous ne connoiſſons pas encore la véritable cauſe de cette différence, ni la conformation intérieure de la terre, ni la ſolidité des parties qu’elle renferme dans ſes entrailles.

§. CCCXXXV. La force de la gravité demeure conſtamment la même, dans le même endroit de la terre, pendant le courant de l’année; & peu importe que la terre ſoit aphélie, ou périhélie, qu’elle ſoit dans les équinoxes, ou dans les ſolſtices : & on doit cette obſervation à M. *Bouguer* (2). C’eſt pourquoi on ne doit point faire dépendre la gravité de la preſſion d’un fluide interpoſé entre le ſoleil & la terre, & qui ſeroit preſſé par le ſoleil; puiſque, dans ce cas, la gravité, dans les corps terreſtres, ſeroit plus grande lorſque la terre ſeroit périhélie, que lorſqu’elle ſeroit aphélie.

Les graves, abandonnés à eux-mêmes dans le même endroit de la terre, ſe portent auſſi conſtamment au même point de la ſurface de la terre, pendant le courant de l’année; ainſi qu’on l’a obſervé, à l’aide d’un téleſcope, ſuſpendu à l’extrêmité d’une chaîne de 187 pieds de longueur, au moyen

(1) Princip. Phil. Nat. Lib. 3. prop. 10. (2) Fig. de la Terre, p. 336.

duquel on obferva conftamment tous les jours un même objet qui étoit à 556 toifes de diftance du télefcope, fi ce n'eft dans les circonftances où la chaleur allongeoit la chaîne, ou lorfque le froid la rendoit un peu plus courte (1).

§. CCCXXXVI. La gravité des mêmes corps, élevés au-deffus de la furface de la terre, à différentes diftances de fon centre, eft en raifon réciproque de leur diftance à ce centre.

Soit une partie de la furface de la terre I L O K [*Tab* 3. *fig*. 2.], dont C I eft le rayon ; foit auffi un point A, élevé à une certaine hauteur au-deffus de la furface terreftre : imaginons que cette partie I L O K foit placée en A B D E : or comme la gravité, quelle que foit la caufe qui la produit, & la maniere dont elle agit, paroît toujours diriger fon action par des lignes droites, tirées du centre à la circonférence ; en fuppofant que la figure de la terre eft parfaitement fphérique, & qu'elle eft homogene dans toute fa folidité, l'action de la pefanteur fe dirigera felon des lignes droites, menées du point C aux points I, L, K, O ; lefquelles lignes, étant prolongées jufqu'en A, G, H, F, atteindront la furface A F H G, jufqu'à laquelle, & beaucoup au-delà de laquelle, la force de la pefanteur, qui fe faifoit fentir en I L K O, produira encore fon action : or la force de la gravité à la furface A E B D, eft à celle qui fe fait fentir à la furface A F G H, comme la grandeur de A E B D, eft à celle de A F G H ; mais ces deux grandeurs font en raifon compofée de A B, ou IO, & de BD, ou de OK, à AG × GH : or IO : AG :: IC : AC ; & OK : GH :: IC : AC. Conféquemment on aura la raifon de IO, × OK : AG × GH :: $\overline{IC}^q$: $\overline{AC}^q$; donc la force de la gravité en A D, fera à celle qui fe fait fentir en I K :: $\overline{IC}^q$: $\overline{AC}^q$. Mais la gravité n'agit pas fur les furfaces dont nous venons de parler, & que nous fuppofons de même denfité par le moyen des rayons tirés entre C & I, ou entre C & A, foit qu'elle exerce fon action par des preffions ou par attraction ; puifque ces rayons font purement imaginaires, & n'exiftent point, & qu'ils n'ont été fuppofés que pour la facilité de la démonftration. Cette démonftration aura toujours lieu, quelque grande qu'on fuppofe la diftance, jufqu'à laquelle la gravité produit fon action ; mais elle ne fera pas également applicable, & elle fouffrira quelques exceptions, lorfqu'elle agira fur des corps qui feront à de très petites diftances.

On a découvert cette propriété par la pefanteur de la lune fur la terre, & on doit cette découverte aux obfervations & aux expériences que firent, fur les plus hautes montagnes du Pérou, MM. *la Condamine* (2) & *Bouguer* (3). M. de *la Condamine* obferva dans la Ville de Quito, qu'un pendule fit en 24 heures 98740 vibrations ; & ayant porté ce même pendule fur la montagne de Pichinca, à la hauteur de 750 toifes plus haut qu'à Quito, il ne fit plus dans le même tems que 98720 vibrations. Il obferva encore qu'au bord du fleuve des Amazonnes, dans le Village de Para, qui eft beaucoup au-deffous de Quito, le même pendule fit, dans le même efpace de tems,

(1) Hift. de l'Acad. Roy. ann. 1754. p. 1.   (1) Voyage de la riviere des Amazonnes, p. 181. (3) Voyage au Pérou, p. 40.

98770 vibrations; d'où il conclut que la gravité étoit plus grande dans les endroits plus bas, & plus petite dans les endroits plus élevés. M. *Bouguer* nous apprend qu'un pendule qui mefuroit exactement une feconde par chacune de fes vibrations, & qui étoit placé fur le fommet de la montagne de Pichinca, avoit 36 pouces 6 $\frac{71}{100}$ de ligne; que dans la Ville de Quito, un pendule ifochrone au premier, avoit 36 pouces 6 $\frac{83}{100}$ de ligne; & qu'au bord du rivage de la mer, à la latitude auftrale de 14 m', il avoit 36 pouces 7 $\frac{7}{100}$ de ligne de longueur. Le fommet de la montagne dont nous venons de parler, eft élevé au-deffus du niveau de la mer de 2434 toifes. Pichinca eft fitué fous l'équateur, par conféquent à la hauteur de 2434 toifes au-deffus du niveau de la mer. La longueur d'un pendule propre à mefurer des fecondes, eft de 438.71; & au bord de la mer Pacifique, fa longueur eft de 439.7 lig.: par conféquent l'action de la gravité, au fommet de la montagne, $=$ 99575, & au bord de la mer $=$ 99802, puifque le fommet de la montagne eft plus élevé que le rivage de la mer de 2434 toifes. Suppofons que le rayon de la terre, depuis le centre jufqu'à la furface qui répond au niveau de la mer, foit de 1348 parties; ce même rayon, prolongé jufqu'au fommet de la montagne, fera de 1349 parties, dont les quarrés feront 1817104 & 1819801. Si donc l'effort de la gravité, au fommet de la montagne, eft fuppofé $=$ 99575, il feroit au bord de la mer $=$ 99722: or l'obfervation prouve que cet effort eft plus grand; puifqu'il $=$ 99802. Mais fi nous fuppofons qu'il foit $=$ 99802, il fera donc au fommet de la montagne Pichinca $=$ 99654; ce qui eft contre l'obfervation précédente, qui démontre que cet effort $=$ 99575, & conféquemment moindre que la raifon inverfe du quarré des diftances au centre de la terre : or cette erreur, relativement à la raifon inverfe du quarré des diftances, vient de la figure fphéroïde de la terre, & du peu d'exactitude des obfervations, & de l'inégale folidité du globe terreftre, qui eft plus denfe dans des endroits, qui contient moins de matiere dans d'autres, eu égard aux grandes cavités qui fe trouvent difféminées dans toute fon étendue; ce que prouvent manifeftement ces fréquens tremblemens de terre qui fe font fait fentir depuis peu dans tous les Pays, & qui font produits par une matiere élaftique qui circule de cavités en cavités. Il arrivera encore la même chofe, fi la montagne fur laquelle on fait des obfervations eft en proie à des feux fouterrains, qui la confument intérieurement. Peut-être que cette erreur, qui paroît mettre en défaut la loi de la raifon inverfe du quarré des diftances, vient d'un noyau qui enveloppe le centre de la terre, qui eft de différentes grandeurs, qui ne conferve pas la même forme, ni la même denfité dans toute fon étendue, & qui eft éloigné, à une certaine diftance, de la furface fphéroïde de la terre. Peut-être auffi n'a-t-on pas encore déterminé exactement la véritable loi de la gravité; parcequ'on n'a point fait entrer en confidération, dans les obfervations qu'on a faites jufqu'ici, la plus grande denfité, ou la plus grande rareté de l'air, ainfi que la variété de la température en chaud & en froid : chofes cependant qu'on ne doit point négliger, lorfqu'il s'agit de confidérer les vibrations d'un pendule. Cette erreur peut venir encore de ce qu'il faudroit, dans de telles obfervations, avoir égard à l'intenfité des forces centrifuges, qui eft plus grande à une plus grande diftance de la furface de la terre. Elle peut venir encore, de ce qu'on a omis plufieurs chofes que nous ne connoiffons pas encore, & que ceux qui viendront après nous pourront peut-être connoître. *Georges Juan* (1) a traité cette matiere avec beaucoup d'étendue, & nous a communiqué, à cet égard, un grand nombre d'obfervations. Le célebre Mathématicien M. *Clairaut* (2) ne nous a rien laiffé à defirer fur cela.

§. CCCXXXVII. En fuppofant que la véritable loi de la gravitation, foit la raifon inverfe du quarré des diftances au centre de la terre, fuppofons que C I [*Tab. 3. fig. 3.*] foit le demi-diametre de la terre, & qu'il foit prolongé jufqu'en A ; que cette ligne foit divifée en plufieurs parties, égales chacunes au demi-diametre C I. Si un corps, placé au point I de la furface de la terre, pefe, dans cet endroit, 3600 ℔, ce même corps, élevé à la hauteur de 60 demi diametres au-deffus de la furface de la terre, ne pefera plus qu'une livre. Et fi on le place à toutes les hauteurs intermédiaires, tracées fur la ligne C A, il ne pefera, dans ces différens endroits, que les poids qui y feront indiqués ; car le poids de 3600 ℔, dont ce corps jouit au point I, doit être divifé par le quarré des différentes diftances où il fe trouvera du centre C, & le quotient exprimera le poids dont il jouira dans tous ces points.

§. CCCXXXVIII. Il fuit de-là, que fi deux corps, tels que A H & I K, [*Tab. 3. fig. 2.*], font homogenes, & de même efpece, & que la grandeur du corps A H foit à celle de I K, comme $\overline{AC}^q : \overline{IC}^q$; leurs poids feront égaux.

§. CCCXXXIX. Si les corps A H & I K [*Tab. 3. fig. 2.*], font de nature différente, & qu'ils foient dans des éloignemens différens du centre de la terre, leurs poids feront en raifon compofée des poids qu'ils auroient dans la même diftance de notre globe, & des raifons inverfes des quarrés des diftances à ce même centre.

§. CCCXL. Il fuit encore de-là, que plus les corps, qui font placés dans le voifinage les uns des autres, fur la furface de la terre, font proches de fon centre, plus leur action les uns contre les autres fera confidérable, foit qu'il s'agiffe de preffer, foit qu'il s'agiffe de s'oppofer à un mouvement de bas en-haut ; & ils obferveront toujours, quant à leur force, la proportion que nous venons d'indiquer.

§. CCCXLI. Un corps, élevé à quelque diftance aux-deffus de la furface de la terre, dans le climat de Paris, & abandonné à lui-même, parcourt, dans l'efpace d'une feconde, 15 pieds 1 pouce 1 $\frac{7}{9}$ lig. ; lequel efpace, réduit en lignes = 2173 . 631356 : en prenant une feconde pour un inftant, il parcourt, dans le fecond inftant, 45 pieds, 3 pouces, 5 $\frac{1}{8}$ lig. : dans le troifieme inftant, il parcourt 75 pieds, 5 pouces, 8 $\frac{8}{9}$ lig. Dans le vuide, l'efpace qu'un corps parcourroit feroit un peu plus long ; puifque, dans ce cas, le corps ne feroit nullement foutenu par la réfiftance de l'air (3). Un corps qui tomberoit dans le vuide, à Leyde, parcourroit, dans l'efpace de la premiere feconde, 15 pieds rhenan, 7 pouces, 6 . 412 lig., fuivant l'obferva-

(1) Obfervations Aftronom. Liv. 8. ch. 4.   (2) Pieces qui ont remporté le prix à Touloufe en 1759. (3) Newtoni. Philof. Nat. Liv. 3. Prop. 19. Proll. 3. part. 77.

tion de *Lulofs* (1). Mais nous n'entrerons point dans ce détail, qui nous paroît trop minutieux.

§. CCCXLII. Tout corps accélere donc son mouvement en tombant; & les espaces qu'il parcourt dans une suite de tems égaux, croissent comme les nombres impairs 1, 3, 5, &c; & les espaces parcourus à la fin de chaque instant, en comptant depuis le premier instant de la chûte, sont entr'eux comme les quarrés des tems. Car, de même que 1 : 4, de même 15 pieds + 1 pouce + 1 $\frac{7}{9}$ lig. sont à 60 pieds + 4 pouces + 7 $\frac{1}{3}$ lig., qui expriment les espaces qu'un mobile parcourt pendant les deux premiers instans de sa chûte.

On n'a pas pu observer aussi facilement & aussi exactement les espaces que les corps parcourent en descendant, lorsqu'ils sont abandonnés à eux-mêmes, par les tems que les pendules emploient pour faire leurs vibrations; car la résistance de l'air, que les corps qui tombent éprouvent nécessairement, pendant leur chute, retarde leur mouvement. *Newton* & *Hauxbée* trouverent que des boules remplies de mercure ne parcouroient, dans l'espace d'une seconde, que 14 pieds d'Angleterre & 5 $\frac{1}{2}$ pouces : néanmoins, malgré la difficulté qu'on éprouve pour mesurer exactement les espaces que les corps parcourent pendant les différens instans de leur chûte, le célebre *Galilée* vint à bout de découvrir exactement que ces espaces étoient en raison doublée des tems; & ce fut cet habile Mathématicien qui fit le premier cette observation (2). Cette découverte fut confirmée ensuite par *Grimaldi* & *Riccioli* (3), qui imaginerent des expériences fort ingénieuses & très exactes, qu'ils exécuterent avec toute l'attention possible.

§: CCCXLIII. Pour se former une juste idée de la maniere dont les graves accélerent leur mouvement pendant leur chûte, supposons que la ligne A B [*Tab. 2. fig.* 20.] représente le tems pendant lequel un corps se meut; que ce tems soit divisé en parties infiniment petites : division qui peut être représentée par les lignes A D, D M, M N, &c. Soit élevé sur le point D la perpendiculaire D E, qui représente la vîtesse que le mobile a acquise pendant le premier instant de sa chûte A D, lorsqu'il est parvenu au point D : or le tems pendant lequel un corps se meut, multiplié par sa vîtesse, donne l'espace que ce mobile a parcouru; par conséquent le rectangle A D E S, qui naît de la multiplication de A D par D E, exprimeroit exactement l'espace que le mobile auroit parcouru pendant le premier instant de sa chûte, si sa vîtesse, pendant ce premier instant A D, eût toujours été égale à D E. Mais il n'en est pas ainsi dans l'hypothese présente, le mobile n'acquiert que successivement le degré de vîtesse D E, dont il jouit lorsqu'il est parvenu au point D; par conséquent l'espace parcouru pendant le premier instant A D, ne peut être représenté que par le triangle A D E : le mobile, parvenu au point D, continue à se mouvoir pendant le second instant avec la vîtesse acquise D E; & conséquemment il parcourt, pendant ce second instant D M, un espace égal au rectangle E D M : mais pendant qu'il se meut, sa vîtesse augmente de même qu'elle a augmenté pendant le premier instant; il ac-

(1) Verhandelingen der Haarlemsc. Maatschappy, vol. 3. (2) Dialog. de Motu Locali. Dial. 3. p. 157. 158. (3) Almagest. Tom. 1. L. 2. cap. 21. prop. 4.

quiert donc, pendant le second inftant de fa chûte, une vîteffe égale à celle
que nous avons repréfentée par D E , & il arrive à la fin du fecond inftant
D M muni d'une vîteffe = M r, double de D E. S'il fe fût mû pendant tout
ce fecond inftant, avec une telle vîteffe, il eût parcouru un efpace égal au
rectangle S D M r ; mais comme au premier moment D, de ce fecond inftant, il n'avoit qu'une vîteffe égale à D E, l'efpace parcouru pendant le fecond inftant D M, ne peut être égal qu'au trapefe D E M r. Il continue encore à fe mouvoir, pendant le troifieme inftant, avec une vîteffe accélérée ; & à la fin N du troifieme inftant M N, il a acquis une vîteffe = N t,
triple de celle du premier inftant D E : & par conféquent, en vertu de ce que
nous venons d'obferver pour les deux premiers inftans, il ne parcourt, dans
ce troifieme inftant, qu'un efpace égal au trapefe r M N t ; or l'efpace parcouru pendant le fecond inftant D M, eft triple de l'efpace triangulaire
A D E, que le mobile a parcouru pendant le premier inftant A D ; & l'efpace parcouru pendant le troifieme inftant , eft quintuple de l'efpace parcouru dans le premier inftant, comme il paroît manifeftement par la divifion de ces efpaces en triangles égaux au triangle A D E. Mais les obfervations répétées ci-deffus (§. 341), prouvent que c'eft une propriété dans les
corps qui tombent librement, de parcourir des efpaces qui foient tels entr'-
eux, que le premier, étant repréfenté par 1, le fecond = 3, le troifieme
= 5 : donc on peut repréfenter la chûte des graves par le moyen d'un triangle A N t, ou A B C.

    Il fuit encore de ce que nous venons de dire, que les vîteffes qu'un mo-
bile acquiert fucceffivement pendant les différens inftans de fa chûte, croiffent comme les inftans ; puifque, pendant le premier inftant A D, la vîteffe
acquife eft repréfentée par D E = 1, en deux inftans A D, D M, la vîteffe acquife = M r, = 2 ; en trois inftans, A D, D M, M N, la vîteffe acquife = N t,
= 3 : & conféquemment dans tous les inftans fucceffifs & égaux, pendant lefquels un mobile fe mouvera, il acquerra des degrés de vîteffe
égaux.

    §. CCCXLIV. On appelle ordinairement le triangle A B C, *le plan d'une
vîteffe uniformément variable ;* & la ligne A C, *le lieu des vîteffes :* ce lieu eft
repréfenté par une ligne droite ; parcequ'on a la proportion A D : A M : :
D E : M r.

    §. CCCXLV. Comme le triangle A D E [*Tab.* 2. *fig.* 20.] eft au triangle
A M r en raifon doublée de A D à A M, ou comme le quarré de D E au quarré
de M r , & que ces triangles repréfentent les efpaces parcourus par la chûte
du mobile , ces efpaces feront auffi entr'eux comme les quarrés des tems
ou des vîteffes ; & conféquemment les vîteffes feront comme les racines
quarrées des efpaces parcourus : ce qu'on peut démontrer par une expérience inconteftable. En effet nous avons obfervé ci-deffus, que la vîteffe
qu'un mobile acquiert, en parcourant le premier efpace, eft égale à 1, & que
celle qu'il acquiert, en parcourant 4 efpaces, eft égale à 2 : or fi on place
deux corps ronds dans une cycloïde, ces corps, dans un même tems, pourront parcourir des portions plus ou moins grandes ; mais fi on fait defcendre un de ces corps par une portion de cycloïde, dont la hauteur = 1, &
l'autre par une portion dont la hauteur = 4, & que l'un & l'autre, à la fin
des

des chûtes que nous venons d'indiquer, foit déterminé à fe mouvoir parallement à l'horifon, le premier parcourra un efpace comme 1, & l'autre un efpace comme 2; & ils emploieront chacun le même tems pour parcourir ces efpaces : ce qui prouve que le premier de ces deux corps n'a acquis qu'un degré de vîteffe, & que le fecond n'arrive à la fin d'une hauteur comme 4, qu'avec deux degrés de vîteffe. Ce fera encore la même chofe, fi on fait tomber un troifieme corps, par une portion de cycloïde, dont la hauteur $= 9$, il ne parcourra que 3 efpaces dans une direction parallele à l'horifon; & conféquemment n'aura acquis, par fa chûte, que 3 degrés de vîteffe.

§. CCCXLVI. Soit A D [*Tab.* 3. *fig.* 4.], axe d'une parabole, fur lequel on prenne des portions A B, A C, A D, qui expriment les efpaces que parcourroit un mobile, s'il tomboit felon la verticale A D; les ordonnées aux points B, C, D, qui font B E, C F, D G, repréfenteront les vîteffes acquifes à la fin de chaque efpace parcouru; car, par la nature de la parabole, on a $A B : A C :: \overline{BE}^q : \overline{CF}^q$, & conféquemment $\sqrt{AB} : \sqrt{AC} ::$ B E : C F : de-là fi A B, & A C expriment des efpaces librement parcourus, B E & C F marqueront les vîteffes acquifes.

§. CCCXLVII. Puifque les efpaces parcourus en tems égaux par un corps qui tombe librement, croiffent entr'eux felon la progreffion des nombres 1, 3, 5, &c, plus le nombre de ces efpaces deviendra grand, & plus les efpaces eux-mêmes approcheront de l'égalité. En effet, lorfque les efpaces parcourus feront entr'eux comme 101, 103, 105, ils différeront peu les uns des autres; ils différeront encore moins lorfqu'ils feront entr'eux comme 10001, 10003, 10005 : mais les racines quarrées des nombres qui expriment de tels efpaces, feront à peine différentes les unes des autres. Or ces racines indiquent les vîteffes, qui feront par conféquent prefqu'égales entr'elles; de forte qu'à la fuite elles deviendront uniformes.

§. CCCXLVIII. Comme les efpaces parcourus font comme les quarrés des tems, on connoîtra aifément le tems qu'un corps emploiera pour parcourir un efpace donné. Que l'efpace qu'un corps parcoure, en tombant librement pendant une feconde $= a$, & que le tems foit défigné par t : fi on demande le tems x, qu'il emploiera à parcourir l'efpace b, on aura la proportion $a : b :: t t : x x$; & par conféquent $\sqrt{\dfrac{b t t}{a}} = x$. Si $t = 1$, t t égalera auffi 1; & alors $\sqrt{\dfrac{b}{a}} = x$. Si, pendant le tems t, il parcourt 15 pieds, le même mobile parcourra 540 pieds dans le tems b t; car $\frac{540}{15} = 36$, dont la racine $= 6$: & puifqu'un mobile parcourt 2173 lig. pendant une feconde, il parcourra 1 pied ou 144 lig. dans le tems d'une m''', 15, 42.

§. CCCXLIX. Etant donné le tems qu'un corps emploie à parcourir un certain efpace, trouver les efpaces qu'il parcourra dans chaque feconde. En fuppofant qu'un corps ait employé 5 m'' à tomber au fond d'un puits, dont la profondeur eft de 375 pieds; combien a-t-il parcouru de pieds dans la premiere feconde ? Comme les quarrés des tems font proportionnels aux

Tome I.　　　　　　　　　　　　　　　　　　　T

espaces, on aura $5 \overline{m''q} = 25$ & $1 \overline{m''q} = 1$; & conséquemment $25 : 1 : : 375 : \frac{375}{25} = 15$: il parcourra donc 15 pieds dans la premiere seconde.

§. CCCL. Puisque les forces des corps mus librement, sont comme le quarré des vîtesses, & que les espaces parcourus par les corps qui-tombent librement, sont aussi comme le quarré des vîtesses; les forces & les vîtesses sont donc entr'elles en raison d'égalité: ce qu'on peut confirmer par les expériences suivantes.

Remplissez une boîte quelconque de terre grasse, de celle dont se servent les Potiers de terre pour faire des marmites; rendez la surface de cette terre lisse & très unie : laissez tomber sur cette terre, de trois pieds d'élévation, une boule quelconque, dont on prendra le poids pour 1; cette boule, par sa chûte, creusera une cavité sur la terre qu'elle frappera : prenez une autre boule de même diametre, mais qui pese trois fois davantage que la premiere, & laissez-la tomber à côté de l'endroit que la premiere a frappé, mais que la hauteur d'où cette derniere tombe ne soit que d'un pied. Cette boule formera aussi, par sa chûte sur l'argille, une excavation semblable à celle que la premiere a creusée par la sienne : or ces cavités égales doivent être regardées comme des effets égaux, qui doivent leur naissance à la résistance que la glaise a opposée au mouvement des deux boules; & par conséquent les causes, ou les forces qui ont produit ces effets égaux, quoi qu'il en soit des tems qu'elles ont employés pour les produire, sont égales. (§. 300). C'est pourquoi les forces de ces deux corps sont comme les espaces parcourus, multipliés par les poids de ces corps. Une sphere, dont le poids $= 1$, & qu'on laisse tomber d'une hauteur $= 4$, fait un creux qui est égal à celui que formeroit une sphere dont le poids $= 2$. On peut aisément mesurer ces excavations, à l'aide d'un compas à trois branches; & on doit compter pour rien la difficulté qui est fondée sur le plus grand tems qu'emploie, pour produire un plus grand effet, une boule qui tombe d'une plus grande hauteur.

§. CCCLI. Quiconque fera attention à ce que nous avons démontré (§. 301 & 306), s'appercevra aussi-tôt, que les corps qui tombent, jouissent des mêmes propriétés que ceux qui sont soumis à des puissances intérieures qui les pressent. Et, comme la gravité est une puissance qui presse, les corps tombent de haut en-bas, de même que si la puissance qui les anime étoit en repos, & qu'elle agît néanmoins continuellement sur eux de la même maniere.

§. CCCLII. Il suit de ce que nous venons de dire, que si un corps en repos vient à tomber, pendant un tems désigné par A B [*Tab.* 2 *fig.* 20.], & qu'à la fin de cet instant il acquere une vîtesse représentée par B C; il parcourra, pendant cet instant, un espace représenté par le triangle A B C : il suit encore que ce même corps, tombant pendant le même tems, avec une vîtesse uniforme, égale à B C, parcourroit un espace double du premier, & qui seroit représenté par le rectangle A B C Z; car l'espace parcouru par un corps en mouvement, se connoît en multipliant le tems par la vîtesse : or A B $\times$ B C $=$ A B C Z; & conséquemment un corps qui, muni d'une vîtesse uniforme se mouveroit pendant un tems sous-double, parcourroit un espace égal à celui que parcourroit, avec un mouvement accéléré, un corps qui paſſeroit de l'état du repos à celui du mouvement , & qui ſe mouveroit pendant un tems double.

§. CCCLIII. Un corps, abandonné à lui-même parcourt, pendant l'eſ-pace d'une ſeconde , 2173 lig., & à la fin de ce premier inſtant, il a acquis une vîteſſe propre à lui faire parcourir un eſpace double dans le même tems ; c'eſt-à-dire 4346 , en ſuppoſant qu'il ſe mouveroit d'un mouvement unifor-me : c'eſt pourquoi on peut ſavoir , à l'aide d'une parabole , quel eſpace un mobile parcourroit dans un même tems , avec la vîteſſe qu'il a acquiſe en tombant d'une hauteur quelconque. Ce que MM. *Belidor* (1) & *Martin* (2) ont ſupputé , & nous ont appris , par des Tables très exactes qu'ils ont dreſſées.

§. CCCLIV. En conſéquence de ce que nous venons de dire , nous pou-vons donner à un corps toute vîteſſe quelconque , en calculant la hauteur d'où il faut le laiſſer tomber ; afin qu'il acquere , par ſa chûte , la vîteſſe in-diquée.

On ſait qu'un corps parcourt en une ſeconde , d'un mouvement accéléré , 2173 lig., & qu'il acquiert , pendant ce tems , une vîteſſe ſuffiſante pour parcourir , dans le même tems , d'un mouvement uniforme , c'eſt-à-dire , en ſe mouvant dans une direction parallele à l'horiſon , 4346 lig. ; c'eſt pourquoi , ſi on demande de quelle hauteur il faut faire tomber ce corps pour qu'il acquere une vîteſſe propre à lui faire parcourir 100 lignes , par un mouvement uniforme : voici la réponſe. Suppoſons que l'eſpace parcouru par le mobile , dans la premiere des deux circonſtances , $= S$, & que l'eſ-pace qu'on exige qu'il parcoure uniformément $= X$; les eſpaces parcourus ſont comme le quarré des vîteſſes. Suppoſons donc que ces vîteſſes ſoient déſignées par C & c , on fera alors cette proportion , $S : X :: \overline{Cq} : \overline{cq}$, & par conſéquent $X = \dfrac{\overline{Scq}}{Cq} = \dfrac{2173 \times 100 \times 100}{4346 \times 4346} = \dfrac{21730000}{18883716}$. Par ce moyen on connoît la hauteur à laquelle il faut élever le corps , & d'où il faut le laiſſer tomber , pour qu'il ait la vîteſſe qu'on exige.

§. CCCLV. Puiſque l'action de la gravité maîtriſe continuellement un corps , & le ſollicite à ſe mouvoir de haut en-bas , ſoit qu'il ſoit en mouve-ment , ſoit qu'il ſoit en repos ; le mouvement d'un corps qui ſera dirigé de bas en-haut , & qui ſe mouvera ſelon une ligne droite , ſera un mouvement retardé : & les diminutions de ſa vîteſſe , ſeront égales en tems égaux ; puiſ-que la gravité produit dans un corps des vîteſſes de haut en-bas , qui croiſ-ſent comme les inſtans. Par conſéquent , un corps lancé de bas en-haut , ſe mouvera avec un mouvement également retardé ; & on obſervera tout ce que nous avons démontré (§. 301 , 302 , 303).

§. CCCLVI. Par conſéquent ſi un corps tombe perpendiculairement en-bas , il aura acquis , à la fin de ſa chûte , une vîteſſe ſuffiſante pour remonter juſqu'à la même hauteur d'où il ſera tombé ; comme il paroît manifeſtement par la chûte des corps ſur des obſtacles parfaitement élaſtiques , qui remon-tent preſque juſqu'à la même hauteur d'où ils ſont deſcendus : ce qui paroît

_____

(1) Belidor , Archit. Hydraul. Liv. 1. ch. 3. p. 180. 189.   (2) Phil. Britan. V. 1. Tab. 18.

encore plus évidemment par les vibrations des pendules, qui font telles, qu'un pendule, tiré de fon aplomb, & abandonné à lui-même, à une hauteur quelconque, remonte en fens contraire jufqu'à la même hauteur.

§. CCCLVII. Si on jette un corps de bas en-haut, il montera donc jufqu'à cette même hauteur; d'où venant enfuite à tomber, il acquerra, par fa chûte, la même vîteffe avec laquelle il a été jetté de bas en-haut. Les foldats, qui défendent les remparts d'une Ville affiégée, & qui connoiffent cette propriété de la gravité, ne pointent pas trop obliquement les bouches à feu, dont ils font ufage pour défendre la Ville; afin que les pierres & les autres corps dont elles font chargées, venant à tomber de fort haut, bleffent & tuent plus fûrement les ouvriers & les ennemis qui fe cachent à l'abri des ouvrages qu'ils ont faits, & qu'ils ne pourroient point attrapper par une défenfe directe. C'eft ainfi que les bombes, qui viennent à éclater, après avoir été lancées fort haut, & être retombées par le feul effort de leur gravité, brifent, avec une force confidérable, les toîts, les maifons, & généralement tout ce qu'elles rencontrent dans leur chûte. C'étoit en vertu de cette même connoiffance, que les Anciens lançoient fort haut une grêle confidérable de traits, qui étoit fi nombreufe, qu'elle en obfcurciffoit la lumiere du foleil; afin que tous ces traits, retombants, par leur propre poids, puffent bleffer & tuer leurs adverfaires, quoiqu'ils fuffent garnis de cuiraffes. C'eft encore en vertu du même principe, que, lorfque la grêle tombe de fort haut, elle détruit les moiffons, elle abat les arbres, elle brife les toîts, elle tue les beftiaux & les hommes.

§. CCCLVIII. Les hauteurs auxquelles peuvent monter différens corps qu'on lance de bas en-haut, avec différentes vîteffes, font entr'elles comme le quarré de ces vîteffes.

§. CCCLIX. On peut favoir, d'après ce principe, jufqu'à quelle hauteur peut s'élever un corps qu'on lance perpendiculairement de bas en haut, en connoiffant le tems qui s'écoule depuis le moment où il s'élève, jufqu'à celui où il eft retombé. Suppofons, par exemple, qu'ayant lancé de bas en-haut une boule, elle ait employé 20 m″ à retomber vers l'endroit d'où elle étoit partie; cela pofé, il eft conftant que cette boule a employé 10 m″ pour monter, & le même tems pour defcendre, les efpaces qu'elle a parcourus en montant & en defcendant font néceffairement égaux, & comme le quarré du tems qu'elle a employé à les parcourir. Ces efpaces font donc comme 10 × 10 : or, dans un inftant, c'eft-à-dire, dans l'efpace d'une feconde, un corps parcourt, dans le climat de Paris, 15 pieds 1 pouce 1 $\frac{7}{2}$ lig. ou 2173, 63 lig.; par conféquent, dans l'hypothefe dont nous venons de faire mention, la boule s'eft élevée de 2173, 63 lig. × 10 × 10, c'eft-à-dire, qu'elle a parcouru, en s'élevant, 1509 pieds 6 pouces 7 lignes, & qu'elle a parcouru un efpace femblable en defcendant.

§. CCCLX. Puifqu'on connoît l'efpace qu'un corps parcourt en defcendant librement auprès de la furface de la terre, dans l'efpace d'une feconde, & qu'on fait d'ailleurs les diminutions de l'effort de la pefanteur, à de plus grandes diftances du centre de ce globe, on pourra connoître aifément l'efpace que parcourra, dans un même tems, un corps qui fera placé à une diftance donnée du centre de la terre; en effet, puifque la force de la gravité n'est plus à la distance de deux rayons de la terre, que le quart de ce qu'elle est à la surface de ce globe; & qu'un corps, vers la surface de la terre, parcourt, dans une seconde, 2173 lignes : un autre corps, placé à deux rayons de distance du centre de la terre, ne parcourra, dans le même tems, que $\frac{2173}{4} = 543\frac{1}{4}$ lig.; & à une distance de trois rayons, il ne parcourroit, dans une seconde, que $\frac{2173}{9} = 241\frac{4}{9}$ lig. : & en continuant ainsi de suite à diviser le nombre 2173 par le quarré des nombres qui expriment les distances au centre de la terre, mesurées par des rayons, on pourra indiquer l'espace qu'un corps parcourra dans l'espace d'une seconde, en le supposant placé à ces différentes distances.

§. CCCLXI. La pesanteur d'un corps, qui demeure constamment à la même distance du centre de la terre, est-elle variable, souffre-t-elle, tantôt du plus, tantôt du moins ? On a cru que l'intensité de cette force alloit en décroissant; parcequ'on a observé que le cadavre d'un animal mort, pese moins que le corps de cet animal lorsqu'il vit : ce qui se remarque sur-tout dans les oiseaux; si on les pese exactement avant leur mort, ils pesent sensiblement plus qu'après. Cette observation ne me paroît pas mériter assez de confiance, pour qu'on puisse en conclure raisonnablement; puisque tant que les animaux vivent, ils transpirent continuellement : & que ce qui s'échappe par la voie de la transpiration, doit nécessairement diminuer leur poids, si on n'a soin de réparer cette perte.

D'autres ont avancé que la pesanteur souffroit des degrès d'accroissement, & se sont fondés sur cette expérience ; ayant rempli avec de l'eau & des poids une boule de verre, & l'ayant exactement fermée avec de la cire, son poids s'est trouvé augmenté au bout de huit jours. Cette expérience n'est pas si décisive qu'elle le paroît; & elle ne répond pas à l'attente qu'on en doit avoir. En effet, si on place le globe dont nous venons de parler, dans un des bassins d'une bonne balance, & un contrepoids dans le bassin opposé, il peut bien arriver que la poussiere qui voltige dans l'air, venant à tomber sur la surface du globe, ou que les parties aqueuses qui regnent constamment dans l'atmosphere, s'étant attachées en plus grande abondance aux cordes qui suspendent le bassin dans lequel ce globe est placé, aient rendu ce globe plus pesant, & aient induit en erreur celui qui a fait cette expérience (1).

§. CCCLXII. Jusqu'à présent nous n'avons examiné que la pesanteur des corps qui sont placés sur la surface de la terre, & celle de ceux qui sont élevés à différentes distances au-dessus de sa surface ; nous n'avons encore rien dit sur la pesanteur de ceux qui sont placés dans l'intérieur même de la terre, ou qui sont à une moindre distance de son centre que la longueur de son rayon. *Newton* n'a pas omis de traiter cette matiere. Nous avons observé précédemment que les corps qui sont placés sur la surface de la terre, ont une tendance qui les dirige vers différens points de son axe : en est-il de même pour ceux qui sont placés dans l'intérieur de la terre ? Ceux-ci se dirigent-ils tous vers

(1) Frid. Hofmanni Demonst. Phys. Curios. Demonst. 16.

le centre de ce globe ? C'eſt ce que nous ignorons ; parceque nous ne connoiſſons pas aſſez la ſtructure de l'intérieur de la terre ; parceque nous ne ſavons pas ſi cette maſſe eſt homogene , ou hétérogene dans toute ſon étendue : ſi elle eſt par-tout d'une même denſité ; ſi elle eſt parſe-mée d'un grand nombre de cavités : circonſtances qui mettent beaucoup de différences dans la direction des graves.

§. CCCLXIII. La peſanteur qui maîtriſe tous les corps , fait qu'ils tendent tous les uns contre les autres , & peſent mutuellement les uns ſur les autres ; l'hémiſphere boréal exerce ſa peſanteur contre l'hémiſ-phere auſtrale ; & l'hémiſphere qui eſt borné par le méridien terreſ-tre , peſe contre l'autre hémiſphere. Un corps que je ſuſpends , & que je tiens avec la main , a une tendance vers la terre , & la terre elle-même tend réciproquement vers ce corps. Cette tendance mutuelle , que tous les corps ont les uns vers les autres , fait qu'un corps ſuſpendu à l'ex-trêmité d'un fil long & flexible , dans le voiſinage d'une groſſe monta-gne , tend également , & vers la ſurface de la terre , & vers la ſurface de cette montagne ; & par conſéquent ne ſe dirige pas perpendiculaire-ment , mais un peu obliquement à la ſurface de la terre : ce que dé-couvrirent , par une obſervation très difficile à faire , MM. de *la Con-damine* & *Bouguer*, qui obſerverent , qu'ayant placé un pendule auprès d'une immenſe montagne , nommée Chimboraço , qui eſt ſituée dans le Pérou , près de l'équateur , qui obſerverent , dis-je , que cette mon-tagne attiroit ce pendule , tant vers ſa partie auſtrale , que vers ſa par-tie boréale , & qu'elle l'écartoit de ſa véritable ligne perpendiculaire , de maniere qu'il formoit avec elle un angle de 7 à 8 m″ (1). Si une ſeule montagne produit un ſi grand effet ſur un pendule , le flux & reflux de la mer , qui apporte deux fois par jour , vers le rivage , une ſi grande quantité d'eau , ne produit-il aucun effet ſur la direction de la peſan-teur ? Quoique cette idée ne ſoit point avancée au haſard & ſans fon-dement , néanmoins nous n'oſons rien prononcer ; car ſi , dans ce cas , il arrive quelque changement à la direction de la peſanteur , ce chan-gement eſt ſi petit , qu'on n'a pas pu l'obſerver juſqu'à préſent : ainſi qu'on peut le remarquer par ce que nous avons dit (§. 335).

§. CCCLXIV. La gravité eſt donc une propriété générale de la ma-tiere , qui appartient à tous les corps qui font partie du ſyſtême pla-nétaire : de ſorte que toutes les planetes ont une tendance les unes vers les autres ; mais ſur-tout la lune vers la terre , & réciproquement la terre vers la lune , & l'une & l'autre vers le ſoleil & vers toutes les autres plane-tes qui ont pareillement une tendance vers le ſoleil , & une autre qui les détermine les unes vers les autres. C'eſt une loi générale de cette tendance , que toutes les planetes , tant principales que ſecondaires , aient , vers le ſoleil , une tendance qui ſuive la raiſon inverſe du quarré de leurs diſtances ; les ſecondaires vers leur planete principale , & celles-ci vers le ſoleil. Comme la ſituation des planetes , & leur diſtance à la terre ,

____

(1) Bouguer , Fig. de la Terre , Sect. 7.

varient continuellement, nous ne connoiſſons aucun corps, ſur la ſurface
de notre globe, qui tende continuellement vers un même point; & parceque la ſurface de la terre eſt hériſſée de montagnes & de vallées, la tendance de chaque corps eſt néceſſairement compliquée : d'où il ſuit néceſſairement que la direction que leur imprime leur gravitation, eſt tout-à-fait
compoſée, & très difficile à determiner.

§. CCCLXV. Mais quelle eſt la cauſe de la gravité? C'eſt ce qui ne
tombe point ſous nos ſens, & conſéquemment ce que nous ne pouvons pas
démontrer. Il ne paroît pas que ce ſoit une puiſſance méchanique qui agiſſe
au-dehors. Il ne paroît pas non plus que ce puiſſe être un fluide mou, ou
élaſtique, en repos, ou en mouvement, qui, s'appuyant ſur les corps, les
preſſeroit & leur imprimeroit la direction qu'ils affectent. 1°. parceque la
gravité agit également ſur un corps en repos, que ſur un corps doué d'une
grande vîteſſe, quelque direction qu'il ait; or toutes les puiſſances qui ſont
juſqu'à préſent ſoumiſes à nos connoiſſances, n'agiſſent pas ainſi : elles
agiſſent avec toute l'intenſité de leurs forces ſur les corps en repos, & ſeulement avec l'excès de leurs forces ſur celles des corps qui ſont en mouvement : c'eſt pourquoi, ſi on ſuppoſe que la gravité dépende d'un fluide ſubtil,
il faudroit néceſſairement ſuppoſer que ce fluide fût mû avec une vîteſſe infinie, pour qu'il pût produire le même effet ſur un corps qui eſt mû avec
une grande vîteſſe, & ſur un corps en repos : or il n'y a point de raiſon
qui puiſſe confirmer cette idée. 2°. Cette idée ſeroit encore fauſſe dans la
ſuppoſition précédente ; puiſque la gravité eſt toujours proportionnelle à la
quantité de matiere, & non à la ſurface des corps : car tous les fluides que
nous connoiſſons agiſſent contre les corps qui ſe préſentent à leur action,
en raiſon de la ſuperficie, & non pas en raiſon de la ſolidité des corps contre leſquels ils agiſſent; & on trouve que, dans le vuide, le poids d'un
corps demeure conſtamment le même, quelque figure, quelque volume
qu'on procure à ce corps, ſoit qu'on le condenſe, ſoit qu'on le raréfie, ſoit
qu'il ne faſſe qu'une ſeule & même maſſe, ſoit qu'on le diviſe en pluſieurs
parties. Mais outre ce raiſonnement, ſuffiſamment ſolide pour détruire
l'hypotheſe que nous attaquons, elle eſt encore combattue & détruire
par quantité d'autres raiſonnemens (1).

§. CCCLXVI. Ne pourroit on pas dire que Dieu ſeroit la cauſe immédiate de la gravité, ou un autre eſprit quelconque, qui agiroit à l'extérieur,
& qui dirigeroit tous les corps vers le centre de leur gravitation ? C'eſt ce
qu'on ne peut prouver par aucun raiſonnement ſolide ; car, quoique nous
ſachions parfaitement que Dieu agit ſur les corps, & qu'il les conſerve;
nous ne ſavons aucunement qu'il ſoit la cauſe de la gravité, quoique cela
ne répugne aucunement. Quant à ce qui concerne un autre eſprit différent
de Dieu, nous n'avons aucune preuve, ni de ſon exiſtence, ni de ſon action ſur les corps; & par conſéquent on ne doit point admettre cette maniere
d'agir comme une choſe démontrée, quoiqu'il paroiſſe que *Newton* n'ait
point été éloigné de reconnoître une telle cauſe (2).

(1) Clairaut, Théor. de la fig. de la Terre. Comment. Gotting. v. 2. p. 163.
(2) Princip. Philoſoph. Schol. Prop. 69. Lib. 1.

§. CCCLXVII. Dira-t-on que la gravité dépend d'un principe interne, que Dieu a imprimé dans la substance de chaque être matériel, & en vertu duquel nous remarquons que tous les corps ont une tendance les uns vers les autres ? S'il en étoit ainsi, il est constant qu'on parviendroit, en quelque façon, à expliquer mathématiquement, à l'aide de ce principe, les propriétés de la gravité, comme nous l'avons fait voir (§. 302 jusqu'à 313) ce qui rendroit cette idée vraisemblable : néanmoins on ne parviendra jamais à démontrer l'existence d'un tel principe; parcequ'un principe interne ne peut pas tomber sous les sens. Outre cela l'esprit de l'homme ne peut pas concevoir comment un tel principe résideroit dans la matiere, comment il pourroit être appliqué à toutes ses parties, comment, en vertu d'un tel principe, les corps agiroient les uns sur les autres à une certaine distance : or comme toutes ces choses sont enveloppées, par rapport à nous, dans d'épaisses ténebres, & que la cause de la gravité nous paroît être un myftere au-delà de la foible portée de l'esprit humain, j'imagine qu'il nous seroit plus facile de dire ce qui n'est pas la cause de la gravité, que de dire ce que c'est que cette cause; puisque nous ne connoissons manifestement rien sur cette matiere, si ce n'est les effets de cette cause.

§. CCCLXVIII. J'ai joint ici une Table dans laquelle j'ai indiqué les espaces qu'un corps parcourt pendant l'espace de plusieurs m‴ successives. J'ai encore ajoûté une seconde Table à cette premiere : celle-ci contient trois colonnes; la premiere représente la division du tems en m″; la seconde désigne les espaces parcourus, exprimés par des pieds, des pouces, des lignes, mesure de Paris; la troisieme indique les vîtesses acquises à la fin de chaque tems, en vertu desquelles un mobile se mouveroit dans une direction parallele à l'horison.

TABLE I.

Tems divisé par m‴.	Espaces parcourus.		
	Pieds.	pouc.	lignes.
1	0	0	0 $\frac{2173}{3600}$
2	0	0	2 $\frac{83}{300}$
3	0	0	5 $\frac{217}{200}$
4	0	0	9 $\frac{661}{225}$
5	0	1	3 $\frac{9}{720}$
6	0	1	9 $\frac{71}{100}$
7	0	2	6 $\frac{1}{6}$
8	0	3	2 $\frac{63}{225}$
9	0	4	0 $\frac{84}{400}$
10	0	5	0
15	0	11	2 $\frac{4}{5}$
20	1	8	7
25	2	7	2 $\frac{684}{1019}$
30	3	11	2 $\frac{1}{4}$
35	5	1	2
40	6	6	0
45	8	5	1 $\frac{7}{10}$
50	10	5	0 $\frac{97}{100}$
55	12	5	1 $\frac{4}{5}$
60	15	1	1 $\frac{7}{9}$

TABLE II.

Tems divisé par m″.	Espaces parcourus.			Vîtesse acquise à la fin de chaque instant propre à faire parcourir.		
	Pieds	pouc.	lign.	Pieds.	pouc.	lign.
1	15	1	1 $\frac{7}{9}$	30	2	3 $\frac{3}{9}$
2	60	4	7 $\frac{1}{9}$	60	4	7 $\frac{1}{9}$
3	135	10	4	90	6	10 $\frac{6}{9}$
4	241	5	5 $\frac{4}{9}$	120	9	2 $\frac{2}{9}$
5	377	4	8 $\frac{4}{9}$	150	11	4 $\frac{6}{9}$
6	543	5	4	181	1	9 $\frac{3}{9}$
7	739	8	3 $\frac{1}{4}$	211	4	$\frac{8}{9}$
8	966	1	5 $\frac{7}{9}$	241	6	4 $\frac{4}{9}$
9	1222	9	0	271	8	8
10	1509	6	8 $\frac{7}{9}$	301	10	11 $\frac{5}{9}$
20	6039	11	3 $\frac{1}{9}$	603	9	11 $\frac{1}{9}$
30	13587	0	4	905	8	8 $\frac{6}{9}$
40	24153	0	$\frac{4}{9}$	1209	0	6 $\frac{2}{9}$
50	37739	1	5 $\frac{4}{9}$	1509	6	9 $\frac{7}{9}$
60	54344	5	4	1811	5	9 $\frac{3}{9}$

CHAPITRE VIII.

La Méchanique.

§. CCCLXIX. Les *machines* font des inftrumens conftruits de maniere, que l'homme qui s'en fert peut, par leur fecours, foutenir ou
mouvoir de grandes maffes.

On donne le nom de *Méchanique* à la fcience qui nous apprend la maniere de conftruire les machines, les proportions qu'il faut obferver dans la
difpofition de la puiffance & de la réfiftance ; enfin la maniere de faire ufage
des machines. Je ne parlerai dans ce Chapitre, que des puiffances qui font
en équilibre avec les réfiftances ; c'eft-à-dire, qui foutiennent les poids contre lefquels elles agiffent. On nomme encore cette fcience *Statique*, & on
doit l'appeller, à jufte titre, Méchanique de l'équilibre, que je diftingue
de la Méchanique du mouvement.

§. CCCLXX. Les machines fimples, dont on connoît actuellement l'u-
fage, font au nombre de 7 ; qui font la *balance*, le *levier*, la *poulie*, le *tour*,
le *plan incliné*, le *coin*, & la *vis*. C'eft de la combinaifon plus ou moins
multipliée de ces machines, & différemment ordonnée, que réfultent toutes les autres machines que nous connoiffons. La connoiffance des machines
fimples nous conduit à celle des machines compofées, & des puiffances
qu'il faut employer dans ces efpeces de machines pour foutenir les réfiftances données.

§. CCCLXXI. Nous imaginerons ici, que toutes les machines font faites d'une matiere inflexible, & parfaitement dure : nous fuppoferons encore qu'elles fe meuvent fur leur axe fans aucun frottement, & qu'elles font
mathématiquement parfaites, afin que nous puiffions calculer plus commodément les forces, & des puiffances, & des réfiftances, & que nous
puiffions mieux expofer la véritable conftruction des machines : mais nous
confidérerons enfuite ce qu'on doit attendre de la flexibilité de leurs parties,
& du frottement qu'elles éprouvent dans leurs mouvemens.

§. CCCLXXII. Nous appellons *force*, *moment*, l'action d'une puiffance
qui comprime ; laquelle eft, fuivant le (§. 258), en raifon compofée de la
grandeur des obftacles & des efpaces qu'ils parcourent. Nous appellons,
dans ce Chapitre, obftacle, les fardeaux ou les poids qu'il faut mouvoir ;
nous comprenons encore, dans la même claffe, toutes les preffions & les
tractions des puiffances vivantes. Nous nommons *puiffances*, des poids, des
reffotts, des courans d'eau, les vents, la fumée, le feu, la vapeur d'une
eau bouillante, & les forces des animaux. Comme les forces animales ne
peuvent point être exactement déterminées, puifqu'elles ne tombent point
fous les fens, nous fubftituerons à leur place, pour la facilité de la démonftration, des poids qui pourront, foit en preffant, foit en tirant, produire
les mêmes effets que des puiffances animales qu'ils repréfenteront.

§. CCCLXXIII. On nomme *centre de gravité* un certain point imaginaire dans un corps, par lequel ce corps, étant suspendu, ou sur lequel étant soutenu, de quelque maniere que ce soit, toutes ses parties sont en équilibre.

§. CCCLXXIV. C'est pourquoi il suffit de soutenir, ou de suspendre un corps par son centre de gravité, pour soutenir tout le poids de ce corps; par conséquent on peut imaginer que toute la pesanteur d'un corps est réunie dans ce point, & que toutes ses autres parties sont dépourvues de pesanteur. La direction du centre de gravité est la même que celle des corps graves; elle est toujours déterminée par une ligne perpendiculaire à l'horison. Soit une sphere parfaitement homogene, A H B [*Tab. 3. fig. 5.*], dont le centre de grandeur soit le point C; ce point sera aussi son centre de gravité; & la tendance ou la direction de cette boule sera désignée par la ligne A C B, perpendiculaire à l'horison : par conséquent ce corps peut être soutenu, ou par le point C, ou par tout autre point quelconque de sa ligne de direction, tel que par les points D, A, E; puisqu'en soutenant un de ces points, on soutient tout l'effort de ce corps : c'est pourquoi on peut concevoir aussi que toute la gravité de ce corps réside dans chacun des points de sa ligne de direction, & qu'il presse, par chacun de ces points, avec des forces égales à celles qui résultent du poids de sa masse.

§. CCCLXXV. Si le corps, dont nous venons de parler, n'étoit soutenu par aucun des points de sa ligne de direction A B, & qu'il ne le fût que par tout autre point, tels que S, H, ou K, il tomberoit nécessairement; puisqu'alors l'effort de ce corps ne seroit aucunement soutenu, &, qu'en vertu de la tendance de son centre de gravité, il descendroit autant qu'il lui seroit possible.

§. CCCLXXVI. Soit le corps A B E D [*Tab. 3. fig. 6.*], dont le centre de gravité soit en C; si de ce point C on abaisse sur le terrein la perpendiculaire C G, qui marque la ligne de direction de ce corps, cette perpendiculaire tombera au-delà de la base D E, qui touche le plan sur lequel ce corps est appuyé : pour lors ce corps A B E D tombera en I, & il tournera sur son extrémité E; si on conduit la ligne E C, on verra que le centre de gravité décrira l'arc C I, dont la hauteur est moindre de la quantité O H, que celle que ce même arc auroit si on supposoit que le rayon E O fût perpendiculaire à la base D E.

Supposons maintenant le corps A B D E [*Tab. 3. fig. 7.*], dont le côté D E soit parallele à l'horison, & s'appuie sur une table, & dont le centre de gravité soit au point C; si de ce centre on conduit sur le côté D E la perpendiculaire C G, qui tombe entre les points E & D, ce corps sera soutenu, & il sera d'autant plus solidement soutenu, que le point G, extrémité de la perpendiculaire C G, sera plus proche du milieu de la base E D, & que cette base sera plus grande. Si ce corps est mû, par son rayon E C, autour de son point E, comme centre, il faut nécessairement que son centre de gravité C décrive l'arc de cercle C O I : or si on tire la ligne C I parallele à l'horison, & qu'on éleve sur le milieu de cette ligne la perpendiculaire H O, le centre de gravité de ce corps sera obligé de s'élever de la quantité H O, & conséquemment toute la masse du corps; ce qui ne peut pas se faire aisément. Mais si le centre de gravité du même corps est plus proche du côté B E, le rayon E C fera plus petit, & conféquemment O H fera plus court ; & il faudra moins de force pour faire mouvoir ce corps que dans l'hypothefe précédente.

§. CCCLXXVII. Il n'eft pas difficile de trouver méchaniquement, c'eft-à-dire en tâtonnant, le centre de gravité d'un corps ; voici une méthode fort aifée à mettre en exécution : appuyez un corps fur un des angles folides d'un prifme triangulaire, & promenez-le fur cet angle jufqu'à ce qu'il y foit en équilibre ; tracez fur ce corps un ligne qui marque celle par laquelle il repofe fur l'angle du prifme lorfqu'il y eft en équilibre : placez alors le corps fur ce même angle, mais dans une autre fituation, & promenez-le de nouveau fur cet angle, jufqu'à ce que vous ayez trouvé une feconde fois l'équilibre ; & tracez la ligne du contact : les deux lignes que vous aurez tracées fur ce corps fe couperont en un point commun. Or fi vous concevez une perpendiculaire élevée de ce point de contact dans l'épaiffeur du corps, vous trouverez dans cette ligne fon centre de gravité.

§. CCCLXXVIII. On peut, d'après ce que nous venons de dire, rendre raifon de plufieurs phénomenes qui fe préfentent à nos recherches. Pour quelle raifon, par exemple, un corps cubique tel que S [*Tab.* 3. *fig.* 8.], placé fur un plan bien dreffé & incliné comme A B, ne fait il que glifler fur ce plan ? En voici la raifon. La ligne C V, tirée perpendiculairement du centre de gravité de ce cube fur l'horifon, tombe fur fa bafe A X ; & par conféquent ce cube eft foutenu par le plan fur lequel il s'appuie : mais il defcend, parceque ce même plan eft incliné. Au contraire, la fphere ou le cylindre R E G, & le polygone T L M N, tournent fur eux-mêmes en gliffant le long de ce plan ; parceque les centres de gravité de ces deux corps fe dirigent felon les lignes C G & C Q, qui ne paffent pas par les faces qui s'appuient fur le plan incliné A B.

Ce mouvement fur lui-même du polygone T L M, ne peut être conçu que mathématiquement, en fuppofant les furfaces du plan & du corps parfaitement bien dreffées ; mais comme les furfaces ne font point telles réellement & phyfiquement, les réfultats des expériences s'éloignent de la théorie. En effet, quoique la perpendiculaire C Q tombe fur le côté M N, & conféquemment que la ligne de direction ne tombe pas fur une des faces par laquelle le polygone s'appuie fur le plan, il peut bien fe faire que ce polygone ne roule pas fur lui-même ; cela dépend alors de l'attraction que le plan A B exerce contre le côté L M, & réciproquement. A cette caufe fe joint encore le frottement du polygone fur le plan A B, qui, dans toute fon inclinaifon, s'oppofe fouvent à la defcente du corps ; & ce frottement differe, felon que le plan a plus ou moins d'afpérités. Le célebre *Cl. Kraff*, faifant des expériences avec des polygones qu'il avoit pofées fur un plan incliné, obferva la regle qui fuit, & à laquelle il nous avertit de faire attention.

Que le poids du corps $= P$, que le frottement de fa bafe L M contre le plan $= F$; fi on conduit la perpendiculaire C I fur le côté L M ou plutôt fur le plan A B, dans ce cas le polygone defcendra, & tournera fur lui-même chaque fois qu'on aura $F > \frac{IM}{IC} \times P$: mais ce même corps gliffera feulement fur le plan , fi $F < \frac{IM}{IC} \times P$. L'Auteur de cette regle nous affure qu'elle eft confirmée par plufieurs expériences (1).

Il ne faut pas oublier de confidérer ici ce que le célebre *Bernouilli* a ajoûté à cette obfervation (2). Un corps qui gliffe , & qui defcend fur un plan incliné , dont la furface eft liffe & polie, defcendra & roulera fur lui-même, fi on augmente le frottement , en couvrant la furface du plan avec un morceau de drap. Mais parce que P , IM , IC font des quantités conftantes , il eft évident qu'un polygone, qui gliffe feulement fur un plan, ou qui gliffe & roule en même tems fur ce plan, gliffera , ou gliffera & roulera tout à la fois dans toutes autres inclinaifons du même plan.

§. CCCLXIX. On conçoit auffi , par ce que nous avons dit, pour quelle raifon un double cône, formé de deux cônes unis enfemble par leurs bafes , étant placé vers l'angle que forment deux regles unies entr'elles, & écartées l'une de l'autre , & qui font fituées de façon que les extrêmités qui terminent les côtés de l'angle qu'elles forment foient plus élevées que le fommet de cet angle; on conçoit, dis je, pour quelle raifon le double cône defcend & roule fur lui même lorfqu'il paroît monter vers les extrêmités de ces regles ; on conçoit auffi pour quelle raifon ce double cône refte en repos, lorfqu'on diminue l'angle que les regles forment , en quelqu'endroit de ces regles que ce corps foit pofé : on conçoit enfin pour quelle raifon , fi on diminue encore la grandeur de cet angle , & qu'on place le double cône vers la partie la plus élevée de ces regles, il defcend auffi-tôt vers le fommet de cet angle.

§. CCCLXXX. On comprend auffi , par ce que nous avons dit fur le centre de gravité , pourquoi ces petites figures de bois auxquelles on a attaché des contre-poids , fe tiennent folidement fur un pied , tournent librement fur elles mêmes fans fe renverfer. On fent auffi pour quelle raifon ces petites figures , dont un pied feul pofe fur une corde inclinée, defcendent du haut de la corde en-bas , en fe tenant toujours de bout , felon toute la longueur de la corde , & comment ces autres figures , dont les mains fe jettent en avant, & tiennent une fcie , peuvent fe tenir fermes fur deux pivots fichés dans leurs pieds. On peut encore , à l'aide de ce que nous avons dit , concevoir tout ce que les Anciens ont écrit fur cette matiere (3) La connoiffance du centre de gravité des corps eft d'une très grande utilité ; & c'eft par rapport à cela que quantité de grands Géometres fe font donné beaucoup de peines pour déterminer le centre de gravité de différens corps : ainfi qu'on peut le voir par les Ouvrages de *Wallis* (4) , *Gaudin* (5) , *Carré* (6).

§. CCCLXXXI. On appelle centre du mouvement un point autour duquel un ou plufieurs corps fe meuvent ou font des révolutions.

§ CCCLXXXII. Nous difons que les puiffances agiffent directement fur une machine , lorfqu'elles agiffent toutes par une ligne droite felon laquelle la partie de la machine à laquelle elles font appliquées , commence à

(1) Comment Petropolit. vol. 12. (2) Comment. Petropolit vol. 13. p. 94. & 197. (3) Plinius in Hift Nat. Lib. 34. cap. 18. (4) Mechanica. (5) Centrobarryca. (6) Méthode pour la mefure des furfaces.

se mouvoir : lorsqu'on parle de puissances en Méchanique , il faut concevoir qu'elles agissent directement , à moins qu'on n'indique que leur action est oblique.

De la Balance.

§. CCCLXXXIII. La *balance* est une machine destinée à mesurer le poids des corps ; elle est composée d'un *fléau* A B , ou de deux *bras* , C A & C B , [*Tab.* 3. *fig.* 9.] d'un *axe* C , d'une *châsse* D E : les deux jambes de cette *châsse* sont unies entr'elles par une *agraffe* K , qui empêche que l'*axe* de la balance ne tombe , si les deux jambes de la *châsse* venoient à s'écarter. On remarque outre cela dans la balance une *aiguille* F G , qui se termine en pointe , & qui est attachée sur le milieu du fléau ; la partie supérieure de la châsse est ouverte de part & d'autre , & forme deux *yeux* qui se répondent : de la partie supérieure , intérieure & moyenne de la châsse , descend une petite *pointe* qui répond à la pointe de l'aiguille , lorsque la balance est en équilibre. On nomme les balances qui sont ainsi construites , *balances à œil* : & c'est ainsi qu'elles doivent être construites pour l'usage de ceux qui veulent peser quelque chose avec grande exactitude. Dans les balances ordinaires , on ne pratique point d'yeux au haut de la châsse : on remarque outre cela dans toute balance deux *bassins* , H , H , qui pendent librement à l'extrêmité de chaque bras , A & B.

§. CCCLXXXIV. Pour concevoir clairement la construction d'une balance , il faut d'abord imaginer que son fléau est une ligne mathématique A , A [*Tab.* 3. *fig.* 10.] , au milieu duquel est placé l'axe ou le centre du mouvement C : lorsque la balance est en mouvement, chaque point du fléau D , E , A , également distant de l'axe de chaque côté , parcourt & décrit des arcs égaux , tels que D F , D F , E G , E G , & A K , A K ; & chacuns des points , pris de chaque côté de l'axe sur le fléau , décrivent , en tems égaux, des arcs ou des cercles proportionnels. Les arcs décrits sont les espaces que parcourent chaques points du fléau ; ces espaces sont entr'eux comme les vîtesses des points qui les décrivent : ainsi , dès que la balance commence à se mouvoir , les espaces que parcourent chaques points du fléau , ou les vîtesses de ces différens points sont proportionnelles aux distances de ces points à l'axe. C'est pourquoi on pourra prendre indistinctement , lorsque le besoin en sera , les distances à l'axe , à la place des espaces ou des vîtesses.

§. CCCLXXXV. Ces distances , multipliées par les poids , ou par les puissances , expriment les *momens* de deux poids en repos qui sont en équilibre entr'eux , s'ils sont égaux de part & d'autre , & qu'ils agissent selon des directions contraires. Mais en est-il de même lorsque les machines commencent à se mouvoir , & lorsqu'une balance ou un levier décrit de part & d'autre des arcs égaux ? alors ce ne sont plus de simples pressions, mais des forces qu'il faut considérer dans des corps qui sont en mouvement, ainsi qu'il est indiqué par le Chap. 6. Dans l'un & dans l'autre cas le résultat est toujours le même ; puisque , quand les corps sont en équilibre entr'eux , ils agissent les uns contre les autres avec la plus petite action possible. En effet , soit la balance A B [*Tab.* 3. *fig.* 11.] , aux extrêmités de laquelle pendent librement les corps A & B ; quel est le point du fléau où l'axe C doit être placé pour que ces deux corps soient en équilibre ? Solution. Soit la longueur du fléau A B $= c$, la distance cherchée A C $= x$; on aura C B $= c - x$: lorsque la balance commence à se mouvoir, les corps A & B décrivent des arcs semblables, qui expriment la vîtesse avec laquelle ils sont mûs. Par conséquent les *momens* de ces corps seront comme leurs masses multipliées par le quarré de leurs vîtesses, ou par le quarré des arcs qu'ils décrivent, ou enfin par celui de leurs distances à l'axe. Cela posé, le *moment* du corps A $= A x x$, celui du corps B $= B c c - 2 B c x + B x x$. Comme cette action doit être un *minimum*, on aura $2 A x d x + 2 B x d x - 2 B c d x = 0$; par conséquent $2 A x d x + 2 B x d x = 2 B c d x$: & divisant par $2 d x$, on aura $x = \frac{B c}{A + B}$, ou $A + B : B :: c : x$; & on trouvera toujours la même chose par la suite. Mais, pour une plus grande facilité, nous ne considérerons l'action des corps que comme de simples pressions.

§. CCCLXXXVI. On dit qu'une balance est en équilibre lorsque l'effort des poids, qui sont suspendus aux extrémités de ses deux bras, est égal de part & d'autre ; alors la balance reste en repos, & l'aiguille répond à la pointe qui est fixée au milieu de la partie supérieure de la châsse.

§. CCCLXXXVII. Si, à égales distances, A c, A c [*Tab. 3. fig.* 12.] de l'axe c, on suspend de part & d'autre des poids égaux R , R ; si la balance vient à se mouvoir, ces poids parcourront des espaces égaux, & auront par conséquent des forces égales : si on abandonne alors la balance à elle-même, elle demeurera en repos, parceque le *moment* de l'un de ces poids détruira, par sa direction opposée, le *moment* de l'autre poids, qui se fait sentir en sens contraire. De quelque maniere que cette balance soit posée, il y aura toujours équilibre ; parceque les lignes de direction de la gravité des poids a r, a r, b b, b b, sont à égales distances c r, c r, c b, c b du centre du mouvement c, à cause des triangles c a r, $=$ c a r, & c b b $=$ c b b.

§. CCCLXXXVIII. Plus les distances des poids à l'axe seront grandes , & plus les poids feront d'effort , lequel croîtra toujours en raison directe de cette distance à l'axe ; parceque les espaces que ces poids auront à parcourir croîtront dans la même proportion : d'où il paroît évidemment que les balances , dont les bras sont plus longs, sont mises en plus grand mouvement que celles dont les bras sont plus courts, & qu'elles indiquent mieux le véritable poids des corps. Et c'est pour cela que les plus longues balances sont toujours préférables, toutes choses égales d'ailleurs, à celles qui sont plus courtes.

§. CCCLXXXIX. Si, aux extrêmités des bras d'une balance A C A [*Tab. 3. fig.* 13.], on suspend, à égales distances de part & d'autre de l'axe C, des poids égaux b, b, c, c, d, d, e, e, le *moment* de ces poids , contre chaque bras de la balance , sera égal ; & il y aura équilibre (§. 387), & la balance restera immobile dans toute situation quelconque. Si on conçoit que tous ces poids ne fassent plus , de part & d'autre, qu'une seule & même masse , il n'y aura encore rien de changé dans l'égalité des *momens* respectifs : c'est ainsi qu'on peut se former l'idée d'une balance matérielle, qui ne seroit pas encore chargée de baffins, ni de poids, & à laquelle on peut appliquer tout ce que nous avons expliqué dans les (§. 387, 388).

§. CCCXC. Si des poids égaux R, R [*Tab.* 3. *fig.* 14.] font appliqués, de part & d'autre de l'axe C, à des diftances égales A C, A C, & qu'ils foient fufpendus à des fils flexibles, A R, A R, leurs *momens*, dans quelque fituation que fe trouve la balance, feront égaux; & il y aura équilibre, de quelque longueur que foient les fils aux extrêmités defquels ces poids font fufpendus. Si la balance eft dans une fituation inclinée à l'horifon a C a, les directions de la gravité de ces poids feront a r, a r : & ils agiront de même que s'ils étoient fufpendus aux points B & B, également diftans de l'axe C: parceque les triangles a B C, a B C font encore égaux. Le *maximum* de ces poids fe fait fentir lorfque la balance eft dans une fituation parallele à l'horifon; & il diminue d'autant plus, que la fituation du fléau s'éloigne davantage de cette direction.

§. CCCXCI. Si la balance A C A [*Tab.* 3. *fig.* 14.] eft chargée d'un côté d'un poids plus pefant que celui qui eft fufpendu à l'autre extrêmité, les momens de ces poids feront inégaux; la balance fe mouvera jufqu'à ce que fon fléau ait acquis une fituation perpendiculaire à l'horifon : le bras qui porte le poids le plus pefant, defcendant en-bas, & élevant, par fa chûte, le bras qui eft moins chargé; ce qui feroit que la balance ordinaire ne feroit pas d'un ufage affez commode, fi elle n'étoit pas conftruite autrement.

§. CCCXCII. Si le centre du mouvement C [*Tab.* 3. *fig.* 15.] eft placé au-deffus du fléau A B, & qu'on fufpende, à des diftances égales, C A & C B de l'axe C, des poids égaux, leurs momens feront égaux, tant que le fléau de la balance demeurera dans une fituation parallele à l'horifon : mais fi la balance devient inclinée, felon la direction a Z b, le bras Z b defcendra; parceque la direction du poids Q fera éloignée du centre du mouvement C, de la quantité C E: or fi on conduit la perpendiculaire C K, on aura K M = C E, & K L = C D; le bras Z a fera donc élevé, puifque la direction du poids P n'eft éloignée du centre du mouvement C que de la quantité C D ⋖ C E. En effet, puifque les triangles b o M, a o L font femblables, on a la proportion M o : o L : : o b : o a; or b o eft plus grand que a o, de la quantité o t; donc o M ⋗ o L, & K M = C E, eft plus grand que K L = C D; par conféquent o b, en defcendant, acquiert une force qui le fait remonter en fens contraire au-deffus de la fituation parallele à l'horifon; il fera donc obligé de retomber, & de continuer à faire des vibrations, jufqu'à ce que la balance foit parvenue dans une fituation A B, parallele à l'horifon.

§. CCCXCIII. Si les poids P & Q, qui font fufpendus à la balance précédente [§. 392), font un peu inégaux, & que le poids P foit plus pefant que le poids Q, le bras C a de la balance fera abaiffé, & élévera le bras C b; jufqu'à ce que le poids Q, en s'éloignant du centre du mouvement C, ait acquis une force égale à celle de P : ce qui arrivera lorfque Q × C E = P × C D. La balance, étant ainfi pofée de biais, fera connoître de quel côté eft le plus grand poids; & alors elle ne fera aucun balancement, & ne fe renverfera pas non plus fur une de fes extrêmités, comme celle du (§. 391).

De

De forte qu'une balance conftruite de cette façon , fera beaucoup plus commode pour les ufages qu'on en voudra faire : il arrivera encore la même
chofe, fi on a foin, dans la conftruction de la balance, de placer le centre
de gravité au-deffous du çentre du mouvement.

On a coutume , dans la conftruction de toutes les balances , de ne pas
placer l'axe dans le centre même du fléau , où fe trouve le centre de gravité ;
mais de le placer un peu au-deffus, & que les yeux, auxquels font fufpendus les baffins , foient placés avec le centre du mouvement, ou l'axe, dans
une même ligne droite : néanmoins plus le centre du mouvement eft rap-
proché du centre de gravité , & plus la balance eft exacte & mobile.

§. CCCXCIV. Si on éleve fur le milieu C [*Tab. 3. fig. 16.*] de la balance
A B, une verge qui ait quelque pefanteur, elle n'apportera aucun changement tandis que la balance fera parallele à l'horifon ; mais fi la balance devient oblique à l'horifon, & qu'elle acquere la fituation a C b, il n'en fera
pas ainfi. Concevons en effet une ligne perpendiculaire E F, tirée du centre
de penfanteur de la verge E ; la pefanteur de cette verge agira alors fur le
bras C B, & le fera defcendre. Pour rendre l'action de la verge E inutile,
il ne s'agit que de mettre au deffous de la balance A B, à l'oppofite de la
verge E, une autre verge C K, égale à celle qui eft au deffus ; ou fi elle eft
plus courte , on ajoûtera au bas le poids K, de façon que la verge & fon
poids K foient en état de faire équilibre à la verge E : mais pour empêcher
que cette verge C K, & le poids qui eft au bas, ne caufent quelqu'obftacle
dans l'ufage de la balance , on fubftitue à leur place une piece d'acier
R S T [*Tab. 3. fig. 17.*], & on place cette piece au milieu de la partie inférieure du fléau, où elle produit le même effet que la verge C K, munie de
fon poids K. Il peut même arriver , qu'en faifant ufage de la piece R S T,
le centre de gravité s'éleve plus haut , quoiqu'il foit placé au-deffous de
l'axe.

§. CCCXCV. L'axe de la balance & la châffe doivent porter tout le
poids qui eft fufpendu de chaque côté de la balance, ainfi que la pefanteur
de la balance elle-même ; il faut donc pour cela que le tranchant de
l'axe foit obtus, pour qu'il ne cede point à l'effort du poids qu'il fupporte , & qu'il ne fe brife pas, ou au moins qu'il ne fe courbe pas.

Outre cela il eft néceffaire, pour la perfection de la balance, que l'axe
qui traverfe de part & d'autre le fléau forme une ligne droite , & qu'il foit
fixe dans le fléau, de maniere que les angles qu'il forme avec lui foient
droits.

§. CCCXCVI. Quoiqu'on ait coutume d'employer une matiere très
dure , telle que le fer ou l'acier, pour conftruire les fléaux des balances,
cette matiere néanmoins n'eft pas tout-à-fait inflexible ; & il arrive de-là que
fi la balance eft fort chargée à fes deux extrêmités, le fléaux cede un peu à
cet effort , fes deux bras fe courbent , & le centre du mouvement s'éleve à
proportion : ce qui rend la balance moins mobile. Pour obvier à cet inconvénient, qui n'eft pas de peu de conféquence, il faut avoir foin de proportionner les balances aux poids qu'on veut pefer ; il faut fe fervir de fléaux
extrêmement épais pour pefer des poids qui font fort lourds, & de balances très délicates pour pefer de très petits poids ; & prendre des balances

dont les fléaux puiſſent faire une certaine réſiſtance pour peſer des poids ordinaires.

2°. Quoique l'axe & la châſſe de la balance ſoient faits d'acier bien trempé ; néanmoins, comme la partie de cet axe, qui porte ſur les yeux de la châſſe, eſt tranchante, lorſque la balance eſt chargée, & du poids des marchandiſes qu'on peſe, & du contrepoids qui ſert à les peſer, il peut fort bien arriver que l'axe forme une excavation dans la châſſe, & qu'il penche d'un côté ou d'un autre, ou même qu'il ſe renverſe des deux côtés du fléau : il peut encore arriver que la preſſion émouſſe le tranchant de l'axe, & qu'il ſe courbe ; ce qui rend la balance moins mobile. Lorſqu'une balance eſt chargée d'un poids conſidérable, le frottement de l'axe ſur la châſſe en devient plus grand à proportion ; c'eſt pourquoi, ſi on doit peſer des fardeaux qui ſoient très lourds, il faut avoir l'attention de ne les peſer que par partie, & de ne jamais ſurcharger la balance.

3°. Il faut auſſi avoir attention à ce que les baſſins ſoient de même poids, & qu'ils ſoient ſuſpendus par des chaînes, & non pas par des cordes ; parceque les cordes s'imbibent des parties aqueuſes qui ſurnagent dans l'atmoſphere, lorſque l'air eſt humide, & qu'elles s'en dépouillent lorſque le tems devient ſec : ce qui ne ſe fait pas toujours exactement de part & d'autre.

4°. Il faut outre cela que le tranchant de l'axe, & que les points de ſuſpenſions d'où pendent les baſſins ſoient dans la même ligne droite.

5°. Que les deux bras de la balance ſoient parfaitement égaux ; c'eſt-à-dire, que leurs extrêmités ſoient à même diſtance de l'axe.

6°. Que le centre du mouvement ſoit très peu élevé au-deſſus du centre de gravité ; on peut conſulter, ſur la conſtruction d'une bonne balance, *Leupolde* (1), *Leutman* (2), *Euler* (3).

§. CCCXCVII. La balance A C B [*Tab.* 4. *fig.* 1.], dont les bras A C, C B ſont inégaux en longueur, ſe nomme *balance Romaine* ; la châſſe de cette balance, & l'aiguille qui doit rouler dans cette châſſe, ſont placées à une petite diſtance de l'extrêmité du bras auquel eſt ſuſpendu un baſſin L, ou un crochet. La longue partie du fléau A C, qui reſte au-delà de l'axe C, eſt diviſée par des points, ou des lignes, ou même par des dentures qui ſervent à indiquer la valeur relative d'un poids P, mobile, qu'on fait gliſſer ſur cette partie de la romaine, & qui peut faire équilibre à un poids beaucoup plus peſant, ſuivant le point où il ſe trouve placé.

§. CCCXCVIII. Les poids P & L, ſuſpendus, l'un d'un côté, l'autre de l'autre côté de l'axe de cette balance, ſont en équilibre entr'eux, lorſqu'étant multipliés par leur diſtance à l'axe, les produits ſont égaux.

§. CCCXCIX. Il y aura donc équilibre entre deux poids P, L, appliqués à cette balance, s'ils ſont placés à des diſtances de l'axe C, qui ſoient en raiſon réciproque de leurs maſſes ; car puiſque $P \times PC = L \times DC$, on aura $P : L :: DC : PC$.

§. CCCC. Il ſuit de-là que le même poids P, placé à différentes diſtances de l'axe C, ſur le long bras A C, peut faire équilibre à différens poids qu'on

---

(1) Theat. Static. p. 1. (2) Commentar. Petropolit. v. 2. (3) Commentar. Petropolit. v. 10.

mettroit dans le baſſin L ; car plus P eſt éloigné de l'axe C , plus ſon effort devient grand , & il devient par-là propre à faire équilibre à de plus grands poids : ce qui eſt le premier avantage qu'on trouve dans ces ſortes de balances.

§. CCCCI. L'axe de cette eſpece de balance ne porte que la peſanteur des deux corps P , L , & non point tout l'effort qu'ils font l'un contre l'autre ; d'où il ſuit que l'axe eſt bien moins chargé , & peſe beaucoup moins ſur les yeux de la châſſe , & par conſéquent peut moins être émouſſé dans ces ſortes de balances , que dans les balances ordinaires , qui peſeroient de ſemblables poids : c'eſt pour cette raiſon que la balance Romaine eſt plus mobile ; ce qui eſt un ſecond avantage de cette eſpece de balance.

§. CCCCII. On peut comprendre , par tout ce que nous venons de dire , les différentes eſpeces de balances ſimples qu'on peut conſtruire ; car il peut ſe faire que le contre-poids P [*Tab.* 4. *fig.* 1.] ſoit mobile ſur le plus long bras C A de la balance. 2°. Ou que le baſſin & les marchandiſes qu'il contient ſoient eux-mêmes mobiles ſur ce bras , le contre-poids étant fixé à l'extrêmité du plus petit bras , comme en P [*Tab.* 4. *fig.* 2.]. 3°. Ou que le contrepoids , étant fixé en P [*Fig.* 3.] , que l'axe C puiſſe ſe mouvoir de A en P , juſqu'à ce qu'on ait rencontré l'équilibre ; on peut , dans cette eſpece de balance , ſuſpendre aux deux extrêmités des bras des baſſins , afin d'étendre davantage ſon uſage (1). Il faut rapporter à la premiere de ces trois eſpeces de balances celle dont les Chinois font uſage , qui n'eſt autre choſe qu'un bâton B A [*Tab.* 4. *fig.* 4.] , à une des extrêmités B duquel pend un baſſin L , dans lequel on place ce qu'on veut peſer : ce bâton eſt percé en C , & on fait paſſer par ce trou un cordon D E , qui porte un gros nœud en D , afin qu'il ne puiſſe pas traverſer & paſſer au-delà du trou ; ce cordon fait l'office d'axe : ſur le bâton D A , diviſé en pluſieurs parties , gliſſe un contre-poids P , qui pend à l'extrêmité d'un cordon. Pour rendre le ſervice de cette balance plus général , il y a trois eſpeces de diviſions gravées ſur la longueur du bâton C A , & on la tient ſuſpendue par trois cordons différens D , F , G ; & dans les différens uſages qu'on en fait , le baſſin eſt toujours ſuſpendu à l'extrêmité B du bâton B A , & le contrepoids gliſſe toujours à différentes diſtances d'un des trois axes ou cordons. Le célebre *Lambert* a imaginé d'autres eſpeces de balances , qui ſont toutes fondées ſur le même principe : parmi ces différentes eſpeces ,. voici la principale , à laquelle j'ai fait quelques changemens , pour la rendre d'un uſage plus étendu (2).

C D E [*Tab.* 4. *fig.* 5.] eſt un quart de cercle qui eſt ſolidement établi ſur un pied G K ; en C A ſont placées trois poulies mobiles qui ſe meuvent ſur le même axe I , dont les diametres ſont entr'eux comme les nombres 2 , 3 , 6 : poſtérieurement à ces poulies eſt attachée une regle d'une certaine peſanteur M N , dont le centre de gravité eſt en P ; chaque poulie eſt enveloppée d'un fil de ſoie : celui qui ſe voit extérieurement N A B , paſſe ſur la gorge de la plus grande poulie ; on apperçoit les deux autres en F & en G. Dans la figure qui eſt ici tracée , le baſſin L eſt attaché à l'extrêmité du fil A B ; & c'eſt dans ce baſſin , ainſi ſitué , qu'on met les plus petits poids qu'on

(1) Journal des Savans , ann. 1680. p. 309. (2) Acta Helvetica , vol. 3. p. 13.

veut eſtimer, ſinon on ſuſpend le baſſin à l'un ou à l'autre des deux cordons F , G , ſi le baſſin L eſt vuide , & que la regle M N deſcende au point o : on peut diviſer alors le quart de cercle, ou mathématiquement , ou en tâtonnant. Dans ce dernier cas on jettera dans le baſſin une dragme , & on marquera l'endroit où la regle M N s'élevera , & on continuera ainſi de ſuite , en mettant dans le baſſin L pluſieurs dragmes les unes après les autres , juſqu'à ce que la regle M N ſoit parvenue au point E , point auquel on a attaché un obſtacle inſurmontable , afin que la regle M N ne puiſſe paſſer outre , lorſqu'on met un poids trop conſidérable dans le baſſin L. On réitérera le même procédé en ſuſpendant ſucceſſivement le baſſin L à l'extrêmité des cordons F & G , & on aura par ce moyen trois diviſions différentes , tracées les unes au-devant des autres , qui indiqueront la valeur des poids placés dans le baſſin L , ſuſpendu à l'un des trois cordons B , F , G. De cette maniere on aura une balance , à l'aide de laquelle il ne ſera pas néceſſaire , pour trouver l'équilibre avec les choſes qu'on voudroit y peſer , de promener un contrepoids à différentes diſtances du point d'appui , le ſeul centre de gravité de la regle M N s'élevant , ou s'abaiſſant , étant ſuffiſant pour indiquer ce qu'on cherche. En effet plus la regle M N s'élevera , plus ſon centre de gravité P s'éloignera de la perpendiculaire abaiſſée de l'axe des poulies ſur l'horiſon , tandis que le baſſin L demeurera toujours à même diſtance du centre du mouvement I; c'eſt pourquoi on aura cette égalité L , conjointement avec le poids dont il eſt chargé , $\times$ A C $=$ P $\times$ S P ; & par conſéquent on aura cette proportion , L : P : : S P : A I.

Lorſque les choſes qu'on veut peſer ſont d'un poids conſidérable , il faut adapter à l'extrêmité M de la regle N M un poids cylindrique qui eſt percé, qui, par ce moyen , peut embraſſer l'extrêmité M , qui ſe termine en pointe , & ſur laquelle on l'arrête , à l'aide d'une vis. Dans ce cas la regle N M devient plus peſante à diſcrétion , & l'uſage de la balance en devient plus étendu. Néanmoins il eſt bon d'obſerver que la regle M N , ſe mouvant avec ſon axe cylindrique , dans une cavité proportionnée au diametre de cet axe , & non pas ſur un tranchant , la mobilité de cette regle eſt beaucoup moindre ; & l'expérience même démontre que cette eſpece de balance n'eſt pas ſi propre que les balances ordinaires pour eſtimer la peſanteur des choſes qui ne peſent que très peu.

Toutes les balances qui ſe meuvent ſur des axes cylindriques ſont expoſées au même inconvénient ; ce qui n'arrive pas à celles dont les axes ſont taillés en couteau : auſſi les premieres ſont-elles plus belles dans la théorie que bonnes dans la pratique.

Il y a encore une autre eſpece de balance que nous allons décrire. A B C [*Tab.* 4. *fig.* 6.] eſt un reſſort d'acier courbé en rond vers B , afin qu'il puiſſe bâiller , ainſi qu'on peut le remarquer en A C ; au point D eſt fixé un arc de cuivre D F qui eſt gradué , dont l'extrêmité paſſe par une ouverture faite en F : l'extrêmité F de cet arc eſt percée d'un trou propre à recevoir l'anneau G , dans lequel celui qui veut eſtimer la valeur d'un poids paſſe le doigt; outre ce premier arc , il en eſt un ſecond I L , qui eſt attaché fixement au point I , & qui paſſe par le trou L , pratiqué dans l'épaiſſeur du reſſort à cet endroit : l'extrêmité O de cet arc eſt auſſi percée d'un petit trou pour recevoir le crochet P, auquel on fufpend les chofes dont on veut connoître le poids ; lorfque le fardeau qui eft fufpendu en P tire à lui , & fait defcendre l'arc I L , les deux branches A B & B D du reffort s'approchent l'une de l'autre : l'arc D F , dans le même tems, s'éleve au-deffus de la branche A B , & le nombre des graduations qui excedent cette branche , indique le poids du corps fufpendu au crochet P.

§. CCCCIII. On peut comprendre actuellement ce que c'eft qu'une balance exacte, & ce qu'on entend par une balance trompeufe ; la premiere eft celle dont les deux bras font parfaitement égaux ; la feconde eft celle dont un des bras C A [*Tab.* 4. *fig.* 7.] , eft plus long que l'autre C B. Suppofons que la longueur du bras C A $=$ 6 , & celle de C B $=$ 5 ; alors celui qui veut frauder & vendre à faux poids place fa marchandife dans le baffin P, & le contre-poids dans le baffin M. Si le poids M $=$ 6 ℔, le poids de la marchandife placée en P $=$ 5 ℔. Il opérera tout différemment s'il veut lui-même acheter quelque chofe au poids; il placera alors la marchandife dans le baffin M , & le contre-poids dans le baffin P ; parceque , dans ce dernier cas, fi le poids de la marchandife $=$ 6 ℔, le poids qui eft en P $=$ 5 ℔.

§. CCCCIV. On peut cependant connoître le véritable poids d'un corps quelconque , à l'aide d'une balance trompeufe ; voici comment il faut s'y prendre. Cherchez l'équilibre entre la chofe que vous placez dans un des baffins , & les poids que vous mettez dans l'autre; changez après cela de baffin la marchandife & les poids , & recherchez de nouveau l'équilibre , en vous affurant à chaque fois du poids qu'il faut mettre pour équilibrer la marchandife : multipliez enfuite les deux poids trouvés l'un par l'autre ; prenez la racine quarrée du produit que vous aurez formé : cette racine fera exactement le poids cherché. Par exemple , que le poids d'une marchandife , placée dans le baffin qui fera fufpendu au bras le plus court de la balance , foit appellé m , nommez p le contre-poids qui pend à l'extrêmité du bras C A : placez enfuite la marchandife dans le baffin oppofé , & que le poids qu'il faut mettre dans l'autre baffin , pour faire équilibre , foit nommé q ; dans le premier cas vous aurez $m \times BC = p \times AC$, & dans le fecond cas, vous aurez $m \times AC = q \times BC$: multipliez les termes les uns par les autres , vous aurez $mm \times BC \times AC = pq \times AC \times BC$. Divifez après cela chaque produit par $BC \times AC$, il reftera $mm = pq$; & par conféquent $m = \sqrt{pq}$, qui fera le véritable poids de la marchandife : & comme ce poids eft au contre poids qui la tient en équilibre , ainfi font entr'elles réciproquement les diftances au centre du mouvement ; car on a cette proportion $m : p :: AC : BC$.

§. CCCCV. On peut encore comprendre fort aifément comment , au moyen de la balance A C B [*Tab.* 4. *fig.* 8.] , dont les bras font égaux , différens poids placés de part & d'autre , à différentes diftances du centre du mouvement , font en équilibre entr'eux , chaque fois que le *moment* de ces poids , fur un des bras de cette balance , eft égal au *moment* des autres poids fur le bras oppofé de la même balance. Que chaque bras de cette balance foit divifé en parties égales ; fur la premiere divifion du bras C A foit placé un poids $=$ 3 , le *moment* de ce poids $=$ 3 : qu'un autre poids $=$ 8 fois placé à la troisieme division de ce même bras, son *moment* = 24, & la somme de ces deux *momens* = 27. Qu'à la quatrieme division du bras opposé CB soit placé un poids = 6, le *moment* de ce poids = 24; qu'un autre poids = 1 soit placé à la troisieme division, le *moment* de ce dernier = 3 : & la somme de ces deux *momens* = 27; somme qui est égale à celle qui exprime le *moment* que les autres poids exercent contre le bras opposé, & qui par conséquent doit produire l'équilibre entre les poids qui sont appliqués sur les deux bras de cette balance.

§. CCCCVI. On peut encore savoir, par ce que nous avons dit, comment on peut trouver le centre du mouvement E, & d'équilibre dans une balance donnée A B [*Tab.* 4. *fig.* 9.], un P étant donné. Supposons que le centre de gravité de la balance soit en C, & que son poids = Q, soit conçu comme suspendu au point C; alors on aura $Q + P : P :: AC : EC :$ par conséquent $EC = \dfrac{P \times AC}{Q + P}$.

§. CCCCVII. Soit une balance A B [*Tab.* 4. *fig.* 10.], à laquelle soient suspendus les poids P, F, R, dans la longueur de laquelle on cherche un point où il faille poser le point d'appui pour avoir l'équilibre. Que le centre de gravité de cette balance soit en C; & que son poids = Q soit conçu comme suspendu au point C; & on concevra ensuite la balance comme si elle étoit dépourvue de pesanteur. Si on prend d'abord deux poids F & R, qui soient éloignés l'un de l'autre de la quantité D G, & qu'on cherche le centre commun de gravité de ces deux poids, qui se trouve être en M; il faut alors concevoir ces deux poids F + R, comme réunis en un seul qui seroit suspendu au point M : il faut, après cela chercher le centre commun de gravité de ce poids F + R & du poids Q; &, en supposant qu'il soit en N, il faut concevoir que ces poids Q + F + R, réunis en un seul, sont appliqués à ce poids N. Si pour lors on cherche le centre commun de gravité des poids Q + F + R, & du poids P, le point E, qu'on trouvera, sera le point cherché, & sous lequel il faudra placer le point d'appui, pour tenir en équilibre la balance & les poids dont elle sera chargée.

§. CCCCVIII. Deux poids étant donnés, F, D [*Tab.* 4. *fig.* 11.], lesquels, étant suspendus à la balance A K B, sont en équilibre autour du point K; le poids de la balance qu'on ne connoît pas, sera égal à 2 C K, multipliés par F, moins 2 K G, multipliés par D, divisés par K B, moins A K.

Supposons que la longueur K A du fléau = a, & que la longueur K B de l'autre partie du fléau = b; que la distance K C du point d'appui K = c, d'où pend le poids F = f; que la distance K G, du même point d'appui K = g, & que le point D, qui pend à cette distance = d : enfin que le poids de toute la balance = x.

On aura dans cette hypothese, la longueur entiere de la balance = a + b, est à la partie a, comme le poids X est à $\dfrac{a\,x}{a + b}$, qui sera le poids du bras K A. Concevons ce poids comme transporté au centre de gravité, qui se trouve au milieu du bras dont nous venons de parler; savoir, ½ a : son *moment* sera donc = ½ a $\times \dfrac{a\,x}{a + b} = \dfrac{\frac{1}{2}\,a\,a\,x}{a + b}$, le *moment* du point F = c f; le

poids du bras K B se trouvera, en formant cette proportion, $a + b : b :: x \frac{bx}{a+b}$;
ce poids dépendra donc du centre de gravité de ce bras, & conséquemment son *moment* sera $= \frac{bx}{a+b} \times \frac{1}{2} b = \frac{1}{2} \frac{bbx}{a+b}$. Mais le *moment* du poids $D = dg$, & les momens des deux bras sont égaux; par conséquent $cf + \frac{1}{2} \frac{aax}{a+b} = dg + \frac{1}{2} \frac{bbx}{a+b}$: donc $2cf - 2dg = \frac{bbx - aax}{a+b} = bx - ax$, & $\frac{2acf - 2adg + 2bcf - 2bdg}{bb - aa} = x$, ou $\frac{2cf - 2dg}{b - a} = x$. Ceux qui seront curieux de voir cette matiere traitée dans un plus grand détail, pourront consulter *Jacq. Bernouilly* (1).

§. CCCCIX. Soient deux poids A & B [*Tab.* 4. *fig.* 1.], suspendus à une balance dépourvue de pesanteur, dont le centre commun de gravité soit en X; soit à une distance de ces corps un plan C D, parallele à l'horison, sur lequel on mene les perpendiculaires A C, B D : que du point X on tire X O, parallele à A C; dans cette hypothese le produit des poids multipliés par les distances A C, B D, est égal à la somme des poids, multipliés par la distance du centre de gravité X O, au même plan C D.

Soit $AX = a$, $BX = b$, $AC = c$, $BD = d$, $Xo = e$;

On a $A : B :: b : a :: BX : AX$.

Soit menée la ligne B Z, parallele à C D, & A Y parallele à C D, qui rencontrent O X prolongée jusqu'en Z : on aura

$BX : AX :: ZX : YX$;

Et $ZX = ZO - OX = BD - XO = d - e$:

Et $YX = OX - OY = OX - AC = e - c$.

Donc $A : B :: d - e : e - c$.

Et $Ae - Ac = Bd - Be$:

De là $Ae + Be = Bd + Ac$,

Ou $\overline{A + B} \times e = Bd + Ac$, & $e = \frac{Bd + Ac}{A + B}$.

On pourra de cette maniere trouver le centre de gravité de plusieurs corps. 1°. Il faut le chercher relativement à sa distance à un plan quelconque. 2°. Il faut ensuite le chercher, par rapport à la distance, à un autre plan perpendiculaire au premier. 3°. Il faut encore chercher sa distance à un troisieme plan perpendiculaire aux deux premiers; & de cette maniere on parviendra à déterminer le véritable centre de gravité de plusieurs corps.

Du Levier.

§. CCCCX. On donne le nom de *levier* à un corps long, inflexible, des-

---

(1) Jacq. Bernouilli Oper. Vol. 1. p. 191.

tiné à mouvoir des corps, à soutenir des fardeaux, ou à les élever. *Pline* croit que ce fut *Cynira*, fils d'*Agriope*, de l'Isle de Chypre, qui fut l'inventeur du levier (1).

§. CCCCXI. Le corps qu'on place sous le levier, & sur lequel il se meut à la maniere d'un compas, comme sur le centre de son mouvement, s'appelle le *point d'appui*, la *base*, l'*hypomoclion*, le *centre du mouvement* du levier. La partie la plus courte du levier, celle qu'on insere sous le fardeau, se nomme la *langue* du levier; & la plus longue partie du levier, à laquelle la puissance est appliquée, est appellée la *tête* du levier.

§. CCCCXII. Si on veut démontrer aisément la nature du levier & ses propriétés, il faut le considérer comme une ligne mathématique. Les Méchaniciens distinguent trois especes de leviers.

1°. *La premiere espece de Levier* est celle dans laquelle le point d'appui est placé entre la puissance & le fardeau.

2°. *La seconde espece* est celle dans laquelle le levier est tellement disposé, que le fardeau est placé entre le point d'appui & la puissance.

3°. Dans *la troisieme espece*, la puissance est placée entre le point d'appui & le fardeau.

§. CCCCXIII. La puissance mouvante qui est appliquée à un levier, est quelquefois la main d'un homme; mais cette puissance, ainsi que je l'ai déja observé (§. 355), peut être comparée à un poids qui produiroit le même effet.

§. CCCCXIV. Le levier de la premiere espece A C B [*Tab. 5. fig. 2.*], n'est point différent de la balance ordinaire, ou d'une balance Romaine; c'est pourquoi on peut rapporter ici ce que nous avons exposé (§. 399, 400). On aura donc, dans cette espece de levier, la proportion suivante: la puissance P, appliquée à la tête d'un levier, est au poids D, placé à l'autre extrêmité du même levier, comme A C : C B, dans le cas où il y auroit équilibre.

Ce que nous venons de dire peut encore s'appliquer au *guindal*; dans le cas où un levier A C B [*Tab. 5. fig. 3.*], étant suspendu vers sa partie mitoyenne au point C, par le moyen d'une chaîne E C, sur laquelle il se meut & fait ses révolutions, le fardeau D, est alors appliqué à l'extrêmité A, & la puissance P agit contre son autre extrêmité B : souvent cette puissance est appliquée solitairement, &, par le moyen d'une corde, à cette extrêmité; & souvent aussi elle y est aidée par le secours de deux poulies, lorsque le fardeau qu'il faut élever est très considérable; mais, dans ce dernier cas, cette machine devient composée. Dans l'un & l'autre cas, le poteau G H est planté solidement en terre. Les Marins font usage de cette machine, lorsqu'il faut charger sur des vaisseaux d'immenses fardeaux, ou lorsqu'il faut les en décharger. On se sert encore quelquefois de cette machine pour tirer de l'eau d'un puits; ainsi qu'on peut le remarquer en A C B [*Tab. 5. fig 4.*]: la plus courte partie A C, à laquelle est attaché le seau, est en équilibre avec l'autre partie C B, & son poids B lorsque le seau est rempli d'eau. Lorsqu'on veut faire usage de cette machine pour puiser de l'eau, il faut

(1) Hist. Nat. Lib. 7. cap. 45.

nécessairement

néceſſairement ſaiſir avec la main la corde qui ſuſpend le ſeau, ou le bâton A E, auquel elle eſt attachée, & abaiſſer le guindal, afin que le vaſe D puiſſe plonger dans l'eau & s'en remplir. Lorſque le ſceau eſt rempli, comme il eſt en équilibre avec le poids B, le moindre mouvement de la main ſuffit pour le faire monter; &, dans cette expérience, le plus grand effort de la puiſſance n'eſt employé que pour faire deſcendre le ſeau : mais comme on abaiſſe plus aiſément un fardeau, en le tirant avec le bras, qu'on ne le fait monter, le guindal eſt d'un uſage fort avantageux en pareille occaſion.

§. CCCCXV. Pour qu'il y ait équilibre, lorſqu'on ſe ſert d'un levier du ſecond genre, il faut que la puiſſance P [*Tab. 5. fig. 5.*], appliquée à l'extrêmité B du levier, ſoit à la réſiſtance placée en D : : C D : C B; car ſi le levier ſe meut ſur ſon axe C, l'eſpace parcouru par le fardeau D, ſera proportionnel à ſa diſtance C D de l'axe C : & ſon effort ſera = D × D C. Pareillement l'eſpace parcouru par la puiſſance P ſera proportionnel à ſa diſtance C B à l'axe C, & ſon effort ſera = P × C B; & pour qu'il y ait équilibre, il faut que P × C B = D × D C, & par conſéquent qu'on ait la proportion ſuivante, P : D : : D C : B C.

§. CCCCXVI. Plus le fardeau D ſera près du centre du mouvement C, moins la puiſſance aura d'effort à faire pour le ſoutenir; par conſéquent ſi ce fardeau D eſt placé ſur le point d'appui C, la puiſſance P n'aura plus rien à ſoutenir; puiſque tout l'effort du fardeau tombera ſur le point d'appui.

§. CCCCXVII. Pour qu'il y ait équilibre entre la puiſſance & la réſiſtance, en ſe ſervant d'un levier de la troiſieme eſpece, il faut que la Puiſſance P [*Tab. 5. fig. 6.*] ſoit au poids qu'elle doit équilibrer, comme C B : C P. Si le levier vient à ſe mouvoir, l'eſpace parcouru par la puiſſance, ſera proportionnel à C P, & celui que le fardeau parcourra dans le même tems, ſera proportionnel à C B; par conſéquent leurs efforts ſeront C P × P, C B × D : on aura donc P : D : : C B : C P.

La connoiſſance de cette eſpece de levier eſt très néceſſaire aux Médecins; car tous les os de la machine humaine qui ſe meuvent, à l'aide des muſcles qui y ſont attachés, repréſentent des leviers de la troiſieme eſpece.

§. CCCCXVIII. On peut, à l'aide de ce que nous venons de dire, réſoudre le problême d'*Archimede* : *Une puiſſance étant donnée, mouvoir un poids quelconque avec un levier.*

§. CCCCXIX. Si un levier horiſontal A B [*Tab. 5. fig. 7.*] eſt ſoutenu à ſes deux extrêmités par un point d'appui, & qu'un poids quelconque ſoit placé ſur un des points D de ſa longueur, l'effort que le point d'appui B ſupportera, ſera à celui que ſupportera A; comme A D : B D : car ſi, à la place du point d'appui B, on ſubſtitue une puiſſantce, on aura alors un levier du ſecond genre; & alors la puiſſance B ſera à la réſiſtance D : : A D : A B : & ſi, à la place du point d'appui A, on poſe une puiſſance, cette puiſſance ſera au fardeau D : : B D : A B; & par conſéquent B : A : : A D : B D. Si les deux puiſſances étoient des poids qui duſſent ſoutenir le fardeau D, il faudroit que ces deux poids, pris enſemble, peſaſſent autant que le fardeau qu'ils auroient à porter; & par conſéquent ſi, au lieu des deux points d'appui, on met des puiſſances, elles ſupporteront enſemble un poids égal à celui du fardeau D.

Tome I.   Y

§. CCCCXX. Il fuit de-là qu'on peut déterminer quelle partie du poids
D [*Tab.* 5. *fig.* 8.] foutiennent deux crocheteurs A, B, qui portent chacun
fur leurs épaules le levier A B, chargé du fardeau D. On comprend encore,
par ce que nous venons de dire, de quelle maniere il faudroit placer un fardeau fur le levier, pour que Hercule & un enfant portaffent enfemble ce
fardeau, & n'en portaffent chacun qu'une partie proportionnelle à leurs
forces.

§. CCCCXXI. Si on pofe différens poids, comme D, f, G [*Tab.* 5.
fig. 9.], fur différens points d'un levier A B, on pourra connoître quelle
fera la charge que fupporteront les points d'appuis A & B, fi on vient à déterminer en quel endroit réfide le centre de gravité de ces trois poids & fa
direction : fuppofant que ce centre eft en k, fa direction fera exprimée par
la perpendiculaire k L, qui tombe fur le point L du levier; on aura donc
B : A : : A L : B L.

On connoîtra le centre de gravité des deux poids D & f, en joignant enfemble leur centre particulier de gravité, fi f : D : : D e : e f; alors le point
e fera le centre commun de gravité des deux corps D & f. Suppofant maintenant que ces deux corps, D & f, font placés au point e; alors, en tirant la
ligne e G au centre de gravité du corps G, fi on a G : e : : e k : k G, le
point k fera le centre commun de gravité des trois corps : fi on defcend
donc la perpendiculaire k L, on concevra auffi-tôt que tout l'effort de ces
corps fe porte fur le point L du levier A B.

§. CCCCXXII. Soit le levier A C [*Tab.* 5. *fig.* 10.], fitué obliquement à
l'horifon C B; fi un fardeau eft pofé en D, fur un des points de fa longueur,
& que la puiffance P agiffe directement fur l'extrêmité A de ce levier, pour
qu'il y ait équilibre entre cette puiffance & le fardeau qu'elle doit foutenir,
il faut que l'on ait la proportion fuivante, P : D : : C B : C A. Car la ligne
de direction, felon laquelle le fardeau D exerce fon action, eft D B, perpendiculaire à l'horifon; cette ligne eft éloignée du centre du mouvement
C, de la quantité C B : par conféquent l'effort du fardeau eft égal à D × C B.
La puiffance P eft éloignée du même centre du mouvement C, de la quantité C A; fon action eft donc égale à P × C A; par conféquent, pour qu'il y
ait équilibre, il faut que D × C B = P × C A; & conféquemment qu'on
ait la proportion fuivante, P : D : : C B : C A.

§. CCCCXXIII. En fuppofant que le fardeau D demeure appliqué fur le
même point du levier, plus la puiffance P élevera le levier, & plus elle foutiendra facilement le fardeau, c'eft-à-dire, moins elle aura de poids à foutenir; puifque l'intervalle C B diminuera à proportion que le levier fera
élevé. En effet, lorfqu'on éleve le levier A C, le fardeau D, en décrivant
un Arc de cercle, dont le centre eft en C, parcourt les points E & G : le fardeau, répondant au point E, n'agit plus qu'à une diftance du centre du mouvement = C F. Lorfqu'il eft parvenu au point G, fa diftance devient = C H.
Si on fuppofe deux crocheteurs, qui, devant fe charger du fardeau D, foutiennent les extrêmités du levier C A; P, portera une partie de ce fardeau,
qui fera exprimée par C B; & l'autre en foutiendra une autre partie, défignée par A D. Si, dans la figure qui eft ici tracée, le levier C A eft de 15
pouces, C D = 5 pouces, C B = 4 pouces, le fardeau D = 12 ℔; la puif-

fance appliquée en P , fera donc chargée de 4 ℔ : & la puiſſance appliquée en C , fera chargée de 8 ℔ ; puiſque D A $=$ 8 pouces.

§. CCCCXXIV. Si le levier A C eſt matériel , & par conſéquent peſant ; ſi c'eſt , par exemple , une ſolive qui ſoit homogene , & de même groſſeur dans toute ſa longueur , il faudra auſſi faire attention aux poids de ce levier : ſon centre de gravité ſe trouvera au milieu de ſa longueur K , où tout le poids de la ſolive ſera comme tranſporté : alors ſi on tire la ligne K S perpendiculaire à l'horiſon , & qu'on prolonge C B juſqu'en S , on aura C S , diſtance du poids de la ſolive au centre du mouvement C : & la puiſſance P ſera à C : : C S + C B : 2 C A. En nommant K , le poids du levier , on aura

la puiſſance appliquée en P eſt à celle qui eſt appliq. en C : : $\dfrac{K}{AC} + \dfrac{D}{AC}$:

$\dfrac{K}{CS} + \dfrac{D}{CB}$. S'il ne s'agiſſoit que de ſoutenir la ſolive A C par un point d'appui B R , qui dût la ſoutenir avec la plus petite force poſſible , & qu'il fallût pour cela déterminer la longueur de C R , point où il faudroit placer ce point d'appui , on trouveroit C K : K S comme le rayon eſt au co ſinus de l'angle K C S , qui eſt de 51°. 50 m'.

§. CCCCXXV. Si on ſuppoſe trois leviers A O, C O, F O [*Tab.5.fig.11*], joints enſemble en O , & que le fardeau ſoit placé ſur le point O ; après qu'on aura tiré les lignes A C , A F , C F , juſqu'à la rencontre deſquelles les leviers ſont conſidérés comme prolongés , on aura la puiſſance F : O : : G O : G F ; la puiſſance A : O : : B O : B A ; la puiſſance C : O : : E O : E C.

En effet ſi la puiſſance F éleve le poids O , à l'aide d'un levier F O , ſon mouvement de rotation ſe fera autour de la ligne A C ; par conſéquent le point G ſera le centre du mouvement , par rapport au levier O F , qui ſera pour lors un levier de la ſeconde eſpece. On aura donc F : O : : G O : G F. De même la puiſſance C , qui éleve le fardeau O , à l'aide du levier C O , fait ſon mouvement de rotation autour de la ligne A F ; le centre de ſon mouvement ſera donc au point E de la ligne A F , & la puiſſance agira encore par un levier de la ſeconde eſpece : on aura donc C : O : : E O : E C. Il en ſera encore de même , par rapport à la puiſſance A ; ſon mouvement de rotation ſe fera ſur C F ; le centre de ſon mouvement ſera en B , de ſorte qu'on aura auſſi A : O : : B O : B A.

Il faut encore conſidérer ici le poids des trois leviers dont nous venons de parler ; ce poids ſe fait ſentir ſur le point où ſe trouve leur centre commun de gravité : ſi ce point eſt en O , alors le poids du fardeau O eſt augmenté du poids des trois leviers. On peut non-ſeulement réunir enſemble trois leviers pour agir contre un fardeau , comme on vient de le voir dans l'exemple précédent , mais on en peut joindre un plus grand nombre en un ſeul ou en pluſieurs points , pour ſoutenir un fardeau quelconque. Bien plus , il n'eſt pas même néceſſaire de les unir enſemble par aucun lien quelconque, par aucune cheville ; on peut les diſpoſer de maniere qu'ils ſe ſoutiennent mutuellement les uns & les autres , & qu'on puiſſe les déſunir & les rejoindre lorſqu'on le juge à propos : j'en ai conſtruit moi-même de cette maniere. Les habitans de Cizicle firent conſtruire autrefois de cette même maniere , une ſalle de

Y ij

conſeil ; & on obſerva religieuſement cette méthode pour rétablir le pont de bois de Rome , qui avoit été détruit malgré tous les efforts que fit *Horace Cocles* pour le défendre (1).

§. CCCCXXVI. Soit le levier A C B [*Tab.* 5. *fig.* 12.], aux extrêmités duquel ſoient appliquées les puiſſances R, P, qui agiſſent ſelon des directions obliques A R & B P. Si, du centre du mouvement C, on tire ſur les lignes de direction, ou ſur le prolongément de ces lignes, les perpendiculaires C D , & C E , il y aura équilibre entre ces deux puiſſances, ſi R : P : : E C : D C ; puiſque chacune de ces puiſſances agit également contre tous les points de ſa ligne de direction, comme nous l'avons dit (§. 357). On peut concevoir que la puiſſance R ſoit appliquée au point D, & la puiſſance P au point E; & conſéquemment que les diſtances de ces puiſſances au point d'appui, ſont exprimées par D C, & E C : d'où il ſuit que, pour que l'équilibre ſoit établi entre ces deux puiſſances, il faut que la proportion ſuivante ſe trouve R : P : : E C : D C.

§. CCCCXXVII. De-là ſi la puiſſance S agit perpendiculairement ſur C B, & qu'elle ſoit en équilibre avec la puiſſance R , cette puiſſance S ſera à la puiſſance P : : C E : C B ; c'eſt-à-dire, comme le ſinus de l'angle GBP, ou C B E, eſt au ſinus total : & les eſpaces que ces deux puiſſances, S & P, commenceront à parcourir dans le même tems, ſeront entr'eux comme C E & C B, qui ſont deux rayons de cercles concentriques.

§. CCCCXXVIII. Il ſuit de là que la puiſſance S , qui agit perpendiculairement ſur le levier, ſera la plus petite de toutes celles qu'on peut employer pour faire équilibre avec la puiſſance R ; puiſque C B × S = C E × P, & que la puiſſance S agit perpendiculairement ſur C B, & que la puiſſance P doit être d'autant plus grande , qu'elle agit plus obliquement ſur le levier C B.

§. CCCCXXIX. Voici une maniere de déterminer la force des puiſſances qui agiſſent obliquement ſur des leviers : ſoit tirée de l'extrêmité B [*Tab.* 5. *fig.* 13.], du levier horiſontal A B, la perpendiculaire B, ſur laquelle, comme ſur un diametre, on décrive un cercle qui touchera le levier au point B; que la droite B S exprime la grandeur de la puiſſance S : ſi alors cette même puiſſance eſt tranſportée au point P, & qu'elle agiſſe ſelon la direction B P, ſon intenſité devient moindre , & = B H: En effet ſi on tire la perpendiculaire C E ſur la ligne P H B, prolongée juſqu'en E, on aura

(1) Ce pont eſt appellé *Sublicius*, mot qui tire ſon origine , ſuivant quelques-uns, des pilotis qui ſervoient à ſoutenir le pont : c'eſt le ſens du mot Latin *ſublica*. D'autres penſent que ce mot vient de l'ancien mot *licio*, qui exprime l'action de joindre les pieces qui ſe tiennent enſemble , ſans être unies par des liens de fer ou de cuivre , ſuivant la défenſe de l'Oracle , à ce que dit *Plutarque*.

Cette idée s'accorde aſſez avec ce qu'on lit dans le troiſieme Livre des Antiquités Romaines, par Denis d'Halicarnaſſe , qui marque qu'il n'étoit pas permis d'unir aucunes des pieces de ce pont avec aucun ferrement, ou aucune piece de cuivre. On prétend que ce fut *Ancus Martius* qui le fit jetter ſur le Tibre: il fut détruit en tems de guerre, & rebâti par *Æmilius* ; d'où il porta enſuite le nom de Pont Æmilien. Il fut regardé comme ſacré ; & la commiſſion de le faire réparer fut d'abord confiée aux Pontifes, & enſuite aux Queſteurs.

deux triangles femblables C E B, B H S; car l'angle E B C = L B H = B S H:
l'angle C E B = B H S, par conféquent E C B = H B S; donc C B : C E ::
S B : B H :: le finus de l'angle B H S : au finus de l'angle L B H, ou au finus
de l'angle B S H. Les finus étant donnés, il eft aifé de trouver les angles.

§. CCCCXXX. Les deux puiffances K & I, qui tirent obliquement, felon les directions B D K, B G I, font égales lorfque l'arc S F = l'arc S G;
& l'action de ces puiffances = B F & B G; car fi on tire la perpendiculaire
C D fur B K, on aura deux triangles femblables B C D, B F S; & conféquemment B C : C D :: S B : B F, & la corde B G = B F : or la puiffance I
agit felon la direction I G B M, à la diftance C M du centre du mouvement C.

§. CCCCXXXI. Soit le leviet A C [*Tab. 5. fig. 14.*], dont le centre
du mouvement eft C ; que deux puiffances R & P foient attachées à l'autre
extrêmité A du levier, & qu'elles le tirent felon des directions obliques A P,
& A R : pour que ces deux puiffances foient en équilibre entr'elles, il faut
qu'on ait la proportion fuivante, R : P :: P C : C R, qui font deux perpendiculaires abaiffées du centre C du mouvement fur les deux directions de
ces lignes; où il faut que l'on ait R : P :: le finus de l'angle P A C : au finus
de l'angle R A C.

§. CCCCXXXII. Soit le levier A C [*Tab. 6 fig. 1.*], qui foit tiré par
les deux puiffances P & D, felon les directions A P, & E D ; fi on conduit
des points E & A, les perpendiculaires C D, & C A fur les lignes de direction de ces puiffances, il y aura équilibre entre ces deux puiffances, fi D :
P :: C D : C A. Cette proportion eft d'une grande utilité pour déterminer
la force des *mufcles* qui font mouvoir les *bras* lorfqu'on veut élever quelques
poids. En effet, foit A B [*Tab. 6. fig. 2.*] l'*omoplate*, qui reçoit dans fa cavité la tête C D de l'*humerus* ; que C G repréfente cet os, G K le *cubitus*, ou
l'os du coude, auquel eft articulé le *carpe*, où font jointes les *phalanges des
doigts*, aux extrêmités defquelles H, pende un poids P. Le *mufcle deltoïde*
E D F, qui, par fa contraction, éleve le bras, fait que, par ce mouvement,
la tête de l'*humerus* touche la cavité de l'*omoplate* au point C, qui eft le
centre de ce mouvement ; fi de ce point C on mene la perpendiculaire C D,
qui rencontre le *ventre du deltoïde* au point D, où il eft en contact avec la
tête de l'*humerus* : alors C D pourra être confidéré comme une partie d'un
levier, à l'extrêmité D de laquelle eft appliquée la puiffance motrice, &
C H comme l'autre partie du même levier, à l'extrêmité de laquelle pend la
réfiftance P. Dans cette hypothefe, pour qu'il y ait équilibre entre la puiffance & le poids qu'elle doit foutenir, il faut que l'on ait cette proportion,
D : P : H C : C D ; on trouve quelquefois que H C : C D :: 100 : 3. Mais
cette proportion n'eft pas conftante ; parceque le diametre de la tête de l'*humerus* eft différent dans différens fujets, & même dans le même homme,
fuivant qu'il avance en âge, pendant tout le tems de fa croiffance. En admettant néanmoins cette proportion, fi un adulte foutient en H un poids de
20 ℔, fon bras étant tendu, la force de la puiffance en D $= \dfrac{20 \times 100}{3} =$

666 : mais la force du *deltoïde* eft bien encore plus grande ; parceque non-
feulement il touche la tête de l'os, vers fa partie fupérieure, mais encore

latéralement, d'où fa diftance au centre du mouvement eft plus petite.

Les mufcles, étant difpofés de la maniere que nous venons de l'indiquer, produifent des effets confidérables, avec une très petite action; ils agiffent toujours, par l'extrêmité d'un levier C D, qui eft égal au diametre de la tête de l'os, dans l'*humerus*, parcequ'ils enveloppent de toutes parts cette tête : & par conféquent ils peuvent mouvoir cet os de maniere qu'il décrive un demi-cercle. Dans ce mouvement le *deltoïde* d'un adulte fe raccourcit de 2 pouces; par cette action, le doigt H décrit un arc de demi-cercle, qui eft de deux pieds de rayon. Si ce mufcle, inféré au même point E, étoit difpofé felon la direction E S, il feroit plus éloigné du centre du mouvement C; car fa diftance feroit = C M : & lorfque l'*humerus* feroit élevé ou abaiffé, la diftance C M diminueroit, & par conféquent l'action de ce mufcle, pour mouvoir l'*humerus*, qui eft naturellement conftante, fuivant la difpofition qu'il a plû à l'Auteur de la Nature de lui donner, devroit continuellement varier.

A l'aide des mufcles qui font inférés à des leviers du troifieme genre, les membres du corps de l'homme peuvent faire beaucoup de mouvemens, fans que la forme extérieure du corps devienne difforme, lors même que les parties du corps exécutent des mouvemens très prompts & très violens ; & ce qui eft encore à obferver, c'eft qu'aucune puiffance en fe mouvant peu, ne peut produire de grands mouvemens à l'aide d'un levier, s'il n'eft du 3ᵉ genre.

§. CCCCXXXIII. Si dans le levier B C [*Tab. 6. fig. 3.*] le point d'appui eft en C, & que les puiffances qui agiffent fur le point B, felon les directions obliques B E, & B G, foient en équilibre; on connoîtra aifément la grandeur de ces puiffances fi on conduit par le point B la ligne D B A, perpendiculaire à B C, & qu'on faffe B A = B D; enfuite que du point A on tire A E, parallele à B C, & D G parallele à la même ligne B C, on aura alors l'intenfité de la puiffance G = D G, & celle de la puiffance E = A E : & par conféquent ces puiffances feront entr'elles comme D G eft à A E. Car, en tant que ces puiffances agiffent l'une contre l'autre, felon des directions égales & oppofées, B A & B D, elles fe détruifent mutuellement; & confé-quemment le levier B C doit demeurer en repos, puifque ces puiffances agiffent felon les directions B G & B E. Cette direction eft l'effet des forces exprimées par B D , D G, & B A , A E ; ce qu'on comprendra mieux lorfque nous aurons traité du mouvement compofé : ce que nous ferons dans le Chapitre XI.

§. CCCCXXXIV. Si un levier [*Tab. 6. fig. 4.*] eft chargé de plufieurs poids qui foient fufpendus à différentes diftances du point d'appui, & qu'il foit foutenu par une puiffance M, on pourra déterminer quelle doit être la grandeur de cette puiffance. Si on divife la fomme de tous les efforts des poids, par la diftance de la direction de la puiffance au centre, le quotient donnera la grandeur de la puiffance M.

Suppofons que les poids foient E = 2 . G = 3 . I = 4; que du centre du mouvement A on conduife des perpendiculaires fur les lignes de direction de ces poids : & fuppofons que A K = 4 . A F = 6 . A L = 7, & que A O = 5, l'effort des poids fera = 2 × 4 + 3 × 6 + 4 × 7 = 8 + 18 + 28 = 54. Divifons cette fomme par A O = 5, le quotient = 10 $\frac{4}{5}$: d'où il fuit que la puiffance M doit être = 10 $\frac{4}{5}$.

§. CCCCXXXV. Si le levier est courbe, tel que A C B [*Tab. 6. fig. 5.*], contre lequel agissent les puissances R , O , il y aura équilibre entre ces deux puissances , si R : O : : CE : C D , qui sont les deux perpendiculaires menées du centre du mouvement C sur les directions des puissances. Comme l'expérience nous apprend que tous les corps quels que durs qu'ils soient, cedent toujours sous l'effort des grosses masses qu'on y suspend , ou aux efforts considérables qu'on fait contre eux , & se fléchissent ; puisque les leviers dont nous faisons ordinairement usage pour soulever de grosses masses, se déjettent & se courbent assez souvent ; on peut , dans tous ces cas , faire usage de la proposition que nous venons de démontrer.

§. CCCCXXXVI. Si des puissances P & S [*Tab. 6. fig. 6.*], agissent contre un levier angulaire A C B , il y aura équilibre entre ces puissances , si P : S : : B C : C A : ce qui suit naturellement de ce que nous avons démontré ci-dessus.

§. CCCCXXXVII. On se sert ordinairement du levier lorsqu'il s'agit de mouvoir un peu , ou de soulever des fardeaux ; mais s'il est nécessaire de communiquer à ces fardeaux de plus grands mouvemens , ou de les élever davantage , il faut alors employer d'autres machines.

On peut , à l'aide d'un *levier prolongé* , élever des fardeaux plus haut qu'on ne les éleve par le moyen d'un levier ordinaire. Voici la description de cette espece de machine : A C B [*Tab. 6. fig. 7.*] est le levier prolongé , dont le centre du mouvement est en C : A D est un crochet mobile qui s'engraine dans les dents de la regle E F , sur les cornes E , ou sur le pied F de laquelle sont appliqués les fardeaux qu'on veut mouvoir : le second crochet G H est destiné à soutenir la regle , & à l'empêcher de retomber lorsqu'on fait mouvoir le crochet A D pour soulever la résistance. Il faut , dans le cas d'équilibre , que la puissance B soit au fardeau E comme la distance de la regle au centre C du mouvement est à la distance C B.

De la Poulie.

§. CCCCXXXVIII. La *poulie* est une espece de roue fixée par son centre , qui porte un axe rond & saillant , & qui roule dans les yeux d'une châsse ; sur la périphérie de cette roue , qui est légérement creusée , passe une corde , à une des extrêmités de laquelle est attachée la puissance , la résistance étant suspendue à l'autre extrêmité : quelquefois la puissance est attachée aux deux extrêmités de la corde ; & cela arrive lorsqu'on veut changer la direction de la puissance , ou lorsqu'on veut augmenter son action pour mouvoir & pour élever des fardeaux considérables.

§. CCCCXXXIX. La poulie A [*Tab. 6. fig. 8.*], montée dans la châsse C K , suspendue à un anneau fixe u, mobile sur son axe C , & fixée du reste dans la situation où elle est représentée par la figure ; cette poulie , dont une partie de la circonférence est enveloppée par la corde L D E M , à une des extrêmités M de laquelle est appliquée la puissance B , & à l'autre extrêmité L de laquelle est suspendu le poids P , ne contribue point à augmenter l'effort de la puissance B ; elle ne contribue seulement qu'à faire que cet effort demeure constamment le même , selon quelque direction quelconque que la puissance B puisse être appliquée. Cette espece de poulie peut être rapportée à un levier du premier genre ; ce qui n'est pas difficile à comprendre. En effet si les parties D L & E M, de la corde qui embrasse la poulie, sont disposées parallelement à elles-mêmes, & que la puissance B soit en équilibre avec la résistance P, menez la ligne D C E, qui passe par l'axe C, & qui aboutisse aux points où la corde touche la circonférence de la poulie ; concevez ensuite que cette corde est attachée aux deux points D & E, & faites abstraction de la partie inférieure D H E de la poulie, ainsi que de sa partie supérieure D O E : dans cette hypothese l'équilibre subsistera encore entre B & P ; & vous n'aurez plus alors que la ligne D C E, qui représente une balance ou un levier, dont les deux parties C D, & C E sont égales, & qui par conséquent exigent que B = P, pour qu'ils soient en équilibre l'un avec l'autre. Ce qui est encore évident ; puisque dans l'hypothese que B & P seroient en mouvement, ils auroient l'un & l'autre la même vîtesse. Si, dans cette même machine, les directions des cordes étoient D P, & F G, ou D P, & O H, qui ne seroient point alors paralleles entr'elles ; si on supprime les parties de la poulie qui sont inutiles, les cordes, demeurant attachées aux points D, F, O, on aura alors des leviers angulaires ; savoir, D C F, ou D C O, dont les deux bras seront égaux : & par conséquent que la puissance B soit appliquée, ou en B, ou en G, ou enfin en H, elle pourra toujours contrebalancer la résistance P ; de sorte que cette puissance B n'est aucunement favorisée, quant à l'intensité de son action. En agissant à l'aide d'une poulie de cette espece, elle n'acquiert seulement que la facilité d'agir avec le même avantage, en prenant toutes sortes de directions quelconques. Dans l'usage de ces sortes de poulies, il faut avoir attention à ce que le crochet K, & le point fixe u, sur lequel il est appuyé, soient assez forts pour soutenir les poids P & B, ainsi que celui de la poulie & de la corde qui l'enveloppe ; & que cette corde soit assez grosse & solide pour soutenir aisément le poids P.

§. CCCCXL. Si la poulie, non-seulement tourne librement sur son axe, mais encore qu'elle soit disposée de maniere à pouvoir être muë de bas en haut, conjointement avec le poids P [Tab. 6 fig. 9.], suspendu au crochet qui termine sa châsse C A, & que la corde qui enveloppe une partie de sa circonférence soit disposée de façon que ses deux parties D B, E K soient paralleles entr'elles ; alors si une des extrêmités K de cette corde est attachée à un point fixe en K, & que la puissance R soit appliquée à l'autre extrêmité B, il y aura équilibre entre la puissance & la résistance, si R : P : : E C : E D : & une poulie, disposée de cette maniere, peut être rapportée à un levier du second genre.

En supposant qu'il y ait équilibre entre R & P ; si on conçoit que les cordes sont appliquées aux points D & E de la poulie, soit tirée la droite D C E : & qu'on conçoive comme précédemment que la partie inutile D H E de cette poulie soit supprimée, ainsi que sa partie inférieure D A E, sans que l'équilibre soit troublé ; alors on aura un levier D C E, dont le point d'appui est en E, conséquemment à la corde E K, sur laquelle il s'appuie. Le fardeau P, étant appliqué à l'extrêmité de la châsse C A, porte toute son action sur le point C ; & la puissance R, placée en B, déploie la sienne de même que si
elle

elle étoit appliquée en D : on aura donc R : P : : E C : E D (§. 415). Dans cette hypothese on conçoit encore aifément, que fi le levier venoit à fe mouvoir, la puiffance R auroit une vîtefse double de celle de la réfiftance P.

§. CCCCXLI. Si les cordes qui embrafsent la poulie ne font pas paralleles entr'elles, comme on le voit en L O, & K E [*Tab. 6. fig. 10.*], la puifsance appliquée à l'extrêmité L, qui doit foutenir le même poids que précédemment, doit nécefsairement être plus grande que celle que nous avons indiquée (§. 440).

Car fi on prolonge les lignes qui indiquent les directions L O, & K E de ces cordes, jufqu'à ce qu'elles concourent en un point commun A, où concoure pareillement la direction du poids, fufpendu felon la droite C I A ; & qu'on joigne, par la ligne O E, les points O & E, où fe fait le contact des cordes ; & qu'enfin, du point E, on mene E M, perpendiculaire à L A : comme le point E eft le point d'appui, la puifsance L agit par le moyen du levier M E ; tandis que le poids, ou la réfiftance, eft appliqué au point I, & eft éloigné du même point d'appui de toute la longueur du rayon I E : pour qu'il y ait donc équilibre entre la puifsance & la réfiftance, il faut que l'on ait la proportion fuivante ; la puifsance R eft à la réfiftance qu'elle doit foutenir, : : I E : M E ; or I E eft la moitié de la ligne O E ≻ E M ; par conféquent I E eft plus grand que la moitié de E M, & conféquemment la puifsance L, pour être en équilibre avec la réfiftance, doit être plus grande que la moitié du poids qu'elle doit équilibrer.

Puifque les triangles O E M, C O I, font femblables, on a O E : E M : : C O : O I ; donc $\frac{OE}{2}$: E M : : $\frac{CO}{2}$: O I ; or $\frac{CO}{2}$ eft la moitié d'un rayon, O I eft la moitié de la fous-tendante de l'arc O E ; par conféquent, pour qu'il y ait équilibre entre la puifsance L & le fardeau qu'elle doit foutenir, il faut que la puifsance L foit au poids qu'elle doit foutenir, comme la moitié du rayon eft à la moitié de la fous-tendante de l'arc O E. Le triangle A O I eft auffi femblable aux triangles C O I, A O C, O E M ; il faut donc que la puifsance foit au poids qu'elle doit foutenir : : $\frac{AC}{2}$: A O : : $\frac{OA}{2}$: A I.

§. CCCCXLII. Si l'angle L A K eft de 120 degrés, on aura l'angle E A C = O A C = 60 degrés, & O C A = 30 degrés, & C O I = 60 degrés = I E M, & M O E = 30 degrés, dont le finus eft la droite M E ; & dans le triangle O M E, la droite O E eft le finus total, dont la moitié eft I E : or, comme la puifsance L eft au poids qu'elle doit foutenir, comme I E : E M, elle fera donc comme la moitié du finus total eft au finus d'un angle de 30 degrés ; mais la moitié du finus total eft égal au finus d'un angle de 30 degrés : & par conféquent, dans cette hypothefe, la puiffance doit être égale au poids de la réfiftance (1).

Du Tour.

§. CCCCXLIII. Le *tour* eft un axe, à l'une des extrêmités duquel eft adaptée une grande roue, ou un tambour ; à cet axe eft attachée une corde

(1) Il faudroit changer la valeur de l'angle L A K, pour mettre plus de juftefse dans cette démonftration, qui néanmoins prouve ce que l'Auteur a avancé.

Tome I. Z

qui l'enveloppe à proportion qu'on le fait tourner circulairement : à l'autre extrêmité de la corde pend le fardeau qu'on veut faire mouvoir ; & la puissance destinée pour cet effet, est adaptée à la circonférence de la roue, ou du tambour.

§. CCCCXLIV. Soit la roue A B [*Tab. 6. fig.* 11.], dont l'axe soit D E, & le centre commun du mouvement de la machine C ; le fardeau qu'on veut mouvoir P, & la puissance M. Pour que la puissance soit en équilibre avec la résistance, en se servant de cette machine, il faut qu'elles soient dans la proportion qui suit, M : P : : le demi-diametre de l'axe D C est au demi-diametre de la roue C B. Cette machine peut se rapporter à un levier du premier genre. La direction du point P est éloignée du centre du mouvement C de la quantité D C ; & la direction de la puissance M est éloignée du même centre C de la quantité C B : & par conséquent on a cette proportion, M : P : : D C : C B.

§. CCCCXLV. Il suit de là que si on augmente la grandeur de la roue, de façon que son rayon devienne C N, ou que si on diminue le cylindre D E, le même poids P pourra être soutenu par une puissance u, plus petite que la premiere ; parceque u : P : : D C : C N.

§. CCCCXLVI. Par conséquent si l'intensité de la puissance diminue à proportion que le diametre de la roue [*Tab.* 7. *fig.* 1.], à laquelle la résistance est attachée, & par le moyen de laquelle la puissance agit contre elle, augmente, la puissance conservera toujours son même rapport avec la résistance ; c'est ce qu'on observe dans les montres, qui se meuvent par l'action d'un *ressort* enveloppé sur lui-même, qui est renfermé dans un *barillet*. Ce ressort fait mouvoir les roues de cette machine, à l'aide d'une *chaîne* L F E, qui est roulée sur une *fusée conoïdale* H F K ; la résistance se fait sentir sur chacune des dents de la roue D C, & demeure constamment la même : or quoique la puissance, c'est-à-dire le ressort, perde insensiblement de sa force, à proportion qu'il se développe, l'intensité de sa force est toujours la même par rapport à la résistance ; parceque, lorsque la force du ressort est autant grande qu'elle puisse être, la chaîne, par le moyen de laquelle il agit, est appliquée à l'extrêmité du plus court levier H G : lorsque la force du même ressort est devenue très petite, il agit par un levier K I, plus long, selon la même proportion ; & lorsqu'il n'a encore perdu que la moitié de sa force, il agit par un levier dont la longueur tient le milieu entre celle du plus court H G, & celle du plus long K I.

§. CCCCXLVII. Si on veut avoir la figure de la fusée conique, dont nous venons de parler, soit la courbe B C D : A K [*Tab.* 7. *fig.* 2.], son axe prolongé : que le point B indique celui auquel la chaîne est attachée dans son principe, lorsque le ressort qui la tire agit avec toute sa force : que le point D représente le point d'où tire la chaîne lorsque le ressort a perdu tout ce qu'il peut perdre de sa force, & qu'il agit avec sa plus petite force : des points D & B, soient tirées des perpendiculaires à l'axe D H, B A : ces perpendiculaires, étant prolongées, soient prises les portions A E & H I, proportionnelles aux forces du ressort lorsqu'il agit sur ces points : par les points E & I soit conduite la droite E I K, qui coupe l'axe en un point, comme en K : que d'un point quelconque de la courbe, par exemple C, soit tirée une ligne C F, perpendiculaire au point G de l'axe, la portion F G de cette ligne repréfentera la force du reffort, lorfque la chaîne répond au point G; or puifque la force du reffort, qui fait mouvoir le barillet, eft toujours tellement proportionnée, qu'il agit également contre la réfiftance, & que cette force eft comme $FG \times GC$, diftance du point C, au centre du mouvement G, la force fera par-tout comme un rectangle, dont les produifans feroient F G & G C: c'eft-à-dire, comme le rectangle qui naîtroit de $FG \times GC$, qui eft la quantité donnée, & qu'on peut dire être $= ab$;

alors $FG = \dfrac{ab}{GC}$. Afin donc de déterminer la courbe, foit $KA = a$, $HI = b$,

$HG = x$, $GC = y$; puifque les triangles K H I, K G F font femblables, on

$= aby, + bxy$, & $aa = ay + xy$, qui eft une équation à l'*hyperbole*. *Varignon* nous a donné une folution générale de ce problême (1).

§. CCCCXLVIII. La direction de la puiffance qui eft appliquée à la roue d'un tour, peut varier confidérablement; elle peut être telle, que B M, F G [*Tab. 6. fig.* 11.], fans que fon effort change pour cela; parceque fa diftance au centre du mouvement C, demeure toujours égale à un des rayons C B, ou C F, de la roue.

§. CCCCXLIX. Il y a certains tours, fur lefquels, ou dedans lefquels, on fait marcher des hommes ou des animaux. A l'aide de ces fortes d'inftrumens la puiffance n'agit pas toujours à égale diftance du centre du mouvement C [*Tab. 6. fig.* 11.]: cette diftance eft différente aux points H, K, S; car, fi on conduit les perpendiculaires à l'horifon, OH, I K, QS, qui expriment la direction de la puiffance appliquée aux différens points que nous venons d'indiquer, la puiffance, agiffant au point H, eft éloignée du centre du mouvement de la quantité C O; au point K, de la quantité C I: enfin au point S, de la quantité C Q.

§. CCCCL. En confidérant le rayon de l'axe, ainfi que celui de la roue, il faut auffi faire attention au diametre de la corde, lorfqu'elle eft d'une groffeur fenfible.

§. CCCCLI. On a coutume d'implanter, fur la circonférence des roues, des chevilles, des leviers, que l'on difpofe, ou dans le même plan que la roue, ou perpendiculairement à fon plan : ces derniers ne changent en rien l'effort de la puiffance, & ne lui procurent aucun avantage; parceque la puiffance qui eft appliquée fur ces leviers, eft à une même diftance du centre C, que fi elle étoit appliquée immédiatement fur la circonférence de la roue. Il n'en eft pas de même lorfque ces leviers font difpofés dans le même plan que la roue; ils augmentent fon diametre, & font que la puiffance qui eft appliquée à leur extrêmité, agit à une plus grande diftance du centre de la roue.

§. CCCCLII. Quelquefois l'axe lui-même eft percé de plufieurs trous fur fa circonférence, dans lefquels on fiche des leviers; dans ce cas, cet axe

<hr>

(1) Hift de l'Acad. Roy. ann. 1702, p. 255.

peut prendre différentes situations : on peut le placer perpendiculairement
à l'horifon ; alors on le nomme *vindas* , ou *çabeftan.* On attache à l'extrêmité P [*Tab.* 7. *fig.* 3.] de la corde le fardeau qu'on veut mouvoir ; on
roule cette corde autour de l'axe A D , dont l'extrêmité E eft quelquefois
implantée dans une poutre ; quelquefois elle eft percée de façon qu'elle
puiffe recevoir deux leviers croifés , aux extrêmités defquels font appliqués
des hommes qui font tourner cet axe , & qui , raccourciffant par-là la corde
qui fe roule fur l'axe , font avancer le fardeau. Le demi-diametre de cet
axe eft d c ; pour que la puiffance foit en équilibre avec la réfiftance , à l'aide
de cette machine , il faut avoir cette proportion , B : P : : d c ; A B. Les
Architectes font ufage de cette machine pour élever les matériaux qu'ils
emploient ; les Marins s'en fervent auffi pour lever les ancres.

§. CCCCLIII. Il y a encore une autre efpece de machine , dans laquelle
qu'on nomme *treuil , chevre* ;
elle eft compofée de trois poutres , qui font unies enfemble vers leur partie
fupérieure , par le moyen d'une cheville : ces poutres s'écartent les unes des
autres vers leur partie inférieure. L'axe de cette machine eft A D [*Tab.* 7.
fig. 4.] , qu'on fait mouvoir circulairement , à l'aide de deux levier B , B ;
cet axe eft monté entre deux des poutres , & c'eft fur cet axe que s'enveloppe une corde qui paffe fur une poulie C , fixée au haut de la machine , &
à l'extrêmité de laquelle eft attaché le fardeau L : quelquefois la corde s'attache à la châffe de la poulie fupérieure C , paffe enfuite fur la gorge d'une
feconde poulie mobile E , à la châffe de laquelle eft un crochet de fer où on
attache le fardeau L ; de-là la corde vient envelopper la poulie fixe , & eft
enfin attachée à l'axe A D. Il y a encore d'autres machines dans lefquelles
l'axe eft difpofé différemment ; mais comme toutes ces machines font conftruites fur le même principe , on peut appliquer à toutes la même démonf-
rration.

§. CCCCLIV. Les *roues dentées* , munies de leurs lanternes , ou de leurs
pignons , ne different point du tour ; c'eft pourquoi on concevra facilement,
par ce que nous venons de dire fur la nature & la conftruction de cette derniere machine , la maniere d'eftimer les puiffances qui feront appliquées à
des machines où il fe trouvera des roues dentées , & qui font propres à
mouvoir de lourds fardeaux.

Soit le poids P = 30 ℔ [*Tab.* 7. *fig.* 5.] , fufpendu à l'extrêmité d'une
corde qui embraffe l'axe A C R ; que le rayon C B de la roue dentée, G B D S,
foit fix fois plus grand que le rayon A C de l'axe : dans ce cas , pour qu'il y
ait équilibre entre le poids appliqué à la dent B de la roue dentée , & celui
qui eft fufpendu à l'extrêmité de la corde P , il fuffit que le poids B foit la fi-
xieme partie du poids P ; c'eft-à-dire, que le poids B doit être de 5 ℔. Comme les dents de la roue engrainent avec celles de la lanterne E B K , il faut
concevoir que la dent B de la lanterne fupporte un poids = 5 ℔. Si le
rayon de cette lanterne n'eft que la cinquieme partie de E M , un poids
d'une livre , fufpendu en M , fera en équilibre avec le poids de 5 ℔ que
nous fuppofons placé en B ; & conféquemment fupportera , ou fera équilibre au poids P de 30 ℔.

§. CCCCLV. Si les dents placées à la circonférence d'une roue , font placées dans la direction des rayons de cette roue, alors cette roue est appellée *étoilée* ; si ces dents sont placées perpendiculairement au plan de la roue, on la nomme *à cheville*. Les Méchaniciens ont coutume d'observer, & cela avec connoissance de cause, que les dents des pignons rencontrent, le moins souvent qu'il est possible, les mêmes dents des roues avec lesquelles ils engrainent ; parcequ'alors elles s'usent plus également, & le mouvement en devient plus aisé : on parviendra à cette exactitude, si le nombre des aîles des pignons n'est pas un diviseur exacte du nombre des dents des roues. Par exemple, si la roue porte 60 dents, & qu'elle engraine avec un pignon de 7, de 9, ou de 11. On peut faire la denture avec du bois ou du métal ; mais toute sorte de bois n'est pas propre pour cela : il faut que le bois qu'on destine à cet usage soit dur, flexible, & peu poreux ; c'est pour cela que les Flamands se servent de *nefflier*.

Les roues dentées qu'on fait de métal, sont de fer, de cuivre, ou de similor : on en fait rarement avec d'autres métaux ; soit parceque, parmi ceux-là, les uns sont trop mous, & les autres trop durs.

§. CCCCLVI. Il est aisé de supputer, d'après les principes que nous avons établis, quelle sera celle, de deux roues données, l'une plus grande, l'autre plus petite, qui fera plus difficilement ses révolutions sur un terrein inégal, raboteux, ou mou.

Soit la ligne H, H [*Tab. 7. fig. 6.*], qui représente le terrein sur lequel doivent se mouvoir les roues Z & Y ; que l'aspérité de ce terrein soit représentée par la petite élévation D B P : que la direction de la puissance qui tire la grande roue soit C F ; la charge de la voiture dont l'effort se porte sur l'axe C de la roue, agit selon la direction C A, qui est éloignée de la quantité A B du centre du mouvement B, qui est le sommet de la petite élévation que doit surmonter la roue, en tournant sur son axe. Par conséquent il faut que la puissance appliquée en F, pour faire mouvoir la roue, soit à la charge que porte la roue au point A, comme A B est à B E, qui est la perpendiculaire, conduite du centre du mouvement B sur la ligne de direction C F : au contraire la puissance G, qui tire la petite roue dans la direction G I, parallele à la premiere, ne peut produire son effet qu'elle ne soit à la résistance, que nous concevons agir sur le point S, éloigné du centre du mouvement de la quantité S B, la puissance, dis-je, ne peut produire son effet qu'elle ne soit à la résistance, comme S B : B O, qui est la perpendiculaire tirée du centre du mouvement B sur la ligne de direction I G. Or, parceque l'angle B C A est plus petit que l'angle B I S, le sinus du premier de ces deux angles sera plus petit que le sinus du second ; donc la raison de A B à A C, ou à B E, son égal, sera plus petite que la raison de S B à S I, ou à son égal B o : par conséquent la puissance, destinée à faire mouvoir la grande roue, chargée d'un poids donné, pourra être plus petite que celle qui sera obligée de tirer la petite roue chargée du même poids.

§. CCCCLVII. A cette raison on en peut ajoûter plusieurs qui prouvent toutes également l'avantage d'une grande roue sur une plus petite. 1°. Parceque le frottement de la grande roue sur son axe est à celui de la petite sur le sien, comme le diametre de la petite roue est au diametre de la grande. 2°. Parceque la petite roue s'engage plus profondément dans les inégalités

du chemin que la grande, & que par conféquent il faut l'élever plus haut que
la grande pour la faire avancer. 3°. Si on fuppofe que ces deux roues fe
meuvent fur un terrein mou & gras, la petite s'enfonce plus profondément
que la grande ; car, puifqu'on les fuppofe également chargées l'une & l'autre, chacune fera fortir de l'orniere une même quantité de terre, & il faut
pour cela que la petite foit plus profondément engagée : par conféquent on
ne pourra les faire avancer l'une & l'autre, qu'en élevant davantage la plus
petite. *B. Martin* a traité cette matiere d'une maniere fort curieufe (1).

§. CCCCLVIII. Comme le frottement des roues fur leurs effieux eft très
confidérable, lorfque les voitures font chargées d'un lourd fardeau, & que
ce frottement apporte un grand obftacle au mouvement de la voiture, on a
trouvé un moyen très favorable pour éviter cette inconvénient : c'eft de placer les fardeaux fur des rouleaux, fur des cylindres : lorfque le terrein, fur
lequel on doit transporter ces fardeaux, eft uni, & fuffifamment dur ; pour
lors le frottement eft incomparablement moindre ; &, par cette manœuvre,
on vient à bout, avec beaucoup moins de force, de faire mouvoir des fardeaux immenfes. Les Anciens connoiffoient l'avantage de cette pratique, &
ils la mettoient en ufage, lorfqu'il s'agiffoit d'amener des vaiffeaux du bord
de la mer fur le Continent ; cette méthode eft encore en ufage chez les Pê-
cheurs de Hollande.

§. CCCCLIX. On donne le nom de coin à tout folide, dont la bafe eft
d'une certaine grandeur, & qui fe termine en pointe : cette machine fert à
fendre, à féparer des corps, ou même à les élever.

Du Coin.

§. CCCCLX. On appelle un *coin* fimple, *prifme triangulaire*, dont les côtés repréfentent un triangle rectangle A C B [*Tab*. 7. *fig*. 7.] ; la bafe A B
eft la longueur du coin : B C la hauteur, ou le dos du coin.

§. CCCCLXI. Le *coin double* A C D [*Tab*. 7. *fig*. 9.] eft formé de deux
coins fimples A C B, A B D, unis enfemble felon leur longueur.

§. CCCCLXII. Les puiffances qui font mouvoir les coins, font, ou de
fimples preffions, ou des percuffions. Les corps qu'on fépare, à l'aide d'un
coin, font de différente efpece ; les uns fe fendent à proportion que le coin
s'enfonce dans leur fubftance ; dans d'autres la fente s'avance avant le
coin.

§. CCCCLXIII. Lorfqu'un corps ne fe fend qu'à proportion que le coin
s'enfonce, pour qu'il y ait équilibre entre la puiffance qui preffe le dos du
coin & la réfiftance qu'il a à vaincre pour défunir les parties de ce corps, il
faut que la puiffance foit à la réfiftance, comme la hauteur du coin eft à fa
longueur. En effet, on peut comparer la réfiftance, que ces parties oppofent à leur féparation, à un poids X [*Tab*. 7. *fig*. 7.], qu'il faudroit élever.
Soit donc la puiffance P, qui pouffe le coin A C B, felon la longueur A B,
de forte qu'il parvienne en Q A ; alors le poids X, qu'on conçoit comme
retenu par l'obftacle A ୪, aura été élevé de la quantité A ୪ ou B C : les efpa-

<hr>

(1) Philof. Britannic. Vol. 1. à pag. 167. ad pag. 171.

ces parcourus par P & X font donc entr'eux comme A B & A z; par conféquent les actions de P & de X, font P × A B, & X × A z, ou B C : donc en fuppofant ces actions égales, on aura P : X :: B C : A B.

§. CCCCLXIV. Plus A B eft long, la hauteur du coin B C demeurant toujours la même, plus la puiffance pourra devenir petite, & produira toujours le même effet : ce qu'on peut prouver par la machine fuivante. A B C D [*Tab. 7. fig.* 8.] eft un chaffis qu'on attache, par le moyen d'une cheville terminée par une vis, à une colonne qui eft fixée folidement fur une table. La cheville à vis, dont nous venons de parler, entre dans une ouverture pratiquée à cette colonne, & y eft affujettie par un écrou qui fe viffe poftérieurement à la colonne : on peut fe former une idée de cette colonne en jettant les yeux fur la figure 11 de la même planche. Dans le chaffis A B C D font deux petits cylindres E & G, & outre cela un troifieme F, d'un plus grand diametre ; ces trois cylindres fe meuvent librement fur leurs axes : H I eft un autre cylindre fufpendu librement à 2 fils L, L, qui font attachés de chaque côté, à une poignée fixée fur l'axe faillant du cylindre. M, N font deux poids attachés à des fils, qui paffent fur les poulies P, l'une d'un côté, l'autre de l'autre côté du cylindre ; ces fils font attachés à l'axe du cylindre, & par ce moyen le cylindre H eft tiré vers le cylindre F, avec une force égale à celle que produifent, par leur pefanteur, les poids M, N : entre les cylindres H, F, on infere le coin O P R, à l'extrêmité duquel Q, pend le baffin S, chargé d'un poids ; dans le cas d'équilibre, le poids S fait un effort pour féparer les cylindres H, F, ou pour féparer le cylindre H du cylindre F ; & cet effort eft égal à celui que font les poids M & N, pour approcher ces cylindres l'un vers l'autre : & l'expérience fait voir que, pour produire cet effet, on doit avoir S : N + M :: comme le dos du coin eft à fa longueur.

§. CCCCLXV. On remarque encore la même chofe, lorfqu'on fait ufage d'un double coin C D A ; concevons que ce double coin foit formé de deux autres coins fimples & égaux, B C A, B D A : dans cette hypothéfe, la puiffance P, laquelle, en pouffant le coin fimple B C A, eût élevé le poids X de la quantité B C, eft à ce poids X :: B C : B A. Par conféquent une autre puiffance, égale à la puiffance P, qui auroit à élever le poids Z de la quantité B D, fera à ce poids Z :: B D : B A ; or ces deux coins fimples, étant unis entr'eux, & ne formant plus qu'un feul coin, les deux puiffances qui agiffoient féparément contre chacun des deux coins fimples, agiffants contre la bafe C D du coin double, féront aux deux poids X + Z ::

$$ B C : B A ; \text{ car } P : X :: B C : B A : \text{donc } P = \frac{B\,C \times X}{B\,A}, \; \& \; P : Z :: B D = $$

$$ B C : B A ; \text{ donc } P = \frac{B\,C \times Z}{B\,A} : \text{ or } X = Z ; \text{ par conféquent } P + P = \frac{B\,C \times X}{B\,A} $$

$$ + \frac{B\,C \times X}{B\,A} ; \text{ ou } 2\,P : 2\,X :: B C : B A :: D C : B S. $$ C'eft-à-dire, que la puiffance doit être à la réfiftance, comme la bafe du coin eft au double de fa longueur.

§. CCCCLXVI. Soit maintenant une groffe poutre B K H G [*Tab. 7.*

fig. 10.] à fendre, avec le coin A C O; chaque coté A C, O C, de ce coin a la même réſiſtance à ſurmonter, qui, comme dans le cas précédent, équivaut à deux poids qu'il faudroit ſoulever. Si on appelle R la réſiſtance qui ſe fait ſentir ſur le côté C O du coin ſimple O D C, & que la puiſſance qui preſſe ſa baſe ſoit appellée P, la puiſſance qui agira contre la baſe entiere O A, du coin double, ſera = 2 P; & cette puiſſance 2 P ſera aux deux réſiſtances 2 R, comme O D : D C, ou comme A O : D C.

On peut démontrer cette vérité, par le moyen de cette machine. O P R eſt un coin double, dont on peut augmenter ou diminuer la baſe; H, V ſont deux cylindres, dont les axes ſont ſaillans, & qui ſont ſuſpendus par des cordes L, L : ces deux cylindres ſont tirés l'un vers l'autre, ſelon une direction parallele à l'horiſon, par des cordes, dont l'une paſſe ſur la poulie I, & l'autre ſur la poulie V; à ces cordes ſont ſuſpendus les poids X & Z, & c'eſt l'effort de ces poids qui oblige les cylindres H, V à s'approcher l'un de l'autre : au point Q, extrêmité du coin, pend un baſſin chargé d'un poids; or dans le cas où le coin O R P eſt placé entre les deux cylindres, & que l'effort qu'il fait, en vertu de ſa peſanteur, pour les ſéparer l'un de l'autre, eſt en équilibre avec les poids X, X, & Z, Z, qui font effort pour les unir : l'expérience démontre que l'on trouve cette proportion, S : 2 X + 2 Z :: C B : B A, ou :: C D : B S [*Tab.* 7, *fig.* 9.].

§. CCCCLXVII. On doit comprendre, par tout ce que nous venons de dire, la maniere d'agir, la force de tous les inſtrumens tranchans, tels que le couteau, la lancette, la hache, la ſcie, la lime, le poignard, les tenailles, &c. On doit encore concevoir l'action que peuvent avoir ſur le corps de l'animal quantité de poiſons, de forts corroſifs, dont la figure acuminée préſente autant de petits coins; tels que le ſublimé-corroſif, l'arſenic, l'eau-forte, &c. On peut aiſément expliquer pour quelle raiſon les dents, dans les animaux, le bec dans les oiſeaux, les ongles, ont la figure que nous leur obſervons : enfin on voit aiſément pourquoi les cornes des animaux ont, pour l'ordinaire, une large baſe, & ſe terminent en pointe; elles ont été données à ces animaux pour ſe défendre, & pour bleſſer ceux contre qui ils ont à combattre.

Du plan incliné.

§. CCCCLXVIII. Le *plan incliné* eſt une ſuperficie plane A C [*Tab.* 8. *fig.* 1.], inclinée à l'horiſon A B, ou faiſant, avec l'horiſon, un angle C A B; la hauteur de ce plan eſt indiquée par la ligne C B, perpendiculaire ſur A B.

§. CCCCLXIX. Soit le corps K, placé ſur le plan incliné A C, & ſoutenu par la puiſſance M, qui agit ſelon une direction P K, parallele au plan A C; dans ce cas, on a M : K :: C B : C A.

Car ſi on tire du centre de gravité K, au point D, où le corps touche le plan, la ligne K D & K e, ſur la ligne de direction de la gravité de ce corps, enſuite D e perpendiculaire ſur K e; on aura alors un levier angulaire K D e, dont le point d'appui eſt en D : ſuppoſons maintenant que la puiſſance M ſoit appliquée à une des extrêmités K de ce levier, & le poids K en e; alors la puiſſance M, qui agira ſur le bras du levier K D, ſera à la réſiſtance

ſuſpendue

suspendue au point e, : : e D : D K : : C B : C A , ou comme le sinus de l'angle d'inclinaison, que le plan forme avec l'horison, est au sinus total.

§. CCCCLXX. Si la puissance agit dans une direction K O, parallele à la base B A du plan ; il y aura équilibre entre la puissance & la résistance, si la puissance O : K : : e D : D I : : C B : B A.

Car si on éleve la perpendiculaire D I sur la direction O K, on aura le levier angulaire I D e ; & par conséquent la puissance O : K , qui est supposé suspendu au point e : : e D : D I : : C B : B A , ou comme le sinus de l'angle d'inclinaison, que le plan forme avec l'horison, est au sinus de complément du même angle.

§. CCCCLXXI. Par conséquent la direction qui exige une plus petite puissance, pour soutenir un poids sur un plan incliné, est celle qui est parallele au plan ; & la puissance destinée à soutenir le même poids sur un plan incliné, doit être d'autant plus grande, que la direction, selon laquelle elle doit agir contre la résistance, s'éloigne davantage de la direction parallele à l'inclinaison du plan : si la direction de la puissance s'éleve au dessus de la parallele K P , il peut se faire qu'il faille que la puissance soit égale au poids K , pour lui faire équilibre ; & si la direction de la puissance est audessous de la parallele P K , il peut arriver qu'il faille que la puissance soit plus grande que la résistance K , pour qu'elle puisse la tenir en équilibre.

§. CCCCLXXII. Plus la hauteur C B du plan est petite , & plus la puissance qui doit soutenir le poids K peut aussi être petite ; d'où il suit que si la hauteur C B est infiniment petite, ou que A C soit parallele à A B , la puissance qui aura à soutenir le poids qui sera appuyé sur A C, sera infiniment petite.

On trouve en Hollande une grande quantité de ponts jettés en différens endroits de la riviere , & qui sont beaucoup plus élevés que le niveau des rues ; afin que les vaisseaux puissent aisément passer par-dessous : les chevaux qui roulent des carrosses, ou des voitures chargées, fatiguent davantage sur ces ponts , que lorsqu'ils roulent sur le terrein uni des rues ; parceque ces ponts représentent des especes de plans inclinés A C. Les voitures sont par rapport à ces ponts, ce qu'est le poids K , placé sur le plan A C , & les chevaux sont la puissance qui doivent consommer une force pour soutenir le fardeau des voitures, laquelle est à ce fardeau, comme C B : C A. Au contraire lorsque ces chevaux ont à marcher sur un terrein uni , & disposé horisontalement, la hauteur B C devient nulle ; & par conséquent ces chevaux ne sont obligés, pour faire avancer les voitures, que de vaincre le frottement des roues & de leurs axes, & l'inertie du fardeau dont les voitures sont chargées : ce qui n'est pas égal, lorsqu'il faut qu'ils montent le pont ; puisqu'il faut outre cela qu'ils soutiennent une partie du fardeau = C B.

On conçoit aisément, par ce que nous venons de dire, pour quelle raison un homme se fatigue si promptement lorsqu'il monte au haut d'une tour, ou sur une montagne. Supposons que cette montagne soit inclinée comme le plan A C, le poids du corps de cet homme sera , par rapport à cette montagne, comme K, par rapport au plan incliné A C; & la force qu'il emploie à monter, étant = M , on aura la proportion que nous avons déja indiquée, M : K : : C B : C A. Suppofons maintenant que cette derniere raifon foit comme 1 : 3, & que K = 150 ℔; dans cette fuppofition, M = 50 ℔ : & par conféquent l'homme qui veut parvenir au haut de cette montagne, eft obligé, à chaque pas qu'il fait, de porter un poids de 50 ℔, tandis que lorfqu'il marche fur un plan parfaitement horifontal, il n'eft pas obligé d'élever aucun poids. Lorfqu'un homme monte l'efcalier d'une tour, il arrive fouvent que le plan fur lequel il s'éleve eft encore plus incliné que celui dont nous venons de parler; dans ce cas, il porte une plus grande partie du poids de fon corps, & il fe fatigue plus vîte.

Les Architectes font fouvent ufage du plan incliné, pour élever de groffes pierres, des *architraves*, pour les placer fur leurs lits, fur des murs, des maifons, des tours; on s'en fert encore pour amener des balots d'un vaiffeau fur un terrein élevé. Les Charpentiers de navires en font encore ufage pour amener fur le rivage de grands vaiffeaux, afin de les radouber; & lorfqu'ils font en état, ils les lancent à l'eau, par le moyen de la même machine; de forte qu'on doit regarder le plan incliné comme une machine d'un très fréquent ufage & très commode.

§. CCCCLXXIII. D'après ce que nous venons de dire, il eft fort aifé de connoître quelle doit être la force d'une puiffance, pour foutenir une poids O [*Tab.* 8. *fig.* 2.], placé fur un corps quelconque. Soit une fuperficie courbe quelconque, par exemple H C E F, fur laquelle foit appliqué le corps O, qui touche cette furface en C; la puiffance P, qui doit foutenir ce fardeau, doit être au poids du corps O, comme A C, perpendiculaire menée du point du contact C fur la direction de la gravité O M du corps O, eft à C O, perpendiculaire conduite fur la ligne de direction de la puiffance.

Car, dans l'hypothefe préfente, le corps O eft foutenu de la même maniere qu'il le feroit s'il étoit appuyé fur le plan incliné B C D, qui eft une tangente au point C de la courbe H C E F : or un corps grave, placé fur un tel plan B C D, feroit, à l'égard de la puiffance P qui le foutiendroit à l'aide d'un levier courbé O C A, comme C O : C A.

§. CCCCLXXIV. Si E C H [*Tab.* 8. *fig.* 2.] étoit un quart de cercle, dont le centre fût en N, & que la droite N H fût perpendiculaire à l'horifon; la puiffance P, qui auroit à foutenir le poids O, auroit un moindre effort à faire, lorfque le corps feroit placé en H, & que la puiffance agiroit felon la direction d'une ligne qui feroit tangente au point H : parcequ'alors la puiffance pourroit être = o, tout le fardeau du corps étant foutenu par le point fur lequel il porteroit.

§. CCCCLXXV. Mais fi la puiffance P agit toujours felon la même direction O P, cette puiffance agira avec la moindre force poffible, fi le poids O eft placé fur un des points de la courbe, qui foit telle, que la ligne C O, conduite du point de contact C, au centre de gravité O du corps, foit perpendiculaire à la ligne de direction P O de la puiffance.

§. CCCCLXXVI. Mais fi la puiffance, agiffant toujours felon la direction P O, le corps O eft placé entre le point C & le point H, ou entre les points C & E; la puiffance P devra être néceffairement plus grande : car, fuppofons que le corps foit defcendu au point E; alors foit conduite du point E la perpendiculaire E G fur O R, la puiffance qui agira au point R,

sera au fardeau O :: EO : EG ; or EO > EG ; par conséquent la puissance
ne pourra faire équilibre à la résistance , qu'elle ne soit plus grande que la
résistance elle-même.

§. CCCCLXXVII. Supposons que le fardeau descende encore plus bas
que le point E, la ligne E G deviendra plus petite ; elle peut même devenir
infiniment petite ; de sorte qu'il faudra que la puissance P ait une force infiniment grande pour soutenir le fardeau O , qui, dans ce cas , agit par le
moyen du levier K F.

§. CCCCLXXVIII. Supposons maintenant un mur E C F [*Tab.* 8. *fig* 3.] ,
le long duquel la puissance P tient en équilibre un fardeau O. Si on veut
connoître l'effort que doit faire la puissance dans cette hypothese , soit conduite du centre de gravité du fardeau la ligne O C, perpendiculaire au mur ;
& du point C, la ligne C A , perpendiculaire sur la direction O P de la puissance : par ce moyen on construira le levier O C A , dont le point C sera le
point d'appui, & par conséquent comme la gravité du fardeau agit selon la
ligne O M, abaissée de l'extrêmité O du bras de levier C O ; on aura P : O
:: O C : C A : & conséquemment la puissance sera plus grande que la résistance.

§. CCCCLXXIX. Soit l'ellipse I G H K mue circulairement autour de
son centre B [*Tab.* 8. *fig.* 4.] : soit le levier B D, auquel soit appliquée la
puissance R , qui agit dans la direction D R : soit placé sur le périmetre de
l'ellipse un globe qui ne puisse se mouvoir que de haut en-bas , ou de bas
en-haut , étant tiré par la puissance P , selon la direction horisontale P O ;
quelle doit être la force de la puissance R , par rapport au globe O , pour
que le globe demeure constamment sur l'ellipse ?

Du centre de gravité O du globe , soit menée la ligne O A , perpendiculaire à l'horison ; du point de contact de ce globe avec l'ellipse , soit conduite la ligne C A perpendiculaire sur O A : soit aussi tirée la ligne O E , qui
soit prolongée jusqu'en E, sur laquelle soit menée du centre B la perpendiculaire B E. Supposons maintenant que le poids du globe O = O A, la force
avec laquelle ce globe est appliqué contre l'ellipse par la puissance P qui le
tire = C A. Par conséquent la force totale que ce globe exerce contre l'ellipse = O C ; & conséquemment, de même que le sinus de l'angle O C A est
au rayon, de même le poids du corps O est à l'effort total que ce poids exerce
contre l'ellipse. Cet effort s'exerçant au point C , il est comme appliqué à
l'extrêmité du levier C B D , dont le centre du mouvement est en B , & la
direction de cet effort est suivant la ligne C E , éloignée du centre B de la
quantité B E ; par conséquent la puissance R , appliquée au point D du levier
B D , doit être au poids qui se fait sentir en E :: E B : B D.

§. CCCCLXXX. Si le poids O [*Tab.* 8. *fig.* 5. 6.] est placé en I , extrêmité du petit axe I K de l'ellipse , ou en G , extrêmité du grand axe G H de
l'ellipse , il y est placé comme sur un seul plan ; par conséquent la puissance
R , appliquée à l'extrêmité D du levier B D , peut être = o.

§. CCCCLXXXI. Mais si l'ellipse vient à être portée du point I au point
G, étant chargée du poids O , il en naîtra une distance B E entre la ligne de
direction selon laquelle le poids O agit , & le centre du mouvement B ; &
cette distance B E deviendra de plus grande en plus grande , jusqu'à ce

qu'elle soit devenue autant grande qu'elle puisse être : ce qui arrivera lorsque la ligne de direction tombera sur un certain point de l'ellipse, qui est lui-même à la plus grande distance du petit diametre I K ; cette distance D E diminuera ensuite, jusqu'à ce que le grand axe G H de l'ellipse soit parvenu exactement au-dessous de la ligne de direction du poids O. Lorsque la distance B E est autant grande qu'elle puisse être, le corps O résiste infiniment à la puissance R ; & on aura cette plus grande résistance, lorsque le petit axe I K sera au grand axe G H : : B N [*fig.* 4.] sinus total (disposé parallelement à l'horison) est à G N, tangente de l'angle G B N (1).

De la Vis.

On appelle *vis* une arête contournée autour d'un cylindre, ou creusée autour d'une cavité cylindrique ; la premiere se nomme extérieure, l'autre est appellée intérieure ou *écrou*. L'usage de cette machine exige qu'une des deux vis, dont nous venons de parler, tourne dans l'autre ; c'est-à-dire, que les filets ou arêtes de l'une s'engagent entre les filets de l'autre, & les parcourent successivement : mais il faut qu'une de ces deux vis soit fixe.

Il faut donc toujours deux vis pour pouvoir se servir de cette machine, dont l'usage est d'élever des corps, de les presser, ou de les faire mouvoir ; les filets des vis peuvent être angulaires, ou quarrés, simples, doubles, ou triples.

§. CCCCLXXXIII. Si une puissance B [*Tab.* 8. *fig.* 8.] fait tourner une vis autour d'une autre, soit l'écrou autour de la vis extérieure, soit cette derniere dans son écrou, selon une direction parallele à la base du cylindre : cette puissance sera au poids O, qu'elle veut mouvoir, ou soulever, & qui est appliqué à l'extrêmité de la vis, comme Y Z, qui est la distance qu'il y a entre deux filets de la vis, qui se suivent immédiatement, est à la circonférence du cercle de la base.

En effet le filet Y Z [*fig.* 8.] n'est autre chose qu'un plan incliné A C [*Tab.* 8. fig. 1.], mené autour d'un cylindre, ou un coin A C [*Tab.* 8. *fig.* 7.]. La puissance B, qui fait tourner la vis dans une direction parallele à la base, produit la même chose que la puissance qui pousse le plan incliné selon la direction B A ; ou que la puissance P, qui fait avancer un coin selon la direction B A, & qui éleve, par ce moyen, le poids X. Or nous avons démontré (§. 463) que P : X : : C B : B A; mais C B, dans l'hypothese présente, n'est autre chose que la distance Y Z, qui se trouve entre deux filets qui se suivent immédiatement : & B A représente la périphérie du cercle de la base. Donc, &c.

§. CCCCLXXXIV. Plus les filets de la vis sont près les uns des autres, le diametre du cylindre demeurant le même, ou les filets étant à même distance les uns des autres, plus la grosseur du cylindre augmente, & plus la puissance qui aura à élever un poids pourra être moindre : c'est pourquoi les vis, à doubles ou à triples filets, ne sont pas d'un grand avantage pour augmenter l'effort de la puissance.

(1) Belidor, Archit. Hydraul. Liv. 3. chap. 4. pag. 156.

§. CCCCLXXXV. On a coutume de ficher un levier D F [*Tab.* 8. *fig.* 9.] dans la tête B de la vis, ou de l'attacher autour de cette même tête, pour faire tourner la vis plus facilement. Lorsqu'une puissance D, s'appliquée à ce levier, tourne la vis selon une direction parallele à la base, il faut que cette puissance, pour qu'elle puisse élever le poids O, soit à ce poids comme la distance Y Z, entre deux filets immédiatement consécutifs, est à la périphérie du cercle que décrit l'extrêmité D du levier, à laquelle la puissance est appliquée.

§. CCCCLXXXVI. Plus le levier, à l'extrêmité duquel la puissance sera appliquée, sera long, & moins la puissance sera obligée d'employer de force pour vaincre la résistance.

§. CCCCLXXXVII. Nous faisons sur tout usage de la vis pour presser des corps, ou pour les élever : lorsque les filets d'une vis s'engagent entre ceux de son écrou ; dans ce cas, 2, 3, 4, & même un plus grand nombre de filets, se touchent immédiatement, & par de très grandes surfaces : & comme les parties qui supportent une grande pression s'appliquent fortement les unes aux autres, & que les inégalités des unes, quelque petites qu'elles soient, s'engrainent entre les inégalités des autres, quoique ces parties soient lubrifiées avec de l'huile, du savon ; le frottement de cette machine est très considérable, & il faut une puissance beaucoup plus grande que celle que nous avons indiquée (§. 483) pour le vaincre : outre cela les filets des deux vis, étant engagés les uns dans les autres, s'opposent à ce que la vis retourne sur ses pas.

Souvent on emploie le service de deux vis, comme on peut le remarquer [*Fig.* 9.] ; on place alors entre ces deux vis une poutre de bois O, qui est arcboutée par une masse énorme, comme un mur, un toît, &c, qui sert à donner de la stabilité à la machine.

Des Machines composées.

§. CCCCLXXXVIII. Après avoir examiné les machines simples, nous allons donner une légere notion de celles qui sont composées : celles-ci sont composées de différentes machines simples, & on s'en sert dans le cas où il faudroit que les simples fussent trop grandes pour produire l'effet qu'on en devroit attendre ; comme, par exemple, pour élever d'énormes fardeaux. Dans de telles circonstances, les machines, si elles étoient simples, ne seroient pas assez solides, eu égard à la grandeur qu'elles devroient avoir, ou elles occuperoient un espace plus grand que celui qu'on pourroit leur accorder. On préfere, dans tous ces cas, les machines composées, & pour procurer à la puissance plus de facilité pour agir, & afin qu'une seule puisse équivaloir à plusieurs, & puisse servir à différens usages.

§. CCCCLXXXIX. Entre les machines composées, la premiere qui se présente est le peson composé, qui est une machine propre à peser des canons, des ancres de vaisseaux, & d'autres fardeaux considérables.

A B C [*Tab.* 8. *fig.* 10.], est un levier du second genre, dont l'axe, qui est en A, est placé & appuyé sur les yeux de la châsse A S ; B est un second axe, sur lequel tourne librement une seconde châsse, munie d'un crochet,

auquel on fufpend le fardeau qu'on veut pefer : on remarque encore , outre cela , un troifieme axe C , fitué à l'autre extrêmité du levier : on tient le
levier en équilibre avec lui-même , à l'aide d'un gros poids attaché à l'extrêmité G. D E F eft une balance Romaine ; l'axe C, du premier levier C A ,
eft joint avec le petit axe D de la romaine , par le moyen de la châffe C D ;
on remarque encore à la romaine un fecond axe E , qui eft foutenu , & qui
roule dans les yeux de la châffe E R : le contre-poids M fe meut librement le
long du fléau E F de la romaine ; le poids L , appliqué à la tête D de la balance , fert à la mettre en équilibre avec elle-même.

Les chofes, étant ainfi difpofées , fi le contre-poids M eft en équilibre
avec le fardeau P , on aura cette proportion , la puiffance appliquée en C : P
: : A B : A C. Or la puiffance appliquée en C , eft égale à un poids qui feroit attaché au point D de la romaine ; puifque l'extrêmité C du levier eft
follicitée à fe mouvoir de haut en-bas par la preffion du poids P : on a donc
M : C : : D E : E M. Et , en multipliant les uns par les autres les termes de
ces deux proportions , on aura M × C : P × C : : M : P : : A B × D E :
A C × E M.

§. CCCCXC. Il fuit de-là que la puiffance eft à la réfiftance , en raifon
compofée de toutes les raifons que la puiffance devroit avoir à la réfiftance
dans chaque partie de la machine , fi on employoit féparément chacune de
fes parties : cette regle eft générale pour toutes les machines compofées.

§. CCCCXCI. Outre cela , voici encore une regle générale , applicable
à toute machine quelconque : la puiffance , demeurant la même , plus le
fardeau , contre lequel elle agit eft lourd , & plus cette puiffance le fait mouvoir lentement ; & au contraire , plus le fardeau eft petit , & plus la même
puiffance lui communique de vîteffe. 2°. Tout ce que la puiffance perd en
vîteffe , elle le gagne en tems ; & tout ce qu'elle gagne en vîteffe , eft toujours pris aux dépens du tems.

A l'aide de la même machine , fi une puiffance donnée éleve un fardeau de
200 ℔ à un pied , elle élevera un fardeau de 100 ℔ à la hauteur de deux
pieds ; car fi on appelle la puiffance P , la vîteffe C , & le poids O , on aura
toujours P = O C.

Soit maintenant un autre poids = o , fa vîteffe = c ; on aura encore P =
o c : par conféquent O C = o c ; donc on aura O : o : : c : C.

§. CCCCXCII. On peut encore joindre plufieurs leviers enfemble , de
même que nous en repréfentons ici trois [*Tab. 8. fig. 12.*], qui font unis
enfemble ; & par conféquent , fuivant la regle que nous venons d'établir ,
le poids K : P : : A B × D I × E F : B C × I H × F L : car puifque

$$A B : B C : : R : P$$
$$D I : I H : : S : R$$
$$E F : F L : : K : S.$$

En multipliant les antécédens par les antécédens , les conféquens par les
conféquens , on aura A B × D I × E F : B C × I H × F L : : R × S ×
K : P × R × S : : K : P.

§. CCCCXCIII. Nous avons quelquefois un levier compofé à confidé-

rer, quoique nous nous fervions d'un fimple levier pour agir. En effet, foit
une pierre d'une certaine longueur A L(*F*.11.),qui foit couchée par terre: fous
une des extrêmités B M de cette pierre, foit inféré un des côtés E F du levier
E G, & que le point d'appui foit placé en F, & la puiffance en G: que le
centre de gravité de cette pierre foit en C, d'où on tire la perpendiculaire à
l'hôrifon C D; on aura alors un levier compofé de deux, l'un qui fera A B,
& qui aura fon point d'appui en A, dans lequel le poids C agira à la diftance A D du point d'appui, & la puiffance B, à la diftance A B du même
point d'appui A. Le fecond levier fera E F G, fur l'extrêmité E duquel le
poids fera appliqué, & la puiffance fur l'autre extrêmité G; & par conféquent la raifon de la puiffance appliquée au point G, eft au poids de la
pierre qu'elle veut foulever : : A D × E F : A B × FG.

Nos ponts-levis, qui font bâtis fur pilotis, font des machines compofées
d'un levier du fecond genre, & d'un guindal qui fert à les lever, ou à les
abaiffer. Ces ponts font fimples, ou compofés : cela dépend de la largeur du
foffé fur lequel on les établit. En voici la conftruction : le parquet A B
[*Tab. 8. fig.* 13.] eft mobile fur deux gonds, l'un fixé en A, & l'autre au
côté oppofé ; ces deux gonds roulent fur deux coquilles folidement établies
dans deux pilotis: aux deux extrêmités E & B du parquet font attachées des
chaînes B F, & E G, qui joignent ce parquet, chacune à l'extrêmité d'un
guindal ; ces deux dernieres pieces, unies entr'elles par des folives H L, I K,
K L, ne forment qu'un feul guindal : le centre de gravité du parquet fe
trouve vers fa partie moyenne, en un point tel que C ; fi le guindal, à
l'aide duquel on met cette machine en mouvement, repréfentoit un levier,
dont les deux bras fuffent égaux, & également pefans, la puiffance, appliquée en M, & qui doit élever le parquet, devroit être au poids de ce parquet, réuni à fon centre de gravité C, : : A C : A B : parceque A C B repréfente un levier du fecond genre ; or comme ce parquet eft conftruit avec de
grandes poutres, & des chevrons très pefans, il faudroit que la puiffance
M fût très confidérable pour produire l'effet qu'on en attend : pour obvier
donc à cet inconvénient, & faire qu'une puiffance plus petite puiffe produire
cet effet; la partie H I L K du guindal eft beaucoup plus longue & plus pefante que l'autre H F & I G ; &, par ce moyen, on fait enforte que la plus
lourde partie de ce guindal foit en équilibre, par fon poids, avec fon autre
partie H F, & I G, ainfi qu'avec les chaînes F B, G E, & avec le poids que
le parquet exerce fur le point C ; & par-là, une très petite puiffance, appliquée en M, peut élever le parquet, qui devient moins pefant à proportion qu'on l'éleve plus haut (§. 423).

§. CCCCXCIV. On emploie fouvent le fecours de plufieurs poulies, &
on en conftruit des machines, qu'on appelle *mouffles*, & auxquelles on
donne différentes formes. Nous allons en décrire quelques-unes. Une
mouffle eft compofée de deux parties; chaque partie de celle qui eft repréfentée ici [*Tab.* 9. *fig.* 1.], contient trois poulies : on nomme cette efpece
de mouffle, mouffle à trois yeux. Une des deux parties eft fixe, & l'autre
eft mobile, & peut fe mouvoir de haut en-bas, & de bas en-haut. Les poulies, qui roulent dans chacune des parties de cette mouffle, font de différens diametres, afin que les cordes qui les enveloppent puiffent fe mouvoir

librement, sans se toucher, & que le frottement qu'elles éprouveroient, si elles se touchoient, ne s'oppose point à leur mouvement. Le crochet T soutient, non-seulement le poids des mouffles, mais encore celui des cordes & du fardeau P, attaché au crochet de la partie qui contient les poulies mobiles; & outre cela, le poids qui exprime l'effort de la puissance V.

Les Anciens construisoient autrement leurs mouffles [*Tab.* 9. *fig.* 2.] (1); elles étoient composées de trois poulies de même diametre, disposées parallement les unes aux autres : les cordes sont tellement disposées, dans la construction de cette mouffle, qu'elles ne peuvent point se toucher & se nuire dans leur mouvement. Cette espece de mouffle est plus commode que la précédente, que nous venons de décrire [*fig.* 1.]. L'une & l'autre produisent le même avantage à la puissance. Dans l'une & dans l'autre il faut que la puissance V soit au poids P, comme l'unité est au nombre des cordes qui enveloppent les poulies inférieures ou mobiles; car toutes les cordes qui embrassent les poulies sont également tendues par l'effort du poids P, & par conséquent chacune supporte une partie égale du fardeau : or, dans chacune de ces deux especes de mouffles, il y a six cordes qui enveloppent les poulies inférieures; car, soit que la puissance soit appliquée au point S, & qu'elle agisse par la corde N S, soit qu'elle soit appliquée au point V, & qu'elle tire selon la direction V K, ce sera toujours la même chose; & par conséquent la puissance appliquée au point V est au poids P : : 1 : 6. Pareillement l'espace parcouru par le poids P, est à celui que la puissance parcourt dans le même tems : : 1 : 6. Il suit de-là que si la mouffle est construite de même que celle qui est désignée [*Tab.* 9. *fig.* 3.], la poulie inférieure F G, ayant trois cordes qui lui appartiennent; savoir, E D, C F, G B, la puissance V parcourra trois fois plus d'espace dans le même tems, que le poids P; & on aura V : P : : 1 : 3.

Dans ce cas le crochet T supportera le poids du fardeau P; le poids des poulies, & un poids qui sera égal à l'effort de la puissance V : si le poids du fardeau = 100 ℔, que celui de la poulie F G = 4 ℔, l'effort de la puissance V sera = 38. Si le poids de la poulie A B & C D = 8, le crochet T sera chargé d'un poids = 160 ℔.

§. CCCCXCV. On peut encore disposer les poulies de maniere qu'elles soient toutes mobiles de bas en haut; dans ce cas, une petite puissance sera en état d'élever un très grand fardeau : ce qu'on connoîtra sur-le-champ, en jettant les yeux sur la [*Tab.* 9. *fig.* 5.], dans laquelle l'avantage de ces poulies, & le rapport de la puissance au fardeau, sont indiquées par des chiffres. Dans cette construction, il faut que la solidité de la poutre, à laquelle les cordes sont attachées, soit suffisante pour soutenir le poids du fardeau = 16 ℔, plus le poids des poulies & des cordes, moins cependant la quantité de ce poids = 1, que la puissance soutient.

§. CCCCXCVI. On peut encore les disposer d'une maniere plus élégante, telle que celle que nous allons décrire.

G B [*Tab.* 9. *fig.* 4.] est une poulie fixe, suspendue au crochet E; A est le fardeau qu'il faut élever, auquel on attache la corde F G, B H, qui enveloppe la poulie fixe G B : la corde B H est attachée en H à la châsse de la seconde poulie C; la corde qui enveloppe cette seconde poulie est attachée

(1) Vitruvius, Lib. 10. cap. 5. p. 409,

d'une

d'une part au fardeau A , & suivant la direction L O H C M : son autre extrêmité M est attachée à la châsse de la troisieme poulie D I ; enfin la corde,
à l'extrêmité de laquelle la puissance P est appliquée, est aussi, par son autre
extrêmité, attachée au même fardeau A , & suivant la direction K I M D :
elle passe sur la gorge de la troisieme poulie I D.

Pour déterminer maintenant quelle doit être la grandeur de la puissance
appliquée en P, relativement au poids du fardeau A ; concevons que ce
poids A est divisé en trois poids , X , Y , Z , suspendus à chacune des cordes
qui enveloppent chaque poulie : dans cette hypothese, la puissance P doit
être égale au poids Y ; & par conséquent P + Y + le poids de la poulie I D,
doivent être considérés comme suspendus à l'extrêmité M de la corde C M.
Dans cette supposition , le poids Z doit équivaloir à ces trois poids. Maintenant, en procédant toujours de la même maniere , il est constant que l'extrêmité H de la corde B H est chargée du poids P , + du poids Y , + du poids
de la poulie I D , + du poids Z , + du poids de la poulie O C ; & par conséquent que le poids X , suspendu à la corde H B G , est égal à tous ces poids :
or puisque Y = P , & Z = Y + P = 2 P + le poids de la poulie & X = 2 Z
= 4 P + le poids de la poulie ; on aura Y + Z + X , ou A = 7 P + le poids
de deux poulies : par conséquent le poids P sera propre à élever le poids A ,
si P = $\frac{1}{7}$ de A. Il y a encore beaucoup d'autres manieres de disposer des poulies , dont nous ne parlerons pas ici , dans la crainte d'entrer dans de trop
longs détails.

§. CCCCXCVII. Le *cric* est une machine composée d'une lame de fer
dentée A K [*Tab. 9. fig. 6.*] ; sur la tête A , ou sur le crochet K de laquelle
on appuie les fardeaux qu'on veut élever ou mouvoir ; les dents de cette lame
engrainent avec les aîles d'un pignon B , qui a le même axe que la grande
roue dentée C : les dents de cette roue engrainent avec les aîles d'un autre pignon D , à l'axe duquel est adapté une manivelle F E ; la puissance appliquée
au point F de cette manivelle , doit être au poids qui s'appuie sur la tête A
de la regle dentée , en raison composée des demi-diametres des pignons ou
lanternes B & D , au demi-diametre de la roue C , & de la longueur de la
manivelle E F. Supposons donc que le rayon de chaque lanterne = 1 , que
le rayon de la roue C = 6 , & que la longueur de la manivelle E F = 6 ; on
aura la proportion suivante : la puissance est au poids qu'elle doit faire mouvoir , :: 1 : 36.

§. CCCCXCVIII. On fait quelquefois mouvoir des roues dentées par
le moyen d'une vis , qu'on appelle , dans ce cas , *vis sans fin ;* telle qu'est la
vis A [*Tab. 9. fig. 7.*] , qui engraine avec les dents de la roue B : le pivot de
cette roue porte un pignon , dont les dents engrainent avec les dents de la
roue C , sur l'axe D de laquelle s'enveloppe une corde , à l'extrêmité de laquelle est attaché le poids qu'on veut élever. A la tête E de la vis sans fin ,
est adapté un levier que la puissance fait mouvoir circulairement : dans la figure , destinée à représenter cette machine , on a substitué un tambour E F
au levier dont nous venons de parler : ce tambour, fixé sur la tête E de la vis
sans fin , est enveloppé par une corde qui passe sur la poulie G , & à l'extrêmité de laquelle la puissance est attachée , laquelle est représentée par un petit poids P. Dans le cas d'équilibre entre la puissance & la résistance , il faut

Tome I. Bb

que la puissance soit à la résistance en raison composée du demi diametre de
l'axe D + du demi-diametre du premier pignon , + de la distance qu'il y a
entre deux filets immédiatement consécutifs de la vis sans fin ; au demi-diametre de la roue C & de la roue B , + à la circonférence du tambour E F.
Si les antécédens de ces raisons = 1 + 1 + 1 , & les conséquens 5 + 5 + 100,
la puissance sera au fardeau qu'elle doit élever , : : 1 : 2500 ; ce qui prouve
manifestement le grand avantage de ces machines, par le moyen desquelles
on peut élever de très grands fardeaux avec de très petites puissances.

§. CCCCXCIX. On construit encore des treuils avec plusieurs roues dentées , qui portent sur leurs axes des pignons, ou de petites roues dentées : à
l'axe de la plus grande roue est attachée la corde qui porte le fardeau, &
cette corde , par le mouvement circulaire de cet axe , se raccourcit en enveloppant cet axe. La manivelle qui conduit cette machine , & à laquelle la
puissance est appliquée , s'adapte à l'axe de la derniere roue : or puisque les
dents qui divisent la circonference de ces roues sont comme leur périphérie ,
& leur périphérie comme leurs diametres , ou leurs rayons, on pourra donc
trouver aisément le rapport que la puissance devra avoir avec la résistance
dans de telles machines , sans faire attention aux rayons de ces différentes
roues ; mais seulement au nombre de dents qu'elles porteront. Pour cela
faire , qu'on divise le nombre des dents que portent les grandes roues , par
le nombre de dents , ou d'aîles , que portent leurs pignons. Et de même que
le quotient qui en viendra sera à 1 ; de même le poids sera à la résistance : si
on multiplie après cela le quotient par la longueur de la manivelle , & l'unité
par la longueur du rayon de l'axe sur lequel la corde se contourne , le premier produit sera au second , comme le poids est à la puissance.

§. D. La figure des dents de toutes les roues , n'est pas celle que MM. *de
Roemer* & de *la Hire* , déterminerent autrefois être la meilleure.

§. DI. Lorsqu'on veut construire une machine composée de roues dentées & de pignons , & que le fardeau qu'on veut mouvoir, ainsi que la
puissance qu'on veut employer , sont donnés , il est aisé de déterminer alors
le nombre de roues & de pignons qu'on doit employer pour construire cette
machine : il ne s'agit que de diviser le nombre qui désigne le poids du fardeau, par celui qui exprime l'intensité de la puissance : & ensuite de diviser
le quotient par des nombres qui , multipliés les uns par les autres , deviendront égaux à ce quotient; alors , si on prend chaque pignon pour l'unité ,
on aura le nombre des roues & des pignons. Par exemple , supposons que la
puissance donnée = 1 , que le fardeau = 150; en divisant 150 par 1 , le
quotient sera = 150 : divisez ensuite ce quotient par des diviseurs exacts,
tels qu'ils soient , par exemple , par 10, par 5, par 3 ; alors on construira
une roue, dont le rayon sera = 10, une autre dont le rayon sera = 5 , une
troisieme enfin dont le rayon sera = 3. Adaptez à ces roues des pignons,
dont les rayons soient = 1 , par rapport aux rayons des roues, avec lesquelles ils doivent engrainer ; or de même que les circonférences sont entr'elles
comme les rayons , faites pareillement que le nombre des dents des roues
aient le même rapport avec le nombre des dents des pignons : par exemple ,
si le premier pignon porte 4 dents, la roue , avec laquelle il engraine , doit
porter 40 dents ; si le second pignon a 5 dents, la seconde roue en doit

avoir 25 : enfin si la troisieme lanterne a 4 dents, la troisieme roue doit en porter 12.

§. DII. Le nombre des roues d'une machine étant donné, trouver combien de fois la grande roue fait sa révolution, tandis que celle qui se meut le plus lentement ne fait qu'une seule révolution ?

Que le nombre des dents de chaque roue soit divisé par le nombre des dents du pignon, avec lequel chacune engraine ; multipliez ensuite les quotiens trouvés, les uns par les autres, & le produit sera le nombre cherché : par exemple, si la premiere roue porte 40 dents, & que son pignon en porte 4, vous aurez alors $\frac{40}{4} = 10$. Si la seconde roue porte 25 dents, & son pignon 5, alors vous aurez $\frac{25}{5} = 5$; enfin si la troisieme roue porte 12 dents, & son pignon 4, vous aurez $\frac{12}{4} = 3$. Multipliant ensuite tous ces quotiens, les uns par les autres, vous aurez $10 \times 5 \times 3 = 150$. Cela posé, si la puissance est appliquée à la premiere roue, lorsque cette roue aura fini sa cent cinquantieme révolution, la derniere lanterne n'aura encore fait qu'une seule révolution ; ou si la puissance est adaptée à cette lanterne, lorsqu'elle aura achevé une révolution, la plus grande roue en aura fait 150.

§. DIII. On peut encore rapporter au treuil la *grue à cliquet* (1) ; parcequ'elle est composée d'un treuil & d'un levier : autour de l'axe D D [*Tab.* 10. *fig.* 1.], s'enveloppe la corde, à une des extrêmités de laquelle est attaché le poids P, qu'on veut élever, ou faire descendre : la grande roue E E, qui est appliquée à l'axe D D de cette machine, est dentée ; les pinces F P H, G O K, engrainent avec cette roue : & lorsqu'elles échappent, elles retombent, par leur propre poids, de dents en dents. Ces pinces, mobiles aux points F & G, sont adaptées au levier A A, aux extrêmités duquel on applique ceux qui doivent servir cette machine : lorsqu'on baisse un des côtés du levier A A, le côté opposé s'éleve ; celui qui s'éleve tire à lui la pince qui répond à ce côté, & par ce moyen la désengraine, tandis que le côté du levier, qui est abaissé, pousse, par son abaissement, la pince qui lui répond, laquelle pousse elle-même la roue, & la fait tourner ensuite. Lorsque le côté du levier qui avoit été élevé, est abaissé à son tour, la pince qui appartient à ce côté tombe sur la denture de la roue, & engraine avec la dent qui lui répond ; & cette manœuvre se répete alternativement. Dans cette machine, la puissance est en raison composée, & de la distance au centre du mouvement C, & du diametre de l'axe D D : & le poids est en raison composée de la longueur du levier C A, & du diametre E E de la grande roue.

Lorsqu'il s'agit de faire descendre un poids d'une hauteur quelconque, on fait usage, dans cette machine, de l'appareil suivant : M L est un levier mobile autour du point V ; à son extrêmité L pend une chaîne L N, qui

___

(1) *Mussembroek* nomme cette machine *geranio mochlis* ; & ce n'est que d'après son usage & sa description, que nous avons cru devoir la nommer *grue à cliquet* : d'ailleurs ces deux mots sont dérivés de *geranium*, qui signifie grue ; & d'*hypomoclion*, qui signifie un point d'appui : d'où l'on doit dire *grue à point d'appui*. Mais comme les principaux points d'appui qu'on considere dans cette machine, & qui la distinguent d'un treuil ordinaire, sont construits de la même maniere que les cliquets qu'on adapte derriere les barillets des pendules à ressort, nous avons cru que ce seroit entrer davantage dans l'idée de cette machine en l'appellant *grue à cliquet*.

tient un cerceau de bois tendre, qu'on peut dilater ou refferrer par le moyen des charnieres S, R, Q, N : ce cerceau entoure l'axe du cylindre, à une très petite diftance duquel il est placé ; afin que lorfqu'on l'éleve un peu, il puiffe toucher cet axe, & occafionner un frottement propre à modérer la rapidité du mouvement, que la chûte du poids P peut occafionner. Or pour que, dans cette circonftance, les pinces F H, & G K puiffent s'élever alternativement, il y a une cheville faillante, plantée perpendiculairement au point I du levier M L, laquelle, lorfqu'on a baiffé l'extrêmité M du levier M L, éleve la pince G K, qui, étant élevée elle-même, éleve l'autre pince, lorfque le talon O de la premiere porte contre la branche de la feconde pince F H ; & alors l'axe obéit au poids, & tourne fur lui-même, jufqu'à ce qu'on l'arrête, en abaiffant davantage l'extrêmité M du levier M L, & en augmentant, par ce moyen, le frottement du cerceau fur l'axe de la machine.

§. DIV. On joint encore enfemble deux plans inclinés A B, B C [*Tab.* 9. *fig.* 8.], fur lefquels deux poids, P, Q, peuvent être en équilibre entr'eux ; dans ce cas ces poids doivent être entr'eux, comme la longueur des plans A B, B C. En effet, fuppofons que les cordes P D, & D Q, paffent fur une poulie D, & qu'elles foient difpofées parallelement aux plans A B, B C ; concevons alors que le poids P eft en équilibre avec le poids S, fufpendu perpendiculairement felon la hauteur du plan D B I : dans cette fuppofition, on aura P : S : : A B : B I. Pareillement fi le poids Q eft auffi en équilibre avec le poids S, on aura Q : S : : B C : B I ; & par conféquent P : S : : A B : B I ; S : Q : : B I : B C ; donc P : Q : : A B : B C.

Si les deux plans A B, & B C font unis entr'eux au point B, & que le poids P = Q ; alors la même puiffance ne pourra pas faire équilibre à ces deux poids : s'ils font placés chacun fur un des plans A B, & B C, il faudra néceffairement que la puiffance qui aura à foutenir un de ces poids fur le plan B C, qui eft moins incliné, foit plus grande que celle qui aura à foutenir l'autre poids, égal au premier, placé fur le plan B A, plus incliné.

§. DV. Le *pont-roulant* (1) eft compofé de deux plans inclinés joints enfemble B A D C [*Tab.* 10. *fig.* 4.], garnis depuis le bas jufqu'au haut de cylindres mobiles fur leurs axes ; afin que le bateau N, qu'on veut faire monter ou defcendre, ne frotte pas fur le plan, mais fur les cylindres qui, fe mouvant aifément fur eux-mêmes, rendent le frottement beaucoup moins rude. Ces deux plans n'ont pas toujours l'un & l'autre la même inclinaifon, fouvent l'un des deux eft plus incliné que l'autre ; parceque la hauteur de l'eau, qui borde ces deux plans, n'eft pas toujours la même des deux côtés : & conféquemment le plan eft plus incliné du côté que l'eau eft plus baffe. Les ouvriers qu'on applique à cette machine font placés fur un plan folide E L, d'où ils font mouvoir les leviers G, H des roues établies fur les extrêmités de l'axe K ; à cet axe K eft attachée une chaîne, ou un cable K F, à l'extrêmité duquel eft attaché le bateau N, qu'on veut élever : le bateau, étant élevé du fond B de la foffe, jufqu'au haut A du plan incliné B A, dès que fon centre de gravité eft parvenu en A, ce bateau s'incline fur l'autre plan D C : &, par fon propre poids, il eft emporté dans l'autre foffe

(1) Belidor, Archit. Hydraul. Vol. 4. Liv. 4. pag. 42.

C. J'ai, parmi mes machines, un de ces ponts, dont chaque plan incliné est de 13 pouces de longueur, & de 3 pouces de hauteur; les leviers des roues ont 4 pouces de longueur, le demi-diametre de l'axe est $= \frac{1}{3}$ de pouce: d'où il suit que la puissance G, ou H, qui fait mouvoir les leviers, est au poids qu'elle doit élever $:: 3 \times \frac{1}{3} : 13 \times 4 :: 1 : 52$.

Si on emploie donc deux ouvriers pour faire mouvoir la machine, & que les forces qu'ils emploient $= 60$ ℔; c'est-à-dire, que la force de chaque ouvrier $= 30$, ils parviendront à faire monter de la fosse B un bateau qui pesera 3120. ℔. Ces sortes de machines sont fort communes en Hollande: elles sont construites avec de très grandes roues, afin qu'on puisse s'en servir avantageusement, pour faire monter, de fosse en fosse, sur la levée, de très gros vaisseaux.

§. DVI. Le treuil peut encore être joint avec des poulies, & former, à l'aide d'un bec fort élevé, une machine qu'on nomme *grue*.

Les *grues* sont faites de plusieurs manieres: en voici une qui est très commode dans son usage [*Tab.* 10. *fig.* 2.]. On remarque aux deux côtés de cette machine une manivelle, à laquelle on applique les puissances qui doivent la faire mouvoir; l'axe qui porte ces deux manivelles, porte aussi une petite roue dentée A, dont les dents engrainent avec celles de la grande roue C, dont l'axe est établi en D: sur cet axe s'enveloppe la corde D E F G, laquelle, suivant la direction du long bec W E de la grue, passe sur la gorge de la poulie E, & sous celle de la poulie F, & vient enfin s'attacher au crochet G: à la châsse de la poulie F, est suspendu le fardeau P, qu'on veut élever. Cette construction étant supposée, quelle force doit employer la puissance appliquée à l'extrêmité B de la manivelle, pour faire mouvoir le fardeau P? Voici la maniere de résoudre cette question. La puissance qui seroit appliquée en E, ou en D, agissant contre un poids qui est suspendu à la châsse d'une poulie mobile F, n'auroit à porter que la moitié du fardeau P; le diametre de l'axe D étant à celui de la roue C :: 1 : 20, la puissance qui agiroit contre une des dents de la roue C, ne porteroit que $\frac{1}{40}$ du fardeau. Le rayon de la manivelle B, étant à celui de la petite roue :: 2 : 1, la puissance appliquée à l'extrêmité de la manivelle doit être $= \frac{1}{2}$ A; ou, par rapport au poids P, :: 1 : 80. Cela posé, un seul homme, appliqué à cette machine, pourra élever un très grand fardeau; car s'il emploie 10 ℔ de force, il fera équilibre à une résistance $= 800$ ℔: & si on applique un homme à chaque manivelle, qui agissent l'un & l'autre avec une force $= 10$ ℔, ils soutiendront conjointement un poids de 1600 ℔.

Cette machine est construite de maniere, qu'elle peut se mouvoir circulairement sur la colomme H, H, à l'aide du levier K.

Comme on ne se sert pas de cette machine pour élever précisément des fardeaux, mais encore pour les faire descendre, voici un autre appareil qu'on joint à cette machine, & dont on peut voir une légere esquisse N L M dans la figure 2; mais qu'on pourra mieux distinguer par la figure 3, où chaque piece est dessinée en grand.

N O *a* [*Tab.* 10. *fig.* 3.], est un levier mobile, qui se meut sur son axe O, à l'extrêmité N de ce levier est attachée une corde N L M, qui passe sur la gorge de la poulie L. Le levier, dont nous venons de parler, porte une

cheville Q, difpofée horifontalement, & qui excede l'épaiffeur du levier :
lorfque le fardeau M, appliqué à l'extrêmité de la corde, tire cette corde
par fon poids, il éleve alors l'extrêmité N du levier, & abaiffe par conféquent l'autre extrêmité *a* du même levier ; cette extrêmité *a* ne peut être
abaiffée que le démi-cercle de fer β V, qui eft joint à ce levier, ne foit auffi
abaiffé. Le poteau T, fur lequel ce demi cercle eft attaché d'une part, eft
fixé folidement fur le pied de la grue ; or, dans le même tems que l'extrêmité *a* du levier eft abaiffée, ainfi que le demi-cercle β V ; dans le même
tems la cheville Q, qui fe meut librement dans la rainure R, éleve le levier
R X, dont le centre du mouvement eft fur une piece de fer S : ce levier ne
peut être élevé, qu'il n'éleve lui-même le cliquet Y ; & conféquemment
qu'il ne dégage le rochet ; c'eft-à-dire, qu'il ne leve l'obftacle qui s'oppofoit
au mouvement de la roue à crochet Z. Cette roue eft adaptée fur le même arbre que la petite roue A, & elle fert à empêcher que le poids P ne
defcende précipitamment, lorfque la puiffance, appliquée aux extrêmités
des manivelles, ceffe d'agir, & abandonne, par ce moyen, la machine à
elle-même. Sur le même axe, dont nous venons de parler, qui porte la
roue à crochet, & la petite roue A, eft adaptée, poftérieurement à ces
deux roues, une troifieme roue δ, faite de bois tendre, fur laquelle porte le
demi-cercle β V ; lorfqu'on l'abaiffe, & que le rochet eft lâché, ce demi-cercle de fer, portant alors fur une roue de bois tendre, occafionne un frottement qui rallentit le mouvement des roues, & conféquemment celui du
poids M : or comme ce frottement peut être augmenté ou diminué à difcrétion, fuivant qu'on abaiffera plus ou moins le demi cercle β V, en tirant
plus ou moins la corde, le poids defcendra plus ou moins lentement, ou
même pourra demeurer fufpendu, lorfqu'on le jugera à propos. On doit
l'invention de cette machine à un célebre Artifte nommé *Padmore* ; & c'eft
l'ingénieux *Defaguilliers* (1) qui nous en a donné le premier une defcription
très exacte.

§. DVII. Nous devons encore aux foins du célebre Phyficien, dont nous
venons de parler, la defcription d'un mouton, au moyen duquel on peut,
par le fecours de trois chevaux, enfoncer des pieux trés aifément en terre
[*Tab.* 11. *fig.* 1. 2.]. Mais je décrirai ici avec foin cette machine, telle
qu'elle a été perfectionnée, & plus étendue dans fes ufages par *Jacq. Kley*,
célebre Artifte de Rotterdam.

A l'aide de la machine Angloife, on ne peut que frapper les pieux qui fe
trouvent fitués perpendiculairement fous la tête du mouton ; & il arrive
fouvent qu'on a à enfoncer des pieux qui fe préfentent obliquement, & qui
font éloignés, par leur pofition à quelque diftance de la machine : or celle
que je décris ici renferme ces deux avantages ; parceque les deux poutres
A B, A B, qui dirigent le mouton dans fa chûte, peuvent fe difpofer perpendiculairement, ou obliquement, en tant qu'elles font mobiles autour du
centre C, & qu'on peut les éloigner à difcrétion de la ligne verticale & de
la machine, à l'aide du levier G, qui s'engage entre les dents de la roue
dentée E. Les dents de cette roue font arrêtées, & conféquemment le mou-

- - -

(1) Courfe of Experimental. Philofoph. Vol. 1.

vement de la roue, par le cliquet K : cette roue est fixée sur un axe qui porte un pignon H, appliqué au centre de cette roue : les aîles de ce pignon s'engrainent avec les dents de la crémaillere F, qui est jointe avec la partie inférieure de la machine, que nous avons fait dessiner à part [*Tab.* 11. *fig.* 2.]; parcequ'elle n'auroit pu être représentée commodément avec l'ensemble de la machine. Je n'entrerai pas dans un plus long détail sur la description de cette machine; un habile ouvrier sera en état de la copier d'après le dessein que nous en avons donné : nous ferons seulement remarquer ici qu'elle ne peut être employée que dans un endroit où on pourroit disposer d'un grand terrein pour la placer.

§. DVIII. Afin de joindre l'agréable à l'utile, nous allons décrire une petite statue, imaginée depuis peu dans la Chine, qui exécute tous les tours d'équilibre que nous voyons faire aux sauteurs, en s'élançant successivement sur tous les degrés d'un gradin, depuis le plus élevé jusqu'à celui qui est le plus bas. Nous avons décrit [*Tab.* 11. *fig.* 3.] une partie des attitudes dont elle est susceptible. *Jean Snellen*, un des plus honorables citoyens de Rotterdam, homme ingénieux, & d'une belle imagination, devina la construction de cette figure, sans en avoir vu les parties intérieures, & en a construit une semblable, beaucoup plus parfaite; c'est à sa complaisance que je suis redevable de la description que je vais donner de cette petite figure magique.

La premiere figure représente cette statue appuyée sur deux piquets, comme sur un siege, & qui est en repos, dans l'attitude que la figure indique : la seconde figure représente le profil de son corps [*Tab.* 11*. *fig.* 2.] : A B est une petite solive, selon la longueur de laquelle sont percés deux trous D, C, qui reçoivent les axes de ses bras & de ses cuisses : K est une cheville saillante, qui empêche que les cuisses de cette figure ne tournent au-delà de ce qui convient.

On voit en E [*Tab.* 11*. *fig.* 2.] l'origine d'un canal oblique, par lequel coule le mercure, dont on a rempli en partie la cavité M N B G; mais en suffisante quantité pour qu'il puisse remplir la cavité F du col, & celle de la tête de la figure : en I sont placés deux petits crochets, par lesquels on fait passer un fil; en H est un petit morceau de bois saillant, qui est percé en cet endroit.

La figure troisieme représente le dos de la statue, qui comprend la petite solive A B, que traversent les canaux C C, D D, au travers desquels roulent les axes des bras & des cuisses. Les autres lettres I, I, & K, K, désignent les petites éminences que nous avons décrites figures 2. La figure 4 représente le bras & la main de la statue : la figure 5 représente aussi la même chose, avec cette différence, qu'on distingue mieux dans celle-ci l'axe D D, qui passe par le canal représenté dans la figure 3, & qui est désigné par la lettre D dans la figure 2. Dans la figure 5, la lettre L représente une poulie, sur la gorge de laquelle passe le fil, que reçoivent les petits crochets I, I, figure 3, & qui passe encore par le trou H, figure 2; & qui est enfin fixé dans le trou D, qu'on remarque dans la figure 8 : c'est à l'aide de ce fil que les bras de la statue sont portés en arriere, lorsque le corps de cette même ſtatue s'incline de ce côté. La figure 6 repréſente la main, & la 7e déſigne la cuiſſe, dans laquelle eſt fichée le piquet A, ſur lequel la ſtatue eſt appuyée : par le trou B, paſſe un axe, déſigné par la lettre E dans la figure 8, & qui eſt fixe aux deux points B B ; par le trou C de la figure 7 paſſe auſſi un autre axe, autour duquel les cuiſſes font leurs révolutions : cet axe eſt déſigné par les lettres C, C de la figure 8, dans laquelle il paroît uni avec les deux traverſes A, A. Cette figure 8 repréſente les cuiſſes & leurs dépendances. La figure 9 repréſente le pied. La figure 10 comprend deux lignes, l'une X, qui déſigne la largeur qu'il faut donner aux degrés du gradin, ſur lequel la ſtatue doit ſe mouvoir : & la ligne Z indique quelle hauteur chaque degré doit avoir.

La tête, le col, & la poitrine, comprennent la cavité F, figure 2, qui communique, par le moyen du trou oblique E, avec la cavité M N B G ; à la partie antérieure de la cavité de la poitrine eſt un entonnoir, large & ſolidement maſtiqué à cet endroit : entre cet entonnoir & le dos de la ſtatue, eſt un conduit qui ſe rend dans ſon col & dans ſa tête. On met une quantité déterminée de mercure dans la cavité inférieure, que nous avons décrite figure 2 ; ce mercure coule de cette cavité dans le dos, du dos dans le col & dans la tête, de là dans l'entonnoir : d'où il coule enfin dans la premiere cavité, dans laquelle on l'avoit mis ; & c'eſt l'écoulement de ce mercure qui eſt la cauſe de tous les mouvemens que cette ſtatue exécute. En effet, lorſque la ſtatue eſt établie ſur les deux piquets dont nous avons parlé, le centre de gravité de toute cette machine tombe au-delà de l'appui des piquets ; alors le dos de la ſtatue commence à ſe fléchir en arriere : à proportion que le dos de la ſtatue ſe porte en arriere, le mercure coule de la cavité M N B G dans le dos de la figure ; ce qui fait que le centre de gravité continue à deſcendre en arriere. Ce mouvement en occaſionne un pareil dans les bras de cette ſtatue ; & ils ſe portent pareillement en arriere : le centre de gravité s'éloigne encore de plus en plus ; alors le mercure paſſe du dos dans la capacité de la poitrine, & les pieds de la ſtatue s'élevent de bas en-haut. De la poitrine, le mercure coule dans la tête ; alors cette partie acheve de ſe porter en arriere, & la ſtatue s'appuie ſur ſes mains, entre leſquelles la tête ſe trouve placée : le centre de gravité, changeant encore de place, les pieds retombent en ſens contraire ; & le dos, venant à ſe courber, le mercure retombe de la tête dans l'entonnoir, de l'entonnoir il paſſe dans le canal E, d'où il va remplir inſenſiblement la cavité E M N B G : laquelle, étant remplie, la ſtatue ſe redreſſe ſur le ſecond degré. Dans cette ſituation, elle recommence de nouveau les mêmes mouvemens ; & ainſi de ſuite de degrés en degrés. Tous ces mouvemens s'exécutent lentement & ſucceſſivement ; parcequ'étant produits par l'écoulement du mercure, il faut un tems d'une certaine durée, pour qu'il puiſſe paſſer par toutes les routes que nous venons d'indiquer.

§. DIX. Ceux qui ſe ſont ſur-tout attachés à traiter géométriquement la Méchanique, ſont les célebres Mathématiciens *Outghrede* (1), *Wallis* (2),

---

(1) Opuſcula Mathematica. (2) Mechanica ſivè de motu.

de

de la Hire (1), *Varignon* (2) , *s'Gravefande* (3) , *Defaguilliers* (4).
Des fept machines fimples dont nous avons donné la defcription & l'ufage, on peut former un nombre infini de différentes machines compofées, propres à différens ufages : il ne s'agit que de les combiner de différentes manieres, en plus grand ou en plus petit nombre; ou même de réunir enfemble toutes les machines fimples, felon qu'on les juge propres au fervice qu'on en veut tirer. Ceux qui voudront connoître parfaitement la ftructure & la difpofition des moulins à vent, ou à eau, la fituation, la direction, & le mouvement de leurs aîles, & de leurs vannes, pourront confulter fur cela le célebre *Martin* (5). Nous avons encore actuellement de très célebres Mathématiciens, qui continuent à donner tous leurs foins à ces fortes de machines; favoir, *Lulofs*, *Martin*, *Euler* : ceux qui fouhaitent voir une riche collection de machines, doivent confulter les Ouvrages de *Beiffonius* (6), *Ramelli* (7), *Bockler* (8), *Jean Brancan* (9), *Victor Zonca* (10), *Perrault* (11) ; mais fur tout *Leupolde* (12), *Belidor* (13) : ainfi que les Mémoires de l'Académie des Sciences de Paris (14). Ces Auteurs, judicieux & exacts, ont recueilli les meilleures machines, les ont fait graver, & les ont décrites en grande partie.

(1) Traité de Méchanique.
(2) Nouvelle Méchanique ou Statique.
(3) Elementa Phyficæ, v I.
(4) Courfe of experim. Philofoph.
(5) Philofophia Britannica, Vol. I à pag. 144. ad pag. 155.
(6) Theatrum Machinarum.
(7) Le diverfe & artificiofe Machine.
(8) Theatrum Machin. novum.
(9) Le Machine volume nuovo & di molto artificio.

(10) Nuovo Theatro di machine & edificii.

(11) Recueil de diverfes machines.

(12) Theatrum Machinarum, Pontificiale, Staticum, Hydraulicum, Hydrotechnicum.

(13) Architecture hydraulique, 4 vol.

(14) Machines & inventions approuvées par l'Académie Royale.

CHAPITRE IX.

Du frottement des Machines.

§. DX. **O**n ne pourroit point, à l'aide des machines que nous venons de décrire, faire mouvoir les fardeaux dont nous avons parlé; si on se contentoit d'appliquer à ces machines les puissances que nous avons indiquées, parceque nous n'avons eu intention, dans ce Chapitre, que de déterminer l'état d'équilibre entre la puissance & la résistance. Mais il faut encore observer ici que, lors même qu'on emploieroit une puissance un peu supérieure à celle qui peut tenir la résistance en équilibre, on ne parviendroit pas encore à mettre la machine en mouvement; parceque les corps qui se meuvent les uns sur les autres, éprouvent des frottemens : c'est pourquoi il faut que la puissance qui doit élever un fardeau, à l'aide d'une machine quelconque, soit de beaucoup supérieure à la résistance que ce fardeau lui doit faire éprouver; parceque, outre qu'elle doit faire mouvoir la machine chargée de ce fardeau, elle doit encore vaincre le frottement des parties de la machine.

§. DXI. Le frottement naît de l'aspérité des surfaces, qui sont remplies de petites monticules, & de petites cavités. Lorsque deux surfaces sont appliquées l'une sur l'autre, les petites éminences de chacune de ces surfaces s'engagent dans les cavités correspondantes de l'autre; & il résulte de là un obstacle qui s'oppose, jusqu'à un certain point, à ce qu'une de ces surfaces puisse glisser sur l'autre, ou à ce qu'elles puissent toutes deux glisser l'une sur l'autre.

§. DXII. On ne peut absolument détruire l'aspérité des surfaces; &, quelque soin qu'on y apporte, il n'est pas possible de se procurer une surface d'une certaine grandeur, qui soit absolument plane, polie & homogene dans toute son étendue; parceque tous les corps sont poreux : or un pore forme une cavité. Outre cela on ne trouve gueres de corps qui soient homogenes dans toute l'étendue de leur solidité; c'est pourquoi toute surface est nécessairement inégale, raboteuse, hérissée de petites monticules séparées les unes des autres par de petites fosses, & de petits enfoncemens : de-là dès qu'on pose un corps sur un autre corps, les parties saillantes de l'un s'engagent dans les cavités de l'autre; de même que si vous posiez les dents de la scie A [*Tab.* 10. *fig.* 5.] entre celles de la scie B : de-là, si vous vouliez faire mouvoir ces deux corps, dont les parties sont engrainées mutuellement les unes entre les autres, il faudroit, de toute nécessité, soulever le corps A, afin de le dégager d'entre les parties du corps B; sinon, il faudroit plier ou briser les parties saillantes de ces deux corps : or pour produire l'un de ces trois effets, il faut nécessairement employer une force quelconque; c'est-à-dire, pour vaincre le frottement qu'éprouve le corps qu'on veut mouvoir.

§. DXIII. Plusieurs Savans ont enfanté l'utile projet de perfectionner la Méchanique; savoir, *Amontons* (1), *Leibnitz* (2), *Sturmius* (3), *Ca-*

---

(1) Hist. de l'Acad. Roy. ann. 1699 & 1703.   (2) Miscella. Berolin. Vol. I. p. 307.
(3) Miscella. Berolin. Vol. I. pag. 294.

mus (1), *Defaguilliers* (2), *Bulfinger* (3), *Parent* (4), *Belidor* (5), *Rowe* (6), *Nollet* (7), *Martin* (8). Plufieurs autres encore ont voulu, d'après un grand nombre d'expériences, établir des regles générales pour déterminer la grandeur des frottemens entre les corps qui fe meuvent fur d'autres corps avec une vîteffe donnée, ayant pareillement une maffe & une furface déterminée : mais, n'en déplaife à de fi habiles gens, je ne puis m'empêcher de dire, que tous les foins qu'ils ont pris, toutes les recherches qu'ils ont faites, & toutes les expériences qu'ils ont imaginées, ont été en pure perte. Et, quelque foin que j'aie pris, je n'ai jamais pu déduire de regles générales, foit d'après les expériences, foit d'après les raifonnemens les mieux fondés.

Cette difficulté d'établir fur cette matiere des regles générales, vient de ce que le frottement dépend néceffairement du degré de poli qu'on donne aux furfaces frottantes ; mais il n'eft pas poffible de déterminer jufqu'à quel degré de poli les furfaces font portées : car, quand bien même on diroit que les furfaces fur lefquelles on a fait des expériences, étoient polies ; quand on diroit même qu'elles étoient très polies, ne fait-on pas que la ftructure de leurs parties eft bien différente dans les unes & dans les autres, & que leurs afpérités, leurs éminences, leurs pores, leurs cavités, different en figure, en grandeur, en rigidité, en élafticité, en molleffe, en fermeté, &c : différences qui viennent, tant de la nature du terrein, qui a fait croître les végétaux dont on fe fert, de leur degré d'antiquité, de leur féchereffe, de leur humidité, de la cohéfion de leurs parties, que du mêlange & de la conformation des autres corps, &c.

Il faut donc néceffairement, fi l'on pofe des corps les uns fur les autres, que leurs parties s'engagent bien différemment les unes & les autres ; que les unes foient plus profondément engagées, les autres moins profondément : & que les réfiftances que toutes ces parties faillantes, qui font enfoncées dans les cavités refpectives de l'autre furface, que les réfiftances, dis-je, que ces parties oppofent à la force qui tend à les plier, ou à les brifer, foient, bien différentes dans les unes & dans les autres. Or ne doit-il pas néceffairement réfulter de tout cela, que le frottement fera bien différent, lorfqu'on appliquera les uns fur les autres des corps de différente efpece, quoiqu'on les faffe frotter par des furfaces égales, & que ces furfaces, mues avec la même vîteffe, foient chargées d'un même poids ? On en fera convaincu par la Table fuivante, où je donne les réfultats que j'ai trouvés en faifant gliffer, parallelement à l'horifon, fur différentes furfaces en repos, une même planchette chargée de différens poids. J'ai obfervé que le mouvement fe fit felon la direction des fibres du bois. La premiere colonne indique le poids que la planchette portoit contre la furface fur laquelle elle gliffoit ; & les autres colonnes indiquent les poids qu'il a fallu employer pour faire mouvoir la planchette : poids qui indiquent par conféquent la

---

(1) Traité des forces mouvantes. (2) Courfe of Experim. Philof. Vol. 1. (3) Commentar. Petropol. Tom. 2. (4) Hift. de l'Acad. Roy. ann. 1700 & 1704. (5) Architecture hydraul. Liv. 1. chap. 2. (6) All forts of Wcheel Carriage. (7) Leç. Phyfiq. Exper. Tom. 1. (8) Martin, Philofoph. Britannic. Lect. 3. p. 121.

DU FROTTEMENT

valeur des frottemens. Ces expériences ont été faites avec tout le soin imaginable. J'ai pris pour cela des planches, dont les surfaces étoient sans défaut, & bien polies, & j'ai eu le soin, outre cela, d'essuyer à chaque fois
les surfaces, afin d'emporter les petites parties qui pouvoient se détacher de
ces surfaces dans l'opération.

TABLE.

Une planchette de bois de sapin, large d'un pouce, longue de 13 pouces, muë sur une planche de sapin. Cette planchette étoit chargée des poids suivans.		La même planchette muë sur une planche de buis, & chargée des mêmes poids que ci-devant.	Une planchette de bois de chêne, 1 pouce de largeur, 13 pouces de longueur, chargée des mêmes poids que précédemment.	La même, sur une planche de buis, chargée des mêmes poids.
Poids.		Frottemens.	Frottemens.	Frottemens.	Frottemens.
livres.	onces.	onces. dragm.	onces. dragm.	onces. dragm.	onces. dragm.

Poids (livres)	Poids (onces)	Frottemens (onces)	Frottemens (dragm.)	Frottemens (onces)	Frottemens (dragm.)	Frottemens (onces)	Frottemens (dragm.)	Frottemens (onces)	Frottemens (dragm.)
	4		8		6		6		6
	6		11		8		8		8
	8		15		9		10		10
	10		17		11		12		11
	12		22		13		15		12
	14		25		16		17		14
	16		28		20		21		16
	18		31		23		25		18
3		8	6	6	4	11	0	5	0
4		12	6	9	4	14	0	7	0
5		13	4	12	0	15	0	9	0
6		16	4	12	4	17	0	10	0
7		20	0	14	0	20	0	13	0
8		24	0	16	0	23	0	15	0
10		26	0	20	0	29	0	19	0

§. DXIV. Si on fait attention aux expériences dans lesquelles la planchette de fapin glisse fur une planche de même bois, on verra que, dans les 8 premieres, la puissance, qui suffit à peine pour vaincre la réfistance qui vient du frottement, est au poids que le corps frottant porte fur celui fur lequel il glisse, comme 1 : 4, ou à peu de chofes près. On verra enfuite que, lorfque le poids augmente, le frottement augmente, à la vérité, aussi; mais qu'il ne conferve plus le même rapport avec le poids, & qu'il est avec lui dans un plus petit rapport : puifqu'il est dans le rapport de 1 : 4 $\frac{1}{7}$.

Dans les 7 dernieres expériences le frottement est plus irrégulier; fon rapport au poids du corps frottant est : : 1 : 5; & même il devient : : 1 : 6; & par conféquent on ne trouve pas un rapport conftant entre le frottement & le poids.

Si on fait attention aux expériences dans lefquelles la même planchette de fapin glisse fur du buis, on trouvera que, dans les 8 premieres expériences, le frottement est au poids : : 1 : 5, dans le commencement; mais que, lorfque le poids augmente, il devient : : 1 : 6, & même : : 1 : 7; & même, dans les dernieres expériences, où le poids est encore augmenté, il est : : 1 : 8.

Si on cónfidere les expériences dans lefquelles on fait mouvoir une planchette de chêne fur du chêne, on verra aussi tôt que, lorfque la planchette ne porte pas un grand poids, elle fe meut plus aifément qu'une planchette de fapin ne fe meut fur une planche de même bois; mais que le poids, étant augmenté, le frottement devient aussi rude que lorfqu'il fe fait entre deux planches de fapin, & qu'il devient même plus grand; ce qui vient de la profondeur des fillons qui fe trouvent entre les fibres de ce bois.

Le frottement du chêne fur le buis est plus petit que celui du fapin fur le buis; car à peine fe trouve-t-il, en le comparant au poids, dans le rapport de 1 : 8.

Les expériences d'*Amontons* ne donnent aucun réfultat qui convienne avec ceux que nous avons trouvés; car cet habile Philofophe avoit affuré que le frottement d'un corps fur un autre étoit toujours, par rapport au poids du corps frottant, : : 1 : 3.

On ne peut trop répéter de telles expériences. Les plus utiles qu'on pourroit faire, feroient celles qu'on feroit avec des bois qui font d'un plus grand ufage dans les Arts, tels que ceux dont on fait les axes des machines, les dents des roues, & toutes autres parties qui doivent fe mouvoir fur d'autres, ou fur lefquelles d'autres doivent fe mouvoir, ou tourner.

§. DXV. Comme il arrive aussi dans l'ufage, que des bois fe meuvent les uns fur les autres en fens contraire de la direction de leurs fibres; j'ai aussi tenté des expériences relatives à cet objet : j'ai difpofé des planches de fapin & de chêne, parallelement à l'horifon, & j'ai fait glisser fur ces planches des planchettes de fapin & de chêne, qui avoient les mêmes dimenfions que les précédentes; je les ai fait glisser de maniere que la direction des fibres de la planchette, & de celles de la planche, fe coupoient à angle droit, & les réfultats ont été extrêmement différens des précédens.

TABLE.

Une planchette de bois de sapin glissant sur une planche de sapin.				Une planchette de bois de chêne sur une planche de sapin.				Une planchette de bois de chêne sur une planche de chêne.			
Poids.		Frottement		Poids.		Frottement.		Poids.		Frottement.	
liv.	onces.	onc.	drag.	liv.	onces.	onc.	drag.	liv.	onces.	onc.	drag.
	2	1	0		2	0	7 $\frac{1}{2}$		2	0	4
	4	1	4		6	2	0		4	0	7 $\frac{1}{2}$
	6	2	5		8	3	0		6	1	4
	8	4	2		10	4	4		8	1	6
	10	5	6		12	5	4		10	2	0
	12	6	4		14	6	4		12	2	0
	14	7	4		16	7	4		14	2	4
	16	9	4	2		13	4		16	2	6
	18	10	0	3		20	0		18	3	4
2		16	0	4		22	0	2		6	0
3		25	0	5		28	0	3		8	0
4		31	0	6		32	0	4		10	4
5		34	0					5		14	0
6		42	0					6		18	0
7		50	0								

J'ai examiné encore, outre cela, le frottement qu'éprouvoient, pour se mouvoir l'un sur l'autre, deux morceaux de bois de chêne, qui se touchoient selon leurs fibres longitudinales, opposés bout à-bout perpendiculairement à l'horison ; c'est-à-dire, je fais frotter l'une sur l'autre les deux parties qui naissent de la section d'un soliveau de bois de chêne, en opposant bout-à-bout les deux surfaces que la scie a séparées, & qui la touchoient pendant

l'opération : ce bois étoit très sain, ses fibres étoient fort petites, & sans
nœuds. Or, après avoir dressé & poli ces surfaces, j'ai fait glisser un de
ces morceaux de bois sur l'autre, celui qui glissoit pesoit 7 onces 6 dragmes,
sans être chargé d'aucun autre poids que du sien propre : 2 onces ont suffi
pour le faire mouvoir ; mais, en le chargeant ensuite, le frottement est devenu plus grand, & il a fallu ajoûter un nouveau poids aux deux onces précédentes. La Table suivante indique les poids dont j'ai chargé ce corps, &
en même-tems ceux que j'ai été obligé d'ajoûter aux deux onces pour compenser l'augmentation du frottement.

TABLE.

Poids.	Frottemens.		Poids.	Frottemens.	
onces.	onces.	dragmes.	livres.	onces.	dragmes.
2	0 .	1 $\frac{1}{2}$	2	5 .	0
4	0 .	4 $\frac{1}{2}$	3	7 .	6
6	0 .	6 $\frac{1}{2}$	4	14 .	0
8	1 .	1	5	16 .	0
10	1 .	3	6	21 .	0
12	1 .	6	8	23 .	0
14	2 .	2			
16	2 .	4			
18	2 .	7			

§. DXVI. On pourroit encore considérer le frottement de deux morceaux de bois, qui se mouveroient tous les deux l'un sur l'autre contre la
direction de leurs fibres ; on pourroit aussi observer le frottement qui naîtroit s'ils se mouvoient circulairement l'un sur l'autre : on pourroit encore
dresser des Tables du frottement, qui proviendroit du mouvement des corps
qui glisseroient les uns sur les autres, selon différens degrés d'obliquité, &
on trouveroit des résultats bien différens les uns des autres. Nous nous con-
tentons d'indiquer ici ce qu'on pourroit encore faire pour perfectionner nos
connoissances sur le frottement ; ce que nous ne pouvons faire nous-mêmes,
dans la crainte de tomber dans la prolixité.

§. DXVII. A l'égard du frottement des métaux, je n'ai point fait d'autres obſervations que celles que j'ai déja faites par le moyen du tribometre; cet inſtrument eſt compoſé d'un axe d'acier trempé D D [*Tab.* 10. *fig. 6. 7.*], dont le diametre $= \frac{1}{4}$ de pouce rhenan : le diametre des parties C C $= \frac{1}{2}$ pouce. On donne à cet axe deux diametres différens , afin de rendre cet inſtrument propre à faire différentes expériences , & afin d'éprouver lequel des deux eſt le plus mobile , ou d'un plus gros axe , ou d'un axe plus petit ; cet axe paſſe à travers un cylindre de bois A B , dont le diametre $= 4$ pouces. tout cet appareil peſe 3 ℔. Cet axe eſt extrêmement poli , & roule dans des couſſinets de différens métaux , qui ſont ſemi-circulaires , très polis , & travaillés avec tout le ſoin paſſible. Or les Tables que nous donnons ci-deſ-ſous nous indiquent les poids dont il faut charger le baſſin R , qui pend à l'extrêmité d'un cordon , lequel eſt enveloppé ſur le cylindre B A , pour faire tourner ce cylindre , ſoit qu'il ne porte que ſon propre poids ſur les couſſinets ſur leſquels il roule, ſoit qu'il ſoit lui-même chargé de poids étrangers P , Q. Ces Tables nous indiquent encore le rapport qu'il y a entre les poids du cylindre & le frottement qu'il éprouve pour rouler ſur ſon axe. Nous nous ſervirons de cette expreſſion , F : P , pour indiquer ce rap-port.

TABLES.

Le plus petit diametre de l'axe roul. dans des couffinets de bois de gayac, & à fec.	Poids dont le baffin R étoit chargé.		L'axe du cylindre enduit d'huile d'olives, & le baffin R chargé.	
	Dragmes.	F : P.	Dragmes.	F : P.
Le cylindre non chargé ..	10	1 .. 2 $\frac{2}{5}$	6	1 .. 4
Le cylindre étant chargé de chaque côté de ℔ 1 ..	12	1 .. 3 $\frac{1}{3}$	10	1 .. 4
℔ 2 ..	14	1 .. 4	14	1 .. 4
℔ 3 ..	20	1 .. 3 $\frac{3}{5}$	21	1 .. 3 $\frac{9}{20}$

Le plus petit diam. de l'axe roul. dans des couffin d'acier tremp. & à fec.	Poids dont le baffin R étoit chargé.		L'axe du cylindre enduit d'huile d'olives, & le baffin R chargé.	
	Dragmes.	F : P.	Dragmes.	F : P.
Le cylindre non chargé ..	6	1 .. 4	4	1 .. 6
Le cylindre étant chargé de chaque côté de ℔ 1 ..	11	1 .. 3 $\frac{7}{11}$	10	1 .. 4
℔ 2 ..	17	1 .. 3 $\frac{1}{17}$	14	1 .. 4
℔ 3 ..	21	1 .. 3 $\frac{9}{20}$	17	1 .. 4 $\frac{4}{17}$

Le plus petit diam. de l'axe roul. dans des couff. de cuiv. roug. & à fec.	Poids dont le baffin R étoit chargé.		L'axe du cylindre enduit d'huile d'olives, & le baffin R chargé.	
	Dragmes.	F : P.	Dragmes.	F : P.
Le cylindre non chargé ..	4	1 .. 6	3	1 .. 8
Etant chargé de chaque côté de ℔ 1 ..	8	1 .. 5	7	1 .. 5 $\frac{5}{7}$
℔ 2 ..	12	1 .. 4 $\frac{2}{3}$	10	1 .. 5 $\frac{3}{5}$
℔ 3 ..	15	1 .. 4 $\frac{11}{17}$	13	1 .. 5 $\frac{7}{12}$

Le plus-petit diam. de l'axe roulant dans des couss. d'étain, & à sec.	Le bassin R chargé de		L'axe étant enduit d'huile d'olives, & le bassin R chargé.	
	Dragmes.	F : P.	Dragmes.	F : P.
Le cylindre non chargé ..	6	I .. 4	5	I .. 4 $\frac{4}{5}$
Etant chargé de chaque côté de ℔ 1 ..	11	I .. 3 $\frac{7}{11}$	9	I .. 4 $\frac{4}{9}$
℔ 2 ..	18	I .. 3 $\frac{1}{9}$	14	I .. 4
℔ 3 ..	22	I .. 3 $\frac{1}{16}$	18	I .. 4

Le même roulant dans des coussin. de plomb, & à sec.	Le bassin R chargé de		L'axe étant enduit d'huile d'olives, & le bassin R chargé.	
	Dragmes.	F : P.	Dragmes.	F : P.
Le cylindre non chargé ..	4	I .. 6	3	I .. 8
Le cylindre étant chargé des deux côtés de ℔ 1 ..	7	I .. 5 $\frac{2}{7}$	6	I .. 6 $\frac{2}{3}$
℔ 2 ..	8	I .. 7	8	I .. 7
℔ 3 ..	10	I .. 7 $\frac{1}{5}$	10	I .. 7 $\frac{1}{5}$

Le même roulant dans des couss. de similor, & à sec.	Le bassin R chargé de		L'axe étant enduit d'huile d'olives, & le bassin R chargé.	
	Dragmes.	F : P.	Dragmes.	F : P.
Le cylindre non chargé ..	4	I .. 6	3	I .. 8
Le cylindre étant chargé des deux côtés de ℔ 1 ..	6	I .. 6 $\frac{2}{3}$	5 $\frac{1}{2}$ ..	I .. 7
℔ 2 ..	8	I .. 7	7 $\frac{1}{2}$ ..	I .. 7 $\frac{7}{15}$
℔ 3 ..	10	I .. 7 $\frac{1}{10}$	9 $\frac{1}{2}$ ..	I .. 8 $\frac{1}{19}$

§. DXVIII. Pour l'intelligence de ces expériences , il faut observer que le poids R représente la puissance qui met le cylindre en mouvement , & que ce poids , étant suspendu à l'extrêmité d'un cordon , qui entoure le cylindre A B , dont le diametre est 16 fois plus grand que celui de l'axe , on doit considérer la puissance R comme agissante par un levier 16 fois plus long que celui par lequel la résistance agit ; & par conséquent il faut multiplier le poids R par 16 , pour avoir sa valeur relative à celle de la résistance : ainsi ce même produit , qui indiquera l'effort de la puissance , indiquera en même-tems la valeur du frottement ; & , si on divise ce produit par la somme des poids P + Q + A B , qui expriment la valeur du poids à mouvoir , on aura le rapport du frottement à ce poids.

§. DXIX. Il paroît , par ces expériences , que le moindre frottement que l'acier éprouve , est celui qui résulte de son mouvement sur le similor ; qu'il augmente de plus en plus lorsqu'il se meut sur du plomb , sur du cuivre rouge , sur du bois de gayac , sur de l'acier , sur de l'étain. Le bois de gayac se meut aisément , ou tourne aisément dans du fer ; on doit dire la même chose du fer , par rapport à ce même bois : & il n'est pas nécessaire d'enduire souvent d'huile les surfaces frottantes , lors même que ces surfaces ne sont point enduites d'huile , ou de toute autre matiere propre à les lubrifier ; leur mouvement n'en est pas moins aisé pour cela , pendant quelque tems : ces surfaces ne s'usent pas considérablement , quoique leur mouvement soit très rapide.

§. DXX. Il paroit encore , par ces expériences , que , quoique les surfaces frottantes demeurent les mêmes , néanmoins le frottement augmente lorsqu'elles sont plus chargées ; parceque , dans ce cas , les parties saillantes qui s'engagent dans les cavités correspondantes , sont engagées plus profondément , & par conséquent , lorsqu'il s'agit de faire mouvoir ces surfaces , il faut plier davantage les parties qui sont engagées , ou les rompre plus près de leurs bases ; & elles résistent davantage à l'un & à l'autre de ces deux effets.

2°. Ces expériences font voir aussi que , quoique les poids , dont les surfaces frottantes sont chargées , augmentent leur frottement , la grandeur du frottement ne suit pas la raison directe de l'augmentation des poids.

3°. Ces expériences nous font encore voir clairement qu'on ne peut point établir de regles générales sur le frottement ; que toutes les regles qu'on peut donner sur cette matiere sont singulieres , & qu'elles ne peuvent être déduites que des expériences qu'on fait sur différens corps : & que les résultats qu'on observe alors , ne peuvent contribuer qu'à déterminer le frottement des corps qu'on observe. En effet , le frottement de l'acier , qui se meut sur une surface de similor ointe d'huile , est quelquefois = $\frac{1}{7}$ du poids du corps frottant ; tandis que le frottement du même corps , sur une surface d'étain , va quelquefois jusqu'à $\frac{1}{4}$ du poids , &c.

4°. Deux métaux homogenes , ou deux morceaux de bois de même espece , se meuvent souvent plus difficilement l'un sur l'autre , & éprouvent un plus grand frottement que des métaux hétérogenes , ou des bois de différentes especes ; vérité incontestable , que tous les Méchaniciens ont établie , d'après une longue & constante expérience. La raison de ce phénomene se

préfente naturellement à l'efprit: lorfqu'on fait mouvoir, les uns fur les autres, des métaux hétérogenes, ou des bois de différentes efpeces ; leurs petites éminences & leurs cavités font beaucoup moins proportionnées les unes
aux autres, que lorfqu'on fait mouvoir, les uns fur les autres, des métaux
hömogenes, ou des bois de mêmes efpeces : de-là les parties de ces premieres fubftances, ayant moins de rapport, s'engagent moins profondément, & exigent par conféquent une moindre force pour être dégagées les
unes d'entre les autres; & par conféquent leur frottement eft bien moins
rude, & elles ont plus de tendance au mouvement. On peut encore conclure des expériences que nous venons de rapporter, que celles que
M. *Amontons* avance, pour confirmer fa théorie, ont été faites avec de
mauvais inftrumens, & peu propres à décider la queftion qu'il s'étoit pro-
pofée de réfoudre ; puifque le frottement n'eft pas fi confidérable que ce célebre Académicien le prétend.

§. DXXI. Dans un corps de même poids, qui fe meut fur un autre, on
trouve que le frottement augmente ou diminue, fuivant que la furface du
corps frottant augmente ou diminue; ce que l'Abbé *Nollet* a confirmé par
expérience (1). Il arrive même que tel corps, chargé d'un poids donné, &
qui fouffre un frottement déterminé, lorfque telle partie de fa furface fe
meut fur un autre corps, éprouve un plus grand frottement lorfque toute
autre partie de fa furface fe meut fur le même corps; foit que la furface du
corps frottant foit devenue plus grande, ou même plus petite : & c'eft une
vérité confirmée par des expériences très exactes & très conftantes.

Quelques-uns ont avancé qu'une furface plus grande, ou plus petite,
n'apportoit aucun changement au frottement du mobile, pourvu qu'il fût
toujours chargé du même poids ; parceque, quoiqu'il y ait un plus grand
nombre de parties engagées les unes entre les autres, dans une plus grande
furface, elles le fonr moins profondément à proportion, & l'un compenfe
l'autre. Mais quiconque comparera la Table fuivante avec celle du (§. 513),
jugera aifément de la différence. Je ne rapporte ici que deux exemples,
que j'ai choifis parmi un très grand nombre, qui ont tous prouvé la même
chofe.

J'ai pris une planchette de fapin, large de 2 $\frac{11}{12}$ pouces, longue de 13
pouces, que j'ai chargée des mêmes poids dont j'avois chargé la planchette
de même bois, dont il a été fait mention (§. 513), & que j'ai fait mouvoir
fur les mêmes furfaces de fapin & de buis, dont je me fuis fervi dans les
expériences précédentes.

(1) Leçons de Phyf. Expérim. Tom. 1. p. 241.

TABLE.

| Sapin sur sapin. | | | | Sapin sur buis. | | | |
| La planchette étant chargée de | | Frottement. | | La planchette étant chargée de | | Frottement. | |
livres.	onces.	onces.	dragmes.	livres.	onces.	onces.	dragmes.
	6	1	6		6	1	2
	8	2	2		8	1	4
	10	2	6		10	1	7
	12	3	2		12	2	0
	14	4	0		14	2	2
	16	4	4		16	2	6
	18	5	0		18	3	0
3		12	0	3		8	4
4		16	0	4		11	4
5		23	0	5		13	0
6		40	0	6		15	0
7		41	0	7		17	0
8		43	0	8		20	0
10		43	0	10		27	0

On trouve ici plusieurs irrégularités ; car on doit remarquer que le frottement que le bois de sapin éprouve, lorsqu'il se meut sur du buis, est plus grand que celui que nous avons indiqué (§. 513), lorsque le corps frottant est chargé des plus petits poids, & qu'il est plus petit lorsque le corps frottant est chargé des plus grands poids : j'ai encore remarqué quantité de semblables irrégularités dans un grand nombre d'expériences que j'ai faites avec tout le foin poffible ; ce qui vient de la différente direction des fibres, & de la différente réfiftance qu'elles oppofent au mouvement.

§. DXXII. Lorfque les furfaces des corps font hériffées de petites éminences, qui s'engagent profondément les unes entre les autres, il n'eft pas poffible que ces corps puiffent fe mouvoir les uns fur les autres, que ces éminences ne foient brifées, ou détruites, ou émouffées : or, pour produire un de ces effets, il faut néceffairement employer une grande force ; ce qui conftate une grande réfiftance & un grand frottement. Ce font ces obfervations qui font que je ne fuis point de l'avis de ceux qui affirment que le frottement augmente comme les furfaces, & diminue à proportion que les furfaces deviennent plus petites.

§. DXXIII. Lorfque les furfaces frottantes fe meuvent avec peu de vîteffe, le frottement fuit, à peu de chofes près, la raifon de la vîteffe ; mais il n'en eft pas ainfi lorfque leurs vîteffes font très grandes : le frottement augmente au delà de la raifon des vîteffes ; & on obferve ce même phénomenes, foit que les furfaces qui fe meuvent les unes fur les autres foient feches, foit qu'elles foient enduites d'huile : cependant on l'obferve plus fpécialement lorfque les furfaces font feches ; parceque, dans ce cas, ces furfaces s'ufent plus aifément, & que les parties qui s'en détachent, tombant dans les fillons refpectifs de l'autre corps, rendent ces furfaces plus inégales & plus raboteufes. En effet, lorfque l'axe du tribometre roule fur des couffinets de cuivre rouge, qu'il eft bien arrofé d'huile, & que fa vîteffe croît comme les nombres 4, 6, 7, 8, 10, le frottement eft comme ceux-ci, 1, $1\frac{1}{2}$, 2, 3, 4. Lorfque les furfaces frottantes ne font point huilées, & que les vîteffes font comme les nombres $1\frac{1}{2}$, 3, 5, 7, 8, les frottemens font comme ceux-ci, 1, $1\frac{1}{2}$, 2, 3, 4. Lorfque la vîteffe eft très grande, ce qui arrive lorfque l'axe du tribometre fait 25 révolutions dans l'efpace de 2 m″ & 24 m‴, le frottement qui eft fuppofé $= 1$, eft au poids du corps qui fe meut, comme 16 : 95.

J'avoue cependant que, quelque foin que j'aie pris pour faire ces expériences, je ne fuis pas encore bien fatisfait fur cette matiere. Dans le tems que je les ai faites, on ne connoiffoit pas encore bien la Méchanique du mouvement ; connoiffance indifpenfablement néceffaire dans ces fortes d'expériences : outre cela on peut aifément fe tromper fur l'eftimation de l'efpace parcouru, lorfqu'un corps fe meut avec une grande vîteffe : on peut encore fe tromper fur la valeur de la puiffance motrice, qui eft, ou un reffort de pendule, ou un poids qui defcend, & qui fe meut dans une courbe tautochrone.

A l'âge où je me trouve, je ne penfe pas que mes forces me permettent de réitérer ces expériences avec tout le foin qu'elles exigent ; je ne puis qu'engager d'autres Phyficiens à mettre la main à l'œuvre, & à perfectionner cette théorie, qui eft d'un fi fréquent ufage, & fi effentielle dans la Méchanique.

§. DXXIV. Pour diminuer le frottement, on a coutume d'enduire d'huile les furfaces frottantes, les axes des machines, les dents des roues ; on les enduit quelquefois avec une efpece de boue, un dépôt qui fe fait au fond des vafes qui contiennent de l'huile : mais on enduit fur-tout les bois avec de la graiffe, de la poix liquide ; on les frotte avec du favon d'Efpagne, du favon verd, de la mine de plomb, & d'autres fubftances de cette nature, qui contribuent à lubrifier les furfaces, & à les faire gliffer plus aifé- ment les unes fur les autres. L'huile qu'on répand entre les parties métalli- ques qui fe frottent, rend leur mouvement plus aifé, fur-tout lorfque ces corps doivent fe mouvoir avec beaucoup de vîteffe les uns fur les autres; elle fait qu'il n'y a alors qu'un très petit nombre de leurs parties qui s'ufent: tandis que le contraire arrive; c'eft-à-dire, qu'un très grand nombre s'ufe, & même très promptement, lorfque les furfaces frottent à fec les unes fur les autres. Les huiles & les différentes graiffes, dont on fe fert pour enduire les furfaces frottantes, s'infinuent dans les cavités de ces furfaces, en bou- chent les pores, les fillons, & rendent, par ce moyen, ces furfaces plus unies: lorfque ces matieres fe trouvent interpofées entre les furfaces frot- tantes, elles empêchent le contact immédiat de ces furfaces, & s'oppofent à ce que leurs inégalités refpectives s'engrainent les unes entre les autres. Il faut néanmoins obferver ici, qu'il faut proportionner la qualité des huiles aux furfaces fur lefquelles on veut les appliquer; il faut fe fervir d'une huile légere pour enduire les petits axes, & d'une huile plus épaiffe pour enduire les axes d'un plus grand diametre: il faut encore avoir égard à ce que ces huiles ne foient point trop vifquéufes, qu'elles n'adherent point trop aux furfaces fur lefquelles on les applique; en un mot, qu'elles ne s'y durciffent point, & qu'elles n'y forment point une croûte, comme fait ordinairement l'huile de lin. 2°. Comme les huiles & les graiffes font compofées de par- ties globuleufes, & dont la fuperficie eft unie, ces parties fe meuvent aifé- ment les unes fur les autres; elles roulent facilement dans les cavités qu'el- les rempliffent, & elles diminuent par-là le frottement des furfaces qui les touchent, & qui fe meuvent fur elles. 3°. Elles empêchent encore que les corps qui fe meuvent les uns fur les autres ne s'échauffent; ce qui n'eft pas un moindre avantage dans bien des circonftances.

§. DXXV. On diminue encore le frottement fi on ne fait pas rouler l'axe d'une machine dans une cavité cylindrique, proportionnée au diametre de cet axe; mais fi on creufe, à chaque extrêmité de cet axe, un trou borgne cylindrique, dans chacun defquels entrent, jufqu'à une certaine profon- deur, deux pivots coniques, fur lefquels roule l'axe de la machine: dans ce cas ces pivots ne touchent que la circonférence extérieure des deux trous borgnes, & n'ufent que ces parties de l'axe; ce qui fait que le frottement eft très peu fenfible. Cette méthode eft fur-tout applicable dans le cas où l'axe de la machine, qu'on veut faire mouvoir, n'eft chargé que d'un petit poids, & qu'on veut donner un mouvement très rapide à cette ma- chine.

§. DXXVI. On diminue encore le frottement d'une machine, par exem- ple, d'une roue, lorfqu'on fait porter fon axe A [*Tab.* 12. *fig.* 1.], fur l'in- terfection de deux rouleaux plans, C, C, de même diametre, & pofés l'un à côté de l'autre: on peut encore faire porter les axes E, E de ces deux rouleaux fur deux autres rouleaux D, D, D, D, dont les axes F, F, F, F feroient leurs révolutions dans des trous quarrés. Si le diametre A de la roue eft au diametre des rouleaux C, C comme 1 : 20, lorfque cet axe A fera en mouvement, il fera mouvoir les rouleaux C, C; & le frottement des axes

E, E sera au frottement de l'axe A, comme 1 : 10. Si le diametre de chaque axe E, E, est dix fois plus petit que celui des rouleaux D D, &c, le frottement des axes F, F, F, F ne sera que la dixieme partie de celui qu'éprouveront les axes E, E; & par conséquent le frottement des axes F, F ne sera que la centieme partie de celui que A éprouveroit : ce qui diminue considérablement le frottement. Cette maniere de diminuer les frottemens fut inventée autrefois par le célebre *Sully* (1), en 1716; *Mondran* (2) fit l'application de cette méthode aux machines. J'imagine qu'elle ne seroit pas fort utile si on s'en servoit dans le cas que l'axe, qui porteroit sur des rouleaux, seroit fort chargé; mais qu'elle pourroit être avantageuse lorsque cet axe ne porteroit pas un grand poids, & qu'il s'agiroit de le faire mouvoir très rapidement.

§. DXXVII. Si quelqu'un vouloit voir des regles très curieuses sur le frottement de différentes machines, il n'a qu'à consulter l'excellent Ouvrage de M. *Belidor* (3).

§. DXXVIII. Pour donner néanmoins un exemple de la maniere de supputer le frottement d'une machine, supposons une poulie fixe & simple; qu'à une des extrêmités de la corde, qui passe sur sa gorge, soit attaché un poids de cent livres : dans cette hypothese il faut nécessairement que la puissance qu'on applique à l'autre extrêmité de cette corde, dans le dessein de soulever le poids, soit capable de produire un effort de plus de cent livres; puisque, pour faire équilibre à ce poids, il faut nécessairement employer cent livres. Dans ce cas, l'axe de la poulie supportera un poids qui sera au moins $=$ 200 ℔; que le diametre de l'axe de cette poulie soit à celui de la poulie :: 1 : 10, & que le frottement n'aille qu'à $\frac{1}{6}$ du poids : ce sera donc pour lors la même chose que si l'axe étoit chargé d'un poids de 200 ℔, $+$ $\frac{200}{6} = 233\frac{1}{3}$. Or comme la puissance agit sur un des points de la circonférence de la poulie, qui est la même chose que l'extrêmité d'un bras de levier, & que le frottement qui représente la résistance, se fait sentir sur l'axe de la poulie; c'est donc la même chose que si le poids, que la puissance doit vaincre, étoit suspendu à l'axe de la poulie : cet axe pourra donc être regardé comme l'autre bras du levier. Ces deux bras, dans la supposition présente, sont encore entr'eux :: 10 : 1. La puissance n'est donc pas obligée, dans ce cas, de faire un effort $=$ ℔ $133\frac{1}{3}$; mais seulement $= \frac{1}{10}$ du frottement, par conséquent $= ℔ \frac{33\frac{1}{3}}{10} = ℔ 3\frac{1}{3}$. Une puissance qui sera $=$

℔ $103\frac{1}{3}$ pourra donc être en équilibre avec un poids de 100 ℔. Il faudra encore néanmoins augmenter la puissance; parcequ'il faut faire entrer en considération les $3\frac{1}{3}$ ℔, dont nous venons de parler, qui augmentent aussi le frottement; & il faut pour cela que l'intensité de la puissance soit augmentée

de $\frac{3\frac{1}{3} ℔}{10}$: ce qui donne une trop petite quantité pour qu'on ne puisse pas la négliger; d'où il suit qu'une puissance $=$ 104 ℔, fera mouvoir, dans

(1) Recueil des Machines approuvées, vol. 3. p. 95. (2) Recueil des Machines approuvées, vol. 4. p. 119. (3) Architecture hydraulique, vol. 1. Liv. 1. ch. 2.

l'hypothese

l'hypothèse présente, un poids de cent livres, s'il n'y a point encore d'autres obstacles auxquels il faille faire attention ; ce que nous examinerons ci-deffous.

On fupputera de la même maniere le frottement dans le treuil, dans le cabeftan ; on le fupputera encore de cette façon par rapport à un corps rond, qui roule fur fon axe lorfqu'il eft pofé fur un plan incliné : mais fi ce corps ne tourne pas fur fon axe, qu'il gliffe fimplement fur le plan, le frottement fera plus grand ; il ira même jufqu'à $\frac{1}{7}$, $\frac{1}{4}$, $\frac{1}{5}$ du poids qui fe meut, comme on l'a prouvé par les expériences rapportées ci-deffus : de forte qu'un corps qui peferoit 400 ℔ ; & qui feroit en équilibre avec un autre poids de 400 ℔, ne pourroit être mis en mouvement que par un poid de 500 ℔.

Le coin eft encore expofé à un grand frottement ; la vis a un frottement beaucoup plus grand ; parceque deux vis, qui gliffent l'une dans l'autre, fe touchent par de très grandes furfaces, & font appliquées fortement l'une contre l'autre.

§. DXXIX. Souvent nous augmentons le frottement à deffein, lorfqu'une machine eft fufceptible d'acquérir un trop grand mouvement, & que nous voulons modérer, pour des raifons fages & prudentes, le mouvement dont elle jouit. Nous en avons un exemple dans les voitures que nous voulons faire defcendre d'un endroit fort haut & efcarpé ; alors on lie les deux roues de la voiture enfemble, par le moyen d'une chaîne qui les empêche de tourner fur leur axe : elles gliffent alors fur le terrein, comme fur un plan incliné. Nous en avons encore un exemple dans les moulins à vent, qu'on vient à bout d'arrêter, lorfqu'on applique une traverfe de bois fur la circonférence de la roue qui porte les aîles ; le frottement que la roue éprouve alors, fuffit pour arrêter fon mouvement : on fe fert de la même méthode pour modérer, ou pour détruire tout à fait le mouvement de la grue de *Padmore.*

§. DXXX. Il faut encore confidérer la roideur des cordes dans les machines qui font enveloppées de cordes, ou qu'on fait mouvoir à l'aide de quelques cordes ; cette confidération mérite d'autant mieux l'attention du Phyficien, que la roideur des cordes n'eft pas un des plus petits obftacles au mouvement des machines. *Amontons* eft le premier (1) qui ait examiné cette matiere avec attention, & qui ait fait des expériences à cet égard, que *Defaguilliers* a répétées avec beaucoup plus de foin (2). Quelque foin qu'on prenne pour faire de telles expériences, on ne parviendra jamais à nous donner, fur cette matiere, des regles fûres & conftantes ; parceque la rigidité des cordes dépend d'un grand nombre de différentes circonftances. 1°. De la différence du chanvre dont on fait les cordes ; car, fuivant que le chanvre eft mieux & plus finement cardé, plus le fil qui en réfulte eft mou & flexible. 2°. Les Cordiers forment le fil en tordant plufieurs filamens de chanvre : or moins on donne de tord au chanvre, & plus le fil eft flexible ; & au contraire plus on donne de tord au chanvre, plus le fil qui en

(1) Hift. de l'Académie Royale, ann. 1699. (2) Courfe of Experim. Philofoph. v. 1, Lect. IV.

provient eſt roide. 3°. On fait une corde en tordant enſemble 2 , 3 , 4 , plus ou moins, des fils dont nous venons de parler ; le tord qu'on donne à ces fils les raccourcit de $\frac{1}{5}$, $\frac{1}{4}$, $\frac{1}{7}$ de leur longueur ; & plus on les tord, & plus ils perdent de leur longueur : ce qui rend les cordes d'autant moins flexibles ; au contraire, moins on leur donne de tord, moins ils perdent de leur longueur, & les cordes qui en réſultent en ſont plus flexibles & plus lâches. A la vérité les cordes qui ſont plus lâches ſont moins unies que celles qui ſont plus dures ; mais elles ſont beaucoup meilleures, par rapport à l'excès de flexibilité qu'elles ont par-deſſus les autres. 4°. Plus une corde eſt épaiſſe, plus ſon diametre eſt grand, & moins elle eſt flexible : c'eſt pourquoi, lorſqu'on ſe propoſe d'élever un fardeau, dont on connoît le poids, par le moyen d'une corde, il faut avoir ſoin de prendre des cordes ſuffiſamment fortes pour réſiſter à l'effort qu'elles ont à ſupporter ; non cependant trop épaiſſes, afin que la puiſſance ait un moindre poids à ſoutenir ou à élever. On pourra connoître la fermeté des cordes par ce que nous dirons dans le Chapitre XXII, ſur la cohéſion ; mais, pour l'ordinaire, toutes choſes égales d'ailleurs, la roideur des cordes eſt à raiſon de leurs diametres. 5°. Il faut encore obſerver que la roideur des cordes augmente à proportion qu'elles ſoutiennent de plus grands poids. 6°. Une corde neuve, & qui n'a point encore ſervi, eſt plus roide qu'une corde dont on a déja beaucoup fait uſage ; parceque, à proportion qu'on s'en ſert, elle s'allonge ; les helices que les fils forment deviennent plus allongés : les filamens les plus roides du chanvre ſe prêtent ou ſe rompent ; & de-là ſi une machine étoit originairement difficile à mouvoir, par rapport à la roideur des cordes, elle ſe mouvera plus aiſément par la ſuite. 7°. Les cordes qu'on plie moins, dans l'uſage qu'on en fait, réſiſtent davantage que celles auxquelles on fait prendre de plus petits contours ; c'eſt pourquoi on ne doit point faire les poulies d'un trop petit diametre, ainſi que l'axe d'un treuil, ou de toute autre machine de cette eſpece. 8°. Les cordes deviennent encore plus roides lorſqu'on les mouille. 9°. On expoſe ſouvent les cordes au ſoleil pour les faire blanchir, & pour les rendre plus agréables à la vue ; elles deviennent encore par-là plus flexibles, & ſont d'un bien meilleur uſage dans les machines, que celles qui ont été expoſées à la pluie, & aux injures de l'air : & c'eſt pour cela qu'on les préfere pour ſuſpendre les poids des horloges. 10°. Les cordes qui ont été expoſées aux injures de l'air ſont beaucoup plus roides & d'un plus mauvais uſage.

§. DXXXI. On peut encore augmenter le frottement en employant des cordes ; en effet, ſi on fait faire à une corde pluſieurs révolutions autour d'un cylindre, & qu'on attache à une des extrêmités de cette corde un poids, ou un corps en mouvement, & qu'on ſaiſiſſe avec la main l'autre extrêmité de la corde, la partie de la corde, qui enveloppe le cylindre, éprouvera un frottement aſſez conſidérable pour ſoutenir le poids, ou pour arrêter le mouvement du mobile. Les Mariniers qui veulent arrêter un bateau, attachent à ce bateau une corde, dont ils entourent un pieux, planté ſur le rivage ; ils ſaiſiſſent l'autre extrêmité de la corde, afin, qu'en la lâchant un peu, elle ne ſe rompe pas pas l'effort du bateau :

alors le mouvement du navire fe rallentit fur-le champ , & il paffe , par degrés , du mouvement au repos.

Lorfque les Mariniers veulent lever l'ancre , ils enveloppent alors la corde , qui eft deftinée à cet ufage , autour d'un axe , & ils lui font faire deux révolutions ; deux Mariniers tirent l'extrêmité de cette cor-de , afin de l'appliquer plus fortement contre l'axe qu'elle entoure : & le frottement qu'elle éprouve contre cet axe eft tel , qu'elle foutient le poids de l'ancre fans glifler , quoique le poids qu'elle fupporte alors foit de ℔ 6000. Si l'axe eft un peu raboteux , & que la corde foit en-duite de gaudron , le frottement ira au delà de ce qu'on peut imagi-ner ; & la corde caffera plutôt que de céder à l'effort du poids , & de glifler fur l'axe.

§. DXXXII. Pour qu'on puiffe connoître quelle puiffance il faut em-ployer pour équivaloir , ou pour vaincre feulement la roideur d'une corde qui enveloppe un cylindre donné ; prenez un ruban plat , de foie bien flexible , que vous placerez fur une partie de la circonférence d'un cy-lindre , de façon qu'il pende des deux côtés : à une des extrêmités D [*Tab.* 12 .*fig.* 2.] de ce ruban , fufpendez un poids tel que P ; & à l'autre extrêmité E , fufpendez un baffin de balance : mettez des poids dans ce baffin jufqu'à ce que le cylindre commence à fe mouvoir autour de fon axe ; alors l'excès du poids en E fur le poids en P , indique la valeur du frottement du cylindre fur fon axe : cette connoiffance acquife , fubftituez au ruban , dont nous venons de parler , une corde dont vous connoîtrez la groffeur , & réitérez la même expérience ; ce que vous ferez obligé d'a-joûter de poids dans le baffin E , pour que le cylindre commence à tour-ner fur fon axe , indiquera la force qu'il faut employer pour vaincre la ri-gidité de cette corde.

§. DXXXI. M. *Bouguer* nous a appris , dans un Livre où il a traité de la manœuvre des vaiffeaux , pag. 71 , 72 , 73 , comment on peut , à l'aide de deux expériences faites avec différentes cordes , chargées de différens poids , connoître , & le frottement d'une machine fur fon axe , & la roideur des cordes qu'on emploie pour faire mouvoir cette machine.

CHAPITRE X.

De la Méchanique du Mouvement.

§. DXXXIV. Outre ce que nous avons dit fur la Méchanique, il nous refte encore bien des chofes à confidérer. Chaque machine nous offre différentes queftions à réfoudre. Par exemple, une machine étant donnée, déterminer l'intenfité de la puiffance, ou l'effort d'un fardeau pour la faire mouvoir.

Soit une balance, dont le fléau & les baffins, pris enfemble, pefent 12 onces, que chaque baffin de cette balance foit chargé d'un poids de deux onces, qui fe faffent mutuellement équilibre; fi on jette dans un de ces baffins un poids d'un grain, l'équilibre fera rompu: le baffin furchargé defcendra, & l'extrêmité de l'aiguille, placée fur le fléau, mefurera, par exemple, un arc de deux degrés, ou de 120 m'; ce qu'on pourra faifir aifément dans une balance à œil. Suppofons maintenant que chaque baffin de cette même balance foit chargée d'un poids de ℔ 3, & qu'elle foit en équilibre; fi on jette, dans un des baffins de cette balance, un poids d'un grain, l'équilibre fera rompu: mais s'enfuivra-t-il pour cela que le fléau de la balance fera mis en mouvement, & que l'aiguille mefurera deux degrés? Point du tout. Une balance devient d'autant moins mobile, qu'elle eft plus chargée. Cela pofé, que doit-il arriver? Dans les deux cas que nous venons de citer, la puiffance, qui tend à rompre l'équilibre, & à faire mouvoir la balance, $= 1$ grain: or, dans le premier des deux cas, ce poids d'un grain n'avoit à mouvoir qu'un poids de 16 onces, qui étoit le poids de la balance, & de la charge que portoient les deux baffins; mais, dans le fecond cas, ce même poids d'un grain a à mouvoir un poids de 108 onces: & par conféquent il ne peut faire parcourir, à l'aiguille qui eft fur le fléau, que

$$17 \tfrac{7}{9} \text{ m.} ; \text{ car } \frac{16 \times 120}{108} = 17 \tfrac{7}{9};$$

c'eft-à-dire, près de 7 fois moins d'efpace que dans le premier cas.

Suppofons maintenant que la balance foit plus grande, & plus pefante; par exemple, que les bras de cette derniere foient dix fois plus longs que ceux de la premiere; en ne confidérant d'abord que cet excès de longueur de la part des bras, il eft conftant que le poids dont chaque bras eft chargé, agit par un levier 10 fois plus long: & par conféquent que $\tfrac{1}{10}$ de grain produira la même chofe qu'un grain fur un bras de balance 10 fois plus petit. Suppofons auffi que le poids de cette balance & de fes baffins $= 800$ ℔, & que chaque baffin foit chargé d'un poids $= 1000$ ℔; le poids total de la maffe à mouvoir eft 2800 fois plus grand que celui du premier cas que nous avons cité: d'où il fuit que 280 grains, $\times 10$, ne pourront, dans ce dernier cas, produire que le même effet, qu'un feul grain produifoit dans le premier; & cela n'aura encore lieu qu'en fuppofant que l'axe de ces deux balances fera également aigu dans l'une & dans l'autre: ce qui eft bien éloigné d'être vrai ; puisque celui de la derniere de ces deux balances est 10 fois plus obtus, & par conséquent que la différence de la mobilité de l'une à celle de l'autre est au moins d'une demi-livre ; car l'expérience démontre qu'une balance, aussi grossiere que la derniere des deux dont nous venons de parler, ne peut être mise en mouvement que par un poids d'une demi livre, lorsqu'elle n'est chargée d'aucun poids. Mais il arrive souvent qu'une grande balance est encore bien moins mobile, & qu'on ne peut pas connoître, à si peu de choses près, le véritable poids des marchandises qu'on veut peser ; car si la balance dont nous venons de parler est chargée de part & d'autre d'un poids de 2500 ℔ ; elle ne commencera à trébucher que lorsqu'on mettra dans un de ses bassins un poids de 5 ℔ : & par conséquent, si on la charge moins, elle trébuchera, à l'aide d'un poids de 2, de 3, ou de 4 livres, comme je l'ai observé dans un endroit public, destiné à peser de gros fardeaux. Le mouvement initial d'une balance dépend donc de plusieurs circonstances ; savoir, sur-tout du poids de la balance conjointement avec celui de ses bassins, & du poids des fardeaux dont on charge ses bassins.

§. DXXXV. Voici maintenant ce qu'il faut considérer dans les autres machines qui sont mises en mouvement par des poids, dont nous déterminerons la vîtesse de la même maniere.

Soit la poulie A C B [*Tab. 12. fig. 3.*], enveloppée par la corde G A B H, & à laquelle aucun poids ne soit encore suspendu ; supposons que le poids D exprime le frottement de l'axe C, & la résistance qui naît de la roideur de la corde. Cela posé, si on suspend à l'extrêmité G de cette corde le poids E, qu'on veut élever, & qu'on suspende à l'autre extrêmité de la même corde, le poids F = E ; les deux poids D & F ne pourront point encore faire mouvoir la poulie : il y aura équilibre entre toutes les résistances. Pour rompre cet équilibre, & mettre la poulie en mouvement, il faudra encore ajoûter le poids P ; alors les poids D, F, P descendront & éleveront le poids E, avec une vîtesse égale à celle avec laquelle ils descendront : comme le poids P descend par son excès de gravité, il se meut d'un mouvement accéléré, de même que tous les corps qui tombent ; mais il ne se meut pas avec une vîtesse égale à celle qu'il auroit, s'il tomboit librement : puisque, dans sa chûte, il est obligé d'entraîner avec lui les poids F, D, E, & de vaincre l'inertie de la poulie ; par conséquent si on veut connoître avec quelle partie de sa gravité le poids P se meut de haut en-bas, il faut diviser la somme de toutes les résistances qu'il fait mouvoir par sa gravité totale.

Supposons donc que le poids de la poulie = ℔ 3 ; que D = ℔ 1 ; que le poids E = F, = ℔ 10 ; enfin que le poids P = 3 ℔ : dans cette hypothese le poids de la poulie & des poids D, E, F = 24 ℔. Si on divise donc cette somme 24 par ℔ 3, ou par P, le quotient sera = 8 ; le poids P ne se meut donc, dans cette occasion, qu'avec $\frac{1}{8}$ de sa gravité. Si on veut savoir maintenant quelle sera sa vîtesse acquise à la fin de 10 m″, & quel espace il aura parcouru de haut en-bas pendant ce tems ? L'analogie suivante l'indique ; un corps grave qui se meut librement pendant 10 m″, parcourt 1509 pieds 6 pouces 8 $\frac{7}{8}$ ligne, ainsi qu'on peut s'en assurer, en consultant la Table que nous avons donnée Chap. 7, sur la gravité. Par conséquent, en divisant ce nombre par 8 , le quotient fera 188 pieds 8 pouces 4 $\frac{76}{71}$ ligne , (1) qui exprimera l'efpace que le mobile, dont il eft ici queftion , parcourra en 10 m″; & la vîteffe acquife fera telle, qu'il pourroit parcourir dans l'efpace = 1 m″ 37 pieds , & près de 9 pouces.

§. DXXXVI. Le poids P, demeurant conftamment le même, plus les poids E , F , D, ainfi que celui de la poulie , deviendront grands; moins le poids P parcourra d'efpace dans le même tems, & plus fa vîteffe acquife fera petite : car, fuppofons que les poids E & F foient chacun = ℔ 100 , la fomme des poids à mouvoir fera alors = ℔ 204 : or cette fomme, étant divifée par 3 ℔, le quotient fera = 68 ; par conféquent le poids P , qui fait mouvoir toute la machine , ne fe mouvera qu'avec $\frac{1}{68}$ de fa gravité. Si on divife donc 1509 , 6 , 8 $\frac{7}{9}$ par 68 , le quotient fera = 22 , 2 , 4 ; & par conféquent le poids P , ainfi que ceux qu'il entraîne , par fa chûte , ne parcourront que 22 pieds , 2 pouces , 4 lignes dans l'efpace de 10 m″.

§. DXXXVII. Si on a deux poulies C & B [*Tab.* 12. *fig.* 4.], la premiere C , étant fixe , & la feconde B , mobile de haut en-bas & de bas en-haut, à l'extrêmité de la châffe de laquelle foit fufpendu le poids P , qui , par fon excès de pefanteur , faffe mouvoir de bas en-haut le poids Q ; quelle fera, dans ce cas, la vîteffe que le poids P communiquera au poids Q ? Pour réfoudre ce problême, il faut concevoir que le poids Q = Q + le frottement qui naît de la roideur de la corde & celui de l'axe de la poulie, (§. 536).

Cela pofé , puifque , dans l'état d'équilibre, $Q = \frac{P}{2}$, ou $P = 2\,Q$, il faut que P foit plus grand que 2 Q , pour qu'il puiffe fe mouvoir ; & par conféquent l'excès de P fur 2 Q , eft la puiffance motrice qui produit le mouvement de cette machine : or , pour connoître cette puiffance motrice, il faut d'abord connoître quelle eft la maffe qu'il faut mouvoir.

Lorfque le poids Q fe meut , il parcourt , en montant, un efpace double de celui que P parcourt en defcendant , & par conféquent les forces requifes pour produire cette vîteffe double, doivent être 4 fois plus grandes que celles qu'il faudroit employer pour mouvoir Q avec une vîteffe = 1 : ces forces font donc = 4 Q. Par conféquent l'excès du poids P fur 2 Q , doit mouvoir un poids = P + 4 Q.

On peut donc établir cette regle ; le poids P + 4 Q eft à l'efpace qu'un corps grave, qui tomberoit librement , parcourroit , comme l'excès de P fur 2 Q eft à l'efpace que parcoure dans le même tems le poids P.

Suppofons maintenant que le poids, conjointement avec la poulie, pefe ℔ 100 , & que Q = 45 ℔ ; dans cette hypothefe l'excès de P fur 2 Q fera = ℔ 10. Cet excès de poids eft la puiffance mouvante , qui fait defcendre P , & qui éleve Q ; la maffe, que cette puiffance doit mouvoir , eft donc = P + 4 Q , = ℔ 100 + 180 = ℔ 280. Si on divife donc 280 par 10 , le quotient fera = 28. Cela pofé, fi nous cherchons quel efpace parcourra le poids P pendant 4 m″, voici comment nous raifonnerons ; un corps qui tombe librement , pendant l'efpace de 4 m″, parcourt 241 pieds , 5 pouces , 5 lignes (Table dreffée Chap. 7. fur la Gravité). Si on divife cet efpace , 241

---

(1) L'Auteur avoit mis 189 pieds 11 pouces 4 lignes ; erreur qui nous a paru mériter la correction que nous y avons mife.

pieds, 5 pouces, 5 lignes, par 28, le quotient fera $= 8$ pieds, 7 pouces, 5 lignes, le poids P, dont il eſt ici queſtion, parcourra donc, en deſcendant, pendant l'eſpace de 4 m″, 8 pieds 7 pouces 5 lignes.

§. DXXXVIII. Soit deux mouffles, compoſées de 6 poulies ; ſubſtituons le poids Q [*Tab. 9. fig. 1.*] à la place de la puiſſance V ; pour que Q ſoit en équilibre avec le poids P, il faut qu'on ait la proportion ſuivante, $Q : P :: 1 : 6$. Or ſuppoſons maintenant que Q ſoit plus petit que $\frac{P}{6}$; dans cette ſuppoſition, le poids P deſcendra & elevera le poids Q : la quantité dont P ſurpaſſe $6Q$, eſt la puiſſance qui oblige P à deſcendre, & Q à s'élever ; mais parceque Q ſe meut avec ſix fois plus de vîteſſe que P, cette force $= 36Q$. L'excès de P ſur Q a donc à mouvoir P, $+ 36Q$; on aura donc cette proportion, $P + 36Q$ eſt à l'eſpace que parcourroit dans le même tems un corps qui tomberoit librement, comme $P - 6Q$ eſt à l'eſpace que doit parcourir le poids P.

Suppoſons que le poids de la mouffle mobile MN, $+$ le poids de P, $=$ 100 ℔, que $Q = 15$ ℔, $P - 6Q$ ſera $= 100 - 90 = 10$ ℔, & $P + 36Q = $ ℔ $100 + 540$ ℔ $= 640$ ℔ ; & conſéquemment $\frac{640}{10} = 64$; c'eſt-à-dire, que l'eſpace que P parcourra, ſera 64 fois moindre que celui que parcourroit un corps abandonné à lui-même, & qui tomberoit librement : or un corps qui ſe meut librement, parcourt en 10 m″ 1509 pieds, 6 pouces, 8 lignes $\frac{7}{9}$. Par conſéquent, ſi on diviſe cette quantité par 64, le quotieut ſera $= 23$ pieds, 5 pouces, le poids P dont il eſt ici queſtion, ne parcourra donc, dans l'eſpace de 10 m″, que 23 pieds, 5 pouces.

On peut, à l'aide des deux derniers exemples que nous venons de rapporter, réſoudre tous les problèmes qui concerneront le mouvement de toutes les eſpeces de poulies moufflées. Puiſque le mouvement du poids P, dans ſa chûte, eſt à l'eſpace que parcoure dans le même tems un corps qui ſe meut librement, & que j'appelle $= S$, comme $P - 6Q$ eſt à l'eſpace X, que doit parcourir le poids P : on aura la valeur d'X, par la proportion ſuivante, $P + 36Q : S :: P - 6Q : X = \frac{P - 6Q \times S}{P + 36Q}$; mais puiſque Q ſe meut 6 fois plus vîte que P, l'eſpace que Q parcourra dans le même tems $=$

$$\frac{6P - 36Q \times S}{P + 36Q} = \overline{\frac{P - 6Q}{P + 36Q}} X \, 6S .$$

§. DXXXIX. Si les mouffles n'étoient compoſées que de 4 poulies, on trouveroit alors la proportion ſuivante, $P + 16Q : S :: P - 4Q$ eſt à l'eſpace parcouru par le poids P. Et ſi, à l'aide de deux mouffles, l'une mobile, & l'autre immobile, on vouloit que le poids Q fût élevé par le poids P, ſuſpendu à la châſſe de la mouffle mobile ; voici comment on détermineroit le *maximum* de cette action. Suppoſons que n $=$ le nombre des cordes qui enveloppent les poulies inférieures ; on aura alors $Q = \dfrac{P \times 1 + \sqrt{1 + n}}{n\, n}$.

Par conſéquent, ſi on ſuppoſe que $P = 100$ ℔, comme on l'a ſuppoſé

(§. 538) ; alors Q ne fera pas $= 15$ ℔ ; mais feulement un peu plus grand que 13 ℔.

§. DXL. Soit le plan incliné A C [*Tab.* 12. *fig.* 5.], fur lequel foit placée la fphere K, mobile fur fon axe, & qui par conféquent peut fe mouvoir fur le plan incliné, fans y éprouver un frottement fenfible ; faifons auffi abftraction du frottement de la poulie T fur fon axe, & fuppofons que la fphere K foit mue felon une direction parallele au plan : dans cette hypothefe le poids P eft en équilibre avec la fphere K, lorfque $P : K : : B C : C A$. Suppofons maintenant que $B C : C A : : 1 : 2$; on aura donc $K = 2 P$, ou bien $P = \frac{1}{2} K$. Si on augmente le poids de P jufqu'à ce que K foit en mouvement, & qu'on fuppofe que $K = 100$ ℔, & P 60 ℔ ; alors la partie du poids P, qui mettra K en mouvement, fera $= 10$ ℔ : puifque P emploie 50 ℔ de fon poids pour faire équilibre à K.

Or ce poids, $= 10$ ℔, doit mouvoir le poids P & le poids K ; qui ne peuvent fe mouvoir l'un & l'autre qu'avec la même vîteffe ; la fomme de ces deux maffes à mouvoir $= 160$ ℔. Si on divife cette fomme par 10, le quotient fera $= 16$; & par conféquent il faudra divifer par 16 l'efpace que parcourroit, dans un tems donné, un corps qui fe mouveroit librement, pour avoir un quotient qui exprimera l'efpace que parcourra, dans le même tems, le poids P.

Or puifqu'un corps qui fe meut librement parcourt, dans l'efpace de 10 m″, 1509 pieds, 6 pouces, 8 lignes $\frac{7}{9}$, fi on divife ce nombre par 16, le quotient 94 pieds, 4 pouces $1 \frac{1}{2}$ ligne, exprimera l'efpace que le poids P parcourra en 10 m″.

Si le corps K n'eft pas fphérique, mais qu'il foit plan, il ne pourra être mis en mouvement que par une puiffance qui pourra vaincre fon frottement ; & fi on confidere outre cela le frottement de la poulie, fa pefanteur & la roideur de la corde, le poids P ne pourra pas fe mouvoir avec la vîteffe que nous venons de trouver. En effet, fuppofons que le frottement de K fur le plan, que celui de la poulie fur fon axe, & la réfiftance qui vient de la roideur de la corde, $= \frac{1}{3} K$; dans cette fuppofition, il faudra confidérer K de même que fi fon poids étoit $= 133$ ℔ : & par conféquent le poids P, $= 60$ ℔, ne fera pas fuffifant pour mouvoir le poids K ; puifque P, étant $= 66 \frac{2}{3}$ ℔, ne peut que faire équilibre à K, confidéré comme fur le point de fe mouvoir : & il faudra encore augmenter le poids P, pour qu'il puiffe entraîner & faire mouvoir K.

Si on augmente le poids de P de façon qu'il devienne $= 76 \frac{2}{3}$ ℔, l'excès de fon poids fur la réfiftance que K apporte au mouvement, fera $= 10$ ℔ ; & on trouvera, de même que précédemment, de quelle maniere, ou, pour mieux dire, avec quelle vîteffe ces deux corps doivent fe mouvoir. En effet la maffe de K, $= 100$ ℔, celle de P $= 76$, la fomme de ces deux maffes $= 176$; laquelle, étant divifée par 10, donne 17 pour quotient : fi l'on divife donc 1509 pieds, 6 pouces, 6 lignes, par 17, on aura pour quotient 88 pieds, 9 pouces, 6 lignes ; par conféquent le poids P, dans l'efpace de 10 m″, parcourra 88 pieds, 9 pouces, 6 lignes (1).

(1) Je remarque ici deux erreurs qui rendent le réfultat que nous annonçons beaucoup

Si le poids P : 2 K : : la hauteur B C est à la longueur C A, le poids K sera élevé sur ce plan à la hauteur B C, dans le plus petit instant possible ; & alors le sinus d'inclinaison du plan sera au rayon, comme la puissance P est au poids double du poids à élever.

§. DXLI. Soit un treuil, sur l'axe A B [*Tab. 12. fig. 6.*] duquel soit roulée la corde, à l'extrêmité de laquelle le poids P est suspendu ; qu'une autre corde embrasse une partie de la roue D E, & qu'à une des extrêmités de cette corde soit attaché le poids Q : on aura équilibre entre ces deux poids, si P : Q : : D E : A B. Supposons maintenant que le poids P devienne plus grand ; ce poids descendra alors, & entraînera, par sa chûte, le poids Q, qu'il fera mouvoir de bas en haut. Quelle doit être, dans cette hypothese, la vîtesse avec laquelle le poids P se précipitera, abstraction faite du frottement du poids de la machine, & de la roideur des cordes? Pour résoudre ce problême, supposons que D E : A B, : : 2 : 1, : : P : Q ; dans cette hypothese, P = 2 Q, si P = 40, Q = 20. Or supposons que P = 50, l'excès de P, sur ce qu'il devroit être pour faire équilibre à Q = 20, le mouvement de P est donc produit par une puissance = 10. Mais lorsque P descend, Q est élevé avec une vîtesse double de celle de P ; & par conséquent il faut nécessairement une force quadruple pour le faire mouvoir : nous devons donc concevoir Q quadruple de ce qu'il est réellement ; ainsi 4 Q = 80. La somme des poids à mouvoir ; savoir, P + Q = donc 80 + 40 = 120 ; & la puissance qui doit les faire mouvoir = 10. Il faut donc diviser 120 par 10, le quotient sera = 12. En consultant la Table que nous avons donnée Chap. 7., on trouvera combien un corps qui se meut librement en tombant,

au-dessus de ce qu'il doit être. 1°. L'Auteur n'a pas pris exactement la somme des poids que la puissance entraîne dans son mouvement ; puisque 100 + 76 $\frac{2}{3}$ = 176 $\frac{2}{3}$, & non 176. 2°. Il n'a pas pris le véritable dividende 1409 pieds 6 pouces 8 $\frac{7}{9}$ ligne : espace que parcourt un corps qui se meut librement, en tombant, pendant 10 m″. Ajoûtez encore à cela que 88 pieds, 9 pouces, 6 lignes, n'est pas le véritable quotient de 1509 pieds, 6 pouces, 6 lignes, divisé par 17, nombres qu'il a substitué à 1509 pieds 6 pouces 8 $\frac{7}{9}$ lignes, & 17 $\frac{1}{3}$, qui sont les deux nombres à diviser l'un par l'autre, pour avoir l'espace que P doit parcourir en 10 m″. Voici le calcul qu'il faut faire pour trouver ce résultat.

Dans l'hypothese présente, K = 100 ℔, P = 76 $\frac{2}{3}$ ℔ ; par conséquent la somme de ces deux poids = 376 $\frac{2}{3}$ ℔ : ce nombre, divisé par 10, = 17 $\frac{2}{3}$; nombre par lequel il faut diviser l'espace que parcourt en 10 m″ un corps qui tombe librement. On aura donc

$$\frac{1509 \text{ pieds } 6 \text{ pouc. } 8 \frac{7}{9} \text{ lig}}{17 \frac{1}{3}} = \frac{4528 \text{ pieds } 8 \text{ pouc. } 2 \text{ lig. } \frac{1}{9}}{53}, \text{ dont le quotient sera}$$

85 pieds, 5 pouces, 4 lignes $\frac{15}{159}$, qui sera l'espace que P parcourra en descendant pendant 10 m″.

Cette erreur, plus sensible que celles qui se font glissées dans les articles précédens de ce Chapitre, m'a fait jetter les yeux sur les autres calculs, que j'avois copiés d'après les feuilles qu'on m'a remises ; mais je n'ai pas cru qu'il fût également nécessaire de les refaire : l'erreur qui s'y trouve ne vient que de ce que l'Auteur a négligé de faire entrer en considération la valeur des fractions ; ce qui n'occasionne pas ici une erreur assez sensible pour mériter quelqu'attention : puisque la pratique ne suit pas assez rigoureusement la théorie.

On trouvera un exemple de ces especes d'erreurs dans un *alinea* précédent, où l'Auteur indique pour quotient de 1509 pieds, 6 pouces, 8 $\frac{7}{9}$ lignes, divisé par 16 ; 94 pieds. 4 pouces, 1 $\frac{1}{2}$ ligne : tandis que le véritable quotient doit être 94 pieds, 4 pouces, 1 ligne $\frac{45}{144}$: erreur qui ne va qu'à $\frac{31}{144}$ de ligne.

par exemple, pendant 10 m″, parcoure d'espace ; divisant donc ce nombre par 12, on saura combien le poids P, dont il est ici question, parcourra d'espace dans le même tems : & on trouvera 125 pieds, 9 pouces, 6 lignes (& quelque chose de plus, que l'auteur a négligé). Pour rendre cette solution générale, voici comment il faut procéder ; $A B : D E :: Q : P$. Par conséquent $P = \dfrac{D E \times Q}{A B}$, équation qui n'est juste que dans le cas d'équilibre : mais, en supposant que P est plus grand qu'il doit être, pour faire équilibre à Q, cet excès sera la puissance motrice que nous devons considérer, & qui sera $P - \dfrac{D E}{A B} \times Q$. Maintenant substituons à Q, suspendu au point E, un autre poids, qui, étant suspendu en B, produira le même effet que Q ; nous aurons alors Q est à ce nouveau poids $:: \overline{A B}^q : \overline{D E}^q$.

Q sera donc $\times \dfrac{\overline{D E}^q}{\overline{A B}^q}$. Alors la somme des masses à mouvoir sera $P + Q \times \dfrac{\overline{D E}^q}{\overline{A B}^q}$. Ces masses seront mises en mouvement par $P - \dfrac{\overline{D E}}{A B} \times Q$. Supposons maintenant que l'espace parcouru, pendant un tems donné, par un corps qui se meut librement, $= S$, on aura $P + Q \times \dfrac{\overline{D E}^q}{A B^q} : S :: P - \dfrac{\overline{D E}}{A B} \times Q$ est à l'espace parcouru par P ; & si ce dernier espace est désigné par X, on aura

$$X = \frac{\overline{S \times P - \dfrac{D E \times Q}{A B}}}{P + Q \times \dfrac{\overline{D E}^q}{\overline{A B}^q}}$$

§. DXLII. Mais il faut encore considérer ici le poids du treuil & de son tambour, ce dont nous avons fait abstraction dans le (§. 541) ; ce qui rallentit la vîtesse du poids P, & qui la rend plus petite que l'estimation que nous venons de faire.

Il faut donc d'abord considérer le poids de l'axe A B, qu'on réduira à une autre gravité, qui aura le même *moment*, & qu'on supposera entierement transportée en A, où elle produira son action. On aura l'aire du cercle, en multipliant sa circonférence A B par la moitié du rayon A C ; en supposant donc que cette surface A B est matérielle, on aura sa solidité $= A B \times \tfrac{1}{2} A C = \tfrac{1}{2} A B \times A C$: par conséquent si on conçoit que la moitié de la solidité de l'axe soit transportée dans la surface A B, & qu'elle agisse à l'extrêmité A du rayon A C, on aura le même *moment*.

Il faut aussi réduire de la même maniere la solidité du tambour D E, &

Transporter toute sa pesanteur à la surface D E; & elle sera alors $= \frac{1}{2}$ D E $\times$ C E; mais comme le point E se meut plus vîte que le point A, il faut encore réduire tout le *moment* qui s'exerce en E, en un autre équivalent qui agiroit en B, & qui sera alors comme $\overline{CB}^q : \overline{CE}^q : : \overline{AB}^q : \overline{DE}^q$.

Nommons g le poids de l'axe, & G celui du tambour; & par conséquent au point A, au lieu de $\frac{1}{2}$ A B, substituons $\frac{1}{2}$ g, & plaçons au point B $\frac{1}{2}$ G $\frac{\overline{DE}^q}{\overline{AB}^q}$.

Ajoûtons ces nouvelles quantités aux masses que nous avons déterminées dans la section précédente, & que la puissance devoit mouvoir; nous aurons actuellement $P + Q \times \dfrac{\overline{DE}^q}{\overline{AB}^q} + \frac{1}{2} g + \frac{1}{2} G \times \dfrac{\overline{DE}^q}{\overline{AB}^q} = P + \frac{1}{2} g + \overline{(Q + \frac{1}{2} G)} \dfrac{\overline{DE}^q}{\overline{AB}^q}$; or la puissance motrice est encore la même qu'elle étoit précédemment $= P - \dfrac{DE}{AB} \times Q$; & par conséquent l'espace X, que doit parcourir le poids P, sera aisé à trouver par cette proportion.

$$P + \tfrac{1}{2} g + \overline{(Q + \tfrac{1}{2} G)} \frac{\overline{DE}^q}{\overline{AB}^q} : S : : P - \frac{DE}{AB} \times Q : X.$$

Mais nous n'avons pas encore considéré jusqu'à présent le frottement, la roideur & le poids des cordes.

§. DXLIII. Le poids des cordes varie suivant les différens mouvemens que peut faire une machine: en effet, dans la machine dont nous parlons ici, lorsque la corde Q E enveloppe le tambour, la corde A P devient plus longue; & lorsque le poids Q prévaut, & qu'il entraîne le poids P, la corde A P se roule alors sur l'axe, & la corde E Q devient plus longue. Mais le poids des cordes n'influe pas tant sur les résultats qu'on cherche dans ces sortes de circonstances, que les différens degrés de roideur qu'elles peuvent avoir; suivant que l'atmosphere, qui les enveloppe, est plus ou moins chargé d'humidité, suivant que les poids P & Q, qui sont attachés à leurs extrêmités, sont plus ou moins grands, &c. Et il n'est gueres possible de calculer *à priori* tout ce qui doit entrer en considération dans le mouvement de ces sortes de machines. Ajoûtez encore à ce que nous venons de dire, que le frottement varie en plus, ou en moins, suivant que la machine se meut avec plus ou moins de vîtesse; car il augmente lorsque la vîtesse devient plus grande: & il arrive quelquefois même que la vîtesse ne peut pas augmenter; parceque le frottement devient tel, qu'il oppose à la puissance un obstacle insurmontable.

§. DXLIV. Comme il y a plusieurs machines qu'on met en mouvement par des puissances animales; telles que des hommes, ou d'autres animaux de différentes especes (quoiqu'on fasse usage assez souvent du courant de l'eau, du vent, de poids, de ressorts, &c.) il faut donc considérer ici la force de l'homme, & le service qu'on en peut attendre, lorsqu'il est appliqué à une machine, felon différentes pofitions de fon corps. Ce ne fut pas fans un deffein fagement réfléchi, que *de la Hire* (1), *Amontons* (2), *Parent* (3), *Défaguilliers* (4), effayerent de déterminer l'avantage d'une telle puiffance, & que *Belidor* (5) raffembla, en forme de *Compendium*, ce que ces grands hommes nous ont laiffé fur cette matiere.

§. DXLV. La force de l'homme, ainfi que des autres animaux dont on fe fert pour mouvoir des fardeaux, réfide dans les mufcles, ou de leurs bras, ou de leurs cuiffes, ou de leurs lombes, ou enfin de différentes autres parties de leur corps : elle dépend auffi, quant à fon intenfité, de la fituation ou de l'inclinaifon de leur corps.

Un adulte, de moyenne taille, pefe ordinairement 140 ℔ ; lorfqu'un tel homme eft à genoux, il peut s'élever fur la pointe des pieds, fans le fecours de fes mains ; &, dans ce cas, les feuls mufcles élévateurs des cuiffes & des feffes peuvent élever un poids de 140 lb, qui agit par un levier, dont le centre du mouvement eft placé dans les doigts des pieds ; ce même poids agit à différente diftance du centre du mouvement, fuivant que le corps de l'homme eft plus ou moins incliné, en avant ou en arriere, ou fuivant qu'il eft plus d'aplomb. Quant aux mufcles dont nous venons de parler, ils agiffent toujours à égale diftance du centre du mouvement : fi le centre de gravité du corps paffe par le point où les mufcles font inférés, pour lors la réfiftance & la puiffance agiffent à même diftance du centre du mouvement ; & dans ce cas les mufcles releveurs des cuiffes, fouleveut exactement un poids de 140 ℔. Un adulte porte facilement fur fes épaules un poids de 150 ℔, & il peut marcher droit, & fans fe courber, lorfqu'il eft chargé de ce fardeau : fi on ajoûte donc à ce poids celui de fon corps = 140 ℔, la fomme de ces deux poids fera = 290 ℔, que les pieds, les cuiffes & le tronc de cet homme fupporteront.

Si on place un poids de 100 ℔ entre l'écartement des pieds d'un adulte, & qu'en fe baiffant il faififfe ce poids avec les mains, il pourra facilement l'élever en fe relevant ; & cet effort dépendra de la contraction des mufcles lombaires.

Si un homme faifit avec les deux mains l'extrêmité d'une corde, qui paffe fur la circonférence d'une poulie fixée à une certaine hauteur, & qu'un poids foit fufpendu à l'autre extrêmité de cette corde ; cet homme pourra, à l'aide de fes mains, fe pendre lui-même à l'extrêmité de la corde qu'il tient : & alors il fera équilibre à un poids = 140 ℔, & il ne pourra pas tirer de haut en bas un plus grand fardeau.

§. DXLVI. Si un homme eft appliqué à l'extrêmité de la manivelle d'une roue, & que cette manivelle foit égale en longueur au rayon de l'axe, fur lequel fe courbe la corde qui foutient le fardeau qu'il faut mouvoir ; cette manivelle, dans fon mouvement, prendra différentes pofitions. Suppofons-la d'abord perpendiculaire à l'horifon, de maniere qu'elle foit placée dans le point le plus bas de fa révolution ; dans ce cas, la main de l'homme, faifant effort pour tirer cette manivelle & pour la faire monter, pourra élever

(1) Hift. de l'Acad. Roy. ann. 1699. (2) Hift. de l'Acad. Roy. ann. 1703. (3) Hift. de l'Acad. Roy. ann. 1714, pag. 119. (4) Courfe of Experim. Philof. Vol. 1. Lect. 4. (5) Architect. Hydraul. Tom. 1. Liv. 1. chap. 1.

aifément un poids de 150 ℔ : mais la force de cet homme diminuera à proportion que la manivelle fera plus élevée ; car fi elle parvient à la hauteur de fes épaules ; alors la force de l'homme fera réduite à fon *minimum* , & elle fera prefque = o : ainfi la puiffance qui fait mouvoir circulairement une manivelle , décroîtra , dans cette hypothefe , depuis 150 jufqu'à o.

Suppofons maintenant que cette manivelle foit encore difpofée perpendiculairement à l'horifon ; mais de maniere qu'elle foit dans fon plus haut point d'élévation : cet homme dont nous venons de parler , pourra encore pouffer devant lui cette manivelle ; ou par l'effort de fes bras , ou par cet effort joint à celui de tout fon corps ; fi cet effort ne fe fait que par le miniftere de fes bras , il ne furpaffera pas un poids de 30 ℔ : mais il fera beaucoup plus confidérable s'il y joint la preffion de fon corps. Si cette manivelle fe trouve encore fituée à la hauteur de fes épaules , la force de l'homme , pour l'abaiffer , fera encore = o ; mais fi elle eft fuppofée au-deffous de cette hauteur , alors cet homme peut appliquer contre elle prefque tout le poids de fon corps , & il agit par le plus long bras de levier par lequel il puiffe agir : mais à proportion que la manivelle s'abaiffe , la force de l'homme devient de plus petite en plus petite ; parceque le bras de levier fe raccourcit à proportion , jufqu'à ce que la manivelle , étant une feconde fois parvenue au point le plus bas de fa révolution , l'homme la faffe remonter en la tirant. Il paroît , par ce fimple expofé , que la force d'un homme appliqué à une manivelle , qu'il fait mouvoir circulairement , fouffre bien des inégalités ; & il fuit manifeftement de là , que , fi on adapte deux manivelles aux extrêmités d'un même axe , une de chaque côté , il faut avoir foin de les difpofer différemment l'une de l'autre : & cette différence doit être telle , qu'elles foient oppofées à angle droit ; parceque , dans cette difpofition , lorfque la force d'un des deux hommes fera = o , l'autre jouira de toute l'intenfité de la fienne.

§. DXLVII. Si un homme faifit avec la main une corde qui paffe fur la circonférence d'une poulie , à l'autre extrêmité de laquelle foit fufpendu un poids , il pourra tirer à lui & élever un poids = 24 à 25 ℔ , mais jamais = 30 ℔. Si un homme fait paffer par-deffus fon épaule une corde , à laquelle un fardeau = 25 ℔ foit attaché , & qu'il tienne à fa main cette corde , il pourra tirer ce fardeau & le faire avancer en marchant : il pourra travailler de cette maniere pendant l'efpace d'une heure , & parcourir 6000 pieds ; & c'eft le plus grand effet qu'on puiffe attendre d'un homme qui tire ou qui pouffe.

§. DXLVIII. Comme la plupart des hommes font appliqués aux machines , de façon qu'ils ne les font agir qu'en tirant ou en pouffant , comme nous venons de l'indiquer ; il s'en fuit *que les effets d'une machine , mife en mouvement par un homme , ne peuvent point furpaffer les effets naturels* (1). Ces effets ne vont jamais au delà de 6000 pieds , lorfque l'homme agit pendant une heure contre 25 ℔ , de quelque maniere que ce produit naiffe , en multipliant la maffe par la vîteffe : ainfi on peut regarder ces effets naturels

---

(1) L'Auteur entend ici par *effets naturels* , les plus grands effets que puiffe produire un homme qui agit pendant une heure avec 25 ℔ d'effort.

comme les bornes des effets qu'on peut attendre de toutes les machines que l'homme fait agir.

Puisqu'un seul homme peut, dans l'espace d'une heure, transporter 25 ℔ à 6000 pieds de distance, il peut par conséquent transporter 25 ℔ à 100 pieds dans l'espace d'une minute; parceque $60 : 6000 :: 1 : 100$. Cela posé, supposons que le poids de 25 ℔ $= P$, & que l'espace 6000 pieds $= S$. L'effet produit par un seul homme dans l'espace d'une heure, sera $= PS$. Supposons maintenant un autre poids $= P$, qu'il faille mouvoir pendant le même tems; si on cherche quel sera l'espace qu'on nommera $= s$, on le trouvera par cette analogie, $PS = ps$: donc $p : P :: S : s$; ou bien $S = \frac{PS}{P}$. Supposons maintenant que $P = 10000$ ℔, on aura $10000 : 25 :: 6000 : 15$; & par conséquent le même homme qui aura transporté un poids de 25 ℔ à 6000 pieds dans l'espace d'une heure, pourra transporter un poids de 10000 ℔ à 15 pieds pendant le même tems. S'il s'agit de transporter un poids de 10000 ℔ à cent pieds pendant le tems d'une minute, on trouvera le nombre d'ouvriers qu'il faudra employer pour cela, en faisant le raisonnement suivant : puisqu'un seul ouvrier transporte un poids de 25 ℔ à 100 pieds de distance dans l'espace d'une minute, 400 ouvriers transporteront un poids de 10000 ℔ à 100 pieds de distance dans le même tems; puisque $1 : 25 :: 400 : 10000$.

Mais si un homme, outre l'effort qu'il peut faire avec ses bras, employe encore le poids de son corps, comme il arriveroit s'il montoit successivement sur les chevilles qu'on remarque à la circonférence de plusieurs roues, ou s'il marchoit dans une roue à tambour, il produiroit alors les effets suivans. Supposons toujours son poids $= 140$ ℔. S'il marche sur un plan légerement incliné ou non incliné, il peut, en marchant pendant une heure, parcourir un espace $= 1200$ perches rhenan; c'est-à-dire, 14400 pieds. J'ai vu des hommes qui faisoient ce chemin dans l'espace d'une heure, & qui portoient sur leurs épaules un poids de 150 ℔; & par conséquent qui produisoient un effet incomparablement plus grand qu'on ne doit l'attendre d'un homme qui agit de cette maniere.

§ DXLIX. Il arrive souvent qu'un homme, ou même plusieurs, quelquefois même un animal, marchent dans un tambour, appliqué à un treuil ou à une grue, & que, par ce moyen, on éleve des fardeaux. L'homme qui marche dans un tambour peut être considéré de la même maniere que s'il montoit une échelle; c'est pourquoi il ne peut pas marcher aussi vîte que s'il marchoit sur un plan, & parcourir 14400 pieds dans une heure. S'il en parcoute la moitié, savoir 7200, c'est tout ce qu'on en peut attendre. Supposons donc que le diametre de ce tambour $= 15$ pieds, que le poids du tambour seul $= 8000$ ℔, & que ce poids, joint à celui de l'axe de la machine & de la corde, à laquelle pend le fardeau $= 10000$ ℔, que le diametre de l'axe $= 2$ pieds, que le fardeau qu'il doit élever $= 600$ ℔; enfin que le poids de l'homme $= 150$.

Pour qu'il y ait équilibre entre le fardeau $= 600$ ℔, éloigné d'un pied du centre du mouvement, & la puissance, il faut que l'homme, dont le poids $= 150$, soit à l'extrêmité d'une ligne droite de 4 pieds de longueur, prise depuis le centre du mouvement de la machine, jusqu'au point du tambour, où l'homme est appliqué : or, pour que cet homme se meuve, il faut né- cessairement qu'il s'éloigne du centre du mouvement : supposons qu'il s'é- loigne à la distance de 5 pieds ; alors il fera mouvoir la machine, & le far- deau sera élevé : mais avec quelle vîtesse ce fardeau sera-t-il élevé dans l'hy- pothese présente ? Pour résoudre cette question, il faut considérer la puis- sance qui fait mouvoir la machine, & on trouvera la proportion suivante : 5 pieds de distance de l'homme au centre du mouvement, sont à un pied de distance du fardeau au même centre, comme le poids du fardeau 600 ℔ est à 120 ℔ ; par conséquent si cet homme ne pesoit que 120 ℔, il tiendroit en équilibre un fardeau = 600 ℔ : mais le poids de cet homme est supposé = 150 ; l'excès de son poids sur celui qui est requis dans l'hypothese présente, égale donc 30 ℔, qui font la puissance mouvante.

Le fardeau se meut plus lentement que l'homme ; par conséquent, pour réduire ces deux vîtesses à égalité, supposons que le fardeau soit à la distance de cinq pieds du centre du mouvement : & pour que les momens soient égaux de part & d'autre, considérons ce fardeau de même que s'il ne pesoit que 110 ℔ ; puisque le moment de 120 ℔, à une distance comme 5, = le moment de 600 ℔ à une distance comme 1. Mais le véritable fardeau se meut cinq fois plus lentement ; & par conséquent ses forces sont 25 fois moindres, & $\frac{600}{25}$ exercent le même effort à une distance comme 1 du centre du mouvement, que 120 à une distance comme 5 : or $\frac{600}{25}$ = 24.

Le poids du tambour agit à une plus grande distance du centre du mou- vement que l'homme qui marche dedans ; puisque cette distance est tri- plée : ce poids est donc égal à un poids de 24000 ℔ qui agiroit à la distance de cinq pieds du centre du mouvement ; si on joint donc ce dernier poids avec celui de l'homme, & celui de la résistance = 120 ℔, on aura 24000 ℔ + 150 ℔, + 120 ℔ = 24270 ℔, qu'une puissance = 30 ℔ devra mettre en mouvement : par conséquent si on divise la somme totale de la résistance par la puissance, on aura $\frac{24270}{30}$ = 809 : d'où il suit que la vîtesse avec laquelle un homme se meut dans le tambour dont il est ici question, n'est que $\frac{1}{809}$ de la vîtesse avec laquelle un corps grave, abandonné à lui-même, se mouve- roit dans le même tems. Or, dans l'espace de 10 m″, un corps grave par- court, en tombant, 1509 pieds, à peu de choses près, par conséquent cet homme, dans l'espace de 10 m″, n'abaissera tout-au-plus le tambour que de 7 $\frac{1}{2}$ degrés : il ne descendra lui-même, pendant ce tems, que $\frac{1}{10}$ pied, & le fardeau ne sera élevé que très lentement. Mais il n'en arrive pas ainsi dans la pratique ; un homme peut, en montant, parcourir 5 pieds dans l'espace de 10 m″ : par conséquent il produit un plus grand effet en s'éloignant da- vantage du centre du mouvement.

§. DL. Comme un homme qui marche dans un tambour descend conti- nuellement, son centre de gravité ne demeure pas constamment à même distance du centre du mouvement lorsqu'il monte : cette distance augmente, & par conséquent il n'agit pas avec un mouvement uniforme. Cependant la masse énorme du tambour, lorsqu'il est mis en mouvement, ainsi que le frottement de la machine, rendent ce mouvement uniforme, ou il en differe si peu, que cette différence ne mérite pas d'entrer en considération.

§. DLI. Un cheval tire des fardeaux parallelement à l'horison, & la force d'un cheval équivaut à celle de 7 hommes : or comme la force d'un homme qui tire $= 25$ ℔, celle d'un cheval $= 25 \times 7 = 175$ ℔.

M. *Sauveur* a fait voir que cette estimation s'accordoit avec l'expérience ; il attacha un cheval à une corde, qui passoit par-dessus la circonférence d'une poulie, à l'autre extrêmité de laquelle étoit suspendu un poids $= 175$ ℔, qu'il plaça dans un puits : & il trouva que ce cheval marchoit avec une vîtesse, qui étoit telle, qu'il pouvoit, en une heure, parcourir 1800 toises.

Belidor, s'en rapportant à ses propres observations, prétend qu'un cheval peut élever ce même poids, & parcourir, dans l'espace d'une heure, 2000 toises ; & même qu'il peut travailler $2\frac{1}{2}$, ou même 3 heures de suite : ce qui est le plus grand effet qu'on puisse attendre d'un cheval qui tire. Un bœuf peut tirer un plus grand fardeau qu'un cheval ; mais il marche plus lentement que ce dernier.

§. DLII. Un homme de médiocre grandeur, se tenant de bout, & élevant un fardeau de bas en-haut autant qu'il peut l'élever, ou saisissant un fardeau à la plus grande hauteur, à laquelle il puisse atteindre, pour le porter au point le plus bas auquel ses bras puissent parvenir, ne peut transporter ce fardeau qu'à la distance de 4 pieds ; lorsque ce même homme est appliqué à une corde qui passe sur la circonférence d'une poulie, il ne peut tout-au-plus faire parcourir à ses bras que l'espace de 2 pieds en tirant de haut en bas : & encore il n'agit pas alors commodément, ou, pour mieux dire, il travaille trop, & se fatigue promptement ; tandis que s'il ne tiroit à chaque fois que l'espace d'un pied, il agiroit plus commodément, il se fatigueroit moins, & agiroit plus long-tems. Il faut consulter là dessus les ouvriers qui sont employés à enfoncer en terre des pieux, ou à élever des fardeaux.

§. DLIII. Le célebre *Hée* (1) examina le premier la charge que porte l'axe d'une machine sur les coussinets sur lesquels elle roule, lorsqu'elle est en mouvement ; & il la détermina de cette maniere. Soit un treuil dont le rayon $c\,\alpha = a$ [*Tab.* 12. *fig.* 7.], la puissance mouvante A, le fardeau B, qui soit éloigné du centre du mouvement c de la quantité $c\beta$, qui soit $= b$; que le rayon de l'axe $= c$; que le poids de la machine entiere $= M$; que le centre des forces soit à une distance du centre de gravité $= d$: cela posé, on demande quelle pression supporte l'axe de cette machine, lorsque la puissance A la met en mouvement ?

Appellons π la pression que produit la puissance A lorsqu'elle met la machine en mouvement ; la pression qui se fera sentir à la partie opposée β, sera

$$= \frac{\pi\,\alpha}{b} ;$$ parceque $b : a : : \pi : \dfrac{\pi\,a}{b}$; par conséquent la somme totale de la pression, abstraction faite du poids de la machine & de la corde $= \pi + \dfrac{\pi\,a}{b}$

$$= \left(1 + \frac{a}{b}\right)\pi.$$

(1) Philos. Transact. Vol. 49. part. 1. p. 7.

Que

Que la raison de la pression au frottement soit constamment comme 1 est à μ, le frottement sera $= \left(1 + \dfrac{a}{b}\right) \pi \mu$; & le *moment* du frottement sera $= \left(1 + \dfrac{a}{b}\right) \pi \mu\, c$.

Le *moment* du frottement, qui naîtra du poids de la machine, sera $= M\,c\,\mu$; laquelle quantité, étant ajoûtée à la premiére, donnera $\overline{1 + \dfrac{a}{b}} \times \pi + M \times c\,\mu$: par conséquent le *moment* de la puissance $A = A\,a - B\,b - \overline{1 + \dfrac{a}{b}} \times \pi + M \times c\,\mu$. Mais comme le *moment* de la force d'inertie $= A\,a\,a + B\,b\,b + M\,d\,d$, ou $=$ le quarré de la vîtesse $\times$ la masse, la force accélérative sera $=$

$$\frac{A\,a - B\,b - \overline{1 + \dfrac{a}{b}} \times \pi + M \times c\,\mu}{A\,a\,a + B\,b\,b + M\,d\,d}.$$

Et pour trouver l'accélération du point α, ou de la puissance mouvante A, il faudra multiplier tous les termes par a, & on aura :

$$\frac{\left(A\,a\,a - B\,a\,b - \left(\overline{1 + \dfrac{a}{b}} \times \pi + M\right) a\,c\,\mu\,d\,t\right)}{A\,a\,a + B\,b\,b + M\,d\,d} = d\,c.$$

Dans ce calcul, $d\,t$ exprime l'élément du tems : $d\,c$ signifie l'accroissement de la vîtesse.

Mais si la puissance A fût tombée librement, on auroit eu $\dfrac{A}{A}\,d\,t = d\,t$; & comme les accroissemens de la vîtesse en tems égal, qui surviennent au même corps, sont comme les forces génératrices, on aura $d\,t : d\,t - d\,c :: A :$ la force qui engendre le décroissement de la vîtesse $d\,t - d\,c$, qui est la même que celle qui retarde la chûte du corps, qui bande la corde, & qui exerce sa pression sur le côté α ; par conséquent, en substituant les valeurs, on aura l'analogie suivante :

$$1 : 1 - \frac{A\,a\,a - B\,a\,b - \overline{1 + \dfrac{a}{b}} \times \pi + M\,a\,c\,\mu}{A\,a\,a + B\,b\,b + M\,d\,d} :: A : \pi ;$$

de-là on aura $\pi =$

$$\frac{A\,B\,b\,b + A\,M\,d\,d + A\,B\,a\,b + \overline{1 + \dfrac{a}{b}} \times A\,a\,\pi + M\,A\,a\,c\,\mu}{A\,a\,a + B\,b\,b + M\,d\,d}.$$

Par cette équation on trouvera, $\pi = \dfrac{A\,B\,b\,b + A\,M\,d\,d + A\,B\,a\,b + A\,M\,a\,c\,\mu}{A\,a\,a + B\,b\,b + M\,d\,d - \left(1 + \dfrac{a}{b}\right) A\,a\,\mu}$.

Tome I.   Gg

$$\text{Et } \pi \frac{a}{b} = \frac{ABab + AMdd\frac{a}{b} + ABaa + AM\frac{aac\mu}{b}}{Aaa + Bbb + Mdd - \left(1 + \frac{a}{b}\right)Aa\mu} \;;\; \text{\& la pression totale}$$

$$\varpi + \pi\frac{a}{b} = \frac{AB(\overline{a+b^2}) + AM(dd + ac\mu)\left(1 + \frac{a}{b}\right)}{Aaa + Bbb + Mdd - \left(1 + \frac{a}{b}\right)Aa\mu}.$$

Si on n'a point égard au frottement & au poids de la machine, la pression totale sera $= \dfrac{ABa + b^2}{Aaa + Bbb}$; & si on suppose, comme dans la poulie,
que $a = b$, la pression totale sera $\dfrac{ABa + a^2}{A + B \times aa} = \dfrac{4\,AB}{A + B}$.

§. DLIV. Nous avons démontré ci-dessus [*Tab.* 12. *fig.* 8.], qu'un homme qui faisoit tourner une roue, à l'aide d'une manivelle, agisloit avec des
forces inégales : il est cependant très souvent nécessaire que la roue qu'on
fait tourner se meuve d'un mouvement uniforme : c'est pour parer à cet inconvénient qu'on augmente le poids de la roue ou du tambour, ou qu'on
attache 3 ou 4 poids aux extrémités de plusieurs leviers fixés sur l'arbre
de la roue. Par là le mouvement que l'homme communique à la machine,
se distribue à une plus grande masse; laquelle, étant une fois en mouvement, ne perd pas aisément le mouvement qu'elle a reçu, & le conserve
plus long-tems : il faut avouer néanmoins qu'une roue qui est ainsi chargée,
éprouve un plus grand frottement, & qu'elle n'est pas si facile à mettre en
mouvement, que si elle n'étoit pas chargée. Ainsi, lorsqu'on veut rendre
le mouvement uniforme, il faut nécessairement se trouver exposé à d'autres
inconvéniens.

§. DLV. Outre ce qne nous venons de dire sur la Méchanique du mouvement, il y a encore bien des choses à considérer lorsqu'on veut faire
mouvoir des fardeaux à l'aide de différentes machines. Il faut pouvoir déterminer quelle doit être la puissance qu'il faut appliquer à une machine,
pour lui faire produire l'effet qu'on en attend dans le plus petit tems possible, & avec la plus petite force qu'on puisse lui donner ; ou quel doit être le
rapport de la puissance au fardeau, pour que cette puissance puisse mouvoir
la machine & le fardeau, & qu'elle produise le plus grand effet possible
dans un tems donné; ou quelle machine il faut employer pour qu'une puissance donnée puisse faire mouvoir un fardeau avec une plus grande vîtesse
que toute autre machine, & l'élever à la plus grande hauteur; ou qu'un fardeau soit mis en mouvement avec la moindre dépense de force que faire se
peut.

Soit donc une puissance donnée, laquelle, étant appliquée à une machine, commence à vaincre le frottement, & à élever un fardeau : dans
cette hypothese, le fardeau ne sera élevé que très lentement, & il y aura
une grande consommation de tems. Si on diminue ce fardeau, alors la puissance le fera mouvoir avec plus de vîtesse; mais de combien le faut-il diminuer exactement, pour que cette même puissance puisse en porter tout

ce qu'elle en peut porter, & le faire mouvoir avec toute la vîteffe qu'elle peut lui communiquer: c'eft ce qu'il faut déterminer; car il pourroit arriver qu'on l'allégît trop, & que la puiffance ne produisît pas tout l'effet qu'on en peut attendre : il faut donc trouver le rapport du fardeau à la puiffance, ou de la puiffance à un fardeau donné. La folution de ces fortes de problêmes dépend, pour l'ordinaire, des différentes puiffances qu'on emploie, & de la maniere dont elles agiffent. En effet l'homme agit différemment qu'un cheval, ou que tout autre animal : le courant de l'eau, le vent, le feu, &c, toutes ces puiffances agiffent différemment. Toutes ces confidérations donnent un champ immenfe à l'induftrie des Méchaniciens, & elles demandent un travail pénible fi on a deffein de perfectionner la Méchanique ; parcequ'on n'a encore fait que très peu de recherches fur cette matiere. Il arrive fouvent qu'une machine qui paroît ingénieufement imaginée, n'eft qu'une mauvaife machine, & qu'elle ne produit point l'effet qu'on en attendoit.

Par exemple, foit une puiffance qui puiffe élever un fardeau, à l'aide d'un treuil ; je demande quel doit être ce fardeau, pour que la puiffance puiffe produire fon *maximum* ; c'eft-à-dire, pour qu'elle produife le plus grand effet poffible dans le plus petit tems ? Nous avons déja trouvé par le calcul, & nous avons démontré Chap. 9. que ce poids ne devoit être que $= \frac{4}{9}$ du poids que cette puiffance peut tenir en équilibre. Suppofons, avec le célevre *Parent*, qu'on ait une roue de meule de moulin à eau, laquelle eft mife en mouvement par un courant d'eau qui heutte contre fon aîle inférieure ; fi cette roue n'eft point chargée, fi elle n'éprouve aucun frottement, elle parviendra à acquérir une vîteffe égale à celle du courant de l'eau : mais fi l'axe de cette roue eft chargé, s'il éprouve du frottement, la vîteffe de la roue fera plus petite ; & elle fera d'autant plus petite, que cette roue fera plus chargée.

Soit A B [*Tab.* 12. *fig.* 9.] vîteffe de l'eau qui coule, A C vîteffe de la roue qui eft mife en mouvement par le courant de l'eau ; lorfque le mouvement de cette roue fera devenu uniforme, alors C B repréfentera la vîteffe relative de l'eau, d'où dépendra le mouvement de la roue : par conféquent le poids que cette roue peut élever, lorfque fon mouvement eft devenu uniforme, doit être proportionné à l'action du fluide ; c'eft-à dire, doit être comme le quarré ce C B. Soit donc multiplié ce quarré par A C, qui repréfente la vîteffe uniforme que la roue a reçue par l'impulfion de l'eau ; alors l'effet que cette roue peut produire dans un tems donné, fera proportionnel à $A C \times \overline{CB}^q$. Suppofons que C B foit divifé en deux parties égales au point D ; alors on aura $A C \times \overline{CB}^q = A C \times 2 C D \times 2 B D = 4 A C \times C D \times D B$: & par conféquent on aura le plus grand effet que puiffe produire cette roue, lorfque $A C \times C D \times D B$, donnera le plus grand produit poffible : or ce produit fera autant grand qu'il puiffe être, lorfque les parties A C, C D, D B feront égales.

Si on décrit un demi-cercle fur A D, comme diametre, & que la perpendiculaire C E touche le cercle au point E ; alors $A C \times C D = \overline{CE}^q$, & on aura le plus grand produit poffible, lorfque C fera le centre du cercle :

par conséquent A C × CD × DB pourra donner le plus grand produit, si A D est coupé au point C; mais C B est coupé également au point D : on a donc A C = CD, = DB. Par conséquent la vîtesse que la roue acquiert par l'impulsion de l'eau, doit être = ⅓ de la vîtesse avec laquelle l'eau coule sur la roue. En faisant abstraction du frottement, cette roue agit avec tout l'avantage possible; & le poids qu'elle éleve, est à celui qui pourroit s'opposer au courant de l'eau, comme le quarré de CB, qui exprime la vîtesse relative de la roue & de l'eau, est au quarré A B, qui indique la vîtesse relative de la roue qui étoit en repos auparavant; c'est-à-dire, : : 2 × 2 : 3 × 3 : : 4 : 9 : par conséquent, pour qu'une roue produise le plus grand effet qu'elle peut produire, elle ne doit pas être chargée plus des ⅘ du poids qui pourroit résister à l'impulsion de l'eau courante.

Ce fut le célebre *Parent* (1) qui entra le premier dans ces sortes de détails, & qui détermina la vîtesse d'une roue qui est mise en mouvement par l'impulsion de l'eau, lorsqu'elle produit le *maximum* de son action.

Après lui le savant *Pitot* (2) démontra comment on pouvoit déterminer l'effort de l'impulsion d'une eau courante contre les aîles d'une roue, soit que cette impulsion se fît directement ou obliquement; plusieurs autres grands Mathématiciens joignirent ensuite leurs travaux à ceux des Savans dont nous venons de parler. *Maclaurin* (3) fit entrer le frottement en considération : *Euler* (4) nous donna encore d'excellentes choses sur cette matiere. *s'Gravesande* (5) examina toutes les machines, & nous donna des regles générales pour en supputer tout l'avantage. M. *Belidor* (6) mit à profit la découverte de *Parent*, & la détailla d'une maniere très claire; ainsi que le célebre *Martin* (7). Mais comme cette doctrine ne peut être entendue qu'à l'aide de la plus sublime géométrie, on ne peut pas la mettre à la portée des éleves; & c'est ce qui m'a déterminé à ne la pas donner dans des élémens, quelqu'utile qu'elle soit.

(1) Hist. de l'Acad. Roy. ann. 1704, pag. 433.
(2) Hist. de l'Acad. Roy. ann. 1725, pag. 110. ann. 1727, pag. 69. ann. 1729, p. 359. & 540.
(3) Maclaurin; Treatise of fluxions Lib. 2. cap. 5. pag. 727. Philos. Discovery. Lib. 2. cap. 3. §. 25.
(4) Comment. Petropol. Vol. 10. Comment. Petropol. novi. Vol. 3.
(5) Physicæ Elem. Math. Lib. 1. cap. 21.
(6) Architect. Hydraul. Liv. 1. ch. 3. depuis la pag. 246, jusqu'à 249.
(7) Martin, Philos. Britan. p. 126.

CHAPITRE XI.

Du mouvement composé.

§. DLVI. On appelle mouvement composé celui qui résulte de plusieurs, qui concourent tous ensemble à mouvoir un mobile.

§. DLVII. Les différens mouvemens qui animent un mobile, peuvent conspirer les uns & les autres à le porter vers un même point, ou le déterminer vers des points diamétralement oppofés les uns aux autres, ou enfin le folliciter à fe mouvoir en même tems vers différens points.

§. DLVIII. Si les mouvemens rectilignes qui pouffent, tirent, ou conduifent un mobile, conspirent enfemble, & tendent à le porter vers un même point; alors ce mobile, obéiffant à tous ces mouvemens, fe mouvera avec une vîteffe égale à la fomme de toutes les vîteffes que chacun de ces mouvemens lui euffent féparément communiquée. En effet, foit un vaiffeau, dont les voiles foient déployées; qu'il foit pouffé, par l'action du vent, d'Occident en Orient; que le Pilote foit affis à la poupe de ce vaiffeau: dans ce cas, il fera mû du même mouvement, & avec la même vîteffe que le vaiffeau; que ce Pilote coure alors de la poupe à la proue, il fera alors animé d'un double mouvement, qui conspireront tous les deux au même but; l'un qu'il aura de commun avec le vaiffeau, & l'autre qui lui fera propre: & la vîteffe du Pilote fera compofée de fa vîteffe propre & de celle du vaiffeau. Concevons maintenant que la mer fe meut auffi, & que la direction de fon mouvement foit d'Occident en Orient, & que, par ce mouvement, elle concoure à celui du vaiffeau; alors celui qui porte le Pilote de la poupe à la proue, fera compofé de ces trois mouvemens. Enfin fi la terre fe meut auffi d'Occident en Orient, le Pilote participera auffi à ce dernier mouvement; & fon mouvement fera compofé des 4 dont nous venons de parler: la vîteffe du Pilote fera donc égale à la fomme de la vîteffe qu'il reçoit du mouvement que le vent imprime au vaiffeau, de celle qu'il a par fon propre mouvement, de celle que le mouvement de la mer communique au vaiffeau, & en même-tems de celle avec laquelle la terre eft emportée d'Occident en Orient.

§. DLIX. Si un corps eft agité par des mouvemens contraires, fa vîteffe fera égale à la différence des vîteffes qu'on lui communiquera, félon ces directions oppofées. Suppofons un Pilote immobile dans un vaiffeau que les vents portent d'Occident en Orient; que ce Pilote aille de la proue à la poupe, avec une vîteffe fous-double de celle qui entraîne le vaiffeau, la véritable vîteffe du Pilote fera égale à la moirié de celle du vaiffeau: le mouvement du Pilote, dans cette occafion, eft compofé de fon mouvement propre & d'un mouvement commun relatif.

§. DLX. Soit le corps A [*Tab.* 12. *fig.* 10.] abandonné à lui-même, & qui fe meuve d'un mouvement uniforme, avec une vîteffe = A C, & felon une direction repréfentée par la même ligne A C; que ce même mobile foit en même-tems follicité à fe mouvoir felon la direction A B, de maniere que fa vîteffe foit telle, qu'il puiffe parcourir A B, d'un mouvement uniforme, dans le même tems qu'il parcourroit A C, s'il n'étoit animé que par l'action de la première puiffance : ce mobile, foumis tout à-la-fois à l'action de ces deux puiffances, parcourra la diagonale A D du parallélogramme A B C D, dont deux côtés défignent les directions A C & A B.

Suppofons que A foit une fourmi, A C une regle fur laquelle elle fe promene, qui foit divifée en parties égales e, g, i, o; que cette regle, ainfi que la fourmi qu'elle porte, foit transportée par une puiffance quelconque, felon la direction A B, de façon que la regle demeure toujours parallele à elle-même; que la ligne A B foit pareillement divifée en parties égales aux points F, H, K, M, & que dans le même tems que la fourmi aura parcouru la partie A e de la regle A C, cette regle foit parvenue en F E : de forte qu'à la fin du premier inftant, la fourmi fe trouve en E. Lorfque cette même fourmi, continuant à marcher fur la regle A C, aura parcouru la partie e g de cette regle; que cette même regle fe trouve tranfportée en G H, à la fin du fecond inftant la fourmi fera portée en G ; qu'elle continue à defcendre jufqu'au point i, où elle ne parviendra que lorfque la regle fera couchée fur la ligne K i ; qu'elle aille de-là au point o, & que la regle fe trouve alors en M o ; enfin que la fourmi arrive en C dans le même tems que la regle répond à la ligne B D : alors on aura toujours trouvé la fourmi dans un des points de la diagonale qu'elle aura parcouru.

Voici outre cela la démonftration de la propofition que nous venons de mettre en avant.

Que la ligne A B foit divifée en un nombre quelconque de parties égales A F, F H, H K, K M, M B, & que la ligne A C foit divifée en même nombre de parties égales auffi entr'elles A e, e g, g i, i o, o C ; ayant conduit la ligne B D, parallele & égale à A C, ainfi que C D égale & parallele à A B, outre cela la diagonale A D, dans le parallelogramme A B C D : enfuite les droites F N, H P, K S, M Q, paralleles à A C; & enfin les droites e E, g G, i I, o O, paralleles à A B : la vîteffe du mobile mû de A en B, fera à celle par laquelle il fera tranfporté de A en C, : : A B : A C. Or la vîteffe du même mobile, porté de A en F, fera à celle avec laquelle il parviendra de A en e, : : A F : A e : : A B : A C. Parceque l'angle B A C = F A e, on aura le parallélogramme A e E F femblable, & femblablement placé que le parallelograme A B C D, conftruits l'un & l'autre autour de la même diagonale. Pareillement H A : A g : : B A : A C; donc la diagonale A G eft la même que la diagonale A D, & ainfi de fuite : par conféquent un corps, mis en mouvement par deux puiffances telles que celles que nous venons d'indiquer, fera néceffairement mû felon la diagonale du parallélogramme A B C D, & tout autre corps libre qui fera foumis à l'action de femblables puiffances, fe mouvera de la même maniere, foit qu'il foit comprimé, tiré, ou pouffé.

§. DLXI. Puifque la diagonale d'un parallélogramme eft toujours dans le plan du parallélogramme, tout corps qui fera foumis à l'action de deux puiffances, fe mouvera toujours dans un plan qui paffera par les directions des puiffances.

§. DLXII. Comme la diagonale A D eft toujours plus petite que la

ſomme des deux côtés A C, A B; tout corps tel que A, qui ſera mis en
mouvement par deux puiſſances, parcourra toujours un eſpace plus petit,
que ſi ce corps avoit été mis en mouvement en différent tems, par ces deux
puiſſances.

§. DLXIII. Si les deux puiſſances qui animent un mobile demeurent
conſtamment les mêmes, alors l'eſpace que parcourra le mobile dans un
même tems, ſera d'autant plus grand, que les directions ſelon leſquelles
ces puiſſances agiront contre le mobile, s'accorderont davantage entr'elles;
c'eſt à-dire, qu'elles formeront entr'elles un plus petit angle vers le même
côté : & au contraire l'eſpace que ce même mobile parcourra, ſera d'autant
plus petit, que les puiſſances qui le maîtriſeront ſeront plus oppoſées, &
qu'elles formeront un plus grand angle.

En effet, ſoient les directions A C & A B [*Tab.* 12 *fig.* 11.], le mobile
A parcourra la diagonale du parallélogramme A D; mais ſi les puiſſances conſ-
piroient davantage entr'elles, & que leurs directions fuſſent A γ, A B, le
mobile parcourroit alors la diagonale A δ > A D (Euclid. Liv. 1. Prop. 24.);
parceque l'angle A B δ > A B D. Enfin ſi les directions des puiſſances
étoient repréſentées par les lignes A x & A B, le mobile parcourroit la diagonale A Δ < A D ; parceque l'angle A x Δ < A C D.

§. DLXIV. L'eſpace A D, que le mobile parcourt lorſqu'il eſt ſollicité à
à ſe mouvoir par l'action ſimultanée de deux puiſſances, P & Q, eſt plus
court ; parceque ces puiſſances agiſſent contre ce mobile ſelon des directions
en quelque façon oppoſées, ſous quelque degré quelconque d'obliquité
qu'elles preſſent le mobile A, ſoit qu'elles forment entr'elles un angle aigu,
un angle droit ; ou un angle obtus : ce qu'on voit manifeſtement par l'inſ-
pection des figures [*Tab.* 12. *fig.* 12. 13. 14.].

En effet, la puiſſance P, agiſſant contre le corps A, ſelon la direction A B,
& lui communiquant une vîteſſe exprimée par la même ligne A B, la puiſſance Q, agiſſant en même tems contre le même mobile, ſelon la direction
A C, & lui imprimant une vîteſſe déſignée par la même ligne A C ; ce mobile doit décrire la diagonale A D. Pour le démontrer, ſoit tirée du point B
la ligne B G, perpendiculaire ſur A D, & B H parallele à A D : cela poſé,
deux puiſſances qui tendroient à mouvoir le mobile, ſelon les directions &
avec des vîteſſes exprimées par les lignes B G & B H, lui feroient décrire la
ligne B D. Soit auſſi conduite du point C la ligne C E, perpendiculaire ſur
A D, & C F parallele à A D ; deux puiſſances qui agiroient contre un mobile, ſelon la direction de ces deux lignes, C E, & C F, & qui lui com-
muniqueroient des vîteſſes égales à ces mêmes lignes, lui feroient parcourir la ligne C D : ſi on conſtruit autour de ces lignes, B D, & C D, les parallélogrammes E C F D, G B H D, on aura C E = F D = G B = H D ; &
conſéquemment les deux puiſſances exprimées par H D & F D, étant égales
& diamétralement oppoſées, ſe détruiſent totalement, & ne peüvent contribuer en rien au mouvement du mobile : il ne reſte donc que les puiſſances
exprimées par C F = E D, & B H = G D = A E ; or D E + E A = D A, qui
eſt l'eſpace que le mobile parcourt. On peut appliquer la même démonſtration à la figure 14, dans laquelle on a A D = G E - G D - E A ; mais G D
eſt diamétralement oppoſé à E A, & lui eſt égal : par conſéquent ces deux

quantités se détruisent mutuellement, & il ne reste que A D : par conséquent les puissances P & Q agissent en partie l'une contre l'autre avec des
forces opposées ; ce qui leur fait perdre une partie des forces qu'elles auroient pu communiquer au mobile : il doit donc parcourir un espace plus
petit que celui qu'il eût parcouru si ces deux puissances eussent agi solitairement contre lui en différens tems.

§. DLXV. On connoîtra la longueur de l'espace parcouru par un mobile,
qui a été mis en mouvement par l'action simultanée de deux puissances,
lorsqu'on connoîtra la vîtesse que ce même mobile reçoit de chaque puissance en particulier, & l'angle que les directions de ces deux puissances formeront entr'elles. Supposons que la vîtesse que le mobile reçoit de chaque
puissance soit comme A B & A C [*Tab.* 12. *fig.* 12. 13.], & que l'angle formé
par les deux directions de ces puissances soit P A Q, son complément à
deux angles droits sera Q A B = A B D, compris entre les lignes données
A B, A C, ou B D son égale ; par conséquent on peut parvenir à la connoissance de la longueur de A D, à l'aide de la trigonométrie : & voici la regle
dont on se sert pour y parvenir. Comme la somme des deux côtés est à leur
différence, de même la tangente de la demi-somme des angles cherchés est
à la tangente de la demi-différence ; cette demi-différence, étant ajoûtée à
la demi somme, donne le plus grand angle : & étant soustraite de la demi-
somme, donne le plus petit angle.

§. DLXVI. On connoîtra de la même maniere l'espace que parcourt un
corps, & la vîtesse avec laquelle il le parcourt, lorsqu'il est animé par
l'action simultanée de plusieurs puissances.

Pour parvenir à cette connoissance, il faut d'abord déterminer l'espace
que doit parcourir ce corps, & la vîtesse qu'il doit avoir, étant mis en mouvement par deux de ces puissances seulement ; considérons ensuite l'action
de ces deux puissances comme réunie en une seule, qui sera exprimée par
la diagonale qu'on aura trouvée : on comparera l'action de ces deux puissances avec celle d'une troisieme ; d'où naîtra une nouvelle diagonale, qui
représentera l'action des trois puissances dont nous venons de parler : &
comparant ensuite de la même maniere chaque diagonale avec chacune des
puissances qui resteront à examiner, la derniere diagonale qui naîtra de ces
comparaisons, indiquera l'espace que doit parcourir, & la vîtesse que doit
avoir le mobile qui sera mis en mouvement par le concours de toutes ces
puissances.

En effet, si le mobile A [*Tab.* 12. *fig.* 15.] est mis en mouvement par
l'action simultanée des deux puissances E & D, selon les directions & les
vîtesses exprimées par A B & A G, il parcourra la diagonale A H ; mais s'il
est en même-tems soumis à l'action de la puissance C, qui le dirige selon
A F, avec une vîtesse égale à cette ligne, au lieu de décrire A H, il décrira
A I : si on joint encore à l'action de ces trois puissances celle de la puissance
M, dont la direction & la vîtesse sont exprimées par A K, le mobile parcourra la diagonale A L ; ainsi la ligne A L exprime l'espace que doit parcourir, & la vîtesse que doit avoir un mobile maîtrisé tout-à-la-fois par
les puissances E, D, C, M.

On trouvera toujours la même chose ; c'est-à-dire, que le mobile
parcourra

parcourra toujours la diagonale A L , soit qu'on fasse l'analyse de ces puissances en commençant selon l'ordre M , C , D , E , ou C , D , E , M , &c ; & on pourra connoître , à l'aide de la trigonométrie, la longueur de la ligne A D , suivant la regle que nous venons de donner dans le paragraphe précédent.

§. DLXVII. Comme la ligne A B [*Tab.* 12. *fig.* 16.] peut servir de diagonale à plusieurs parallélogrammes différens les uns des autres ; tels, par exemple , que A C B D , A E F B , &c. il est évident qu'un même mobile , étant maîtrisé par l'action de plusieurs puissances différentes les unes des autres , peut néanmoins décrire la même ligne avec la même vîtesse ; car, étant poussé par deux puissances qui le détermineront selon les lignes A C , A D , il parcourra la ligne A B , & il parcourra encore cette même ligne s'il est mis en mouvement par deux autres puissances , qui agissent selon les directions A F & A E.

§. DLXVIII. Deux de ces puissances , prises à volonté , produiront toujours les mêmes effets ; mais, en prenant deux de ces puissances , par exemple , A E & E B ; si une des deux est déterminée, l'autre l'est aussi : parceque le triangle A E B est déterminé lorsqu'on a deux de ses côtés , tels que A B , A E , ou A B , B E , & l'angle compris entre ces côtés.

§ DLXIX. Puisqu'un corps , animé par plusieurs puissances , décrit une ligne droite , qu'il eût pû décrire s'il eût été poussé selon cette direction par une seule puissance , on pourra , à la place d'une seule puissance , en substituer plusieurs autres, qui auroient pu , par leur concours, lui faire décrire la même ligne , ou substituer une seule puissance à plusieurs autres ; pourvu que la puissance qu'on substitue puisse produire le même effet que celles qu'on lui fait représenter : ainsi, à la place de la puissance P [*Tab.* 12. *fig.* 15.], qui détermine un mobile à se mouvoir selon la direction A H , on pourra prendre les puissances E & D ; lesquelles , agissant selon les directions A B & A G , lui feront décrire la même ligne A H. Pareillement, à la place des puissances E , D , C , M , qui, par leurs concours, poussent le mobile A selon la direction A L , & lui font décrire cette ligne , on pourra prendre la puissance N , qui peut seule produire le même effet.

§. DLXX. On peut encore déterminer l'espace que parcourra le mobile A , [*Tab.* 12. *fig.* 17.], & la vîtesse avec laquelle il se mouvera , s'il est mis en mouvement par les puissances C , D , B , qui ne sont pas dans le même plan.

Si deux puissances C & B sollicitent le corps A à se mouvoir selon des directions & des vîtesses représentées par A F & A E , on pourra concevoir que ces deux directions gissent dans un même plan A E G F , dont la diagonale est A G. Que ce corps soit poussé par la puissance D , selon la direction A H : dans cette hypothese les deux puissances A G & A H gissent , à la vérité , dans le même plan , mais qui est différent du premier. Si on construit le parallélogramme A G H K , & qu'on tire la diagonale A K , cette ligne A K exprimera , & la vîtesse , & la direction du mobile qui est sollicité à se mouvoir par l'action simultanée des trois puissances que nous venons d'indiquer. Et si on construit un parallélipipede sur les trois directions A E , A F , A H , dans lequel on tire la diagonale A K , cette diagonale désignera la direction

Tome I.   H h

& la vîteſſe du mobile , qui ſe prêtera à l'action des trois puiſſances B , D , C.

§. DLXXI. Si le corps C [*Tab.* 12. *fig.* 18.] eſt ſoumis à l'action de deux puiſſances, qui ne le font pas mouvoir ſelon un mouvement uniforme , mais variable , néanmoins proportionnel en tems égaux , & conſtamment ſelon les mêmes directions C D, & C A, ſelon leſquelles elles ont commencé à le déterminer ; le mobile C continuera à ſe mouvoir ſelon la même ligne droite C B, dans laquelle il aura commencé ſon mouvement. Suppoſons que, dans le premier inſtant, une de ces puiſſances ſollicite le mobile à ſe mouvoir , ſelon la direction C D, de la quantité C E ; dans le ſecond inſtant de la quantité E F ; dans le troiſieme inſtant de la quantité F D : & que l'autre puiſſance ſollicite le même mobile à ſe mouvoir ſelon la direction C A, dans le premier inſtant de la quantité C G, dans le ſecond de la quantité G H; enfin dans le troiſieme inſtant de la quantité H A. Suppoſons maintenant qu'on ait la progreſſion ſuivante, C E : C G :: E F : G H :: F D : H A ; on aura auſſi C E : C F :: C G : C H :: C D : C A. Des points E, F, D ſoient conduites des paralleles à C A, & des points G, H, A ſoient tirées des paralleles à C D; on conſtruira pour lors les parallélogrammes E C G I, F C H K, D C A B, dont les diagonales C I, C K, C B ſeront dans la même ligne droite : car, puiſque ces parallélogrammes ont un angle commun E C G, & que E C : C G :: F C : C H :: D C : C A , ils ſont tous conſtruits ſur le même diametre C B. Or un corps qui eſt mis en mouvement par des puiſſances qui le déterminent ſelon C E & C G, parcourt la diagonale C I ; ce même corps, animé par les puiſſances C E + E F & C G + G H, doit parcourir la diagonale C K. Enfin ce même mobile , ſollicité à ſe mouvoir par les puiſſances propres à produire les mouvemens C E + E F + F D, & C G + G H + H A , doit parcourir la diagonale C B ; & conſéquemment le mobile C ſera toujours dans la diagonale C B.

§. DLXXII. Cette différente maniere de conſidérer les puiſſances unies , ou qui agiſſent ſéparément les unes des autres, s'appelle *compoſition & décompoſition du mouvement* , dont l'uſage eſt indiſpenſablement néceſſaire pour juger des effets que produiſent les corps qui agiſſent obliquement contre d'autres corps. En effet ſi le corps A [*Tab.* 12. *fig.* 19.], parcourant la ligne oblique A B , vient choquer l'obſtacle H B , on pourra conſidérer la direction de ſon mouvement comme compoſée des deux directions A C, & ſelon laquelle il ne produit aucun effet contre lui & C B, ſelon toute l'intenſité de laquelle il agit contre cet obſtacle ; que la vîteſſe du corps choquant ſoit A B, C B ſera la vîteſſe ſelon laquelle il choque l'obſtacle qu'il rencontre : & on aura A B : C B comme le ſinus total eſt au ſinus de l'angle B A C = A B H ; mais A C eſt le ſinus de l'angle A B C, qui exprime la vîteſſe ſelon laquelle le corps A n'agit point contre l'obſtacle : ainſi ſuppoſons que la vîteſſe, déſignée par A B = 5 , la force du corps choquant ſera = 25 ; que la vîteſſe exprimée par A C = 4, & que celle que repréſente C B = 3 , toute la force de la percuſſion faite au point B, ſera = 9. L'utilité de cette doctrine ſert à déterminer l'action de différentes puiſſances qui ſe tirent, qui ſe compriment & qui ſe pouſſent.

§. DLXXIII. Pour en donner une légere idée , examinons ces cerfvolans , que les enfans font élever dans l'air , à l'aide du vent.

Vers le milieu du bâton A B [*Tab.* 13. *fig.* 1.] est attachée aux points D & C une corde lâche D E C; si, à un des points de cette corde lâche , tel que E , on attache la corde E M , qu'on tient à la main : lorsque la premiere de ces deux cordes forme l'angle D E C de 54° 34', le vent souffle horisontalement contre ce cerf-volant, & le pousse obliquement avec beaucoup de violence. Soit tirée sur A B la perpendiculaire O H , qui exprime la direction & le mouvement du cerf-volant, & que ce mouvement O H soit décomposé en O P , parallele à l'horison, & P H perpendiculaire au même horison , O P exprimera la force avec laquelle le vent pousse horisontalement le cerf-volant ; & P H exprimera la force avec laquelle il est élevé : plus le point E sera proche du point D , plus la ligne O P deviendra petite ; & c'est pour cela que le point E ne doit point être fixe , mais propre à s'approcher de D , selon la différente force avec laquelle le vent peut souffler : lorsque le vent souffle doucement, le point E peut être situé de maniere que l'angle D E C soit de 54° 34'; mais si le vent est violent, ce point E ne doit point demeurer dans la même position , sans cela , la force du vent briseroit la machine , ou romproit la corde E M. Il faut donc, dans ce cas, rapprocher le point E vers D ; & c'est de cette maniere qu'on viendra à bout de diriger un cerf-volant, & qu'on n'aura point à craindre que le vent , quelque violent qu'il soit , le brise , ou rompe la corde : ou, si c'est un Physicien qui fasse usage de cette machine pour examiner les effets de l'électricité des nuës , c'est de cette même maniere qu'il doit s'y prendre , pour que le fil de fer E M demeure dans son entier.

Outre cela, il faut considérer trois puissances qui agissent contre un cerf-volant : 1°. la force du vent , 2°. le poids du cerf & de la queue qui y est attachée , 3°. la main M qui retient la corde : c'est pourquoi, si on tire L G perpendiculaire sur la corde , L N parallele à l'horison , ou perpendiculaire à la direction de la gravité , enfin G N perpendiculaire à la direction du vent, le triangle G L N qui en résultera , exprimera l'intensité de ces trois puissances. G L exprimera la fermeté de la corde , L N indiquera le poids du cerf-volant , & G N la force du vent; mais comme la corde est courbée dans toute sa longueur, sous l'effort de sa pesanteur, & que la courbe qu'elle représente est celle de la *chaînette*, la ligne G L sera de différente longueur , si on la tire sur tout point quelconque intermédiaire entre E & M. Il paroît aussi que l'effort que la corde a à supporter, est plus grand vers E que vers M ; aussi lorsque cette corde cede à la force qui la tire , elle ne casse presque jamais vers le point M , mais dans un point intermédiaire.

§. DLXXIV. On peut entendre à présent comment il arrive que des vaisseaux , poussés par le même vent, suivent néanmoins différentes routes : soit le vaisseau A B [*Tab.* 13. *fig.* 2. 3. 4. 5.], que A en soit la proue, B la poupe, C D E la voile déployée , & qui est enflée par le vent, dont l'action soit déterminée par la perpendiculaire D G, laquelle se décompose en D F, perpendiculaire à A B , & en F G, parallele à A B : en tant que le vaisseau est porté selon la direction F G , il va en avant; mais en tant qu'il reçoit aussi un mouvement selon D F, il est poussé latéralement : cela posé, si l'eau

H h ij

réfiſtoit également contre toutes les parties du vaiſſeau , il s'avanceroit davantage ſelon la direction latérale qui l'anime ; mais il éprouve la réſiſtance de l'eau , ſelon toute ſa longueur AB , & il n'éprouve qu'une très petite réſiſtance à ſa proue A : & par conſéquent il ſe meut plus aiſément en avant. Pour augmenter la réſiſtance de l'eau , qui ſe fait ſentir à la partie latérale du vaiſſeau , on ajoûte des aîles à la partie latérale des petits bateaux ; leſquelles, rencontrant la ſurface de l'eau , ſelon toute l'étendue de leurs ſurfaces , font que le bateau ſe prête moins à l'impulſion qu'il reçoit , ſelon la direction D F , & qu'il ne dirige pas ſa courſe ſelon F G , mais ſelon une toute autre direction , qui approche davàntage de D L , & qui dépend de la plus grande, ou de la plus petite réſiſtance qu'il éprouve latéralement.

Le degré d'obliquité , ſelon lequel on doit mettre à la voile , n'eſt pas une choſe indifférente ; il eſt une certaine diſpoſition des voiles plus favorable que toute autre , & qui fait que le vent les enfle d'une maniere plus propre à faire avancer le vaiſſeau : cette ſituation , dans la figure 2 , eſt telle , que la *quille* B D doit former , avec la voile D E , un angle B D E de 19° 35′ ; & dans la figure 5 , il faut que l'angle B D E ſoit de 54° 34′ : & dans la figure 3 & 4 , l'angle B D E doit être de 35° 17′. On peut conſulter là deſſus *Pitot* (1) ; mais il y a outre cela pluſieurs autres choſes à conſidérer , lorſque le vaiſſeau eſt une fois en mouvement , & qu'on pourra apprendre dans *Maclaurin* (2).

§. DLXXV. On démontre de la même maniere comment le gouvernail peut conduire un vaiſſeau qui fait route. Soit le vaiſſeau A B [*Tab.* 13. *fig* 6.], qui ſe meut en avant , & dont C D G eſt le gouvernail , diſpoſé obliquement pour frapper l'eau : c'eſt la même choſe que ſi on conſidéroit le gouvernail comme immobile , & que l'eau vînt le frapper en ſens contraire , ſelon la direction L D. Soit conduite la perpendiculaire D E ſur le gouvernail C G , cette perpendiculaire exprimera l'impulſion de l'eau contre ce gouvernail ; mais ce mouvement , cette force , exprimée par D E , peut ſe décompoſer en autres , D I , & I E : en vertu du mouvement D I , la partie poſtérieure du vaiſſeau eſt portée vers Z ; mais le mouvement qu'elle reçoit pour aller vers Z , eſt retardé par ſon mouvement ſelon I E. Or , en tant que la partie poſtérieure du vaiſſeau eſt mue ſelon la direction D I , la proue A eſt portée par un mouvement contraire vers X ; il ſe fait pour lors une eſpece de tournoyement au-deſſus de l'endroit qui répond au centre de gravité , qui eſt dans l'intérieur du vaiſſeau : mais le vaiſſeau ne renverſe pas pour cela ; parcequ'il avance en même-tems qu'il tourne.

§. DLXXVI. Soit maintenant un autre vaiſſeau A B [*Tab.* 13. *fig.* 7.] , qui vogue par l'action des flots qui le pouſſent par la poupe , & qui heurtent contre le gouvernail C D G ; l'eau , dont le mouvement ſuit la direction L D , frappe le gouvernail , & le meut ſelon la perpendiculaire D E : or D E peut être décompoſé en deux mouvemens ; ſavoir , D I & I E : en tant que le gouvernail eſt pouſſé ſelon D I , la partie poſtérieure du navire eſt portée vers X ; & la proue A , par cette même raiſon , eſt portée en ſens

_____

(1) Manœuvre des vaiſſeaux , Sect. 3. ou Tab. 3. (2) Treatiſe of fluxions , pag. 735.

contraire vers Z : & en vertu du mouvement, selon la direction I E, le vaisseau est poussé en avant.

§. DLXXVII. On peut encore déterminer quelle doit être la situation du gouvernail, pour que l'eau, agissant contre lui, avec toute la force possible, fasse tourner le vaisseau. Que la ligne A P F [*Tab.* 13. *fig.* 8.] représente le gouvernail du vaisseau A H : supposons que ce gouvernail soit situé obliquement selon la direction P F, afin que l'eau agisse contre lui selon la direction E C : supposons maintenant que C E soit le rayon ou le sinus total ; alors F E sera le sinus de l'angle d'incidence, & conséquemment la force de l'eau qui agira contre le gouvernail, sera $= \overline{FE}^q$; que F E soit donc décomposé en deux puissances, savoir, F D & D E, dont l'une, D E, sera parallele à la direction du vaisseau ; & l'autre, D F, sera opposé au mouvement du même vaisseau : il est constant, dans cette hypothese, que ce sera la seule puissance D F qui fera tourner le vaisseau sur lui-même. Or E F : F D : : C E :

$$ C F : : C E \times \overline{EF}^q : C F \times \overline{EF}^q : : \frac{C E \times \overline{EF}^q}{C E} : \frac{C F \times \overline{EF}^q}{C E} : : \overline{EF}^q : $$

$$ \frac{C F \times \overline{EF}^q}{C E}. $$

Supposons maintenant que C E $= a$, que C F $= x$, $\overline{FE}^q = a a - x x$; donc

$$ \frac{C F \times \overline{EF}^q}{C E} = \frac{a a x - x^3}{a}. $$

Soit prise la différentielle de cette derniere quantité, qui sera $\frac{a a \, d x}{a} - \frac{3 x x \, d x}{a} = 0$, afin d'avoir le *maximum*, on aura $\sqrt[V]{\dfrac{a a}{3}} = x$. Parceque a est égal au rayon,

Le logarithme de a a $=$ . . . . 20,000000.

Si on en soustrait le logarithme du n° 3 $=$.   0 477121.

Le reste sera . . . . 19,522879.

Lequel, étant divisé par 2, $=$ . . . . . . 9,761439.

Ce dernier nombre est le logarithme de l'angle de 35° m′ 16, dont le complément est l'angle d'incidence E C F $= 54°$ 44 m′ ; par conséquent l'eau agit avec toute la force possible contre le gouvernail, quand elle le frappe sous un angle de 54° 44 m′.

Mais *Bouguer* (1) a donné une autre formule, suivant laquelle l'angle, formé par la quille & le gouvernail, est de 46° ⅓, afin d'avoir le *maximum* de l'action de l'eau ; parcequ'il faut faire attention au mouvement curviligne de l'eau, qui s'éleve vers la quille & la poupe.

§. DLXXVIII. D'après ce même principe, on explique l'effet du pont flottant, dont on fait un fréquent usage sur les fleuves qui sont très larges, tels que le *Rhin*. A B [*Tab.* 13. *fig.* 9.] est une ancre qu'on jette au fond du

______

(1) Manœuvre des vaisseaux, pag. 280. & 325.

fleuve ; à cette ancre eſt attachée la corde qui la dirige, laquelle eſt placée
ſur de petites barques C, D, E, F, auxquelles elle eſt fixée à des diſtances
égales, afin qu’elle ſe tienne toujours ſur l’eau : cette corde enfin eſt attachée au plancher G d’un ample bateau ; le gouvernail H I K N eſt ſitué à la
poupe, ainſi que dans les vaiſſeaux ordinaires. Soient maintenant les deux
digues P Q, P Q, qui ſervent à rétrecir le lit du fleuve, afin que l’eau coule
avec plus de vîteſſe, & frappe plus rudement le gouvernail I N, incliné vers
la rive R ; l’eau, dans cette hypotheſe, agit ſelon la direction K L, qu’il
faut décompoſer en K M & M L : en tant que le gouvernail eſt frappé ſelon la direction K M, il eſt porté vers la rive S, en parcourant l’arc R S ; &
en tant qu’il eſt pouſſé ſelon la direction M L, il ſeroit emporté par le courant du fleuve, s’il n’étoit retenu par l’ancre : & c’eſt de cette façon que le
vaiſſeau G va de la rive R à la rive S. Lorſqu’il eſt parvenu à la rive S, ſi on
tourne le gouvernail en ſens contraire, de ſorte que le point H réponde au
point V, l’eau, coulant alors le long du côté T du vaiſſeau, & frappant le
gouvernail, pouſſe le vaiſſeau vers la rive oppoſée R : c’eſt pour cela qu’on
nomme ce pont, un pont flottant, qu’on forme quelquefois en joignant enſemble deux vaiſſeaux, afin que le plancher ſoit plus large, & qu’il y ait
moins de riſques à courir dans le trajet.

§. DLXXIX. C’eſt de cette maniere que la fumée, que le feu, font mouvoir les corps qu’ils choquent obliquement. Soit A B [*Tab.* 13. *fig.* 10.] un
léger cerceau, ſur les bords duquel ſoient attachés de petits cartons, diſpoſés obliquement, & qui concourent tous vers le point C, comme vers le
centre de la machine ; que ce centre ſoit de cuivre creuſé en queue d’aronde,
& placé ſur la pointe d’un ſtilet de fer très délié, qui ſoit établi ſur un pied
D E, attaché ſur une baſe ſolide E H, ſur laquelle on place une chandelle
allumée L, dont la flamme F fait beaucoup de fumée ; cette fumée, en s’é-
levant, frappe obliquement les bandes de carton, & les pouſſe ſelon la direction A M B : & par ce moyen elle fait mouvoir circulairement le cerceau.
On place quelquefois dans les cheminées de ſemblables machines, mais
plus grandes, faites de fer léger ; & on les place à la diſtance de 8 à 10
pieds du feu : on enveloppe le cerceau avec une corde qu’on fait paſſer ſur
des poulies de renvoi, pour venir embraſſer celle qui eſt creuſée ſur un
diſque de bois, dans lequel eſt fixée une broche, que le mouvement du
cerceau fait tourner, ainſi que les viandes qu’on veut faire rôtir : la vîteſſe
avec laquelle cette broche tourne, dépend de la quantité du feu & de la fumée qu’on fait dans le foyer de la cheminée.

§. DLXXX. Si trois puiſſances A, B, C [*Tab.* 13 *fig.* 11.] agiſſent,
ſoit en tirant, ou en preſſant contre le même même point D, chacune ſelon
une direction particuliere, & qu’elles ſoient en équilibre entr’elles, la valeur de ces puiſſances ſera comme les trois droites D G, G E, D E, paralleles aux directions des puiſſances, & qui forment, par leur concours, le
triangle D G E, ou D E F. En effet, ſi, dans le même tems que la puiſſance
B eût communiqué au point D une force ſuffiſante pour aller de D en G, la
puiſſance C eût communiqué à ce même point une force pour parvenir de
D en F ; alors le point D eût décrit la ligne D E, diagonale du parallélogramme G E F D ; par conſéquent, pour que la puiſſance A tienne en

équilibre les deux autres puissances, B & C, & que le point D demeure
en repos, il faut que cette puissance A soit telle qu’elle puisse, dans le même tems, mouvoir le point D de la quantité E D; car les puissances qui
agissent toutes contre un même obstacle, sont entr’elles comme les vîtesses
qu’elles communiquent à ces obstacles (§. 257). Ainsi la puissance A sera
comme D E, la puissance B comme D G, la puissance C comme D F = G E;
& par conséquent le triangle E G D exprimera le rapport de ces puissances.
Nous trouverons la même chose, de quelque maniere que nous examinions
le rapport de ces puissances; car, en commençant cet examen par les puissances C & A, nous aurons C = D F, & A = A D = F H : achevant alors
le parallélogramme F D A H, & prolongeant B D jusqu’en H, on aura la
puissance B = D H = E F = D G. Maintenant, en considérant d’abord les
deux puissances, B, & A, & produisant C D jusqu’en L, & achevant le
parallélogramme G D A L, on aura D L = G E = D F.

§. DLXXXI. Le sinus de l’angle A D B = B D E, est E G; celui de l’angle A D C = E D F = D E G, est G D: enfin le sinus de l’angle B D C =
E G D est E D; & par conséquent la puissance B : A : : le sinus de l’angle
A D C est au sinus de l’angle C D B; & A : C : : le sinus de l’angle C D B est au
sinus de l’angle B D A : c’est-à-dire, les puissances sont entr’elles comme les
sinus des angles qui sont formés par les directions des puissances opposées.

§. DLXXXII. La grandeur de trois puissances, qui doivent être en équilibre entr’elles, étant donnée, trouver la direction de ces puissances ?

Pour résoudre ce problême, prenez trois lignes proportionnelles aux
grandeurs données, dont vous formerez le triangle G E D [*Tab.* 13. *fig.* 11.];
du point D conduisez les lignes D F, D A, paralleles aux côtés G E, E D,
& les directions seront D B, D C, D A.

§. DLXXXIII. Deux points fixes, A, & B [*Tab.* 13. *fig.* 12.], de différe-
rente hauteur, étant donnés, auxquels une corde lâche A C B est attachée;
& étant pareillement donné un poids P, suspendu à une autre corde C P,
attachée en C à une poulie, trouver le point C de la corde A C B, auquel
la poulie & le poids descendront.

Solution. Joignez ensemble le point A & le point B par la ligne A B;
du point B, qui est le plus bas des deux, descendez B H, perpendiculaire à
l’horison : du point A, comme centre, & d’un rayon dont la longueur soit
égale à celle de la corde A C B, décrivez un arc de cercle qui coupe la perpendiculaire B H en un point tel que H; & de ce point H au point A, conduisez la droite H A : du point G, milieu de la perpendiculaire B H, menez
G L, parallele à l’horison, qui coupe la droite A H au point C; ce point
d’intersection C sera le point cherché. Que le poids P soit donc suspendu au
point C, auquel soit amenée la ligne B C; prolongez alors P C jusqu’en D,
& du point D tirez la ligne D F parallele à A C : tirez encore, du même point,
D E parallele à B C.

Comme les points A & B, en tant qu’ils résistent, peuvent être considérés
comme des puissances qui tirent également, & qui sont exprimées par les
lignes D E & D F, égales entr’elles; la diagonale C D, du parallélogramme
équilatérale D E C F, coupera en deux parties égales l’angle E C F. (la figure n’est pas exacte).

Maintenant , par la conſtruction , dans les triangles B G C , H G C, on a
le côté B G = H G. CG = C G, l'angle droit B G C = H G C ; & par conſéquent C B = C H. D'un autre côté A C + C H = la longueur de la corde ;
par conſéquent C D exprime la valeur du poids P, E C la valeur de A , &
C F la valeur de B.

§. DLXXXIV. Si les point A & B étoient rangés dans la même ligne horiſontale, le point D ſeroit placé au milieu de la ligne A B ; & on auroit
A C = C B : mais plus la hauteur de A , comparée à celle de B , ſera grande , & plus le point C ſera proche de BH.

§. DLXXXV. Soit la corde A C D B [*Tab.* 13. *fig.* 13.] , fixée aux points
A & B ; aux points intermédiaires C & D , éloignés à quelque diſtance l'un
de l'autre , ſoient ſuſpendues deux cordes C H , D G, aux extrêmités deſquelles ſoient attachés des poids: on pourra déterminer la valeur de ces
poids. Pour cela faire , ſoit prolongé A C juſqu'en G; on aura alors trois
puiſsances en A , D , H , qui ſeront en équilibre. Si on prolonge B D juſqu'en
H , on aura encore trois puiſsances , B , C , G , qui ſeront en équilibre ; &
on aura la puiſsance A = C G, la puiſsance D = D C, la puiſsance H =
D G : pareillement la puiſsance B = D H , la puiſsance C = D C , la puiſſance G = C H.

Et conſéquemment on aura A : B : : C G : D H

G : H : : C H : D G.

§. DLXXXVI. On peut encore déterminer la valeur de trois puiſsances
par des lignes droites perpendiculaires ſur les trois directions , & qui forment un triangle par leur concours.

Soient les trois puiſsances A B C [*Tab.* 14. *fig.* 1.] en équilibre entr'elles,
& dont les directions concourent au point D ; ſoit conſtruit le triangle
D P Q par des paralleles aux directions des puiſsances : ſoient enſuite menées trois perpendiculaires P E , P G , E G ſur les directions de ces puiſsances , & qu'elles paſsent par les points D, P; on aura le triangle E P G , ſemblable au triangle P D Q : puiſque l'angle P D G eſt droit , & que D L eſt
perpendiculaire ſur P G , on aura l'angle P D G = P D Q; & l'angle D E P ,
= P D H, = D P Q : donc on aura E P G = P Q D; & par conſéquent les
deux triangles E P G , D Q P ſont ſemblables : on aura donc D Q : Q P : :
G P : P E , & Q D : D P : : P G : G E; & conſéquemment P G exprimera la
valeur de la puiſsance C , P E celle de B , & E G la valeur de A. Cette propoſition eſt d'une grande utilité pour déterminer les grandeurs de trois puiſſances qui ſont en équilibre , pourvu que les perpendiculaires conduites ſur
les directions des puiſsances , forment un triangle , comme il paroîtra évi-
den: par les exemples ſuivants.

§. DLXXXVII. Soit le levier A C B [*Tab.* 14. *fig.* 2.] , dont le point d'appui eſt en C. Que les puiſsances P & S ſoient en équilibre entr'elles ; que
les directions de ces puiſsances ſoient prolongées juſqu'à ce qu'elles ſe rencontrent en un point commun D : du point C ſoit élevée au point D la ligne
C D ; ſoit enſuite conduite C F, parallele à D B , & C E parallele à D A , &
C M perpendiculaire ſur D B : enfin L O perpendiculaire ſur D C. Cela poſé , on aura l'angle F D C = L C A = C L O. L'angle C D E , = B C M , =
                                                                                      C M O

C M O ; par conséquent l'angle D F C = L C M : on aura donc D F : F C : :
L C : C M , & D F : D C : : C L : L M ; & conséquemment la puissance P
sera = L C , & la puissance S = C M , & la puissance du point d'appui =
L M. C'est ainsi qu'on détermine les trois puissances qui existent réellement
dans la balance, le levier, la poulie, le treuil, le plan incliné : nous n'en
avons déterminé que deux dans le Chap. 8. sur la Méchanique, maintenant
nous en considérons trois.

§. DLXXXVIII. Si le levier est disposé comme C B A [*Tab.* 14. *fig.* 3.],
contre lequel les puissances agissent selon des directions obliques A E , &
B H, on pourra déterminer la troisieme puissance, celle qui soutient le
point d'appui. Que le mouvement A E soit décomposé en deux mouvemens, A D perpendiculaire au levier, & A F ou D E parallele au même
levier ; de sorte qu'on ait C B : C A : : A D : B G. Les deux puissances opposées B G , & A D , qui agissent sur les points B & A du levier, seront en
équilibre : mais le point d'appui C sera pressé par les deux mouvemens G H,
& A F, auxquels, si on fait H K égale, cette derniere ligne exprimera la
puissance qu'on cherche pour soutenir le point d'appui ; mais si la puissance
qui est appliquée en A , eût agi selon la direction A M, le point d'appui C
eût été tiré, avec une force égale, à droite & à gauche : cela arrivera si C A,
étant prolongé jusqu'en L, on a A L = G H ; & qu'ayant construit le parallélogramme D A L M, on tire la diagonale A M. Comme dans cette hypothese les trois puissances ne concourent point en un point commun, il
falloit les déterminer d'une autre maniere ; savoir, par la décomposition du
mouvement, ainsi que je voulois le démontrer.

§. DLXXXIX. Soit la poulie T [*Tab.* 14. *fig.* 4.], à la châsse de laquelle
est suspendu le poids P ; soient aussi les deux puissances A , & B, qui tirent
obliquement la corde C G H E, & qui soutiennent la poulie & son poids :
cette construction étant donnée, on demande quelle est la valeur des trois
puissances A , B, P?

Pour résoudre ce problême, soit tirée C D perpendiculaire à la corde A G,
& D E perpendiculaire à la corde B H, enfin C E perpendiculaire sur la direction du poids P. Les trois côtés du triangle D C E exprimeront la valeur
des trois puissances, & on aura A = C D , B = D E , P = C E ; si ces deux
puissances A & B étoient paralleles, elles seroient égales entr'elles, & égales
à la moitié du poids P & de sa poulie.

§. DXC. Soit un plan incliné A B [*Tab.* 14. *fig.* 5.], sur lequel soit placé
le poids C, soutenu par la puissance P; on trouve encore trois puissances
dans cette construction. 1°. le plan qui soutient en G le poids C, qui agit
contre lui selon la direction C G. 2°. La pesanteur du poids C, qui le détermine selon la ligne C K, perpendiculaire à l'horison A D. 3°. La puissance P, qui agit contre le poids C, selon la direction C P. Or, ayant conduit trois perpendiculaires sur les trois directions que nous venons d'indiquer ; savoir, O A, sur la direction G C du plan, D O sur la direction C P
de la puissance, & A D sur la direction C K de la gravité : on aura le triangle O D A, dont le côté D A représentera le poids, le côté O A l'action du
plan incliné ; enfin O D la valeur de la puissance P.

Dans cette construction, on aura D O, sinus de l'angle O A D, que le

plan O A forme avec l'horifon A D ; on aura D A , finus de l'angle D O A ,
ou D O B , qui eft le même que le finus de l'angle A O S , qui eft co-finus de
l'angle que forme avec le plan A B la direction de la puiffance P : par conféquent la puiffance P , qui foutient le poids C fur le plan incliné , eft au
poids de ce corps , comme le finus de l'angle , formé par le plan incliné
avec l'horifon , eft au co finus de l'angle que la direction de la puiffance
fait avec le plan incliné. L'angle S O A décroît à proportion que l'angle
O A S augmente ; de là D S tombera fur D A , & fe confondra avec elle ,
lorfque l'angle P A O fera droit. Suivant que le corps C fera placé fur un
plan A B , différemment incliné , & qu'il fera foutenu par une puiffance P ,
qui agira toujours dans une direction parallele à celle du plan , l'action de
la puiffance P , ainfi que celle du plan A B , feront différentes. En effet fi
B A fe confond avec la ligne parallele à l'horifon D A , l'action du plan fera
égale à la pefanteur du poids , & la puiffance P fera nulle ; c'eft à dire , le
plan foutiendra toute la pefanteur du poids C , & la puiffance P n'aura rien
à foutenir : mais à proportion que le plan A B s'élevera & s'inclinera fur
D A , l'action du plan deviendra plus petite , & celle de la puiffance P croîtra ; parceque l'action de la puiffance P eft toujours au poids du corps C ,
comme le finus de l'inclinaifon du plan fur l'horifon , eft au finus total , &
l'action du plan comme le co-finus de l'inclinaifon du plan fur l'horifon.

§. DXCI. Nous avons déterminé (§. 463) la valeur de la puiffance qui
pouffe un coin , lorfque la fente ne devance point le tranchant du coin ; mais
dans le cas où la fente E D F [*Tab*. 14. *fig*. 6.] devanceroit le tranchant du coin
A B C , voici la maniere de déterminer la puiffance qu'il faut appliquer au dos
du coin : les deux côtés de la fente D E , & D F agiffent fous les directions E B ,
& F A , perpendiculaires fur D E & D F ; en formant donc le parallélogramme
E M F O , & joignant O & M , par une perpendiculaire fur la direction de la
puiffance qui preffe le dos du coin , on aura le côté O M du triangle E O M ,
qui exprimera la grandeur de la puiffance qu'il faut appliquer au dos du
coin : puifque O E , ou E M , repréfente la réfiftance de chaque côté du
corps qu'on veut fendre.

§. DXCII. Soit un levier difpofé de maniere qu'il puiffe fe mouvoir librement à droite & à gauche , de haut en-bas , ainfi que de bas en-haut ;
foient fufpendus à ce levier les poids E , G , I [*Tab*. 14. *fig*. 7.] , & que
tout cet appareil foit foutenu par les poids , ou par les puiffances qui agiffent de bas en-haut M , L , de façon que ce levier foit en repos , & que
toutes les puifsantes agifsantes foient en équilibre entr'elles. Si on veut connoître la grandeur de chacune de ces puifsances , il faut décompofer leurs
tractions obliques. Ce cas très curieux a été propofé par M. *Bouguer* (1) ; &
je n'ai pas cru devoir l'omettre.

1°. Le poids I agit de haut en-bas , felon la direction oblique B H ; cela
pofé , que B Q exprime l'action totale de ce poids , il faut décompofer B Q
en B R , parallele au levier , & en B S , perpendiculaire au même levier : &
fi on conftruit enfuite le parallélogramme B R Q S , on trouvera que le levier
eft tiré à droite , avec une force = B R.

<hr>

(1) Manœuvre des vaiffeaux , Liv. 1. Leç. 1. chap. 5. p. 37.

2°. Le poids M agit selon la direction oblique N O; que N O exprime donc l'intensité du poids M, de même que B Q exprime celle du poids I : il faut décomposer N O en N T & T O, & construire le parallélogramme N T O V, & on trouvera que le poids M tire le levier de gauche à droite, avec une force = N T; & par conséquent il est déterminé vers ce côté par les puissances I & M, avec des forces = B R + N T. Il faut donc que celles qui tendent à le faire mouvoir en sens contraire, de droite à gauche, soient égales à celles que nous venons de trouver, pour qu'il y ait équilibre entre les puissances, & que le levier demeure en repos.

3°. Le poids E tire le même levier selon la direction oblique C K; que C K exprime donc toute l'intensité du poids E, & que C K soit décomposé en K Y & K X : pour lors, ayant achevé le parallélogramme Y C K X, le levier sera tiré de droite à gauche, par le poids E, de la quantité C Y.

4°. Le poids L agit contre ce levier selon la direction oblique A P; laquelle, étant décomposée en A Z & Z P, & le parallélogramme A Z P W, étant construit, donne l'effort du poids L pour tirer le levier de droite à gauche = A W.

Par conséquent si B R + N T = C Y + A W, le levier demeurera en repos, & ne pourra se mouvoir, ni à droite, ni à gauche.

Mais il faut encore, outre cela, que B S + F U + Y K = N V + A Z; parceque, dans ce cas, le levier sera tiré avec des forces égales de haut en-bas, & de bas en-haut. F V exprime la force avec laquelle le poids G tire le levier de haut en-bas.

5°. Comme les puissances, dont il est ici question, agissent sur différens points du levier, il faut considérer le *moment* de chacune : c'est pourquoi il faut imaginer un point qu'on pourra considérer comme fixe, ou comme le point d'appui de la machine : or, comme le poids G agit contre le levier directement, & en ligne droite, on pourra prendre le point F pour le point fixe qu'on cherche.

Par conséquent l'action directe & perpendiculaire du poids I, étant exprimée par B S, & se faisant sentir à la distance F B du point d'appui, le *moment* de ce poids, pour tirer le levier de haut en bas, sera = B S × F B.

La puissance M, agissant en sens contraire à la distance F N, avec une masse = N V, son *moment* sera = N V × F N.

Ces deux *momens*, qui exercent tout leur effort contre une des extrêmités du levier, doivent équivaloir aux deux autres qui agissent sur l'extrémité opposée du même levier. Le *moment* de la puissance E, qui agit de haut en-bas, = X C × C F; le *moment* de la puissance L, qui agit de bas en-haut, = A Z × A F : par conséquent, pour qu'il y ait équilibre, il faut qu'on trouve cette équation, B S × F N — N V × F N = A Z × F A — C X × F C.

§. DXCIII. On a le *maximum* de l'action d'une puissance, jointe à celle d'un plan incliné, qui soutiennent conjointement un corps, lorsque le plan fait avec l'horison un angle de 45°.

Soit le plan incliné A B [*Tab.* 14. *fig.* 8.], formant avec l'horison un angle de 45 degrés B A D; soit conduite la perpendiculaire B D = D A : que cette dernière ligne soit prolongée jusqu'en E, de façon que D E = B D; on aura alors E D + D A , égal à la fomme de l'action de la puiſance & du plan. Que du point A , comme centre , & d'un rayon = A B , on décrive un arc de cercle ; enfin qu'on joigne le point E & le point B par la ligne B E , on aura le triangle iſocele E B D rectangle , & l'angle E B D de 45 degrés : mais , par la ſuppoſition , l'angle A B D eſt auſſi de 45 degrés ; donc l'angle E B A eſt un angle droit , & la ligne E B eſt une tangente. Suppoſons maintenant que la hauteur du plan ſoit différente , telle que β δ ; ſoit conduite β ε , parallele à B E , on aura le triangle β ε δ iſocele , & ε δ = β δ ; par conſéquent ε δ + δ β , exprimera la ſomme des actions de la puiſance & du plan , qui ſoutiennent conjointement le poids : mais ε B tombe en-dedans de E β ; donc , dans ce cas , la ſomme de l'action de la puiſance & du plan , eſt plus petite que dans le précédent. On démontrera la même choſe de la même maniere , ſi le plan eſt incliné comme b A ; d'où il ſuit que le *maximum* de l'action d'une puiſance , jointe à celle d'un plan incliné , qui ſoutiennent conjointement un poids , ne ſe trouve que dans l'hypotheſe que l'inclinaiſon du plan eſt telle , que ce plan forme , avec l'horiſon , un angle de 45 degrés.

§ DXCIV. Soit le corps C [*Tab.* 14. *fig.* 9.] entre deux plans inclinés , tels que A B , & D B ; on trouvera encore dans cette diſpoſition trois puiſ-ſances qui ſeront déterminées par le triangle E B G , dont les côtés ſont per-pendiculaires ſur les directions des puiſances E G ſur la direction C L de la gravité E B , ſur la direction H C ; enfin B G ſur la direction K C.

§. DXCV. Puiſque les deux côtés E B , & B G du triangle ſurpaſſent E G en longueur , l'action du corps C ſur les deux plans A B , & B D , ſera plus grande que l'action de ſa peſanteur.

2°. Plus les plans A B , & B D ſeront inclinés , plus l'action du corps C ſera grande contre eux.

3°. Si les deux plans , étant également inclinés , forment entr'eux un angle A B D de 60 degrés , l'action du corps C contre ces deux plans , ſera double de celle de ſa peſanteur.

4°. Si les deux plans A B , & B D forment un angle A B D de 90 de-grés , l'action de C , contre les deux plans , ſera à celle qui vient de ſa pe-ſanteur , comme les deux côtés d'un triangle rectangle ſont à l'hypothenuſe du même triangle.

5°. Si le plan B D eſt perpendiculaire , l'angle E G B ſera droit , & l'action du plan B A ſera au poids du corps C , comme le ſinus total eſt au ſinus de l'angle E B D , que le plan B A forme avec le plan D B ; & l'action du plan B D , ſera comme le ſinus de l'angle G E B = E B M , que l'autre plan B A fait avec l'horiſon.

§. DXCVI. Soit le levier recourbé A C B [*Tab.* 14. *fig.* 10.] , dont le point d'appui eſt en C ; ſoit ſuſpendu au point B le poids P , & au point A le poids Q : ſoit menée la ligne P D , qui exprime la direction de la gravité du poids P ; & ſoit prolongée la ligne A C juſqu'en D : pour qu'il y ait équili-bre entre ces deux poids , il faut qu'on ait la proportion ſuivante , P : Q : : A C : C D. Suppoſons maintenant un obſtacle immobile , diſpoſé verrica-lement , tel que F G , & que le poids P ſoit placé ſur le levier C B ; afin qu'il puiſſe abaiſſer ſous lui le même point du levier , qu'il tiroit à lui de

haut en-bas dans l'hypothese précédente : pour lors le poids P, appliqué
sur le levier, agira beaucoup plus puissamment que dans le premier cas ; &
il faudra augmenter le poids Q pour conserver l'équilibre entre P & Q : car,
dans cette derniere hypothese, le poids P est soutenu par deux plans E G, &
F G. Supposons que E F soit perpendiculaire sur la direction de la gravité ;
dans cette hypothese l'action du poids P, contre ces deux plans, est exprimée par les droites E G, & F G, & la pesanteur du poids P par la droite
E F : & comme le plan C G est mobile, & que le plan F G est immobile,
l'action totale du poids P sur le point B, est à la pesanteur de P, comme
E G + F G est à E F ; par conséquent le contre-poids Q, qui doit faire équilibre au poids P, doit être considérablement augmenté, & d'autant plus, que
E G + F G surpasseront davantage E F.

Autre démonstration. Du centre de gravité du poids P [*Tab.* 14. *fig.* 11.]
soit abaissée la perpendiculaire P E, qui exprime la gravité du corps P ; soit
aussi conduite sur le levier C E la perpendiculaire P F, ainsi que la perpendiculaire P D sur l'obstacle immobile G L : soit enfin achevé un parallélogramme, tel que F P D E, dont P E soit la diagonale. En tant que le poids
P agit selon les directions P F & P D, il produit le mouvement P E ; mais
parceque l'effort P D est totalement détruit par l'obstacle G L, le poids P
agit selon la direction P F, avec une force représentée par cette même ligne P F : & par conséquent le *moment* du poids P $=$ P F $\times$ C B, qui doit
être égal à Q $\times$ A C. Or, pour pouvoir déterminer la force exprimée par
P F, il faut considérer les triangles semblables C H B, & P E F, qui donnent la proportion suivante ; C B : C H : : P F : P E $=$ la pesanteur de P ;

donc P F $= \dfrac{P \times C B}{C H}$: mais comme le *moment* de P est $=$ P F $\times$ C B, ce

même *moment* $=$ P $\times \dfrac{\overline{C B}q}{C H} =$ Q $\times$ A C ; & conséquemment P $\times \overline{C B}q =$

Q $\times$ A C $\times$ C H, ou bien P : Q : : A C $\times$ C H : $\overline{C B}q$.

Plus le bras C B du levier est incliné, plus C H est petit, en supposant
toujours l'action du poids P sur le même point C ; dans ce cas P F devient
plus grand : & conséquemment le *moment* du poids P, qui est toujours $=$
P F $\times$ C B, augmente aussi ; il faut donc, pour conserver l'équilibre, augmenter à proportion le poids Q, dont le *moment* est toujours $=$ Q $\times$ A C.
Ce fut *Mariotte* qui démontra le premier ces différens cas.

§. DXCVII. De même que nous avons déterminé la grandeur de trois
puissances qui tirent un corps, ou un point quelconque, de même on peut
déterminer celle de quatre, de cinq, ou même d'un plus grand nombre,
qui agiroient toutes contre un même point, & qui seroient en équilibre
entr'elles.

Supposons en, par exemple, quatre, B, D, E, F [*Tab.* 14. *fig.* 12.],
qui tirent en même-tems le point C : qu'on prenne à volonté sur C B le point
O, duquel on tire O A, parallele à C D : qu'on tire ensuite A D parallele à
C O ; soit conduite après cela la diagonale A C prolongée jusqu'en a, de
sorte que C A $=$ C a. Du point a soit menée a E, parallele à C F, & a F,
parallele à C E ; les quatre puissances B, D, E, F seront entr'elles, comme

CO, CD, CE, CF : car les puissances E & F, agissant ensemble, produisent le mouvement C a. Les puissances D & B engendrent le mouvement C A : or C a ═ C A ; lesquelles, étant diamétralement opposées, se détruisent mutuellement, & conséquemment le point C doit demeurer en repos.

§. DXCVIII. Soient maintenant cinq puissances, B, D, E, F, G [*Tab.* 14. *fig.* 13.], agissant toutes contre le point A & en équilibre entr'elles. Pour déterminer leur valeur, soit pris A D à volonté, & du point D soit conduite D C, parallele à A E ; soit ensuite tirée la diagonale A C : soit, après cela, prolongée la ligne B A à volonté ; par exemple, jusqu'en b : & de ce point b au point C, soit menée la ligne b C ; ces deux lignes, A C, & b C, étant données, soit achevé le parallélogramme A C b h : & enfin du point h soient conduites les lignes h F, parallele à G A, & h G, parallele à A F ; & on aura alors la valeur des cinq puissances données, qui seront entr'elles, comme les lignes A D, A E, A F, A G, A b.

§. DXCIX. Nous avons considéré jusqu'à présent ce qui devoit arriver, lorsqu'un corps, qui peut se mouvoir librement, est soumis à l'action simultanée de deux puissances. Mais il peut arriver qu'un mobile soit déterminé à suivre une *route forcée*, différente de la diagonale d'un parallélogramme, qui seroit construit sur la direction de deux puissances, quoiqu'il fût néanmoins soumis à l'action simultanée de deux puissances ; ainsi que dans le cas que nous avons exposé (§. 560, 561, 562) (1).

C'est pourquoi il nous reste actuellement à déterminer la vîtesse, ou l'espace que doit parcourir un mobile, dans la derniere hypothese que nous venons d'établir. Ce fut le célebre *Hahn* qui commença le premier à examiner cette matiere. Soit donc un point matériel tel que A [*Tab.* 14. *fig.* 14.], tiré par les puissances B & C, selon les directions obliques A B, & A C; que la grandeur totale de ces puissances soit comme les lignes A B, & A C : & que la *route forcée*, que doit parcourir le mobile A, soit A F. Cela posé, soit tirée du point B la ligne B D, perpendiculaire sur A F, & A D exprimera la vîtesse du mobile A, ou l'espace qu'il doit parcourir, en vertu de l'action de la puissance B ; pareillement, du point C, soit élevée la perpendiculaire C E sur A F, A E exprimera la vîtesse du même mobile A, ou l'espace qu'il doit parcourir par l'effort de la puissance C : car le *moment* direct de la puissance B est à son *moment* oblique, comme A B : A D ; & le *moment* direct de la puissance C, est à son *moment* oblique, comme A C : A E : par

____

(1) Pour se former une juste idée de ce que notre Auteur entend par *route forcée*, imaginez une bille enfilée sur un fil de fer, & qui est tirée obliquement de part & d'autre ; c'est-à-dire, à droite & à gauche, par deux puissances inégales : quoique, selon les principes du mouvement composé, cette bille doive se prêter davantage à l'action de la plus forte de ces deux puissances, & qu'elle doive décrire, & qu'elle décriroit, si elle étoit libre, une ligne qui approcheroit davantage de la direction de la plus forte des deux puissances : néanmoins, comme elle est retenue par le fil de fer, sur lequel elle est enfilée, elle ne peut parcourir une autre ligne différente de celle que trace le fil de fer, quoi qu'il en soit du rapport d'intensité & de la direction des deux puissances qui l'animent. La longueur du fil de fer, ou une partie de cette longueur, qu'elle parcourt dans son mouvement, est ce que notre Auteur nomme *route forcée*.

conféquent la fomme des *momens* directs eſt à la fomme des obliques, comme A B + A C : A D + A E. La vîteſſe du corps A ſera donc = A D + A E.

Si on avoit A B = A C, on auroit A B + A C : A D + A E, comme la fomme faite de chaque ſinus total eſt à la fomme des deux co-ſinus des angles B A F, C A F.

§. DC. Si deux puiſſances obliques, telles que A B, A C [*Tab.* 14. *fig.* 15.], tirent le mobile A ſelon une *route forcée*, la vîteſſe que ce mobile acquerra, ſera à celle qu'il auroit acquiſe, s'il ſe fût mû librement, en parcourant la diagonale A L du parallélogramme A B C L, comme le co-ſinus de l'angle que le chemin du mobile fait avec la diagonale, eſt au ſinus total; c'eſt à-dire, en tirant du point L la perpendiculaire L F ſur A F, comme A F : A L.

En effet, ſoit tirée du point C ſur A F la perpendiculaire C E, prolongée juſqu'au point H, ſur la diagonale A L; ſoit tirée du point B, ſur A F, la perpendiculaire B I D, on aura deux triangles ſemblables A I B, C H L; puiſqu'ils ont leurs côtés parallèles : & par conféquent on aura A B : A I : : L C : L H; mais A B = C L : donc A I = L H. Ayant conduit ſur la diagonale A L les perpendiculaires C G & B K, on aura A G + A K = la fomme des vîteſſes qu'acquerroit le mobile A s'il ſe mouvoit librement; laquelle ſeroit égale à la diagonale A L : car L H = L K + K I + I H, & A I = A G + G H + H I. En retranchant de part & d'autres les quantités égales, K I + I H = G H + H I, il reſtera L K = A G; & par conféquent A G + A K = K L + A K = A L. Dans cette conſtruction, on a trois triangles ſemblables A E H, A D I, A F L, qui donnent les proportions ſuivantes, A H : H L : : A E : E F, & A H : A I : : A E : A D. Mais comme H L = A I, on aura A E : E F : : A E : A D : donc E F = A D. En retranchant la partie commune E D, on aura A E = D F; mais A E + A D égale la fomme des vîteſſes que les deux puiſſances données produiſent, & A D + A E = A D + D F = A F : on aura donc A F = la fomme des vîteſſes : or A F eſt le co-ſinus de l'angle L A F, & A L eſt le ſinus total; d'où il ſuit manifeſtement ce qu'il falloit démontrer.

§. DCI. La diagonale A L [*Tab.* 15. *fig.* 1.] du parallélogramme A B C L, étant donnée, ainſi que les puiſſances A B, A C; ſi on décrit du point I, milieu de la diagonale, un cercle dont A I ſoit le rayon, & A F le chemin que doit parcourir le mobile, cette corde A F exprimera la vîteſſe du corps A : car, ayant uni enſemble les points F & L, par la ligne F L, on aura l'angle A F L droit, comme inſcrit & appuyé ſur le diametre. Si on tire L M = F L, & qu'on mene la corde A M, cette corde pourra être une *route forcée*, & déſigner la vîteſſe que la puiſſance A B, jointe à la puiſſance A C, communiqueroit au mobile, en lui faiſant parcourir ce chemin; on a donc, dans cette hypotheſe, deux chemins, que les mêmes puiſſances peuvent faire parcourir au mobile A, avec une égale vîteſſe.

Plus les lignes qui expriment celles que le mobile peut parcourir ſont proches de la diagonale, plus la vîteſſe du mobile ſera grande; plus ces lignes s'éloigneront de la diagonale, & plus la vîteſſe du mobile ſera petite : ſi l'eſpace que le mobile doit parcourir ſe trouve dans la direction de la tangente au point A, la vîteſſe du mobile ſera = o.

§. DCII. A l'aide de la doctrine de la compoſition & de la décompoſition du mouvement, on peut réfoudre des problèmes très difficiles ; de forte qu'on ne peut trop recommander & vanter l'avantage de cette doctrine : on pourra en juger par l'exemple fuivant.

Soit le corps C A B [*Tab.* 15. *fig.* 2.], dont la furface eft polie ; que ce corps foit placé fur le plan horifontal C F K, parfaitement poli : on demande comment ce corps, abandonné à lui-même, fe mouvera ?

Solution. Que le centre de gravité de ce corps foit en G, & que de ce point on abaiffe fur le plan C K la perpendiculaire G E F ; que du point du contact C on conduife, par le centre de gravité G, la ligne C G H : que du point H, pris à volonté dans cette ligne, on mene H I, parallele à C F ; & que du point E, on mene E I, parallele à C H : qu'enfin on tire G I.

Cela pofé, comme le corps, dont il eft ici queftion, eft pouffé par le plan, felon la direction C H, & que fa propre gravité le détermine felon G E ; ce corps fe mouvera felon la direction G I, diagonale du parallélogramme, dont deux côtés font G H, & G E : & par conféquent ce corps tombera, en fuivant la direction G I ; mais, avant de tomber, il eft foutenu : & par conféquent il eft auffi déterminé felon la direction G M, égale & oppofée à G I. Mais le mouvement G M fe décompofe en G O, & G S, dont le premier, G O, eft parallele au plan, & G S eft perpendiculaire vers le haut ; d'où il fuit manifeftement que le mobile fera mû, felon fa partie inférieure, d'un mouvement = G O : c'eft-à-dire, que fa partie inférieure fera portée fur le plan N K, de C en N, dans le même tems qu'il tombe, par fon mouvement G I, & que fa partie fupérieure eft portée de C en K.

Mais fi le plan N K n'eft pas poli, & qu'il foit hériffé de petites inégalités, l'afpérité de ce plan oppofera une réfiftance qui équivaudra au mouvement G O.

§. DCIII. On détermine de la même maniere le mouvement de la pyramide A B C [*Tab.* 15. *fig.* 3.], pofée fur un plan immobile & poli N C K.

Si le centre de gravité de cette pyramide eft en G, fa ligne de direction, étant G E F, fon centre de gravité ne fera pas foutenu, & la pyramide tombera vers K ; mais comme elle eft foutenue felon la direction C G H, foit conduite H I, parallele à G E F, & E I, parallele à C G H, enfin la diagonale G I : pour lors cette pyramide fera foumife à l'action des puiffances exprimées par G H & G E ; & elle fuivera par conféquent la direction G I. Mais comme elle eft foutenue en même tems par la puiffance G M, oppofée & = G I, laquelle puiffance G M fe décompofe en G O, parallele à N K, & en G S, perpendiculaire à N K ; dans le même tems que ce corps tombera felon la direction G I, il fe mouvera felon la direction G O : fa partie fupérieure s'avancera donc felon la direction C K, & fa partie inférieure felon la direction C N du plan fur lequel cette pyramide eft placée.

§. DCIV. Jufqu'à préfent nous avons confidéré les puiffances qui pouffent ou qui tirent conjointement des mobiles, comme des puiffances conftantes, qui confervent toujours entr'elles le même rapport d'intenfité ; il peut cependant arriver que ces puiffances ne foient pas toutes conftantes, que les unes foient variables, tandis que les autres confervent leur intenfité. Dans ce cas le mobile ne décrit pas une feule & même ligne droite, diagonale d'un

parallélogramme

parallélogramme ; mais il se meut selon une ligne courbe. En effet, soient deux puissances, dont les directions & la grandeur soient déterminées par les lignes A M & A I [*Tab.* 15. *fig.* 4.]; le corps A, soumis en même-tems à l'action de ces deux puissances, parcourra la diagonale A B du parallélogramme A M B I : si ce mobile, parvenu au point B, étoit abandonné à lui-même, il continueroit, dans le second instant, à se mouvoir selon la direction A B, & parcourroit la ligne droite B C = A B ; mais, en supposant que la puissance exprimée par A I demeure la même qu'au premier instant, & qu'elle pousse le mobile selon la direction B K = A I, ce mobile parcourra la diagonale B D, du parallélogramme B C D K. Le mobile, abandonné encore à lui-même, parcourra, dans l'instant suivant, la ligne D F, en suivant la direction de B D, qu'il vient de parcourir dans l'instant précédent; mais si la puissance B K, demeurant encore la même, le sollicite à se mouvoir selon la direction D N, il parcourra la ligne D G, diagonale du parallélogramme D F G N. Et si ces lignes A B, B D, D G sont supposées infiniment petites, & jointes les unes aux autres, elles formeront une courbe ; puisqu'elles ne sont pas rangées dans la même direction, & qu'elles forment un angle, étant prises deux à deux.

§. DCV. Comme une puissance variable peut varier à l'infini, il s'ensuit que les courbes qu'un mobile doit suivre, en se prêtant aux différentes impressions de cette puissance, doivent varier aussi à l'infini; & c'est au Géomètre à déterminer la nature de ces courbes. Par exemple, si le corps A [*Tab.* 15. *fig.* 5.] est soumis à l'action simultanée de deux puissances qui le déterminent selon les directions A B & A C; de maniere que ce soit une loi constante que la partie A O, prise sur A C, soit toujours moyenne proportionnelle entre A N & N B : dans cette hypothese, le mobile décrira la périphérie d'un cercle. En effet, sur le diametre A B soit décrit le demi-cercle A M B, & élevée la perpendiculaire A O ; par le point O soit tirée la droite O M, parallele à A B, qui coupera la périphérie du cercle aux points M, M, ou qui sera tangente du même cercle au point M; & que de ces points on abaisse les perpendiculaires M N, on aura A N : N M : : N M : N B ; ce qui est une propriété du cercle.

§. DCVI. Mais si le mobile est maîtrisé par deux puissances qui le déterminent selon les directions A a, a X [*Tab.* 15. *fig.* 6.], de sorte que le rectangle fait de a P × P A, soit à $\overline{P\,M}{}^q$: : $\overline{C\,a}{}^q$: $\overline{C\,b}{}^q$, le mobile décrira une ellipse. La révolution de toutes les planetes autour du soleil est de cette nature ; elles décrivent toutes des ellipses.

§. DCVII. Si au contraire le mobile se meut avec un mouvement rectiligne uniforme A O [*Tab.* 15. *fig.* 7.], & un mouvement accéléré, ou variable A D, de sorte qu'on ait A M : A N : : $\overline{M\,F}{}^q$: $\overline{N\,G}{}^q$, ce mobile décrira une parabole, qui est la courbe que décrit un corps grave jetté obliquement de bas en-haut dans le vuide.

CHAPITRE XII.

De la defcente des graves fur un plan incliné.

§. DCVIII. **S**i le corps A [*Tab. 15. fig. 8.*], eft placé fur le plan incliné A B, qu'on fuppofe parfaitement immobile & poli, afin que le corps A ne puiffe rien perdre de fon mouvement, en defcendant le long de ce plan, (fuppofition qu'on fait pour rendre la théorie plus fimple & plus aifée, & qu'on corrigera à la fin de ce Chapitre), ce corps A defcendra le long de ce plan, en vertu de fa gravité; mais comme il eft en partie foutenu par le plan A B, on aura la proportion fuivante : la force avec laquelle le corps A defcend, eft à fon poids, qui le feroit mouvoir en ligne perpendiculaire à l'horifon, comme la hauteur A C du plan eft à la longueur A B du même plan (§. 469); puifque l'effort du mobile, pour defcendre le long de ce plan, eft égal à la puiffance qui pourroit foutenir ce poids fur le même plan, en agiffant felon une direction parallele à la longueur du plan.

§. DCIX. Le corps A fait à chaque inftant, & fur tous les points du plan incliné A B, un même effort pour defcendre; il defcend donc fur ce plan avec la vîteffe qu'il acquiert à chaque inftant : & comme il eft continuellement foumis à l'action de la gravité qui le preffe, il defcend avec un mouvement uniformément accéléré; & on doit rapporter ici tout ce que nous avons dit (§. 341, 342), fur la chûte des corps qui tombent librement. Delà fi A B : A C :: 3 : 1, les efpaces que le corps A parcourt fur le plan A B, feront à ceux que parcourroit un corps qui tomberoit librement, :: 1 : 3. Et fi on veut favoir quel efpace peut parcourir un corps grave pendant quelques fecondes de tems, fur un tel plan, il ne s'agit que de confulter la Table que nous avons donnée (§. 368), & de prendre la troifieme partie de ceux qui y font indiqués.

§. DCX. Comme la gravité agit toujours de la même maniere fur les corps qu'elle maîtrife (§. 319), fi deux corps commencent à tomber dans le même moment, l'un fur un plan incliné, & l'autre en décrivant librement une ligne perpendiculaire à l'horifon, leurs vîteffes, dans chaque inftant de leur chûte, fuivront conftamment entr'elles le même rapport qu'elles ont eu au commencement de leur chûte : or ces vîteffes, au commencement de leur chûte, étoient entr'elles, comme A C : A B (§. 608); ainfi elles feront encore, dans chaques inftans fucceffifs, comme A C : A B; & comme les efpaces parcourus dans chaques inftans font entr'eux comme les vîteffes (§. 219), ces efpaces feront entr'eux :: A C : A B.

§. DCXI. Par conféquent fi du point C (1), de la perpendiculaire A C, on mene la ligne C D, perpendiculaire fur le plan A B; dans le même tems qu'un mobile abandonné à lui-même au point A, parcourra l'efpace A C : un autre mobile qui defcendra le long du plan incliné A B, arrivera en D; parceque A B : A C :: A C : A D.

(1) Liv. 6. Propof. 8. Elem. d'Euclide.

§. DCXII. Suppofons maintenant un autre plan incliné A E, dont la hauteur foit égale à celle du premier A B; fi on mene fur A E la perpendiculaire CF, dans le même tems qu'un corps parcourra librement A C, il arriveroit en F, en defcendant le long du plan A E (§. 611): or ce mobile parcourroit, dans le même tems, A C & A D; par conféquent un mobile parcourra en même-tems A C, A D, A F.

§. DCXIII. Si les hauteurs de deux plans inclinés font égales, les forces avec lefquelles différens corps tendront à fe mouvoir le long de ces plans, feront entr'elles en raifon inverfe de la longueur de ces plans : en effet la force avec laquelle un corps tend à defcendre le long du plan A E, eft à celle avec laquelle il tend à parcourir A C : : A C : A E. Exprimons cette proportion de cette maniere : $\overline{AE}$ forc. : $\overline{AC}$ forc. : : A C : A E. La force avec laquelle un corps tend à defcendre le long du plan A B, eft à celle avec laquelle il tend à parcourir A C : : A C : A B. Exprimons encore cette proportion : $\overline{AB}$ forc. : $\overline{AC}$ forc. : : A C : A B. En multipliant les 'extrèmes & les moyens de ces proportions les uns par les autres, on aura $\overline{AE}$ forc. $\times$ A E $= \overline{AC}$ forc. $\times$ A C, & $\overline{AB}$ forc. $\times$ A B $=$ A C forc. $\times$ A C ; & par conféquent $\overline{AE}$ forc. $\times$ A E $= \overline{AB}$ forc. $\times$ A B : donc $\overline{AE}$ forc. : $\overline{AB}$ forc. : : A B : A E.

§. DCXIV. Le tems qu'un corps met à parcourir la partie A F d'un plan incliné A E, eft au tems qu'il emploie pour parcourir toute la longueur du plan A E, en raifon fous-doublée de A F à A E ; c'eft-à-dire, comme A C : A E ; le tems qu'un corps met à parcourir la partie A D d'un plan incliné A B, eft au tems qu'il emploie à parcourir la longueur du même plan A B, en raifon fous-doublée de A D à A B ; c'eft-à-dire, comme A C : A B. C'eft pourquoi le tems employé pour parcourir A E, eft à celui pendant lequel on parcourt A B, comme la longueur A E eft à la longueur A B ; & conféquemment les tems employés à parcourir A E, A B, A C, font entr'eux comme A E, A B, A C.

§. DCXV. La vîteffe d'un corps qui fe ment fur un plan incliné A B, eft à celle d'un corps qui tombe librement dans le même tems, comme A D : A C ; mais la vîteffe d'un corps grave qui parcourt le plan incliné A B, lorfqu'il eft parvenu au point D, eft à celle qu'il a, lorfqu'il eft arrivé au point B, en raifon fous-doublée de A D à A B ; c'eft-à-dire, comme A D : A C. Par conféquent la vîteffe d'un corps qui a parcouru librement la perpendiculaire A C, eft égale à celle d'un corps qui a parcouru le plan A B.

Autre démonftration. La vîteffe acquife eft en raifon compofée de la force avec laquelle le corps fe meut, & du tems qu'il emploie à fe mouvoir : or la force avec laquelle un corps fe meut fur un plan tel que A B, eft à celle avec laquelle il parcourt librement la perpendiculaire A C, : : A C : A B, ou : : A D : A C ; puifqu'il parcourt, dans le même tems, A D, & A C ; mais le tems qu'il emploie à parcourir A D, eft à celui qu'il confomme pour parcourir A B, en raifon fous-doublée de A D à A B ; c'eft-à-dire, : : A C : A B ; par conféquent la vîteffe acquife au point B, eft à celle dont le corps jouit, lorfqu'il eft parvenu au point C, : : A C : A B, en ne confidérant que les forces, & comme A B : A C en confidérant les inftans : or A B $\times$ A C $=$

A B × A C ; par conséquent les vîtesses acquises aux points C & B sont égales.

§. DCXVI. Comme le triangle A D C est rectangle en D, A C sera le sinus total, & A D le co sinus de l'angle C A D ; par conséquent l'angle C A D, étant donné, ainsi que la longueur du plan incliné A D, il sera très aisé de déterminer le tems qu'un mobile emploiera à parcourir ce plan.

Supposons que A D = 10 pieds, & que l'angle C A D soit de 20°, le co-sinus de cet angle sera de 70°; d'où il suit qu'on aura la proportion, le sinus d'un angle 70 degrés, est à A D 10 pieds, comme le sinus total est à 10,6508.

Car le logarithme 9.9729858.1.0000000 : : 10.0000000.1.0270142, lequel logarithme répond au n° 10,6508.

Puisque, dans l'espace d'une m″, un corps parcourt, en tombant, 2173 lignes, & que 10,6508 pieds = 127,8096 lignes, & que ces espaces sont comme les quarrés des tems : soit donc le tems d'une m‴ = T, & le tems qu'on cherche = t ; & on aura 2173 : 127,8096 : : Tq : tq : : 60‴q : tq.

Or le logarithme 3,3370597 : 2,1065390 : : 3,5563025 : 2,3257818 ; lequel, étant divisé par 2, donnera le logarithme 1,1628909, qui répond au nombre naturel 14,551 = t : & par conséquent A D = 10 pieds, sera parcouru dans un tems réduit en tierces = 14,551.

§. DCXVII. Soit un plan incliné indéfini A D [*Tab.* 15. *fig.* 8.], qui fait, avec l'horison A C, un angle de 36° C A D ; pour déterminer quelle partie de la longueur de ce plan pourra parcourir un mobile dans le tems d'une m″, faites la proportion suivante.

De même que dans le triangle rectangle A D C, le sinus total est à la longueur A C = 2173 lignes ; de même le co-sinus de l'angle C A D, ou de l'angle de 54°, est à la longueur A D.

Car le logarithme du sinus total est au logarithme de A C = 2173, comme le logarithme de l'angle de 54° est au logarithme du nombre 1758 lignes.

Ou 10,0000000 : 2,3370597 : : 9,9079576 : 3,2450173 ; lequel logarithme répond au nombre 1758 lignes.

§. DCXVIII. Connoissant la longueur qu'un corps grave parcourt sur un plan incliné donné, & le tems qu'il emploie à parcourir cette longueur, on peut aisément connoître l'angle que ce plan forme avec la ligne vérticale, ou l'inclinaison de ce plan sur l'horison.

En effet, supposons qu'un corps parcourt, sur un plan incliné donné, la longueur de 1900 lignes dans l'espace d'une m″; puisque ce mobile, en tombant librement, suivant une ligne verticale, parcourroit 2173 lignes : il parcourra donc A C [*Tab.* 15. *fig.* 8.] dans le même tems qu'il parcourroit A D, par conséquent, de même que 2173 : 1900, de même le logarithme du sinus total est au logarithme d'un angle de 60° 58 m′, 10 m″.

Ou 3,3370597 : 3,2787536 : : 10,0000000 : 9,9416939, qui est le logarithme de l'angle de 60° 58 m′, 10 m″ = A C D, dont le co sinus : C A D = 29° 1 m′, 50 m″.

§. DCXIX. Si le diametre A C [*Tab.* 15. *fig.* 9.] d'un cercle est placé perpendiculairement sur le plan horisontal B C, & qu'on mene des extrêmités

A, ou C, des cordes quelconques, telles que A C, A F, A D, C F, C D : toutes ces cordes feront parcourues dans le même tems.

En effet, puifque l'angle infcrit, appuyé fur le diametre, eft droit, on aura C F, perpendiculaire fur A F ; & par conféquent A C & A F feront parcourues dans le même tems : pour la même raifon A C, & A D feront parcourues dans le même tems ; & comme on peut, du point A, conduire la corde A M, parallele & égale à la corde C D, & A L, parallele à F C, les lignes A M, A L, A C, feront parcourues dans le même tems que D C & F C.

§. DCXX. Puifque toutes les cordes d'un cercle, tirées d'un même point A [*Tab.* 15. *fig.* 10.], font parcourues dans le même tems, A B, A D, A F, A H, feront parcourues dans le même tems : on doit dire la même chofe de A C, A E, A G, A I ; & par conféquent les parties B C, D E, F G, H I, de ces dernieres cordes, feront auffi parcourues dans le même tems.

§. DCXXI. Puifque le tems employé à parcourir A C, eft à celui qu'on met à parcourir A B : : $\sqrt{A C} : \sqrt{A B}$; le tems qu'on emploie pour parcourir A C, moins celui qu'on met à parcourir A B, eft à celui pendant lequel on parcourt A B, : : $\sqrt{A C} - \sqrt{A B} : \sqrt{A B}$.

Suppofons donc que A C = 16, que A B = 9 : on aura $\sqrt{A B}$ = 3. $\sqrt{A C}$ = 4, & $\sqrt{A C} - \sqrt{A B}$ = 4 — 3 = 1. Par conféquent le tems employé à parcourir B C, eft à celui pendant lequel un mobile parcourt A B : : 1 : 3. Et puifqu'il faut trois inftans pour parcourir A B, les efpaces parcourus pendant ces trois inftans, feront 1, 3, 5 = 9 ; l'efpace parcouru pendant le quatrieme inftant qui fuit, = 7 : & par conféquent les efpaces parcourus à la fin de cet inftant, feront 1, 3, 5, 7 = 16 = A C. Maintenant comme tous les efpaces B C, D E, F G, H I font tous parcourus les uns & les autres dans le même tems, on aura le tems employé à parcourir D E eft au tems employé pour parcourir A D : : 1 : 3 ; & il en fera de même pour les autres cordes.

§. DCXXII. Le point A [*Tab.* 15. *fig.* 11.] étant donné d'où un corps doit defcendre le long d'un plan incliné, & arriver, avec la plus grande vîteffe poffible, à la rencontre de la ligne B P, pareillement donnée ; trouver le point E de cette ligne, & l'inclinaifon du plan A E.

Solution. Menez par le point A la perpendiculaire à l'horifon R A B, qui concourt au point B avec la ligne donnée B P ; du même point A conduifez A Q, perpendiculaire fur B P : divifez enfuite l'angle R A Q en deux parties égales par la ligne A E ; de ce point E tirez la ligne E O, perpendiculaire fur B P, & qui rencontre la ligne B R au point O : de ce point, comme centre, & du rayon O A, décrivez un cercle qui touche la droite B P au point E ; & la ligne A E donnera le plan incliné que vous cherchez.

La droite O A = O E : en effet, par la conftruction, l'angle O A E = Q A E ; & à caufe des paralleles A Q, O E, l'angle Q A E = A E O : donc l'angle O A E $=$ O E A, & le triangle O A E est isocele ; & conséquemment le côté O A $=$ O E, & le cercle décrit du centre O, & du rayon O A, touche la droite B P au point E.

Si du point A on tire sur la ligne B P toutes autres lignes droites quelconques, telles que les lignes A Z, dont l'une est en-dessus, & l'autre en-dessous du point E, ces deux lignes couperont la circonférence du cercle aux points X ; & on aura A Z $>$ A X : or toutes les cordes d'un même cercle, A X, A E, A X, sont parcourues dans le même tems ; par conséquent A E sera plutôt parcouru qu'aucune des deux lignes A Z : donc la ligne A E sera celle qu'un corps tombant du point A, & devant arriver à un des points de la ligne B P, parcourra avec la plus grande vîtesse.

§. DCXXIII. Voici une maniere de déterminer la longueur du rayon O A ou O E ; les triangles B A Q, B O E sont semblables : par conséquent B A : A Q : : B O : O E, ou : : $\overline{BA + AO}$: O E $=$ O A. Et en multipliant les moyens & les extrêmes par eux-mêmes, on aura B A $\times$ O A $=$ A Q $\times$ $\overline{BA + AO}$; de-là B A $\times$ A O $-$ A Q $\times$ A O $=$ A Q $\times$ B A. Par conséquent $\frac{AQ \times BA}{BA - AQ} =$ A O $=$ O E ; & parceque O E : A Q : : O B : A B, on aura $\overline{OE - AQ}$: A Q : : $\overline{OB - AB} =$ O A : A B ; & on aura $\overline{OB}^q - \overline{OE}^q = \overline{BE}^q$, & B O : A O : : B E : Q E ; par conséquent A E $= \sqrt{\overline{AQ}^q + \overline{QE}^q}$.

§. DCXXIV. Les vîtesses que les corps acquerent sur la fin, en parcourant les cordes d'un cercle, sont comme les longueurs des cordes parcourues.

La vîtesse qu'un corps grave, qui tombe librement de O en C [*Tab.* 15. *fig.* 9.], a acquise, lorsqu'il est parvenu en C, est égale à la vîtesse acquise, lorsqu'un mobile est parvenu au même point C, ayant parcouru la corde F C ; & celle qui est acquise, ayant parcouru P C, est égale à celle dont jouit un mobile qui a parcouru D C (§. 619) : or la vîtesse acquise lorsqu'un mobile est tombé librement de A en C, est à celle qu'il eût acquise s'il fût tombé de O en C, en raison sous-double de A C à O C ; c'est-à-dire, comme A C est à F C. Pareillement la vîtesse acquise, après avoir parcouru A C, est à celle dont jouit un mobile qui a parcouru P C, en raison sous-doublée de A C à P C ; c'est-à-dire, comme A C est à D C : par conséquent la vîtesse acquise, lorsqu'un mobile a parcouru la corde F C, est à celle dont jouit un mobile, après avoir parcouru D C, comme F C est à D C.

§. DCXXV. Les forces avec lesquelles les corps, placés sur les différentes cordes d'un cercle, tendent à parcourir ces cordes, sont aussi entr'elles, comme les longueurs de ces cordes.

La force avec laquelle un corps grave, placé sur le plan incliné A B [*Tab.* 15. *fig.* 8.], tend à parcourir la longueur de ce plan, est à la pesanteur totale de ce corps, : : A C : A B (§. 708), ou : : A D : A C. Pareillement la force avec laquelle un corps, placé sur le plan incliné A E, tend à parcourir la longueur de ce plan, est à la pesanteur totale de ce corps : : A C : A E, ou : : A F : A C ; or A D & A F [*Tab.* 15. *fig.* 9.] sont des cordes d'un cercle, dont A C est le diametre ; par conséquent les forces avec lesquelles

les corps tendent à parcourir les différentes cordes d'un cercle , font entr'elles comme les longueurs de ces cordes.

§. DCXXVI. Soit un plan incliné A E [*Tab.* 15. *fig.* 12.] , & A C le diametre perpendiculaire d'un cercle ; les tems employés à parcourir A D & A E
feront entr'eux en raifon fous-doublée de ces longueurs: & comme on a
$\frac{1}{2}$ A D , A C , A E , ces tems feront entr'eux : : A C : A E ; maintenant fi
du point A , comme centre , & d'un rayon tel que A C , on décrit l'arc C P,
on aura A P = A C : par conféquent le tems employé à parcourir A D fera à
celui qu'un mobile emploiera à parcourir D E , : : A P : P E : : A C : A E —
A C ; or le tems employé à parcourir D E , eft à celui qu'il faut employer
pour parcourir D C , : : D E : D C. Par conféquent fi on mene P O , parallele à D C , puifque le tems requis pour parcourir D E = P E , & que D E :
D C : : P E : P O , le tems requis pour parcourir D C , fera = P O ; & en
fuppofant qu'il ne fe faffe aucune perte de vîteffe , lorfque le mobile change
de direction , on aura le tems requis pour parcourir A D + D C , = A P
+ P O. Par conféquent fi un mobile fe meut en parcourant le plan A D , &
qu'au point D il foit détourné , & qu'il y reçoive une nouvelle direction pour
parcourir D C , le tems qu'il mettra pour parcourir ces deux plans, fera =
A P + P O.

§. DCXXVII. Si le plan incliné A E [*Tab.* 15. *fig.* 13.] eft tel qu'il faffe
avec l'horifon un angle de 45 degrés A E C , le mobile parcourra les deux
cordes A D + D C dans le même tems qu'il parcourroit la longueur du plan
incliné A E.

En effet, D E , partie du plan incliné A E , = D C ; ce font deux plans
également inclinés , & de même hauteur D G : par conféquent D E & D C
doivent être parcourus en même tems ; par conféquent le tems requis pour
parcourir A D + D E , eft égal à celui pendant lequel A D + D C eft parcouru.

Mais fi le plan A S fait avec l'horifon un angle moindre que de 45 degrés ,
les deux cordes A B + B C feront parcourues dans un moindre tems que les
parties du plan A B + B S. En effet , la partie A B du plan fera parcourue
dans le même tems , foit qu'elle foit parcourue comme corde du cercle ,
foit qu'elle foit parcourue comme faifant partie du plan A S ; mais il n'en
fera pas de même des deux autres parties B C , & B S : car le tems requis à
parcourir B S , eft au tems néceffaire pour parcourir B C , : : B S : B C. Or
B C < B S ; puifque l'angle B S C < B C S dans le triangle B C S.

§. DCXXVIII. Mais fi un plan incliné fait avec l'horifon un angle plus
grand que de 45 degrés , il faudra plus de tems pour parcourir les deux cordes A D + D C [*Tab.* 15. *fig.* 12.] , que pour parcourir la longueur du plan
A E ; puifque , dans le triangle D E C , rectangle en D , l'angle D C E
< D E C , le côté D E eft donc < D C : or les tems employés à parcourir D E
& D C , font comme les longueurs D E & D C ; donc A D + D E feront plutôt parcourus que A D + D C.

§. DCXXIX. Suppofons qu'un corps grave , abandonné à lui-même , defcende le long de la perpendiculaire à l'horifon A C [*Tab.* 15. *fig.* 14.] , &
qu'en vertu de la portion de la courbe I L , il foit déterminé à fe mouvoir
felon la ligne horifontale C B , avec la vîteffe acquife au point C , & fans que
la nouvelle détermination qu'il reçoit vers ce point , lui faffe perdre de fa

vîteſſe ; ſupppoſons en même-tems qu'un autre corps deſcende le long du plan incliné A B, le tems que le premier de ces deux corps employera pour parcourir A C + C B, ſera au tems qu'employera l'autre mobile pour parcourir A B, comme la longueur A C + la moitié de C B, eſt à la longueur A B.

Pour le démontrer, ſuppoſons que A B = a, C B = b, A C = c : cela poſé, le tems employé à parcourir A B, eſt à celui pendant lequel A C eſt parcouru, : : A B : A C, : : a : c (§. 447). Or le tems employé pour parcourir A D = celui pendant lequel A C eſt parcouru ; & conſéquemment le tems employé pour parcourir A D, eſt à celui pendant lequel A B eſt parcouru, : : c : a : & le tems employé pour parcourir A D, eſt à celui qu'il faut employer pour parcourir D B, : : c : a — c, ou : : 2 c : 2 a — 2 c, en multipliant chaque terme par 2.

Le tems employé pour parcourir A C, d'un mouvement accéléré, eſt à celui qui eſt requis pour parcourir C B, avec un mouvement uniforme, & avec la vîteſſe acquiſe au point C, : : 2 c : b : or comme le tems employé pour parcourir A D, eſt à celui qu'il faut employer pour parcourir D B, : : 2 c : 2 a — 2 c. On aura le tems requis pour parcourir C B, comparé à celui qu'il faut employer pour parcourir D B, : : b : 2 a — 2 c ; & conſéquemment le tems néceſſaire pour parcourir A C + B C, ſera au tems requis pour parcourir A D + D B, : : 2 c + b : 2 c + 2 a — 2 c = 2 a ; & en diviſant par 2 : : c + ½ b : a.

§. DCXXX. Par conſéquent ſi le côté A C du triangle A C B = 3, le côté C B = 4, & A B = 5 ; A C + C B ſeront parcourus dans le même tems que le plan incliné A B (1).

§. DCXXXI. Si un corps deſcend, de quelque hauteur que ce ſoit, ſur divers plans A B, B C, C D [*Tab.* 15. *fig.* 15.], qui ſont contigus, de quelque maniere qu'ils puiſſent être inclinés, en ſuppoſant qu'ils ſoient parfaitement durs, qu'ils ne reçoivent aucune impreſſion du poids du mobile qui les parcourt, & qu'ils ne faſſent perdre à ce mobile aucune partie de ſa vîteſſe ; ce mobile aura acquis, lorſqu'il ſera parvenu au point D, la même vîteſſe que s'il fût tombé ſelon la ligne perpendiculaire N D.

En effet, tandis que le mobile parvient de A en B, il acquiert au point B la même vîteſſe que s'il étoit tombé de O en B, ou qu'il eût parcouru le plan E B du point E au point B (§. 615) : c'eſt pourquoi il continuera de deſcendre ſur B C avec la vîteſſe qu'il a acquiſe de A en B, comme s'il avoit paſſé de E en B, & qu'il continuât à s'avancer ſur le même plan E B C ; mais en parcourant E B C, il reçoit en C la même vîteſſe qu'il auroit reçue s'il fût tombé de M en C : mais ſi au lieu de tomber de M en C, il fût deſcendu le long du plan incliné F C, il eût encore acquis la même vîteſſe ; c'eſt pourquoi, après avoir parcouru B C, il continue à deſcendre le long de C D, de même que s'il fût deſcendu de F en C : d'où il ſuit que lorſqu'il eſt parvenu au point D, ce mobile eſt muni d'une vîteſſe égale à celle qu'il auroit acquiſe s'il fût tombé de N en D ; de ſorte qu'après avoir parcouru, en tombant du point A, les plans A B, B C, C D, il a acquis, lorſqu'il eſt parvenu

___
(1) Toricellius de motu. grav. deſc. Prop. 44. pag. 140.

au point D, la même vîteſſe que s'il fût tombé librement & perpendiculairement du point N au point D.

§. DCXXXII. Puiſqu'on peut concevoir une ligne courbe, comme étant
compoſée d'un très grand nombre de petites lignes droites contiguës, & qui
forment des angles entr'elles, une ligne courbe peut être conſidérée comme
un aſſemblage de divers plans inclinés A B, B C, C D, contigus; de manière
qu'un corps peſant, étant mû de A en D ſur cette ſorte de ligne courbe,
acquerra, au plus bas point D de cette courbe, la même vîteſſe que s'il
étoit tombé perpendiculairement de N en D.

§. DCXXXIII. Par conſéquent un corps qui deſcendra le long du plan
incliné F N, ſoit dans la courbe A D, ſoit le long des plans inclinés A B,
B C, C D, aura acquis, lorſqu'il ſera parvenu au point D, une vîteſſe, ou
une force ſuffiſante, pour remonter juſqu'à la même hauteur d'où il ſera
deſcendu; ſoit qu'il remonte par un ſeul plan, ou par pluſieurs plans inclinés les uns aux autres, ou par une courbe.

§. DCXXXIV. Si deux corps deſcendent ſur deux plans, ou ſur pluſieurs
plans, ſemblablement inclinés, & proportionnels en longueur, parfaitement durs & immobiles; de ſorte qu'on ait la proportion ſuivante, A B :
B C :: D E : E F [*Tab.* 15. *fig.* 16.], les tems qu'ils emploieront à parcourir ces plans, ſeront en raiſon ſous-doublée des longueurs des plans A B C,
D E F.

Soient les plans A B, & B C contigus; ſoient pareillement les plans D E,
& E F contigus : par les points A & D ſoient conduites les lignes A G, D H,
parallèles à l'horiſon; ſoient enſuite prolongés les plans C B, juſqu'en
G, & F E juſqu'en H. A cauſe des triangles ſemblables A B G, D E H, on
aura A B : D E :: B G : E H, :: B C : E F :: G C : F H. Or le tems employé
à parcourir A B, eſt à celui qui eſt employé à parcourir D E, en raiſon ſous-
doublée de G C à H F; & le tems requis pour parcourir B G, eſt à celui pendant lequel E H eſt parcouru, en raiſon ſous-doublée de G B à E H : par conſéquent le tems employé à parcourir B C avec la vîteſſe acquiſe au point B,
eſt au tems requis pour parcourir E F avec la vîteſſe acquiſe au point E, en
raiſon ſous-doublée de B C à E F; mais la vîteſſe acquiſe en B, eſt la même,
ſoit que le mobile ait parcouru le plan A B, ſoit qu'il ait parcouru le plan
G B : pareillement la vîteſſe acquiſe au point E, eſt la même, ſoit que le
mobile ſoit deſcendu le long du plan D E, ſoit qu'il ſoit deſcendu le long
du plan H E; donc le tems employé pour parcourir les deux plans A B + B C,
eſt au tems employé pour parcourir les deux plans D E + E F en raiſon ſous-
doublée de A B + B C à D E + E F.

§. DCXXXV. Si on a donc deux courbes ſemblables & ſemblablement
placées, ces courbes ne différeront pas de pluſieurs plans infiniment petits,
contigus, ſemblablement inclinés, & proportionnels entr'eux; & par conſéquent le tems qu'un mobile emploiera à parcourir l'une des deux courbes
D E [*Tab.* 15. *fig.* 17.], ſera au tems qu'emploiera un autre mobile à décrire l'autre courbe A B, en raiſon ſous-doublée de D E à A B.

§. DCXXXVI. Si un corps ſe meut ſur pluſieurs plans inclinés & contigus, tels que A B, B C, C D, D E, &c.] *Tab.* 15. *fig.* 18.], & que ce mobile, ou ces plans, ſoient tellement conſtitués, que le mobile perde de ſa

vîteſſe en les parcourant, le mobile les parcourra avec un mouvement continuellement retardé, juſqu'à ce qu'ayant perdu toute ſa vîteſſe, il demeure en repos.

En effet, que le corps A deſcende le long du plan incliné A B, avec une
vîteſſe déſignée par A B, ce mobile arrivera ſur le plan B C; ſi on éleve ſur
ce plan la perpendiculaire K B, & qu'on tire A K parallele à l'horiſon, le
mouvement K B, dont le mobile étoit animé en arrivant ſur le plan B C,
ſera détruit : & il ne lui reſtera plus que celui qui eſt repréſenté par la ligne
A K. Prenant donc ſur B C la ligne L C = A K, & élevant ſur C D la perpendiculaire C M ; enfin conduiſant L M, parallele au plan C D, le mouvement C M, dont jouit le mobile, périra à la rencontre du plan C D : & il
ne lui reſtera plus que celui qui eſt exprimé par la ligne L M. Prenant donc
encore ſur C D, N D = L M, & élevant ſur le plan la perpendiculaire D O,
& conduiſant N O parallele au plan immédiatement conſécutif D E ; à la
rencontre de ce plan le mouvement D O ſera détruit : & le mobile ne conſervera alors que ſon mouvement, repréſenté par N O, &c. Or comme dans tout
triangle rectangle l'hypothenuſe eſt plus grande que chacun des côtés ſéparément pris, & que, dans l'hypotheſe préſente, un côté de chaque triangle
rectangle devient ſucceſſivement l'hypothenuſe du triangle ſuivant, il eſt évident que les côtés de ces triangles, devenant continuellement de plus petits en plus petits, l'hypothenuſe deviendra à la fin infiniment petite : &
comme c'eſt l'hypothenuſe de chaque triangle, qui exprime le mouvement
du mobile, ce mouvement deviendra infiniment petit; & conféquemment
le mobile parviendra à l'état du repos.

§. DCXXXVII. Si d'un point B [*Tab.* 15. *fig.* 19.], comme centre, &
d'un rayon A B, on décrit un cercle; & qu'ayant tiré le diametre a b B C,
dont la partie B C ſoit un plan immédiatement contigu au plan A B, on
abaiſſe la perpendiculaire A b : la ligne b B, qui exprimera le mouvement
qui ſubſiſtera dans le mobile qui aura parcouru le plan A B, lorſqu'il ſera
parvenu au point B ; cette ligne, dis-je, b B ſera le ſinus de l'angle B A b,
ou A B K, & a b ſera le ſinus verſe de l'arc A a, dont le ſinus eſt A b : par
conféquent le mouvement qui ſubſiſte eſt égal au ſinus de complément de
l'angle que le mobile fait avec le plan qu'il vient frapper ; & ce ſinus eſt lui-
même égal au ſinus total, en faiſant abſtraction du ſinus verſe de l'angle
A B C, ou A B b.

§. DCXXXVIII. Si pluſieurs plans ſont contigus les uns aux autres, en
formant entr'eux les mêmes angles A B C [*Tab.* 16. *fig.* 1.], & que le
mouvement que le mobile perd, en paſſant du premier plan ſur le ſecond,
ſoit = a b; & qu'enfin du centre B & d'un rayon B b, on décrive un arc de
cercle b d, ce ſinus verſe b d exprimera la perte du mouvement que le mobile ſupportera à la rencontre du plan immédiatement conſécutif : & ainſi de
ſuite d e, e f, f g, g h, exprimeront les pertes ſucceſſives du mouvement, &
B h indiquera le mouvement que le mobile conſervera. C'eſt de cette maniere qu'on peut connoître les pertes du mouvement que le mobile éprouve
à la rencontre d'un autre plan.

§. DCXXXIX. Si les angles que les plans ſont entr'eux ne ſont pas égaux,
& que leurs complémens à deux angles droits ſoient les angles A B a, d B b,

e B e [*Tab.* 16. *fig.* 2.], en suppofant que le mouvement du mobile foit =
A B, la perte de fon mouvement, à la rencontre du fecond plan, fera =
a b. Alors fi du rayon B b on décrit l'arc d b, qui renferme l'angle d B b, &
qu'on abaiffe la perpendiculaire d d, la perte du mouvement, à la rencontre
du troifieme plan, fera = b d. Si du nouveau rayon B d on décrit l'arc d e,
qui comprenne l'angle e B d, & qu'on abaiffe la perpendiculaire e e ; la perte
du mouvement, à la rencontre du quatrieme plan, fera = d e : & la
fomme totale du mouvement qui aura été perdu jufqu'alors, fera = a e, ou
= la fomme de tous les finus verfes, & le mouvement, fubfiftant dans le
mobile, fera = e B, qui eft la différence entre le finus total & la fomme
des finus verfes.

§. DCXL. Si le même mobile fe meut dans une courbe, la perte de fon
mouvement fera infiniment petite ; ou = o [*Tab.* 16. *fig.* 3.]. Soit la courbe
A B C D E, confidérée comme un polygone, dont les côtés font infiniment
petits, & dont tous les côtés forment, avec la tangente qui leur répond,
des angles égaux, & infiniment petits B A X ; alors les finus verfes de ces angles, feront des infiniment petits du fecond ordre : & par conféquent le mobile, à chaque inftant, perdra une partie de fa vîteffe, qui fera un infiniment
petit du fecond ordre ; par conféquent la perte totale de fa vîteffe, en parcourant toute la courbe, fera égale à une quantité infiniment petite de cette
courbe, & qu'on peut réputer o.

CHAPITRE XIII.

Sur le mouvement d'ofcillation des pendules.

§. DCXLI. L E pendule eft un corps pefant, fufpendu à un fil fort
mince, & qui peut fe mouvoir autour de l'une de fes extrêmités, comme
autour de fon centre. Concevez le fil A B [*Tab.* 16. *fig.* 4.] comme dépourvu de pefanteur, & extrêmement flexible à fon extrêmité A ; imaginez
outre cela qu'il peut fe mouvoir autour de ce centre fans éprouver aucun
frottement, & enfin qu'il eft placé dans le vuide. Un pendule, conftruit de
cette façon, eft ce qu'on appelle un pendule fimple.

§. DCXLII. On lui donne le nom de pendule compofé, lorfqu'il y a plufieurs corps, tels que A & B [*Tab.* 16. *fig.* 10.], qui font attachés à différentes diftances du centre C, fur la longueur du fil C A, ou fur la longueur
d'une verge de métal inflexible.

§. DCXLIII. Si le pendule A B [*Tab.* 16. *fig.* 4.] eft retiré de fa fituation
perpendiculaire à l'horifon, & eft élevé & porté dans toute autre fituation
quelconque, telle que A C, & qu'il foit enfuite abandonné à lui-même, en
vertu de la gravité qui le maîtrife ; il defcendra, autant qu'il lui fera poffible, jufqu'à ce qu'il fe foit retabli dans fa premiere fituation A B : en defcendant ainfi, ce pendule acquiert une vîteffe fuffifante pour remonter en

fens contraire jufqu'à la même hauteur B D, d'où il eft defcendu en partant
du point C (§. 356). Or comme ce pendule eft retenu au point A , autour
duquel il fe meut , il décrit, en fe mouvont, un arc de cercle. Lorfqu'après
être defcendu , il eft remonté au point D, ce pendule a perdu toute la vîteffe
qu'il avoit acquife en defcendant ; c'eft pourquoi il retombe alórs vers B :
& , parvenu à ce point , il remonte vers C , par la vîteffe qu'il a acquife
pendant fa chûte. Lorfque ce pendule répond aux points C & D, on peut
le confidérer comme s'il étoit placé fur des plans inclinés, qui feroient comme des tangentes de ces points ; & on peut dire la même chofe de tous les
points des arcs C B, B D, à l'exception du feul point B. Le mouvement par
lequel ce pendule eft porté du point C au point D, & revient de ce dernier
point au point C, fe nomme mouvement de *vibration*, ou d'*ofcillation*.

§. DCXLIV. Puifque le pendule A B , étant tiré de fon aplomb A B , &
étant porté au point C, acquiert , en defcendant de cette hauteur\, une vîteffe fuffifante pour remonter en fens contraire jufqu'à la même hauteur B D;
& , étant defcendu du point D, peut remonter jufqu'au point C : il s'enfuit
qu'un pendule , étant mis une fois en mouvement, doit fe mouvoir éternellement, & doit toujours faire , dans des tems égaux , des vibrations égales ,
de C en D, & de D en C.

§. DCXLV. C'eft ce qu'on ne peut cependant pas prouver par aucune expérience ; car il ne peut pas fe faire que nous ayons un lieu parfaitement
vuide, où nous puiffions placer un pendule : le vuide qui eft à notre difpofition , n'eft que le vuide de *Toricelli* ou de *Boyle*; & l'un & l'autre n'ex-
cluent pas le feu, la lumiere, le fluide électrique , & quantité d'autres exhalaifons qui pénetrent à travers les vafes de verre ou de métal. Quelque fubtils & déliés que foient ces fluides, ils réfiftent néanmoins aux corps qui fe
meuvent dans leur fein.

2°. Le fil qui eft fufpendu au point A , quelque flexible qu'on le fuppofe,
conferve toujours une certaine roideur ; ce qui fait qu'il ne peut pas fe plier
fans oppofer une réfiftance quelconque : & fi, pour éviter ce défaut, on
terminoit , l'extrêmité A du pendule , en forme de petit axe, qui rouleroit
dans les yeux d'une châffe, cet axe éprouveroit un frottement dans fa châffe ;
& même, quand on éviteroit toute réfiftance au mouvement de la part du
frottement de l'axe, ou de la roideur du fil au point de fufpenfion , la feule
réfiftance du fluide, qui fubfifte dans le vuide que nous pouvons faire ,
fuffiroit pour détruire , en peu de tems, le mouvement d'ofcillation qu'on
donneroit au pendule.

§. DCXLVI. Si le pendule A B , élevé au point C, & abandonné à lui-
même , defcendoit en parcourant la corde C B, & remontoit en fens contraire , en fuivant la corde B D, & continuoit à faire fes ofcillations, en
parcourant des cordes de cette efpece , C B, F B, B D, B G, dans le même
tems qu'il parcourroit une de ces cordes, par exemple C B , un corps,
abandonné à lui-même au point L, parcourroit le diametre L B du cercle ,
ou un efpace dont la longueur feroit double de celle du pendule (§. 619). Et
fi ce même pendule continuoit à fe mouvoir , & à parcourir la corde B D,
pendant tout le tems qu'il emploieroit à parcourir les cordes C B & B D , un
corps grave, abandonné à lui-même , parcourroit un efpace quadruple de

l'efpace L B , ou un efpace huit fois plus grand que la longueur du pendule
A B (§. 342).

§. DCXLVII. Comme tout corps grave , foit grand , foit petit , qui fe
meut dans le vuide, tombe avec la même vîteffe, il s'enfuit que fi on attache à
l'extrêmité B du pendule A B , un corps , foit grand , foit petit , ce pendule
fera fes vibrations dans le même tems.

§. DCXLVIII. Comme toute corde quelconque d'un même cercle, C B ,
F B font parcourues dans le même tems (§. 619), il s'enfuit que des pendules , qui font leurs vibrations en parcourant ces cordes, font toutes leurs
vibrations , grandes ou petites , dans le même tems.

§. DCXLIX. Si un pendule tel que A B , qui fait fes vibrations , parcourt
de très petits arcs de cercle , les tems qu'il emploie à faire ces vibrations ,
font dans un rapport conftant avec les tems qu'emploie un corps quelconque pour parcourir les cordes des arcs que le pendule décrit ; & ce rapport
eft comme le quart de la circonférence du cercle eft au diametre : c'eft
pourquoi les ofcillations des pendules , qui fe font felon de petits arcs de
cercle , fe font fenfiblement dans le même tems : ce que nous démontrerons plus bas (§. 657). La périphérie du cercle étant au diametre , à peu de
chofe près , : : 314 : 100, le quart de la circonférence du cercle fera au diametre : : 78 $\frac{1}{2}$: 100 ; par conféquent le tems employé pour parcourir l'arc F B ,
eft au tems employé pour parcourir la corde de l'arc F B , : : 78 $\frac{1}{2}$: 100 : d'où
il fuit qu'un corps grave parcourt plutôt un arc , que la corde du même arc.
On remarque quelque chofe de femblable dans les autres courbes , fi , à la
place du rayon d'un cercle , on prend un rayon ofcillateur de ces courbes ,
ce qu'on démontre fenfiblement par l'expérience ; car la ligne de la plus
prompte defcente eft une cycloïde.

§. DCL. Soit le cercle F E B [*Tab.* 16. *fig.* 5.], qui tourne fur lui-même
en parcourant la ligne D A , ce cercle , ayant fini fa révolution , le point B de
la circonférence de ce cercle aura décrit la courbe D B A , qu'on appelle
cycloïde.

§. DCLI. Si cette cycloïde eft divifée par la moitié au point B , & que
ces parties B A , B D , foient difpofées de façon que fes extrêmités A & D , fe
réuniffent au point C , il en réfulte la figure A C D.

Soit alors le pendule C B , dont la longueur = la moitié de la cycloïde
C A , ou C D , de façon que la longueur entiere de la cycloïde foit deux fois
plus grande que C B , & par conféquent quatre fois plus grande que F B ,
qui eft le diametre du cercle générateur ; tandis que ce pendule C B , qu'on
conçoit comme un fil extrêmement flexible , faifant fes ofcillations entre les
parties de la cycloïde C A , C D , s'applique le long de la courbe A C &
C D : le poids P , fufpendu à l'extrêmité de ce pendule , décrit la même cycloïde A B D.

§. DCLII. Si on mene S S , tangente au point P de la cycloïde ; enfuite
P E , parallele à la bafe ; & fi on conduit du point E , pris dans la périphérie
du cercle générateur , la corde E B ; cette corde E B fera toujours parallele
à la tangente S S : & la portion de la cycloïde P B fera toujours double de la
corde E B.

§. DCLIII. Comme le poids P , placé au point P de la courbe , peut être confidéré comme s'il étoit placé fur une tangente à ce point (§. 643) ; il tendra à defcendre de ce point P avec la même force que s'il étoit placé au point E de la corde correfpondante du cercle générateur : or la corde E B eft proportionnelle à la portion de la cycloïde B P, & la force avec laquelle un corps tend à defcendre le long de la corde E B, étant égale à la corde même E B (§. 625) , il s'enfuit que le corps P, placé au point P de la cycloïde, tendra à defcendre le long de la portion P B de cette cycloïde, avec une force qui fera comme la longueur de la portion P B de cette courbe.

§. DCLIV. Il fuit de-là que la vîteffe avec laquelle un corps commence à defcendre du point P de la cycloïde A B D, eft toujours égale à la portion P B de cette même cycloïde : fi on avoit donc deux pendules, placés fur différens points de cette courbe, l'un en P, l'autre en Q, ils commenceroient à fe mouvoir lorfqu'ils feroient abandonnés à eux-mêmes, avec des vîteffes qui feroient entr'elles comme les longueurs P B, Q B de cette cycloïde ; par conféquent fi ces pendules ne defcendoient pas avec un mouvement accéléré, en les abandonnant à eux-mêmes au même inftant, ils parcourroient, dans le même tems, les portions P B & Q B, & arriveroient enfemble au point B : néanmoins parcequ'à chaque point de la cycloïde qu'ils parcourent, ils acquerent des vîteffes, qui font entr'elles comme les longueurs de la cycloïde, à commencer du point où ils fe trouvent, juf-qu'au point B ; ils parcourront les portions P B & Q B dans le même tems, & ils arriveront enfemble au point B : par conféquent les ofcillations des pendules, qui fe font par des arcs de cycloïde, foit qu'elles foient plus ou moins amples, s'exécutent toutes dans le même tems.

§. DCLV. Le tems qu'un pendule, qui fe meut dans une cycloïde, emploie pour exécuter une vibration, eft au tems qu'un corps grave abandonné à lui-même, emploie pour parcourir librement un efpace égal à la moitié de la longueur du pendule, comme la périphérie du cercle eft au diametre.

Suppofons qu'une cycloïde développée égale la ligne droite A B D [*Tab.* 16. *fig* 6.], felon la longueur de laquelle on conçoive qu'un corps fe meut du point A au point B, en fuivant la même loi qu'un corps grave fuiveroit en fe mouvant dans une cycloïde ; de façon que la preffion qui pouffe ce mobile de A en B, foit à celle qui le poufferoit de F en B, comme la longueur A B eft à la longueur F B.

Sur A B D, comme diametre, foit décrit le demi-cercle A H I L D, fur la périphérie duquel on conçoive qu'un corps fe meut d'un mouvement uni-forme, & avec une vîteffe qui foit telle, qu'il parcoure la périphérie A H I L D dans le même tems que le premier mobile, dont nous venons de parler, parcourra la droite A B D. Dans cette hypothefe, les différentes parties de la demi-circonférence A H I L D, peuvent fervir à mefurer les inftans, & les repréfenter : maintenant des points F & C, pris dans la droite A B D, foient élevées les perpendiculaires F H & C I.

Soient prifes des portions égales, mais extrêmement petites H h, I i fur la périphérie du demi cercle & des points h & i foient abaiffées les perpen-diculaires h f, i g, foient auffi conduites H l & I m, paralleles à A B D; enfin foient unis enfemble les points B H & B I.

Cela pofé , qu'on conçoive qu'un mobile parcourt les parties A F & F C, dans des tems exprimés par A H & H I; alors, dans des tems auffi égaux H h , I i , il parcourra les parties F f, C g , lefquelles , étant infiniment petites , feront parcourues d'un mouvement uniforme : par conféquent les vîteffes dont jouira le mobile aux points F & C , feront entr'elles comme F f eft à C g , qui font entr'elles comme F H eft à CI. En effet , les triangles H B F, H h I font femblables ; par conféquent F H : H B : : H I : H h. Pareillement les triangles C I B , I i m font femblables ; par conféquent CI : I B : : I m : I i.

Or les accélérations des vîteffes , dans des tems infiniment petits & égaux , aux points F & C , font comme les preffions qui fe font fentir à ces points , lefquelles font comme I h , m i ; mais i h : m i : : F B : C B. Par conféquent les preffions qui fe font fentir dans ces points , font comme leurs diftances au point B ; & conféquemment le mobile fe meut felon les loix d'un corps qui fe meut dans une cycloïde : & H h , I i , défignent les tems pendant lefquels F f, C g font parcourus, ou les parties H h , I i font parcourues par un corps qui fe meut d'un mouvement uniforme , felon la périphérie A H I L D du demi cercle , dans le même tems que les parties F f, C g font parcourues par le mobile qui fe meut felon la ligne A B D ; par conféquent , fi l'un de ces deux corps parvient en L , & l'autre en B , les directions font paralleles , & les vîteffes égales.

De-là un corps, qui eft mû avec une vîteffe égale à celle qu'un pendule auroit acquife au point B , parcourt , dans le tems d'une feule vibration , un demi-cercle, dont le diametre eft quadruple de celui du cercle générateur : or la vîteffe acquife au point B eft égale à celle qu'un corps acquerroit en tombant d'une hauteur égale au diametre du cercle générateur ; en vertu de cette vîteffe , ce mobile pourroit tomber & parcourir un efpace double , = C B. Mais , muni de cette vîteffe , il pourroit, dans le tems d'une feule vibration , parcourir un demi cercle , dont le diametre feroit quadruple du diametre F B du cercle générateur.

Or les efpaces parcourus avec des vîteffes égales font entr'eux comme les tems ; donc le tems de la chûte , felon la ligne F B , moitié de la longueur du pendule , eft au tems d'une feule vibration dans la cycloïde , comme 2 F B eft à la périphérie du demi-cercle A H I L D , ou à la périphérie entiere d'un cercle , dont le diametre feroit = 2 F B : & par conféquent comme le diametre du cercle eft à fa périphérie.

§. DCLVI. Comme la partie inférieure d'une cycloïde paroît fenfiblement fe confondre avec un petit arc de cercle , il fuit de-là que les tems que les pendules emploient à faire de petites ofcillations , quoiqu'inégales entr'elles , font égaux : de-là fi un pendule fait fes vibrations dans un très petit arc de cercle , le tems qu'il emploiera à faire une vibration , fera au tems qu'un corps grave emploiera à tomber librement d'une hauteur égale à la moitié de la longueur du pendule , comme la circonférence du cercle eft au diametre.

§. DCLVII. Puifque le tems requis pour parcourir , en tombant , la la moitié de la longueur d'un pendule , eft au tems requis pour parcourir , en tombant, huit longueurs de ce même pendule, : : 1 : 4 ; & que le tems

qu'un corps emploie à parcourir huit fois la longueur d'un pendule, est égal
à celui pendant lequel un autre corps parcourroit, en descendant & en
montant, une corde d'un cercle dont ce pendule seroit le rayon ($.646) : il
suit de-là que le tems d'une oscillation, selon un arc de cercle, est au tems
employé à parcourir deux cordes du même cercle, comme la périphérie du
cercle est à 4 diametres, ou comme le quart de la circonférence est au diametre.

$. DCLVIII. Si deux pendules A B, C D [*Tab. 16. fig. 7.*], différens en
longueur, décrivent des arcs semblables B E F, G D H, les tems qu'ils emploieront à faire leurs vibrations, seront en raison sous-doublée de leurs longueurs A B, C D.

Suivant le ($. 635), le tems de la chûte d'un corps, par l'arc E B, est au
tems de la chûte d'un autre corps, selon une courbe semblable, & sembla-
blement placée, en raison sous-doublée de E B à G D : or les arcs semblables
sont entr'eux comme les rayons A B & C D des cercles dont ils font partie ;
par conséquent le tems employé à parcourir l'arc E B, est à celui pendant lequel G D est parcouru, en raison sous-doublée de A B à C D.

$. DCLIX. Le nombre des oscillations d'un pendule, dans un tems don-
né, est réciproquement comme la racine quarrée de la longueur de ce
pendule.

Le nombre des oscillations d'un pendule est d'autant plus grand, dans un
tems donné, que la durée de chaque oscillation est plus petite ; mais la durée d'une vibration est comme la racine quarrée de la longueur du pendule :
donc le nombre des oscillations d'un pendule est réciproquement comme la
racine quarrée de la longueur. Appellons le nombre des vibrations N, la

longueur du pendule L, le tems T ; on aura $N = \dfrac{1}{\sqrt{L}}$: & comme $N =$

$\dfrac{1}{T}$, on aura $\dfrac{1}{\sqrt{L}} = \dfrac{1}{T}$, ou $T = \sqrt{L}$.

$. DCLX. Il suit de ce que nous venons de dire, que les longueurs des
pendules A B, & C D, sont comme les quarrés des tems qu'ils emploient à
faire leurs vibrations. Si le pendule A B = 4 pieds, & que le pendule C D
soit = 1 pied, le tems que le premier emploiera pour aller de E en B, sera à
celui que le second consommera pour aller de G en D, : : 2 : 1 ; puisque les
quarrés de ces nombres sont 4 & 1.

Le pendule qui fait une vibration à Paris dans $\frac{1}{2}$ m", = 9 pouces 2 $\frac{1}{4}$ ligne ;
celui qui fait une vibration dans le même endroit en 1 m", = 3 pieds 0 pou-
ces 8 $\frac{1}{4}$ lignes, ou 440, 57 lignes : celui qui ne fait qu'une vibration en
2 m", = 12 pieds 2 pouces 10 lignes. A Leyde le pendule qui fait une vibration en 1 m", = 440, 71183 lignes mesure de Paris.

$. DCLXI. Puisque $N = \dfrac{1}{\sqrt{L}}$, on aura $NN = \dfrac{1}{L}$: c'est pourquoi,

dès qu'on connoît la longueur des pendules A B & C D, ainsi que le nombre des vibrations qu'un de ces pendules A B exécute, dans l'espace d'une
heure,

heure, on peut déterminer le nombre de vibrations que l'autre pendule C D fera dans le même tems, puiſque la longueur du pendule C D eſt à celle de A B, comme le quarré du nombre des oſcillations du pendule A B, eſt au quarré du nombre des oſcillations que doit faire le pendule C D dans le même tems.

§. DCLXII. Chaque fois qu'il arrive qu'un horloge à pendule ne marque pas exactement l'heure, & qu'il retarde, il ne s'agit, pour obvier à cet inconvénient, que de raccourcir ſon pendule; ſi, au contraire, cet horloge avance, il faut allonger le pendule.

Si on veut ſavoir de quelle quantité il faut allonger ou raccourcir le pendule : voici un raiſonnement qui conduit à cette connoiſſance.

Suppoſons un horloge qui avance d'une minute par jour; de quelle quantité faut-il allonger le pendule, afin qu'il marque exactement l'heure ?

Solution. Suppoſons que la longueur du pendule $= 1$; que la quantité dont il faut l'allonger $= x$; que le jour, réduit en minutes, $= n$: cela poſé, un pendule bien réglé, tel que $1 + x$, exécute le nombre de ſes vibrations dans un tems $= n$; tandis qu'un autre pendule $= 1$, exécute les ſiennes dans un tems $= n - 1$. Or, comme les tems des oſcillations des pendules ſont en raiſon ſous-doublée de leur longueur, on aura $n - 1 : n$ en raiſon ſous-doublée de 1, à $1 + x$, ou ce qui revient au même, $1 : 1 + x$ en raiſon doublée de $n - 1$, ad n; ou comme $nn - 2n + 1 : nn$, qui approche aſſez de $n - \frac{1}{2} : n + \frac{1}{2}$: mais, en multipliant, on a $\overline{nn - 2n + 1} \times n + \frac{1}{2} = n^3 - \frac{3}{2}nn + \frac{1}{2}$ & $\overline{nn} \times n - \frac{1}{2} = n^3 - \frac{1}{2}nn$. Or, en retirant $\frac{1}{2}$ de la premiere quantité, il n'en réſultera pas une erreur ſenſible dans le calcul, qui en deviendra plus ſimple. Ainſi qu'il ſoit permis de ſubſtituer ces quantités-ci, $:: n - \frac{1}{2} : n + \frac{1}{2}$, ou $:: 2n - 3 : 2n + 1$, on aura donc $1 : 1 + x :: 2n - 3 : 2n + 1$, c'eſt-à-dire, qu'il faudra allonger le pendule ſelon la raiſon de $2n - 3$, à $2n + 1$. Or un jour comprend 1440 m'; par conſéquent $2n - 3$ doit être à $2n + 1 :: 2877 : 2881$, ou approchant $:: 719 : 720$; d'où il ſuit que la longueur du pendule, dont il eſt ici queſtion, eſt à celle qu'il devroit avoir,

$$:: 719 : 720, \quad \& \quad x = \frac{4\,1}{2n - 3}.$$

§. DCLXIII. La vîteſſe dont jouit un pendule, qui eſt parvenu au point le plus bas de ſa ſuſpenſion, eſt comme la ſous-tendante de l'arc qu'il décrit en deſcendant.

Suppoſons que le pendule A B [*Tab.* 16. *fig.* 8.] décrive l'arc D B, dont la ſous-tendante eſt la droite D B; ſoit conduite la ligne D E, perpendiculaire ſur A B, la vîteſſe qu'un corps acquiert, en tombant de D en B, eſt égale à celle qu'il eût acquiſe s'il fût tombé perpendiculairement de E en B : mais la vîteſſe acquiſe en tombant du point E au point B, eſt à celle qu'un corps acquiert en tombant de G en B, en raiſon ſous-doublée de E B à G B; c'eſt à dire, comme B D : G B. Soit pareillement conduite C F, perpendiculaire ſur A B; alors la vîteſſe que le pendule acquiert, en tombant du point C au point B, eſt égale à celle qu'il acquerroit s'il tomboit librement du point F au point B; & la vîteſſe acquiſe en parcourant F B, eſt à celle qu'un mobile acquiert en tombant de G en B, en raison sous-doublée de F B à G B, c'est à-dire, comme C B est à G B; par conséquent la vîtesse qu'un pendule acquiert, en tombant de D en B, est à celle qu'il acquiert, en tombant de C en B, comme la sous-tendante D B est à la sous-tendante C B.

§. DCLXIV. Si par conséquent on tire des sous-tendantes du point inférieur B, dont les longueurs soient entr'elles comme la suite directe des nombres 1, 2, 3, 4, &c, & qu'on les inscrive dans le cercle; on coupera de cette maniere les arcs B 1, B 2, B 3, B 4: d'où le pendule, venant à tomber, il acquerra, au point B, des vîtesses qui seront comme les nombres 1, 2, 3, 4, &c; & c'est de cette maniere qu'on peut donner à un corps pesant différens degrés de vîtesse. C'est sur ce principe qu'on a construit la machine de percussion, par le moyen de laquelle on peut déterminer combien de degrés de vîtesse on communique à un corps, & qu'on peut lui en communiquer à volonté.

§. DCLXV. Si on a deux pendules C P, c p [*Tab. 16. fig. 9.*], dont les longueurs soient entr'elles comme les forces de la pesanteur qui les mettent en mouvement; leurs vibrations seront isochrones.

Concevons que ces pendules décrivent des arcs semblables P A, p a; alors les degrés de pesanteur auront toujours entr'eux le même rapport dans tous les points de ces arcs, qui se répondront les uns aux autres; & ils communiqueront par conséquent à ces pendules des vîtesses qui seront entr'elles comme les longueurs des pendules; c'est-à-dire, comme les longueurs des arcs semblables qui sont parcourus dans des tems égaux.

§. DCLVI. Si les deux pendules C P, c p sont réduits à la même longueur C P, c q; alors les tems qu'ils emploieront à faire leurs vibrations, seront en raison inverse des racines de leurs pesanteurs.

Soit $c\,q = C\,P$, le tems d'une des vibrations du pendule c q sera à celui qu'emploiera le pendule c p, pour exécuter une des siennes, en raison sous-doublée de c q à c p; mais le tems d'une des vibrations de $c\,p = $ celui d'une des vibrations du pendule C P : par conséquent le tems d'une des vibrations de c q est au tems d'une des vibrations de C P en raison sous-doublée de c q à c p. Or c q : c p :: la force de la gravité de C P est à celle de c p; par conséquent le tems d'une des vibrations de c q est à celui d'une des vibrations de C P en raison sous-doublée inverse des force de la pesanteur.

On peut encore démontrer la même chose de cette maniere. Le tems d'une des oscillations de c q est au tems d'une des oscillations de c p, :: $\sqrt{c\,q}$: $\sqrt{c\,p}$. Si on désigne les tems par les lettres T, t, la même proportion subsistera de cette façon.

T . c q : t . c p :: $\sqrt{c\,q}$: $\sqrt{c\,p}$. Or le tems d'une des vibrations de c p est égale au tems d'une des vibrations de C P; par conséquent, au lieu de t . c p, on pourra substituer t . C P, & on aura T . c q : t . C P :: $\sqrt{c\,q}$: $\sqrt{c\,p}$; & comme c q = C P, on aura T . c q : t . c p :: $\sqrt{C\,P}$: $\sqrt{c\,p}$. Mais C P, c p sont comme les forces de la gravité; & conséquemment T . c q : t . C P :: la racine quarrée de la gravité C P, est à la racine quarrée de la gravité c p ; ç'est à-dire, en raison inverse des racines quarrées de la gravité.

§. DCLXVII. Cette proposition est nécessaire pour bien comprendre ce que j'ai dit touchant la diversité qu'on remarque dans la force de la pesanteur en différens endroits du globe terrestre (§. 333). Lorsque la force de la gravité augmente, un pendule, conservant exactement la même longueur qu'il avoit auparavant, acheve ses vibrations dans des tems plus courts ; & afin que ces dernieres vibrations soient isochrones avec celles qu'il exécutoit auparavant, il faut allonger ce pendule : au contraire, lorsque la force de la gravité devient plus foible, le pendule met plus de tems à achever ses vibrations ; & il faut le raccourcir pour lui conserver l'isochronisme de ses vibrations : de là si, dans un endroit quelconque de la terre, on est obligé de raccourcir un pendule, il faut conclure que l'effort de la gravité y est plus petit ; si tant est cependant que la température de l'air soit la même dans cet endroit que dans celui où le pendule, pour être exact, étoit plus long de la quantité dont il faut le raccourcir. Au contraire si, dans un autre endroit de la terre, on est obligé d'allonger le pendule, toutes choses étant égales d'ailleurs, l'effort de la gravité sera plus grand dans cet endroit.

§. DCLXVIII. Il suit de-la que les quarrés des tems, pendant lesquels les pendules font leurs vibrations, font directement entr'eux, comme les longueurs des pendules (§. 660), & en raison inverse des pesanteurs qui les font mouvoir (§. 666). Supposons que les tems soient exprimés par les lettres T. t., les longueurs des pendules par les lettres L, l ; enfin les pesanteurs par G, g, on aura $\overline{T}q : \overline{t}q :: L \times g : l \times G$. Mais comme nous avons démontré (§. 666) que T. c q : t. C P :: $\sqrt{C P} : \sqrt{c p}$, on aura, en élevant à leur quarré les tems de la proportion, ainsi que les autres termes : Tq. c q : $\overline{t}q$ C P :: C P : c p ; mais C P = L, & c p = l, on aura donc $\overline{T}q$. c q : $\overline{t}q$ c p :: L : l. Or c q : C P, en raison inverse des pesanteurs, ou :: g : G ; par conséquent T q : $\overline{t}q$ :: L $\times$ g : l $\times$ G.

§. DCLXIX. Comme, dans toute proportion géométrique, le produit des extrèmes est toujours égal au produit des moyens, on aura $\overline{T}q \times l \times G = \overline{t}q \times L \times g$. Et en ordonnant ces produits en proportion, on aura G : g :: L $\times$ tq : l $\times$ Tq ; c'est à-dire, que les pesanteurs font directement comme les longueurs des pendules, & en raison inverse du quarré des tems pendant lesquels ils font leurs vibrations.

Si les tems, pendant lesquels deux pendules font leurs vibrations, font égaux, les efforts de la pesanteur seront comme les longueurs de ces pendules. Ce que nous venons de dire donne l'intelligence de la Table que nous avons placée (§. 333), dans laquelle on a déterminé les efforts de la pesanteur, en différens endroits de la terre, par la longueur d'un pendule à secondes.

§. DCLXX. Soit le pendule composé A B C [*T.16.F.10.*], fait d'une verge de métal, dont on cherche le centre d'oscillation O ; l'intervalle entre le point O & le centre du mouvement C, donne la longueur O C : si cette longueur est celle d'un pendule fimple, ce pendule fera des vibrations qui feront ifochrones avec celles du pendule compofé A B C. On trouvera ce point O, centre d'ofcillation, de la maniere fuivante.

La fomme des deux poids A & B, multipliée par leur diftance au centre du mouvement C, eft au poids inférieur A, multiplié par fa diftance C A, comme l'intervalle A B, qui eft entre les deux poids B & A, eft à la diftance B O, entre le poids fupérieur B & le centre d'ofcillation O; par conféquent O B + B C donne O C, longueur du pendule fimple, ou le centre d'ofcillation O du pendule compofé A B C.

Soit le pendule compofé C B A, auquel font attachés les deux poids B & A, qui font leurs vibrations dans des courbes femblables, & femblablement placées; puifque le pendule C B, comme plus court, fait fes vibrations plus promptement que le pendule C A, qui eft plus long, & avec lequel il eft attaché, la promptitude des vibrations du pendule C B eft retardée par le pendule C A, & la lenteur de celles du pendule C A eft diminuée par fon union avec le pendule C B : par conféquent le pendule C B, retardé par fa jonction avec un autre, fera ifochrone avec un autre pendule fimple & plus long, tel que C O. Pareillement le pendule A C, dont la vîtefle eft augmentée par un autre pendule auquel il eft joint, fera auffi ifochrone avec un pendule fimple qui fera plus court que lui, tel que C O. Or quelle doit donc être la longueur du pendule C O, & où doit être placé ce point O, qu'on appelle *centre d'ofcillation?*

Suppofons que les lignes G B, F O, E A foient égales, & que les pendules C B, C O, C A parcourent ces lignes dans des tems infiniment petits; dans le même tems que le point O parcourt la ligne F O, le point B ne parcourt que l'efpace B K; & par conféquent il eft retardé de la quantité G K : la force qui le retarde $= $ B $\times$ G K; mais, dans ce même tems, le point A parcourt la ligne A D, & eft par conféquent accéléré de la quantité D E. La force accélératrice eft donc $= $ A $\times$ D E; par conféquent ces deux forces font entr'elles :: B $\times$ K G : A $\times$ D E. Mais ces deux forces agiflant à l'extrêmité des leviers C B, C A, leurs actions feront donc :: C B $\times$ K G $\times$ B, & C A $\times$ D E $\times$ A. Or ces actions font égales; on pourra donc les mettre en proportion, & on aura C B $\times$ B : C A $\times$ A :: D E : G K. Mais les triangles F G K, E F D font femblables; on aura donc D E : G K :: E F : F G :: A O : O B; & par conféquent on aura C B $\times$ B : C A $\times$ A :: A O : O B; & en compofant, on aura C B $\times$ B + C A $\times$ A : C A $\times$ A :: A O : O B, ou comme A B :: B O.

§. DCLXXI On peut encore trouver ce centre O de cette maniere. Suppofons que C B $= $ b, que C O $= $ x, & que C A $= $ a; on aura O B $= $ x — b, & A O $= $ a — x : & par conféquent B b : A a :: a — x : x — b; d'où B b x — B b b $= $ A a a — A a x, ou B b x + A a x $= $ A a a + B b b; par conféquent

$$x = \frac{A a a + B b b}{B b + A a}.$$

Par ce moyen on trouve le centre d'ofcillation, fi on multiplie chaque poids par le quarré de fa diftance au centre du mouvement; & fi on divife la fomme des produits par la fomme des poids multipliés par leur diftance au centre du mouvement.

§. DCLXXII. Si un pendule simple est en mouvement, & qu'à l'extrémité de ce pendule soit suspendu un globe ; on aura alors le centre d'oscillation de ce pendule, si on prend une distance depuis le point de suspension jusqu'au centre du globe, qui soit au demi diametre de cette sphere, comme ce demi-diametre lui-même est à une autre ligne, dont les deux cinquiemes, pris depuis le centre du globe de haut en bas, se termineront à un point qui sera le centre d'oscillation de ce pendule.

Il y a encore quantité de choses intéressantes sur cette matiere, qu'il est même important de savoir : on pourra s'en instruire dans un excellent Ouvrage de M. *Hughens* (1), qui le premier a traité cette matiere avec distinction. On pourra encore consulter là-dessus le premier Livre des principes de la Philosophie naturelle de *Newton*.

Car les pendules ne font pas leurs vibrations dans le vuide, comme nous l'avons supposé ; mais ils se meuvent dans des milieux qui leur résistent, comme dans l'air, dans l'eau : & ils ne parcourent pas toujours des arcs de cycloïdes, ou d'épicycloïdes internes ; mais ils décrivent souvent de grands arcs de cercle : & pour lors il y a des différences très sensibles, quant aux tems, entre leurs grandes & leurs petites vibrations. Nous nous abstenons de traiter de toutes ces choses, en partie parcequ'elles ne font pas à la portée des Eleves, & en partie parceque cela nous entraîneroit dans de trop longs détails, auxquels le tems ne nous permettroit pas de nous prêter ; d'ailleurs on peut s'instruire profondément de toutes ces choses dans les Ouvrages des Savans que je viens de citer. Le célebre *Bernouilli* a traité aussi cette matiere : on peut consulter la dessus l'Histoire de l'Académie Royale des Sciences, année 1730, & l'illustre *Euler*, dans les Commentaires de l'Académie de Petersbourg, Tome 4.

§. DCLXXIII. Comme l'usage des pendules pour mesurer la durée du tems, est celui qui peut le mieux répondre aux desirs de l'homme, *Hughens* imagina le premier d'adapter un pendule aux horloges qu'on vouloit rendre très exactes ; & afin que les vibrations de ces pendules s'exécutassent dans des tems parfaitement égaux, il voulut que ces pendules fissent leurs vibrations en décrivant des arcs de cycloïdes. Ce fut pour parvenir à ce but qu'il fit suspendre le pendule entre deux lames, qui faisoient chacune portion d'une cycloïde, & lesquelles, dirigeant le pendule, lui faisoient parcourir une cycloïde semblable.

§. DCLXXIV. Quoiqu'on fût persuadé que les vibrations d'un pendule qui se meut dans une cycloïde, étoient parfaitement justes, & mesuroient exactement la durée du tems ; néanmoins l'expérience apprit qu'un tel pendule avançoit pendant l'hiver, soit qu'on le construisît avec du fer, du cuivre, du similor. Tous ces métaux, sensibles aux impressions d'un air plus froid, se raccourcissent. Le même pendule retarde en été par la raison contraire ; parceque la chaleur le fait allonger. Pour obvier à cet inconvénient, & pour conserver au pendule une longueur constante ; c'est à dire, pour faire ensorte que les centres d'oscillations & du mouvement fussent toujours à égale distance l'un de l'autre, *Graham* imagina le premier d'adapter

____

(1) De Horologio oscillatorio.

un thermometre de mercure au pendule, & son idée étoit très ingénieuse ; il pensoit par-là conserver constamment le centre d'oscillation sensiblement au même endroit ; parceque, suivant lui, lorsque la chaleur, allongeant le pendule, & faisant, par ce moyen, descendre le centre d'oscillation du pendule au dessous de son véritable point, cette même chaleur faisoit monter le mercure dans le tube du thermometre ; & cette quantité de mercure qui s'élevoit, portoit plus haut le centre d'oscillation, & le conservoit sensiblement au même point : d'où il imaginoit que la durée des oscillations de ce pendule demeuroit constamment la même.

§. DCLXXV. Le même *Graham* imagina ensuite un pendule d'une nouvelle construction ; il joignit ensemble des cylindres de fer & de cuivre, comme on peut le remarquer dans la figure indiquée [*Tab.* 16. *fig.* 11.] : par cette construction les cylindres sont tellement disposés, que lorsque la chaleur allonge le fer, & fait descendre le centre d'oscillation, le cuivre, qui se dilate davantage, le fait remonter à sa véritable place ; de sorte qu'il demeure constamment dans la même situation. Ces pendules font leurs vibrations dans un petit arc, dont l'amplitude n'est que d'un pouce. M. le Comte de *Benting* m'a communiqué un modele de ces sortes de pendules.

§. DCLXXVI. Un célebre Horloger de France, nommé *Julien le Roy*, a trouvé une méthode plus simple, que M. *Cassini* a décrite (1). Soit une verge de fer A B [*Tab.* 16. *fig.* 12.], suspendue au point A, derriere laquelle est appliquée une verge de cuivre C E, qui est attachée fermement vers sa partie supérieure C, avec la verge de fer ; à ces deux regles est encore jointe une troisieme regle de fer S O, qui se termine inférieurement par une lentille de métal O, attachée à cette regle. Ces trois regles peuvent se mouvoir les unes sur les autres, & elles sont unies par des brides G H, M N. Vers la partie inférieure de ces regles saillent trois axes T, R, P, qui passent dans des trous pratiqués dans une troisieme bride.

L'observation a appris que le cuivre se dilate davantage que le fer, à un même degré de chaleur, & qu'il se condense davantage par l'action du froid ; & cela suivant le rapport de 46 à 27. Cela posé, supposons un pendule exactement construit & proportionné pour mesurer la durée du tems dans une température moyenne ; que la température de l'air varie, que la chaleur devienne plus grande, & suffisamment pour faire allonger le pendule & faire descendre la lentille O : dans ce cas, la regle de cuivre C E, étant plus allongée que celle de fer A B, fera descendre plus bas, par son changement, l'axe T ; & par conséquent l'axe P sera élevé, & conjointement avec lui la lentille O, qui se relevera alors d'une quantité égale à celle suivant laquelle elle étoit descendue. Par ce moyen le centre d'oscillation restera à sa place, & à la même distance du point de suspension A.

Pour que cette compensation soit exacte, & que l'effet que je viens d'indiquer ait lieu, supposons que la longueur du pendule, depuis son extrêmité A jusqu'au milieu de la lentille = 39 pouces, que la verge de cuivre C I = 27 pouces ; l'excès de la longueur de la regle C I, lorsqu'elle est al-

---

(1) Hist. de l'Acad. Roy. ann. 1741. p. 485.

longée par la chaleur fur l'allongement de la regle de fer, = 46 — 27 = 19. Suppofant donc que l'allongement de la regle de cuivre = IT [*T.* 17. *F.* 1.], que celui de la regle de fer = H R ; on aura l'excès VT : HR :: 19 : 27; mais comme les dilatations des regles de fer font proportionnelles à leurs longueurs, on aura O Q , allongement total du pendule, : H R :: A O : E H :: 39 : 27; & conféquemment T V : O Q :: 19 : 39. Donc les axes P , R , T doivent être placés de façon qu'on ait T R : R P :: 19 : 39 ; car T R : R P :: T V : V F. Donc T V : V F :: 19 : 39 ; mais T V : O Q :: 19 : 39 : V F , ou P X , qui mefure la quantité felon laquelle le pendule A O eft plus élevé au-deflus du point R , par la dilatation du cuivre = O Q , qui mefure la quantité felon laquelle les verges de fer qui compofent le pendule font allongées par la chaleur.

La figure 2 de la même planche nous repréfente une autre maniere de conftruire un pendule , néanmoins fur le même principe que nous venons d'expofer. A C , S O font deux verges de fer , entre lefquelles eft une verge de cuivre B D , qui porte vers le point C fur une des deux verges de fer. T , R , P font trois axes femblables à ceux dont nous avons donné la defcription & l'ufage dans l'expofition précédente. Lorfque la chaleur dilate & allonge la verge de fer A C , la verge de cuivre s'allonge encore plus ; & , par fon allongement , elle éleve la verge S O : & conféquemment la lentille remonte jufqu'à la hauteur d'où elle defcendroit , par l'allongement de la verge de fer. M. *Ellicot* nous a encore donné une autre méthode de conftruire un pendule qui confervât toujours fa même longueur (1).

§. DCLXXVII. L'expérience m'ayant appris que le bois d'Ebene , lorfqu'il a vieilli , n'étoit point fenfiblement fufceptible des impreffions du chaud & du froid ; j'ai imaginé qu'on pourroit employer avantageufement ce bois pour conftruire un pendule fimple, fort, exact , ayant foin néanmoins de le bien vernir , pour le garantir de l'humidité qui pourroit l'allonger : car il fe raccourcit à proportion qu'il feche. On prétend que *Ridot* a encore imaginé un pendule plus fimple (2).

§. DCLXXVIII. Quoique les obfervations que nous venons de rapporter remédient à un défaut qu'on ne pourroit éviter fans cela dans les pendules , il en eft encore un autre auquel on n'a pas encore pu remédier jufqu'à préfent , fur-tout dans les Pays froids. Le voici. On a coutume , & il eft même indifpenfablement néceffaire d'huiler les pivots des horloges , ainfi que les dents des roues ; afin de rendre leurs mouvemens plus libres. L'huile récemment appliquée à ces différentes parties , eft plus légere , plus coulante , plus fluide : elle s'épaiffit à la longue ; de forte qu'au commencement elle lubrifie parfaitement les furfaces qui doivent fe mouvoir les unes fur les autres , & rend leurs mouvemens fort libres. Mais cet avantage n'eft pas de longue durée ; car outre qu'en s'épaiffiffant à proportion que fes parties fubtiles s'évaporent , elle fe charge des parties métalliques qui fe détachent par le frottement , de forte que le mouvement des parties devient de moins en moins libre. 2°. Dans le froid elle s'épaiffit encore , & elle fe congele même

(1) Philofoph. Tranfac. Vol. 47. pag, 479. (2). Journal des Savans , ann. 1758 , Septembre , pag. 103.

lorfque le froid devient âpre ; elle forme pour lors une efpece de *gluten*, qui fait que les pivots contractent quelqu'adhérence avec les trous dans lefquels ils roulent. Il arrive la même chofe à l'engrainage des roues ; les dents des unes adherent infenfiblement avec les dents des autres roues, ou avec les aîles des pignons ; de forte que, lorfque l'hiver eft rude, les horloges commencent par retarder, & ils s'arrêtent enfuite. Le contraire arrive pendant l'été ; de forte que, pendant le courant d'une année, on ne peut point avoir un horloge qui marque exactement la durée du tems. Il ne paroît pas poffible de fe garantir d'un tel accident dans les Pays froids, à moins qu'on ne découvrît une efpece de graiffe qui confervât conftamment fon même degré de confiftance ; ou à moins qu'on ne plaçât les horloges, dont on fait ufage, dans un endroit où la température de l'air fût toujours la même.

§. DCLXXIX. Lorfqu'un pendule feul fait fes vibrations fans être dirigé par un mouvement d'horlogerie, on le fufpend, pour l'ordinaire, dans l'air, & non dans le vuide ; la réfiftance que l'air oppofe à fon mouvement, le fait retarder : de forte que ce pendule, élevé jufqu'à une hauteur quelconque, & abandonné à lui même, retarde dans fa chûte, ne parvient pas auffi promptement qu'il devroit, au point le plus bas de fa fufpenfion. Ce pendule, s'élevant en fens contraire, eft encore retardé, & il ne remonte pas jufqu'à une hauteur égale à celle d'où il vient de defcendre ; il mefure un plus petit arc : mais il le parcourt auffi dans un moindre tems ; d'où il arrive que les tems de la defcente & de l'afcenfion ne font pas parfaitement égaux : mais les ofcillations entieres peuvent être prifes pour égales, le retardement arrivé, pendant la chûte du pendule, étant compenfé par le plus petit tems qu'il emploie à remonter par un plus petit arc. Plus la denfité de l'air eft grande, plus le pendule eft retardé dans fa chûte ; ce qui eft confirmé par une obfervation que fit M. *Bouguer*. Il remarqua qu'un pendule, placé fur le fommet de la montagne *Pichinça*, dont la hauteur = 2434 toifes, ayant commencé à faire fes vibrations, en mefurant des arcs, dont l'amplitude étoit de deux pouces, ne mefura plus que des arcs d'un pouce, après 22 ou 23 minutes. Cette différence, dans l'amplitude des vibrations de ce pendule, fe fit remarquer après 14 ou 15 minutes, lorfque ce même pendule fut porté vers le rivage de la mer, où l'air eft plus denfe que fur le fommet de la montagne.

§. DCLXXX. Il y a encore d'autres efpeces de pendules compofés, dont le centre d'ofcillation ne fe trouve pas placé à une des extrêmités du pendule, comme nous l'avons confidéré jufqu'à préfent ; mais dans un point intermédiaire ; de forte qu'il y a des poids qui font fufpendus de part & d'autre du centre du mouvement, comme on en remarque à la balance, qui a coutume de faire des vibrations autour de fon axe. Ce font ces vibrations qu'il convient d'examiner. *Bernouilli* fut le premier qui traita cette matiere, que le célebre Abbé *de la Caille* a examinée après lui (1).

§. DCLXXXI. Deux poids inégaux étant donnés, A plus grand, B plus petit, attachés l'un & l'autre à une verge inflexible, & à égale diftance

(1) Leçons élément. de Méchaniq. p. 175.

du

du centre du mouvement, trouver le centre d'ofcillation K de ces deux poids ? [*Tab.* 17. *fig.* 3.]

Solution. Le corps A, étant plus pefant que B, le premier, par fa chûte, élevera néceffairement le poids B ; mais le mouvement du poids B ne détruira qu'une partie du mouvement du poids A, qui fera égal à la force avec laquelle le poids B fera mû : que la force qui doit naître de la gravité foit appellée U, les momens de ces deux corps feront = U × A × A S, & U × B × B S. Or comme les quantités U, A S, B S font conftantes, on peut fuppofer que B fait perdre au poids A une partie de fa force, de la même maniere que fi B étoit tranfporté en A avec une gravité négative, relativement à celle du corps A : par conféquent, à la place du pendule A B, on peut fuppofer un autre pendule S A, qui eft chargé au point A, ainfi qu'un pendule compofé des deux corps A + B, dont les forces font U × A — U × B, & dont la force accélératrice = $\dfrac{U \times A - U \times B}{A + B}$.

Mais les longueurs des pendules fimples, ifochrones, font comme les forces accélératrices qui les preffent ; par conféquent la longueur du pendule fimple S K, ifochrone avec le pendule compofé S A, fe trouvera, par cette proportion, $\dfrac{U A - U B}{A + B} : U :: S A : S K = \dfrac{\overline{A + B}}{A - B} \times S A.$

§. DCLXXXII. Il paroît manifeftement ici, pour quelle raifon une balance ne fait que de très lentes vibrations fur fon axe, lorfqu'un de fes baffins eft abaiffé ; car lorfqu'un des baffins d'une balance eft abaiffé, il eft tel que s'il étoit plus pefant. Suppofons que ce baffin = A, & que le bras qui le porte = S A ; que l'autre baffin = B, & que S A × $\dfrac{\overline{A + B}}{A - B}$, exprime la longueur du pendule fimple ifochrone : lequel, étant plus long que S A, exige un pendule fimple plus long, qui faffe fes vibrations plus lentement. Plus A — B fera petit, plus $\dfrac{\overline{A + B}}{A - B}$ fera grand ; & de là les vibrations de la balance fe feront lentement.

CHAPITRE XIV.

Du mouvement de projection.

§. DCLXXXIII. Tout corps pesant, jetté dans le vuide, selon une ligne parallele à l'horison, ou qui forme un angle avec l'horison, jouit de deux sortes de mouvemens, dont l'un est produit par la force projectile, & l'autre par la gravité; & conséquemment, en vertu des loix du mouvement composé, que nous avons exposées ci dessus, ce corps se mouvera toujours selon la diagonale d'un parallélogramme construit sur les deux directions des puissances qui animent le mobile.

Supposons le corps A [*Tab.* 17. *fig.* 4. 5. 6.], jetté dans la direction A H (considérée dans les trois figures indiquées); que cette ligne A H soit divisée en plusieurs parties égales A B, B G, G H, que ce mobile parcourt en tems égaux : dans le même tems que le corps A en vertu de la force projectile parcourra la partie A B, la gravité qui le maîtrise l'obligera à descendre. Supposons donc qu'il descende de la quantité B E; par conséquent, dans ce premier instant de son mouvement, il sera maîtrisé par deux forces qui le dirigeront, l'une selon A B, & l'autre selon B E : pour se prêter à l'action de ces deux forces, le mobile A parcourra la diagonale A E du parallélogramme A B E K. Dans le second instant la force projectile sollicite ce même mobile à se mouvoir selon la direction B G, ou E M; mais la gravité le détermine selon la direction M F, trois fois plus grande que B E : le mobile obéit à ses deux impressions, & parcourt la diagonale E F du parallélogramme E M S F. Dans le troisieme instant, ce mobile, encore soumis aux deux puissances indiquées, est sollicité à s'avancer, parallelement à l'horison, de la quantité F O, & à tomber perpendiculairement à l'horison, de la quantité O L, quintuple de B E; il décrira donc la diagonale F L du parallélogramme F O L R.

§ DCLXXXIV. Toutes ces diagonales A E, E F, F L, ajoûtées les unes aux autres, ne forment point une ligne droite continue; puisque le mouvement, selon la projectile, est un mouvement uniforme, & que celui qui a été produit par la gravité, est un mouvement accéléré : de là si la ligne A H est divisé en parties infiniment petites, & qu'on considere les diagonales des parallélogrammes infiniment petits, qui naîtront de cette division; toutes ces diagonales, inclinées les unes aux autres, formeront une courbe qui jouïra des propriétés de la *parabole* : car telle est sa nature. Si A N est l'axe de la courbe, & que K E, P F [*Tab.* 17. *fig.* 7.] soient des ordonnées à cet axe, on aura $AK : AP :: \overline{KE}^q : \overline{PF}^q$; & si a n en est le diametre, & que k e, p f en soient les ordonnées, on aura $ak : ap :: \overline{Ke}^q : \overline{Pf}^q$. Or ceci convient parfaitement à la courbe que décrit un corps projetté; car dans les figures 4, 5, 6, on a $AK : AP :: \overline{AB}^q : \overline{AG}^q :: \overline{KE}^q : \overline{PF}^q$.

§. DCLXXXV. Il suit de ce que nous venons de dire, que la *parabole* peut fervir à déterminer de quelle maniere les corps qu'on jette fe meuvent dans le vuide; ce qui eft le fondement de la *Baliftique*.

§. DCLXXXVI. Si on fe propofe de frapper le but C [*Tab.* 17. *fig.* 8.], en lançant contre lui le corps A , & que la vîteffe avec laquelle il eft jetté ⹀ celle d'un corps qui tombe de la hauteur D A ; on pourra déterminer de la maniere fuivante la direction felon laquelle ce corps doit être jetté. Que l'on tire fur l'horifon la perpendiculaire A P, quadruple de A D ; qu'on coupe cette ligne par le milieu au point G , & que de ce point on tire la ligne H G K, parallele à l'horifon : foit enfuite tirée du point A , au but C, la ligne A C , fur laquelle on élevera la perpendiculaire A K ; que du point K , comme centre , & du rayon K A , on décrive un cercle , qui fera coupé au point E & au point I par la droite B I, qui paffera par le but C , & qui fera perpendiculaire à l'horifon A B. Cela pofé, fi on dirige le mobile A fuivant la ligne A E, ou A I, il frappera le point C.

En effet ; dans le tems qu'un corps pefant tombe avec un mouvement accéléré, d'une hauteur exprimée par D A , il pourroit, avec la vîteffe acquife au point A , parcourir, d'un mouvement uniforme , un efpace double de D A ; par conféquent le tems employé à parcourir le double de D A , eft à celui qui eft requis pour parcourir A E, en fuppofant la même vîteffe , comme 2 D A : A E. Mais pour atteindre & frapper le but C , il faut que le tems employé à parcourir A E foit égal à celui qui eft requis pour parcourir E C ; & le quarré du tems employé à parcourir D A , eft au quarré de celui pendant lequel E C eft parcouru d'un mouvement accéléré : : D A : E C. Or comme le tems doit être le même pour parcourir C E & A E, & que le tems requis pour parcourir, d'un mouvement uniforme , 2 D A , comparé à celui qui eft néceffaire pour parcourir A E , eft dans le rapport de 2 D A à A E , les quarrés de ces tems feront 4 D A^q , & A E^q : mais de même que les quarrés de ces tems font entr'eux dans des mouvemens uniformes , de même les efpaces D A & E C , parcourus d'un mouvement accéléré , fe trouvent entr'eux. On aura donc la proportion fuivante , 4 $\overline{D A}^q$: $\overline{A E}^q$: : D A : E C. Si on multiplie les extrêmes & les moyens par eux-mêmes, on aura 4 $\overline{D A}^q$ × E C = $\overline{A E}^q$ × D A. Divifant enfuite ces deux quantités égales par D A, on aura 4 D A × E C = $\overline{A E}^q$: & ordonnant ces termes en proportion , on aura 4 D A : A E : : A E : E C.

Il ne refte plus maintenant qu'à démontrer que cela eft ainfi.

Les deux triangles A P E, A C E [*Tab.* 17. *fig.* 8.] font femblables ; car l'angle C E A ⹀ E A P, à caufe des paralleles C E, A P. Pareillement l'angle C A E ⹀ A P E; par conféquent P A : A E : : A E : E C, ou P A = $\dfrac{\overline{A E}^q}{E C}$;

or P A = 4 D A. Pareillement les triangles P A I, A I C font femblables ; car l'angle P A I ⹀ A I C , & A P I ⹀ C A I; par conféquent P A : A I : :

A I : I C ; & conféquemment P A = $\dfrac{\overline{A I}^q}{I C}$.

§. DCLXXXVII. Si le but que le mobile doit atteindre étoit pofé fur l'horifon même, comme en B [*Tab.* 17. *fig.* 9.]; dans ce cas, la ligne A K se confondroit avec la ligne A G.

§. DCLXXXVIII. Si le but étoit au point x, le mobile auroit dû être jetté dans la direction A H.

§. DCLXXXIX. La diftance du point d'où part le mobile au but, s'appelle l'*amplitude du jet.*

§. DCXC. L'amplitude du jet eft autant grande qu'elle puiffe être; chaque fois que le but C, auquel on voudra atteindre, étant placé dans l'horifon, la direction A H [*Tab.* 17. *fig.* 9.], fera avec l'horifon un angle de 45 degrés C A H; mais toutes les autres directions A E, A I, dont les points E, I fe trouvent compris dans l'arc, & qui font à égales diftances du point H, intermédiaire, feront que l'amplitude du jet deviendra plus petite, & que le même point B de l'horifon fera frappé par le mobile, foit qu'on le jette fuivant l'une ou l'autre de ces deux directions.

§. DCXCI. Pour connoître le chemin que fuivra le mobile A [*Tab.* 17. *fig.* 10.], pouffé felon la direction A E, voici comment il faut procéder : la droite A E eft tangente de la parabole ; la perpendiculaire A L à l'horifon M A eft le diametre ; 4 D A eft le parametre de ce diametre. Or D A, étant toujours comme le quarré de la vîteffe avec laquelle un corps eft jetté, D A demeurant toujours la même, le parametre, ou 4 D A, demeurera auffi conftamment le même, fous quelque direction que le corps ait été jetté.

Si du point A, comme centre, & d'un rayon tel que A D, on décrit un demi-cercle, la circonférence de ce demi cercle fera le lieu de tous les foyers, de toutes les paraboles que pourra décrire le mobile jetté du point A avec une vîteffe qu'un corps grave, tombant de D en A, acquiert dans fa chûte. En effet, la diftance du foyer au fommet, eft toujours $= \frac{1}{4}$ du parametre qui appartient au diametre qui paffe par le point A, ou à $\frac{1}{4}$ P A. Donc tous les foyers fe trouveront dans le demi cercle dont nous venons de parler ; par conféquent la direction de la force projectile, étant donnée, on peut décrire aifément la parabole.

Pour y réuffir, foit conduite la droite A Q, qui faffe l'angle E A Q = l'angle donné D A E, que la direction A E fait avec la perpendiculaire D A ; & le point Q, qui coupe le demi cercle, dont A D eft le rayon, fera le foyer. Si on conduit la ligne D S, cette ligne fera la *directrice* ; par le point Q foit menée Q S, parallele à D A : cette ligne Q S fera l'*axe* de la parabole ; & le point R, qui tient le milieu entre les points Q & S, fera le fommet de cette parabole ; & le *parametre* de fon axe fera 2 Q S, ou 4 Q R. Si du foyer Q de la parabole on conduit au point D une ligne droite Q D ; cette ligne fera perpendiculaire fur la tangente de la parabole : fi vous faites paffer par la ligne A E au point N, où elle eft coupée en deux parties égales, une ligne T N R, parallele à la *directrice* D S, cette ligne fera tangente au fommet de la parabole. Enfin fi l'axe de la parabole eft S B, la ligne A B fera une *ordonnée* à cet *axe* ; & la droite A M, double de A B, marquera l'*amplitude* de la *parabole.*

§. DCXCII. L'amplitude de la parabole eft toujours égale au quadruple du finus de l'angle double de celui que la ligne de direction fait avec la verticale, en prenant A G, moitié de D A, pour rayon. En effet, A M = 2 A B

= 2 T R = 4 T N. Or A M eſt l'amplitude de la parabole, & T N eſt le ſinus de l'angle D G N, lequel eſt double de l'angle D A N ; puiſqu'on a pris pour rayon A G = ½ A D : par conſéquent l'amplitude de la parabole eſt quadruple du ſinus de l'angle double de celui que la verticale forme avec la ligne de direction.

§ DCXCIII. Par conſéquent la vîteſſe des projectiles, étant donnée, les amplitudes feront comme les ſinus des angles doubles de ceux que les directions feront avec les verticales.

§. DCXCIV. Si l'angle D A N n'excede pas 45 degrés, à proportion que cet angle ſera plus aigu ; l'amplitude de la parabole ſera plus petite : puiſque le ſinus de l'angle double ſera plus petit, & que c'eſt au quadruple de ce ſinus que l'amplitude de la parabole eſt égale. L'angle D A N, devenant nul, la parabole A R M ſe confondra avec la droite A D, & le corps ſera porté ſelon cette droite ; au contraire, plus l'angle D A N approchera de 45 degrés, plus la ligne T N, qui eſt le ſinus de l'angle double, augmentera : & conſéquemment l'amplitude de la parabole ſera plus grande.

§. DCXCV. Comme le ſinus d'un angle de 30 degrés eſt la moitié du ſinus d'un angle de 90, les amplitudes des paraboles, formées ſous 15 & 45 degrés, ſeront entr'elles : : 1 : 2.

§. DCXCVI. Lorſque l'angle D A N eſt de 45 degrés, les points Q & B tomberont au point V ; point où la demi-circonférence D V L coupe la ligne horiſontale A M : & alors le ſinus T N de l'angle double D A N ſera le ſinus d'un angle de 90 degrés ; par conſéquent T N ſera égal au rayon G A. Mais, comme le rayon eſt le plus grand ſinus, l'amplitude A M de la parabole ſera autant grande qu'elle puiſſe être, & que puiſſe décrire un corps jetté du point A, avec une vîteſſe égale à celle qu'un corps grave eût acquiſe en tombant de D en A ; & cette plus grande amplitude eſt double de D A : puiſque A M = 4 A G = 2 D A ; par conſéquent ſi un corps eſt jetté ſelon une direction qui faſſe avec l'horiſon un angle de 45 degrés, il tombera ſur la ligne horiſontale A M, & parcourra le plus grand intervalle qu'il puiſſe parcourir.

§. DCXCVII. Lorſque l'angle D A N eſt droit, alors D A devint l'axe de la parabole, dont le ſommet eſt le point A, & M A = 0.

§. DCXCVIII. Lorſque l'angle D A N eſt plus grand qu'un angle droit, la courbe n'eſt alors qu'une portion de parabole, dont l'axe tombe à la gauche de D A.

§. DCXCIX. La vîteſſe avec laquelle un corps eſt lancé, étant donnée, ainſi que l'angle d'élévation, ou ſon complément D A N ; on peut trouver l'amplitude A M, & la hauteur de la parabole que le mobile doit décrire.

En effet, puiſque l'amplitude A M = 2 D A, lorſque l'angle de projection = 45 degrés ; alors 2 D A exprime la vîteſſe qu'un corps grave acquiert en tombant de D en A : & pour lors il ne s'agit plus que de raiſonner ainſi ; de même que le rayon, ou le ſinus de 90 degrés eſt au ſinus de l'angle double N A D, de même 2 D A eſt à A M amplitude cherchée. L'amplitude étant trouvée, voici comment on peut trouver la hauteur : de même que le rayon eſt à la tangente de l'angle d'élévation, de même T N, ou ¼ A M, eſt à A T hauteur cherchée.

§. DCC. L'amplitude A M étant donnée, ainſi que l'angle N A M d'élévation, on parviendra à découvrir la vîteſſe requiſe pour décrire la parabole dont l'amplitude eſt A M, en raiſonnant ainſi : de même que le ſinus de l'angle double de l'angle d'élévation, eſt au rayon, de même la moitié de l'amplitude donnée A M, eſt à A D ; conſéquemment D A ſera la hauteur d'où un corps, étant abandonné à lui-même, acquerra, en tombant, la vîteſſe qu'on cherche.

§. DCCI. On peut encore trouver d'une autre maniere la hauteur D A [*Tab.* 17. *fig.* 8.].

Le but C étant donné, & ſa diſtance A C du point A de projection, étant auſſi déterminée, ainſi que l'angle C A B, que le but forme avec l'horiſon ; ſi on a pareillement la direction A E, ſelon laquelle le mobile eſt lancé ſous l'angle E A C, voici comment il faut raiſonner. Puiſque l'hypothenuſe A C du triangle rectangle C A B eſt connue, ainſi que l'angle aigu C A B, on connoît les deux autres côtés A B, B C. Pareillement puiſque, dans le triangle rectangle E A B, on connoît le côté A B & l'angle aigu E A B, on connoît auſſi les deux autres côtés A E, E B ; en retranchant donc B C de E B, il reſtera E C : or E C : A E : : A E : A P. Donc A D eſt la quatrieme partie ; & la hauteur d'où un corps, étant abandonné, acquerroit, en tombant, la vîteſſe cherchée.

§. DCCII. La vîteſſe étant donnée, ainſi que l'amplitude de la parabole, on trouvera la direction de la maniere ſuivante.

Il faut d'abord s'aſſurer de la hauteur A D, d'où un corps grave, venant à tomber, acquerroit la vîteſſe donnée ; alors on raiſonnera ainſi : comme 2 A D ſont à l'amplitude donnée, ainſi le rayon eſt au ſinus de l'angle double de celui de l'élévation ; lequel angle, ou ſon complément, donne la ſolution de ce qu'on cherche.

§. DCCIII. Si on cherche quelle eſt la plus petite vîteſſe poſſible qu'on puiſſe donner au corps A [*Tab.* 17. *fig.* 11.] pour aller frapper le but C ; joignez les deux points A & C par la ligne A C : ſur B C, perpendiculaire à l'horiſon A B, & prolongée, prenez C H = A C ; diviſez enſuite, en deux parties égales, l'angle A C H par la ligne C K, qui rencontre la ligne A K au point K : tirez enfin du point K au point H la ligne K H, & vous aurez alors les deux triangles A C K, K H C égaux, & K H = A K ; outre cela, l'angle K H C droit, par conſéquent C H, tangente du cercle A H. La perpendiculaire A G, diviſée en deux parties égales en D, donnera D A, hauteur d'où un corps grave, venant à tomber, acquerra, par ſa chûte, la vîteſſe qu'on cherche, & qu'on veut donner au mobile, ſelon la direction A H ; & comme la diſtance ſera, par rapport à la vîteſſe trouvée, la plus grande diſtance poſſible, la vîteſſe ſera par-là la plus petite qu'on puiſſe donner au mobile.

Le célebre *Maclaurin* (1) & le Savant *Simſon* (2) ont traité plus amplement, & avec beaucoup de clarté, la théorie des projectiles.

____

(1) Philoſoph. Account. L. 2. c. 5.   (2) Philoſ. Tranſac. n°. 486.

§. DCCIV. Tout ce que nous avons avancé sur cette matiere a été confirmé autrefois par les expériences de *Toricelli* & de *Reomer*, à l'aide de plusieurs globes qu'ils dirigeoient dans une direction parallele à l'horison, après les avoir fait tomber d'une certaine hauteur, ou par le moyen de différens jets d'eau. J'ai répété moi même ces expériences en suivant cette méthode, & en faisant jaillir de l'eau ou du mercure.

La machine dont on peut faire usage pour faire jaillir du mercure, selon plusieurs jets paraboliques, a été décrite par *s'Gravesande* (1). En voici une autre dont on peut faire usage pour faire des jets d'eau, même agréables à la vue.

E G [*Tab.* 18. *fig.* 1.] est une boîte de bois quadrangulaire de 4 pieds de hauteur; elle est surmontée d'une petite boîte quatre fois plus ample B A C D: sur le contour intérieur des parois de cette boîte on trace la ligne B A C D, qui indique la hauteur jusqu'à laquelle il faut avoir soin que ce réservoir soit rempli d'eau. La hauteur A G est divisée en 5 parties égales, dont K est celle du milieu, & dont les parties K I, K L sont également distantes; ainsi que les deux autres parties K H, & K M: à chacun de ces point de division est percé un trou, auquel on adapte un tube, qu'on peut ouvrir ou fermer par le moyen d'une vis. N O est une boîte longue, qui reçoit l'eau qui jaillit par l'orifice des tubes dont nous venons de parler; cette boîte est surmontée d'une planche P Q R, sur laquelle sont tracées les paraboles que chaque jet d'eau doit former: l'amplitude du jet qui sort par le tube K, est la plus grande. Les deux jets qui partent de I & de L ont la même amplitude, & concourent ensemble en un point commun; il en est de même des deux jets qui viennent du point H & du point M: tous ces jets sont dirigés, & sortent par des ajutages, selon une direction parallele à l'horison.

A la partie opposée de la même boîte E G [*Tab.* 18. *fig.* 2.], & vers son fond est attachée un cercle de cuivre, ouvert vers son centre, pour donner entrée à la partie W du tube W V; contre ce plan on applique le cercle S, ayant soin d'interposer entre l'un & l'autre un cuir gras, afin qu'on puisse faire tourner le cercle sur le plan, sans que l'eau puisse s'écouler. Ce cercle est arrêté sur ce plan par l'anneau T, qui s'applique lui même sur le plan, par le moyen de plusieurs vis. W V est un tube de cuivre qui reçoit l'eau de la boîte dans laquelle il pénetre; ce tube s'ouvre & se ferme, à l'aide du robinet X: l'ouverture Z, pratiquée à son extrémité, répond à à l'axe du tube. Afin de pouvoir déterminer sous quel angle l'eau jaillit par l'orifice Z, on adapte sur le tube un quart de cercle Y, qui s'y applique par le moyen d'une vis, qui s'attache dans l'épaisseur du tube au point V [*T.* 18. *F.* 3.].

Suivant que le tube W V sera tourné, le jet qui sortira par l'horifice Z décrira différentes paraboles, tracées sur la table P Q R; les jets qui sortiront sous un angle de 80 degrés, & ceux qui partiront sous un angle de 10 degrés, concourront ensemble dans un des points de la ligne horisontale, qui se termine en H. Ceux qui sortiront sous des angles de 70 & de 20 degrés, concourront pareillement ensemble en un point commun, ainsi que ceux qui s'élanceront sous des angles de 60 & de 30 degrés. La parabole dont

(1) Mersennus in Phaeno. Hydraul. Prop. 26.

l'amplitude fera la plus grande, fera celle qui fera formée par un jet qui fortira fous un angle de 45 degrés.

Plufieurs Phyficiens ont douté fi les corps qui font tombés d'une certaine hauteur, & qui fe meuvent enfuite dans une direction parallele à l'horifon, continuent à tomber avec la vîteffe acquife pendant leur chûte, ou s'ils commencent alors à tomber avec une nouvelle vîteffe initiale, tandis qu'ils s'avancent parallelement à l'horifon? Mais les expériences de *Merfenne* ne laiffent aucun doute à cet égard, & font voir que les corps qui fe meuvent parallement à l'horifon, après être tombés d'une certaine hauteur, commencent à defcendre avec une nouvelle vîteffe initiale (1).

§. DCCV. Il eft bon de confulter fur cette matiere ceux qui ont écrit depuis *Galilée*, qui fut le premier inventeur de cette théorie. Ceux qui fe font diftingués fur cela font *Merfenne* (2), *Toricelli* (3), *Blondel* (4), *Keil* (5), *Newton* (6). Parmi ces grands hommes, *Newton* démontra que les corps projettés, dans un milieu réfiftant, ne décrivoient point une parabole, mais une autre courbe qui approche davantage de l'hyperbole; ce qui avoit déja été remarqué dans le mouvement des boulets vomis par des canons (7). *Benjamin Robins* (8) a voulu démontrer que cela n'avoit lieu que lorfque les corps n'étoient lancés qu'avec peu de vîteffe; mais que lorfqu'ils étoient doués d'une grande vîteffe, ils parcouroient d'autres courbes, lorfqu'ils étoient mus dans un fluide réfiftant. Il prétend même que la réfiftance de l'air eft très grande à l'embouchure d'un canon, & qu'elle eft telle en cette occafion, qu'un boulet de 24, chaffé par l'inflammation de 16 ℔ de poudre, éprouve une réfiftance qui furpaffe vingt fois le poids du boulet: joignez encore à cela que les directions des graves, qui font à de grandes diftances, ne font point paralleles, comme on le fuppofe; d'où il fuit que les corps projettés ne peuvent point décrire une parabole.

La parabole & l'ellipfe font deux courbes de même genre, qui different entr'elles en ce que l'ellipfe a deux foyers, qui font à une diftance finie l'un de l'autre; tandis que ceux de la parabole font à une diftance infinie: & par conféquent la parabole fe change en ellipfe, lorfque la diftance de fes foyers n'eft pas infinie, & la trajectoire des corps projettés peut être regardée comme portion d'une ellipfe, dont un des foyers eft le centre de la terre, & l'autre foyer celui qui a été déterminé par la parabole. Lorfque la vîteffe d'un corps lancé felon une direction parallele à l'horifon, furpaffe de beaucoup l'effort de la gravité, & que les deux foyers de l'ellipfe concourent au centre de la terre; ce corps fera mû circulairement autour de la terre, & ne tombera jamais fur fa furface. Mais pour bien entendre cette théorie, il faut voir tout ce qu'ont écrit fur cette matiere *Jacques Bernouilli* (9), *Joh. Bernouilli* (10), *Varignon* (11), *Euler* (12), *Daniel Bernouilli* (13), *Graw* (14).

(1) Element. Phyf. (2) In Phæno. Hydraul. Prop 22. p. 15. & in Phæn. Ballifticis. (3) De Motu Project. L. 2. in Oper. Geom. (4) L'Art de jetter les bombes. (5) Introd. ad veram Phyf. Lect. 16. (6) Philof. Nat. Lib. 2. Sect. 1. & 2. præcipuè Comment. ad Lib. 2. Sect. 2. Prop. 10. p. 115, &c. (7) Merfennus in Balliftica, p. 85. (8) Treatife of Gunnery (9) Operum Vol. 1. pag. 312. Vol. 2. p. 973. (10) Acta Erudit. ann. 1719, 1721. (11) Hift. de l'Acad. Roy. ann. 1708 & 1709. (12) Mechaniq. T. 1. cap. 6. & in notis ad Lib. B. Robins, (13) Comment. Petropol. Tom. 2, (14) Treatife of Gunnery.

§. DCCVI.

§. DCCVI. Il faut, dans la baliftique, connoître les forces dont jouiffent les boulets que les bouches à feu vomiffent ; ces forces feront différentes, fuivant la quantité de poudre enflammée qui les pouffera. 2°. Suivant le degré de force de cette poudre. 3°. Suivant qu'elle aura été plus ou moins bourrée. 4°. Suivant que la bouche à feu fera plus ou moins échauffée. 5°. Suivant que le métal fera plus ou moins élaftique, & que la bouche à feu pefera plus ou moins, & réfiftera différemment. 6°. Suivant la diftance qu'il y aura entre la bouche à feu & l'endroit où le boulet doit frapper. 7°. Suivant que la réfiftance de l'air que doit traverfer le boulet fera plus ou moins grande. 8°. Enfin fuivant que le boulet fera fait de tel ou tel métal, & pefera plus ou moins.

§. DCCVII. Il fuit de ce que nous venons de dire qu'on ne peut pas réduire à un calcul mathématique les forces que plufieurs effets nous indiquent ; il eft bon néanmoins de connoître tout ce que le célebre *Greaves* a tenté fur cette matiere, & dont il a donné le détail dans les Tranfact. Philof. n° 173. pag. 1090. Vol. 15.

1°. A la diftance de 200 aunes, ou de 600 pieds d'un canon, on avoit placé trois buts de bois ; le fecond étoit placé à 14 aunes, ou à 42 pieds du premier, & le troifieme à 8 aunes, ou à 24 pieds du fecond.

L'épaiffeur de chaque but étoit de 19 pouces, dont 13 étoient la véritable épaiffeur du bois, au devant & par derriere duquel on avoit adapté de petites folives de 3 pouces d'épaiffeur, unies entr'elles, & avec la principale piece, avec des ferremens ; le tout étoit enfoncé profondément en terre. On prit une bouche à feu de fer, de l'efpece de celle qu'on appelle *demi-canon*, dont le poids étoit ⟶ 3500 ℔ ; on la chargea avec un boulet de fer du poids de 32 ℔, & avec 10 ℔ de poudre ; le boulet, étant lancé, perça les deux premiers buts, & s'implanta entierement dans le troifieme : le bois n'avoit point été échauffé par cet effort qu'il avoit fupporté. Lorfque la charge n'étoit que de 9 & même 8 ℔, on remarquoit encore le même effet. L'ame de la bouche à feu étoit cylindrique.

2°. On prit une autre bouche à feu, dont l'ame étoit conique, & dont le poids étoit ⟶ 3600 ; on la chargea d'un boulet de fer de 32 ℔ de poids & de 7 ℔ de poudre ; dans ces trois expériences, on remarqua conftamment le même effet.

3°. On prit une bouche à feu, connue fous le nom de *coulevrine*, dont le poids étoit ⟶ 5300 ℔, & dont l'ame étoit conique ; on la chargea d'un boulet de 18 ℔, & de 10 ℔ de poudre : une autre fois de 9 ℔, & après cela de 8 ℔ ; avec cette derniere charge le boulet perça les deux premiers buts, & s'implanta dans le troifieme, qu'il atteignit feulement, lorfque la bouche à feu étoit chargée de 10 & de 9 ℔ de poudre.

4°. On prit encore une bouche à feu de même efpece, dont le poids étoit ⟶ 3580 ℔ ; on la chargea d'un boulet de 18, & de 9 ℔ de poudre : le boulet perça les trois buts, & s'enfonça en terre à la profondeur d'un pied. Le même boulet, pouffé par une charge de 8 ℔ de poudre, perça les deux premiers buts, & s'implanta de 7 pouces de profondeur dans le troifieme.

5°. On prit une bouche à feu, nommée *demi-coulevrine* ; elle chaffa un

boulet de 9 ℔ avec 4 ℔ de poudre : & ce boulet perça le premier but , &
s'implanta dans le fecond.

6°. On prit encore une bouche à feu de même efpece , mais d'airain , &
elle lança un boulet de 9 ℔ , étant chargée de 4 ℔ de poudre , & le boulet
perça les deux premiers buts. La même piece, n'étant chargée que de 3 ℔
de poudre , produifoit encore le même effet. *S. Julien* affure que des boulets de canon s'enterrent encore à 600 pas de diftance, à la profondeur de 9,
10, 11 , 12 , 13 pieds.

Connoiffant la fermeté du bois de chêne , j'imagine que la force d'un
boulet de 6 pouces de diametre = 666358 ℔.

Les boulets de canon pénetrent jufqu'à 5 pieds de profondeur dans les
murailles de brique ; ces effets néanmoins dépendent de la plus petite, ou
de la plus grande quantité de poudre , dont on charge les bouches à feu qui
les vomiffent : fouvent le poids de la poudre eft à celui du boulet : : 1 : 2.
Mais lorfqu'on veut abattre quelques pieces de fortification, la proportion
de la poudre au boulet eft : : 1 ½ : 2 , ou : : 2 : 2.

§. DCCVIII. Comme les boulets que lancent les bouches à feu , ainfi que
les balles que chaffent les fufils , ne fuivent pas exactement la direction qu'on
leur donne ; mais qu'ils defcendent en vertu de la pefanteur qui les maîtrife , on ne peut point atteindre le but qu'on veut frapper , à moins qu'on
ne dirige fon coup un peu plus haut ; afin que la balle , defcendant pendant
le trajet qu'elle doit faire , atteigne exactement le but qu'on fe propofe de
toucher. C'eft pour cela qu'on place vers la croffe du fufil une efpece de pinule A B [*Tab.* 17. *fig.* 13.] , plus élevée que l'extrêmité antérieure G du
canon , où eft placée la bouche D de cet inftrument. La ligne qui paffe par
ces deux points B & G , s'appelle ligne de *mire*; elle fait que nous voyons le
but en C, tandis que la balle eft dirigée en E : mais tandis que cette balle fait
le trajet pour arriver du point D au point E , elle defcend de la quantité E C,
& elle frappe le point C. Il faut néanmoins obferver que plus l'objet que
vous voulez frapper eft éloigné , & plus la pinule doit être élevée : c'eft auffi
pour cela que ceux qui fe fervent de *carabines* , qui portent jufqu'à 1500,
ou même 2000 pied , placent vers la croffe de leur arme des pinules de différentes hauteurs ; & ils font ufage des plus élevées , lorfque l'objet qu'ils
veulent atteindre eft à une plus grande diftance.

On eft dans l'ufage de faire la *culaffe* des armes à feu plus épaiffe que le
refte du canon ; parceque c'eft contre cette partie que la poudre enflammée
fait un plus grand effort, la force élaftique diminuant à proportion de l'efpace
que la poudre parcourt pour fe débander : c'eft pour cela qu'il n'eft pas néceffaire que la partie antérieure , ou l'extrêmité du canon , foit fort
épaiffe.

Mais les bouches à feu qui vomiffent du canon , ne vont pas toujours en
décroiffant également d'épaiffeur , depuis la culaffe jufqu'à la bouche ; fouvent cette partie eft entourée d'une bride fort épaiffe de métal : c'eft pourquoi on ne pourroit pas parvenir à pointer exactement ces fortes d'inftrumens , en faifant ufage des pinules dont nous venons de parler. C'eft pour
remédier à cet inconvénient qu'on fait entrer dans la bouche du canon un

cylindre qui s'ajuste exactement à la capacité de la bouche à feu ; & qu'à l'autre extrêmité de ce cylindre on adapte un demi-cercle A G D [*Tab.* 17. *fig.* 12.], divisé par degrés, au centre C duquel pend l'aplomb C F ; alors l'angle G C F = A R H, que l'ame du canon fait avec l'horison R H : car l'angle D C F + G C F = 90 degrés, l'angle C R H + R C F = 90 degrés ; donc l'angle G C F = C R H, qui est l'angle que le canon fait avec l'horison. D'autres se servent d'autres moyens.

§. DCCIX. Le canon dont on fait usage sur terre est monté sur un affut fort élevé ; & au contraire celui dont on fait usage sur mer est établi sur un affut très bas. On peut piquer un canon horisontalement : & dans ce cas le boulet sera bientôt enfoui, & l'amplitude du jet sera la plus petite qu'elle puisse être. On peut aussi pointer le canon sous un angle de 45 degrés ; & dans ce cas l'amplitude du jet sera autant grande qu'elle puisse être : chaque angle donne une amplitude différente. *Wolf*, dans ses Elémens de Pyrothecnie, a dressé une Table des amplitudes des jets, reconnue d'après l'expérience : on peut consulter cette Table ; le poids de la poudre est en raison sous doublée de la pesanteur du boulet.

§. DCCX. Il paroît, en consultant la Table que je viens d'indiquer, qu'il arrive souvent que les boulets les plus pesans sont portés à de plus grandes distances que ceux qui pesent moins ; cependant il faut observer que les boulets de 18 ℔ que lancent les coulevrines sont ceux qui parviennent à la plus grande distance. La solidité des boulets est comme le cube de leur diametre ; la résistance de l'air est comme leur surface, ou comme le quarré de leur diametre : mais les surfaces, comparées aux solidités, sont en raison inverse des diametres ; c'est pourquoi les plus petits boulets éprouvent une plus grande résistance de la part de l'air qu'ils tendent à diviser : & par conséquent ils perdent plus vîte de la vîtesse qu'on leur a communiquée ; & ils ne parviennent pas à une si grande distance. Il paroît néanmoins ici que les boulets de 18 ℔, chassés par une coulevrine dont la longueur est de 30 calibres, donnent un *maximum*.

§. DCCXI. On fait des canons d'une si grande longueur, que la poudre, quoiqu'elle ne s'enflamme que successivement, a néanmoins le tems de s'enflammer entierement avant que le boulet soit sorti du canon : cette idée n'est pas dépourvue de justesse ; car le boulet ne reçoit aucune force de la poudre qui reste dans le canon, lorsqu'il sort, & qui n'est pas encore enflammée. Cependant il est bon d'observer que la trop grande longueur d'un canon nuit à l'effet qu'on en doit attendre ; car quoique toute la poudre s'enflamme dans un long canon, & agisse contre le boulet, néanmoins le mouvement & la force du boulet éprouvent quelque déchet, lorsqu'il est obligé de frotter contre la longueur de ses parois, & il sort avec moins de vîtesse qu'il sortiroit d'un canon plus court : ce fut pour cela que, sous le Prince *Maurice*, ceux qui étoient chargés de la construction des canons, en firent couler de très longs ; mais qu'ils les couperent ensuite, en consultant l'expérience, à la longueur qui leur parut la plus avantageuse. De toutes les longueurs qu'on peut donner à un canon, celle qui me paroît préférable, est celle qui est telle, que la poudre est entierement enflammée lorsque le boulet se trouve à l'embouchure. Des canons, construits sur ce principe, portent beaucoup plus loin que tout autre.

§. DCCXII. Lorsqu'on met le feu à un canon, qui n'est chargé qu'à poudre, ou qui, outre cela, porte un boulet, l'explosion fait reculer le canon de quelques pas. Plus le canon & son affut pesent, moins il recule; moins ils pesent, & plus il recule: il recule lorsqu'il n'est chargé qu'à poudre; parceque la poudre, en s'enflammant, déploye son action en toutes sortes de sens. L'air qui répond à l'embouchure du canon résiste à l'explosion de la poudre; & vers la culasse toute la partie postérieure du canon résiste, & conséquemment tout le canon, & ce qui en dépend, dont l'ensemble ne forme qu'une seule & même masse. La résistance que l'air oppose à l'explosion de la poudre, est la mesure de celle qu'oppose à cette même explosion le canon; lequel, en vertu de cette résistance, est poussé en arriere, & recule: mais lorsque le canon est chargé d'un boulet de fer, ce boulet oppose aussi son inertie à la poudre, qui le pousse par son inflammation; de sorte que l'élasticité de la poudre embrasée, se déployant en deux sens opposés, & agissant également de part & d'autre, pousse le canon en arriere, avec une force égale à celle avec laquelle elle chasse devant elle le boulet, ainsi que l'air qui répond à l'embouchure du canon. Or supposons maintenant que l'effort de la poudre $= 2\,a$, que le poids du canon $= t$, & que celui du boulet soit $= g$, la vîtesse avec laquelle le canon sera repoussé en arriere, sera $= \frac{a}{t}$; & celle

qui portera le boulet en avant sera $= \frac{a}{g}$. Ces deux vîtesses seront donc entr'elles $:: t : g$. Par conséquent si le poids du boulet $= 24$ ℔, & que celui du canon $= 6400$ ℔, la vîtesse du boulet sera à celle du canon $:: 266 : 1$. D'où il suit que si le boulet parcourt 600 pieds dans une seconde, le canon ne reculera dans ce même tems que de $2\frac{17}{64}$ de pieds, & par conséquent reculera très lentement.

§. DCCXIII. Si le canon est arrêté & disposé de façon qu'il ne puisse reculer, ni se mouvoir, soit à droite, soit à gauche; lorsqu'on y met le feu, il fait effort pour aller en arriere, & cet effort brise souvent les ferremens qui passent dans ses oreilles: & il arrive alors qu'il tourne d'un côté ou d'un autre; parceque toute la force, se portant alors contre le boulet, les parois du canon ont à soutenir cet effort.

Si un canon, qui est disposé de cette maniere, est fortement attaché sur son affut, & qu'il soit solidement arrêté sur l'endroit où il est piqué; lorsqu'on y met le feu, toutes les parties du canon en sont ébranlées violemment.

Il arrive ordinairement que, lorsqu'on met le feu à un canon, ce canon se porte un peu à droite, ou à gauche, & que le boulet suit la même route; ce qui vient de ce qu'il faut nécessairement que le diametre du boulet soit plus petit que celui du calibre du canon: or comme la surface de ce boulet n'est pas parfaitement poli, mais qu'elle est remplie de petites aspérités; & outre cela, comme ce boulet n'est pas exactement rond, en parcourant la

longueur du canon , il se porte à droite & à gauche contre les parois
du canon , qui le repoussent. Mais lorsqu'il est parvenu vers l'embouchure ,
la derniere secousse qu'il donne d'un côté ou d'un autre contre les parois ,
fait que ce boulet s'échappe à droite ou à gauche , & qu'il ne reste plus dans
la même ligne ; cette même secousse repousse le canon en arriere , & l'o‑
blige à tourner un peu sur le côté. Ne pourroit-on pas remédier à cet in‑
convénient , ou même l'empêcher tout-à-fait , en donnant aux boulets une
figure parfaitement sphérique , & en les polissant , comme on a déja com‑
mencé à le faire depuis peu. Alors les plus gros boulets , s'ajustant parfaite‑
ment au calibre des canons, pourroient être portés plus exactement contre
les endroits qu'on voudroit frapper ?

§. DCCXIV. Les bouches à feu qu'on nomme *mortiers* , sont construits
suivant les mêmes principes ; on leur fait jetter de la même maniere des
bombes , des grenades: mais comme les bombes sont creuses , & qu'elles ne
pesent pas tant que si elles étoient solides , ainsi que les boulets de canon.
La charge de poudre qu'on met dans les mortiers est aussi plus petite ; elle a
coutume d'être $\frac{1}{30}$ du poids de la bombe. Le célebre *Belidor* a traité d'une
maniere très curieuse & très savante tout ce qui concerne les mortiers , les
bombes , les charges de poudre qu'il faut employer , &c. Toute cette doc‑
trine est renfermée dans un excellent Ouvrage , qu'il a intitulé : *Le Bom‑
bardier François*.

On peut sur-tout consulter sur la Balistique , *Mersenne* , *Miëth* , *S. Julien* ,
Surriry de S. Remy , *Blondel* , *Belidor* , *Wolfs* , &c.

CHAPITRE XV.

Des forces centrales.

§. DCCXV. **U**N corps mû circulairement par une puissance quel‑
conque, acquiert un mouvement que son inertie conserve ; de-là si on l'a‑
bandonne à lui-même, tandis qu'il circule encore , il continue à se mouvoir
dans une ligne droite, qui est tangente du point du cercle où il a été aban‑
donné : car le point du contact de cette ligne, & celui de la périphérie du
cercle , appartiennent à la même ligne droite ; ou la tangente & le point de la
courbe forment une même ligne droite , en considérant les lignes comme
infiniment petites. C'est ainsi qu'une pierre, placée dans une fronde, & qui
tourne avec elle, s'échappe par une tangente du cercle qu'elle décrit, lors‑
qu'on vient à abandonner un des bouts de la fronde ; & tant que cette
pierre, contenue dans la fronde, se meut circulairement, elle fait un effort
continuel pour s'échapper par la tangente de chacuns des points du cercle
qu'elle décrit : outre cela, tandis que cette pierre circule, elle tire la main
qui la retient autour du centre de son mouvement. Cette force que la pierre
exerce contre la main, & en vertu de laquelle elle tend à s'échapper, &

selon laquelle elle s'échappe réellement du centre de son mouvement, lorſqu'on l'abandonne à elle-même ; cette force, dis-je, eſt appellée *force centrifuge.*

§. DCCXVI. L'effort que fait la main qui tient la fronde pour retenir la
pierre autour du centre de ſon mouvement, & pour l'empêcher de s'en
échapper, ſe nomme *force centripete.* Ces deux forces, la force centrifuge
& la force centripete, ſont connues ſous le nom commun de *forces centrales.*

§. DCCXVII. Un corps ne peut ſe mouvoir autour d'un centre, ou dans
une courbe quelconque, qu'il ne ſoit maîtriſé par plus d'une puiſſance. En
effet ſoit le centre C [*Tab.* 19. *fig.* 1.], & le corps A, mû circulairement :
ce corps, étant parvenu à la derniere portion de la courbe A, s'il étoit abandonné à lui-même, il continueroit à ſe mouvoir ſelon la même direction, &
il ſuivroit la tangente A B ; mais ſi, lorſqu'il eſt parvenu au dernier point de
la courbe A, il ſurvient une autre cauſe qui oblige ce mobile à ſe porter de
la quantité B E vers le centre C, il décrira alors la courbe A E : mais étant
parvenu au point E, il continuera alors à ſe mouvoir ſelon la tangente E F ;
ſi, tandis qu'il fait effort pour parcourir E F, il vient à être pouſſé par une
autre cauſe vers le centre C, il décrira pour lors la courbe E G : d'où il paroît manifeſtement que pluſieurs cauſes doivent concourir enſemble pour
faire mouvoir un corps autour du centre C.

§. DCCXVIII. Si le corps A [*Tab.* 19. *fig.* 2.] eſt porté dans une ligne
courbe autour du centre C avec une force qui le ſollicite continuellement
vers ce centre ; il bordera des ſurfaces qui ſeront proportionnelles aux
tems.

Suppoſons que le corps A parcourt la ligne A B dans un inſtant donné, dans
l'inſtant ſuivant & égal au premier, il parcourra la ligne B L = A B ; mais
que, dans ce ſecond inſtant, il ſoit animé d'une autre force qui le ſollicite
vers le centre C de la quantité L D, parallele à B C, il parcourra alors, avec
le mouvement compoſé dont il jouira, la ligne B D : ſi on tire les lignes C A,
C B, C L, C D, on aura le triangle C B A, parfaitement égal au triangle
C B L, lequel eſt égal au triangle B D C, comme ayant même baſe, & étant
compris l'un & l'autre entre les mêmes paralleles. Or les triangles C B A,
C B D ſont les eſpaces que le mobile A borde autour du centre C : pareillement le mobile mû ſelon la ligne B D continueroit à ſe mouvoir, & parcourroit la ligne D E ; mais comme il eſt porté en même-tems vers le centre C
de la quantité E F, dont la direction eſt parallele à D C, il parcourra la ligne
D F, & bordera le triangle D F C = D E C ; & par conséquent, en tems
égaux, il bordera des eſpaces égaux, ou des triangles égaux A B C, B D C,
D F C, F H C ; par conséquent les eſpaces bordés dans des tems doubles
ſeront doubles, triples dans des tems triples ; c'eſt-à-dire, que les eſpaces bordés ſeront proportionnels aux tems.

Si A B, B D, D F ſont des lignes infiniment petites, elles feront portion
d'une courbe, à laquelle on pourra appliquer ce que nous avons démontré.

§. DCCXIX. La propoſition inverſe de celle que nous venons de démontrer eſt également vraie. Lorſqu'un corps mû autour d'un autre corps, borde

des espaces proportionnels aux tems, il est porté vers ce corps, autour duquel il se meut, par une force centripete.

Supposons qu'en tems égaux le corps A borde des espaces égaux A B C, B D C : alors si on prend B L = A B, & qu'on tire les lignes L D, L C, on aura le triangle A B C = B L C ; mais, par la supposition, on avoit le triangle A B C = A D C : donc le triangle B L C = B D C. Or comme ces deux triangles ont une base commune, & qu'ils sont compris entre les mêmes paralleles D C & L D, le mobile ne peut être dirigé selon L D, qu'il ne tende vers C, ainsi que s'il étoit dirigé selon B C.

§. DCCXX. Si le corps A [*Tab*. 19. *fig*. 3.], étant mû autour du centre C, est retiré vers ce centre de la quantité D B, dans le même tems qu'il parcourroit la tangente A D, de sorte qu'il soit au point B également distant du centre C, qu'il l'étoit au point A, ce mobile décrira un arc de cercle A B : & s'il continue à se mouvoir uniformément avec la même vîtesse, & qu'il soit toujours retiré vers le centre C par une même force centripete, de sorte qu'il soit continuellement à égale distance du point C ; ce mobile décrira un cercle, & retournera au point A d'où il étoit parti.

§. DCCXXI. On peut déterminer de différentes façons la force centrifuge. Si le corps A [*Tab*. 19. *fig*. 3.], mû circulairement autour du centre C, étant abandonné à lui même, décrivoit la tangente A D, tandis qu'il parcourt l'arc de cercle A B ; ce mobile pour lors s'éloigneroit du centre de son mouvement de la quantité B D, & cette ligne B D, égale à la secante de l'arc décrit, abstraction faite du rayon, exprimeroit la force centrifuge du corps A.

§. DCCXXII. On peut encore déterminer la force centrifuge de cette maniere : soit l'arc infiniment petit A B [*Tab*. 19. *fig*. 4.] ; comme infiniment petit, il pourra être regardé comme une ligne droite = A D, qui est sa tangente : on pourra, par la même raison, regarder E D comme parallele à E A ; par conséquent B D, qui exprime de combien le mobile A s'éloigne du centre, exprimera la force centrifuge de ce mobile. Si du point B on tire B I perpendiculaire sur E A, on aura A I = B D ; mais E A : A D : : A D : B D, puisque les triangles E A D & A D B sont semblables ; car l'angle E A D est droit & égal à l'angle A B E : par conséquent l'angle A B D sera droit aussi, & l'angle A D B est commun aux deux triangles ; donc le troisieme angle A E D = D A B, & les deux triangles E A D, A B D sont semblables : pareillement les triangles E A B, A B I sont aussi semblables ; car l'angle E B A est droit, & égale A I B : l'angle E A B est commun à l'un & à l'autre triangle ; par conséquent le troisieme angle A E B, = A B I, & les deux triangles étant équiangles, sont semblables : on aura donc aussi E A :

A B : : A B : A I ; & par conséquent $AI = \dfrac{\overline{AB}^q}{EA}$: c'est pourquoi la force

centrifuge B D sera égale au quarré de l'arc décrit A B, divisé par le diametre E A du cercle.

§. DCCXXIII. Le tems qu'un mobile emploie à décrire toute la périphérie du cercle, s'appelle *tems périodique*.

§. DCCXXIV. Ce tems dépend de la vîtesse du mobile ; & il est, par

rapport à deux corps qui décriroient la même courbe, avec des vîtesses différentes, en raison inverse de leurs vîtesses.

§. DCCXXV. Il suit de là que la force centrifuge peut encore s'exprimer d'une autre maniere. En effet si deux corps décrivent des cercles avec
un mouvement uniforme, les arcs que ces corps décriront, dans un tems
donné, seront entr'eux comme les vîtesses des corps qui les décriront; par
conséquent, dans l'expression $\dfrac{\overline{A B}{}^{q}}{E A}$, dont nous venons de faire usage (§.722),
au lieu de l'arc A B, on peut prendre la vîtesse qu'on exprimera par C; &
pour lors on aura $\dfrac{\overline{A B}{}^{q}}{E A} = \dfrac{C C}{E A}$.

§. DCCXXVI. Supposons deux corps, & que la vîtesse de l'un soit désignée
par C, & la vîtesse de l'autre par c : que le diametre du cercle, que décrit
le premier de ces deux corps soit $=$ A E, & que le diametre de l'autre
cercle $=$ a e; les forces centrales de ces deux corps seront $\dfrac{C C}{A E}$, $\dfrac{c c}{a c}$. Supposons que ces forces soient égales, on aura alors A E : a e :: C C : c c; ou
bien comme les diametres des cercles sont entr'eux, ou comme les distances des corps au centre des cercles, sont entr'elles; de même les quarrés des
vîtesses seront directement entr'eux.

§. DCCXXVII. Comme les tems périodiques sont en raison directe des
cercles que les corps décrivent, & en raison inverse des vîtesses, supposons
que ces tems soient désignés par T, t, les cercles par O, o, les vîtesses par
C, c; & comme les cercles sont entr'eux comme leurs diametres ou leurs
rayons, appellons ces derniers R, r; on aura donc T : t :: O.c :: o C. A la
place des cercles substituons les rayons R, r; on aura T : t :: R c : r C; &
en multipliant les extrêmes & les moyens par eux-mêmes, on aura T C r $=$
t c R, & C ; c : : t R : T r..

Mais nous avons démontré ci-dessus que la force centrale étoit $=$
$\dfrac{C C}{A E}$: or comme C $=$ t R, & c $=$ T r, on aura $\dfrac{C C}{A E} = \dfrac{t t R R}{R} = t t R$, &
$\dfrac{c c}{a e} = \dfrac{T T r r}{r} = T T r$; &, divisant chaque quantité par t t T T, on ne
changera point les rapports, qui seront alors $\dfrac{t t R}{t t T T} = \dfrac{R}{T T}$ & $\dfrac{T T r}{t t T T} = \dfrac{r}{t t}$, qui
exprimeront les forces centrifuges; & comme T C r $=$ t c R, on aura T : t
:: c R : C r. Et en divisant la derniere raison par C c, on aura T : t :: $\dfrac{c R}{c C}$:
$\dfrac{C r}{C c}$, ou T : t :: $\dfrac{R}{C}$: $\dfrac{r}{c}$, ou les tems sont entr'eux en raison des rayons divisés
par leurs vîtesses.

§. DCCXVIII. De là si on nomme V, v les forces de deux corps, alors
(§. 727) on aura V : v :: $\dfrac{R}{T T}$: $\dfrac{r}{t t}$; & par conséquent V : v :: R t t : r T T,

ou

ou les forces centrales feront en raifon directe des rayons des cercles, que les corps décrivent, & en raifon inverfe des quarrés des tems périodiques.

Et en divifant la derniere raifon par R r, on aura $V : v :: \frac{tt}{r} : \frac{TT}{R}$.

§. DCCXXIX. Si les forces centrales font égales, en fuppofant la proportion fuivante, $V : v :: \frac{tt}{r} : \frac{TT}{R}$, on aura $R tt = r TT$; & par conféquent $R : r :: TT : tt$; & de-là $\sqrt{R} : \sqrt{r} :: T : t$.

Ou fi les forces centrales de deux corps qui décrivent des cercles inégaux font égales, le tems qu'un de ces corps emploiera à parcourir le plus grand des deux cercles, fera au tems que l'autre corps emploiera à parcourir le fien, en raifon fous-doublée du rayon du grand cercle au rayon du petit.

§. DCCXXX. Les forces centrales de deux corps inégaux, & mus avec la même vîteffe, & à égale diftance du centre, font entr'elles comme les grandeurs ou les poids de ces corps.

Soit le corps A double en maffe du corps B, que ces deux corps A & B, placés à égales diftances du centre de leurs mouvemens, foient mus dans des tems périodiques égaux : alors le corps A = 2 B. On pourra donc concevoir A comme divifé en deux parties égales, dont chaque partie aura la même force centrale que B; par conféquent la force centrifuge de A fera à celle de B, comme la maffe de A eft à la maffe de B. On prouvera cette vérité fi on prend deux tubes de verre, & que l'un des deux foit à moitié rempli d'efprit de vin, & l'autre pareillement rempli de mercure; ou fi on met dans le même tube une certaine quantité d'efprit de vin & de mercure : fi on pofe enfuite ce tube dans une fituation inclinée à l'horifon, & qu'on le faffe mouvoir circulairement, le mercure s'élevera au haut du tube, au-deffus de l'efprit de vin, qui pefe moins; ou fi on renferme dans un même tube de l'efprit de vin & une petite balle de liege, laquelle, comme plus légere, furnage : fi on fait tourner ce tube circulairement, l'efprit de vin prendra le deffus, & précipitera la boule au bas du tube.

§. DCCXXXI. Si des corps égaux en maffe ont un même tems périodique, mais qu'ils foient placés à différente diftance du centre, leurs forces centrales feront entr'elles comme leur diftance au centre.

Suppofons que le corps A [*Tab.* 19. *fig.* 5.] emploie le même tems à parcourir le cercle A F N A, que le corps B emploie à parcourir le cercle B I M B. Que ces deux corps partent enfemble des points A & B, le corps A fera au point F, lorfque le corps B fera arrivé au point I. Ayant donc conduit les tangentes A D, B H; la force centrale du corps A fera = D F, & celle du corps B fera = H I; & on aura H C : C B :: D C : C A; conféquemment H C — C B : C B :: D C — C A : C A; donc H C — C B : D C — C A :: H I : F D :: C B : C A.

Ou comme on a, par le §. 727, $V : v :: \frac{R}{TT} : \frac{r}{tt}$; en fuppofant T = t, on aura V : v :: R : r.

§. DCCXXXII. Par conféquent fi le corps B eft au corps A :: A C :

B C, c'est-à-dire, en raison inverse des distances, les forces centrales feront égales.

§. DCCXXXIII. Si deux corps, A & B [*Tab.* 19. *fig.* 6.], égaux en masse, sont à égales distances du centre du mouvement A C & B C, & qu'ils se meuvent avec différentes vîtesses, A O & A B, leurs forces centrales seront entr'elles comme les quarrés de leurs vîtesses A O, & A B; car,

par le §. 722 la force centrale du corps $A = \dfrac{\overline{AO}^q}{AD}$, & celle du corps B

$= \dfrac{\overline{AB}^q}{AD}$; or ces deux quantités sont entr'elles comme $\overline{AO}^q$ est à $\overline{AB}^q$: donc,

&c. Il suit de là que si deux corps égaux en masse se meuvent dans le même cercle avec des vîtesses différentes, l'un avec une vîtesse $= 1$, & l'autre avec une vîtesse $= 2$; les forces centrales de ces deux corps seront entr'elles comme $1 : 4$.

§. DCCXXXIV. Si ces corps A & B (§. 733) sont inégaux en masse, leurs forces centrales seront en raison composée des masses & des quarrés des vîtesses.

§. DCCXXXV. La force centrale d'un corps sera égale à sa masse, si ce corps, en tombant, parcourt un espace égal à celui qu'un corps qui se mouveroit horifontalement dans un cercle, parcourroit dans le même tems, en s'éloignant du centre de ce cercle.

En effet, les espaces parcourus par deux corps, dans des tems infiniment petits, mais égaux, sont entr'eux comme les vîtesses; en supposant les espaces égaux, les vîtesses seront égales, & par conséquent pourront être regardées comme des unités : ces vîtesses, multipliées par les masses, exprimeront les forces ; & enfin, en supposant les masses égales, ces forces seront égales.

§. DCCXXXVI. Par conséquent si un corps se meut selon une direction horifontale, en parcourant la circonférence d'un cercle, avec une vîtesse semblable à celle qu'il acquerroit en tombant de la quatrieme partie du diametre, sa force centrale sera égale à son poids.

Soit conduite la tangente B D [*Tab.* 19. *fig.* 7.], égale au rayon A B; sur cette tangente B D soit prise une très petite portion telle que B E : & du point E soit conduite par le centre A la ligne E F A H, & qu'on fasse que $\overline{BD}^q$ soit à $\overline{BE}^q :: B C : C G$. Or, dans le même tems qu'un corps grave, abandonné à lui-même, tombe du point C au point B, il peut, par la vîtesse acquise au point B, parcourir, d'un mouvement uniforme, un espace double de C B; savoir, B D : mais le tems qu'il emploie à parcourir B D, est à celui pendant lequel il parcourroit B E, comme B D : B E; & les espaces parcourus, par un mouvement accéléré, sont entr'eux comme les quarrés des tems : par conséquent $\overline{BD}^q : \overline{BE}^q :: B C : C G$. Donc dans le même tems qu'un mobile parcourra B E, il parcourra C G. Or on a la proportion suivante, H E : E B :: E B : E F, ou H F : F B :: F B : F E, & B F $=$ E B puisque, par la supposition, B E est un infiniment petit : donc $\overline{HE}^q : \overline{EB}^q :: HE : EF$, ou $\overline{HE}^q : HE :: \overline{EB}^q : EB$. En divisant par 4 les premiers termes de cette pro-

portion, on ne change point le rapport des termes ; on aura donc
$\frac{\overline{HE}^q : HE}{4} :: \overline{EB}^q : EF$, ou $\frac{\overline{HE}^q}{4} = \overline{AF}^q$ & $\frac{HE}{4}$, ou $\frac{HF}{4} = BC$. Donc on
aura $\overline{AF}^q : \overline{EB}^q :: BC : EF$; mais $\overline{AF}^q = \overline{BD}^q$: par conséquent $\overline{BD}^q : \overline{EB}^q ::$
$BC : EF$; mais, par la construction, on avoit $\overline{BD}^q : \overline{EB}^q :: BC : CG$; &
par conséquent $EF = CG$, & l'espace parcouru, en vertu de la force centrifuge, est égal à celui que la pesanteur faisoit parcourir au mobile en tombant.

§. DCCXXXVII. L'espace qu'un corps parcourt en tombant perpendiculairement, pendant une seconde, étant donné, trouver le cercle dont il parcourra horisontalement la circonférence, dans le même tems, avec une force centrifuge égale à sa pesanteur.

Solution. Supposons que la ligne A B [*Tab.* 19. *fig* 8.] représente l'espace qu'un grave parcourt en une seconde, en tombant perpendiculairement par l'effort de la pesanteur ; cela posé, soit décrite une circonférence de cercle, qui soit au diametre de ce cercle, comme la ligne A B est à la ligne C R, & comme cette derniere est à la ligne D F, cette troisieme sera le diametre du cercle cherché E F G D.

Soit divisé le rayon E F en deux parties égales au point H : si un mobile se meut horisontalement dans le cercle F G D, avec une vîtesse uniforme, égale à celle qu'il eût acquise s'il fût tombé perpendiculairement de la quatrieme partie H F de son diametre ; la force centrifuge de ce mobile sera égale à son poids. En effet un corps grave, tombant librement selon la ligne H F, acquiert, étant parvenu au point F, une vîtesse suffisante pour parcourir, dans le même tems, avec un mouvement uniforme, un espace double de H F ; par conséquent s'il se meut en parcourant, avec la vîtesse qu'il a acquise, la circonférence du cercle F G D, le tems qu'il emploiera à parcourir cette circonférence, sera au tems qu'il aura employé pour parcourir, en tombant, l'espace H F, comme la circonférence F G D est au double de H F, ou à E F. Et, en doublant les conséquens, on aura le tems employé à parcourir, avec un mouvement uniforme, la circonférence F G D, est à deux fois le tems employé à tomber de la hauteur H F, c'est-à-dire, au tems employé à tomber de la hauteur D F, comme la circonférence F G D est à deux fois FE = D F ; c'est-à-dire, comme C R est à D F, ou comme A B est à C R : mais A B est à C R, comme le tems employé à parcourir, en tombant librement, la hauteur A B, ou comme une seconde est au tems employé à tomber perpendiculairement de la hauteur D F ; parceque la raison de A B à D F est doublée de celle de A B à C R : par conséquent le tems employé à parcourir, d'un mouvement uniforme, la circonférence F G D, est au tems de la chûte par D F, comme une seconde est au même tems de la chûte par D F ; par conséquent le tems employé à parcourir la circonférence F G D = une seconde.

La hauteur A B, qu'un mobile parcourt en tombant librement, dans l'espace d'une seconde, = 15 pieds rhenan., & 7 $\frac{1}{2}$ pouces : or comme A B est à C R comme la circonférence du cercle est à son diametre, c'est à dire, comme 22 est à 7, de même C R est au diametre D F du cercle F G D : ce dia-

metre doit donc être, à très peu de chofes près, de 19 pouces, dont la moitié $= 9\frac{1}{2}$ pouces : de là fi le centre de gravité d'un mobile parcourt dans une
feconde la circonférence d'un cercle de $9\frac{1}{2}$ pouces de rayon, la force centrifuge de ce mobile fera égale à fon poids.

Ces propofitions nous font concevoir pour quelle raifon, fi on place fur
le fond d'une fronde, une pierre ou un verre rempli d'eau, & qu'on imprime à cette fronde un mouvement circulaire en toutes fortes de fens, ni la
pierre, ni le verre ne s'échappent point de la fronde, quand on leur imprime une vîteffe qui eft telle que la force centrifuge que ces corps acquerent
par leur rotation, eft égale, ou même un peu plus grande que leurs
poids.

§. DCCXXXVIII. Si deux corps égaux en maffe, A & B, fe meuvent
dans des cercles inégaux, avec des vîteffes égales, leurs forces centrales feront entr'elles en raifon inverfe de leur diftance au centre de leur mouvement : en effet, par le §. 726, on a $V = \dfrac{CC}{AE}$, $v = \dfrac{cc}{ae}$; & par conféquent
$V : v :: \dfrac{CC}{AE} : \dfrac{cc}{ae}$. Or comme on fuppofe que $C = c$, on aura $CC = cc =$
1; & par conféquent $V : v :: \dfrac{1}{AE} : \dfrac{1}{ae} :: ae : AE$, ou comme il eft repréfenté par la figure 5, comme $2BC : 2AC :: BC : AC$.

§. DCCXXXIX. Si deux corps, A & B, égaux en maffe, ont des tems
périodiques inégaux, & font placés à des diftances inégales du centre de
leur mouvement, la force centrale du corps A fera à celle du corps B, comme la diftance du corps A au centre de fon mouvement, divifée par le
quarré du tems périodique de A, eft à la diftance du corps B au centre de
fon mouvement, divifée pareillement par le quarré du tems périodique du
corps B.

En effet, par le §. 727, la force centrale $= \dfrac{R}{TT}$; par conféquent les
forces centrales des deux corps A & B feront entr'elles, comme $\dfrac{R}{TT} : \dfrac{1}{tt}$, ou
felon la figure 5, comme $\dfrac{AC}{TT} : \dfrac{BC}{tt}$.

§. DCCXL. En fuppofant les corps égaux en maffe, fi les quarrés des
tems périodiques font entr'eux comme les cubes des diftances, les forces
centrales de ces corps feront entr'elles en raifon inverfe des quarrés des diftances.

En partant ici d'après ce que nous avons déja démontré, on a $\overline{T}^q : \overline{t}^q ::$
$\overline{AC}^q : \overline{BC}^q$. Or, par le §. 739, la force centrale du corps $A = \dfrac{AC}{\overline{T}^q}$, &
celle de $B = \dfrac{BC}{\overline{t}^q}$: par conféquent, en fubftituant aux dénominateurs les
quantités proportionnelles $\overline{AC}^q$ & $\overline{BC}^q$, on aura la force centrale de A eft à
celle de $B, :: \dfrac{AC}{\overline{AC}^q} : \dfrac{BC}{\overline{BC}^q} :: \dfrac{1}{\overline{AC}^q} : \dfrac{1}{\overline{BC}^q} :: \overline{BC}^q : \overline{AC}^q$.

§. DCCXLI. Cette proposition est encore vraie, en supposant les corps inégaux en masse; car, dans ce cas, les forces centrales sont en raison composée de la directe des masses, & de l'inverse des quarrés des distances au centre du mouvement.

Comme on observe que les quarrés des tems périodiques des planetes qui circulent continuellement autour du soleil, & que ceux des satellites qui sont continuellement emportés autour des planetes, auxquelles ils appartiennent, sont comme les cubes des distances; les forces centripetes de tous ces corps doivent être en raison inverse des quarrés de leurs distances au centre de leurs révolutions : or cette force, en vertu de laquelle les corps tendent à s'approcher d'un centre matériel, n'est autre chose que la gravité; par conséquent la gravité des planetes principales vers le soleil, & des planetes secondaires vers les principales planetes, suit la même proportion que la gravité des corps sublunaires vers le centre de la terre; comme je l'ai déja indiqué (§. 336) : & j'ai déja observé que cette propriété de la gravité avoit d'abord été découverte par la gravité de la lune vers le centre de la terre.

Supposons en effet que le globe A [*Tab.* 19. *fig.* 5.] représente la lune qui se meut autour de la terre, qu'il faut concevoir en C; la lune, en vertu de la force centrifuge qu'elle acquiert par sa rotation, fait un effort continuel pour s'éloigner du centre de son mouvement, & pour s'échapper de son orbe A F : mais elle est retenue dans cet orbe par l'action de la pesanteur, qui la sollicite continuellement vers le point C. La distance C A de la terre à la lune, est, à peu de chose près, égale à 60 demi-diametres de la terre; & la lune parcourt son orbe, autour de notre globe, dans l'espace de 27 jours, 7 heures, 43 minutes : par conséquent la gravité, qui la sollicite vers le centre de la terre, est telle qu'elle lui feroit parcourir 15 pieds $\frac{1}{12}$ dans l'espace d'une minute. Par conséquent si la gravité, à différentes distances du centre de la terre, suit la raison inverse du quarré des distances; la gravité d'un corps qui tomberoit de la lune vers notre globe, seroit à celle d'un corps qui tomberoit de la surface de la terre vers son centre, : : $15 \frac{1}{12} \times 1 \times 1$: $15 \frac{1}{12} \times 60 \times 60$. Or nous observons que les graves, abandonnés à eux-mêmes vers la surface de la terre, parcourent, dans l'espace d'une seconde, 15 pieds $\frac{1}{12}$; mais 60 secondes font une minute : & comme il est démontré, par le §. 341, que les espaces parcourus en vertu de la pesanteur, sont entr'eux comme les quarrés des tems employées à les parcourir; il s'ensuit que l'espace que parcourt, pendant le tems d'une minute, un corps grave abandonné à lui même vers la surface de la terre, = $15 \frac{1}{12}$ pieds $\times 60 \times 60$; & cet espace, comparé avec celui que la lune parcourt dans le même tems, en s'approchant du centre de la terre; savoir, $15 \frac{1}{12} \times 1 \times 1$, est comme le quarré de A C, distance de la lune au centre de la terre, est au quarré d'un des rayons de la terre.

Nous avons supposé jusqu'à présent, & dans les §. 740, 741, que les corps étoient mus dans des cercles; mais, en supposant qu'ils décrivent toute autre courbe quelconque, telle qu'une ellipse, une parabole, une hyperbole, en vertu d'une force centripete, qui les sollicite vers un centre , leurs forces centrifuges feront toujours réciproquement comme le quarré de leurs diſtances vers le centre.

§. DCCXLII. Soit le corps A [*Tab. 19. fig. 9.*], qui ſe meut autour du corps S ; lorſque ce mobile eſt au point A , ſuppoſons que ſa gravité l'emporte ſur ſa force centrifuge : dans cette hypotheſe, ce mobile ne pourra pas parcourir le cercle A L X. Suppoſons donc qu'il ſe meuve en décrivant AK ; & par conſéquent, en s'avançant vers S , ce mobile, étant parvenu au point K , ſe meut, avec une plus grande vîteſſe , du point K au point N ; puiſqu'il doit border des ſurfaces égales en tems égaux ; ſavoir, A K S , K S N : & comme il eſt plus proche du point S , lorſqu'il eſt parvenu au point K , on doit avoir K N > A K. Ce même mobile, parvenu au point N , eſt encore moins éloigné de S que lorſqu'il étoit au point K ; puiſque S N < S K , l'effort de ſa peſanteur doit donc encore augmenter, & il doit s'approcher davantage du point S : il accélerera donc encore ſon mouvement du point N au point O ; & il décrira dans le même tems N O , l'eſpace N O S étant égal à l'eſpace K S N. Etant parvenu au point O , il ſera encore plus près de S ; & par conſéquent il ſera encore porté, avec plus d'activité, vers S : & il accélerera encore ſon mouvement, afin de pouvoir border, dans le même tems, l'eſpace O S B ; & il décrira alors ſon plus grand arc O B ; de ſorte qu'il aura acquis la plus grande vîteſſe qu'il peut acquérir, lorſqu'il ſera parvenu au point B. Sa force centrifuge ſera devenue alors ſupérieure à ſa force centripete ; ſans quoi il parcourroit le cercle B G H : mais il s'éloignera de cette courbe, & il parcourra B p m ; & il bordera, dans un même tems, l'eſpace B p m S = O S B. Ce même mobile, étant parvenu au point m , ſera plus éloigné de S , l'effort de ſa gravité deviendra donc encore moindre à proportion ; & en vertu des deux forces qui le maîtriſeront alors, ſavoir, ſa force centripete & ſa force centrifuge, il parcourra l'arc m A : or comme, en parcourant cet arc , il perd continuellement de ſa vîteſſe, ſa force centrifuge décroîtra à proportion ; de ſorte que lorſqu'il ſera parvenu au point A, elle ſera encore plus petite que la force centripete : & cette derniere prévalant encore , le mobile A recommencera à décrire l'ellipſe A K N O B p m A. La gravité au point B eſt, à la vérité, plus grande que celle qui ſe fait ſentir au point A , ſelon la raiſon inverſe du quarré des diſtances de ces deux points au centre S , où la gravité d'un même mobile à ces deux points, eſt dans le rapport de $\overline{SA}^q$ à $\overline{BS}^q$; mais la force centrifuge que le mobile acquiert, en circulant autour de S , augmentte de A en B, ſelon un plus grand rapport ; car elle croît dans la même proportion que les cubes des diſtances décroiſſent ; par conſéquent, à proportion que le mobile approche du point B, ſa force centrifuge augmente, & elle eſt autant grande qu'elle puiſſe être, lorſqu'il eſt parvenu au point B : mais lorſqu'il a paſſé le point B , & qu'il retourne vers le point A , elle décroît ſelon un plus grand rapport que la gravité ; & c'eſt pour cela que la gravité l'emporte encore ſur la force centrifuge , lorſque le mobile eſt arrivé au point A.

La ligne A B s'appelle la ligne des *abciſſes*, & par conſéquent un corps peut deſcendre du point ſupérieur d'une abciſſe juſqu'au point inférieur de la même ligne , & de ce dernier , remonter juſqu'au premier ; pourvu que la vîteſſe acquiſe par l'effort de la gravité, qui le ſollicite vers le centre de ſa révolution S, ſoit moindre que la vîteſſe qu'il acquiert en parcourant la portion de l'orbite N O B ; parceque la force centrifuge doit commencer à prévaloir à proportion qu'il approche davantage du point B.

§. DCCXLIII. On peut, d'après cette théorie, ſupputer aiſément quel ſeroit l'effort de la gravité des corps qui ſeroient placés ſur la ſurface de toute planete quelconque. En effet, nommons R la diſtance d'une planete au centre du ſoleil ; appellons r le demi-diametre du ſoleil : déſignons le tems périodique de la planete par la lettre T ; & exprimons par G la gravité, ou la force centripete d'un corps placé ſur cette planete, & par g la gravité de ce même corps, placé ſur la ſurface du ſoleil. Cela poſé, par les §. 727 &

741, on aura $G = \dfrac{R}{TT}$. Cette gravité augmente à proportion que la planete s'approche davantage du ſoleil, & elle augmente à raiſon inverſe des quarrés des diſtances au centre du ſoleil ; par conſéquent la gravité de ce mobile, placé ſur la ſurface de cette planete, eſt à la gravité de ce même corps, placé ſur la ſurface du ſoleil, ou $G : g : : r\, r : R\, R$. Par conſéquent $g = \dfrac{G\,R\,R}{r\,r}$; mais comme $G = \dfrac{R}{TT}$, on aura $g = \dfrac{R^3}{TT\,r\,r}$.

§. DCCXLIV. On ſuppute de la même maniere la gravité des corps, placés ſur les principales planetes, & ſur les planetes ſecondaires, qui circulent autour des premieres.

§. DCCXLV. On peut auſſi déterminer facilement le rapport qui eſt entre la force centrifuge d'un corps placé à l'équateur d'une planete principale, & la gravité de ce même corps. En effet la force centrifuge d'un corps placé à l'équateur d'une planete $= \dfrac{r}{t\,t}$, ſelon le §. 727, & ſa gravité $= \dfrac{R^3}{TT\,r\,r}$ par le §. 743 : la force centrifuge de ce corps eſt donc à ſa force centripete, comme $r^3\,T\,T$ eſt à $R^3\,t\,t$.

§. DCCXLVI. Il ſuit de-là que la gravité des corps terreſtres, placés ſous l'équateur, ſurpaſſe leur force centrifuge 288 fois, ou un peu moins, en ſuppoſant que la diſtance moyenne de la lune à la terre, ſoit de 60 demi-diametres terreſtres, & que le tems périodique de la lune, qui circule autour de notre globe, ſoit de 27 jours, 7 heures, 43 minutes ; en ſuppoſant auſſi que le demi-diametre de la terre $= 1$, & que le tems périodique de ce globe autour de ſon axe ſoit de 23 heures, 56 minutes & 4 ſecondes.

§. DCCXLVII. On pourra maintenant, d'après ce que nous venons de dire, connoître la force centrifuge des corps placés à la ſurface de la terre, & la comparer avec l'effort de la gravité. Plus le cercle parallele à l'équateur eſt grand, & plus la force centrifuge eſt conſidérable. Sous l'équateur, la force centrifuge eſt directement oppoſée à l'action de la peſanteur, & elle eſt autant grande qu'elle puiſſe être : par conſéquent ſi on joint cette force à celle de la gravité, on aura pour lors l'effort total de la peſanteur. Sous le pôle, la force centrifuge eſt nulle ; par conſéquent la peſanteur y jouit complétement de tous ſes droits, & elle y eſt autant grande qu'elle puiſſe être.

Dans les régions comprifes entre l'équateur & les pôles, la force cettrifuge n'eft pas directement, mais obliquement oppofée à la direction de la pefanteur ; par conféquent il n'y a qu'une partie de cette force centrifuge qui foit directement oppofée à l'action de la pefanteur : & cette partie eft d'autant plus petite, que le finus du complément de la latitude êft plus petit que le finus total. D'où il fuit que la force centrifuge, en tant qu'elle s'oppofe aux effets de la pefanteur, fuit la raifon compofée du rayon de l'équateur au rayon du cercle parallele, & du finus total au finus de complément de la latitude ; & comme ces deux raifons font fenfiblement égales, la partie des forces centrifuges, qui eft directement oppofée à la gravité, fuit, en décroiffant, depuis l'équateur jufqu'aux pôles, la raifon des quàrrés des finus de complément de la latitude. Il ne fuffit pas de confidérer les forces centrales des corps qui fe meuvent dans des courbes qui giffent fur des plans en repos, comme nous l'avons fait jufqu'à préfent ; mais il faut encore confidérer ces forces dans des corps qui fe meuvent fur des plans qui font eux-mêmes en mouvement : nous n'entrerons pas dans ce détail, pour éviter une trop grande prolixité.

§. DCCXLVIII. Le célebre *Hughens*, en calculant le premier les forces centrales, s'eft acquis une gloire immortelle (1) ; après lui plufieurs grands hommes ont enrichi cette théorie, & y ont ajoûté de nouvelles obfervations. *Newton* (2), *Keil* (3), *Joh. Bernouilli* (4), *Maclaurin* (5), *s'Gravefande* (6), & plufieurs autres célebres Académiciens, font ceux à qui nous fommes redevables de ce que nous avons de plus inftructif fur cette matiere.

(1) In Operibus pofthumis.
(2) Princip. Philofoph. Mathem. Lib. 1.
(3) Introd. ad veram Phyfic. & in Philofoph. Tranf. N°. 317.
(4) Operum Vol. 1, N°. 86, 87, 88.
(5) Treatife of fluxions, Book I. Chap. 11. & 12. & in Philof. Difcoveries, Book 4. Chap. 3.
(6) Elem. Phyf. Lib. 1. Cap. 13.

CHAPITRE XVI.

De la dureté, de la fragilité, de la mollesse, de la flexibilité, & de l'élasticité.

§. DCCXLIX. Pour l'ordinaire nous donnons le nom de *corps dur* à celui qui résiste à l'effort qu'on fait contre lui, en le pressant même violemment, ou qui ne cede que très peu, ou enfin dont les parties sont tellement unies entr'elles, qu'elles ne se séparent les unes des autres qu'avec une très grande difficulté; & par conséquent à tout corps qui ne change qu'avec peine la figure qu'il a reçue. On trouve plusieurs corps de cette espece; tels sont les *bois*, les *os*, les *métaux*, les *pierres*, &c.

§. DCCL. Il suit de là que ce n'est pas sans un grand effort qu'on peut obliger les parties des corps durs à s'insinuer dans les pores qui les avoisinent; & cela par rapport, ou à la grandeur de ces parties, dont les dimensions surpassent celles des pores qu'on voudroit leur faire pénétrer, ou par rapport à l'union intime qu'elles contractent les unes avec les autres, & qui s'oppose fortement à leur séparation : condition nécessaire pour que ces parties puissent pénétrer les pores voisins. La forte cohésion des parties des corps durs se prouve par la difficulté qu'on éprouve à les séparer, même lorsqu'on fait contre elles de très grands efforts.

§. DCCLI. Nous appellons un corps *parfaitement dur* celui dont les parties ne cedent aucunement aux plus grands efforts qu'on puisse faire pour les comprimer; de sorte que la figure de cette espece de corps est inaltérable, & qu'elle ne peut être changée.

Nous ne connoissons point dans l'Univers aucun corps qui soit parfaitement dur; tous ceux qui sont parvenus jusqu'à présent à nos connoissances, peuvent être brisés, réduits en parties : & lorsqu'on les presse, ils changent de figure, sans en excepter même les diamans les plus durs, les cailloux, les pierres communes, & toutes les pierres précieuses, de quelque nature qu'elles puissent être. La raison de cela est que tous les corps que nous connoissons sont poreux, & que par conséquent toutes leurs parties ne se touchent pas exactement en toutes sortes de sens; mais seulement de côté & d'autre, & qu'il reste entre ces parties des espaces vuides de la matiere propre du corps : outre cela, les parties qui sont en contact entr'elles peuvent être séparées totalement, ou au moins peuvent être un peu écartées les unes des autres; comme il arrive lorsqu'on les expose à l'action du feu, qui, pénétrant dans les interstices qu'on remarque entre les parties constituantes des corps, met ces corps en fusion, ou les raréfie. Si on avoit des corps parfaitement solides, ces corps ne seroient point poreux, & ils ne pourroient point être comprimés; & conséquemment ils seroient parfaitement durs. Les élémens des mixtes, qui sont les plus petites parties qui entrent dans leur composition, & auxquelles tous les corps peuvent être réduits; ces élémens, dis-je, nous paroissent parfaitement durs; puisque nous ne connoiſſons point dans la Nature d'agent propre à les diviſer, ou à les altérer aucunement; puiſqu'ils ſont parfaitement impénétrables, parfaitement denſes, & que chacune de ces parties eſt une unité : ainſi, quoique les grands corps ne ſoient point parfaitement durs, ils ſont néanmoins compoſées de particules parfaitement dures.

Plus les pores diſſéminés entre les parties des corps ſont en petite quantité, plus ces pores ſont petits : plus les parties conſtituantes ſe touchent parfaitement, ſoit en pluſieurs points, ſoit par des ſurfaces planes, plus auſſi ces corps ſont durs : & on remarque conſtamment cette diſpoſition dans ceux qui peſent davantage ; & c'eſt pour cela auſſi que les corps qui peſent davantage ſont plus durs que ceux qui peſent moins : que ceux qui ſont plus denſes, ſont plus durs que ceux qui ſont moins denſes. Cela a lieu le plus ſouvent dans les métaux, les pierres, les os & les bois.

§. DCCLII. Nous donnons le nom de *corps fragile* à tout corps dur, dont les parties ſe briſent par une légere percuſſion ; comme il arrive lorſqu'on choque, par exemple, de l'acier trempé, du verre, de la porcelaine.

Les parties de ces différens corps ont néanmoins une forte adhérence les unes avec les autres ; mais elles ſont tellement conſtituées, que ſi on parvient à diminuer légerement leur contact, & à les ſéparer un peu les unes des autres, elles ſe briſent alors, & elles ne ſe rétabliſſent point dans leur premier état. C'eſt pour cela qu'un frémiſſement excité dans ces parties ſuffit pour les briſer, & pour réduire en morceaux la maſſe entiere qui en étoit conſtituée ; ce qu'une forte percuſſion ne pourroit point produire : ſi vous placez un caillou ſur un couſſin mou & élaſtique, & que vous le frappiez à petits coups de marteau, de façon que vous n'excitiez qu'un ébranlement dans ſes parties, ce cailloux ſe diviſera en pluſieurs parties ; mais il n'en arrivera pas ainſi ſi vous le placez ſur une enclume, & que vous le frappiez à grands coups de marteau, vous pourrez en détacher quelques parties ; mais la maſſe ne ſera que foiblement altérée, & ſubſiſtera en grande partie. On peut, ſelon le même méchaniſme, rompre des verres en chantant, & on vient auſſi pareillement à bout de briſer des œufs philoſophiques de verre, en laiſſant tomber dedans de petits corpuſcules de matiere dure.

§. DCCLIII. On appelle un corps *propre à être fendu* celui qui eſt compoſé de pluſieurs lames, appliquées les unes ſur les autres ; les parties qui compoſent chaque lame, ont entr'elles une adhérence plus forte que celle qui unit ces lames les unes aux autres. Les corps de cette eſpece ſe fendent par copeaux, ou ſe diviſent en pluſieurs lames ; tels ſont le talc, l'ardoiſe, &c.

On obſerve que les parties qui conſtituent chaque lame, ſont de même eſpece, & qu'elles ont été formées dans le même tems, & que les autres lames ont été formées dans d'autres tems, & avec d'autres parties ; que toutes ces lames ont été ſucceſſivement appliquées les unes ſur les autres après avoir acquis une certaine dureté. Toutes ces lames ſont originairement fluides ; elles ſont compoſées d'eau & de terre : on trouve quelquefois entre ces lames différens corps qu'elles enveloppent en coulant autour, lorſqu'elles ſont encore fluides ; on y trouve des poiſſons, du birume & des corps de toute autre espece. On trouve outre cela quantité d'arbres, dont on fait des douves qui peuvent se couper par lames, & dont on se sert pour différens usages.

§. DCCLIV. On appelle *corps mou* celui dont les parties, à l'égard de nos sens, cedent facilement à la moindre impression, & peuvent être aisément séparées les unes des autres. Tels sont le beurre, le miel, le liege, l'argille humectée, le savon verd, &c.

§. DCCLV. Il arrive souvent que les corps mous passent de l'état de mollesse à celui de dureté, & que ceux qui sont durs deviennent mous ; on ne peut pas assigner les bornes qui séparent ces deux états l'un de l'autre. On dit que l'argille humide est molle ; mais jusqu'à quel point faut-il la dessécher pour en faire un corps dur ? Un adulte, un homme fort & robuste, regarde comme mou ce qui paroîtra dur à un enfant ; la terre sera molle pour un éléphant, & elle sera très dure par rapport à une mouche, à une fourmi : par conséquent ces deux états, la mollesse & la dureté, n'ont rien de fixe & de déterminé ; ils sont toujours relatifs à la disposition de nos organes, & à nos forces actuelles. Cependant les corps mous sont très poreux ; & lorsqu'on les presse, ils cedent à l'effort qu'on déploie contre eux, & leurs parties se retranchent aisément dans les pores qui les avoisinent. On ramollit les corps durs lorsqu'on parvient à introduire d'autres corps entre leurs parties, & que ces corpuscules qu'on introduit viennent à bout de diminuer le contact des parties solides qui se touchoient : c'est ainsi que les os se ramollissent lorsqu'on les laisse tremper dans du vinaigre, que l'ivoire passe de la dureté à la mollesse, lorsqu'on la laisse baigner dans du lait, ou qu'on la laisse séjourner pendant long-tems dans de la moutarde (1). D'autres corps perdent leur dureté lorsqu'ils sont plongés dans l'eau.

§. DCCLVI. Un corps approche d'autant plus d'une mollesse parfaite, que ses parties cedent plus aisément, & qu'on parvient à briser plus facilement les liens qui les unissoient. On remarque dans l'Univers plusieurs grands corps mous, tels que le beurre, l'argille humide, &c, qui sont tellement constitués, qu'ils prennent aisément la figure du corps qui les presse, & qu'ils conservent ensuite cette même figure, lorsqu'on supprime le moule qui la leur a imprimée. On ne trouve cependant aucun corps qui soit parfaitement mou ; c'est-à-dire, dont les parties puissent être séparées par une force infiniment petite, si on en excepte la *force d'inertie* ; parceque les parties de tous les corps s'attirent mutuellement avec beaucoup de force : & cette force doit être surmontée par la cause, qui divise & sépare les parties les unes des autres.

§. DCCLVII. On trouve plusieurs corps mous qui sont *ductiles*, qui peuvent prendre différentes formes, & conserver néanmoins leur même cohésion. Ces corps doivent être tellement constitués, que leurs parties aient entr'elles quelques degrés d'affinité & de liaison ; & lorsqu'on leur donne une autre situation, & qu'on leur fait changer la place qu'elles occupent, elles doivent s'assimiler aussi bien avec les nouvelles parties avec lesquelles elles deviennent en contact, qu'avec celles qu'elles touchoient auparavant.

---

(1) Hist. de l'Acad. Roy. des Scienc. ann. 1742.

Cette propriété convient à la terre grasse, à laquelle on peut faire prendre aussi aisément toutes sortes de figures ; de sorte qu'on en peut former aussi aisément un globe, un cylindre, un cône, ou toute autre figure quelconque.

Cette ductilité ne dépend pas seulement de la ténuité des parties des corps ductiles ; puisque le sable, le talc, le verre, le sel, quoique divisé en parties extrêmement petites, subtiles, & unies avec de l'eau, ne peuvent point former une masse ductile, selon les observations de M. *de Reaumur* (1). La ductilité de la terre ou de l'argille dépend de l'eau, qui penetre non-seulement les interstices que les parties constituantes de l'argille laissent entr'elles ; mais qui s'insinue encore dans les pores de ces parties, les augmente & les dilate.

Les métaux qui sont ductiles & malléables doivent cet avantage à l'huile, qui est interposée entre leurs parties ; & ces corps, de ductiles qu'ils étoient, deviennent fragiles, lorsqu'on les dépouille de l'huile qu'ils contenoient. Ils perdent encore leur ductilité, lorsqu'on les mêle avec d'autres substances hétérogenes ; comme, par exemple, si on mêle ensemble de l'or & du zinc, si on unit ensemble de l'argent & de l'étain : on prive aussi le fer de sa ductilité, en l'exposant à l'action des sels acides. D'où il paroît qu'on doit regarder l'huile comme le véritable *gluten* des parties métalliques.

§. DCCLVIII. On appelle corps *flexible* celui dont on peut changer la figure, qu'on peut allonger, raccourcir, sans que sa masse en soit altérée, & par conséquent sans que ses parties perdent de leur union & de leur adhérence entr'elles. On trouve plusieurs corps de cette espece ; tels sont les muscles, les tendons, & généralement toutes les membranes animales. Toutes les fibres des plantes, qui sont encore vertes, les métaux, les cordes, sont dans le même cas.

Il suit de-là que les parties de ces différens corps, qui sont en contact entr'elles, peuvent s'éloigner les unes des autres, se rejoindre, se lier avec d'autres parties ; qu'elles peuvent se retrancher dans les pores qui les avoisinent, les remplir & s'unir avec les parties adjacentes. Si on allonge un corps flexible, il devient plus menu, & en même-tems plus dense ; si on le courbe, il devient plus dense dans son contour intérieur, & plus rare dans son contour extérieur : mais si on le courbe alternativement en sens contraire, & à plusieurs fois, il se brise enfin ; parceque, dans chaque inflexion, qu'il éprouve, certaines parties se trouvent trop éloignées des autres ; elles ne se touchent plus, & la masse enfin se divise. La flexibilité des corps n'est pas la même dans tous ceux qui jouissent de cet avantage : parmi les métaux, l'or, l'argent, le plomb, sont plus flexibles que le cuivre, le fer, l'étain. La soie, le fil de lin, sont plus flexibles que les cheveux, les cordes & les fibres ligneuses. La flexibilité de certains corps souffre quelques altérations, s'affoiblit, & périt entierement lorsqu'en se desséchant ces corps perdent leur humidité & leur huile : c'est pour cela qu'on augmente la flexibilité de plusieurs corps, en les humectant avec de l'eau, ou en les frottant légerement avec de l'huile.

____

(1) Hist. de l'Acad. Roy. des Scienc. ann. 1730.

§. DCCLIX. On donne le nom de *corps tenace* à celui qui est tellement constitué, que ses parties peuvent s'éloigner considérablement les unes des autres, sans se séparer pour cela, étant fortement unies entr'elles ; c'est pour cette raison que ces especes de corps peuvent supporter des poids énormes sans se rompre : telles sont les cordes d'instrumens qui sont faites de boyaux.

§. DCCLX. S'il arrive qu'un corps flexible, étant courbé, tiraillé, ou comprimé par une force extérieure quelconque, sa figure en soit altérée, & que sitôt que cette force cesse d'agir contre lui, il reprenne de lui même sa premiere figure ; & qu'il se rétablisse dans son premier état, ce corps est *élastique*.

§. DCCLXI. On dit que l'élasticité d'un corps est *parfaite* lorsque la force de ce corps, tiré ou comprimé, se rétablit dans son premier état, avec des forces égales à celles de la puissance qui l'a comprimé ou tiraillé ; de sorte que ce corps reprend exactement la même figure qu'il avoit avant d'être tiré ou comprimé.

§. DCCLXII. L'élasticité est *imparfaite*, lorsqu'un corps, tiré ou comprimé, fait effort pour reprendre sa premiere figure, & qu'il y revient, à la vérité ; mais avec une force inférieure à celle qui avoit apportée en lui quelque changement.

§. DCCLXIII. La plus grande partie des corps que nous connoissons est élastique ; tels sont presque tous les métaux, les demi métaux, les pierres, les pierres précieuses & les fossiles. 1°. Telles sont aussi toutes les parties solides du corps des animaux, comme les membranes, les poils, les os, les cartilages, les ongles, les plumes. 3°. Telles sont les parties solides des végétaux, lorsqu'ils sont secs, comme les racines, l'écorce, les feuilles, &c. Chaque corps a différens degrés d'élasticité, & nous n'en connoissons aucun qui soit parfaitement élastique : en effet, lorsque, par une puissance extérieure, la figure d'un corps est altérée, les parties de ce corps, placées les unes au-dessus des autres, & qui se meuvent selon le rang qu'elles occupent, éprouvent un certain frottement, soit lorsqu'elles obéissent à la force extérieure qui les met en mouvement, soit lorsqu'elles reviennent dans leur premier état ; ce frottement leur fait perdre nécessairement une partie de leur force : & si l'attraction, que les parties qui se touchoient avant l'altération de la figure de ce corps ont entr'elles, n'agissoit continuellement contre ces parties, il est certain qu'elles ne reviendroient jamais dans leur premiere situation, & que le corps ne reprendroit point sa premiere figure. Or ce frottement, dont nous venons de parler, & le déchet qu'il occasionne dans la force du corps, paroissent manifestement, en ce qu'une corde d'instrument, quelque tendue qu'elle soit, étant mise en vibrations, retourne en peu de tems à l'état de repos d'où on l'avoit tirée en la mettant en vibrations, & que cet effet a lieu lors même que cette corde fait ses vibrations dans le vuide. Le P. *Mersenne* nous apprend qu'une corde formée de 12 boyaux, & tendue par un poids de 8 livres, étoit à l'unisson avec une corde de laiton, dont le diametre étoit = $\frac{1}{4}$ de ligne, tendue par un poids = 6 ℔ $\frac{1}{8}$; parceque les parties métalliques éprouvent un moindre frottement entr'elles, que les parties qui composent les intestins (1). On remarque aussi que les résultats qui naissent de la percussion des corps élastiques, s'éloignent de la théorie géométrique qui les annonce : on peut dire néanmoins que nous trouvons plusieurs corps, dont l'élasticité approche beaucoup de l'*élasticité parfaite* ; tels sont les ongles, les cartilages, l'acier trempé, le verre, les plumes de plusieurs oiseaux, &c.

§. DCCLIV. Les degrés d'élasticité paroissent varier suivant la densité des corps : en effet, on remarque que les métaux ne sont que très peu élastiques après qu'on les a mis en fusion ; mais que leur élasticité augmente à proportion qu'on les étend davantage sous le marteau, & qu'on les rend plus denses. Néanmoins cette augmentation d'élasticité reconnoît des bornes, & elle cesse de devenir plus grande, lorsqu'on l'a poussée jusqu'à un certain point. On ne connoît point encore ces bornes, & on n'est point en état de les assigner ; l'expérience nous apprend seulement que lorsqu'on a distendu une corde de boyau au-delà des bornes qui circonscrivent les différens degrés d'élasticité qu'elle peut acquérir, cette corde, quoique non rompue, ne reprend plus sa premiere longueur. Un morceau de bois fort droit & courbé considérablement, ne reprend plus la même figure qu'il avoit antérieurement : cet effet viendroit-il, ou de ce que les parties de ce bois, qui se touchoient avant qu'on lui fît prendre la courbure dont nous venons de parler, se seroient trop éloignées les unes des autres par cette flexion, pour pouvoir s'attirer assez puissamment, ou de ce que quelques unes de ces parties se seroient rompues, & qu'elles ne pourroient plus alors reprendre leur premiere situation ? L'acier, lorsqu'il est trempé, devient très élastique ; la la densité de l'acier trempé est à celle de celui qui n'est pas trempé, comme 7809 : 7738.

§. DCCLXV. Outre cela plus les corps deviennent froids, plus ils sont élastiques ; puisqu'alors ils sont plus denses, & que leur texture est plus serrée : plus ils s'échauffent, moins ils sont élastiques, sur tous ceux qui peuvent tomber en fusion ; puisqu'alors ils sont plus rares : c'est pour cela que les boulets de canon, qui sont lancés par des canons qui sont encore froids, sont portés beaucoup plus loin que lorsque ces canons sont échauffés, ainsi que le remarque *Belidor* (2). Un même canon, piqué de la même maniere, vomit des boulets à différentes distances, à proportion qu'il s'échauffe ; de sorte que les explosions qui se suivent different beaucoup les unes des autres (3). Il y a néanmoins des bornes qui séparent les degrés de chaleur & de froid qu'une bouche à feu doit avoir pour que l'amplitude de son jet soit autant grande qu'elle puisse être ; en-delà & en-deça de ces bornes l'amplitude du jet est plus petite.

Il faut cependant excepter de cette regle l'air, & tout autre fluide analogue à l'air, dont l'élasticité augmente par la chaleur.

§. DCCLVI. L'élasticité de tous les corps, soit celle des parties animales, des fossiles, ou des végétaux, reste constamment la même, & n'éprouve

(1) Mersenni Harmonic. Lib. 3, Propos. 13. p. 52.   (2) Bombardier François, pag. 38.
(3) Robins New. Princip. of Gunnery, Præf. p. 44. c. 2. prop. 7.

aucun changement dans le vuide, aussi-bien que lorsqu'ils sont exposés au grand air ; elle ne devient, ni plus grande, ni plus petite, lorsqu'on laisse rentrer l'air sous le récipient, pourvu qu'on ait soin de conserver la même température à ces corps, & de ne les point rendre humides : ainsi que le démontrent très bien les expériences de *Boyle*, d'*Hauxbée*, de *Derham*, & que j'en ai été convaincu par mes propres expériences, & par toutes celles que j'ai ajoûtées à celles des célebres Physiciens dont je viens de parler, en éprouvant de la baleine, des cordes d'instrumens, de la laine, des plumes, des bois, des métaux, des éponges, du verre, du roseau des Indes : d'où il suit que la cause de l'élasticité ne dépend point de l'air élastique, qui seroit disséminé entre les molécules constituantes des corps, & qui rempliroit les pores qu'elles laissent entr'elles ; lequel, étant lui-même comprimé par la compression, ou par l'inflexion qu'on fait éprouver aux corps, reporteroit, par son élasticité, les parties des corps dans leur premiere situation : car on n'appercevroit point dans le vuide aucun signe d'élasticité.

On peut faire ces expériences de la maniere suivante. A B [*Tab.* 19 *fig.* 13.] est un cylindre, sur la circonférence duquel sont creusés trois gouttieres ; ce cylindre est attaché au fil de cuivre C E, qui passe par une boîte D E, garnie de colliers de cuirs : cette boîte est adaptée sur le couvercle F G, de façon que la tige C E puisse être élevée ou abaissée à volonté ; on place dans les trois gouttieres, dont nous venons de parler, trois bâtons, par exemple, qu'on veut éprouver S V, O Q, R L : & on les attache fortement par le moyen d'une corde qu'on lie autour du cylindre A B ; afin qu'ils ne puissent point sortir de leurs gouttieres. Les choses étant ainsi disposées, on tend le ressort de ces bâtons en les faisant entrer dans un anneau de cuivre fort étroit P N L, attaché à la platine de la machine pneumatique, par le moyen d'une vis placée en K. On recouvre le tout d'un récipient F G H I, & on fait le vuide. Lorsqu'on a retiré l'air du récipient, autant que faire se peut, on tire de bas en haut la tige C E, par le moyen de la poignée X ; le cylindre A B suit le mouvement de la tige, & les trois bâtons sortent alors de l'anneau P N L : ils développent leur ressort en s'étendant jusqu'en A T B M, & occupent alors le même espace qu'ils occupoient avant qu'on fît le vuide, & qu'on les plaçât dans l'anneau de cuivre P N L.

§. DCCLXVII. D'autres Philosophes recherchant la cause de l'élasticité, ont imaginé que les pores des corps A, B, C [*Tab.* 19. *fig.* 10.], qui étoient dans leur situation naturelle, étoient cylindriques ; mais que lorsque ces corps étoient courbés, a, b, c, leurs pores devenoient coniques, & qu'ils étoient plus grands à l'extérieur k, m, & plus petits vers l'intérieur d, e. Cela posé, ils ont imaginé qu'il y a un air subtil qui, se trouvant continuellement en mouvement, s'insinue dans le côté le plus large k, m, en plus grande quantité qu'il n'en peut sortir par les côtés les plus étroits d, e ; de sorte que cette matiere subtile doit aller se précipiter contre le côté a d, & le presser vers f ; que les deux côtés de la partie b sont pressés de l vers g, & de i vers g ; ils prétendent aussi que c est pressé vers h, & que par-là les extrêmités les plus étroites des pores, devenant plus larges proche d & e, les parties a, b, c sont obligées de reprendre leur premiere situation A, B, C, dans laquelle elles étoient auparavant.

Toute ingénieuse que soit cette hypothese, voici néanmoins ce que nous observons.

1°. C'est une pure supposition que d'avancer qu'il y ait un air subtil qui remplisse tous les espaces.

2°. En admettant même l'existence de cet air, & qu'il fût agité d'un mouvement continuel, il ne pourroit couler que selon une même direction; ainsi qu'on l'observe dans tous les fluides qui ont un cours, ou un écoulement marqué. Supposons donc pour un moment que son écoulement soit tellement dirigé, que A, B, C, venant à prendre l'inflexion a, b, c, ce fluide puisse s'insinuer par la partie la plus large des pores de ce corps; dans ce cas la restitution aura lieu: mais si immédiatement après le même corps vient à être fléchi en sens contraire, la matiere subtile aura t-elle connoissance de ce changement, & changera-t-elle pour cela la direction de son flux? Car si son écoulement suit la même direction que précédemment, elle pénétrera les interstices du corps par leur côté le plus étroit; & la restitution de ce corps en son premier état ne pourra point avoir lieu.

3°. Supposons maintenant deux corps dans le voisinage l'un de l'autre, mais courbés en sens contraire; l'un selon la direction a, b, c, & l'autre selon celle de K L M: n'est il pas manifeste que ces deux corps ne pourront point se rétablir dans leur premier état, & reprendre leur premiere figure, par l'action du fluide qui couleroit à travers ces deux corps, & suivroit la même direction. Pareillement si vous prenez plusieurs lames élastiques, & que vous les courbiez de façon que vous leur fassiez prendre la figure d'une sphere; il est de toute impossibilité que toutes ces lames, abandonnées à elles-mêmes, puissent toutes reprendre dans le même moment, & de la même maniere, leur premiere rectitude, en vertu de l'action d'un fluide qui les pénétreroit toutes dans le même sens: néanmoins l'expérience dépose le contraire; car si-tôt qu'on abandonne à elles-mêmes de pareilles lames, elles se rétablissent aussi-tôt dans leur premiere situation. On ne peut point non plus, dans cette occasion, avoir recours à un fluide subtil, qui agiroit & auroit son écoulement en toutes sortes de sens, ainsi que les écoulemens de la matiere électrique; puisqu'il ne seroit pas possible qu'un corps, que nous nommons élastique, pût reprendre sa premiere figure, par l'impulsion d'un fluide qui agiroit en même tems en deux sens contraires, à moins qu'on ne suppose que ce fluide n'agisse dans le même tems, selon toutes les directions imaginables: ce qui paroît au-delà de toute vraisemblance.

§. DCCLXVIII. Ces difficultés, bien pesées & bien réfléchies par d'habiles Physiciens, leur ont fait modifier la premiere hypothese, & les ont obligé de supposer que la matiere subtile étoit elle-même douée d'une forte élasticité, en vertu de laquelle elle repoussoit de toutes ses forces les parties solides des corps qu'elle pénétroit, & leur communiquoit, par ce moyen, l'élasticité dont ils jouissent: or, dans ce sentiment, on entasse, comme il paroît manifestement, hypothese sur hypothese; savoir, 1°. qu'il existe une matiere subtile; 2°. que cette matiere est élastique: ce qui rend le sentiment de ces Physiciens tout-à-fait chimérique.

2°. Néanmoins admettons pour un moment l'existence de cette matiere subtile, & supposons, avec ses partisans, qu'elle soit élastique, les parties

de

de cette matiere font donc fufceptibles d'éprouver une compreffion, & de perdre la figure qui leur eft propre, & enfuite de fe rétablir dans leur premier état : or n'eft-il pas naturel de demander ici, en vertu de quelle caufe cet effet peut avoir lieu ? Aura-t-on recours à une autre matiere plus fubtile, & en même-tems élaftique ? Mais quelle fera encore la caufe de l'élafticité de ce nouveau fluide ? De forte qu'en continuant ainfi fucceffivement notre même raifonnement, nous n'en ferions pas plus avancé dans notre recherche.

§. DCCLXIX. D'autres Phyficiens ont regardé la matiere du feu comme la caufe de l'élafticité ; parcequ'il eft vraifemblable que le feu eft élaftique : mais ce fentiment n'eft pas mieux fondé que les autres ; car on remarque conftamment que les corps font d'autant moins élaftiques, qu'ils contiennent une plus grande quantité de feu ; ce qui paroît manifeftement dans les métaux, le verre, &c, qui fe ramolliffent & tombent en fufion, lorfqu'ils font expofés à l'action du feu qui les pénetre. Nous ne nions cependant pas que le feu n'augmente l'élafticité de l'air ; mais on ne doit pas le regarder comme la caufe univerfelle de l'élafticité.

Il paroît probable que l'Auteur de la Nature a fouftrait jufqu'à préfent à nos recherches la véritable caufe de l'élafticité ; parceque les Philofophes n'ont pas encore affez férieufement examiné la conformation, les propriétés & les effets des corps élaftiques, & qu'ils n'ont pas encore affez réfléchi fur toutes les caufes que la Nature emploie dans fes différentes opérations : il eft donc plus prudent de fufpendre fon jugement jufqu'à ce que la Phyfique ait fait un plus grand nombre de découvertes, & que les obfervations & l'expérience nous aient mis à portée de juger prudemment fur cette matiere : fans cela nous donnerons toujours dans l'erreur, & nous furchargerions la Phyfique de pures hypothefes, dépourvues de vraifemblance. L'idée de ceux qui, d'après le célebre *s'Gravefande*, fe font fpécialement attachés à découvrir les différens degrés d'élafticité des corps, & à examiner les loix de l'élafticité, me paroît bien plus raifonnable ; car ces découvertes font bien plus avantageufes à la fociété, que ne feroit la connoiffance de la caufe de tous ces effets.

CHAPITRE XVII.

De la Percuffion.

§. DCCLXX. Nous nommons *percuffion* l'action d'un corps qui, étant mis en mouvement, & rencontrant en son chemin un autre corps, déploie contre lui, par son contact, la force dont il jouit.

§. DCCLXXI. La percuffion a lieu, 1ᵛ. lorsqu'un corps en mouvement heurte contre un corps qui est en repos. 2º. Lorsque deux corps, parcourant un même chemin, celui qui vient derriere, étant mu avec plus de vîtesse que celui qui le précede, tombe sur ce dernier, & le choque. 3º. Elle a encore lieu lorsque deux corps, mus en sens contraire, se rencontrent en un point commun, où ils se choquent. Ces trois cas ont lieu, 1º. entre des corps durs ; 2º. entre des corps mous : 3º. enfin entre des corps élaftiques. Les célebres Mathématiciens, *Chriftophore*, *Wrenn*, *Jean Wallis*, *Hughens*, furent les premiers qui examinerent dans le siecle dernier les loix de la percuffion ; & qui, les ayant découvertes, en firent part au public, à-peu-près dans le même tems. Plusieurs Phyficiens s'affocierent ensuite aux travaux de ces grands hommes, & travaillerent de différentes manieres sur cette doctrine : mais celui de tous qui se diftingua le plus en cela, fut l'incomparable *s'Gravefande*, qui traita cette matiere à fond.

§. DCCLXXII. On appelle *vitesse refpective*, celle avec laquelle deux corps s'approchent ou s'éloignent l'un de l'autre. Si par conféquent un corps, étant en repos, un autre corps en mouvement s'approche du premier, la vîtesse refpective sera la même que la vîtesse abfolue. Si deux corps sont portés dans le même chemin, & vers un même but, la vîtesse refpective sera égale à la différence des vîtesses qui animent ces deux corps, soit qu'ils s'approchent, soit qu'ils s'éloignent l'un de l'autre ; par exemple, si un des deux corps est mu avec une vîtesse $= 5$ degrés, & que l'autre suive le premier avec une vîtesse $= 8$, la vîtesse refpective $= 3$. Si deux corps se meuvent selon des directions oppofées, la vîtesse refpective sera égale à la fomme des vîtesses abfolues de ces deux corps.

§. DCCLXXIII. Si un des deux corps est en repos, & que l'autre soit en mouvement, le lieu du contact de ces deux corps sera celui où se trouve placé le corps en repos ; & le tems que le corps en mouvement emploiera à choquer le corps en repos, sera égal à l'efpace qui est interpofé entre ces deux corps, divifé par la vîtesse de celui qui est en mouvement.

§. DCCLXXIV. Si deux corps se meuvent en sens contraire, ils pourront alors se mouvoir, ou avec des vîtesses égales, ou avec des vîtesses inégales : s'ils se meuvent avec des vîtesses égales, le tems qu'ils emploieront pour se choquer, sera égal à la moitié de l'efpace qu'ils parcourront, divifé par leur vîtesse commune : & le point du contact divifera cet efpace en deux parties égales.

§ DCCLXXV. Mais si ces deux corps se meuvent en sens contraire, & avec des vîtesses inégales ; alors la longueur de l'efpace qu'ils auront à parcourir, fera au tems qu'ils emploieront à le parcourir, comme la fomme de leur vîtelle eft au tems qu'ils auront déja employé à fe mouvoir.

Suppofons que la vîteffe d'un de ces deux mobiles $= a$, que la vîteffe de l'autre $= b$, & que les tems employés pour fe mouvoir avec de telles vîteffes $= t$; les efpaces parcourus par ces corps feront entr'eux comme les vîteffes, ou comme $a + b$. Suppofons enfin que l'efpace qu'ils doivent parcourir, pour fe choquer, $= s$, on aura $a + b : t :: s : \frac{t\,s}{a+b}$; le tems qu'ils emploieront donc pour fe choquer, fera égal à $\frac{t\,s}{a+b}$.

§. DCCLXXVI. On déterminera le point de leur contact par la proportion fuivante. Le tems qu'un de ces deux mobiles a employé à fe mouvoir, eft à la vîteffe de ce mobile, comme le tems requis pour le contact, & que nous venons de déterminer par la propofition précédente, eft au point du concours que nous cherchons; c'eft-à-dire, $t : a :: \frac{t\,s}{a+b} : \frac{a\,t\,s}{a\,t+t\,b}$, qui eft l'efpace parcouru par le mobile a, dans le tems $\frac{t\,s}{a+b}$; & $t : b :: \frac{t\,s}{a+b} : \frac{b\,t\,s}{a\,t+b\,t}$; or $\frac{a\,t\,s+b\,t\,s}{a\,t+b\,t} = s$ ou tout l'efpace à parcourir.

§. DCCLXXVII. Si les deux corps fe meuvent avec la même direction ; mais que l'un des deux, favoir, celui qui fuit, fe meuve plus vîte que celui qui le précede, & que l'efpace qui les fépare $= s$, & que la vîteffe foit $= a$ pour l'un, & $= b$ pour l'autre; on aura alors la différence qui eft entre la vîteffe de ces deux mobiles, eft au tems pendant lequel ils fe font mus avec les vîteffes dont ils jouiffent, comme l'efpace qu'ils ont à parcourir eft au tems qu'ils doivent employer pour fe choquer, ou $b - a : t :: s : \frac{t\,s}{b-a}$; & on trouvera le point de leur contact, fi on établit cette derniere proportion, $t : b :: \frac{t\,s}{b-a} : \frac{b\,t\,s}{b\,t-a\,t} = \frac{b\,s}{b-a}$.

§. DCCLXXVIII. Le *choc direct* arrive lorfque la ligne de direction paffe par le centre de gravité des deux corps, & qu'elle eft perpendiculaire fur les furfaces qui fe touchent mutuellement dans le choc.

§. DCCLXXIX. Nous donnons à tous les autres chocs le nom de *chocs obliques*. Nous traiterons d'abord du choc direct, & nous parlerons enfuite des chocs obliques.

§. DCCLXXX. Comme nous ne reconnoiffons pour corps parfaitement durs que les élémens des corps qui ne peuvent point être foumis à l'expérience, eu égard à leur extrême ténuité qui les dérobe à nos fens ; nous ne pouvons établir que géométriquement les loix de leurs chocs, & quoique nous ne puiffions point confirmer, par expérience, la théorie que nous allons donner, nous ne pouvons point omettre de traiter cette matiere ; parcequ'elle eft le fondement de celle qui concerne le choc des autres corps, & qu'elle eft indifpenfablement néceffaire pour faifir, comme il convient, la théorie des chocs entre les corps de toute autre espece , ainsi qu'on le remarquera très bien par la suite.

§. DCCLXXXI. Lorsqu'un corps dur choque un autre corps dur, la figure de ces deux corps ne souffre aucune altération ; par conséquent il ne se consomme aucune force qui tende à changer , par le choc, la figure du corps choquant , & du corps choqué : mais toute la force qui agit dans cette rencontre est employée à pousser & à mouvoir le corps choqué. La somme des forces se distribue dans les deux corps, de maniere que la vîtesse soit égale dans l'un & dans l'autre corps; ce qui s'exécute précisément dans le tems du choc : & si les corps se meuvent selon des directions opposées, les forces égales se détruisent mutuellement.

§. DCCLXXXII. Soient deux corps A & B, qui se meuvent tous les deux selon la même direction ; supposons que la vîtesse du corps A , qui est plus grande que celle du corps B, $= a$, & que la vîtesse du corps $B = b$: en vertu de l'excès de vîtesse de A sur B, le corps A atteindra le corps B dans un point, & le choquera. Après ce choc la vîtesse de A sera plus petite qu'elle étoit avant le choc , & celle de B sera devenue plus grande ; puisque ces deux mobiles , après le choc, se mouveront avec la même vîtesse. Nommons cette vîtesse commune x, on aura $x < a$, & $> b$; par conséquent le corps A, qui se mouvoit avant le choc avec une vîtesse $= a$, & parcouroit un espace $= a$ dans un tems donné, ne parcourra plus, après le choc, qu'un espace $= x$; & le corps B, qui , après le choc, jouit d'une vîtesse $= x$, parcourra aussi un espace $= x$: la vîtesse respective de ces deux corps sera donc $= a - b$.

Concevons maintenant que le corps A est placé sur un plan non matériel, lequel , étant porté en arriere , se meuve avec une vîtesse $= a - x$; & que le corps B soit placé sur un autre plan, qui se meuve avec une vîtesse $= x - b$: la vîtesse respective sera encore , dans cette hypothese, $= a - b$, telle qu'elle étoit dans les deux mobiles dont nous venons de parler. Or , soit que les corps A & B se meuvent avec des vîtesses propres sur des plans immobiles , soit que ces deux corps soient placés sur des plans qui transportent ces corps, & qui se meuvent avec les mêmes vîtesses dont ces corps jouissoient , les efforts du choc seront toujours les mêmes ; par conséquent les forces du corps A, qui est transporté avec le plan qu'il parcourt, sont $= A \times \overline{a - x}^q$, & celles du corps B, qui se meut conjointement avec le plan qui le porte, sont $= B \times \overline{x - b}^q$.

Par conséquent la somme des forces de ces deux corps est $= A a a - 2 A a x + A x x + B x x - 2 B b x + B b b$. Les corps qui se choquent doivent agir l'un contre l'autre avec la plus petite action possible ; c'est-à-dire , avec un *minimum* de force. Soit donc retranchée de la quantité précédente une quantité infiniment petite , ou la *différencialle* , & on aura $- 2 A a d x + 2 A x d x + 2 B x d x - 2 B b d x = 0$; & en transposant, on aura $2 A x d x + 2 B x d x = 2 A a d x + 2 B b d x$: & en divisant par $2 d x$ tous les termes, on aura $A x + B x = A a + B b$; enfin en divisant par $A + B$, on aura $x =$

$$\frac{A a + B b}{A + B}.$$

§. DCCLXXXIII. Si les corps se meuvent selon des directions contraires, A avec une vîtesse $= a$, & B avec une vîtesse $= b$, & que la vîtesse
commune, après le choc, $= x$; on aura A, placé sur un plan qui se meut
avec une vîtesse $= a - x$; & B, placé sur autre plan qui se meut avec une
vîtesse $= b + x$. La vîtesse respective de ces deux corps, sur un plan immobile, sera $= a + b$; & sur des plans mobiles, elle sera encore $= a + b$, &
conséquemment la même : la somme des forces de ces deux corps sera donc
$= Aaa - 2Aax + Axx + Bbb + 2Bbx + Bxx$. En prenant la *différencielle*, qui sera réputée 0, on aura $- 2Aadx + 2Axdx + 2Bbdx +
2Bxdx = 0$; en transposant, on aura $2Axdx + 2Bxdx = 2Aadx -
2Bbdx$: & en divisant par $2dx$, on aura $Ax + Bx = Aa - Bb$; par
conséquent, en divisant par $A + b$, on aura $x = \dfrac{Aa - Bb}{A + B}$. Par conséquent

si $a = b$, on aura $\dfrac{Aa - Bb}{A + B} = 0$.

Les deux corps, dans cette hypothese, demeureront donc en repos après
le choc, toutes leurs forces étant détruites; d'où il suit nécessairement qu'il
y a des forces qui se perdent dans la Nature, ou qui ne produisent aucun
mouvement.

§. DCCLXXXIV. Si le corps A est en mouvement, & que le corps B

soit en repos, on aura $b = 0$; & par conséquent $x = \dfrac{Aa}{A + B}$: puisque les for-

ces du corps $A = A \times \overline{a - x}q$, & que celles du corps $B = Bxx$.

Supposant que le plan sur lequel le corps A est placé, se meuve avec une
vîtesse $= \frac{1}{2}a$, & que B se meuve en sens contraire, avec une vîtesse $= \frac{1}{2}a$;
la vîtesse relative de ces deux corps $= a$. En prenant la différencielle de ces
deux sommes, on aura $- 2Aadx + 2Axdx + 2Bxdx = 0$; & en divisant par $2dx$, on aura $- Aa + Ax + Bx = 0$, ou $Ax + Bx = Aa$: en

divisant par $A + B$, on aura $x = \dfrac{Aa}{A + B}$. Dans cette hypothese les forces ne

se détruisent pas mutuellement; puisque A qui $= B$, se meut avec une vîtesse

$= 1$, & que $A = 1$, on aura $\dfrac{Aa}{A + B} = \dfrac{1 \times 1}{1 + B} = \frac{1}{2}$; par conséquent la vî-

tesse commune $= \frac{1}{2}$: mais la vîtesse du mobile A, placé sur le plan, étoit
dans la supposition précédente $= \frac{1}{2}$; celle du corps B, également placé sur
un plan, étoit $= \frac{1}{2}$: d'où il suit que les forces du mobile A sont encore les
mêmes, après le choc, qu'elles l'étoient avant; savoir, pour $A = A \times \frac{1}{2}q$,
& pour $B = B \times \frac{1}{2}q$.

§. DCCLXXXV. Si un corps en mouvement rencontre en son chemin un
obstacle immobile, ou d'une grandeur infinie, qui soit en repos, & par

conséquent qu'on ait $B = \infty$; puisque $x = \dfrac{Aa}{A + B}$, le quotient sera $= \dfrac{1}{\infty} =$

0 : & la vîtesse qui restera après le choc, sera infiniment petite, ou nulle.

M. *de Maupertuis* a détaillé plus amplement cette théorie (1).

§. DCCLXXXVI. Si deux corps mous se choquent, il doit arriver deux effets de ce choc. 1°. La figure de ces deux corps sera altérée ; parceque les parties qui se choqueront rentreront en dedans, ou se sépareront de la masse totale. 2°. Ces deux corps se mouveront, après le choc, avec un mouvement commun.

Si un corps dur rencontre un corps mou, & qu'il le choque, la figure du corps mou sera altérée, les parties de ce corps qui auront été en contact, étant repoussées en dedans, & ils se mouveront l'un & l'autre, après le choc, avec une vîtesse commune : néanmoins les parties du corps mou ne peuvent être repoussées en-dedans ; à moins que la force avec laquelle elles adherent entr'elles, ne puisse être surmontée ; mais cette force, avec laquelle ces parties adherent entr'elles, oppose une résistance réelle : par conséquent elle détruit une partie de la force du corps choquant (§. 311). D'où il suit que chaque fois qu'un corps dur choque un corps mou, le corps choquant perd une partie de sa force ; savoir, celle qu'il emploie à changer la figure du corps choqué.

Les corps mous qu'on emploie pour vérifier, par expérience, la théorie que nous allons avancer ; sont faits de terre grasse ; de celle dont on se sert pour faire des pots : celle qui seroit plus dure ne vaudroit rien pour ces sortes d'expériences ; parceque ses parties auroient quelques degrés d'élasticité. Celle qu'on emploie pour former des pipes ne vaut rien pareillement ; elle est un peu élastique : ce qui peut venir de ce que ses parties sont extrèmement fines.

Nous donnons aux corps durs, dont nous nous servons, la forme d'un cône, & nous le laissons tomber sur un autre corps, qui est rempli de terre grasse, & qu'on peut rendre plus ou moins pesant à volonté. *s'Gravesande* a décrit la figure de ces corps (2).

§. DCCLXXXVII. Si le corps A tombe & vient choquer le corps mou B, qui lui est égal en masse, & qui est en repos ; après le choc, ces deux corps A & B se mouveront ensemble, avec une vîtesse sous-double de celle dont jouissoit le corps choquant : d'où il suit que, dans ce cas, la moitié de la force imprimée au mobile A, se consomme pour altérer la figure du corps choqué. Par exemple, en conservant la même hypothese, si le corps A, muni de 10 degrés de vîtesse, choque le corps B, le corps choquant jouit, avant le choc, de 100 degrés de force : or comme, après le choc, ces deux corps se meuvent avec 5 degrés de vîtesse, la force de chacun de ces corps = 25 ; & la somme de leurs forces = 50, moitié des 100 degrés de force qui existoient avant le choc. Il périt donc, dans cette hypothese, 50 degrés de force, qui sont employés à changer la figure du corps choqué ; lequel changement consiste en une cavité conique, que le corps choquant se creuse dans la masse du corps qu'il choque.

Par conséquent, dans l'hypothese présente, le corps A agit de maniere contre le corps B, que la vîtesse de chacun de ces corps, après le choc, n'est que la moitié de celle dont jouissoit, avant le choc, le corps A ; par-

---

(1) Hist. de l'Acad. de Berlin, ann. 1746. (2) Elem. Phys.

eeque ce mobile doit mouvoir , avec le moins de force qu'il lui eſt poſſible ,
le corps B. Si donc la vîteſſe du corps choquant = a , & qu'après le choc
elle devienne = x , on aura , ſuivant ce que nous avons déja démontré

$$(\S.\ 784), x = \frac{A\,a}{A + B} = \frac{A \times 10}{A + B} = 5.$$

§. DCCLXXXVIII. Chaque fois que la vîteſſe reſpective de deux corps
A & B , égaux en maſſe , & qui ſe choquent , eſt la même ; l'altération
de figure eſt la même , ainſi que la force détruite par le choc : en effet ſi ces
deux corps ſe choquent réciproquement , ſelon une direction oppoſée , &
que A ſoit porté avec une vîteſſe = 5 degrés , & que B ſoit porté vers A avec
une même vîteſſe , la vîteſſe reſpective de ces deux mobiles = 10 degrés
(§. 737) Après le choc, ces deux corps reſteront en repos, & ils perdront
l'un & l'autre 25 degrés de force, qui ſeront employés à l'altération de la
figure ; changement qui ſera parfaitement égal à celui dont nous venons de
parler. Cela doit néceſſairement arriver ainſi ; parceque les corps agiſſent
les uns contre les autres avec la plus petite action poſſible ; par conſéquent ſi
la vîteſſe de A = a , & que celle de B = b , & qu'après le choc la vîteſſe

reſtante = x , on aura $x = \frac{A\,a - B\,b}{A + B} = 0$; parceque A a = B b.

§. DCCLXXXIX. Si A s'avance avec 6 degrés de vîteſſe , & que B ſoit
porté contre lui avec 4 degrés de vîteſſe , la vîteſſe reſpective ſera encore
= 10 degrés ; & après le choc , le changement de figure ſera le même que
précédemment. Si le mobile A eſt porté avec 8 degrés de vîteſſe , & B avec
une vîteſſe = 2 , le changement de figure ſera encore le même ; puiſque la
vîteſſe reſpective de ces deux corps eſt encore = 10.

§. DCCXC. La même choſe arrive encore, lorſque le corps A ſe meut ſelon la même direction , mais avec plus de vîteſſe que le corps B , qui avance
devant lui plus lentement ; car ſuppoſons que A ſoit mû avec 15 degrés de
vîteſſe , & que B , qui le précede , ſoit mû avec 5 degrés de vîteſſe : dans
cette hypotheſe, la vîteſſe reſpective de ces deux corps eſt encore = 10 degrés ; & l'expérience démontre que , dans le choc , le changement de figure
eſt encore le même. Dans cette hypotheſe , l'action entre ces deux corps
doit encore être autant petite qu'elle puiſſe être ; par conſéquent la vîteſſe

reſtante après le choc $= x = \frac{A\,a + B\,b}{A + B}$, ou $\frac{1 \times 15 + 1 \times 5}{1 + 1} = 10.$

En effet, dans le cas préſent , il y a encore 50 degrés de force conſom-
més pour l'altération de la figure ; car les forces du corps A = 1 × 15 × 15
= 225 : celles de B = 1 × 5 × 5 = 25. La ſomme totale = 250 , de laquelle , ſi on retranche 50, le reſte ſera = 200 , ſavoir , 100 degrés pour
chacun des deux corps, dont la vîteſſe commune = 10.

§. DCCXCI. On voit manifeſtement , par ce que nous venons de démontrer , que la force qui ſe trouve dans deux corps égaux , qui ſe choquent réciproquement avec une égale vîteſſe , doit ſe perdre par le changement de
figure. Ainſi toutes les fois que deux corps , égaux en maſſe , auront la même vîteſſe reſpective , comme dans le cas précédent , & qu'ils ſeront portés

l'un vers l'autre, on pourra toujours favoir combien il fe perd de force dans le choc, quelles que foient les forces avec lefquelles les corps puiffent fe mouvoir après le choc, & de quelque maniere que fe faffe ce mouvement. fuppofons que A fe meuve avec une vîteffe = 7, & B avec une vîteffe = 5 ; la vîteffe refpective de ces deux corps = 12, dont la moitié = 6. Par conféquent fi les deux mobiles A & B fe fuffent mûs, felon des directions oppofées, avec des vîteffes = 6, la force de chacun de ces deux corps, qui = 36, eût été confommée dans le choc, par le changement de figure, & la perte totale eût été = 72 : mais dans l'hypothefe que l'un de ces corps fe meut avec 7 degrés de vîteffe, & l'autre avec 5, les forces font = 49 + 25 = 74.

§. DCCXCII. Nous avons déterminé jufqu'à préfent la vîteffe commune qui refte après le choc, dans chaque corps, en trouvant la valeur de x égale à une quantité connue ; mais on peut encore parvenir au même but par le moyen fuivant.

Retranchez de la fomme des forces, avant la percuffion, celle qui périt par le choc, & divifez le refte par la fomme des maffes ; retirez après cela la racine quarrée du quotient, & cette racine fera la vîteffe commune que vous cherchez. Quant à la direction, il faut, pour la trouver, faire attention à celle du mobile, qui fe meut avec une plus grande vîteffe avant le choc.

En effet, le mobile A, tombant fur le corps B, en repos, & l'atteignant par dix degrés de vîteffe ; les forces perdues par ce choc étant égales à 50, les forces reftantes = 50 ; lequel nombre, divifé par 2, fomme des maffes, donne 25 au quotient dont la racine qurrée = 5, qui exprime ainfi qu'on l'a démontré ci-deffus, la vîteffe commune.

Suppofons que A, muni de 8 degrés de vîteffe, vienne à la rencontre de B, qui lui-même étant mû en fens contraire, s'avance vers A avec deux degrés de vîteffe ; dans cette hypothefe la vîteffe refpective de ces deux corps = 10, la force du mobile A = 64, & celle de B = 4. Par conféquent la fomme totale des forces = 68 : or la force qui fe perd dans le choc = 50 ; laquelle, étant retranchée de 68 = 18. Si on divife donc 18 par 2, fomme des deux maffes, le quotient fera = 9, dont la racine quarrée = 3 ; qui exprimera la vîteffe commune des deux corps, après le choc, qui fe mouveront felon la direction du corps A, qui fe mouvoit plus vîte que B avant le choc.

Suppofons maintenant que le corps A, muni de 20 degrés de vîteffe, fuive, felon la même direction, le corps B, qui s'avance avec 10 degrés de vîteffe ; la vîteffe refpective de ces deux corps fera = 10 degrés ; les forces du corps A feront = 400, & celles du corps B = 100 : par conféquent la fomme totale des forces fera = 500. Les forces qui fe perdront dans le choc feront = 50 ; lefquelles, étant fouftraites de la totalité des forces, donneront pour refte 450. Si on divife donc ce dernier nombre par 2, on aura pour quotient 225, dont la racine quarrée fera = 15, qui indiquera la vîteffe commune des deux corps après le choc.

§. DCCXCIII. On pourra encore connoître la force qui périra dans le choc, lorfque les deux corps qui fe choqueront auront des maffes inégales, en multipliant les deux maffes l'une par l'autre, en multipliant enfuite le
premier

premier produit par le quarré de la vîtesse respective, & en divisant enfin ce dernier produit par la somme des deux masses. Cette regle est établie sur l'expérience suivante.

Chaque fois que deux corps inégaux en masse se meuvent en sens contraire, & se choquent avec des vîtesses qui sont en raison réciproque de leur masse, ces deux corps demeurent en repos après le choc, ayant consommé leurs forces par le changement de leur figure. Soient donc deux corps A & B ; que le premier de ces deux corps se meuve avec une vîtesse $= a$, & le second avec une vîtesse $= b$: toute la force de ces deux corps se consommera dans le choc, si on a la proportion suivante, $A : B :: b : a$. En effet comme ces deux corps se choquent par des directions contraires, leurs vîtesses respectives $= a + b$. Or supposons que $a + b = d$; en considérant la proportion que nous venons d'indiquer, on aura, par composition, $A + B : B :: d : a$. Donc $a = \dfrac{B\,d}{A + B}$, on aura aussi $A + B : A :: d : b$; donc $b = \dfrac{A\,d}{A + B}$. La somme des forces de chaque corps sera donc $A\,a\,a + B\,b\,b$. Maintenant substituons à la place de $a\,a$ une quantité connue qui lui soit égale ; savoir, $\dfrac{B\,B\,d\,d}{A + B^q}$; & à la place de $b\,b$, substituons $\dfrac{A\,A\,d\,d}{A + B^q}$; ces quantités, multipliées par les masses, donneront $A\,a\,a + B\,b\,b = \dfrac{A\,B\,B\,d\,d + A\,A\,B\,d\,d}{A + B^q}$. La division étant faite par $A + B$, on aura $\dfrac{A\,B\,d\,d}{A + B}$; & comme nous avons supposé que les vîtesses étoient en raison inverse des masses, ces forces seront consommées pour l'altération de la figure.

§. DCCXCIV. On connoîtra la vîtesse commune après le choc, si, ayant retiré les forces détruites par le choc, de la somme des forces qui existoient avant la percussion, on divise le reste par la somme des masses, & qu'on retire la racine quarrée du quotient : cette racine sera le nombre qu'on cherche, & elle indiquera la vîtesse commune.

Si la vîtesse de A est à celle de B, en raison réciproque de leurs masses ; ces deux corps, après le choc, resteront en repos, toutes leurs forces étant consommées par le changement de figure. En effet, supposons que la vîtesse de $A = 1$, & que celle de $B = 2$; que la masse de $A = 2$, & que celle de $B = 1$, la somme des forces sera $= 6$: la perte des forces, dans le choc, sera aussi $= 6$; parceque $\dfrac{A\,B\,d\,d}{A + B} = \dfrac{2 \times 1 \times 3 \times 3}{3} = 6$.

§. DCCXCV. On pourroit demander ici pourquoi deux corps, qui se meuvent avec des vîtesses qui sont en raison réciproque de leurs masses, restent en repos après le choc ?

1°. Si on fait attention à la proposition 300, on y apprendra que des corps qui se meuvent avec des vîtesses qui sont en raison réciproque de leurs masses, se meuvent avec des forces égales. Ainsi si $A : B :: b : a$, les vîtesses seront a & b ; & on aura $A\,a = B\,b$: & les forces seront comme $B : A$.

2°. Suppofons que le corps A fe meuve avec une vîteffe $= a$, & qu'il parcoure un efpace $= a$; tandis que le corps B fe meut avec une vîteffe $= b$, & qu'il parcourt un efpace $= b$. Suppofons auffi que leur vîteffe commune, après le choc, $= x$; que ces deux corps foient placés fur un plan, qui fe meuve felon la direction de B, avec une vîteffe $= x$: dans ce cas, le corps A eft porté avec une vîteffe $= a - x$, & B fe meut avec une vîteffe $= b + x$; par conféquent ces deux corps, fe mouvant en fens contraire, la fomme de leurs forces & de leurs actions fera $= Aaa - 2Aax + Bbb + 2Bbx + Bxx$. Pour ne prendre de cette fomme que la plus petite quantité poffible, qui eft celle qui exprime l'action de ces deux corps l'un contre l'autre, fuppofons que la différencielle foit $- 2Aadx + 2Axdx + 2Bbdx + 2Bxdx = 0$; & ayant divifé par $2dx$, on aura $- Aa + Ax + Bb + Bx = 0$: en tranfpofant, on aura $Ax + Bx = Aa - Bb$; & en divifant par $A + B$, on aura $x = \dfrac{Aa - Bb}{A + B}$.

Mais $\dfrac{Aa - Bb}{A + B} = 0$; car nous avons vu ci deffus, qu'en prenant la proportion $A : B :: b : a$, on a $Aa = Bb$: Donc $Aa - Bb = 0$. On aura donc $\dfrac{Aa - Bb}{A + B} = \dfrac{0}{A + B} = 0$; & par conféquent x, vîteffe commune après le choc $= 0$. Suppofons que le corps A, dont la maffe $= 2$, fe meuve avec une vîteffe $= 8$, & que le corps B, dont la maffe $= 1$, fe meuve avec une vîteffe $= 4$; la perte des forces, dans cette hypothefe, fera $= \dfrac{ABdd}{A + B} = \dfrac{288}{3} = 96$. Les forces du corps A feront $= 64 \times 2 = 128$, & celles du corps B $= 16 \times 1 = 16$; & la fomme totale de ces forces fera $= 144$: or fi de cette fomme totale on retranche 96, qui défignent les forces perdues dans le choc, les forces reftantes ne feront plus que 48; lefquelles, étant divifées par 3, fomme des deux maffes, donneront 16 pour quotient, dont la racine quarrée $= 4$: par conféquent la vîteffe commune des deux corps, dans cette hypothefe, fera $= 4$, & les deux corps fe mouveront felon la direction du corps A.

Mais fi nous nous fervons de la formule $\dfrac{Aa - Bb}{A + B}$, nous trouverons la vîteffe commune par un calcul très fimple & très prompt. En effet, dans l'exemple propofé, on a, $Aa = 16$, & $Bb = 4$; par conféquent $Aa - Bb = 16 - 4 = 12$, & $\dfrac{Aa - Bb}{A + B} = \dfrac{12}{3} = 4$.

Ceux qui feront curieux de connoître tout ce qui concerne le choc des corps mous, l'altération de leur figure, & les tems employés à former les excavations qui fe font dans le choc, pourront confulter *s'Gravefande* (1), qui a traité cette matiere très au long, & qui a ajoûté quantité de chofes curieufes à la théorie qu'on a coutume de donner fur cette matiere.

§. DCCXCVI. Soit une bille élaftique D E B F [*Tab.* 19. *fig.* 11.], la-

(1) Elem. Phyf.

quelle, étant lancée avec force, rencontre un obstacle dur & immobile ; la résistance que cette bille éprouve dans le choc, fait que plusieurs de ses parties rentrent en-dedans, & s'approchent du centre de cette bille : sa figure ronde devient donc ovale I K B C ; mais quoique les parties qui sont portées en-dedans par le choc, cedent à la force qui les presse, elles résistent néanmoins, & elles résistent d'autant plus, qu'il y a un plus grand nombre de parties qui sont obligées de céder à cette action : cette résistance détruit la force avec laquelle cette bille se mouvoit ; cette force, étant détruite, l'élasticité de cette bille, qui se manifestoit continuellement, fait effort pour lui rendre sa premiere figure, & elle pousse au-dehors les parties qui étoient rentrées en dedans avec une force égale à celle qui les avoit fait rentrer. Or si l'élasticité de cette bille est parfaite, les parties de la bille seront portées dans la premiere situation qu'elles occupoient auparavant ; mais ces parties, en se rétablissant dans leur premiere situation, étant portées en sens contraire, agissent contre l'obstacle B, & excitent dans la bille, pour se mouvoir en remontant, une vîtesse égale à celle avec laquelle elle s'étoit approchée de l'obstacle ; de sorte que lorsqu'un corps est parfaitement élastique, son ressort lui rend, en sens contraire, des forces égales à celles qu'il perd lorsqu'il choque un obstacle insurmontable. Mais si l'obstacle B est une masse mobile & élastique, la figure du corps choquant, ainsi que celle du corps choqué, sera changée, & l'obstacle sera mis en mouvement selon la direction du corps choquant : mais si la bille ne rencontre point d'obstacle, &, qu'étant parfaitement libre, elle soit choquée en-dessus au point D, elle deviendra ovale, non seulement supérieurement, mais encore inférieurement, & ses parties, tant supérieures qu'inférieures, s'approcheront du centre G : d'où il suit que, dans la percussion des corps élastiques, aussibien que dans celle des corps mous, on remarque deux effets, l'un qui concerne la grandeur de l'altération de la figure, & l'autre le mouvement commun du corps choquant & celui du corps choqué. Quant au premier de ces deux effets, il n'est point possible de le rendre sensible par l'expérience ; ce qui fait que nous sommes obligés d'abandonner cette partie, & de donner toute notre attention à l'autre, qui concerne le mouvement commun des masses après le choc. Il ne faut pas s'attendre non plus que les résultats des expériences qu'on peut faire sur cette matiere soient aussi conformes à la théorie que ceux des expériences qu'on tente sur le choc des corps mous ; parcequ'on n'en peut point trouver dans la nature de ce corps qui soient parfaitement élastiques.

§. DCCXCVII. Si deux corps élastiques, égaux en masse, A & B, viennent se choquer avec des vîtesses égales, & en se mouvant en sens contraire, ces deux corps, après le choc, retourneront sur leurs pas, avec une vîtesse égale à celle avec laquelle ils se sont approchés.

En effet, si ces deux corps étoient mous, ils consommeroient toutes leurs forces dans le changement de figure qu'ils auroient à supporter, & ils demeureroient en repos après le choc (§. 787) : mais comme nous les supposons élastiques, leur figure, à la vérité, s'altere, & tant qu'ils agissent l'un contre l'autre, les parties en contact cedent à l'effort qu'elles éprouvent, & rentrent en-dedans ; ces parties, en cédant à cet effort, s'opposent une mu-

tuelle réfistance , & détruifent réciproquement les forces avec lefquelles
elles agifsent les unes contre les autres ; ces forces , étant détruites, le ief-
fort de ces deux corps leur rend leur premiere figure : le corps A & le corps
B fe prêtent un mutuel appui , & agifsent également l'un contre l'autre ; &
comme dans le choc la figure de chacun eft également altérée , & que la
force reftituante eft égale à la force compreffive, le corps A & le corps B reçoivent , par la reftitution de leur refsort , une vîtefse égale a celle avec laquelle ils fe font approchés pour fe choquer , & ils retournent en arriere en
parcourant le même chemin.

§. DCCXCVIII. Si un corps élaftique A , étant en mouvement , rencontre en fon chemin un autre corps élaftique B, qui lui eft égal en mafse , &
qui eft en repos ; après le choc le corps A demeurera en repos , & le corps B
fe mouvera avec la même vîtefse , & felon la même direction , avec lefquelles le corps A s'eft approché du corps B. Concevez ces deux corps comme
placés fur un vaifseau qui avance avec une vîtefse = 5 degrés; que A courre
de la poupe vers la proue avec une vîtefse de 5 degrés , alors la vîtefse abfolue de A fera de 10 degrés : que B s'avance de la proue du vaifseau vers la
poupe , avec une vîtefse de 5 degrés , alors B fe trouve dans un repos abfolu ; mais A & B fe rencontrent l'un & l'autre fur le vaifseau, ayant une
vîtefse de 5 degrés : par conféquent, fuivant le §. 797 , ils doivent retourner
en arriere , chacun dans le chemin qu'ils avoient fuivi auparavant , avec
une vîtefse de 5 degrés. De cette maniere A , rebroufsant chemin vers la
poupe du vaifseau , avec une vîtefse de 5 degrés , fera porté par le vaifseau
vers la proue , avec une vîtefse de 5 degrés; ainfi il fe trouvera dans un re-
repos abfolu. Mais B , rebroufsant chemin vers la proue , avec une vîtefse
de 5 degrés ; & étant en même tems porté felon la même direction , par le
mouvement du vaifseau , avec une vîtefse de 5 degrés , reçoit , par ce
moyen là , une vîtefse de 10 degrés : c'eft pourquoi B fera porté avec la
même vîtefse que A avoit avant le choc , & ce dernier demeurera en repos.

§. DCCXCIX. Si ces deux mêmes corps A & B fe choquent felon des directions oppofées , & avec des vîtefses inégales , ils fe fépareront après le
choc , & retourneront en arriere , ayant fait échange de leur vîrefse.

Suppofons ces deux mobiles A & B , placés fur un vaifseau qui s'avance
avec deux degrés de vîtefse ; que le corps A courre de la poupe à la proue
avec 6 degrés de vîtefse , & que le corps B , muni pareillement de 6 degrés
de vîtefse , aille de la proue à la poupe. Dans cette hypothefe , la vîtefse abfolue du corps A eft de 8 degrés , & celle du corps B n'eft que de 4 degrés ;
ces deux corps fe rencontreront dans un endroit du vaifseau , & fe choqueront avec des mouvemens contraires : par conféquent , après le choc, fuivant le § 797 , ils retourneront en arriere avec la même vîtefse avec laquelle
ils fe font approchés ; mais le corps A , retournant vers la poupe , avec 6 degrés de vîtefse , fa vîtefse abfolue n'eft feulement que de 4 degrés ; tandis
que celle de B , qui retourne vers la proue avec 6 degrés de vîtefse , jouit
d'une vîtefse abfolue de 8 degrés.

§ DCCC. Si le corps A eft mû felon la même direction que B , mais
avec plus de vîtefse , & qu'il atteigne le corp B, qui fe meut moins vîte que

lui ; ils feront portés l'un & l'autre felon la même direction : mais ils feront échange de leurs vîtefses.

Suppofons encore un vaiffeau qui s'avance avec 6 degrés de vîteffe, fur lequel le corps A va de la poupe à la proue avec une vîtefse de 2 degrés ; la vîtefse abfolue de A fera de 8 degrés : que le corps B, placé fur le même vaiffeau, s'avance de la proue à la poupe avec une vîtefse de 2 degrés, la vîtefse abfolue de ce mobile fera de 4 degrés, par rapport au mouvement du vaiffeau ; mais ces deux corps, fe rencontrant avec des directions contraires, s'en retourneront en arriere, après le choc, avec les mêmes vîtefses avec lefquelles ils fe font rencontrés : par conféquent le corps A s'en retournera avec une vîtefse abfolue de 4 degrés, & B s'en retournera muni d'une vîtefse abfolue de 8 degrés : & conféquemment ces deux corps s'en retourneront en arriere après le choc, ayant fait échange de leurs vîtefses.

Si quelqu'un aimoit mieux de véritables démonftrations que les explications que nous venons de donner, qu'il confulte ce qui fuit.

§. DCCCI. Pour fuivre, fans nous interrompre, l'ordre de nos expériences, nous allons examiner maintenant le choc entre des corps élaftiques, mais inégaux en mafse.

Soient deux mobiles A & B, qui fe meuvent tous les deux felon la même direction. A avec une vîtefse $= a$, & B avec une vîtefse $= b$; fuppofons que la vîtefse du corps A foit plus grande que celle du corps B, qui précede A dans fon mouvement : que la vîtefse de A, après le choc, foit $= x$, & celle de B $= y$, la différence de la vîtefse, avant & après le choc, fera $= a - x$. Dans cette hypothefe, les forces, dans le corps A, qui ont produit cette différence, $a - x$, font $A \times \overline{a - x}^q$; & celles de B, qui ont concouru à la même différence, font $B \times \overline{y - b}^q$: & la fomme des forces $= A a a - 2 A a x + A x x + B y y - 2 B b y + B b b$. Or comme l'action entre ces deux corps s'eft faite avec la plus petite dépenfe poffible ; retranchons de cette fomme la *différencielle*, qui eft $- 2 A a d x + 2 A x d x + 2 B y d y - 2 B b d y$, que nous fuppoferons $= 0$.

Or comme la vîtefse refpective eft la même après le choc qu'elle étoit auparavant, on aura $a - b = y - x$; & par conféquent $y = x + a - b$: d'où il fuit que $d y = d x$ On pourra donc fubftituer $d x$ à $d y$, & pour lors la quantité précédente fera $- 2 A a d x + 2 A x d x + 2 B y d x - 2 B b d x = 0$; & en divifant tous les termes par $2 d x$, on aura $- A a + A x + B y - B b = 0$.

Mais $B y = B x + B a - B b$; en fubftituant donc $B y$ à ces dernieres quantités, on aura $- A a + A x + B x + B a - 2 B b = 0$: & en tranfpofant, on aura $A x + B x = A a + 2 B b - B a$; par conféquent $x = $

$$\frac{A a + 2 B b - B a}{A + B}, \quad \& \quad y = \frac{2 A a - A b + B b}{A + B}.$$

Suppofons donc que la mafse du corps A $= 2$, & que celle de B $= 1$; que $a = 8$, & que $b = 5$; puifque $x = \dfrac{A a + 2 B b - B a}{A + B}$, on aura $\dfrac{16 + 10 - 8}{3}$

$= \frac{18}{3} = 6$. Et comme $y = \frac{2Aa - Ab + Bb}{A + B}$, on aura $\frac{32 - 10 + 5}{3} = \frac{27}{3} = 9$.

Cette formule peut s'appliquer aux corps égaux en masse, qui se meuvent après le choc, ayant fait échange de leurs vîtesses.

En effet si $A = B$, & que $a = 8$, $b = 5$, on aura $x = \frac{10 + 8 - 8}{2} = \frac{10}{2} = 5$, & $y = \frac{16 + 5 - 5}{2} = \frac{16}{2} = 8$.

§. DCCCII. Si deux corps se meuvent avec des directions contraires, on pourra considérer la vîtesse du corps B comme négative, relativement à la vîtesse du corps A; & par conséquent on aura $x = \frac{Aa - Ba - 2Bb}{A + B}$, & $y = \frac{2Aa + Ab - Bb}{A + B}$.

Supposons que la masse de $A = 1$, & que sa vîtesse $a = 15$; que la masse de $B = 3$, & que sa vîtesse $b = 5$, on aura $x = \frac{15 - 45 - 30}{4} = \frac{-60}{4} = -15$ & $y = \frac{30 + 5 - 15}{4} = \frac{20}{4} = 5$.

Cette formule est aussi applicable aux corps qui sont égaux en masse. Supposons, par exemple, que la masse de $A = 1$, & que celle de B soit aussi $= 1$; que $a = 15$, & $b = 5$; dans cette hypothese on aura $x = \frac{15 - 15 - 10}{2} = \frac{-10}{2} = -5$, & $y = \frac{30 + 5 - 5}{2} = \frac{30}{2} = 15$: par conséquent ces corps, après le choc, retourneront sur leurs pas, ayant fait échange de leur vîtesse.

§. DCCCIII. Si un de ces corps, par exemple B, étoit en repos avant le choc; la vîtesse de B sera $= 0$: & par-là les termes de la premiere formule, dans lesquels b se trouvoit, s'évanouissent; on aura donc $x = \frac{Aa - Ba}{A + B}$, & $y = \frac{2Aa}{A + B}$.

Supposons que le corps A ait une masse $= 2$, & que sa vîtesse $a = 9$; supposons aussi que la masse de $B = 1$, & que sa vîtesse $b = 0$, on aura $x = \frac{18 - 9}{3} = \frac{9}{3} = 3$, & $y = \frac{36}{3} = 12$.

Supposons maintenant que la masse de $A = 1$, & que sa vîtesse $a = 12$; que B ait une masse $= 3$, & que sa vîtesse $b = 0$, on aura $x = \frac{36 - 12}{4} = \frac{24}{4} = 6$, & $y = \frac{24}{4} = 6$; & conséquemment le mobile A retournera en arriere, avec 6 degrés de vîtesse, tandis que le corps B se mouvera en avant avec 6 degrés de vîtesse.

Cette formule eſt auſſi applicable aux maſſes égales : en effet, ſuppoſons que la maſſe de A $= 1$, & que ſa vîteſſe ſoit $= 0$; on aura x $= \frac{12 - 12}{2}$ $= 0$, & y $= \frac{24}{2} = 12$.

§. DCCCIV. Si pluſieurs corps élaſtiques, égaux en maſſe, ſont contigus les uns aux autres, & qu'ils ſoient tous en repos ; ſi on ſépare un de ces corps de la ſérie qu'ils forment enſemble, & qu'en le mettant en mouvement, on lui faſſe choquer celui qui le précédoit, le dernier de ces corps, celui qui eſt placé à l'extrêmité oppoſée de cette même ſérie, ſe mouvera avec la même vîteſſe qu'on aura imprimée à celui qu'on aura mis en mouvement, & tous les autres reſteront en repos.

Soient donc ſix billes égales en maſſes & élaſtiques A, B, C, D, E, F [*Tab.* 19. *fig.* 12.], que ces billes ſoient placées de maniere qu'elles ſe touchent les unes & les autres ; ſi on éleve la bille A, & qu'après l'avoir élevée, on la laiſſe tomber contre la bille B : ſitôt que la bille A choque la bille B, ces deux billes changent de figure ; la bille B, de ronde qu'elle étoit, prend la figure ovale BI M N O R Q P, & la bille A prend auſſi la figure ovale A G I H K t. Mais, dans cette altération de figure, la bille A eſt toujours en contact avec la bille B ; ce changement de figure, dans ces deux globes, s'opere d'abord ſur les parties I & M, qui ſe touchent : le contact de ces deux corps augmente ſucceſſivement, à proportion que les parties qui ſe touchent cedent à l'effort qui les preſſe ; & la figure ronde de ces deux corps ſe perd de plus en plus, & elle devient de plus en plus ovale, juſqu'à ce que les forces comprimantes, étant épuiſées, les deux billes ſoient devenues autant ovales qu'elles puiſſent être.

Or comme la partie poſtérieure de la bille s'applatit & prend la forme P Q R, lorſque la partie antérieure & choquée s'applatit & prend la forme B L M N ; il arrive par là que la bille B s'éloigne un peu du contact de la bille C, & que, pendant le tems de cet applatiſſement, la bille C ſe trouve un peu diſtante de la bille B : la moitié de la force de la bille A, qui choque la bille B, ſe perd & ſe conſomme pour former les applatiſſemens G I H, L M N ; & par ce moyen les deux billes, unies enſemble A & B, continuent à ſe mouvoir vers la bille C avec la moitié de la force : & par conſéquent la bille A jouit d'un quart de la force totale, ainſi que la bille B ; & c'eſt avec ce quart de force, dont elles jouiſſent l'une & l'autre, qu'elles vont heurter la bille C : mais auſſi tôt la bille B, par ſon reſſort, ſe rétablit dans ſon premier état ; & en ſe reſtituant en ſens contraire, elle déploie ſon effort contre la bille A, qu'elle touche. Par cette nouvelle action, la bille B acquiert encore $\frac{1}{4}$ de force ſemblable à celui dont elle jouiſſoit : en vertu de la nouvelle force qu'elle acquiert, elle ſe meut ſelon la direction M Q. Or, dans le même tems que la bille B déploie ſon reſſort & ſe reſtitue dans ſon premier état, il ſe paſſe auſſi la même choſe par rapport à la bille A : la reſtitution de cette derniere, qui ſe fait en ſens contraire, ſe déploie contre la bille B avec une force $= \frac{1}{4}$ de la force totale, ſelon la direction t I, direction ſelon laquelle la bille A continuoit à ſe mouvoir avec $\frac{1}{4}$ de la force totale qu'elle avoit reçue : d'où il ſuit que toute la force de la bille A paſſe ſucceſſivement à

la bille B; favoir, $\frac{1}{4}+\frac{1}{4}+\frac{1}{4}+\frac{1}{4}=1$: & alors la bille A, privée de toute
la force dont elle jouiſſoit, demeure en repos. Dès que la bille A & la bille
B ont repris leur premiere figure, toute la force de la bille A git dans la bille
B ; & cette bille, munie de toute la force de A, commence à agir contre la
bille C de même que la bille A avoit agi contre elle : & il ſe paſſe entre ces
deux billes ce que nous venons d'obſerver entre les deux premieres. Il en eſt
de même par rapport aux trois autres D, E, F; d'où il ſuit que les cinq premieres billes A, B, C, D, E, demeurent en repos, & que la derniere F,
munie de toute la force qu'on avoit imprimée à la bille A, ſe détache des
autres, & ſe meut avec une vîteſſe égale à celle avec laquelle la bille A s'é-
toit approchée de la bille B : & il arrive, dans cette occaſion, préciſément la
même choſe que ſi la bille A eût choqué immédiatement la bille F.

Si toutes ces billes n'euſſent point ceſſé de ſe toucher, & que la bille A,
munie d'une vîteſſe = 10 degrés, eût choqué la maſſe entiere B C D E F,
cinq fois plus grande que celle du corps choquant, on eût obſervé le même
effet qu'on obſerveroit ſi une maſſe = 1, douée de 10 degrés de vîteſſe,
choquoit un autre corps élaſtique B, dont la maſſe ſeroit = 5 : dans cette
hypotheſe le corps choquant retourneroit en arriere avec une vîteſſe = $6\frac{2}{3}$,
& le corps B s'avanceroit avec une vîteſſe = $3\frac{1}{3}$ degrés : effet qu'on n'obſerve jamais dans l'hypotheſe précédente.

§. DCCCV. Si, au lieu de n'élever qu'une ſeule bille A, on en éleve
deux enſemble, ſavoir, A & B; & qu'après les avoir abandonnées à elles-
mêmes, elles viennent choquer les 4 autres billes C, D, E, F, qui ſont en
repos, alors les deux dernieres, E & F, ſe ſépareront des autres, & elles ſe
mouveront l'une & l'autre en avant, avec une vîteſſe égale à celle qu'on aura
imprimée aux deux premieres A & B. Pareillement ſi on éleve trois billes
enſemble A, B, C, & qu'on les laiſſe tomber ſur les trois autres qui ſont
en repos D, E, F; après le choc ces trois dernieres ſeront portées en avant,
avec une vîteſſe égale à celle avec laquelle les trois premieres A, B, C les
auront choquées, & celles-ci demeureront en repos. Si on éleve les 4 premieres billes A, B, C, D, & qu'elles viennent enſuite choquer les deux
autres en repos E, F; après le choc, les 4 dernieres C, D, E, F ſeront en
mouvement, & les deux premieres A & B reſteront en repos. Pareillement ſi
on éleve cinq billes A, B, C, D, E, & qu'on les abandonne à elles-mêmes,
elles choqueront la derniere F, qui ſera en repos ; & après le choc, les cinq
dernieres B, C, D, E, F ſeront en mouvement, & la ſeule bille A demeurera en repos.

Cela arrive ainſi, parceque, lorſqu'on éleve la bille A & la bille B, &
qu'on les abandonne enſemble à elles-mêmes, la bille B, qui arrive la premiere, choque la bille C; par ce choc, la figure arrondie de la bille B devient ovale, & elle s'éloigne de A : pour lors toute la force de la bille B
paſſe à la bille C, auſſi-tôt la bille A rencontre la bille B en repos, & il
ſe paſſe entre ces deux billes ce que nous venons d'obſerver entre la bille B
& la bille C. Tout le mouvement de A paſſe à la bille B; pendant ce tems-
là la bille C agit contre la bille D, & le mouvement que la bille C avoit reçu
paſſe à la bille D : auſſi-tôt la bille B, reprenant ſa premiere figure, que le
choc de la bille A lui avoit fait perdre, cette bille B agit de nouveau contre
la

la bille C, qui la fuit ; mais pendant ce tems , la bille D communique fon mouvement à la bille E, de forte qu'immédiatement après la bille C agit contre la bille D : pendant cette action la bille E tranfporte fon mouvement à la bille F, qui fe fépare de la férie qu'elle formoit ; auffi tôt la bille D agit encore contre la bille E, laquelle, ne rencontrant plus la bille F, qui s'op-pofe à fon mouvement, fe fépare auffi de la férie : & par ce moyen les deux billes E & F font toutes les deux en mouvement , tandis que les 4 autres A , B, C, D demeurent en repos. On peut rendre raifon des autres phéno-menes que nous venons d'expofer, en fuivant la même explication.

§. DCCCVI. Nous n'avons parlé jufqu'à préfent que du choc direct ; nous allons dire quelque chofe fur le choc oblique : mais, pour faifir comme il faut ce que nous dirons fur cette matiere , il faut rappeller en fa mémoire ce que nous avons déja dit fur le mouvement compofé (Chap. XI.)

§. DCCCVII. Si deux corps mous font portés l'un contre l'autre oblique-ment , on peut déterminer le chemin & la vîteffe avec laquelle ils fe cho-quent directement ; de même que le chemin qu'ils devront fuivre , & la vîteffe qu'ils devront avoir après le choc. Pour cela faire, il faut réfoudre les directions de ces deux corps en deux autres directions, dont deux foient directement oppofées l'une à l'autre , & les deux autres paralleles entr'elles. En tant que , dans cette décompofition, on trouve deux directions oppo-fées , les deux corps fe choquent directement ; car ils ne fe choquent nulle-ment par leurs directions paralleles : c'eft pourquoi on appliquera ici aux directions oppofées tout ce que nous avons dit ci deffus fur le choc des corps ; mais il faudra enfuite avoir égard aux directions paralleles , pour dé-terminer les vîteffes de ces corps après le choc. Pour donner plus de clarté à nos démonftrations , nous confidérerons les corps comme de fimples points , & nous allons appliquer la théorie, que nous avons deffein d'établir, à un exemple propre à fixer l'imagination.

Suppofons que le corps A [*Tab.* 19. *fig.* 14.] fe meuve felon la direction & avec une vîteffe exprimée par A O = 100 ; qu'un corps B , égal en maffe au premier , foit porté felon la direction & avec une vîteffe défignées par B O = 50. Pour déterminer ce qui doit arriver dans cette hypothefe , que la direction A O foit décompofée en deux directions ; favoir , A C = 50 , & en C O = 86 , 61 : que B O foit auffi décompofé en B D = 46 , & en D O = 19 , 60. Que ces deux directions foient paralleles aux deux premieres A C , O C ; en tant que les deux corps A & B font portés felon les direc-tions A C & B D , paralleles entr'elles, ces deux corps n'agiffent point l'un contre l'autre : mais en tant qu'ils font portés felon les directions oppofées , C O & D O , ils agiffent & fe choquent mutuellement ; & la fomme des forces avec lefquelles ils agiffent l'un contre l'autre, felon ces directions C O & D O = 7884. La fomme des forces qu'ils perdent par l'altération de leur figure = 5618,2 ; parceque la vîteffe refpective de ces deux corps C O , D O = 106,21, qui eft précifément la même que s'ils étoient portés directe-ment l'un contre l'autre , avec des vîteffes = 53 , 10 ½, & par conféquent qui fe détruiroient totalement dans le choc : d'où il fuit que, dans l'hypo-thefe préfente , où la force totale de ces mobiles = 7884, les forces fubfif-tantes , après le choc , font = 2265 , 8 ; lefquelles , étant diftribuées à ces

Tome I.   T t

deux corps = pour chacun 1132, 9. Par conféquent fi ces deux mobiles A
& B n'étoient animés que felon les deux directions C O & D O, leur vîteffe
commune après le choc, feroit égale 33, 66, & ils fuivroient la ligne O K.
Mais il n'en doit pas arriver ainfi : le mobile A, outre l'impulfion qui le
porte felon O K, conferve encore fa direction felon A C = 50 = O H : il
doit donc fe mouvoir felon la diagonale O G = 60 27 du parallélogramme
O K G H ; & le mobile B, qui conferve auffi fon mouvement felon la direction B D = O E, doit parcourir la diagonale O F = 57 du parallélogramme
O K F E. Il faut remarquer, outre ce que nous venons de dire, qu'il y a
bien des cas dans lefquels il arrive que des corps qui fe meuvent obliquement, ne peuvent point fe rencontrer ; par conféquent, dans tous ces cas,
il n'y a point de percuffion entr'eux.

Mais fi les corps mous, égaux en maffe, dont nous venons de parler, ne
font point confidérés comme de fimples points, mais tels qu'ils font phyfiquement ; c'eft à-dire, comme des corps d'une certaine grandeur : voici la
maniere de déterminer le chemin qu'ils fuivront après le choc. Suppofons
que le corps D ou A [*Tab.* 20. *fig.* 1. & 2.] foit porté felon la ligne D A,
& que le corps L ou B foit mû felon la ligne L B : on décompofera, comme
précédemment le mouvement de ces deux corps; favoir, le mouvement
felon D A fera décompofé en D C & C A, & le mouvement L B en L M,
parallele à D C & en M B, oppofé à C A. Que les deux corps dont nous
venons de parler fe rencontrent & fe choquent en A & B, les vîteffes avec
lefquelles ils fe rencontrent & fe choquent, font C A & M B : les forces
avec lefquelles ils agiffent l'un contre l'autre, font comme les quarrés des
vîteffes qui les animent ; leur vîteffe refpective, exprimée par R V, eft égale
à la fomme des deux vîteffes partielles : & la moitié de cette fomme R V,
favoir R S, eft la vîteffe commune qui fubfifte après le choc, en fuppofant
qu'un de ces deux corps fe meuve contre l'autre, qui eft en repos : c'eft pourquoi les deux quarrés formés fur les deux parties, qui font chacunes égales
à la moitié de la vîteffe refpective ; favoir, $R S + S W = \overline{R W}^q$, indiquent
les forces qui fe perdent dans l'altération de la figure des corps qui fe choquent. Si on fouftrait les deux quarrés dont nous venons de parler, ou leur
égal $\overline{R W}^q$ [*Tab.* 20. *fig.* 3.] de la fomme des quarrés qui défignent les forces
avec lefquelles ces deux corps ont agi l'un contre l'autre ; favoir, $\overline{C A}^q +$
$\overline{M B}^q = \overline{O P}^q + \overline{P Q}^q = \overline{O Q}^q$; c'eft à dire, fi on fouftrait $\overline{Z Y}^q = \overline{R W}^q$ de
$\overline{X Z}^q = \overline{O Q}^q$; le refte $\overline{Y F}^q$ exprimera les forces fubfiftantes, qui doivent
être divifées en deux parties égales : ou fi on conftruit fur Y F, comme hypo-
thénufe, un triangle rectangle, & qu'on retire la racine quarrée de chaque
quarré, cette racine, qui fera les deux côtés du triangle rectangle, exprimera la vîtefse commune felon la direction C A.

Mais le mobile A, outre fon mouvement fuivant C A, eft encore mû felon la direction D C = A τ, qui n'eft nullement altérée par le choc, & le
mobile B conferve auffi tout fon mouvement felon la direction L M = H I ;
par conféquent fi ces deux corps mous peuvent fe détacher l'un de l'autre,
après le choc, & qu'ils ne foient point retenus entr'eux par leur *gluten*, le

mobile A décrira la diagonale A N , & le corps B fuivra la diagonale B I des parallélogrammes M π & H G.

§. DCCCVIII. Si un corps élaftique A [*Tab.* 19. *fig.* 15.] , confidéré comme un point, eft porté obliquement , en fuivant la direction A B, contre un obftacle élaftique & immobile C B D , & qu'on veuille déterminer fa réflexion après qu'il aura choqué l'obftacle en B ; il faudra décompofer le mouvement A B du mobile A en deux directions ; favoir, en A E, parallele à l'obftacle C B D, & en E B, perpendiculaire au même obftacle. Le choc du corps A contre l'obftacle au point B, ne fe fait qu'en vertu de la direction perpendiculaire E B ; car il n'agit nullement contre l'obftacle en vertu de fon mouvement parallele A E : or comme on fuppofe ici que l'obftacle eft élaftique, le corps choquant fe réfléchir avec la même vîteffe avec laquelle il étoit tombé fur l'obftacle, & retourne par le même chemin qu'il avoit fuivi pour le choquer, & par conféquent par B E ; mais comme fon mouvement parallele à l'obftacle n'a fouffert aucune altération , il continue en même tems à fe mouvoir felon la direction E F = A E : par conféquent, au lieu de fuivre la ligne B E , il parcourt la diagonale B F du parallélogramme E F D B. Mais fi, au lieu de confidérer le corps A comme un point mathématique, on le confidere comme un corps phyfique, & d'une certaine étendue , & qu'il foit porté contre l'obftacle C B D , en fuivant, comme nous venons de le dire, la direction A B ; en conduifant par le centre de ce mobile la droite A B, le centre du mobile fera éloigné de l'obftacle C B D de la valeur du rayon du mobile A , & il retournera en arriere en fuivant le même chemin que nous venons d'indiquer.

§. DCCCIX. L'angle A B E eft appellé angle d'*incidence* , l'angle E B F eft nommé angle de *réflexion* ; & ces deux angles font égaux , parceque, dans les deux triangles A E B & E B F, les côtés A E & E B font égaux aux côtés F E & E B , & que l'angle droit A E B = F E B ; par conféquent les deux triangles font égaux , & l'angle A B E = E B F.

§. DCCCX. Le choc oblique de deux corps élaftiques, confidérés comme deux points , ainfi que le chemin qu'ils doivent fuivre, & la vîteffe qu'ils doivent avoir après le choc , fe déterminent de la même maniere que nous l'avons indiquée , en parlant des corps mous (§. 807) ; avec cette différence qu'il faut avoir attention à l'élafticité de ces corps.

Suppofons que le corps P [*Tab.* 19. *fig.* 16.] fe meuve avec une vîtefse & en fuivant une direction exprimées par P A ; que le corps Q fe meuve felon la direction , & avec une vîtefse exprimées par Q A : fi on décompofe le mouvement P A en deux mouvemens fimples P B & B A , & qu'on décompofe pareillement le mouvement Q A en C A, oppofé à B A, & en Q C , parallele à P B ; le choc entre ces deux corps fe fera en tant qu'ils feront portés felon les directions contraires B A & C A : & par conféquent, après le choc , ils retourneront en arriere, après avoir fait échange de leurs vitefses ; c'eft-à-dire, le mobile P s'en retournera avec une vîtefse défignée par A D , & Q s'en retournera en arriere avec une vîtefse exprimée par A F : mais comme P conferve fon mouvement felon la direction D E = P B, il parcourra la diagonale A E ; tandis que Q , confervant auffi fon mouvement selon la direction F G = Q C , décrira la diagonale A G du parallélogramme A F G I.

§. DCCCXI. Jusqu'à présent nous n'avons considéré les corps qui se choquent que comme des points mathématiques , & cela pour donner plus de clarté à nos démonstrations ; mais il n'en est pas ainsi : & par conséquent il nous reste maintenant à les considérer comme des corps d'une certaine grandeur , telles que sont les billes A, B [*Tab.* 20. *fig.* 5.] , qui se meuvent en même-tems selon les directions A C . B C. Supposons donc que la vîtesse de la bille A soit à celle de la bille B : : A C : B D , & déterminons dans quel endroit la bille A rencontrera la bille B.

Pour le déterminer , soit conduite du centre de la bille A à celui de la bille B la ligne A B ; & sur les deux lignes A C, A B, soit construit le parallélogramme A B H C. Du point D soit tirée la ligne D H ; & du point C, comme centre , & d'une ouverture de compas C L , égale à la somme des demi-diametres de ces billes A & B, soit décrit l'arc L l : du point L, qui coupe la ligne D H, soit menée L N , parallele à A C , & N R , parallele à C L ; les deux billes A & B se rencontreront ensemble en R & en N , & se toucheront dans la ligne R N. En effet , à cause des triangles semblables D N L, D B H, on aura D N : N L : : D B : B H ; & par conséquent D N : C R : : D B : A C , & D B : D N : : A C : C R. D'où il suit que D B — D N : D B : : A C — C R : A C ; c'est-à-dire , B N : A R : : D B : A C. Ainsi comme les espaces parcourus par les billes A & B sont entr'eux comme leurs vîtesses , ces deux billes doivent se rencontrer dans la ligne R N.

§. DCCCXII. Si les deux billes A & B [*Tab.* 20 *fig.* 6.] étoient égales en masse , on pourroit aussi déterminer le chemin qu'elles suivroient , & la vîtesse qu'elles auroient après le choc. Pour cela soit décomposé le mouvement selon A R en R Q, en prolongeant la ligne N R , & en A Q , perpendiculaire sur R Q. Soit pareillement décomposé le mouvement B N en B M, parallele à A Q, & en N M, qui est aussi un prolongement de la ligne R N. Le choc entre les deux billes A & B se fera en tant que ces billes se meuvent selon les directions Q R & M N ; comme elles sont toutes les deux élastiques , elles retourneront en arriere après le choc, ayant fait échange de leurs vîtesses ; par conséquent la bille B s'en retournera avec une vîtesse = Q R, & en même tems avec celle qu'elle avoit conservée selon B M ; tandis que la bille A retournera en arriere , avec une vîtesse = M N & en même tems avec celle qu'elle avoit conservée selon A Q. Si vous prenez N O = Q R , & O P = B M, & que vous tiriez ensuite la ligne N P, la bille B parviendra au point P en parcourant la ligne N P. Pareillement si vous prenez R S = N M, & S I = A Q, & que vous tiriez ensuite la ligne R I, la bille A parviendra au point I , après avoir parcouru la ligne R I.

§. DCCCXIII. Mais si les billes A & B [*Tab.* 20 *fig.* 5] sont inégales en masse , il faudra avoir égard à leur choc, en tant qu'elles agiront l'une contre l'autre selon les directions Q R & M N : il faudra ensuite ajoûter aux vîtesses qu'elles acquerront par leur choc, les mouvemens paralleles qu'elles conserveront ; & ayant construit sur ces deux mouvemens des parallélogrammes, on en tirera les diagonales , qui exprimeront les directions & les mouvemens des billes A & B. Ainſi, en prenant les billes dont il a été fait mention dans la figure 5. Suppoſons que la maſſe de la bille A = 8, & que la vîteſſe Q R = 2, que la maſſe de la bille B = 1, & que la vîteſſe M N = 1. Après le choc la vîteſſe de la bille A ſera = 1 ⅓, & celle de B = 4 ⅓ de la percuſſion directe, & ſelon la direction Q R : c'eſt pourquoi, ſi, ſur le point R, on forme un parallélogramme dont un côté ſoit égal à A Q, & l'autre à 1 ⅓ M N, on trouvéra le mobile A dans ſa diagonale ; & ſi N M eſt porté en arriere d'une quantité = 4 ⅓ M N : & que de cette quantité, ainſi que de celle qui eſt exprimée par B M, on forme un parallélogramme, on trouvera, après le choc, le corps B dans ſa diagonale.

§. DCCCXIV. On peut, d'après ces principes, établir les regles du jeu de Billard, dont nous allons donner une légere idée. Soit la table d'un billard V X Y Z [T. 20. F. 7.] & deux billes égales, dont les centres ſoient en A & en C : ſuppoſons qu'on ait deſſein de conduire la bille A dans la blouſe V ; pour cela, ſoit tirée de la blouſe V, par le centre de la bille A, la droite V A B L, & ſoit conduite au point B la tangente D B G : ſi on prend ſur la ligne V L, B E, égale au rayon de la bille C, & qu'on pouſſe cette derniere bille ſelon la ligne C E ; lorſque ſon centre ſera parvenu au point E, elle choquera la bille A au point B, & elle la pouſſera, ſelon la ligne B V, dans la blouſe V. En effet le mouvement C E de la bille C ſe décompoſe en deux mouvemens ; ſavoir, en C L, perpendiculaire à V L, ou parallele à la tangente G D, & en L E, qui paſſe par les centres E, A des billes, en B & en A : ce même mouvement paſſe encore par la blouſe V. En tant que la bille C ſe meut ſelon la direction C L, elle ne produit aucune action contre la bille A ; mais en tant qu'elle ſe meut ſelon la direction L E B, elle pouſſe directement cette bille dans la blouſe V, & c'eſt de cette maniere qu'il faut toujours conſidérer le choc direct. Cela poſé, ſi du point E, comme centre, & d'un rayon E C, on décrit un demi cercle, dont le diametre K H eſt perpendiculaire à la ligne V A L ; la bille C, pouſſée vers le point E de tout point quelconque de la demi périphérie, excepté des deux extrêmités K & H du diametre, choquera la bille A au point B, & la pouſſera dans la blouſe V. Mais ſi la bille C ne peut choquer le point B, elle ne parviendra jamais à pouſſer la bille A dans la blouſe V. Si la bille C eſt placée ſur un point quelconque au delà du point H, par exemple en G ou en R, quoiqu'on la dirige au point E, elle ne choquera pas pour cela le point B, mais un autre point intérieur au point B, & par ce moyen la bille A ſera pouſſée par la bille C dans un autre endroit différent de la blouſe V, & qu'on peut déterminer. Pareillement la bille M, étant déterminée au point I, choquera la bille A au point S, & la pouſſera dans la blouſe X : de là ſi on mene la ligne P I R, parallele à la tangente S H, & qu'on décrive le demi cercle P M R, une bille pouſſée de tout point quelconque de cette demi circonférence, & déterminée vers le point I, choquera la bille A, & la portera dans la blouſe X ; & par conſéquent ſi la bille M eſt placée dans un point quelconque entre le point H & le point N, elle ne pourra point pouſſer la bille A dans la blouſe V ou X.

§ DCCCXV. Soit la bille A [Tab. 20. fig. 8.] qu'on veuille choquer d'une ſeule *bricole* par la bille C, placées l'une & l'autre ſur le billard

V X Z Y : pour déterminer la maniere de s'y prendre, soient conduites qua- tre lignes paralleles aux bandes du billard, de façon que ces lignes soient éloignées des bandes d'une quantité égale à un des rayons de la bille A ou C, qu'on suppose de même diametre ; ces lignes droites sont représentées dans la figure par les lignes G F, F K, K H, H G. Quand la bille frappe une des bandes du billard, son centre répond toujours à un des points d'une des quatre lignes dont nous venons de parler, & il faut prendre le centre de cette bille pour la bille elle-même, puisque ce centre est son centre de gravité.

Supposons donc qu'on veuille que la bille C frappe la bille A par une *bricole* ; comme il y a 4 bandes au billard, il se présente 4 cas à examiner : car on peut pousser la bille C contre les unes ou les autres de ces 4 bandes. Supposons 1re. qu'on pousse la bille C contre la bande V X ; cela posé, du centre A de la bille A conduisez sur G F la perpendiculaire A D, que vous prolongerez jusqu'en B, de façon que D B = A D : du point B au centre C de la bille C, menez la droite B E C, qui coupera la ligne G F au point E ; tirez ensuite la droite A E : alors la bille C, étant poussée selon la direction C E, lorsqu'elle aura choqué la bande du billard, se réfléchira selon la ligne E A, & elle frappera la bille A ; car lorsque la bille C est parvenue au point E, elle touche alors la bande du billard, & on a les deux triangles A D E, B D E, qui sont égaux : & par conséquent l'angle D E A = D E B, lequel est = F E C ; par conséquent ce dernier F E C = D E A : d'où il suit que la bille C, dirigée selon la ligne C E, se réfléchira par la ligne E A, & frappera la bille A.

2°. La construction est la même lorsqu'il s'agit de déterminer la direction de la bille C, poussée contre toute autre bande quelconque, pour qu'elle puisse frapper la bille A. Par exemple, si la bille C est poussée contre la bande V Y ; du centre A de la bille A conduisez A S, perperdiculaire sur G H : prenez ensuite S Q = A S ; du point Q au centre C de la bille C, con- duisez la ligne Q C, qui passe par le point R de la ligne G H : enfin du point A au point R menez la droite A R, la bille C, étant dirigée au point R, frappera la bande du billard, & se réfléchira selon la droite R A, si tant est qu'elle ne choque pas en passant le côté de la bille A ; car, dans cette hy- pothese, le cas deviendroit impossible : or supposons que cet inconvénient n'arrive pas, vous aurez alors deux triangles égaux A S R, Q S R ; & par conséquent l'angle A R S = Q R S = H R C.

3°. Si on dirige la bille C selon la droite C P, elle se réfléchira selon la droite P A.

4°. Si on la pousse selon la direction C L, elle se réfléchira, & suivra la droite L A.

§. DCCCXVI. Supposons maintenant que la bille C [*Tab.* 20. *fig.* 9.] ne doive frapper la bille A que par deux *bricoles* ; c'est-à-dire, qu'après une se- conde réflexion. Pour déterminer de quelle maniere on parviendra à produire cet effet sur le billard V X Z Y, représenté par la figure 9, tirez 4 lignes pa- ralleles à ses bandes, & qui en soient éloignées, ainsi que nous l'avons dit précédemment, d'une quantité égale au rayon d'une des deux billes, afin que le centre de la bille qui frappera les bandes de ce billard, réponde à un des points des lignes parallèles.

Dans cette nouvelle hypothese, il se présente aussi 4 cas à résoudre, en tant que la bille C peut être poussée indifféremment vers une des 4 bandes du billard : dans cette même hypothese, on trouve des cas possibles & des cas impossibles dont nous allons parler.

1°. Du centre de la bille A soit tirée A D, perpendiculaire à G F; soit ensuite prolongée la ligne A D jusqu'en B, de façon que D B = A D : du centre de la bille C soit tirée sur la ligne F K la perpendiculaire C L, prolongée jusqu'en M, de façon que L M = C L : joignez ensuite les deux points M & B par la ligne B M, qui coupera les deux droites G F & F K aux points E & I : soient tirées ensuite les droites A E & C I. Cela posé, si on pousse la bille C selon la direction C I, elle se réfléchira du point I au point E, & du point E au point A; car, par la construction, on a les deux triangles I C L, I M L, qui sont égaux : & par conséquent l'angle C I L = M I L = F I E; donc la bille C, parvenue au point I, frappera la bande, & sera repoussée au point E. Pareillement on a encore deux triangles égaux; savoir, A D E, B D E, par conséquent l'angle A E D = B E D, lequel est égal à l'angle F E I : d'où il suit que la bille C, parcourant la droite I E, sera repoussée au point E, sous un même angle, & qu'elle frappera le point A.

2°. Du centre de la bille C, soit tirée C n, perpendiculaire sur K H; soit prolongée C n jusqu'en P, de façon que P n = C n : du centre A de la bille A soit menée sur G H la perpendiculaire A e, prolongée jusqu'en R, de sorte que R e = A e. Du point P au point R soit tirée la ligne P R, qui coupe la droite G H en d, & la droite H K en a : soient enfin tirées les droites A d, C a : en vertu des triangles égaux a n C, a n P, on aura l'angle C a n = P a n = d a H. Pareillement en vertu des triangles égaux A e d, R e d, on aura l'angle A d e = R d e = H d a : d'où il suit que la bille C, poussée selon la droite C a, sera repoussée du point a au point d, & du point d au point A.

3°. Du centre C de la bille C, soit tirée sur G H la perpendiculaire C O, laquelle doit être prolongée jusqu'en T, de façon que T O = C O : pareillement du centre A de la bille A soit tirée la perpendiculaire A Q sur H K; cette perpendiculaire étant prolongée jusqu'en W, de façon que W Q = A Q : soient unis ensemble les deux points T & W par la droite T W; mais comme cette ligne est au-delà des bandes du billard, le cas devient impossible.

4°. Soit tirée sur G F la perpendiculaire c f, prolongée jusqu'en m; soit aussi tirée la perpendiculaire A e, de façon qu'étant prolongée jusqu'en R, on ait R e = A e. Soient unis entr'eux les deux points m R : or comme la ligne qui uniroit ces points, tombe au-delà du point G, ou concourent les droites F G, H G, sur lesquelles sont placées les centres des billes, le cas devient encore impossible.

D'où il suit que dans l'hypothese que nous venons de faire, qui comprend 4 cas, il y en a deux qui sont possibles, & deux qui sont impossibles.

§. DCCCXVII. Soit la bille A [*Tab.* 20. *fig.* 10.] qu'on veuille pousser

dans la blouse Y , en la frappant , par une simple *bricole* , avec la bille C.
Pour produire cet effet , de la blouse donnée Y soit conduite par le centre A
de la bille A la droite Y A , prolongée un peu au-delà de ce centre : soit menée au point n de cette bille la tangente m n p , & soit pris n O = n A. Du
point O , comme centre , & d'un rayon O n soit décrit un cercle égal à un
des plus grands cercles de la bille A , ou C : du point O soit tirée sur G F la
perpendiculaire O D , laquelle , étant prolongée jusqu'en B , donne D B = O B ;
de ce point B soit conduite par le centre C de la bille C la droite B C , qui
passe par le point E de la droite G F ; enfin soit tirée la ligne O E : cela posé ,
si on pousse la bille C selon la direction C E ; cette bille , étant parvenue au
point E , frappera la bande du billard , & sera réfléchie selon la ligne E O , &
frappera la bille A , qu'elle fera mouvoir selon la droite O n A Y. En effet ,
si on prolonge E O jusqu'au point S de la tangente m n p , le mouvement ,
selon la ligne O S , se décomposera en O n & n s , & ce dernier mouvement
n'agira aucunement contre la bille A , tandis que le seul mouvement O n
poussera directement cette bille en Y.

    Si la bille A étoit placée assez près de la bande , pour que la bille C , se
réfléchissant , après avoir frappé la bande , ne pût choquer la bille A au point
n , le cas deviendroit impossible.

    Soit prolongé Y A O jusqu'en r , pris dans la ligne G F ; & soit conduite
sur cette derniere ligne la perpendiculaire r t : si la bille C est placée sur le
billard au-delà de t r , dans quelque point quelconque , compris dans l'espace t K F E , de façon cependant qu'elle soit suffisamment éloignée de la
bande , pour qu'elle puisse être poussée contre la bande F r , tous les cas seront possibles : mais si cette bille C est placée sur la ligne r t , ou sur tout autre point quelconque , pris dans l'espace t H G r , tous les cas seront impossibles ; parcequ'elle ne pourra pas alors frapper le point n selon la direction r n.

    On peut aussi quelquefois porter la bille A [*Tab.* 21. *fig.* 1.] dans la
blouse Y , par une double *bricole* ; pour cela tirez de la blouse Y , par le
centre de la bille A , la ligne Y A r , sur laquelle vous conduirez la perpendiculaire m n p : prenez n N = n A , & du point N , comme centre , décrivez un cercle égal à un des grands cercles de la bille A ; du point N élevez
la perpendiculaire N D sur G F , & faites D B = D N. Pareillement faites
C L = L M ; conduisez ensuite B M , après cela C I & E N : pour lors si la
bille C est poussée selon la direction C I , elle se réfléchira selon la ligne I E ,
& parvenue en E , elle sera reportée selon la droite E N S , & elle frappera
la bille A au point n , & comme cette bille C se meut selon la direction
N S , son mouvement se décomposera en N n , & en n S. Selon cette derniere direction , la bille C ne produit aucun effet contre la bille A ; mais
seulement en vertu de son mouvement selon N n : par conséquent la bille A
sera portée dans la blouse Y.

    Les cas ne sont possibles , dans cette hypothese , que lorsque la bille C est
placée de maniere , qu'étant portée contre la bande F K , elle frappe sur un
des points de cette bande , qui est éloigné de F de plus du demi-diametre
de la bille C ; les autres cas sont impossibles.

    §. DCCCXVIII. En connoissant les loix du choc des corps qui se
meuvent

meuvent librement les uns contre les autres, on peut connoître aifément les effets que doivent produire les corps A & B [*Tab.* 21. *fig.* 2.], lancés contre le levier H L, qui peut fe mouvoir autour de fon point d'appui en H.

Suppofons donc que la maffe du corps A $=$ 1, que la vîteffe avec laquelle il vient frapper le levier $=$ 4; & que le point E, qui eft le point contre lequel le corps A porte fon action, foit éloigné du centre du mouvement H d'une quantité $=$ 3. Suppofons auffi que la maffe du corps B $=$ 6, que fa vîteffe $=$ 2, & que la diftance au point d'appui H, felon laquelle il agit contre le levier, $=$ 2. Dans cette hypothefe, les forces du corps A, qui fe meut librement, font $=$ 4 $\times$ 4 $\times$ 1. Mais comme ce corps agit à une diftance du point d'appui $=$ 3, les forces du corps A font $=$ 4 $\times$ 4 $\times$ 1 $\times$ 3 $=$ 48; les forces du corps B, qui fe meut librement, font $=$ 2 $\times$ 2 $\times$ 6: mais en tant qu'il agit à une diftance du point d'appui $=$ 2, la fomme de fes forces eft $=$ 2 $\times$ 2 $\times$ 6 $\times$ 2 $=$ 48.

Par conféquent fi les corps A & B agiffent en même tems contre ce levier avec des directions contraires, le levier demeurera en repos; parceque les forces avec lefquelles ces deux corps agiffent, font égales de part & d'autre : cet effet ne peut avoir lieu que dans la fuppofition que nous venons de faire, dans laquelle nous avons confidéré le levier comme dépourvu de pefanteur : mais comme un levier eft matériel, & par conféquent pefant, il faut changer quelque chofe à cette démonftration. Ainfi fuppofons que le centre de gravité foit en G; on aura alors la puiffance B eft au poids G, pour le cas d'équilibre, comme H G : H B ; & la puiffance A eft au poids G, comme H G : H A; par conféquent B : A : : H E : H F. Cela pofé, fi on divife le poids du levier en deux parties, qui foient entr'elles comme H E : H F, & qu'alors on ajoûte aux forces du corps A une réfiftance qui foit égale au poids défigné par H F, & qu'on ajoûte au poids B une réfiftance égale au poids défigné par H E; alors les forces du corp A & du corps B, qui agiront en fens contraire contre le levier, feront en équilibre entr'elles.

§. DCCCXIX. Le célebre *s'Gravefande* a imaginé & décrit une machine propre à faire les expériences qui concernent le choc des corps ; mais comme j'ai remarqué quelques défauts dans cette machine, j'y ai changé quelques chofes, & je l'ai perfectionnée ; de forte qu'à l'aide de celle que j'ai fait conftruire, on peut faire très aifément, & fans aucun embarras, toutes les expériences qui concernent le choc des corps mous & élaftiques. Je n'ai point décrit ici tout l'appareil de cette machine, dont on trouvera une defcription dans l'Ouvrage de *s'Gravefande* : la figure que j'ai fait graver [*Tab.* 21. *fig.* 3. 4.], laiffe affez voir fur-le-champ la conftruction de cette machine, qui eft attachée folidement fur une table, par le moyen de plufieurs vis.

Outre cela les fils qui fervent à fufpendre les corps, paffent au haut de la machine fur de petites poulies A, A, A, A, &c, afin que ces fils & les corps qui y font fufpendus, puiffent fe mouvoir plus librement que dans la machine de *s'Gravefande*, dans laquelle ils étoient fufpendus à des crochets, ou à de petites lames, & étoient par conféquent expofés à des frottemens qui nuifent à la perfection des expériences.

Tome I.   V v

CHAPITRE XVIII.

De l'Electricité.

§. DCCCXX. L'Electricité est une propriété que les corps frottés, forgés, exposés à l'action du soleil (1), à celle du feu (2), ou échauffés par du sable chaud, acquerent ; en vertu de laquelle ils attirent à eux d'autres corps, placés à une certaine distance, & ils les repoussent après les avoir attirés, & jettent souvent une lumiere assez sensible. En effet des tubes de verre, échauffés par l'ardeur du soleil, ou par l'action du feu, acquerent la vertu électrique ; de la poix récemment fondue, du soufre coulé depuis peu dans un vase, de la colophone nouvellement faite, sont électriques, lorsqu'on les échauffe : la *tourmaline* donne aussi des signes très sensibles d'électricité en pareil cas. Outre ces corps il y en a d'autres qui, sans être frottés ou échauffés, sont électriques : certains poissons sont électriques au milieu des eaux tant qu'ils vivent.

§. DCCCXXI. Comme cette propriété fut d'abord découverte dans l'ambre ou dans le succin, les Philosophes modernes se sont servis du terme d'*électricité* pour désigner cette propriété, & ils ont fait dériver de ce nom quantité d'autres mots dont ils font usage, pour désigner plusieurs opérations qui ont rapport à cette matiere. De là sont venues les expressions suivantes, *électriser des corps*, ou leur communiquer la vertu électrique, *idiolectrique*, *anélectrique*, *symperielectrique*, &c ; c'est-à-dire, des corps électriques par eux-mêmes, des corps qui ne sont point électriques, enfin des corps qui deviennent électriques lorsqu'on leur a communiqué cette vertu.

§. DCCCXXII. Plusieurs Anciens ont parlé de la vertu électrique du succin (3) ; ils ont fait mention de plusieurs pierres, dans lesquelles on découvroit la même propriété : telle étoit une pierre de Chypre, qui étoit à moitié *émeraude*, & à moitié *jaspe*; telle étoit une espece de pierre précieuse, de couleur d'ambre qu'on tire du *lynx* (4); l'*escarboucle* (5), la pierre nommée *sagdogemma*, ou *Sagna*, qui est une pierre de la couleur du porreau, qui attire le bois, de même que l'aimant attire le fer (6), le *jayet* (7), les *belemnites* (8).

(1) Boyle, de Atmosph. corpor. consist.

(2) Tentam. Flor. pag. 87. Hauksbée, Phys. Méch. exp. §. 8. Lettre du Duc de Noya Caraffa, sur la Tourmaline.

(3) Plato in Timæo. p. 547. Theophrastus de Lapidibus p. 395. Plin. Hist. Nat. Lib. 37. cap. 3. Solinus, cap. 2. Strabo, Lib. 15. Dioscoride, Lib. 2. cap. 100. Diogenes Laertius in vita Thaletis, p. 16. Lib. 1. §. 24. Plutarchus in Quæst. Plat. Tom. 2. p. 1005.

(4) Theophrastus, de Lapidibus, p. 395.

(5) Plinius, Lib. 37. cap. 7. Solinus, cap. 52.

(6) Tzetza. Chiliad. 6. Hist. 68. & v. 651.

(7) Orpheus, de Lapid. v. 7. Tom. 1. pag. 529. in Priscian. interpret. ad Dionis. Alex. v. 581. Marbodæus, de Gemmis, cap. 29 Albertus Magnus, Lib. 2. Tr. 2. cap. 7. de Mineralibus.

(8) Mercatus Metalloth. Vatic. p. 280.

Mais depuis le dernier fiecle, quantité d'habiles Phyficiens fe font appliqués, avec un foin particulier, à la recherche de tous les corps qui font doués de cette propriété, & de ceux dans qui elle ne fe manifefte pas. Ceux qui fe font fur-tout diftingués en cela, font *Gaffenai* (1), *Gilbert* (2), les *Acaaémiciens de Florence* (3), *du Fay* (4), le Duc *de Noya Caraffa* (5).

Je ne compte point ici parmi les grands hommes ceux qui, par des expériences fuivies & réitérées avec foin, font parvenus à faire des découvertes curieufes fur les propriétés de l'électricité; mais feulement ceux qui ont cherché à découvrir cette vertu dans les corps qui en font doués.

§. DCCCXXIII. Les corps qui ont la propriété d'attirer à eux d'autres corps, fe nomment *électriques* par eux mêmes, ou *idioélectriques*, en Italien *electrici per origine.*

§. DCCCXXIV. L'expérience a découvert un grand nombre de corps qui font électriques par eux-mêmes, lorfqu'on les frotte: telles font prefque toutes les pierres précieufes que nous connoiffons, foit qu'elles foient tranfparentes, demi-tranfparentes, ou opaques; comme les diamans, les faphirs, l'efcarboucle, l'opale, l'amétifte, &c. Telles font auffi plufieurs pierres, comme le plâtre, les belemnites, les criftaux: telles font les réfines terreftres dures, foit qu'elles foient pures, foit qu'elles foient mêlées avec des terres; comme le bitume de Judée, le foufre, l'arfenic rouge: tels font les fels, comme l'alun, le fel gemme: tels font les verres de toute efpece, colorés, ou non colorés: tels font encore les verres chargés de métaux, comme le verre d'antimoine, les porcelaines.

On doit encore ranger dans cette claffe les végétaux defféchés, tels que tous les bois qu'on a examinés jufqu'à préfent: les cordes de chanvre, les fils de lin, le coton, le papier. Les feuilles des arbres, foit qu'elles foient vertes, foit qu'elles foient mortes: on ne doit point en excepter non plus les réfines dures que fourniffent les végétaux; tels que l'encens, le maftic, la réfine du bois de gayac, la gomme élemi lorfqu'elle eft ancienne, la poix & le fucre criftallifé.

Il faut encore comprendre parmi les corps *idioélectriques*, quantité de parties animales, comme les plumes, les poils, les cornes, les os, l'ivoire, la baleine, le parchemin, les poiffons à coquille, la foie, les cordes de boyaux, la gomme laque, la cire, & tout corps quelconque dur, lorfqu'il eft enduit de cire: il faut enfin regarder encore comme *idioélectriques* tous les corps des animaux vivans, qui font couverts de poils, ou de plumes, tels que les chats, les chiens, les lapins, les poules, &c. On trouve encore outre cela quantité de corps électriques, formés du mêlange & de la combinaifon de ceux dont nous venons de parler.

§. DCCCXXV. On appelle corps *non électriques*, ou *anélectriques*, ceux qui, étant frottés, battus, forgés, échauffés, ne donnent aucun figne d'électricité; tels font plufieurs animaux fans poils, ou fans plumes: les métaux, ou les demi-métaux, l'albâtre, la pierre de Lydie, le caillou, & les

---

(1) Phyf. Sect. 1. Lib. 2. (2) Tract. de Magnet. Lib. 2. cap. 2. (3) Tentam. Academ. del cimento, Part. 2. p. 81. (4) Hift. de l'Acad. Roy. ann. 1733, 34, 37. (5) Lettre fur la Tourmaline.

autres pierres que le Duc *de Noya* a examinées & éprouvées; favoir le grenat, le jade, la pierre connue fous le nom de *lapis lazuli*, le jafpe verd, le jafpe rouge d'Egypte, les marcaffites, la turquoife, les coraux, &c : telles font encore les gommes coulantes; comme l'aloës, l'opium, le galbanum, le fagapenum, la gomme ammoniac, l'affa fœtida, le camphre, &c. Il faut ranger auffi dans la même claffe tous les corps qui fe ramolliffent ou qui fe fondent lorfqu'ils font expofés à l'action du feu, comme la *glace*. Il faut auffi y joindre toutes les fubftances humides, de quelqu'efpece qu'elles foient : enfin tous les liquides, qu'on ne peut frotter comme il conviendroit. *Cabeus* (1) & *Thom. Brown* (2) ont rangé, parmi les corps non-électriques, ceux dans qui ils n'ont pas pu découvrir cette propriété ; mais, dans la lifte qu'ils nous ont laiffée de ces corps, il s'en eft trouvé plufieurs qui ont donné des fignes non-équivoques de cette propriété : foit que ceux qui les ont examinés après eux aient tenté leurs épreuves dans un tems plus favorable, ou qu'ils s'y foient pris d'une façon plus convenable; favoir, en faifant bien fécher ces corps, ou en les expofant aux rayons du foleil, ou à l'ardeur du feu ordinaire, ou en les frottant avec des mains plus feches, ou plus accoutumées à faire de telles expériences : enfin foit par rapport à quelques circonftances particulieres, qui réuffiffent mieux dans un tems, moins bien dans un autre; ou même qui, dans de certains tems, ne permettent point, ou ne permettent que très peu à l'électricité de fe manifefter.

§. DCCCXXVI. On trouve plufieurs pierres tranfparentes, qui deviennent électriques par le frottement; mais qui ne le deviennent nullement lorfqu'on les expofe feulement aux rayons du foleil, ou à la chaleur du feu : tels font le diamant blanc, le diamant jaune, l'émeraude, celle du Brefil, l'améthifte, l'aigle marine, la topaze Orientale, celle du Brefil, le faphir bleu, le faphir blanc, le caillou de Bohême, l'hyacinthe, l'opale, &c : découverte qu'on doit à M. le Duc *de Noya*.

§. DCCCXXVII. La *tourmaline* eft une pierre qui devient électrique, foit qu'on la chauffe feulement, foit qu'on la frotte, foit enfin qu'on la chauffe & qu'on la frotte en même tems. Cette pierre eft peut-être la même que celle dont *Pline* fait mention (3); à moins qu'il n'y ait plufieurs pierres rouges qui partagent avec celle-là la même vertu : ce qui ne paroît pas hors de vraifemblance. Cet Auteur, en parlant des différentes efpeces d'efcarboucles, dit : *Et je trouve encore bien d'autres différences* ; il y en a qui jettent des feux couleur de pourpre, d'autres qui en jettent couleur d'écarlate, & qui, étant échauffées par les rayons du foleil, ou frottées avec les doigts, attirent à elles des pailles, des morceaux de papier, & toutes fortes de corps légers. *Solin* nous apprend la même chofe Cap. 52. pag. 82. ; il dit qu'il y en a une qui a deux jours différens : lorfqu'on la confidere fous l'un de ces deux jours, cette pierre lance des rayons couleur de pourpre, & fous l'autre ils paroiffent couleur d'écarlate ; mais fi on l'expofe aux rayons du foleil, & qu'on l'échauffe confidérablement, ou qu'on la frotte entre les

(1) Philofoph. Magnet. Lib. 2. cap. 17. (2) Speudodoxia Epidemica. (3) Plinius in Hift. Nat. Lib. 37. cap. 29. pag. 780.

doigts, elle attire pour lors des brins de paille, des morceaux de papier, des fils, &c.

§. DCCCXXVIII. Les caractères qui servent à nous faire connoître les corps non-électriques par eux-mêmes, sont ceux qui suivent. 1°. S'ils sont propres à recueillir l'électricité de ceux qu'on connoît pour être électriques, & s'ils la transportent à de grandes distances : car les corps *idioélectriques* ne donnent autour d'eux que des signes très foibles d'électricité, & ne sont pas propres à la transmettre à de grandes distances. 2°. Si, étant frottés par une main bien seche, ils ne donnent aucun signe qu'ils soient électrisés, en ce qu'ils n'attirent point à eux des corps légers, très mobiles, suspendus ou placés sur des supports quelconques.

§. DCCCXXIX. Il paroît vraisemblable que les corps *idioélectriques* contiennent une grande quantité de matiere électrique, & que cette matiere est excitée, est mise en mouvement, & s'échappe de ces corps par le frottement & par la pression de la main, qui cause des ébranlemens & des frémissemens dans les parties insensibles de ces corps ; & qu'au contraire les corps non *idioélectriques* ne contiennent point de matiere électrique, ou n'en contiennent qu'une si petite quantité, que, malgré l'ébranlement qu'on lui communique, par la friction de ces corps, elle ne devient pas propre à agir, ou qu'elle n'agit que très foiblement contre les petits corps légers qu'on lui présente : car il ne faut pas croire que la porosité, la densité, l'élasticité, ou que le frémissement qu'on occasionne dans les parties des corps qu'on frotte, soient cause de cette différence ; c'est à dire, que ces circonstances fassent que, parmi les différens corps, les uns soient électriques par eux-mêmes, & que les autres ne le soient pas. Il ne faut pas croire non plus qu'il se trouve dans ces derniers des obstacles internes qui s'opposent à l'écoulement de la matiere électrique ; puisqu'ils reçoivent si aisément, & qu'ils transmettent de même la matiere électrique qu'ils reçoivent de ceux qui sont électriques par eux-mêmes : ce qui paroît manifestement par l'action du soleil ou du feu, qui ne produit aucun effet sur les corps non *idioélectriques*, & qui ne peut point les rendre électriques, quoiqu'elle produise cet effet dans ceux qui sont *idioélectriques*, & qu'elle les rende propres à attirer à eux des corps légers, en excitant la matiere électrique qu'ils contiennent.

S'il en est ainsi, on ne pourra pas dire que la matiere électrique est uniformément répandue dans tous les corps, & qu'elle y réside, de même que la matiere du feu qu'ils contiennent tous également, ainsi que nous aurons occasion de le démontrer par la suite.

§. DCCCXXX. La vertu électrique consiste dans un écoulement d'une matiere subtile, qui est répandue dans les corps que nous nommons *idioélectriques* ; outre cela, il sort de pareils écoulemens de l'air qui avoisine ces corps, mais sur-tout de ceux qui les touchent & qui les frottent : ces écoulemens se portent vers les parties qui se dépouillent de cette matiere, & s'élançant de tous les corps circonvoisins, ils vont s'emparer des places qu'occupoit avant eux la matiere électrique qui s'en est échappée. Or, de même que ces écoulemens, en s'échappant des corps, poussent & chassent devant eux les corps légers qu'ils rencontrent, de même, lorsqu'ils abordent dans quelque corps, ils amenent avec eux, vers fa furface, les corps légers & mobiles, qui n'en font pas éloignés, & qu'ils rencontrent fur leur paffage.

§. DCCCXXXI. On doit regarder l'électricité comme un écoulement, une exhalaifon d'une matiere très fubtile, à la vérité, mais néanmoins matérielle.

1°. Parceque ces écoulemens font fenfibles au toucher; car fi vous approchez la main à peu de diftance d'un tube récemment frotté, ou d'un tube de fer qu'on électrife, vous éprouverez le même fentiment que fi ces corps étoient entourés d'une toile très fine, ou d'un fouffle très léger.

2°. Ils fe manifeftent encore à l'odorat; ils ont une odeur défagréable, analogue à celle de l'efprit de vitriol, du phofphore, de l'eau régale : cette odeur eft très fenfible, fur tout à l'extrêmité d'un tube électrifé, & elle fe répand même à une très grande diftance dans la chambre dans laquelle on fait de telles expériences.

3°. Si on reçoit ces écoulemens dans la bouche, ils y produifent la même fenfation que produiroit un *acide fubadftringent*.

4°. Ils fe préfentent aux yeux fous la forme de petites flammes, ou de petites aigrettes lumineufes, qui paroiffent comme adhérer aux petites éminences, ou aux extrêmités des corps d'où ils s'échappent; mais on les remarque fur-tout aux angles des barres de fer, ou des autres métaux qu'on électrife.

5°. Lorfque deux petites flammes de cette efpece fortent de deux corps qui font oppofés l'un à l'autre, & que, par leur concours, elles forment une efpece de petit cylindre lumineux; elles brillent avec plus d'éclat, & fouvent même elles forment une explofion, une efpece de choc qui peut quelquefois s'entendre à la diftance de deux cens pas, felon les obfervations de *Winkler* (1).

Outre cela, ces flammes, lorfqu'elles font d'une certaine étendue, produifent une efpece de fifflement continuel dans l'air.

Or puifque les écoulemens électriques affectent tous nos fens, il n'eft pas poffible de douter un inftant qu'ils foient matériels.

§. DCCCXXXII. Chaque fois que des corps frottés nous permettent d'obferver les cinq phénomenes que nous venons d'indiquer, nous fommes alors autant fûrs qu'on puiffe l'être, que ces corps font *idioélectriques*. L'électricité de ces efpeces de corps fe manifefte fur-tout dans la partie frottée : de-là fi ces corps font d'une certaine longueur, ou qu'ils aient une certaine étendue, & qu'on ne frotte que quelques-unes de leurs parties, la vertu électrique fe manifefte vers ces parties frottées, & non vers les autres.

§. DCCCXXXIII. Les écoulemens électriques peuvent fe répandre autour de tous les corps que nous connoiffons, pourvu qu'on ait foin de les ifoler; c'eft à-dire, de les placer fur des corps *idioélectriques*, ou de les fufpendre à des corps de cette efpece. De quelque nature que foient ces corps, ils deviendront électriques, foit qu'ils foient folides, ou fluides, du regne animal, végétal, ou lapidifique, durs ou mous, en mouvement ou en re-

____

(1) Electrife Krafft des Waffers, Cap. 6. §. 48. p. 54.

pos , chauds ou froids , colorés ou non colorés, fecs ou humides , polis ou non polis , & ils deviendront tous électriques dans un inftant.

Car 1°: Tous ces corps, de quelqu'efpece qu'ils foient , font attirés ou repouffés , fi-tôt qu'on excite la vertu électrique des corps électriques par eux-mêmes ; & foit qu'ils foient attirés , foit qu'ils foient repouffés , ils deviennent électriques eux-mêmes par communication.

2°. Il paroît que tous ces corps ont contracté la vertu électrique, & qu'ils font enveloppés par des écoulemens électriques , lorfqu'ils ont eux-mêmes la faculté d'attirer & de repouffer , auffi-bien que les corps *idioélectriques* , les corps légers qui fe trouvent plongés dans la fphere de leur activité.

3°. Parceque tous ces corps font comme abreuvés d'une lumiere électrique , qu'ils confervent & qu'ils entretiennent.

J'ai cependant rencontré trois perfonnes que je n'ai jamais pu électrifer , même en différens tems ; quoique dans le même tems que je tentois cette expérience , je parvenois à électrifer fortement d'autres perfonnes : l'une de ces perfonnes étoit un homme robufte , vigoureux , âgé de 50 ans , & n'étant attaqué d'aucune incommodité : l'autre étoit un jeune homme paralyti-que , âgé de 23 ans : la troifieme étoit une belle femme , faine , & âgée de 40 ans , mere de deux enfans bien conftitués , & fort robuftes. Peut-être, par la fuite , découvrira-t-on des corps , dans les trois regnes de la Nature , qui fe refuferont à l'électricité , & qu'on ne pourra parvenir à électrifer ; car ce n'eft que le hafard qui puiffe faire découvrir de telles exceptions.

§. DCCCXXXIV. Il n'eft pas toujours indifpenfablement néceffaire que les corps qu'on veut électrifer foient ifolés ; car lorfque nous faififfons avec la main une fiole en partie remplie d'eau qu'on électrife , quoiqu'alors nous foyons fur le plancher , cela n'empêche aucunement de porter une quantité confidérable de matiere électrique dans cette fiole : lorfqu'une fiole eft char-gée d'électricité , on peut la retirer du tube , auquel elle étoit fufpendue , la pofer fur une platine de métal , placée fur une table ; & cette fiole , malgré cela , conferve encore quelque tems fa vertu électrique.

§. DCCCXXXVI. Il arrive quelquefois que la flamme d'une bougie , celle d'efprit de vin enflammé dans un vafe , placé fur une petite plaque de fer , fufpendue à un fil de foie , & chargée d'électricité , n'attire point des corps légers qu'on lui préfente , & que cette flamme elle-même n'éprouve aucun changement : j'ai éprouvé cela daas un tems fec & ftable. Or peut on dire que cet effet vient de ce que la matiere électrique , qui pénetre la flam-me , fe diffipe entierement , & s'éleve en-haut avec les étincelles & la fumée qu'elle répand , & qu'elle ne s'écoule point latéralement ? Cependant j'ai éprouvé quelquefois que la flamme d'une chandelle électrifée attiroit une petite plume fufpendue à un fil de lin ; & j'ai fait cette obfervation dans un tems humide , & très peu propre à l'électricité. Le célebre *Jallabert* , ayant placée une chandelle allumée fur une petite plaque de fer , qu'il chargea d'électricité , obferva que la flamme de cette chandelle s'approchoit de foi doigt , qu'il lui préfenta , & qu'il tourna circulairement autour de cette flamme.

Si on plonge une chandelle électrifée dans un jet d'efprit de vin , qui fort par un petit orifice fait à un tube , cette liqueur s'enflamme ; elle forme une flamme longue, & d'une grande étendue, & elle a la vertu d'attirer un fil de lin, & d'être elle-même attirée fortement, en lui présentant la main. La flamme d'une chandelle, placée entre deux barres de métal, éloignées l'une de l'autre, a coutume de transmettre, d'une des barres à l'autre, la matiere électrique qu'elle reçoit. Si on supprime la chandelle, l'électricité ne poura point se propager d'une barre à l'autre, à cause de la trop grande distance qu'il y a entr'elles deux; mais lorsqu'on place cette chandelle entre ces deux barres, on diminue de moitié leur distance, & l'électricité, ayant alors un espace sous-double à parcourir, se propage plus aisément. Je n'ai pas encore pu parvenir à communiquer la vertu électrique à de la fumée de térébenthine; cependant la flamme de cette huile peut s'électriser, & donne, lorsqu'on l'électrise, des signes non-équivoques d'électricité : cette flamme répand cependant une fumée fort épaisse. Ces différences dépendroient elles de la constitution actuelle de l'air, ou de quelques circonstances qu'on ne connoît point encore ? Quoi qu'il en soit, toutes ces différences, toutes ces irrégularités, qui se font observer si souvent, doivent rendre les Physiciens plus circonspects à réfuter les observations des autres, jusqu'à ce qu'on ait fait de plus grands progrès sur cette matiere.

§. DCCCXXXVI. Les corps *anélectriques* ou non *idioélectriques*, savoir ceux auxquels on vient à bout de communiquer la vertu électrique, par le moyen de ceux que nous nommons *idioélectriques*, & qui produisent ensuite les mêmes effets que ces derniers, sont appellés *électriques* par *communication* ou *sympériélectriques*.

§. DCCCXXXVII. On vient à bout de communiquer la vertu électrique plus aisément, & plus fortement aux corps non *idioélectriques*, ou à ceux qui ne sont que foiblement électriques par eux-mêmes, & on la communique plus difficilement, & moins fortement, aux corps *idioélectriquee*, soit qu'on ait déja essayé ou non, d'exciter leur propre vertu électrique. Et plus ces corps sont électriques par eux-mêmes, & plus ils reçoivent difficilement la vertu électrique par communication. En effet, on ne parviendra point à donner assez de vertu électrique par communication à de la poix, à du soufre, à de la soie, à du verre, &c, pour que la main puisse sentir le petit souffle que produisent ordinairement les corps fortement électrisés, ou pour que ces corps nous laissent observer des aigrettes lumineuses, ou enfin pour en tirer des étincelles : c'est pour cette raison, c'est-à-dire, parcequ'il est plus électrique par lui-même, que le fil de soie, qui est bleu, reçoit moins d'électricité par communication que tout autre fil de soie d'une autre couleur, & par conséquent ce fil est préférable à tout autre, pour suspendre les corps qu'on a dessein d'isoler pour les électriser. En général tous les corps qui sont fortement *idioélectriques*, sont très propres à isoler d'autres corps, sur tout si on les frotte auparavant, & qu'on excite puissamment leur vertu électrique : tels sont, parmi ces especes de corps, la cire à cacheter, le soufre, la poix mêlée avec la colophone, &c. En effet, lorsque les corps *idioélectriques* sont fortement électrisés, la matiere électrique qui vient du dehors, & qui voudroit les pénétrer, éprouve une résistance de la part de celle qui est dans l'intérieur de ces corps, & qui y est animée par le frottement qu'on leur a fait subir : or cette résistance s'oppose à l'intromission de

la

la matiere électrique affluente; mais fi, indépendamment de cette réfistance, cette derniere parvient à fe répandre fur la furface des corps *idioélectri-*
ques, elle en eft bien-tôt repouffée : elle devient alors une efpece d'enveloppe, qui entoure la furface de ces corps, & elle oppofe elle-même un
obftacle infurmontable à la continuité de la matiere affluente, qui tend à les
pénétrer. Mais il n'en eft pas ainfi des corps qui ne font point *idioélectriques*,
& qui contiennent très peu de matiere électrique : ceux ci donnent un libre
accès aux écoulemens électriques, qui pénetrent leurs pores, qui, fe répandant
dans toute leur fubftance, fuivent toute la longueur de ces corps, & comme
ils n'ont point naturellement d'atmofphere électrique qui les enveloppe, &
qui puiffe s'oppofer à l'affluence de cette matiere, ils peuvent en recevoir
une très grande abondance, qui les enveloppe de toutes parts; tandis que
celle qui a déja pénétré toute leur fubftance, & qui parcourt aifément toute
l'étendue intérieure de ces corps, étant auffi pouffée vers leurs furfaces, s'en
échappe, & fe diffipe enfuite dans l'atmofphere. Autant les corps *fympé-
riélectriques* reçoivent de matiere électrique, autant les corps *idioélectriques*,
qui la lui fourniffent, perdent de la quantité de cette matiere qu'ils contenoient.

§. DCCCXXXVIII. Si les corps *idioélectriques* ne font point frottés, &
que la matiere électrique qu'ils contiennent ne foit pas mife en mouvement,
cette matiere s'échappera difficilement de ces corps, pour fe porter vers un
autre corps *idioélectrique* dont la matiere électrique fera ébranlée ; tandis
que les écoulemens électriques fe portent aifément vers les corps qui ne
font point électriques, & s'en échappent avec la même facilité : c'eft pour
cette raifon qu'une petite feuille de métal, placée dans un vafe de foufre,
ou de poix, de 3 ou 4 pouces d'épaiffeur, n'eft point attirée par un tube de
verre frotté. Mais fi une même feuille eft placée dans un vafe de bois, de
carton, ou de métal, elle fera attirée par le tube ; la matiere électrique du
bois, du métal, s'échappant de ces corps, & entraînant avec elle la feuille
de métal vers le tube. Mais fi le foufre, ou la poix, dont nous venons de
parler, font échauffés ou frottés, de maniere que la matiere électrique, qu'ils contiennent naturellement, foit mife en mouvement ; alors
cette matiere s'échappera du corps qui la contenoit, & emportera avec elle
la feuille de métal qu'elle pouffera vers le tube. Un vafe de verre, lorfqu'il
eft échauffé, & lorfqu'il eft frotté, tranfmet plus facilement, dans fa cavité intérieure, les écoulemens électriques qui lui viennent du dehors, que
lorfqu'il eft froid.

§. DCCCXXXIX. On électrife plus aifément, & plus promptement, un
corps dont la maffe eft moindre, qu'un autre corps dont la maffe eft plus
confidérable, quoique ce dernier reçoive une plus grande quantité de matiere électrique: En effet, fi on électrife une tringle *de lit* de 6 pieds de longueur, dès l'inftant qu'on lui communique la vertu électrique, elle laiffe paroître à fon autre extrêmité des aigrettes lumineufes ; mais fi on électrife une
barre de fer de 6 pieds de longueur, & dont le poids = 56 livres, les aigrettes ne paroîtront, à fon extrêmité, qu'après un tems beaucoup plus
long (1).

(1) Nollet, Recherches fur l'Elect. p. 146.
Tome I.   X x

2°. Je suspendis à une chaîne de fer, qui étoit elle-même suspendue par un cordon de soie, je suspendis, dis-je, à cette chaîne, une barre de fer qui pesoit 50 livres, & une autre qui ne pesoit que 8 onces : en moins d'une seconde il sortit de cette derniere des aigrettes lumineuses, & il n'en sortit de la plus pesante qu'après 6 secondes.

Si les corps qui ont plus de masse s'électrisent moins promptement que ceux dont la masse est moindre; ils s'électrisent aussi plus fortement : car, ayant électrisé un tube de fer blanc de 4 pieds de longueur & de 6 pouces de circonférence, & ayant pareillement électrisé une barre de fer de même longueur, dont chaque face avoit un demi pouce de large ; ayant, dis-je, électrisé ces deux corps pendant l'espace de 7 à 8 minutes, les aigrettes qui sortoient de l'extrêmité de la barre de fer produisoient des étincelles, lorsqu'on y approchoit la main, qui étoient si piquantes, qu'on ne pouvoit pas les supporter : celles qu'on tiroit à l'extrêmité du tube, étoient beaucoup moins douloureuses, faisoient un moindre bruit, & répandoient une odeur moins désagréable (1).

§. DCCCXL. Mais si le tems est humide, & que le globe électrique ne puisse pas devenir fortement électrique, le corps dont la masse est moindre, par exemple le tube de fer blanc, dont nous venons de parler, s'électrise plus aisément, & propage mieux l'électricité que ne le feroit une masse de fer plus considérable ; telle, par exemple, qu'une *enclume*, ou un poids de 100 livres : parceque l'électricité qui se distribue à ces deux especes de corps, est absorbée plus aisément par l'humidité de l'air qui enveloppe la plus grosse masse de fer, que par celle qui enveloppe un petit tube de peu de surface ; & que la superficie d'une grosse masse, qui est couverte d'humidité, ne reçoit point, & ne laisse point passer dans son intérieur, la matiere électrique qu'elle pouroit recevoir de l'air qui l'avoisine ; tandis que la petite masse du tube, & sa substance moins épaisse, en reçoit encore en partie.

§. DCCCXLI. La figure & la grandeur des corps ne contribuent pas peu à rendre plus sensibles les phénomenes électriques : en effet, une grosse masse de fer, telle qu'un poids de 100 livres, bien plus, plusieurs poids de cette espece, ronds & nullement anguleux, ne s'électrisent pas si bien qu'une chaîne de métal de 300 pieds de long, & qui ne peseroit que 8 livres. Le célebre *le Monnier* a observé qu'une lame de plomb, large de plusieurs pouces, s'électrisoit moins bien que lorsqu'elle est divisée en plusieurs faisceaux unis entr'eux selon leur longueur. L'Abbé *Nollet* ajoûte qu'une barre de fer quarrée, longue de 10 ½ pieds, & qui pesoit 59 livres, s'électrisoit plus aisément qu'une autre barre de même poids, mais qui n'avoit que 4 pieds de longueur. (2).

La figure des corps qu'on électrise contribue aussi à varier les effets de l'électricité ; ce qui paroît manifeste par l'observation de l'Abbé *Nollet*, qui nous apprend qu'une plaque de fer blanc, fortement électrisée, ne donne pas des étincelles si brillantes, ni si fortes que la même plaque contournée en forme de tuyau (3). Une coque d'œuf vuide reçoit plus d'électricité

(1) Nollet, Recherch. sur l'Electr. p. 279. Hist. de l'Acad. Roy. ann. 1747. (2) Nollet, Recherch, pag. 301. (3) Idem ibidem p. 305.

qu'un petit morceau de chaux folide, & du même poids que la coquille d'œuf.

§. DCCCXLII. Quoique nous ayions obfervé, & qu'il foit vrai de dire qu'un corps d'une plus grande longueur reçoive une plus grande quantité de matiere électrique, qu'un autre corps qui feroit moins long; néanmoins la longueur des corps, propre à être plus fortement électrifée, reconnoît des bornes : car il arrive quelquefois qu'un corps reçoit moins d'électricité, lorfqu'il eft plus long, que lorfqu'il étoit plus court.

L'Abbé *Nollet* prit une barre de fer, longue de trois pieds $\frac{1}{2}$, large de 8 lignes, & épaiffe de 2 lignes. Il pefa des bouts de fils de fer, un peu plus gros que ne le font d'ordinaire des aiguilles à tricoter, & il en prit une quantité fuffifante pour égaler le poids de la barre de fer; il unit enfuite ces fils de fer de même qu'on joint bout à bout les chaînes d'arpenteurs : il fufpendit enfuite fa chaîne à des fils de foie, en lui faifant faire plufieurs tours & détours : enfin il électrifa ces deux corps, & il obferva que les étincelles qui partoient de la chaîne n'avoient point affez de force pour allumer de l'efprit de vin, tandis que celles qui s'élançoient de l'extrémité de la barre de fer, produifoient cet effet. D'où il fuit que l'électricité devient, à la vérité, plus forte lorfqu'on fe fert d'un corps plus long; mais que cet effet ne peut avoir lieu que dans le cas où la longueur eft dans une certaine proportion avec la maffe de ce corps : d'où il fuit encore qu'il doit y avoir une certaine proportion entre la longueur & la maffe d'un corps qu'on électrife; laquelle, étant obfervée, l'électricité fera autant forte qu'elle puiffe être dans un corps auquel on communique cette vertu, & que ce corps recevra cette propriété auffi facilement que faire fe peut.

§. DCCCXLIII. Si on prend deux corps de même genre, égaux en maffe; mais que la maffe de l'un de ces deux corps foit une maffe continue, & que la folidité de l'autre foit interrompue; quoiqu'elle ait une plus grande furface, cette derniere maffe deviendra moins électrique, & produira des effets moins fenfibles que la premiere. Cet effet eft démontré d'une maniere inconteftable par l'expérience fuivante. Si on électrife également un cube folide de fer du poids de 8 livres, & des clous de fer qui pefent également; l'électricité fera moins forte dans cette derniere maffe que dans la premiere. L'Abbé *Nollet* a encore prouvé la même chofe d'une maniere plus évidente. Il électrifa au bout d'une chaîne de fer un quarré de plomb laminé, épais d'une ligne, dont chaque côté avoit 6 pouces, & un poids égal de plomb à tirer, dont chaque grain avoit une ligne de diametre, étendu fur un morceau de taffetas de 5 pouces en quarré, auquel aboutiffoit auffi une pareille chaîne; le plomb laminé produifoit des étincelles très piquantes, & d'un grand éclat, fes aigrettes étoient fpontanées : le plomb grainé n'étincelloit pas fi fort, & ne donnoît point d'aigrettes.

§. DCCCXLIV. Tous les corps *idioélectriques* ne font pas tous auffi électriques les uns que les autres, & on ne parvient pas auffi aifément à les électrifer tous, quoiqu'on les prenne dans la même efpece, & qu'ils aient le même nom. Il y a des diamans très purs, qui brillent à peine dans les ténebres après qu'on les a frottés, & qui par conféquent font très peu électriques : il y en a d'autres qui brillent beaucoup, & qui font fort électriques : les diamans, dont la couleur eft bleue, ceux qui font d'une couleur verte brillent plus , & font plus électriques que les autres. Les verres different aussi beaucoup entr'eux; les uns font blancs , les autres ont une couleur verte : parmi les blancs , & qui paroissent très purs, il y en a quelques uns qui font fortement électriques , d'autres qui le font moins , & d'autres enfin qui ne donnent qu'avec peine des signes de leur vertu électrique. J'avois de vieux tubes de barometre , avec lesquels je ne pouvois point construire de barometre lumineux , & qui ne devenoient point lumineux après les avoir bien frottés , & qui même n'attiroient point de corps légers; quoiqu'aujourd'hui les tubes de verre foient presque tous fortement électriques. Les verres de Bretagne font excellens; ceux qui viennent de ce Pays, ainsi que ceux que la Bohême nous fournit, font préférables à ceux qui nous viennent de Hollande & de France. Il y a quelques Physiciens qui recommandent très fort les verres communs qui font d'une couleur verte , ceux qui tirent sur le jaune & sur le noir (1); d'autres préferent ceux qui font d'une couleur bleue. Quelques uns donnent la préférence à ceux qui ne font point colorés ; parceque ceux qui font colorés ne doivent leur couleur qu'à différentes chaux métalliques , qui ne font point électriques par elles-mêmes. L'Abbé *Nollet* fait dépendre la bonté des verres de Bretagne , de la chaux , du plomb & des autres drogues qui entrent dans leur composition (2) ; & ils different entr'eux , parcequ'ils ne font pas tous composés des mêmes ingrédiens, & felon les mêmes proportions : de-là naissent les différences qu'on remarque dans la pureté , la transparence , le poids , la dureté , l'élasticité , &c, des verres. M. *Jallabert* prétend que les verres de la même verrerie & de la même chaudiere , font tous également électriques (3). Quelques-uns ont soupçonné , & non fans fondement, que les verres, dans la composition desquels il entroit une trop grande quantité de fels alkalis , attiroient promptement l'humidité de l'atmosphere , & que , par cette raifon , ils étoient peu propres à faire des expériences électriques ; & qu'il faut préférer pour cet ufage celui qui contient une moindre quantité de fel , & qui a été long-tems exposé à l'action d'un grand feu , c'est-à-dire , celui qui est le plus cuit (4). En général tous les verres font très électriques & très propres à faire des expériences fur cette matiere; mais ceux qui font plus épais font beaucoup meilleurs que ceux qui font plus minces. Il feroit à fouhaiter que nous connussions tous les ingrédiens qui entrent dans la composition des verres , & les proportions felon lesquelles ils y entrent , nous ferions alors à portée de connoître ceux qui feroient les plus propres aux expériences électriques; mais les Ouvriers font un fecret de cela , & ne le communiquent à perfonne. Par exemple , les bouteilles qui nous viennent d'Allemagne ne font-elles pas excellentes pour garder long tems du vin. N'en a-t-on pas fait en France , dans lefquelles le vin fe gâtoit (5) ; parceque le vin qui féjournoit dedans ,

---

(1) Holmannus in Commentar. Gotting. Vol. 1. p. 240. (2) Hist. de l'Acad. Roy. ann. 1745. (3) Sur l'Electr. Chap. 1. p. 7. (4) Wartz von der Electricit. , Cap. 2. §. 29. p. 9.

(5) Un Gentilhomme du Nivernois avoit établi , à grands frais , une verrerie ; mais le vin qu'on mettoit dans les bouteilles qui en venoient, fe gâtoit fur le champ. Les Chartreux d'Apenay avoient aussi une verrerie dans le même canton , & les bouteilles qui en fortoient , produifoient le même effet. On remarquoit qu'il fe dépofoit fur le cône ren-

les rongeoit (1). C'est parcequ'il y a tant de différence entre toutes les especes de verre, qu'on remarque tant de variétés dans les effets qu'ils produisent, même relativement à d'autres phénomenes que ceux de l'électricité,
comme je le ferai observer Chap. XX, en parlant des tubes capillaires. *Fa-
renheit*, en remplissant exactement de mercure plusieurs tubes pour en faire
des barometres, en trouva un qui ne donnoit aucune lumiere, ni aucun
signe d'électricité, lorsqu'on faisoit mouvoir le mercure dans ce tube. J'ai eu
moi-même à ma disposition un verre qui avoit été cuit à Venise dans l'année
1680, qui étoit si mou, qu'on pouvoit s'en servir pour émailler, quoique
tous les verres qu'on faisoit dans ce tems-là en Angleterre étoient parfaitement électriques, & que le mercure, faisant ses vibrations dans des tubes
de cette matiere, donnoit une lumiere intérieure très vive, excitée par le
seul frottement du mercure, lorsqu'il descendoit, & que ces tubes eux-mêmes attiroient à l'extérieur des corps légers suspendus ; effet que le verre de
Venise ne peut point produire.

Je répétai encore en 1759, & avec dessein, la même expérience, & je
remarquai encore les mêmes effets, quoiqu'alors le verre d'Angleterre
excitoit encore du mouvement dans des corps légers. Il n'y a que
celui qui s'adonne avec attention à de telles expériences, qui puisse se
convaincre de toutes ces différences, s'il a le soin de porter ses recherches
sur toutes sortes de corps. J'ai chez moi une espece de cire à cacheter, un
peu moins électrique que du verre ; j'en ai aussi d'une autre espece, qui,
quoique plus belle & plus pure que la premiere, est néanmoins beaucoup
moins électrique qu'elle : j'en ai encore d'une autre espece, qui est plus électrique. En général la meilleure cire, lorsqu'elle est frottée, est très électrique ; elle donne de la lumiere dans l'obscurité, & elle jette des aigrettes lumineuses, aussi-bien que des tubes de verre. J'ai observé très distinctement
ces aigrettes en hiver, dans un tems de forte gelée, & lorsque l'air étoit très
sec. Mais comme nous ignorons encore les différens ingrédiens qui entrent
dans la composition des corps, la disposition de leurs parties, leurs densités
& leurs pores, il n'est pas possible de déterminer ce qui rend les corps plus
électriques les uns que les autres. Il y a des corps que la seule chaleur du soleil électrise, quoique foiblement (2) : d'autres dans qui cette vertu se décele, pour peu qu'on les frotte : d'autres qui sont fortement électriques,
lorsqu'on les frappe. Telles sont les larmes bataviques, qu'on frappe plusieurs
fois sur une enclume, avec un marteau d'acier. On remarque encore le même effet avec des gâteaux de soufre (3). Il y a d'autres corps qu'il faut échauffer, ou frotter long-tems, avant qu'ils donnent des signes d'électricité : il y
en a d'autres qui ne deviennent pas électriques, lors même qu'on leur a
communiqué plus de chaleur que n'en a d'ordinaire un œuf qui est sous les

trant, qui est au fond de chaque bouteille, une espece de lie, ou de limon épais, & sur
les parois de ces bouteilles des cristaux tartareux : la surface de la bouteille que le vin tou-
choit, étoit rongée & comme vermoulue. M. *Geoffroy* le cadet a rendu compte de ce phénomene dans un Mémoire imprimé parmi ceux de l'Académie Royale pour l'an 1724.

(1) Hist. de l'Acad. Roy. ann. 1724. (2) Boyle, de Atmosph. corp. conss. p. 9.
(3) Kratzenstein, Theor. Elect. §. 13. p. 4.

aîles d'une poule ; mais qui font électriques lorfqu'ils font froids : telles font les réfines des végétaux , les réfines terreftres & fulfureufes. Je pourrois encore rapporter ici l'exemple de quelques verres, qui deviennent d'autant moins électriques, qu'on les chauffe davantage ; & par conféquent qui ne font point du tout électriques lorfqu'on les échauffe jufqu'au point de les faire rougir. La *tourmaline* eft extrêmement électrique lorfqu'on lui a communiqué la chaleur de l'eau bouillante ; mais fi on l'échauffe plus ou moins, elle eft moins électrique (1) : cela viendroit-il de ce que l'élafticité s'affoiblit dans les corps qu'on fait rougir ; de forte que leurs parties deviennent moins propres à frémir & à pouffer au-dehors la matiere électrique qu'ils contiennent , ou parceque la chaleur des charbons ardens réfifte à la matiere électrique , & s'oppofe à fon entrée dans ces corps. Il y a cependant des corps qu'il faut échauffer confidérablement avant de les frotter , fi on veut les rendre électriques ; tel eft le bois de gayac, le buis, le noyer , l'aune, le chêne , &c. Il faut avoir foin de laiffer long tems dans un four chaud les bois qu'on veut rendre électriques, & de les y laiffer fuffifamment , pour que leur écorce noirciffe ; outre cela il y a plufieurs corps qui ne font électriques que lorfqu'ils font chauds : tels font l'ivoire , l'os, la corne , la baleine , le cuir , les pierres , le marbre , &c ; & aucun de ces corps ne devient électrique tant qu'il eft froid : cela viendroit-il de ce que ces corps font mouillés intérieurement par une humidité qu'il faut que le feu deffeche ? Car l'humidité eft un obftacle , & empêche la matiere électrique de s'échapper des corps qui font humides, quoique cependant l'électricité qui s'échappe de l'eau & de la glace , fe jette avec abondance dans les corps électriques.

§. DCCCXLV. De même que ceux qui s'exercent beaucoup à répéter des expériences fur cette matiere, acquerent l'habitude de les faire avec dextérité ; de même les corps électriques, dont on fait fréquemment ufage, deviennent plus aifément & plus fortement électriques , & perdent cet avantage fi on les abandonne long tems à l'oifiveté : ainfi que je l'ai remarqué moi-même après MM. *Boʓe* & *Nollet* (2). Cela viendroit-il de ce que,

(1) Hift. de l'Acad. de Berlin , ann. 1756 , p. 112.

(2) J'ajoûterai ici, pour confirmer cette vérité, un fait dont j'ai plufieurs témoins. Je montai en 1760 , au mois de Janvier, un globe de 7 pouces 3 lignes de diametre, que je fis travailler inutilement pendant plus de deux mois ; je le gardai pendant tout ce tems entre les deux poupées de ma machine , & je ne l'abandonnai point ; parceque j'en avois un de la même Verrerie & de même cuite , qui étoit excellent , & que je comptois beaucoup fur celui dont il eft ici queftion. Je me déterminai donc vers la fin du mois de Mars à examiner férieufement ce que j'en pourrois tirer. Je fis venir un homme qui le fit tourner pendant près de trois jours ; tandis qu'il frottoit fur un couffinet à reffort. Je m'apperçus dès le fecond jour qu'il attiroit fortement des corps légers que je préfentois à 2 ou 3 pouces de diftance de fon équateur : le lendemain je montai ma machine électrique , & je tirai de fortes étincelles ; ce qui m'engagea à le faire travailler encore 3 ou 4 heures. Sa vertu s'augmenta confidérablement ; mais je préférai celui que j'avois auparavant : ce qui fit que je négligeai le premier pendant plus de 7 à 8 mois. Celui dont je fis ufage pendant tout ce tems , étant tombé , fe caffa : je revins avec confiance à l'autre ; mais je ne pus m'en fervir avec fuccès , qu'après l'avoir fait travailler pendant près de 12 heures : & depuis ce tems , ce globe m'a toujours bien réuffi.

lorsque les pores des corps *idioélectriques* sont fréquemment abreuvés de la matiere électrique, les parties solides de ces corps qui pouvoient s'opposer à la circulation de cette matiere, sont ébranlées & disposées de maniere que les voies de ces écoulemens deviennent plus libres, & que les surfaces de ces parties deviennent plus lisses & plus polies ; mais que dans ceux qu'on abandonne long-tems, sans en faire usage, il s'échappe de leurs substances des sels, qui obstruent les pores, & les couvrent, pour ainsi dire, d'une espece de rouille : c'est pour cete même raison qu'on remarque que les vases de verre qu'on laisse quelques années sans en faire usage, & sans les essuyer, se couvrent d'un nombre considérable de petites scissures ; mais comme les vases creux dont on se sert pour les expériences de l'électricité sont souvent ébranlés, lorsqu'on en fait un fréquent usage, leurs surfaces internes demeurent propres, unies & seches, par le moyen de la matiere électrique, qui pénetre toute leur substance ; tandis que l'humidité de l'air porte, contre les parois internes de ceux qui restent dans le repos, une espece de rouille ; & c'est pour cela même que, lorsqu'on veut s'en servir de nouveau avec succès, il faut avoir soin de nettoyer, de laver leurs surfaces intérieures, & de les laisser sécher parfaitement. Ne pourroit-on pas dire aussi que l'observation de M. *Boze*, qui nous apprend que les ballons de verre qui ont servi dans les Laboratoires de Chymie, à faire les plus fortes distillations, sont beaucoup plus électriques que les autres (1), ne pourroit-on pas dire que l'effet dont nous venons de parler, dépend du poli que le contour des pores disséminés dans la substance du verre, acquiert par le mouvement de la matiere ignée ?

§. DCCCXLVI. Mais quel moyen pourroit-on employer pour connoître si un corps *idioélectrique* est plus électrique qu'un autre ? L'Abbé *Nollet* nous fournit une réponse à cette question (2). Coupez de petites feuilles de métal pour en former de petits quarrés égaux ; afin que chacune de ces petites parties soient de même poids, & aient la même figure : couchez tous ces petits quarrés, bien étendus sur une platine neuve de métal, que vous laisserez constamment sur le même support pendant tout le tems de l'expérience, & éloignée des autres corps ; frottez après cela sur le même coussin de cuir, ou de laine, avec la même force, & également long-tems, différens corps *idioélectriques*, que vous prendrez, autant que cela se pourra, de la même grandeur & de la même figure : faites aussi ensorte qu'il y ait peu de spectateurs pour cette expérience, dans la crainte que l'air de la chambre où on la fait, ne devienne trop humide, & approchez enfin un de vos corps frottés à différentes distances de vos feuilles de métal, d'abord à une grande distance, ensuite à une un peu moindre, jusqu'à ce que vous observiez un mouvement dans ces feuilles : marquez alors la distance à laquelle cet effet a lieu, ainsi que la promptitude de ce même effet ; présentez ensuite, de la même maniere, un autre corps frotté, après celui-là un autre, & ainsi de suite : vous conclurez alors, d'après vos propres observations, que celui-là sera le moins électrique, qu'il aura fallu approcher plus près pour lui faire

(1) Philos. Transact. n°. 492. (2) Recherch. sur l'Electr. p. 127.

produire le même effet ; & que celui qui l'aura produit à une plus grande distance , sera plus *idioélectrique*.

§. DCCCXLVII. Pour exciter comme il faut la matiere électrique des corps idioélectriques , il faut avoir soin que leurs surfaces soient nettes , polies , seches : ceux dont les surfaces sont inégales & raboteuses n'attirent point des corps légers , même après avoir été frottés , & cela parcequ'on ne peut pas les bien frotter , & que la matiere électrique qui s'en échappe n'en sort pas avec ordre & avec un mouvement uniforme : prenez des carreaux de vitre bien polis d'un côté , & raboteux de l'autre ; frottez la surface raboteuse de ces carreaux , l'une & l'autre surfaces n'attireront que foiblement : mais si vous frottez leur surface polie , l'une & l'autre surfaces repousseront violemment des corps légers : c'est pour cela qu'il arrive souvent que des surfaces raboteuses deviennent très électriques lorsqu'on les polit. Si vous vous servez de corps *idioélectriques* qui sont creux , ayez soin que leur surface intérieure soit aussi nette & aussi seche que leur surface extérieure ; car toute humidité , toute exhalaison , toute fumée , toute malpropreté quelconque , nuit aux effets de l'électricité : toutes ces choses retiennent , absorbent & suffoquent , si on peut ainsi parler , la matiere électrique. Afin donc de répéter les expériences de l'électricité avec tout le succès possible , il faut avoir soin auparavant de laver les corps dont on sert, avec de l'esprit de vin, de les essuyer ensuite, de les laisser parfaitement sécher , afin qu'aucune malpropreté ne demeure adhérente à aucune partie de ces corps.

§. DCCCXLVIII. Nous découvrons très bien les propriétés de l'électricité en faisant usage de tubes de verre d'un pouce & plus de diametre, longs de deux pieds , ou deux pieds & demi , ouverts des deux côrés , ou bouchés avec du liege , de crainte que l'air ne porte quelques malpropretés sur leurs surfaces intérieures : & comme le liege est très poreux , il se fait une circulation d'air de l'intérieur à l'extérieur , qui entretient le premier dans la même densité que l'air extérieur. Nous nous servons aussi pour la même fin de cylindres solides de verre commun de couleur verte , ou d'excellent verre d'Angleterre , qui est extrêmement transparent : nous faisons encore usage de cylindres de bois bien secs , à demi-brulés , & frits ensuite dans la cire ou dans l'huile de lin. Ce fut *Ammersin* qui fut l'inventeur de ces sortes de cylindres ; ils n'absorbent point ensuite l'humidité de l'air , & ils ne le cedent en rien en bonté aux verres les plus électriques. On se sert encore , avec beaucoup d'avantage , pour faire les expériences de l'électricité , de globes de verre de 9, 10, 16 , & même 17 pouces de diametre suffisamment épais, ou de vases de porcelaine , qu'on fait tourner circulairement en les frottant, ou de cylindres de verre de 6 pouces de diametre , tant ceux qui sont de verre vert , que ceux qui sont de verre blanc. On peut encore faire usage d'une boule de bois de 4 à 5 pouces de diametre , couverte de soufre selon toute sa surface , ayant soin de l'enarbrer sur un axe de fer : enfin on peut se servir d'un cylindre solide d'un demi-pouce de diametre , de deux pieds de longueur , & revêtu de cire à cacheter rouge : peut être que ceux qui viendront après nous , pourront découvrir quelque chose de meilleur pour ces sortes d'expériences.

On

On a imaginé depuis peu en Angleterre une machine électrique, que je trouve fort simple, & que je préfere non feulement à celles dont je me fuis fervi; mais encore à toutes celles qu'on a imaginées jufqu'à préfent. C'eſt ce qui m'engage à en donner la defcription. Dans une efpece de tambour creux A [*Tab. 22. fig.* 1.], eſt placée une roue dentée, enarbrée fur l'axe E; cette roue eſt mife en mouvement par une vis fans fin à trois filets, dont l'axe eſt faillant en B: cet axe, étant tourné circulairement par le levier B C, à l'aide de la manivelle C D, communique un mouvement de rotation très rapide au cylindre de verre (1).

Toute la machine eſt folidement attachée fur une table, à l'aide des vis L, M. Sur la bafe de cette machine eſt établi un reſſort d'acier H, auquel eſt attaché un couſſinet de cuir G. Par le moyen de la vis K, on peut bander ou débander le reſſort, & par conféquent appuyer plus ou moins le couſſinet contre le cylindre de verre qu'il doit frotter. Ce cylindre, étant mû circulairement, & étant frotté par le couſſinet G, devient fortement électrique. Dans la bafe de cette machine gliſſent deux regles de cuivre S R, S R, qu'on fixe par les vis T, T; fur ces deux premieres regles s'élevent deux autres regles S X, S Y, qui en portent deux autres X Z, Y a: à chaque extrêmité defquelles pendent des fils de foie bleue, qui fufpendent un tube de cuivre O P. A la partie antérieure O de ce tube eſt fixé un double fil de cuivre doré, applati à fes extrêmités N; ce fil, tout foible qu'il foit, eſt extrêmement élaftique, & reçoit toute l'électricité du cylindre qu'il touche. A l'autre extrêmité P du tube O P, eſt un petit trou fait pour fufpendre des fils, ou des chaînes, qu'on peut conduire à différens endroits, felon les befoins.

§. DCCCXLIX. Pour exciter la matiere électrique des corps *idioélectriques*, il faut les frotter avec la main, ou avec un couſſinet; mais il n'importe pas peu de faire attention aux corps dont on fe fert pour les frotter: il

______

(1) Il s'eſt gliſſé une erreur dans la defcription que l'Auteur nous donne ici de la machine électrique Angloife; car la roue, étant enarbrée fur l'axe du cylindre de verre, ce cylindre ne fera qu'un tour, à chaque tour que la roue fera: mais cette roue fera elle même d'autant moins de tours, qu'elle aura plus de diametre, relativement à celui de la vis fans fin, qui eſt fuppofée la conduire. Suppofons, par exemple, que le diametre de la roue $= 6$ pouces, & que celui de la vis $= 1$ pouce; il faudra néceſſairement que le pignon faſſe fix tours, pour que la roue en faſſe un; car on doit confidérer cette vis comme un pignon qui mene une roue: or, d'après les principes univerfellement reçus en Méchanique, la vîteſſe d'une roue, conduite par un pignon, eſt à celle de ce pignon, comme le diametre du pignon eſt au diametre de la roue: d'où il fuit manifeſtement qu'en fuppofant la conftruction qu'on vient de donner, & le rapport indiqué entre le diametre de la roue & du pignon, il faudra fix tours de manive'le pour que le cylindre faſſe une révolution: ce qui rend le mouvement de ce cylindre beaucoup plus lent que fi on appliquoit la manivelle à l'extrêmité de fon axe.

Ainfi donc, pour tirer parti de la roue dont on fait ici ufage, à deſſein d'augmenter la vîteſſe du cylindre, il faut néceſſairement que la manivelle foit appliquée à l'arbre de la roue, & que la denture de cette roue engraine dans les filets de la vis fans fin, qui doivent être creufés fur l'arbre même du cylindre. Suivant cette conftruction, chaque tour de manivelle fera faire un tour à la roue, & le cylindre qu'elle conduira, fera d'autant plus de tours dans le même tems, que le diametre de fon arbre ferà plus petit, par rapport à celui de la roue.

y en a qui empêchent l'électricité de se manifester ; tels sont les morceaux de mine d'antimoine de bismuth, les corps humides, huileux, gras, la cire, les résines : ceux dont la texture est trop lâche, les mains humides. D'autres qui, quoique très secs, n'excitent point une forte électricité; tels sont les corps *idioélectriques*, dont la vertu électrique est très puissante ; le verre en poudre, le succin, le soufre, &c. Les coussinets faits de soie quelconque, soit en fil, soit en étoffe, ceux qui sont faits d'étoffe de laine, de cheveux, de poils de castor, &c. On remarque encore le même effet si on répand sur le coussinet de la limaille de fer, de la chaux d'étain, de plomb, du sable; de là si on frotte du verre avec du verre, du succin avec du succin, ou du verre avec du succin, on ne produit qu'une électricité très foible, & on ne l'excite pas également dans différens corps qu'on frotte de cette même maniere. Il y a d'autres corps qui excitent une forte électricité; tels sont la craie très seche, la poudre d'amidon très desséchée, sur-tout les scories de cuivre jaune réduites en très petites parcelles : cette derniere substance excite une électricité très forte lorsqu'on répand la poussiere qui en résulte sur de petits coussinets oblongs, faits de cuir rouge de Turquie, ou de peau blanche d'agneau, & remplis de crin ou de plume très seche, prise sous les aîles de quelques oiseaux. Je préférerois toujours ces scories, si, lorsqu'elles tombent par terre, elles ne faisoient des taches ineffaçables sur le parquet; mais, à leur place, on peut se servir, pour enduire ces coussinets, de petites feuilles minces d'étain, d'argent, d'or, ou d'une carte dorée, argentée, ou enfin couverte de cuivre ou d'étain qui touche le globe lorsqu'il tourne, pourvu qu'on ait eu l'attention de bien sécher cette carte, ou le coussinet, en l'exposant, pendant plusieurs heures, aux rayons du soleil, ou devant un feu de charbons qui ne répande aucune fumée. Les coussins qu'on fait avec du chanvre, ou avec tout liege quelconque, avec du papier, du coton, sont moins bons que ceux qui sont faits de cuir doré; en un mot le meilleur coussinet dont on puisse se servir, est celui qui est fait de bois recouvert de 7 à 8 peaux de buffle, ainsi que l'avance l'Abbé *Nollet* (1). Le célebre M. *Halles* recommande, pour cet usage, un linge neuf, qui n'ait jamais été mouillé (2). Les globes dont on se sert pour faire les expériences de l'électricité deviennent donc électriques (3), lorsqu'on les fait tourner rapidement, & qu'ils frottent sur les coussinets dont nous venons de parler: ils le deviennent encore, si un jeune homme sain, vigoureux, & d'une constitution seche, les frotte avec la main, ou même avec les deux mains: enfin on réussira encore mieux, si on répand, sur la main qui doit frotter le globe, quelques-unes des poudres dont nous venons de faire mention.

(1) Recherch. sur l'Electr. p. 317. (2) Philos. Transf. n°. 488. p. 410.

(3) Il s'est glissé ici une faute d'impression ; voici le texte : *Hisce pulvillis spheræ vitreæ veloci vertigine rotatæ teruntur.* Ce qui signifie que les globes de verre, auxquels on communique un mouvement de rotation très rapide, s'usent en frottant sur ces coussinets, (ceux dont nous venons de parler). Or, si on compare ce texte avec ce qui suit, on conviendra que, quoique tout corps exposé au frottement s'use nécessairement, & que quoique les globes de verre, dont il est ici question, soient dans le même cas, on conviendra, dis-je, que l'Auteur n'a point eu intention de parler de cet effet. J'ai donc cru devoir me prêter ici à l'idée de l'Auteur, & donner à ce texte le sens que je lui ai donné.

Cette méthode est, à la vérité, la plus avantageuse de celles qu'on peut mettre en usage; mais elle porte avec elle un inconvénient, qui est qu'elle nuit à la santé, en ce qu'elle peut exciter une fievre ardente, & donner les pâles couleurs (1).

§. DCCCL. Les corps frottés & les corps frottans concourent donc ensemble à la meilleure maniere d'exciter la matiere électrique : ceux qui frottent doivent donc être tels qu'ils puissent, à la vérité, mettre en mouvement la matiere électrique des corps *idioélectriques* ; mais il faut encore qu'ils soient propres à transmettre également la matiere affluente & effluente. C'est pour cela que les coussinets sur lesquels on répand du verre pilé, ou du soufre, qui sont des matieres *idioélectriques*, ne sont pas propres à

(1) Sans vouloir jetter aucun soupçon sur la bonne-foi de l'Auteur, que j'honore infiniment, & qui est universellement reconnue, ne pourrois-je pas déduire de plusieurs observations que je vais rapporter, que la crainte de l'accident dont il nous menace dans cette occasion, n'est fondée que sur quelques faits particuliers, qui peuvent d'autant moins justifier son idée, qu'ils paroissent absolument indépendans de la cause à laquelle il les attribue. Il a pu se faire, à la vérité, que quelques personnes, ayant frotté des globes électriques, après avoir répandu sur leurs mains quelques-unes des poudres dont il fait mention, aient été attaquées d'une fievre ardente, & aient eu les pâles couleurs; mais je ne puis croire pour cela qu'on puisse démontrer une connexion entre ces maladies & les poudres dont nous parlons. Il est vraisemblable, & tout nous porte à croire, que ces effets doivent leur origine à la disposition où se trouvoient alors ceux qui ont fait ces sortes d'expériences. Je soupçonnerois tout au plus, que l'action de frotter des globes électriques, & que les effets qui résultent de ce frottement sur l'économie animale, ont pu contribuer à accélérer un accident qui se seroit manifesté indépendamment de cela : mais les poudres ne paroissent point devoir entrer pour quelque chose dans cet accident. *Mussenbroek* lui-même a été incommodé, & a eu, à trois différentes fois, une fievre de 36 heures, ainsi qu'il nous l'apprend (§. 945). Madame son épouse a été incommodée après avoir frotté des globes ; mais ils ne s'étoient, ni l'un, ni l'autre frottés les mains avec aucune poudre : car il n'eût pas manqué de nous le faire observer.

Ce que je puis assurer, d'après plusieurs observations constantes, & d'après ma propre expérience ; j'ai connu en Province plusieurs personnes qui faisoient métier de répéter des expériences sur l'Electricité ; ces gens électrisoient continuellement, & ils avoient toujours soin, pour conserver la sécheresse de leurs mains, de les couvrir de différentes poudres : j'en ai connu deux qui électrisoient ayant sur la paume de la main de la raclure d'étain pour frotter le globe. J'en ai vu un qui se couvroit la main de parchemin, sur lequel il étendoit des raclures de cuivre, & je n'ai jamais oui dire qu'aucun de ces gens-là ait été incommodé. En 1762 je répétai, pendant huit jours consécutifs, différentes expériences sur l'Electricité ; je frottai des globes pendant plus de 7 heures par jour, & j'avois soin, à chaque instant, de me frotter les mains avec de la craie. Pendant les vacances de la même année, je tentai, à la campagne, quantité d'expériences, qui m'obligerent à frotter des globes, pendant plus de 60 heures en 8 jours, ayant toujours la précaution de me frotter les mains avec de la craie. J'ai toujours suivi cette même méthode jusqu'en 1764, où je commençai, pour ma commodité, à construire un coussinet à ressort : & je n'ai jamais été incommodé.

Comme les expériences sur l'Electricité ne réussissent jamais mieux que lorsqu'on frotte les globes avec des mains couvertes de ces sortes de poudres, & qu'on ne peut assez encourager les Physiciens à travailler sur cette matiere, sur laquelle on ne peut trop rassembler de faits & d'observations ; j'ai cru devoir faire ici cette remarque, dans la crainte que le zele des Physiciens électrisans ne se refroidît, par les dangers dont notre Auteur les menace.

tranfmettre les écoulemens électriques, comme ceux qui font frottés avec de la craie, de l'amidon, des fcories de cuivre, &c; matieres qui ne font point électriques : d'où il fuit que la main de tel homme eft fouvent préférable pour électrifer, à celle d'un autre homme, lors même que ce dernier auroit la main couverte de craie.

§. DCCCLI. L'électricité, une fois excitée dans certains corps *idioélectriques*, fe conferve quelquefois long tems, fi on place ces corps dans des endroits très fecs & très purs. J'ai obfervé à Leyde, dans un tems très ferein, & de forte gelée, que des tubes de verre confervoient leur électricité une heure après avoir été frottés : j'ai encore obfervé qu'elle fubfiftoit pendant 12 heures, lorfque j'avois électrifé des globes d'un grand diametre. Le célebre *Boze*, qui a fait quantité de découvertes curieufes fur cette matiere, nous affure qu'il avoit confervé électriques, pendant 3 ou 4 jours, des globes de verre enduits intérieurement de cire à cacheter, de poix, ou de foufre, & qu'après ce tems ils avoient encore attiré des fils légers (1) ; ce que M. *Jallabert* nous a encore confirmé (2). Si un tube de verre perd en peu de tems la vertu électrique qu'il reçoit par le frottement ; fi on le frotte de nouveau, & qu'après l'avoir rendu électrique par ce frottement, on l'approche auprès d'un feu ardent, & qui ne donne point de fumée, il confervera un jour entier fa vertu électrique. J'ai obfervé plufieurs fois que de la cire d'Efpagne, du foufre, de la colophone, que j'avois électrifés, & que je renfermois enfuite dans des étoffes de laine, le tout étant placé après cela dans des vafes de verre ; j'ai remarqué, dis je, que ces corps ont confervé leur vertu électrique pendant 6, 7, 8, 9, 10 mois. Mais l'électricité qu'on communique aux hommes, aux métaux, aux cordes, & à tout autre corps non électrique par lui-même, fe diffipe, pour l'ordinaire, fur-le champ : on a cependant obfervé quelquefois qu'elle fe confervoit pendant un quart-d'heure, lorfque le tems étoit favorable. L'électricité ne fe conferve jamais plus long-tems que lorfqu'elle eft communiquée immédiatement par des corps *idioélectriques*. On a encore remarqué que la vertu électrique, étant communiquée à l'intérieur d'une fiole de verre, vuide & feche, par le moyen d'une chaîne qui pendoit dedans, s'eft confervée pendant quelque tems ; qu'elle fe jetta enfuite dans de l'eau qu'on verfa dans cette bouteille, & qui plus eft, qu'elle fubfifta encore dans cette eau, quoiqu'on l'eût vuidée dans une autre fiole qui n'avoit point été électrifée : ce qu'on pourra obferver encore, pourvu que cette fiole foit de verre mince, & qu'on la tienne à la main, ou qu'on la pofe fur un corps non *idioélectrique* (3).

§. DCCCLII. Néanmoins, en toute forte de cas, l'électricité fe perd avec le tems : d'où il fuit que l'électricité qu'on excite dans les corps *idioélectriques*, n'eft pas un état permanent des corps ; mais qu'il n'eft que paffager, & de peu de durée : elle s'affoiblit infenfiblement lorfqu'on abandonne les *idioélectriques* à un état de repos, & elle périt à la fin ; mais elle fubfifte dans ces corps tant qu'on les frotte d'une maniere convenable. Il fuit de-là que la vertu électrique dépend du mouvement qu'on excite dans les parties

---

(1) Commentar. novus de Electr. p. 8.   (2) Expér. fur l'Electr. p. 106.   (3) Winckler, Electr. Krafft des Waffers, Part. 2. cap. 2. §. 65. Nollet, Lett. fur l'Electr.

des corps *idioélectriques*; qu'elle subsiste avec ce mouvement, & qu'elle périt lorsqu'il cesse. La matiere électrique, excitée & mise en mouvement dans un corps *idioélectrique* qu'on frotte, s'en échappe, tandis qu'une autre matiere s'empare de l'espace que celle qui s'échappe lui abandonne ; par conséquent, suivant que les corps seront propres à se prêter à ce mouvement, & à le conserver, suivant qu'ils seront propres à recevoir le fluide électrique, à l'ébranler, & à le pousser au dehors; ils seront propres à proportion à donner des signes de leur vertu électrique, & à la conserver plus long-tems. Ne pourroit-on pas dire que ce mouvement est un certain frémissement communiqué aux parties des corps qui sont, pour ainsi dire, imbibés de matiere électrique ? Ce mouvement de frémissement, étant produit par le frottement, les pores du corps frotté deviendront plus petits, par l'effort de la compression, & le fluide électrique sera, pour ainsi dire, exprimé entre ces interstices, & il s'échappera au dehors : les parties du corps frotté se rétablissent ensuite dans leur premiere situation ; leurs pores deviendront plus grands, & la matiere électriqne affluant en plus grande quantité, viendra remplir la place de celle qui s'étoit dissipée dans l'instant précédent ; de sorte que cette compression & ce relâchement alternatif, produit par la main qui frotte un tube, ou tout autre corps *idioélectrique*, met en mouvement une grande quantité de matiere électrique, non-seulement celle qui est contenu dans le tube; mais encore celle qui se trouve dans le voisinage du corps frotté : effet qui subsiste pendant quelque tems; savoir, tant que le frémissement produit dans les parties du corps *idioélectrique* persévere ; car dès que ce frémissement cesse, le fluide électrique s'engourdit alors, & demeure dans l'inaction. Or comme ce ne sont pas continuellement les mêmes parties du corps frotté qui frémissent pendant tout le tems que ce corps demeure électrique, mais que ce frémissement se fait sentir successivement en différens endroits; il s'ensuit que l'influence & l'affluence de la matiere électrique ne se fait pas continuellement observer vers le même endroit du corps frotté : & c'est pour cette raison que les corps légers, qui sont attirés vers un endroit de ce corps, en sont un moment après repoussés, & que ces attractions & répulsions qu'on observe, ne sont jamais régulieres. Quoique les corps *idioélectriques* soient entourés d'une matiere fluide, qui forme autour d'eux une atmosphere, lorsqu'ils sont frottés, il ne suit pas de-là que cette atmosphere entoure également ces mêmes corps lorsqu'ils ne sont pas frottés : on ne trouve aucune preuve de l'existence de cette atmosphere autour des corps *idioélectriques* qu'on laisse dans l'inaction, & qu'on ne frotte pas.

Les corps *sympériélectriques* perdent souvent tout-à-coup la vertu électrique qu'on leur communique : ceux à qui on a communiqué une grande quantité de matiere électrique, conservent plus long-tems leur vertu électrique ; mais néanmoins ils la perdent insensiblement, & ils en sont bientôt dépouillés. Si on charge d'électricité une fiole de verre en partie remplie d'eau, & qu'on approche ensuite le fil de fer, qui sert de conducteur à cette fiole, contre un tube de fer suspendu à des cordons de soie ; on remarquera une étincelle bruyante entre ces deux corps, lorsqu'ils seront près du contact : si on dépouille alors le tube de la matiere électrique qu'il vient de re-

cevoir de la fiole , ce qu'on pourra faire en le touchant avec la main , &
qu'on en approche encore le fil de fer, conducteur de la fiole , on obfervera
encore le même effet ; ce qu'on pourra répéter plufieurs fois avant que la
fiole foit tout à-fait dépouillée de la matiere électrique dont on l'a chargée.
Watkins imagina cette expérience ; mais il ne la fit pas exactement de cette
maniere (1).

§. DCCCLIII. L'électricité eft plus forte , & fe conferve plus long-tems
dans les corps électrifés , lorfque le tems eft ferein , & que l'air eft très fec,
dans quelque faifon de l'année que ce foit. Or comme dans l'hiver , lorfque
la gelée eft très forte , l'air eft alors très fec , & qu'il n'eft que très peu
chargé des exhalaifons qui s'élevent ordinairement de la furface de la terre ;
ce tems eft très propre à l'électricité. On excite alors aifément cette vertu ;
par exemple, en paffant la main rapidement fur le dos d'un chat , mais felon une direction contraire à celle de fes poils , & on remarque des étincelles pétillantes, qui fuivent le mouvement de la main. Mais fi le ciel n'eft
pas ferein , quoiqu'il gele , on excite plus difficilement la vertu électrique ,
à moins qu'on n'ait foin d'échauffer l'air & le corps *idioélectrique*, dont on
veut faire ufage, avec des charbons ardens, qu'on promene autour de ce
corps, & dans tous les environs ; mais cette pratique, quoiqu'avantageufe en
ce cas , ne fait pas pour cela qu'on puiffe parvenir à avoir une forte électricité. Dans l'été l'électricité n'eft pas non plus confidérable , lorfqu'il fait
grand chaud ; parceque la chaleur éleve une grande quantité de vapeurs &
d'exhalaifons qui nuifent à la vertu électrique : cependant fi , dans ce tems,
l'air eft très ferein & très fec , on n'aura pas une moins forte électricité que
celle qu'on pourroit avoir en hiver , & fouvent même elle eft encore plus
forte ; car j'ai obfervé moi même dans ce tems , qu'un tube de verre attiroit
des corps légers à la diftance de 12 pieds. Dans ce cas , la lumiere du jour,
ou les ténebres de la nuit , n'apportent aucun changement aux expériences
électriques ; ce qui arrive cependant dans toute autre circonftance. La vertu
électrique de la *tourmaline* , du verre , de la cire , eft très foible , lorfque le
tems eft humide , nébuleux, froid , & lorfqu'on veut tenter ces expériences
dans un endroit furchargé des exhalaifons & des vapeurs qui s'échappent
d'un grand nombre de fpectateurs ; parcequ'alors la furface des globes , ou
des tubes qu'on frotte , fe couvre d'humidité. Cependant dans l'hiver de
l'année 1756 , le brouillard étant épais , je fuis parvenu à faire des expériences électriques , après avoir fait fécher & chauffer tout l'appareil néceffaire
à ces expériences ; tandis qu'au mois de Décembre de l'année 1759 , je ne
pus jamais , par aucun moyen quelconque , faire aucune expérience , &
produire la moindre vertu électrique , dans un tems de brouillard , & lorfqu'il tomboit de la neige. Dans plufieurs endroits l'électricité dépend beaucoup des vents , qui portent avec eux un air fec ou humide , nébuleux ,
froid ou chaud.

§. DCCCLIV. En Hollande l'électricité eft forte pendant les vents d'Eft,
du Septentrion , de Nord Eft , quoiqu'il tombe quelques pluies pendant ce
tems. Au contraire , dans le même endroit , l'électricité eft très foible lorf-

____

(1) Expérienc. 29. p. 48. Tum. §. 631.

que les vents du Midi , de l'Oueſt foufflent ; ſur-tout s'il pleut dans ce tems ,
ou que le ciel ſoit nébuleux. *Boyle* avoit déja fait les mêmes obſervations.
J'ai néanmoins obſervé une exception à cette regle générale. Le 28 Juin de
l'année 1749 , il plut pendant tout ce jour ; le tems étoit très humide , le
ciel très nébuleux , & le vent du Midi ſouffloit impétueuſement : néanmoins
je n'ai jamais mieux réuſſi dans mes expériences que ce jour-là ; l'électricité étoit extrêmement forte. J'ai encore obſervé la même choſe le 8 Mai
de l'année 1753 ; le vent d'Oueſt ſoufflant , & la pluie tombant abondamment. L'Abbé *Nollet* dit avoir éprouvé lui-même trois ou quatre fois la même choſe (1). Le Pere *Gordon* dit l'avoir auſſi éprouvé. Cela peut venir de
ce que les nuages , qui tomboient alors en pluie , étoient ſurchargés d'électricité , & que cette pluie portoit avec elle une quantité de matiere électrique qu'elle communiquoit à l'atmoſphere qu'elle traverſoit , & qu'elle
rendoit , par ce moyen , l'air plus électrique ; mais tous les nuages n'ont pas
cette qualité , ainſi que pluſieurs obſervations nous le font voir ; car en Hollande on ne peut point exciter la vertu électrique en tems de pluie. On comprend , par ce que nous venons de dire , pour quelle raiſon un corps *idioélectrique* , étant frotté , porte quelquefois ſon action juſqu'à 10 ou 12 pieds
de diſtance , comme je l'ai obſervé ; quoique dans un tems humide il ne
puiſſe mouvoir & attirer des corps légers , qu'à la diſtance de quelques pouces ſeulement : on conçoit auſſi pourquoi , le tems étant extrêmement pluvieux , ou nébuleux , & perſévérant long-tems dans cet état , & dans l'hiver , les corps *idioélectriques* ne donnent preſqu'aucun ſigne d'électricité ;
cela vient de ce que l'humidité , qui regne dans l'air , abſorbe les écoulemens électriques qui s'échappent des corps *idioélectriques* , & qu'elle les diſtribue dans toute la maſſe de l'atmoſphere , & qu'outre cela cette humidité ,
s'attachant à la ſurface des corps *idioélectriques* , s'oppoſe en partie aux écoulemens électriques.

§. DCCCLV. On peut ranger tous les corps que nous connoiſſons ſous
trois claſſes différentes. La premiere comprendra ceux qui peuvent recevoir
une grande quantité de matiere électrique , & la retenir quelque tems. La
ſeconde , ceux qui n'en peuvent recevoir qu'une très petite quantité , & qui
n'ont pas la faculté de la conſerver long tems. Nous rangeons dans la troiſieme ceux qui ne reçoivent peut-être point du tout d'électricité par communication.

Voici de quelle maniere je ſuis parvenu à cette connoiſſance. Si on met
de l'eau dans une fiole , juſqu'environ la moitié de ſa capacité , & qu'on
ferme le goulot de cette fiole avec de la cire à cacheter , traverſée par un fil
de fer qui pénetre juſques dans l'eau , & qui communique extérieurement ,
avec la chaîne ſuſpendue au tube conducteur qu'on électriſe par le moyen
d'un globe de verre ; on portera dans cette fiole une grande quantité de matiere électrique , qui y reſtera , pour ainſi dire , enchaînée pendant environ
36 heures : mais ſi quelqu'un , ſaiſiſſant avec la main la partie inférieure de
cette fiole , & la touchant extérieurement , juſqu'à la hauteur de l'eau
qu'elle contient , touche , avec ſon autre main , le fil de fer , ou la chaîne

(1) Recherch. ſur l'Electr. p. 175.

avec laquelle ce fil communique ; il fe fera alors une forte explofion : il partira une étincelle bruyante , &c, qui excitera une commotion dans la main de celui qui fera cette expérience. On pourra eftimer la quantité de matiere électrique qui aura été ramaffée dans cette fiole par la force de l'ex-plofion , & on pourra auffi découvrir , par la même expérience , fi le corps étranger , qui eft renfermé dans la fiole, reçoit une grande quantité , ou peu d'électricité , ou même s'il n'en reçoit point du tout. Cette explofion fera très violente, fi on met dans cette fiole de l'eau, du mercure, tout amalga-me quelconque , de la mine de plomb , de l'huile de tartre par défaillance , de l'eau forte , du vinaigre , de la bile , de l'urine , de l'encre , de la limaille de fer non rouillee. Mais l'eau dont on remplit une partie de cette fiole re-çoit-elle , & entretient-elle long-tems l'électricité qu'on lui envoie par le moyen du fil de fer conducteur ? Certainement ; & en voici la preuve. Je pris deux grands vafes de verre A & B [*Tab*. 21. *fig* 5.], dont l'un B étoit rempli d'eau, & l'autre A ne contenoit que de l'air ; je fufpendis à un fil de foie D G un fyphon à deux branches E D C , que j'avois rempli d'eau, & qui plongeoit dans l'eau du vafe B : j'électrifai enfuite cette maffe d'eau par le moyen d'un fil de fer L M , qui communiquoit avec le conducteur K H ; & ayant ouvert le fyphon , l'eau du vafe B fe tranfvafoit dans le vafe A. Lorf-que le fyphon eut tiré du vafe B toute l'eau qu'il en pouvoit tirer ; je pris le vafe A pour éprouver fi cette eau étoit électrifée : j'approchai vers le milieu de la furface de cette eau un petit duvet, & j'obfervai auffi tôt que les petits floccons de ce duvet s'étendoient & fe portoient vers la furface de l'eau : lorfque j'approchai ce duvet vers les côtés du vafe, il étoit alors attiré par les parois de ce vafe ; d'où je conclus que, dans cette expérience, l'électri-cité ne s'étoit pas feulement communiquée à l'eau, mais encore au verre même.

Nous rangerons dans la feconde claffe , c'eft-à-dire, dans celle qui com-prend les corps qui ne reçoivent que très peu d'électricité lorfqu'on les met dans la fiole dont nous venons de parler ci-deffus, le fable , le menu plomb, les fcories de fer, la limaille de fer rouillée, l'huile de petrole , l'efprit de fel marin , la diffolution d'alun , l'efprit de fel ammoniac , le lait doux , l'huile d'olives, de raves, de noix, le beurre.

Nous placerons enfin dans la troifieme claffe , dans celle qui comprend les corps qui ne reçoivent point d'électricité, lorfqu'on les met dans la mê-me fiole que ci deffus, le verre pilé , & tout corps fortement *idiõélectrique*, l'huile de vitriol, l'efprit de nitre de Glaubert, le fang de cochon, &c. C'eft de cette maniere, ou felon une méthode femblable, qu'il faut exa-miner tous les corps, pour les ranger dans la claffe qui leur convient ; & il eft hors de doute qu'on découvrira par-là quantité de chofes nouvelles, auxquelles on ne s'attend pas.

Je ne doute pas que la matiere électrique, dont on charge la fiole dont nous venons de parler, ne fe faffe jour, & ne pénetre la fubftance même de cette fiole ; puifque cette matiere s'échappe au dehors, & que, lorfque le tems eft favorable à l'électricité, elle vient frapper la main, qui eft fur le point de faifir la fiole, lorfqu'elle eft chargée, & qu'elle la frappe même à quelque diftance : mais cette matiere électrique, que le conducteur porte

dans

dans cette fiole, ne se jette pas seulement dans la substance du verre, mais encore dans les corps que la fiole contient ; puisque ces corps contribuent aux différens degrés d'intensité qu'on observe alors dans l'électricité : ce dont on peut se convaincre par les explosions plus ou moins fortes qu'on excite, en touchant le fil de fer conducteur.

Lorsqu'on verse de l'eau, ou quelqu'autre fluide, dans une fiole, on peut considérer ces fluides comme isolés ; puisque le verre est *idioélectrique* : par conséquent dès que ces fluides sont isolés, ils peuvent se charger d'une grande quantité de matiere électrique. C'est pour cela que, lorsqu'on communique à l'eau, renfermée dans une de ces fioles, une grande quantité de cette matiere, non-seulement elle se jette dans la substance de l'eau, mais elle pénetre outre cela le verre ; & comme il est très mince, elle s'échappe au-dehors : mais lorsque la surface extérieure de la fiole est couverte de métal, la matiere électrique qui vient du dehors, se fait jour à travers l'épaisseur de la fiole, & se jette abondamment dans son intérieur.

§. DCCCLVI. Une preuve que la matiere électrique pénetre abondamment la substance du verre, est celle que voici. Si un homme, placé sur un pain de poix, est chargé d'électricité, & qu'il tienne à la main un tube de fer, & qu'un autre homme, placé sur le parquet, tienne d'une main un carreau de verre fortement échauffé ; si le premier de ces deux hommes applique la main, qu'il a libre, sur le carreau de verre, & que l'autre approche la main, qu'il a pareillement libre, du tube de fer que l'autre tient, & qu'il en tire une étincelle : ils éprouveront l'un & l'autre une commotion très violente, par l'explosion de la matiere électrique, qui étoit accumulée dans le carreau de verre. Voici encore une autre preuve de cette même vérité.

Une glace de miroir, mise au teint d'un côté, & couverte de l'autre côté d'une estampe jusqu'à un pouce près de ses bords, étant placée sur la main de quelqu'un, & chargée ensuite d'électricité ; si celui qui la tient retire cette glace de dessous le tube qui a servi à l'électriser, & que de son autre main il veuille toucher à l'estampe qui couvre la plus grande partie de la surface de cette glace, il recevra alors une forte commotion par l'étincelle qui s'échappera de l'endroit qu'il touchera.

On peut même charger cette glace si fortement, que si on place sur sa surface un morceau de talc, & qu'à l'aide d'un fil de fer, la matiere électrique puisse être conduite de la glace sur la surface supérieure du talc, à la partie opposée de laquelle est aussi placé un autre fil de fer qui puisse recevoir la matiere électrique ; alors cette matiere, s'élançant du premier fil de fer au second, en glissant sur la surface du talc, laisse sur ce talc une marque sensible de sa course, par une tache cendrée, qui représente une courbe irréguliere, ainsi que l'a observé le P. *Beccária* (1), (2).

---

(1) Lettre sur l'Electr. à M. Nollet, p. 15.

(2) J'ai été long-tems embarrassé pour concevoir l'expérience que je viens de traduire littéralement. J'ai tenté de la répéter, & même plusieurs fois, mais toujours sans succès ; ce qui m'a obligé à avoir recours à la citation : mais ne sachant point l'Italien, je me suis servi de la Traduction, qui m'a paru d'autant plus juste, que l'expérience m'a très bien

§. DCCCLVII. Les écoulemens électriques, non seulement enveloppent & font une atmosphere aux corps qu'on électrife, mais ils pénetrent encore ces corps, & fe jettent dans leurs fubftances, à l'aide des pores qui y font difféminés. Je n'oferois cependant pas affurer qu'ils pénetrent la flamme ; car on n'a point encore découvert aucun figne d'électricité dans l'intérieur de la flamme, quoiqu'il foit bien conftaté que les écoulemens électriques l'entourent de toutes parts, que la compreffion qu'ils lui font éprouver l'allonge, ou que le fuif & la cire s'en confume plus promptement. Quant aux corps folides, il eft conftant que le fluide électrique les pénetre : j'en prends pour exemple le verre. Si on fufpend un duvet à l'extrêmité d'un fil de lin, ou qu'on le place fur la pointe d'un petit baton, & qu'on couvre le tout d'un récipient de verre ; fi on frotte après cela un tube de verre, & qu'on l'approche même à quelques pouces de diftance de ce récipient, la matiere électrique qui s'échappe du tube, fe jette dans la fubftance du récipient, la pénetre, & porte fon action contre le duvet, fes petits filamens fe redreffent ; & fi le duvet eft fufpendu librement, il s'approche des parois du récipient. Si on couvre le récipient d'un autre qui foit plus grand, & celui-ci d'un troifieme, & ainfi de fuite, jufqu'à fix, & qu'on approche le tube de la furface de ce dernier, la matiere électrique pénétrera tous les récipiens, & excitera du mouvement dans le duvet. Si on met dans un vafe de verre des rognures, de petites feuilles de métal, & qu'on ferme ce vafe avec un couvercle de même matiere ; ces rognures feront mifes en mouvement à l'approche d'un tube de verre frotté. L'Abbé *Nollet* a auffi prouvé la même chofe par plufieurs autres expériences (1). Il n'eft pas moins conftant que les écoulemens électriques pénetrent tout autre corps quelconque. Un duvet, fitué fur la pointe d'un bâton placé dans un récipient, dont on ferme l'ouverture avec différens couvercles faits de toutes fortes de bois, de papier, de linge, de cuir, de parchemin, de laine, de différens métaux, de toutes fortes de pierres, de briques, de porcelaines, de glace ; ce duvet, dis-je, eft mis

réuffi, & qu'elle eft très conforme à la Théorie de *Franklin*, que le P. *Beccaria* a deffein d'établir. Pour ôter toute obfcurité, & pour mettre en même tems le Lecteur en état de répéter aifément l'expérience dont il s'agit, j'ai cru devoir copier ici l'expofition du Traducteur du P. *Beccaria*.

   » Je place 1°. fur le cadre de *Franklin* (c'eft-à-dire, fur la glace dont parle notre Au-
» teur), une feuille de talc.... qui foit bien nette, feche & unie, mais point garnie ; je
» la comprime fur le cadre avec une extrêmité de l'arc conducteur » (fil de fer courbé,
qu'on peut porter librement d'un côté du cadre à l'autre ; de façon qu'il puiffe toucher, lorfqu'on le juge à propos, les deux furfaces du cadre), » & je tiens l'autre extrêmité de cet
» arc appliquée contre la furface oppofée du cadre ; celui-ci fe charge très bien, quoiqu'une
» extrêmité de l'arc touche fa furface, & que l'autre extrêmité ne foit éloignée de l'autre
» furface, que par l'interpofition du talc. J'éloigne du talc l'extrêmité de l'arc... & je
» l'approche enfuite vers le bord du talc, l'étincelle fort immédiatement du cadre, & fait
» voir le chemin qu'elle fait en s'élançant des points du cadre qui font aux extrêmités du
» talc : elle court fur fa furface fupérieure, & vient fe plonger dans l'arc conducteur...
» pour l'ordinaire du bord du talc fur la furface, jufques vers l'extrêmité de l'arc dans le-
» quel elle (l'étincelle) fe plonge ; elle laiffe une tache étroite de couleur cendrée, la-
» quelle le plus fouvent eft une courbe irréguliere. Pag. 13. 14. 15.

(1) Lettr. fur l'Electr. Lettr. 4.

en mouvement par la matiere électrique d'un tube frotté, qu'on pose sur tous les différens couvercles dont nous venons de parler.

Pour prouver d'une maniere convaincante que la matiere électrique péne-tre la substance intérieure des métaux, j'ai entouré une barre de fer de 6 pieds de longueur, par le moyen d'un cylindre de poix de $3\frac{1}{2}$ pieds de lon-gueur, &.de 4 pouces de diametre : or comme nous avons prouvé, par d'autres expériences que les écoulemens électriques ne pénétroient point la poix à plus de 3 ou 4 pouces de profondeur ; j'ai communiqué l'électricité à une des extrêmités de cette barre, & elle a produit, au bout opposé, des effets aussi considérables que si elle n'avoit point été enveloppée de poix jus-qu'à la moitié de sa longueur. Outre cela, j'ai fait traverser une tablette de poix, dont le diametre étoit de $3\frac{1}{2}$ pieds, sur 4 pouces d'épaisseur, par une barre de fer, semblable à celle dont je viens de parler ; j'ai même eu soin que l'épaisseur de la poix fût plus considérable dans les endroits que la barre de fer traversoit, & qu'elle fût bien adaptée contre cette barre : j'ai ensuite communiqué l'électricité à une des extrêmités de cette barre, & elle s'est manifestée aussi tôt à l'extrêmité opposée. Peu importe qu'on se serve, dans cette occasion, d'une barre de fer, de cuivre, de plomb, ou d'étain. J'ai fait plus, j'ai enveloppé une barre de fer d'un cylindre de cire rouge à cacheter, dont le diametre étoit d'un pied, & l'épaisseur de six pouces : si tôt que l'é-lectricité étoit communiquée à une des extrêmités de la barre de fer, elle se manifestoit aussi tôt à l'extrêmité opposée ; d'où il suit manifestement, que les écoulemens électriques parcourent aisément la substance de ces corps : or comme ces corps sont d'une grande densité, il ne doit pas paroître éton-nant que ces mêmes écoulemens parcourent si rapidement ceux dont la tex-ture est plus rare ; comme les étoffes, les linges, & tous les vêtemens qui sont faits de ces sortes de matieres, ainsi que peut l'éprouver un homme qui, étant monté sur un pain de poix, ou de résine, se fait électriser. En effet, si quelqu'autre approche le doigt de celui qui est électrisé, il tirera une étincelle de toutes les parties de ses vêtemens ; cette étincelle fera du bruit par son irruption : elle sera même douloureuse, & elle blessera la péau.

L'électricité pénetre également les fluides : en effet, si on creuse sur une planche de métal une petite cavité en l'emboutissant, & qu'après avoir rem-pli cette cavité d'eau ou de mercure ; on place cette platine sur l'orifice d'un récipient, l'électricité d'un tube frotté qu'on approchera de la surface de cette eau, la pénétrera & mettra en mouvement des corps légers qu'on aura placés auparavant dans le récipient. L'Electricité peut encore pénétrer une plus grande quantité d'eau, & se porter à une plus grande distance ; si on prend un tube de verre de six pieds de longueur, & recourbé en forme de syphon, & qu'après avoir rempli d'eau exactement les deux branches de ce tube, on le bouche de part & d'autre avec des morceaux de liege, traversés par des fils de fer : alors si on communique de l'électricité à l'un de ces fils de fer, la matiere électrique parcourra la longueur du tube, en laissant voir une pe-tite lumiere qui suivra la masse d'eau, & on pourra aussi-tôt tirer des étin-celles de l'autre fil de fer qui traverse le second bouchon de liege. On re-marque le même phénomene lorsqu'on remplit d'eau un parallélipipede de 3 pieds de longueur, sur 6 pouces de profondeur, & qu'après avoir inséré à

Z z ij

chacune de ſes extrêmités un fil de fer qui touche l'eau, on communique la vertu électrique à l'un de ces deux fils ; elle ſe manifeſte auſſi-tôt au fil oppoſé. M. *Jallabert* (1), *le Monnier* (2), *Watkins* (3), ont prouvé la même choſe par pluſieurs autres expériences : d'où on peut conclure que les corps qui ne ſont point *idioélectriques* ſont pénétrés par les écoulemens électriques, quelqu'épais, longs & denſes que ſoient ces corps.

§. DCCCLVIII. Les corps qui ſont *idioélectriques* reçoivent très peu d'électricité par communication, & ſont plus difficilement pénétrés ; les écoulemens électriques ne peuvent pénétrer ces corps qu'autant qu'ils ſont moins épais : il y en a qui ne ſont pénétrables qu'à la profondeur de 3 ou 4 pouces ; d'autres qui peuvent être pénétrés juſqu'à la profondeur d'un pied. En général plus ils ſont fortement *idioélectriques*, & plus ils ſont difficilement pénétrés. Une couverture, par exemple, de ſoie bien ſeche, peut être pénétrée par le fluide électrique ; mais ſi elle a 3 à 4 pouces d'épaiſſeur, elle ne pourra point être pénétrée. Un plateau de cire à cacheter, épais d'un pouce, donne paſſage à la matiere électrique ; mais il s'oppoſe efficacement à ſon paſſage, s'il y a 4 pouces d'épaiſſeur : il en eſt de même d'un plateau de ſoufre, de colophone, de poix, &c ; mais les écoulemens électriques pénetrent le verre le plus épais. L'Abbé *Nollet* a prouvé cette vérité d'une autre maniere, en prenant un récipient de verre preſque cylindrique, ouvert des deux côtés, & de l'eſpece de ceux dont on fait uſage pour les expériences de la machine pneumatique ; il attacha au col de ce récipient, avec de bon maſtic, une bouteille de verre, de façon que l'air ne pût point s'inſinuer dans le récipient par le col où étoit adaptée la bouteille : il plaça alors cet appareil ſur la platine de la machine pneumatique, & il fit le vuide ſous le récipient ; après cela il verſa de l'eau dans la fiole, & y adapta un fil de fer conducteur qu'il ſuſpendit à un canon de fer, auquel il communiqua la vertu électrique : la matiere électrique, coulant le long de ce canon, ſuivit le fil de fer qui y étoit ſuſpendu, ſe précipita dans l'eau de la fiole, & de-là ſous le récipient, en traverſant la fiole ; mais elle s'élançoit continuellement par différentes parties de cette fiole : lorſqu'on tiroit avec la main une étincelle du canon de fer, alors tout l'intérieur de la fiole paroiſſoit lumineux, & des flammes brillantes paroiſſoient entrer par le col de la fiole, & par celui du récipient (4). Il arrive quelquefois que la fiole ſe fend par la grande quantité de matiere électrique dont elle eſt ſurchargée ; mais elle ne ſe rompt jamais en pluſieurs fragmens : & lorſque cet effet arrive, le récipient paroît rempli d'une lumiere très éclatante. J'ai ſouvent rendu électriques, d'un bout à l'autre, & pendant long-tems, des tubes de barometres, longs de 8 pieds, que j'avois fait ſceller hermétiquement à la Verrerie, qui étoient extrêmement propres & nets au-dehors, & que j'avois placés ſur des fils de ſoie.

Si on ferme un récipient de verre qui eſt ouvert avec un couvercle d'un pouce & plus d'épaiſſeur, fait de cire, de poix, de cire à cacheter, de colophone, &c ; la matiere électrique ne pourra ſe faire jour à travers ce cou-

(1) Sur l'Electr. Chap. 3. §. 66.   (2) Philoſ. Tranſ. n°. 481. p. 292.   (3) Pag. 51. Exper. 33. (4) Hiſt. de l'Acad. Roy. ann. 1753.

vercle qu'avec beaucoup de peine : & elle ne pourra point communiquer un mouvement bien sensible à une plume renfermée sous ce récipient, la matiere électrique, dont ces différens couvercles surabondent, s'opposant au passage de celle qui s'échappe du tube frotté. Pareillement l'électricité d'une *tourmaline* ne peut pas pénétrer les corps *idioélectriques*. Cependant si on bouche le récipient, dont nous venons de parler, avec une étoffe de soie, ou avec les couvercles dont nous avons fait mention ci-dessus, & qu'on les mouille avec de l'eau; alors la matiere électrique pourra les pénétrer : or comme cette eau ne pénetre point la cire, ou la poix, &c, on ne peut pas dire qu'elle change la disposition des pores de ces corps; néanmoins ces corps, qui n'étoient point pénétrables auparavant, le deviennent lorsqu'ils sont mouillés. Pourroit-on donc dire que la matiere électrique que la cire, ou la poix, contenoit, soit dissipée par l'eau qui mouille ces substances, de maniere que la vertu électrique de ces corps s'évanouit, & que, par ce moyen, la matiere électrique qui y aborde, ne trouvant aucune résistance, les pénetre aisément ? C'est pour cette même raison que les bois qui sont verds, & conséquemment qui sont remplis d'humidité, sont de meilleurs conducteurs de la matiere électrique, que ceux qui sont secs.

§. DCCCLIX. Puisque les écoulemens électriques pénetrent aisément à travers les pores des substances les plus compactes, on peut dire que ces écoulemens sont composés de particules très subtiles, & plus ténues que celles de l'air, & de tout autre fluide qui soit soumis à nos opérations; puisque les molécules de ces derniers n'ont point un libre accès à travers les pores du verre & des métaux : & que bien plus, il paroît que les écoulemens électriques pénetrent très aisément les métaux, ou au moins les pénetrent plus aisément, & plus abondamment que les substances végétales & animales ; ainsi que *Wilson* l'a observé : ce qu'on ne doit pas rapporter à la grandeur, ou à la multitude des pores, puisqu'ils sont plus ouverts & en plus grande quantité dans les substances végétales, que dans les substances métalliques ; mais plutôt à ce que la matiere électrique est disséminée en moindre quantité dans les métaux ; & que par conséquent celle qui y aborde, & qui vient du dehors, éprouve une moindre résistance que celle qu'elle a à éprouver lorsqu'elle veut pénétrer d'autres substances qui en contiennent une plus grande quantité : ce qu'on peut confirmer par l'expérience suivante. Si un homme, placé sur le parquet, tient en main une fiole chargée d'électricité ; & qu'un autre homme, placé sur le même parquet, approche un de ses doigts à six pouces de distance du fil de fer conducteur de cette fiole, il n'en tirera aucune étincelle : mais si ces deux hommes sont placés sur un fil de fer appuyé sur le même parquet; alors celui qui approche le doigt à la même distance que précédemment du fil de fer conducteur, tirera une étincelle de ce fil.

§. DCCCLX. Les écoulemens électriques qu'on excite en frottant les corps *idioélectriques*, & qui se répandent sur les corps qui ne sont point électriques par eux-mêmes, tels que sont des fils de métal, des cordes, &c, les parcourent entierement, lors même qu'ils auroient un mille d'Allemagne de longueur (1), ou 12276 pieds : & personne même ne peut assigner des bornes

(1) Windlerus à Strotrewagen in tenta. Electr. p. 6.

à la longueur de l'espace que peut parcourir la matiere électrique; & elle parcourt avec tant de rapidité les distances dont nous venons de parler, que, selon l'observation de *Waston* (1), & de *le Monnier* (2), il n'est pas possible d'assigner un instant sensible, qu'elle soit obligée d'employer pour faire un si grand trajet : ce qu'il y a de constant, c'est qu'elle n'emploie pas $\frac{1}{4}$ de seconde à parcourir la longueur d'un fil de fer de 950 toises, quoique ce fil soit placé sur des terres labourées, dans des moissons, &c; observation que j'ai faite moi-même. La rapidité avec laquelle ce fluide se transmet, n'est pas sans exemple; puisque la lumiere parcourt dans le ciel, pendant l'espace d'une seconde, environ 1000,000,000 de pieds. Je doute néanmoins que l'activité du fluide électrique soit constamment la même; puisqu'en différentes années, lorsque le tems étoit peu favorable aux expériences sur l'électricité, j'ai observé que le cours de la matiere électrique étoit plus lent de deux & même de trois secondes. On a observé outre cela que la matiere électrique parcouroit plus avantageusement un fil de fer qu'une chaîne de même métal; puisque l'étincelle qu'on tire à l'extrêmité d'un fil de fer, est plus forte que celle qu'on tire à l'extrêmité de la chaîne. La vertu de la *tourmaline* se répand ainsi que la matiere électrique; elle parcourt un fil de fer suspendu vers son milieu à un bâton de cire à cacheter, ou soutenu sur deux cylindres de verre.

§. DCCCLXI. Toutes ces observations prouvent que les écoulemens électriques sont non-seulement très subtils, mais encore doués d'un mouvement très rapide, & qu'ils sont par conséquent très fluides. 2°. Elles prouvent encore qu'ils sont poussés avec beaucoup de forces par les corps *idioélectriques*; puisque, sans cela, il ne leur seroit pas possible de parcourir si rapidement un espace de 12276 pieds.

§. DCCCLXII. La rapidité de leurs mouvemens étant connue, on comprend aisément pour quelle raison ces écoulemens, étant excités en petite quantité dans les corps *idioélectriques*, & étant portés de-là sur des corps non-électriques par eux-mêmes, qui ne sont point isolés, & par conséquent qui ne peuvent point retenir les écoulemens qu'on leur envoie; on comprend, dis-je, aisément pour quelle raison ils se dissipent aussi-tôt, en se communiquant aux corps circonvoisins : de sorte que les corps *sympériélectriques* qui les ont reçus, ne donnent aucunes marques d'attractions, de répulsions, ou d'électricité. C'est aussi pour cela que nous avons soin de poser sur de la soie, sur du verre, de la cire, de la poix, du soufre, de la cire fondue avec de la colophone, &c, tous les corps *sympériélectriques* que nous voulons électriser; parceque tous ces supports que nous venons de nommer, sont fortement *idioélectriques* : par conséquent les corps qui sont posés dessus sont isolés, & conservent la matiere électrique qu'on leur communique. On observe néanmoins que, lorsqu'on se sert de corps qui sont puissamment *idioélectriques*, & qu'on excite fortement la matiere électrique à s'échapper de ces corps, & en grande quantité; on observe, dis je, que dans ce cas, quoique les corps *sympériélectriques* auxquels on communique

(1) An account of the Experiments, pag. 11. & 47. Philos. Transf. n°. 489.
(2) Hist. de l'Acad. Roy. ann. 1746. Philof. Transf. n°. 481, p. 294.

cette matiere, ne soient point isolés, elle ne se dissipe pas si promptement, & qu'ils peuvent encore donner quelque signe de l'électricité qu'on leur a communiquée ; comme il paroît manifestement lorsqu'on fait ces expériences, avec un très gros globe de verre, dans un tems très sec & très favorable à l'électricité, ou lorsqu'on accumule cette matiere dans une siole en partie remplie d'eau, ainsi qu'il paroîtra plus clairement par ce que nous dirons ci-dessous.

Mais lorsqu'un corps, non électrique par lui même, est appuyé sur un corps *idioélectrique*, & qu'il est isolé, quelque foible que soit la matiere électrique qu'on lui communique, il la conserve quelque tems ; parceque le corps *idioélectrique*, avec lequel le premier communique, s'oppose à la dissipation de cette matiere, & elle se manifeste par des attractions, des répulsions, ou par de petites étincelles qu'elle fournit, ainsi qu'il paroît manifestement lorsqu'on électrise un homme qui est monté sur un chassis de soie, ou sur un pain de poix, de cire, de soufre, &c.

§. DCCCLXIII. On peut exciter les écoulemens électriques à s'étendre au-delà des bornes qui les circonscrivent pour l'ordinaire autour des corps électrisés ; il ne faut pour cela qu'éloigner insensiblement du conducteur le corps auquel il communique la vertu électrique. Nous devons au célebre *Jallabere* une preuve très sensible de cette vérité : il observa que la matiere électrique que fournissoit un canon de fer, dans la capacité vuide d'un tube de barometre, ne s'étendoit point à la distance de 4 ou 5 pieds ; mais que si ce tube étoit éloigné du canon de fer à la distance de 2 ou 3 pouces, il passoit dans l'intérieur de ce tube une lumiere brillante ; & qu'en éloignant insensiblement ce tube du conducteur, la lumiere continuoit à briller dans le tube, & souvent même jusqu'à la distance de 4 ou 5 pieds (1).

§. DCCCLXIV. Les cordes, les fils, les corps métalliques, en un mot tous les corps auxquels on communique la vertu électrique, par le moyen des corps *idioélectriques* ; tous ces corps, dis-je, sont enveloppés d'écoulemens électriques, qui forment autour d'eux une atmosphere d'un, de deux, & souvent même de plusieurs pieds de diametre, dans toute l'étendue duquel on observe des signes manifestes d'attractions & de répulsions. Ces écoulemens sont sensibles au tact, lorsqu'on s'approche très près des corps qu'ils enveloppent : d'où il suit qu'un corps *idioélectrique* qu'on frotte, doit lancer & recueillir une prodigieuse quantité d'écoulemens ; puisqu'on ne peut pas encore donner des bornes à l'étendue des écoulemens que fournit un globe de verre, & qui se répandent sur des cordes, ou des fils de métal, qui communiquent avec ce globe.

L'atmosphere qui entoure les corps *idioélectriques*, ou *sympériélectriques*, est produite par des écoulemens qui forment des lignes convergentes & divergentes, ainsi que les rayons d'un cercle [*Tab.* 22. *fig.* 2.], à proportion qu'ils s'éloignent du corps électrique, ou électrisé ; mais qui n'ont rien de commun avec l'idée qu'on se forme d'un tourbillon circulaire. En effet, des fils de lin suspendus à la circonférence intérieure d'un cerceau, par le centre duquel on fait passer un corps chargé d'électricité, sont attirés

____

(1) Sur l'Electr. §. 104. p. 65.

autour de ce centre , & y font portés fous la forme de rayons convergens ;
comme l'obferva autrefois *Hauxbée* , & après lui *Jallabert* (1). Ces fils ,
étant repouffés par le corps électrique , s'ils font abandonnés à eux-mêmes ,
ils obéiffent alors à deux déterminations ; favoir , à la force projectile & à
l'effort de leur gravité : & c'eft pour cela que les corps qui ont une certaine
étendue , ou une figure peu propre à fendre l'air , s'éloignent des corps électriques , & tombent en décrivant des courbes. Il arrive néanmoins quelquefois que les écoulemens électriques fe dirigent felon la longueur d'un tube
de verre qu'on frotte intérieurement , ou extérieurement ; puifqu'ils emportent les corps legers d'un endroit , pour les porter vers un autre endroit du
tube , ainfi que l'a obfervé *Waits* , & qu'il l'a décrit (2).

§. DCCCLXV. L'atmofphere qui enveloppe les corps chargés d'électricité , eft plus denfe auprès de ces corps ; & elle devient d'autant plus rare ,
qu'elle s'en éloigne davantage : on peut , fi on veut , détruire les parties les
plus éloignées de cette atmofphere , & ne laiffer fubfifter que celles qui font
les plus proches de ces corps. En effet , fi on fufpend à des cordons de foie
un tube de fer-blanc d'un diametre un peu confidérable , & qu'on porte à ce
tube l'électricité d'un globe de verre , qui en foit éloigné de quelques pieds ,
& avec lequel néanmoins le tube communique par le moyen d'un fil de métal ; lorfque ce tube fera fortement électrifé , fi on détache le fil de métal
conducteur , l'électricité de ce tube ne fera point détruite pour cela : elle
fubfiftera autour de ce tube ; alors fi on en approche , à la diftance de deux
pieds , une pointe de fer , on remarquera une aigrette lumineufe à l'extrêmité de cette pointe : lorfque cette aigrette ceffera de paroître , fi on approche la pointe davantage du tube , l'aigrette reparoîtra de nouveau ; & on la
rendra plufieurs fois fenfible , en approchant de plus en plus la pointe du
tube (3).

La plus grande rapidité avec laquelle les corps font attirés à de plus petites diftances , qu'à de plus grandes , prouve la même vérité ; & on peut encore s'en convaincre par l'impreffion que l'atmofphere électrique fait fur la
main qui s'approche d'un corps électrifé , impreffion qui eft beaucoup plus
forte près du corps , qu'à une plus grande diftance de ce corps.

§. DCCCLXVI. Les écoulemens électriques fe répandent fur des fils de
métal froids , ainfi que fur ces mêmes fils lorfqu'on les a fait chauffer ; cependant une trop grande chaleur nuit à l'électricité : elle la repouffe & l'en-
leve au corps électrique. En effet , fi on approche , à 5 à 6 pouces de diftance
d'un tube de verre frotté , une barre de fer , chauffée au point de rougir &
d'étinceler ; ce tube ne conferve point fa vertu électrique au-delà de 2 ou 3
fecondes.

Lorfque la barre de fer ceffe d'étinceler , & que fa chaleur lui laiffe une
couleur de cerife : on remarque encore le même effet : mais lorfque la chaleur de cette barre eft affoiblie , & que fa couleur eft d'un rouge brun , cette
barre n'agit plus avec tant de violence contre le tube électrique & il arrive
même que l'électricité de ce tube n'eft point totalement détruite dans l'efpace
de 4 à 5 fecondes.

(1) Exper. fur l'Electr. ch. 9. §. 24. p. 14.　(2) Abhandelung von der Electr. Tab. 3.
fig. 4.　(3) Philof. Tranf. Vol. 48. part. 2. p. 763.

Lorfque

Lorſque la barre de fer qu'on a approchée d'un tube frotté, n'eſt pas chauf-fée au point d'acquérir une couleur rouge rembrunie ; alors la chaleur ne fait aucun tort à la matiere électrique. Il ſuit de ces obſervations qu'il y a certains degrés de chaleur, ou certaine quantité de matiere ignée, laquelle, étant raſſemblée, nuit à l'électricité, ſoit en emportant avec elle les écoule-mens électriques, ſoit en chaſſant cette matiere des corps électriques, en détruiſant ou en changeant le frémiſſement de leurs parties. Il ſuit encore des mêmes obſervations, qu'il y a auſſi certains degrés de chaleur qui n'ap-portent aucun changement, ni aucun détriment à la vertu électrique des corps ; par exemple, lorſqu'on expoſe aux rayons du ſoleil un miroir ardent de deux pieds de diametre, & qu'on place dans ces rayons raſſemblés un tube de verre électrique, dans l'endroit où le faiſceau de lumiere a un pouce de diametre, & où il produit une très grande chaleur ; dans cette circonſ-tance le tube conſerve ſa vertu électrique. Peut-on inférer de ces expérien-ces que les parties du métal qui étoient volatiliſées par la chaleur, dans les expériences précédentes, ont emporté avec elles les écoulemens électriques du tube de verre ; ce que les rayons purs du ſoleil, tombant directement contre le même tube, n'ont pu faire ?

§. DCCCLXVII. Les écoulemens électriques ne changent point de di-rection, & ne ſont point interrompus par le ſon des cloches qu'on électriſe, ni ces écoulemens ne changent en rien, n'augmentent ni ne diminuent le ſon que ces cloches, ſuſpendues à des chaînes propres à cet effet, rendent naturellement.

L'Electricité, communiquée à des cloches de différens tons, tels que ceux que les Muſiciens repréſentent par les lettres C, G, C, E, G, peut produire une harmonie fort gracieuſe. Il faut diſpoſer 4 de ces cloches en forme de couronne, au milieu deſquelles on ſuſpendra à un fil de ſoie la cinquieme, qui ſera la plus groſſe ; on attachera au crochet intérieur de cette cloche une petite chaîne de métal, qui communiquera avec le con-ducteur, & qui tranſportera à cette cloche l'électricité que le globe four-nira : à la diſtance de 4 ou 5 lignes de cette cloche, on ſuſpendra à des fils de ſoie quatre marteaux de métal, diſpoſés de maniere qu'ils puiſſent frap-per, & contre la cloche du milieu, & contre chacune des 4 cloches qui l'entourent : ces marteaux, étant ſuſpendus à des fils de ſoie, ne perdront point tout-à-coup la vertu électrique qu'on leur communiquera ; mais ils pourront la tranſmettre aux 4 cloches extérieures, leſquelles, étant ſuſpen-dues à des fils de métal, la diſſiperont auſſi-tôt, & en priveront les mar-teaux qui ſeront de nouveau attirés par la cloche du milieu, & y répan-dront, en la frappant, une nouvelle quantité de matiere électrique.

§. DCCCLXVIII. Quoique le tact paroiſſe nous indiquer que les écoule-mens électriques ſe répandent ſur les corps *ſympériélectriques* ſous la forme d'un ſouffle léger, ni le vent, ni l'air agité par un ſoufflet, ne peut les diſſi-per ; de ſorte que l'air atmoſphérique ne paroît aucunement les troubler, quoique le vent ait coutume de cauſer un ébranlement aux rayons de la lu-miere.

§. DCCCLXIX. Si des barres de métal, des fils de même matiere, des cordes de chanvre, ſont placés ſur des corps *idioélectriques*, & que tous ces corps ne communiquent point les uns avec les autres ; mais qu'ils ne foient pas éloignés les uns des autres à une diftance plus grande que le rayon de l'atmofphere qui les enveloppe , les écoulemens électriques paſſeront à travers les efpaces qui fépareront ces corps , & ils deviendront tous électriques : mais ils le deviendront cependant d'autant moins , qu'ils feront plus éloignés les uns des autres , & conféquemment d'autant plus que leurs extrêmités feront plus rapprochées. Mais fi la diftance qui fépare ces corps eft plus grande que le rayon de l'atmofphere qui les enveloppe , les écoulemens électriques ne paſſeront point d'un de ces corps à un autre ; parceque l'atmofphere qui enveloppe un corps électrifé , eft bornée à fes extrêmités , de même qu'à fes parties latérales , quoiqu'il arrive quelquefois qu'elle s'étende plus au loin aux extrêmités d'un corps électrifé , qu'à fes parties latérales. Ainfi tout corps qui fera placé au delà de l'atmofphere d'un corps électrifé , ne recevra point de matiere électrique , & au contraire tout corps qui fera plongé dans cette atmofphere , pourra en recevoir une certaine quantité.

Puifque les écoulemens électriques qui paſſent à travers les efpaces que laiſſent entr'eux les corps dont nous venons de parler , traverfent une petite portion de l'atmofphere , fans fe diffiper , il faut néceſſairement que l'air foit naturellement électrique ; s'il en étoit autrement , nous ne pourrions jamais obferver aucun phénomene électrique.

§. DCCCLXX. Non-feulement les écoulemens. électriques , fournis par un corps électrique , s'étendent & parcourent la longueur d'une corde tendue en ligne droite ; mais ils fe portent encore , dans le même tems , felon la longueur de plufieurs autres cordes divergentes , ou contournées en rond , ou difpofées en forme de ferpentaux , ou de toute autre maniere ; de forte que , dès qu'ils ont commencé à s'étendre fur différens corps , ils continuent à parcourir l'étendue de ces corps , quelque figure qu'on leur donne.

Si on fufpend horifontalement , par le moyen de plufieurs cordes lâches , & unies entr'elles par un nœud , un cerceau de l'efpece de ceux dont on fe fert pour joindre les différentes pieces des tonneaux , & qu'on attache le nœud à l'extrêmité d'un fil de foie , fufpendu au plafond d'une chambre ; alors fi on touche près du nœud , avec un tube de verre électrique , un des cordons qui tient le cerceau , l'électricité fe communiquera auſſi-tôt à tous les autres cordons , & à toute la circonférence du cerceau : car fi on en approche , foit extérieurement , foit intérieurement , des corps légers ; ils feront auſſi-tôt attirés : d'où il fuit que l'électricité fe diftribue tout-à-la-fois circulairement , & felon des lignes droites.

Cette expérience donna origine à celle qui fuit. On conftruit un anneau d'un fil de fimilor très délié , de 8 pouces de diametre , à la circonférence extérieure duquel on fixe trois petits ftilets de cuivre , auxquels on attache , avec de la cire à cacheter , trois petits pieds , afin que l'anneau puiſſe être élevé de 4 lignes au-deſſus d'une lame de cuivre MN [*Tab.* 21. *fig.* 6.] , dont le diametre eft plus grand que celui de l'anneau : on électrife cet anneau par le moyen de deux fils de métal attachés fur la partie fupérieure de fa circonférence. Lorfqu'on lui a communiqué la vertu électrique , on place fur la plaque MN , à une très petite diftance de l'anneau , une petite boule de verre creuſe, de 5 à 6 lignes de diametre : auſſi-tôt cette petite boule eſt attirée vers les bords de l'anneau : elle tourne autour de ſa circonférence en le touchant continuellement ; quelquefois elle ſuit, dans ſon mouvement, la direction A L K I : quelquefois elle prend la direction contraire A H I K L ; mais, de quelque côté qu'elle dirige ſon mouvement, elle tourne conti-nuellement ſur ſon axe. La matiere électrique qui enveloppe cet anneau, & qui s'élance, par des lignes droites, de tous les points de ſa circonférence, eſt très abondante, & d'une grande denſité dans tous les endroits contigus à tous les points de l'anneau ; mais elle eſt plus rare & plus foible à une diſ-tance quelconque de ces points : elle attire donc cette boule vers l'anneau, & elle lui communique le mouvement dont nous venons de parler. Suppoſons que les écoulemens de cette matiere ſe faſſent ſelon la direction A L K I H : dans cette hypotheſe, la partie A de l'anneau communique ſon électricité à la partie X de la boule : or, comme cette boule eſt *idioélectrique*, l'électricité qu'elle reçoit ne ſe répand pas ſur toute ſa ſurface ; mais elle ſuit le chemin le plus court pour ſe jetter ſur la lame M N, & elle y parvient ſous la for-me d'un petit ſillon, qui ſeroit très ſenſible, & qui paroîtroit lumineux dans l'obſcurité. La partie A de l'anneau, étant dépouillée par-là de ſa matiere électrique, cette partie demeure dans l'inaction ; tandis que les autres par-ties B C D E G, chargées de l'électricité, agiſſent ſur les parties x y z s t r du globe, & l'attirent néanmoins avec différentes forces, ſuivant qu'elles en ſont plus ou moins éloignées. De cet effort ſuit néceſſairement un mouve-ment compoſé de deux directions, dont l'une dirige la boule de A en H, & l'autre lui imprime un mouvement ſur ſon axe ; & c'eſt pour cela que cette boule décrit la circonférence intérieure de cet anneau, en ſuivant un mou-vement contraire à celui des écoulemens électriques ; c'eſt-à-dire, qu'elle ſe meut ſelon la direction A H I K L ; tandis que les écoulemens électriques ſe dirigent ſelon la courbe A L K I H. Pour m'aſſurer de ce fait, je pris un an-neau tronqué, dont on avoit retranché la partie L A, longue de trois pou-ces ; je communiquai enſuite l'électricité à la partie L de cet anneau, dont l'écoulement ſuivoit néceſſairement la direction L K I H A : je plaçai après cela la boule, dont nous venons de parler, à très peu de diſtance de la par-tie A de cet anneau, & il ſe mut auſſi-tôt, en ſuivant la direction A H I K L. Je communiquai enſuite l'électricité à cet anneau par la partie A, & je pla-çai le globe entre L & K ; l'électricité ſuivit alors la direction A H I K L, & l'anneau ſe mut en ſens contraire, & décrivit la courbe L K I H A.

L'anneau étant dans ſon entier, ſi on lui communique de l'électricité par le moyen de deux fils de métal, attachés aux points oppoſés K & H de cet anneau, la boule, étant placée vers A, reſte quelquefois immobile, les deux courans électriques la frappant auſſi fortement l'un que l'autre, ſelon des direction oppoſées ; mais ſi l'un de ces courans devient ſupérieur à l'autre, la boule ſe mouvera auſſi-tôt : d'où il ſuit que pour répéter cette expérience avec ſuccès, il faut avoir ſoin de ne communiquer l'électricité à cet anneau que par un ſeul endroit. Il arrive quelquefois que, lorſqu'on lui communi-que l'électricité par le moyen de deux fils ; il arrive, dis-je, que l'écoule-ment de cette matiere, qui ſe porte contre la boule, eſt trop violent, & pour lors il part une forte étincelle, & la boule reſte en repos ; parceque toute l'électricité de l'anneau se trouve alors consommée. Si les deux écoulemens qui abordent à l'anneau par le moyen de deux fils, sont en équilibre entre-eux; pour que l'expérience réussisse, il ne s'agit que d'en détruire un des deux avec le doigt : aussi tôt l'autre écoulement, devenant supérieur, choquera la boule efficacement, & la fera tourner.

Si on place les pieds de l'anneau dans sa partie intérieure, c'est-à dire, contre sa circonférence intérieure, le petit globe de verre se mouvera extérieurement, de la même maniere que nous venons de l'indiquer, & en vertu du même principe. Il faut avoir soin de tenir cet appareil très sec; car dès qu'il est humide, il ne produit aucun effet.

§. DCCCLXXI. Les expériences suivantes nous démontrent que plusieurs écoulemens électriques se portent vers les corps *idioélectriques* qu'on frotte. L'atmosphere, à la vérité, ne fournit que très peu de ces écoulemens; mais il en sort beaucoup de la terre & des corps qui se trouvent dans le voisinage des corps *idioélectriques*.

1°. Les corps légers, abandonnés à eux-mêmes, ou suspendus à des fils, & qui sont attirés par les corps *idioélectriques*; tels, par exemple, que des poussieres, des fils légers, ainsi que les fluides renfermés dans des vases, vers la surface desquels on approche un fil de métal électrisé, & qui s'élevent vers ce fil en forme de petite monticule: tous ces corps, dis-je, sont portés & appliqués contre les corps *idioélectriques*, par les écoulemens électriques qui viennent se jetter dans ces corps.

2°. Si une balance, suspendue au plancher par le moyen d'un fil de métal, est placée de maniere qu'un de ses bassins soit situé au dessus d'un corps *idioélectrique*, dont on a excité la vertu électrique, ou au-dessus d'un corps *sympériélectrique*, auquel on a communiqué de l'électricité; alors ce bassin sera porté avec force sur le corps qui est au-dessous: la matiere électrique qui s'échappe du plancher & du fil de métal agissant contre ce bassin, & le poussant contre le corps électrique qui lui répond. Mais si la même balance est attachée à un cordon de soie, son bassin demeurera presqu'en repos, & il ne sera que très foiblement poussé vers le corps électrique qui est au-dessous; parceque le cordon de soie s'opposera à l'écoulement du fluide électrique que le plafond fourniroit à la balance, & de là au bassin.

3°. Voici encore une preuve certaine de la même vérité. La machine de rotation dont on se sert pour exciter la vertu électrique d'un globe de verre, étant placée sur la terre, sur du parquet, sur des pierres, &c, ramasse & fournit au globe & au tube de fer une plus grande quantité de matiere électrique, que lorsqu'elle est suspendue à des cordons de soie, ainsi que celui qui met cette machine en mouvement (1); ou que lorsqu'elle est placée sur des corps *idioélectriques* d'une grande épaisseur; parceque ces corps s'opposent à la transmission des écoulemens électriques qui s'élevent de la terre; de sorte que, dans ce cas, on ne peut exciter & mettre en mouvement que la seule matiere électrique de la machine entiere, & de celui qui la fait travailler. C'est aussi pour cette raison que si celui qui est appliqué à cette machine touche la terre d'un pied seulement; alors il sert de conducteur à la

(1) Philos. Transf. v. 48, p. 347.

matiere électrique qui s'échappe de la terre, & qui se porte, par son moyen, jusqu'au globe.

4°. Si on attache au tube de fer qu'on électrise une longue chaîne de même matiere, suspendue à des corps *idioélectriques*; alors les étincelles qu'on tirera, seront beaucoup plus fortes : & on observera encore que les attractions des corps légers deviendront plus véhémentes ; ce qui prouve que les écoulemens électriques, passant de l'air dans la chaîne, & de celle-ci dans le tube, seront plus abondans.

§. DCCCLXXII. Les expériences suivantes prouvent qu'il s'échappe des écoulemens électriques des corps *idioélectriques* qu'on frotte.

1°. Les répulsions des corps légers, lorsqu'ils sont plongés dans la sphere d'activité des corps *idioélectriques*.

2°. Les aigrettes lumineuses qu'on remarque aux pointes des corps *sympériélectriques*, & qui y paroissent sous la forme de petits cônes, dont la pointe est adhérente aux extrêmités de ces corps, & dont les rayons sont d'autant plus divergens & plus rares, que ces aigrettes s'étendent davantage. L'expension des petits filamens d'un duvet, qui s'éloignent tous les uns des autres, lorsque ce duvet est attaché à l'extrêmité d'un bâton, qu'on enfonce dans la cavité d'un tube électrisé. Les bourgeons de certaines semences, qui s'épanouissent & se développent si-tôt qu'on les électrise : toutes ces observations constatent la même chose.

3°. Certaines étincelles qui s'éparpillent, & qui se jettent sur des corps éloignés; ainsi qu'on l'observe dans certaines circonstances.

4°. Des liqueurs qui sont imprégnées de ces écoulemens, qu'elles ne contenoient aucunement auparavant, & qui les conservent pendant plusieurs heures.

5°. L'inflammation de quelques liqueurs inflammables, & de quelques autres substances auxquelles on communique la vertu électrique.

6°. Enfin une preuve encore bien convaincante que les corps *idioélectriques* fournissent des écoulemens électriques lorsqu'on les frotte; c'est que l'étincelle qu'on tire à l'extrêmité d'une chaîne de métal suspendue à des cordons de soie, & qui est attachée au tube de fer qui communique avec le globe, est beaucoup plus forte que celle qu'on tire à l'extrêmité du tube, lorsqu'il ne communique point avec la chaîne.

§. DCCCLXXIII. Plusieurs expériences prouvent outre cela l'affluence & l'effluence simultanée des écoulemens électriques.

1°. Si on électrise un tube de métal, suspendu à des cordons de soie, & qu'on place dans la sphere d'activité de ce tube, à la distance de quelques pieds l'un de l'autre, deux duvets suspendus à des fils, ou attachés sur la pointe de deux petits bâtons; alors si on place le doigt dans la distance qui sépare ces deux duvets, & qu'on l'approche assez près du tube pour en tirer une étincelle, on remarque aussi-tôt que ces duvets sont agités en même-tems, l'un par la matiere affluente, & l'autre par la matiere effluente.

2°. Si on place sur des cordons de soie une lame de fer, sur l'extrêmité de laquelle on a répandu de la rapure de bois, ou de tabac, & qu'à la distance d'un pouce au-dessous de cette lame, on tienne une cuiller, dans laquelle on aura mis pareillement de la rapure de bois, ou de tabac ; & qu'un homme, ayant faifi avec la main la lame de fer, on électrife cette lame: l'électricité qu'on lui communique eft diffipée par l'homme qui tient la lame; mais auffi-tôt qu'il abandonne cette lame, la matiere effluente qui s'en échappe, emporte avec elle la rapure de bois ou de tabac qui repofe deffus, & celle qui eft dans la cuiller fe portera auffi-tôt, avec la matiere affluente, contre la lame de fer.

Par conféquent l'atmofphere des écoulemens électriques, qui enveloppe les corps électrifés, eft compofée non-feulement de la matiere effluente qui s'échappe de ces corps, mais encore de la matiere affluente qui s'y porte, & qui ne fe font aucun obftacle, quoique ces deux matieres fe meuvent en fens contraire; ce qui prouve, & la grande rareté de ces écoulemens, & en même-tems qu'il y a des endroits fur ces corps par où la matiere s'échappe, & d'autres par où elle pénetre dans ces corps. Les aigrettes lumineufes démontrent manifeftement que la matiere effluente s'échappe principalement par les extrêmités des corps électrifés, & par leurs parties anguleufes, & les fils de lin, ainfi que les corps légers, qui font, pour l'ordinaire, attirés par les côtés & les furfaces planes de ces corps, tandis qu'ils font repouffés par leurs extrêmités, prouvent auffi que la matiere affluente aborde & pénetre ces corps par leurs furfaces planes. Le célebre Abbé *Nollet* a donné une explication très curieufe, & a dépeint, d'une maniere très fatisfaifante, ces écoulemens fimultanés de la matiere affluente & effluente (1). Il arrive quelquefois cependant que la matiere électrique afflue plus abondamment à l'extrêmité d'un corps, & qu'elle porte avec elle d'autres corps vers cette extrêmité; d'autres fois il arrive que la matiere effluente s'échappe avec plus d'activité de l'extrêmité d'un corps électrifé, & qu'elle en repouffe les corps qu'elle rencontre fur fon paffage: mais ces différences dépendent, en grande partie, de la figure des corps qui fe préfentent les uns aux autres. Voici une expérience rapportée par M. l'Abbé *Nollet*, qui prouve cette vérité.

„ On met en équilibre, fur un pivot, une petite verge de bois, qui peut
„ avoir 15 à 16 pouces de longueur, pointue par un bout, & armée par
„ l'autre d'une petite boule de bois d'un pouce de diametre ou environ; on
„ met cet inftrument, ainfi préparé, à portée d'un homme qu'on électrife,
„ & qui tient en fa main un morceau de bois tourné, gros & arrondi par un
„ bout, comme une demi-boule d'un pouce de diametre: fi cet homme
„ préfente ce morceau de bois par le gros bout, à la boule de l'aiguille, le
„ plus fouvent cette boule eft repouffée; mais il attire prefque toujours, s'il
„ préfente le morceau de bois par la pointe „, la matiere affluente étant en
plus grande quantité que la matiere effluente „. On voit le contraire fi on fait
„ l'expérience par l'autre côté de l'aiguille: le morceau de bois électrifé &
„ préfenté par le gros bout, l'attire; & fi c'eft la pointe du morceau de bois
„ que l'on préfente, il eft fort ordinaire que l'aiguille foit repouffée (2) „.
Il vaut beaucoup mieux conftruire cet appareil en cuivre qu'en bois.

Cette expérience a donné lieu à plufieurs autres, fur lefquelles elle a répandu quelques lumieres. Si on place fur un fupport de poix une fiole qui

(1) Hift. de l'Acad. Roy. ann. 1745. planch. 3. fig. 9.   (2) Recherches fur l'Electricit. p. 312.

ne foit point revêtue extérieurement , mais dans laquelle on a mis de l'eau
& un fil de fer qui excede le col de cette fiole , & qu'on la charge enfuite fortement d'électricité, par le moyen d'un globe de verre : lorfque cette fiole
eſt chargée , fi quelqu'un touche, avec un doigt feulement, le ventre de
cette fiole , & que de l'autre main il eſſaïe, avec le doigt , à tirer une étincelle du fil de fer; cette étincelle fera foible & légere : mais s'il touche le
ventre de la même fiole avec deux doigts de la main gauche , par exemple ,
& qu'avec un des doigts de fa main droite , il tire une étincelle du fil de
fer ; celle-ci fera plus forte que la précédente : s'il touche le ventre de la
fiole avec 3 doigts , & qu'il tire une étincelle du fil de fel ; elle fera encore
plus forte : enfin s'il touche le ventre de la fiole avec les 4 doigts & le pouce
de l'une de fes mains , & qu'avec un des doigts de fon autre main il tire une
étincelle , il recevra une commotion très forte: d'où il fuit que plus la furface de la fiole qu'il touchera fera grande , & plus fera grande la quantité de matiere électrique , qui fera effort pour traverfer les parois du
verre.

Outre cela , la maniere dont les corps légers , tels que les plumes & les
petites feuilles d'or , font portés vers les tubes de verre frottés , ou vers les
globes de verre qu'on frotte , en les faifant tourner rapidement fur leurs axes ,
font encore une preuve des affluences & des effluences électriques : ces petits corps ne fe portent jamais vers les corps électrifés par des furfaces larges ,
mais toujours par leurs tranchans , ou par leurs pointes , & ils s'en éloignent
de même. Or lorfque les écoulemens électriques qui fe portent du dehors
contre les corps électrifés , portent avec eux , vers ces corps , de petites feuilles de métal ; ces feuilles rencontrent fur leur paſſage la matiere effluente
qui s'échappe des corps électriques : ces effluences , s'oppofant à ce que ces
feuilles puiſſent s'approcher du corps électrique par leurs furfaces larges ;
elles font obligées , pour continuer leur route, de faire une révolution fur
elles-mêmes , & de préfenter leur tranchant , afin qu'elles puiſſent s'infinuer
entre les rayons divergens des écoulemens de la matiere effluente : par la
même raifon elles font repouſſées de la même maniere , afin qu'elles puiſ-
fent librement paſſer entre les rayons des écoulemens de la matiere affluente ; car s'il n'y avoit pas une matiere qui vînt du dehors fe porter vers les
corps électriques , ces petites feuilles pourroient s'éloigner de ces corps auſſi-
bien en préfentant leurs furfaces larges , qu'en préfentant leur tranchant. On
prouve encore très bien , par l'expérience fuivante , les effluences & les affluences fimultanées de la matiere électrique.

Si on établit fur un pied un cerceau de métal A B [*Tab.* 22. *fig.* 2.], garni
dans fa circonférence intérieure, de fils de lin de 3 pouces de longueur , &
qu'on faſſe paſſer , par le centre de ce cerceau , un tube de métal , fufpendu
à des cordons de foie , & garni pareillement , fur fa circonférence , de fils
de lin : les chofes, étant ainfi difpofées, fi on électrife le tube D E , les fils
qui font placés fur la circonférence de ce tube , s'écartent du centre en forme de rayons divergens , par l'effort de la matiere effluente ; & ceux qui font
placés fur la circonférence intérieure du cerceau , fe dirigent tous vers le
centre du tube , par rapport à la matiere affluente qui s'y porte : & fi les fils
du cerceau & ceux du tube font aſſez longs pour fe toucher , ils fe joignent

enfemble deux à deux , & ceux qui font trop courts, fe difpofent de maniere qu'ils paroiffent faire effort pour fe réunir : d'où il paroît que les
écoulemens électriques ont des affluences & des effluences fimultanées (1).

Si , par le moyen d'un globe qu'on frotte, on électrife une lame de fer ,
on remarquera à fes deux extrêmités des aigrettes lumineufes, qui prouvent
que la matiere électrique s'échappe par les deux extrêmités de cette lame.

Outre cela , fi deux hommes font ifolés fur des pains de réfine, ou au
moins fi l'un des deux eft monté fur un pain de réfine ; & qu'étant électrifé ,
il tende le doigt à l'autre , qui en approche lentement un des fiens, il fe fait
une explofion , & l'un & l'autre reffentent au bout du doigt une commotion
qui fe communique jufqu'à leurs mains, leurs bras, & même leur poitrine ;
car ils font également frappés tous les deux.

Autant il s'échappe de matiere électrique de l'un de ces deux hommes,
autant l'autre en reçoit , jufqu'à ce que cette matiere foit en équilibre entre-
eux deux. Dans cette hypothefe, quoique le globe électrique ceffe de leur
communiquer de l'électricité, ils en ont néanmoins l'un & l'autre plus que
leur quantité naturelle ; & c'eft pour cela que s'ils touchent à un troifieme
homme , qui eft placé fur le plancher , ils lui donneront une étincelle qui
s'élancera avec explofion (2).

§. DCCCLXXIV. Il eft indifpenfablement néceffaire, ainfi que le remarque très bien le célebre *Watfon* , que la matiere effluente & la matiere affluente foient en équilibre entr'elles ; car il ne peut pas s'échapper d'un
corps *idioélectrique* une quantité de matiere électrique, plus grande que celle
qui y afflue : & il ne peut pas y aborder & y demeurer une quantité de matiere électrique plus grande que celle qui s'en échappe ; fans cela le corps
idioélectrique en feroit à la fin tout-à-fait engorgé. L'équilibre de ces deux
fortes d'écoulemens eft démontré par la fufpenfion d'une petite feuille de
métal entre deux platines de fer blanc ; en fuppofant qu'une de ces platines
eft fufpendue au tube électrifé, tandis que l'autre , fur laquelle on place la
feuille , eft tenue à la main , au-deffous de la premiere, à la diftance de 5 à
6 pouces : cette petite feuille eft attirée par la platine fupérieure ; elle tend
auffi-tôt à s'y porter : mais étant également attirée par la platine inférieure ,
elle demeure fufpendue à égale diftance de l'une & de l'autre, en leur préfentant à chacune un plan droit. Si quelqu'un touche alors avec le doigt,
ou avec un fil de métal, le tube électrifé, il emporte , par cet atouchement,
la matiere électrique, & la petite feuille auffi tôt tombe fur la platine inférieure , & s'y étend felon fon plan ; ou fi on fufpend au tube , par le moyen
d'un fil de métal, un petit boulet de métal, & qu'on préfente au deffous de
cet appareil une petite feuille de métal, placée fur une des platines dont
nous venons de parler, cette feuille demeurera fufpendue entre le boulet &
la platine : mais fi on fait tourner circulairement & lentement la platine
autour du boulet , on verra la feuille, qui étoit fufpendue en l'air, fe jetter

(1) Hift. de l'Acad. Roy. ann. 1753.

(2) Pour que cette expérience ait lieu , il faut , de toute néceffité , que les deux hommes
foient ifolés ; fans cela , celui qui ne feroit point ifolé , feroit perdre à l'autre , & perdroit
lui-même , la matiere électrique qui leur feroit communiquée.

fur

sur le boulet, & l'envelopper. Un duvet, placé sur la platine au lieu de la feuille de métal, produira le même effet. Pour rendre cette expérience agréable, voici comment il faut s'y prendre. AB & CD [*Tab.* 22. *fig.* 3.] sont deux cylindres de bois, unis entr'eux par la traverse A C : E F est un fil de soie, à l'extrêmité F duquel on suspend une platine de fer blanc G : H est une autre platine semblable, qui est fixée dans le tube I, qui glisse en s'élevant & en s'abaissant, dans un autre tube K, afin qu'on puisse fixer, à une hauteur convenable, la platine H : on place ensuite sur cette platine de petites figures de papier, longues du doigt, & qui doivent, pour l'agrément de l'expérience, avoir l'attitude de différentes personnes qui danseroient : si-tôt, qu'à l'aide d'un conducteur L F, on communique l'électricité au crochet F, les petites figures s'élevent & paroissent danser ; tantôt elles paroissent frapper du pied la platine H, tantôt elles heurtent avec la tête la platine G, & elles paroissent quelquefois suspendues entre les deux platines : on les voit encore quelquefois tourner en rond, en parcourant toutes les parties des lames G & H. En effet, tandis que la matiere effluente, s'échappant de la lame G, & se distribuant à la lame H, porte avec elle les figures qu'elle rencontre sur les points de cette lame où elle aborde ; la matiere affluente n'arrive pas aussi-tôt sur les mêmes points de la lame G, d'où la matiere effluente s'écoule, mais sur les points qui les avoisinent : par ce moyen, ces figures ne retournent point en sautant vers les mêmes points d'où elles viennent de se précipiter ; elles parcourent les différens points des lames G & H. Si on soumet à cette expérience de petites boules creuses de verre soufflé, on les verra s'agiter d'une maniere singuliere, & tout à-fait curieuse.

§. DCCCLXXV. Lorsque nous regardons comme constant que les corps électrisés fournissent des écoulemens de matiere électrique qui s'échappent de leurs substances, & que, dans le même tems, ils reçoivent eux-mêmes des écoulemens électriques qui leur viennent des substances qui les avoisinent ; ne paroît il pas naturel de demander si ces écoulemens simultanés, qui se font en sens contraire, ne s'opposent pas un mutuel obstacle, & si l'un des deux ne doit point s'opposer efficacement au mouvement de l'autre, & le réduire au repos ? Cette idée paroît tout-à-fait naturelle ; & il en arriveroit ainsi, si une barre de fer, par exemple, qu'on électrise, étoit tellement surchargée de matiere électrique, qu'elle ne laissât aucun vuide à remplir, & que tous les pores de cette barre fussent exactement engorgés de cette matiere : dans cette hypothese, il est constant que le fluide électrique, qui se meut en sens contraire, & qui fait effort pour se jetter dans la substance de cette barre, ne pourroit point y parvenir. Mais de même que les rayons du soleil, qui tombent sur un miroir ardent, & qui en sont réfléchis, ne s'opposent point un mutuel obstacle les uns aux autres ; parcequ'ils sont extrêmement rares, & que les rayons incidens ne rencontrent point, sur leur passage, ceux qui sont réfléchis : pareillement les écoulemens de matiere électrique qu'on détermine vers une barre de fer, par exemple, se jettent dans quelques-uns de ses pores, & les parcourent ; tandis que les écoulemens qui s'échappent des corps voisins, & qui se portent vers la même barre de fer, s'emparent des autres pores, & les parcourent de même. Dans cette hypothese, s'il arrive que deux rayons de ces écoulemens, qui se

<table><tr><td>*Tome I.*</td><td align="right">B b b</td></tr></table>

meuvent en sens contraire, se rencontrent, ils s'opposeront, à la vérité, quelqu'obstacle; & l'un des deux obligera l'autre à glisser totalement, & à s'échapper par un des côtés de la barre de fer, qu'il vouloit pénétrer : mais cette rencontre arrive très rarement, & il reste encore quantité de pores vuides à remplir.

§. DCCCLXXVI. Comme la matiere électrique des corps *idioélectriques* qu'on frotte, s'échappe de ces corps, munie d'une grande vîtesse, & qu'elle emporte avec elle les corps légers qu'elle trouve sur son passage; il en résulte nécessairement plusieurs effets, dont nous allons faire mention. 1°. Si on électrise une fontaine artificielle, tandis qu'elle laisse jaillir l'eau qu'elle contient, le jet accélérera son mouvement; il s'élevera plus haut, & il se divisera aussi-tôt en plusieurs jets divergens : les gouttes d'eau devindront lumineuses, & elles attireront des corps légers. 2°. Si on communique de l'électricité à un vase de métal en partie remplie d'eau, & dans laquelle plonge la plus courte branche d'un syphon capillaire; la matiere électrique, pressant devant elle la colonne d'eau qui tend à couler par la longue branche du syphon, fera que l'écoulement de l'eau sera continu : tandis qu'avant d'électriser le vase, cet écoulement ne se faisoit que goutte à goutte ; l'accélération de cet écoulement paroîtra d'autant plus sensible, que le syphon sera plus capillaire : mais elle n'aura point lieu du tout, si on se sert, pour cette expérience, de syphons, dont le diametre ait plus d'une, deux, ou trois-lignes; puisque, dans ce cas, l'électricité peut se faire jour aisément, & passer librement le long de la colonne d'eau qui s'écoule (1).

3°. Si on électrise des fleurs & des fruits, l'électricité, coulant librement à travers leurs canaux, emporte avec elle leurs parties odorantes, les dissipe dans l'air, & diminue le poids de ces fleurs & de ces fruits. Si on plante en terre des semences, des grains, &c, & qu'on les électrise, ainsi que la terre qui les contient, l'électricité aidera la matiere nutritive à se porter plus rapidement dans ces substances; elle accélérera le développement de leur germe, de leurs bourgeons, & l'accroissement de leurs feuilles & de leurs fleurs : ainsi que l'ont observé MM. *Boze* (2), *Jallabert* (3), *Nollet* (4). 4°. L'électricité accélere aussi la circulation du sang dans le vivant; elle provoque les menstrues (5); elle excite des mouvemens convulsifs dans les muscles; elle augmente la chaleur naturelle, la sueur & la transpiration insensible, ainsi qu'on l'a prouvé dans différentes personnes, dans des chats, dans le bréan, dans le pinson. Ces effets ne se manifestent pas également dans toutes sortes de sujets ; mais différemment, suivant le tempéra-

(1) Hist. de l'Acad. Roy. ann. 1748. (2) Comment. novus de Electr. p. 10. (3) Sur l'Electr. Ch. 5. §. 124. (4) Recherches sur l'Electricité, pag. 358. Hist. de l'Acad. Roy. ann. 1748.

(5) Une personne âgée de près de 17 ans, n'étoit point encore réglée : elle fut électrisée le 25 Juin 1755 à 4 heures du soir ; elle le fut pendant environ une demi-heure : elle reçut la commotion, & elle faisoit partie d'une chaîne de 9 personnes. Elle ressentit quelques minutes après un grand mal de tête, accompagné d'un battement de cœur fort léger : la fievre lui survint ensuite, qui augmenta considérablement vers les 8 heures du soir ; & sur les 11 heures & demie ses regles commencerent à paroître, qui firent tomber la fievre, qui fut totalement dissipée le lendemain à 5 heures du matin.

ment de l'animal, le lieu, la conftitution de l'air, & la plus grande ou la plus petite force de l'électricité ; ainfi que l'ont très bien obfervé MM. *Jallabert* & *Nollet* (1). Plus les animaux font petits, étant de même efpece, & plus la tranfpiration eft augmentée : non-feulement la tranfpiration des animaux qui font foumis à l'action de la matiere électrique eft augmentée; mais cet effet a encore lieu par rapport à ceux qui fe trouvent dans leur voifinage, ainfi que plufieurs expériences, répétées avec foin, l'ont confirmé, dans des chats, des tourterelles, des bréans, des pinfons. 5°. Si on électrife plufieurs vafes qui contiennent différens fluides, l'évaporation de ces fluides eft accélérée, fur-tout dans ceux qui font naturellement plus volatils ; cette évaporation fe fait plus promptement lorfque ces fluides font placés dans des vafes de métal, que lorfqu'ils font contenus dans des vafes de verre : & elle eft d'autant plus prompte, que l'ouverture du vafe eft plus large, quoiqu'elle ne fuive pas exactement la raifon de la grandeur de l'ouverture de ces vafes. Les parties des fluides qui s'échappent par l'évaporation ne pénetrent cependant point les pores des vafes, foit de verre, foit de métal, qui les contiennent ; car fi on renferme différens fluides dans des vafes exactement bouchés, & qu'on les électrife pendant 10 heures, on ne s'appercevra point après qu'ils aient perdu de leur poids.

§. DCCCLXXVII. L'électricité n'abandonne point les corps auxquels on l'a communiquée, quoiqu'ils traverfent, avec rapidité, une grande maffe d'air ; car fi on électrife un homme monté fur un pain de réfine, & que cet homme jette, à la diftance de cent pas, par exemple, une boule, une pomme, ou tout autre corps qu'il tient à la main, ce corps demeurera électrifé, & il produira une étincelle lorfqu'il frappera un autre corps qu'il rencontrera fur fon paffage. Si un homme, pareillement électrifé, tire un coup de fufil chargé à balle contre un corps fufpendu à un cordon de foie, le corps frappé par la balle fera électrifé, & il attirera à lui des corps légers.

§. DCCCLXXVIII. Nous avons déja démontré que les corps *idioélectriques* contenoient une grande quantité de matiere électrique ; les autres corps qui ne font pas de même efpece, en ont auffi une certaine quantité qui leur eft propre : cette quantité d'électricité naturelle à ces fortes de corps, eft néanmoins plus grande dans les uns, moins grande dans les autres. En effet, plus le nombre des corps qu'on fait communiquer avec le tube de fer qu'on électrife par le moyen d'un corps *idioélectrique*, eft grand, plus les chaînes de métal qu'on emploie pour tranfporter l'électricité font longues, plus on ajoûte de barres métalliques au tube de fer, dont nous venons de parler, & plus l'électricité devient violente ; effet qui doit fon origine en partie à la matiere électrique que fournit le corps *idioélectrique*, & qui met en mouvement celle qui eft contenue dans les différens corps dont nous venons de parler : la matiere électrique de l'air, qui avoifine ces différens corps, concourt auffi à augmenter cet effet par fon affluence. 2°. Si la machine électrique, ainfi que celui qui la met en mouvement, font ifolés, le globe électrique ne fournira que très peu d'électricité ; & au contraire il en fournira une très grande abondance, fi la machine de rotation, ainfi que celui qui la fait agir, font placés fur le parquet.

(6) Hift. de l'Acad. Roy. ann. 1748.

§. DCCCLXXIX. Afin donc que les corps *idioélectriques* puissent produire les effets qu'on en doit attendre, il faut nécessairement que les écoulemens électriques puissent passer librement de la terre aux corps *idioélectriques*; mais si quelque cause quelconque s'oppose aux écoulemens de la matiere effluente ou affluente, les phénomenes électriques cesseront bien-tôt de se manifester : en effet, si les affluences n'ont point lieu, on ne verra aucun signe d'attractions; si l'effluence est supprimée, on n'observera aucun phénomene d'attractions & de répulsions.

Suspendez au tube de fer, & à la distance d'un pouce les unes des autres, trois cloches de métal ; suspendez pareillement, à des fils de soie, des marteaux qui descendent dans l'intervalle que laissent entr'elles ces cloches; que celle du milieu soit attachée à un fil de soie, & les deux autres à des fils de métal : du crochet intérieur de la cloche du milieu, faites pendre un fil de métal de 12 pouces de longueur, à l'extrêmité inférieure duquel soit attaché un petit globe de métal : les cloches, étant ainsi disposées, si on met en mouvement le globe électrique, & qu'on communique la matiere électrique au tube de fer, on n'observera aucun effet. Mais si un homme, placé sur le parquet, saisit avec la main le petit globe de métal, afin de déterminer la matiere électrique des cloches à passer, par son moyen, dans le plancher ; alors les marteaux commenceront à frapper les cloches, & donneront des étincelles : mais si l'homme, dont nous venons de parler, abandonne le globe de métal, cet effet cessera aussi-tôt; parceque l'effluence de la matiere électrique ne pourra plus avoir lieu. Pareillement si cet homme, monté sur un pain de résine, saisit la petite boule de métal, l'effluence de la matiere électrique, ne pouvant point avoir lieu, parcèque cet homme est isolé, on n'observera aucun effet ; mais les cloches sonneront aussi-tôt s'il met seulement un de ses pieds sur le plancher.

§. DCCCLXXX. L'électricité, excitée violemment, passe d'un corps dans un autre, lorsqu'un de ces deux corps en contient une plus grande quantité que l'autre ; mais si l'un & l'autre en contiennent également ; il est probable qu'il ne se fait point d'écoulement de l'un à l'autre, ou au moins on ne remarque point d'effet sensible qui indique cet écoulement : puisque, dans ce cas, ces deux corps paroissent se repousser. Par exemple, deux hommes étant montés sur des pains de résine, & étant placés à quelque distance l'un de l'autre, si l'un des deux frotte un tube de verre, il acquiert par-là une quantité surabondante de matiere électrique ; & s'il tend le doigt à celui qui l'avoisine, il partira une seule étincelle, parceque ce dernier, n'étant point surchargé d'électricité, la quantité surabondante dont le premier est en possession, se distribue à l'autre, & se met en équilibre dans les deux : mais si ces deux hommes se touchoient, tandis que l'un des deux frotte le tube ; comme l'électricité se distribueroit alors entr'eux deux, lorsqu'ils se présenteroient le doigt, ils ne pourroient point exciter d'étincelle, ni se communiquer de matiere électrique.

§. DCCCLXXXI. Lorsqu'on commença à découvrir les propriétés de l'électricité, on ne pouvoit exciter alors cette vertu que très foiblement ; aussi tous ses efforts se bornoient-ils à attirer & à repousser des corps légers : mais lorsque par l'usage & par leurs travaux les Physiciens eurent imaginé des méthodes particulieres d'exciter plus puiſſamment cette vertu, on obſerva que les corps *idioélectriques* attiroient à eux, lorſqu'ils étoient frottés, toute ſorte de corps, grands, petits, ſolides ou fluides; car les écoulemens électriques, étant réellement matériels, ils agiſſent contre tous les corps qu'ils rencontrent ſur leur paſſage: ils heurtent, ils choquent leurs parties ſolides, & ils emportent avec eux ces corps, quoiqu'ils pénetrent aiſément leurs pores, & qu'ils coulent librement à travers leurs ſubſtances.

§. DCCCLXXXII. La vertu électrique des corps *idioélectriques* agit différemment, & attire plus ou moins puiſſamment les corps qu'elle maîtriſe, ſuivant les différentes couleurs dont ils jouiſſent; ce qui ne dépend pas, à la vérité, de la couleur elle-même, qui n'eſt autre choſe qu'une modification de la lumiere, mais de la diſpoſition des molécules du corps colorant, qui ſont différemment arrangées ſur la ſurface du corps coloré: ainſi que l'a très bien obſervé le célebre *du Fay*; lequel, ayant ſoumis aux effets de l'électricité pluſieurs rubans de ſoie de différentes couleurs, vit que cette matiere agiſſoit plus puiſſamment ſur ceux qui étoient noirs & ſecs, & plus foiblement ſur ceux qui étoient d'une autre couleur. En ſuivant, quant à l'intenſité de ſon action, l'ordre ſelon lequel nous allons les nommer, ſavoir, les blancs, les rouges, les bleus, il découvrit auſſi que ce n'étoit point la couleur qui produiſoit par elle-même la diverſité de l'action de la matiere électrique; puiſque ces rubans, étant mouillés, on enduits de cire ou de gomme, étoient attirés & repouſſés également. 2°. Puiſqu'on n'obſervoit aucune différence dans l'action de cette matiere contre les rubans blancs, lorſqu'on faiſoit tomber ſur eux différens rayons colorés du ſoleil, ayant eu ſoin auparavant d'en ſéparer, avec un priſme, les autres rayons. Peut-on donc croire que cette plus grande facilité, avec laquelle certains rubans ſont attirés, dépende de la différente maniere ſelon laquelle leurs pores ſont obſtrués par les molécules de la matiere colorante, ou que cet effet dépende de la différente force électrique dont jouiſſent les différentes ſubſtances colorantes: c'eſt ce dont on n'eſt point encore ſûr, & ſur quoi on ne peut point prononcer.

§. DCCCLXXXIII. Quoique les écoulemens électriques ſe répandent également ſur les corps de même grandeur; comme, par exemple, ſur des fils de lin, de laine, de ſoie, de coton, qui ſont de même groſſeur & de même longueur, & qui pendent tous à la même diſtance, telle qu'à 5 à 6 pouces de la même verge de fer, ils ne produiſent cependant pas les mêmes effets, & n'obligent pas également ces différens fils, auxquels on communique une quantité ſurabondante de matiere électrique, à s'écarter les uns des autres: ce qui vient de la differente conſtitution de ces fils, qui fait, ou qu'une plus grande quantité d'écoulemens électriques ſe portent ſur les uns, ou que ces écoulemens gliſſent plus librement ſur leurs ſurfaces, ou qu'ils pénetrent plus aiſément dans leurs ſubſtances; car les extrémités des fils de lin, ſe repouſſant mutuellement, s'écartent davantage les uns des autres, que les fils de coton; ceux-ci s'écartent auſſi davantage que les fils de ſoie; & les fils de laine ſont ceux dont les extrêmités s'écartent moins les unes des autres: pareillement les écoulemens électriques coulent plus librement ſur les métaux & ſur la ſurface du corps de l'homme, que ſur le bois.

En effet, si un homme, étant monté sur un pain de résine, est électrisé, & qu'on suspende, par le moyen de quelques fils, à égale distance de part & d'autre de cet homme, deux petites tablettes de carton égales, sur lesquelles on a mis de petites feuilles de métal; si les fils auxquels ces tablettes sont attachées, sont soutenus, les uns par un morceau de bois, & les autres par un autre homme, & que celui qui est électrisé étende également les bras, & approche ses mains à égale distance de ces tablettes : les feuilles de métal qui seront placées sur la tablette qui est soutenue par la main d'un homme, recevront une plus grande agitation que celles qui seront placées sur la tablette dont les fils seront attachés au bâton dont nous venons de parler. Cette expérience nous apprend que si un corps attire plus fortement qu'un autre, ce n'est pas une raison de croire que le premier soit plus électrique; mais qu'il est disposé de maniere que les écoulemens de la matiere effluente & affluente sont plus libres, par rapport à ce corps, que par rapport à celui dont les effets sont moins sensibles.

Outre cela, l'expérience précédente, savoir la divergence des fils suspendus à des corps électrisés, nous apprend que ces fils, lorsqu'ils sont électrisés, ont autour d'eux des atmospheres de matiere électrique, qui leur vient originairement du tube de verre électrisé, & qui passent de ce premier tube au tube de fer conducteur, auquel ils sont suspendus; enfin que ces atmospheres ne peuvent point se confondre & se mêler ensemble. Si, lorsque ces fils sont électrisés, on approche au-dessous d'eux, & à quelque distance, un tube de verre fortement électrique; l'électricité de ce tube repousse l'électricité de ces fils, les pénetre, & passe, par leur moyen, jusqu'au tube de fer : alors ces fils retombent, par leur propre poids, les uns contre les autres, ou se tiennent parallelement à côté les uns des autres, ou leur divergence est très peu marquée, ou enfin elle devient beaucoup moindre qu'elle étoit précédemment. Si on retire le tube de verre, la divergence de ces fils se manifeste une seconde fois, par rapport à l'écoulement de la matiere électrique que le tube de fer leur fournit. Pareillement lorsqu'on approche un tube de verre électrique vers une des extrêmités du tube de fer, les fils qui sont suspendus à ce tube s'écartent les uns des autres, & ils retombent les uns vers les autres lorsqu'on retire le tube électrique; parceque l'électricité de ces fils se reporte en partie au tube de fer, tandis que l'autre partie se dissipe dans l'atmosphere : car elle s'écoule continuellement de ces fils, & elle passe dans la masse d'air qui les enveloppe. Ces expériences nous confirment les loix générales de l'électricité, que nous allons exposer.

1°. Lorsque deux corps sont également électrisés, ils se repoussent mutuellement.

2°. Lorsque deux corps sont également dépouillés de la matiere électrique qu'ils contenoient, ils se repoussent aussi mutuellement.

3°. Lorsque deux corps sont placés à quelque distance l'un de l'autre, & que l'un des deux est plus chargé de matiere électrique que l'autre, ils s'attirent mutuellement, & ils s'approchent l'un de l'autre.

§. DCCCLXXXIV. Les substances qui sont repoussées par des corps *idioélectriques*, ou *symperielectriques*, ont été auparavant attirés, & ont touché des corps électriques, ou se sont plongés dans leur sphere d'activité, &

s'y sont chargés de matiere électrique, & n'en ont été repoussés qu'après. Ils ont d'abord été attirés, lorsque la matiere affluente y étoit portée en plus grande abondance, que la matiere effluente ne s'en échappoit; mais, après avoir reçu une certaine quantité de matiere électrique, par les rayons divergens qu'ils ont rencontrés, ils ont été repoussés aussi-tôt par les rayons de la matiere effluente qui s'échappoient du corps *idioélectrique*, & qui se mouvoient selon une direction contraire à la leur.

Mais pour quelle raison la même partie d'un tube de verre électrique attire-t-elle, & repousse-t-elle ensuite? Cet effet viendroit-il de ce que la même partie de ce tube, lorsqu'il est frotté, ne demeure pas constamment dans la même disposition? Parceque, lorsque le frottement procure un ébranlement considérable à ses parties, ses pores s'agrandissent, & donnent un libre accès à la matiere électrique qui y aborde; mais cet ébranlement, venant à diminuer & à cesser, ses pores diminuent insensiblement de grandeur, & ils expriment alors une plus grande quantité de matiere électrique, qui pousse & chasse devant elle le corps léger, qui étoit attiré auparavant?

Il arrive quelquefois que les seuls corps légers sont repoussés, tandis que ceux qui pesent davantage, & qui ont plus d'étendue, sont attirés & s'attachent à la surface du corps frotté.

§. DCCCLXXXV. Lorsque des corps légers, tels que du duvet, des feuilles minces de métal, &c, sont repoussés; ces corps, étant alors chargés d'électricité, deviennent plus légers qu'un pareil volume d'air: aussi remarque t-on constamment qu'ils s'élevent, & qu'ils nagent dans l'atmosphere; ils perdent alors insensiblement l'électricité qu'on leur a communiquée: ils se réduisent sous de plus petites dimensions, & ils tombent par leur propre poids; sur-tout si la masse d'air est ébranlée. Tandis que ces corps voltigent dans l'air, & qu'ils sont enveloppés d'une atmosphere électrique, ils ne peuvent point être attirés par un corps *idioélectrique*, de même espece que celui qui leur a communiqué la vertu électrique dont ils jouissent; parceque ces deux especes de corps sont enveloppés de rayons divergens électriques, qui se font mutuellement obstacle: c'est pour cette raison qu'ils sont continuellement repoussés par le corps *idioélectrique* qu'on leur présente, & qu'ils continuent à voltiger dans l'air, jusqu'à ce qu'ils se soient dépouillés de la matiere électrique qu'ils contiennent; soit au profit de quelque corps non-électrisé qu'ils rencontrent dans leur chemin, soit en flottant plus long-tems dans la masse d'air, soit enfin en communiquant leur vertu électrique aux différentes émanations dont l'atmosphere est toujours surchargé. Ces corps légers, étant dépouillés de leur vertu électrique, sont attirés de nouveau par le corps électrique; ils puisent dans la sphere de leur activité une nouvelle quantité de matiere électrique, & ils sont encore repoussés comme ils l'étoient précédemment. Ces attractions & ces répulsions s'exécutent quelquefois avec une extrême rapidité; ainsi qu'on peut le remarquer si, tenant entre ses doigts un duvet, à 5 à 6 pouces de distance d'un tube récemment frotté, on l'abandonne à lui-même, il se jette alors avec avidité dans la sphere d'activité du tube: il en est aussi-tôt repoussé avec violence, & il se reporte, avec promptitude, vers la main qui l'a abàndonné, pour se rejetter aussi-tôt contre le tube ; ces mouvemens d'attraction & de répulsions se réiterent plusieurs fois de suite, avec une rapidité extrême.

§. DCCCLXXXVI. Deux corps, étant suspendus librement à une distance l'un de l'autre, qui leur permet néanmoins d'agir l'un contre l'autre, se repoussent mutuellement, si on leur communique la même espece d'électricité ; & ils se repoussent d'autant plus fortement, qu'on leur a communiqué une plus grande quantité de matiere électrique : cette répulsion n'est jamais plus grande que lorsqu'ils sont également électrisés tous les deux. Ce phénomene prouve incontestablement que les atmospheres électriques de même espece, sont impermissibles, ou qu'elles ne peuvent se mêler que très foiblement. C'est pour cette raison que les petits filamens d'un même floccon de coton, que ceux d'un même duvet s'érissent & s'éloignent les uns des autres, lorsqu'ils sont électrisés ; parceque, dans ce cas, tous ces petits filamens sont entourés d'une atmosphere électrique de même espece. Si un fil est attiré par un globe électrique, & qu'on le présente ensuite vers le doigt d'une personne électrisée, ce fil s'éloignera du doigt qu'on lui présentera ; parceque l'atmosphere qui enveloppe ce fil, ainsi que le doigt électrisé, est composée de rayons divergens, qui se meuvent en sens-contraire : les aigrettes lumineuses qu'on remarque aux angles d'une barre de fer électrisée, prouvent la divergence des rayons électriques.

§. DCCCLXXXVII. On trouve cependant des corps *idioélectriques* qui attirent avec impétuosité vers eux, les mêmes corps, que d'autres corps *idioélectriques* repoussent, & qui voltigent dans l'air : cet effet vient de ce que l'atmosphere électrique qui enveloppe ces corps, étant plus foible, & ayant moins d'activité que l'électricité de l'air, cette derniere les repousse contre les corps *idioélectriques* qu'on leur présente : on remarque ce phénomene lorsqu'un duvet, qui a été attiré par un tube frotté, & qui en est repoussé, se trouve dans le voisinage d'un bâton de cire d'Espagne rendu électrique par le frottement ; il est aussi-tôt porté vers ce dernier corps, & il s'en échappe ensuite, pour être porté de nouveau vers le tube de verre. Mais si on répete la même expérience en faisant usage de deux tubes de verre, un duvet qui sera repoussé par un de ces tubes, le sera également par l'autre ; ce qui présente deux phénomenes bien différens l'un de l'autre. Cette différence cependant n'est pas bien constante ; car on remarque quelquefois qu'un duvet, repoussé par un tube de verre frotté, est aussi repoussé par un bâton de cire d'Espagne, ainsi que l'a observé l'Abbé *Nollet* (1).

§. DCCCLXXXVIII. Quelques Physiciens, ayant observé cette différence, soupçonnerent qu'il y avoit dans la Nature deux especes d'électricité différentes ; l'une qu'ils nommerent *vitrée*, l'autre qu'ils appellerent *résineuse*. La premiere, selon eux, se remarque dans le verre, dans le cristal, dans les pierres précieuses, dans la laine, dans le poil des animaux, dans les plumes ; la seconde, dans le succin, dans la colophone, dans la cire, dans la cire à cacheter, dans les résines, dans la soie, dans le chanvre, dans le papier. M. *du Fay* nous a donné les principaux signes qu'on a imaginés

(1) Lettr. 13. sur l'Electr. p. 92.

pour

pour diſtinguer ces deux eſpeces d'électricité (1). Par exemple, ſi on attache une corde par ſes deux extrêmités, & qu'on laiſſe pendre vers le milieu
de cette corde un fil de ſoie, à l'extrêmité duquel ſoit attaché un duvet; on
remarquera que ce duvet ſera d'abord attiré par un tube de verre électrique
qu'on lui préſentera, & qu'il en ſera enſuite repouſſé: lorſque ce duvet eſt
dans cet état de répulſion, ſi on lui préſente un bâton de cire à cacheter,
rendu électrique par le frottement, il ſera d'abord attiré, & enſuite repouſſé; & il arrivera encore la même choſe ſi on lui préſente le tube de verre.
Une autre expérience, qui paroît prouver la même choſe, eſt celle que voici. Si on prend un bâton de cire rouge à cacheter, de deux pieds & demi de
longueur, qu'on l'électriſe fortement en le frottant; ſi on ſaiſit alors, avec la
main, ce bâton vers le milieu de ſa longueur, & qu'après avoir frotté un
tube de verre, on conduiſe ce tube ſur ce bâton de cire d'Eſpagne, depuis
la main qui le tient juſqu'à une de ſes extrêmités, & qu'après avoir frotté de
nouveau le tube de verre, pour le rendre électrique, on le conduiſe encore
de la même maniere ſur le bâton de cire, ayant ſoin de le tourner pour le
frotter ſucceſſivement ſur toutes les parties de ſa circonférence, en répétant
pluſieurs fois la même manœuvre pour rétablir l'électricité du tube de
verre; pour lors l'électricité, excitée dans cette partie du bâton de cire à
cacheter, ſera détruite par l'électricité du verre : une partie néanmoins ſera
repouſſée vers l'autre extrêmité du bâton qui n'aura point été frottée par le
tube. Cette expérience fut imaginée par M. *Canton*, qui croyoit que l'électricité du bâton de cire d'Eſpagne ſeroit augmentée par ce moyen, ſi l'électricité de ce bâton étoit de même eſpece que celle du verre (2). D'autres Phyſiciens n'ont point voulu admettre ces deux eſpeces d'électricité, & n'en
ont reconnu qu'une ſeule dans la Nature; ils ont ſeulement ſoupçonné
que les écoulemens de la matiere affluente ſe portoient avec rapidité vers
les corps réſineux, tels que la cire d'Eſpagne, & que les écoulemens de la
matiere effluente ne s'échappoient que lentement, & en moindre quantité,
de ces ſortes de corps. Suivant eux, lorſqu'un duvet eſt repouſſé par un tube
électrique, & qu'il voltige dans l'atmoſphere, il eſt auſſi-tôt porté vers un
corps réſineux qu'on lui préſente, par la matiere électrique qui ſe porte avi-
dement vers ce corps; il en eſt enſuite repouſſé, mais comme il eſt alors
enveloppé d'une atmoſphere très foible, il cede aiſément aux impulſions de
la matiere affluente qui ſe porte vers le tube, il s'y porte avec elle : mais ſitôt qu'il eſt parvenu à toucher le tube, il eſt auſſi-tôt repouſſé, & il voltige
encore dans l'atmoſphere. Cette explication ſera-t-elle du goût de tous les
Phyſiciens ? C'eſt ce que le tems pourra nous apprendre.

Il a plu à l'induſtrieux *Franklin* de diſtinguer l'électricité en *poſitive* & en
négative, ou en électricité *par excès*, & en électricité *par défaut*; & ces
deux eſpeces d'électricité ſe remarquent conſtamment dans les corps qui
agiſſent les uns contre les autres. Concevons en effet que chaque corps,
qui fait portion de l'Univers matériel, a une certaine quantité naturelle d'é-
lectricité : cela poſé, ſuppoſons deux corps, A & B, qui aient chacun une

____

(1) Hiſt. de l'Acad. Roy. ann 1733. Philoſ. Tranſ. n°. 431. (2) Philoſ. Tranſ. Vol. 48.
pag. 356.

même quantité de matiere électrique : dans cette hypothese , ces deux corps
n'agiront point l'un contre l'autre ; aucun de ces deux corps n'attirera l'autre , ni n'en sera attiré.

2°. Il peut se faire que le corps A conserve sa quantité naturelle d'électricité , & que le corps B perde une certaine portion de celle dont il jouit naturellement ; alors B sera attiré par A , qui lui communiquera une certaine
quantité de feu électrique.

3°. Il peut se faire aussi que le corps A & le corps B perdent l'un & l'autre de leur quantité naturelle d'électricité ; & il peut , outre cela , arriver que
le corps A en conserve encore plus , malgré cette diminution , que le corps
B. Dans cette hypothese , B sera attiré par A , & la matiere électrique se
mettra alors en équilibre dans ces deux corps , & après cette communication , A & B seront l'un & l'autre électrisés négativement.

4°. Il peut se faire encore que A acquere plus que sa quantité naturelle
d'électricité , & que B en ait moins que la quantité qui lui convient.

5°. Il peut arriver que le corps B se rétablisse dans sa situation naturelle ,
en acquérant ce qui manquoit à sa quantité d'électricité ; dans l'un &
dans l'autre cas , le corps A sera électrisé positivement , & le corps B sera
électrisé négativement ; puisque dans l'une & dans l'autre hypothese , le
corps A aura plus que sa quantité naturelle d'électricité.

6°. Il peut encore arriver que le corps A & le corps B acquerent l'un & l'autre une plus grande quantité d'électricité que celle dont ils doivent jouir naturellement , & qu'ils en aient l'un & l'autre la même quantité , ou que le
corps A en ait une plus grande quantité que le corps B: dans cette hypothese , ces deux corps seront électrisés positivement. En général toute quantité
d'électricité qui surpasse celle qu'un corps peut contenir naturellement , se
nomme électricité positive ; & toute quantité d'électricité qui est inférieure
à celle qui appartient naturellement à un corps , se nomme électricité négative : en admettant cette distinction , établie par *Franklin* , il ne s'ensuit pas
pour cela qu'il y ait dans la Nature différentes especes d'électricité ; mais
seulement qu'il y a des corps qui jouissent d'une plus grande quantité , &
d'autres d'une moindre quantité de matiere électrique; ce qu'on ne peut pas
révoquer en doute.

§. DCCCLXXXIX. Néanmoins je ne puis m'empêcher de soupçonner
qu'il existe réellement dans la Nature différentes especes d'électricité ; mais
qui se rapportent toutes à un même genre. En effet , il peut fort bien arriver que les écoulemens électriques different entr'eux par rapport au mêlange
des différentes parties hétérogenes que ces écoulemens emportent avec eux,
par rapport à leurs différentes densités, à la rapidité de leurs mouvemens, à
à la plus grande ou à la plus petite adhérence qu'ils contractent avec les
corps , ou enfin par rapport à quelques autres qualités qui ne font pas encore parvenues à la connoissance des Physiciens : ces écoulemens peuvent
aussi bien différer les uns des autres , que les corps électriques , & les différences qui sont entre ces derniers , se manifestent assez sensiblement par les
effets qu'ils produisent. En effet , la *tourmaline* ne produit point les mêmes
effets que le verre lorsqu'il est électrique, ou que la cire d'Espagne ; car ,
selon l'observation du Duc *de Noya Caraffa* , 1°. on ne peut exciter la vertu

électrique de la *tourmaline*, que par la chaleur, & la vertu électrique de cette pierre est plus puissante que celle qu'on excite par le frottement.

2°. Cette pierre, échauffée par l'action du feu, ou par le frottement, ne jette aucune lumiere, & ne produit aucune étincelle.

3°. La vertu électrique étant excitée dans la *tourmaline*, si on met cette pierre dans l'eau, elle étendra son action jusques sur les corps qui seront placés au delà de la surface de l'eau ; ce qu'on n'a point encore remarqué dans l'électricité du verre, du diamant, de la cire d'Espagne, &c.

4°. La *tourmaline* ne perd point la vertu électrique qu'elle contracte, par aucun des moyens qui la font perdre aux autres corps électriques ; elle ne la perd pas même en attirant des corps, tels qu'une aiguille, par exemple.

5°. On ne lui communique point non plus la vertu électrique par les mêmes moyens qu'on emploie favorablement pour la communiquer aux autres corps ; cette vertu, dans cette pierre, ne dépend point, ni quant à son origine, ni quant à son augmentation, des écoulemens d'un verre rendu électrique par le frottement.

6°. Lorsque la *tourmaline* est électrique, elle n'est point repoussée par un verre électrique ; au contraire, elle en est attirée.

7°. Deux pierres de cette espece, étant suspendues à des fils de lin, ou de soie, & étant électrisées par la chaleur, bien loin de se repousser mutuellement, elles s'attirent réciproquement ; &, qui plus est, lorsqu'elles sont en contact, elles s'approchent mutuellement : tandis que les corps électriques de même espece, se repoussent constamment. Néanmoins lorsque deux pierres de cette espece sont unies entr'elles par leur vertu électrique, elles sont attirées par un tube de verre récemment frotté ; mais elles en sont ensuite repoussées en demeurant constamment unies.

Comme nos tentatives n'ont encore été portées que sur un très petit nombre de corps, il est de la prudence de suspendre son jugement, jusqu'à ce que nous ayons étendu plus loin les bornes de nos connoissances. Nous ne pouvons donc point encore décider s'il n'y a dans la Nature qu'une seule espece d'électricité, quoique vraisemblablement nous n'en ayions encore découvert qu'une seule jusqu'à présent. Peut-être en découvrirons-nous par la suite une autre, différente de celles dont nous venons de parler, dans une espece de poisson, que nous nommons *béefaal*.

§. DCCCXC. Nous ne connoissons la *tourmaline* que depuis l'année 1717, que M. *Lemery* nous en a donné la description (1) ; ainsi que de la propriété qu'elle a d'attirer les cendres. On trouve cette cristallisation dans l'Isle de Ceylan ; sa couleur est d'un rouge foncé : elle est presqu'opaque, aussi dure que le cristal, & sa grandeur n'est point déterminée.

§. DCCCXCI. Lorsque la tourmaline n'est, ni chauffée, ni frottée, elle ne donne aucun signe d'électricité ; mais lorsqu'elle a été exposée à l'action du feu, & qu'elle est encore échauffée, *Æpinus* (2), & *Wilke* (3), prétendent qu'elle a deux especes d'électricités différentes. Suivant eux, lorsqu'une tourmaline est échauffée, & qu'on la place sur un support de

(1) Hist. de l'Acad. Roy. ann. 1717. (2) Hist. de l'Acad. de Berlin, ann. 1756, p. 110. (3) Disputatio solemnis de Electricitatibus contrariis.

verre, l'électricité du côté opposé à celui qui touche le support, est *positive*; & celle du côté qui est en contact avec le support, est *négative* : ce qui n'est pas difficile à déterminer. Suivant *Wilson*, il ne s'agit pour cela que de suspendre à l'extrêmité d'un fil de lin une petite boule faite avec de la moëlle de sureau, d'attacher ensuite ce fil au bout d'un petit morceau de bois, disposé horisontalement; à l'autre extrêmité duquel est adapté & soudé un bâton de cire d'Espagne, placé sur un pied : alors, si on approche cette petite boule d'un des côtés de la tourmaline, elle sera attirée, & elle sera repoussée lorsqu'on la présentera vers le côté opposé. Cet effet ne viendroit-il pas de ce qu'un des côtés dont il est ici question, se refroidit plus promptement que l'autre, & de ce que la matiere du feu s'échappe plus aisément de la surface supérieure de cette pierre ? Alors la matiere électrique, commençant à s'échapper de ce côté, avec la matiere ignée, continue à s'échapper par la même voie qui lui est ouverte; ainsi qu'on l'observe également par rapport à l'électricité du verre.

§. DCCCXCII. Si on prend avec des pinces une tourmaline, on la place dans une fournaise, afin qu'elle puisse s'échauffer également de toutes parts, & dans toute l'étendue de sa substance; ou si on la plonge, pendant quelques minutes dans de l'eau bouillante, pour produire le même effet : lorsqu'on la retire de la fournaise, ou de l'eau, elle paroît être électrisée positivement d'un côté, & négativement de l'autre; c'est-à dire qu'il paroît que la matiere affluente se porte vers sa surface inférieure, & que la matiere effluente s'échappe de sa surface supérieure : cette surface se desseche plus promptement que l'inférieure; parceque l'humidité qui la couvre se dissipe, tandis que l'inférieure conserve encore une certaine quantité de parties aqueuses : c'est ce qui fait que la vertu de cette pierre n'agit que contre ces parties, & nullement contre tous les còrps qu'on lui présente; mais si la tourmaline est bien seche, qu'elle soit également échauffée de toutes parts, & qu'on la tienne librement suspendue dans l'air, elle attire des corps légers par ses deux surfaces opposées.

La chaleur la plus convenable pour exciter fortement la vertu électrique de la tourmaline, est depuis 100 jusqu'à 200 degrés de l'échelle de *Fahrenheyt*; car une chaleur plus grande, ou plus petite, produit une plus foible électricité : cette pierre conserve sa vertu électrique pendant 6 heures, suivant le rapport de *Æpinus* (1), & de *Wilke*. Le Duc *de Noya* s'inscrit en faux contre cette durée; il prétend qu'elle ne conserve pas si long-tems sa vertu, & il n'admet point les deux especes d'électricité qu'on lui attribue.

§. DCCCXCIII. Si on pose une tourmaline sur un morceau de carton, de porcelaine, de métal, ou de verre, ces corps étant échauffés, ou sur un charbon après qu'il a été embrasé; cette pierre acquerra la vertu électrique : la partie inférieure de cette pierre, quoique plus chaude que la partie supérieure, aura néanmoins une vertu électrique plus foible que celle de cette derniere. J'ai observé que la tourmaline déployoit plus vigoureusement son action sur des cendres de Hollande, que sur une poudre nommée *hairpoeder*; elle agit cependant sur tous les corps légers, & elle les repousse

(1) Sermo. Academ. pag. 11.

de maniere qu'elle met à découvert tout l'espace qui l'entoure : elle repousse les petites poussieres à une distance beaucoup plus grande que celle d'où elle les attire ; car à peine attire t-elle des corps légers à la distance d'une ou deux lignes, tandis qu'elle les repousse jusqu'à la distance de trois pouces & plus : ce qu'on observera aisément, si on la place sur une plaque de métal qui soit chaude.

J'ai placé une tourmaline dans une cuiller d'argent ; je l'ai aussi placée sur un carreau de verre : &, après avoir répandu autour d'elle une petite quantité de cendres, j'ai dirigé vers la surface supérieure de cette pierre des rayons du soleil que j'avois ramassés à l'aide d'une lentille ; & j'ai observé aussi-tôt que cette surface a acquis une très grande force attractive & répulsive. Cependant j'ai encore observé, qu'en suspendant auprès d'elle un fil de soie, & qu'en laissant tomber à côté d'elle du duvet, de petites feuilles de métal, ces corps étoient attirés, qu'ils continuoient à tomber, & qu'ils n'étoient jamais repoussés. La matiere ignée, étant rassemblée sur la surface supérieure de cette pierre, s'échappe aisément de cette même surface ; c'est pourquoi l'électricité de cette surface peut produire ces attractions & ces répulsions, que la surface inférieure, qui touche le métal ou le verre, ne peut exciter.

Si on applique de la cire d'Espagne à une des extrêmités d'une tourmaline qu'on échauffe à la flamme d'une chandelle ; & qu'après cela on expose les deux surfaces opposées de cette pierre entre deux petites boules de sureau, suspendues à des fils ; on observera l'action simultanée de ces deux surfaces contre ces deux boules, qui seront repoussées l'une & l'autre, & qui prouveront que la matiere électrique de la tourmaline s'échappe de part & d'autre, quoique cependant avec des forces différentes. Mais la matiere ignée, se répandant, avec le tems, également dans toute la substance de cete pierre, on remarquera qu'une de ces deux boules sera attirée, tandis que celle qui répond à la partie opposée de la même pierre, sera repoussée : ce qui prouve que la matiere électrique s'échappe d'un côté, & afflue de l'autre.

Par conséquent dès que le côté échauffé d'une tourmaline attire des corps légers, & les repousse aussi ; ainsi que nous l'avons déja observé par rapport au verre, dans lequel nous avons démontré deux courans simultanés & opposés de fluide électrique ; il est évident qu'on doit pareillement admettre ces deux courans opposés de matiere électrique par rapport à la tourmaline : ce qui prouve la conformité de la vertu électrique dans ces deux différentes substances.

§. DCCCXCIV. Si on prend une tourmaline avec une pince, & qu'on la frotte légérement sur une étoffe, de façon qu'elle ne s'échauffe point par ce frottement, la surface frottée attirera à elle des corps légers, & la surface opposée ne donnera que des signes très foibles d'électricité, & elle reviendra ensuite dans son état naturel.

§. DCCCXCV. Si on attache une tourmaline par un de ses côtés à un tube de verre, & qu'on frotte ensuite fortement son côté opposé sur un morceau d'étoffe, ayant bien soin de ne la point toucher avec les doigts ; les deux côtés de la pierre acquerent, par ce moyen, la vertu d'attirer à eux des corps légers : si, après-cela, on abandonne cette pierre à elle-même, elle retourne à son état naturel.

Le Duc *de Noya* nous a donné une Table très curieuse des distances selon lesquelles une tourmaline frottée, ou échauffée par des charbons ardens, attire & repousse différens corps, pris dans les trois regnes de la Nature.

TABLE.

Corps tirés du regne minéral

| | Attirés par une tourmaline frottée. | Attirés par une tourmaline échauffée. | |
Corps tirés du regne minéral		Distances des attractions mesurées par des lignes.	Distances des répulsions mesurées par des pouces.
Une feuille d'or	2	3	0
De la limaille de fer	½	½	3
Poudre de brique cuite	½	½	¼
Cendre de bois ordinaire	½	1	3
Poussiere de gypse	1	½	1
Natrum de Sénégal	1	½	1 ½
Sable	1	½	1 ½
Poussiere de verre blanc	2	1	1

Corps tirés du regne végétal.

Rapure de buis	1	½	¼
Cire d'Espagne	1	½	0
Papier	1	½	2
Charbon pilé	1	1	3 ¼
Un petit globe de liege suspendu à un fil	½	3	0

Corps tirés du regne animal,

De petites barbes de plumes	½	1	0
Un fil de soie suspendu	½	3	0

Non-seulement le frottement & le feu excitent la vertu électrique de la tourmaline; mais le vent d'un soufflet, poussé plusieurs fois sur cette pierre, produit le même effet , & la rend électrique des deux côtés ; mais ce qui rend cet effet plus senfible, c'eft fur-tout l'air qu'on injecte par un foufflet dont on a fait rougir le tube : c'eft en cela que la tourmaline differe du verre & du fuccin, qui peuvent , à la vérité, devenir électriques par le fouffle ; mais fi foiblement , qu'à peine peut on s'appercevoir que cette vertu foit excitée dans le fuccin, quoiqu'elle fe manifefte un peu plus fenfiblement dans le verre qu'on électrife de cette maniere.

§. DCCCXCVI. La vertu électrique de la tourmaline ne pénetre point la fubftance des corps électriques , tels que le verre ; mais elle paffe librement à travers le papier , & à travers les corps non-électriques : en effet , fi on répand de la limaille de fer fur un papier , & qu'on pofe fur ce papier de petites barbes de plume , des cendres , & qu'on le place enfuite au deffus d'une tourmaline rendue électrique ; l'électricité de cette pierre , coulant librement à travers les pores du papier , fera redreffer perpendiculairement les petits corpufcules qui feront deffus : mais elle ne les mettra pas en mouvement, de maniere à les faire changer de place. Si on fait mouvoir le papier , & qu'on le porte tantôt à la gauche , tantôt à la droite de cette pierre, ces petits corpufcules fe redrefferont dans tous les endroits qui répondront à la pierre ; de même que la limaille de fer a coutume de fe redreffer lorfqu'on paffe un morceau d'aimant fous le carton fur lequel elle eft répandue : on remarque quelquefois que , lorfque là tourmaline fe refroidit , elle repouffe plus loin les corps légers , que lorfqu'elle étoit chaude.

§. DCCCXCVII.   Si deux tourmalines font également chaudes , & qu'on en tienne une des deux au deffus de l'autre , fi on répand des brins de paille fur celle qui eft inférieure quant à fa fituation ; on remarquera que ces pailles feront attirées par la tourmaline fupérieure, qu'elles fe porteront vers elle , & qu'elles feront enfuite repouffées vers la tourmaline inférieure : on remarque encore quelquefois, qu'après avoir été repouffées , elles font attirées de nouveau par la tourmaline fupérieure , qui les follicite à fe mouvoir directement vers elle.

§. DCCCXCVIII. Si une tourmaline , qui eft trop échauffée, donne à peine des marques fenfibles de fa vertu électrique , & n'a point la force de repouffer de petites paillettes , on augmentera fa vertu , & on lui procurera affez de force pour repouffer ces petits corpufcules, en tournant vers elle , & en préfentant à une de fes furfaces la pointe d'un ftilet froid.

§. DCCCXCIX. Si on met fur la pointe d'un grande aiguille, difpofée verticalement , autant de limaille de fer qu'elle en peut contenir , & qu'on approche la pointe de cette aiguille à la diftance d'une ligne d'une tourmaline rendue électrique ; la plus grande partie de la limaille de fer qui couvre la pointe de cette aiguille , eft emportée , tombe de deffus l'aiguille , & eft repouffée par la tourmaline. Pareillement la tourmaline chaffe une partie de la limaille de fer qui couvre la furface d'un aimant , & elle fait prendre une figure cunéiforme, dont la pointe eft tournée vers elle , à la limaille qui pend aux angles de cet aimant ; mais fi-tôt que la pointe de ce cône touche à la tourmaline, cette pointe fe divife en plufieurs rayons divergens , qui font auffi-tôt repouffés. La tourmaline qui touche à un aimant ne contracte pas pour cela la vertu magnétique.

§. DCCCC. Suppofons que la furface fupérieure A [*Tab.* 22. *fig.* 5.] d'une tourmaline foit plus grande que fa furface inférieure B ; que deux fils de métal A A , B B , foient placés fur des tubes de verre D D , E E ; qu'un de ces fils touche la furface inférieure B de la tourmaline , & l'autre fa furface fupérieure A qui foit fortement échauffée : cela pofé , fi on fufpend à l'extrémité d'un fil très délié un petit globe de liege K , & qu'on le place entre les deux fils métalliques A A , B B , ce petit globe fera attiré par le fil B B ; parceque la matiere électrique fe jette fur la furface B de la tourmaline , & la pénetre , tandis qu'il s'en échappe de la furface A , qui eft échauffée. Si au contraire on fait chauffer le côté B , le globe K fera attiré par le fil A ; parceque ce fil de métal eft en contact avec la furface froide de la tourmaline , à laquelle la matiere affluente fe porte.

On peut faire perdre à la tourmaline fa vertu électrique ; & elle la perdra fi on la jette brufquement dans l'eau froide , après l'avoir expofée à l'action d'un feu très violent : le froid , qui la faifit alors , produit , dans toute la fubftance de cette pierre , une grande quantité de fentes ; mais cette pierre ne fe fépare pas pour cela en plufieurs éclats.

§. DCCCCI. L'électricité de la *torpille* (1) eft différente de celle dont nous avons parlé jufqu'ici ; elle fe fait fentir au fond de l'eau , qui eft un élément qui détruit la vertu électrique des fubftances frottés , telles que le verre & & les réfines , ou qui la diffipe , & la diftribue à une fi grande diftance , qu'elle ceffe d'être fenfible : néanmoins on trouve que l'électricité de la torpille a quelqu'affinité avec l'électricité réfineufe ; puifque l'électricité de ce poiffon ne produit aucun effet lorfqu'on le touche avec un bâton de cire d'Efpagne.

Le célebre *Laurent Theodore Gronovius* nous apprend que fi un homme , nageant dans un fleuve , ou dans une riviere , rencontre une torpille , & & qu'elle le touche , foit au pied , foit à toute autre partie de fon corps , la fenfation qu'il éprouve , le fait courber tout-à-fait , & le met en danger d'être fubmergé , & de perdre la vie (2).

§. DCCCCII. Si , après avoir pris un de ces poiffons , on le met dans un tonneau rempli d'eau , dans lequel il nage , & qu'on le touche enfuite avec le doigt , on éprouve une forte commotion au bout du doigt , & on reffent un engourdiffement qui fe produit le long de tout l'avant-bras jufqu'au coude : fi on touche ce poiffon avec le pied , l'engourdiffement qui en réfulte , fe fait fentir jufqu'au genou , & dure l'efpace d'une minute : on éprouve affez ordinairement , pendant le tems de cet engourdiffement , une douleur femblable à celle qu'on reffentiroit fi on feheurtoit le coude contre un corps dur.

§. DCCCCIII. L'électricité de cet animal fe manifefte en tout tems , en toute faifon , le jour comme la nuit , pendant toutes fortes de vents ; foit que ce poiffon foit placé dans un vafe de pierre , de bois rempli d'eau , foit qu'il foit hors de l'eau.

§. DCCCCIV. L'électricité de la torpille fe fait fentir dans toutes les

(1) La torpille eft un poiffon cartilagineux , dont la figure approche de celle de la raie. On trouve fur les côtes de Poitou , d'Aunis , de Gafcogne , de Provence , &c.
(2) Uitgezogte Verhandelengen uit de Werken der Societeyten derde deel , anno 1758 , pag. 468.

parties

parties de son corps; mais elle se manifeste plus sensiblement à sa queue, ou à ses dernieres nageoires ; & on ne peut toucher aucune partie de cet animal sans éprouver la sensation que nous venons d'indiquer.

§. DCCCCV. L'électricité de ce poisson est très grande lorsqu'il nage avec force : en effet, si quelqu'un , étant dans un bateau, enfonce son doigt dans l'eau, à la distance même de 15 pieds de cet animal , il recevra une forte commotion.

§. DCCCCVI. La sensation qu'il fait éprouver , lorsqu'on le touche , est si violente , qu'il n'est pas possible de le saisir , & de le prendre avec la main ; cette sensation se feroit même sentir à celui qui auroit un gant de cuir , de coton , ou de laine : on éprouve encore cette sensation lorsque les mains sont enduites de cire , ou d'huile.

§. DCCCCVII. Si on tient à la main un bâton , sur-tout de bois dur , ou qu'on attache au bout d'un bâton une verge de fer, de cuivre , d'argent, de plomb, d'étain, & qu'on touche ce poisson , on éprouve une grande commotion dans la main ; mais elle sera bien plus violente si on touche cet animal avec une tringle de fer, ou d'acier : la commotion qu'il excite est in-soutenable lorsqu'on le touche avec un anneau d'or.

§. DCCCCVIII. On n'éprouve au contraire aucune commotion , lors-qu'on le touche avec un bâton de cire d'Espagne rouge ou noire.

§. DCCCCIX. Si on renferme une torpille dans un bassin rempli d'eau , dans lequel on ait mis d'autres poissons, qui nagent avec elle dans cette eau ; ces poissons mourront en peu de minutes : cependant la *petite squille* (qui est une espece de cancre) , fait mourir la torpille.

Si vous consultez l'Histoire de Hollande , vous y apprendrez encore bien des particularités qui concernent cet animal ; vous y apprendrez aussi les en-droits où on le trouve plus fréquemment : enfin vous y apprendrez que ce poisson vit de toutes sortes de poissons, de vers, d'intestins , de pain (1).

Les phénomenes que la torpille nous fait observer ne dépendroient ils point d'une électricité semblable à celle dont nous avons déja parlé ? M. *de Reaumur* remarque à cette occasion (2) , que , lorsqu'on touche cet animal, lorsqu'on le prend, ou lorsqu'on l'abandonne après l'avoir saisi , ou éprouve une prompte & violente commotion dans la main , dans le bras , dans l'é-paule , & même dans la tête ; & on ressent dans toutes ces parties une dou-leur , & un engourdissement, qui durent quelque tems : effets que per-sonne n'avoit encore éprouvé jusqu'alors ; mais il faut aussi convenir qu'on ne connoissoit pas encore les effets de l'électricité.

§. DCCCCX. Mais revenons maintenant à l'électricité du verre , & à celle de la cire. Puisque les corps légers, qui sont repoussés par des corps électriques, demeurent encore quelque tems électrisés , tandis qu'ils volti-gent dans l'atmosphere, lorsqu'il n'est pas chargé d'humidité ; il s'ensuit que l'air pur n'absorbe point considérablement la matiere électrique des corps qui nagent dans son sein : or comme cette même propriété convient aussi aux corps *idioélectriques* , ce n'est pas sans sujet qu'on a soupçonné que l'air

(1) Verhandelegen des Hollandsche Meattchappy, Vol. 2, (2) Hist. de l'Acad. Roy. ann. 1714.

pur devoit être rangé dans la clafſe des corps *idioélectriques* , ou du moins , que la matiere électrique étoit contenue dans l'air de la même maniere que la matiere ignée. Cette idée eſt confirmée par l'obſervation ſuivante : plus il y a d'air dans un globe électrique , par exemple , ou dans la cavité d'un tube , & moins la matiere affluente peut aborder & ſe jetter dans leurs cavités ; au contraire , moins il y a d'air dans l'intérieur d'un globe , ou d'un tube électrique , moins la matiere affluente éprouve de réſiſtance de la part du fluide qui eſt en poſſeſſion de ces cavités , & plus elle s'y jette abondamment : différence très ſenſible , qu'on peut obſerver aiſément par la lumiere qui brille ordinairement dans les globes , ou dans les tubes qu'on électriſe , lorſqu'ils ſont vuides d'air , ou lorſqu'ils ſont remplis d'un air plus rare. Outre cela , ſi l'air n'étoit pas *idioélectrique* , la matiere électrique des corps électriſés , qu'il touche de toutes parts , ne ſe répandroit-elle pas auſſi-tôt dans toute ſa maſſe , & en reſteroit-il ſuffiſamment à ces corps pour donner aucun ſigne d'électricité ? On peut donc regarder l'air comme le réſervoir de la matiere électrique d'où elle s'échappe pour ſe porter aux corps *idioélectriques* qu'on frotte ; & de même que l'air n'eſt pas tout-à-fait rempli par la matiere du feu , de même cet élément n'eſt point engorgé de matiere électrique : il n'en contient qu'une certaine quantité : cette matiere peut être raſſemblée & communiquée à des tubes de fer , que l'air enveloppe de tous côtés , & d'où elle s'échappe pour ſe jetter de nouveau dans l'atmoſphere : ce qui ne pourroit arriver , dans la ſuppoſition que l'air ſeroit tout à-fait rempli de matiere électrique.

§. DCCCCXI. Comme on ne peut exciter qu'une très foible électricité dans les corps , lorſque l'atmoſphere eſt chargé d'humidité , il s'enſuit que les parties aqneuſes , qui ſont diſſéminées dans la maſſe de l'air , abſorbent la matiere électrique ; de ſorte qu'il ne peut s'en porter qu'une très petite quantité aux corps *idioélectriques* qu'on frotte , ou même qu'il ne s'y en porte point du tout , & que celle qui ſe manifeſte ſi foiblement dans ces circonſtances , n'eſt autre choſe que la petite quantité de matiere électrique qui étoit répandue dans la ſubſtance de ces corps , qui ſe développe par le frottement. Comme les exhalaiſons qui s'échappent du corps de l'homme ſont humides , elles nuiſent beaucoup à la vertu électrique des corps qu'on frotte ; parceque l'humidité qu'elles portent dans l'air , abſorbe la matiere électrique qu'on met alors en mouvement.

C'eſt pour cette raiſon que les expériences qu'on fait ſur l'électricité dans un endroit exactement fermé , & dans lequel il y a un grand nombre de ſpectateurs , ne réuſſiſſent pas ordinairement , comme je l'ai éprouvé quelquefois à Utrecht & à Leyde ; mais qu'elles réuſſiſſent très bien dans une chambre ouverte , dans laquelle l'air , circulant librement , emporte avec lui les exhalaiſons , & rend à l'air intérieur ſa ſéchereſſe & ſa pureté.

§. DCCCCXII. On peut exciter la même électricité , & lui faire produire les mêmes phénomenes d'attraction , de répulſion , & de lumiere , dans des cavités vuides d'air , auſſi bien que dans des cavités remplies d'air , & enveloppées extérieurement par le même fluide. C'eſt à *Hauxbée* que nous ſommes redevables de l'invention de frotter & d'électriſer des corps dans le vuide ; mais ce fut *s'Graveſande* qui perfectionna cette méthode , qui nous apprend que les phénomenes de l'électricité ne dépendent point de l'air, comme de leur cause, & que ce n'est point lui qui attire & qui repousse les corps légers : outre cela, on peut porter l'électricité dans l'intérieur d'un tube, ou d'un globe de verre ; ainsi qu'on peut s'en convaincre par les barometres lumineux, ou par la lumiere qu'on remarque dans les tubes & dans les globes de verre, lorsqu'ils sont vuides d'air, & qu'on les frotte avec la main. Dans ces circonstances, la matiere électrique se jette aussi-tôt dans ces cavités, où elle n'éprouve aucune résistance ; elle les parcourt, en suivant plusieurs contours singuliers, & ces effets cessent aussi-tôt qu'on reporte dans ces cavités l'air qu'on en avoit retiré.

§. DCCCCXIII. La matiere électrique n'est pas toujours également répandue vers la surface de la terre ; il y a des endroits où elle est très abondante, & d'autres qui n'en contiennent qu'une très petite quantité : en un mot, la quantité de ce fluide est différente, suivant les différentes régions. il m'est arrivé quelquefois, en faisant des expériences sur l'électricité, de voir tout-à-coup la matiere électrique épuisée, après avoir abondamment fourni, pendant plusieurs heures, sans que je pusse découvrir la cause de ce phénomene ; puisque, ni la chaleur du verre qu'on frottoit, ni la température du lieu, ni la netteté du globe, ni la sérénité du ciel, ni le vent, n'avoient éprouvé aucun changement. M l'Abbé *Nollet* rapporte une observation qui a rapport à ce phénomene (1). » Quoiqu'assez généralement on convienne, dit-il, que le beau tems vaut mieux que tout autre pour électriser, » on ne sait pas encore, d'une maniere bien décidée, à laquelle des circons- » tances, qui font le beau tems, l'on doit attribuer principalement le bon » succès de ces expériences : j'ai vu bien des fois l'électricité réussir plus que » médiocrement, lorsqu'il pleuvoit avec abondance ; dans d'autres tems » elle m'a presque manqué, quoique l'air fût d'une sérénité parfaite ». Le célebre M. *Boze*, qui s'est appliqué, avec tout le soin possible, à examiner en Allemagne les phénomenes électriques, nous apprend (2) que la force de l'électricité s'affoiblit aussi-tôt que quelque changement est sur le point d'arriver dans l'atmosphere ; soit que ce changement se fasse du beau tems à la pluie, ou de la pluie au beau tems, & que ce phénomene est un présage plus certain des variations de l'atmosphere, que les mouvemens du mercure dans un barometre.

Le 16 du mois de Septembre 1756, j'ai éprouvé, dans un Village nommé Warmond, qui est auprès de Leyde, que l'électricité étoit extrêmement foible près de la surface de la terre : j'attachai un ruban de soie aux deux extrêmités d'un fil de fer de 150 pieds de longueur, & je disposai ce fil de fer parallelement à l'horison, à la hauteur de 4 pieds ½ au-dessus de la surface de la terre, en fixant de part & d'autre les deux rubans qui y étoient attachés ; & je ne découvris alors aucun signe d'électricité dans le fil de fer.

Je transportai ensuite ce même fil de fer au haut d'une tour assez élevée ; quelqu'un tenoit l'extrêmité d'un des rubans, & je fixai l'extrêmité de l'autre en terre : par ce moyen le fil de fer étoit tenu fixement dans une situation parallele à la hauteur de la tour ; mais je ne trouvai pas encore que ce fil

(1) Recherch. sur l'Electr. p. 173. (2) Commentar. nov. de Electr. p. 11.

de fer fût devenu électrique, quoique la région supérieure de l'air fût extrêmement électrique; ainsi que je l'obfervai, à l'aide d'un cerf-volant.

Au mois de Juillet de l'année 1757, je fis, dans les fauxbourg de Noord-
wyk, avec le célebre Baron *Vander Does, Toparcha de Langenveld,* plufieurs
expériences fur l'électricité. Nous nous fervîmes fur-tout d'un cerf-volant,
attaché à un fil de fer très mince (car le fil de lin, ou de chanvre, ne font
point bons pour cet ufage en Angleterre); le fil de fer dont nous nous fervions fe rouloit, à l'aide d'une manivelle, fur un tambour de bois; de forte
que nous avions la liberté de l'allonger, autant que nous le jugions à propos : l'extrêmité de ce fil étoit attachée à un ruban de foie de la longueur
d'une aune. Nous nous promenâmes fur le bord de la mer, le ciel étant un peu
nébuleux, tandis qu'un vent d'Oueft fouffloit légérement; mais nous n'é-
prouvâmes aucun figne d'électricité, en touchant au fil de fer, qui étoit difpofé parallelement à l'horifon : mais le cerf-volant, s'étant élevé jufqu'à la
hauteur de 100 pieds, nous commençâmes à nous appercevoir d'une très
foible électricité, & nous tirâmes de petites étincelles, qui ne partoient, les
unes après les autres, qu'après l'efpace d'une minute & demie, ou deux minutes.

J'ai élevé verticalement, dans un jardin d'une de mes maifons de Leyde,
une poutre de bois F E [*Tab.* 22. *fig. 6.*], de 35 pieds de longueur, qui étoit
expofée de tout côté au contact de l'air; fur la partie fupérieure de cette poutre j'ai établi une caiffe de bois B E, de 5 pieds de face, que j'ai remplie de
colophone : j'ai planté perpendiculairement au milieu de cette caiffe, un
fer pointu O A, de 5 pieds de longueur, & qui excédoit la boîte de 3 pieds.
Pour mettre la colophone à l'abri de la pluie, j'ai couvert la caiffe qui la
contenoit d'un furtout de fer L M P N R S Q, dont chaque face portoit un
pied; j'ai uni ce furtout avec la tige O A, à l'aide de quelques ferremens,
& j'ai eu foin de le fixer à la diftance de 3 pouces de la furface fupérieure de
la colophone : d'un bras de fer D C, fixé à la tige O A, pendoit un fil de métal, que j'ai conduit dans une chambre, en le faifant paffer par un grand
trou, fait au volet de la fenêtre : j'ai fufpendu enfuite ce fil de métal à un
cordon de foie, afin qu'il fût ifolé; vers l'extrêmité de ce fil de métal étoit
placé un duvet fufpendu à un fil, deftiné à faire connoître la moindre quantité de matiere électrique qui fe feroit portée le long du fil de métal. Mais,
pendant l'efpace de deux ans que j'ai obfervé cette machine, foit que le tems
fût ferein, ou nébuleux, foit qu'il tonnât, qu'il plût, ou qu'il tombât de la
grêle, je n'ai jamais obfervé aucun figne d'électricité. Le célebre *Edens* fit
ufage à Warmond d'une pareille machine, conftruite avec toute l'attention
poffible; mais pendant l'efpace de deux ans, en été, en hiver, en Automn-
ne, & pendant le printems, l'air étant fec ou humide, ou même le tonnerre
fe faifant entendre, il ne fut pas plus heureux que moi : il ne remarqua jamais aucun figne d'électricité. M. *Watfon* n'eut point un meilleur fuccès à
Londres, lorfqu'il y fit les mêmes obfervations.

Pour rendre compte néanmoins des obfervations qu'on a faites dans d'autres Pays, nous ne pafferons point fous filence que le célebre *Lomonofow*
obferva, dans un tems de tempête, des aigrettes lumineufes & bruyantes,
lorfqu'on les excitoit à l'extrêmité d'une barre de fer qui répondoit à une fe-

hêtre : ces aigrettes étoient longues de trois pieds, & avoient un pied de
largeur (1). Le favant *le Monnier* établit, fur des bouteilles de verre bien
feches, des barreaux de fer d'un pouce en quarré; il plaça cet appareil à 4 à
5 pieds au-deſſus de la furface de la terre : il attacha à ces barreaux un fil de
fer qui s'élevoit verticalement, & il tira des étincelles de ces barreaux.
M. *le Monnier*, étant un jour monté fur un pain de réfine, qu'il avoit porté
dans fon jardin, & ayant élevé en l'air un de fes bras, recueillit fuffifamment d'électricité pour qu'on pût tirer des étincelles de fon autre main (2).
M. *de la Garde*, à Florence, ayant tendu en plein air une chaîne de fer, à
laquelle il avoit fufpendu une autre chaîne, qui portoit à fon extrêmité inférieure une boule de cuivre, apperçut auffi-tôt une flamme qui parcourroit la
longueur de la plus longue chaîne, en produifant un petit murmure femblable à celui de la poudre qui s'enflammeroit dans l'air; il reçut en même-
tems, de la boule qu'il tenoit dans la main, un coup fi violent, qu'il la
jetta brufquement devant lui, & il recula de quelques pas en arriere (3).

Une barre de fer de 99 pieds de hauteur, étant placée verticalement fur
de la colophone, donna des étincelles bruyantes lorfqu'un nuage pluvieux,
& qui laiffoit tomber de la grêle, paffa deſſus, quoiqu'il n'y eut dans ce
tems, ni éclair, ni tonnerre : cette obfervation fut faite à Paris par M. *Delor* (4). M. *Verrat* éleva fur l'Obfervatoire de Boulogne une verge de fer
très longue, à laquelle étoit attachée une chaîne ; la verge de fer étoit établie fur une maffe de foufre : lorfque des nuages épais obfcurciffoient le ciel,
quoique le tonnerre ne fe fît point entendre alors, on tiroit des étincelles de
la chaîne, en lui préfentant une clef; lorfque le tonnerre grondoit, celui qui
tenoit la chaîne recevoit une impreffion violente de la matiere électrique qui
s'y répandoit : mais lorfqu'il pleuvoit, quoique le tonnerre continuât à fe
faire entendre, on ne pouvoit tirer aucune étincelle de l'extrêmité de la
chaîne. Dans un autre tems, M. *Verrat* obferva que le ciel, étant couvert
de nuages, quoique le tonnerre ne grondât pas, & que la pluie commençât
à tomber, il obferva, dis-je, des étincelles très curieufes & très vives. Dans
un autre tems encore, que la pluie tomboit abondamment, il obferva que
la chaîne fourniffoit des étincelles, pourvu qu'elle fût ifolée par le moyen
d'un cordon de foie; mais ces étincelles cefferent de paroître dès que les
nuages furent déchargés. Le même Phyficien, que nous venons de citer, a
toujours obfervé que les fignes d'électricité, que lui fourniffoit fa chaîne,
étoient précédés par la pluie (5).

Th. Marin de Boulogne éleva fur le toit de fa maifon une verge de fer, à laquelle il adapta une chaîne qu'il tendit; il tira de cet appareil des étincelles,
dans un tems où une pluie très fine fe tamifoit à travers l'atmofphere : & ces
étincelles difparurent dès que la pluie augmenta, & qu'elle tomba en plus
groffes gouttes. Lorfque la pluie étoit très fine, & qu'elle voltigeoit dans l'atmofphere fous la forme de petits nuages, il n'obfervoit aucun figne d'électri-

(1) Philof. Tranf. Vol. 48. part. 2. pag. 772. & in Annuis Sactis, ann. 1753; pag. 25.
(2) Hift. de l'Acad. Roy. ann. 1752. (3) Journ. des Sav. ann. 1753. Octob. pag. 222.
(4) Philof. Tranf. Vol. 48. p. 370. (4) Commentar. Bonon. Vol. 3. p. 200.

cité. Dans un autre tems, la pluie tombant abondamment, & le tonnerre grondant dans l'air, il tiroit des étincelles de sa chaîne, deux secondes avant que le tonnerre se fît entendre ; & ces étincelles étoient un présage certain du coup de tonnerre qui les suivoit. Dans un autre tems encore, le tonnerre se faisant entendre sans qu'il plût, il n'observa aucun signe d'électricité ; mais dès que la pluie commença à tomber, l'électricité fut assez forte pour enflammer de l'esprit de vin, qu'il avoit fait chauffer. En continuant ses observations, il remarqua que la pluie, tombant plus abondamment, l'électricité disparut, & il n'en vit plus aucun signe pendant 4 jours consécutifs, pendant lesquels la pluie continua à tomber. Le même Observateur éprouva au mois d'Octobre suivant, que l'électricité étoit très foible, tandis que la pluie tomboit très légérement ; mais la pluie venant à augmenter, & étant accompagnée du tonnerre, l'électricité disparut tout-à fait. Dans le mois de Novembre suivant il parut des éclairs sans tonnerre ; il tomba des gouttes de pluie fort larges, & il tira de son appareil de très fortes étincelles : mais la pluie augmentant, l'électricité s'affoiblit. Un jour du même mois, un vent d'Ouest soufflant, & la pluie commençant à tomber sans qu'il tonnât, l'électricité fut très forte ; mais elle s'évanouit si-tôt que la pluie augmenta. Un autre jour, un nuage épais s'étant approché de la terre, & étant accompagné de pluie, tandis qu'un vent d'Est souffloit, il ne remarqua aucun signe d'électricité. Dans l'hiver, quoiqu'il plût, ou qu'il tombât de la neige, qu'il tonnât, ou qu'il tombât de la grêle, il n'observa aucune marque d'électricité.

Il suit des observations que nous venons de rapporter, qu'il y a souvent une grande quantité de matiere électrique répandue vers la surface de la terre ; quelquefois qu'il s'y en trouve très peu, & d'autres fois qu'il n'y en a point du tout. On y en remarque sur-tout, lorsqu'il tonne & qu'il éclaire, & qu'après une *bonace*, les nuées, se convertissant en pluie, cette pluie commence à tomber. Pendant l'été, lorsque cette saison est seche, on remarque une assez grande quantité de matiere électrique disséminée dans l'atmosphere ; mais il s'y en trouve beaucoup moins lorsque l'été est humide : l'atmosphere est presque toujours dépourvu de cette matiere pendant l'hiver. Cette électricité naturelle s'affoiblit insensiblement lorsque le soleil quitte notre horison ; deux heures après que le soleil est couché, on ne remarque plus aucun signe qui laisse manifester la présence de la matiere électrique, même pendant l'été, & elle ne recommence à paroître que vers les 8 à 9 heures du matin, ainsi que l'ont observé MM. *le Monnier* (1), *Marcas* (2), *Canton* ; à moins que ce ne soit dans les tems où une aurore boréale se fait remarquer.

§. DCCCCXIV. Il y a une plus grande quantité de matiere électrique répandue dans la région supérieure de l'air, que dans la région inférieure ; mais nous n'avons pas encore d'observations assez constantes pour juger des bornes qui circonscrivent l'étendue de cette matiere, & nous ne savons pas encore si elle réside continuellement dans les régions supérieures de l'atmosphere, & s'il s'y en trouve toujours la même quantité.

(1) Hist. de l'Acad. Roy. ann. 1752. (2) Philos. Transf. Vol. 48. p. 370.

L'ingénieux *Franklin*, qui a fait fur cette matiere des découvertes très curieufes, imagina de lancer en l'air un cerf-volant, & de foutirer, par fon moyen, la matiere électrique des régions fupérieures, & de la conduire jufques vers la furface de la terre : invention très ingénieufe, qui nous met à portée d'éprouver plus manifeftement la fituation des régions fupérieures de l'air, que par toutes les tentatives qu'on pourroit faire fur les lieux les plus élevés. Car on favoit déja, par les foins de *Franklin*, de *Dalibar*, de *Delor*, de *le Monnier*, de l'Abbé *Nollet*, de *Winkler*, que les régions fupérieures de l'air étoient furchargées d'électricité dans les tems orageux, & lorfque le tonnerre fe faifoit entendre ; on favoit que les barres de fer fort élevées laiffoient voir à leur extrêmité des aigrettes lumineufes, & qu'on en tiroit de fortes étincelles. Lorfque, aidé des fecours du Baron *Van der Does*, *Torpacha de Langenveld*, nous nous promenions enfemble le long du rivage de la mer, d'où nous lancions un cerf-volant, fans pouvoir recueillir aucun figne certain d'électricité, nous réfolûmes de monter, & nous montâmes, jufques fur le fommet des plus hautes montagnes fablonneufes de Noord-wik, d'où nous lançâmes de nouveau notre cerf-volant, qui fe chargea d'une grande quantité de matiere électrique, qui parvint jufqu'à nous qui tenions à la main le cordon de foie auquel la chaîne étoit attachée ; de forte qu'en très peu de tems, nous tirâmes d'un tube de fer, qui communiquoit avec la chaîne, & à l'aide d'une clef, de fortes étincelles qui partoient avec bruit, & qui répandoient autour d'elles une odeur fulfureufe.

Le même jour, qu'un fil de fer difpofé horifontalement à Warmond, ne donnoit aucun figne d'électricité, un cerf-volant, porté fort haut dans l'air, nous en donna des marques très fenfibles ; nous en tirâmes des étincelles très piquantes, & la matiere électrique s'échappoit du fil de fer, en produi-fant un fifflement. Le 16 de Septembre de l'année 1756, l'aquilon foufflant légérement, le ciel étant parfaitement ferein, fans nuages, & très fec, le mercure ayant 29 pouces de hauteur dans le barometre, & la température étant de 71 degrés, le vent éleva dans l'air un cerf-volant, dont le fil de fer avoit 700 pieds de longueur, terminé de notre côté par une clef qui y étoit pendante : lorfque nous approchions le doigt de cette clef, elle don-noit une très forte étincelle, qui en partoit avec éclat, & qui excitoit une commotion felon toute la longueur du bras ; lorfque nous touchions de l'autre main un arbre, qui étoit planté dans l'endroit où nous faifions notre obfervation, & que nous touchions la clef avec l'autre main, dans le même moment, les deux bras étoient frappés auffi violemment que fi l'arbre & le fil euffent agi conjointement : l'explofion, qui accompagnoit l'étincelle, pouvoit fe faire entendre à la diftance de 100 pieds ; la matiere électrique répandoit dans cet endroit une odeur fulfureufe, mais qui n'avoit cependant aucune faveur bien fenfible. Toutes les feuilles vertes qu'on retiroit alors de l'eau, donnoient des étincelles très petillantes ; en approchant la main au-près du fil de fer, il paroiffoit comme enveloppé d'une toile d'araignée : l'électricité de ce fil de fer n'étoit point continuelle ; il y avoit conftamment dix fecondes d'intervalle, entre une étincelle qu'on en pouvoit tirer, & celle qui la fuivoit. Cette obfervation fut faite à Warmond.

Lorfque le vent devenoit plus véhément, le cerf-volant s'élevoit davanrage , & l'électricité devenoit plus forte ; les étincelles qu'elle donnoit étoient plus piquantes : lorsque le vent s'affoiblissoit , le cerf-volant descendoit , & l'électricité devenoit plus foible.

J'observai les mêmes effets à six heures après midi , le 14 Juillet de l'année 1757 , en répétant ces expériences à Noordwik avec le Baron *Van der Does* , le ciel étoit presque serein , & un vent d'Est souffloit.

Le 20 Juillet , un violent orage s'étant élevé sur les 7 heures du soir , je lançai en l'air un cerf-volant , le fil de fer donna alors des explosions très promptes & très fortes ; quelquefois elles partirent avec l'éclair , mais elles cessoient lorsque le tonnerre grondoit : ces étincelles se succédoient avec une très grande rapidité , & produisoient des éclats , qui pouvoient être entendus de très loin. Ayant approché de la tête d'un chien , d'un bouc , d'un jeune taureau , le fil de fer , ces animaux furent frappés si violemment , qu'ils prirent aussi-tôt la fuite , & qu'ils ne voulurent jamais souffrir qu'on les exposât à la même tentative. Nous fimes une chaîne , en nous donnant la main ; un de ceux qui faisoient partie de la chaîne , ayant touché au fil de fer , nous fumes tous aussi-tôt frappés.

§. DCCCCXV. On n'observe pas toujours que le fil de fer devienne électrique , lorsqu'on porte le cerf-volant , qui y est attaché , à la hauteur de 600 pieds au-dessus de la surface de la terre : en effet , nous lançâmes à Noordwik , un après midi , vers le milieu du mois d'Août 1757 , un cerf-volant , tandis que le vent d'Aquilon souffloit assez modérément , & que le ciel étoit couvert de nuages , & nous ne découvrimes aucun signe d'électricité ; la pluie survint , & nous n'observâmes pas pour cela que le cerf-volant eût puisé la moindre quantité de matiere électrique.

Le 8 Septembre 1756 , M. *Edens* fit élever fort haut dans l'air un cerf-volant ; les nuages paroissoient embrasser l'horison , & il n'en paroissoit aucun dans toute l'étendue mitoyenne du ciel : depuis 5 heures jusqu'à 6 heures du soir , que dura son observation , il ne remarqua aucun signe d'électricité : un vent d'Est souffloit alors.

Il arrive quelquefois que certains nuages blancs surviennent , & passent au-dessus du cerf-volant , ces nuages détruisent une partie de l'électricité du cerf-volant. M. *Canton* a aussi observé des nuages qui étoient dépourvus de matiere électrique (1). M. *de Romas* en a observé de pareils : c'est ce qui fait que l'électricité s'évanouit pendant quelques minutes. Pour l'ordinaire les nuages noirs & opaques sont surchargés de matiere électrique ; un nuage d'une grande étendue communique de l'électricité au cerf-volant , quoiqu'il en soit encore bien éloigné : & cette vertu électrique augmente à proportion qu'il s'approche ; mais aussi elle diminue & s'affoiblit à proportion que le nuage s'éloigne du cerf volant.

Quoiqu'il n'y ait aucun signe d'orage , pourvu qu'on remarque courir dans le ciel des nuages d'une grande étendue , & qu'ils soient fort agités par l'action des vents qui les poussent , le ciel est fort électrique.

Lorsque la pluie suit une *bonace* , & qu'on éprouve ensuite quelques signes d'électricité ; c'est un présage certain , qu'un vent impétueux va s'élever.

(1) Transf. Philos. Vol. 48. p. 356.

§. DCCCCXVI.

§. DCCCCXVI. Ne peut-on pas conclure, d'après les obſervations que nous venons de rapporter, que la matiere électrique n'eſt pas toujours également répandue dans toute l'étendue de l'atmoſphere ; mais qu'elle eſt quelquefois plus abondante dans les régions ſupérieures, quoique l'air ſoit très raréfié dans cet endroit ? Ne pourroit-on pas dire que cette matiere coule d'un lieu dans un autre, de même qu'un vent qui ſouffle irrégulierement, & qu'elle s'attache, par préférence, à quelques corps qu'elle rencontre dans l'immenſité des cieux qu'elle parcourt, par exemple, à tous ces nuages noirs, qui ſont toujours fort électriques ; mais qu'elle ne ſe jette pas ſi abondamment, ou, pour mieux dire, qu'elle ne ſe porte qu'en petite quantité ſur certains corps qu'elle rencontre dans ſon paſſage, par exemple, ſur ces nuages blancs qui ne paroiſſent point électriques ? Ne pourroit-on pas croire qu'il ſe trouve quelquefois dans l'atmoſphere des eſpaces qui ſont dépourvus, pendant quelque tems, de matiere électrique, & qui en ſont enſuite ſurchargés dans d'autres tems ? Seroit-il poſſible d'aſſigner le réſervoir commun de ce fluide ? eſt-il renfermé dans les entrailles de la terre, ou ſeroit-il placé dans quelques-unes des régions de l'atmoſphere ? C'eſt ce que nous n'avons pas encore examiné aſſez ſérieuſement, & ce que nous ne connoiſſons pas encore parfaitement. Je ne nie cependant pas pour cela, que la matiere électrique réſide, ſinon dans tous, au moins dans un grand nombre de corps qui appartiennent à la ſurface de la terre, & qu'elle paſſe de-là dans les machines, & dans certains inſtrumens qu'on frotte ; néanmoins cette matiere devient plus abondante lorſque les machines électriques, dont on ſe ſert pour faire des expériences, ſont établies ſur des parquets élevés dans des endroits qui renferment une grande maſſe d'air, que lorſqu'elles ſont établies ſur terre, ou ſur le pavé.

§. DCCCCXVII. Toute humidité aqueuſe, ſoit végétale, ſoit animale, dont on frotte extérieurement, ou intérieurement, les corps *idioélectriques*, détruit auſſi-tôt la vertu électrique qu'on leur a imprimée : il en eſt de même des différens vins, du vinaigre, des eſprits diſtillés, des baumes, de certaines huiles diſtillées, de toutes les graiſſes, &c.

Un diamant, rendu électrique & lumineux par le frottement, perd ſa vertu électrique, quoiqu'il continue à jetter de la lumiere, ſi on porte ſon haleine contre ſa ſurface. Si vous ſoufflez dans un globe de verre, ou dans un tube, après les avoir électriſés, ils perdront auſſi-tôt la vertu électrique dont ils jouiſſent ; mais vous leur rendrez cette même vertu, ſi vous injectez de l'air ſec dans leur capacité, par le moyen d'un ſoufflet. Toutes les ordures qu'on jette dans un tube, ou dans un globe, leur ſont perdre leur vertu électrique. Il faut cependant excepter de cette regle le ſoufre, & la cire à cacheter, leſquels, étant fondus dans un tube, & s'attachant enſuite à ſa ſurface intérieure, ne nuiſent point à ſa vertu électrique. Au rapport de l'Abbé *Nollet* (1), les huiles légeres & volatiles ne ſont point nuiſibles à cette qualité ; telles ſont les huiles récentes de térébenthine & de romarin.

2°. L'attouchement des corps non-électriques détruit pareillement la vertu

____

(1) Hiſt. de l'Acad. Roy. ann. 1747.

électrique, sur tout si on répete plusieurs fois cet attouchement : c'est pour cela que si on accumule une certaine quantité de matiere électrique dans de l'eau, ou dans du mercure, dans lesquels plonge un fil de métal, & qu'on touche ensuite avec le doigt, ou avec un autre fil de métal, celui qui plonge dans les liqueurs dont nous venons de parler, on détruira toute l'électricité accumulée dans ces liqueurs; ou au moins on en emportera une grande partie, & celle qui y subsistera, après ce premier attouchement, en sera emportée par les attouchemens suivans : ce moyen néanmoins ne peut point détruire la vertu électrique de la tourmaline.

3°. La transpiration de ceux qui ont les pores extrêmement ouverts, & la texture de la peau très lâche, produit le même effet; elle détruit la vertu électrique des corps auxquels on l'a communiquée.

4°. La flamme, sur-tout celle des substances grasses, lorsqu'elle se porte sur les corps électriques, produit sur eux la même chose : en effet, si on approche un tube de verre récemment frotté, de la flamme d'une chandelle, ou d'une lampe, en seroit-il éloigné de 12 à 15 pouces, on remarque aussi-tôt que ce tube perd sa vertu électrique, ou au moins qu'elle est considérablement diminuée. Le célebre Abbé *Nollet* disposa 30 chandelles allumées, en forme de cercle, dont le diametre étoit de 8 pieds; il se plaça au centre de ce cercle, & frotta, pendant long-tems, un tube de verre, qui ne devint que très peu électrique, & même le peu d'électricité qu'il lui communiqua, se dissipa en peu de tems : mais, ayant fait éteindre les chandelles, le tube devint fortement électrique. Il suit de cette observation, que, si on veut répéter quelques expériences sur l'électricité pendant la nuit, il faut avoir attention de ne point allumer un grand nombre de chandelles dans l'endroit où l'on fera ces expériences. La flamme, en effet, des corps qui se consument par le feu, est composée de vapeurs & d'huiles, qui se répandent de tous côtés autour de cette flamme; ces vapeurs forment même une atmosphere sensible autour d'elle : mais ces vapeurs, ainsi que ces parties huileuses, lorsqu'elles sont atténuées, se répandent au loin dans l'air, & emportent rapidement avec elles la matiere électrique du tube. C'est pour cette raison que, si on approche d'une lanterne de verre, de corne ou de papier, un tube de verre récemment frotté, & qu'on tienne ce tube contre les parois de cette lanterne, à la hauteur de la flamme de la chandelle qui y est allumée, ce tube conservera pendant quelque tems sa vertu électrique; mais il la perdra aussi-tôt, si on l'approche au-dessus de la lanterne, vers les endroits où sont placées les ouvertures qui donnent passage à la fumée. C'est pour cette même raison qu'un tube électrique perd sa vertu électrique, si on le place au-dessus de quelques charbons allumés, & qui jettent encore quelques exhalaisons; mais qu'il la conservera, si ces charbons sont suffisamment dépouillés de parties aqueuses, pour ne plus fournir d'exhalaisons. Pareillement si un morceau de fer est échauffé au point d'étinceler, il répandra autour de lui des parties métalliques & huileuses, qui lui formeront une atmosphere : cette atmosphere détruit aussi-tôt l'électricité d'un tube de verre frotté; mais si ce fer est moins chauffé, & qu'il ne répande point autour de lui de parties métalliques & huileuses, ou qu'il n'en répande pas suffisamment pour se former une atmosphere, il ne pourra point nuire à la vertu électrique. Un feu pur ne nuit point à l'électricité ; car si on place un tube de verre électrique au foyer d'un grand miroir ardent, quelque violente que soit la chaleur qu'il y éprouve, la pureté du feu qui l'entoure ne nuira point à son électricité.

5°. Les fumées nuisent aussi à l'électricité, soit qu'elles soient produites par des substances fortement chauffées & non embrasées, soit qu'elles soient produites par des substances embrasées ; & il suffit de présenter le tube à 7 à 8 pouces de distance au-dessus de ces matieres. Le célebre Abbé *Nollet* a fait plusieurs expériences avec la fumée de soufre, de cire, de gomme lacque, de succin, de térébenthine, de graisse, d'os, de laine, de coton, de tabac, &c ; & il observa toujours que l'électricité étoit considérablement diminuée, quoiqu'elle ne fût pas totalement détruite. En répétant avec soin ces différentes observations, je me suis apperçu que l'électricité résistoit davantage à la fumée de certaines substances, & qu'elle s'affoiblissoit moins ; par exemple, elle résiste davantage à la fumée de la gomme lacque, de la térébenthine, du succin, du soufre, de la poix, du bitume de Judée, de la colophone, de la graisse de mouton, qu'à la fumée de la graisse de bœuf, de veau, qu'à celle du linge & de différens bois : mais aucune ne détruit plus promptement l'électricité que la fumée de la graisse de cochon. Bien plus, si on fait fondre de la graisse de cochon dans un vase de cuivre, & qu'elle commence à répandre une odeur ; si on expose alors au dessus du vase un tube de verre électrisé, il perd totalement sa vertu électrique dans l'espace de 6 secondes. La fumée de blanc de baleine produit le même effet aussi promptement, quoique la flamme qu'il jette soit très pure. Il paroît que la fumée détruit la vertu électrique, par rapport aux parties aqueuses qu'elle contient ; & il suffit pour cela d'approcher le tube électrique à la distance de 8, 10, ou même 12 pouces des substances qui fument, à une plus grande distance la fumée ne produit point un si grand effet (1).

§. DCCCCXVIII. On parvient à augmenter la vertu électrique des corps *sympériélectriques*.

1°. En faisant usage de globes de verre épais, d'un grand diametre, & d'un verre bien électrique, en les faisant tourner très rapidement lorsqu'on les frotte, & en ne les frottant pas trop fortement, ni trop foiblement : si on les frotte avec des coussinets, il faut placer ces coussinets de façon qu'ils répondent à l'équateur des globes ; vers le milieu de leur hauteur ; c'est à-dire, qu'ils répondent à la hauteur des pivots sur lesquels ils roulent : il faut aussi avoir soin que le canal de fer, ou la barre de fer, qui est isolée, & qui doit recevoir l'électricité du globe, réponde à la partie qui est en contact avec le coussinet.

2°. On se sert encore, pour augmenter la force de l'électricité, de plusieurs globes qu'on fait agir en même-tems : par cette méthode de MM. *Boze*, *Winkler*, *Watson*, on communique une plus grande force électrique, & elle peut être augmentée, par ce moyen, au point que les étincelles qui en partent, peuvent blesser ceux qui les tirent : l'explosion de ces étincelles produit un son clair & fort ; & les forces attractives & répulsives sont telles,

____

(1) Recherch. sur l'Electr. p. 192.

qu'elles agiffent & qu'elles maîtrifent des corps d'un certain poids : outre cela, il fe répand autour de ces globes une odeur de phofphore, qui s'étend jufqu'à la diftance de 6, 7, & 8 pas. A la vérité, la force de l'électricité ne croît pas comme le nombre des globes dont on fait ufage; l'augmentation de cette force eft toujours au-deffous du nombre, fuivant lequel on les multiplie : ainfi que l'ont très bien obfervé MM. *Watfon* (1), & *le Monnier* (2); & j'oferois même affurer qu'on ne parvient point à doubler la force de l'électricité, en faifant mouvoir 4 globes pour un.

3°. On augmente la force de l'électricité, lorfqu'on fufpend en l'air, à des fils de foie, des fils de métal, ou des chaînes de même matiere, très longues & très nettes, & qu'on les fait communiquer, ou avec le tube de fer blanc, qui communique lui-même avec le globe, & que nous fuppofons très long, & dont le diametre eft au moins de 3 à 4 pouces, ou qu'on fait communiquer ces chaînes avec une forte barre de fer, qui tient la place du tube dont nous venons de parler : cela pofé, lorfqu'on frotte le globe, & que la matiere électrique qu'il contient, fe jette & fe répand fur tous les corps, avec lefquels il communique, la matiere électrique de ces mêmes corps, ainfi que celle qui eft répandue dans la maffe d'air qui les enveloppe, fe porte vers le premier conducteur, & vers le globe, avec plus d'abondance, & l'explofion des étincelles devient beaucoup plus forte. Il faut obferver ici, que le tube de fer, ou la barre de même métal, qui fervent de conducteur à la matiere électrique, & qui font fufpendus à des cordons de foie, ou qui font pofés fur de la cire, doivent être difpofés perpendiculairement à l'axe du globe, & être fitués à la même hauteur que le couffinet.

4°. On augmente encore la force de l'électricité, lorfque, par le moyen de plufieurs globes, on charge de matiere électrique une grande quantité de limaille de fer, de grature d'étain, de menu plomb, de mercure, de glace, d'eau, fur-tout fi elle eft chaude (3), ou qu'on ait fait diffoudre dedans du fel de nitre (4); ces différentes fubftances, étant renfermées dans plufieurs bouteilles de verre très grandes, ou dans des vafes de porcelaine, bien fecs au-dehors, & revêtus extérieurement, jufqu'à une certaine hauteur, de feuilles d'or, ou d'une feuille de plomb très mince : on peut laiffer ces bouteilles ouvertes, ou on peut les boucher avec du liege, & cacheter les bouchons avec de la cire d'Efpagne, ayant foin de faire paffer par ces bouchons un fil de fer, qui pénetre jufqu'à l'eau qu'elles contiennent, ou jufqu'à la limaille de fer qui y eft renfermée : il faut, outre cela, que ces bouteilles foient placées fur des plateaux de métal, ou fur un grand vafe de métal, auquel foit attachée une chaîne de même matiere, dont l'autre extrêmité communique avec une grande maffe de métal, placée fur le plancher; ou qu'on tienne chaque bouteille avec la main, & que les fils de métal qui plongent dedans foient attachés au tube de fer qu'on électrife. Par ce moyen la matiere électrique, qui paffe du globe au tube de fer, fe jette dans les bou-

---

(1) Sequel to the Experiments. (2) Philof. Tranf. n°. 481. p. 250. (3) Jallabert, fur l'Electr. p. 114. Watfon, Account of the Electr. experiment. (4) Winkler de avertendi fulminis artificio.

teilles, en se portant le long du fil de métal conducteur,& les remplit tellement , qu'elle demeure pendant long-tems adhérente à la substance du
verre , & que ces bouteilles brillent, pendant ce tems, d'une lumiere très
vive. Il y a quelques Physiciens qui versent dans ces bouteilles une eau
gommée , & qui en enduisent une grande partie de leurs surfaces intérieures , & qui mettent ensuite dans ces mêmes bouteilles de la mine de plomb
réduite en poussiere ; cette poussiere s'attache à l'eau gommée , dont la surface intérieure est enduite , & par ce moyen ils garnissent intérieurement
ces bouteilles jusqu'à la même hauteur, qu'ils ont soin de les revêtir extérieurement de quelques feuilles de plomb : ils font sortir ensuite de ces bouteilles toute la mine de plomb qui ne s'est point attachée à leurs parois , &
ils les laissent sécher ; lorsqu'elles sont seches, ils les bouchent avec du liege , à travers lequel ils font passer un fil de fer , qui descend à quelques lignes près du fond de ces bouteilles : ils attachent autour de ce fil de fer de
petites bandes de papier doré, qui touchent les parois de ces bouteilles , &
qui servent de conducteur à la matiere électrique pour s'y porter.

5°. Il faut avoir soin de laver tous les jours , avec de l'eau, la machine
dont on se sert pour faire tourner le globe , afin de la nettoyer , & d'en ôter
toutes les ordures qui pourroient s'y attacher : cette machine doit être faite
de bois de chêne , ou au moins d'un bois qui ne soit point résineux ; car
toute résine quelconque nuit aux effets de l'électricité : il faut, outre cela ,
établir cette machine sur un parquet, à la propreté duquel il faut aussi veiller , & par conséquent qu'il faut laver avec la même attention que la machine. Pour rendre encore les effets de l'électricité plus sensibles, il faut
charger la machine électrique de plusieurs poids de fer,unis entr'eux par une
chaîne; afin que la matiere électrique puisse se porter à la machine & au
globe : c'est pour cette même raison qu'on peut suspendre au-dessus du globe
plusieurs grands tubes de fer, qui communiquent ensemble , par le moyen
de quelques chaînes ; ils augmentent considérablement les effets de l'électricité.

6°. On peut encore, outre cela , faire usage d'un grand plateau de verre
rond , de l'espece de ceux dont les Vitriers se servent pour faire les vitres
des croisées ; il faut garnir ce plateau des deux côtés , jusqu'à un pouce &
demi de ses bords , avec des feuilles de papier doré : un plateau ainsi garni ,
rassemble une grande quantité de matiere électrique, lorsqu'on dirige sur
lui , par le moyen d'un fil de fer qui pend du tube conducteur , & qui tombe
sur ce plateau , la matiere électrique qu'on excite dans le globe qu'on frotte ; par ce moyen , le fluide électrique se jette dans la substance du verre , la
remplit , & ne s'en échappe pas promptement , sur-tout par rapport au papier
doré qui le recouvre , & qui est collé sur ses surfaces.

Lorsqu'on approche de ce plateau un corps non-électrique , la matiere
électrique du plateau se porte aussi-tôt vers ce corps , & , faisant effort pour
se jetter dans la substance de ce corps, elle perce aussi-tôt le papier qui couvre le plateau ; de sorte que ce plan de verre produit le même effet qu'une
grande bouteille de verre , dont la surface intérieure & extérieure seroient
garnies de feuilles de métal. L'étincelle qui partit de ce plateau perça une
fois 12 cartes à jouer; elle peut même percer plusieurs morceaux de cuir de

veau, femblable à celui dont on fait les fouliers (1). M. l'Abbé *Nollet* rapporte qu'il a obfervé que la matiere électrique perçoit quelquefois les bouteilles qui en étoient chargées, & y faifoit un trou de 2 à 3 lignes de diametre, qui laiffoit voir plufieurs fentes autour de fa circonférence ; & il affure
bien plus, qu'on peut toujours caffer ces fortes de fioles par une grande
abondance de matiere électrique (2) (3).

7°. Non feulement le verre, mais encore le talc, font très propres à raffembler une grande quantité de matiere électrique. Ayant pofé un morceau
de talc fur une barre de fer, & ayant couvert le talc avec la main, on fut
frappé d'une forte commotion à l'autre main, avec laquelle on tiroit une
étincelle de la barre de fer. Ayant placé une lame de talc entre deux pla-
ques de fer, on pofa fur la plaque fupérieure une carte à jouer, qu'on y appliqua, à l'aide d'un fil de fer recourbé ; & ayant approché enfuite l'autre
extrêmité de ce fil de fer de la barre de fer fur laquelle étoit pofée la plaque
de deffous, il en partit auffi-tôt une violente étincelle, qui perça la carte,
& on trouva la feuille de talc également percée & fendue en différens endroits. Ayant doré le milieu de la furface d'un feuille de talc de 3 pouces
$\frac{1}{4}$ de longueur, fur 2 pouces $\frac{1}{2}$ de largeur, laiffant tout autour une large
marge à cette feuille fans être dorée ; la carte qu'on pofa fur la dorure fut
percée par l'étincelle qu'on en tira (4). Dans ces fortes d'expériences, il
faut avoir foin de procurer un libre accès à la matiere effluente & affluente ;
& c'eft pour cela qu'il faut établir une communication entre la furface de
la terre & les fioles qu'on charge d'électricité : car on ne pourra point parvenir à les charger de matiere électrique, fi on les place fur du verre, fur de
la foie, ou fur de la poix ; parceque, dans ce cas, on empêche que la matiere
effluente fe jette dans le parquet, & que la matiere affluente, qui vient du
parquet, parvienne à ces bouteilles. Il ne faut cependant point que toute la
matiere électrique, que le globe fournit à ces bouteilles, puiffe s'échapper
librement ; il faut néceffairement qu'elles en retiennent une certaine quantité : cette matiere s'échappe trop aifément de ces fortes de bouteilles, lorfqu'elles font humides dans toute leur étendue, ou lorfqu'elles font débouchées ; l'effluence de cette matiere n'eft pas non plus affez empêchée, lorf-

(1) Hift. de l'Acad. Roy. ann. 1753. (2) Hift. de l'Acad. Roy. ann. 1753.

(3) Il n'eft pas hors de propos de joindre ici la petite note que M. l'Abbé *Nollet* a
ajoûtée lui-même à fon Mémoire, qui étoit fait avant qu'il eût découvert un moyen infail-
lible de caffer une bouteille. Cette note, qui fert de rétractation à ce qu'il avoit avancé
dans ce Mémoire, & qui eft une preuve bien convaincante de la bonne foi de cet habile
Phyficien, apprend de quelle maniere il faut s'y prendre pour caffer une fiole. Il exige
1°. que la matiere électrique foit abondante, & que la fiole foit fortement chargée. 2°. Il
veut, outre cela, que celui qui l'*empoigne* ait un de fes doigts diftant de quelques lignes
de la furface de la bouteille ; & il affure, qu'en obfervant ce procédé, on parviendra toujours à la caffer. J'en ai caffé plus d'une douzaine en fuivant exactement ce procédé ; mais
je puis affurer auffi que j'en ai caffé plufieurs, fans obferver la feconde condition, & lorfque je ne cherchois précifément qu'à les charger fortement, pour répéter l'expérience de
Leyde, ayant fouvent plus de 80 perfonnes dans mon cabinet, qui formoient toutes enfemble la chaîne.

(4) Hift. de l'Acad. Roy. ann. 1753. p. 76.

qu'elles font fêlées, ou qu'elles font faites d'un verre trop mou, peu électrique par lui-même, & lorfqu'elles font débouchées.

8°. Lorfqu'on met en ufage toutes les obfervations que nous venons de
rapporter, on accumule une grande quantité de matiere électrique, & on
augmente confidérablement les effets de l'électricité.

§. DCCCCXIX. Quelque quantité qu'on puiffe raffembler de matiere
électrique, on n'eft pas encore parvenu à en accumuler fuffifamment pour
rendre fon poids fenfible, même à l'aide de la balance la plus exacte. En
effet, lorfqu'on veut éprouver de petites fioles, qui peuvent, à la vérité,
être fufpendues à de légeres & de petites balances, le peu de matiere électrique que ces fioles peuvent contenir, ne peut point faire trébucher le bras
de la balance : fi on veut donc faire cette épreuve avec de plus grandes fioles, qui peuvent, à la vérité, raffembler une plus grande quantité de matiere électrique, on fera néceffairement obligé de fe fervir de plus groffes
balances ; mais comme ces fortes de balances ne font pas extrêmement mobiles, & qu'elles ne font pas propres à pefer de très petits poids, on ne peut
pas mieux juger du poids de la matiere électrique, qui eft toujours au-deffous de celui qui pourroit faire trébucher ces fortes de balances. Le célebre
Boze nous apprend qu'il a électrifé, pendant plufieurs heures, un millier de
corps, à l'aide de 3, & même de 4 globes, qu'il faifoit agir en même-tems,
fans que le poids de ces corps ait changé (1). L'Abbé *Nollet* a auffi obfervé
que l'électricité, portée pendant long-tems fur des corps folides, ne leur
faifoit perdre aucune partie de leurs poids ; mais il peut bien fe faire que le
changement, qui arrive dans le poids de ces corps, foit trop petit, pour
qu'il puiffe devenir fenfible à l'aide d'une balance.

§. DCCCCXX. L'électricité, excitée dans un tube de verre, ou dans un
globe de même matiere, peut être recueillie, fi on place auprès de ce globe
une groffe barre de fer, ou un tube de métal, gros & long, dont les deux
extrêmités foient arrondies, & vers le milieu duquel on laiffe pendre une
chaîne de métal, terminée par une ou deux franges d'or, qui flottent fur la
circonférence du globe : il faut que ce tube, dont le diametre doit être environ de 3 à 4 pouces, foit pofé fur des corps fortement *idioélectriques* ;
comme fur du verre, fur de la cire à cacheter, fur des cordons de foie bleue,
bien feche & bien nette : alors la matiere électrique fe répand fur toute la
longueur du tube, & n'eft point diffipée par le corps *idioélectrique*, qui lui
fert de fupport ; parcequ'il eft lui-même fur le-champ engorgé de matiere
électrique, & qu'il empêche qu'elle ne fe porte plus loin ; mais fi ce tube
eft pofé fur des corps qui ne font point électriques par eux-mêmes, la matiere électrique, qui fe jette fur toute l'étendue de ce tube, fe diftribue
alors, non-feulement à ce corps, mais encore à tous ceux qui l'avoifinent,
& ainfi de fuite, de proche en proche : elle fe divife tellement, qu'elle ne
laiffe aucun figne fenfible de fa préfence fur toute l'étendue du tube. Il faut cependant obferver ici, que, lorfque la matiere électrique qu'on communique, vient d'une fiole en partie remplie d'eau, ou de parties métalliques,
cette matiere peut fe manifefter en traverfant plufieurs fils métalliques, ou

____

(1) Comment novus de Electr. pag. 12.

pluſieurs tubes d'une grande longueur, quoiqu'ils ne ſoient point placés ſur des corps *idioélectriques*. Cet effet dépendroit-il de la grande abondance de la matiere électrique, qui eſt accumuléè dans ces fioles, ou de quelqu'autre cauſe? Il nous paroit qu'il y a ici quelque ſecret que la Nature ne nous a pas encore permis de dévoiler.

§. DCCCCXXI. Examinons maintenant un autre phénomene électrique. Lorſqu'on frotte, dans l'obſcurité, quelque corps *idioélectrique*, ſoit vitré, ſoit réſineux, & qu'on excite efficacement la vertu électrique de ces ſortes de corps, ils répandent autour d'eux une lumiere très vive, qui brille même quelquefois dans les endroits que celui qui frotte vient d'abandonner; mais cette lumiere n'eſt pas de longue durée. Le célebre *Jallabert* obſerva que l'ambre, le ſoufre, & la cire à cacheter, répandoient une lumiere moins vive que le verre; outre cela, que la lumiere de ces corps ne ſubſiſtoit point après le frottement, même dans les parties qui avoient été frottées : cela viendroit-il de ce que ces corps ſont moins élaſtiques que le verre; que les frémiſſemens qu'on excite dans leurs parties, par le frottement qu'on leur fait éprouver, auroient moins d'étendue; que ces frémiſſemens ceſſeroient plutôt que ceux qu'on excite dans les parties du verre; & que, par ce moyen, ces frémiſſemens cauſent un moindre ébranlement, & qu'ils chaſſent moins de matiere électrique, que ceux qui ſont produits dans des parties plus élaſtiques?

La lumiere du ſoufre eſt blanchâtre; mais auſſi elle eſt compoſée de rayons extrêmement dilatés : & cette ſubſtance nous fait obſerver des phénomenes bien différens de ceux qui ſont produits par toute autre ſubſtance (1).

§. DCCCCXXII. Si quelques objets ſont placés dans le voiſinage d'un corps *idioélectrique* qu'on frotte, & qu'ils ſoient plongés dans la ſphere de ſon activité, on remarque quelquefois de petites étincelles qui s'éparpillent, & qui brillent ſur la ſurface de ces objets, ſans qu'elles paroiſſent avoir aucun mouvement, ſans qu'elles faſſent aucun bruit; & elles ſont de différentes couleurs : quelquefois ces étincelles paroiſſent ſuſpendues entre ces objets & le corps *idioélectrique*. Ces étincelles ſont produites par la matiere électrique qui s'échappe des objets dont nous venons de parler; & comme il n'y a point de corps oppoſés à ces objets, qui fourniſſent une pareille matiere, la lumiere de ces étincelles doit être très foible, & ne produire aucun ſifflement, ni aucun murmure dans l'air. Ces étincelles paroiſſent ſuſpendues dans l'air lorſque le fluide électrique s'échappe, en même quantité des objets dont nous venons de parler, & du corps *idioélectrique* qu'on frotte; pour lors ces deux fluides, ſe rencontrant, forment un fluide plus denſe dans l'endroit où ils ſe rencontrent, & y paroiſſent ſenſibles ſous la forme d'une lumiere.

§. DCCCCXXIII. Si on raſſemble les écoulemens électriques qui s'échappent d'un globe de verre d'un grand diametre, & qu'on les dirige de maniere qu'ils ſe portent le long d'un tube de fer, ou d'une barre de même matiere, qui ſe termine par une ſurface plane, ou par une pointe émouſſée;

____

(1) Exp. ſur l'Electr. Chap. 3. §. 49. p. 28.

ces écoulemens formeront dans l'air une aigrette lumineuse, dont les rayons feront divergens, & dont le sommet ou la pointe sera appliquée à l'angle, ou à l'extrêmité de la barre, ou du tube : cette aigrette paroîtra sous la forme d'un cône, dont la base sera très large. Plus l'angle qui terminera la barre de fer sera grand, & plus l'aigrette sera grande & lumineuse ; & elle sera d'autant plus petite, & sa lumiere sera d'autant plus foible, que cet angle sera plus aigu. Si la barre de fer est quarrée, l'aigrette qu'on remarquera à son extrêmité sera très grande ; mais de toutes les aigrettes qui paroissent aux extrêmités de ces sortes de barres, les plus belles sont celles qu'on remarque à celles qui sont arrondies, & auxquelles on présente d'autres corps, dont les extrêmités sont aussi arrondies. Le célebre Abbé *Nollet* nous a donné une raison fort satisfaisante de ce phénomene (1) ; il attribue cet effet à la résistance de l'air, que l'aigrette, dont les rayons sont divergens, rencontre sur son passage : comme la matiere électrique afflue de toutes parts vers la barre arrondie, & qu'elle est déterminée à s'échapper vers son extrêmité, les rayons qui s'en échappent, deviennent aussi tôt divergens ; par conséquent ces rayons, devenant si promptement divergens, sont extrêmement rares vers la base, & échappent, par ce moyen, à la foiblesse de notre vue. Les plus forts de ces rayons excitent une sorte de bruissement très sensible, ou un sifflement qu'on peut entendre distinctement.

Ce sifflement annonce la vîtesse avec laquelle ces rayons, continuellement renouvellés, frappent la masse d'air qu'ils rencontrent ; & c'est par l'émanation de ces sortes de rayons, que l'électricité se perd dans l'atmosphere.

La pointe de l'aigrette est d'une couleur tirant sur le rouge ; mais cette pointe, en se développant, & en formant un cône, prend aussi tôt une couleur bleue pâle, ou purpurine ; & les rayons qui composent ce cône, sont doués d'un mouvement de vibrations : l'amplitude de l'aigrette differe, suivant la quantité des écoulemens électriques, & la constitution actuelle de l'air. Souvent ces sortes d'aigrettes ont deux, trois, & même quelquefois cinq pouces de longueur (2) ; quelquefois aussi leur longueur ne surpasse pas celle d'un demi-pouce. Le diametre de leur base a quelquefois plus de deux pouces de longueur ; mais, soit que l'aigrette soit plus grande, ou plus petite, la rareté que ces rayons acquerent, par rapport à leur divergence, ne permet pas qu'on puisse en distinguer les bornes. La lumiere de ces aigrettes est semblable à celle d'une petite flamme extrêmement rare, qui peut à peine éclairer les objets sur lesquels elle tombe.

Si on répand par-ci, par-là, des goutres d'eau, des grains de sable, ou de la limaille de fer, sur une barre de fer électrifée, & qu'on passe la main, à la distance de quelques pouces, au dessus de ces différens corps, on remarquera alors que chaque goutte d'eau, chaque grain de sable, chaque portioncule de limaille de fer, fourniront des aigrettes lumineuses ; & on en verra partir de semblables de la main qui se mouvera au-dessus de ces différens corps : si la barre de fer ne se termine pas en pointe, on remarquera aussi des aigrettes lumineuses de part & d'autre, aux extrêmités qui la termineront ; parceque les écoulemens électriques se portent en plus grande abon-

<hr>

(1) Hist. de l'Acad. Roy. ann. 1747. fig. 5. 6. 7.   (2) Recherch. sur l'Electr. pag. 150.

dance vers ces endroits : & c'eft auſſi pour cette raiſon, que l'odeur que la matiere électrique répand, ſe fait ſentir à l'extrêmité de la barre, & non vers ſon milieu. *Winkler* (1) rapporte qu'après avoir frotté les extrêmités de pluſieurs barres de fer avec du phoſphore, il en étoit ſorti des aigrettes de 6 à 7 pouces de longueur, & que ces extrêmités paroiſſoient embraſées. Lorſque le tems n'eſt pas favorable à l'électricité, il arrive ſouvent que les aigrettes lumineuſes ne paroiſſent point; mais alors ſi on approche la paume de la main vers l'extrêmité du tube, il en ſort une aigrette lumineuſe, qui ſubſiſte tant que la main reſte dans cette ſituation; il arrive quelquefois néanmoins que cette aigrette brille encore lorſqu'on a retiré la main : mais ces effets dépendent de la quantité de matiere électrique qui afflue en cet endroit. Lorſqu'une perſonne s'approche du tube électriſé, il s'échappe de cette perſonne une plus grande abondance de matiere électrique, qui ſe porte au tube : par ce moyen, les aigrettes deviennent plus fortes, & ſont alors viſibles; parceque les deux courans de matiere électrique, qui ſuivent des directions oppoſées, ſe rencontrent, & s'entrechoquent.

§. DCCCCXXIV. Si on reçoit, ſur une grande lentille convexe, une aigrette lumineuſe, cette aigrette ſe répandra ſur toute la ſurface de cette lentille; elle y paroîtra douée d'un mouvement d'ondulation, & ſe diviſera irrégulierement en pluſieurs parties : une partie de cette lumiere paſſera à travers la lentille, & pourra être reçue ſur un papier blanc; mais elle y paroîtra très foible & très rare.

§. DCCCCXXV. Si on fait paſſer à travers un priſme l'aigrette lumineuſe, qui ſe manifeſte à l'extrêmité de la barre de fer; cette aigrette, après avoir traverſé le priſme, paroîtra ſous une figure oblongue; mais revêtue de la même couleur qu'elle avoit avant d'avoir paſſé par le priſme : d'où il ſuit que la lumiere électrique ſe réfracte, ainſi que la lumiere du ſoleil, en paſſant par du verre; mais on ne peut pas voir diſtinctement ſi cette lumiere ſe ſépare en pluſieurs rayons différemment colorés.

§. DCCCCXXVI. Si on oppoſe directement à une barre de fer électriſée, une autre barre de fer, placée ſur du bois, & qui ne ſoit point du tout iſolée; ſi cette derniere barre ſe termine en faiſant un angle, ou en formant une pointe de cône, & qu'elle ne ſoit éloignée de la premiere que de quelques pouces, de façon que l'électricité, communiquée à la barre iſolée, puiſſe ſe tranſmettre à celle qui ne l'eſt pas; alors la matiere affluente, qui s'échappera de cette derniere barre pour ſe porter à la premiere, ſe mouvant dans une direction contraire à celle de la matiere effluente qui vient de celle-ci, formera une aigrette lumineuſe, dont la pointe ſera appliquée au ſommet du cône de la barre non iſolée, & dont la baſe ſera oppoſée à une aigrette ſemblable, que produira la matiere effluente qui s'échappe de la barre iſolée; & ces deux baſes, oppoſées l'une à l'autre, ne ſe toucheront pas pour cela.

Mais ſi on approche inſenſiblement la barre non iſolée de celle qui lui eſt oppoſée, juſqu'à ce que les deux baſes de leurs aigrettes paroiſſent ſe toucher, ces baſes deviennent alors plus grandes; mais leur grandeur diminue

(1) Electr. klaft des Waſſers, cap. 3. §. 22. p. 18.

enfuite à proportion qu'on approche davantage les deux barres l'une de l'autre : enfin fi on continue toujours à les rapprocher, infenfiblement les deux cônes lumineux forment un petit cylindre d'un pouce de longueur, femblable à une aiguille; & la lumiere du cylindre devient blanchâtre : mais, pour peu qu'on rapproche encore les deux barres l'une de l'autre, il fe fait une explofion qui part avec un grand éclat; la lumiere devient plus vive, & eft femblable à celle d'une étincelle.

On peut fubftituer à la barre de fer non ifolée, plufieurs autres corps qui produiront le même effet : par exemple, fi un homme approche le doigt vers l'aigrette lumineufe qui paroît à l'extrêmité de la barre de fer électrifée, ou fi un homme, étant ifolé, eft fortement électrifé, & qu'un autre homme, étant placé fur le plancher, ces deux hommes approchent chacun un doigt l'un vers l'autre, il partira une étincelle, qui frappera également les deux hommes; puifque, dans ce cas, l'un reçoit toute la matiere électrique que l'autre fournit : une douleur vive accompagnera cette explofion; le doigt de chacun de ces deux hommes fe gonflera dans l'endroit qui aura été frappé, & il y paroîtra une petite tache livide, qui durera plus de 12 heures. Quelquefois cette explofion eft fi violente, que la peau qui la reçoit, en eft bleffée; & il s'y fait même quelquefois une folution de continuité, qui laiffe couler quelques gouttes de fang. Ces étincelles font plus fortes lorfque l'extrêmité du corps qu'on approche vers la barre électrifée, eft arrondie, comme l'anneau d'une clef, la boîte d'une montre : on fe fert ordinairement, pour produire de fortes étincelles, d'un bouclier de cuivre creux, ou d'un des condiles de quelque phalange du doigt; mais ces étincelles font beaucoup plus foibles, lorfqu'on les excite avec un corps qui fe termine en pointe.

Le petit cylindre lumineux de matiere électrique qui fournit une étincelle, n'eft pas un écoulement continuel de matiere ignée; quoiqu'il paroiffe tel, lorfqu'on fait tourner très rapidement un globe de verre d'un grand diametre : il eft formé de plufieurs étincelles intermittentes, qui fe meuvent en fens contraire, mais qu'on ne peut pas diftinguer parfaitement, eu égard à la rapidité de leurs mouvemens : ces étincelles font produites par les écoulemens électriques de la matiere effluente & affluente. Lorfque ces écoulemens font fortement condenfés, ils forment une efpece de foyer; de forte qu'au lieu d'occuper, comme auparavant, un efpace de 1 ou de 2 pieds, ils ne forment plus qu'un cylindre de $\frac{1}{16}$, ou $\frac{1}{40}$ de pouce de diametre : & au point de contact, ils agiffent contre les différens corps, ou contre les deux barres, avec une très grande impétuofité, en faifant une explofion éclatante.

L'explofion d'une étincelle, qui fe fait avec éclat, prouve que l'air ambiant eft frappé avec force; & c'eft ainfi que le fon eft produit par l'action d'un fluide qui agit avec véhémence contre un autre fluide : en effet, les écoulemens de la matiere affluente & effluente agiffent, avec une extrême rapidité, les uns contre les autres; &, agitant fortement l'air, par leur action fimultanée, ils produifent un éclat.

Plus ces écoulemens fimultanées font abondans, & plus le fon qu'ils produifent eft éclatant. *Winkler* vint à bout de recueillir une fi grande quantité de ces écoulemens, que leur explosion produisît un éclat aussi fort que celui qui eût été formé par l'explosion d'un moyen fusil (1). *Watkins* nous a appris une autre maniere d'exciter des explosions électriques très éclatantes (2). Voici le procédé qu'il nous indique : posez sur le tube de fer une lame de cuir ordinaire, longue d'une aune, & placez-la de maniere, que le milieu de cette lame repose sur le milieu de la circonférence du tube, & que ses deux extrêmités soient pendantes : attachez au même tube une fiole de verre en partie remplie d'eau, & revêtue extérieurement d'une lame de plomb très mince ; lorsque cette fiole sera chargée d'électricité, embrassez-la avec les deux branches d'une tenaille ordinaire, & tournez cet instrument de maniere que la tête de la tenaille vienne toucher le cuir à 6 pouces ou environ au-dessous du tube : il se fera alors une forte explosion, accompagnée d'un grand nombre d'étincelles très brillantes.

On ne tire jamais d'étincelles bruyantes lorsqu'il n'y a qu'un courant de matiere affluente, ou qu'un courant de matiere effluente ; car, supposons qu'un homme, monté sur un pain de résine, frotte avec la main un globe qu'on fait tourner, & qu'il touche avec son autre main un tube de fer isolé : dans ce cas, la matiere électrique du tube, ainsi que celle de l'homme qui le touche, se porte à ce globe, d'où il ne s'échappe aucune matiere effluente. Par conséquent si un autre homme présente un de ses doigts auprès du tube, il n'en tirera point d'étincelle ; parceque la matiere électrique de cette seconde personne se portera, à la vérité, au globe ; mais il ne s'en échappera point de ce globe, pour se porter vers le doigt de cet homme : par conséquent il ne paroîtra point alors deux aigrettes lumineuses, opposées par leurs bases, & il ne partira point d'étincelle.

Quelquefois les étincelles éclatantes se succedent avec beaucoup de rapidité ; quelquefois elles se suivent plus lentement, suivant que la matiere électrique afflue avec plus ou moins d'abondance : on peut observer aisément ce phénomene, par le moyen d'un cerf-volant, fort élevé dans l'air, lorsque l'atmosphere est surchargée d'électricité ; les étincelles éclatantes qu'on tire avec une clef, de l'extrêmité du fil de fer, se succedent avec une extrême rapidité : mais quelquefois aussi une étincelle ne suit celle qui la précede, qu'après une ou deux minutes.

Le petit cylindre lumineux qui petille, ne prouve-t-il pas que la matiere électrique, qui auparavant étoit très rare, & qui paroissoit sous la forme d'une aigrette, est devenue très condensée ? Or quelle est la cause de cette condensation : car il paroîtroit plus naturel de croire que les petits rayons divergens, qui forment la base de cette aigrette, doivent acquérir une plus grande divergence, & augmenter l'amplitude de la base ; puisque, dans cette occasion, il y a deux fluides, dont les courans opposés agissent l'un contre l'autre. Il se présente encore ici un autre phénomene surprenant à examiner, & dont nous devons la connoissance à *Watson* (3). Ayant électrisé un fil de métal de 12276 pieds de longueur, il observa que ceux qui tenoient ce fil étoient frappés très vigoureusement par l'étincelle qui en partoit,

(1) De avertendi fulminis artificio, p. 10. (2) Exper. 36. p. 56. (3) Account of the Experiments, p. 55.

mais le petillement étoit très foible, & il étoit beaucoup plus fort lorsque le
fil étoit plus court.

§. DCCCCXXVII. L'aigrette lumineuse qu'on remarque à l'extrêmité
d'une barre de fer électrisée, est composée de rayons divergens, qui s'étendent en lignes droites, lorsque l'air est pur, sec, électrique, & qu'il ne dif-
sipe point la matiere électrique; mais qu'il résiste plutôt à l'effort qu'elle fait
pour se répandre. Si on approche lentement, & par degrés, un corps non-
électrique vers cette aigrette, la matiere électrique commence à se porter
vers ce corps, & les rayons de cette aigrette se fléchissent; & on peut les
déterminer à se porter sur toutes les parties du corps non-électrique, en-
dessus, en-dessous, en arriere; de sorte que ces rayons se courbent, & prennent différentes formes; tandis que la matiere électrique fait effort pour
se répandre, & pour pénétrer le corps non-électrique qu'on lui présente, & en même tems pour se renouveller & se fortifier par les écoulemens
qui s'en échappent.

§. DCCCCXXVIII. Il y a plusieurs corps dans la Nature qui ne produisent point l'explosion éclatante dont nous venons de parler, lorsqu'on les
approche de l'aigrette lumineuse qui paroît aux angles de la barre de fer
électrisée, mais qui reçoivent seulement cette aigrette, ou qui en fournissent
une semblable, dont la grandeur diminue à proportion qu'on les approche
davantage, & enfin qui ne peuvent former, qu'avec peine, le cylindre lumineux, à moins qu'on ne les approche très près du corps électrisé. Ces
corps sont, pour l'ordinaire, fortement *idioélectriques*; tels sont le soufre,
le verre, la poix, l'ivoire, la corne, la cire à cacheter, le bois de gayac, le
buis, &c.

Puisque ces sortes de corps, étant approchés de la barre de fer, n'excitent
point d'étincelles qui s'en échappent avec une bruyante explosion, on a
soupçonné, non sans sujet, que ces sortes de corps ne reçoivent, ni ne donnent librement, & avec abondance, des écoulemens électriques; de sorte
que, dans leur approche, il ne se trouve point une suffisante quantité de matiere électrique, dont les écoulemens opposés puissent produire une bruyante
explosion, & puisque les substances animales produisent, dans cette occasion les mêmes effets que les substances métalliques & que tous les corps
qui ne sont point électriques, il paroît qu'on doit ranger les substances animales dans la classe des corps *analectiques*, qui ne contiennent point ou
qui ne contiennent que très peu de matiere électrique, mais qui se laissent
aisément pénétrer par les écoulemens de cette matiere. Il faut distinguer ici
les substances animales de quelques-unes de leurs parties; savoir, des plumes & des poils, qui croissent sur ces sortes de substances.

§. DCCCCXXIX. Quand nous regardons, à travers un prisme, une aigrette lumineuse, qui s'est changée en cylindre lumineux & bruyant; dans
le moment que ce cylindre éclate, il paroît sous la forme d'un spectre oblong
qui laisse distinctement voir trois couleurs; savoir, du rouge, du verd & du
bleu, ainsi qu'on les observe dans les rayons du soleil: & on remarque même que ces couleurs ont le même degré de réfrangibilité. La lumiere du cylindre est beaucoup plus dense & plus vive que celle des aigrettes. Et c'est
pour cela qu'on peut distinguer aisément les différens rayons colorés, qui

compofent un cylindre de cette efpece ; tandis qu'on ne peut pas diftinguer ceux qui entrent dans la compofition d'une aigrette lumineufe ; parceque la lumiere y eft trop rare.

Il fuit de cette obfervation, que la lumiere qui accompagne les phénomenes électriques, eft compofée, ainfi que celle du foleil, de plufieurs rayons différemment colorés.

§. DCCCCXXX. Si on approche d'une aigrette lumineufe un miroir plan, ou concave, de cuivre mêlé avec de l'étain, de façon que la furface de ce miroir ne touche point encore à l'aigrette ; la rareté de fa lumiere fera qu'on n'appercevra point, ou qu'on n'appercevra qu'à peine, la réflexion de fes rayons : mais fi on approche le miroir plus près, jufqu'à ce que la bafe de l'aigrette tombe fur la furface de ce miroir, & qu'elle fe change en cylindre bruyant, ce cylindre ne fera pas réfléchi diftinctement, de même qu'il arrive aux rayons du foleil, qui tombent fur un miroir, & qui fe réfléchiffent fous le même angle, fous lequel ils tombent fur la furface d'un miroir ; mais on n'appercevra ici qu'une efpece de lumiere, qui fe réfléchira vers différens points ; laquelle néanmoins pourra être tellement dirigée par le miroir, qu'elle tombera fur des corps voifins qu'elle éclairera.

§. DCCCCXXXI. Il fuit des obfervations que nous venons de rapporter (§. 929 & 930), qu'une lumiere femblable à celle du foleil, au moins quant à quelques-unes de fes couleurs, accompagne les phénomenes électriques ; ou que la lumiere dont nous venons de parler eft propre à la matiere électrique, & par conféquent qu'elle fuit fes différens mouvemens, qui font fouvent des mouvemens d'ondulation, au moins irréguliers, & quelquefois en lignes courbes, comme on l'obferve dans l'inflexion des aigrettes lumineufes.

§. DCCCCXXXII. Si, par le moyen d'un fil de métal, on conduit l'électricité, communiquée à une barre de fer, ou à un tube, dans une fiole de verre, bien nette extérieurement & intérieurement, cette fiole étant vuide d'air & de tout autre corps, & exactement bouchée (1); ou fi on électrife fortement un vafe de verre, en partie rempli d'eau, & qu'on le furcharge tellement de matiere électrique, que la quantité furabondante s'en échappe ; fi alors quelqu'un placé fur le plancher, ou fur une grande planche de métal, ou dans une cuvette dans laquelle il y a de l'eau ; ou que cette perfonne, ayant les pieds nuds & humides, foit placée fur du métal, fur du bois, de la pierre, &c, & que faififfant d'une main le vafe, elle tire de l'autre, avec le bout du doigt, ou avec un morceau de fer, une étincelle de la barre de fer ou du fil de métal ; cette étincelle, qui fera d'un rouge couleur de feu, fera très violente : elle excitera une commotion très forte dans la main, dans le bras, dans la poitrine, en un mot, dans tout le corps de cette perfonne : elle eft quelquefois fi terrible, qu'elle peut bleffer celui qui la tire ; qu'elle peut même lui caufer une fievre ardente, une hémorrhagie, ou quelqu'autre maladie, ainfi que je l'ai éprouvé, auffi-bien que M. *Winkler*, & plufieurs autres (2).

Dans cette expérience, la matiere électrique, dont le vafe eft confidéra-

(1) Hift. de l'Acad. Roy. ann. 1747, p. 197. (2) Philof. Tranf. Vol. 480. p. 211.

blement furchargé, fe diſſipe totalement dans un inſtant ; & on ne peut exciter une pareille étincelle, que beaucoup de tems après : ainſi, dans cette expérience, les étincelles éclatantes & foudroyantes ne fe fuivent pas rapidement, comme celles dont il eſt fait mention dans les §. 914 & 926, qui imitent, par la rapidité de leurs exploſions, un écoulement continuel de matiere ignée : au contraire, dans l'expérience préſente, ce n'eſt qu'après un eſpace de tems d'une certaine durée, qu'on parvient à exciter une exploſion de matiere électrique.

§. DCCCCXXXIII. Si un vaſe de verre, qui contient une certaine quantité d'eau, eſt placé dans un vaſe de métal, ou ſi ce vaſe de verre eſt fuſpendu à un fil de métal, recourbé en forme de crochet, de façon qu'il ne ſoit qu'à deux lignes ou environ de diſtance au-deſſus du vaſe de métal ; quiconque touchera ce dernier vaſe avec la main, ou avec le doigt, & excitera avec ſon autre main une étincelle, en approchant un de ſes doigts de la barre de fer, éprouvera une commotion violente, qui ſe fera ſentir dans toute la longueur de ſon bras (1). On éprouvera le même effet en plaçant verticalement un cylindre de verre bien ſec ſur une platine de métal, poſée ſur un pain de réſine, & en laiſſant pendre, de la barre de fer, une chaîne de métal, qui deſcendra dans l'intérieur du cylindre, juſqu'environ la moitié de ſa hauteur ; alors ſi on ſaiſit vers cet endroit le cylindre avec la main, & qu'on tire avec l'autre main une étincelle de la barre de fer, on éprouvera la même commotion (2).

MM. *Jallabert*, *le Monnier*, & pluſieurs autres Phyſiciens, ont fait de ſemblables expériences, qui ont eu le même ſuccès ; mais ils s'y ſont pris d'une autre façon pour les faire. Si au contraire quelqu'un tient à la main le vaſe de métal avec la fiole de verre, & que, tenant dans l'autre main un bâton de ſoufre, de bois, de cire d'Eſpagne, il eſſaie de tirer une étincelle de la barre électriſée, avec les uns ou les autres de ces corps, il ne recevra point de commotion.

On peut répéter, ſans aucun danger, ces ſortes d'expériences avec des fioles, en s'y prenant de cette façon. Enveloppez une partie du ventre d'une bouteille avec des feuilles d'étain, ou avec du papier doré, qu'on appliquera contre la ſurface de la bouteille, en les liant avec un fil de métal qui entourera pluſieurs fois le ventre de cette bouteille ; ſi l'extrêmité de ce fil ſe termine en forme de ſtilet, ſaiſiſſez ce ſtilet d'une main, & de l'autre empoignez la fiole dans l'endroit où elle eſt revêtue, ainſi que le fil de mé-

______

(1) L'Auteur paroît indiquer autrement l'expérience que je viens de rapporter. Voici le texte. *Si vitrum cùm aquâ ſteterit in vaſe metallico, vel vitrum ex pilo æneo . . . pendeat ſuprà vas metallicum, &c.* ce qui donne à entendre qu'il a fait cette expérience avec un morceau de verre ; mais comme cette expérience, répétée avec tous les ſoins poſſibles, & de toutes ſortes de manieres avec un morceau de verre, ne m'a point réuſſi, & ne m'a même donné aucune raiſon de ſoupçonner qu'elle pût réuſſir ; j'ai cru devoir aider à l'expreſſion de l'Auteur. Je me ſuis ſervi du mot *fiole* pour traduire le mot *vitrum*, & je m'en ſuis ſervi avec d'autant plus d'aſſurance, que l'expérience réuſſit très complettement de la maniere que je l'ai expoſée.

(2) Jallabert, ſur l'Electr. p. 122.

tal qui tient le vêtement : approchez enfuite le ftilet, dont nous venons de parler, du fil de fer qui plonge dans la bouteille, & qui excede fon col de quelques pouces ; vous tirerez alors une forte étincelle de feu d'un rouge très foncé, qui craquera avec bruit, fans que vous en receviez aucune commotion. Dans cette expérience, l'électricité fe porte du fil, qui plonge dans la bouteille, à celui que vous lui préfentez ; elle coule le long de ce dernier fil, & le long de fa chaîne métallique qui enveloppe la bouteille, pour fe jetter enfin fur le ventre de cette bouteille, qui contient moins de matiere électrique que fa capacité intérieure, ainfi que l'eau qu'elle comprend ; car la matiere électrique fuit toujours le chemin le plus court, & en mêmetems celui qu'elle peut parcourir plus aifément : or le métal eft un milieu plus aifé pour la tranfmiffion de la matiere électrique, que le corps d'un homme.

Si, pour faire cette expérience, on fe fert d'une fiole de verre cylindrique d'environ 5 à 6 pouces de longueur, & en partie remplie d'eau, garnie extérieurement de feuilles de métal, fur la garniture de laquelle on faffe tourner circulairement un fil de cuivre, dont le bout, terminé en anneau, foit proche de la bafe de la bouteille ; & qu'on attache à cet anneau un fil délié de cuivre ramolli au feu, dont on entoure plufieurs fois le corps d'un homme, & à l'extrêmité duquel fil foit attaché un fil de métal plus épais ; alors fi cet homme prend d'une main la fiole vers fon milieu, & audeffous de l'anneau, & que, tenant dans l'autre main le gros fil de métal qui termine celui qui l'entoure, il approche ce dernier du fil de fer qui plonge dans la bouteille, & en tire une étincelle ; cette étincelle, dont le feu fera très rouge, partira avec un éclat foudroyant, & l'homme n'en fera point affecté : ce qui prouve manifeftement que le métal eft plus perméable à la matiere électrique, que le corps d'un homme ; ce qui dépend d'une conformation de parties, qui n'eft pas encore parvenue à la connoiffance des Phyficiens. Si une fiole, en partie remplie d'eau, & garnie extérieurement de feuilles de métal, eft pofée dans un baffin, dans lequel il y a de l'eau, & que quelqu'un touche du bout du doigt la garniture de la fiole, & que de l'autre main il tire une étincelle du fil de fer conducteur qui plonge dans la fiole ; cette étincelle lui donnera une commotion très violente, toute l'électricité de l'intérieur de la fiole, & de l'eau qu'elle contient, paffant rapidement à l'eau du baffin & à la furface extérieure de la bouteille. Si on revêt extérieurement, de feuilles de métal, une fiole feche & bien nette intérieurement, & qu'on faffe paffer par fon col un fil de métal qui ferve de conducteur à la matiere électrique ; lorfqu'on aura électrifé cette fiole, fi on la faifit d'une main, & que de l'autre on tire une étincelle du fil de fer, cette étincelle fera foible, mais on en pourra tirer plufieurs fucceffivement & pendant long-tems : mais fi cette fiole n'eft pas revêtue extérieurement, on n'en pourra point tirer d'étincelles, & elle ne donnera aucun figne d'électricité. L'Abbé *Nollet* s'eft donné auffi beaucoup de peine pour déterminer de quelle maniere il falloit s'y prendre, pour faire les expériences de l'électricité fans encourir aucun rifque. Il fe fert pour cela d'un morceau de fer recourbé, dont les deux extrêmités A & B [*Tab.* 22. *fig.* 7.] font retournées fur elles-mêmes, en forme de limaçon ; ce fer eft à-peu-près de la groffeur d'une plume à écrire : il pofe

l'extrêmité

l'extrêmité A de cet excitateur sur la surface du corps auquel il veut communiquer la matiere électrique, & il approche l'autre extrêmité B de la barre électrisée : alors la matiere électrique, qui suit toujours le plus court chemin qui lui est ouvert, & qui passe à travers le corps qui lui est plus perméable, suit la direction de l'excitateur BA, & n'offense point la main qui le tient.

§. DCCCCXXXIV. Rasez ou plumez la tête & la poitrine d'un animal à poils, ou à plumes ; attachez-les sur une table, de façon que la poitrine de l'animal soit appliquée contre la surface d'une grande bouteille de verre, en partie remplie d'eau, & dans laquelle plonge un fil de métal, qui pend à la barre de fer ; à laquelle on communique la vertu électrique du globe : lorsque la bouteille est chargée d'électricité, conduisez, par le moyen d'un fil de soie, une chaîne de métal attachée à la barre de fer : conduisez-la de façon qu'elle touche à la tête de l'animal ; il partira aussi-tôt une étincelle foudroyante, qui, du premier coup, pour l'ordinaire, tuera cet animal, sans blesser aucunement celui qui fait cette expérience. Le célebre M. *Boze* fut le premier qui nous apprit le moyen de tuer des poissons, lors même qu'ils nageoient dans l'eau ; mais MM. *Jallabert*, *Nollet*, *Watkins*, *Gralath*, imaginerent différentes manieres de répéter ces expériences.

§. DCCCCXXXV. On peut, à l'aide d'une fiole de verre, en partie remplie d'eau, & suspendue à la barre de fer qu'on électrise, donner en même-tems une forte commotion à plusieurs personnes qui seroient placées sur le plancher, pourvu que la fiole soit fortement chargée d'électricité ; si ces personnes, se tenant de bout, forment un cercle, & se tiennent toutes par la main, ou qu'elles saisissent toutes, avec la main, la même chaîne de fer, ou qu'elles marchent toutes sur cette chaîne, en supposant qu'elle soit posée sur le plancher (1), & que la premiere, ou celle qui est à une des extrêmités de cette espece de chaîne, empoigne la bouteille, & que celle qui est à l'extrêmité de la même chaîne tire une étincelle de la barre de fer, toutes celles qui feront partie de cette chaine, recevront une forte commotion dans le bras & dans la poitrine, ou sentiront des secousses très vives dans les pieds : preuve manifeste que la matiere électrique agit, dans cette expérience, contre tous ceux qui font partie de la chaîne, & qu'il se fait, dans chacun d'eux, une explosion de matiere affluente & effluente. Le succès de cette expérience est beaucoup plus petit, & il est même quelquefois nul, lorsque les personnes qui forment cette chaîne, sont placées sur du pavé, ou sur de la terre. Ce qu'il y a de surprenant dans ces sortes d'expériences, c'est de voir que, lorsqu'on communique, selon la maniere ordinaire, c'est à dire, sans le secours d'une bouteille de verre en partie remplie d'eau, lorsqu'on communique, dis-je, la vertu électrique à un homme qui n'est point isolé, c'est-à-dire, qui est sur le plancher, cette matiere se dissipe aussi-tôt, sans donner aucun signe qui puisse manifester sa présence : au contraire, lorsqu'on se sert d'un vase de verre en partie rempli d'eau, la matiere électrique peut se communiquer & agir contre plusieurs personnes, sans être dissipée par le plancher sur lequel elles se tiennent debout.

(1) Philof. Tranf. n°. 481.

§. DCCCCXXXVI. Le savant *Watson* observa, d'une maniere très curieuse, le courant de la matiere électrique dans un cercle formé par plusieurs personnes qui se tenoient par la main. Supposons 8 personnes disposées en deux bandes, dont 4 soient nommées A, B, C, D, & que les 4 autres, formant la seconde bande, soient appellées 1, 2, 3, 4; que les quatre de chaque côté se tiennent par la main, & que les 4 premieres soient placées sur le plancher, tandis que les autres sont isolées : que l'une de ces personnes, savoir A, tienne avec la main la barre de fer électrisée; que celle qui est désignée par le chiffre 1 tienne à la main la fiole de verre, qui est suspendue à la barre de fer : si, lorsque cette fiole sera chargée d'électricité, la personne désignée par le chiffre 4 donne la main à celle qui est appellée D, toutes huit recevront une violente commotion; mais si cette personne, nommée 4, donne la main à celle qui est nommée C, il n'y en aura que 7 qui seront frappées : la personne D n'éprouvera aucune sensation; parcequ'elle ne fera pas alors partie de la chaîne : si la personne, désignée par le nombre 4, donne la main à la personne B, il n'y en aura que 6 qui recevront la commotion, C & D ne s'en ressentiront aucunement; parcequ'elles seront placées au delà du cercle des écoulemens électriques : si la personne nommée 4 touche à celle qui est désignée par A, cinq seulement seront frappées, & B, C, D ne seront point du nombre de celles qui recevront la commotion. Il arrivera encore la même chose si c'est la personne D qui prend par la main celle qui est appellée 4, les huit qui forment la chaîne seront toutes frappées en même-tems : si la personne D prend par la main la personne appellée 3, il n'y en aura que 7 qui seront frappées; celle qui est désignée par le nombre 4 n'éprouvera aucune sensation, &c. Les commotions dépendent de l'inégale quantité de matiere électrique que chacune de ces deux bandes reçoit : en effet, la bande dans laquelle se trouve la personne qui tient la fiole, reçoit une plus grande quantité de matiere électrique que l'autre; & conséquemment peut communiquer de sa matiere électrique à l'autre bande, qui en a moins, & qui est placée sur des pains de résine; elle peut aussi recevoir une certaine partie de celle dont cette seconde bande est en possession. Mais pour quelle raison ceux qui ne font point partie de la chaîne ne font-ils pas frappés comme les autres? Cela vient de ce que la matiere électrique, suivant toujours le plus court chemin qu'elle peut parcourir pour aller à son but, passe tout-à-coup d'un bout à l'autre de la chaîne, en pénétrant tous les corps qui la forment; & qu'elle prendroit un plus long chemin, pour arriver à son but, si elle passoit aussi par le corps de ceux qui sont hors de rang. Les célebres *Winkler* (1), *Watson* (2) nous ont encore transmis quantité de choses très-curieuses, qu'ils ont découvertes en faisant des expériences avec une fiole de verre en partie remplie d'eau.

§. DCCCCXXXVII. Si on fait le vuide dans une sphere de verre creuse, bien seche & bien nette, ou dans un tube doué des mêmes qualités que cette sphere, & qu'on ferme exactement celui de ces deux vases dont on fait usage, pour que l'air ne puisse pas pénétrer dans sa capacité; les choses

(1) Electr. krafft des Wassers. (2) Sequel to the Experim. of Electr. Account of the Experiments, p. 5. & sequent.

étant ainſi diſpoſées , ſi on frotte extérieurement , avec une main bien ſeche , ou avec un couſſinet , la ſurface de ce vaſe , ſa cavité intérieure recevra , par ce frottement , une quantité de matiere lumineuſe , qui paroîtra
parcourir l'étendue de cette cavité,ſous la forme de pluſieurs jets ondoyans ,
de la même maniere que les éclairs parcourent l'étendue des cieux , où ils ſe
font remarquer : on obſervera la même choſe ſi on approche le vaſe vuide
d'air auprès d'une barre de fer , à laquelle on communique une forte électricité : on obſervera encore le même phénomene ſi on fait paſſer une verge
de fer par le milieu du goulot d'un récipient ouvert par le haut , de façon
que cette verge deſcende juſques vers le milieu de la hauteur du récipient :
ſi cette verge de fer eſt exactement ſoudée au bouchon , qui ferme parfaitement l'ouverture ſupérieure du récipient , & qu'ayant poſé ce récipient ſur la
platine d'une machine pneumatique , on le vuide parfaitement d'air ; alors la
matiere électrique , qu'on communique abondamment à l'extrémité extérieure & ſaillante de la verge de fer , pénetre toute la longueur de cette verge , & remplit toute la capacité du récipient de jets lumineux , ſemblables à
des éclairs qui s'élanceroient dans cette cavité. Voici maintenant une machine qui offre aux yeux des ſpectateurs un ſpectacle des plus amuſans : ſoit
le cylindre de verre KH [_Tab. 22. fig._ 8.] fermé ſupérieurement par le couvercle de cuivre C, traverſé dans ſon milieu par une tige de cuivre A, attachée à un tube de verre B D, preſque rempli de mercure, & ſur la circonférence duquel ſont adaptés trois cylindres de liege E, E, E : à la diſtance d'un
demi-pouce du tube de verre eſt placé ſur la platine de la machine pneumatique , ſur laquelle on établit le cylindre K H , un petit morceau de cuivre
F. Lorſqu'on a fait le vuide dans le récipient cylindrique , ſi on communique la vertu électrique à la tige de cuivre A , par le moyen du fil de métal
conducteur A L ; alors la matiere électrique ſe jette abondamment dans la
cavité du récipient K H , ſous la forme d'une lumiere très brillante , qui
tombe de liege en liege , en formant des caſcades lumineuſes , qui rempliſſent toute la capacité intérieure du récipient : on remarque , outre cela , une
aigrette lumineuſe qui s'élance du corps F , formée par la matiere électrique
qui pénetre la partie inférieure du récipient. Comme les écoulemens électriques ſe jettent abondamment , & ſe meuvent librement , dans ces ſortes de
vaſes , lorſqu'ils ſont vuides d'air , & qu'ils n'y éprouvent aucune , ou tout
au plus qu'une très foible réſiſtance à leurs mouvemens , il s'enſuit qu'ils
doivent s'y faire obſerver ſous la forme d'une lumiere très abondante & très
vive : ces écoulemens ne ſe jettent pas alors en auſſi grande quantité ſur la
partie extérieure de ces vaſes ; mais ſi les vaſes dont on fait uſage ne ſont pas
exactement vuides d'air , les écoulemens électriques ne les pénétreront pas
ſi copieuſement , & la lumiere qu'ils produiront ne ſera pas ſi éclatante : dans
ce cas , ces écoulemens ſe jetteront plus abondamment ſur la ſurface extérieure , & elle attirera plus fortement des corps légers. C'eſt pourquoi une
grande quantité de matiere électrique paſſe de la colonne de mercure dans
un tube de barometre , dont la partie ſupérieure eſt très longue , & parfaitement vuide d'air , & elle s'échappe encore plus abondamment du mercure , pour s'élancer dans l'eſpace vuide qui eſt au-deſſus , lorſqu'elle peut s'é-
chapper de cet eſpace , à l'aide d'un morceau de métal qui recouvre la voûte

G gg ij

du tube. Le célebre M. *Boze* (1) nous assure que les étincelles électriques
sont aussi bruyantes, & éclatent avec autant de véhémence dans le vuide
que dans l'air, lorsqu'on les excite par le contact d'un corps métallique
avec d'autres corps, quoique l'oreille ne puisse pas être ébranlée par le son
qu'elles y produisent par leur explosion ; & il ajoute qu'il a éprouvé qu'on
peut produire une vertu électrique aussi forte dans le vuide que dans l'air :
mais j'imagine que cette vertu doit y être plus forte, & qu'un syphon capillaire doit y transvaser une grande quantité de fluide. Ceux qui voudront
s'instruire de plusieurs tentatives sur l'électricité dans le vuide, pourront consulter *Hauxbée* (2).

Si on lie un fil de métal en forme de serpentin, autour d'un cylindre de
verre en partie rempli d'eau, ou qu'on dispose ce fil de métal de maniere
qu'il forme autour de ce cylindre plusieurs cercles paralleles, & un peu éloignés les uns des autres, & qu'on communique ensuite, selon la maniere
ordinaire, la vertu électrique à ce cylindre ; aussi-tôt que les écoulemens
électriques se jetteront dans les parois de ce vase, on remarquera au-dehors
du cylindre une lumiere qui suivra en partie la direction des fils, & en partie les espaces qui séparent ces fils les uns des autres : ce qui offrira à la vue
un spectacle très amusant, de petites flammes qui s'éteignent, & qui renais-
sent sur la surface extérieure de ce cylindre. Si on couvre la surface extérieure d'un cylindre semblable, avec une feuille de papier doré, chargée
de différentes figures, séparées les unes des autres ; à chaque étincelle qu'on
excitera, on remarquera, sur la partie métallique de ce papier, une flamme vive, dont la couleur sera verte purpurine : le meilleur papier dont on
puisse faire usage, pour cette expérience, est celui sur lequel on a imprimé
de petites figures dorées, & disposées avec ordre.

§. DCCCCXXXVIII. Si on dirige une aigrette lumineuse sur plusieurs
corps inflammables, dont quelques-uns peuvent être froids ; tels que sur du
phosphore d'urine, de l'esprit de vin éthéré, du camphre, &c (3), & sur
d'autres corps pareillement inflammables, mais qui doivent être chauffés,
tels que sur de l'esprit de vin ordinaire, de la cire, de la poix, sur une chandelle qui vient d'être éteinte, & qui fume encore fortement, pourvu qu'elle
soit placée entre le tube électrique & le doigt qui tire l'étincelle, sur de la
poudre à canon (4), &c ; toutes ces différentes substances s'enflammeront
par l'explosion de la matiere électrique. On a néanmoins remarqué qu'une
aigrette lumineuse, dirigée dans de l'esprit de vin qui est placé dans le
vuide de *Boyle*, ne pouvoit point enflammer cette liqueur (5). Or comment
est-ce que la matiere électrique produit l'inflammation des différentes substances dont nous venons de parler ? Cela viendroit-il de ce que ces substances contiendroient une grande quantité de matiere ignée, qui manifesteroit
sa présence si-tôt que la matiere électrique la mettroit en mouvement : cette
matiere ignée, puissamment agitée, communiquant alors l'agitation qu'elle
a reçue aux parties inflammables des mixtes qui la recelent, dérange la dis-

(1) Commentar. novus de Electr. p. 5, 6.   (2) Physico Mechanical. Experiments.
(3) Winklerus in Epistola mihi missa.   (4) Philos. Transf. n°. 487. p. 324.   (5) Jallabert,
sur l'Electr. p. 57.

poſition qu'elles avoient entr'elles : elle leur imprime un mouvement circulaire, les embraſe & les enflamme. Or il paroît naturel de penſer que la matiere électrique, toute dépourvue qu'elle ſoit de chaleur, & quoiqu'elle ne
ſoit point un véritable feu, peut produire un tel effet. *Franklin* fut le premier qui découvrit que la matiere électrique, lorſqu'elle eſt très abondante
& très active, peut fondre des feuilles de métal, & les incruſter profondément dans les pores du verre, de façon qu'il ne ſoit pas poſſible d'effacer
l'empreinte qu'elles y laiſſent après leur fuſion : pluſieurs Phyſiciens, & ſur-
tout *Hahnius*, ont répété après lui cette expérience, & en ont manifeſté
de plus en plus la vérité.

§. DCCCCXXXIX. Si on iſole une machine électrique, ainſi que celui
qui frotte le globe, & que, tandis que ce globe eſt en mouvement, un autre homme, placé ſur le plancher, approche un de ſes doigts du globe, ou
de celui qui le frotte, la matiere électrique qui vient du plancher, & qui ſe
diſtribue à celui qui eſt établi deſſus, paſſe, par ſon moyen, au globe, ou à
celui qui le frotte ; & ces deux corps, étant iſolés, conſervent cette matiere : auſſi remarque t-on, lorſqu'on fait cette expérience dans l'obſcurité,
que la machine, ainſi que celui qui frotte le globe, ſont lumineux.

§. DCCCCXL. Si on dirige, pendant l'eſpace d'une heure, une aigrette
lumineuſe ſur la boule d'un thermometre de *Drebbel*, de Florence, de
Fahrenheyt, on ne remarquera aucun ſigne de chaleur ; la liqueur ne fera
aucun mouvement ſenſible dans le tube : cette même matiere n'échauffe pas
plus ſenſiblement une maſſe d'eau, dans laquelle elle ſe porte avec abondance, & pendant long-tems. Je fis conſtruire un globe creux, fait d'une
feuille très mince de ſimilor, & dont le diametre eſt de 3 pouces ; j'a-
daptai à ce globe un tube aſſez court, auquel étoit ſoudé un tube de verre
capillaire : je remplis enſuite la boule & le tube d'un air plus rare que celui
de l'atmoſphere, afin que, plongeant l'extrêmité du tuyau de verre dans
l'eau, cette liqueur pût s'élever dans ce tube juſqu'environ la moitié de ſa
longueur ; j'avois, par ce moyen, une eſpece de thermometre de *Drebbel*,
propre à indiquer le plus petit changement qui pût arriver à la température
de l'air renfermé dans le globe : or, ayant long-tems électriſé ce globe, la
liqueur, qui s'étoit élevée dans le tube de verre, ne deſcendoit que d'une
ou d'une demi-ligne ; & cet effet n'avoit lieu que lorſque le tems étoit très
favorable aux expériences électriques, & qu'on ſe ſervoit d'un globe d'un
très grand diametre, qu'on faiſoit tourner très rapidement. La chûte de la
liqueur, dans cette expérience ; pourroit peut-être bien provenir du frottement, lequel, échauffant fortement le globe, communiquoit au tube, &
de là à la boule du thermometre, la chaleur qu'il acquéroit ; ce que je n'oſe
cependant pas affirmer ; puiſqu'on ne remarque pas toujours le même effet,
même en ſe ſervant du même thermometre. Outre cette raiſon, le célebre
Winkler communiqua une très forte & très abondante quantité de matiere
électrique à des thermometres de mercure, conſtruits ſelon la méthode de
Florence ; & il n'obſerva jamais que l'électricité produiſît aucun effet ſur ces
thermometres, ainſi qu'il me l'a aſſuré, par des lettres qu'il m'écrivit en
1756, & que je l'ai éprouvé moi-même. Ces obſervations m'engagent donc
à penſer que la matiere électrique que je communiquai à la boule de ſimilor,

dont je viens de parler, entraînoit, par son courant, & poussoit devant elle, une petite quantité du liquide, dont le tube étoit rempli jusqu'environ la moitié de sa longueur ; effet qu'elle produit manifestement lorsqu'on électrise des liqueurs contenues dans des tubes capillaires : elle pousse devant elle ces liqueurs, & accélere leur écoulement.

§. DCCCCXLI. Je fus un des premiers à examiner & à divulguer les principales propriétés de l'électricité, qui furent découvertes de mon tems ; & je démontrai que cette matiete étoit un fluide plus subtil que l'air élastique, qui fait portion de l'atmosphere, puisqu'il pénetre tous les corps qui nous sont connus jusqu'à présent, & qu'il passe à travers les pores de nos récipiens de verre, que l'air ne peut pénétrer : or ce fluide ne doit pas être confondu pour cela avec le feu ordinaire, que tout le monde connoît.

10. Parceque ce feu ne pénetre que très lentement la substance des métaux, des pierres, & des autres corps ; tandis que la matiere électrique pénetre, dans l'espace d'une seconde, un fil de métal de 12276 pieds de longueur, & qu'il pénetre aussi aisément tous les autres corps.

2°. Le feu ordinaire ne s'échappe que très lentement des corps dont il s'est emparé, & il faut même plusieurs heures avant qu'il se soit tout-à-fait dissipé d'une grande masse métallique qui en auroit été abreuvée ; au contraire, la matiere électrique abandonne sur-le-champ les plus grandes masses de matiere qui ne sont point *idioélectriques*.

3°. Le feu, quelque peu abondant qu'il soit, a la propriété d'échauffer les corps qu'il touche ; tandis que le fluide électrique ne nous fait éprouver aucun sentiment de chaleur par son contact, & elle n'échauffe point les corps qu'elle pénetre abondamment (§. 940.). Si nous plongeons la main dans l'atmosphere d'un tube électrisé, nous sentons les écoulemens de la matiere électrique qui nous font éprouver la même sensation que nous éprouverions si nous passions la main sur une toile d'araignée ; mais nous n'éprouvons aucun sentiment de chaleur : il n'en arrivera pas ainsi si nous présentons la main devant des charbons ardens, ou que nous l'exposions au contact des rayons solaires : nous n'éprouverons point la sensation de la toile d'araignée, dont nous venons de parler ; mais nous sentirons une forte chaleur : d'où il suit que la matiere électrique differe en cela du feu ordinaire, & du feu du soleil.

4°. La matiere du feu, lorsqu'elle s'échappe des corps qui en sont imprégnés, entre indistinctement, & pénetre tous les corps qui sont dans le voisinage de ceux qu'elle abandonne, & elle les échauffe ; la matiere électrique ne pénetre point les corps *idioélectriques*, ou au moins elle ne les pénetre que jusqu'à un certain point.

5°. Les phénomenes électriques se décelent avec succès, la nuit aussi-bien que le jour, l'hiver comme l'été, pourvu que le tems soit serein & sec ; au contraire, la matiere ignée est répandue beaucoup moins abondamment dans l'atmosphere en hiver qu'en été : je puis même ajoûter qu'aucune saison ne m'a été plus favorable que l'hiver pour faire ces sortes d'expériences, pourvu que le tems fût sec ; mais qu'elles ne me réussissoient qu'avec beaucoup de peine pendant l'été, lorsque le tems étoit nébuleux & chargé d'hnmidité.

6°. L'électricité enflamme, sans chaleur, les substances inflammables, telles que l'esprit de vin alkoolisé; au contraire, le feu ne peut enflammer aucun corps sans être accompagné d'une grande chaleur : j'avoue cependant que si on communique une grande quantité de matiere électrique à du cinabre, renfermé dans un tube de verre, que ce cinabre noircira un peu ; & on verra paroître quelques globules de mercure : bien plus, si on traite du zinc de la même maniere, il en sortira des fumées qui paroîtront être des fleurs de zinc; ainsi que l'a éprouvé le P. *Beccaria*.

7°. Les corps qu'on fait fortement chauffer, perdént leur vertu électrique, & un feu violent est capable de détruire cette propriété dans les corps qui en jouissent le plus completement; comme, par exemple, si on approche un tube de verre fortement électrique, à une très petite distance d'une barre de fer, dont l'autre extrêmité est chauffée jusqu'à rougir : mais cette vertu ne sera pas détruite, si on met entre le tube & l'extrêmité de la barre qui est rouge, un autre corps propre à intercepter la matiere ignée.

8°. Le feu, ainsi que l'électricité, peuvent être excités par un frottement rapide ; mais quoiqu'un métal, par exemple, s'échauffe fortement sous les coups redoublés du marteau qui le forge, il ne donne pas pour cela aucun signe d'électricité.

9°. La flamme, produite par le feu ordinaire, s'attache, par sa base, à l'aliment qu'on lui fournit; elle le consume, & elle se termine en pointe : mais il n'en est pas ainsi de la matiere électrique ; les aigrettes lumineuses qu'elle fournit, sont adhérentes à la pointe des corps : elles deviennent divergentes, elles s'en éloignent par de grandes surfaces, sans rien emporter, ou consommer du corps auquel elles adherent.

10°. Le feu ordinaire raréfie, étend les corps, tant solides que fluides, qu'il pénetre ; mais l'électricité ne fait observer aucun signe de raréfaction dans ceux dans lesquels elle se jette.

11°. Tous les corps huileux & résineux servent d'aliment au feu ordinaire ; il les divise, il les décompose, & il les pénetre aisément : au contraire, la matiere électrique éprouve une très grande résistance pour se jetter dans les corps de cette espece ; elle ne les pénetre que difficilement.

§. DCCCCXLII. On ne peut pas dire non plus que la matiere électrique soit la même que celle du soleil : en effet, la lumiere du soleil se propage en lignes droites ; au contraire, la matiere électrique forme des jets, dont tous les rayons sont divergens: ils parcourent la surface d'une lentille avec un mouvement ondulatoire, & ils s'élancent dans un espace vuide sous la forme de serpentins ; tandis que les rayons du soleil conservent toujours, dans de tels espaces, la direction de leur mouvement.

2°. Nous pouvons fléchir les rayons électriques, & leur faire décrire des lignes courbes; ce qu'on n'a pas pu faire jusqu'à présent aux rayons du soleil. En effet, le courant électrique, qui parcourt la longueur d'une barre de fer électrifée, s'échappe à l'extrêmité de cette barre, sous la forme d'une aigrette lumineuse ; & les rayons de cette aigrette se dirigent en ligne droite, si on leur oppose directement le doigt : mais si on le porte lentement

vers un des côtés de cette barre de fer, ces rayons se plieront différemment en ligne courbe, pour suivre la position du doigt qu'on leur
présente.

3°. Si on rassemble quelques rayons du soleil, & qu'on les dirige vers un
foyer commun, en les faisant passer à travers une lentille, & qu'on en ré-
fléchisse aussi quelques-uns, en les laissant tomber sur la surface d'un miroir concave, mais de maniere que les deux foyers concourent au même
point; ces rayons, étant dirigés en sens contraire, on n'entend aucun bruissement, ni aucun éclat: ce qui ne manque pas d'arriver cependant lorsqu'une aigrette lumineuse rencontre, en sens contraire, une autre aigrette
de matiere électrique.

4°. La lumiere du soleil ne pénetre point à travers les corps opaques;
mais, glissant sur leurs surfaces, elle les échauffe insensiblement: au contraire, l'électricité pénetre sur-le-champ les corps qui ne sont point *idioélectriques*.

5°. La lumiere du soleil, tombant sur un corps, ne répand point autour
d'elle aucune odeur; elle n'en répand même pas lorsqu'elle est accumulée,
& rassemblée, à l'aide d'un miroir ardent, sur un corps inodorant: au contraire, la matiere électrique répand autour d'elle une odeur semblable à
celle qu'exhale le phosphore; cette odeur ressemble assez à celle que produit
la fumée de l'huile de vitriol, ou à l'esprit de nitre, lorsqu'ils dissolvent de
la limaille de fer: cette fumée peut même s'enflammer si on en approche
une lumiere; & la flamme qui s'en éleve produit des crepitemens assez analogues à ceux de la matiere électrique: & j'avoue même que cet effet ne
vient pas de la fumée produite par l'exaltation de l'esprit de nitre, & des
parties ferrugineuses qu'il entraîne avec lui.

6°. Les rayons du soleil, étant reçus, pendant plusieurs heures, dans la
bouche, ne produisent aucune sensation propre à affecter l'organe du goût;
mais il n'en est pas ainsi de l'électricité: elle agit sur l'organe du goût,
& elle y produit une sensation assez analogue à celle que produiroit un
acide.

7°. Il y a certains corps, tels que la colle de poisson, la colle forte, les
gommes, qui, lorsqu'ils sont secs, & exposés aux rayons du soleil, absorbent une grande quantité de matiere lumineuse, & deviennent ensuite d'excellens phosphores (1); néanmoins ces corps ne peuvent point devenir
électriques, de quelque maniere qu'on s'y prenne.

8°. La lumiere pénetre plus aisément les corps qui contiennent une grande
quantité d'huile; tels que le papier, le linge, le plâtre, &c: or les huiles
opposent une telle résistance à la matiere électrique, qu'elle ne peut les pénétrer, ou qu'elle ne les pénetre que très foiblement.

9°. Un diamant qui brille lorsqu'il est frotté, est électrique; mais si
on le plonge dans l'eau, il conserve sa lumiere, & il perd sa vertu électrique.

10°. De la cire d'Espagne rouge, épaisse d'un quart de pouce, ne devient
point transparente lorsque les rayons du soleil tombent sur une de ses

____

(1) Commentar. Bonon. Vol. 2. p. 165.

surfaces;

furfaces ; mais fi on enduit la furface intérieure d'un globe de verre creux , d'une couche de cire d'Efpagne auffi épaiffe , & qu'en frottant ce globe on le rende électrique , la cire d'Efpagne devient tranfparente , & on peut même voir & diftinguer la main qui frotte le globe à travers fon épaiffeur : d'où il fuit que la lumiere électrique pénetre des fubftances que la lumiere du foleil ne peut pénétrer.

11°. L'électricité de la tourmaline ne jette aucune lumiere , autant qu'on a pu s'en convaincre jufqu'à préfent.

§. DCCCCXLIII. Le fluide électrique eft donc bien différent de l'air qui forme notre atmofphere , & il ne doit pas être confondu , ni avec la matiere ignée , ni avec la matiere de la lumiere : ce fluide eft néanmoins univerfellement répandu , non feulement dans l'atmofphere , mais encore dans tous les corps qui font partie du globe que nous habitons ; il pénetre une partie de ces corps avec une extrême rapidité ; il peut fe mouvoir librement d'un lieu dans un autre ; il peut être raffemblé & repouffé enfuite par les corps idioleétriques qu'on frotte ; & il tend toujours , ou au moins très fouvent , à fe mettre en équilibre dans tous les corps : mais ce fluide brille-t-il par lui-même de l'éclat qu'il porte avec lui , ou doit-il fa lumiere à une caufe étrangere ? c'eft ce que nous ne favons pas encore. S'il ne brille pas par lui même , il eft naturel de penfer qu'il ne doit fon éclat qu'à la matiere lumineufe qui eft répandue dans l'atmofphere & qu'il entraîne avec lui ; & comme les rayons rouges & violets font les plus réfrangibles , la matiere électrique qui fépare les rayons colorés qu'elle rencontre , en vertu de cette force divergente qui l'anime , emportera par préférence avec elle les rayons rouges , & formera , aux angles des barres de fer électrifées , des aigrettes lumineufes , dont les rayons paroîtront teints de cette couleur : il fuit auffi de-là que la couleur de ces aigrettes fera différente , fuivant la différente conftitution des corps par lefquels la matiere électrique fe tamifera , ainfi que l'a très bien obfervé le célebre *Halley* (1). Ayant placé , fur une barre de fer qui étoit chaude , un morceau d'acier très denfe & pareillement chaud , & ayant enfuite placé fur le tout un œuf de poule , l'aigrette lumineufe qu'on remarqua à l'extrêmité du fer , étoit blanchâtre , & celle qui paroiffoit à l'œuf tiroit fur le jaune : peut être la matiere électrique eft-elle lumineufe par elle-même. Le fluide électrique eft odorant par lui-même ; mais lorfqu'il paffe à travers différens corps , n'emporte t il pas avec lui quelques parties très fubtiles , lefquelles ont la propriété d'exciter une même odeur que ce fluide , ou qui changent , ou qui alterent l'odeur de ce fluide ; en un mot de la combinaifon defquelles il réfulte un odeur mixte? Cette idée n'eft pas dépourvue de vraifemblance : en effet , lorfqu'on communique à une barre de fer l'électricité d'un globe qu'on frotte , on fent alors une odeur femblable à celle que répandroit une fubftance acide , combinée avec le *phlogiftique.* Lorfqu'on frotte des globes de myrrhe , ou des tubes de même matiere , ou des globes de porcelaine , l'odeur qu'on fent alors eft bien différente ; elle a pour bafe , à la vérité , l'odeur que donneroit un acide , mais qui feroit mêlangé avec quelques parties terreufes. Si on dirige la

(1) Philof. Tranf. n°. 488.

matiere électrique d'un globe, ou d'un tube de myrrhe, fur un morceau de fer, l'odeur de l'acide eft plus foible ; mais fi on conduit ces écoulemens électriques fur un morceau de bois de fapin, l'odeur eft femblable à celle que ce bois exhale, & elle eft beaucoup plus forte qu'elle feroit, fi ce bois n'étoit pas électrifé. Outre cela, le célebre *Winkler* a obfervé, qu'en mettant du nitre dans de l'eau, dont il rempliffoit en partie des bouteilles de verre, qu'il chargeoit enfuite d'électricité, qu'il portoit enfuite, par l'intermede d'une barre de fer ou d'un globe de métal, dans un globe de verre rempli de rapures, de petits filamens de fimilor, ou de fer, entaffés fortement les uns fur les autres, & placé fur un vafe concave de métal ; il a, dis-je, obfervé que la matiere électrique qui fe jettoit dans ce globe, fe traçoit un chemin, défigné par une ligne blanche, qu'on pouvoit emporter en la frottant avec un morceau d'étoffe. Lorfqu'on communique plufieurs fois l'électricité à un tel globe, la matiere électrique ne fuit pas deux fois le même chemin ; elle s'en trace un autre : or on n'obferve pas cet effet, c'eft-à-dire que le chemin que la matiere électrique fuit pour fe porter dans le globe de verre, n'eft point tracé par aucune ligne fenfible, lorfqu'on fait cette expérience avec des bouteilles de verre, remplies en partie d'eau, mais dans laquelle on n'a point mis de nitre (1) ; d'où il fuit que la matiere électrique emporte avec elle quelques parties des corps qu'elle pénetre.

Le fluide électrique eft il naturellement imprégné de l'odeur acide qu'il répand ordinairement, ou les parties des corps qu'il emporte avec lui, & auxquelles il fert de véhicule, font-elles la caufe de cette odeur ? C'eft fur quoi on ne peut pas encore fûrement prononcer : il paroît cependant que la matiere électrique eft acide ; l'odeur & la faveur de cette matiere dépofent conjointement en faveur de cette idée : une rofe, plongée pendant quelque tems dans la fphere d'activité des écoulemens électriques, perd en quelques minutes fa couleur ; elle pâlit de même que fi elle étoit expofée à la fumée acide du foufre : au bout de quelques heures elle jaunit, & elle fe flétrit. Cependant on a obfervé que cet acide, qu'on découvre dans l'électricité, foit qu'il appartienne à la nature de ce fluide ou non, ne change point, & n'altere aucunement les qualités des différentes liqueurs. Le lait ne s'aigrit point, quoiqu'imprégné d'écoulemens électriques ; il ne tourne point lorfqu'on le fait bouillir ; l'eau ne contracte aucune odeur, aucune faveur : elle ne fermente, ni avec les acides, ni avec les alkalis ; & elle ne caufe aucun dommage aux animaux qui en boivent. On a fait boire pendant 3 à 4 jours, à des animaux, de l'eau qui avoit été fortement électrifée ; & ils n'en ont reffenti aucune incommodité. On a éprouvé de la même maniere, du pain, de la viande, de l'efprit de vin, & d'autres liqueurs, & les réfultats ont toujours été les mêmes (2). Comme la matiere électrique eft compofée de parties extrêmement ténues, & qu'on n'a encore fait que de très foibles progrès fur cette matiere, il n'eft pas poffible de déterminer la nature du fluide électrique ; & il eft de la prudence de fufpendre fon jugement jufqu'à ce qu'un plus grand nombre de découvertes & d'expériences nous mettent

(1) De avertendi fulminis artificio, p. 11.   (2) Nollet, Recherches fur l'Electricité, pag. 336.

à portée d'en juger plus sainement : car la Nature n'est pas aussi attentive à
ménager la multiplicité des causes , que le pensent la plûpart des Physiciens
qui n'ont d'autre but que de rendre raison de tout sans se consumer en
veilles & en travaux. Je ne doute point que , lorsqu'on aura cultivé davantage l'étude de cette matiere , & qu'on aura enrichi la Physique d'un plus
grand nombre de découvertes à ce sujet , qu'on ne parvienne à traiter cette
matiere avec plus d'ordre , à la réduire en principes , & à établir des regles
constantes & générales ; tandis que nous , uniquement occupés de la recherche de la vérité , nous n'avons point négligé nos soins & nos peines pour
rassembler un grand nombre de phénomenes.

§. DCCCCXLIV. Les connoissances des Anciens étoient très bornées sur
l'électricité , & ce fut *Gilbert* (1) qui commença à traiter cette matiere avec
succès dans le dernier siecle. Les Physiciens de l'Académie del Cimento ,
Otto de Guerike (2) , *Boyle* (3) , *de Lanis* (4) , eurent aussi la gloire de concourir à ce travail : mais cette matiere acquit toute sa célébrité dans ce siecle , par les soins d'*Hauxbée* (5) , qui fit quantité de nouvelles expériences ,
en faisant tourner rapidement sur leurs axes des globes de verre qu'il frottoit.
Ce fut lui qui observa les forces attractives & répulsives de la matiere électrique , ainsi que la lumiere qu'elle répand dans l'air & dans le vuide. *Sen-
delius* (6) , examinant & décrivant , dans son *Electreologie* , les propriétés
du succin , a fait quantité de nouvelles découvertes , & a trouvé , dans cette
substance , un grand nombre de propriétés qu'on a trouvé , par la suite , appartenir à l'électricité. Mais cette recherche ne fit jamais de progrès plus rapides , que depuis que M. *Grew* , en Angleterre , & M. *du Fay* en France ,
y eurent consacré tous leurs soins. On trouvera l'Histoire des travaux de
M. *Grew* sur cette matiere , dans les Transactions Philosophiques , &
celle de tous les procédés & de toutes les découvertes de M. *du Fay* ,
dans les Mémoires de l'Académie des Sciences de Paris (7). Le D. *Desaguilliers* , encouragé par tant de succès , s'appliqua , après eux , à cette
recherche , & y fit aussi quelques progrès : tant de succès réveillerent
enfin l'assoupissement de tous les Physiciens de l'Europe , & même de l'Amérique ; chacun voulut avoir part à un travail aussi glorieux que nouveau ,
& on fit encore beaucoup de découvertes curieuses sur cette matiere. Ceux-
qui se sont le plus distingués , parmi ces Physiciens , sont *Schillingius* (8) ,
Wheler (9) , *Hausen* (10) , *Doppelmayer* (11) , *Winkler* (12) , *Gordon* (13) ,

(1) De Magnete, L. 2.
(2) Nova Experiment. Magdeburgens.
pag. 147.
(3) In Collectaneis P. Shaw. Vol. 1.
pag. 506.
(4) Magist. Naturæ & Artis , Vol. 3.
Liv. 92.
(5) Electreologia.
(6) Philos. Transf n°. 366. 417. 422.
431. 436. 439. 441. 444.
(7) Hist. de l'Acad. Roy. ann. 1733 ,
1734 , 1737.

(8) Acta Berolin. T. 4.
(9) Philoloph. Transact. n°. 453. 454.
462.
(10) Novi Prospectus in Histor. Electricit.
(11) Neuendekte phenomena.
(12) Eigenschafften der Electric. 3 Vol.
Philos. Transf. n°. 482. De avertendi fulm.
artific.
(13) Phænomena Electr. exposita.

Kruger (1), *Boze* (2), *Kratzenstenius* (3), *Allamand* (4), *Nollet* (5), *Watson* (6), *Martin* (7), *Muller* (8), *Watkins* (9), *Jallabert* (10), *Franklin* (11), *Bammacare* (12), *Richmann* (13), *Gamaches* (14), le P. *Beccaria* (15), *Wait* (16); *Wilson* (17), & plusieurs autres grands Physiciens. MM. *d'Arcy* & *le Roy* imaginerent un *électrometre*, qui, quoique non parfait, mérite néanmoins des Éloges, comme la premiere invention qui ait été trouvée en ce genre (18). *Richmann* (19) en imagina un autre.

De la vertu médicale de l'Electricité.

§. DCCCCXLV. Comme plusieurs Médecins ont eu recours à l'électricité pour la cure de plusieurs maladies, & qu'ils ont cru que cette méthode de guérir seroit fort avantageuse dans plusieurs cas désespérés, & que bien plus ils lui ont attribué plusieurs succès; j'ai voulu éprouver la vérité de ce fait, sachant combien on a coutume d'abuser de la crédulité & de la confiance du public, pour lui tirer son argent.

Je dirai donc en général, que je n'ai jamais été témoin d'aucun avantage procuré par cette méthode de guérir : comme je me suis beaucoup appliqué à la recherche des phénomenes électriques, soit en frottant des tubes, ou des globes de verre, que je faisois mouvoir sur leurs axes, soit en tirant des étincelles, &c, j'ai observé, à trois différentes fois, que, lorsque je faisois de telles expériences pendant long-tems, & sans prendre quelques précautions, j'ai observé, dis-je, que la nuit suivante j'étois attaqué d'une fievre très violente, accompagné d'ardeur & de douleurs, & qui demeuroit constamment dans le même état pendant 36 heures, & qui se passoit au bout de ce tems, sans me laisser aucun signe, ou aucun symptôme qui pût m'indiquer son retour. J'ai été attaqué trois fois de cette maladie; & depuis ce tems j'ai toujours été beaucoup plus prudent dans ces sortes d'expériences. Mon épouse, qui m'a toujours aidé dans mes recherches sur les phénomenes électriques, & qui frottoit le globe, se sentoit affoiblie, & commençoit à pâlir; mais, cessant cette opération, lorsqu'elle imaginoit que l'électricité étoit la cause de la situation où elle se trouvoit, elle étoit guérie sur-le-champ.

Un homme de condition, attaqué d'une maladie des yeux, espéroit

(1) Zuschrift von der Electricit.
(2) Comment. de Electr. 4. Recherche sur la cause de l'Electricité.
(3) Theoria Electricitatis.
(4) Bibliotheque Britannique.
(5) Nollet, Essai sur l'Electr. Recherch. sur l'Electr. Lettres sur l'Electr.
(6) Experiments and Observations, Vol. 1. Account of the Exper. Philosoph. Transact. n°. 489.
(7) Essai, ou Electricité.
(8) Schreiben von der Ursache der Electr.
(9) Peculiar Account of Electr.
(10) Expériences sur l'Electricité.
(11) Experiments and Observations on Electric.
(12) De Electricitate.
(13) Commentar. Petropol. Vol. 14. pag. 299.
(14) Journal des Savans, ann. 1753. Mars, p. 180.
(15) Lettere del Electricissimo, ann. 1758.
(16) Abhandeling von der Electricit.
(17) Hist. de l'Acad. Roy. ann. 1759, pag. 63.
(18) Philof. Transf. Vol. 48. p. 771.
(19) Philof. Transf. Vol. 51.

trouver du soulagement en se faisant électriser : il tenta cette voie plusieurs fois ; mais toujours inutilement. Cette méthode ne fut pas plus favorable à un homme qui avoit une otalgie (1), & qu'on électrisa pendant l'espace d'un mois ; il arriva la même chose à un autre qui avoit une odontalgie (2).

En 1749, un Boulanger, âgé de 23 ans, robuste, & fort sain de tempérament, tomba en apoplexie, d'où il ne revint que pour tomber en paralysie, qui lui affecta tout le corps. Après avoir éprouvé inutilement toutes sortes de remedes, le D. *Gaubius* lui conseilla de se faire électriser : je tentai infructueusement, pendant les mois de Juillet & d'Août, de lui communiquer la vertu électrique ; je ne pus jamais parvenir à en tirer une seule étincelle, quoique d'autres personnes qui étoient présentes s'électrisassent parfaitement bien : ayant répété cet essai pendant 10 jours différens, il s'en retourna sans aucun secours, & il mourut l'année suivante.

En 1750, un Bucheron tomba en paralysie, qui lui affecta tout le corps, à la suite d'une peur qu'il eut d'avoir tué quelqu'un, avec qui il se battoit à coups de bâton ; cet homme ne pouvoit sortir de sa place : mais, lorsqu'on l'élevoit sur ses pieds, il pouvoit alors courir très rapidement droit devant lui ; lorsqu'il étoit parvenu à l'endroit où il se proposoit d'aller, il falloit nécessairement que quelqu'un, qui se trouvoit-là, l'arrêtât, le reçût dans ses bras, & le mît sur un siege. Cet homme, ayant tenté inutilement tous les remedes applicables en pareille situation, voulut être électrisé ; il étoit très propre à recevoir les écoulemens électriques, & il en reçut copieusement pendant 14 jours de suite : il sentoit très vivement l'étincelle foudroyante, & il étoit autant électrique qu'on puisse l'être ; mais il ne fut aucunement soulagé : il commença même, à la suite de ce remede, à tomber malade ; sa maladie augmenta au point & dura si longtems, qu'il ne voulut plus se faire électriser.

Un soldat étoit sourd depuis 7 ans ; sa surdité augmentoit tellement de jour en jour, qu'il ne pouvoit entendre que ceux qui parloient fort haut : il fit tous les remedes convenables ; &, lassé de ne point trouver de soulagement, il me pria de l'électriser : je le fis, pendant l'espace de 8 jours, en lui tirant des étincelles éclatantes de l'oreille ; mais ce fut encore sans succès : au contraire, cela lui occasionna un mal de tête & de la fievre ; de sorte qu'il ne voulut plus être électrisé.

§. DCCCCXLV *. Indépendamment de toutes ces observations, *Jos. Verat* a donné une Dissertation sur l'Electricité médicale, qu'on peut lire dans un Livre, qui a pour titre : *Comm. Bonon.* vol. 3. p. 454, dans laquelle il cite plusieurs cures, opérées par cette méthode. Le célebre *Ant. de Haen* rapporte, dans son Ouvrage sur la méthode de guérir, chap. 8, p. 139, plusieurs exemples de malades qui ont été guéris par l'électricité. On a observé les mêmes effets en Angleterre.

(1) Otalgie : on donne ce nom en général à toute douleur d'oreille, & en particulier à celle qui se fait sentir dans le méat auditif ; ce mot est tiré du Grec ὠταλγία. Il est composé de ὖς ὠτὸς, *auris*, oreille, & de ἄλγος, *dolor*, douleur.

(2) Odontalgie, signifie une douleur de dents ; elle est quelquefois accompagnée d'inflammation : ce mot vient du Grec ; il est formé de ὀδός, ὀδόντος, dent, & de ἄλγος, douleur.

Je ne puis néanmoins m'empêcher de louer la candeur d'un Médecin, nommé *Zetzel* ; il feroit à fouhaiter que plufieurs Médecins penfaffent comme lui. Voyez à cet égard le Recueil périodique des Obfervations de Médecine, Octobre 1756, page 254.

CHAPITRE XIX.

De l'Aimant.

§. DCCCCXLVI. L'AIMANT eft une pierre dure, qu'on trouve dans prefque toutes les mines de fer ; cette pierre eft de différentes couleurs : il y en a de blanches, de bleues, de noires ; la plus grande partie eft de la couleur du fer : elle a la vertu d'attirer une autre pierre de même efpece, ou du fer, foit qu'elle les touche, foit qu'elle en foit à une très petite diftance. On préfere celles dont les forces attractives font plus grandes.

§. DCCCCXLVII. Cette pierre eft un mixte, naturellement compofé de fer, ou de la matiere du fer, de pierre, d'huile, & de fel ; quelquefois d'autres principes concourent encore à fa compofition : & ce font, ou des métaux, des demi-métaux, &c. On trouve, par l'analyfe chymique, tous les principes qui entrent dans la formation de l'aimant.

§. DCCCCXLVIII. La partie lapidifique qui entre dans la compofition de l'aimant, n'eft pas celle qui jouit de la vertu attractive que nous reconnoiffons dans le mixte : cette vertu n'appartient qu'à l'union des autres principes ; favoir, du fer, de l'huile & du fel, qui font répandues dans toute la fubftance de cette pierre, & qui la rendent propre à exercer la vertu magnétique.

§. DCCCCXLIX. Il fuit de là que, pour donner à un mixte quelconque la vertu magnétique, & que, pour qu'il puiffe la conferver, il n'eft pas néceffaire qu'aucun principe lapidifique entre dans fa compofition. Nous avons une preuve de cette vérité dans les ferremens, qui ont demeuré long-tems en place fur des édifices très élevés, ou qui ont été long tems expofés aux injures de l'air, pourvu qu'ils ne foient point tout-à-fait rongés par la rouille ; tous ces ferremens fe convertiffent en forts aimants, qui font femblables à ceux que nous fourniffent les entrailles de la terre, & qui n'en different qu'en ce qu'ils ont une plus grande pefanteur fpécifique. *Gilbert*, *Cabée*, font mention de pareils aimants (1) : *Vanhelmont* en parle auffi (2) ; & plufieurs autres Phyficiens, après eux, ont remarqué le même phénomene, qu'on obferve même conftamment dans les Villes de Hollande. Je conferve un morceau de fer qui eft doué d'une grande vertu magnétique, qui fit partie autrefois de la croix de fer qui étoit placée fur le Temple de Delft.

(1) Cabæi Philof. magn. Lib. 3. cap. 37. pag. 283.   (2) Aimant trouvé à Chartres.

2°. On voit sur une tour de Marseille une grosse cloche, qui se meut sur une forte barre de fer, qui lui sert d'axe, & dont les deux extrêmités tournent dans une pierre tendre: depuis 430 ans ou environ, que les choses sont dans cet état, il s'est amassé aux deux extrêmités de cet axe une espece de rouille, qui forme une masse grossiere, dont les parties qui s'en détachent sont douées d'une puissante vertu magnétique. Les morceaux qui se détachent de cette masse ressemblent extérieurement à la rouille; mais lorsqu'on les casse, ils paroissent composés de particules luisantes, couchées les unes sur les autres, comme de petites lames, & ces morceaux ne le cedent en rien à la dureté de l'aimant naturel (1).

3°. Nous tirons encore une preuve de la même vérité; de ce que du fer, frotté sur du fer, ou qu'on laisse tomber perpendiculairement par terre, ou qu'on frotte, en le passant sur un véritable aimant, acquere la vertu magnétique.

§. DCCCCL. On remarque, pour l'ordinaire, dans un aimant naturel deux côtés opposés, qui sont doués, plus que tout autre endroit de la même pierre, de la vertu magnétique; ces deux côtés se nomment les *pôles* de l'aimant : l'un est appelé *boréal*, & l'autre *méridional*; parceque, lorsqu'un aimant est suspendu librement, & qu'il a la faculté de se mouvoir, ces deux côtés se tournent constamment vers les deux pôles de la terre, le pôle boréal de l'aimant vers le pôle boréal, & le pôle méridional de la même pierre, vers le pôle méridional du globe terrestre. Les parties d'une pierre d'aimant, qui sont douées d'une plus forte vertu magnétique, sont situés dans la ligne qui va directement d'un pôle à l'autre de la pierre, on a cependant trouvé quelques aimants naturels qui avoient plusieurs pôles; on en a observé dans quelques-uns jusqu'à 8, 9 & 10 (2) : j'ai vu un aimant taillé en cube, dont chaque face étoit un pôle.

Ces sortes d'aimants sont moins utiles que les autres, au moins pour communiquer la vertu magnétique à des aiguilles. Un morceau de fer qui a été long-tems exposé aux injures de l'air, & qui a été placé dans une situation verticale, acquere aussi deux pôles, sa partie inférieure jouit des propriétés du pôle boréal, & sa partie supérieure de celles du pôle méridional.

§. DCCCCLI. Les pôles d'un aimant naturel demeurent constamment dans le même endroit, pourvu que cet aimant reste seul, c'est à-dire, qu'il ne soit point placé à côté d'un autre aimant plus fort, & que son axe soit placé dans la direction universelle de la matiere magnétique; au moins c'est ce que les observations faites jusqu'ici nous ont appris : mais si on place sans ordre plusieurs aimants, & qu'on n'ait pas soin de les disposer de maniere que leurs pôles soient dans la même direction, il arrive, à la longue, quelque changement aux pôles de ces aimants, & on ne les retrouve plus dans le même endroit. J'ai moi-même observé cet effet, & j'ai remarqué, après plusieurs années, que les pôles de quelques-uns de mes aimants avoient changé de place. L'industrieux *Knight* a trouvé le moyen de changer les pôles d'un aimant naturel, de les multiplier, & de les placer où bon lui

(1) Hist. de l'Acad. Roy. ann. 1731.   (2) Philos. Transf. n°. 450.

femble (1). Il coupa un morceau d'une pierre d'aimant, auquel il donna la forme d'un parallélipipede, long de 1, 8 pouces, large de 0, 4 pouces, & épais de 0, 2 pouces; il communiqua aux deux extrêmités de cet aimant la vertu du pôle auftral, & il donna au milieu de ce même aimant la vertu du pôle boréal : il donna aux deux extrêmités d'un autre aimant naturel, la vertu du pôle boréal, & il excita la vertu du pôle auftral au milieu de deux de fes faces oppofées; dans l'une des extrêmités d'un troifieme aimant, il plaça le pôle boréal, & difpofa enfuite circulairement autour de ce pôle le pôle auftral.

Dans un autre aimant il forma une efpece de couronne de pôles contraires. Toutes ces converfions de pôles fe font aifément, à l'aide de deux barreaux quadrangulaires, ou de deux parallélipipedes d'acier A B, CD [*Tab.* 23. *fig.* 1.], fortement imprégnés de la vertu magnétique : en plaçant, par exemple, une lame aimantée E F entre ces deux parallélipipedes; cette lame eft fi puiffamment affectée de la vertu magnétique des deux extrêmités qui la touchent, qu'on peut changer fes pôles à volonté, ou les placer dans tous les endroits de cette lame, qu'on touche, & qu'on preffe un peu, avec les extrêmités de ces barreaux. Cette expérience m'a toujours parfaitement réuffi.

§ DCCCCLII. Lorfqu'on place deux aimants l'un contre l'autre, de façon que le pôle feptentrional de l'un fe préfente vis-à-vis du pôle méridional de l'autre, & que leurs axes foient placés dans la même ligne droite, ayant foin néanmoins que la diftance qu'on laiffe entre ces deux aimants ne foit point trop grande, pour qu'ils puiffent agir l'un contre l'autre; alors ces deux aimans s'attirent mutuellement, & s'ils font placés de maniere que l'un des deux puiffe librement s'approcher de l'autre, ils fe rapprochent l'un de l'autre, & ils s'uniffent enfemble. Moins la diftance qu'on mettra entre les deux aimants fera grande, & plus ils s'attireront fortement; d'où il fuit que leurs forces attractives font autant grandes qu'elles puiffent être lorfqu'ils font en contact. On peut aifément faire cette expérience, en fufpendant un aimant à l'un des bras d'une balance, de façon que l'axe de cet aimant foit placé perpendiculairement à l'horifon, & en attachant au bras oppofé de la balance un contre-poids propre à tenir en équilibre l'aimant fufpendu au bras oppofé; alors on préfentera un fecond aimant au-deffus de celui dont nous venons de parler, à une diftance néanmoins affez petite, pour qu'il puiffe agir contre celui qui eft fufpendu.

§. DCCCCLIII. Si les deux pôles de ces aimants, qui fe trouvent oppofés l'un à l'autre, dans cette expérience, font les deux pôles qui portent le même nom, ces deux aimants fe repousseront; ces répulfions feront d'autant moins fortes, que les deux aimants feront plus éloignés l'un de l'autre, & ils fe repousseront d'autant plus fortement, qu'il y aura moins de diftance entre l'un & l'autre. J'ai remarqué quelquefois que ces deux aimants s'attiroient lorfqu'ils étoient en contact; on en fera pleinement convaincu, fi on approche infenfiblement celui qu'on tient à la main de celui qui eft fufpendu au bras

---

(1) Philof. Tranf. n°. 476. & n°. 484. pag. 656.

de la balance, jufqu'à ce qu'on foit parvenu à les mettre en contact.

§. DCCCCLIV. Les deux pôles de l'aimant attirent également le fer, foit qu'on préfente fucceffivement un même morceau de fer, tantôt à l'un, tantôt à l'autre pôle, foit qu'on préfente en même-tems deux morceaux de fer à fes deux pôles.

L'aimant agit plus puiffamment fur le fer que fur un autre aimant: la vertu naturelle de certains aimants eft fouvent très foible. M. *Knigth*, dont nous avons déja fait mention, eft parvenu à augmenter confidérablement leur vertu, & il produit cet effet dans un inftant; de forte que des aimants qui étoient très foibles, acquerent fur-le-champ une force qui ne le cede qu'à peine à celle de ceux dont la vertu magnétique eft très confidérable.

J'avois un aimant armé qui ne portoit que 4 ℔; M. *Knigth*, à qui je le confiai, lui communiqua affez de force pour lui en faire porter 9. J'ai éprouvé, pendant l'efpace d'un an, qu'un aimant, dont la force avoit été augmentée, ne paroiffoit perdre aucunement de la force qu'on lui avoit communiquée. Le célebre M. *Michel* nous a donné la maniere d'augmenter la vertu magnétique des aimants (1).

§. DCCCCLV. On a cherché pendant long-tems à découvrir la loi de l'attraction magnétique, c'eft-à dire, le rapport qui eft entre les forces attractives d'un aimant, & les diftances qui limitent la propagation des forces magnétiques attractives. Voici de quelle maniere je m'y fuis pris pour parvenir à cette découverte. Je fufpendis à un des bras d'une balance fort exacte un aimant cylindrique, dont le poids étoit de 15 dragmes: cet aimant avoit 2 pouces de longueur, fon axe étoit le même que l'axe du magnétifme univerfel, & fes pôles étoient placés dans fa bafe cylindrique, cet aimant attira, de la maniere fuivante, un cylindre de fer qui étoit placé fur une table, & qui étoit exactement de même figure, & de même poids, que l'aimant dont il eft ici queftion.

TABLE.

Diftances défignées par des lignes.	La force de l'attraction défignée par des grains dont on fait ufage en Médecine.
6	3
5	3
4	4
3	6
2	9
1	18
0	57

(1) Treatife of artifical loadftone.

Si nous faisons attention aux espaces cylindriques interceptés entre les bafes des cylindres, il nous paroîtra évident que les forces attractives font, dans les expériences que nous venons de rapporter, en raifon inverfe des efpaces : or comme ces efpaces font, dans ce cas-ci, comme les diftances, les forces attractives font en raifon inverfe des diftances ; mais il falloit s'affurer, avant de prononcer, fi cette loi étoit générale, ou fi elle dépendoit de la grandeur ou de la figure des corps : ce fut ce qui me détermina à faire les expériences fuivantes.

§. DCCCCLVI. Je fufpendis pareillement, au bras d'une balance très exacte, un aimant fphérique, que j'avois tiré d'un autre aimant, mais dont la maffe étoit beaucoup plus groffe ; je donnai à cet aimant un diametre égal à celui du cylindrique, & le pôle boréal de cet aimant attira le pôle auftral de l'aimant cylindrique, qui étoit placé fur une table, felon les proportions fuivantes.

T A B L E.

Diftances défignées par des lignes.	Force attractive, repréfentée par des grains de Médecine.
6	21
5	27
4	34
3	44
2	64
1	100
0	260

Concevons une fphere d'aimant renfermée dans un cylindre creux, de maniere que chaque face interne de ce cylindre foit tangente d'un des grands cercles de cette fphere : concevons pareillement que ce cylindre comprenne auffi exactement l'aimant cylindrique : confidérons maintenant cette fphere magnétique à différentes diftances de l'aimant cylindrique ; alors les efpaces creux entre ces deux fortes de corps, feront formés par la bafe plane de l'aimant cylindrique, & par l'hémifphere du globe magnétique, qui répond à ce cylindre : or ces efpaces étant ainfi déterminés, on trouvera que les attractions de ces deux corps, placés à différentes diftances l'un de l'autre, feront entr'elles en raifon inverfe *fefquipliquée* des efpaces creux.

§. DCCCCLVII. Mais l'aimant, dans le point de contact, agit & attire avec plus d'activité le fer, qu'il n'attire un autre aimant ; ainfi que l'expérience nous l'apprend : c'eft pour cela, qu'ayant préfenté le même pôle de l'aimant fphérique au cylindre de fer dont nous avons parlé (§. 955.), ce cylindre fut attiré avec les force indiquées par la Table fuivante.

TABLE.

Distance indiquées par des lignes.	Attractions désignées par des grains de Médecine.
6	7
5	9 . . 5
4	15
3	25
2	45
1	92
0	340

Si l'on fait attention aux espaces creux, compris dans le cylindre creux, dont le diametre est égal à celui de la sphere, on trouvera que l'attraction est en raison inverse *sesquidoublée* des espaces creux. Le même aimant n'attire pas, à la vérité, avec de si grandes forces, un cylindre de fer, dont la hauteur seroit moindre que celle du cylindre dont nous venons de parler ; néanmoins ces forces attractives, quoique plus foibles, suivent la même loi, & elles l'attirent selon les mêmes proportions.

§. DCCCCLVIII. Un aimant sphérique, suspendu au bras d'une balance, attire un globe de fer de même diametre, placé sur une table directement sous son pôle, avec des forces indiquées par la Table suivante.

TABLE.

Distances mesurées par des lignes.	Attraction indiquée par des grains de Médecine.
8	1
7	2
6	3 . 25
5	6
4	9
3	16
2	30
1	64
0	290

Si l'on place ces spheres dans un cylindre creux, & qu'on les pose à différentes distances l'une de l'autre, & qu'on mesure exactement les espaces creux qu'elles laissent entr'elles, l'expérience fera voir manifestement que les forces attractives de l'aimant suivent la raison inverse quadruplée des espaces creux. J'ai éprouvé, de la même maniere, plusieurs aimants sphériques de différens diametres, & j'ai toujours observé que leurs forces attractives suivoient constamment la même loi. Lorsque je fis ces expériences, je ne savois pas alors la méchanique du mouvement; connoissance néanmoins qui étoit nécessaire pour l'exactitude de ces expériences. Telle est donc la méthode dont je me suis servi pour découvrir les forces attractives que l'aimant exerce contre un morceau de fer non aimanté; car je craignois que mes expériences ne fussent pas aussi exactes, si je me fus servi d'un morceau de fer qui eût été doué de la vertu magnétique.

§. DCCCCLIX. D'autres Physiciens ayant employé d'autres méthodes, différentes de la nôtre, pour faire les mêmes tentatives, ont eu aussi des résultats différens de ceux que nous venons de donner. *Helsham* nous apprend que les expériences qu'il a faites lui ont fait voir que les forces attractives de son aimant suivoient presque la raison inverse doublée des distances. Le célebre *Martin*, éprouvant les forces attractives d'un aimant contre un morceau de fer, dont la figure étoit celle d'un parallélipipede, a trouvé que ces forces suivoient la raison inverse sesquipliquée des distances (1); ce qui s'accorde parfaitement avec les résultats que j'ai donnés ci-dessus, soit par rapport à un aimant sphérique, soit par rapport à un aimant cylindrique. (§. 956.). Je suis bien éloigné de douter de l'exactitude que ces habiles Physiciens ont apportée dans les expériences qu'ils ont faites sur cette matiere.

Les célebres Mathématiciens, *le Seur & Jacquier*, nous ont encore appris une autre méthode de découvrir la force attractive qu'un aimant M [*Tab.* 23. *fig.* 2.], taillé en parallélipipede, exerce contre une aiguille de boussole aimantée; laquelle, étant d'abord placée dans la ligne du méridien magnétique, est ensuite retirée de cette ligne, en prenant différentes déclinaisons: ces habiles Mathématiciens ont trouvé, par leurs expériences, que la force magnétique suivoit la raison inverse triplée des distances (2).

En suivant la méthode de ces grands hommes, je répétai plusieurs fois ces expériences avec tout le soin & toute l'attention dont je suis capable; mais, comme j'ai toujours trouvé quelques difficultés, il m'est toujours resté quelques doutes à cet égard: en effet, il faut supposer d'abord que l'aimant est placé à une distance infinie de l'aiguille; &, dans cette hypothese, il ne paroît pas que son action puisse être la même sur les longues aiguilles que sur celles qui sont plus courtes: il ne paroît pas non plus que cette action puisse être la même, lorsque les distances sont plus petites, par exemple, lorsqu'elles ne sont que de quelques pieds: il faut outre cela, faire attention à la forme de l'aiguille; car lorsque l'aiguille est faite en forme de fleurs de lys, son centre d'oscillation, ou de rotation, ne peut pas être placé

(1) Philosoph. Britann. §. 1. p. 39. (2) Commentar. ad Newton. Princ. Philos. Tom. 3. p. 40, 41, 42.

aux ⅖ du centre de son mouvement : ce qu'on peut cependant faire lorsqu'on lui donne la forme d'un parallélipipede, ou qu'on donne un peu plus de largeur à ses deux extrêmités, qu'a sa partie du milieu. Ce furent ces raisons qui m'engagerent à me procurer les meilleures aiguilles magnétiques que nous connoissions : ces aiguilles sont extrêmement mobiles, leurs chapes sont faites d'un morceau d'agate très poli ; car celles dont les chapes sont de cuivre, sont beaucoup moins mobiles. Les pivots des aiguilles, dont je viens de parler, sont d'acier trempé ; ils sont très aigus & très polis. La preuve qu'on peut avoir de la bonté de ces aiguilles, est celle que voici : si on approche de ces aiguilles, lorsqu'elles sont posées sur leurs pivots, des barreaux d'acier magnétiques, elles sont extrêmement sensibles à la vertu magnétique ; elles quittent aussi tôt la ligne méridienne : mais elles se rétablissent dans cette ligne après avoir fait plusieurs oscillations, & elles répondent au même degré d'où on les avoit tirées. Parmi les aiguilles dont je me suis servi pour répéter ces expériences, j'en avois une de 6 ¼ pouces rhenan de longueur, & dont on peut voir la forme dans la Table 23, fig. 3, 4, 5 ; son poids étoit de 171 grains, poids de Troies. J'en avois une autre de 6 ¼ pouces de longueur, une autre d'un pied, une autre de 5 ½ pouces, qui pesoient chacune 92 grains de Troies. J'en avois enfin une autre de 3 pouces de longueur, & qui pesoit 8 grains.

J'ai observé qu'à distances égales de l'aimant, celles qui étoient plus longues & plus pesantes, se mouvoient plus difficilement que celles qui étoient plus courtes & moins pesantes ; néanmoins, en ajoûtant, ou en retranchant quelque chose dans cette occasion, j'ai toujours observé que la loi de l'attraction étoit assez conforme à la raison inverse triplée du quarré des distances : mais je n'ai pas été pour cela assez satisfait de mes expériences, dont je n'ai pas voulu donner ici le détail, qui m'a paru trop long. Si on consulte la Table qu'on a donnée dans le Commentaire sur les principes philosophiques de *Newton*, on trouvera aussi, en différens endroits, quelques aberrations, qui font que les résultats des expériences ne suivent pas constamment la proportion indiquée ; ainsi que les Auteurs de cette proportion l'ont avoué de bonne foi : on y trouvera aussi ce qu'il faut ajoûter pour faire que ces résultats suivent exactement la proportion exposée ci-dessus.

J'ai toujours éprouvé la même chose lorsque je répétai ces expériences, soit avec des aimants armés, soit avec des aimants non armés, quoique ces derniers soient beaucoup meilleurs que les autres pour répéter plus sûrement ces sortes d'expériences ; je les ai aussi répétées avec des barreaux d'acier aimantés, & j'ai toujours trouvé les mêmes résultats.

§. DCCCCLX. L'aimant attire, non seulement l'aimant & le fer, mais encore plusieurs parties d'autres substances qui contiennent, ou du fer parfait, ou du fer imparfait : or comme cette derniere substance se trouve universellement répandue dans la Nature, l'aimant attire toutes les parties des corps qui renferment le principe du fer ; quelquefois ce principe est si enveloppé, & en si petite quantité dans les corps qui le contiennent, qu'il échappe à l'action de l'aimant ; mais on le rend propre à se prêter à cette action, par la combustion, en l'unissant avec des substances grasses, ou avec le phlogistique. Lorsqu'on le traite de cette maniere, il se convertit en véritable fer, ainsi que je l'ai éprouvé par l'expérience. *Beker* connoissoit avant moi cette opération ; mais je ne l'ai appris qu'après avoir fait mes expériences. Dans le regne fossile, l'éméril, le sable noir, le sable de Bruxelles, le sable rouge, le sable jaune, le sable brun, le grenat, la platine *di pinto*, à laquelle une espece de grenat est unie, toutes ces substances, dis-je, sont attirées entierement, ou en partie, par l'aimant : si on dissout la platine dans de l'eau régale, & qu'on distille cette dissolution jusqu'à la moitié du liquide, il restera dans la retorte une matiere noire brillante, laquelle, étant édulcorée avec de l'eau, & desséchée ensuite, sera entierement attirée par l'aimant, quoiqu'elle contienne encore des parties blanches & transparentes (1). Les pyrites, la porcelaine rouge, le bole, le bole d'Arménie, la pierre hématite, la pierre calaminaire, & par conséquent quelques parties du similor, la terre rouge, la terre noire, dont les potiers font usage, l'ocre, la terre d'ombre, le fard rouge des Indes, celui d'Angleterre, le colcotar du vitriol, la terre à foulon, le tripoli, le cobolt, l'orpiment, la mine de plomb, la limaille de zinc non brulée, toute terre, toute argille qui rougit dans le creuset, plusieurs parties des pierres que le Vésuve vomit dans son embrasement (2), le résidu de la distillation du soufre, tiré des parties minérales des pyrites, plusieurs parties de la suie des fourneaux, les cendres des gazons de Hollande, les cendres rouges du succin brulé (3), le bleu de Prusse calciné, &c, toutes ces substances contiennent du fer ; elles cedent à l'action de l'aimant, & elles en sont attirées.

Toute eau, celle de pluie, de puits, de fleuve, de fontaine, contient des parties ferrugineuses. *Geoffroy* (4) nous assure que, dans le regne végétal, plusieurs parties des plantes, des fruits, des bois qu'on brule, fournissent des cendres que l'aimant attire lorsque toutes les substances ont pris leur nourriture & leur accroissance dans une terre qui contenoit des parties ferrugineuses ; & plus la terre où croissent les plantes contient de fer, & plus les cendres de ces plantes recelent de parties ferrugineuses. Suivant le rapport de *Galeat*, on trouve encore dans les cendres de l'éponge quelques parties qui cedent à l'attraction de l'aimant (5). On en trouve aussi dans le *caput mortuum*, qui reste après la distillation de l'huile de lin, après celle de térébenthine.

Comme les plantes & l'eau font une partie de la nourriture des animaux, il ne doit pas paroître surprenant qu'on trouve dans tous les animaux quelques parties qui sont attirées par l'aimant. Les cendres de cloportes (6), celles des vers de terre, de limaçons, d'hirondelles, de grenouilles, d'oiseaux, de poules, de viperes, de lievres, de brebis, de bœuf ; toutes ces différentes cendres sont attirées par l'aimant. Celles qui viennent des os de bœuf, calcinés par un feu violent, de ceux des chevaux, des cochons, des hommes, celles que fournissent la corne de cerf, l'épine des anguilles, les yeux de cancres, &c, contiennent, à la vérité, peu de parties qui cedent à la vertu attractive de l'aimant ; mais elles en contiennent toutes néanmoins

(1) Hist. de l'Acad. de Berlin, ann. 1757, p. 35. (2) Philos. Transf. n°. 455. p. 244. (3) Hist. de l'Acad. Roy. ann. 1742, p. 209. (4) Hist. de l'Acad. Roy. ann. 1706. (5) Commentar. Bonon. Vol. 2. Part. 2. p. 29. (6) Hist. de l'Acad. Roy. ann. 1709, p. 50.

plus ou moins. On trouve encore des parties de cette espece dans l'urine de l'homme, sur-tout dans l'urine des néphrétiques (1) ; ces sortes de parties se manifestent dans la terre qui provient de la distillation de l'urine : on en trouve encore dans le *caput mortuum* de la distillation de sel ammoniac : on trouve une plus grande quantité de parties ferrugineuses dans la combustion des poumons, des intestins, & des autres visceres des animaux, que dans la combustion de leurs parties charnues : on trouve encore de ces sortes de parties dans le *caput mortuum* que fournit la distillation du miel, du castoreum, & des coraux. On retire des chairs des poules, des chapons, des colombes, des moineaux, une aussi grande quantité de parties ferrugineuses que l'aimant attire ; on en retire des chairs des quadrupedes & des hommes. Il faut néanmoins observer que les cendres & les chairs des quadrupedes, qui paissent dans un terrein plus abondant en fer, fournissent une plus grande quantité de parties ferrugineuses que les cendres & les chairs des mêmes animaux qui vivent dans un terrein moins abondant en fer. On trouve des parties ferrugineuses dans le sang des animaux : on en trouve dans le sang des chiens, dans celui des bœufs, dans le sang humain, dans celui des oiseaux, des grenouilles, dans celui des anguilles ; pourvu qu'on le fasse cuire, & qu'on le fasse bruler : il ne faut cependant pas croire pour cela que ces sortes de parties se trouvent aussi abondamment dans toute sorte de sang. On ne trouve point de fer dans la partie séreuse, ainsi que dans la partie fibreuse du sang (2) ; cette matiere réside totalement dans la partie rouge. Bien plus, si on a soin de laver avec de l'eau les globules rouges du sang, & qu'on fasse sécher à un feu lent le sédiment que cette eau emporte avec elle, on trouvera dans ce sédiment une espece de poussiere obscure, qui contient un grand nombre de parties que l'aimant attire. Outre cela, si on expose, pendant une demi-heure, les globules rouges, ainsi lavés, à l'action d'un feu très violent, on en retirera encore des parties ferrugineuses, qui cé-

(1) On entend par *néphrétiques* ceux qui sont attaqués d'une espece de colique, qu'on appelle néphrétique, qui est une douleur très vive qu'on sent dans les reins, & même dans les ureteres ; cette douleur est causée par quelquelques pierres, ou du sable, du gravier, des glaires engagées dans ces parties.

(2) Les Anciens admettoient trois sortes de parties dans le sang ; savoir, les globules rouges, la sérosité dans laquelle ces globules flottent, & les parties fibreuses. On citoit en faveur de cette opinion, les coënes qui se forment sur le sang des pleuretiques, & ces drapeaux fibreux qu'on remarque dans l'eau dans laquelle on a fait une saignée de pied. *Bonh* est le premier qui ait combattu cette opinion, & elle ne trouve point aujourd'hui beaucoup de défenseurs ; car ces fibres ne se font remarquer sensiblement que dans le sang extravasé, & elles doivent leur origine à la coagulation de la partie séreuse. Si ces fibres existoient réellement dans le sang qui est dans les routes de la circulation, il y auroit tout lieu de craindre qu'il n'en résultât des engorgemens, des obstructions, comme il en arrive dans les épaississemens de la lymphe. Il est bon cependant d'observer que, dans la partie séreuse du sang, il se trouve des parties plus ténues les unes que les autres ; car on y remarque aisément des parties gélatineuses, visqueuses : & ce sont ces sortes de parties, qui, en se rapprochant les unes des autres, lorsque le mouvement du sang se rallentit, produisent alors des especes de fibres polypeuses, qu'on remarque quelquefois dans le cœur & dans les vaisseaux sanguins. On attribue encore à ces sortes de parties, ce qu'on appelle le *suspensum* dans l'urine.

deront à la force attractive de l'aimant; ainsi que l'ont éprouvé les célebres *Galeat* & *Menghen*, qui ont donné tous leurs soins à cette recherche (1). On a encore éprouvé que les graisses des animaux, séparées des autres parties, & exposées à l'action du feu, ne contenoient qu'une très petite quantité de parties ferrugineuses.

Il suit de toutes ces observations, que les parties ferrugineuses ne sont pas également distribuées dans toute l'étendue du corps des animaux, dont les différentes parties fournissent cette espece de substance; puisque le sang en contient plus que les chairs, que celles-ci en contiennent davantage que les os & que les graisses : or puisque les chairs qui ont été soigneusement lavées, contiennent moins de fer que celles qui n'ont point subi cette préparation, il paroît naturel de penser que le sang est le principal réservoir des parties ferrugineuses.

§. DCCCCLXI. On trouve quelques minéraux qui contiennent beaucoup de fer, quoique leurs parties, réduites en poussiere, ne soient que foiblement attirées par l'aimant : on en trouve d'autres qui contiennent une moindre quantité de fer, & dont les parties néanmoins sont plus fortement attirées par l'aimant; ce qui vient des substances hétérogenes, avec lesquelles ces sortes de parties sont alliées ; de sorte qu'on ne doit point juger de la plus grande ou de la plus petite quantité de fer qui réside dans un mixte, par la plus grande ou la moindre facilité avec laquelle ses parties sont attirées par l'aimant. Il y a des minéraux sur lesquels l'aimant n'a point de prise, & qui, étant fondus, à l'aide d'un feu violent, ne se changent pas en régule métallique; mais se convertissent en verre : si l'on joint le phlogistique à ce verre, & qu'on le traire avec un feu violent, on en formera d'excellent fer. Le fer dissous par les acides, ou qui est uni à une trop grande quantité de sel, ou enfin celui qui est totalement rongé par la rouille, n'est point attiré par l'aimant : ce fer, fondu par un violent feu de charbon, se convertit en verre, & le phlogistique qu'on y ajoûte ensuite, le convertit de nouveau en fer (2).

§. DCCCCLXII. L'aimant communique sa force attractive au fer dès qu'on le passe sur un de ses pôles, ou à une distance peu éloignée au-dessus d'un des pôles de cet aimant : le fer auquel on a communiqué cette vertu, devient lui même semblable à un véritable aimant, & peut communiquer la même vertu à un autre morceau de fer : il faut néanmoins observer que le fer auquel on veut communiquer la vertu magnétique, doit être d'une certaine longueur, & qu'il ne doit point être trop épais; car l'expérience fait voir qu'un morceau de fer trop long, ou trop épais, ne peut point acquérir cette vertu, à l'aide d'un aimant naturel, ou qu'il ne peut tout au plus contracter qu'une très foible vertu magnétique.

Un morceau d'acier reçoit plus de vertu magnétique qu'un morceau de fer, de même figure & de même grandeur; l'acier, dont la trempe est très dure, acquiert aussi plus de vertu, & la conserve plus long tems que l'acier dont la trempe est moins dure, ou que celui auquel on a donné une couleur bleue. Aucune substance ne reçoit plus aisément, & en même-tems plus

(1) Commentar. Bonon. Vol. 2. Part. 2. p. 244. (2) Crameri Docimasia, Lib. 1. p. 207. Comment. Bonon. Vol. 2. Tom. 2. p. 27.

foiblement, la vertu magnétique, qu'un morceau de fer mou; il y a de l'acier qui reçoit plus aifément cette vertu, & plus fortement que tout autre : en général, plus l'acier eft compact, plus fes grains font petits, & meilleur il eft pour acquérir la force magnétique, & il eft d'autant moins propre à cet ufage, que ces grains font plus gros, ou qu'il eft pailleux. Il y a des efpeces d'acier fi peu propres à contracter la vertu magnétique, qu'à peine peuvent-ils la conferver pendant 15 jours, lorfqu'on la leur a communiquée. Il n'en eft pas de même de l'aimant naturel, il conferve conftamment fa vertu, & elle ne s'affoiblit même pas, quoiqu'on la lui faffe communiquer à plus de cent morceaux de fer. Il y a cependant quelques Phyficiens qui ont avancé que l'aimant perdoit de fa force lorfqu'on lui faifoit communiquer fa vertu magnétique à plufieurs morceaux de fer. Quoique nous ne voulions point leur donner un démenti à cet égard, nous ne pouvons nous empêcher d'affurer, que, quelqu'attention que nous ayons apportée à cette recherche, jamais nous ne nous fommes apperçus qu'il foit arrivé la même chofe à nos aimants.

§. DCCCCLXIII. Lorfque l'aimant eft abandonné à lui-même, & qu'il a la facilité de fe mouvoir, on obferve qu'il dirige toujours un de fes pôles vers le pôle boréal du monde, & l'autre vers le pôle auftral. Une aiguille de bouffole, à laquelle on a communiqué la vertu magnétique, obéit plus aifément à cette impreffion, & fe dirige mieux qu'un aimant vers les deux pôles du monde; & c'eft auffi pour cela, que les Phyficiens & les Navigateurs la préferent à un aimant, & en font ufage. Cette direction néanmoins eft fujette, dans chaque endroit de la terre, à des variations continuelles : à Leyde, en Hollande, elle n'eft jamais conftante : elle y varie dans l'efpace de quelques minutes; de forte que l'aiguille aimantée paroît continuellement agitée dans ces deux endroits. Il arrive fouvent au milieu de la nuit, qu'en une heure ou en deux heures de tems, la déclinaifon occidentale eft autant grande qu'elle puiffe être, qu'elle décroît enfuite pendant le jour & le foir, & que l'aiguille n'atteint, que vers le milieu de la nuit, fa direction naturelle; quelquefois elle paffe au-delà, quelquefois elle refte encore au-deffous; de forte que la différence diurne eft quelquefois de 15 minutes, quelquefois de 5, & d'autres fois un peu moindre : on obferve quelquefois auffi que la direction de l'aiguille aimantée eft la même le matin, vers le midi & le foir : quelquefois auffi la plus grande déclinaifon de cette aiguille fe fait remarquer au milieu du jour, & elle décroît alors jufqu'au foir; deforte que les variations quotidiennes, qui arrivent à l'aiguille aimantée, ne font jamais conftantes à Leyde, autant que j'ai pu l'obferver pendant l'efpace de plufieurs années.

Le célebre *Celfe*, obfervant en Suede les déclinaifons de l'aiguille aimantée, nous apprend que ces variations quotidiennes font de 5 minutes; mais que, dans un tems où il y avoit une aurore boréale, l'aiguille aimantée s'étoit portée tout-à-coup à l'occident, en mefurant un arc de 150 minutes : on n'a jamais obfervé ce phénomene à Leyde pendant l'efpace de 30 ans. *Celfe* ajoûte que les variations continuelles de l'aiguille font régulieres; qu'elle fe porte conftamment à l'Occident depuis deux heures après minuit, jufqu'à huit heures du matin, & qu'elle retourne enfuite à l'Orient l'après-midi, dans

Tome I. K k k

le même espace de tems (1) : d'où on peut juger manifestement de la différence qu'il y a entre les phénomenes de l'aiguille aimantée dans les différentes
régions de la terre ; car je ne doute aucunement de la bonne-foi & de l'exactitude de *Celse*. La direction de l'aiguille aimantée differe aussi dans toutes
les régions de la terre , où elle souffre pareillement des variations continuelles. M. *Halley* fut le premier qui nous donna une Table exacte des différentes directions de l'aiguille aimantée, dans toutes les régions de la terre ,
pour l'année 1700 ; mais elles sont bien différentes actuellement , & elles
ne se rapportent plus à la Table que cet habile homme nous a laissée : d'où
il suit manifestement que , pour obvier à des variations aussi continuelles ,
il faudroit, sinon tous les ans, au moins tous les cinq ans, dresser une nouvelle Table des directions de l'aiguille aimantée, jusqu'à ce qu'on eût découvert la cause de toutes ces variations, & qu'on fût à portée de savoir quelle
doit être la variation annuelle que doit subir cette aiguille dans chaque endroit de la terre. J'ai dressé une Table pour l'année 1744 , d'après les observations que j'avois recueillies avec soin dans les Journaux des Marins.
MM. *Mountaine* & *Dodson* nous en ont donné une autre. Ils n'ont pas
moins éprouvé de difficultés pour dresser cette Table , par rapport aux grandes variations & aux irrégularités qui se trouvent dans la déclinaison de l'aiguille aimantée, dans les différentes régions de la terre. En effet, dans l'espace de 56 ans, sous l'équateur à 40 degrés de longitude, à l'Orient de
Londres, la plus grande déclinaison occidentale fut de 17° 15´; & la plus
petite de 16° 30´: tandis qu'à 15° de latitude boréale, & à 60° de longitude
occidentale de Londres, la déclinaison orientale fut constamment de 5° ; &
à la latitude australe de 10° ; & à 60° de longitude orientale de Londres ,
la déclinaison occidentale décrût depuis 17° jusqu'à 7° 15´; & à 10° de latitude australe, & à 5° de longitude occidentale de Londres, la déclinaison
occidentale crût depuis 2° 15´ jusqu'à 12° 45´. Enfin à 15° de latitude boréale , & à 20° de longitude occidentale de Londres, la déclinaison occidentale augmenta depuis 1° jusqu'à 9°. Les deux célebres Observateurs, dont
nous venons de parler , consulterent 50000 observations, dont ils firent une
collection (2). Les déclinaisons de l'aiguille aimantée, étant si irrégulieres
dans tous les endroits de la terre, les Physiciens ne parviendront jamais à
dresser des tables qui puissent indiquer les déclinaisons magnétiques pour les
années suivantes. Il y a très peu d'endroits où l'aiguille aimantée se porte
directement vers le pôle boréal , & vers le pôle austral. Ces endroits sont
marqués sur les Tables, sous une courbe, dont le trait est double, & qui
est appellée χαλυβόδειξις. Dans la mer de Norwege, auprès des Isles Fero,
il y a plusieurs rochers sur lesquels on ne peut monter avec une boussole ,
sans que l'aiguille aimantée ne se meuve circulairement; & elle y est si fortement dérangée, que sa vertu magnétique en est altérée, & qu'elle ne peut
être rétablie dans sa premiere force, qu'on ne la retouche. On appelle ces
rochers-là *magnétiques* (3). Dans l'Océan occidental, auprès de l'Ecosse,
est une petite Isle qu'on appelle Canney, auprès de laquelle l'aiguille aiman-

(1) Philos. Transf. Vol. 47. p. 126. (2) Philos. Transf. Vol. 50. Part. 1. p. 329. (3) Journal des Savans , ann. 1676 , p. 174.

tée ne garde aucune direction. Dans le détroit d'Hudson, auprès des Isles de Marbre, à la latitude de 63°, toutes les aiguilles aimantées perdirent, en 1747, leur vertu magnétique, soit qu'elles l'eussent reçue d'un aimant naturel, ou d'un aimant artificiel ; & il n'y en eut pas une seule qui conservât ensuite une direction constante pendant un seul instant : ayant retouché ces aiguilles avec un aimant artificiel, elles perdirent encore sur-le-champ leur vertu. On a observé le même dérangement à 62 degrés de latitude boréale, & dans tous les autres endroits du détroit d'Hudson (1). M. *Bouguer*, voyageant dans le Pérou, depuis Plata jusqu'à Honda, rencontra sur son chemin des rochers qui étoient noirs extérieurement, qui, dans l'intervalle de cinq à six pas, causoient une déclinaison de 30° à l'aiguille aimantée (2). Il est naturel de penser qu'on découvrira par la suite quantité de phénomenes que nous ne connoissons pas encore, lorsqu'on connoîtra mieux toutes les parties de notre globe, & qu'on fera des observations exactes, & avec d'excellentes boussoles, en parcourant tous les endroits. Néanmoins nous connoissons actuellement un si grand nombre d'irrégularités, que les Philosophes les plus expérimentés n'esperent pas pouvoir les réduire à des regles constantes ; parcequ'elles paroissent dépendre de la structure intérieure de la terre, qui est elle-même exposée à un grand nombre de vicissitudes, par rapport à toutes les secousses, tous les tremblemens de terre qui surviennent de tems à autres, par rapport à toutes les nouvelles cavités qui s'y engendrent, par rapport à celles qui se bouchent & qui se remplissent par les différentes ruines qui se précipitent dedans, enfin par rapport à plusieurs autres circonstances que nous ne connoissons pas encore.

§. DCCCCLXIV. L'aberration, ou la déviation de l'aimant, ou de l'aiguille aimantée, en vertu de laquelle elle s'éloigne de la direction du méridien terrestre, se nomme la *déclinaison de l'aimant* : cette déclinaison est, dans plusieurs endroits de la terre, occidentale ; & elle est orientale dans les autres. Telle qu'elle soit, c'est-à-dire, soit qu'elle soit orientale, ou occidentale, elle est exposée à des vicissitudes continuelles d'augmentation, ou de diminution, & ces vicissitudes ne causent pas peu d'embarras aux Marins. Plusieurs habiles gens ont fait jusqu'à présent d'inutiles efforts pour obvier à cet inconvénient.

§. DCCCCLXV. Quel fut le premier inventeur des aiguilles de boussoles ou de compas ? C'est un point d'Histoire sur lequel on n'est pas encore d'accord. Les uns en attribuent la gloire à *Flavius Gioja*, qui naquit vers l'an 1300, auprès d'Amalphi ; d'autres attribuent cette invention à *Gujot de Provins*, qui vivoit dans le douzieme siecle ; d'autres prétendent que ce furent les Chinois, ou les Orientaux, qui imaginerent cette machine, & qui la communiquerent aux Européens. On peut consulter à cet égard les dissertations que plusieurs Autéurs nous ont laissées sur cette recherche (3).

§. DCCCCLXVI. On construit des aiguilles magnétiques, auxquelles

______

(1) Ellis, Voyage to Hudson's Bay. p. 221. (2) Voyage au Pérou, p. 84.
(3) Grimaldi nelle Saggi di Dissertatione Academiche lette nella Academia de Cortona, Tom. 3. Dissert. 8. Journal des Savans, ann. 1745, Octobre, p. 170. Commentar. Bonon. Vol. 2. Tom. 3. p. 333 & 372.

on donne différentes formes & différentes grandeurs, suivant les usages pour lesquels on les destine : les meilleures sont celles qui sont extrêmement mobiles sur le pivot qui les porte , & qui peuvent non seulement recevoir une forte vertu magnétique , mais encore conserver long-tems la vertu qu'on leur a communiquée; ce sont celles qui , lorsque leurs vibrations cessent , retournent exactement au même point d'où elles étoient sorties , & dont on observe très aisément toutes les directions & tous les changemens qui leur arrivent. J'en ai une excellente , faite par un habile Ouvrier , nommé *Smeaton* ; elle est d'un très bon acier , & très bien trempée : je lui ai communiqué une très grande force magnétique , par le moyen des barreaux d'acier aimantés de M. *Knight.* Telle est la forme de cette aiguille ; elle est de même largeur dans toute sa longueur , avec cette différence cependant qu'elle est un peu plus large vers son milieu M N [*Tab.* 23. *fig.* 4. 5.]., afin qu'on puisse percer à cet endroit un large trou C D : les deux extrémités A & B , fig. 4, sont un peu arrondies ; elle est représentée , dans cette figure , posée sur son pivot P , & on la voit en-dessous dans la fig. 5. La pointe du pivot P est d'acier ; elle est extrêmement aiguë, très dure & fort polie. Au milieu de cette aiguille est fixé un cylindre creux de similor C E F D, dont la hauteur est d'un pouce : dans la partie supérieure de ce cylindre est enchâssé un morceau d'agate E G F, dans l'épaisseur duquel est creusée une petite cavité polie , afin qu'il puisse rouler librement sur le pivot P : aux deux extrémités A & B de l'aiguille , sont adaptés deux bras A K, B H , fait d'une lame mince de similor, qui se terminent supérieurement en forme de petits stilets K L , H I , disposés à angle droit sur ces bras; ces stilets sont extrêmement pointus , & sont placés dans la ligne droite L K E F H I , qui est supposée passer par le sommet du pivot P , ou par le point du morceau d'agate E G F, qui s'appuie & qui roule sur le pivot. Une aiguille , construite de cette façon , peut recevoir de très fortes impressions , & être agitée d'un mouvement très rapide , sans perdre son point d'appui , & tomber de dessus son pivot; parceque ses extrémités L & I sont placées dans la même ligne droite que la pointe du P pivot, & qu'elles demeurent constamment en situation , malgré l'ébranlement que cette aiguille peut recevoir : & par ce moyen on peut toujours observer commodément , & juger sainement de la véritable direction de l'aiguille aimantée , soit qu'elle soit en repos, soit qu'elle soit ébranlée vers ses extrémités L & I.

Pour conserver soigneusement cette aiguille, il faut la placer dans une boîte de bois M N O Q ; aux deux extrémités de cette boîte sont placées deux lames S , T d'ivoire, découpées en forme d'arc , & divisées en plusieurs degrés ; au centre des cercles , sur la circonférence desquels cette division est tracée , est situé le pivot qui porte l'aiguille dont nous venons de parler : tout cet appareil est recouvert & fermé par un verre , au travers duquel on peut observer les mouvemens & la direction de cette aiguille. Outre l'appareil que nous venons de décrire , il y en a encore un autre différent, renfermé dans la même boîte : ce second est d'ivoire , & non de similor; parcequ'on a remarqué que la pierre calaminaire contient quelques patties ferrugineuses , qui cedent à l'impression de l'aimant , & qu'on a observé aussi que l'aiguille aimantée , sensible aux impressions du similor , étoit troublée dans ſes mouvemens (1). V W eſt un cylindre d'ivoire, mobile dans les deux yeux V W, dans leſquels il roule : ſur le milieu de ce cylindre eſt adaptée une petite lame X Z, percée vers ſon milieu, pour donner un libre paſſage au pivot qui ſoutient l'aiguille. A l'extrêmité de cette lame eſt ſituée une plaque ovale Y, qu'on peut faire mouvoir circulairement, à l'aide d'une manivelle, placée au-dehors de la boîte ; l'extrêmité ſaillante de cette plaque peut, par ce moyen, être placée en-deſſus ou en-deſſous : on voit outre cela, au fond de la boîte, un reſſort a b, dont l'extrêmité a, porte contre la lame X Z, & qui fait un effort continuel pour pouſſer cette lame en-haut ; ce qui fait que, lorſqu'on abaiſſe la pointe de la plaque Y, la lame XZ cede à l'effort du reſſort, & qu'elle s'éleve : en s'élevant, elle éleve avec elle l'aiguille aimantée, & elle l'applique contre le verre qui recouvre la machine ; par ce moyen le pivot qui porte cette aiguille, ne peut point être émouſſé lorſqu'on tranſporte cette machine d'un endroit dans un autre. Il y a outre cela des vis aux deux côtés de la boîte, afin qu'on puiſſe mettre cet appareil de niveau. Outre l'aiguille, dont nous venons de donner la deſcription, il y a encore d'autres aiguilles aimantées, aux extrémités deſquelles ſont adaptées des aîles graduées, & dont chaque degré eſt ſubdiviſés, afin qu'on puiſſe juger de la déclinaiſon de l'aiguille minute par minute. J'ai donné autrefois la deſcription de ces ſortes d'aiguilles.

§. DCCCCLXVII. Je vais encore donner ici une légere deſcription des meilleures bouſſoles que nous ayons, au moyen deſquelles on peut obſerver l'azimuth du ſoleil ; moyen très facile pour découvrir, par un calcul très aiſé, la déclinaiſon de l'aiguille magnétique. La forme de cette aiguille [*Tab.* 23, *fig* 6.], repréſente une lame plane dans preſque toute l'étendue de ſa longueur, qui eſt arbitraire : elle eſt de même largeur ſelon toute ſa longueur ; cette largeur eſt ſouvent $= \frac{1}{10}$ de pouce, & ſon épaiſſeur eſt $= \frac{1}{14}$ de pouce : elle ſe termine de part & d'autre par des extrêmités qui forment des angles très obtus ; le milieu de cette aiguille eſt percé d'un trou d'une grandeur ſuffiſante pour que le pivot, ſur lequel elle roule, puiſſe y paſſer librement, après avoir adapté à la circonférence de ce trou, un cylindre creux, ſaillant au-deſſus de l'épaiſſeur de cette aiguille, & qui ſe termine ſupérieurement par un morceau d'agate concave & poli : cette aiguille eſt placée entre deux cartons circulaires, collés l'un ſur l'autre, & elle y eſt fortement établie. Les Flamands appellent ces cartons *roſes*, eu égard aux rhombes des vents qui y ſont gravés, & à la figure de l'étoile qui y eſt deſſinée :: la marge de la roſe eſt diviſée en degrés, ſelon l'uſage ordinaire. Lorſque la roſe eſt placée ſur ſon pivot, elle y fait des vibrations qui ſe ſuccedent les unes aux autres pendant quelque tems, & qui perſéverent d'autant plus longtems, que le pivot eſt plus aigu : or comme cet effet ſe manifeſte principalement dans les vaiſſeaux qui ſont expoſés aux mouvemens des vagues, & aux impreſſions des vents, on remédie en partie à cet inconvénient, en adaptant, ſur la ſurface de la roſe inférieure, des morceaux de cartons, auxquels on donne la forme de petites aîles étendues ; ces aîles, étant obligées de diviſer l'air pour ſe mouvoir, rendent l'aiguille moins mobile, & font qu'elle

(1) Philoſ. Tranſ. Vol. 50. Part. 2. p. 774.

parvient plus promptement à l'état de repos. Cette rose, ainsi que le pivot sur lequel elle roule, sont placés dans une boîte de cuivre cylindrique HIKL, dont l'intérieur est peint en blanc; cette boîte porte extérieurement deux pivots M, diamétralement opposés l'un à l'autre, au moyen desquels elle est suspendue, & elle se meut librement dans un anneau NMO : cet anneau porte aussi lui-même deux autres pivots D, E, éloignés chacun d'un quart de cercle des deux premiers dont nous venons de parler; par le moyen de ces deux derniers pivots D, E, l'anneau qui porte la boîte cylindrique, est mobile dans un demi-cercle PRQ : à l'aide de ces deux mouvemens, la boussole demeure constamment parallele à l'horison, malgré tous les mouvemens que l'agitation de l'eau peut procurer au vaisseau. Le dernier anneau PRQ est percé en R d'un trou qui donne entrée à un cylindre, qui s'éleve sur le pied de la machine, & sur lequel elle roule librement, malgré tous les mouvemens auxquels la boussole est sujette; la rose demeure comme immobile, & soumise aux impressions du magnétisme universel, elle reste constamment tournée vers un des points du monde, soit boréal, soit austral. Toute la machine est placée dans une boîte de bois, sur le fond de laquelle est établi le pied de la boussole. La partie supérieure de cette derniere boîte est recouverte par un morceau de verre qui garantit toute la machine des injures des vents & de l'air.

Sur le limbe supérieur de la boîte cylindrique sont établies deux pinules AC, BF, opposées l'une à l'autre : d'une de ces pinules à l'autre est attaché & tendu un fil horisontal BA, qui passe au dessus du centre de la rose : or comme il n'est pas possible de tracer exactement ce fil, dans la figure ci-jointe, nous laissons à l'imagination le soin de se le représenter. Ce fil AB est coupé à angles droits par un autre XZ, qui passe aussi par conséquent au-dessus du centre de la rose. La pinule FB est fendue verticalement, selon une grande partie de sa longueur, d'une fente extrêmement étroite : la pinule CA porte pareillement une fente, mais plus large, coupée par la moitié, & verticalement par un fil. Dans la partie intérieure de la boîte cylindrique sont placées deux perpendiculaires BS, & AY, qui répondent aux deux extrêmités de la ligne AB, par le moyen desquels on peut connoître aisément & exactement le degré correspondant de la rose. Cet appareil est fait pour connoître l'azimut, & la déclinaison de l'aiguille aimantée, au lever & au coucher du soleil; mais il faut nécessairement, pour faire usage de cette machine, que deux Observateurs operent ensemble. Un des deux Observateurs regarde par la pinule BF, & il tourne circulairement la boîte cylindrique jusqu'à ce que le fil, qui est situé perpendiculairement suivant la longueur de la pinule AC, réponde au disque du soleil, ou coupe ce disque en deux parties égales : lorsque les choses sont ainsi disposées, & que la boîte est en repos, le second Observateur, considérant le fil horisontal, qui lui répond, compte le degré de la rose que ce fil cache, ou, ce qui revient au même, il considere le degré qui est coupé par la perpendiculaire BS; ce degré indique la distance du soleil au point cardinal le plus prochain, ou détermine la grandeur de son azimut. Comme il arrive rarement que l'atmosphere soit bien pur vers l'horison, à cause des vapeurs qui s'y élevent continuellement, & que le soleil, à cause de cela, paroisse bien distinctement vers cet endroit , il faut obferver fon azimut à une plus grande hauteur ; & c'eft pour céla qu'on fait alors ufage d'une autre efpece de bouffole f *Tab.* 23. *fig.* 7.] , qu'on nomme *compas azimutal.* La boîte cylindrique de cuivre , fes pivots , & les cercles mobiles de cette derniere , font faits de la même maniere que ceux de la précédente, fig. 6 ; mais cette derniere , repréfentée par la fig. 7 , eft extrêmement mobile dans fa boîte , du fond de laquelle elle eft éloignée à quelque diftance. Sur la partie inférieure T eft appliqué un poids affez lourd , pour empêcher que la rofe ne foit fenfiblement affeétée des mouvemens que l'eau fait éprouver au vaiffeau , & pour que la furface de cette rofe demeure conftamment dans une fituation parallele à l'horifon.

Sur le limbe du morceau de verre , qui fert de couvercle à cette machine, eft établie une pinule A C , femblable à celle dont nous avons parlé précédemment , à travers laquelle paffe un fil a b c , à un pouce près de hauteur au-deffus du limbe de verre ; ce fil , difpofé parallelement au limbe , eft attaché à deux fupports a , c : lorfque le compas , ou la bouffole , eft abandonnée à elle-même , ce fil demeure dans une fituation horifontale. A l'oppofite de la pinule , dont nous venons de parler , eft fituée une autre pinule B F , de 9 pouces ou environ de hauteur , fur la longueur de laquelle eft faite une rainure à jour ; de la partie fupérieure F de cette pinule , part un fil oblique qui fe rend au milieu de la pinule oppofée A C ; de forte que ce fil , tout oblique qu'il eft , forme , avec celui qui occupe toute la hauteur de la vifiere de la pinule A C , & avec la rainure creufée felon la longueur de la pinule B F , forme , dis-je , un plan perpendiculaire au couvercle de la bouffole. On remarque , outre cela , à chaque pinule trois trous , qui , dans la pinule B F , font auffi éloignés du limbe , que le fil oppofé , & qui eft difpofé parallelement à l'horifon ; de forte que ces trous , & le fil dont il eft ici queftion , font tous rangés dans un même plan horifontal : on voit auffi au deffous de ces trois trous un fil difpofé parallelement au limbe du verre , femblable à celui qu'on remarque à la pinule A C. Ce compas peut être employé pour faire des obfervations & à l'horifon & à de plus grandes hauteurs.

Voici maintenant la maniere de s'en fervir. L'œil d'un Obfervateur , étant placé derriere la longue pinule , cherche à découvrir , & découvre , le fil horifontal qui eft à l'oppofite de cette pinule ; alors on fait tourner la boîte jufqu'à ce que le fil , qui eft difpofé verticalement le long de la pinule A C , rencontre le foleil , qu'on fuppofe être à l'horifon , ou jufqu'à ce que le fil oblique coupe le difque du foleil , lorfque cet aftre eft élevé au deffus de l'horifon : alors un autre Obfervateur , dont l'œil eft placé à la pinule oppofée , remarque le degré de la rofe , qui eft caché par le fil diamétral , ou qui eft coupé par le fil perpendiculaire ; & en comparant ce point avec les deux points d'Orient & d'Occident , on connoît alors l'amplitude du foleil , ou fon azimuth.

. Mais lorfque le foleil n'eft que très peu élevé au deffus de l'horifon , comme , par exemple , de 30 degrés , la vue ne fe dirige pas facilement vers l'horifon en fuivant la direétion du fil horifontal , où on ne peut pas alors voir le difque du foleil coupé en deux parties par le fil oblique : c'eft pourquoi , dans cette circonftance , pour peu que le foleil éclaire la bouffole , il faut faire fon obfervation à l'aide de l'ombre. Pour réuffir felon cette mé-thode , il faut que l'Obfervateur, tournant le dos au foleil , & plaçant fon œil à la rainure de la plus petite pinule, tourne la boîte jufqu'à ce que l'om-bre , que jette alors le fil oblique, tombe exactement fur la rainure de la pi-nule oppofée B F , quoique le couvercle & fes pinules foient un peu inclinées à l'horifon ; ce qui peut arriver , par la difpofition du vaiffeau, lorfqu'il eft placé fur une éminence : dans ce cas, le triangle formé par le fil , eft alors dans le même plan que le foleil ; en retenant donc la bouffole dans cette fi-tuation , on connoît , de la même maniere que précédemment, l'azimut du foleil.

Il y a à Leyde un très habile Ouvrier , nommé *Jean Paauw* , qui fait ces fortes de bouffoles , avec la plus grande exactitude. On en garde plufieurs dans le cabinet de Delft, où le célebre & le très favant *Jean Van der Wall L. A. M.* , Docteur ès-Arts , & Profeffeur de Mathématiques , en en-feigne la defcription & l'ufage aux jeunes gens qui fe deftinent à la ma-rine.

§. DCCCCLXVIII. Il y a différentes manieres d'aimanter les aiguilles de bouffole.

1°. Suppofons que C & E [*Tab.* 23. *fig.* 8.] repréfentent les deux pôles d'un aimant ; qu'un de ces deux pôles , par exemple, le pôle C, foit élevé, il n'eft pas néceffaire pour cela que l'aimant foit fphérique : que N A repré-fente une aiguille de bouffole , au milieu de laquelle eft fixée la châffe D ; cela pofé, placez fur le pôle C de l'aimant la châffe D de cette aiguille, & faites gliffer la moitié D N de l'aiguille du point D au point N fur le pôle C : & répétez plufieurs fois de fuite cette opération , en replaçant toujours la partie D de l'aiguille fur le pôle C de l'aimant ; cette opération , ayant été répétée plufieurs fois , tournez l'aimant en fens contraire , afin que le pôle E, qui eft inférieur , devienne fupérieur , & conduifez pareillement fur ce der-nier pôle l'autre partie de l'aiguille du point D au point A. Lorfque vous au-rez réitéré plufieurs fois cette derniere opération , l'aiguille aura reçu toute la force magnétique qu'elle puiffe recevoir.

2°. On peut encore aimanter une aiguille de bouffole , en faifant gliffer plufieurs fois une de fes deux moitiés fur le pied de l'armure d'un aimant, & l'autre moitié fur l'autre pied de la même armure.

3°. Soient deux barres d'acier B M , S E [*Tab.* 23. *fig.* 9.] fortement ai-mantées , difpofées de façon que le pôle M méridional de l'une touche le pôle S feptentrional de l'autre barre. Placez une aiguille de bouffole N D A fur ces deux barres , de façon que la châffe de cette aiguille réponde à l'en-droit où ces barres fe touchent , ainfi que la figure ci-jointe le défigne : ap-pliquez enfuite fortement la partie D N de l'aiguille fur la lame M B : & ap-pliquez pareillement la partie D A de la même aiguille fur l'autre lame S E ; alors retirez lentement les deux lames de part & d'autre , & féparez-les l'une de l'autre , ayant foin néanmoins que les deux côtés de l'aiguille demeurent appliqués fur ces lames : lorfque ces deux lames feront fuffifamment retirées, pour que les deux parties de l'aiguille ne foient plus pofées fur elles , laiffez ces deux lames dans une fituation qui foit telle , que l'aiguille fe trouve

placée

placée entr'elles deux, de façon que l'extrêmité N de l'aiguille touche l'extrêmité M de la barre BM, & que l'autre extrêmité A de la même aiguille,
soit en contact avec l'extrêmité S de l'autre barre : les choses ayant subsisté
dans cet état pendant une ou deux minutes, retirez alors les deux barres, &
l'aiguille sera fortement aimantée, sur-tout si on recommence plusieurs fois
cette opération : l'extrêmité N de l'aiguille sera son pôle septentrional, &
son extrêmité A sera le pôle méridional.

On peut, par cette méthode, imprimer à une aiguille de boussole une force
magnétique, double de celle qu'on pourroit lui communiquer par toute autre méthode connue.

4°. Soient deux barres d'acier fortement aimantées B C & I H [*Tab.* 24.
fig. 1.], unies entr'elles par deux morceaux de fer doux E G, F K ; placez
sur chacune de ces deux barres une aiguille de boussole N D A, O S P.
Soient, outre cela, deux autres barres aimantées D L, D M, dont les deux
pôles opposés se touchent en D ; les choses, étant ainsi disposées, faites glisser la barre D L sur la longueur de l'aiguille, depuis la châsse D jusqu'à son
extrêmité N : faites pareillement glisser l'autre barre D M sur l'autre partie de
la même aiguille, depuis D jusqu'en A ; réitérez plusieurs fois cette opération. Pour aimanter l'autre aiguille O S P, placée sur l'autre barre B C, sui-
vez le même procédé que nous venons d'exposer ; c'est à-dire, disposez sur
cette seconde aiguille les deux barres D L, D M, de la même maniere qu'elles
l'étoient sur la premiere N D A ; & faites-les glisser plusieurs fois de S en P,
& de P en O ; ces deux aiguilles seront alors fortement aimantées, & même
beaucoup plus fortement que si vous les aimantiez avec le meilleur aimant
naturel.

§. DCCCCLXIX. On peut comparer la force avec laquelle la terre, ou
la force magnétique universelle, agit contre une aiguille de boussole, avec
celle qu'exerce contre la même aiguille un aimant placé dans un endroit
quelconque M de son voisinage : supposons en effet une aiguille de boussole
A C B, placée selon la direction du méridien magnétique ; menez sur le milieu C de cette aiguille la perpendiculaire C M, & placez dans un point
quelconque, par exemple en M, un aimant qui attire à lui l'aiguille dont
nous venons de parler, & qui lui fasse prendre la situation N C S, oblique
au méridien magnétique : lorsque cette aiguille demeure en repos dans cette
situation N C S, elle est maîtrisée également par la force du magnétisme
universel, qui tend à la rétablir dans la situation A C B, & par la force attractive de l'aimant M, qui tend à l'éloigner de la situation A C B : or la
force du magnétisme universel n'agit alors qu'obliquement sur cette aiguille ;
il faut donc décomposer sa force, exprimée par c a, en a n, perpendiculaire
sur l'aiguille, & en n c, parallele à la même aiguille, & on aura a n : a c
comme le sinus de l'angle a c n, ou A C N, est au rayon. Pareillement l'action de l'aimant M se dirige aussi obliquement sur l'aiguille N C S : si on décompose donc cette action en b n, perpendiculaire à l'aiguille, & en n c,
qui lui est parallele, on aura b n : b c, qui exprime la totalité de l'action de
l'aimant contre l'aiguille, comme le sinus de l'angle b c n est au rayon.

Mais comme la force totale du magnétisme universel est à celle qui agit
efficacement sur l'aiguille, & qui la dérange de sa situation naturelle, comme

le rayon eſt au ſinus de l'angle n c a , & que cette force qui dirige cette aiguille vers M eſt à la force totale de l'aimant M , comme le ſinus de l'angle n c b eſt au rayon ; on aura, la force totale du magnétiſme univerſel eſt à la force de l'aimant M , agiſſant à la diſtance donnée , comme le ſinus de l'angle n c b eſt au ſinus de l'angle n c a.

§. DCCCCLXX. Si on implante un axe dans le centre d'une aiguille , de façon que cette aiguille puiſſe repréſenter le fléau d'une balance , cette aiguille , n'étant point aimantée , & étant placée ſur un ſupport , dans une ſituation parallele à l'horiſon , demeurera en équilibre avec elle - même ; ſi on fait alors gliſſer un des côtés de cette aiguille , depuis l'axe juſqu'à une de ſes extrêmités , ſur le pôle boréal d'un aimant , & qu'on faſſe pareillement gliſſer l'autre côté de la même aiguille depuis l'axe juſqu'à l'autre extrêmité ſur le pôle auſtral d'un aimant , les deux côtés de cette aiguille ne ſeront plus en équilibre entr'eux ; & l'aiguille , étant poſée de nouveau ſur ſon ſupport , ne conſervera plus ſa ſituation parallele à l'horiſon : car ſi cette aiguille ſe trouve placée dans l'hémiſphere boréale de la terre, la partie qui jouira des propriétés du pôle boréal magnétique , deviendra prépondérante , & la fera trébucher , ſur-tout ſi cette aiguille eſt placée dans la direction du méridien magnétique ; au contraire ſi cette aiguille eſt placée au-delà de l'équateur dans une des zônes auſtrales , la partie de cette aiguille, qui ſera douée des propriétés du pôle auſtral magnétique , deviendra prépondérante , & fera trébucher l'aiguille du côté de ce pôle , tandis que l'autre partie , qui regarde le pôle boréal , ſera élevée par la dépreſſion de l'aiguille : on nomme *inclinaiſon de l'aiguille aimantée* cet abaiſſement ou dépreſſion de l'aiguille.

§. DCCCCLXXI. Cette inclinaiſon eſt différente , ſuivant les différentes régions de la terre, & elle eſt même ſujette à des viciſſitudes continuelles dans le même endroit ; elle differe encore ſuivant que l'aiguille , dont on fait uſage , a été frottée ſur un aimant plus fort, ou plus foible.

§. DCCCCLXXII. Si l'axe dont nous venons de parler ſe termine en pointe de part & d'autre, comme l'axe d'une balance ordinaire , & qu'il ſoit mobile , de façon qu'il puiſſe tourner circulairement , & que ſon tranchant ſoit exactement placé dans le centre du moûvement de l'aiguille , à laquelle il eſt adapté , & qu'enfin à proportion que l'iaiguille s'incline , ſon axe tourne de plus en plus ſur lui-même , de ſorte que ſon tranchant demeure toujours appliqué ſur la circonférence des yeux du ſupport : l'aiguille , après avoir trébuché , demeurera dans une ſituation perpendiculaire à l'horiſon ; parceque , dans cette hypotheſe , les deux parties de l'aiguille demeurent également longues & également peſantes. Dans la Flandre Hollandoiſe , la vertu magnétique fait trébucher le pôle boréal d'une aiguille aimantée ; & , quelque foible que ſoit la vertu magnétique qu'on a communiqué à cette aiguille , elle trébuche néanmoins , de façon qu'elle prend une ſituation perpendiculaire à l'horiſon , de même qu'il arriveroit à une autre aiguille , qui ſeroit en équilibre dans une ſituation parallele à l'horiſon , & dont on ſurchargeroit une des extrêmités du plus petit contre-poids poſſible : ce qui ne ſera pas difficile à comprendre à quiconque aura bien conçu ce que nous avons dit ci-deſſus , en parlant de la balance.

Mais si l'axe implanté dans l'aiguille, dont il est ici question, étoit cylindrique, tel que l'axe K R E B S [*Tab.24. fig. 2.*], & tel que les Ouvriers ont coutume de les construire ; alors, lorsque l'aiguille, en s'inclinant, prendroit la situation M P H F, la partie de cette aiguille, qui seroit abaissée K M B F, deviendroit plus courte, & la partie K P H B, qui seroit élevée, deviendroit plus longue ; puisque, dans cette construction, le centre du mouvement n'est pas le même que celui de l'aiguille, mais qu'il est placé dans le point E de la surface de l'axe, lorsque l'aiguille est placée dans une situation horisontale, & qu'il se trouve ensuite situé dans le point B, qui touche un des points de la circonférence des yeux du support, lorsque l'aiguille est inclinée, & par conséquent que ce centre se trouve successivement placé dans tous les points d'un quart E B S de la surface de cet axe, suivant que l'aiguille est différemment inclinée.

Par conséquent si CE, rayon de l'axe, est le sinus total, la partie de l'aiguille qui est abaissée au-dessous de la situation horisontale, décroît à proportion de l'accroissement du sinus de l'angle B C E, que l'inclinaison de l'aiguille fait avec l'horison ; de sorte que, si cette aiguille devient perpendiculaire à l'horison, la partie qui sera abaissée sera élevée au dessus de sa situation naturelle d'un demi-diametre de l'axe, & conséquemment cette partie de l'aiguille aimantée sera plus courte que l'autre de toute la longueur du diametre de l'axe. Or la partie de cette aiguille, qui est plus longue pese davantage, & celle qui est plus courte pese moins ; par conséquent, lorsque l'aiguille trébuche, il faut que le poids de la partie de l'aiguille qui s'éleve soit en équilibre, & avec l'autre partie de cette aiguille qui pese moins, & avec la force magnétique qui la fait trébucher : mais si la force magnétique, qui oblige cette aiguille à trébucher, est moindre que l'excès du poids de la partie élevée sur le poids de celle qui est abaissée, l'inclinaison de cette aiguille ne sera pas aussi grande qu'elle devroit être : c'est pour cette raison qu'une aiguille, dont l'axe est cylindrique, ne s'incline que très peu, & qu'elle s'incline d'autant plus, que la vertu magnétique est plus forte.

Afin donc de juger prudemment de toute l'intensité de la force magnétique, qui oblige une aiguille à s'incliner, & de ne pas confondre cette force avec aucune autre, on pourroit élever sur le centre de l'aiguille une autre petite aiguille de cuivre, de l'espece de celles qu'on place sur le fléau d'une balance ordinaire : cette aiguille, étant artistement travaillée, pourroit, lorsque l'aiguille aimantée trébucheroit, compenser ce que la partie de l'aiguille qui s'incline perdroit de son poids par cette inclinaison ; puisque, à proportion que cette aiguille trébucheroit, le centre de gravité de la petite aiguille s'éloigneroit de plus en plus du centre du mouvement, & on pourroit, par ce moyen, faire ensorte que le poids de la partie abaissée fût toujours en équilibre avec celui de la partie qui s'éleveroit.

§. DCCCCLXXIII. Plusieurs Physiciens ont cru pouvoir connoître la longitude des différens endroits de la terre, à l'aide d'une aiguille d'inclinaison ; mais le succès n'a point répondu à leur attente : c'est un instrument de très peu d'utilité, & j'en suis enfin convaincu après plusieurs travaux & plusieurs observations exactes & suivies que j'ai faites pendant une longue fuite d'années : MM. *Whiflon* (1) & *Euler* (2) ont fait néanmoins quantité de recherches fur l'aiguille d'inclinaifon.

§. DCCCCLXXIV. On peut faire revivre, ou exciter de plufieurs manieres, la difpofition ou la force magnétique du fer, qui n'eft point pourvu de cette vertu, ou qui n'en jouit que d'une très petite quantité, ou enfin dans qui elle eft comme éteinte & engourdie.

1°. Si on frotte fur le pôle d'un aimant un morceau de fer, ou d'acier bien poli, en le faifant glifler fur ce pôle depuis une de fes extrêmités jufqu'à l'autre, & fi on répete plufieurs fois cette opération ; moins ce fer fera poli, plus fa furface fera inégale & raboteufe, & moins il acquerra de vertu magnétique

2°. Si on prend un morceau de fer d'une certaine longueur, & qu'après l'avoir placé dans une fituation perpendiculaire à l'horifon, on le laiffe tomber, de maniere qu'une de fes extrêmités frappe la terre, cette extrêmité acquerra la vertu du pôle auftral.

3°. Si, ayant fufpendu un morceau de fer, on frappe fon extrêmité inférieure avec un marteau, la partie frappée aura acquis, par ce choc, la vertu du pôle auftral (3).

4°. Il arrivera encore la même chofe fi on fait rougir un morceau de fer, & qu'après l'avoir trempé dans l'eau, on le foutienne pendant quelque tems dans une fituation verticale, ou un peu inclinée vers le pôle boréal.

5°. La foudre communique auffi au fer qu'elle frappe la vertu magnétique (4).

6°. On affure que la même chofe eft arrivée à une aiguille de bouffole, à laquelle on communiqua la vertu électrique, lorfqu'elle étoit placée fur la furface de l'eau (5).

7°. On donne encore la vertu magnétique au fer, lorfqu'on le lime, qu'on le polit & qu'on le perce, ainfi que *Boyle* l'a obfervé (6) : c'eft pour cette raifon que les vrilles, les tarieres, & tous les inftrumens dont on fe fert pour percer, acquerent, par l'ufage qu'on en fait, la vertu magnétique (7).

8°. Si on place dans un gros étau, de l'efpece de ceux dont les Serruriers font ufage ; fi on y place, dis-je, une lame de fer à peu près vers le milieu de fa longueur, & qu'on la plie & replie fur elle-même plufieurs fois, jufqu'à ce qu'elle rompe, les deux levres qui réfulteront de cette rupture, feront douées d'une forte vertu magnétique ; ainfi que l'a obfervé M. *de Réaumur* (8).

9°. Si on place une lame de fer, ou d'acier, felon la direction d'un méridien magnétique ; fi on prend enfuite deux verges de fer, conftruites de maniere qu'une de leurs extrêmités foit plus groffe, & l'autre plus menue, & qu'on les place l'une & l'autre à chacune des extrêmités de la lame de fer

---

(1) Treatife of the Dipping needle. (2) Hift. de l'Acad. de Berlin, ann. 1755. (3) Philof. Tranf. n°. 450. n°. 459. p. 614. (4) Philof. Tranf. n°. 492. p. 113. (5) Philofoph. Tranf. Vol. 47. p. 289. (6) De Origine variarum qualit, p. 128. (7) Philof. Tranf n°. 246. (8) Hift. de l'Acad. Roy. ann. 1723.

ou d'acier qu'elles toucheront par leur extrêmité la plus menue , & qu'on frotte ensuite, avec un corps dur quelconque , la lame intermédiaire, cette lame acquerra une puissante vertu magnétique.

10°. On parvient à communiquer au fer , ou à l'acier , soit mou , soit trempé , une vertu magnétique considérable ; si , ayant construit avec différentes especes de métaux , des lames quadrangulaires & oblongues , ou des parallélipipedes , on les frotte avec d'autres lames de fer , en observant les différens procédés que j'indiquerai dans l'instant. *Saverey* (1), *Marcel* (2), *Michel* (3), *Canton* (4), *Duhamel* (5), nous ont appris différentes manieres d'aimanter le fer & l'acier ; & le P. *Rivoir* , dans la Préface de son Traité sur les aimants artificiels , nous a transmis les différentes inventions de ces habiles gens , qu'il a rassemblées (6). Le célebre *Knight* a imaginé un moyen de communiquer à l'acier une vertu magnétique très forte , & de faire d'excellens aimants avec une composition de limaille de fer très fine , mêlée avec différentes substances , qu'il fait rougir au feu , & qu'il traite d'une maniere particuliere.

Cet habile homme n'a pas encore divulgué l'excellente méthode dont il a fait usage. Le savant *Dan. Wilh. Nebel* (7) a travaillé aussi avec beaucoup de succès sur cette matiere.

§ DCCCCLXXV. Si on prend une lame de fer ou d'acier non trempé , d'une figure oblongue , & dont la longueur n'excede pas 6 pouces , la largeur ½ pouce , & l'épaisseur ¼ de pouce ; ou si elle est plus courte, moins épaisse , & plus étroite , & qu'on la pose dans une situation horisontale , ou verticale : si on la place dans une situation parallele à l'horison , quelque direction qu'on lui donne , c'est-à-dire , vers quelque partie du monde qu'on la dirige , soit qu'on la pose sur un corps quelconque, métallique, de bois ou de pierre ; quoiqu'une plaque de fer conviendroit mieux pour cet usage , & qu'on la frotte depuis une de ses extrêmités jusqu'à l'autre , en appuyant fortement dessus avec l'extrêmité épaisse & pesante d'une barre de fer : si on répete plusieurs fois cette manœuvre , ayant soin de relever la barre de fer , avec laquelle on frotte , chaque fois qu'on est parvenu à l'extrêmité de la lame qu'on frotte , & de replacer cette barre sur la même extrêmité de la lame par laquelle on a commencé cette opération ; alors , lorsqu'on aura frotté plusieurs fois la même surface , si on tourne cette lame , afin de frotter de la même maniere la surface opposée , savoir , celle qui étoit appuyée sur la table , on communiquera , par ce moyen , une forte vertu magnétique à cette lame : l'extrêmité de cette lame , par laquelle on aura commencé l'opération , que nous venons de détailler , jouira des propriérés du pôle boréal , & l'autre extrêmité de celles du pôle austral : mais si la lame de fer , dont on se sert dans cette occasion , est courte & épaisse , on ne parviendra point à l'aimanter.

§. DCCCCLXXVI. Pour réussir dans cette expérience , il est indifférent

(1) Philos. Transf. n°. 414. (2) Uitgeleeze Natuurkund. Verhand. Tom. 2. p. 261. (3) Treatise of artificial magnets. (4) Philos. Transf. Vol. 47. (5) Hist. de l'Acad. Roy. ann. 1745 & 1750. (6) Rivoir , Traités sur les Aimants artificiels. (7) In Dissert. inaugur. de magn. artif. ann. 1756.

de se servir d'une barre de fer qui soit vieille , & qui ait été destinée à tout autre usage , ou d'en prendre une neuve & faite exprès ; il importe aussi fort peu de tenir cette barre perpendiculairement sur la lame qu'on frotte , ou de l'incliner sur cette lame , de maniere qu'elle forme un angle quelconque avec elle. Il faut cependant observer qu'il y a du fer qui est plus propre qu'un autre pour recevoir & pour conserver la vertu magnétique ; pareillement il y a de l'acier qui est préférable à tout autre pour cet usage. L'acier mou & non trempé, reçoit plus aisément la vertu magnétique que l'acier trempé ; mais aussi il ne la conserve pas si bien. Le meilleur dont on puisse faire usage , est celui qui est fort compact , & qui est exempt de fentes, de crevasses, & de pailles.

§. DCCCCLXXVII. Si on place une lame d'acier trempé sur un morceau d'acier pareillement trempé , & qu'on la frotte avec une barre d'acier trempée , elle ne recevra pas une si forte vertu magnétique, que si cette lame d'acier étoit posée sur un morceau de fer mou , & d'un grand volume , & qu'on le frottât avec une barre de fer mou.

§. DCCCCLXXVIII. Si on frotte une lame d'acier trempé avec d'autres lames d'acier aimantées , la lame frottée acquerra plus vîte la vertu magnétique.

§. DCCCCLXXIX. Si on place parallelement sur une table deux lames d'acier égales & trempées , & que la distance d'une de ces lames à l'autre ne soit que d'un pouce, ou d'un demi-pouce, & qu'on pose à l'extrêmité de ces lames deux lames de fer mou, également épaisses & de même largeur, de maniere que cet appareil forme un rectangle ; si on prend alors deux lames d'acier égales & aimantées , & qu'on les place vers le milieu d'une des deux lames , dont nous venons de parler, de façon que le pôle boréal d'une des lames aimantées pose sur la lame qu'on veut aimanter,& que le pôle austral de l'autre lame aimantée s'appuie sur cette même lame ; si après avoir incliné de chaque côté les deux lames aimantées,jusqu'à ce qu'elles forment,avec la lame sur laquelle elles s'appuient, un angle aigu , on les fait glisser de part & d'autre , en appuyant fortement sur la longueur de la lame qu'on veut frotter , jusqu'à ce qu'on soit parvenu aux extrêmités de cette lame , & qu'on touche les bandes de fer qui les terminent : si on retire alors les deux lames aimantées, & qu'on les replace , comme précédemment ,'vers le milieu de la lame déja frottée , pour répéter encore la même opération , & qu'ensuite on tourne cette lame pour frotter pareillement sa surface opposée, & qu'enfin on glisse de la même maniere , par rapport à la seconde lame , qui est placée sur la même table , à quelque distance de celle qu'on vient de frotter : après cette opération les deux lames auront contracté une grande vertu magnétique.

Mais si on frotte ces deux lames en même-tems , & , qu'à l'aide de deux autres lames aimantées , on les frotte , l'une & l'autre des deux côtés , on ne parviendra point à les aimanter ; & même si, avant l'opération , elles jouissoient de quelque vertu magnétique , elles la perdront par cette opération.

§. DCCCCLXXX. J'imagine que la méthode suivante est encore très avantageuse pour aimanter : supposons deux lames A B , & C D , qui soient aimantées, & qu'on veuille communiquer la même vertu aux lames E G, & F H; cela posé, placez au bout de la lame A B la lame E G, & que ces deux lames soient dirigées selon la même ligne droite : disposez pareillement à l'extrêmité de la lame C D la lame F H; joignez les extrêmités de ces lames par le moyen des bandes de fer M N & O P, de façon que ces quatre lames forment une espece de parallélogramme : prenez ensuite la lame K L, que je suppose bien aimantée ; placez cette derniere lame sur la lame D H, de façon qu'elle forme avec elle un angle aigu quelconque, & frottez cette lame avec la lame K L, en tirant celle-ci depuis le point D jusqu'au point H : lorsque le point K de la lame K L aura été porté sur le point H de la lame frottée, soulevez la lame K L pour la reporter de nouveau sur le même point D, & réitérez la même opération jusqu'à cent fois : tournez ensuite la lame D H, afin que la surface de cette lame, qui posoit sur la table, devienne supérieure ; placez, comme précédemment la lame K L sur cette nouvelle surface, & répétez encore autant de fois que précédemment l'opération dont nous venons de parler : après cela, transportez la lame K L sur la lame E G, de façon que l'extrêmité L de la lame K L touche le point B ; & faites mouvoir, comme dans l'opération précédente, la lame L K sur la lame E G, depuis le point E jusqu'au point G : lorsque vous aurez répété cette manœuvre cent fois, avec la même attention que précédemment, vous tournerez pareillement la lame E G, pour frotter son autre surface, qui est en contact avec la table ; plus vous répéterez de fois les frottemens que vous ferez éprouver aux lames E G & F H, & mieux vous parviendrez au but que vous vous proposez : ces lames F H & E G acquerront plus promptement & plus fortement la vertu magnétique. Si les lames A B & C D sont plus fortement aimantées, les précédentes, dont nous venons de parler, s'en aimanteront mieux ; il est bon d'observer ici qu'il n'est pas nécessaire, pour la perfection de cette opération, que les lames A B & C D soient de même longueur que les lames E G & F H : les premieres peuvent être beaucoup plus longues que ces dernieres.

§. DCCCCLXXXI. Voici encore une autre méthode d'aimanter des lames. Soient deux lames d'acier C D & G H [*Tab.* 24. *fig.* 4.], séparées l'une de l'autre par un petit morceau de bois, & unies ensemble à leurs extrêmités par les lames de fer I L, L M. Soient, outre cela, deux autres lames d'acier plus grandes, A B, E F, qui, par leurs extrêmités B & E, soient en contact avec les barres I K, L M, & soient disposées dans la même ligne droite que la lame C D. Il faut que les deux lames A B, E F soient aimantées ; plus elles le seront fortement, & mieux l'expérience réussira : il faut, outre cela, avoir attention que l'extrêmité B de la lame A B soit le pôle boréal de cette lame, & que l'extrêmité E de la lame E F soit son pôle austral ; les choses, étant ainsi disposées, placez sur l'extrêmité A de la barre A B le pôle boréal d'un fort aimant, & conduisez cet aimant, d'un seul trait, sur les lames A B, C D, E F.

Après cette premiere opération, enlevez la lame A B, & placez sa partie B sur la barre L M, de façon que le point B réponde au point M de ce morceau de fer, afin que la lame A B soit couchée sur la lame G H ; enlevez pareillement la lame E F, & placez son extrêmité E sur le point K de la lame de fer I K, afin que la lame E F soit aussi couchée sur la lame GH : placez alors encore une fois le pôle boréal de l'aimant sur le point A de la lame A B, & faites le encore glisser sur A B, H G, E F. On peut répéter plusieurs fois ces sortes d'opérations, & il faudra ensuite tourner la lame GH dans un sens opposé, pour répéter la même opération sur son autre surface, qui est appliquée contre la table : il faudra après cela faire la même chose sur la surface opposée de la lame C D, les lames A B & E F étant placées dans leur premiere situation ; en opérant de cette maniere on parviendra à aimanter fortement les lames C D & G H : on peut encore substituer aux lames intermédiaires C D & G H les lames A B & E F, & placer les deux premieres à la place de ces dernieres ; alors on fera glisser comme précédemment un aimant, jusqu'à l'extrêmité de la troisieme : après cette opération on rétablira les choses dans leur premier état, & on la réitérera encore comme auparavant ; par ce moyen on aimantera plus fortement les lames C D & G H Si les extrêmités A, B, C, D, E, F, G, H sont soutenues sur des points d'appui, ou sur des clefs, cela ne nuira aucunement au but qu'on se propose.

Voici maintenant une autre méthode, qui ne differe pas beaucoup de la précédente.

On applique contre les extrêmités des lames C D & G H [*Tab.* 24. *fig.* 5.] les bandes de fer I K, L M ; on place après cela d'autres lames d'acier A B, E F, dans la même ligne droite que la lame C D, ainsi que dans la méthode précédente : si on prend alors deux lames aimantées N O, N P, qui se touchent en N, & qui soient placées vers le milieu de la lame C D, & qu'on les conduise en appuyant fortement sur la longueur de cette lame, jusqu'à ce qu'elles soient parvenues aux extrêmités D & C de cette lame, & qu'alors on retire ces deux lames aimantées pour répéter plusieurs fois la même opération ; après avoir procédé de la même maniere sur la lame G H, ces deux lames C D, G H auront contracté une puissante vertu magnétique.

Il y a encore une autre méthode très avantageuse pour aimanter des lames. On place sur une table deux lames d'acier C D, G H [*Tab.* 24. *fig.* 6.], auxquelles on a dessein de communiquer la vertu magnétique ; on applique contre les extrêmités de l'une de ces deux lames, ainsi que dans la méthode précédente, deux lames aimantées A B, E F : on prend ensuite six lames aimantées N O, P S, on les place de façon que ces six lames se touchent supérieurement en N P, & qu'elles soient éloignées inférieurement les unes des autres de la quantité O S. Les choses étant ainsi construites, on conduit les trois lames N O sur la partie O C de la lame C D, & ensuite, mais d'un même trait, sur toute la longueur de la lame B A : on conduit aussi les trois lames P S sur la partie S D de la lame C D, & pareillement d'un même trait, sur toute la longueur de la lame E F ; parvenues à ces deux extrêmités A & F, on retire les six lames pour les replacer de nouveau dans la même situation N O, P S, & on réitere la même manœuvre : on répete aussi la même opération sur la lame G H, après avoir placé les lames A B & E F dans la même situation qu'elles sont placées, par rapport à la lame C D. Deux lames aimantées de cette maniere, acquerent autant de vertu magnétique qu'elles en puissent acquérir ; c'est pour cela qu'en très peu de tems elles perdent un peu de la force qu'on leur a communiquée.

§. DCCCCLXXXII.

§. DCCCCLXXXII. Pour communiquer la vertu magnétique, sans le secours d'aucun aimant naturel, à des lames d'acier extrêmement grosses & longues, & qui n'ont jamais été aimantées, il faut commencer par les frotter avec de petites lames, ensuite avec d'un peu plus grandes, & continuer ainsi par gradation à se servir de plus grandes en plus grandes lames; car s'il y a une trop grande disproportion entre les lames frottantes & celles qu'on frotte, on remarquera que les petites lames ne communiquent que de très petites forces à celles qui sont plus grandes; tandis que les grandes lames communiquent sur-le-champ aux petites toute la vertu qu'elles peuvent leur communiquer.

§. DCCCCLXXXIII. *Nebel* néanmoins a démontré que des lames d'acier de différentes longueurs, mais aussi puissamment aimantées les unes que les autres, communiquoient une même vertu à d'autres lames égales entre-elles.

§. DCCCCLXXXIV. A la vérité, si les lames aimantées dont on fait usage, sont de différentes forces, quant à leur vertu magnétique; celles qui auront plus de force en communiqueront davantage à une autre lame, que celles qui en auront une plus foible.

§. DCCCCLXXXV. Mais est-il un moyen de connoître sûrement si une lame d'acier frottée par d'autres lames aimantés, a reçu autant de vertu magnétique qu'elle en puisse jamais recevoir & conserver? Il est certain qu'il n'y a aucune raison, ni aucune expérience qui puisse à cet égard répondre à notre attente: en effet, une lame d'acier frottée sur un aimant, acquiert autant de vertu magnétique qu'elle en peut recevoir de cet aimant; mais il n'est pas moins constant que, si cette même lame eût été frottée sur un aimant plus fort, elle eût acquis une vertu plus puissante; & on peut assurer que cette même lame recevroit encore une plus grande vertu, si on la frottoit avec les plus grandes lames magnétiques de *Knight*. Mais qui est ce qui pourroit deviner, ou qui oseroit assurer qu'on ne découvrira pas par la suite une meilleure maniere de communiquer la vertu magnétique? On ne reconnoît donc encore jusqu'à présent pour certain qu'un aimant, ou des barres aimantées, communiquent telle ou telle quantité de vertu magnétique à une barre donnée, & que cette force est la plus grande de celles qu'elle peut recevoir par leur ministere.

§. DCCCCLXXXVI. On peut aussi parvenir, par différens moyens, à donner plusieurs pôles à une lame de fer ou d'acier, dont la figure est oblongue: lorsqu'une barre de fer a plusieurs nœuds, & qu'on la frotte sur un aimant, ou sur une baguette aimantée, cette barre acquiert autant de pôles qu'elle a de nœuds.

Mais si une lame de fer, ou d'acier, est homogene dans toute sa longueur, & qu'elle n'ait point de nœuds; on pourra néanmoins lui communiquer autant de pôles qu'on le jugera à propos, en la plaçant ainsi qu'on a placé un morceau d'aimant [*Tab.* 23. *fig.* 1.] entre deux barres fortement magnétiques; & on placera ces pôles où on voudra, en appliquant entre ces barres les parties de la lame auxquelles on voudra communiquer la vertu polaire.

§. DCCCCLXXXVII. Les forces magnétiques des aimants suivent-elles la raison directe des superficies, ou sont elles comme la racine quarrée de leurs poids ? C'est une observation qu'on ne peut faire que sur les aimants naturels. En effet, connoissant d'abord la forme d'une masse d'aimant, d'une figure réguliere, & d'une étendue déterminée, il faut couper cet aimant en plusieurs parties, de différentes grandeurs, & éprouver ensuite la force de chacune de ces parties ; mais il n'est pas possible de faire cette épreuve avec exactitude sur différens morceaux d'aimants qui ne proviendroient pas de la même masse. Mais peut on faire la même épreuve sur les aimants artificiels ? C'est ce qui n'est pas d'une petite difficulté ; parceque, quelqu'habile qu'on suppose un Artiste qui construise ces lames, quelque soin qu'il apporte pour en faire deux tout-à-fait semblables, quoiqu'il les tire du même morceau d'acier, qu'il les chauffe également, & qu'il les trempe en même tems dans la même eau, il peut fort bien arriver que la trempe de l'une de ces deux lames soit plus dure que celle de l'autre, & que par conséquent la premiere soit plus propre à recevoir la vertu magnétique, & qu'elle supporte un plus grand poids ; ce qui fait qu'on ne peut jamais conclure certainement, d'après les observations les plus exactes faites sur cette matiere (1). Cependant comme les plus habiles Ouvriers apportent des soins particuliers pour construire, avec un même morceau d'acier, des parallélipipedes parfaitement semblables, je soupçonne que la loi de *Bernouilli* pourroit être admise, ou au moins qu'elle ne conduiroit pas à une erreur bien sensible dans la pratique. Quiconque s'appliquera à répéter de telles expériences, pourra découvrir les différences immenses qu'il y a entre les forces attractives : lorsqu'on suspend à un des plans d'un parallélipipede aimanté un fer plan qui porte un bassin, dans lequel on met des poids, il arrive rarement que ce morceau de fer soit attiré fortement par la surface inférieure du parallélipipede ; mais lorsque c'est le tranchant de ce même morceau de fer qui est en contact avec la surface du même parallélipipede, & que ce tranchant est bien dressé, & qu'il forme une ligne droite très polie, j'ai observé plusieurs fois que, dans ce cas, le suspensoir porte un poids qui est à celui qu'il portoit dans le premier cas, comme 3 : 2, ou : : 4 : 3. Car de dix expériences qu'on répere de la même maniere, à peine rencontr-t-on deux fois le même résultat ; & c'est pour cela qu'on ne feroit point mal, dans cette circonstance, d'ajoûter ensemble les poids qu'on auroit trouvés en répétant dix fois la même expérience, & de diviser cette somme par 10., pour avoir un nombre moyen.

J'ajoûterai ici les différentes tentatives que j'ai faites sur cette matiere, avec tout le soin possible, sans aucun préjugé, & sans intérêt pour aucun parti

1°. J'ai pris plusieurs parallélipipedes, tirés du même morceau d'acier, forgés & trempés par le même Ouvrier ; le premier pesoit 2249 grains : je le plaçai dans une situation verticale, & je l'aimantai avec une baguette aimantée.

(1) Bibliotheq. Germaniq. Tom. 16. p. 228. Acta Helvetica, Tom. 2. p. 264.

Le logarithme de 2249 = 3 . 3519895

                                                                2

$$\overline{}$$

6 . 7039790

Divifant ce nombre par 3) 2 . 2346596 log. du nomb. 171 . 66,
Ce parallélipipede porta un poids moyen de 3412 grains.

2°. Un autre parallélipipede d'acier trempé, & dont le poids étoit = 858
grains; ce parallélipipede, aimanté par la même baguette, & de la même
maniere que je viens d'indiquer ci-deſſus, ſupporta un poids moyen = 2267
grains.

Le logarithme du nombre 858 = 2 . 9334873

                                                                2

$$\overline{}$$

5 . 8669746

Ce nombre, divifé par 3) = 1 . 9556582, logar. du nomb. 90 . 294.

3°. Un autre parallélipipede d'acier trempé, du poids de 545 grains, auquel j'avois communiqué la vertu magnétique de la même maniere que précédemment, porta un poids moyen = 1317.

Le logarithme de 545 = 2 . 7363965

                                                                2

$$\overline{}$$

5 . 4 27930

Ce nombre, divifé par 3) 1 . 8242643, logar. du nomb. 66 . 721.

Si on établit maintenant la proportion ſuivante, 171, 66 : 3412 : : 90, 294 :
1795, lequel nombre ne s'écarte point trop de celui que l'expérience nous a
donné; ſavoir 2267 : pareillement, dans la proportion ſuivante, 171, 66 : 3412
: : 66, 721 : 1326, 2 Ce dernier nombre 1326, 2 differe très peu du nombre indiqué 1317; d'où il paroît manifeſtement que ſi j'avois rencontré dans la ſeconde expérience une proportion auſſi exacte, je me ferois ſervi avec ſûreté de
la loi de *Bernouilli*. En effet, ſi le ſecond parallélipipede n'eût porté que
1782 grains, au lieu de 2267, la loi de *Bernouilli* eût été ſuffiſamment établie; peut-être que l'erreur que les réſultats de nos expériences nous font obſerver, dépend de la diſpoſition de l'acier, qui pouvoit être plus ou moins
trempé : peut-être que l'Artiſte de Baſle a été plus adroit pour donner une
trempe convenable à l'acier qu'il a employé; car on ne peut point révoquer
en doute l'exactitude du célebre *Bernouilli*. Dans l'embarras où me jettoient
les expériences que j'avois faites, je conſultai celles qui avoient été faites
par de très habiles gens. M. *Knight*, très verſé dans ces ſortes d'expériences, éprouva qu'une barre d'acier, du poids de 216 grains, porta un poids
de fer = 1452 grains. M. *de Buffon* trouva qu'une barre, dont le poids étoit

= 294 grains, portoit un poids de fer = 1710 grains. Comparons maintenant la loi de *Bernouilli* avec ces expériences.

Le nombre 216 a pour logarithme 2 . 3344537
                                         2
                                  —————————————
                                  4 . 6689074

Ce nombre, divisé par 3)   1 . 5563024 logar. du nomb. 36.

Le nombre 294 a pour logarithme 2 . 4683473
                                         2
                                  —————————————
                                  4 . 9366946

Ce nombre, divisé par 3)   1 . 6455648, logar. du nomb. 44. 215.

            36 : 1452 : : 44 : 215. Les logar.

                                  1 . 6455648
                                  3 . 1619666, logar. du nomb. 1452.
                                  —————————————
                                  4 . 8075314
                                  1 . 5563024
                                  —————————————

En faisant la soustraction, on aura 3 . 2512290 = 1783:

Par conséquent, à la place de 1710 grains, que l'expérience indique, le calcul donne 1783 grains; ce qui ne fait pas une erreur assez sensible pour faire tort à la regle de *Bernouilli.*

§. DCCCCLXXXVIII. Il suit de ces expériences, que les grands aimants artificiels sont plus forts que les petits : de là si un aimant pese 10 fois plus qu'un autre, on connoîtra le rapport de leur vertu magnétique par la méthode suivante.

Le logarithme du nombre 10 = 1 . 0000000
                                    2
                             —————————————
                             2 . 0000000

                    (3)   0 . 6666666 = nomb. 4 . 6416.

Mais si l'un des deux est cent fois plus pesant que l'autre,

Le logarithme du nombre 100 = 2 . 0000000
                                    2
                             —————————————
                             4 . 0000000

                    (3)   1 . 3333333 = nomb. 21 . 544.

D'où il paroît que les grands aimants ne peuvent pas porter un bien grand poids.

§. DCCCCLXXXIX. J'ai obfervé, fur ces entrefaites, que fi deux parallélipipedes d'acier trempé, unis enfemble par deux lames de fer, placées à leurs extrêmités, font renfermés dans des boîtes de bois; j'ai obfervé, dis je, que ces parallélipipedes jouiffoient d'une forte vertu magnétique, lorfqu'ils avoient été aimantés récemment; mais qu'ils perdoient beaucoup de leur force dans l'efpace d'un an; qu'ils en perdoient encore davantage dans l'efpace de deux ans : & j'ai même obfervé conftamment cette diminution de force dans toutes fortes de parallélipipedes, foit grands, foit petits. A la vérité ils reprennent leur premiere vigueur lorfqu'on les aimante derechef; mais cette opération eft indifpenfablement néceffaire pour cela. D'où je conclus qu'il eft néceffaire d'avoir toujours quelques parallélipipedes qui puiffent fervir à en frotter d'autres; afin que ces derniers confervent conftamment toute la vertu magnétique qu'ils ont reçue. D'autres Phyficiens ont obfervé, auffi-bien que moi, ce même phénomene (1); de forte qu'il paroit que l'acier ne peut conferver qu'une certaine quantité de vertu magnétique, quoiqu'on puiffe parvenir, avec le fecours de l'art, à lui en communiquer davantage.

§. DCCCCXC. On parvient à diminuer, & même à dépouiller l'aimant, le fer & l'acier de leur vertu magnétique.

1°. En jettant dans un brafier ardent les corps dont nous venons de parler, en les y laiffant long-tems féjourner fans les remuer, & jufqu'à ce que les charbons foient confumés & les cendres refroidies; ayant foin, après les avoir retirés, de ne les point frapper, & de ne les point frotter contre des corps durs.

2°. En frottant les aimants fur d'autres aimants, les verges d'acier aimantées fur d'autres verges pareillement aimantées; mais en les faifant gliffer fur un pôle contraire, ou en les frottant fur le même pôle en fens contraire de celui felon lequel elles auroient été aimantées, fans répéter néanmoins trop fouvent cette opération; car elles pourroient parvenir à s'aimanter fuivant une direction contraire à celle qu'elles auroient déja reçue. Il faut cependant obferver qu'on vient plus difficilement à bout de détruire la vertu magnétique de tout corps qui en eft pourvu, ou de l'empêcher de fe manifefter, en frottant ce corps fur l'aimant ou fur la barre aimantée qui lui a communiqué fa vertu.

3°. On parvient encore à détruire la vertu magnétique des lames d'acier qui ne font point trempées, fi on les pofe fur une enclume de pierre, & qu'on les forge avec des marteaux de pierre, & qu'on ne leur faffe pas éprouver un trop grand, ou un trop petit nombre de coups; lorfqu'on pofe ces lames fur une enclume de fer, on parvient difficilement à leur faire perdre toute leur vertu magnétique en les forgeant. On détruit encore cette vertu dans les lames dont nous venons de parler, en les jettant par terre, ou en les laiffant tomber fouvent, & irrégulierement, ou en les pliant & en les tordant en différens endroits.

(1) Michell. of artifical Loadftone. Rivoir, dans fa Préface, p. 68 & 98 des aimants artificiels.

4°. On a éprouvé quelquefois qu'une forte vertu électrique, communiquée à une aiguille de bouſſole, affoibliſſoit conſidérablement ſa vertu magnétique; néanmoins lorſque la vertu magnétique eſt très forte, elle réſiſte à la vertu électrique : & cette dernière n'a aucune priſe contre la vertu magnétique.

5°. *Franklin* a cependant obſervé qu'il pouvoit communiquer la vertu polaire à une aiguille de bouſſole qui ſurnageoit ſur la ſurface de l'eau, en lui communiquant une forte vertu électrique, & qu'il pouvoit à volonté changer les pôles de cette aiguille. Lorſque l'aiguille d'une bouſſole eſt placée dans la ligne du méridien magnétique, & qu'on lui communique la vertu électrique par ſon pôle auſtral, on remarque auſſi-tôt que cette partie de l'aiguille ſe dirige vers le Septentrion; & c'eſt de-là qu'on a ſoupçonné que ſi une aiguille eſt frappée de la foudre par ſon pôle auſtral, ce pôle ſe tourne auſſi-tôt vers la partie ſeptentrionale du monde.

6°. Lorſque le tonnerre tombe ſur une aiguille aimantée, il lui fait perdre, ou il diminue conſidérablement ſa vertu magnétique (1); ainſi que je l'ai obſervé dans un jardin que j'avois à Utrecht.

7°. Si un aimant, un morceau de fer ou d'acier, qui jouiſſent d'une forte vertu magnétique, ſont rongés par la rouille, cette rouille détruira tout-à-fait leur vertu; car la rouille eſt incompatible avec elle.

8°. Si on laiſſe un aimant pendant long-tems ſans être chargé de fer, & qu'on le néglige au point de laiſſer ſes pôles dans une ſituation contraire à la direction du magnétiſme univerſel; ou ſi on le garde dans un endroit humide, comme dans un cellier, il perdra beaucoup de ſa force. Le célebre *Deſaguilliers* a obſervé qu'un aimant qui portoit 180 ℔, ayant été renfermé pendant quelques années dans un cellier, ne portoit plus que 120 ℔.

§. DCCCCXCI. La foudre change quelquefois les pôles des aiguilles de bouſſoles, de ſorte que le pôle auſtral devient alors boréal (2), & le pôle boréal devient auſtral (3); quelquefois auſſi elle change la direction de ces aiguilles en augmentant leur déclinaiſon.

§. DCCCCXCII. Si on applique contre les deux pôles d'un aimant deux lames de fer, plus épaiſſes vers une de leurs extrêmités, & recourbées en-dedans vers cet endroit, de façon que le pied d'une de ces lames réponde vis-à-vis du pied de l'autre; on dit alors que l'aimant eſt *armé*. On applique une armure à un aimant, & on ſuſpend aux deux pieds de cette armure un autre morceau de fer, par le moyen duquel cet aimant attire & ſoutient une plus grande maſſe de fer. En effet, le pôle d'un aimant, quelque fort qu'on le ſuppoſe, ne peut porter qu'un très petit morceau de fer; mais une armure, en couvrant les deux pôles de cet aimant, reçoit toute la force répartie entre ces deux pôles : de-là, lorſqu'on ſuſpend un morceau de fer ſous les deux pieds d'une armure, & que ce morceau de fer eſt d'une grandeur & d'une figure déterminée, ainſi que d'une épaiſſeur proportionnée; on voit alors qu'il eſt plus fortement attiré par les deux pieds de cette armure, & il peut ſoutenir un plus grand poids avant de ſe ſéparer des deux pieds

(1) Deſlandes, Recueil de Phyſ. T. 3. p. 77.　(2) Philoſ. Tranſ. Vol. 47. p. 289.
(3) Philoſ. Tranſ. n°. 492. p. 248.

qui le foutiennent. Cet effet viendroit-il de ce que la vertu magnétique ,
coulant d'un des deux pôles par l'armure qui lui répond , paffant enfuite par
le pied de cette armure & par le morceau de fer, fe porteroit vers l'autre
pied pour fe jetter dans fon armure , & de-là dans la pierre , tandis qu'une
même vertu, s'échappant de ce fecond pôle , fuivroit en fens contraire la
même direction que la premiere, pour fe porter pareillement au pôle oppofé ;
& de ce que ces deux courans , fe prêtant un mutuel fecours, concourroient
l'un & l'autre à foutenir le fer appliqué contre les pieds de l'armure , ainfi
que le poids dont il eft chargé ?

§. DCCCCXCIII. On conftruit pareillement des *aimants artificiels armés* ,
en raffemblant enfemble plufieurs lames d'acier trempé , qu'on a eu foin d'aimanter auparavant; ces fortes d'aimants font propres à porter des poids
confidérables , & ne le cedent en rien , quant à leur vertu , aux plus forts aimants naturels : ils fervent aux mêmes ufages que ces derniers, & ils font
très propres à aimanter fortement des aiguilles de bouffole.

§ DCCCCXCIV. On a imaginé depuis peu en Angleterre des efpeces de
fer à cheval aimantés C A B [*Tab.* 25. *fig.* 2.], faits avec de l'acier bien
trempé , dont les pôles C & B font peu éloignés l'un de l'autre : on applique
contre ces pôles une plaque de fer D , à laquelle on fufpend un baffin, qu'on
charge de poids. Ces aimants artificiels font doués d'une force magnétique
confidérable : j'en ai qui n'ont que 3 pouces de diametre , & qui portent un
poids de 7 ℔ *Bernouilli* rapporte qu'il a vu de ces fortes d'aimants , qui
avoient été faits par un Ouvrier nommé *Dietrich* , dont l'épaiffeur étoit =
5 lignes , la largeur = 9 lignes , la circonférence extérieure = 8 pouces, &
qui foutenoient un poids = 16 ℔ (1) ; & il ajoûte que plufieurs autres aimants de cette efpece, & de différentes grandeurs, avoient reçu des forces
qui étoient en raifon directe de leurs furfaces.

Pour communiquer la vertu magnétique à un fer à cheval , tel que E M F
[*Tab.* 25. *fig.* 1.], il faut opérer de cette façon : prenez deux lames A B ,
C D, qui foient douées d'une puiffante vertu magnétique ; joignez ces deux
lames enfemble par la bande de fer O P : placez les deux extrêmités A , C
aux deux pieds E & F du fer à cheval ; prenez enfuite une troifieme lame
fortement aimantée; placez une de fes extrêmités fur le point E , & conduifez la , en appuyant fortement en partant du point A fur la circonférence du
fer à cheval jufqu'au point M , milieu de cette circonférence : lorfque vous
ferez parvenu au point M , retirez cette barre , & replacez la de nouveau
fur le même point E , afin de répéter la même opération que précédemment.
Il faut réitérer cent fois cette manœuvre : frottez enfuite , de la même maniere , l'autre partie F M de la circonférence du fer à cheval, mais avec
l'extrêmité de la lame aimantée qui eft oppofée à celle dont vous vous
ferez fervi pour frotter la partie E M de la même circonférence : ces deux
opérations étant achevées, tournez le fer à cheval en fens contraire, de forte
que la furface qui étoit pofée fur la table devienne fupérieure , tournez pareillement les deux lames A B , C D , afin que le pied E du fer à cheval foit
encore en contact avec l'extrêmité A de la lame A B , & que le pied

(1) Nouvelle Bibliotheq. Germ. Tom. 16. Part. 1. pag. 225.

F foit auffi en contact avec l'extrêmité C de la lame C D : & faites fur cette nouvelle furface la même manœuvre que vous avez faite fur l'autre, vous armerez enfuite cet aimant, ainfi que la figure 2 de la Table 25 l'indique.

§. DCCCCXCV. Nous n'avons encore parlé jufqu'à préfent que des phénomenes de l'aimant, & nous n'avons prefque rien dit fur la caufe de ces phénomenes. Cette caufe eft telle qu'elle échappe à la foibleffe de nos organes, & qu'elle ne peut tomber fous les fens : car ni le tact, ni l'œil, & encore moins les autres fens, ne peuvent rien dépofer qui puifle conduire à fa connoiffance ; il eft donc très difficile de la découvrir, de la démontrer, & de pouvoir, d'après cette démonftration, raffembler les effets que nous venons de décrire, fur-tout les loix des attractions magnétiques.

§. DCCCCXCVI. J'imagine qu'il convient de rapporter ici ce en quoi la vertu magnétique convient avec la vertu électrique, & ce en quoi ces deux vertus different l'une de l'autre.

1°. La vertu magnétique differe de la vertu électrique, en ce que cette derniere eft produite par des écoulemens fenfibles ; tandis qu'il n'y a rien dans la vertu magnétique qui puifle affecter aucun de nos fens.

2°. Ces deux vertus conviennent entr'elles, en ce qu'on peut les exciter l'une & l'autre par le frottement ; elles different néanmoins l'une de l'autre.

(a) Parceque, pour communiquer la vertu magnétique au fer, il faut employer une efpece de frottement particulier ; tandis que pour communiquer à différens corps la vertu électrique, on peut indifféremment fe fervir de toute forte de frottement quelconque.

(b) Outre cela, la vertu magnétique exige, pour fa production, que le fer foit frotté avec du fer, & non avec toute autre fubftance quelconque ; au contraire, on ne peut exciter la vertu électrique d'un corps idioélectrique en le frottant avec un autre corps de même efpece.

(c) Il n'eft pas toujours néceffaire d'avoir recours au frottement pour qu'un corps foit doué de la vertu magnétique ; puifque l'aimant naturel, qu'on retire des entrailles de la terre, jouit de cette vertu indépendamment de tout frottement quelconque : pareillement le fer, qui a été expofé pendant plufieurs années aux injures de l'air (§. 949), contracte cette vertu fans être frotté. Il la contracte encore de plufieurs autres manieres, toutes différentes du frottement (§. 974) : mais la vertu électrique ne fe manifefte jamais par elle-même, au moins ne fe manifefte-t-elle pas bien fenfiblement ; car celle qui eft excitée par les rayons du foleil, eft toujours très foible.

3°. Il y a encore un rapport de convenance entre la vertu magnétique & la vertu électrique, en ce que, fi on frotte extérieurement & intérieurement un tube de verre, ou fi on remplit un tube de verre, jufqu'à la moitié de fa capacité, avec du fable chaud, & qu'on agite ce fable de façon qu'en fe mouvant felon la longueur de ce tube, il frotte fes parois intérieurs ; alors fi on fufpend à un fil un morceau de papier, découpé en forme de croix, & difpofé de façon que fa furface plane foit parallele à l'horifon, ce morceau de papier, étant fufpendu à peu de diftance de ce tube, qui eft lui-même placé parallelement à l'horifon, ce papier, dis-je, fera attiré par le tube,

contre

contre lequel une de ses branches s'approchera : si-tôt qu'une des branches de ce morceau de papier aura touché le tube, elle en sera repoussée, & une autre branche sera attirée par une autre partie du tube ; pareillement une des extrêmités d'une aiguille de boussole est attirée par le pôle boréal d'un aimant, & son autre extrêmité par le pôle septentrional du même aimant : mais il y a cette différence entre ces deux phénomenes, que la vertu attractive de l'aimant se déploie par les deux extrêmités de l'aimant où gissent ses pôles, & que l'attraction du tube électrique n'agit pas par les parties opposées du tube ; outre cela, les deux extrêmités du tube électrique ne jouissent point de cette force attractive : elle ne se décele que dans les parties qui constituent sa longueur, & qui sont placées entre les deux extrêmités qui la terminent.

4°. La vertu électrique convient encore avec la vertu magnétique, en ce que ni l'une ni l'autre ne peuvent être troublées par l'action d'un foible vent, lors même qu'il souffleroit entre le corps attiré & le corps attirant : on remarque néanmoins cette différence lorsque le vent est humide, son humidité détruit la vertu électrique, tandis que cette même humidité n'a aucune prise sur la vertu magnétique, & qu'elle ne lui apporte aucun changement.

5°. Ces deux especes de vertu, la magnétique & l'électrique, se décelent également dans le vuide de *Boyle* ; mais elles different entr'elles, en ce que la vertu électrique, produite ou excitée dans le vuide, ne se manifeste pas au-dehors du récipient : au contraire la vertu magnétique agit également, & avec la même vigueur, dans le vuide & au-delà du récipient, & aussi librement que si elle étoit excitée dans l'air libre. Lorsqu'on reporte de nouvel air dans un récipient, sous lequel on a fait le vuide, la vertu électrique paroît reprendre de nouvelles forces, & son action se décele alors, & dessous le récipient, & au-delà du récipient ; au contraire la vertu magnétique n'éprouve aucun changement en pareille circonstance : elle agit avec la même force & de la même maniere que précédemment.

6°. L'électricité & le magnétisme ont cela de commun, que ces deux vertus pénetrent plusieurs substances ; la vertu électrique ne pénetre les corps *idioélectriques* qu'à la profondeur de 4 à 5 pouces ; mais elle pénetre le fer jusqu'à la distance de 1225 pieds : pareillement la vertu magnétique se fait à peine sentir à travers un autre aimant ; elle pénetre néanmoins un morceau de fer de deux pieds de longueur ; mais elle ne peut point pénétrer un morceau de fer qui auroit 6 pieds de longueur. En effet, si on place une aiguille de boussole vers une des extrêmités d'une grosse barre de fer, dont la longueur soit de 2 pieds, & qu'après que cette aiguille se sera fixée sur son pivot, ayant fait plusieurs vibrations, excitées par sa proximité de la barre de fer, si, dis-je, on approche un aimant vers l'autre extrêmité de cette barre de fer, & qu'on présente à cette extrêmité, tantôt le pôle boréal, tantôt le pôle septentrional de cet aimant, on remarquera que l'aiguille, placée à l'autre extrêmité, fera plusieurs vibrations, excitées par la vertu magnétique de l'aimant, qui pénétrera toute la longueur de la barre de fer, & qui déploiera toute son action contre l'aiguille : mais si cette barre de fer a six pieds de longueur, l'aiguille dont nous venons de parler ne recevra aucune agitation lorsqu'on approchera les pôles d'un aimant de l'autre extrêmité de cette barre ; ce qui prouve que la vertu magnétique ne peut point pénétrer une aussi longue barre de fer. Si on place une aiguille de boussole sur une lame de fer mince , ou sur une lame épaisse d'un pouce, elle y demeure en repos , étant également attirée de toutes parts ; mais si on place sous cette lame un aimant, il agira contre l'aiguille, & il la fera mouvoir, mais plus lentement que si on plaçoit sur une table une masse de fer cylindrique qui peseroit 100 ℔, auprès de laquelle on placeroit une aiguille de boussole , & à la partie opposée de laquelle on présenteroit un aimant : il faudroit , à la vérité , faire mouvoir plusieurs fois sur lui même cet aimant avant qu'on pût observer aucun mouvement dans l'aiguille de boussole dont nous venons de parler, & même le mouvement ne se manifesteroit point avant l'espace de 10 secondes au moins. Si on place devant cette premiere masse de fer une seconde masse, du poids de 50 ℔, de maniere que cette seconde soit en contact avec la premiere , & qu'on pose l'aiguille de boussole devant la seconde masse de fer , si on approche un aimant derriere la grosse masse , de même que précédemment , il s'écoulera plusieurs secondes avant que la vertu magnétique de cet aimant puisse faire mouvoir sensiblement cette aiguille : si on ajoûte une troisieme masse de fer du poids de 50 ℔, & qu'on la place devant la seconde ; si on pose l'aiguille devant cette troisieme masse , & qu'on place , comme précédemment, l'aimant derriere la premiere masse , cette aiguille ne recevra alors aucun mouvement : mais elle en recevra un très petit si on répete cette expérience avec une baguette aimantée de M. *Knigth.* Il suit de ces expériences que la vertu magnétique ne pénetre pas à travers toutes sortes de masses de fer, ni qu'elle ne pénetre pas des barres de fer de toutes sortes de longueur ; au contraire la matiere électrique pénetre toute la longueur des chaînes de fer, ainsi que celle des barres de fer, quelque longues qu'on les suppose : bien plus, la vertu électrique devient plus forte à proportion qu'elle se répand , & qu'elle pénetre de plus longues barres de fer ; propriété qu'on ne peut point attribuer à la vertu magnétique. Outre cela , j'ai observé qu'il n'y a aucun corps, pris à volonté dans le regne végétal , animal , ou fossile , soit dur ou fluide, que la matiere magnétique ne puisse pénétrer & traverser aisément (j'ai fait cette épreuve sur plusieurs cens de corps différens) : mais il n'en est pas ainsi de la matiere électrique ; elle ne pénetre pas aussi aisément toutes sortes de corps.

7°. La vertu électrique differe de la vertu magnétique ,

(*d*) En ce que la vertu magnétique d'un aimant demeure constamment la même pendant plusieurs siecles, sans qu'il soit nécessaire de faire aucune opération pour la conserver ; & qu'au contraire la vertu électrique , excitée dans un corps idioélectrique, ne persévere pas long tems dans le même état, mais qu'elle périt en peu de tems (§. 852).

(*e*) Soit que l'aimant soit imprégné d'humidité, ou qu'on le plonge dans l'eau, soit qu'on le frotte avec de l'huile, du suif, ou avec toute autre matiere quelconque , soit que cet aimant soit brut, ou rempli d'aspérités , soit que le tems soit humide ou sec, cet aimant attire toujours le fer avec la même force ; au contraire, si on fait subir les mêmes préparations à un corps électrique, & qu'il se trouve dans les mêmes circonstances que nous venons d'énoncer , alors la vertu électrique périt , ou elle cesse de se manifester.

(*f*) Sur quelque corps qu'on place un aimant , fi nous en exceptons le fer , il agit également contre le fer qu'on lui préfente, foit que ce fer foit placé fur un corps quelconque, ou qu'il foit fufpendu librement ; au contraire la vertu électrique n'agit que fur les corps qui font ifolés.

(*g*) La vertu magnétique n'agit que fur le fer ; mais la vertu électrique agit fur toute forte de corps.

(*h*) La vertu magnétique n'eft point accompagnée de feu ou de lumiere , d'odeur ou de faveur, ainfi que la matiere électrique, lors même que la vertu magnétique eft beaucoup plus forte que la vertu électrique : en effet , quelqu'un peut-il affurer qu'il ait jamais vu aucun corps électrique attirer à lui une maffe du poids de 100 ℔ ; effet que plufieurs aimants produifent en Hollande?

(*i*) La vertu magnétique pénetre la flamme , elle agit même fur les corps qu'on placeroit au milieu d'une flamme ; a-t-on jamais obfervé que l'électricité pût produire le même effet?

(*k*) On peut communiquer à un aimant la vertu électrique , & le rendre pour lors capable de produire en même-tems deux effets ; favoir , d'attirer à lui toutes fortes de corps légers , & une maffe de fer proportionnée à fa force : au contraire on ne peut point communiquer la vertu magnétique à aucun corps électrifé , & le rendre propre à attirer du fer.

Je n'ai jamais obfervé que la vertu d'un aimant armé qui eft chargé autant qu'il peut l'être , fût augmentée ou diminuée en lui communiquant la vertu électrique ; obfervation qui fe rapporte avec celle de M. l'Abbé *Nollet*, qui a éprouvé la même chofe avec un aimant naturel & un aimant(1) armé : au contraire la vertu électrique, communiquée à un corps déja électrifé , augmente fa force , & le fait attirer plus puiffamment des corps légers.

8°. La vertu magnétique convient encore avec la vertu électrique, en ce que cette vertu ne paffe pas auffi aifément d'un aimant dans toute maffe de fer quelconque , & de toute forte de figure ; mais elle fe communique plus aifément à certains corps d'une certaine figure & d'une certaine ténuité , & plus difficilement à d'autres. Mais ces deux vertus , confidérées dans les corps auxquels elles font communiquées, different entr'elles , en ce que la vertu magnétique , étant communiquée à une longue barre de fer, fe trouve raffemblée plus efficacement, ou agit plus efficacement à une des extrêmités de cette barre qu'à l'autre ; tandis que la vertu électrique , pareillement communiquée à une barre de fer, eft auffi forte à l'une de fes extrêmités qu'à l'autre.

9°. Il y a certains aimants qui attirent & qui fupportent des poids de fer ═ 100 ℔ ; mais on n'eft pas encore parvenu à accumuler affez fortement la matiere électrique fur aucun corps, pour lui faire attirer un poids auffi fort.

10°. Perfonne n'a jamais remarqué aucune flamme , aucune aigrette, fortir & s'élancer des angles d'un aimant quelconque , ou des angles des plus grandes barres de fer ou d'acier, auxquelles on auroit communiqué une forte vertu magnétique : perfonne n'a jamais entendu aucun bruiffement,

(1) Nollet, Recherch. p. 338.

aucun éclat, produits par le contact de deux corps aimantés; effets qu'on observe cependant continuellement dans les corps électriques, & dans tous ceux auxquels on communique la vertu électrique.

11°. La vertu magnétique differe aussi de l'électricité d'une tourmaline; car un aimant perd sa vertu lorsqu'on le fait rougir au feu : elle périt pareillement dans les barres d'acier aimantées lorsqu'on les soumet à la même épreuve; au contraire la vertu électrique de la tourmaline résiste à l'effort du plus violent feu, & elle subsiste dans cette pierre lors même qu'elle a été soumise à l'action du feu pendant une demi heure : & c'est à *Wilson* que nous sommes redevables de cette observation.

12°. Jusqu'à présent nous ne connoissons aucun procédé qui puisse changer & placer en tout autre endroit les pôles d'une tourmaline, soit qu'elle soit polie ou brute : on parvient cependant à produire cet effet dans toute sorte d'aimants; ainsi que nous l'avons déja observé.

§. DCCCCXCVIII. Il résulte de toutes ces observations, qui nous font connoître les différences qu'il y a entre les opérations de l'aimant & celles de l'électricité; il en résulte, dis-je, que les effets de ces deux vertus reconnoissent différentes causes : & cette observation mérite d'autant mieux de trouver ici sa place, que plusieurs habiles Physiciens ont déja commencé à soupçonner, que si les causes de ces différens phénomenes ne font pas absolument les mêmes, qu'elles sont néanmoins semblables. Attachés à cette idée, ils imaginent qu'il y a un fluide magnétique qui est la cause immédiate de tous les phénomenes que l'aimant offre à nos recherches, de même qu'il y a un fluide subtil qui est la cause de tous les phénomenes électriques; il y a outre cela d'autres Physiciens qui reconnoissent dans l'aimant des pores hérissés de petites barbes, & des canaux munis de soupapes, qui font que les écoulemens magnétiques coulent toujours constamment dans la substance de ces corps, en observant la même direction.

Or quand cette hypothese seroit vraie, il ne seroit jamais possible d'en constater la vérité, & de la faire recevoir comme une vérité démontrée : il n'y a encore personne qui ait pu prouver l'existence des écoulemens magnétiques, & qui ait pu démontrer pour quelle raison ce fluide, tel qu'il soit, soit cannelé ou globuleux, ou de toute autre figure quelconque, n'a aucune prise sur tout autre corps quelconque, excepté le fer; & pour quelle raison il ne peut attirer ou repousser que cette seule substance, puisqu'il y a encore d'autres substances plus compactes & moins poreuses que le fer. Est-ce que ce fluide matériel ne pénétreroit pas aussi aisément, dans les pores de toute autre substance quelconque, que dans ceux du fer, & qu'il ne pourroit par conséquent les mouvoir aussi aisément, qu'il met en mouvement les parties ferrugineuses, de même que le fluide électrique, & tous les autres fluides connus agissent sur toutes sortes de substances? Pourquoi donc une aiguille de boussole non aimantée, & suspendue librement à un fil très délié, n'est-elle pas dirigée par les écoulemens du magnétisme universel? Pourquoi cette même aiguille, placée entre deux barres aimantées, qui sont à peu de distance l'une de l'autre, & dont les pôles opposés se regardent; pourquoi, dis-je, cette aiguille n'est-elle pas mise en mouvement par les écoulemens qui s'échappent, & qui passent d'une barre à l'autre, & pourquoi demeure-t-elle en repos dans cette situation? Pourquoi deux barres magnétiques, éloignées l'une de l'autre, & dont les pôles de même nom se regardent, se repoussent-elles mutuellement? Pourquoi, lorsqu'on les met en contact, au lieu de continuer à se repousser, s'attirent-elles? Bien plus, qui est-ce qui a jamais remarqué qu'il existât dans le fer des parties hérissées de barbes, ou des canaux munis de valvules, quoiqu'on l'ait examiné avec les meilleurs microscopes? Dira-t-on qu'en frottant extérieurement du fer sur du fer, on parvient à produire, dans l'intérieur de cette substance, des barbes ou des canaux, & des valvules? Qui est-ce qui peut assurer un tel fait? On ne doit point admettre, en matiere philosophique, aucune fiction : d'où il suit qu'il convient de suspendre son jugement, & d'avouer de bonne foi qu'on ne connoît point encore la cause des phénomenes magnétiques, jusqu'à ce que de nouvelles observations puissent nous l'indiquer assez clairement & assez manifestement, pour pouvoir l'exposer raisonnablement.

J'avoue, à la vérité, qu'on a une propension assez naturelle à admettre un fluide magnétique, & que plusieurs phénomenes paroissent assez déceler son existence ; c'est ce qui a donné lieu à cette opinion, qui a été embrassée indistinctement par les Savans, & par les ignorans. J'ai décrit autrefois, & j'ai représenté de quelle maniere, sous quelle forme, sous quelle disposition s'arrangeoient autour d'un aimant de la limaille de fer & de la poussiere faite avec un morceau d'aimant réduit en poudre, lorsqu'on répandoit ces poussieres dans le voisinage de l'aimant, & même sur sa propre substance ; mais nous ne connoissions pas alors les barres aimantées de *M. Knigth* : il convient donc de décrire ici de quelle maniere de la limaille de fer, répandue autour d'une barre aimantée, s'arrange & se dispose.

A C B [*Tab.* 25. *fig.* 3.] est une barre aimantée de M. *Knight*, placée sur un plan de verre, couvert en partie de poussiere magnétique ; vers le milieu C de cette barre, cette poussiere se dirige en plusieurs courbes circulaires D F G E, dont les couches extérieures paroissent plus épaisses que les intérieures, qui sont les plus près de la barre aimantée : au-delà de D F, vers l'extrêmité A de la barre, ces poussieres forment une série de lignes droites, à peu de choses près, paralleles à la barre : vers les points M & N ces poussieres se courbent de même que si elles étoient sorties de l'extrêmité A, & qu'elles fussent dirigées vers les points M & N ; mais elles sont portées directement de A vers L : on remarque la même chose vers l'autre extrêmité de la même barre, en I & en K, ainsi que vers le point H, qui répond directement à l'extrêmité de la barre aimantée : d'où il paroît que la vertu magnétique se répand en couches circulaires vers le milieu C de la barre aimantée, & que deux autres de ses écoulemens, séparés de celui dont nous venons de parler, se portent aussi circulairement, jusqu'à une certaine étendue, vers les extrêmités A & B. Les Physiciens pensent que ces différentes couches, que nous venons de décrire, & qui paroissent régulieres, son formées par un fluide ambiant, & qui circule autour de la barre magnétique. Examinant avec attention, & à l'aide des meilleurs microscopes, les couches dont nous venons de parler, elles m'ont paru tout-à-fait irrégulieres, & séparées les unes des autres par des espaces différens : j'ai observé, outre cela, que parmi toutes ces couches, il y en avoit plusieurs qui étoient composées de parties qui n'avoient point de liaison entr'elles; quoique considérées négligemment avec l'œil, toutes ces parties parussent former une chaîne, une liaison, un tout : j'ai observé de ces couches répandues çà & là, & séparées des autres, les unes étoient plus longues, & les autres plus courtes : j'ai remarqué que, lorsqu'une couche étoit d'une certaine longueur, & que ces parties étoient unies entr'elles, j'ai remarqué, dis je, que plusieurs de ses parties adjacentes, & j'en ai même compté jusqu'à dix, se touchoient de part & d'autre par de larges surfaces, & formoient, par leur concours, une ligne droite, semblable à celles qu'on observe vers les pôles : j'ai vu deux, & même jusqu'à trois de ces parties, disposées obliquement, & former, par leur contact, en trois points différens, une ligne plus large; j'ai quelquefois observé plusieurs parties en contact avec une autre, qu'elles touchoient en différens points, d'où j'en ai vu d'autres partir solitairement en ligne droite : j'ai vu sortir de ces dernieres, de part & d'autre, des especes de rameaux obliques, qui en partoient comme d'une espece de souche ; ces rameaux étoient composés, tantôt de deux, quelquefois de trois parties, & ils renfermoient, dans le contour qu'ils formoient, de petits espaces vuides ; j'ai observé aussi plusieurs petites parties solitaires qui s'échappoient des rameaux que je viens de décrire, & qui formoient ensuite de grands rameaux orbiculaires.

J'ai encore remarqué plusieurs séries de différentes parties, mal disposées entr'elles, sans ordre, & qui avoisinoient celles dont je viens de parler : ces dernieres étoient interrompues par de grands espaces vuides, & elles étoient moins grandes qu'on le dit ordinairement. On en remarque cependant quelques-unes qui forment de longs rameaux courbes, embarrassés les uns dans les autres, unis ensemble, disposés irrégulierement, néanmoins séparés les uns des autres par de grands intervalles : or, avant qu'aucun Physicien veuille & même puisse prononcer sur les dispositions de ces parties, il faut qu'il ait soin de les examiner avec attention, à l'aide d'un bon microscope, qui puisse les représenter & les faire voir en grand. Je n'ai pas voulu en donner ici une plus grande description, qui auroit pu ennuyer le Lecteur. Je ne doute nullement que chacun pourra parvenir à rendre raison de tous ces phénomenes, conséquemment au systême qu'il aura embrassé ; mais il ne s'agit point ici d'explication, mais d'une bonne démonstration.

C'étoit de cette maniere qu'avoient coutume de raisonner les Physiologistes, lorsqu'ils vouloient rendre raison de l'action musculaire, ainsi que de plusieurs phénomenes qu'on observe dans l'économie animale ; persuadés de l'existence des esprits animaux, ils les faisoient couler selon toute la longueur des nerfs ; ils les portoient dans les fibres musculaires, qu'ils supposoient vésiculeuses, & ils faisoient dépendre la contraction du muscle du gonflement des vésicules engorgées par ce fluide : mais on ne reconnoît point aujourd'hui ce fluide nerveux, & on regarde son existence comme quelque chose de fabuleux. En effet, qui est-ce qui a prouvé jusqu'à présent que les nerfs sont creux (1)? Néanmoins les fonctions de l'économie animale dé-

____

(1) Il ne seroit point nécessaire que les nerfs fussent creux, pour que des esprits animaux pussent produire l'effet que leur attribuent les partisans de leur existence. Il suffiroit que les nerfs fussent composés de petites fibrilles adossées les unes aux autres, de maniere

pendent d'une caufe particuliere : il en eft de même des phénomenes de l'aimant ; ils dépendent néceffairement d'une certaine caufe, & cette caufe eft quelque chofe de réel, qui réfide dans les corps qui la décelent, puifqu'elle agit fur le fer & fur l'aimant, qui font des fubftances matérielles : mais on peut dire auffi que cette caufe n'appartient qu'à ces deux efpeces de corps. Si quelqu'un parvient à découvrir & à démontrer l'exiftence d'un fluide magnétique, nous profiterons volontiers, & avec avidité, de fa découverte, & nous nous ferons un devoir de joindre nos démonftrations à celles qu'il nous en donnera.

§. DCCCCXCIX. Il paroît cependant que la caufe du magnétifme eft générale, & qu'elle eft univerfellement répandue dans tout l'Univers ; puifque, dans tout endroit quelconque de l'Océan, que les Navigateurs aient porté leurs recherches, fi nous en exceptons néanmoins quelques-uns, ils

qu'elles laiffaffent de petits efpaces cylindriques, qui fuivroient la direction des fibrilles conftituantes ; c'eft même la figure que leur attribuent prefque tous les Anatomiftes. D'ailleurs, quelque forme qu'ils aient, il eft conftant qu'il exifte un fluide nerveux, réellement diftingué de ce qu'on appelle *efprits animaux* : ce fluide circule felon toute la longueur des nerfs, & on le voit couler goutte à goutte lorfqu'on coupe quelque gros tronc de nerf. Ainfi les nerfs font très bien difpofés pour la circulation des efprits animaux, s'ils exiftoient. Mais outre qu'on n'a aucune preuve folide de leur exiftence, ils ne pourroient pas même produire les phénomenes de l'action mufculaire, en fuppofant leur exiftence.

La feule preuve qu'on apporte de l'exiftence des efprits animaux, eft l'expérience de *Borelly*. Voici en quoi elle confifte. Cet habile Médecin lia les nerfs diaphragmatiques d'un chien, & le diaphragme tomba auffi-tôt en paralyfie : d'où il conclut que cet effet venoit de ce que les nerfs diaphragmatiques étant liés, les efprits animaux ne pouvoient plus fe porter dans le diaphragme pour le contracter. Il preffa enfuite avec les doigts les nerfs diaphragmatiques, & il leur fit fubir cette preffion depuis la ligature jufqu'au diaphragme ; alors ce mufcle fe contracta légérement. *Borelly* conclut, d'après cette expérience, que cette légère contraction dépendoit du peu d'efprits animaux qui étoient contenus dans ces nerfs, depuis la ligature jufqu'au diaphragme, que la preffion obligeoit à paffer dans ce mufcle.

Cette expérience paroiffoit favorifer affez l'opinion de *Borelly*, & elle feroit une preuve affez fenfible de l'exiftence des efprits animaux, fi elle étoit auffi exacte qu'elle le paroît au premier abord ; mais les expériences faites par le célebre *Ferrein*, & que j'ai répétées plufieurs fois, en prouvent manifeftement la fauffeté.

M. *Ferrein*, en répétant l'expérience de *Borelly*, trouva que le mouvement fe rétabliffoit également dans le diaphragme, foit qu'on paffât les doigts depuis la ligature jufqu'au diaphragme, foit qu'on preffât ces nerfs depuis le diaphragme jufqu'à la ligature. Bien plus, il remarqua qu'on ne parvenoit point à rendre le mouvement au diaphragme dans l'un & dans l'autre cas, à moins qu'on ne tiraillât un peu les nerfs diaphragmatiques, & qu'on n'excitât quelques vibrations dans ces nerfs. Ce qui prouve la fauffeté de l'expérience de *Borelly*, & l'infuffifance de la preuve qu'on apporte de l'exiftence des efprits animaux.

Bien plus, en fuppofant leur exiftence, font-ils capables de produire les phénomenes de l'action mufculaire ? Ces efprits, au rapport de ceux qui les admettent, font un fluide fpiritueux féparé du fang, dans la fubftance corticale du cerveau : or comment pourra-t-il fe féparer du fang un tel fluide, dans le cerveau des hydrocéphales ? Comment pourra-t-il fe féparer du fang, dans des cerveaux totalement pétrifiés, ainfi qu'on en a vu plufieurs ? Comment pourra s'exécuter l'action mufculaire dans différens infectes, qui vivent encore huit jours & plus, & qui exécutent tous leurs mouvemens après qu'on leur a coupé la tête ? Que devient ce fluide après l'action mufculaire ? Suit-il les routes de la circulation ? Quelle force peut donc l'arrêter pendant la contraction des mufcles ? Tranfude-t-il à travers les mufcles ? Quelle perte de force n'en réfulteroit-il pas ? Retourne-t-il dans le cerveau ? Quel dérangement n'y cauferoit-il pas, fur-tout après les mouvemens prompts & violens ?

ont conſtamment remarqué que les aiguilles de leurs bouſſoles y étoient
maîtriſées par cette force , & qu'elles y prenoient une direction déterminée.

Cette force cependant ne paroît avoir aucune priſe, & n'altere en rien la
ſituation d'une légere aiguille, ſuſpendue à un cheveu de ſix pieds de longueur, & diſpoſée perpendiculairement à l'horiſon.

Cette force directrice ne ſuit pas exactement la direction des méridiens
terreſtres ; s'il en étoit ainſi, on obſerveroit conſtamment que les aiguilles de
bouſſole, portées en pleine mer, ſeroient conſtamment dirigées au Septentrion & au Midi : mais, comme il paroît par les §. 963 , 964, ces aiguilles
ne prennent point cette direction dans pluſieurs endroits de la terre ; & comme on remarque bien plus, que, dans un même endroit, cette direction eſt
ſuſceptible de pluſieurs variations , d'un jour à un autre, & même d'une
heure à celle qui ſuit, on ne peut pas dire que la terre, conſidérée comme un
aimant, dont les forces ſeroient plus grandes, ou plus foibles en différens
endroits, ſoit la cauſe de toutes ces variations que nous obſervons : on ne
peut pas dire non plus qu'elles dépendent des montagnes, ou des Iſles, leſquelles, s'oppoſant au courant de la matiere magnétique, occaſionnent toutes les différentes directions qu'on obſerve ; car s'il en étoit ainſi, on remarqueroit conſtamment la même déclinaiſon de l'aiguille aimantée dans les
mêmes endroits où ces mêmes cauſes continueroient à s'oppoſer à l'écoulement du fluide magnétique, on ne peut pas dire également que ces différentes déclinaiſons dépendent des cieux comme de leur cauſe ; puiſqu'elles
ne ſuivent point le cours des planetes, & leurs différens aſpects : elles ne
dépendent point non plus du mouvement annuel, ni diurne de la terre ;
puiſque les variations de l'aiguille aimantée ſont beaucoup plus lentes que
celles qui arrivent au globe terreſtre. En effet, depuis 1550 juſqu'en 1664,
la déclinaiſon orientale de l'aiguille aimantée, obſervée à Paris, a décrû depuis 8 degrés juſqu'à 0 ; & depuis l'année 1664 juſqu'à l'année 1747, l'aiguille aimantée a acquis 17 degrés de déclinaiſon occidentale : en 1758 cette
déclinaiſon étoit de 18 degrés ; de ſorte que, dans l'eſpace de 208 ans, la
déclinaiſon de l'aiguille aimantée n'a ſouffert que 26 degrés de variation : &
ſi ces variations, auxquelles elle eſt expoſée, ſuivoient conſtamment la même marche, l'aiguille aimantée ne pourroit faire ſa révolution entiere autour de ſon axe, que dans l'eſpace de 2880 ans. On ne peut pas attribuer
plus raiſonnablement ces variations à l'atmoſphere, puiſqu'elles ſont tout-à-
fait indépendantes des vents & des météores, qui n'influent aucunement
ſur cet effet.

Ces différentes directions ſe font auſſi obſerver au fond des mines les
plus profondes, lorſque les mineurs veulent s'aſſurer de la ſituation des mines, à l'aide de l'aiguille aimantée. Si ces phénomenes dépendent d'un immenſe aimant, renfermé dans les entrailles de la terre, ſans avoir d'adhérence avec le globe terreſtre, & qui ait 2 ou 4 pôles différens, il eſt conſtant
que nous ignorerons toujours cette cauſe ; puiſque nous ne pouvons pénétrer
dans les entrailles de la terre, pour nous aſſurer de la préſence de cet aimant.
Comme nous ne connoiſſons encore que peu de choſes ſur la déclinaiſon &
la direction de l'aimant, nous nous bornerons auſſi à la ſeule expoſition des
phénomenes.

Fin du Tome premier.

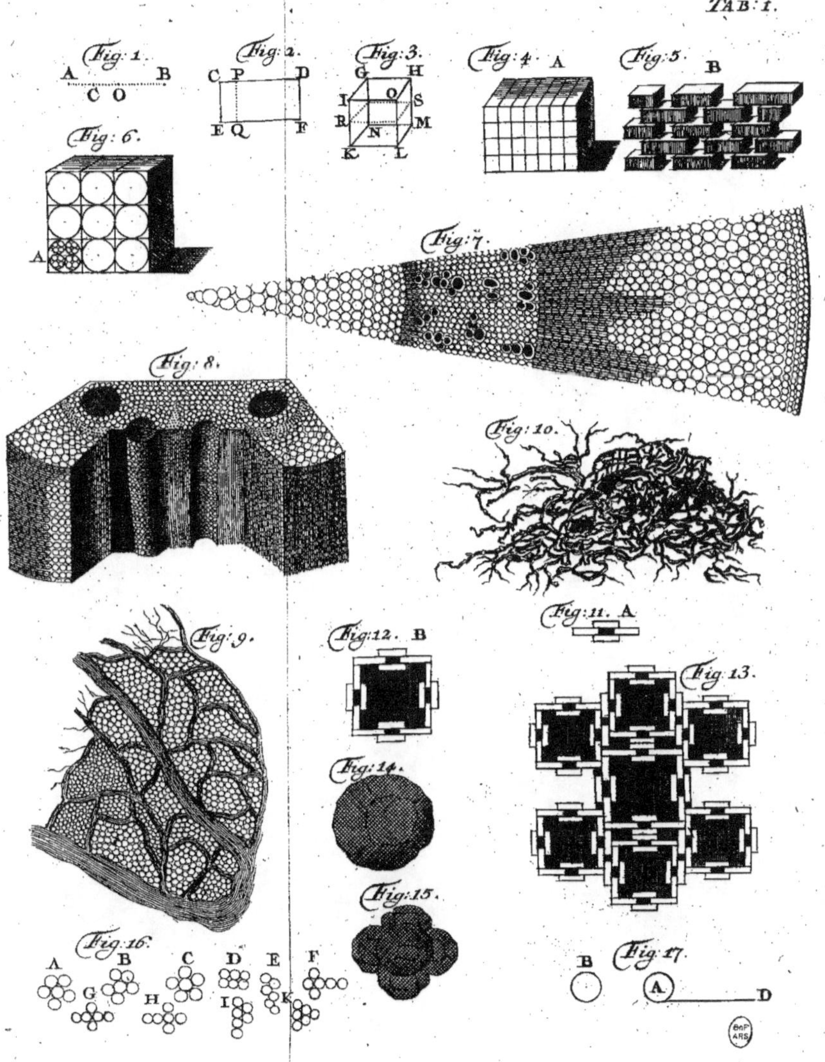

TAB: 1.
Fig: 1.
A B
C O
Fig: 2.
C P D
E Q F
Fig: 3.
G H
I O S
R M
K N L
Fig: 4. A
Fig: 5. B
Fig: 6.
A
Fig: 7.
Fig: 8.
Fig: 10.
Fig: 9.
Fig: 11. A
Fig: 12. B
Fig: 13.
Fig: 14.
Fig: 15.
Fig: 16.
A B C D E F
G H I K
B
Fig: 17.
A
D

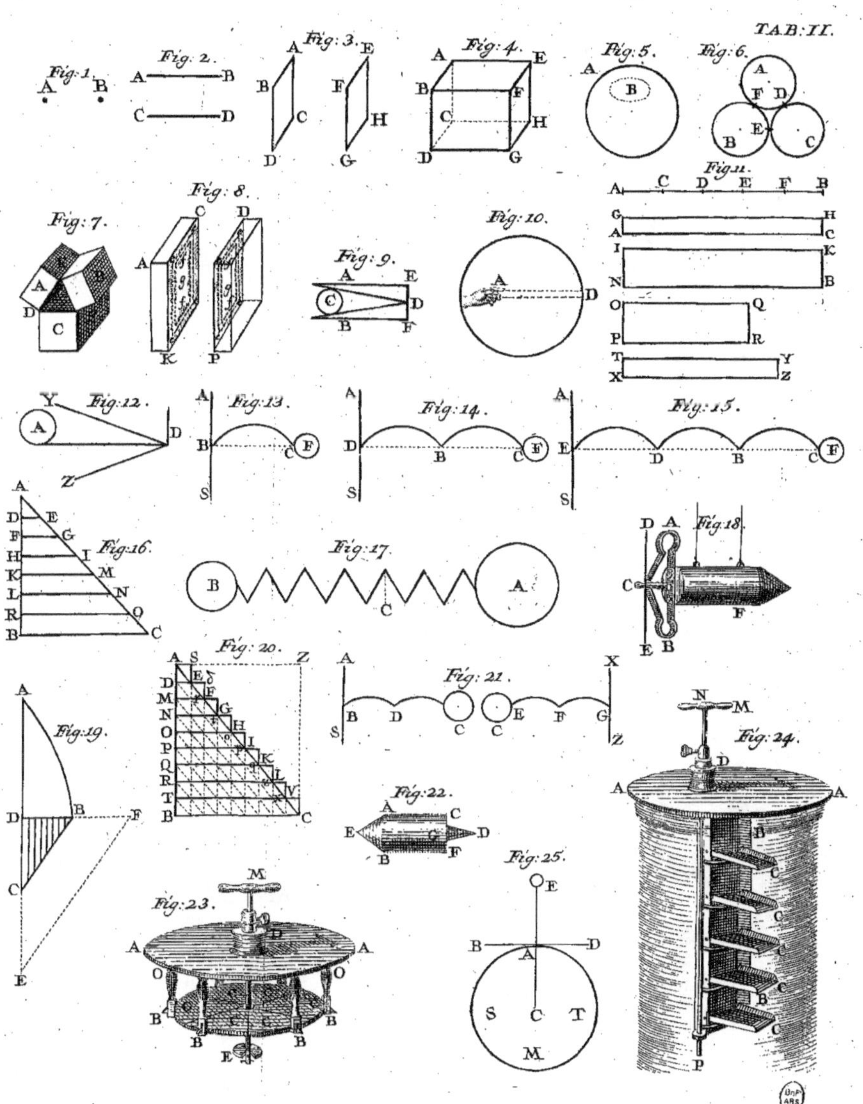

TAB: II.
Fig: 1.
Fig: 2.
Fig: 3.
Fig: 4.
Fig: 5.
Fig: 6.
Fig: 7.
Fig: 8.
Fig: 9.
Fig: 10.
Fig: 11.
Fig: 12.
Fig: 13.
Fig: 14.
Fig: 15.
Fig: 16.
Fig: 17.
Fig: 18.
Fig: 19.
Fig: 20.
Fig: 21.
Fig: 22.
Fig: 23.
Fig: 24.
Fig: 25.

TAB:III.

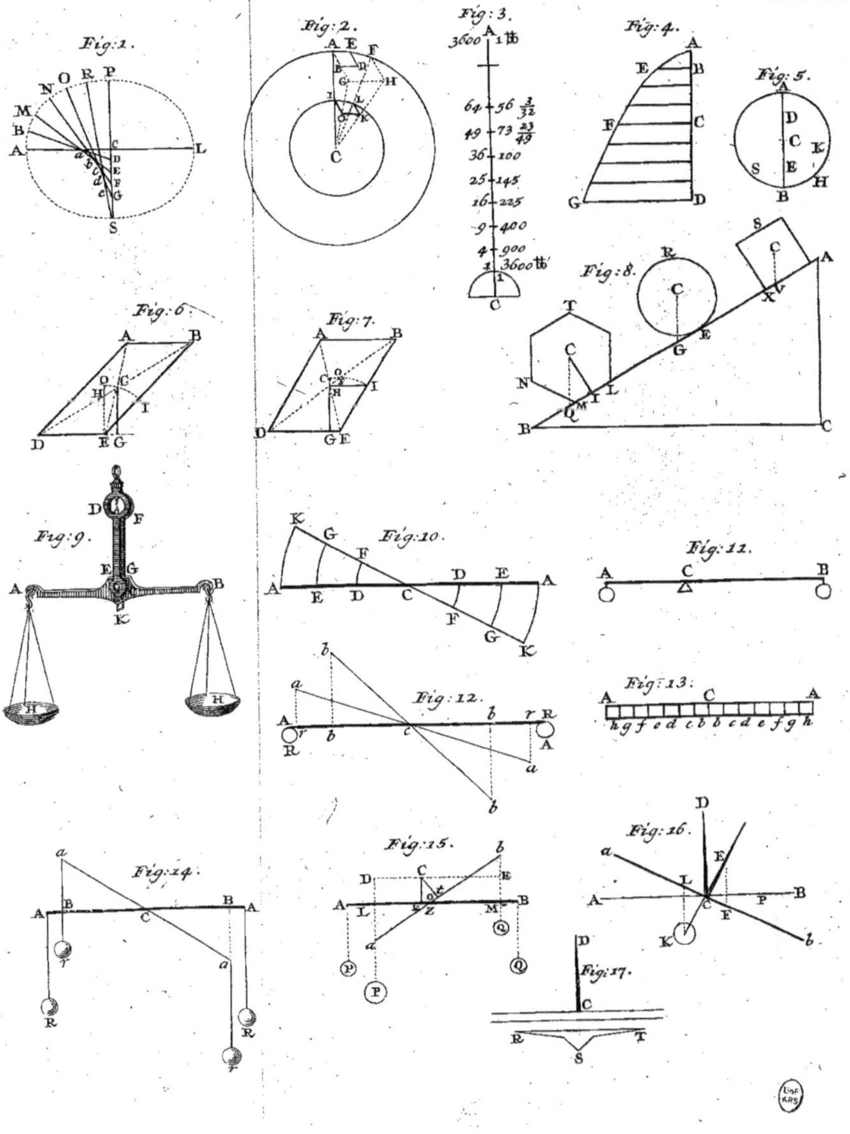

Fig:1.
Fig:2.
Fig:3.
Fig:4.
Fig:5.
Fig:6.
Fig:7.
Fig:8.
Fig:9.
Fig:10.
Fig:11.
Fig:12.
Fig:13.
Fig:14.
Fig:15.
Fig:16.
Fig:17.

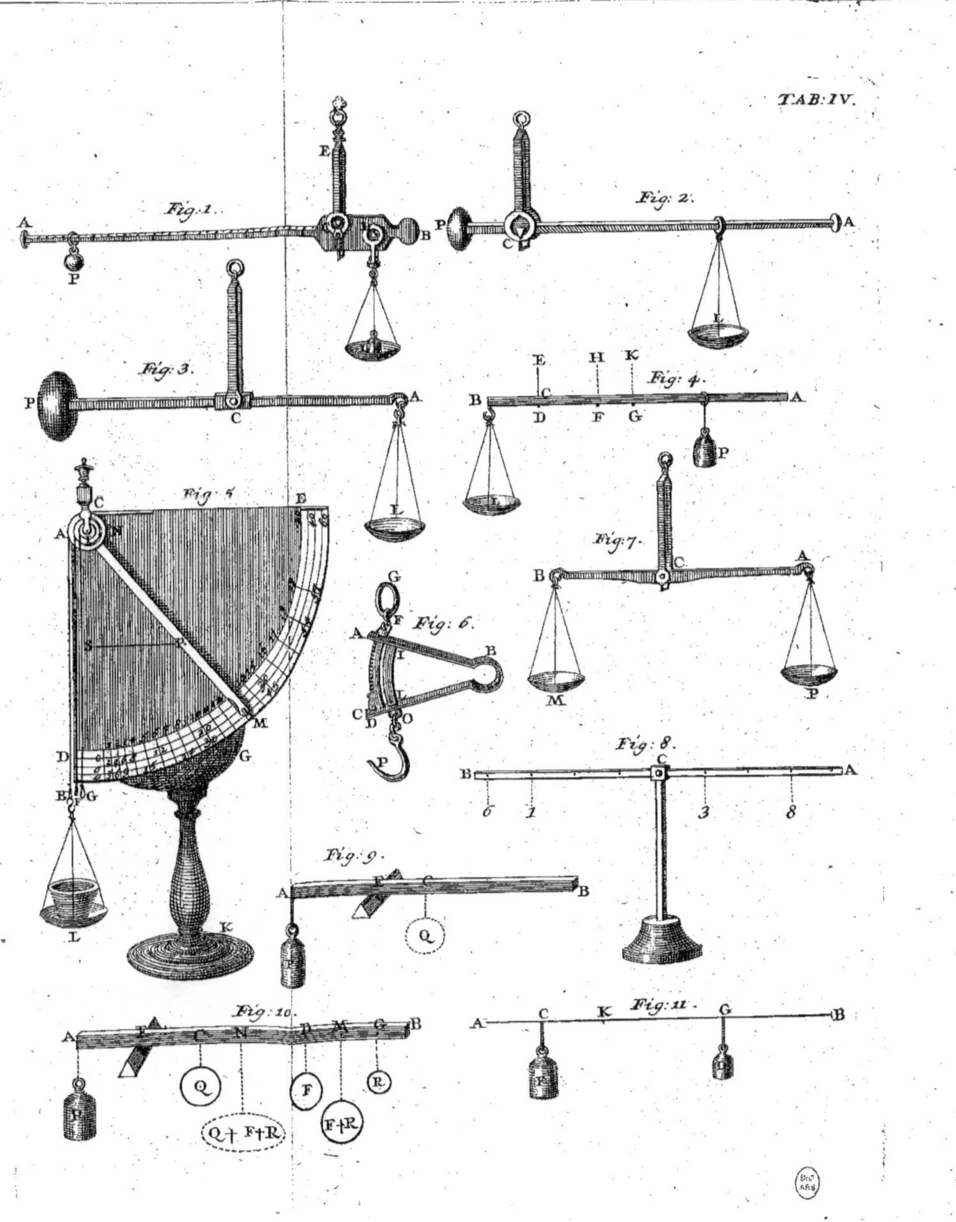

TAB: IV.
Fig: 1.
Fig: 2.
Fig: 3.
Fig: 4.
Fig: 5.
Fig: 6.
Fig: 7.
Fig: 8.
Fig: 9.
Fig: 10.
Fig: 11.

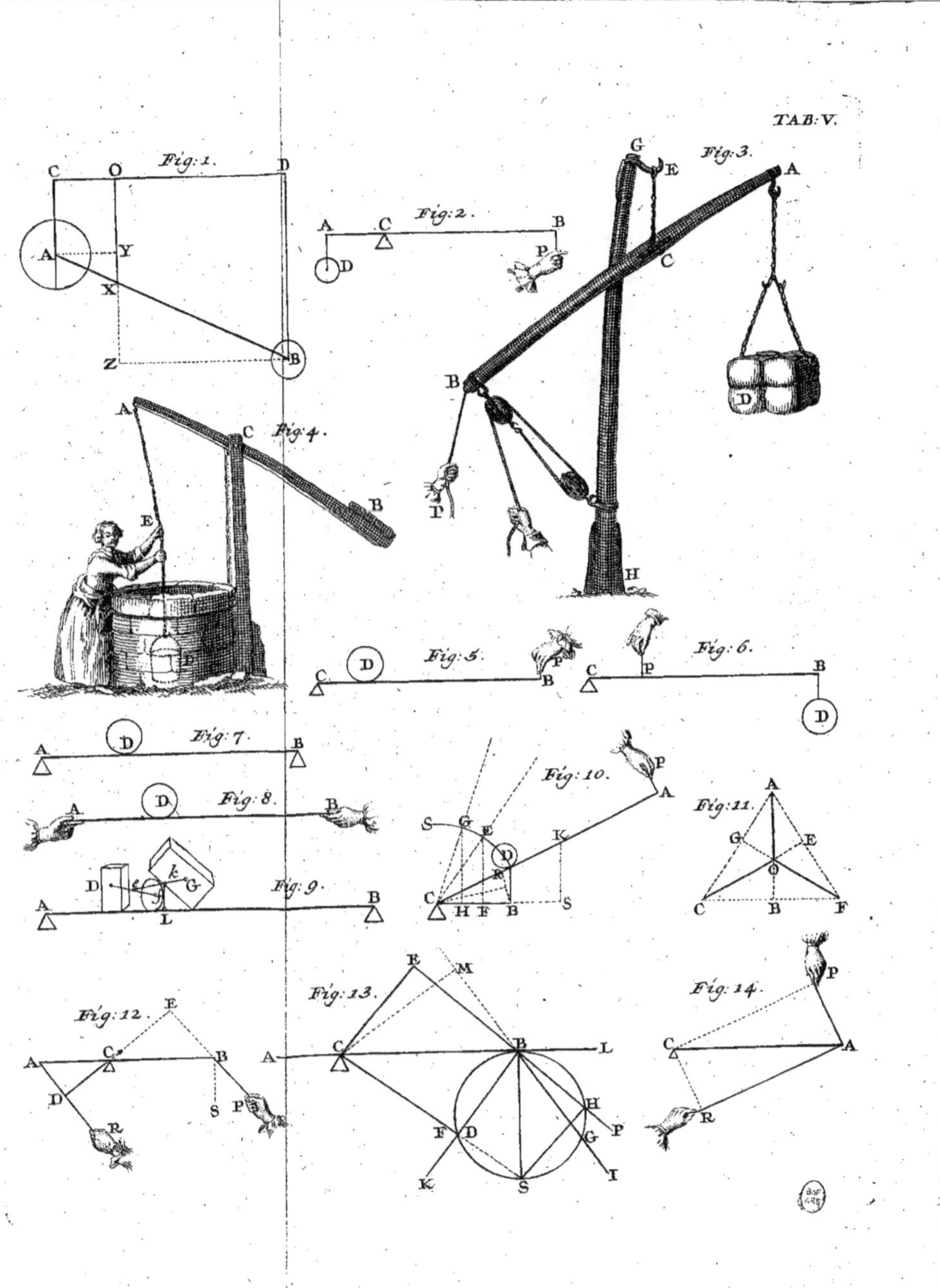

TAB: V.
Fig: 1.
Fig: 2.
Fig: 3.
Fig: 4.
Fig: 5.
Fig: 6.
Fig: 7.
Fig: 8.
Fig: 9.
Fig: 10.
Fig: 11.
Fig: 12.
Fig: 13.
Fig: 14.

TAB. VI. 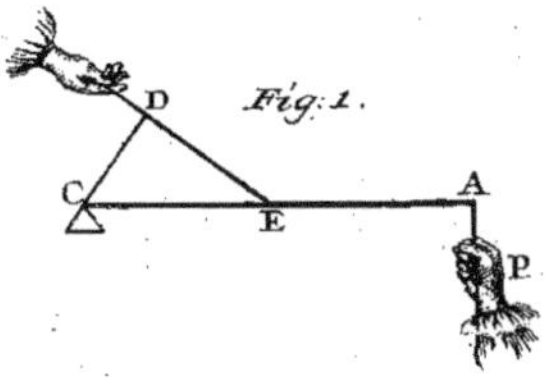
Fig. 1. 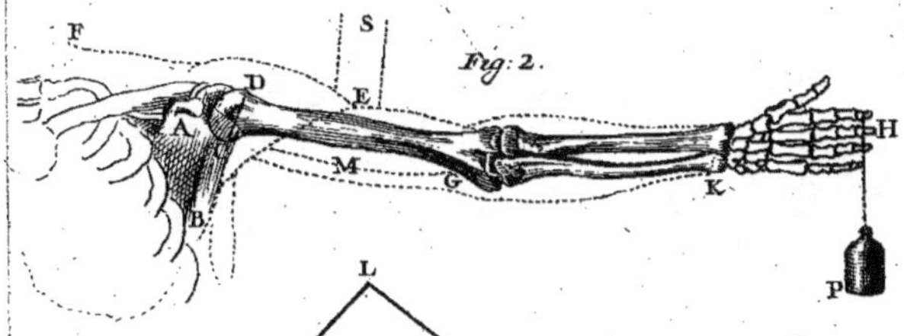
Fig. 2. 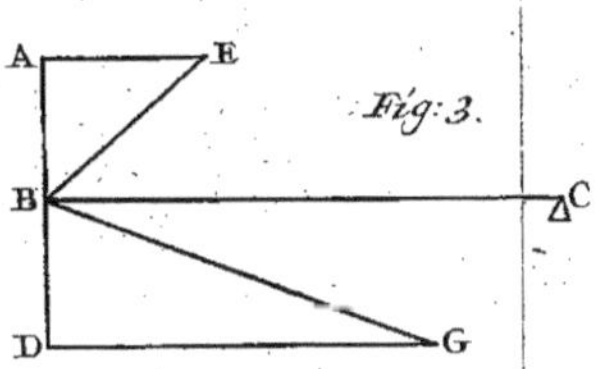
Fig. 3. 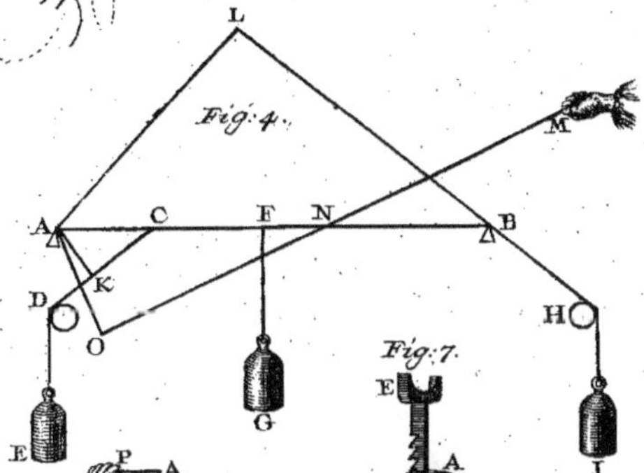
Fig. 4. 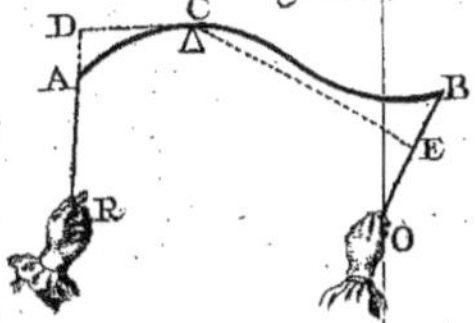
Fig. 5. 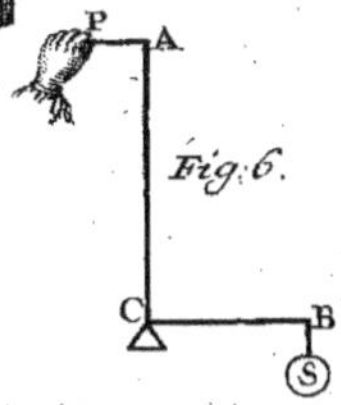
Fig. 6. 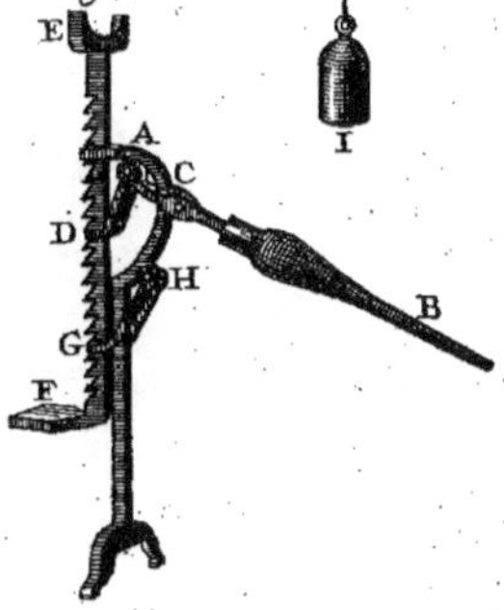
Fig. 7. 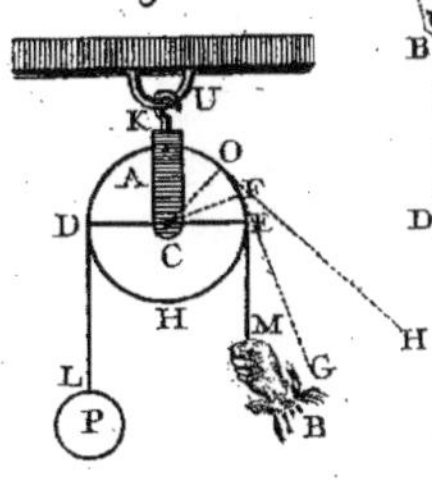
Fig. 8. 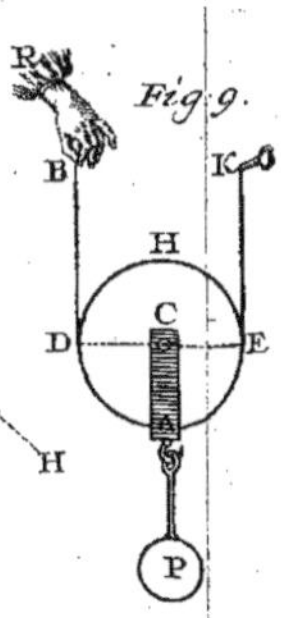
Fig. 9. 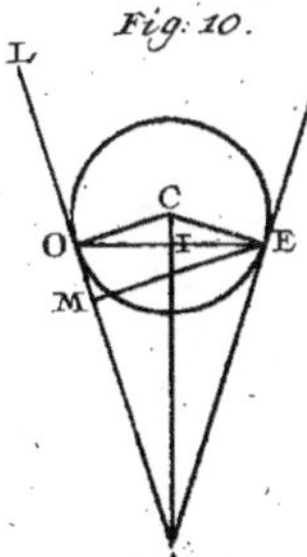
Fig. 10. 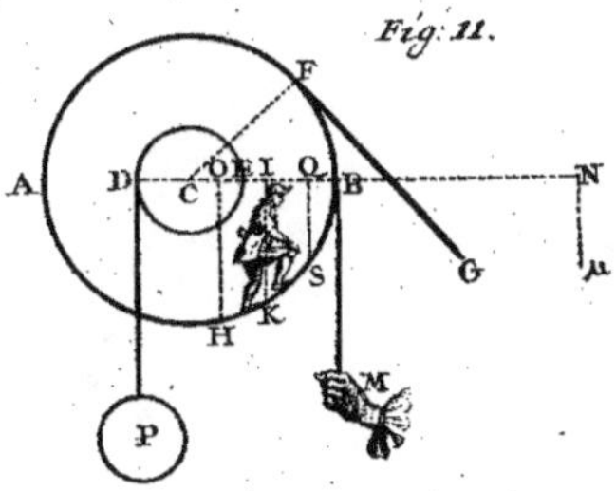
Fig. 11.

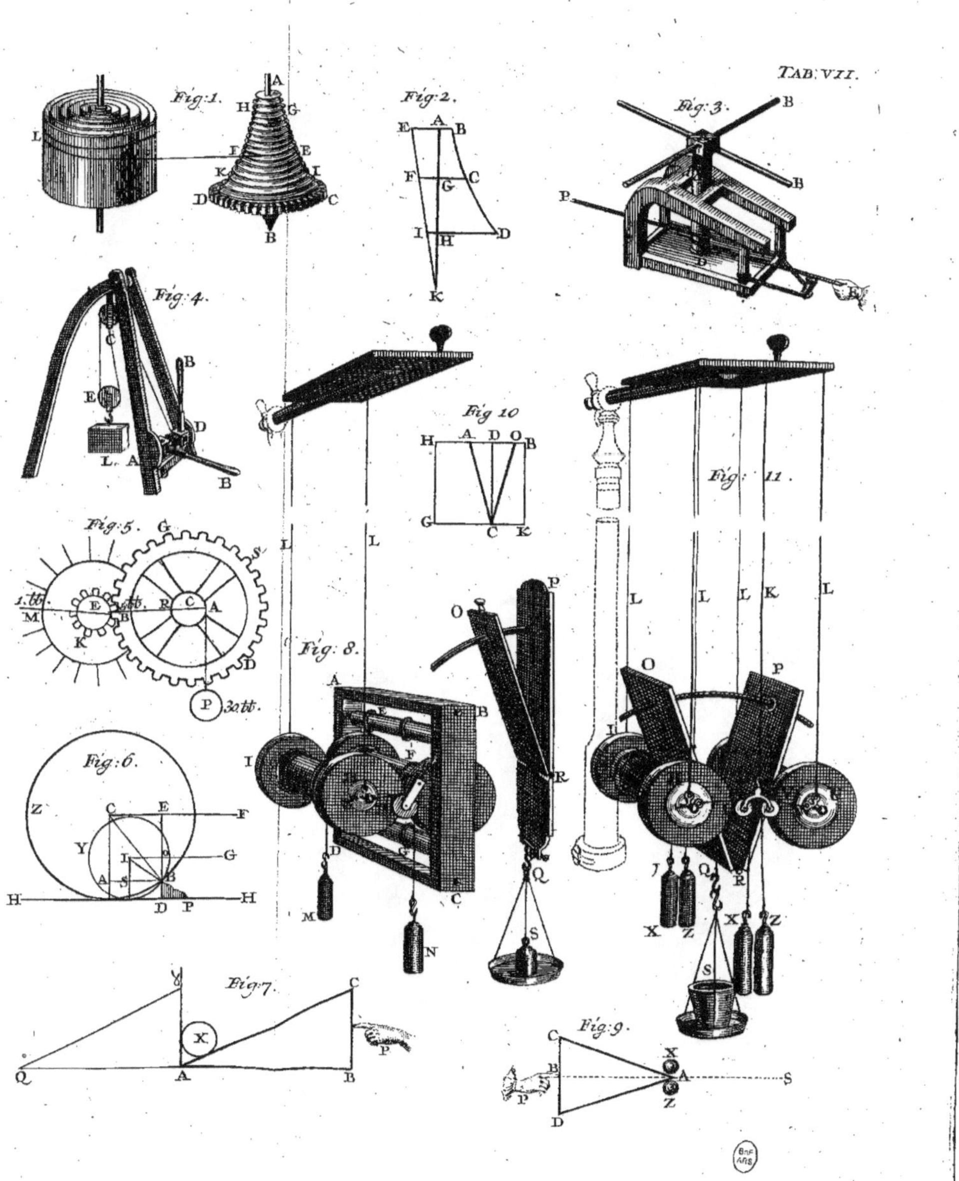

TAB: VII.
Fig:1.
Fig:2.
Fig:3.
Fig:4.
Fig:5.
Fig:6.
Fig:7.
Fig:8.
Fig:9.
Fig 10
Fig: 11.

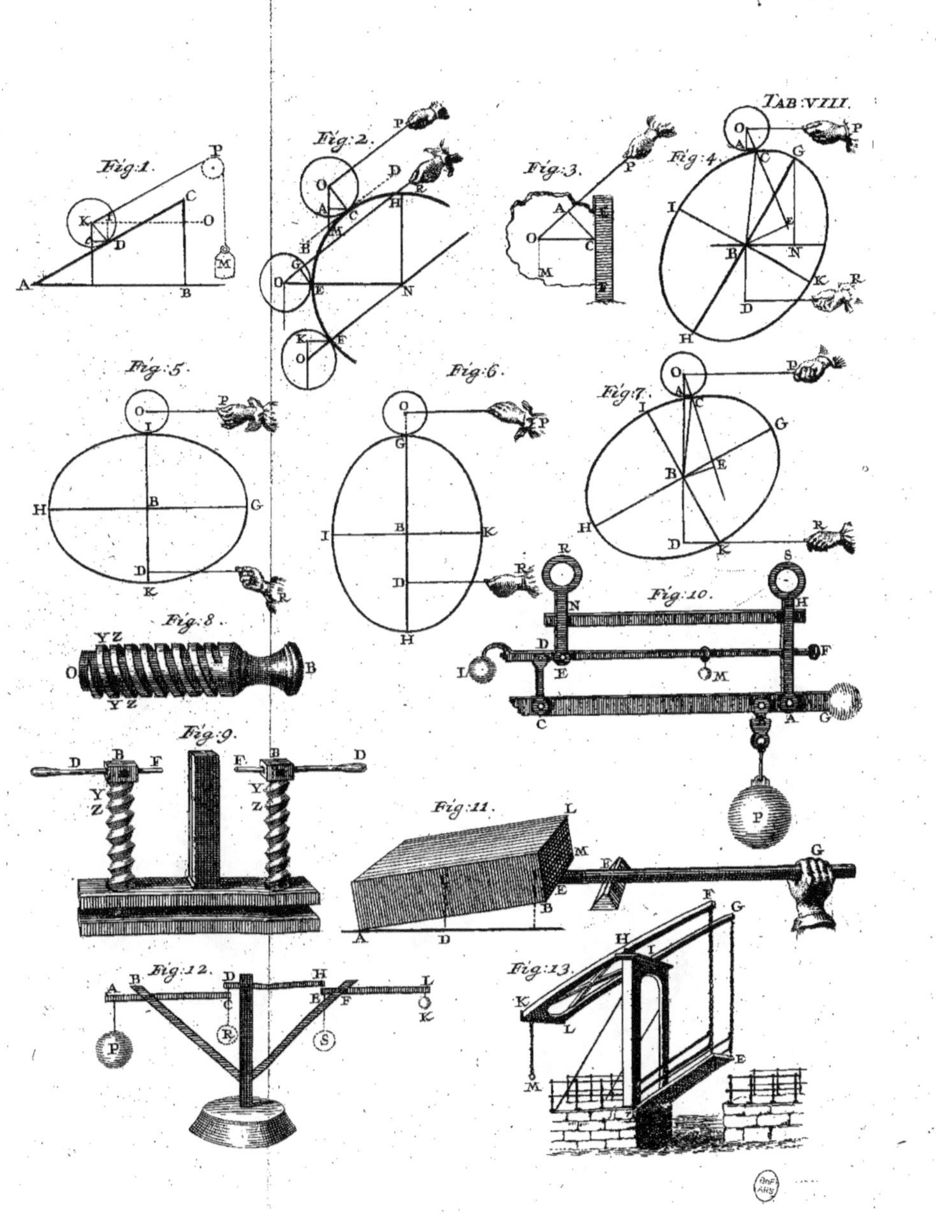

TAB: VIII.
Fig: 1.
Fig: 2.
Fig: 3.
Fig: 4.
Fig: 5.
Fig: 6.
Fig: 7.
Fig: 8.
Fig: 9.
Fig: 10.
Fig: 11.
Fig: 12.
Fig: 13.

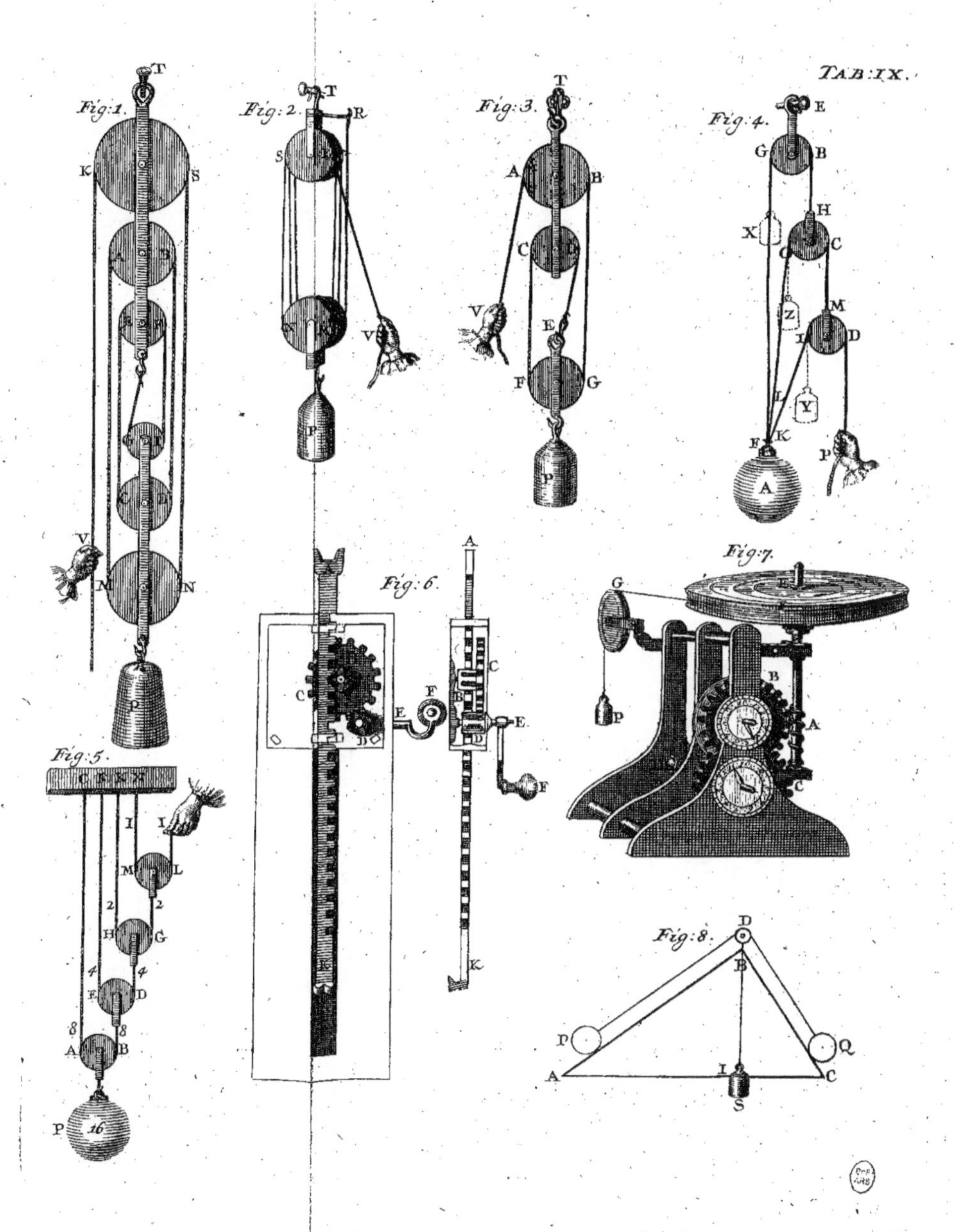
TAB: IX.
Fig:1.
Fig:2.
Fig:3.
Fig:4.
Fig:5.
Fig:6.
Fig:7.
Fig:8.

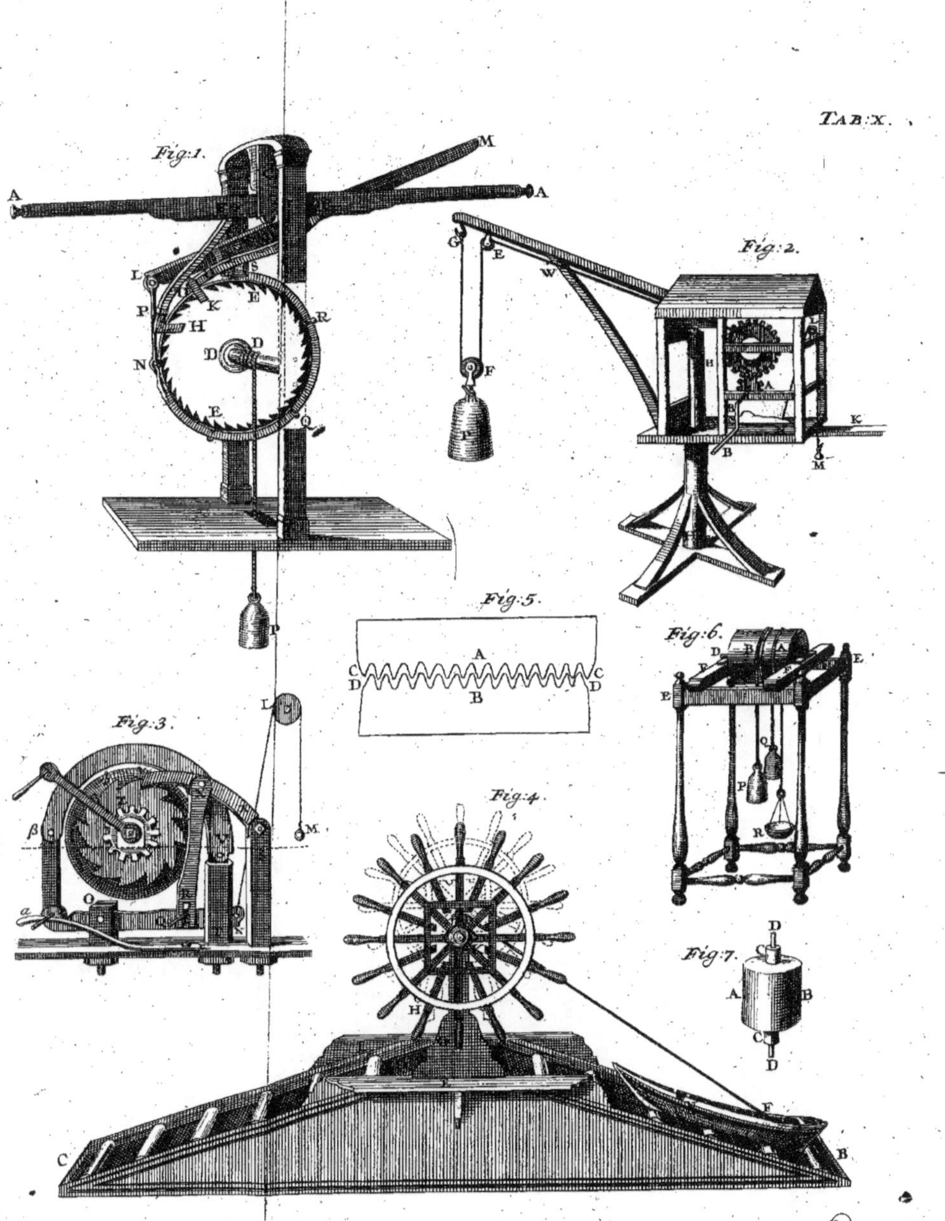
TAB:X.
Fig:1.
Fig:2.
Fig:3.
Fig:4.
Fig:5.
Fig:6.
Fig:7.

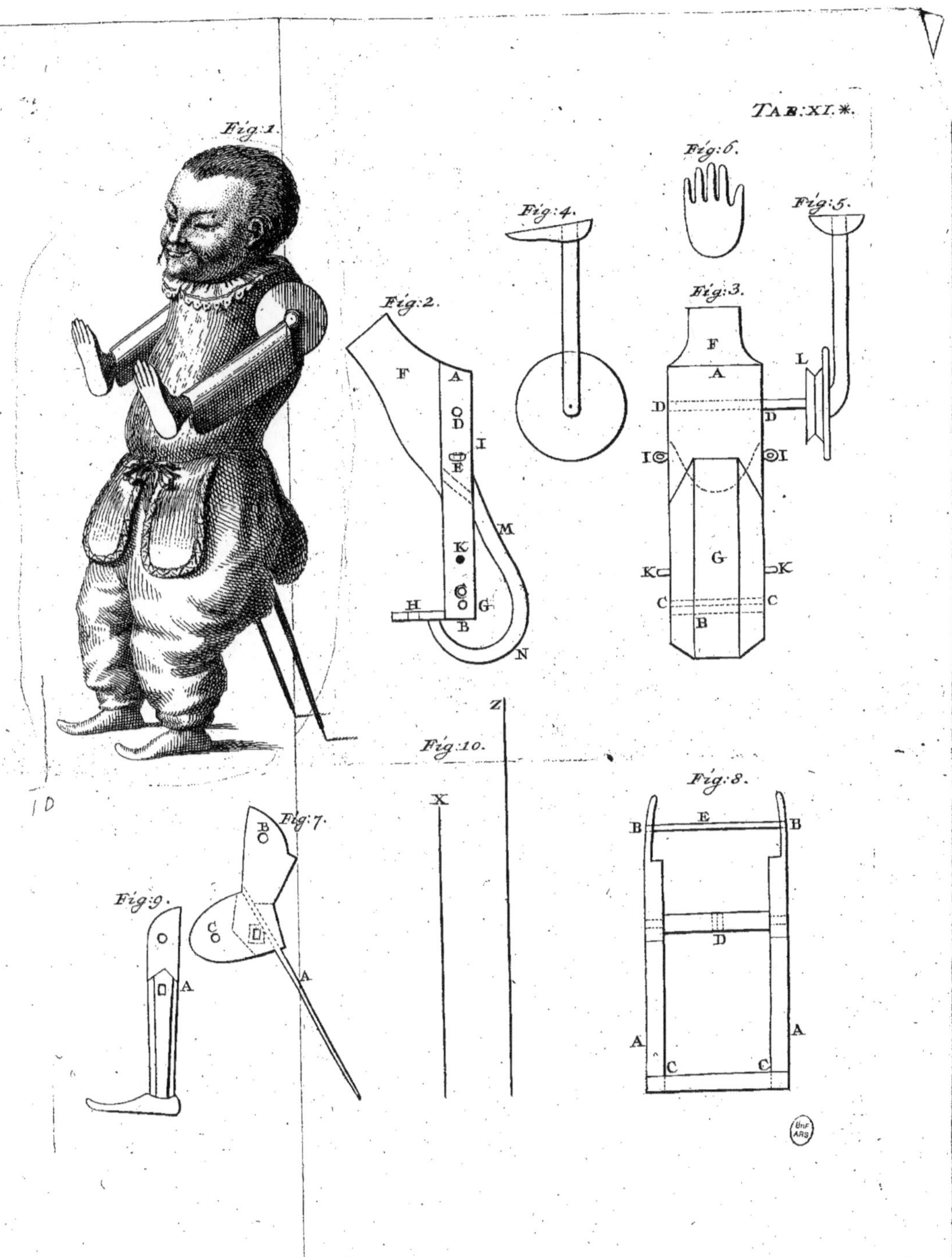

TAB: XI. *
Fig: 1.
Fig: 2.
Fig: 3.
Fig: 4.
Fig: 5.
Fig: 6.
Fig: 7.
Fig: 8.
Fig: 9.
Fig: 10.

TAB: XI.

Fig:2.
Fig:1.
Fig:3.
A
A
M
B   B
B
D
G
K
F
E
B   F
E   H
E
A.D. del. et Sc.

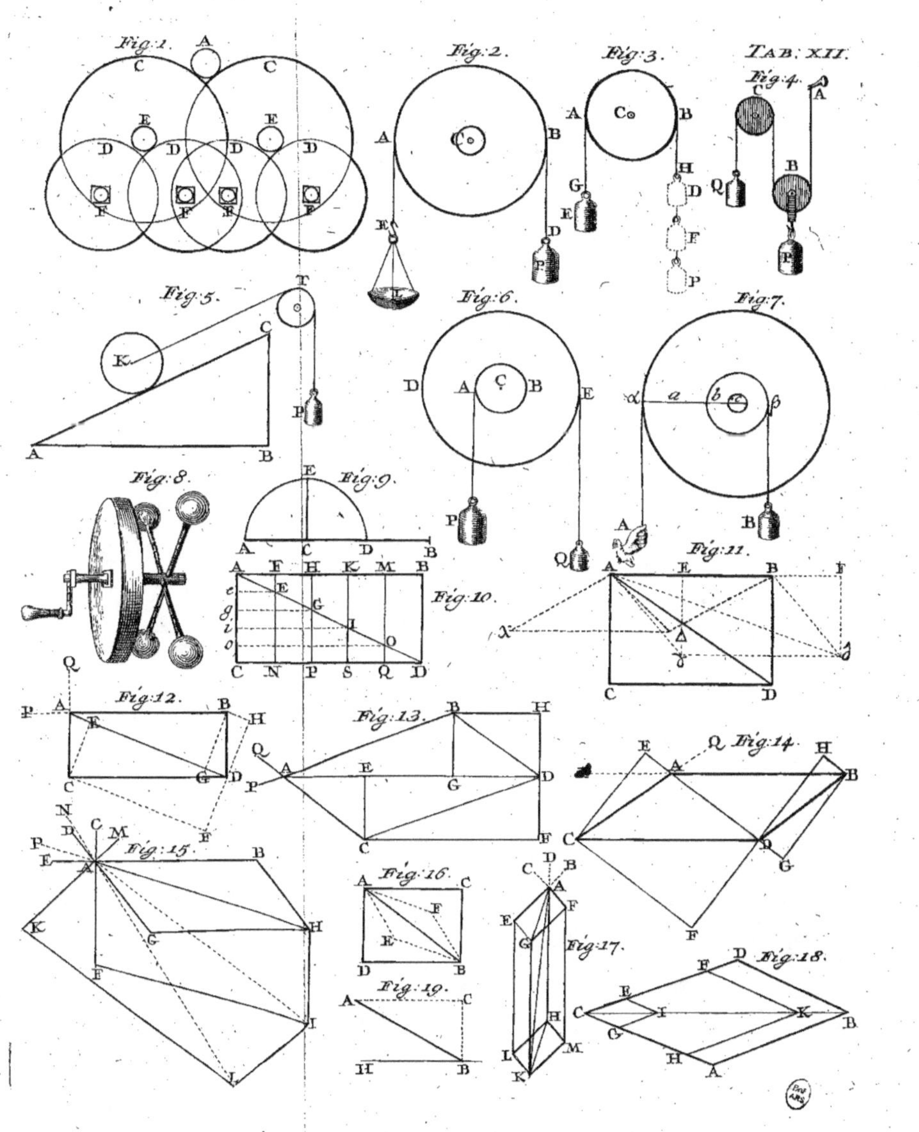

Fig:1.
Fig:2.
Fig:3.
TAB. XII.
Fig:4.
Fig:5.
Fig:6.
Fig:7.
Fig:8.
Fig:9.
Fig:10.
Fig:11.
Fig:12.
Fig:13.
Fig:14.
Fig:15.
Fig:16.
Fig:17.
Fig:18.
Fig:19.

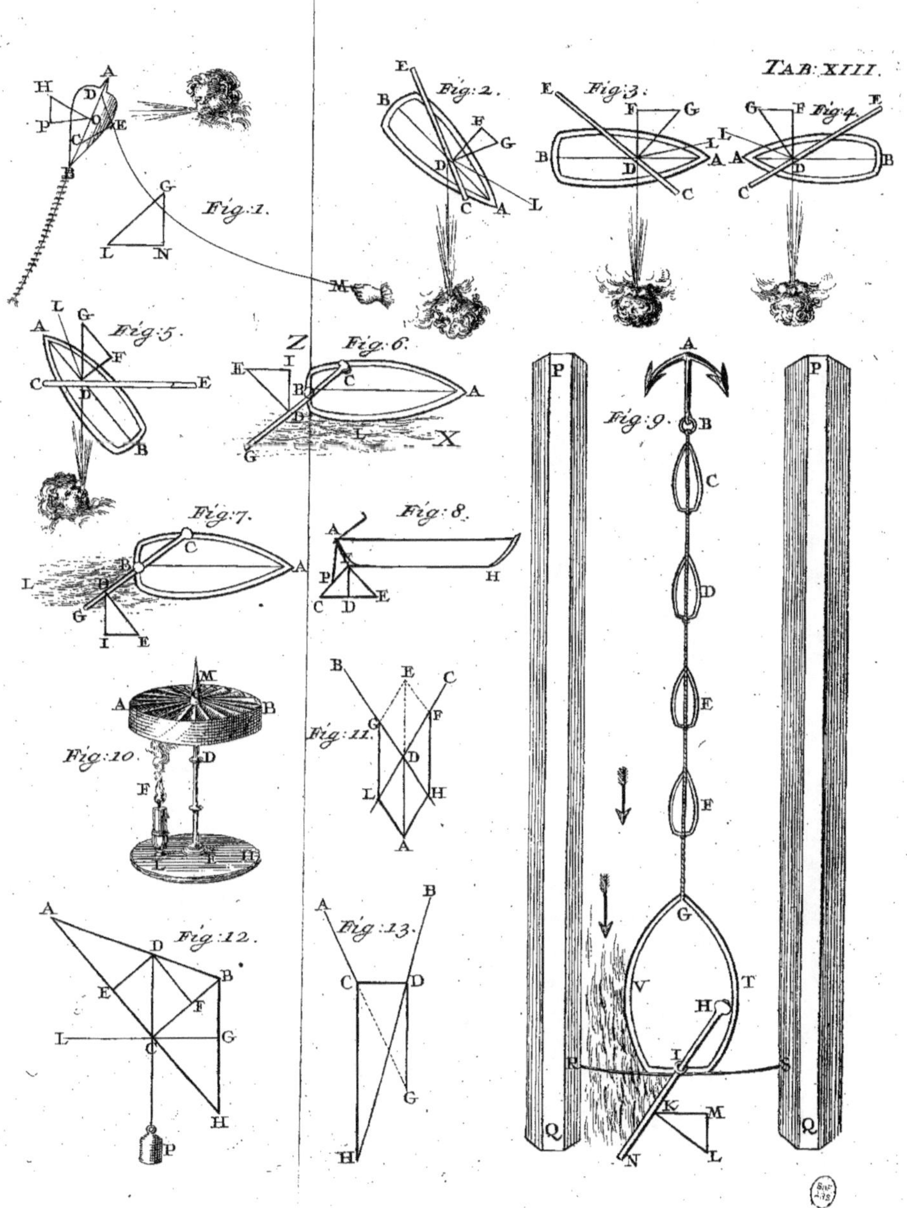

TAB. XIII.
Fig. 1.
Fig. 2.
Fig. 3.
Fig. 4.
Fig. 5.
Fig. 6.
Fig. 7.
Fig. 8.
Fig. 9.
Fig. 10.
Fig. 11.
Fig. 12.
Fig. 13.

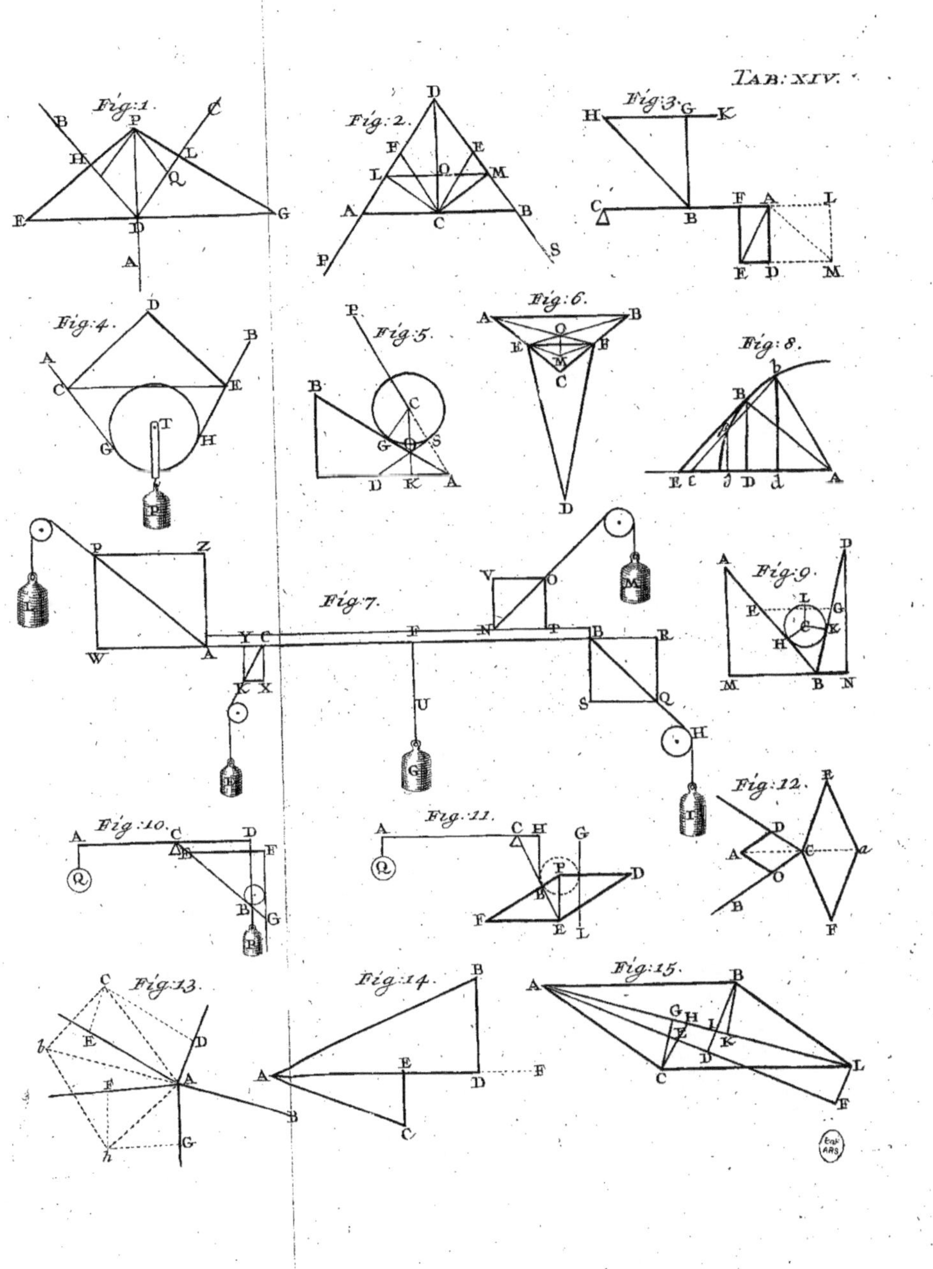

TAB: XIV.
Fig:1.
Fig:2.
Fig:3.
Fig:4.
Fig:5.
Fig:6.
Fig:7.
Fig:8.
Fig:9.
Fig:10.
Fig:11.
Fig:12.
Fig:13.
Fig:14.
Fig:15.

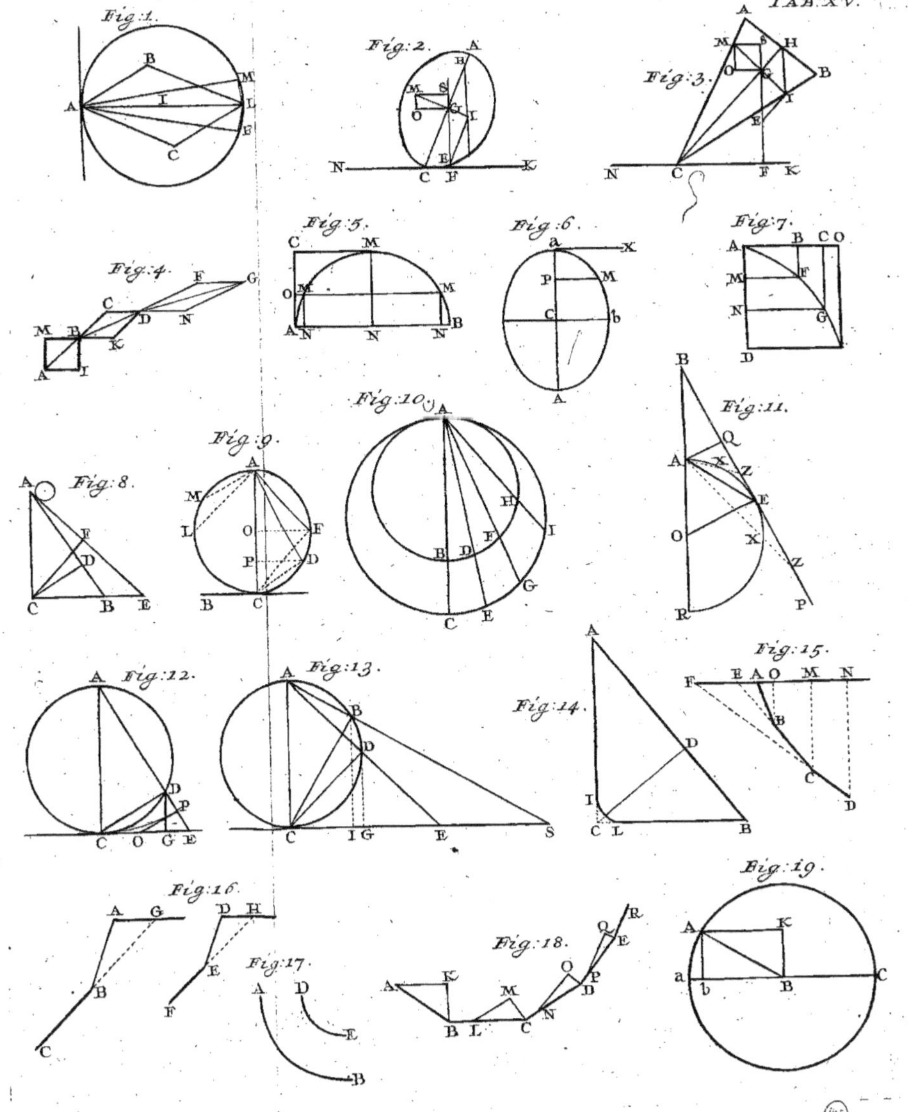
TAB.XV.
Fig:1.
Fig:2.
Fig:3.
Fig:4.
Fig:5.
Fig:6.
Fig:7.
Fig:8.
Fig:9.
Fig:10.
Fig:11.
Fig:12.
Fig:13.
Fig:14.
Fig:15.
Fig:16.
Fig:17.
Fig:18.
Fig:19.

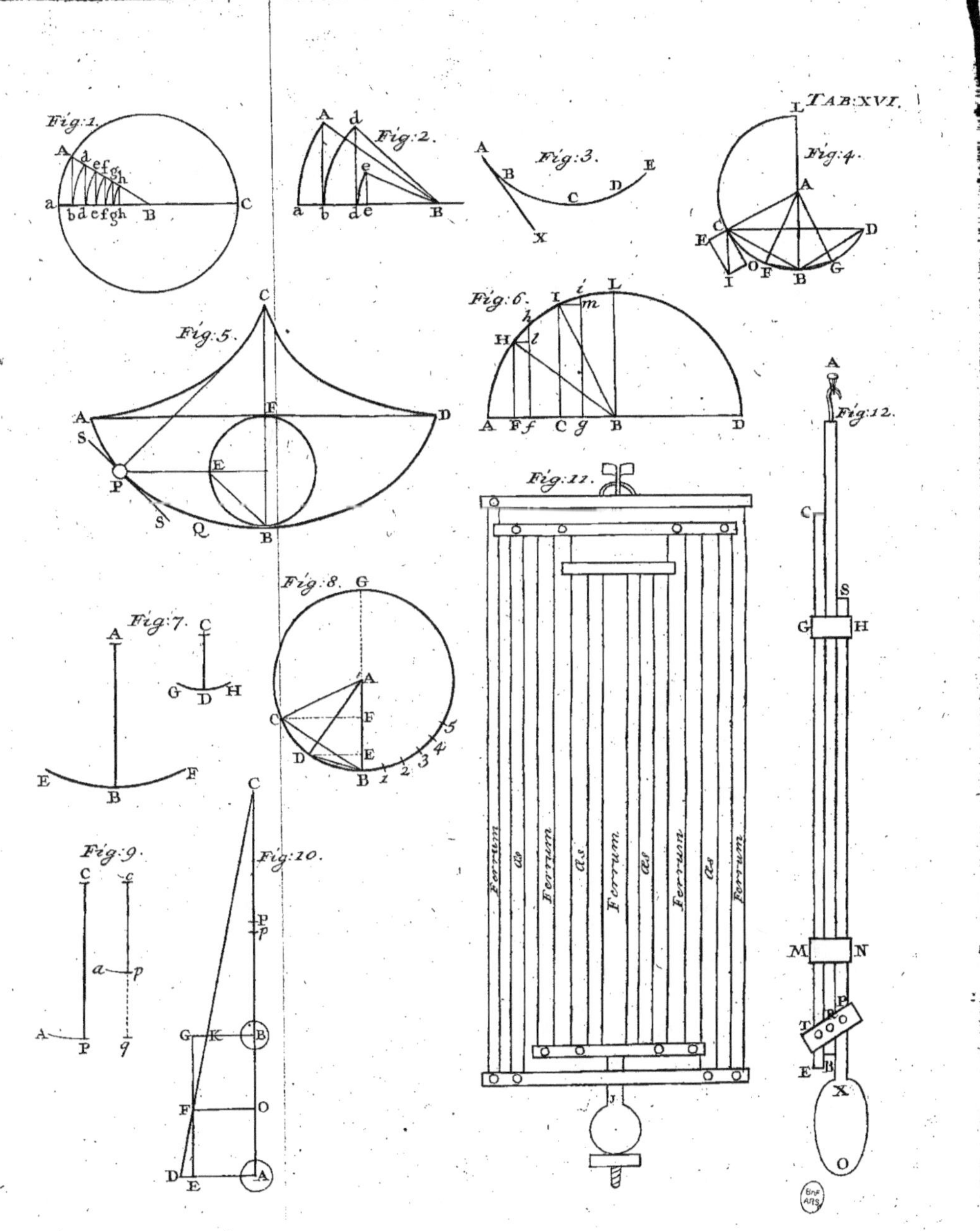

TAB. XVI.
Fig. 1.
Fig. 2.
Fig. 3.
Fig. 4.
Fig. 5.
Fig. 6.
Fig. 7.
Fig. 8.
Fig. 9.
Fig. 10.
Fig. 11.
Fig. 12.
Ferrum
As
Ferrum
As
Ferrum
As
Ferrum
As
Ferrum

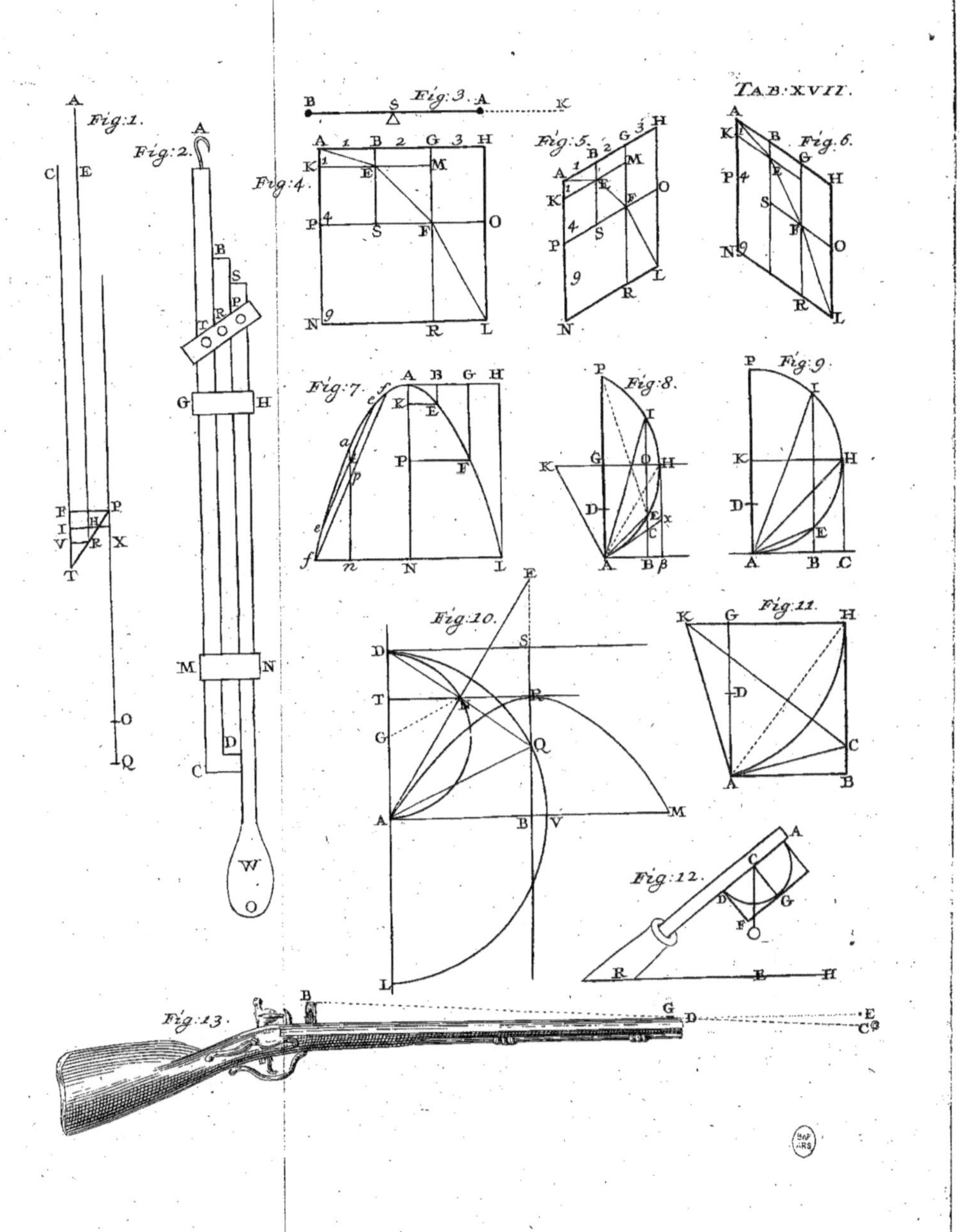

TAB. XVII.
Fig. 1.
Fig. 2.
Fig. 3.
Fig. 4.
Fig. 5.
Fig. 6.
Fig. 7.
Fig. 8.
Fig. 9.
Fig. 10.
Fig. 11.
Fig. 12.
Fig. 13.

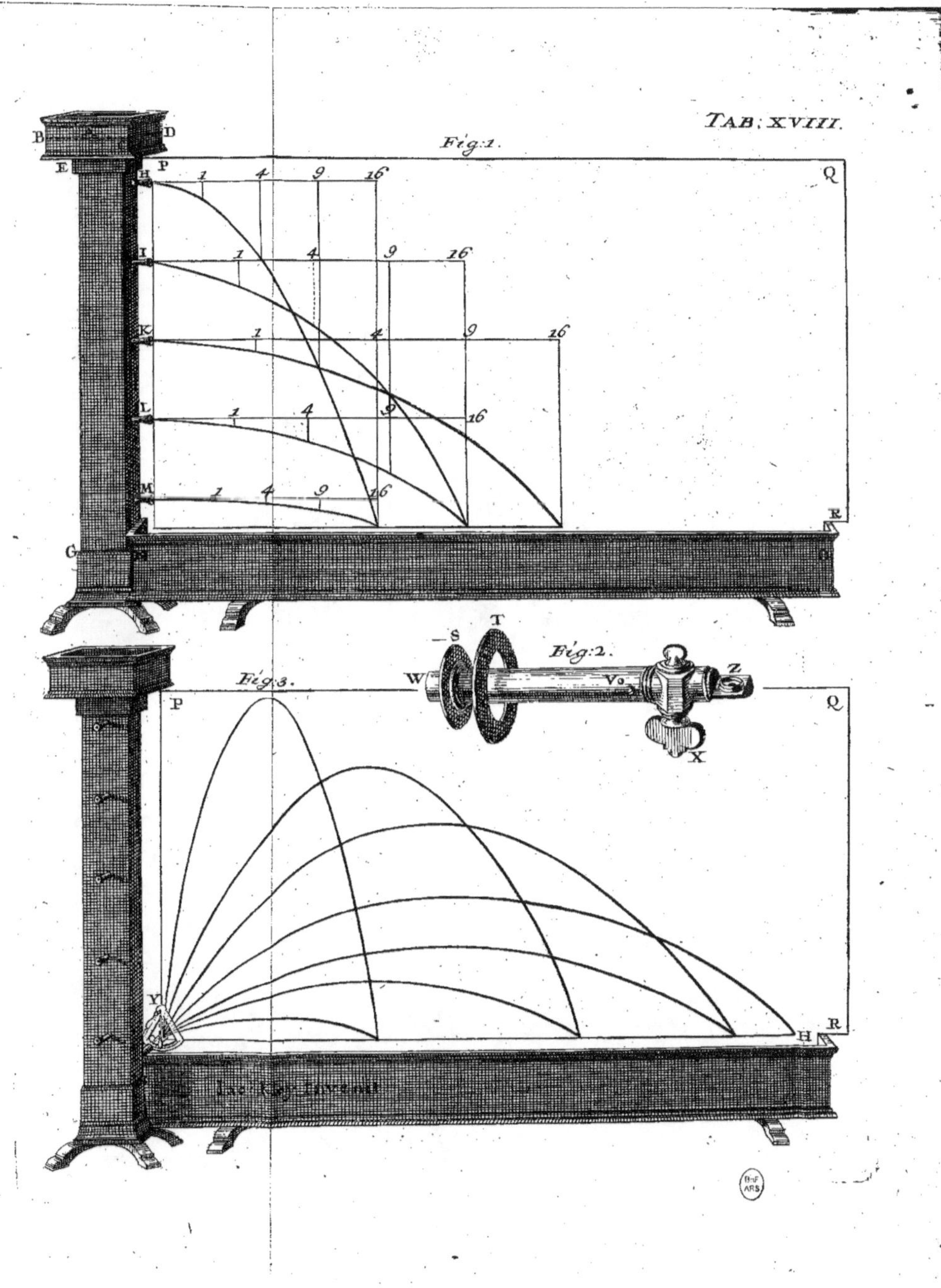

TAB. XVIII.
Fig. 1.
Fig. 2.
Fig. 3.

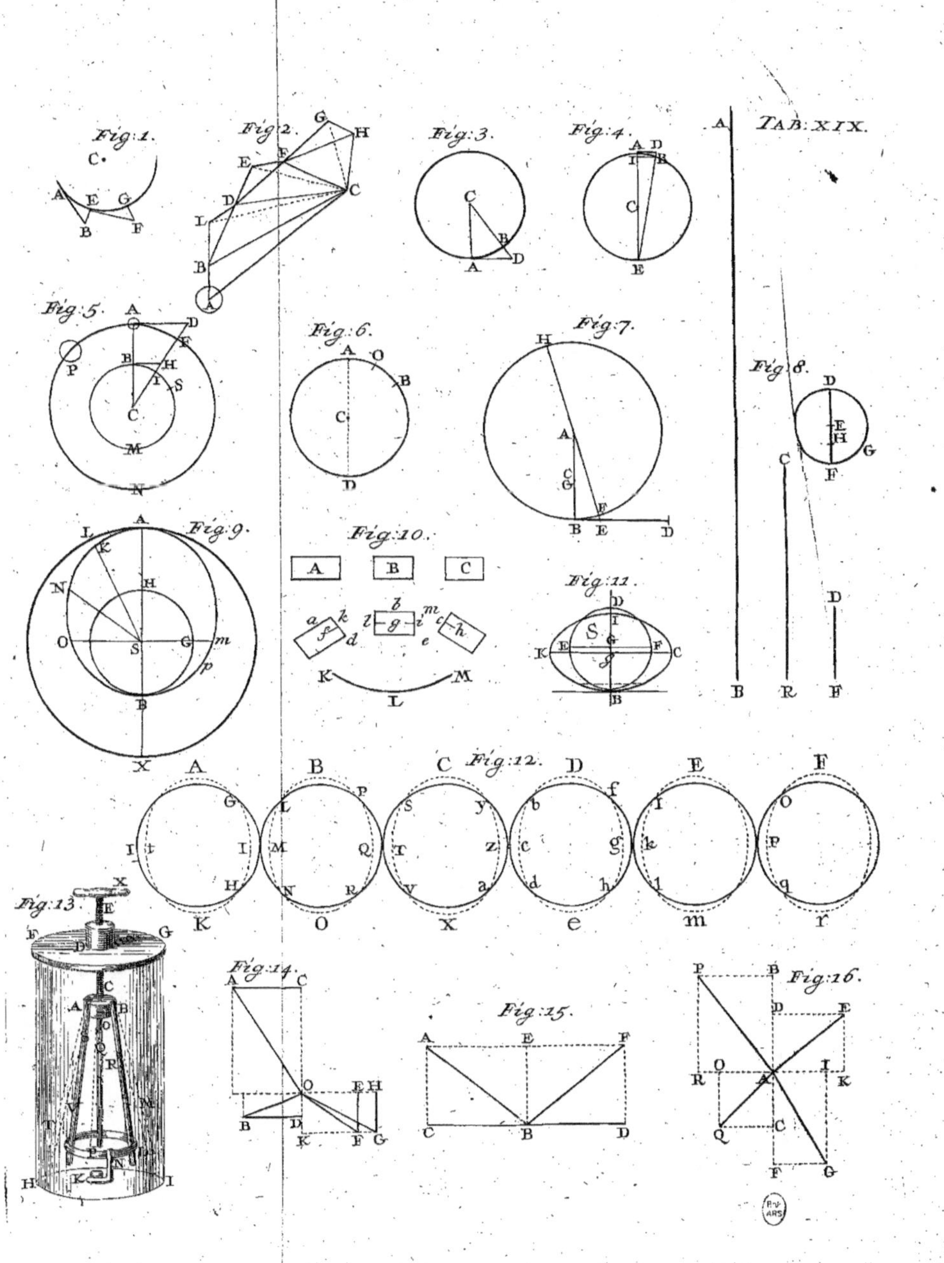

TAB: XIX.
Fig: 1.
Fig: 2.
Fig: 3.
Fig: 4.
Fig: 5.
Fig: 6.
Fig: 7.
Fig: 8.
Fig: 9.
Fig: 10.
Fig: 11.
Fig: 12.
Fig: 13.
Fig: 14.
Fig: 15.
Fig: 16.

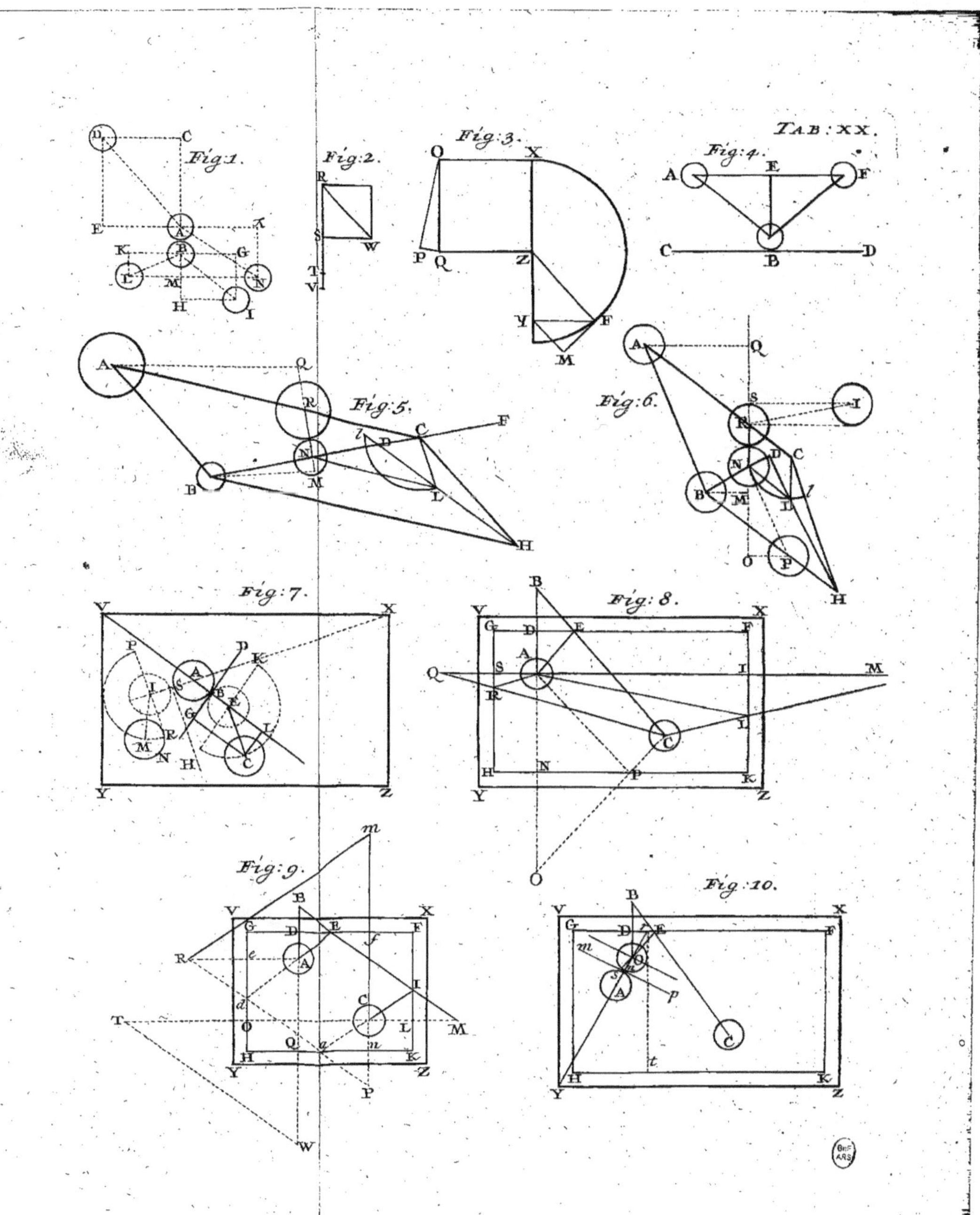

TAB: XX.
Fig:1.
Fig:2.
Fig:3.
Fig:4.
Fig:5.
Fig:6.
Fig:7.
Fig:8.
Fig:9.
Fig:10.

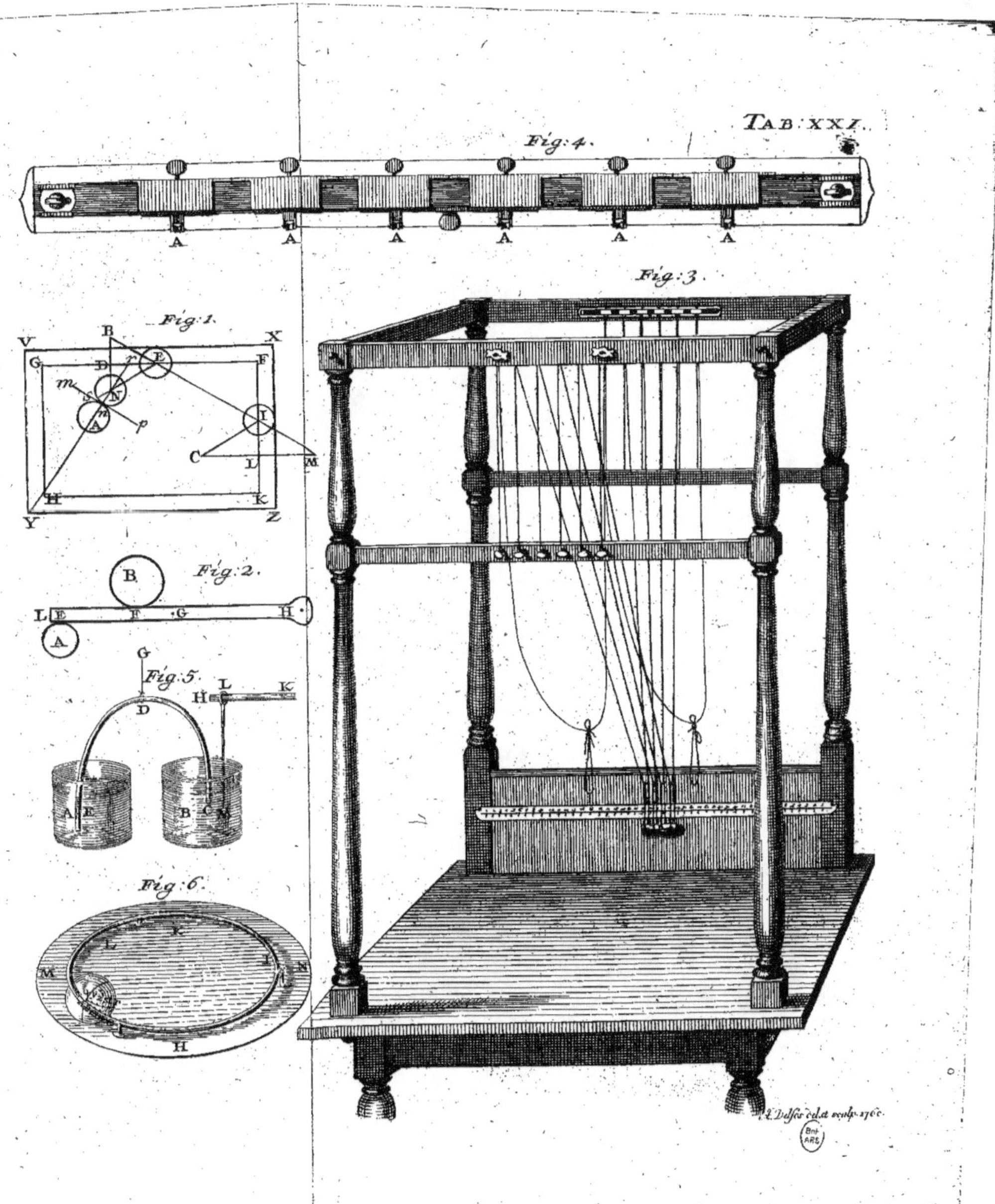

TAB. XXI.
Fig. 4.
A A A A A A
Fig. 3.
Fig. 1.
V B X
G F
D E
m N
A
C L M
H K
Y Z
Fig. 2.
B
L E F G H
A
Fig. 5.
G
D
H L K
A E B C M
Fig. 6.
L V K
M N
H
J. Delfos del. et sculp. 1760.

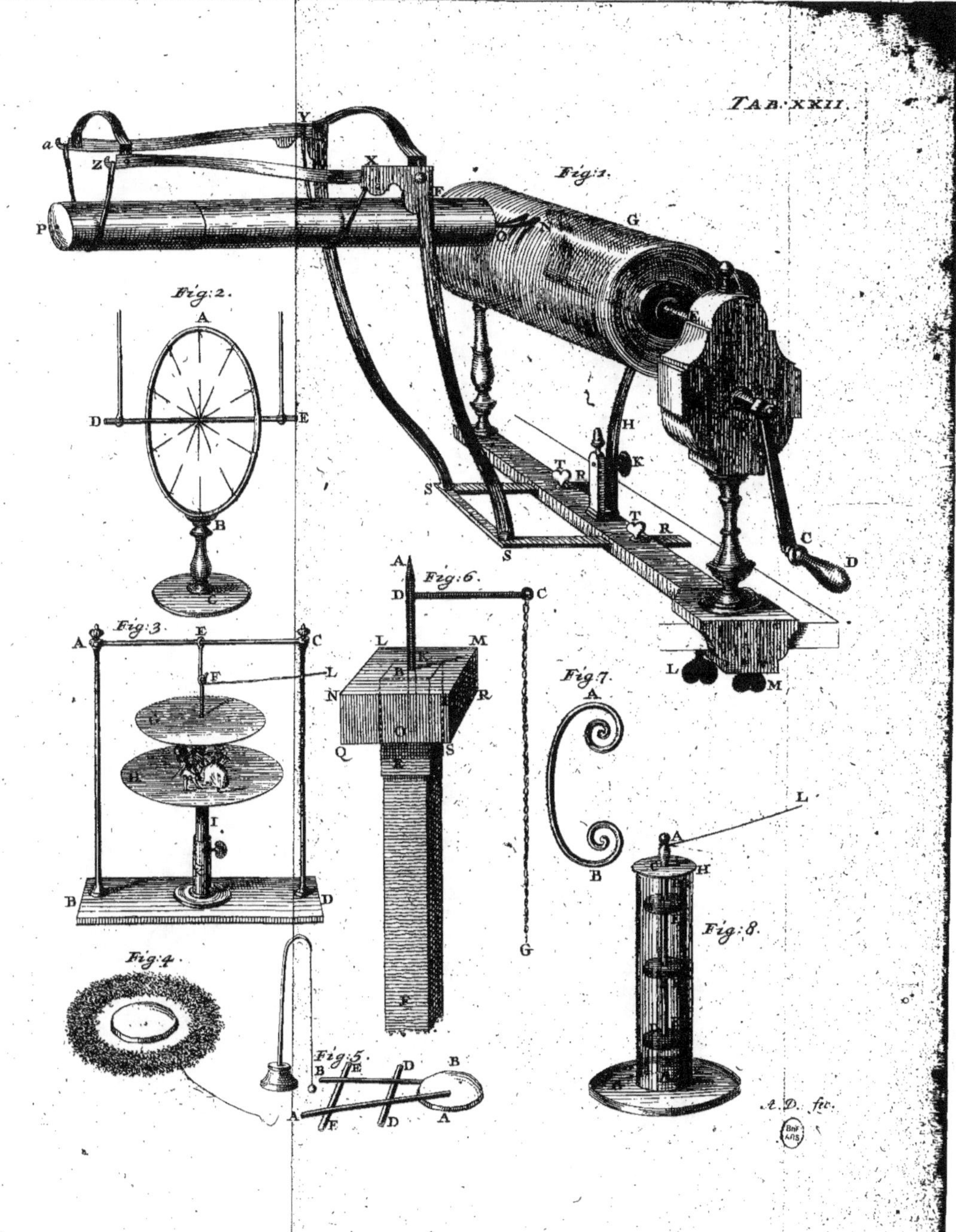

TAB. XXII
Fig. 1.
Fig. 2.
Fig. 3.
Fig. 4.
Fig. 5.
Fig. 6.
Fig. 7.
Fig. 8.
A. D. fec.

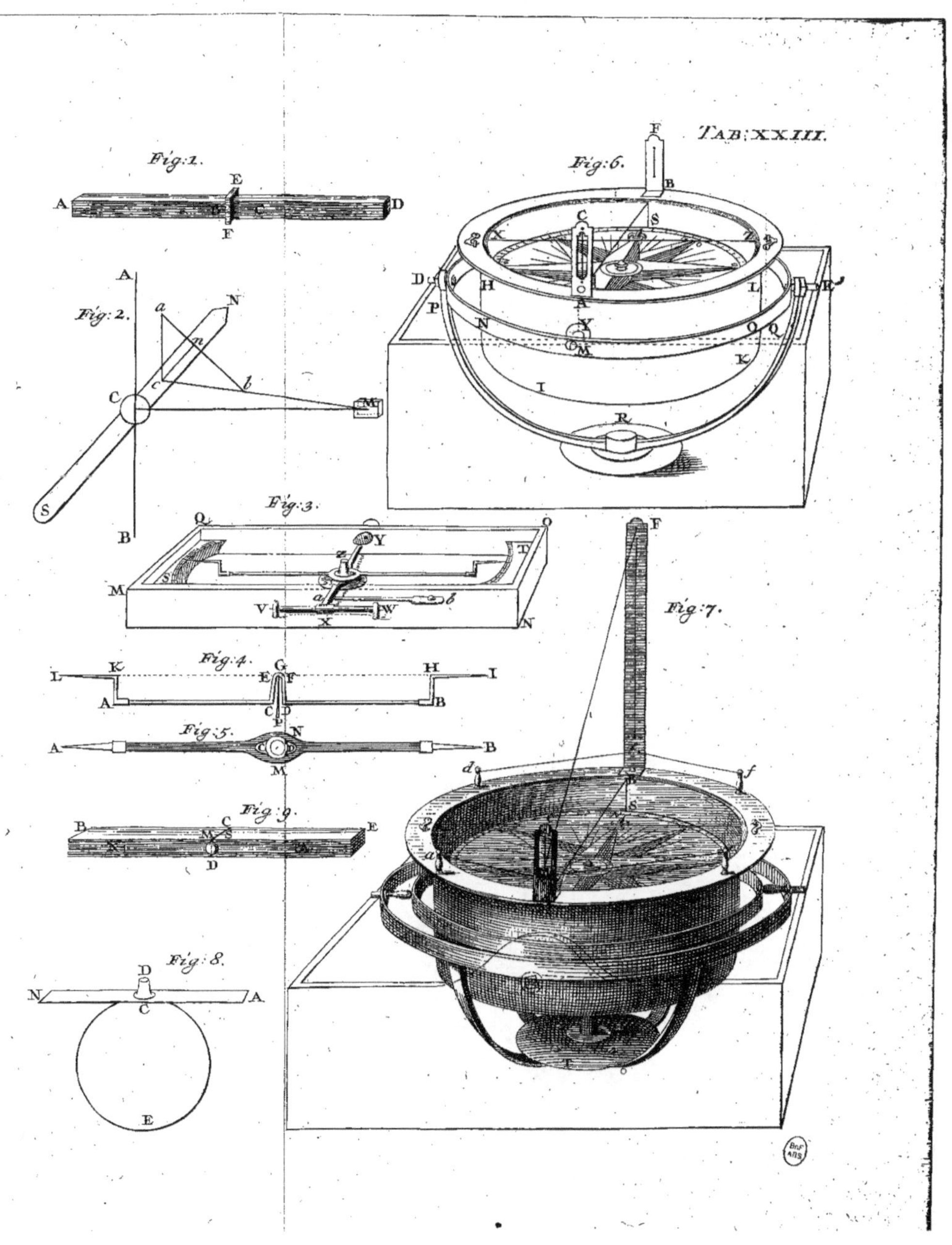

TAB.XXIII.
Fig.1.
Fig.2.
Fig.3.
Fig.4.
Fig.5.
Fig.6.
Fig.7.
Fig.8.
Fig.9.

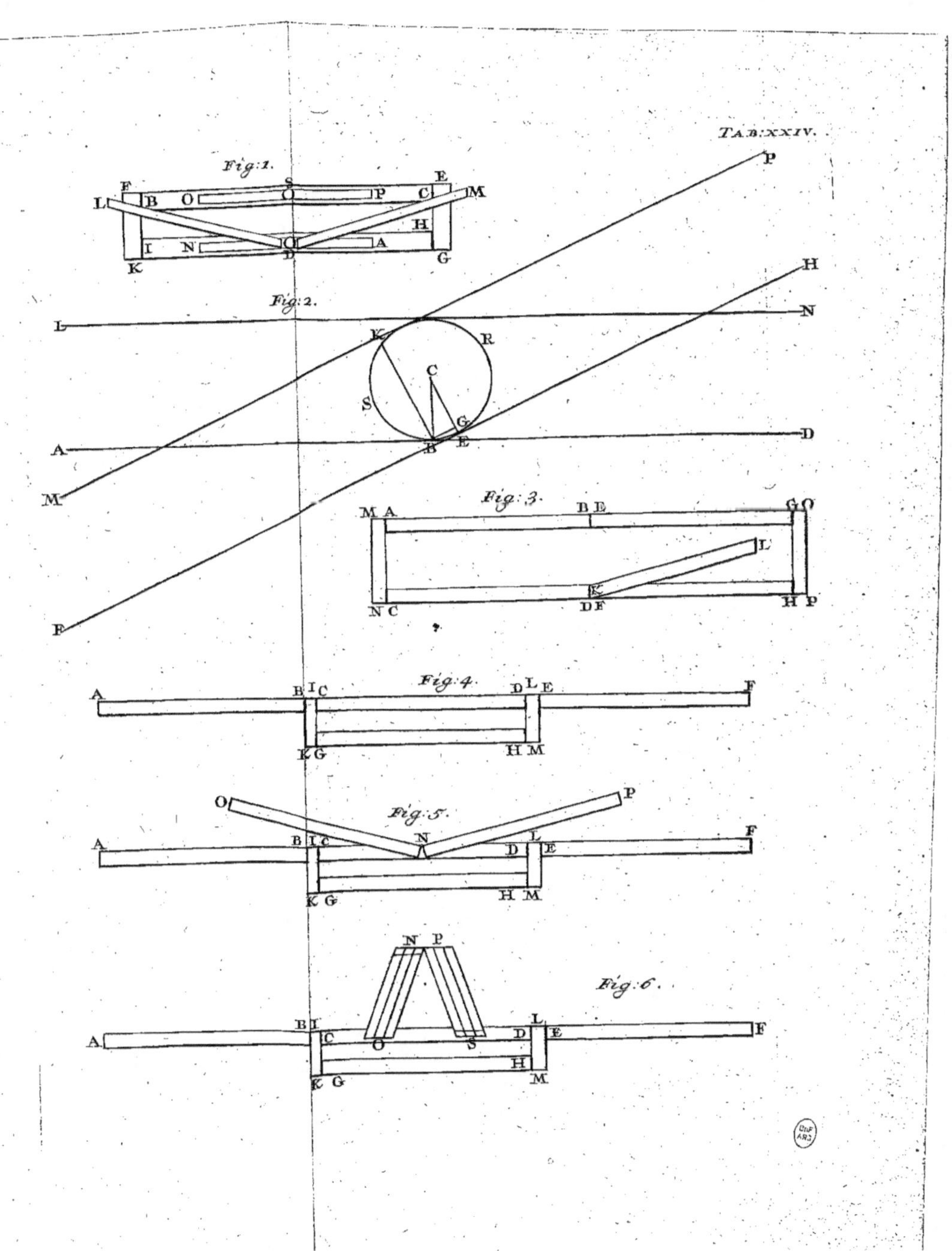

TAB: XXIV.
Fig: 1.
Fig: 2.
Fig: 3.
Fig: 4.
Fig: 5.
Fig: 6.

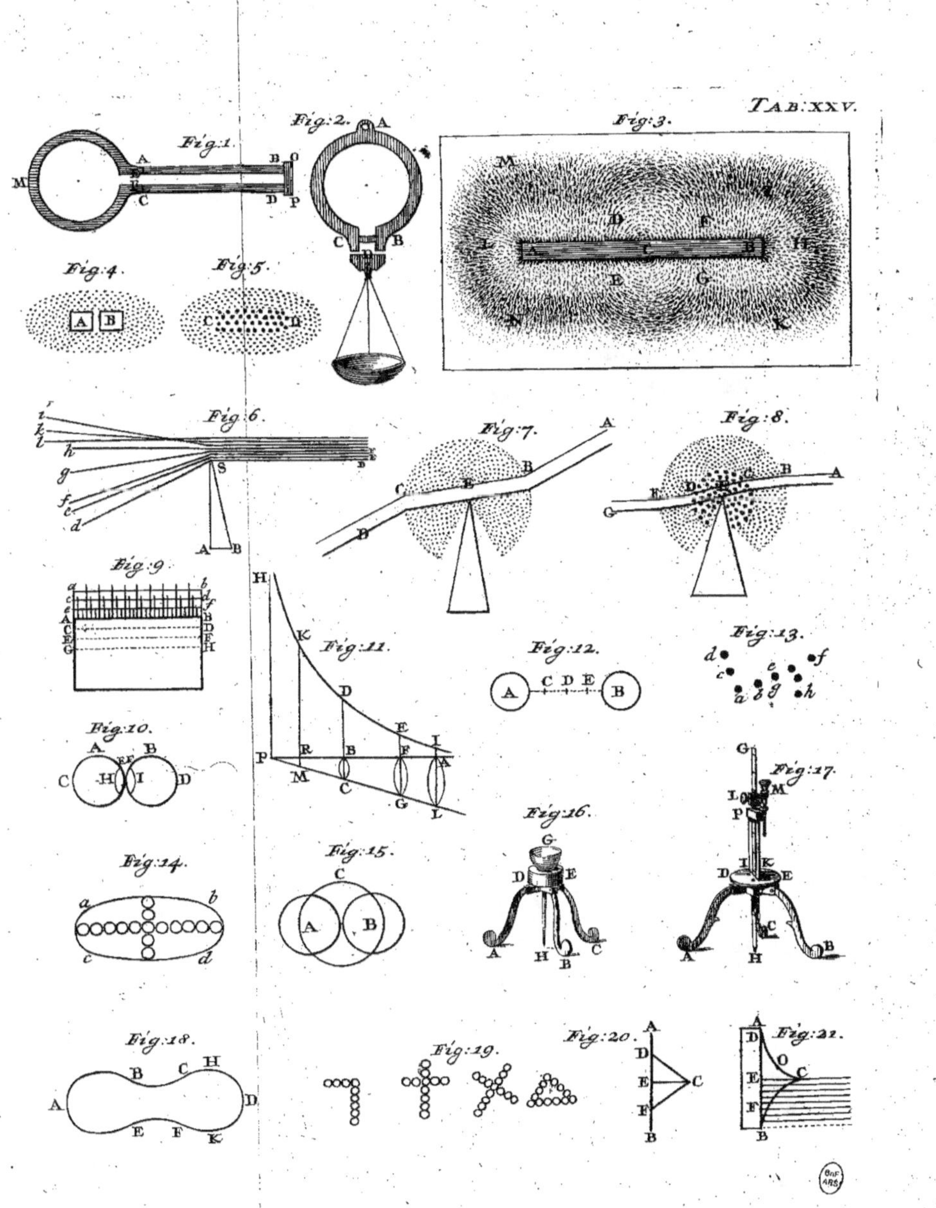

TAB. XXV.
Fig:1.
Fig:2.
Fig:3.
Fig:4.
Fig:5.
Fig:6.
Fig:7.
Fig:8.
Fig:9.
Fig:10.
Fig:11.
Fig:12.
Fig:13.
Fig:14.
Fig:15.
Fig:16.
Fig:17.
Fig:18.
Fig:19.
Fig:20.
Fig:21.